Cuidados e Manejo de Animais de Laboratório

2ª edição

Cuidados e Manejo de Animais de Laboratório

2ª edição

Editoras

Valderez Bastos Valero Lapchik
Vania Gomes de Moura Mattaraia
Gui Mi Ko

Atheneu

EDITORA ATHENEU

São Paulo —	*Rua Jesuíno Pascoal, 30* *Tel.: (11) 2858-8750* *Fax: (11) 2858-8766* *E-mail: atheneu@atheneu.com.br*
Rio de Janeiro —	*Rua Bambina, 74* *Tel.: (21)3094-1295* *Fax: (21)3094-1284* *E-mail: atheneu@atheneu.com.br*
Belo Horizonte —	*Rua Domingos Vieira, 319 — conj. 1.104*

CAPA: Paulo Verardo

PRODUÇÃO EDITORIAL: MKX Editorial

CIP-BRASIL. Catalogação na Publicação
Sindicato Nacional dos Editores de Livros, RJ

C973
2. ed.

Cuidados e manejo de animais de laboratório / Valderez Bastos Valero Lapchik, Vania Gomes de Moura Mattaraia, Gui Mi Ko. --2. ed. -- Rio de Janeiro : Atheneu, 2017.
il.

Inclui bibliografia
ISBN 978-85-388-07674

1. Animais de laboratório. 2. Modelos animais em pesquisa. 3. Biossegurança. 4. Bioética. I. Lapchik, Valderez Bastos Valero. II. Mattaraia, Vania Gomes de Moura. III. Ko, Gui Mi. IV. Título.

17-41435 CDD: 636.0885
CDU: 636.02

LAPCHIK, V.B.V.; MATTARAIA, V.G.M.; KO, G.M.

Cuidados e Manejo de Animais de Laboratório – 2.ª edição

Editoras

Valderez Bastos Valero Lapchik

Biomédica. Mestre e Doutora em Biologia Molecular pela Universidade Federal de São Paulo (Unifesp). Coordenação do Laboratório de Experimentação Animal do Instituto de Farmacologia e Biologia Molecular (Infar) da Unifesp de 1984 a 2011. Especialização em Formação de Recursos Humanos (1987) na área de Ciência de Animais de Laboratório, como bolsista da Fundação de Amparo à Pesquisa do Estado de São Paulo (FAPESP) e British Council. Coordenação da Comissão de Ensino do Colégio Brasileiro de Experimentação Animal da Sociedade Brasileira de Ciência em Animais de Laboratório (COBEA/SBCAL) nas gestões 1990-1991 e 1998-2002. Editora do Manual para Técnicos em Biotério (1990), financiado pela Escola Paulista de Medicina (EPM/Unifesp) e Financiadora de Estudos e Projetos (FINEP) do Governo Federal. Presidente da SBCAL na gestão 2010-2011.

Vania Gomes de Moura Mattaraia

Zootecnista. Doutora em Produção Animal pela Universidade Estadual Paulista – Júlio de Mesquita Filho (Unesp). Pesquisadora Científica VI do Instituto Butantan. Diretora do Biotério Central do Instituto Butantan. Atua na área de Zootecnia, com ênfase em Produção de Animais de Laboratório e nas áreas correlatas à Gerência de Biotérios.

Gui Mi Ko

Farmacêutica-Bioquímica pela Universidade de São Paulo (USP). Mestre em Farmacologia e Doutora em Biologia Molecular pela Universidade Federal de São Paulo (Unifesp). Coordenação do Centro de Desenvolvimento de Modelos Experimentais em Medicina e Biologia (CEDEME/Unifesp) de 1985 a 2011. Coordenação do Laboratório de Experimentação Animal do Instituto de Farmacologia e Biologia Molecular (Infar) da Unifesp desde 2012. Tem *expertise* em Ensaios Biológicos e Protocolo Experimental. Tesoureira da Sociedade Brasileira de Ciência em Animais de Laboratório (SBCAL) desde 2010.

Colaboradores

Alessandro Rodrigo Belon

Médico Veterinário pela Universidade Federal de Lavras (UFLA). Doutor em Ciência pela Faculdade de Medicina da Universidade de São Paulo (FMUSP), Departamento de Anestesiologia. Pesquisador Científico no Laboratório de Pesquisa em Cirurgia Experimental (LIM-26) do Hospital das Clínicas da FMUSP. Atua no Desenvolvimento de Modelos Cirúrgicos Experimentais e em Pesquisa sobre Isquemia e Reperfusão em Suas Diferentes Manifestações.

Ana Lúcia Brunialti Godard

Bióloga. Mestrado e Doutorado em Genética Humana pela Université Pierre et Marie Curie e Institut Pasteur, Paris, França. Pós-doutorado no Instituto de Pesquisas Agronômicas da França (INRA). Professora-associada da Universidade Federal de Minas Gerais (UFMG) e Orientadora do Programa de Pós-graduação em Genética da UFMG. Tem experiência na área de Genética Humana, com ênfase em Modelos Animais de Doenças Genéticas Humanas e de Camundongos, atuando em Genômica Funcional, Genética do Alcoolismo, Adição e Compulsão. Atua no Monitoramento e Genética de Linhagens de Roedores Mantidos em Biotérios.

Ana Silvia Alves Meira Tavares Moura

Zootecnista. Doutora em Animal Sciences pela University of Missouri System, EUA. Pós-doutorado no Laboratório de Biotecnologia Animal da Escola Superior de Agricultura Luiz de Queiroz da Universidade de São Paulo (ESALQ-USP). Professora Adjunta da Faculdade de Medicina Veterinária e Zootecnia da Universidade Estadual Paulista (Unesp). Professora Orientadora do Programa de Pós-graduação em Zootecnia. Atua na área de Produção Animal, Genética e Melhoramento Animal com ênfase em Cunicultura, Produção de Animais de Laboratório e Genômica da Galinha.

André Silva Carissimi

Médico Veterinário pela Universidade Federal do Rio Grande do Sul (UFRGS). Mestre em Ciências Biológicas (Bioquímica) pela UFRGS e Doutor em Patologia Experimental e Comparada pela Universidade de São Paulo (USP). Professor Titular da UFRGS.

Andréia Ruis Salgado

Zootecnista. Doutoranda em Tecnologia Nuclear no Instituto de Pesquisas Energéticas e Nucleares da Universidade de São Paulo (IPEN/USP). Profissional de Pesquisa no quadro de carreira da Universidade Estadual de Campinas (Unicamp). Atua em Ciências de Animais de Laboratório como Responsável pelos Laboratórios de Criopreservação de Embriões Murinos e Reprodução Assistida, promovendo o Estabelecimento de Linhagens com Perdas Reprodutivas, como Transgênicas, Mutantes e *Knockouts*, dando suporte à Produção de Modelos Animais Transgênicos e assistindo ao Banco de Embriões e Banco de Gametas do Centro Multidisciplinar para Investigação Biológica (CEMIB/Unicamp).

Camila Hirotsu

Biomédica pela Universidade Federal de São Paulo (Unifesp) com Doutorado em Psicobiologia e Especialista em Medicina Farmacêutica pela Unifesp. Pós-doutoranda no Departamento de Psicobiologia da Unifesp. Tem experiência na área de Biologia e Medicina do Sono associada à Nefrologia e Dermatologia.

Claudia Madalena Cabrera Mori

Veterinária pela Faculdade de Medicina Veterinária e Zootecnia da Universidade de São Paulo (FMVZ/USP). Doutorado pelo Programa de Patologia Experimental e Comparada da FMVZ/USP. Médica Veterinária responsável pelo Biotério do Departamento de Patologia da FMVZ/USP de 1996 a 2014. Professora Doutora do Departamento de Patologia da FMVZ/USP a partir de 2014, área de atuação: Ciência de Animais de Laboratório.

Clélia Rejane Antonio Bertoncini

Química. Mestre em Físico-Química. Doutora em Bioquímica com Pós-doutorado em Biologia Molecular pela Universidade de São Paulo (USP). Professora-associada do Centro de Desenvolvimento de Modelos Experimentais (CEDEME) para Medicina e Biologia da Universidade Federal de São Paulo (Unifesp). Coordenadora dos Laboratórios de Controle Genético e Expressão Gênica do CEDEME/Unifesp. Orientadora do Programa de Pós-graduação em Medicina (Ginecologia) da Unifesp, no qual conduz a linha de pesquisa: Estresse Oxidativo em Modelos de Doenças Humanas – Mecanismos e Aplicações de Antioxidantes e Células-tronco na Proteção dos Sistemas Neurovascular e Reprodutivo.

Cristiane Caldeira

Biomédica pela Universidade Federal do Estado do Rio de Janeiro (UNIRIO). Mestrado em Saúde Pública – Subárea Toxicologia Ocupacional/Ambiental pela Escola Nacional de Saúde Pública da Fundação Oswaldo Cruz (ENSP/Fiocruz) e Doutorado em Vigilância Sanitária pelo Instituto Nacional de Controle de Qualidade em Saúde (INCQS). Atualmente é Tecnologista Sênior lotada no INCQS/Fiocruz. Tem experiência na área de Saúde Pública, com ênfase em Toxicologia, atuando principalmente nos seguintes temas: Testes *in vitro*, Métodos Alternativos ao Uso de Animais, Controle da Qualidade de Ambientes e Produtos Sujeitos a Vigilância Sanitária. Atualmente é Vice-coordenadora do Centro Brasileiro para Validação de Métodos Alternativos (BraCVAM).

Cristiane Mendes Vinagre

Bióloga. MBA em Gestão de Pessoas. Responsável pela área de Produção e Expedição de Animais S.P.F. (livres de agentes patogênicos especificados) do Centro Multidisciplinar para Investigação Biológica da Universidade Estadual de Campinas (CEMIB/Unicamp). Membro Titular da Comissão Interna de Biossegurança do CEMIB/Unicamp. Membro do Conselho Técnico do CEMIB/Unicamp.

Cynthia Zaccanini de Albuquerque

Zootecnista. Responsável Técnica pela Produção de Camundongos no Biotério Central do Instituto Butantan.

Daniele Masselli Rodrigues Demolin

Bióloga. Mestra em Genética e Biologia Molecular pela Universidade Estadual de Campinas (Unicamp). Doutoranda no curso de Pós-graduação do Departamento de Clínica Médica da Faculdade de Ciência Médicas da Unicamp. Supervisora dos Laboratórios de Controle de Qualidade Sanitária do Centro Multidisciplinar para Investigação Biológica (CEMIB/Unicamp), Profissional de Pesquisa na Carreira de Profissionais de Apoio ao Ensino, Pesquisa e Extensão (PAEPE) da Unicamp. Experiência e especialização na área de Monitorização da Saúde de Modelos Animais de Laboratório.

Delma Pegolo Alves

Graduação em Licenciatura Plena em Ciências Biológicas pela Pontifícia Universidade Católica de Campinas (PUC-Campinas). Graduação em Pedagogia pela Faculdade de Ciências e Letras Plínio Augusto do Amaral. Mestrado em Ciências Biológicas na área de Imunologia pela Universidade Estadual de Campinas (Unicamp). Doutorado em Parasitologia pela Unicamp. Diretora Associada do Centro Multidisciplinar para Investigação Biológica (CEMIB/Unicamp) na área da Ciência em Animais de Laboratório. Membro Titular da Comissão de Ética no Uso de Animais (CEUA/Unicamp). Membro Titular da Câmara Interna de Desenvolvimento de Pesquisadores (CIDP/Unicamp). Experiência na área da Ciência em Animais de Laboratório com ênfase em Gestão de Biotério, Ensino e Áreas: Quarentena, Colônias de Fundação (Unidades Isoladoras), Expansão de Matrizes, Produção e Expedição de Animais.

Denise Isoldi Seabra

Médica Veterinária. Especialista em Animais de Laboratório pela Faculdade de Medicina Veterinária e Zootecnia da Universidade de São Paulo (FMVZ/USP). Atua como Médica Veterinária Responsável Técnica em Biotérios na Universidade Estadual de Campinas (Unicamp). Membro da Comissão de Responsabilidade Técnica do Conselho Regional de Medicina Veterinária do Estado de São Paulo (CRMV-SP).

Edivana Aparecida Vespa Alves

Bióloga. Responsável pela Colônia de Fundação de Animais do Centro Multidisciplinar para Investigação Biológica da Universidade Estadual de Campinas (CEMIB/Unicamp). Responsável pelo Gerenciamento de Resíduos Biológicos e Químicos da Unidade e Membro da Comissão Interna de Gestão Ambiental do CEMIB junto à Unicamp.

Eduardo Pompeu

Médico Veterinário. Doutor em Cirurgia pela Faculdade de Medicina Veterinária e Zootecnia da Universidade de São Paulo (FMVZ/USP). Supervisor Técnico de Serviço do Biotério Central da Faculdade de Medicina da USP (FMUSP).

Ekaterina Akmovna Botovchenco Rivera

Coordenadora do Biotério da Universidade Federal de Goiás (UFG). Mestre em Ciência de Animais de Laboratório pela University of London, Inglaterra. Membro do Governing Board International Council for Laboratory Animal Science (ICLAS). Membro ad hoc Association for Assessment and Accreditation of Laboratory Animal Care (AAALAC). Membro ad hoc OIE da Organização Mundial da Saúde Animal.

Gabriel Melo de Oliveira

Veterinário do Laboratório de Biologia Celular do Instituto Oswaldo Cruz. Doutor em Biologia Celular e Molecular. Responsável Técnico pelo Biotério de Experimentação Animal dos Laboratórios de Biologia Celular (LBC) e Inovações em Terapias, Ensino e Biofilmes (LITEB) do Instituto Oswaldo Cruz. Pesquisador em Inovação e Desenvolvimento Tecnológico na área de Ciência de Animais de Laboratório. Editor Chefe da Revista da Sociedade Brasileira de Ciência em Animais de Laboratório (RESBCAL).

Hugo Leonardo Melo Dias

Biólogo. Especialista em Ciências da Saúde pela Universidade Federal do Maranhão (UFMA). Especialista em Ensino de Genética pela Universidade Estadual do Maranhão (UEMA). Acadêmico de Medicina Veterinária pela UEMA. Professor de Ética na Faculdade de Estudos Superiores do Maranhão (FESCEMP). Bioterista do Biotério Central da UFMA.

Humberto de Araújo Rangel (em memória)

Professor Titular de Microbiologia e Imunologia no Instituto de Biologia da Universidade Estadual de Campinas (Unicamp) de 1968 a 1996. Coordenador do Projeto Centro Multidisciplinar para Investigação Biológica da Unicamp (CEMIB/Unicamp) de 1986 a 1996.

Joel Majerowicz

Médico Veterinário. Mestre em Tecnologia de Imunobiológicos da Fundação Oswaldo Cruz (Fiocruz). Veterinário no Centro de Criação de Animais de Laboratório (Cecal) da Fiocruz de 1983 a 1988. Chefe do Serviço de Criação de Roedores, Lagomorfos, Ovinos e Equinos do Departamento de Biotérios do Instituto de Tecnologia em Imunobiológicos (Bio-Manguinhos) da Fiocruz de 1988 a 1995. Chefe do Laboratório de Experimentação Animal (LAEAN) de Bio-Manguinhos/Fiocruz de 1996 a 2007. Especialização em Criação de Animais Livres de Patógenos Específicos pelo Institute of Veterinary Medicine (IVM), Alemanha. Diretor do Cecal/Fiocruz de 2009 a 2013. Assessor da Diretoria de Gestão Institucional da Agência Nacional em Vigilância Sanitária (Anvisa) de 2013 a 2015. Coordenador do Curso de Atualização Profissional em Biossegurança em Biotérios da Escola Politécnica da Saúde Joaquim Venâncio (EPSJ) da Fiocruz.

José Mauro Granjeiro

Odontologista. Mestre em Biologia Celular e Estrutural pela Universidade Estadual de Campinas (Unicamp) em 1994 e Doutor em Química pela Unicamp (1998). Pós-doutor em Biologia Celular e Molecular no Instituto de Química pela Universidade de São Paulo (USP) em 1999-2000. No INMETRO (Instituto Nacional de Metrologia, Qualidade e Tecnologia), é Pesquisador Sênior em Metrologia e Qualidade e está responsável pela Diretoria de Metrologia Aplicada às Ciências da Vida. Professor Adjunto na Faculdade de Odontologia da Universidade Federal Fluminense (UFF). Tem experiência na área de Biomateriais e Biologia Óssea, com ênfase em Bioengenharia, desenvolvendo estudos em toxicidade de biomateriais, terapia celular, fatores de indução e modulação do reparo tecidual, desenvolvimento de tecidos equivalentes, métodos alternativos ao uso de animais e investigação de ensaios e novos biomarcadores da toxicidade de partículas nanométricas e materiais nanoestruturados. Coordena a Rede Nanotox/CNPq e as atividades do Inmetro na Rede Nacional de Métodos Alternativos (RENAMA/CNPQ/MCTI). É membro do Conselho Nacional de Biotecnologia (CNB), Conselho Consultivo de Nanotecnologia/MCTI (CCNano, 2014-2016) e coordenou o Conselho Nacional de Controle de Experimentação Animal (CONCEA, 2013-2015) do Ministério da Ciência, Tecnologia e Inovação (MCTI).

Leda Quercia Vieira

Bióloga. Doutora em Ciências pela Universidade Federal de Minas Gerais (UFMG). Mestre e Doutora em Bioquímica. Professora Titular da UFMG. Experiência na área de Imunologia, com ênfase em Imunologia Celular, atuando principalmente nos temas: Resposta Imune, Mecanismos de Resistência a Parasitas Intracelulares, Gnotobiologia, Imunologia das Infecções Endodônticas e Probióticos.

Luci Ebisui

Médica Veterinária. Especialização em Ciência de Animais de Laboratório. Foi Supervisora Técnica da área de Produção de Roedores Livres de Germes Patogênicos Específicos (SPF) da Faculdade de Medicina da Universidade de São Paulo (FMUSP).

Luisa Maria Gomes de Macedo Braga

Médica Veterinária pela Universidade Federal do Rio Grande do Sul (UFRGS). Mestre em Ciências Veterinárias pela Faculdade de Veterinária da UFRGS e Doutora em Genética e Biologia Molecular pelo Departamento de Genética e Biologia Molecular da UFRGS. Presidente da Sociedade Brasileira de Ciências em Animais de Laboratório (SBCAL) no biênio 2014-2016. Membro do Conselho Superior da Fundação de Amparo à Pesquisa do Estado do Rio Grande do Sul (2007-2013). Membro da Comissão de Ética e Bem-estar e da Escola Superior de Ética do Conselho Regional de Medicina Veterinária do Estado do Rio Grande do Sul (CRMV-RS). Atua como Membro do Conselho Nacional de Controle da Experimentação Animal (CONCEA) e coordena a Rede Nacional de Biotérios de Produção (REBIOTERIO) do Conselho Nacional de Desenvolvimento Científico e Tecnológico (CNPq). Aposentou-se na Fundação Estadual de Produção e Pesquisa em Saúde (FEPPS), onde exerceu a Chefia da Coordenação de Produção e Experimentação Animal (CPEA/FEPPS). Foi bolsista do Center of Comparitive Medicine do Massachusetts General Hospital, Boston, EUA. Trabalhou na Pontifícia Universidade Católica do Rio Grande do Sul (PUCRS), onde exerceu as funções de Médica Veterinária Responsável Técnica pelos Animais Experimentais, Médica Veterinária da Comissão de Ética no Uso de Animais (CEUA) e Coordenadora Técnica do Centro de Modelos Biológicos Experimentais (CeMBE). Tem experiência na área de Medicina Veterinária, com ênfase em Terapia Celular e Animais de Laboratório.

Luiz Augusto Corrêa Passos

Biólogo. Mestre em Biologia pela Universidade Estadual de Campinas (Unicamp) e Doutor em Genética e Biologia Molecular pela Unicamp/Instituto Pasteur. Diretor da Divisão de Pesquisa do Centro Multidisciplinar para Investigação Biológica (CEMIB). Atua como profissional de pesquisa da Unicamp. Tem experiência em Ciências de Animais de Laboratório com ênfase em Biotecnologia, dedicando-se à investigação dos seguintes temas: Produção de Roedores Livres de Germes Patogênicos Específicos (SPF), Planificação, Edificação e Instalação de Biotérios, Monitoramento Genético de Roedores, Criopreservação de Embriões, Reprodução Assistida de Camundongos e Ratos e Doença de Chagas.

Mady Crusoé de Souza

Professora de Histologia e Embriologia da Universidade do Estado da Bahia (UNEB). Doutora em Processos Interativos de Órgãos e Sistemas pela Universidade Federal da Bahia (UFBA). Mestre em Ciências – Morfologia – Histologia e Biologia Estrutural pela Escola Paulista de Medicina da Universidade Federal de São Paulo (EPM/Unifesp). Atua na área de Morfologia – Histologia com ênfase em Biologia Óssea. Especialista em Implantodontia pela UFBA. Graduada em Odontologia pela UFBA.

Marcelo Larami Santoro

Médico Veterinário. Pesquisador Científico VI do Instituto Butantan.

Marcos Zanfolin

Biólogo. Mestre em Farmacologia pela Faculdade de Ciências Médicas da Universidade Estadual de Campinas (Unicamp). Diretor de Serviço Tecnológico do Centro Multidisciplinar para Investigação Biológica (CEMIB) da Unicamp. Experiência na área da Ciência em Animais de Laboratório. Membro do Conselho Técnico do CEMIB. Membro do Conselho Científico do CEMIB.

Maria Araújo Teixeira

Médica Veterinária pela Universidade Federal de Mato Grosso do Sul (UFMS). Mestre e Doutora em Patologia Experimental e Comparada pela Universidade de São Paulo (USP). Pós-doutorado na University of Georgia, EUA. Responsável Técnica do Biotério Central – UT do Instituto de Biociências da UFMS (INBIO/UFMS). Coordenadora da Comissão de Ética no Uso de Animais da UFMS. Professora do Programa de Mestrado em Ciência Animal da Faculdade de Medicina Veterinária e Zootecnia da UFMS nas Disciplinas: Ambiência Aplicada à Produção Animal e Uso de Animais de Laboratório como Modelos Experimentais.

Mariana Valotta Rodrigues

Zootecnista. Responsável Técnica pela Produção de Cobaias e Coelhos no Biotério Central do Instituto Butantan.

Marie Odile Monier Chelini

Graduação em Medicina Veterinária pela Universidade de São Paulo (USP). Graduação em Portugais Espagnol pela Université Lumière Lyon 2, França. Mestrado em Medicina Veterinária e Doutorado em Psicologia pela USP. É atualmente bolsista do Programa de Apoio a Projetos Institucionais com a Participação de Recém-Doutores da Coordenação de Aperfeiçoamento de Pessoal de Nível Superior (PRODOC CAPES) do Ministério da Educação, junto ao Programa de Pós-graduação em Psicologia Experimental do Instituto de Psicologia da USP. Tem experiência nas áreas de Medicina Veterinária e de Etologia, com ênfase em Endocrinologia Comportamental e Comportamento Animal, atuando principalmente nos seguintes temas: Endocrinologia Comportamental, Estresse, Métodos Alternativos e Terapia Assistida com Animais.

Michele Longoni Calió

Bióloga. Doutora em Biologia Molecular pela Universidade Federal de São Paulo (Unifesp). Pós-doutoranda em Biologia Molecular. Tem experiência em Transplante de Células-tronco para Animais Modelos de Hipertensão e AVC. Desenvolve pesquisa em Terapia com Leptina para Doença de Alzheimeir usando animais transgênicos.

Milton Soibelmann Lapchik

Médico. Mestre e Doutor em Medicina/Infectologia pela Universidade Federal de São Paulo (Unifesp). Coordenador do Núcleo Municipal de Controle de Infecção Hospitalar do Centro de Controle de Doenças da Coordenação de Vigilância em Saúde da Secretaria de Saúde da Prefeitura de São Paulo (COVISA/SP).

Monica Levy Andersen

Professora Doutora Livre-docente da Disciplina de Medicina e Biologia do Sono do Departamento de Psicobiologia da Universidade Federal de São Paulo (Unifesp). Professora Visitante Associada no Yerkes National Primate Research Center, Emory University, EUA. Coordenadora do Conselho Nacional de Controle de Experimentação Animal (CONCEA). Membro Afiliado da Academia Brasileira de Ciências.

Mônica Lopes-Ferreira

Bióloga, Doutora em Imunologia pelo Instituto de Ciências Biomédicas – Departamento de Imunologia da Universidade de São Paulo (USP). Pós-doutorado na área de Bioquímica e Farmacologia no Instituto Butantan. Pesquisadora Científica Nível VI da Unidade de Imunorregulação do Laboratório Especial de Toxinologia Aplicada (LETA) do Instituto Butantan. Diretora do LETA do Instituto Butantan e Coordenadora de Inovação do Centro de Toxinas, Resposta Imune e Sinalização Celular (CeTICs) do Centro de Pesquisa, Inovação e Difusão (CEPID) apoiado pela Fundação de Amparo à Pesquisa do Estado de São Paulo (FAPESP). Atua na Caracterização Toxinológica de Venenos e Toxinas Animais, principalmente de peixe, com ênfase nas seguintes áreas: Imunologia, Farmacologia e Bioquímica.

Nanci Nascimento (em memória)

Biomédica, Mestre em Tecnologia Nuclear pelo Instituto de Pesquisas Energéticas e Nucleares (IPEN). Doutorado em Tecnologia Nuclear pelo I IPEN *e pos doc* pela University of Wyoming, EUA. Pesquisador Nível III do IPEN. Exerceu função de Gerente Adjunta do Centro de Biotecnologia e foi Responsável pelo Biotério de Criação e Manutenção de Animais de Laboratório. Teve experiência na área de Bioquímica, com ênfase em Proteínas, atuando principalmente nos seguintes temas: Efeitos Biológicos da Radiação, Irradiação de Proteínas e Animais de Laboratório.

Octavio Augusto França Presgrave

Biólogo. Mestre em Biologia Celular e Molecular pela Fundação Oswaldo Cruz (Fiocruz), em 2003. Doutor em Vigilância Sanitária pelo Instituto Nacional de Controle Qualidade em Saúde (INCQS), em 2012. Tecnologista Sênior do INCQS/ Fiocruz e colaborador da Agência Nacional de Vigilância Sanitária (Anvisa), onde é membro da Câmara Técnica de Cosméticos (CATEC). Tem experiência na área de Farmacologia e Toxicologia, com ênfase em Métodos Alternativos, atuando principalmente nos seguintes temas: Métodos Alternativos, Toxicologia, Cosméticos, Controle da Qualidade, Pirogênio, Irritação Ocular e Cutânea. Chefe do Departamento de Farmacologia e Toxicologia do INCQS/Fiocruz de 1994 a 2000 e Coordenador do Grupo Técnico de Cosméticos do INCQS/Fiocruz de 1994 a 2010. É revisor de revistas nacionais e internacionais. Membro da Comissão de Ética no Uso de Animais (CEUA) da Fiocruz desde 1999, Coordenador de 2006 a 2008 e desde 2010 coordena o BraCVAM – Centro Brasileiro para a Validação de Métodos Alternativos.

Pedro Canisio Binsfeld

Doutor em Biotecnologia pela Rheinische Friedrich Wilhelms Universität Bonn, Alemanha. Pós-doutor em Biologia Celular e Molecular pelo Centro da Unesco/ University of Sydney, Austrália, e em Biologia Molecular, Biossegurança em Biotecnologia pela Rheinische Friedrich Wilhelms Universiät Bonn, Alemanha. Docente, Pesquisador e Gestor Público, centra o foco em temas de inovação em Bio e Nanotecnologias. No Ministério da Saúde, foi Coordenador Geral de Assuntos Regulatórios e Representante Titular do Ministério da Saúde na Comissão Técnica Nacional de Biossegurança (CTNBio), Conselho de Gestão do Patrimônio Genético (CGEN) e no Conselho Nacional de Controle de Experimentação Animal (CONCEA). Na Diretoria de Controle e Monitoramento Sanitário, da Agência Nacional de Vigilância Sanitária (Anvisa), assessora temas estratégicos de Inovação e Pesquisa Regulatória. Designado como Representante da Agência na Rede Nacional de Métodos Alternativos ao Uso de Animais (RENAMA). Consultor *ad hoc* do Conselho Nacional de Desenvolvimento Científico e Tecnológico (CNPq) e da Financiadora de Estudos e Projetos (FINEP). Membro do Editorial Board de revistas científicas e da Anvisa.

Regiane Marinho da Silva

Biomédica. Mestre em Farmacologia. Responsável pelo Setor de Apoio Laboratorial do Biotério Central do Instituto Butantan.

Renaide Rodrigues Ferreira Gacek

Bióloga. Mestre em Ciências pela Universidade Federal de São Paulo (Unifesp) e Especialista em Microbiologia. Atua como Especialista em Biotérios na Universidade de São Paulo (USP), respondendo pelo Biotério de Produção de Ratos da Rede de Biotérios da USP.

Rinaldo Bueno Ferreira

Biólogo. Especialista em Microbiologia. Responsável Técnico do Serviço de Biotério da Prefeitura do Câmpus de Ribeirão Preto da Universidade de São Paulo (PUSP/ RP). Atua na Coordenação das áreas de Produção e Fornecimento de Roedores e Lagomorfos com Padrões Sanitários do Tipo Convencional e Livre de Agentes Patogênicos Especificados. Membro Titular da Comissão Assessora do Biotério Geral da PUSP/RP. Membro Titular da Comissão de Ética no Uso de Animais (CEUA) da Faculdade de Odontologia de Ribeirão Preto (FORP/USP). Membro Titular da CEUA da PUSP/RP e Membro da Comissão Fiscal da Revista da Sociedade Brasileira de Ciência em Animais de Laboratório (RESBCAL).

Robison José da Cruz

Biólogo. Especialista em Ciências de Animais de Laboratório pela Universidade de São Paulo (USP). Responsável pelo Laboratório de Controle Parasitológico Animal do Centro de Bioterismo da Faculdade Medicina da Universidade São Paulo (FMUSP).

Rosália Regina De Luca

Veterinária. Especialista em Animais de Laboratório pela Universidade de São Paulo (USP). Editora do Manual para Técnicos de Bioterismo do Colégio Brasileiro de Experimentação Animal (COBEA), em 1996, pela Financiadora de Estudos e Projetos (FINEP). Responsável Técnica pelos Biotérios do Instituto de Ciências Biomédicas III e IV do Departamentos de Imunologia e Anatomia do Instituto de Ciências Biológicas (ICB) da USP e Suplente dos Departamentos de Microbiologia e Parasitologia do ICB II e no Biotério de Matrizes de Camundongos da Rede de Biotérios do ICB (CRMV-SP 2015). Membro da Comissão de Ética de Uso Animal na Pesquisa (ICB-CEUA) desde sua fundação em 1997 e Membro Representante dos Médicos Veterinários Responsáveis Técnicos na Central de Bioterismo (CEBIOT) do ICB desde 2014.

Rovilson Gilioli

Biomédico. Doutor em Genética e Biologia Molecular pela Universidade Estadual de Campinas (Unicamp). Diretor do Centro Multidisciplinar para Investigação Biológica (CEMIB/Unicamp). Profissional de Pesquisa no quadro de Carreira Profissionais de Apoio ao Ensino, Pesquisa e Extensão (PAEPE) da Unicamp. Diretor da Divisão Tecnológica e Chefe dos Laboratórios de Controle de Qualidade Sanitária do CEMIB/Unicamp. Presidente do Conselho Científico do CEMIB/Unicamp. Membro Suplente, representante da Federação de Sociedades de Biologia Experimental (FeSBE) no Conselho de Controle de Experimentação Animal do Ministério da Ciência, Tecnologia e Inovação (CONCEA/MCTI). Especialização pela Federation for Laboratory Animal Science Associations (FELASA), Category C. Experiência e Especialização na área de Monitorização da Saúde de Modelos Animais de Laboratório.

Sandra Regina Alexandre Ribeiro

Bióloga. Especialista em Parasitologia. Especialista em Animais de Laboratório no Departamento de Imunologia do Instituto de Ciências Biomédicas da Universidade de São Paulo (ICB/USP). Membro Titular da Comissão de Ética em Experimentação Animal do Instituto de Ciências Biomédicas da USP.

Sebastião Enes Reis Couto

Veterinário. Especialista em Planejamento e Produção de Animais de Laboratório – Gnotobióticos e Livres de Germes Patogênicos Específicos (SPF) pelo National Institute of Health, EUA. Chefe do Serviço de Criação de Roedores e Lagomorfos do Centro de Criação de Animais de Laboratório (CECAL) da Fundação Oswaldo Cruz (Fiocruz).

Silvania Meiry Peres Neves

Zootecnista. Certificação on Laboratory Animal Science pela Federation of European Laboratory Animal Science Association (FELASA), Category C. Especialista em Animais de Laboratório pela Organização Mundial de Saúde (OMS), Venezuela. Diretora do Biotério de Produção e de Experimentação da Faculdade de Ciências Farmacêuticas (FCF) e do Instituto de Química (IQ) da Universidade de São Paulo (USP). Experiência em Gestão, Ensino e Pesquisa.

Silvia Maria Gomes Massironi

Bióloga. Doutora em Imunologia pelo Instituto de Biociências da Universidade de São Paulo (IB/USP). Atua na Criação de Camundongos Isogênicos e Geneticamente Modificados, Controle Genético de Camundongos e Pesquisa em Genética de Camundongos Mutantes no Instituto de Ciências Biomédicas da USP.

Simone Oliveira de Castro

Médica Veterinária pela Universidade do Grande ABC (UNIABC). Mestre em Patologia Experimental e Comparada pela Faculdade de Medicina Veterinária e Zootecnia da Universidade de São Paulo (FMVZ-USP). Biotério Central de Produção de Animais de Laboratório do Instituto Butantan.

Sueli Blanes Damy

Veterinária. Mestre em Ciências (Microbiologia) pelo Instituto de Ciências Biomédicas da Universidade de São Paulo (ICB-USP). Doutora em Ciências (Patologia Experimental e Comparada) pela Faculdade de Medicina Veterinária da USP (FMV-USP). Atuou por muitos anos em Controle de Qualidade Sanitária de Animais de Laboratório e Ensino de Técnicas Cirúrgicas Aplicadas à Experimentação Animal. Faz parte do grupo de editores da Revista da Sociedade Brasileira em Ciência de Animais de Laboratório (RESBCAL).

Tatiana Pinotti Guirao

Médica Veterinária. Mestranda no Programa de Pós-graduação em Farmacologia da Universidade Federal de São Paulo (Unifesp). Atua como Médica Veterinária na Unifesp, desde 2008, com Roedores e Lagomorfos.

Thais Marques (em memória)

Supervisionou os Biotérios do Instituto de Ciências Biológicas da Universidade de São Paulo (ICB-USP) e o Laboratório de Controle Parasitológico dos Biotérios. Membro das Comissões de Ética de Uso Animal na Pesquisa (CEUA) e da Comissão Central de Biotérios do ICB. Produzia aulas semestrais obrigatórias do ICB de Introdução ao Bioterismo e à Ética com o Presidente da Comissão de Ética do ICB. Participava da Comissão do Curso Online para Biotério e Uso de Animais de Laboratório na Pesquisa.

Valéria Lima Fabrício Borghesi

Biomédica. Habilitada em Análises Clínicas e Farmacologia. Iniciação Científica no Laboratório de Modo de Ação de Drogas do Instituto de Farmacologia e Biologia Molecular (Infar) da Universidade Federal de São Paulo (Unifesp). Técnica em Química. Bioterista no Setor de Experimentação Animal junto à Pró-reitoria de Pesquisa da Universidade Federal do ABC (UFABC). Apoio Técnico em aulas práticas na Graduação e Pós-graduação em Ciência de Animais de Laboratório na UFABC. Membro da Comissão de Gestão de Resíduos (CoGRe/UFABC). Coordenação da Comissão de Ética no Uso de Animais (CEUA/UFABC).

Virgínia Barreto Moreira

Zootecnista. Doutora em Produção Animal pela Faculdade de Medicina Veterinária e Zootecnia da Universidade Estadual Paulista "Júlio de Mesquita Filho" (FMVZ-Unesp). Coordenadora do Biotério Central do Instituto Butantan.

Wlamir Corrêa de Moura

Veterinário. Mestrado em Patologia Veterinária pela Universidade Federal Rural do Rio de Janeiro (UFRRJ). Doutorado em Vigilância Sanitária no Instituto Nacional de Controle de Qualidade em Saúde (INCQS) da Fundação Oswaldo Cruz (Fiocruz). Tecnologista da Fiocruz lotado no INCQS. Tem experiência na área de Saúde Coletiva, com ênfase em Raiva, atuando principalmente nos seguintes temas: Controle da Qualidade de Imunobiológicos para Raiva (Soros e Vacinas), Métodos de Cálculos e Validação de Ensaios Biológicos e Diagnóstico e Sorologia de Raiva. Participa de Comissões Internacionais sobre Raiva e Métodos Alternativos e é Vice-coordenador do Centro Brasileiro para Validação de Métodos Alternativos (BraCVAM).

Prefácio à Segunda Edição

Na última década, diversas áreas de conhecimento no Brasil sofreram grandes transformações, sendo provável que a Ciência de Animais de Laboratório tenha passado pelas mais profundas delas.

Se no passado o uso de animais na experimentação científica era de responsabilidade exclusiva dos pesquisadores e alunos envolvidos nos experimentos, atualmente o comprometimento com o uso ético e o bem-estar dos animais é compartilhado por todos: pesquisadores, técnicos, alunos e sociedade civil, organizada ou não.

O conceito dos "3Rs", divulgado na metade do século passado por Russel & Burch, e amplamente disseminado em todos os continentes como um desafio perene para o uso ético do modelo animal, consolidou, em nosso país, a ideia de "dar uma direção" à implantação das Comissões de Ética na Experimentação Animal. Como consequência, nos últimos anos, a maneira como os animais de laboratório vêm sendo utilizados no ensino e na pesquisa modificou-se radicalmente e é cada vez maior a pressão para que o seu bem-estar e o seu uso justificado estejam assegurados.

Essa mudança de paradigma conduziu a um processo sem volta, que foi a criação de uma legislação específica para regulamentar o uso de animais na pesquisa e no ensino. A Lei Arouca, como é conhecida a Lei 11.794 publicada em 8 de outubro de 2008, promoveu melhorias importantes e significativas na forma como os animais são criados, mantidos e usados, com adoção de critérios e estabelecimento de normas, de modo a beneficiar a todos.

Entretanto, se por um lado estão claras as exigências para aqueles que trabalham com o ensino e com a pesquisa que emprega animais, por outro há a necessidade urgente de nos aproximarmos da sociedade civil e, assim, demonstrar que o seu emprego, desde que justificado, trará benefícios para todos: humanos e outros animais.

Muito do conhecimento atual em Fisiologia, Microbiologia, Imunologia, Farmacologia, Patologia e Nutrição, entre outros, foi adquirido com estudos envolvendo animais. Doenças multifatoriais de trato complexo como a diabetes e a hipertensão, por exemplo, tão comuns nos dias atuais, passaram a ter novas abordagens terapêuticas a partir de experimentos que empregaram camundongos geneticamente modificados. O sequenciamento do genoma humano, bem como o de muitas espécies significa, por exemplo, a esperança para a compreensão de mecanismos complexos de doenças como o câncer ou mesmo como os organismos resistem aos patógenos. Além disso, por meio dos animais de laboratório, poderemos alcançar a "pesquisa translacional", que possibilitará a transferência de resultados de uma pesquisa básica para pesquisas clínicas, produzindo benefícios para a comunidade como um todo.

Assim, novas drogas, novas técnicas não invasivas de imagens de melhor resolução e protocolos cirúrgicos inéditos, entre outros, alcançarão rapidamente a sociedade – não sem antes, contudo, passarem por testes em animais de laboratório.

Também as epidemias e suas consequências, somente poderão ser controladas com protocolos de vacinação aplicados em larga escala e estes, por sua vez, apenas serão descobertos com o uso de animais de laboratório durante etapas da pesquisa da vacina.

Apesar da população em geral desconhecer a importância dos animais de laboratório para estas conquistas, o papel da ciência é possiblitar que ela se beneficie cada vez mais delas.

Contudo, é na educação e na conscientização de todos que trabalham com animais de laboratório que encontramos o maior desafio, ou seja, na tarefa de ampliar o número daqueles que constatam que o uso tecnicamente correto do modelo animal é o maior aliado de uma pesquisa saudável, ética e competitiva.

Nesse sentido, percebemos que há ainda uma grande lacuna na formação de profissionais interessados em pesquisa biomédica, principalmente no caso de alunos recém ingressados nos programas de Pós-graduação. A compreensão de conceitos fundamentais, a escolha do modelo ou dos procedimentos que serão empregados, a forma como os animais deverão ser alojados ou mesmo os principais fatores interferentes na coleta de resultados são dúvidas frequentes que podem comprometer não apenas os resultados, mas os recursos e o tempo investidos.

Para tanto, obras como esta constituem uma ferramenta essencial e consolidam, ainda mais, a ideia de que o conhecimento do animal de laboratório e o entendimento de suas necessidades e limites são elementos indispensáveis para todos aqueles que, de uma maneira ou de outra, os utilizam. Passa, portanto, a ser um material de consulta obrigatório para essas pessoas e um "divisor de águas" entre o que se deve ou não fazer na pesquisa e no ensino com animais.

Produto do trabalho de renomados especialistas, em sua primeira parte a obra apresenta um histórico da Ciência de Animais de Laboratório em nosso país, abordando legislação e conduta ética. Em seguida, discute a instalação de um biotério e suas relações com aspectos construtivos, equipamentos e suas interferências no tocante a fatores ambientais. Mais adiante, destaca a visão de profissionais experientes na gestão de um biotério, no trato de espécies convencionais e não convencionais, no controle de qualidade, bem como em procedimentos experimentais e suas implicações nos resultados e no bem-estar animal. Por fim, além de abordar alternativas ao uso de animais e a biossegurança, o livro possibilita ao leitor conhecer os principais critérios da Comissão Nacional de Biossegurança (CTNBio) para AnGM, um modelo animal de uso crescente em todo o mundo. É, portanto, um excelente material didático e de apoio.

Esta obra é uma revisão ampliada da primeira edição organizada pela Dra. Vania Gomes de Moura Mattaraia, Dra. Valderez Bastos Valero Lapchik e Dra. Gui Mi Ko, que alcançou grande sucesso, tendo se esgotado rapidamente. Como especialistas de elevado prestígio e reconhecimento pela atuação em Ciência em Animais de Laboratório, essas profissionais nos trazem uma atualização de temas relevantes, ao mesmo tempo em que disponibilizam um “guia prático” essencial àqueles que empregarão animais para o ensino e a pesquisa, sendo igualmente uma leitura obrigatória para as atividades práticas.

Com mais de 40 anos dedicados à Ciência em Animais de Laboratório e ciente da importância que obras como esta representam para pesquisadores, estudantes e profissionais, destaco que, para mim, foi grande o prazer de escrever este Prefácio, razão pela qual serei eternamente grata às organizadoras.

Professora Doutora Ana Maria Aparecida Guaraldo

Apresentação

Esta obra traz uma revisão dos temas de aplicação corrente na área da Ciência de Animais de Laboratório, apresentando as principais técnicas de produção e manutenção de animais e abordagem da aplicação desses animais como modelos nas ciências biomédicas.

Essa edição apresenta uma ampliação das espécies animais utilizadas tradicionalmente, aspectos éticos, de bem-estar e legais, conforme recomendado pelo Conselho Nacional de Controle de Experimentação Animal (CONCEA), que regulamenta no Brasil a experimentação com animais de laboratório.

As informações aqui reunidas são fruto da formação e experiencia de profissionais das diversas áreas do conhecimento de diferentes instituições nacionais, que vem construindo no dia a dia de suas carreiras o bioterismo brasileiro, contribuindo para a harmonização de procedimentos na boa prática de cuidados e manejo de animais de laboratório.

As Editoras

Sumário

Parte I

Histórico

1

A Evolução da Ciência de Animais de Laboratório no Brasil

Humberto de Araújo Rangel

A metodologia de pesquisa utilizada de modo sistemático por Claude Bernard e Pasteur empregando cães, aves, coelhos, cobaias para investigar os fenômenos biológicos que ocorrem nos seres humanos foi rapidamente reproduzida por outros pesquisadores. Demonstrava-se, desse modo, a falácia do conceito de que o ser humano, considerado o ápice da criação divina, nada tinha em comum com os demais seres vivos e apontava para uma grande proximidade entre eles. Experiências de infecção e de vacinação logo ressaltaram a necessidade do controle do estado sanitário desses animais e a investigação com tumores pôs em evidencia a importância dos fatores genéticos. O estudo dos animais de laboratório tem, portanto, a sua evolução intimamente ligada à evolução das pesquisas médico-biológicas.

No Brasil, embora possamos citar a criação das Escolas Médicas na Bahia (18/2/1808) e no Rio de Janeiro (5/11/1808), a instalação do Instituto Vacínico do Império (1846) e as atividades da escola tropicalista baiana,[1] como percussores para uma mudança no ensino superior e na política de saúde pública, não resta dúvida de que a pesquisa científica na área biomédica começou a ser institucionalizada pelo governo brasileiro somente no final do século XIX.[2-3] Pressionadas pelas epidemias que ameaçavam os interesses econômicos do país e considerando a relevância dos trabalhos de Pasteur nesta área, as autoridades governamentais iniciaram reformas na saúde pública. Foi o período da reorganização dos serviços sanitários com a criação de instituições para controlar as epidemias que representavam um verdadeiro flagelo para o país, afugentando os imigrantes considerados fundamentais para substituir a mão de obra escrava.

O governo paulista, por intermédio da Lei Estadual nº 43 de 1892, autorizou a criação de um laboratório de bacteriologia, de um laboratório de análises químicas, de um instituto vacinogênico e de um laboratório farmacêutico com o objetivo de combater as epidemias de febre amarela, cólera, febre tifoide e varíola. No ano seguinte, por indicação de Pasteur, Felix le Dantec foi convidado para implantar o recém-criado laboratório de microbiologia. Esse pesquisador do Instituto Pasteur elaborou um projeto de cursos para capacitação de pessoal, fez uma previsão de gastos anuais com equipamentos, produtos químicos e livros, indicou Adolpho Lutz para substituí-lo e voltou a Paris após 4 meses de estadia no Brasil. Designado como Instituto Bacteriológico pela Lei nº 240 de 1893, esse laboratório logo assumiu mais funções e teve suas instalações ampliadas, sobretudo na fazenda Butantan sob a orientação de Vital Brazil Mineiro da Campanha.

O surto epidêmico que atingiu o porto de Santos em 1899 levou o governo federal a designar Oswaldo Cruz para, juntamente com Adolpho Lutz e Vital Brazil, identificar o agente etiológico. Constatada a presença da peste bubônica, as autoridades decidiram implantar laboratórios para produção de vacina e soro contra esse agente, criando o Instituto Soroterápico Municipal, na fazenda Manguinhos no Rio de Janeiro (25 de março de 1900) e reconhecendo como instituição autônoma em 1901 sob a denominação de Instituto Serumtherápico o laboratório do Instituto Bacteriológico situado na fazenda Butantan. Estavam assim criados os atuais Instituto Adolfo Lutz, o Instituto Oswaldo Cruz e o Instituto Butantan que tiveram um papel fundamental não apenas no controle dessas epidemias, mas também, e principalmente, na implantação da pesquisa na área médico-biológica.

Chama a atenção, no esboço histórico dessa fase, a coexistência de três fatores considerados essenciais para a implantação de uma política pública inovadora: a pressão social, representada pelo clamor do público fustigado pelas epidemias, uma administração sensível a este clamor e antenada com o desenvolvimento em outros países, e, *last, but not the least,* a existência de pioneiros que dedicam suas vidas a uma visão de futuro. Cabe aqui ressaltar que Adolfo Lutz, Oswaldo Cruz e Vital Brazil, na direção dessas instituições, não se contentaram em implantar uma sofisticada e avançada estrutura para produção rotineira de soros e vacinas, fundamentais para atender a política pública de saúde. Eles se dedicaram sobretudo a desenvolver pesquisas experimentais e a formar pesquisadores que vieram a constituir a massa crítica necessária para desencadear a segunda fase da evolução da pesquisa médico biológica no Brasil.

Esta fase se inicia quando o governo, apesar dos bons resultados obtidos nas grandes cidades (Rio e São Paulo), é pressionado pela permanência das epidemias no resto do país e é estimulado pelo movimento político de construção da identidade nacional[4] da recente República a levar a reforma sanitária ao meio rural. Em 1916, Belisário Pena e Artur Neiva publicam os resultados da missão do Instituto Manguinhos em vários estados do Nordeste, expondo as péssimas condições sanitárias do interior do País.[5] Paralelamente, o governo inicia uma política sanitária centralizadora, com o apoio da Fundação Rockfeller que conta com a participação de Carlos Chagas e Vital Brazil, pesquisadores do Instituto Manguinhos e do Instituto Butantan.[6] No estado de São Paulo, esta política contou com a prolongada liderança de Emilio Ribas e de Geraldo Horácio de Paula Sousa com o objetivo de implantar postos para o tratamento e profilaxia das doenças infecciosas, instalar o Laboratório de Higiene (na recém-fundada

(1912) Faculdade de Medicina e Cirurgia) para capacitar pessoal na área de Saúde Pública e conceder bolsas a pesquisadores para estudos em universidades estrangeiras.[7]

No bojo das transformações mundiais da Era dos Extremos,[8] o Brasil passou por vários movimentos que resultaram em profundas mudanças políticas e sociais que culminaram na Revolução de 1930.[9-10] Sob a forte influência de Arthur Neiva, funda-se o Instituto Biológico (1927) para pesquisas na área de veterinária e agricultura. A Fundação Rockefeller passou a direcionar suas ações para a área do ensino médico e científico[11] e o governo criou o Ministério de Educação e Saúde para, entres outros, atender a emergente classe do operariado agora organizada em influentes instituições corporativas como os sindicatos e Institutos de Aposentadoria e Pensão. O crescente grupo de pesquisadores, formado sobretudo pelos institutos e pela Faculdade de Medicina e Cirurgia apresenta demandas além da área da saúde. É criada a Universidade de São Paulo (1934), onde são atraídos renomados pesquisadores do exterior para diferentes áreas da Biologia, da Física, da Química. Além dessa expansão multidisciplinar, os pesquisadores atuam junto aos governantes no sentido de obterem um sistema de apoio para a carreira de pesquisador e suas pesquisas.

Inicia-se uma terceira fase da pesquisa no Brasil com a criação do CNPq[12] (1950), da CAPES (1951)[13] da FAPESP (1960)[14] e da FINEP (1967).[15] Essas instituições ampliaram enormemente a capacidade do país para formar novos pesquisadores, sobretudo a partir do parecer Sucupira[16] para a implantação de cursos de pós-graduação nas nossas universidades.

Considero que a Evolução da Ciência dos Animais de Laboratório no Brasil deve ser analisada em relação a essas três fases da ciência biomédica aqui resumidas, mas precisa ainda de investigações históricas sistemáticas para merecer um capítulo. A presente contribuição a esse tema cinge-se, portanto, a divulgar uma vivência que se inicia no princípio dos anos 1950, quando um jovem recém-formado em medicina, casado, estagiário sem remuneração no Instituto Brasileiro para Tuberculose (IBIT), iniciou uma pesquisa sobre antibióticos para o *Mycobacterium tuberculosis*.[17] Sem condições para dar continuidade à investigação, foi aconselhado pelo orientador, prof. Egon Darzins, a buscar a colaboração de laboratórios paulistas, entre os quais o do prof. Heitor da Rocha Lima, no instituto Pinheiros, que o encaminhou ao prof. Otto Bier, no Instituto Biológico, que se interessou pelo assunto e o recomendou ao diretor do Instituto Butantan. Após alguns meses de estágio sem remuneração, foi contratado como médico extranumerário mensalista para atuar na Seção de Imunoterapia.

Na primeira fase de implantação dos Institutos Adolpho Lutz, Manguinhos e Butantan o foco das pesquisas era a saúde humana, o controle urgente das epidemias. Embora a existência de excelentes cuidadores de biotérios dessas instituições possa ser relatada, imagino que o animal de laboratório era apenas um instrumento de pesquisa com requisitos pouco mais sofisticados que o tubo de ensaio.

Na segunda fase, sobretudo a partir da criação do Instituto Biológico, houve uma maior preocupação com a saúde dos animais e as condições dos biotérios. Embora esse Instituto tivesse como objetivo atender o interesse dos pecuaristas e agricultores, as pesquisas sobre saúde animal, sem sombra de dúvida, colaboraram para despertar o interesse sobre os animais de laboratório. O trabalho de Adolpho Martins Penha,[18] ministrando cursos de Estatística e disseminando os conceitos de dosagem biológica, foi de fundamental importância para um avanço, entre nós, nos cuidados com animais de laboratório.

A julgar pela minha experiência com biotérios entre os anos 1950 e 1970, o animal de laboratório era ainda apenas um instrumento para pesquisa. Os testes em animais para reativação da virulência dos Clostridia da gangrena gasosa e para a dosagem de toxinas diftérica, tetânica, do *Clostridium welchii*, *Cl. oedematiens* e *Cl. septicum* e respectivos soros chamaram a minha atenção para o sofrimento dos animais. Procurei visitar vários biotérios de criação e de experimentação e entrevistei os tratadores, os veterinários responsáveis e, mesmo em alguns casos, diretores de Instituição. Chamavam a atenção o forte cheiro de amônia, a presença de drosófila, os animais se coçando ininterruptamente e a presença de canibalismo em todos os biotérios visitados. Os tratadores, na sua esmagadora maioria, eram funcionários semialfabetizados, deslocados para essa função por inadequação em outras áreas. As entrevistas com os veterinários, muitos dos quais excelentes especialistas em pecuária, informavam sempre que estavam atendendo satisfatoriamente as solicitações dos usuários tanto em número como em qualidade, sendo, portanto, inoportuno realizar mudanças. Um dos diretores de uma instituição para quem apelei me informou honestamente que outras prioridades eram o seu foco e que as condições atuais, muito melhores do que no passado, eram realmente satisfatórias. A um outro diretor, solicitei autorização para comparecer no Congresso internacional de Estatística, realizado no Instituto Agronômico, em Campinas, em 1953 onde estariam presentes Emil Fisher, Bliss, Finney e muitos outros expoentes. Fui autorizado e participei, mas com o desconto no salário dos dias de afastamento.

A minha vivência com animais de laboratório nesse período foi objeto de trabalho anterior. O que considero importante ressaltar dessa vivência é que até o princípio dos anos 1970, a situação dos biotérios e dos animais de laboratório não era muito diferente da dos anos 1950. Assisti a muitas vivissecções sem anestesia, tive muitas discussões acaloradas com colegas pesquisadores e testemunhei a mortandade de numerosos camundongos sem um objetivo de pesquisa definido.

A situação começou a mudar com a formação de uma massa crítica de pesquisadores, com experiência em laboratórios do exterior[19] e que precisavam dispor de animais de laboratório criados em condições controladas para dar continuidade às experiências.[20] A disposição de alguns pioneiros de assumir um papel na luta por esse objetivo merece destaque. Enio Cardillo Vieira, da Universidade Federal de Minas Gerais, produzindo animais *germ-free*, com uma paciência de monge beneditino, e Sylvio Thales Torres, da Universidade Federal Fluminense, mantendo linhagens isogênicas, são exemplos relevantes desse pioneirismo.

A necessidade de implantar cursos de pós-graduação foi, sem sombra de dúvida, um importante fator a impulsionar a Ciência de Animais de Laboratório entre nós. Vários cursos, iniciados na década de 1970, dependiam de animais controlados e a busca de recursos para viabilizar essa demanda aumentou consideravelmente a ponto de o diretor científico da FAPESP (1979-1984), Ruy Vieira, um engenheiro de formação, sentir a necessidade de nomear uma comissão ampla para estudar o assunto. Como representante da UNICAMP por indicação do diretor do Instituto de Biologia, prof. Crodowaldo Pavan, tive a oportunidade de ressaltar que essa Universidade, na reitoria do prof. Zeferino Vaz, já havia terminado, em 1979, a construção de um edifício de 1.800 m^2, planejado especificamente para criar animais livres de patógenos específicos (SPF) requeridos pelo curso de pós-graduação em Imunologia. O arquiteto e construtor dessa obra, João Carlos Bross, respeitou fielmente o esboço arquitetônico que tinha como modelo o biotério do Instituto Gustave-Roussy em Villejuif, na França, e que havia sido aprovado por uma comissão, nomeada pela Reitoria, da qual fiz parte em colaboração com Adolpho Martins Penha e vários bioteristas de instituições paulistas.

No Estado de São Paulo, coube à FAPESP o papel central na implementação de uma política cientifica para o desenvolvimento da Ciência dos Animais de Laboratório entre nós, embora o CNPq e a FINEP tenham contribuído também de modo significativo. Alberto Carvalho da Silva, diretor-presidente daquela instituição, assumindo a coordenação da Comissão para estudar o assunto, visitou pessoalmente todos os biotérios das instituições de ensino superior do Estado de São Paulo e, com base no relatório da comissão, a FAPESP aprovou o projeto especial em Bioterismo, acentuando a importância de propostas integradas por várias instituições. O projeto CEMIB foi elaborado por um grupo constituído por representantes da Escola Paulista de Medicina (Aron Jurkiewicz), do Instituto de Ciências Biomédicas da Universidade de São Paulo (Theresa Kipnis) e da Unicamp (Humberto A. Rangel) e foi aprovado por consultores do Jackson Laboratories, USA (Edwin Les), da Universidade Federal Fluminense (Sylvio Thales Torres) e do Instituto Pasteur de Paris (Jean Louis Guénet).[21] O desenvolvimento do projeto recebeu a colaboração de especialistas brasileiros (Enio Vieira, UFMG; Sylvio Thales Torres, UFF) e estrangeiros: Willy Heine, Hans Hedrich, Volker Kraft, do Zentralinstitutfürversuchtierzucht de Hanover; Edwin Les, Terry Cunliffe-Beamer do Jackson Laboratories, Bar Harbour; Michael Festing do Medical Research Council, Londres. Vários jovens foram encaminhados para estágios nessas e em outras instituições do exterior para formar uma massa crítica de especialistas. Cumpre destacar a longa e permanente colaboração de Jean Louis Guénet, do Instituto Pasteur de Paris, que estimulou e continua colaborando com inúmeros projetos no âmbito da Ciência de Animais de Laboratório entre nós.

O Projeto CEMIB permitiu formar, nas três instituições, equipes especializadas no manejo de animais SPF, em gnotobiologia, genética de roedores, criopreservação, controle sanitário e, assim, melhorar a qualidade do animal fornecido para a pesquisa. Numerosos profissionais vêm sendo formados para outras instituições contribuindo para o desenvolvimento da Ciência de Animais de Laboratório entre nós. O International Council for Laboratory Animal Science (ICLAS) considerou esse projeto de grande impacto e elegeu o CEMIB/UNICAMP seu representante na América do Sul.

Durante os anos 1980, vários projetos para a melhoria da qualidade dos animais foram desenvolvidos com o apoio do CNPq e da FINEP em outros estados, sobretudo no Rio de Janeiro e em Minas Gerais, com forte impacto na evolução da Ciência de Animais de Laboratório entre nós. Contudo, além da melhoria dos biotérios e da formação de especialistas, considero que essa evolução tem dois momentos históricos relevantes: a criação em 1983 por

Fernando Sogorb Sanchis, do Colégio Brasileiro de Experimentação Animal (COBEA), atual Sociedade Brasileira da Ciência de Animais de Laboratório (SBCAL)[22] e a implantação do Biotbrás por Ana Maria Aparecida Guaraldo.[23]. Essas duas entidades permitiram o fortalecimento da presença desses especialistas na discussão e na formulação de políticas públicas, propiciando a criação das Comissões de Ética no Uso de Animais (CEUAS) e do Conselho Nacional de Experimentação Animal (CONCEA).[24] A pesquisa experimental, usando tanto seres humanos como outros animais, é fundamental para o progresso dos nossos conhecimentos, mas é essencial que essa experimentação seja realizada dentro de preceitos éticos. Caminhamos, assim, para aproximar a Declaração de Helsink[25] da Declaração de Basel,[26] reconhecendo a grande proximidade entre os seres humanos e demais seres vivos e a necessidade de uma ética de profundo respeito à vida.

Referências Bibliográficas

1 Edler FC A Escola Tropicalista Baiana: um mito de origem da medicina tropical no Brasil. História, Ciências, Saúde. Manguinhos: Rio de Janeiro, 9:357-85, 2002.

2 Polignano MV. História das políticas de saúde no Brasil: uma pequena revisão. Cadernos do Internato Rural-Faculdade de Medicina/UFMG, 35, 2001.

3 Stepan N. Gênese e evolução da ciência brasileira: Oswaldo Cruz e a política de investigação científica e médica. Rio de Janeiro: Artenova, 1976.

4 Santos LA de C. O pensamento sanitarista na Primeira República: uma ideologia de construção da nacionalidade. Dados. Revista de Ciências Sociais: Rio de Janeiro, 28:193-210, 1985.

5 Neiva A, Penna B. Viajem científica pelo norte da Bahia, sudoeste de Pernambuco, sul do Piauhí e de norte a sul de Goiaz. Memórias do Instituto Oswaldo Cruz, 8:74-224, 1916.

6 Faria LRD. Os primeiros anos da reforma sanitária no Brasil e a atuação da Fundação Rockefeller (1915-1920). Physis. Revista de Saúde Coletiva, 5:109-127, 1995.

7 Faria LR. 'A Fundação Rockefeller e os serviços de saúde em São Paulo (1920-30): perspectivas históricas'. História, Ciências, Saúde — Manguinhos, 9: 561-90, 2002.

8 Hobsbawm E. A era dos extremos. O breve século XX. São Paulo: Cia. das Letras, 1995.

9 Neto L. Getúlio (1882-1930). São Paulo: Cia. das Letras, 2012.

10 Neto L. Getúlio (1945-1954). São Paulo: Cia. das Letras, 2014.

11 Marinho MGS. Norte-americanos no Brasil: uma história da Fundação Rockefeller na Universidade de São Paulo, 1934-1952. São Paulo: Autores Associados, 2001.

12 Motoyama S, Simões EE, Nagamini M, Vargas RT. 50 anos do CNPq: contados pelos seus presidentes. São Paulo: Fapesp, 2002.

13 Capes. Disponível em: http://www.capes.gov.br/historia-e-missao. Acessado em: 20/3/2015.

14 Fapesp Linha do Tempo. Disponível em: http://www.bv.fapesp.br/linha-do-tempo/. Acessado em: 20/3/2015.

15 Derenusson MS. Marco zero: a criação da FINEP. Disponível em: https://www.finep.gov.br/imprensa/revista/edicao11/inovacao_em_pauta_11_artigo%20finep.pdf. Acessado em: 20/3/2015.
16 Parecer Sucupira. Disponível em: http://www.ppg.ufrn.br/conteudo/documentos/editais/parecer_sucupira.pdf. Acessado em: 13/03/2015.
17 Rangel HA. (Um penicilium produtor de antibiótico ativo contra o M. tuberculosis. Arq Inst Bras Invest Tubers 10: 223-227, 1951.
18 Penha AM. Adolfo Martins Penha (depoimento,1977). Rio de Janeiro, CPDOC, 2010. 45 p.
19 Sant'Anna OA. Immunology in Brazil: historical fragments. Scandinavian Journal of Immunology, 66: 106–112, 2007.
20 Rosenkranz A, Jurkiewicz A, Corrado AP. Situação dos biotérios brasileiros: fator limitante dos estudos farmacodinâmicos e toxicológicos de productos naturais. Ciência e Cultura, 32 (Suppl): 156-163, 1980.
21 FAPESP 30 anos: em apoio à pesquisa e ao desenvolvimento. São Paulo: EDUSP, 1994. p 100-108.
22 SBCAL. Disponível em: http://www.cobea.org.br/. Acessado em: 13/03/2015.
23 Guaraldo, AMP. Vivências. RESBCAL, São Paulo, v.2. 235-243, 2014. Disponível em: http://www.revistas.bvs-vet.org.br/RESBCAL/article/view/24624. Acessado em: 13/03/2015.
24 CONCEA. Disponível em: http://www.cobea.org.br/conteudo/view?ID_CONTEUDO=41. Acessado em: 13/03/2015.
25 Declaração de Helsink. Disponível em: http://www.fcm.unicamp.br/fcm/sites/default/files/declaracao_de_helsinque.pdf.
26 Declaração de Basel. Disponível em: http://www.basel-declaration.org/.

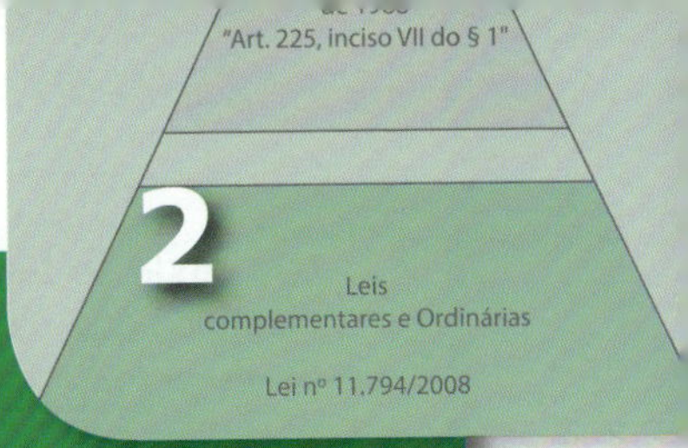

Caminho para a Legalidade

Pedro Canisio Binsfeld

■ Introdução

Animais fazem parte das atividades de ensino e pesquisa há centenas de anos. Entretanto, nas últimas décadas se intensificaram os questionamentos e os movimentos opostos à utilização dos animais em ensino e pesquisa. O binômio benefício × malefício da utilização de animais em atividades de ensino e pesquisa tem sido debatido publicamente, em tom emocional, colocando frente a frente os defensores e os opositores à utilização de animais para tais fins.

Nesse cenário, com vistas à mediação desse conflito, o Estado brasileiro, por meio do Poder Legislativo estabeleceu normas restritivas às instituições que utilizam animais em atividades de ensino e pesquisas científicas no País.[1] Porém, esse *caminho para a legalidade* não é um movimento isolado no Brasil e tem sido observado em diferentes países, apesar de não existir um tratado multilateral de proteção e bem-estar animal, é reconhecida internacionalmente a necessidade de se estabelecerem princípios éticos, diretrizes, códigos e legislações sobre o tema. No ano de 2004, havia 65 países, entre os 192 países do mundo, que tinham leis nacionais específicas de proteção animal.[2]

Nos anos mais recentes, tem havido um movimento crescente para adoção de normas de proteção e restrições na utilização de animais em atividades de ensino e pesquisa científica. Esse movimento está alinhado com o movimento pelo reconhecimento do direito dos animais em todos os países do mundo e em todas as esferas das sociedades, incluindo os meios acadêmicos, científicos e o regulatório.[2] Porém, do ponto de vista científico e regulatório, reconhece-se que ainda se faz necessária a utilização de animais em atividades de pesquisa científica que resultem em benefícios à humanidade.

Como em quase todas as atividades humanas, o ensino e pesquisa com animais não são exceção à regra e devem ser regidos por um conjunto de normas específicas, apoiadas por diretrizes ou códigos de conduta ética e moral que determinam igualmente o que é e o que não é aceitável. Entretanto, sejam as leis ou os códigos, todos visam disciplinar o nosso comportamento que, por fim, permita viver em uma sociedade democrática, organizada e civilizada na qual todos devem reconhecer os seus direitos e as suas obrigações, impondo ao Poder Público e à coletividade o dever de defendê-los.

Porém, mesmo em uma sociedade assim, há conflitos de interesses. As leis e as normas convencionam uma maneira de solver tais conflitos pacificamente. Nesse sentido, a legislação se faz necessária para garantir que os direitos individuais ou coletivos sejam respeitados e, dessa forma, provam o que se denomina de segurança jurídica.[3]

No caso específico do tema em tela, a legislação que trata das atividades de ensino e pesquisa com animais no Brasil não visa apenas disciplinar a conduta, mas também:

- definir políticas de ensino e pesquisa com animais;
- definir os mecanismos de fiscalização;
- definir e dar conhecimento das sanções em caso de infrações;
- cunhar segurança jurídica nas atividades de ensino e pesquisa com animais;
- estabelecer equidade entre instituições que se credenciam para atividades de ensino e pesquisa com animais;
- garantir a transparência de informações à sociedade sobre as atividades de ensino e pesquisa com animais;
- coibir a crueldade e reduzir o sofrimento dos animais envolvidos, e,
- promover a ética e a responsabilidade em atividades que envolvem animais.

Outro aspecto importante do marco regulatório em uma sociedade democrática é que as normas não são perenes, ou seja, são mutáveis e devem refletir a dinâmica da sociedade. Assim, quando uma norma for deficiente, e não refletir mais os anseios da sociedade, ela pode e deve ser alterada pelos legisladores.[3]

O marco legal brasileiro, além da Lei nº 11.794[1] e do Decreto Regulamentador,[4] constitui-se de diversas normas infralegais (resoluções, portarias e orientações técnicas) e de diretrizes orientadoras, como a diretriz brasileira para o cuidado e a utilização de animais para fins científicos e didáticos – DBCA[5] e a Diretriz da Prática de Eutanásia do CONCEA,[6] que espelham, em linhas gerais, a síntese da prática internacional relacionado à utilização de animais em atividades de ensino e pesquisa.

Além disso, o marco legal brasileiro reflete enfoques de diversas normas de autoridades e de diretrizes de organismos internacionais, que embora tratem da proteção, do cuidado e do bem-estar animal em sentido mais amplo, englobam também questões relacionadas a atividades acadêmicas e científicas com animais. Entre esses organismos, se destacam: Organização Mundial de Saúde Animal (OIE), Organização Mundial da Saúde (OMS), Organização das Nações

Unidas para a Educação, a Ciência e a Cultura (Unesco), Organização de Alimentos e Agricultura das Nações Unidas (FAO), Programa das Nações Unidas para o Meio Ambiente (PNUMA); Programa das Nações Unidas para o Desenvolvimento (PNUD) e a Organização para a Cooperação e o Desenvolvimento Econômico (OCDE).

É preciso ressaltar que, no marco legal brasileiro, se encontram refletidas importantes contribuições e reflexões da sociedade civil organizada, das organizações de proteção de animais e da academia, que incorporam da bioética grande parte da argumentação que afirma os direitos dos animais, incluindo os animais utilizados em atividades acadêmicas e científicas.

ORDENAMENTO JURÍDICO DE PESQUISA CIENTÍFICA COM ANIMAIS

Para compreender como a regulação das atividades de pesquisa científica com animais funciona, é preciso entender o ordenamento jurídico que, em síntese, compreende o conjunto de normas constitucionais, legais e infralegais (Figura 2.1), dispostos em uma hierarquia entre as normas de tal forma que as normas de hierarquicamente menores não podem conflitar nem modificar o disposto em uma norma hierarquicamente maior.

Assim, do conjunto de normas, a Constituição da República Federativa do Brasil de 1988 é a norma suprema, Carta Magna da qual emanam todas as demais espécies normativas, situando-se, portanto, no topo do ordenamento jurídico (Figura 2.1). Todas as outras normas – leis e normas infralegais – são subordinadas à Constituição Federal e, quando uma lei ou norma infralegal fere a Constituição, é considerada inconstitucional.

Já as leis ordinárias ou complementares posicionam-se na parte central da pirâmide de Kelsen (representado na Figura 2.1 pela Lei nº 11.794, de 08 de outubro de 2008), subordinadas à Constituição Federal, mas que são criadas, modificadas e aprovadas pelo poder legislativo. A Constituição Federal e as normas legais diferem em sua essência das normas infralegais, pois somente as primeiras podem criar, alterar ou extinguir direitos e obrigações.

Na base da pirâmide de Kelsen, encontram-se as normas infralegais, representados pelos atos normativos do poder executivo, representados pelos decretos presidenciais (p. ex.: Decreto nº 6.899/2009)[4] que regulamentam as leis e costumam ser o *modus-faciendi* das leis que foram aprovadas pelo legislativo. Incluem-se também nas normas infralegais as resoluções normativas, as instruções normativas, as portarias, etc. Essas normas especificarão e detalharão os direitos e obrigações determinados pela Lei, mas nunca criar, alterar ou extinguir quaisquer direitos ou obrigações, sob pena de não produzirem efeito jurídico válido.

Já as diretrizes, apesar de não fazerem parte formal do marco regulatório, são princípios gerais elaborados e dirigidos ao setor regulado ou para aqueles que precisam cumprir a legislação. As diretrizes fornecem orientações práticas das determinações encontradas nas leis. Geralmente, as diretrizes não são vinculantes e o seu não cumprimento não implica aplicações de sanções ou de

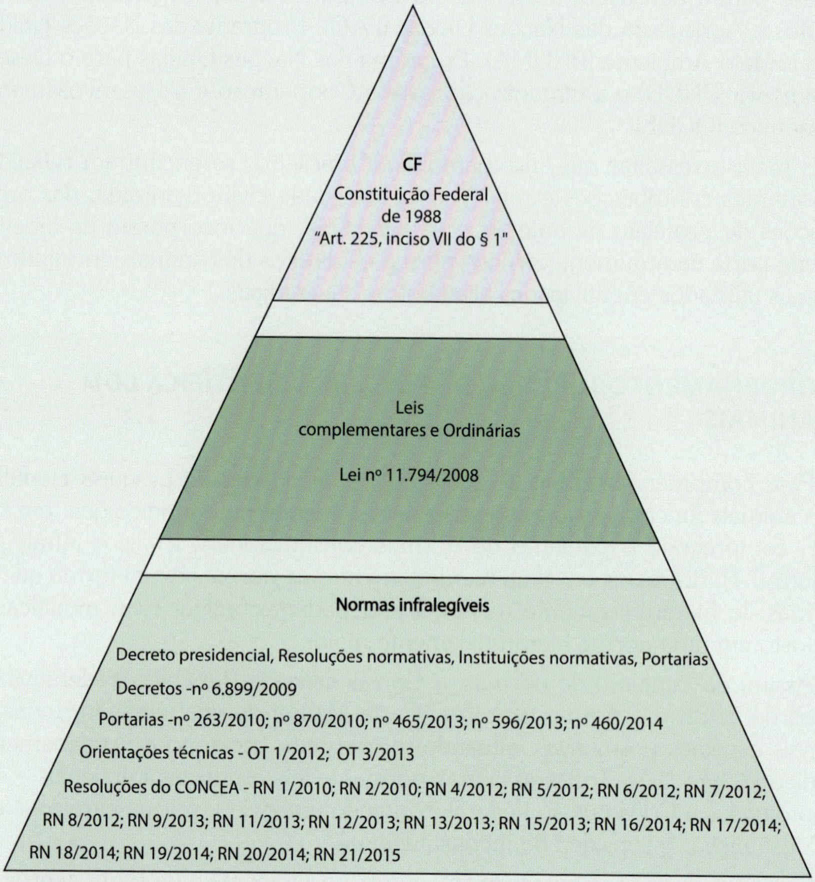

Figura 2.1 – *Representação das principais normas do ordenamento jurídico que regulamentam as atividades de pesquisa científica com animais no país, adaptada à pirâmide de normas, conhecida como pirâmide de Kelsen. CF: Constituição Federal; OT: orientação técnica; RN: resolução normativa. Fonte: CONCEA 2015. Disponível em: http://www.mct.gov.br/index.php/content/view/310555/Legislacao.html.*

medidas legais. Entretanto, a comprovação do não cumprimento de um padrão estabelecido em uma diretriz pode ser utilizada como sustentação de acusação resultante de uma infração determinada em lei. Por outro lado, se o regulado for acusado de uma infração legal, este pode defender-se demonstrando que seguiu o procedimento estabelecido em uma determinada diretriz.

O ordenamento jurídico brasileiro para o ensino e a pesquisa com animais segue padrões internacionais, tanto do ponto de vista do alcance e nível de detalhamento como pela sua sistematização. Identifica-se uma clara hierarquia decisória e com responsabilidade de gestão compartilhada. No texto da Constituição e da Lei, percebem-se a preocupação em evitar o sofrimento de animais e a exigência de tratamento humanitário de animais, que deve estar refletido nas normas infralegais que detalham os procedimentos e o tratamento a ser dispensado aos animais utilizados em atividades de ensino e pesquisa científica.

Outro aspecto de destaque é a participação da sociedade, tanto no processo de gestão e controle como por intermédio do Poder Judiciário, com possibilidade de se ingressar com uma ação popular ou por meio do Ministério Público, o qual representa institucionalmente os interesses da sociedade, quando constatada a irregularidade nas atividades de ensino e pesquisa com animais, acionando o Poder Judiciário para garantir o exercício efetivo do estabelecido no ordenamento legal.

EVOLUÇÃO DO MARCO LEGAL DE PESQUISA COM ANIMAIS

O uso de animais em experiências já era questionado por filósofos desde o século XVII e, a partir de então, está em curso um processo de mudança de percepção sobre o *status*, os direitos e, sobretudo, quanto à ética animal. Atualmente, nos principais meios científicos e acadêmicos do mundo, a ética e o bem-estar animal não são uma opção, mas um dever, imposto por legislações específicas que foram se aprimorando em função da mudança de percepção da sociedade como um todo decorrente do conhecimento e das reflexões dos pensadores nos últimos séculos. É também nesse sentido que a legislação brasileira vem caminhando e se consolidando. Na Figura 2.2, se encontram referências relevantes que evidenciam o processo evolutivo da legislação brasileira em relação ao uso de animais em atividades de ensino e pesquisa científica.

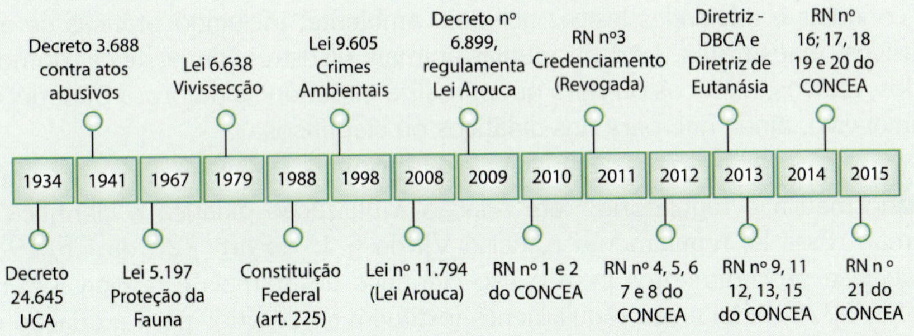

Figura 2.2 – *Representação diagramática dos referencias mais importante pelos quais se observa a evolução do Marco Legal Brasileiro em relação ao uso de animais em atividades de ensino e pesquisa científica.*

No Brasil, o caminho para a legalidade (a proteção jurídica dos animais) se iniciou há 1 século, em 1916, com a publicação do Código Civil que, em seu art. 47, definia os animais como "bens móveis suscetíveis de movimento próprio (semoventes)". Porém, a partir da década de 1920, foram proibidos quaisquer atos abusivos contra animais em atividades de criação, transporte, comercialização, em práticas laborais e diversão. Contudo, a primeira norma legal a fazer referência ao uso de animais com interesse para a ciência foi o Decreto Lei nº 24.645/1934.[7] A partir desse decreto lei, os animais passaram a ser protegidos contra atos abusivos, crueldade e maus-tratos e tais atos se tornaram passíveis de punição, o que também foi reafirmado no Decreto nº 3.688 de 1941.

Já a Lei nº 5.197/1967, conhecida como Lei de Proteção à Fauna, também reconhece a utilização científica de animais, quando no art. 14 definiu que poderá ser concedida a cientistas, ligados a instituições científicas, oficiais ou oficializadas, ou por estas indicadas, uma licença especial para a coleta de material destinado a fins científicos, em qualquer época. E, no § 4º do art. 14, assegura aos cientistas das instituições nacionais que tenham, por lei, a atribuição de coletar material zoológico, para fins científicos, a concessão de licenças permanentes. Essa lei foi precursora no estabelecimento de penas severas para os casos de posse, de compra, de venda, de transporte ou caça de qualquer animal silvestre, em especial, espécies de animais ameaçadas de extinção.

No ano de 1979, pela Lei nº 6.638,[9] foram estabelecidas normas que autorizavam práticas didáticas e científicas com a utilização de animais. Essa lei também estabelecia os limites e as infrações para as práticas de vivissecção de animais em desconformidade com a lei, entretanto esta nunca foi regulamentada, ficando, portanto, com diminuta aplicabilidade. Dez anos após, a Constituição Federal de 1988 (CF/1988),[10] pelo art. 225, inciso VII, conferiu responsabilidade sobre proteção aos animais e incumbe à coletividade e ao Poder Público proteger a fauna e flora, vedando práticas que coloquem em risco sua função ecológica, pratiquem a extinção de espécies ou submetam animais à crueldade. Após 20 anos da promulgação da CF/1988, o art. 225 ensejou a promulgação da Lei nº 11.794/2008, conhecida como Lei Arouca.[1] Entretanto, antes da Lei Arouca, a Lei nº 9.605/1998,[11] conhecida como Lei de Crimes Ambientais, em seu Art. 32 §1º, dispõe sobre as sanções penais e administrativas derivadas de condutas e atividades lesivas ao meio ambiente, incluindo práticas de atos abusivos, maus-tratos, ferir ou mutilar animais silvestres, domésticos, domesticados, nativos, exóticos ou para quem realiza experiência dolorosa ou cruel em animal vivo, ainda que para fins didáticos ou científicos.

Com a promulgação da Lei nº 11.794/2008, o Brasil entra em uma nova era normativa e regulatória[12] em relação à utilização didática e científica de animais. Essa lei regulamenta o inciso VII do § 1º do art. 225 da CF/1988, estabelece procedimentos para o uso científico de animais e revoga a Lei nº 6.638/1979. A lei e seu regulamento instituem os critérios para a criação e a utilização de animais em atividades de ensino e pesquisa científica, em todo o território nacional, assim como define que a utilização de animais em atividades educacionais fica restrita a estabelecimentos de ensino superior e de educação profissional técnica de nível médio da área biomédica.

Assim, em 2009, com a regulamentação da Lei nº 11.794/2008, pelo Decreto nº 6.899, foi definida a criação e composição do Conselho Nacional de Controle de Experimentação Animal (CONCEA) e de sua secretaria-executiva e cria a estrutura e os instrumentos para a evolução virtuosa do marco legal da utilização de animais com o diploma da ética e bem-estar animal.

O normativo infralegal que emana das autoridades administrativas (decretos, portarias, resoluções, instruções normativas, etc.) tem a função de buscar a fiel execução da lei, ou seja, as normas infralegais detalham o que diz a legislação.

Atualmente, o CONCEA desempenha o principal papel de autoridade normativa em relação à utilização de animais para fins de ensino e pesquisa científica no Brasil. O CONCEA até o momento publicou 20 resoluções normativas desde o ano de 2010 e duas orientações técnicas.[12] Também como anexo a algumas resoluções normativas, encontram-se diretrizes, como a Diretriz Brasileira para o Cuidado e a Utilização de Animais para Fins Científicos e Didáticos – DBCA, anexo da RN nº 12/2013.[5]

As diretrizes têm a finalidade de detalhar procedimentos e condutas em atividades de ensino e pesquisa científica com animais que convergem para a consecução dos princípios da lei. Trata-se, portanto, de instrumentos que detalham os procedimentos e os cuidados que devem ser seguidos por pesquisadores e as instituições, para que seja assegurada a ética e bem-estar dos animais nestas atividades.

Contudo, o marco legal isoladamente não é suficiente para produzir efeitos práticos sobre a ética e bem-estar animal. Para que este produza a eficácia esperada, conta-se com a adesão da comunidade acadêmica e científica, e de toda sociedade para alcançar à aplicação correta das normas. Medidas educacionais que promovam a incorporação dos valores éticos e de bem-estar animal também são necessárias. É inquestionável que a legislação fornece elementos necessários para evitar a crueldade e o abuso, entretanto, também deve refletir as melhores práticas de bem-estar animal à luz dos conhecimentos atuais.

Princípios e diretrizes gerais do marco legal

Princípios gerais do marco legal

No processo da gênese da lei brasileira, o legislador reconhece a necessidade de contínua proteção aos animais e, para isso, cria uma autoridade na forma do Conselho Nacional de Controle de Experimentação Animal (CONCEA), como instância normativa e regulatória, e as Comissões de Ética no Uso de Animais (CEUA) nas respectivas instituições, como a autoridade e instância ética institucional. O legislador entendeu que, com essa sistematização seria possível atender ao proposto no marco legal brasileiro. A lei destaca ainda a responsabilidade compartilhada entre todos os envolvidos no cuidado e bem-estar dos animais.

Animais têm direito ao respeito e à proteção, esse direito se traduz em princípios básicos que orientam as normas brasileiras, entre as quais se destacam alguns princípios da bioética:

1. O princípio da não maleficência impõe a obrigação de não infringir dano intencional e deriva da máxima da ética *Primum non nocere,* ou seja, antes de tudo, não fazer nada que prejudique;
2. O princípio do tratamento humanitário encontrado na lei incumbe ao CONCEA formular normas, e zelar pelo respectivo cumprimento, relativas à utilização humanitária de animais orientados pelo bem-estar destes;
3. O princípio do benefício considera que qualquer atividade de ensino e pesquisa científica com animais somente é aceitável se delas resultarem reais benefícios aos animais ou humanos; e,
4. O princípio dos 3Rs[13] que a Lei nº 11.794/2008 reconhece nos art. 14 e 15, quando orienta a adoção do refinamento, redução e substituição de animais em ensino e pesquisa científica.

Diretriz geral do marco legal

Como diretriz geral do marco legal, em especial da Lei nº 11.794/2008, tem-se o estímulo ao avanço científico e tecnológico considerando a ética e o bem-estar animal. O legislador demonstra a sua preocupação com o estímulo ao avanço relacionado a ciências básicas, ciências aplicadas, desenvolvimento tecnológico, produção e controle da qualidade de medicamentos, alimentos, imunobiológicos, instrumentos e inovações, com o fito de soluções para as áreas da saúde humana e animal.

É interessante observar que o legislador não se limitou aos interesses do avanço científico e tecnológico com benefício à vida e saúde humana, mas considerou a necessidade de respeito e proteção aos animais. Docentes e cientistas que utilizam animais têm uma responsabilidade pessoal com todos os assuntos relacionados à qualidade de vida desses animais, como fator essencial ao planejar ou conduzir projetos.

A legislação reforça a responsabilidade institucional na medida em que somente autoriza atividades de ensino e pesquisa com animais para pessoas jurídicas, sendo vedada às pessoas físicas em atuação autônoma e independente, ainda que mantenham vínculo empregatício ou qualquer outro com pessoas jurídicas. E complementa, nos arts. 12 e 13 da Lei nº 11.794/2008, que a criação ou uso de animais ficam restritos às instituições legalmente estabelecidas, credenciadas no CONCEA e que tenham CEUA.

A dúvida é se os princípios e diretrizes da lei podem ser convergentes, ou seja, que os primeiros não sejam feridos, considerando a ética e o bem-estar animal, quando se usam animais para o estímulo ao avanço científico e tecnológico. Nesse sentido, a regulação precisa estar atenta e preparada para evitar assimetrias e eventuais distorções em atividades nas instituições que utilizam animais para fins didáticos e científicos.

■ Sistema Nacional de Controle e Experimentação Animal

Apesar de não existir na legislação nacional a denominação de Sistema Nacional de Controle de Experimentação Animal – SNCEA,[14] são reconhecidos o claro objetivo e a determinação do legislador em sistematizar e estruturar o controle da pesquisa científica com animais no Brasil.

A experiência de conselhos congêneres, particularmente a Comissão Nacional de Ética em Pesquisa (CONEP) do Conselho Nacional de Saúde (CNS), mostrou que a divisão de atribuições e responsabilidades entre o Conselho e as Instituições pelas Comissões de Ética em Pesquisa (CEP) como instâncias regulatórias promove maior efetividade do cumprimento da legislação e continuidade das políticas públicas.

Essa prática fica evidente com o surgimento da bioética como ciência e, a partir da década de 1970, os debates sobre a ética e o bem-estar animal se aprofundaram, culminando, no início dos anos 1980, com a regulamentação e a criação de sistemas reguladores de experimentação animal que se tornaram compulsórias em diversos países. Nos Estados Unidos, Canadá, Japão, Austrália, União Europeia, entre outros, tornou-se obrigatória uma revisão dos protocolos de pesquisa com animais, inclusive com recomendações de que sejam substituídos. No Brasil, apesar dos avanços observados nos últimos anos, há, na prática ainda, uma grande assimetria entre os usuários de animais para fins de ensino e pesquisa científica, especialmente quanto: i) ao conhecimento da legislação; ii) à formação e qualificação de recursos humanos; iii) à infraestrutura; iv) aos protocolos usados; v) ao conhecimento sobre bem-estar animal; vi) ao apoio institucional, entre outros.

Com o desígnio do princípio da racionalidade administrativa e do dinamismo operacional e funcional das instituições, para superar as assimetrias, o legislador na aprovação da Lei nº 11.794/2008[1] estabeleceu as bases para consolidar o sistema nacional de controle e experimentação animal (Figura 2.3) que fosse capaz de equalizar o uso de animais no país. O sistema constitui-se de duas dimensões:

- a dimensão legal e regulatória;
- a dimensão institucional e operacional.

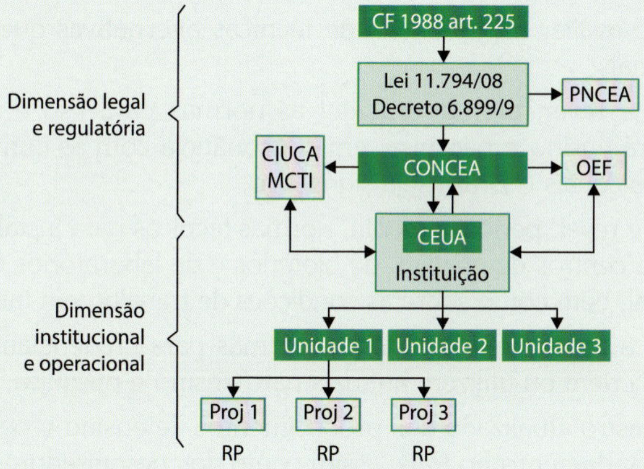

Figura 2.3 – *Representação diagramática do Sistema Nacional de Controle e Experimentação Animal formado por: a) dimensão legal e regulatória constituída pela legislação e os mecanismos regulatórios; e b) dimensão institucional e operacional constituída pela instituição e as atividades relacionadas ao uso ético de animais com fins de ensino e pesquisa científica no País. CF: Constituição Federal; PNCEA: Política Nacional de Controle e Experimentação Animal; CIUCA: Cadastro das Instituições de Uso Científico de Animais; CONCEA: Conselho Nacional de Controle de Experimentação Animal; OEF: Órgãos e Entidades Fiscalizadoras; CEUA: Comissão de Ética no Uso de Animais; RP: responsável pelo projeto. Fonte: Binsfeld PC. Sistema nacional de controle de experimentação animal para atividades de ensino e pesquisa científica. RESBCAL, São Paulo, v.1 n.2, p. 175-183, 2012.*

A primeira abarca a legislação, a estrutura e os mecanismos regulatórios e de fiscalização, tendo como característica a governança nacional. Já a dimensão institucional e operacional refere-se especificamente às instituições de ensino e de pesquisa científica e aos usuários. Tem como característica e missão a governança institucional, ou seja, compete à CEUA da instituição e aos usuários a responsabilidade prática de zelar para que os princípios e objetivos da lei sejam alcançados.

Dimensão legal e regulatória

A dimensão legal e regulatória do Sistema (Figura 2.3) é constituída pelos dispositivos legais e infralegais (art. 225 da CF/1988; Lei nº 11.794/2008, Decreto nº 6.899/2009, as resoluções e as orientações técnicas do CONCEA) e configura e delineia a política nacional de controle de experimentação animal no país. Ao plenário, órgão superior de deliberação do CONCEA, cabe definir normas e diretrizes consistentes que garantam o bem-estar e o uso ético de animais. Também compete ao CONCEA assessorar autoridades públicas na formulação e implementação de políticas públicas relacionadas à utilização de animais em atividades de ensino e pesquisa científica no País.[14]

Como instância colegiada e multidisciplinar, o CONCEA funciona como órgão regulador de caráter normativo, consultivo, deliberativo e recursal, para ordenar os procedimentos de criação e utilização humanitária de animais com finalidade de ensino e pesquisa científica. Entre as principais competências, conforme definidas no art. 5º da Lei nº 11.794/2008, o CONCEA deve:

1. formular e zelar pelo cumprimento das normas legais e infralegais;
2. credenciar instituições para criação ou utilização de animais;
3. monitorar e avaliar a introdução de técnicas alternativas que substituam o uso de animais;
4. estabelecer e rever, periodicamente, as normas para uso e cuidados com animais para ensino e pesquisa, em consonância com as convenções internacionais das quais o Brasil seja signatário;
5. estabelecer e rever, periodicamente, normas técnicas para instalação e funcionamento de centros de criação, de biotérios e de laboratórios de experimentação animal, bem como sobre as condições de trabalho em tais instalações;
6. estabelecer e rever, periodicamente, normas para credenciamento de instituições que criem ou utilizem animais para ensino e pesquisa;
7. manter cadastro atualizado dos procedimentos de ensino e pesquisa realizados ou em andamento no País, assim como dos pesquisadores; e,
8. apreciar e decidir recursos interpostos contra decisões das CEUA, entre outras.

A dimensão regulatória inclui o Cadastro das Instituições de uso Científico de Animais – CIUCA, no âmbito do Ministério da Ciência, Tecnologia e Inovação – MCTI e administrado pela Secretaria-Executiva do CONCEA, conforme normas expedidas por esse ministério. O cadastro é constituído por módulos de bancos de dados eletrônicos destinados ao registro das instituições, dos protocolos experimentais ou pedagógicos dos pesquisadores e para as solicitações de credenciamento das instituições.

A fiscalização das atividades reguladas pela Lei nº 11.794/2008 (art. 21) fica a cargo dos órgãos e entes fiscalizadores – OEF, dos Ministérios da Agricultura, Pecuária e Abastecimento; da Saúde; da Educação; da Ciência e Tecnologia; e do Meio Ambiente, nas respectivas áreas de competência, observando as deliberações do CONCEA.

As deliberações, resoluções e pareceres técnicos prévios conclusivos do CONCEA vinculam os demais órgãos da administração quanto às atividades de criação e utilização de animais para fins de ensino e pesquisa científica por estes analisados, preservando as competências dos órgãos e entidades de fiscalização de estabelecer exigências e procedimentos adicionais específicos às suas respectivas áreas de competência legal.

Dimensão institucional e operacional

A dimensão institucional e operacional do sistema nacional (Figura 2.3) representa as instituições e os usuários que utilizam animais em atividade de ensino e pesquisa.[14] É esta dimensão que abrange a responsabilidade prática de zelar para que os princípios da Lei sejam implementados e os seus objetivos alcançados. Essa dimensão se processa em distintos níveis conhecidos como:

- nível político institucional;
- nível ético;
- nível técnico; e
- nível operacional administrativo.

No aspecto político institucional, torna-se essencial assimilar as imposições da lei às instituições que criam e usam animais para que sejam atendidas as obrigações legais, com maior apoio institucional à CEUA e aos biotérios. No aspecto ético, as CEUA devem ter autonomia e transparência em suas análises para garantir a aplicação dos princípios da lei. No aspecto técnico, as instituições e profissionais envolvidos devem ser capazes de garantir o bem-estar e o tratamento apropriado dos animais. Já no aspecto operacional e administrativo, é preciso um planejamento das unidades institucionais envolvidas para suprir as demandas de recursos materiais e humanos para prover as condições necessárias à segurança e bem-estar dos animais e profissionais envolvidos.

A instituição que cria e utiliza animais que se enquadram no escopo da Lei nº 11.794/2008 são obrigadas a constituir uma CEUA, cadastrar a instituição no CIUCA e providenciar o credenciamento junto ao CONCEA, em conformidade com a Resolução Normativa nº 16/2014 e, ainda, solicitar o licenciamento.

Constituir CEUA é obrigatório para toda instituição que se dedique ao ensino, à pesquisa científica, ao desenvolvimento tecnológico, à produção e ao controle da qualidade de medicamentos, alimentos, imunobiológicos, instrumentos ou quaisquer outras substâncias testadas em animais, conforme regulamentado pela Lei nº 11.794/08, Decreto 6.899/09 e pela Resolução Normativa nº 1/2010, publicada pelo CONCEA.

No aspecto político, as instituições devem reconhecer o papel legal da CEUA, observar suas recomendações e promover capacitação em ética e bem-estar animal, bem como assegurar o suporte necessário à CEUA para o cumprimento de suas atribuições legais, em especial as que se destinam à supervisão das atividades de criação, ensino ou pesquisa científica com animais.

A CEUA é o componente essencial para a autorização, aprovação, controle, monitoramento e vigilância das atividades sob o escopo da lei. Ela visa garantir os princípios éticos, o tratamento humanitário e o bem-estar animal na criação, ensino e pesquisa científica com animais, bem como garantir o cumprimento das normas do CONCEA.

Entre as principais competências institucionais no aspecto operacional e administrativo, está a de garantir que a CEUA possa cumprir suas atribuições, em que se destacam:

- cumprir e fazer cumprir a lei e as resoluções normativas do CONCEA;
- avaliar os protocolos experimentais ou pedagógicos dos procedimentos de ensino e dos projetos de pesquisa científica da instituição à qual esteja vinculada;
- incentivar a adoção dos princípios de refinamento, redução e substituição;
- manter cadastro dos docentes e pesquisadores e dos protocolos experimentais ou pedagógicos em andamento;
- estabelecer programas preventivos e realizar inspeções anuais das instalações sob sua responsabilidade;
- expedir certificados que se fizerem necessários;
- investigar e notificar o CONCEA e autoridades sanitárias a ocorrência de acidente com animais ações saneadoras;
- solicitar e manter relatório final dos projetos realizados na instituição;
- avaliar a qualificação e a experiência dos profissionais envolvidos nas atividades de criação, ensino e pesquisa científica;
- divulgar normas e tomar decisões sobre procedimentos e protocolos pedagógicos e experimentais, sempre em consonância com as normas em vigor;
- assegurar que suas recomendações e as do CONCEA sejam observadas;
- consultar o CONCEA sobre assuntos de seu interesse;
- desempenhar outras atribuições, conforme deliberações do CONCEA e determinar a paralisação de qualquer procedimento em desacordo com a Lei nº 11.794/2008, na execução de atividades de ensino e de pesquisa científica, até que a irregularidade seja sanada, sem prejuízo da aplicação de outras sanções cabíveis.

À CEUA compete também acompanhar cada unidade sob sua responsabilidade e os respectivos projetos que deverão ter um responsável – RP (Figura 2.3), analisando a conformidade dos procedimentos em consonância com os princípios da legislação, ética e bem-estar animal, sendo que tal procedimento deve constar em relatório anual.

A CEUA deverá realizar reuniões ordinárias pelo menos uma vez a cada semestre, registrando em ata as deliberações e, anualmente, por meio do CIUCA, deve apresentar, ao CONCEA, relatório das atividades desenvolvidas, até o dia 31 de março do ano fiscal subsequente, sob pena de suspensão das atividades.

Os membros da CEUA devem manter sigilo sobre processos analisados e poderão responder pelos prejuízos que, por dolo, causarem às atividades propostas ou em andamento. A CEUA deverá deliberar sobre as propostas e a omissão acarretará sanções à instituição, nos termos dos arts. 17 e 20 da Lei nº 11.794/2008.

A CEUA, seja de instituição pública ou privada, deve estar profundamente inteirada com as atividades na instituição sob sua responsabilidade. Deve atuar com serenidade, discernimento, orientando e informando aos proponentes dos projetos para o bom desempenho de suas funções e para dar a devida proteção aos de direito.

Seguindo as diretrizes da lei, as instituições e as CEUA não têm por princípio a suspensão da utilização de animais, mas promover a sua utilização racional (art. 14 da Lei nº 11.794/2008), devendo buscar sempre o refinamento de técnicas e a substituição do modelo animal, sempre que possível. Essa prática permitirá a redução ou substituição da utilização de animais, seja em atividades de ensino ou na pesquisa científica.

Referências Bibliográficas

1 BRASIL. Lei nº 11.794, de 8 de outubro de 2008. Regulamenta o inciso VII do § 1 do art. 255 da Constituição Federal, estabelecendo procedimentos para o uso científico de animais; revoga a Lei no 6.638, de 8 de maio de 1979; e dá outras providências. Diário Oficial da União, Brasília, DF, n. 196, 9 out. 2008. Seção 1, p. 1-2, 2008.

2 WAP (World Animal Protection) - Global Legislation Guide - Legislação de proteção animal. Disponível em: http://www.animalmosaic.org/legislation/global-legislation/(http://www.animalmosaic.org/Images/An%20overview%20of%20animal%20protection%20legislation_Portuguese_tcm46-28492.pdf). Acessado em: 14 de fevereiro de 2015.

3 CLARK, CE. The Function of Law in a Democratic Society. Yale Law School. 9 University of Chicago Law Review, 393, 1942.

4 BRASIL. Decreto no 6.899, de 15 de julho de 2009. Dispõe sobre a composição do Conselho Nacional de Controle de Experimentação Animal (CONCEA), estabelece as normas para o seu funcionamento e de sua Secretaria-Executiva, cria o Cadastro das Instituições de Uso Científico de Animais (CIUCA), mediante a regulamentação da Lei no 11.794, de 8 de outubro de 2008, que dispõe sobre procedimentos para o uso científico de animais e dá outras providências. Regulamenta o inciso VII do § 1 do art. 255 da Constituição Federal, estabelecendo procedimentos para o uso científico de animais; revoga a Lei no 6.638, de 8 de maio de 1979 e dá outras providências. Diário Oficial da União, Brasília, DF, no 134, 16 jul. 2009. Seção 1, p. 2-5, 2009.

5 Brasil. Concea. Resolução Normativa no 12, de 20 de setembro de 2013. Baixa a Diretriz Brasileira para o Cuidado e a Utilização de Animais para Fins Científicos e Didáticos (DBCA). Diário Oficial da União, Brasília, DF, no 186, 25 set. 2013. Seção 1, p. 09. 2013.

6 Brasil. Concea. Resolução Normativa no 13, de 20 de setembro de 2013. Baixa as Diretrizes da Prática de Eutanásia do Conselho Nacional de Controle de Experimentação Animal (CONCEA). Diário Oficial da União, Brasília, DF, no 187, 26 set. 2013. Seção 1, p. 05. 2013.

7 Machado CJS, Filipecki ATP, Teixeira MO, Klein HE. A regulação do uso de animais no Brasil do século XX e o processo de formação do atual regime aplicado à pesquisa biomédica. História, Ciências, Saúde-Manguinhos, Rio de Janeiro, 17(1):87-105, 2010.

8 BRASIL. Lei no 5.197, de 03 de janeiro de 1967. Lei de proteção à fauna. Diário Oficial da União, Brasília, DF, de 05 de janeiro de 1967. Disponível em: http://

www.planalto.gov.br/ccivil_03/leis/l5197.htm. Acessado em: 15 de fevereiro de 2015.

9 Brasil. Lei no 6.638, de 08 de maio de 1979. Normas para a prática didático-científica da vivissecção de animais e determina outras providências. Diário Oficial da União, Brasília, DF, de 10 de maio de 1979. Disponível em: http://www.planalto.gov.br/ccivil_03/leis/1970-1979/l6638.htm. Acessado em: 15 de fevereiro de 2015.

10 Brasil. Constituição de 1988. Constituição da República Federativa do Brasil: Promulgada em 5 de outubro de 1988. Brasília: Senado Federal - Subsecretaria de Edições Técnicas, 2011. 578 p.

11 Brasil. Lei no 9.605, de 12 de fevereiro de 1998. Lei de Crimes Ambientais, que dispõe sobre as sanções penais e administrativas derivadas de condutas e atividades lesivas ao meio ambiente e dá outras providências. Diário Oficial da União, Brasília, DF, n. 31, 13-2-98, out. 2008. Seção 1, p. 1, 1998.

12 Brasil. Concea. Sítio eletrônico - Síntese das principais normas vigentes no país sobre a utilização de animais para atividades de ensino e pesquisa científica. Disponível pelo sitio eletrônico do Conselho Nacional de Controle de Experimentação Animal (CONCEA) em: http://www.mct.gov.br/index.php/content/view/310555/Legislacao.html. Acessado em: 14 de fevereiro de 2015.

13 Russell WMS, Burch RL. The principles of human experimental technique. London: Methuen and Company, 1959.

14 Binsfeld PC. Sistema nacional de controle de experimentação animal para atividades de ensino e pesquisa científica. RESBCAL, São Paulo, v.1 n.2, p. 175-183, 2012.

3

Três Rs

Luisa Maria Gomes de Macedo Braga

Introdução

O homem convive com o animal desde os primórdios da humanidade. Com isso, aprendeu a conhecê-lo e respeitá-lo, e ambos acabaram sofrendo das mesmas enfermidades. A luta pela sobrevivência e melhora de vida levou-o a estudar os animais e a perceber que, apesar de diferirem em muitos aspectos, se assemelhavam em muitos outros. Essa busca pela compreensão dos organismos como um todo foi um dos impulsos fundamentais para o avanço do conhecimento científico nas áreas das ciências biológicas e biomédicas.

John Richmond[1,2] comenta que grande parte das informações sobre o funcionamento e a fisiologia dos órgãos e sistemas orgânicos, tanto do homem como dos animais, foi adquirida em estudos observacionais que hoje, à luz dos conhecimentos atuais, podem nos parecer uma grande barbárie. No entanto, devemos considerar que, para as sociedades de até meados do século XVII, os animais eram considerados seres não sencientes, ou seja, não dotados de um sistema nervoso capaz de permitir a experiência do sofrimento.

Se hoje sabemos que, assim como o homem, muitas classes de animais são capazes de sentir dor, angústias ou sofrimentos, esse conhecimento é relativamente recente. Uma prova disso foram as cirurgias experimentais de John Hunter,[3] sobre a dinâmica da circulação, que permitiram um vasto conhecimento a respeito do sistema circulatório, feitas em cães e equinos e que datam de antes do advento da anestesia geral. Assim como ele, outros cirurgiões daquela época repetiam experimentos para conseguir, eles mesmos, observar o que já havia sido descrito por outros. As primeiras contribuições para a ciência foram baseadas na curiosidade, no empirismo e tinham caráter essencialmente descritivo, tendo sido destinadas mais a gerar conhecimento do que a resolver problemas práticos.

Com a evolução do conhecimento, a ciência passou a ser mais dedutiva, surgindo a necessidade de entender os mecanismos envolvidos em processos fisiológicos e de desenvolver hipóteses. Os métodos científicos experimentais evoluíram, o animal passou a ser considerado ser senciente, ou seja, capaz de sofrer, e começaram, então, a surgir as primeiras legislações de proteção aos animais, sendo a primeira delas em 1876, o *Cruelty to Animals Act*, no Reino Unido.[4]

A partir de então, houve a criação de diversas outras organizações de proteção aos direitos dos animais em diversos países e a sociedade cientifica começou a ter consciência de que precisava desenvolver normas de cuidados para com os animais, usá-los com fins bem justificados, além de criar e desenvolver métodos alternativos ao uso de animais de laboratório, buscando reduzir o número de animais utilizados e garantindo seu bem-estar.

Princípio dos 3 Rs

O Estudo de Russell & Burch

Em 1959, durante a reunião anual da Associação Americana para Ciência de Animais de Laboratório (AALAS, sigla em inglês), em Washington, Major Charles Hume,[5] fundador da Universities Federation for Animal Welfare (UFAW) apresentou um trabalho, denominado *The Principles of Humane Experimental Technique*, descrito por dois cientistas ingleses, William Russell, zoologista e psicólogo, e Rex Burch, microbiologista. A publicação resultou de um estudo sistemático sobre aspectos éticos e sobre o desenvolvimento e o progresso de técnicas humanitárias na experimentação animal, sintetizando em três palavras o princípio humanitário da experimentação animal que, por sua grafia em inglês – *replacement*, *reduction* e *refinement* –, ficou conhecido como o "princípio dos 3 Rs.

Russell e Burch[6] basearam seus estudos no conceito filosófico da humanidade – no tocante a "humanitário" *versus* a "não humanitário" no contexto dos experimentos com animais. Eles afirmaram que a humanidade verdadeira, que distingue seres humanos de todas outras espécies, é a capacidade para a cooperação social, intimamente ligada a uma atitude compassiva, benevolente e compreensiva em relação a outras espécies. Esse estudo apresentava duas limitações: contemplar somente o Reino Unido; e as discussões terem ficado restritas a animais vertebrados. Esses mesmos pesquisadores consideraram existir duas fases na experimentação. Uma, aquela em que o animal não se encontra em experimento, estando apenas em criação. Essa fase já tinha regras e normas bem definidas de cuidados publicadas por diferentes países (p. ex.: UFAW- *Hand Book for Care and Management of Laboratory Animal,*[5] *Guide for Care and Use of Laboratory Animals,*[7] entre outros). A outra, que foi objeto do estudo, é aquela em que o animal encontra-se realmente em situação experimental.

Eles observaram que, embora houvesse uma tentativa dos pesquisadores em tratarem seus animais com grande cuidado, alguns estudos, *per se*, já eram desumanos. Analisando e documentando atitudes "humanitárias" ou "não humanitárias" no uso dos animais em pesquisas, os autores esperavam promover o desenvolvimento de técnicas experimentais menos desumanas e reduzir a dor e o medo infligidos sobre animais de laboratório.

Para medir a "não humanidade", Russell e Burch[6] usaram os critérios da dor, ou mais geralmente, do *distress*, ou seja, aquela situação em que o animal não consegue se adaptar a uma situação estressante (seja ela fisiológica, psicológica ou ambiental) e demonstra comportamento anormal (aflição, angústia, agressividade) para sua espécie.

O último fator analisado pelos autores foi o ambiente em que os animais se encontravam. Eles constataram que todos os animais de laboratório viviam em ambientes artificiais e que o tamanho e a distribuição dos seus grupos sociais e do seu meio físico tendiam a ser otimizados para a conveniência dos experimentadores, e não conforme as necessidades dos animais.

Os autores utilizaram em sua pesquisa dados do Escritório dos Animais de Laboratório do Conselho de Pesquisa Médico Britânico (LAB, de 1952), que forneceu as seguintes informações: espécies dos animais usados; tipo de laboratório; objetivo de pesquisa; e número de animais. Os experimentos foram classificados de acordo com o grau de estresse que provocavam. Eles combinaram três variáveis para identificar os procedimentos mais desumanos. A análise forneceu a base sistemática para um programa de procedimentos humanos na biologia experimental, que denominaram de 3Rs e que discutiremos neste capítulo.

Os autores acreditavam que, ao melhorar a sistematização dos dados e buscar cuidados mais humanitários, haveria uma grande contribuição também para o progresso das ciências biológicas como um todo.

Segundo Howard Bryan,[8] o estudo de Russel e Burch delineava muito mais uma abordagem bem fundamentada e acadêmica para os princípios de uma técnica experimental mais humana do que uma avaliação ética da adequação do uso de animais para fins científicos. Apesar de original e inovador em vários aspectos, esse livro permaneceu sem atrair muita atenção até meados dos anos 1980. Nessa época, iniciaram-se movimentos em vários países europeus para definir legislações sobre proteção aos animais e esses princípios viraram orientação para legislações ao redor de todo o mundo no que tange ao cuidado e uso de animais em experimentação.

Definição dos Princípios

REPLACEMENT – ALTERNATIVA ou SUBSTITUIÇÃO

Este R é definido como qualquer método cientifico capaz de substituir o uso de animais vertebrados vivos por materiais sem sensibilidade ou por animais com sistema nervoso menos desenvolvido.

O emprego de métodos alternativos para a substituição de animais em ensino, pesquisa e desenvolvimento de produtos, vem sendo discutido e estudado com muita ênfase nos últimos anos. Sua importância é tão grande que merece um capítulo à parte neste livro. Cabe destacar que, quando pensamos em alternativas ao uso de animais, cada uma das utilizações citadas está em momentos diferentes. Enquanto no ensino, praticamente, não se utilizam mais animais, contando com uma série de manequins, modelos e softwares, na pesquisa e no desenvolvimento de produtos, ainda não chegamos tão perto da abolição total do uso de animais. Pesquisas utilizando organismos vivos continuam sendo imprescindíveis para entendermos a saúde e a doença tanto dos animais como dos homens, para tratar doenças virais emergentes, como o ebola; doenças raras ou ainda sem cura, como câncer, Parkinson, demência, entre outras. Isso porque animais e humanos possuem muitas semelhanças entre órgãos, funções fisiológicas, genes e proteínas, metabolismo e patologias. Ao conhecer e entender essas similaridades e também as diferenças existentes, podemos conseguir modelos animais que mimetizem as doenças humanas e que podem ser analisados para melhorar a compreensão delas. Já na área de desenvolvimento, enquanto precisarmos estudar a ação de medicamentos interagindo em todos os sistemas de um organismo vivo, enquanto precisarmos estudar doenças complexas que atingem multiórgãos como doenças cardíacas, câncer e diabetes ou, enquanto precisarmos de estudos comportamentais e de memória, continuaremos precisando desenvolver protocolos experimentais que utilizam animais.

Isso não quer dizer que a busca por métodos alternativos ao uso de animais de laboratório não seja uma constante preocupação. Demonstra, sim, que há barreiras que ainda não foram transpostas.

Em muitos países, existem organizações que buscam desenvolver métodos alternativos ao uso de animais de laboratório. Um exemplo é o Fundo para Alternativas ao Uso de Animais em Experimentação – FRAME,[9] criado por Dorothy Hegarty em 1969, no Reino Unido, que lançou, em 1983, a revista ATLA[10] (*Alternatives to Laboratory Animals)* dedicada à publicação de artigos sobre pesquisas relacionadas com o desenvolvimento, validação, introdução e alternativas ao uso de animais de laboratório. Segundo dados do FRAME,[9] os métodos alternativos podem incluir:

- ❑ pesquisa bibliográfica para o uso de dados pré-existentes;
- ❑ uso de técnicas de análise físico-químicas;
- ❑ uso de modelos matemáticos e computacionais;
- ❑ uso de técnicas *in vitro* inclusive frações subcelulares, culturas primárias e células e tecidos mantidos em cultura por períodos mais longos;
- ❑ uso de humanos com acompanhamento de vigilância pós-comercialização de produtos (medicamentos) e abordagens epidemiológicas, bem como os aspectos éticos da utilização de voluntários humanos; uso de organismos não classificados como animais protegidos (que são os mamíferos superiores) e o uso dos estágios iniciais das espécies protegidas, antes que os regulamentos se apliquem a elas.

Um grande obstáculo aos métodos alternativos é a sua validação. Uma recorrente dificuldade é a inerente variabilidade dos testes *in vivo* e, por vezes, a insegurança de que os testes alternativos não consigam reproduzi-los. A extrema sensibilidade e especificidade de alguns testes *in vitro* geram resultados variáveis e essa inabilidade de reproduzir estritamente os resultados tradicionais dos testes *in vivo* pode desacreditar métodos refinados e com bastante acurácia feitos *in vitro*.

REDUCTION – REDUÇÃO

Definido como a capacidade de se obter a melhor qualidade e a informação mais exata em experimentos para fins científicos usando o menor número de animais. Os autores pensaram em criar estratégias apropriadas para que todo o planejamento e execução do uso de animais sejam realizados minimizando a quantidade de animais e melhorando a maneira como serão empregados. Assim, eles sugeriram três maneiras principais para reduzir o número de animais: melhor estratégia para o experimento; melhor controle da variabilidade do grupo experimental; e uma boa análise estatística. Esses modos continuam até hoje bastante pertinentes e, embora pareçam óbvios e simples, muitas vezes não são observados por pesquisadores. A seguir, comentamos algumas dessas estratégias de redução:

- Tratamentos estatísticos: o uso de ferramentas estatísticas bem projetadas e bem dirigidas para definir o N amostral permite resultados confiáveis, levando à utilização da quantidade correta de animais sem desperdícios e sem que a respectiva redução prejudique o resultado experimental. Para Howard Bryan,[8] um dos grandes desafios de hoje é ter a sorte de encontrar estatísticos que entendam a variabilidade inerente à biologia e que estejam familiarizados com os problemas biológicos atualmente investigados. Do mesmo modo que é uma sorte encontrar pesquisadores familiarizados com as análises estáticas e sua aplicação no desenho experimental. O importante é que o pesquisador considere que deve ter, em seu desenho experimental, muito cuidado com essa metodologia. Se um trabalho científico que utiliza animais não for bem desenhado, conduzido e analisado, os resultados podem não ser confiáveis e todos os animais utilizados poderão ser perdidos.
- Escolha da espécie e linhagem: definir o modelo adequado para o experimento que será realizado permite, muitas vezes, a redução acentuada do número de animais. Existe uma variabilidade na sensibilidade quanto às reações apresentadas entre as espécies e as linhagens frente aos procedimentos experimentais, o que pode influenciar a qualidade dos dados. O uso de linhagens isogênicas reduz a variabilidade do experimento quando em comparação com o uso de linhagens heterogênicas.
- Uso compartilhado de animais: os pesquisadores, ao terminarem seus estudos com os animais, desde que estes não tenham sido utilizados em testes que comprometam todos os seus tecidos, podem fornecer células, órgãos ou até mesmo os animais ao laboratório de cultivo celular para que sejam aproveitados sem que seja necessário utilizar novos animais para esse fim.
- Estratégias de pesquisa: fazer um teste piloto, com um número reduzido de animais, poderá definir a viabilidade do experimento, inclusive permitindo melhor planejamento. Em algumas situações, testes *in vitro* também poderão fornecer importantes dados preliminares indicando caminhos para o uso de menor número de animais.

REFINEMENT – REFINAMENTO

É definido por Russel e Burch[6] como todas as modificações que possam ser feitas em protocolos de pesquisa, capazes de reduzir a incidência ou a gravidade do medo, dor ou desconforto dos animais de laboratório durante situações experimentais. Com o passar do tempo, esse termo foi ficando mais abrangente e, segundo o FRAME, pode ser considerado refinamento toda e qualquer alteração em procedimentos que visem minimizar a dor ou sofrimento do animal desde seu nascimento até sua morte, visando a promoção do seu bem-estar.

Russel e Burch[6] classificaram os protocolos experimentais em duas grandes categorias. A primeira compreende os estudos estressantes, aqueles em que o objetivo é aquisição de conhecimento sobre os mecanismos da dor aguda e crônica e suas sequelas orgânicas e que remetem a um grande conflito ético entre sermos benevolentes ou eficientes. Como eliminar ou até diminuir a dor e o sofrimento sem prejudicar o estudo? É um terreno delicado, no qual o objetivo final do trabalho deve ser muito bem analisado. Na segunda categoria, que denominaram de estudos neutros, enquadram-se todos os demais experimentos cujo objetivo não será afetado, ao contrário, será até mesmo beneficiado, eliminando-se desconforto, dor e situações estressantes. Isso permitirá maior bem-estar ao animal e, consequentemente, menor variabilidade dos dados experimentais.

Há alguns tópicos em que é possível intervir buscando o refinamento, entre eles:

- Procedimentos experimentais: alguns cuidados são essenciais para garantir que os protocolos experimentais, principalmente aqueles que inflijam qualquer tipo de dor, possam ser executados minimizando a dor e o desconforto dos animais. O uso de métodos anestésicos e analgésicos no pré, trans e pós-operatório deve ser feito sempre que possível. É necessária a presença de um especialista na análise prévia dos protocolos experimentais (p. ex.: verificando fármacos e adequação do modelo animal ao estudo), e um médico veterinário nos procedimentos cirúrgicos e na assistência técnica durante a execução dos experimentos garantirá maior zelo ao bem-estar do animal, podendo reduzir tanto o número de animais (diminuindo o número de mortes) como o sofrimento deles.
- Educação e treinamento: é fundamental, para o bom desempenho no uso de animais de laboratório, que toda a equipe envolvida no experimento tenha sido educada e treinada para esse fim, conheça a biologia e hábitos do animal e também as formas de contenção adequadas à espécie que está manipulando. É importante que as instituições contribuam com os cientistas, fornecendo cursos de aperfeiçoamento que lhes permitam habilidade na contenção e manejo dos animais, conhecimento do desenho experimental e dos preceitos éticos da experimentação. Além de condições para avaliar, sempre que possível, a possibilidade de reduzir o número e o volume de amostras a serem coletadas e, ainda, quando e como métodos alternativos poderiam ser utilizados. Desse modo, os pesquisadores podem alcançar melhor desempenho no uso de animais em procedimentos científicos e estudos experimentais. Assim, com certeza, terão maior reprodutibilidade e menor variabilidade nos dados, contribuindo para uma ciência de melhor qualidade.

- Enriquecimento ambiental: as gaiolas e o meio ambiente devem ser considerados parte integrante dos protocolos experimentais. Existem evidências científicas de que modificações nos requerimentos mínimos exigidos para o alojamento dos animais de laboratório podem resultar em grandes benefícios, não só para o bem-estar dos animais, como para o desenvolvimento de suas funções biológicas. Essas mudanças são consideradas refinamentos nos protocolos experimentais e devem reconhecer que os animais de laboratório têm necessidades e motivações diferentes dos humanos.[9] Vários são os enriquecimentos discutidos no momento, entre eles: aumento do espaço das gaiolas; fornecimento de materiais para ninho, como objetos que permitam refúgio (roedores); pisos sólidos; paredes móveis (cães e coelhos); brinquedos. No entanto, é preciso que esses procedimentos sejam bem avaliados e que não interfiram na sanidade dos animais.
- Pontos finais humanitários e eutanásia: são aspectos importantes do planejamento de um experimento, em que devemos ampliar nossa preocupação com o refinamento, visando minimizar o sofrimento do animal. Por exemplo, muitos métodos comuns de eutanásia não são instantâneos e podem, inclusive, potencializar o sofrimento dos animais, o que será assunto de um capítulo específico neste livro.

CONSIDERAÇÕES FINAIS

O emprego dos 3Rs é um grande desafio. Sabemos que existem problemas ao tentarmos praticá-los e ainda há muito a fazer. É importante que, ao considerarmos a redução, o refinamento e substituições, pensemos nos três princípios de modo integrado. Não adianta querermos a todo o custo reduzir o número de animais se a significância do teste não for atendida e o experimento invalidado; nem reduzirmos o número sem pensar no sofrimento do animal. Outro fato é a dificuldade que temos para medir o bem-estar dos animais. Algumas vezes, fica difícil saber o que é significante como refinamento. Mesmo que façamos testes bioquímicos, comportamentais, medidas de índices de perturbações e prognósticos, o conhecimento atual ainda não permite que haja uma conclusão definitiva para o que é realmente o bem-estar do animal. Precisamos ser bastante cuidadosos para não incorrer em erros na tentativa de usar técnicas de refinamento como, particularmente, o enriquecimento ambiental, sem que elas sejam avaliadas. Também é real que existe uma enorme relutância, em algumas instituições, na troca de métodos já estabelecidos por tecnologias mais refinadas que venham atender os princípios dos 3Rs. Essa troca exige mudanças nos laboratórios, investimento financeiro em novos equipamentos, treinamento de pessoal e mudanças em algumas políticas organizacionais. É preciso persistência para alcançar essa conscientização institucional. Diversos autores estão estudando uma nova maneira de implementar os 3Rs por meio de ferramentas poderosas com a metanálises e revisão sistemática dos experimentos.[11-16] Antes utilizadas em protocolos clínicos, hoje o são em protocolos pré-clínicos com animais. No entanto, os estudos com animais diferem dos estudos clínicos em muitos aspectos.[17] Existe uma diversidade muito grande de espécies animais envolvidas, o desenho experimental e as características dos estudos também diferem, mas essas técnicas dependem da disponibilidade de pesquisas bem documentadas e de qualidade. A revisão sistemática pode ajudar a melhorar a qualidade metodológica dos experimentos com animais e ajudar na escolha do melhor modelo animal e da conversão de dados do animal para a clínica baseada em evidências. A quantidade de revisões sistemáticas vem crescendo e esperamos que, no futuro, ajude a garantir que os animais utilizados não sejam desperdiçados e seu sofrimento seja contrabalanceado por máximo benefício para o homem e para eles próprios.

A saída fundamental para alcançarmos boa ciência é investirmos na disseminação do conhecimento da Ciência de Animais de Laboratório, que é multidisciplinar e que contribui para o uso consciente e humanitário dos animais na pesquisa biomédica. Fornece uma coletânea de dados informativos imparciais e permite a reprodutibilidade e o acréscimo de qualidade nos experimentos. Além do conhecimento teórico, é fundamental que as pessoas envolvidas com os animais passem por treinamento prático. Os experimentos realizados devem se adequar perfeitamente aos princípios dos 3Rs.[18]

A busca para alcançar o emprego dos 3Rs como rotina em todas as instituições ganhou força legal, pois a Lei n° 11.794, que rege o uso de animais experimentais no país, é permeada por estes princípios e deixa claro a necessidade de utilizá-los para que alcancemos uma ciência de animais de laboratório que equilibre o bem-estar dos animais com a melhora da qualidade e da reprodutibilidade das pesquisas executadas no Brasil.

Referências Bibliográficas

1 Richmond J. Refinement, reduction, and replacement of animal use for regulatory testing: future improvements and implementation within the regulatory framework. ILAR J 2002;43Suppl:S63-8.

2 Richmond J. The 3Rs – past, present and future. Scand. J. Lab. Anim. Sci 2000;27(2):84-92.

3 Guthrie, D. Historia de la medicina. Barcelona: Salvat Editores, 1947.

4 Rivera EAB. Ética na experimentação animal. In: Animais de laboratório: criação e experimentação. Rio de Janeiro: Editora Fiocruz: 25-28, 2002.

5 Universities Federation for Animal Welfare (UFAW). The Ufaw handbook on the care and management of laboratory Animals. 6th ed. London/New York: Churchill Livingstone, 1986.

6 Russell WMS, Burch RL. The principles of humane experimental technique. The Johns Hopkins Center for Alternative to Animal Testing. (Acessado em: 10/04/2015.) Disponível em: http://altweb.jhsph.edu/publications/humane_exp/het-toc.htm.

7 The National Academy of Sciences, Washington D.C. United States of America. Guide for care and use of laboratory animals. 8. ed, 2011.

8 Bryan H. The three Rs and animal care and use. In: Animal na pesquisa e no ensino: aspectos éticos e técnicos. Gonçalves ASF, Braga LMG., Pitrez PMC. Porto Alegre: EDPUCRS: 89-111, 2010.

9 FRAME – Found for the Replacement of Animals in Medical Experiments – Sections: Replacement resource, refinement resource and reduction resource (acessado em: 21/04/2015). Disponível em: http://www.frame.org.uk/.

10 Louhimies S. Directive 86/609/EEC on the protection of animals used for experimental and other scientific purposes1. ATLA 30, 2002: Suppl 22; 217-219.
11 Martinez. Alternativas al uso de animales de laboratório. In: El animal como sujeito experimental aspectos técnicos y éticos. Chile; CIEB: 85-91, 2007.
12 Ritskes-Hoitinga M, Gravesen LB, Jegstrup IM. Refinement benefits animal welfare and quality of science. National Centre for the Replacement, Refinement and Eduction of Animals in Research. Mar 2006 (acessado em: 22/04/2015). Disponível em: http://www.nc3rs.org.uk.
13 Sherwin CM. Validating refinements to laboratory housing: asking the animals. National Centre for the Replacement, Refinement and Reduction of Animals in Research. Sept 2007 (acessado em 22/04/2015). Disponível em: http://www.nc3rs.org.uk.
14 Festing MFW, Nevalainen T. The design and statistical analysis of experiments: introduction to this issue. ILAR J. 2014;55(3), 379-382.
15 de Vries RBM, Wever, KE, Avey MT, Stephens ML, Sena ES, Leenaars M. The usefulness of systematic reviews of animal experiments for the design of preclinical andclinical studies. ILAR J 2014; 55(3), p 427-437.
16 Monoclonal antibody production (1999) in vitro production of monoclonal antibody Institute for Laboratory Animal Research. ILAR. P.12-15. Disponível em: http://www.nap.edu/openbook.php?record_id=9450&page=12. Acessado em: 20/03/2015.
17 Understanding research using animals and the alternatives (acessado em 21/04/2015). Disponível em: http://www.amrc.org.uk/sites/default/files/doc_lib/EUAnimalsMeetingReport_20012015_FINAL.pdf.
18 Federation of European Laboratory animal Science Associations (FELASA) (acessado em: 21/04/2015). Disponível em: http://www.felasa.eu/recommendations/guidelines/felasa-guidelines-and-recommendations/.

Links Úteis

Seguem alguns links para pesquisa e conhecimento.

http://altweb.jhsph.edu/publications/journals/atla/atla-index.htm
http://e-legis.anvisa.gov.br/leisref/public/showAct.php?id=19175&word
http://scienceandresearch.homeoffice.gov.uk/animal-research/publications/publications/the-3rs/examples3rs.pdf?view=Binary
http://www.bfr.bund.de/cd/4446
http://www.cobea.org.br
http://www.ehponline.org/members/1996/104-8/zurlo.html
http://www.frame.org.uk/
http://www.gsk.com/research/about/about_animals_3rs.html
http://www.langfine.com/3rs.htm
http://www.ncbi.nlm.nih.gov/sites/entrez?cmd=PureSearch&db=pubmed&term=%22three%20rs%22%5BAll%20Fields%5D
http://www.ny3rs.org/
http://www.ufaw.org.uk/links.php
http://www.vetmed.ucdavis.edu/Animal_Alternatives/policies&regs.html
http://wwwsoc.nii.ac.jp/jsaae/index-e.html
http://www.ccac.ca/

4

Bem-Estar de Animais de Laboratório

Ekaterina Akmovna Botovchenco Rivera

É crescente a preocupação, tanto política como moral, sobre a importância do bem-estar animal. Não somente filósofos, mas cientistas e sociedades protetoras debatem e escrevem sobre o assunto. Também a mídia constantemente enfatiza o tema pressionando os governos para que tomem medidas em virtude da importância do problema. Os pesquisadores têm consciência de que o modo como tratam os animais afeta não somente os animais, mais do que isso: a qualidade da vida animal afeta a qualidade da vida humana.

É inegável que o sofrimento dos animais nas mãos do homem não o é somente por crueldade deliberada, mas o uso dos animais é socialmente aceito para fins razoáveis como a busca da cura de doenças por cientistas, o confinamento usado pelo fazendeiro para conseguir maior produtividade e alimentos mais baratos, entre outros.[1] Essa constatação fez a sociedade deixar de considerar o bem-estar animal de modo simplista, que é o de não causar crueldade aos animais, passando para a preocupação de prover bem-estar em todas as áreas e atividades em que estes estejam envolvidos.

Nesse sentido, a Associação Mundial de Medicina Veterinária manifestou-se estabelecendo que "o objetivo de cada profissional que trabalhe com animais, deve ser o de prover condições aos mesmos para que suas necessidades possam ser satisfeitas e os danos que a eles possamos causar sejam evitados".

Com essa premissa em mente, na área da Ciência de Animais de Laboratório, os cientistas devem adotar o princípio de evitar usar animais sempre que possível e de zelar adequadamente pelos que estão sob sua responsabilidade, seja na sua criação, seja no seu uso, fazendo o possível para ajudá-los a manter seu bem-estar.

A questão é como saber se o bem-estar do animal está preservado ou quando é necessário tomar providências para melhorar seu bem-estar. Colocar esse posicionamento em prática não é fácil.

Podemos afirmar que, se dada fosse a oportunidade, nenhum cientista utilizaria animais em suas pesquisas ou testes. Seria bem mais fácil trabalhar com material insensível do que com seres dotados de sensibilidade e que ensejam, aos pesquisadores, problemas de foro moral e ético. A questão é que toda a problemática reside em que não podemos, ainda, vislumbrar para um futuro próximo, o uso de alternativas aos animais para todos os fins. Os cientistas deverão continuar a usar animais buscando a cura de doenças tanto do homem como dos animais, descobrindo novos fármacos e tentando melhorar a saúde pública. Assim, queiramos ou não, os animais continuarão a ser objetos de estudo e esse axioma nos obriga a pensar em como lhes propiciar bem-estar, já que serão por nós utilizados.

Até há bem pouco tempo, a filosofia da experimentação animal consistia em capacitar as pessoas que trabalhariam com animais no manejo correto da espécie em uso e em como prover alojamento adequado aos animais a fim de minimizar a quantidade de variáveis nos resultados de pesquisas e testes. Atualmente, é importante ter os mesmos cuidados citados não só para evitar variáveis na pesquisa, mas também para evitar o estresse dos animais utilizados e melhorar o seu bem-estar social e comportamental.

Animais estressados ou em sofrimento não são bons sujeitos de pesquisa.[2] Já vimos, pois, que é condição irrefutável manter o bem-estar dos animais utilizados em ensino, pesquisa e testes. Mas o que é bem-estar animal?

Há várias definições sobre bem-estar e quase todas o caracterizam como um estado em que há equilíbrio físico e mental do animal com o seu ambiente. Hughes, foi um dos primeiros a definir o bem-estar animal "como sendo o estado do organismo em que há harmonia física e mental".[3] Segundo essa definição, existe a harmonia total (absoluta), mas sabemos que, na prática, isso não acontece e, consequentemente, dá lugar a uma série de interpretações e de questionamentos. Por isso, a definição encontrada por Broom,[4] na qual ele diz que "o bem-estar é o estado de um dado organismo durante as suas tentativas de se ajustar com seu ambiente", tem sido tão bem aceita pois indica que o bem-estar não é um estado constante e que pode variar dependendo das circunstâncias (relativo).

Quando o animal consegue controlar as variações internas e externas, dizemos que ele está em homeostase ou em harmonia. Homeostase significa que os aspectos do meio interno (temperatura, conteúdo hídrico, etc.) e aqueles do ambiente (posição no grupo social, etc.) estão em níveis constantes ou, pelo menos, previsíveis por certo período de tempo. Mas, para atingir a homeostase, o animal tenta se adaptar a situações adversas e a controlá-las, assim suas respostas são fisiológicas e comportamentais, exigindo muito de seu metabolismo e energia.

Muitos dos fatores que afetam o bem-estar são bastante sutis e só recentemente começaram a ser valorizadas suas ações sobre os animais. Muitos pesquisadores não levam em consideração que os animais de experimentação são, em geral, muito pequenos com alta taxa metabólica e que reagem fortemente aos estímulos.

Poole cita Charles Hume:[5,6] "Os animais mais adequados para a pesquisa científica são aqueles que são saudáveis, dóceis e que estão confortáveis e contentes". Portanto, é clara a importância de prover bem-estar aos animais de experimentação não só pela consideração que devemos ter para com eles, mas também para podermos praticar uma boa ciência. Como isso não é fácil, já que não conseguimos ver o mundo sob a ótica de camundongos ou ratos, lançamos mão de alguns fatores que podem nos ajudar a manter seu bem-estar.

Os principais são:[7,8]

1. Conhecer a etologia e biologia do animal em estudo;
2. Proporcionar manejo e condições ambientais adequados à espécie;
3. Nos procedimentos experimentais, evitar estresse, dor, *distress*;
4. Cuidados no transporte.

■ Etologia e Biologia

Os animais de laboratório estão inteiramente à mercê das pessoas encarregadas de cuidar deles. E, para que elas possam fazê-lo adequadamente, precisam conhecer as necessidades, o comportamento normal, principalmente, as motivações e percepções sensoriais dos animais para conseguir proporcionar-lhes uma vida mais confortável e que possam manter o bem-estar o maior tempo possível. Quando não são levados em consideração as necessidades dos animais e seus comportamentos, os efeitos das perturbações psicológicas têm grande impacto na fisiologia do animal e nas consequentes alterações ignoradas. Assim, na maioria das vezes, o afã de produzir ciência se traduz em má ciência. Mesmo quando não há certeza quanto a esses impactos nos animais, o fato de tentar satisfazer suas necessidades e evitar estados adversos físicos ou mentais tais como monotonia, frustração, dor, *distress*, faz com que se esteja trabalhando tanto em benefício dos animais quanto da boa ciência.[9]

É essencial conhecer a biologia da espécie com a qual se trabalha já que há diferenças não só entre as espécies, mas também entre linhagens e, sendo assim, as necessidades básicas a serem satisfeitas não são as mesmas para todos os animais. Importante ter também em mente o grande número de linhagens de animais geneticamente modificados pelo homem que apresentam necessidades especiais, como animais *nude*, obesos e outras que têm maiores problemas com a termorregulação.

Conhecer o comportamento da espécie animal, sua etologia, com a qual se trabalha é tão importante quanto conhecer sua biologia e fisiologia. Apesar de criados em laboratório há inúmeras gerações, os animais adquirem e conservam os mesmos padrões de comportamento que têm na vida silvestre. E a eles devem ser proporcionadas condições para que possam desenvolver seu comportamento normal.

Os roedores utilizados em laboratório apresentam comportamento complexo, podemos citar mais de 40 modalidades, entre elas fazer ninho, um dos mais básicos comportamentos do camundongo, isso não só ajuda a proteger seus filhotes mas, também, contribuir para a termorregulação, ou quando desejam escapar da luz forte, para se esconder dos predadores, dos companheiros ou de outros estímulos. Prover material para ninho é um procedimento de baixo custo e simples, além de ser um dos melhores métodos de enriquecimento ambiental. Há vários materiais que podem ser usados e os mais comuns são: maravalha, papel toalha, feno, musgo, palha de arroz. Se for dado papel, este deve ser colocado inteiro, pois o animal gosta de rasgá-lo e mastigá-lo para fazer o ninho. Se for dado mais de um material, o ninho será composto por quantidades pequenas de cada material. Não devem ser usados materiais que possam se enrolar nas patas dos recém-nascidos, obstruir cavidades naturais, ou que absorvam demais a umidade.

Os roedores são animais muito ativos e àqueles de laboratório não é dada oportunidade para que exercitem esse atributo. A comida é oferecida à vontade e está sempre disponível e, como os animais não têm um lugar para fazer exercícios, isso os leva à obesidade e a um menor tempo de vida. No meio silvestre, os animais cavam túneis complexos, seja para maior conforto, seja para fugir dos predadores. Os animais de laboratório terão o mesmo comportamento se a eles forem dados materiais.

A autolimpeza ou de outros congêneres é comportamento natural dos roedores e, quando um animal não está bem, pode ser observada a falta de higiene própria.

O comportamento exploratório, principalmente de ratos, é facilmente notado ao se levantar a tampa de uma gaiola onde eles estão. A sua curiosidade os ajuda a conhecer o ambiente e as pessoas, levando-os a perder o medo do novo e a se mostrarem bem menos estressado.

Tanto ratos como camundongos são animais altamente sociáveis e a eles deve ser permitido um mínimo de contatos básicos e de relações sociais positivas (tanto homem/animal como animal/animal) e oportunidade para que possam desenvolver comportamentos sociais. O isolamento por longos períodos deve ser evitado sempre que possível, já que esses animais são gregários e somente estão em bem-estar quando em grupos. Há ocasiões em que o isolamento é justificado, como quando há agressividade, doenças, ou estudos científicos que exijam a separação dos animais. Todas essas exceções devem ser cientificamente justificadas. Para amenizar a situação de isolamento, os animais podem ser colocados de modo que possam ver seus congêneres diminuindo um pouco a situação de estresse causada pela separação. Sempre que possível, deve-se manter os animais em grupos estáveis e harmônicos. A formação de grupos de animais do mesmo sexo à época da desmama ajuda nessa formação. Quando os animais conseguem estabelecer grupos ou pares e se o ambiente for favorável, a organização social se estabiliza e não há agressões.

Nessa organização social complexa, cada animal tem seu papel e a simples retirada ou adição de um animal pode ter consequências consideráveis que afetarão o bem-estar de todo o grupo. Na formação de grupos, é necessário considerar que, no caso de animais machos, quanto menor o grupo (dois ou três) maior a agressividade.

Ainda na questão comportamental, conhecer os sentidos dos animais é um fator que não pode ser ignorado. Sabemos que eles têm, pelo menos, os mesmos cinco sentidos do homem, porém os empregam de modo diferente.

Olfato

Pode ser considerado o mais importante, sobretudo pela sua participação na altamente complexa organização social de camundongos e ratos.

Esses animais criam padrões de deposição de urina para, com o respectivo odor, demarcarem o território e para reconhecimento tanto individual como o do grupo.[10,11] Os odores de machos adultos ou de fêmeas lactantes ou grávidas apressam ou retardam a maturação sexual de fêmeas jovens. O odor de um macho estranho pode interromper uma gravidez.[12] Foi demonstrado que camundongos tornados anósmicos por meio de cirurgia e depois colocados em gaiolas com outros camundongos tinham comportamento pouco agressivo, andavam livremente sem buscar se confinar em áreas específicas e, em geral, ignoravam uns aos outros. Ao encontrar outro indivíduo, se assustavam e se separavam, indo cada um para um lado.[13] Os ratos são predadores naturais dos camundongos e estes apresentam respostas de medo mesmo frente a ratos anestesiados. Mais uma razão para mantê-los em recintos separados, para lavar bem as mãos e trocar de roupa após manusear ratos e antes de entrar em contato com camundongos. Os odores de diferentes pessoas ou diferentes perfumes usados pela pessoa que cuida dos animais podem desencadear respostas de estresse.

Audição

Os camundongos e ratos podem detectar frequências acima daquelas da sensibilidade auditiva humana. Algumas vocalizações podem ser audíveis pelo homem, como no caso de agressões, enquanto ultrassons são usados para comunicação sexual e também pelos filhotes ao se afastarem muito do ninho. Tem sido relatado que os ratos usam o ultrassom para ecolocalização. Os roedores são mais sensíveis aos barulhos súbitos do que aqueles constantes e de mesma intensidade. Muitos itens usados diariamente em biotérios ou em laboratórios podem emitir ultrassons como equipamentos comuns, mangueiras de pressão, computadores, água corrente, inaudíveis para humanos, mas que podem interferir na comunicação entre os animais, causando *distress* ou danos sensoriais. Gaiolas com alta densidade de estoque de animais podem gerar um número muito alto de ultrassons, fazendo os animais perceberem o ambiente como muito barulhento e potencialmente estressante.

Visão

Os roedores têm boa visão, mas, como são animais noturnos, evitam áreas com grande luminosidade e, talvez por isso, esse é considerado o sentido menos importante. Por essa razão, a intensidade luminosa de salas de criação ou de laboratórios de pesquisa é considerada alta comparada com a do ambiente no qual esses animais evoluíram. Isso pode causar problemas na visão uma vez que a maioria dos camundongos e ratos usados em pesquisa são albinos. Baumans[14] e colaboradores demonstraram que os animais preferem gaiolas opacas às transparentes. Talvez elas produzam, nesses animais, o medo de cair, ou por poder ver outro camundongo e não poder cheirá-lo e saber seu *status*. Prusky[15] demonstrou que camundongos criados em ambientes enriquecidos tinham maior acuidade visual, pois a visão é influenciada pelo meio. Sempre que possível, devem ser usados dispositivos que imitem crepúsculo e amanhecer, o que dá aos animais a oportunidade de se prepararem para os períodos de atividade ou de inatividade.

Tato

Este é um sentido importante para os roedores. Quando estressados, se apegam às superfícies e a falta de contato tátil é um fator de indução de agressividade de camundongos machos. Quando caminha, o animal evita espaços abertos procurando ficar perto das paredes, o que lhe dá maior segurança. Em algumas pesquisas, são usadas gaiolas com base de grade de metal que privam o animal do contato com a base sólida do piso. Esse alojamento o impede de desenvolver comportamentos normais de sua espécie e ainda pode causar problemas de lesões nas patas e urológicas.[16] Se nessa base de metal for colocado um pedaço de chão sólido, os animais ficarão a maior parte do tempo sobre ela e não sujam esse pedaço. As vibrissas da face são órgãos de tato altamente sensitivos usados para investigar novos objetos.

Paladar

Na vida silvestre, os roedores ingerem uma grande variedade de alimentos, mas isso, em geral, não é possível com animais de laboratório, pois a diversidade de alimentos pode interferir com os objetivos das pesquisas.

Foram relatadas diferentes preferências de sabor segundo as diferentes linhagens de animais de laboratório.[17] Quando forem dadas dietas comerciais, os animais demonstram preferência pelas formas expandidas mais do que pelas formas peletizadas; as primeiras são mais palatáveis em virtude da diferença na textura e no sabor.[12] Lembrar que a alimentação afeta o olfato.

Condições Ambientais

Historicamente, tem sido norma criar animais de laboratório em ambientes altamente padronizados com a finalidade de reduzir a variabilidade nas respostas e nos dados das pesquisas realizadas. Isso significa que os animais, ao nascer, saem do útero, um ambiente estável, e são alojados em ambientes tipicamente pequenos, monótonos. Se for dada a oportunidade, os animais demonstram uma série de comportamentos normais, mas esse tipo de ambiente padronizado faz com que apresentem respostas comportamentais e fisiológicas que comprometem o seu bem-estar. Praticamente todos os animais de experimentação ficam neste tipo de alojamento e aqui enfatizamos que a intensidade de desconforto causado pelo mau alojamento supera muitas vezes o estresse causado pelos procedimentos experimentais.

Alguns fatores ambientais devem ser controlados e mantidos constantes para que os animais se sintam confortáveis e não sofram o desgaste da adaptação fisiológica a variações fisiologicamente. Esses fatores serão amplamente discutidos em outro capítulo deste livro, porém gostaríamos de adiantar alguns pontos considerados de grande importância para o bem-estar.

Temperatura e Umidade

Ratos e camundongos não desenvolvem mecanismos termorreguladores antes de 3 a 4 semanas e isso é muito importante, pois, nesses animais, leva alguns dias para que o pelo cresça. Não se dão bem em altas temperaturas uma vez que não suam.[18] Para manter a temperatura, eles produzem ou perdem calor, o que acarreta grande dispêndio de energia e essa demanda de adaptação pode extrapolar a capacidade metabólica do animal. O animal estressado não consegue manter a temperatura corporal.

O fator umidade é relevante na manutenção da termorregulação e na transmissão de doenças, algumas linhagens são mais suscetíveis do que outras. A baixa umidade relativa aumenta a atividade dos animais.

Luz

Este fator ambiental precisa ser analisado quanto à sua intensidade, comprimento de onda e duração. A intensidade da luz afeta o comportamento, o desempenho da reprodução, a regularidade do ciclo estral e as interações com substâncias químicas carcinogênicas (camundongos) e alterações no peso de gônadas e baço.

Com respeito ao comprimento de onda de luz, os roedores têm fotorreceptores de bastonetes, e não de cones, não tendo a habilidade de distinguir cores. Entretanto, alguns estudos demonstram que a atividade na roda é diferente dependendo da cor de luz, sendo maior com a luz vermelha, intermediária com a luz amarela e menor atividade com a luz azul ou verde.[18]

No rato há um aumento de defecação com luz forte. O fotoperíodo tem influência crucial nos ritmos circadianos e na estimulação e sincronização dos ciclos de reprodução.

Som

Devemos considerar alguns fatores uma vez que os roedores são suscetíveis à ampla gama de sons, que pode prejudicar seu bem-estar:

1. Intensidade, frequência, duração do som;
2. Que espécie está recebendo o som;
3. Em que estado psicológico se encontra o animal;
4. A que sons foi exposto durante a vida.

Os animais que têm sensibilidade genética para sons conhecidos como *audiogenic seizures* podem sofrer convulsões quando expostos a eles. Algumas linhagens de camundongos são mais suscetíveis: DBA, C57, AKR.

Avaliação do Bem-Estar

É bastante difícil avaliar o bem-estar do animal, primeiramente porque os animais não têm a capacidade de se expressar por meio de palavras e nem sempre alterações em seu comportamento são indicadores de bem ou de mal-estar. Um exemplo clássico é o do cão que abana o rabo, isso não significa somente que ele está contente, pode também indicar que está atento e pronto para defender-se ao se deparar com uma situação nova. Também, o animal, no meio de predadores ou de competição social, não demonstra bem-estar para ser favorecido. Como o homem, os animais apresentam diferentes tipos de reação: o animal vocaliza para chamar a mãe, mas fica quieto se estiver perto de predador.

Para avaliar o bem-estar do animal, é possível se lançar mão de alguns indicadores, tais como:

- Comportamentais;
- Fisiológicos;
- Produtivos;
- Reprodutivos;
- Bioquímicos etc.

Não devemos avaliar bem-estar usando somente um dos indicadores, e sim uma combinação de dois ou mais, por exemplo, comportamental e bioquímico.

No Quadro 4.1, citamos alguns exemplos de indicadores de bem-estar.

Quadro 4.1
Indicadores de bem-estar

Comportamentais	Fisiológicos	Bioquímicos
Higiene pessoal	Temperatura	Corticosteroides
Apetite	Perda de peso	Insulina
Postura/agressão	Pulsação	Catecolaminas
Vocalização	Células hem/contagem	Prolactina
Expressão facial	Estrutura celular	ACTH
Aparência	Batimentos cardíacos	Vasopressina
Resposta ao contato	pos mortem	Tiroxina

Enriquecimento Ambiental

Enriquecimento ambiental é um dos principais fatores que influencia o bem-estar animal. Mais uma vez deve ser lembrado que o conhecimento do comportamento da espécie animal é importante para poder proporcionar enriquecimento ambiental, pois este deve ser tão semelhante quanto possível ao do ambiente natural da espécie animal. O enriquecimento pode ser obtido por meio de dispositivos artificiais ou de controle do ambiente. O controle ambiental já foi tratado neste capítulo.

No caso de dispositivos artificiais, podemos mencionar que, para roedores, uma boa e farta cama (maravalha e outros) é um enriquecimento ambiental econômico e eficiente, pois os ajuda a se esconder de predadores, a brincar de se esconder e a melhorar sua termorregulação. Porém esse não é o único artifício que pode ser utilizado. Há no comércio uma grande variedade de tubos, casas e rodas de plástico que são largamente utilizados.

Ao se fazer enriquecimento ambiental, deve ser sempre ponderado o impacto positivo (redução da agressividade, reprodução, expressão de comportamento normal) *versus* aumento da variabilidade experimental (estabilidade dos dados biológicos).[19] A adoção de enriquecimento ambiental nem sempre traz resultados positivos. Há situações em que essa prática não proporciona quaisquer benefícios para os animais e outras em que há riscos de aumentar os atos agressivos entre animais. Problemas sanitários devem ser considerados, bem como o aumento de carga de trabalho, para quem cuida dos animais diariamente, além de, por vezes, dificultar a observação dos animais. Mas, sem lugar a dúvidas, o enriquecimento ambiental se apresenta como um grande aliado para a manutenção do bem-estar dos animais e há grande número de pesquisas em andamento buscando respostas sobre os prós e os contras deste artifício. Lembrar que o enriquecimento ambiental é um programa que deve ser desenvolvido pelo médico veterinário, a Comissão de Ética no Uso de Animais (CEUA) e o pesquisador. Não é somente a colocação de artefatos nas gaiolas segundo a preferência da pessoa que cuida dos animais.

■ Manejo – Relação Homem/Animal

Mesmo sendo levadas em consideração as necessidades comportamentais e fisiológicas dos animais e, estando estes em ambiente adequado, não será possível proporcionar-lhes bem-estar se a pessoa que está em contato direto com os animais não conhece o manejo adequado da espécie, seja esta pessoa o tratador, o pesquisador ou o auxiliar de pesquisa. A pessoa que trabalha com animais de experimentação ou testes deve ser treinada não só com a finalidade de otimizar o desempenho de seu trabalho, mas também para que tenha sensibilidade e desenvolva uma relação homem/animal de experimentação, fator que influencia sobremaneira o comportamento animal e a sua fisiologia.

O comportamento animal durante um procedimento depende da confiança na pessoa que o manuseia. Essa confiança se desenvolve através do contato humano regular e quando estabelecida deve ser preservada.[20,21] A redução de estresse é resultante dessa confiança, uma vez que, em certos procedimentos experimentais, a novidade do ambiente, o procedimento experimental propriamente dito, novas pessoas que trabalharão na pesquisa, são fontes de estresse. Portanto, como a pessoa que trabalha com os animais pode provocar efeitos benéficos no bem-estar dos mesmos, é imprescindível que ela tenha consciência da importância de seu papel e que é ela que fará uma ciência mais racional, preservando o bem-estar dos animais.

As pessoas que trabalham com animais de experimentação devem estar preparadas para reconhecer o desconforto, a dor, o *distress* dos animais para poder, assim, ajudá-los a manter seu bem-estar. Vários fatores alteram o bem-estar animal, porém muitas pessoas pensam, que somente a dor é estressante e que a ausência dela traduz bem-estar. Como exemplo da influência de um bom relacionamento homem/animal, estudos demonstram que os ratos gostam muito do contato humano e de interagir com as pessoas.[22, 23]

A Capacidade de Zelar pelo Bem-Estar Animal Não é só Aplicação de Conhecimentos, Mas Sim a Consciência do Que Deve Ser Feito

O alojamento adequado e boas condições de manejo são pré-requisitos para proporcionar bem-estar aos animais, mas também para promover uma sólida metodologia científica. Não podemos confiar em dados de animais que:

1. Sofram desconforto resultante de mau planejamento de espaço;
2. Sofram desconforto, dor, medo, ansiedade resultante da contenção forçada e inadequada;
3. Sofram de depressão ou frustração resultantes de sua incapacidade para desenvolver comportamentos específicos da espécie.

Enfim, se não estão em bem-estar.

Considerações Finais

Não é fácil eliminar todos os fatores que causam estresse, *distress* e dor nos animais de experimentação, mas todos os esforços devem ser despendidos no sentido de minimizá-los e de proporcionar bem-estar a esses animais. E também se deve ter consciência da importância da contribuição animais para a humanidade e para os outros animais na busca de uma melhor qualidade de vida.

Referências Bibliográficas

1 Rolin B. Ética veterinária, ética social e bem-estar animal. In: Ética e bioética aplicadas à medicina veterinária. Rivera E, Amaral MH, Nascimento V. (eds). 2006.

2 American Medical Association. Use of Animals in Biomedical Research-The Challenge and Response – An American Medical Association White Paper. Group on Science and Technology, Chicago, Illinois, USA. 1992.

3 Hughes BO, Duncan IJH. The notion of ethological "need", models of motivation and welfare. Animal Behaviour 36, 1696-1707, 1998.

4 Broom D, Johnson KG. 1993. Stress and Animal Welfare. Chapman & Hall: London, 1993. P. 211.

5 Poole T. Introduction. In UFAW Handbook on the Care and Management of Laboratory Animals. 7. ed. Vol. 1.97-134. Oxford, UK: Blackwell Science, 1999.

6 Poole T, English T. The UFAW handbook on the care and management of laboratory animals. 7. ed. Vol. 1. Oxford, UK: Blackwell Science, 1986.
7 Rivera E. Ética na experimentação animal. Separata da Revista de Patologia Tropical. Vol. 30 (!):9-14, jan-jun 2001.
8 Rivera EAB, Amaral MH, Nascimento VP. Ética e bioética aplicadas à medicina veterinária. Goiânia: CECGRF-UFG, 2006. P. 300.
9 Morton DB. Introduction in comfortable quarters for laboratory animals. 9. ed. Animal Welfare Institute. USA: Annie and Viktor Reinhardt (eds.). 2002.
10 Hurst JL, Fang J, Barnard CJ. The role of substrate odours in maintaining social tolerance between male house mice. Animal behaviour 45, 997-1006,1993.
11 Hurst JL, Robertson DHL, Tollday U, Beynon RJ.1998. Proteins in urine scent marks of male house mice extend the longevity of olfactory signals. Animal behaviour 55, 1289-1297.
12 Jennings M, Batchelor GR, Brain PF, Dick A, Elliott H, Francis RJ, et al. Refining rodent husbandry: the mouse. Report of the Working Party. Laboratory Animals 32, 233-259, 1998.
13 Liebenauer LL, Slotnick BM. Social organization and aggression in a group of olfactory bulbectomized male mice. Physiology and Behaviour 60, 403-409. 1996.
14 Baumans V, Stafleu FR, Bouw J. Testing housing systems for mice - the value of a preference taste. Zetschrift für Versuchstierkunde 29, 9-14, 1987.
15 Prusky GT, Reidel C, Douglas RM. Environmental enrichment from birth enhances visual acuity but not place learning in mice. Behavioural Brain Research 114, 11-15- 2000.
16 National Research Council. Guide for the care and use of laboratory animals. 6. ed. P. 24. Bethesda, MD, USA: National Institutes of Health, 1996.
17 Frank ME, Blizard DA. Chorda timpani responses in two inbred strains of mice with different taste preferences. Physiology and Behaviour 67, 287-297, 1999.
18 Clough G. The animal house: design, equipment and environmental control. In UFAW Handbook on the care and management of laboratory animals. 17. ed. Vol. 1. Poole T, English P(eds.) 97-134. Oxford, UK: Blackwell Science, 1999.
19 Canard G, Granjard J, Rizoud M, Bernard JM, Hardy P.. Preliminary evaluation on basic enrichment in various breeding conditions with different rodent species (mice, rats and guinea-pigs) and strains: practical consequences for the implementation of an enrichment programme in breeding facilities. Proceedings of the ninth FELASA Symposium. Nantes, France. 2004.
20 Home Office Animals (Scientific Procedures) Act 1986. Code of Practice for the Housing and Care of Animals used in Scientific Procedures. London, UK: Her Majesty´s Stationery Office. 1989.
21 Reinhardt V. Comfortable Quarters for Laboratory Animals. 9. ed. Animal Welfare Institute, USA, 2002.
22 Ilar Journal. Institute of Laboratory Animal Resources (National Research Council). Implications of Human-Animal Interactions and Bonds in the Laboratory. Vol. 43 (1). 2007.
23 Laboratory Animals. Refining rodent husbandry: the mouse. Report of the Rodent Working Party. Laboratory Animals Ltd. Grã-Bretanha, 1998.

Parte II

Impacto das Instalações

5

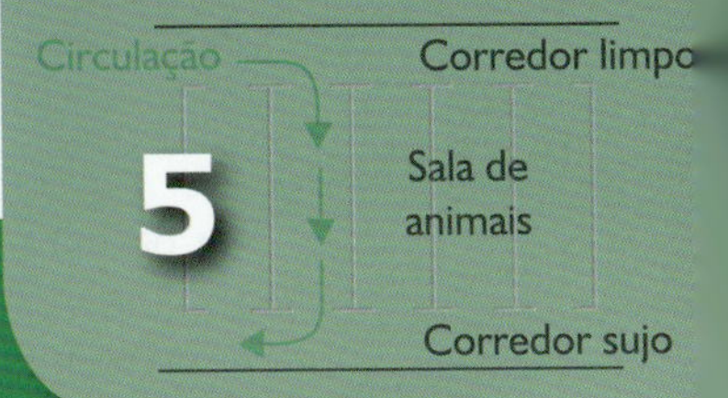

Desenho Arquitetônico e Tecnologias para Alojamento

André Silva Carissimi
Luiz Augusto Corrêa Passos

Introdução

O estudo experimental envolvendo animais deve seguir um planejamento rigoroso, fundamentado em princípios e condutas que assegurem o cuidado e manejo adequados e, desse modo, possibilitar que os resultados obtidos sejam fidedignos e contribuam para o avanço da ciência.

Essa preocupação com a reprodutibilidade e confiabilidade dos resultados experimentais abrange a qualidade sanitária dos animais de laboratório, pois a interferência que a microbiota exerce sobre os sistemas biológicos é bem conhecida na literatura e pode comprometer os dados obtidos.[1,2]

Basicamente, o padrão sanitário consiste de uma classificação que considera a microbiota associada ao animal, quer seja uma relação ecológica interespecífica harmônica (como simbiontes) ou uma relação desarmônica (como parasitos), que pode ocasionar prejuízos e comprometer a saúde e o bem-estar dos animais além de, em alguns casos, afetar também o homem.

Classificação Sanitária

Como mencionado, a classificação sanitária pode ser definida com base nos organismos associados aos animais e ao ambiente físico. O conjunto de seres vivos presentes em um organismo é denominado microbiota e compreende bactérias, fungos, vírus e parasitos. Em relação ao ambiente, a classificação considera a complexidade e eficiência das barreiras sanitárias na manutenção de condições propícias para alojamento das espécies.

Por barreira sanitária entende-se um sistema que combina aspectos construtivos, equipamentos e métodos operacionais que buscam estabilizar o ambiente das áreas fechadas e restritas e minimizar a probabilidade de patógenos e outros organismos indesejáveis contatarem ou infectarem a colônia de animais.[3]

Por essas razões, a classificação sanitária não é uniforme em todo mundo, existindo diferenças de nomenclatura entre regiões e entre países de um mesmo continente. O Quadro 5.1 apresenta a classificação sanitária de alguns países, possibilitando uma comparação das diferenças existentes. No Brasil, a tendência é o emprego da forma simplificada da nomenclatura utilizada nos Estados Unidos.

No Brasil, a classificação apresentada no Quadro 5.1 define os padrões de sanidade da seguinte maneira:

a. Axênicos: compreendem os animais totalmente livres de microbiota, derivados por histerectomia, criados e mantidos em isoladores para evitar a possibilidade de contaminação por microrganismos e outras formas de vida associada.[4-9]

b. Gnotobióticos: animais que têm a microbiota associada definida, apresentando uma ou mais formas não patogênicas de vida associadas. São criados e mantidos em condições iguais aos animais axênicos, ou seja, em isoladores.[4-6,9.]

c. Livres de microrganismos patogênicos específicos (specific pathogen free – SPF): animais isentos de organismos patogênicos ou potencialmente patogênicos que causam doenças clínicas ou inaparentes em uma determinada espécie animal. A microbiota, embora controlada, é desconhecida, devendo estar ausente os microrganismos patogênicos presentes na lista de exclusão de agentes para a espécie animal, apresentando somente agentes não patogênicos à espécie.[8,9] Os animais SPF são criados e mantidos em biotérios com rigorosas barreiras sanitárias ou isoladores para garantir o seu padrão sanitário.[7,8]

d. Convencionais monitorados ou controlados: animais que apresentam microbiota indefinida, embora estejam livres da maioria dos patógenos. São criados e mantidos em biotérios com sistemas de barreira de baixa segurança.[4-6]

e. Convencionais: animais que possuem uma microbiota desconhecida, tanto patogência quanto não patogênica. São criados e mantidos em biotérios sem barreiras sanitárias, possibilitando a contaminação permanente das colônias.[4-9]

Cabe salientar que em outros países e na literatura, podem ser encontradas citações de outros padrões de saúde, que não são de uso comum no Brasil, sendo eles:

- ❑ Animais com "microbiota definida associada": *Defined microbially associated* – também conhecidos como "flora definida" (*Defined Flora*): animais axênicos intencionalmente associados com um ou mais microrganismos. Esse termo tem sido empregado como sinônimo de gnotobiótico.[4-6, 9]
- ❑ Animais "mantido em barreiras": *Barrier-maintained*: animais removidos dos isoladores e alojados em biotério com barreiras sanitárias. Esses animais devem ser frequentemente monitorados para todos os agentes descritos.[4-69]

Quadro 5.1
Classificação sanitária de animais de laboratório

País	Isolador			Sob Barreira					Fonte
Uso comum	Germ-free →	→	Defined Flora	Pathogen free →	SPF →	Virus antibody free (VAF) →		Conventional	
Estados Unidos	Axenic →	Gnotobiotic →	Defined microbially associated →	→	Barrier maintained →	→	Monitored →	Conventional	Lindsey et al., 1986
Brasil	Axênico →	Gnotobiótico →	→	→	SPF →	→	Convencional Monitorizado ou Controlado →	Convencional	
Argentina	Axénicos	Gnotobiotes			SPF			Convencional	

Fonte: Adaptado de ILAR.[3] SPF: Specific Pathogen Free: livre de patógenos específicos.

Inter-Relação do Desenho Arquitetônico com a Qualidade Animal

A garantia do padrão sanitário está diretamente associada com o tipo de instalação na qual os animais serão criados e/ou mantidos e com as rotinas de higienização e desinfecção, a que os insumos empregados deverão ser submetidos antes de seu ingresso nas salas dos animais.

A definição dos espaços dentro do biotério e suas necessidades passam obrigatoriamente por um processo prévio de levantamento que definirá as características dos modelos e a periodicidade de seu fornecimento. Esse é o ponto inicial no planejamento de um biotério para atender a demanda de qualquer Instituição. Esse levantamento pode ser efetuado por meio de questionários em que os usuários informarão as características dos animais de interesse, tais como espécies; linhagens; padrões genético e sanitário; número e frequência de envio.

■ Projeto de um Biotério

O projeto do biotério deve ser elaborado com base na demanda da instituição e no plano de manejo que será aplicado às colônias. A proposta deve abranger a parte física das instalações; o ambiente e padrão sanitário dos animais, a fim de que se consiga um recinto funcional eficiente e, ao mesmo tempo, confortável. O projeto deve ser elaborado para atender possíveis aumentos na demanda ou na aquisição de novas tecnologias de manutenção, sem que seja necessário, reformas e adequações de maior porte. É o conceito de "flexibilidade" aplicado ao biotério, ou seja, a capacidade de adequação a novas tecnologias simultaneamente a uma expansão física com fácil adaptação, sem grandes modificações no projeto original e com menor custo.

Em razão da multiplicidade de atividades, suas necessidades e especificidades, a divisão das áreas internas de um biotério pode variar entre as instituições, principalmente quando existirem demandas específicas em relação ao ambiente ou necessidade de salas e equipamentos especializados. Assim, o projeto torna-se algo único, elaborado para uma determinada realidade, não podendo ser tratado como algo que possa ser reproduzido diretamente em outro local.

Como regra geral, todo projeto deve seguir as normas do Conselho Nacional de Controle da Experimentação Animal (CONCEA), órgão deliberativo e consultivo, vinculado ao Ministério da Ciência, Tecnologia e Inovação e responsável por tudo que tange à Ciência em Animais de Laboratório. Esse Conselho, em sua Resolução Normativa N°15, estabeleceu as normas para a estrutura física e de ambiente para roedores e lagomorfos, organizadas no Guia Brasileiro de Criação e Utilização de Animais para Atividades de Ensino e Pesquisa. Essas normas devem ser seguidas pelas Instituições de Ensino e Institutos de Pesquisa para elaboração e adequações da infraestrutura física de biotérios, com objetivo de atender ao disposto na Lei Federal nº 11.974, em especial no que diz respeito ao art. 22 da referida lei.[10,11]

■ Localização do Biotério

A localização de um biotério depende de diversos fatores sendo fundamental sua acessibilidade tanto para fornecedores como para usuários, quer seja para um biotério de criação como para um biotério de experimentação. Desse modo, um acesso e estacionamento privilegiado facilitam o atendimento dos usuários na retirada de animais, oferecerá maior fluidez para as áreas de experimentação (caso haja), bem como de fornecedores de suprimentos (ração, cama etc.) e para a remoção dos resíduos.

Com frequência, a localização de um biotério atende ao disposto no plano diretor da Instituição, o que, muitas vezes, já foi previamente definido por uma equipe de engenheiros e arquitetos e, infelizmente, sem uma consulta à equipe do biotério. Por esta razão, a escolha do local acaba sendo feita pelo zoneamento do campus e, na maioria das vezes, não é o melhor local sob ponto de vista da produção de animais de laboratório com o padrão sanitário certificado.

É necessário fazer uma diferenciação em relação à finalidade do biotério: criação ou experimentação. No caso de um biotério de experimentação, recomenda-se que sua localização seja feita pela conveniência e logística, devendo permanecer próximo aos laboratórios de pesquisa. Já o biotério de criação deve estar em área isolada, longe de possíveis fontes de infecção (laboratório de pesquisa que trabalhem com o risco biológico, depósitos de lixo, entulhos), ruídos e vibração (setores de manutenção) ou fluxo de pessoas (prédios de salas de aula e módulos comerciais) e com facilidade de acesso tanto para usuários como para fornecedores. Por outro lado, Runkle (1964)[12] recomenda que o biotério de experimentação não fique muito distante do biotério de criação, para reduzir a dificuldade e os custos de transporte para animais e insumos, permanecendo o biotério de criação próximo dos pontos de maior demanda. Nessa dicotomia, o bom senso deve ser empregado para a definição do local, devendo ser priorizada a melhor opção em relação à qualidade sanitária dos animais.

■ Tipologia de Biotérios

A tipologia é o estudo da classificação dos tipos, bem como de regras para sua elaboração. Desse modo, a tipologia é vista aqui como uma classificação dos tipos de biotérios. Assim sendo, podemos classificar os biotérios de acordo com o sistema de produção e atividades desenvolvidas.

Cabe ressaltar que, em termos legais, o Conselho Nacional de Controle da Experimentação Animal (CONCEA), na diretriz brasileira para o cuidado e a utilização de animais para fins científicos e didáticos (DBCA), classificou o biotério em três tipos, como segue:[13]

- ❑ Biotério de criação: local destinado à reprodução e manutenção de animais para fins de ensino ou pesquisa científica.
- ❑ Biotério de manutenção: local destinado à manutenção de animais para fins de ensino ou pesquisa científica.
- ❑ Biotério de experimentação: local destinado à manutenção de animais em experimentação por tempo superior a 12 horas.

O CONCEA, em sua Resolução Normativa nº 3, de 14 de dezembro de 2011, definia um quarto tipo de biotério, que seria o denominado "Laboratório de Experimentação", cuja definição designava um local destinado à realização de procedimentos com animais. Todavia, essa Resolução Normativa nº3 foi revogada pela Resolução Normativa nº16, de 30 de abril de 2014, a qual não faz referência a tipos de biotérios.

De qualquer modo, essa classificação dos biotérios apresentada por aquele colegiado pode ser considerada uma nova proposição para tipologia de biotérios em relação às atividades desenvolvidas em substituição à classificação anterior encontrada na literatura que apresentava quatro tipos de biotérios: biotério setorial (ou experimentação); biotério de manutenção; biotério básico; e biotério integral.[14]

Em relação à tipologia de biotério quanto ao Sistema de Produção, podemos dividir em:

a. Sistema Fechado: aquele em que todos os animais têm origem na própria instalação ou são adquiridos de um fornecedor confiável. A introdução de animais oriundos de outras fontes não é permitida;
b. Sistema Semifechado (misto): aquele em que há, ocasionalmente, introdução de animais de fontes externas sujeitos à quarentena. Via de regra, apresenta áreas com ambientes controlados e outros abertos;
c. Sistema Aberto: aquele em que nenhuma medida técnica ou higiênica especial é adotada. Este sistema, como o anterior, admite salas de animais em área limpa.

Dependendo do padrão sanitário dos animais que serão criados no biotério, a forma de sua introdução quando oriundos de fontes externas, a maneira como a experimentação será conduzida, o contato com outros animais e como se dará o ingresso de pessoal definirão o melhor tipo de sistema de produção a ser adotado.

Entretanto, para biotérios SPF (livre de patógenos específicos) somente se admite o sistema fechado, pois permite o isolamento e controle da colônia de animais. Nessa condição, são criados apenas camundongos e ratos. Para as demais espécies, a tendência é o uso de um sistema aberto ou semifechado, em condições higiênicas não tão rigorosas quanto o exigido para um biotério SPF.

A partir da classificação do CONCEA sobre tipos de biotérios quanto às atividades desenvolvidas, é cabível uma adequação das famílias programáticas descritas anteriormente na literatura que agrega os sistemas de isolamento e a nova classificação de biotérios.[14] Dessa maneira, a nova matriz gerada compreende três novas famílias programáticas como apresentadas nos Quadros 5.2 e 5.3.

Na prática, as famílias programáticas permitem uma orientação arquitetônica das instalações, ou seja, os espaços deverão ser estabelecidos em conformidade com o tipo de atividade a ser desenvolvida em cada tipo de biotério, a qual está diretamente relacionada com o sistema de produção, quantidade e complexidade das barreiras sanitárias previstas na instalação. A maneira como os diferentes setores do biotério se inter-relacionam é denominado de programação arquitetônica. Esta compreende o estabelecimento de relações

Quadro 5.2 Tipos de biotérios conforme a classificação do CONCEA quanto às finalidades e em relação ao sistema de isolamento adotado			
	Biotério de experimentação	**Biotério de manutenção**	**Biotério de criação**
Biotério aberto	E	P	S
Biotério semifechado	S	E	P
Biotério fechado	S	P*	E

Essas combinações são classificadas em termos de adequação do sistema de isolamento e tipo de biotério em:
S - não há adequação, não recomendável.
P - adequação com simplificação do programa recomendado.
P- adequação com superdimensionamento do programa recomendado.*
E - adequado, dentro da recomendação.

Quadro 5.3 Tipos de biotérios de acordo com a família programática		
Família programática 1	**Família programática 2**	**Família programática 3**
Experimentação aberto	Manutenção semifechado	Manutenção fechado
Manutenção aberto		Criação semifechado, criação fechado

entre espaços e atividades destinadas ao edifício ou conjunto de edifícios, sem implicar, necessariamente, em sua formalização como projeto arquitetônico. Tais relações são caracterizadas por requisitos ambientais, morfológicos e funcionais.[15] Assim, a programação arquitetônica é que fundamentará a formulação do *layout* da área do biotério.

Entende-se por barreira sanitária um sistema que combina aspectos construtivos, equipamentos e métodos operacionais que buscam estabilizar as condições ambientais das áreas restritas, minimizando a probabilidade de patógenos ou outros organismos indesejáveis contatarem a população animal de áreas limpas.[3]

Em virtude de essa definição ser bastante ampla, as barreiras sanitárias podem ser operacionalizadas em menor ou maior complexidade, dependendo do padrão sanitário exigido para o biotério e do grau de isolamento adotado (aberto, semifechado ou fechado). A definição do padrão sanitário é importante para a edificação, instalação e manutenção do biotério, pois interfere diretamente no custo operacional, uma vez que quanto maior a padronização microbiológica dos animais, maior será também a complexidade do sistema de barreiras.

Não obstante as questões físicas, para que os pesquisadores obtenham resultados fidedignos, é imprescindível que a constituição genética dos animais se mantenha estável e que eles sejam mantidos em condições de higiene e de assepsia adequadas.

Características Construtivas

Além de estar localizada em um prédio independente, a instalação utilizada como biotério deve ter características que facilitem as rotinas e procedimentos operacionais de limpeza e higienização. Entre elas, podemos destacar:

Piso Único e Térreo

É importante que um biotério seja um prédio de único piso, localizado em andar térreo, pois dispensará o uso de elevadores ou monta-cargas para transporte de material e insumos. Dependendo do manejo, a troca de gaiolas será realizada 2 a 3 vezes em 1 semana e, consequentemente, gerará o deslocamento de caixas, tampas, bebedouros, ração e cama. A instalação e manutenção de elevadores são dispendiosas e, pelo tipo de uso que é feito, não é recomendável para biotérios. Contudo, quando não houver outra alternativa, a equipe de arquitetos deverá empregar válvulas de alívio ou *dampers* que permitam neutralizar o "efeito êmbolo" que estará presente no poço do elevador. Esse efeito se caracteriza pela compressão e descompressão do volume de ar deslocado no movimento do carro e que pode colocar em risco a qualidade sanitária do ambiente. Outra desvantagem no uso de elevadores é que o próprio poço do elevador poderá servir como porta de entrada de contaminantes para o interior do biotério.

Paredes, Forros e Pisos

As paredes internas do biotério, principalmente aquelas localizadas nas áreas limpas, devem ter revestimento que proporcione uma superfície lisa. Isso facilita a higienização da área. Por esse motivo, azulejos não são recomendados, pois os rejuntes são focos potenciais de acúmulos de sujeiras e microrganismos (principalmente fungos). Embora de custo elevado, a tinta epóxi fornece um acabamento ideal para as paredes, forro e até piso, pois é resistente a água e desinfetantes.

Em relação aos forros, segue-se a recomendação das paredes (superfície lisa), além de serem evitados materiais como madeira ou plástico, pois apresentam uniões e, assim, não permitem um bom isolamento. Os materiais mais recomendados são o gesso ou concreto, pelo fato de não apresentarem emendas ou uniões. Nessa questão, o ideal é o emprego de cantoneiras ou bordas arredondadas para evitar acúmulo de sujeira nos cantos entre paredes, forros e pisos.

Os pisos devem igualmente proporcionar uma superfície lisa que facilite a higienização. Devem ser resistentes ao tráfego intenso das rotinas, sendo uma boa opção o piso autonivelante. Entre os materiais não recomendados, temos: asfalto; lajotas; pisos cerâmicos; e pisos vinílicos, pois ou são abrasivos, ou apresentam uniões entre as peças, impossibilitando uma higienização adequada. A granitina é um piso aceitável, porém seu custo a torna pouco utilizada. Por motivos econômicos, pisos de borracha ou plásticos são também pouco utilizados. Um piso bastante empregado é o cimento liso (cimento queimado) porque fornece uma superfície lisa, resistente ao tráfego e tem baixo custo.

Janelas

Em geral, as instalações para roedores e lagomorfos utilizam sistema de iluminação artificial, evitando, assim, a interferência da luz natural nos locais com animais. Por isso, o uso de janelas não é recomendado nas salas de animais, pois além de interferir no controle de luminosidade (fotoperíodo), a depender da posição do prédio, as janelas poderão possibilitar a incidência solar diretamente sobre as gaiolas, comprometendo o bem-estar dos animais; influenciando em seu comportamento e aumentando a carga térmica do ambiente, dificultando, então, a manutenção da temperatura nos limites adequados. As janelas podem existir em áreas não contíguas às salas de animais, tais como áreas de circulação; administração e sala de convivência das pessoas que trabalham no biotério, desde que as medidas de segurança sejam atendidas.

Portas

As portas podem ser de diversos materiais e ter ou não visores (contudo, existem situações em que o seu uso reduz a sensação de clausura e auxilia na comunicação). As portas devem permitir uma estanquidade da sala, ou seja, permitir um bom fechamento, sem fuga ou entrada de ar, uma vez que existem diferenças de pressões entre as áreas do biotério. Devem também ser de tamanho adequado (largura e altura), de modo a não interferir na passagem de carrinhos e equipamentos. Durante o planejamento do biotério, devem ser previstos portas e acessos que permitam a passagem de estantes e *racks* ventilados ou estações de troca, uma vez que existe uma tendência no uso desses tipos de equipamentos.

■ Divisões internas

De acordo com o anexo I da Resolução Normativa n° 15/2013 do CONCEA,[11] internamente o biotério é dividido em três áreas: Apoio; Serviço; e Depósitos.

1. Áreas de Apoio: Compreende as áreas destinadas à administração do biotério, sala de descanso e copa, recepção e quarentena, ambientes especiais e sala de procedimentos experimentais.
2. Áreas de Serviço: Compreende as áreas de higienização, vestiários, corredores, lavanderia, sanitários e salas de animais e área de eutanásia. No planejamento do biotério, deve ser previsto que as salas de animais estejam localizadas longe das demais áreas de serviço como higienização, vestiários, lavanderia, sanitários e área de eutanásia, pois o tipo de atividades ou materiais manipulados nessas áreas pode servir de fonte de infecção para a colônia e, em alguns casos, comprometer o bem-estar dos animais em razão de odores e ruídos específicos.
3. Depósitos: Compreendem os recintos para o armazenamento de suprimentos (ração e maravalha); insumos (como bebedouros e aramados); descarte de materiais e para a guarda de equipamentos, peças de manutenção como filtros e resistências entre outros.

Para maior detalhamento das áreas e suas finalidades, recomenda-se a consulta às normas do CONCEA disponíveis em seu *website*.

Layout

Independentemente das áreas que compõe o biotério, uma vez que o projeto é específico para as necessidades institucionais, existe um fluxo de pessoal e materiais que deverá ser empregado. Desse modo, o *layout* da instalação é importante e o que se percebe é a existência de três tipos de *layout* para biotérios de acordo com a disposição do acesso e saída das salas (Figura 5.1). O preconizado é o modelo A (corredor duplo). Nesse modelo, separam-se os fluxos de acesso e retorno das salas, os quais passam a ser realizados por corredores específicos e independentes. Essa medida impede o cruzamento de materiais limpos e sujos das salas de animais, diminuindo, assim, a possibilidade de infecção na colônia, razão pela qual o modelo é muito utilizado para abrigar animais de melhor padrão sanitário.

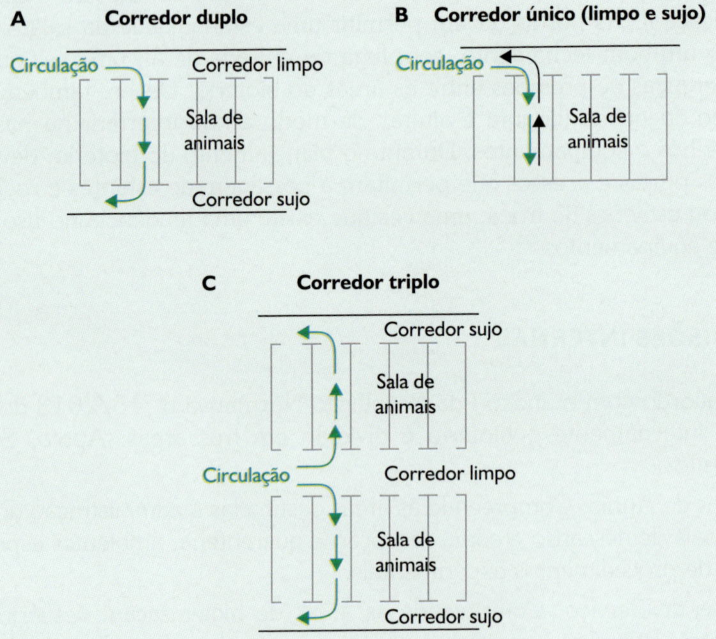

Figura 5.1 – *Layout de biotérios conforme disposição e acesso das salas.*

O modelo B (corredor único) é mais presente em instalações antigas e em biotérios convencionais. Alguns autores defendem a sua aplicação em biotérios de alto padrão sanitário, desde que sejam adotadas barreiras sanitárias compatíveis. Isso permite aumentar a área destinada à criação dos animais.

O modelo C (um corredor limpo e dois corredores sujos) tem a vantagem de fluxo independente para materiais limpos e sujos. Contudo, nesse tipo ocorre a diminuição da área destinada à criação pela adoção de um segundo corredor sujo.

Nos modelos com mais de um corredor, o fluxograma de materiais e trânsito de pessoal ocorre em um único sentido e sempre do corredor limpo para o corredor sujo.

Seja qual for o tipo de biotério, é aconselhável que ele seja planejado de modo a permitir a execução de serviços de manutenção, sem que haja a necessidade de se adentrar na área de animais, como também que o projeto preveja a manutenção de um fluxo correto em ampliações posteriores.

Referências Bibliográficas

1. Baker DG. Natural pathogens of laboratory mice, rats, and rabbits and their effects on research. Clin. Microb. Rev. 1998.11(2): 231-266.
2. Nicklas W, Homberger FR, Illgen-wilcke B, Jacobi K, Kraft V, Kunstyr I, Mahler M, Meyer H, Pohlmeyer-esch G. Implications of infectious agents on results of animal experiments: report of the Working Group on Hygiene of the Gesellschaft-fürVersuchstierkunde - Society for Laboratory Animal Science. Lab. Anim. 1999. 33(1):39-87.
3. Institute of Laboratory Animal Resources (ILAR). Long-term holding of laboratory rodents. ILAR News, 1976.19: L1-L25.
4. National Research Council (NRC).Long-Term Holding of Laboratory Rodents. Washington. ILAR News, 1976.XIX(4).
5. National Research Council (NRC). Infectious diseases of mice and rats committee on infectious diseases of mice and rats, institute of laboratory animal resources, commission on life sciences, 1991. P. 415.
6. National Research Council (NRC). microbial status and genetic evaluation of mice and rats: proceedings of the 1999 US/Japan Conference International Committee of the Institute for Laboratory Animal Research, National Research Council, 2000. P. 166.
7. Colégio Brasileiro de Experimentação Animal (COBEA), Manual para técnicos em bioterismo. São Paulo: Cobea, 1996. P. 259.
8. Górska P. Principles in laboratory animal research for experimental purposes. Med. Sci. Mon, 2000. 6 (1): 171-180.
9. International Veterinary Information Service (IVIS). Quality assurance/surveillance monitoring programs for rodent colonies. In: Reuter JD and Suckow MA (eds.). New York: Laboratory Animal Medicine and Management, 2003.
10. BRASIL 2008. Lei 11974, de 08 de outubro de 2008. Disponível em: http://www.planalto.gov.br/ccivil_03/_ato2007-2010/2008/lei/l11794.htm.
11. BRASIL, Ministério da Ciência e Tecnologia, Conselho Nacional de Controle da Experimentação Animal. Resolução Normativa nº 15, de 16 de dezembro de 2013. Anexo I. Diário Oficial da União. Poder Executivo, Brasília, DF, 18 de dezembro de 2013, Seção 1, p. 9. Disponível em: http://www.mct.gov.br/upd_blob/0229/229754.pdf.
12. Runkle RS. Laboratory animal housing: part II. American Institute of Architects. J., 1964. 41: 77-80.

13. BRASIL, Ministério da Ciência e Tecnologia, Conselho Nacional de Controle da Experimentação Animal. Diretriz Brasileira para os cuidados e a utilização de animais para fins científicos e didáticos (DBCA). Disponível em: http://www.mct.gov.br/upd_blob/0234/234054.pdf.
14. Kruger MJT, Weidle EPS. Programação arquitetônica de biotérios. Brasilia: Cedate, 1986. P. 225.
15. Valero-Lapchik VB, Merusse JLB. In: Manual para técnicos em bioterismo. São Paulo: Comissão de Ensino Colégio Brasileiro de Experimentação Animal – COBEA, 1996. Instalações e equipamentos. P. 15.

6

Dimensionamento dos Principais Equipamentos e Sua Relação com o Desenho Arquitetônico

Luiz Augusto Corrêa Passos
André Silva Carissimi

Dentro do processo de planejamento de um biotério, o dimensionamento de equipamentos é uma tarefa das mais complexas e importantes, uma vez que sua finalidade é atender à demanda de insumos, serviços e manutenção de condições de alojamento propícias aos animais, dentro de conceitos de qualidade e eficiência. Geralmente, o resultado poderá ser observado após o início das atividades da nova instalação.

Para iniciar o dimensionamento de equipamentos, é indispensável identificar as necessidades da instituição mediante estimativa da demanda de animais. Essa tarefa consiste em identificar os usuários, conhecer as demandas atuais e prever eventuais aumentos, sejam eles quantitativos ou qualitativos.

A conceituação de equipamentos para biotérios é bastante abrangente e engloba desde gaiolas e estantes, até equipamentos de maior porte como centrais de ar condicionado e autoclaves entre outros. Nessa parte, daremos especial atenção aos seguintes equipamentos:

a. dimensionamento de gaiolas com foco na produção de animais;
b. sistemas de climatização;
c. equipamentos para higienização e esterilização.

Considerações gerais

A primeira etapa no planejamento de um biotério é o planejamento, em que o projeto é definido com base no levantamento das necessidades da instituição, ou seja, as espécies e linhagens que deverão ser criadas; suas quantidades, idade e frequência de fornecimento, bem como o padrão sanitário requerido.

Se bem realizada, possibilitará a instalação de um biotério funcional e a produção qualificada de animais com maior eficiência.

A segunda fase, a da programação, tem por objetivo a concepção de um prédio funcional e flexível que ofereça eficiência na operação com um menor custo.

A terceira fase é a do *design*, com a elaboração de um projeto arquitetônico (iniciado com o anteprojeto) e a quarta e última fase compreende a construção do prédio, em que é indispensável o acompanhamento da obra para que o biotério se mantenha dentro dos preceitos estabelecidos no memorial descritivo.

Recomenda-se que, em todas as fases do projeto e principalmente durante o acompanhamento, uma equipe multidisciplinar (lembrando da importância da presença de bioteristas) esteja presente.

Uma vez finalizada a conclusão do espaço físico, inicia-se a instalação dos equipamentos previstos. Alguns equipamentos, como sistema de ar condicionado, terão sua instalação e manutenção facilitada se alojados no piso superior (piso técnico). Contudo, outros equipamentos, como os de higienização, via de regra, necessitam de acesso facilitado até os locais para onde foram planejados. Autoclaves e lavadora de gaiolas são exemplos típicos de equipamentos de grande porte que necessitam de portas e corredores com dimensões (largura e altura) adequadas ao tamanho da embalagem em que o equipamento será entregue pelo fabricante. Em relação à altura, é interessante planejar uma sobreporta.

O transporte e movimentação dos equipamentos pesados devem ser previstos na fase de planejamento, afim de que o projeto arquitetônico contemple pisos resistentes, evitando danos durante o deslocamento desses materiais. Pisos monolíticos emborrachados podem ser uma boa opção para uso em áreas de equipamentos de maior porte.

Outro aspecto importante é que a quantidade de equipamentos e suas dimensões estão diretamente relacionadas ao padrão sanitário do biotério e ao volume de produção. Desse modo, um biotério de criação de padrão sanitário convencional não precisará de tantos equipamentos instalados para barreira sanitária quanto o necessário para um biotério de padrão SPF (livre de germes específicos). Por outro lado, a produção está relacionada com a capacidade de alojamento de animais e, consequentemente, com as dimensões dos equipamentos. Uma maior área física significa, invariavelmente, maior espaço para gaiolas. Considerando que a distribuição de espaços foi bem elaborada no projeto, os equipamentos deverão ser dimensionados para o volume de carga requerido para a atividade de criação.[1,2]

Dimensionamento de gaiolas, estantes e *racks*

Com base na previsão de demanda, determinam-se as espécies, o número, o sexo, a idade e/ou peso dos animais que deverão ser produzidos e fornecidos e, desse modo, o espaço e os equipamentos necessários para a produção e manutenção. Também devem ser considerados os fatores relacionados com o manejo e a biologia das espécies, tais como o sistema de acasalamento que será utilizado e o desempenho reprodutivo das linhagens. Todos esses elementos influenciarão no tipo de equipamento e na sua disposição dentro das áreas de criação.

Alguns profissionais preferem empregar recursos matemáticos para auxiliar no dimensionamento.

Saiz-Moreno e colaboradores, 1983,[3] indicam a fórmula a seguir, que permite calcular o número de gaiolas necessário independentemente da espécie animal:

$$N = As\frac{1}{Ps(1-K)} + \frac{S}{D}$$

Onde:

N = número de gaiolas necessárias;

As = número de animais a serem fornecidos por semana;

Ps = número de animais produzidos por gaiola por semana (*índice de produtividade);

K = proporção de animais que não fornecidos aos usuários (p. ex.: animais que serão utilizados como reprodutores na colônia ou que serão destinados ao monitoramento sanitário);

S = tempo (semanas) entre o desmame e data de fornecimento;

D = número médio de animais por gaiola, entre desmame até a data de fornecimento.

Como resultado, teremos quantificado o número de gaiolas para atender a demanda para uma determinada espécie. O cálculo deve ser feito para cada uma das linhagens que serão criadas no biotério em razão das diferenças de desempenho reprodutivo, da idade e do peso à época do fornecimento.

A partir do dimensionamento das gaiolas necessárias, poderá ser dimensionada a área física das salas de animais, empregando-se, para tanto, a fórmula apresentada por Moreno e colaboradores, 1983:[3]

$$A = \frac{MLN}{YK}$$

Onde:

A = área necessária (em metros quadrados);

N = número de gaiolas, calculadas a partir da fórmula anterior;

L = largura da gaiola (em metros);

M = largura da sala (em metros);

Y = número de estantes na sala;

K = número de prateleiras por estante.

Cabe ressaltar que a aplicação da segunda expressão é válida para biotérios com *lay-out* clássico, ou seja, com três elementos básicos: salas de animais; corredor de distribuição; e corredor de retorno. Nesse tipo de disposição, as salas de animais têm o formato de um retângulo, com as estantes dispostas lateralmente e ao longo da sala, permanecendo um espaço central (corredor interno da sala), destinado ao trânsito de pessoal e de equipamentos além de possibilitar o manejo dos animais. Esse espaço, caracterizado pelo espaço das estantes e mais o espaço de passagem, foi denominado unidade modular básica (ou módulo básico) por Saiz-Moreno e colaboradores, 1983.[3]

Alguns autores acreditam que as áreas das salas de animais devam ser reduzidas como modo de se controlar melhor o risco de contaminações.[4] Na prática, essa recomendação torna a área física do biotério altamente compartimentalizada, com profusão de salas de animais e aumento na área destinada à infraestrutura (divisórias).

Atualmente, o uso de *racks* e estantes ventilados para o alojamento de animais trouxe novos paradigmas em relação ao dimensionamento de espaços em biotérios. *Racks* ventilados são equipamentos que permitem o sistema fechado de criação para cada gaiola (microambiente), sendo constituídos por gaiolas fechadas, tubulação (dutos) de insuflação e exaustão de ar e unidade de ventilação/exaustão, que é a responsável pelo insuflamento e exaustão do ar em cada gaiola acoplada ao sistema. Dependendo do fabricante, essa unidade pode estar acoplada ao equipamento (localizada no plano superior) ou ser uma unidade independente, acoplada por tubulação própria à estante. Os modelos que têm a unidade de ventilação/exaustão isolada admitem várias disposições dos módulos que as compõem.[5]

O emprego dos *racks* ventilados permite um grande número de disposição nas áreas destinadas aos animais, conferindo múltiplas configurações e, desse modo, racionalizando o uso dos espaços. Entre as configurações de distribuição, podemos citar o chamado sistema tipo "biblioteca", onde os *racks* ficariam dispostos perpendicularmente em relação à circulação da sala e com um espaço mínimo de distância entre eles (aproximadamente 50 cm), suficientes para a circulação de uma pessoa para uma simples inspeção de gaiolas ou retirada de uma gaiola para procedimentos experimentais. Quando é necessário efetuar o manejo de troca, os *racks* são deslocados no eixo perpendicular, aumentando o espaço entre eles, possibilitando a colocação de uma estação de troca entre os dois equipamentos. A vantagem na utilização desse sistema é a flexibilidade e maior aproveitamento do espaço físico, podendo aumentar a lotação de gaiolas em até 45% em relação ao sistema convencional. Esse aumento na área útil na sala de animais resulta da inexistência de divisões entre as várias salas como ocorre no sistema convencional. No caso da escolha dessa configuração, deve-se considerar o seu custo de instalação e a impossibilidade de transferência do equipamento para outra área.

A quantidade de *racks* deve ser determinada considerando a espécie a ser alojada, a quantidade de conjuntos de gaiolas fechadas (simples: com um conjunto ou duplo: com dois conjuntos de gaiolas por *rack*), modelo conforme o fornecedor escolhido e a disposição deles na área de criação.

A tendência é que os *racks* ventilados sejam predominantes nos biotérios de criação e experimentação, substituindo os sistemas de alojamentos baseados em gaiolas abertas. A principal razão é que esses sistemas ventilados conferem maior proteção aos animais, oferece um ar de melhor qualidade dentro do microambiente e reduz a exposição humana aos alérgenos.

Com relação aos aspectos arquitetônicos, os *racks* ventilados podem ter um impacto significativo sobre a concepção e uso do sistema de ventilação e climatização de biotérios, uma vez que as necessidades desses equipamentos são menores do que os sistemas de gaiolas abertas, o que leva a equipamentos de menor porte, ou seja, menor custo de aquisição e manutenção.

Quando comparados os sistemas de ventilação individual (IVC) com os sistemas de gaiola aberta, o primeiro possibilita maior aproveitamento do espaço da sala de animais, pois a densidade de alojamento é maior. Entre os principais fabricantes, o que observamos são *racks* ventilados com gaiolas em apenas em um lado (*rack* simples) ou com gaiolas nos dois lados (*rack* duplo). Os *racks* simples para camundongos têm dimensões variando entre 1,40 e 2,40 m de comprimento, altura entre 1,80 e 2,40 m e largura (profundidade) aproximada de 0,6 m, com capacidades variando de 30 até 80 gaiolas. A diferença entre o *rack* simples e o duplo está na largura, cujas dimensões variam de 0,70 até 1 m, para modelos utilizados para alojamento de camundongos.

As dimensões dos *racks* para ratos não são muito diferentes dos utilizados para camundongos em relação ao comprimento e altura. Contudo, na largura, os modelos para ratos têm em média 1,10 m. Além disso, cabe ressaltar que em virtude do maior tamanho das gaiolas, os equipamentos para ratos apresentam menor quantidade de gaiolas quando comparadas com os de camundongos.

Dimensionamento da autoclave

A autoclave é um dos equipamentos essenciais ao funcionamento do biotério, pois sua instalação em barreira sanitária permite isolamento entre a área de higienização e a de estoque de materiais esterilizados. O princípio de funcionamento da autoclave é a combinação dos fatores tempo, temperatura interna e pressão. A esterilização varia conforme o tipo de material a ser esterilizado, podendo a temperatura variar de 121 °C a 134 °C e o tempo de 15 a 30 minutos. Atualmente, existem no mercado autoclaves equipadas com microprocessadores que permitem programar e armazenar ciclos de esterilização distintos (temperatura e tempo) de acordo com o tipo do material (cama, ração, água, instrumental cirúrgico etc.).[6]

Por ser um equipamento fundamental às rotinas, seu dimensionamento é determinante para o bom andamento das atividades de manejo. Uma autoclave subdimensionada exigirá que sejam feitos muitos ciclos até que a quantidade necessária de material seja alcançada e isso, além de demandar mais trabalho, poderá ampliar o expediente normal e reduzirá a vida útil do equipamento. Além disso, nessa situação as manutenções preventivas e corretivas serão mais frequentes e o tempo para carga e descarga será também maior.

Os fabricantes de autoclaves oferecem uma variedade de modelos e capacidades da câmara interna. Todavia, independentemente do fabricante, é importante salientar que o modelo recomendado para um biotério de criação é o horizontal com dupla porta e intertravamento, com a câmara interna de acordo com o volume de carga estimada.

A carga total de volume, ou demanda diária, é determinada em função da quantidade de gaiolas e outros materiais que serão esterilizados. Desse modo, para quantificar a necessidade é preciso considerar:

a. quantidade de gaiolas, cama, ração e bebedouros;
b. tempo útil disponível de processamento;
c. capacidade operacional do equipamento (volume);

A capacidade da autoclave (CA) é dada pela relação:

$$CA = \frac{\text{demanda de materiais / dia}}{\text{número de operações / dia}}$$

O número de equipamentos (NEq) a ser instalado é dado pela relação:

$$NEq = \frac{\text{capacidade em litros / dia}}{\text{capacidade do equipamento em litros}}$$

Não obstante esses aspectos, o fator determinante para a escolha da capacidade é a estimativa da demanda diária de materiais. Para um uso racional do equipamento, recomendam-se sempre cargas homogêneas, ou seja, materiais com características físicas similares. Na rotina do biotério, isso significa organizar os materiais que serão esterilizados em cargas diferentes, cama, gaiolas, bebedouros e assim por diante.

Entre os cuidados a serem adotados no uso desse equipamento, destaca-se o cuidado no alojamento dos materiais, evitando, assim, uma sobrecarga da câmara interna, seja por excesso de peso ou de volume e, desse modo, permitir que o processo de esterilização seja eficiente. Com relação ao peso máximo da carga, recomenda-se que não ultrapasse, em peso (kg), cerca de 10% do volume da autoclave. Por exemplo, se o equipamento tem capacidade para 400 litros (L), ele suporta no máximo uma carga de 40 kg. Contudo, o volume da carga não deve ocupar toda a câmara interna, pois é necessário existir espaço entre os materiais (pacotes) para permitir a circulação de vapor e calor. Na prática, recomenda-se que aproximadamente 20% do volume da câmara interna seja o espaço reservado para esse propósito. No exemplo anterior, teríamos um volume de 80 L.

No biotério, a esterilização da maravalha de pinus, normalmente utilizada como cama, é o típico exemplo de material fornecido em pacotes volumosos e com pouco peso. Esses dados podem alterar em virtude da falta de padronização das embalagens, da compactação do produto no envase, da quantidade de pó e da própria matéria-prima entre os fornecedores do produto. Contudo, o volume da embalagem pode ser facilmente mensurado com auxílio de vidraria graduada (Becker).

Na prática, o dimensionamento de uma autoclave dependerá do volume de material a ser esterilizado, o que é diretamente proporcional à quantidade de animais do biotério.

Como exemplo, suponhamos que um biotério de criação tenha 800 gaiolas de rato (tamanho de 34 × 41 × 18 cm) e realiza duas trocas semanais, sendo que, para cada gaiola, utiliza-se uma altura aproximada de 20 mm de cama. Isso representaria um volume de 2.240 L de cama para uma troca de todas gaiolas. Considerando que a embalagem da cama tenha 70 L, seriam necessários 32 pacotes de cama.

Caso a opção desse biotério fosse por uma autoclave de 700 L, o volume máximo de carga seria de 560 L, o que corresponderia a oito pacotes de cama por carga e, consequentemente, quatro ciclos de esterilização para processar a quantidade necessária para uma troca. Adotando-se um ciclo de esterilização para cama de 121°C por 30 minutos, seguido por ciclo de secagem de 20 minutos, teríamos um tempo de 50 minutos por carga de cama e 200 minutos (um turno de trabalho) para esterilização de toda ela. Além disso, cumpre destacar que, para o primeiro ciclo, o equipamento precisa aquecer a caldeira (gerador de vapor) e esse tempo também influencia na rotina diária de processamento dos materiais e insumos.

O mesmo raciocínio deve ser feito para os demais materiais a serem esterilizados por calor úmido como caixas plásticas (pequenas e grandes), tampas, ração, água e uniformes. Uma vez finalizados a demanda das cargas e o tempo disponível para processamento entre as trocas, é que se pode dimensionar a autoclave e, em um segundo momento, dimensionar o número de equipamentos necessários para atender as necessidades do manejo das colônias.

Dimensionamento de lavadoras de gaiolas, bebedouros e *racks*

Basicamente, as lavadoras de gaiolas são equipamentos que operam por um sistema automatizado de avanço de gavetas, que percorrem o túnel de lavagem onde são realizadas etapas como pré-lavagem, lavagem (com opção de lavagem ácida ou alcalina), pré-enxágue e enxágue final. Alguns modelos permitem a lavagem de bebedouros, porém, já existem no mercado lavadoras próprias para bebedouros que apresentam uma construção tipo câmara onde eles são dispostos em pequenas estantes para higienização. D mesmo modo, a lavadora de *racks* apresenta uma concepção tipo câmara, onde a estrutura do *rack* é inserida e passa pelo ciclo de lavagem.[2] Nos manuais dos equipamentos, constam dados técnicos acerca da capacidade, o que, em uma lavadora de gaiolas e bebedouros, é expresso considerando a velocidade de operação em metros por minuto ou a quantidade de material processado. O dimensionamento dos equipamentos de lavagem é feito por meio da estimativa da demanda de materiais processados por dia. Essa informação fornece o tempo de lavagem necessário para a higienização de uma unidade do material a ser lavado (gaiola ou bebedouro). Esse valor deve ser multiplicado pela quantidade daquele tipo de material a ser lavado e, então, se obtém o número de horas de operação da lavadora. O mesmo raciocínio deve ser feito para os demais equipamentos de lavagem.

Dimensionamento de maquinário de lavanderia

A lavanderia dentro do biotério é um dos serviços de apoio responsável pelo recebimento, processamento e distribuição dos uniformes em perfeitas condições de higiene e conservação, sempre na quantidade adequada para o bom funcionamento das rotinas.

Em geral, a lavanderia compreende máquinas como lavadoras, centrífugas (ou extratoras), secadoras ou mesmo calandras. O dimensionamento desses equipamentos deve se basear na quantidade de material a ser processado por dia.[7] A estimativa da demanda pode ser obtida com uso da seguinte fórmula:

$$C = AB$$

Onde:

C = capacidade da lavanderia, carga diária:

A = estimativa de kg de roupa lavada/dia/funcionário;

B = número de funcionários.

A estimativa de peso de roupa a ser lavada por dia e por funcionário varia de acordo com o tipo de uniforme e tecido que a compõe, entretanto, geralmente um conjunto composto por calça, camiseta e avental pesa aproximadamente 1,2 kg (roupa seca), enquanto um conjunto de macacão e camiseta equivale a 1 kg.

Desse modo, um biotério com 25 funcionários que utilizam conjuntos de macacão e camiseta como vestimenta necessita lavar, centrifugar e secar 25 kg de roupa por dia. A opção por lavadoras de uso doméstico (com 10 kg) exigiria três ciclos de lavagem para atender a demanda, o que significaria em 6 horas de funcionamento, consumo de energia de 1,74 KW e 360 L de água. Caso fosse adquirida uma lavadora industrial, com capacidade de 30 kg, apenas um ciclo seria suficiente, menor consumo de água (200 L, nas mesmas condições de ciclo e tipo de roupa) e menor consumo de energia. Todavia, o custo de aquisição é que seria mais elevado, porém teria menor custo operacional em relação a uma lavadora doméstica.

Dimensionamento do sistema de ar condicionado

O correto dimensionamento de um sistema de ar condicionado é essencial para a manutenção das condições ambientais necessárias para salas de animais e é determinante do sucesso na criação dos animais e na obtenção de resultados experimentais fidedignos.

Um sistema bem planejado propicia o funcionamento correto do equipamento, provendo, assim, um ambiente confortável e uma maior durabilidade da máquina.

Considerando as especificidades, o sistema de ar condicionado mais adequado para biotérios de grande porte é o ar condicionado central. Equipamentos de uso doméstico, como aparelhos de ar condicionado de janela ou mesmo aparelhos tipo *split*, são inadequados para uso em instalações de maior porte pelo fato que tais máquinas recirculam o ar do recinto, ocasionando aumento na concentração de poluentes. O uso de aparelhos domésticos somente pode ser considerado como uma alternativa em condições muito particulares de manutenção de animais (pequeno número de animais e *racks*), devendo ser implementado somente após uma discussão com a equipe de climatização da instituição, sobre a viabilidade do uso desse tipo de equipamento para as condições do local.

Basicamente, existem atualmente no mercado dois sistemas de ar condicionado: sistema por expansão direta e sistema por expansão indireta.[8] O sistema por expansão direta consiste de duas unidades envolvidas, evaporador (interno) e condensador (externo). A troca térmica é feita quando o gás refrigerante comprimido no compressor do condensador é enviado até o evaporador, onde é soprado o ar a baixa temperatura para o ambiente. Esse tipo de sistema, chamado também de *self-contained*, funciona com condensação do ar ou água e tem dimensões compactas. Os sistemas de expansão indireta também têm duas unidades envolvidas: a unidade evaporadora interna (*fancoil*) e a unidade condensadora externa (central de água gelada ou *chiller*). Nesse caso, a troca térmica é feita pela compressão do gás refrigerante pelo *chiller* diminuindo sua temperatura, o qual também diminuirá a temperatura da água (que circula pelo *chiller*) até aproximadamente 7 °C. Em seguida, a água é enviada por bombeamento até os *fancoil* (em cada sala), que, então, resfriam o ar que é soprado para o ambiente. Pelas características do sistema indireto, o projeto do ar condicionado deve prever uma casa de máquinas isolada do prédio principal e sistema de recuperação da água de condensação (torre de arrefecimento).

A escolha do sistema ideal para o biotério é uma decisão que deve considerar tanto aspectos técnicos como econômicos, envolvendo a capacidade de refrigeração, o local para instalação das máquinas de ar condicionado e os equipamentos existentes ou que serão instalados nas diferentes áreas do biotério.

O sistema deverá, portanto, ser escolhido em conjunto com técnicos especializados na área de climatização. A capacidade de refrigeração da máquina dependerá basicamente do dimensionamento de carga térmica do biotério e das condições ambientais a serem mantidas nas salas de animais:

- Temperatura: o manual sobre cuidados e usos de animais de laboratório (ILAR, 2010)[9] estabelece uma faixa de temperatura ambiente para alojamento de roedores entre 18 e 26 °C;
- Umidade relativa do ar: 55 ± 5%;
- Renovação de ar: variável conforme o sistema adotado na criação dos animais, podendo variar de 12 trocas de ar por hora (quando empregados *racks* ventilados) até 20 a 22 trocas de ar por hora (em sistema de gaiolas abertas);
- Distribuição do ar: é um fator importante na eficácia de um sistema de ar condicionado, pois uma distribuição inadequada conduzirá a um funcionamento insatisfatório mesmo que a área tenha sido montada com equipamentos de excelente qualidade e compatível com a carga térmica estimada.

Por carga térmica entende-se a quantidade de calor gerado em um determinado recinto e que conduz a um aumento da temperatura e umidade.

As fontes de calor podem ser externas ou internas, onde as externas têm origem fora do ambiente que será condicionado, porém interferem na temperatura interna pela transmissão de calor por condução, radiação ou convecção. Uma das maiores fontes externas de calor é a radiação solar, que poderá ser reduzida pela correta orientação do prédio (posição solar norte); com a construção de paredes com materiais menos condutores; com a cor de pintura das paredes externas e com a diminuição de área envidraçada nas faces externas.

As fontes internas são todas aquelas que estão no interior do ambiente e que produzem calor, tais como, os animais, pessoas, iluminação (quantidades de luminárias e potência) e equipamentos.

O cálculo de carga térmica pode ser feito por meio de formulários, planilhas eletrônicas ou *softwares* específicos para a função. Seja qual for a metodologia empregada para a estimativa de carga térmica, não se pode desconsiderar o calor gerado pelos animais, o qual é muito significativo conforme pode ser observado na Tabela 6.1.

Tabela 6.1
Liberação de calor sensível e latente em roedores e lagomorfos

Animal	Peso (g)	Estimativa da produção de calor sensível (Watt/animal)	Estimativa da produção de calor latente (Watt/animal)	Estimativa da produção de total de calor (Watt/animal)
Camundongo	21	0,33	0,16	0,49
Hamster	118	1,20	0,58	1,78
Rato	281	2,30	1,10	3,40
Cobaia	409	3	1,50	4,50
Coelho	2.456	11,50	5,70	17,2

Fonte: Vivarium Desing and Facilities – National Institute of Health – 2003.[5]

Cabe ressaltar que o projeto do sistema de ar condicionado é complementar ao projeto arquitetônico e relacionado com outros que o compõem, como o elétrico e o hidrossanitário. Desse modo, é importante, ao iniciar o planejamento de um novo espaço físico, que os diferentes projetos sejam compatíveis entre si, para evitar atrasos na conclusão da infraestrutura ou, então, a necessidade de reparos e adequações posteriores.

Pelo fato do sistema de ar condicionado necessitar funcionar ininterruptamente, recomenda-se equipar o biotério com um gerador de energia e um sistema reserva de condicionamento de ar (*back-up*) para as situações em que o sistema principal estiver parado.

O sistema de exaustão de ar é um componente do sistema de condicionamento de ar que opera, embora intimamente relacionado, independente do circuito de ar condicionado. A exaustão adotada em biotério é do tipo forçada, por meio de motores centrífugos com vazão apropriada para a retirada do ar do interior das áreas climatizadas, exclusivamente por meio de dutos desde o ponto inicial de captação do ar a ser removido. O uso de pleno de exaustão é uma concepção totalmente errada para aplicação em salas de animais, portanto seu uso é proibido. Em biotérios que tenham o sistema de alojamento do tipo gaiola aberta, a captação do ar de exaustão deverá ser feita em três níveis diferentes.

Tradicionalmente, um biotério é dividido em duas áreas distintas: limpa; e suja. Essa divisão obriga a existência de mais de um sistema de exaustão, ou seja, que deva existir tanto quanto forem necessários conjuntos motor-exaustor para as áreas. Esses sistemas deverão ser independentes um do outro e, no caso de equipamentos que necessitam de exaustão própria (autoclave, calandra, lavadoras ou secadoras), é recomendado o uso de exaustão com coifa.

Dimensionamento de grupo gerador

A instalação de um grupo gerador em um biotério tem por finalidade o suprimento de energia em uma situação emergencial, quando ocorrer desabastecimento da energia elétrica externa. Para tanto, o dimensionamento do grupo gerador deverá contemplar a carga total do biotério ou, se não for possível, a carga a ser fornecida para as áreas e equipamentos considerados prioritários. É fundamental que a iluminação, sistema de ventilação e condicionamento de ar, *racks*, estantes ventiladas e isoladores estejam contemplados pela energia de emergência.[10]

A escolha do grupo gerador é feita na base da potência dos equipamentos que serão atendidos e o tipo de combustível que os equipamentos utilizam. Cabe ressaltar que o grupo gerador deverá ser 20% mais potente do que as necessidades calculadas, pois equipamentos que são acionados por motores elétricos consomem mais energia que a informada no respectivo manual; normalmente na partida, o consumo é elevado (mesmo quando escalonada pode haver falhas) e também para contemplar uma futura expansão de equipamentos no biotério.

Outro fator importante é que o tamanho do gerador está diretamente ligado à capacidade de geração de energia e também ao ruído e consumo de combustível.

Quanto à localização, o equipamento deve ser instalado em local de fácil acesso e com boa iluminação para facilitar os serviços de inspeção, manutenção e abastecimento de combustível. Em biotérios, os grupos geradores devem ser, de preferência, instalados externamente ao prédio com a finalidade de reduzir o impacto de ruídos, vibração e gases emitidos. Na instalação, deverá ser empregada uma casa de máquinas ou gabinete silenciado (insonorizado) que, além de proteger o equipamento das intempéries, promoverá o isolamento acústico. O tratamento acústico deve abranger a entrada e a saída de ar necessárias ao funcionamento do motor por meio de atenuadores de ruídos ou janelas acústicas do tipo veneziana; a redução do ruído do escapamento do gerador, deve contar com silenciadores e a cabine deve ter portas acústicas e revestimento interno com material fonoabsorvente não combustível. A adoção dessas medidas permite reduzir entre 20 e 30 decibéis o ruído percebido a uma distância de 7 metros do grupo gerador.

Dimensionamento de outros equipamentos

O dimensionamento de quaisquer outros equipamentos que venham a ser instalados no biotério deve seguir um roteiro que consiste fundamentalmente da quantidade de material a ser processado, tempo necessário e capacidade do equipamento a ser adquirido.

Independentemente da natureza e função do equipamento, é importante que todos tenham dados técnicos e manuais, com intuito de dimensionar as redes hidráulica, elétrica, sanitária ou de vapores, o que possibilitará seu correto funcionamento. Nesse sentido, é interessante adotar como norma o uso de formulário em que constam os dados técnicos de maior relevância.

Considerações sobre sistemas de ar e o emprego de novas tecnologias para o alojamento de animais de laboratório

Quando se planeja um biotério, deve-se ter em mente que as condições de alojamento; os equipamentos que serão utilizados nas diversas atividades e rotinas e a influência que estes itens exercem no desenho arquitetônico formam uma tríade que interfere significativamente na qualidade e no resultado final do projeto.

É notório que o sucesso da pesquisa biomédica realizada com animais de laboratório depende da qualidade do modelo.

Se, no princípio de seu uso, pouco se sabia a respeito da importância da saúde, da constituição genética ou mesmo da influência da dieta e do alojamento dos animais nos resultados experimentais, o desenvolvimento tecnológico e os avanços científicos trouxeram à luz a necessidade de se controlar as variáveis relacionadas com a criação, manutenção e uso dos animais, resultando em uma padronização. Como consequência, os principais fundamentos da pesquisa que emprega animais de laboratório, que são a universalidade e a reprodutibilidade, foram estabelecidos. Define-se como universal a propriedade de um resultado científico ser válido em outro laboratório enquanto a reprodutibilidade é um conceito que determina que os dados obtidos sejam os mesmos, sempre que os ensaios forem realizados nas mesmas condições. Isso permite que os resultados possam ser rediscutidos e aprofundados, todas as vezes que uma nova tecnologia for disponibilizada para a comunidade científica.

Entretanto, uma padronização exige a adoção de medidas em várias frentes, como o dimensionamento e harmonização das áreas técnicas, a seleção dos equipamentos, a instalação de rotinas de monitorização da qualidade e a formação de recursos humanos especializados, entre outras.

Todos esses aspectos interligados e interdependentes formam um complexo sistema de barreiras contra contaminações, que possibilita a produção em larga escala de animais padronizados.

Embora todos os fatores de interferência indicados devam ser entendidos e ponderados pela equipe executora, em razão da natureza deste capítulo, discutiremos apenas:

1. os fatores relacionados com algumas tecnologias atuais empregadas em centros de produção e manutenção de modelos animais de todo o mundo (e que permitem o alojamento de animais de laboratório em condições muito próximas às ideais);

2. os que se referem ao dimensionamento dos principais equipamentos necessários às atividades;
3. por último, a inter-relação desses elementos com o desenho arquitetônico, de modo a reduzir a presença de fatores externos que possam comprometer a segurança dos animais ao mesmo tempo em que favoreçam o bem-estar dos modelos.

Considerações gerais

A instalação de um biotério passa obrigatoriamente por diferentes etapas antes da execução da obra civil.

Atualmente, países do primeiro mundo projetam suas instalações conforme algumas premissas gerais que, de modo resumido, contemplam:

1. uma construção de fácil adaptação a novos requisitos e que possa ser remodelada em curto e médio prazos;
2. um cuidado na subdivisão dos espaços em áreas com usos restritos e muito especializadas;
3. uma boa acessibilidade para as inspeções, revisões e consertos dos equipamentos e instalações;
4. a participação de assessores especializados para acompanhar as etapas da implantação física e, desse modo, auxiliar na solução de problemas que surgem durante o desenvolvimento desse tipo de construção e que são, via de regra, desconhecidos para os arquitetos e engenheiros.[11]

Considerações gerais de sistemas de ar utilizados em salas com animais: ventilação geral diluidora (VGD)

Por muito tempo, os sistemas de ar dos biotérios empregaram os mesmos princípios de ambiência para o conforto humano, em que o ar externo é filtrado, porém se mistura com os poluentes por meio de uma recirculação.[12] Nesse período, acreditava-se que modificações realizadas no macroambiente (sala dos animais), seriam suficientes para o controle das variáveis do microambiente (interior da gaiola), hipótese que se mostrou falha com o tempo.

Em meados do século passado, novas abordagens para a ambiência em salas de animais foram estudadas e começaram a substituir os sistemas de ventilação convencionais que se baseavam na dissipação natural dos gases, também conhecidos como sistemas de ventilação geral diluidora (VGD).

Contudo, ainda é muito frequente encontrarmos instalações estabelecidas com sistemas VGD, em que a troca de ar acontece com três configurações:

- Apenas exaustão (Figura 6.1);
- Ar forçado no insuflamento e exaustão passiva (Figura 6.2);
- Ar forçado no insuflamento e na exaustão, porém sem orientação do fluxo (Figura 6.3) e com orientação do fluxo (Figura 6.4).

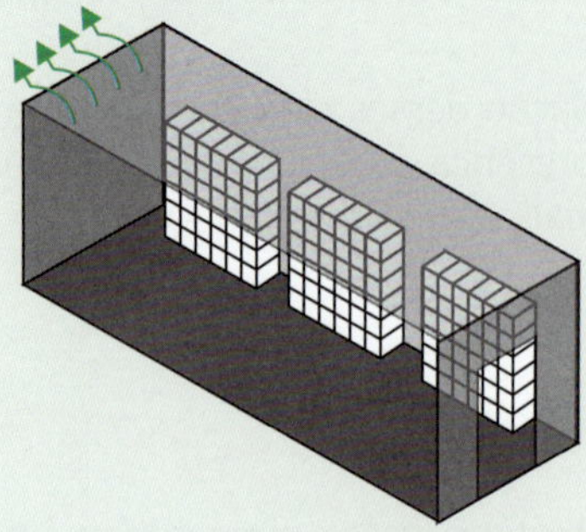

Figura 6.1 – *Sala de criação com exaustão. Fonte: Luiz Augusto Corrêa Passos e André Silva Carissimi.*

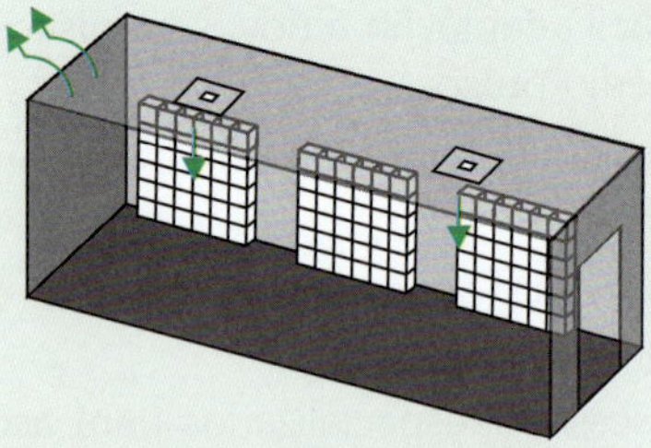

Figura 6.2 – *Ar forçado no insuflamento e exaustão passiva. Fonte: Luiz Augusto Corrêa Passos e André Silva Carissimi.*

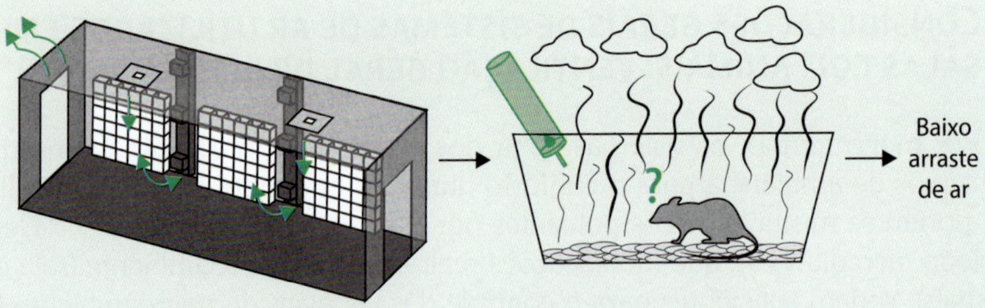

Figura 6.3 – *Ar forçado no insuflamento e exaustão (sem direcionamento): melhora no macroambiente, porém menor eficiência no microambiente. Fonte: Luiz Augusto Corrêa Passos e André Silva Carissimi.*

No final dos anos 1970, surge uma variação em que o ar insuflado pelo teto era removido por meio de aberturas presentes na parede, logo atrás das prateleiras, onde estavam alojadas as caixas com os animais. Essas aberturas coincidiam com o plano superior da gaiola e criavam uma corrente de ar por meio da qual eram removidos os poluentes, tanto da sala como das gaiolas (Figura 6.4). Por meio dessa tecnologia, foi possível a renovação total do ar insuflado, bem como um aumento no número de trocas que passaram para 20 vezes por hora.

Os benefícios oriundos desse modelo se mostraram interessantes para o bem-estar, favorecendo a regulação térmica do animal, e maior eficiência na

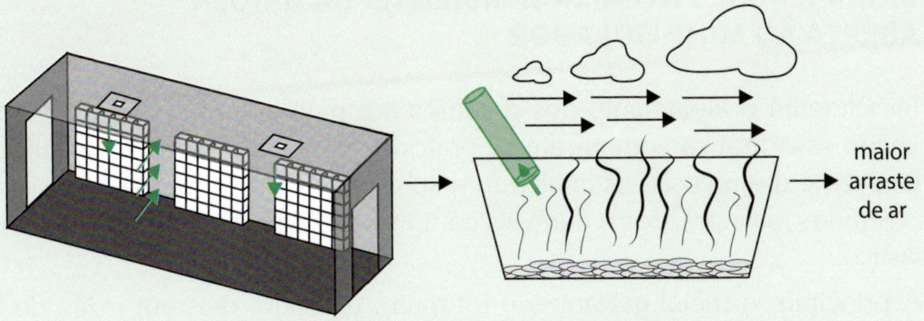

Figura 6.4 – *Ar forçado no insuflamento e exaustão com direcionamento. Abertura posicionadas na parede (duplas) em um plano superior das gaiolas promovia um arraste seletivo do ar, melhorando significativamente a qualidade do microambiente. Fonte: Luiz Augusto Corrêa Passos e André Silva Carissimi.*

remoção dos poluentes. Para a regulação térmica, a energia que é produzida no metabolismo dos animais e dissipada na forma de calor se desloca para cima (tanto em razão do aumento na temperatura do microambiente como porque os animais ao se deslocarem na gaiola turbilhonam o ar) e logo que sai da gaiola encontra uma corrente de ar externa à gaiola e que a removerá.

Além dos benefícios fisiológicos para os animais, o sistema VGD possibilitou uma redução dos níveis de amônia, um gás originado a partir da ação de bactérias urease positivas, que compromete a saúde dos animais e dos bioteristas. A exposição prolongada a ele promove alterações histológicas importantes no epitélio do trato respiratório, acentua a severidade da rinite, da otite média, da traqueíte e da pneumonia causada por *Mycoplasma pulmonis*, comprometendo a reprodução; o bem-estar e os resultados experimentais.

Contudo, apesar de essa remoção direcionada do ar ser mais eficiente do que as demais configurações do sistema VGD, a impossibilidade de se higienizar com eficiência o pleno existente no interior da parede conduziu à sua descontinuidade, uma vez que a importância sanitária do modelo para a pesquisa já era conhecida e o isolamento dos animais ao nível da gaiola se mostrava, cada vez mais, como uma opção interessante para o controle na introdução e na disseminação de patógenos.

Nos dias atuais, ainda é comum encontrarmos salas de animais construídas com o princípio VGD, com um número de trocas de ar entre 20 e 25 a cada hora e uma taxa de renovação de 100%. Nessas instalações, recomenda-se a substituição da forração das gaiolas dos animais duas vezes na semana. Contudo, a crença na eficiência dos parâmetros 25 trocas com 100% de renovação com o tempo se mostrou equivocada, uma vez que os níveis de amônia no microambiente ficam bastante elevados nas primeiras 24 horas após a troca.[12,13] Além disso, a VGD provoca um enorme desperdício de ar tratado, bem como apresenta um grande custo de instalação e manutenção.

A impossibilidade de melhorar os sistemas VGD, aliada à elevada eficiência da biocontenção observada nos mini-isoladores, estimulou o desenvolvimento de novas tecnologias.

Modificações no microambiente: da gaiola aberta ao mini-isolador

Inicialmente o alojamento dos roedores era realizado em caixas de madeira, sendo essa prática comum em laboratórios de todo o mundo. Dificuldades na limpeza e desinfecção estimularam a substituição desse material por outros considerados mais práticos e duráveis como vidro, metal e, mais recentemente, o plástico.

A princípio, o metal galvanizado foi muito utilizado, mas em razão da baixa durabilidade após repetidas desinfecções, ele foi substituído pelo aço inox. Entretanto, ambos os materiais impunham uma significativa dificuldade para a regulação térmica dos animais, bem como apresentavam um custo elevado (o primeiro por causa da grande perda por oxidação e o segundo pela natureza da matéria-prima) e foram, por essa razão, substituídos por produtos confeccionados com polímeros plásticos.[14]

As primeiras caixas plásticas foram produzidas em poliestireno, mas foram rapidamente trocadas por polipropileno em razão da maior resistência deste a impactos e ao processo de autoclavagem.

Durante algum tempo, gaiolas confeccionadas em policarbonato e introduzidas no mercado foram bem aceitas e a razão para isso é que elas são transparentes, resistentes a impactos e autoclaváveis. Todavia, logo essas características se mostraram altamente prejudiciais tanto economicamente como para os animais. Após repetidos ciclos em autoclave, o policarbonato torna-se opaco, ressecado e quebradiço. Além disso, esse material apresenta incompatibilidade química com radicais de amônio, exigindo cuidados na escolha dos detergentes que serão utilizados, ao mesmo tempo em que reage com a urina dos animais. Afora esses prejuízos econômicos, também para os animais esse polímero é contraindicado, pois, além de totalmente transparente (aumenta a ocorrência de estresse em algumas linhagens), o policarbonato elimina o bisfenol A, uma molécula tóxica que traz inúmeros prejuízos à saúde, sendo proibido na Europa, Estados Unidos e no Canadá e, mais recentemente, no Brasil.

Essas dificuldades conduziram à busca de novos polímeros com taxas elevadas de resistência térmica e física tais como a polisuflona, a polifenilsulfona e a politeramida.

Atualmente, a polisulfona é o polímero que congrega a melhor relação custo-benefício, ao mesmo tempo em que, por reter grande parte da intensidade luminosa, oferece as melhores condições para o bem-estar animal.

Apesar dos avanços nos materiais utilizados como matéria-prima para a confecção das gaiolas, a questão do isolamento sanitário dos animais nas salas de criação pressionou a indústria para uma solução perene e estimulou, desse modo, o desenvolvimento de mini-isoladores produzidos em larga escala e com custo aceitável.

Uma contribuição importante na consolidação desse novo paradigma foi a publicação da dra. Lisbeth Kraft, em 1958, demonstrando ser possível a prevenção da disseminação do vírus EDIN (*epizootic diarrhea of infant mice*) em colônias tratadas com o isolamento individual da gaiola. O trabalho da Dra.

Lisbeth foi o principal marco na busca de um sistema para o controle de patógenos em salas de criação e foi também o início do desenvolvimento dos atuais mini-isoladores.

A partir desse momento, novas propostas foram gradativamente introduzidas, tomando-se especial cuidado com o tipo de filtro utilizado, pois, apesar de elevada eficiência na proteção sanitária, o modelo da dra. Lisbeth tinha baixa capacidade de troca de ar.

Os primeiros modelos introduzidos no mercado na década de 1970 foram denominados *top-filters*. Tratava-se de uma cobertura termomoldada de filtro confeccionado em poliéster, que permitia um bom encaixe com a parte inferior da gaiola, isolando a ração, o bebedouro e os animais do ambiente exterior.

Posteriormente, esse tipo de *top-filter* foi substituído por um meio filtrante que era adaptado em uma estrutura colocada diretamente em cima da gaiola e fixada por meio de um bastidor de arame em aço inox. A principal vantagem desse segundo modelo foi a utilização de um filtro confeccionado em material lavável e que podia ser facilmente substituído (Figura 6.5).

A terceira geração de *top-filter* utilizou também o princípio de membrana lavável; porém, na fixação do elemento filtrante, a estrutura de arame em aço inox foi substituída por outra plástica que apresentava melhor ajuste e maior isolamento, permitindo inclusive a manutenção de animais axênicos por curtos períodos (Figura 6.6).

A despeito da evolução no desenho técnico dos mini-isoladores, novos estudos estavam em curso à procura de um material filtrante que associasse segurança mecânica e permeabilidade aos poluentes.

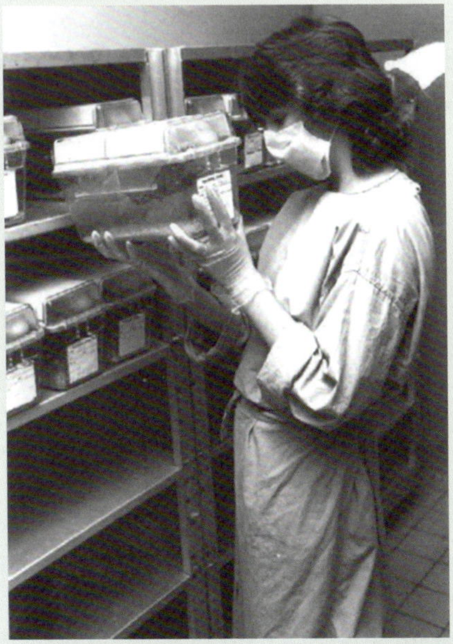

Figura 6.5 – *Mini-isolador: topfilter fixado com aramado em inox. Universidade Oxford (1987). Fonte: acervo do autor.*

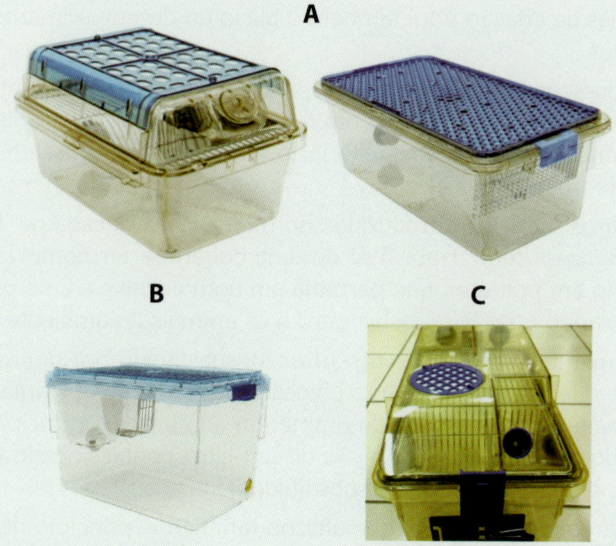

Figura 6.6 – *(A): – Mini-isolador: topfilter fixado com plástico injetado. Modelo Alesco. Fonte: acervo pessoal do autor. (B): Mini-isolador: topfilter fixado com plástico injetado. Fonte: cortesia da Labproducts. (C): Mini-isolador com bebedouro externo. Modelo Techniplast. Fonte: acervo pessoal Dra. Mônica L. Andersen.*

A avaliação de diferentes materiais demonstrou que gaiolas empregando filtros em policarbonato apresentavam altas concentrações de CO_2 quando comparadas com caixas cobertas com filtros confeccionados em poliéster. Contudo, não foram observadas diferenças significativas na umidade relativa do ar; na temperatura e nos níveis da amônia. Em todos os testes, esses parâmetros estavam mais altos quando comparados com o macroambiente.

Atualmente, todos os modelos de mini-isoladores utilizam filtros *Reemay* 2024 e esse caráter universal resulta das qualidades mecânicas, do poder de retenção passivo, da permeabilidade ao CO_2 e amônia, bem como por serem laváveis.

Porém, enquanto cresciam os interesses no isolamento da gaiola, outros princípios para a compartimentação de colônias foram se popularizando e originaram os precursores das atuais estantes ventiladas: os "cubículos".

A COMPARTIMENTAÇÃO DE COLÔNIAS: DO CONCEITO DE CUBÍCULOS AO DESENVOLVIMENTO DAS ESTANTES VENTILADAS

Esse conceito foi inicialmente proposto por Dolowy, em 1961, fundamentando-se na divisão da sala de animais em múltiplos pequenos espaços nos quais eram alojadas as colônias.

Os cubículos ajudaram a resolver problemas de espaço permitindo a separação por espécie, origem, *status* microbiológico e também de grupos experimentais que envolviam risco. Parte de seu sucesso de deveu à possibilidade de esse sistema prevenir, com o uso de um manejo adequado, a contaminação cruzada entre grupos de animais alojados em cubículos diferentes.

Inicialmente, os cubículos apresentavam baixa praticidade, pois eram considerados parte integrante da edificação de uma sala de animais, sendo construídos com os mesmos materiais empregados na parede e teto.

Por essa razão, no início dos anos 1980, foram introduzidos os primeiros cubículos comerciais que podiam ser transferidos. Os projetos iniciais buscavam a manutenção de roedores em condições "limpas", empregando para isso o conceito de fluxo laminar. O resultado foi a criação de gabinetes desenhados com esse princípio para alojarem gaiolas de roedores.

Nesses primeiros modelos, uma massa de ar tratado com filtros HEPA *(high efficiency particulate air)* era insuflada por trás das gaiolas, criando um fluxo que minimizava os riscos de contaminação. Em pouco tempo, esse sistema foi incrementado com equipamentos que permitiam um fechamento e o emprego de pressão positiva ou negativa.

A crescente procura por essa tecnologia conduziu ao desenvolvimento de diferentes versões, todas objetivando ampliar o sucesso na biocontenção dos animais.

Os modelos de maior sucesso utilizavam um fechamento frontal que evitava a contaminação cruzada entre caixas mantidas em prateleiras separadas. Cada nível de prateleira apresentava um insuflamento e uma exaustão independente de ar tratado.

Esse princípio é ainda utilizado nos equipamentos atuais, porém, para aumentar a capacidade de alojamento de grupos experimentais, a simplificação do manejo e manuseio, bem como para facilitar os procedimentos de limpeza, o conceito de isolamento por prateleira foi substituído por corpo ou módulo (Figura 6.7).

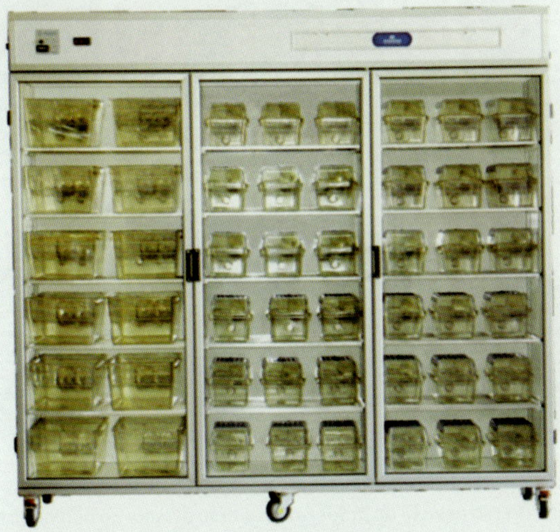

Figura 6.7 – *Gabinete ventilado com três corpos. Modelo Alesco. Fonte: acervo pessoal do autor.*

Algumas instituições têm utilizado estantes ventiladas consorciadas com mini-isoladores para a manutenção de modelos imunodeficientes, transgênicos e *knockouts*. Porém, esse expediente somente pode ser realizado sob supervisão constante do responsável pelo biotério e com uma estação de troca; caso contrário, há o risco da perda dos animais.

Além disso, o uso de estantes ventiladas reduz a emissão de alérgenos para o ambiente, favorecendo a qualidade de vida e a saúde ocupacional dos técnicos.

Contudo, apesar das vantagens dessa tecnologia, outras foram desenvolvidas e têm sido cada vez mais usadas nos países desenvolvidos. O emprego de sistemas de ventilação intracaixa (IVC) permite maior segurança para os animais e para os profissionais, ao mesmo tempo em que reduz significativamente os custos na construção e na adequação física de biotérios de centros de pesquisa e de produção animal.

Sistemas de ventilação intracaixa (IVC): *Racks* ventilados

O termo IVC tem origem no inglês (*intra ventilated cage*) e representa um sistema de alojamento em que o ar tratado é injetado diretamente na gaiola. É uma tecnologia que apresenta muitas vantagens quando comparada ao Sistema VGD e mesmo aos cubículos e estantes ventiladas, razão pela qual seu uso é cada vez maior em todo o mundo (Figuras 6.8).

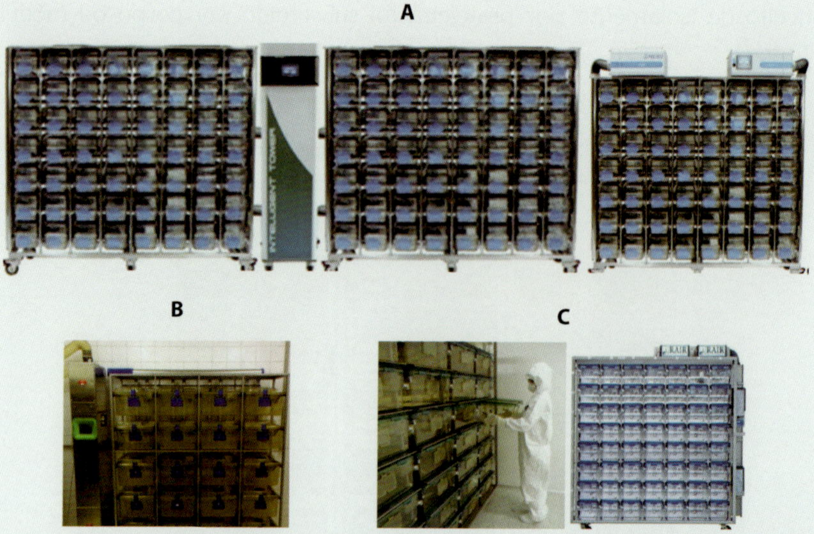

Figura 6.8 – *(A):* Racks *ventilados com painel central (esquerda) e com painel acoplado (direita). Modelos Alesco. Fonte: acervo pessoal do autor.Fonte: acervo pessoal do autor. (B):* Rack *ventilado com painel central. Modelo Techniplast. Fonte: acervo pessoal Dra. Mônica L Andersen. (C):* Racks *ventilados em operação. Modelo Labproducts. Fonte: acervo pessoal Dra. Nathalia Salinas e imagem cedida por cortesia da Labproducts.*

O sistema foi criado para resolver os problemas decorrentes da presença de gases tóxicos (amônia e CO_2) nos mini-isoladores estáticos onde a barreira ao nível da gaiola é eficiente no controle da disseminação de patógenos, mas falha na dissipação, para o macroambiente, dos poluentes gerados.

O sistema IVC permite:

- Densidade maior de gaiolas por m^3 de sala, podendo chegar a 60% (portanto, apresenta maior capacidade de alojamento de animais);
- Maior intervalo para a troca da forração das gaiolas;
- Remoção contínua dos principais poluentes (amônia, umidade e CO_2) do microambiente e do macroambiente;
- Incremento na saúde e no bem-estar dos animais;
- Facilidade de manuseio;
- Redução na eliminação alérgenos para o ambiente (favorece a saúde ocupacional);
- Baixo custo de instalação e manutenção;
- Redução nos custos no sistema de climatização (o número de trocas de ar da sala, ou do macroambiente, é menor);
- Redução nos custos de adequação física das instalações.

Com relação aos principais impactos econômicos do projeto, o emprego de sistemas IVC oferece grande versatilidade nas características técnicas dos condicionadores de ar.[15] Isso porque o menor número de trocas na sala com os *racks* possibilita a instalação de equipamentos de ar de menor capacidade, quando comparado aos *Chillers*, tradicionalmente utilizados em sistemas centrais de tratamento de ar. Enquanto salas montadas com VGD exigem 20 trocas/hora no macroambiente, com sistemas IVC o número pode ser de 8 a 10 trocas/hora.

A explicação é que, enquanto nos sistemas VGD tradicionais todo o ar insuflado em uma sala de criação necessita ser tratado, nos *racks* ventilados apenas o volume útil (que é o próprio microambiente onde os animais estão alojados), precisa ser purificado, pois, após passar pela gaiola, ele é removido diretamente para o exterior junto com a amônia e o CO_2, podendo dispensar a recirculação. Isso representa maior eficiência na remoção dos poluentes e uma redução nos custos.

Além desses aspectos, é vasta a literatura que demonstra os benefícios econômicos da ventilação intracaixa no manejo de colônias de produção. Empregando sistemas IVC, diversos autores apontam melhora na performance reprodutiva com uma elevação nos índices de produtividade entre 30 e 35%; um aumento na produção em até 37% e também um maior aproveitamento do estro pós-parto. Isso significa uma produção maior de animais para fornecimento, com o mesmo número de casais, o que tem reflexos diretos no EBL (termo derivado do inglês que significa *Economical Breeding Life*) e considera a relação custo × benefício. Do ponto de vista reprodutivo, menor intervalo entre partos, maior número de nascimentos por parto e a quantidade de partos observada em toda a vida reprodutiva da colônia. Para maior esclarecimento técnico, o valor do EBL estará sempre na dependência de outros fatores que não apenas o alojamento, tais como a constituição genética da colônia (desempenho específico da linhagem), a dieta, a categoria sanitária e o manejo.

Os aspectos reprodutivos influenciando nos custos de produção, o aumento no intervalo para a substituição da forração das gaiolas (maravalha) observada com sistemas IVC, também conduz a uma economia, uma vez que o consumo deste insumo é menor.

É importante destacar que a eficiência dos sistemas IVC depende de parâmetros já estabelecidos, presentes em todos os modelos do mercado e que estão sendo continuamente aprimorados. Esses parâmetros influenciam tanto do ponto de vista sanitário quanto fisiológico e de bem-estar.

Com relação ao sanitário, nota-se que a qualidade do ar insuflado é determinada pela filtração absoluta empregada para controlar a entrada de patógenos.

Alguns autores, por exemplo, demonstraram experimentalmente a eficiência de um sistema IVC na proteção contra a disseminação de patógenos, empregando a *Pasteurella pneumotropica* como microrganismo de referência. Segundo os autores, enquanto camundongos mantidos em gaiolas abertas se contaminaram rapidamente (15% já nas primeiras 4 semanas), os animais alojados no sistema IVC permaneceram livres do agente até o final do experimento.[16] Além disso, quando associado a uma exaustão direta para o exterior da sala, o sistema amplia a segurança sanitária, ao mesmo tempo em que melhora a qualidade do ar, eliminando alérgenos aos quais os trabalhadores estariam expostos.

Quanto aos aspectos fisiológicos, além dos benefícios oriundos da oferta de um ar limpo, outro ponto fundamental discutido na literatura é o volume de trocas adotado na manutenção dos modelos. Segundo a bibliografia, o número de trocas de ar no mini-isolador pode ser de 30 a 60 vezes por hora, porém nunca superior a 80, pois, nesse valor ou acima, foram observadas alterações importantes tais como aumento na frequência cardíaca e na pressão sanguínea sistólica dos animais, entre outros.[17] Paralelamente, estudos de preferência demonstraram que, apesar das trocas de ar acima de 80 vezes por hora serem prejudiciais, a ideia de que a velocidade do ar também seria crítica não se sustentou, pois os difusores presentes nas gaiolas evitam o fluxo de ar direto para os animais e, por essa razão, velocidades de 0,2 m/s a 0,5 m/s não revelaram quaisquer prejuízos aos modelos.[17]

Quanto à influência dos sistemas IVC no bem-estar animal, grande parte dos resultados obtidos se fundamenta em parâmetros reprodutivos ganho de peso, ausência de injúrias, comportamento, sobrevivência e marcadores farmacológicos, entre outros. Trata-se, portanto, de uma proposta de investigação complexa e multidisciplinar, a qual dificilmente poderia ser aprofundada neste capítulo.

Contudo, de maneira geral, resultados comparando os índices de produtividade entre colônias de camundongos heterogenéticos mantidos em uma área SPF com barreiras e o *rack* ventilado demonstraram que os valores subiram de 1,5 para 2 em um período de observação de 24 semanas, em casais que receberam a mesma cama, dieta e regime de troca. Paralelamente, foi constatado maior aproveitamento do estro pós-parto acompanhado de uma elevação do tamanho médio da ninhada que passou de 5,08 para 6,78 animais por parto. É relativamente frequente modelos transgênicos, *knockouts* e mutantes exibirem perdas reprodutivas, comprometimentos imunológicos ou alterações metabólicas e, por essa razão, o uso dessa tecnologia consorciada com elementos de enriquecimento ambiental é uma excelente opção para a manutenção desses animais. Ensaios realizados com enriquecimento ambiental em camundongos demonstraram uma redução na agressividade, mesmo quando os níveis de corticosterona/creatinina excretados pela urina tenham permanecido próximos ao observado com o grupo controle.[18,19]

Outro elemento importante para o bem-estar é a remoção dos poluentes. Destes, os mais críticos são a amônia e o CO_2. Embora não seja possível evitar a sua produção, sistemas IVC extraem esses gases com eficiência, influenciando na qualidade do microambiente.

A despeito da vasta literatura informando dos malefícios da amônia para os animais, diferentes autores questionam as discussões existentes acerca da tolerância dos roedores. A capacidade de suportar a amônia varia significativamente entre as espécies. Morcegos, por exemplo, convivem com níveis acima de 1.800 ppm em cavernas e sobreviveram a concentrações tão elevadas quanto 5.000 ppm em condições experimentais.[20] No caso dos camundongos, a necessidade de investigação é ainda maior, pois os níveis de tolerância podem variar conforme a linhagem. Já para os humanos, a tolerância máxima é de 100 ppm por 1 hora. Até o presente, não há diretrizes específicas para os limites de exposição dos animais de laboratório à amônia. Isso porque, além das diferenças observadas entre as espécies na tolerância a este gás, ainda não há resultados definitivos na literatura quanto aos níveis prejudiciais para os roedores e, por essa razão, é comum o emprego dos níveis máximos recomendados para os humanos (25 ppm pela *American Conference of Governmental Industrial Hygienists*) para essa espécie. Segundo alguns autores, a hipótese mais aceita para os danos observados nos animais de laboratório estaria relacionada a uma provável infecção não aparente nos animais. Nosso objetivo com essa discussão não é advogar em favor da amônia, um importante poluente que deve ser removido, e sim alertamos para a necessidade de estudos mais aprofundados os quais, seguramente contribuirão para o desenvolvimento de sistemas mais eficientes e adequados à saúde e bem-estar dos animais e dos profissionais que com eles compartilham o ambiente.

Racks ventilados impactam significativamente projetos de condicionamento de ar (HVAC-R do inglês *Heating, Ventilating and Air Conditioning,* porém atualmente se inclui a refrigeração) de biotérios, pois existem diferentes maneiras delas serem incorporadas às instalações e, para cada uma, há uma implicação no sistema de ar.[21]

Modelos confeccionados com painéis integrados ao equipamento, por exemplo, conferem versatilidade, ao mesmo tempo em que a sua interligação ao circuito de ar da sala dependerá da oferta de ar × consumo em m^3 do *rack*. Por outro lado, existem também versões que empregam painéis coletivos (ou central) que atendem a mais de um equipamento e, também nesse caso, o volume é importante, porém pode haver uma diferença no consumo.

Outras vezes, o projeto permite que a exaustão, por exemplo, seja diretamente ligada ao duto de exaustão da sala onde o equipamento foi instalado. Essa opção é interessante, porém afeta o projeto HVAC-R quanto à capacidade dos motores de exaustão, dimensões dos dutos etc.

Atualmente, estão disponíveis tecnologias que impactam ainda mais o desenho arquitetônico dos biotérios do que os exemplos citados. É o caso de *racks* montados diretamente nas paredes das salas dos animais, fazendo parte de um projeto integrado entre sistema IVC e HVAC-R. Nesses casos, as indústrias envolvidas com a tecnologia IVC e HVAC-R se aproximam na busca da melhor solução para o cliente.

Basicamente, existem duas configurações de *racks* ventilados: pressão positiva ou negativa. Os modelos de pressão positiva são utilizados para proteger os animais (exclusão), enquanto os de pressão negativa (inclusão) preservam o ambiente externo às caixas de patógenos e alérgenos.[1] Outra variação nessas configurações são os modelos de equipamentos que promovem a remoção do ar ao redor da gaiola. Nesse caso, no interior da gaiola a pressão é positiva, enquanto a área em torno dela é mantida fortemente negativa, oferecendo, assim, uma eficiência tanto na inclusão quanto na exclusão.[1]

Como já descrito, existem atualmente diversas opções, porém os resultados obtidos nas diferentes configurações do equipamento são os mesmos. No caso de equipamentos com a pressão interna do mini-isolador ligeiramente maior do que a da sala (positiva), a manutenção dos parâmetros da gaiola é mais simples. Contudo, nos casos em que a pressão interna do mini-isolador é menor do que a da sala, a manutenção da pressão negativa do ar de cada gaiola com relação ao macroambiente, é bastante difícil por períodos prolongados.

Nos casos em que se precisa trabalhar com agentes infecciosos zoonóticos ou mesmo carcinógenos, recomenda-se o uso de isoladores.

No Quadro 6.1, encontra-se sumariado os principais eventos relacionados à ambiência em biotérios.

Quadro 6.1
Principais eventos relacionados à ambiência em biotérios

Década de 1940:
- Uso de sistemas de conforto humano em criações animais

Década de 1950:
- Controle do vírus Edin por Lisbeth Kraft

Década de 1960:
- Preocupação com o controle da temperatura, UR (50%) e renovação (18 trocas/hora)

Década de 1970:
- Circulação paralela ao plano superior das caixas (ar filtrado)
- Controle de contaminações em colônias (filtro de superfície)
- Injeção direta (com filtro de superfície), controle dos níveis de amônia (0 a 20 ppm após 72 horas) com boa eficiência sanitária.

Década de 1980:
- Níveis de amônia entre 0,1 e 0,5 ppm após 10 dias

Década de 1990:
- Estudos da influência do material filtrante (policarbonato e poliéster)
  - policarbonatos – aumento na concentração de CO_2.
  - poliéster e policarbonato – aumento na umidade relativa
  - influência igual para temperatura e amônia
- Introdução de filtros laváveis de maior resistência e permeabilidade
- Otimização do microambiente – redução de NH_3, CO_2 e UR
- Sanitário: controle de MH
- Controle do parasita *Syphaciamuris*

Fonte: Luiz Augusto Corrêa Passos.

OUTROS EQUIPAMENTOS ATUALMENTE DISPONÍVEIS PARA A MANUTENÇÃO DE ANIMAIS PADRONIZADOS

Isoladores

Trata-se de uma tecnologia importante, bastante útil e com diversas aplicações na manutenção de modelos animais.

No presente manual, há um capítulo específico quanto ao emprego de isoladores em Ciência de Animais de Laboratório, razão pela qual, neste momento faremos apenas uma abordagem breve.

Isoladores são equipamentos que possibilitam atividades em um sistema fechado, isolado do meio externo, permitindo absoluta segurança na preservação dos padrões genético e sanitário dos modelos e na condição do ambiente (Figura 6.9).

Seu uso pode abranger aplicações científicas e tecnológicas e, em ambas as áreas, a Ciência em Animais de Laboratório (CAL) está presente.[22]

Do ponto de vista científico, o equipamento é indispensável para experimentos específicos em microbiologia, nutrição, imunologia e CAL, entre outras áreas de conhecimento, e a principal razão para essa "especificidade" é o fato de os isoladores possibilitarem um ambiente totalmente controlado.[23] Desse modo, fica mais fácil para o leitor entender que o controle das variáveis ambientais é determinante no esclarecimento, por exemplo, dos efeitos de uma determinada composição da flora intestinal na resistência a doenças; ou da influência de uma dieta com formulação especial ou, ainda, da maneira como a resposta imune atua frente a um agente. Além disso, em CAL, os avanços na produção de animais transgênicos e a crescente oferta desses animais e também de *knockouts* e mutantes fazem dessa tecnologia uma aliada ideal para experimentos de longo prazo em que o controle absoluto do ambiente tem reflexos na pesquisa e na respectiva relação custo-benefício.

Quanto aos aspectos tecnológicos, as principais aplicações dos isoladores estão na indústria e na CAL. O uso dessa tecnologia na indústria é vasto, complexo e altamente específico, razão pela qual nós não o abordaremos aqui. Contudo, em CAL, os isoladores atuam como um "alicerce" para cen-

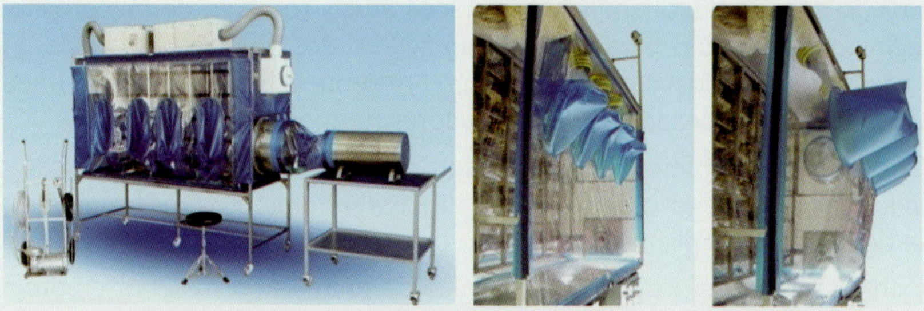

Figura 6.9 – *Isolador flexível de pressão positiva/negativa com conjunto de acessórios para manuseio e trabalho: cilindro de esterilização, carrinho de apoio, luva de conexão, unidade nebulizadora e banqueta. Fonte: Catálogo da ALESCO Indústria e Comércio, 2015.*

tros de bioterismo comprometidos com a produção e fornecimento de animais padronizados.

Nos biotérios e centros de bioterismo, os isoladores evitam a perda dos padrões sanitários e genéticos originais das linhagens.

Nessas instalações, a tecnologia de isolamento participa da formação das colônias de fundação (matrizes importadas e modelos especiais) e da quarentena. Nesse último, para recepção supervisionada de matrizes certificadas, isolamento de animais com padrão sanitário desconhecido, execução de técnicas especiais como a reprodução assistida (transferência ovariana e a fertilização *in vitro*) e na descontaminação (histerectomia e a transferência de embriões).

Em países como o Brasil, a importação de matrizes, além de muito demorada e onerosa, raramente acontece com eficiência, pois, além da burocracia envolvida, nem sempre os recursos estão disponíveis para esse tipo de expediente. Enquanto na Europa, Ásia e nos Estados Unidos, a reposição de uma linhagem é quase imediata; em nosso País, a perda de uma matriz da colônia de fundação, por exemplo, conduz a impactos profundos para o biotério responsável por ela e mais ainda para o grupo de pesquisa que a utiliza, pois a tramitação é complexa. Por essa razão, é importante destacar que colônias mantidas em isoladores podem ter um manejo técnico que impede essa perda.

Por fim, por se tratar de um equipamento projetado há muitos anos, existem atualmente diversas configurações para as mais diferentes finalidades, tais como rígidos, flexíveis ou semiflexíveis, com pressão positiva ou negativa, para pequeno ou grande volume de gaiolas e para diversas espécies como suínos, aves e lagomorfos.

Estação de troca

Embora o emprego de *racks* ventilados proteja as colônias de agentes infecciosos, seu uso exclusivo não assegura o controle das infecções.

O momento da substituição da cama dos animais é o de maior risco de contaminação, sendo, por essa razão, importante o uso de um equipamento que ofereça um ambiente estéril que proteja os modelos durante essa rotina.

Ainda que o mecanismo de ação da estação de troca se assemelhe àquele observado em um fluxo laminar, as versões atuais resultam de um projeto especialmente concebido para o manuseio seguro dos animais. De modo geral, as estações de troca devem promover um ambiente estéril na mesa de trabalho sobre a qual são colocados os mini-isoladores no momento da troca.

O equipamento oferece um fluxo de ar tratado, com uma orientação que impede a entrada de ar externo. Além disso, aberturas próximas às laterais da mesa de trabalho ampliam o isolamento do ambiente exterior.

Considerando sua instalação nas salas de animais, o material empregado em sua confecção deve permitir o uso de agentes desinfetantes, devendo ser preferencialmente de aço inoxidável ou resina. Atualmente, estão disponíveis diferentes versões, sendo possível o manejo dos animais com dois operadores, otimizando as rotinas de troca dos animais.

■ Cabine de descartes

Desenhadas com o propósito de proteger o ambiente e os técnicos nos momentos de descarte das camas, esse equipamento permite a remoção dos particulados que podem atuar como alérgenos.

O princípio de seu funcionamento baseia-se em uma corrente de ar unidirecional no sentido do ambiente para o interior do equipamento, de modo que, no momento da raspagem das gaiolas, uma corrente de ar arrasta os particulados que são retidos em um filtro HEPA.

Assim como descrito anteriormente, o material empregado em sua construção deve permitir rotinas frequentes de desinfecção.

■ Considerações finais

Instalações físicas para animais de laboratório também denominadas biotérios, exigem projetos de engenharia objetivos, mais detalhados e complexos do que outros tipos de ambientes laboratoriais. A estabilidade e a qualidade do ambiente (tanto com respeito ao "macroambiente" como ao "microambiente"), além de vitais para o bem-estar dos animais, interferem diretamente na coleta de dados e na análise dos resultados, comprometendo, desse modo, a qualidade da pesquisa.

Assim, o desenho arquitetônico, os sistemas de barreiras, o projeto de ventilação e os equipamentos que serão instalados devem ser concebidos de modo a oferecer segurança para os animais ao mesmo tempo em que promovam um fluxo rápido e inteligente para as rotinas.

Além disso, o biotério deve também oferecer um local de trabalho seguro e confortável para os técnicos.

A Ciência em Animais de Laboratório em curso no Brasil congrega profissionaisaltamenteespecializadosemdiferentesáreas,capazesdepromoverumincremento tecnológico que transcende os limites de universidades e centros de pesquisa.

A participação desses profissionais em programas que visam a instalação de biotérios, quer sejam eles para a produção de animais certificados, quer sejam para a pesquisa, é fundamental e ponto de partida para o sucesso da empreitada, assim, essa estratégia deve fazer parte do plano de execução desde o seu princípio.

Referências Bibliográficas

1. Canadian Council on Animal Care. Guidelines on laboratory animal facilities – characteristics, design and development. 2003. p. 115. Disponível em: http://www.ccac.ca.
2. Frasier D. Commisioning: laboratory animal facilities. ALN Magazine. March/April 2003. Disponível em: http://animallabnews.com/articles.asp?pid=17.
3. Saiz-Moreno L, Garciade OJL, Compaire F. Animalesde laboratorio: producción, manejo y controlsanitario. Madrid: Instituto Nacional de Investigaciones Agrárias/ Ministério de Agricultura, Pesca y Alimentación,1983. p. 25.
4. Kruger MJT, Weidle EPS. Programação arquitetônica de biotérios. Brasília: Cedate (Ministério da Educação), 1986. p. 225.

5. National Institutes of Health – NIH. Design Policy and Guidelines. 2003. Disponível em: http://orf.od.nih.gov/PoliciesAndGuidelines/DesignPolicy/policy-index.htm.
6. Brasil. Ministério da Saúde. Secretaria de Assistência à Saúde. Equipamentos para estabelecimentos assistenciais de saúde: manual de planejamento e dimensionamento: equipamentos para estabelecimentos assistenciais de saúde. Brasilia, Df: Sas, 1994. p. 239.
7. Brasil. Ministério da Saúde. Secretaria Nacional de Ações Básicas de Saúde. Divisão Nacional de Organização de Serviços de Saúde. Manual de lavanderia hospitalar. Brasília, DF: Sas, 1986. p.45.
8. Eletrobrás. Manual para especificações técnicas de sistemas de ar condicionado e iluminação. 2005. p. 37. Disponível em: http://www.eletrobras.com.
9. Guide for the care and use of laboratory animals. ILAR J. 8. ed. Committee for the Update of the Guide for the Care and Use of Laboratory Animals, 2010. p. 220.
10. Ruys T. Handbook of facilities planning: laboratory animal facilities. New York: Van Nostrand Reinhold, 1991. (2) p. 422.
11. Zuñiga JM, Orellana JM, Tur JA. In: UAH ed. Ciencia y Tecnología Del Animal de Laboratorio. Condiciones del entorno animal. Instalaciones y alojamiento. 2º ed. 2011. (1) p. 253-265.
12. Carissimi, A.S. Manutenção de ratos (Rattusnorvergicus) em sistema de ventilação microambiental com diferentes intervalos de trocas de cama: aspectos sanitários e econômicos [tese de doutorado]. São Paulo: Universidade de São Paulo; Faculdade de Medicina Veterinária e Zootecnia, 1998.
13. Carissimi AS, Teixeira MA, Chaguri LCAG, Merusse JLB. Use of intracage ventilation systems in animal facilities. Act. Sci Vet. 2005. 33(2). p. 99-107.
14. American Association for Laboratory Animal Science: 50 years of laboratory animal science. Printed in the USA by Sherdane Books, 2000: 15(16) p.92-128.
15. Hessler J, Lehner N. Planning and designing research animal facilities (American College of Laboratory Animal Medicine). EUA: Elsevier, 2009. p. 489.
16. Hasegawa M, Kagiyama S, Tajima M, Yoshida K, Minami Y, Kurosawa T. Evaluation of a forced – air-ventilated micro-isolation system for protection of mice against Pasteurella pneumotrópica. Exp. Anim, 2003. 52(2):145-151.
17. Krohn TC, Hansen AK, Dragsted N. The impact of cage ventilation on rats housed in IVC systems. Lab.Anim, 2003; 37. p. 85-93.
18. Gonder JC, Laber K. A renewed look at laboratory rodent housing and management. ILAR J, 2007. 48(1) p. 29-36.
19. Baumans V, Van Loo PLP. How to improve housing conditions of laboratory animals: the possibilities of environmental refinement. The Vet.J. Elsevier, 2012. p.01-09.
20. Reeb-Whitaker CK, Paigen B, Beamer WG, Bronson RT, Churchill GA, Schweitzer IB, Myers DD. The impact of reduced frequency of cage changes on the health of mice housed in ventilated cages. Lab. Anim, 2001. (35) p. 58-73.
21. National Institutes of Health – NIH Design Requirements Manual. Disponível em: http://orf.od.nih.gov/PoliciesAndGuidelines/BiomedicalandAnimalResearchFacilitiesDesignPoliciesandGuidelines/Pages/DesignRequirementsManualPDF.aspx.
22. Delma PA, Zanfolin M, Vinagre CM, Vieira LQ. In: Lapchik VB, Matarraia VGM, Ko GM (eds.). Cuidados e manejo de animais de laboratório. São Paulo: Atheneu, 2009. Gnotobiologia. p.295-313.
23. Medicines Control Agency, handling cytotoxic drugs in isolators in NHS pharmacies. Health and Safety Executive, 2003. p.1-6.

7

Impacto dos Fatores Ambientais

Maria Araújo Teixeira

Introdução

As técnicas de padronização do meio ambiente detiveram-se, durante muito tempo, em aperfeiçoar as salas de animais sob o ponto de vista microbiológico. Modernamente, com a constatação científica do impacto ambiental na criação e experimentação de animais, houve a necessidade de padronização do meio ambiente sob o ponto de vista físico. Sabe-se que determinados resultados experimentais são passíveis de alterações em virtude de variações de temperatura, umidade relativa, tipo de gaiola, densidade populacional, tipo de cama usada e esquema de higienização adotado, conforme pôde ser observado por Reeb-Whitaker[1] (Tabela 7.1). É de fundamental importância o controle adequado do espaço físico imediatamente próximo ao animal, denominado microambiente, já que se pode afirmar que a temperatura, a umidade e as concentrações de gases e material particulado geralmente são mais altas no micro do que no macroambiente animal.

Tal assunto é muito extenso, uma vez que cada espécie animal apresenta características biológicas específicas. Fatores como quantidade, velocidade, temperatura e umidade relativa do ar de insuflação devem ser determinados para cada espécie em função do peso, superfície corpórea, taxa metabólica e número de animais por caixa. Por questão didática, detalhamos os principais impactos ambientais de maneira individualizada, porém não se pode esquecer que todos esses fatores apresentam uma relação de interdependência para a obtenção de animais criados em condições de conforto, que contemplem uma produção em maior quantidade, com melhor qualidade, que permita a replicação de estudos sob condições padronizadas e com menor custo.

Tabela 7.1 Efeito da ventilação e da frequência de trocas de gaiolas no microambiente de camundongos em acasalamento monogâmico			
	Frequência de trocas de gaiolas em dias [média ± SEM (n)*]		
	7	**14**	**21**
Amônia (ppm)			
30 ACH	26,3 ± 5,7[‡a] (12)	62,8 ± 17,6[a] (5)	73,0 ± 15,4[a] (4)
60 ACH	1,5 ± 0,2 [‡b] (14)	14,6 ± 6,7[b] (10)	26,9 ± 19,1[b] (9)
100 ACH	1,1 ± 0,2 [§b] (13)	3,7 ± 1,5[b] (8)	15,4 ± 7,4[b] (6)
Umidade Relativa (%)			
30 ACH	57 ± 1[a]	52 ± 2	57 ± 4
60 ACH	48 ± 2[b]	53 ± 4	52 ± 3
100 ACH	48 ± 2[b]	51 ± 3	46 ± 2
Dióxido de Carbono (ppm)			
30 ACH	2,190 ± 185[a]	1,475 ± 90	2,050 ± 215[a]
60 ACH	1,310 ± 145[b]	1,775 ± 300	1,415 ± 240[a,b]
100 ACH	1,110 ± 110[b]	1,575 ± 270	945 ± 200[b]
Temperatura (°C)			
30 ACH	24,4 ± 0,2	24,4 ± 0,3	24,8 ± 0,6
60 ACH	24,1 ± 0,4	24,1 ± 0,6	23,4 ± 0,5
100 ACH	23,2 ± 0,3	23,2 ± 0,2	24,1 ± 0,5

**(n) Número de mensurações aplicadas a todos os parâmetros; [‡] Valor significativamente diferente das condições de 14 e 21 dias na mesma linha (P < 0,05); [§] Valor é significativamente diferente das condições de 21 dias na mesma linha (P < 0,05); [a] Valores com diferentes letras dentro de uma coluna, diferem significativamente (P < 0,05); ACH = número de trocas de ar por hora. Fonte: Reeb-Whitaker et al.[1]*

Principais Fatores Ambientais que Podem Interferir na Criação e na Experimentação

- Ventilação: o ar na sala deve ser renovado a intervalos frequentes, de modo adequado para cada espécie, para fornecer ar fresco, diminuir o nível de odores, gases nocivos, poeira e agentes infecciosos e também remover o excesso de calor e umidade.
- Temperatura: deve ser mantida dentro dos limites adequados para cada espécie, levando em conta a idade dos animais e os procedimentos a que são submetidos.
- Umidade: deve ser mantida nos níveis recomendados para cada espécie, geralmente em torno de 55% ± 10%.
- Iluminação: deve ser controlada para atender às necessidades biológicas dos animais e tornar satisfatório o ambiente de trabalho. É obrigatório o controle da intensidade e do ciclo claro-escuro.
- Ruído: as salas devem ser isoladas de fontes de ruídos, tanto de frequências audíveis como de mais altas. Sistemas de alarme devem ser instalados para

detecção de fogo ou entrada de estranhos e também equipamentos para monitorar a temperatura e a ventilação, porém seu funcionamento deve perturbar o mínimo possível os animais.

Além dos fatores ambientais já citados, Vesel[2] relata variáveis como pressão barométrica, modelo de gaiola, tipo de cama, dieta, gravidade, manejo e indução ou inibição de enzimas hepáticas por uso de inseticidas, metais pesados, detergentes e solventes orgânicos. Os autores afirmam que tais fatores externos, em conjunto com variáveis internas como espécie, linhagem, sexo, idade, função cardiovascular, ciclo estral, febre, função gastrintestinal e hepática, estresse, choque e gestação podem afetar significativamente a ação de medicamentos em animais de experimentação.

Ventilação

Sabe-se que as condições ambientais, principalmente as do microambiente, podem tanto induzir a suscetibilidade às doenças como promover situações de bem-estar e, consequentemente, saúde e qualidade animal, o que leva a uma pesquisa com resultados confiáveis.

O conforto ambiental para animais é difícil de ser avaliado, já que bem-estar fisiológico é um conceito subjetivo e, como já mencionado, a ventilação tem um efeito crucial na saúde e conforto de animais de laboratório.

Ventilação Geral Diluidora (VGD) × Ventilação Microambiental (VMA)

O método de ventilação usado no manejo de animais de laboratório é de fundamental importância na redução de poluentes e na manutenção de sua saúde. Animais mantidos sob VGD são expostos a altos níveis de poluentes presentes no ambiente (pó, bactérias, etc.) ou a poluentes produzidos pelo metabolismo animal e excretados dentro das gaiolas (p. ex.: amônia e dióxido de carbono). Esses poluentes podem contribuir para patologias respiratórias. Os efeitos de amônia (NH_3) no trato respiratório dos animais são: cilioestasia; aumento da taxa de deposição de partículas na traqueia; aumento na ocorrência, severidade e progresso de micoplasmose murina; e diminuição da função imunológica. Concentrações de 20 a 25 ppm (partes por milhão) de NH_3, frequentemente encontradas em VGD, causam lesões oculares e pulmonares, além de redução na taxa de crescimento em mamíferos e aves. O homem pode detectar 10 ppm de NH_3 no ar e com 25 a 35 ppm manifesta irritação ocular.[3]

Outro tipo de ventilação preconizado e atualmente mais aceito é o sistema de VMA, desenvolvido especialmente para animais de biotério. Esse tipo de ventilação controla eficientemente os poluentes gerados no microambiente, porém é necessária atenção com a taxa de velocidade do ar que passa sobre os animais para não causar desconforto térmico e, consequentemente, alteração de comportamento e prejuízo à saúde do animal. Altas taxas de ventilação levam a um aumento do turbilhonamento e do fluxo de ar, o que pode desencadear estresse e desconforto. Camundongos BALB/c mantidos com 60 trocas de ar por hora no microambiente construíram ninhos com paredes altas nas extremidades da gaiola, fugindo do turbilhonamento.[4]

Teixeira[5] observara que, no 3º dia sem troca de cama, foram encontradas concentrações de 31,25 ppm de NH_3 em gaiolas com oito camundongos Swiss *outbread* jovens, mantidos sob VGD. Carissimi[6] observou que, no 2º dia sem troca de cama, já foram encontradas concentrações de 40 ppm, em gaiolas com cinco animais de 180 dias de idade. Esses ratos, ao serem avaliados para diferença de potencial transepitelial de membrana (DDP), apresentaram lesões de membrana de traqueia e epiglote significativamente maiores do que as dos animais mantidos em situações de ventilação no interior das gaiolas, com trocas de camas iguais ou superiores aos animais de VGD.

Ainda no estudo de Teixeira[5] observaram que no sétimo dia sem troca de cama, no sistema de VMA em gaiolas com oito camundongos fêmeas Swiss *outbread* por caixa, o nível máximo de 5 ppm NH_3. Essa concentração já é suficiente para causar diminuição de batimentos ciliares da traqueia, o que pode levar a lesões patológicas no trato respiratório. Esse estudo contemplou experimentos morfopatológicos de pulmões de camundongos mantidos em VGD × VMA, demonstrando que animais mantidos em VGD apresentam hiperplasia das vias aéreas, com incidência significativamente maior do que os animais mantidos em VMA. Tal ocorrência seria, provavelmente, consequência da inalação crônica de maior concentração de gás de NH_3, o que pode desencadear infecção natural em ratos e camundongos de laboratório e prejudicar seriamente os esforços de pesquisa investigativa em uma variedade de sistemas do corpo, principalmente os sistemas respiratório, reprodutivo e imune.

Dados de reprodução também foram analisados e apresentaram melhores resultados para o sistema VMA, segundo Teixeira[7] e Chaguri.[8] Os autores concluem, também ao avaliar parâmetros reprodutivos em camundongos e ratos, que a melhor taxa de ventilação é uma taxa média que atinge de 0,19 a 0,33 m/s e causa impacto benéfico com resultados mais confiáveis, tanto na criação como na experimentação, do que os resultados obtidos em taxas muito altas ou muito baixas, que causam desconforto, acúmulo de poluentes e, consequentemente, animais doentes e impróprios para pesquisa.

Outro trabalho que confirma a importância da criação e manutenção de animais em locais desprovidos de poluentes utilizou camundongos injetados com o carcinógeno N-nitroso-metil uretana; esses animais apresentaram maior taxa de transformação neoplásica do que os animais do grupo-controle mantidos em local "limpo".[9]

Reeb[1] avaliou o efeito da ventilação sobre o desempenho reprodutivo de camundongos C57BL/6J em acasalamento monogâmico e poligâmico, comparando animais mantidos em dois sistemas de *racks* (*racks* com gaiolas não ventiladas e *racks* com gaiolas individualmente ventiladas). Os resultados indicam que baixa taxa de ventilação (30 ACH) e troca de gaiolas mais frequentes (7 dias) apresentaram apresentam um efeito adverso de mortalidade de filhotes pré-desmame (Tabela 7.2).

Martnewski[10] observou índice zero de lesões pulmonares utilizando *micro fans pressurized and intraventiled cages* (MFPIV), em camundongos BALB/c padrão SPF em caixas tipo *filtertop* microventiladas, e indíce de celularidade estatisticamente superior em animais mantidos, também, em caixa tipo *filtertop*, porém sem microventiladores. Já em 2007, o mesmo autor,[11] preocupado com

Tabela 7.2 Mortalidade pré-desmame por taxa de ventilação de gaiola		
	Mortalidade pré-desmame, média ± SE do número de filhotes/mãe	
	Par (n)	**Trio (n)**
Comparação	1,6 ± 0,9 (10)	4,4 ± 1,0 (18)
30 ACH		
7 dias	4,8 ± 1,3 ^{*,a} (12)	-
14 dias	1,8 ± 0,6^{b} (12)	-
21 dias	3,1 ± 0,7^{a,b} (11)	-
60 ACH		
7 dias	3,3 ± 1,2^{a} (12)	5,8 ± 1,8 (24)
14 dias	1,9 ± 0,9^{a,b} (11)	4,8 ± 1,0 (24)
21 dias	0,3 ± 0,1^{b} (12)	5,7 ± 1,3 (24)
100 ACH		
7 dias	2,0 ± 0,9 (11)	6,1 ± 1,0 (23)
14 dias	0,2 ± 0,1 (12)	3,7 ± 0,8 (24)
21 dias	1,5 ± 1,1 (11)	4,0 ± 0,9 (24)

[a] *Dentro das condições experimentais de ventilação e frequência de trocas de gaiolas, valores dentro das colunas com diferentes letras indicam diferença significativa (ANOVA, P < 0,05); *Valor é diferente da comparação; (n) número de camundongos fêmeas produtivos; ACH = número de trocas de ar por hora. Fonte: Reeb-Whitaker et al.*[1]

o tratamento do ar e usando a tecnologia de controle atmosférico microambiental, constatou que ratos mantidos a 30 °C sob velocidade de ar de 0,6m/s apresentaram a mesma conversão ração ingerida/massa corpórea que os animais mantidos a 22 °C e velocidade de ar padrão VGD para biotérios (≈ 0 m/s).

Temperatura

Outro fator com impacto relevante para o conforto dos animais e para a validação de pesquisa é a temperatura. A zona de conforto térmico recomendada para roedores no guia de Cuidados e Uso de Animais de Laboratório[12] compreende a faixa de 20 a 26 °C. No entanto, normalmente, mantêm-se as salas dos animais com uma temperatura de 20 a 24 °C, o que gera desconforto térmico.[13] Nessas temperaturas mais baixas, pode ocorrer um aumento de até 60% no consumo de alimentos com a finalidade de suprir a demanda metabólica que se encontra elevada.[14] Animais submetidos a temperaturas mais baixas estão em constante estresse, o que pode interferir na resposta imune e em vários outros parâmetros fisiológicos. Vários autores observaram que os camundongos apresentam sinais de maior bem-estar a temperaturas em torno de 26 a 29 °C.[15-17]

Reações fisiológicas, pelas quais os animais passam para se adaptar, quando expostos a temperaturas superiores à da zona de conforto térmico e que são mais intensas dependendo da amplitude e duração da exposição, também foram relatadas por outro autor.[18] As reações incluem o aumento das atividades cardíacas e respiratórias, aumento na produção de suor, diminuição na secreção de tiroxina e triodotironina, aumento transitório na secreção de adrenalina, noradrenalina e glicocorticosteroides, diminuição na ingestão de alimentos e na produtividade e diminuição na atividade corporal; em sobrecargas térmicas crônicas, diminuem o conteúdo de mitocôndrias e a quantidade de enzimas de oxidação biológica nos tecidos orgânicos.

Ao utilizarmos animais em pesquisa, devemos atentar para o fato de que, ao aumentamos o estresse, diminuímos o bem-estar desses animais. Assim sendo, situações estressantes implicam o uso de energia para ajuste do metabolismo e, consequentemente, essa adaptação envolve alterações neuroendócrinas, fisiológicas e comportamentais que podem influenciar a resposta dos animais aos testes a que estão sendo submetidos.

A temperatura pode ter uma grande influência nos resultados de pesquisas realizadas com animais recém-nascidos, pois eles normalmente têm seu sistema termorregulatório ainda imaturo. Assim sendo, o pesquisador deverá oferecer condições para que os animais mantenham seu nível de conforto térmico ou a homeotermia.

Animais em estresse térmico alteram a ingestão de alimentos, de água, o peso, a frequência respiratória e a produção. O estresse térmico também ocasiona alterações de comportamento que podem levar a erros de avaliação nas pesquisas, em que se consideram as reações dos indivíduos como índices de monitoramento.

Um trabalho desenvolvido com 15 camundongos fêmeas MF1 (*Mus musculus* L.: outbred MF1) em lactação, mantidas a temperaturas de 21 °C e no 10º dia de lactação foram expostas a uma temperatura de 8 °C por 10 dias, constatou aumento significativo na ingestão média diária de alimentos de 23 g para 30 g e, na comparação com fêmeas lactantes mantidas a 21 °C (71 fêmeas), a ingestão de alimentos foi 30% maior nas fêmeas expostas ao frio. No mesmo experimento, observando-se 15 camundongos fêmeas não lactantes que eram mantidas à temperatura de 21 °C e no 10º dia foram expostas a uma temperatura de e 8 °C por 10 dias, houve aumento significativo na ingestão média diária de alimentos de 5,1 g para 7,8 g. Os autores observaram ainda um aumento significativamente maior no volume do leite produzido e na produção de energia do leite das fêmeas transferidas para o frio no 10º dia de lactação (242 KJ dia^{-1}) quando comparado com leite das fêmeas mantidas no calor (164,7 KJ dia^{-1}) durante o pico de lactação.[19]

Outro impacto observado em parâmetros fisiológicos de animais foi em relação ao tamanho de órgãos de camundongos fêmeas MF1, lactantes mantidas em temperaturas de 30 °C, 21 °C e 8 °C, constatando um aumento de peso significativo sob temperaturas mais baixas. Animais mantidos a 30 °C, quando comparados com camundongos a 21 °C, apresentam diferença significativa no peso do fígado, do coração e do rim.[20]

As respostas imunológicas também podem sofrer alteração em razão do estresse térmico. Camundongos BALB/c submetidos a ambiente com temperatura de 4 °C por 4 horas apresentaram a porcentagem de fagocitose de imunocomplexos (imunoglobulina ligada à hemácia de carneiro) por leucócitos no sangue menor do que a verificada no grupo-controle que não estava sob estresse térmico (66% e 81%, respectivamente).[21]

Em experimento com ratos, foi observada queda na taxa de desmame de grupos de ratos mantidos a temperaturas ou inferiores a 12 °C ou superiores a 30 °C.[22]

Existem diferenças nas preferências de temperatura referentes a sexo, idade, espécie, linhagem, etc. Desse modo, em virtude da dificuldade de atender todas as particularidades em condições de temperatura abaixo do conforto, poderemos minimizar os efeitos aumentando a cama e oferecendo ninhos aos animais. Ressaltamos ainda que, animais em ambiente confortável ficam mais ativos, o que pode gerar aumento na agressividade.[23] Essa situação também pode ser prevenida com o estabelecimento de enriquecimento ambiental.[24]

Umidade

O papel da umidade relativa é considerável no bem-estar animal. Como ocorre uma produção de vapor d'água contínua, por meio da respiração e pela evaporação da urina, a umidade dentro da gaiola do animal tende sempre a ser mais alta do que na sala, o que demanda um controle eficaz para prevenir situações de estresse e manter a higidez do animal. A umidade deve ser estabelecida dentro dos padrões normais adequados à espécie, de modo que não seja tão baixa e deixe o ambiente muito seco, o que pode levar a problemas respiratórios como ressecamento de mucosas e pele e o aparecimento de lesões como a *ringtail* em ratos. O contrário também é prejudicial ao animal, a umidade alta, além de favorecer o aumento de produção de NH_3, também por si só propicia problemas respiratórios.

A umidade relativa do ar (UR), que é a relação entre a pressão do vapor d'água na atmosfera e a pressão do vapor saturado na mesma temperatura, exerce juntamente com a temperatura uma função preponderante na dissipação de calor pelos animais, principalmente nos experimentos realizados em ambientes fechados. Quando a temperatura ambiente é mais alta ou próxima da temperatura corporal do animal, ele passa a perder calor por evaporação. Essa perda por evaporação aumenta à medida que diminui o teor de umidade ambiental.

Os fatores ambientais normalmente interagem entre si, podendo influenciar ainda mais a pesquisa elaborada. Situações em que ocorrem mudanças drásticas de temperatura podem provocar alterações em índices hematológicos e hipotalâmicos, alterações estas potencializadas por níveis altos de umidade (acima de 85%). Em camundongos mantidos a temperaturas de 24 °C e 34 °C, os níveis plasmáticos de vasopressina estavam normais, mas quando dosados à temperatura de 37 °C, foram encontrados no plasma níveis médios de vasopressina de 12 pg/mL com a UR de 60% e de 23 pg/mL com a UR de 85%.[25]

Diferentes linhagens de uma mesma espécie podem se comportar de modo distinto quando expostas ao mesmo tipo de ambiente. Barabino[26] testou animais das linhagens de camundongos BALB/c e C57 BL/6, com 8 a 12 semanas de idade, em ambientes com 15,5% de umidade relativa, e observou diminuição na quantidade de produção média de lágrimas de 1,9 mm para 0,9 mm nos animais BALB/c e de 1,7 mm para 0,4 mm nos animais C57BL/6, o que predispõe ao aparecimento de ceratoconjuntivite seca.

Carissimi[6] comparou o teor de UR de cama de ratos mantidos em VGD e VMA. O teor de UR da cama de ratos provenientes do grupo VGD (35,11%), com intervalo de troca de cama de 3 dias, foi significativamente maior do que o detectado nos grupos do sistema VMA para todas as frequências de troca de cama (Figura 7.1). Com a cama permanecendo mais tempo seca, é possível diminuir a frequência de trocas de cama em sistemas VMA, reduzindo o estresse do animal, o tempo de contato de trabalhadores com os animais e com os alérgenos e os custos ao biotério.

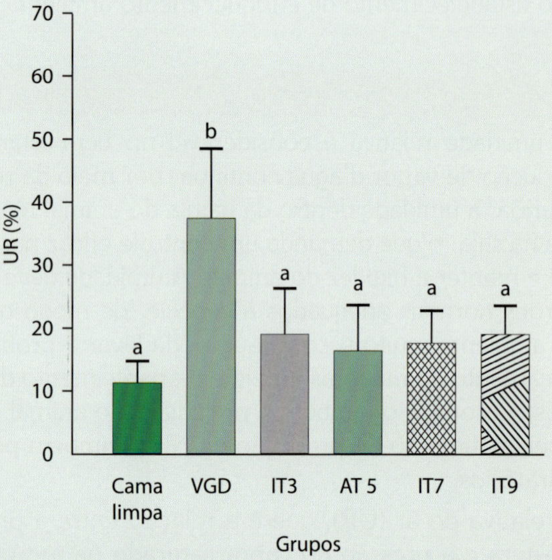

Figura 7.1 – *Teor de umidade (%) nos sistemas de ventilação geral diluidora com condicionamento (grupo VGD – trocas de cama a cada 3, 5, 7 e 9 dias, respectivamente). Amostras (20 g) de cama suja foram coletadas no dia de troca da cama e secas a 90 °C overnight. O teor de umidade foi calculado pela diferença da massa antes e após o tratamento térmico (n = 18). Os resultados estão expressos em média±desvio-padrão de 18 amostras por grupo. Letras diferentes (a, b) indicam diferença significativa para teste de ANOVA (p < 0,05). Fonte: Carissimi et al.*[6]

Iluminação

Os animais considerados espécies convencionais de laboratório têm sido criados em ambientes totalmente controlados, principalmente quanto à iluminação, que é artificial. Assim sendo, é importante que se reproduzam períodos de claro e escuro (dia e noite), pois a intensidade luminosa e o período de iluminação (fotoperíodo) interferem no ciclo reprodutivo e no metabolismo, em particular na produção de hormônios, dos animais. Além disso, a alternância de períodos de claro e escuro preserva a integridade da retina e impede sua degeneração.

A maioria das espécies usadas é de animais de hábitos noturnos, portanto a iluminação inadequada pode gerar resultados equivocados no experimento resultantes de alterações nas respostas biológicas.

Conhecendo o ciclo circadiano – ciclo de claro e escuro – que cada espécie apresenta, pesquisadores devem considerar as reações induzidas por alterações durante cada uma das fases do ciclo, que podem gerar mudanças de comportamento. Em experimento com ratos Wistar, no qual os animais foram expostos a pulsos de luz, aplicados nos períodos inicial, médio e final da fase de escuro e, depois, desafiados em teste de natação forçada, verificou-se que os ratos expostos a pulsos de curta duração (30 minutos) com lâmpada de 25 W ou 195 lux no terço final do período escuro responderam significativamente melhor do que os do grupo-controle mantidos por 12 horas no escuro (75 segundos e 150 segundos para reagir à natação, respectivamente) quando observados a velocidade de reação e comportamento frente ao teste de natação, mostrando que a aplicação de luz no período próximo ao amanhecer ou terço final da fase de escuro é efetiva como estimulante comportamental.[27]

Em estudo realizado com ratos Wistar para observação de parâmetros de comportamento no labirinto em cruz elevado no claro e no escuro, após tratamentos de 96 horas de iluminação contínua (150 lux) ou 96 horas de escuridão (0 lux) ou alternância de 12 horas de claro e 12 horas de escuro, obtiveram-se respostas significativamente melhores no escuro, independentemente de como os animais foram mantidos antes do teste, concluindo que o nível de iluminação da área experimental é um determinante crítico do comportamento do animal.[28]

Animais de linhagens albinas, quando submetidos a períodos mais longos de claro do que de escuro, podem desenvolver retinopatia fototóxica.

Ruídos

Outro fator ambiental importante na manutenção do bem-estar animal é o nível de ruídos no local de alojamento, pois tem efeito acumulativo e é perigoso porque seus efeitos demoram a serem percebidos. Os ruídos intermitentes são mais prejudiciais do que os contínuos. As condições de manejo devem prever medidas para diminuir a intensidade dos ruídos e o período de exposição a eles, visando tanto o bem-estar dos animais como o conforto das pessoas que trabalham no ambiente, principalmente no caso de animais de produção. Em pesquisas que já envolvem o impacto de outros agentes estressantes, o ruído ambiental e de manejo deve ser evitado ao máximo.

Os roedores têm a capacidade de captar frequências de som mais elevadas do que as captadas pelos ouvidos humanos (ultrassons) e fazem uso dessas elevadas frequências na comunicação. Os impactos mais observados quando os níveis de ruído excedem aos recomendados são danos físicos ao aparelho auditivo, alterações nas respostas imunológicas, alterações no desempenho reprodutivo, canibalismo, redução no peso corpóreo e alterações no sistema neuroendócrino.

Um estudo realizado para verificar os efeitos de ruídos agudos e crônicos nas respostas imunes celular e humoral de camundongos BALB/c utilizou um grupo de 10 camundongos que foi exposto a 90 dB por um período de 5 horas por dia durante 3 dias (estresse agudo); um outro grupo foi exposto às mesmas condições por 4 semanas (estresse crônico); outros dois grupos não foram expostos ao ruído e serviram como controles para cada experimento. Foram dosados os níveis sanguíneos de corticosterol (concentração média de 5,58 ug/dL no grupo de estresse agudo e 1,6 ug/dL no controle, 4,25 ug/dL no grupo de estresse crônico e 2,08 ug/dL no controle) e adrenalina (concentração média de 1.756 pg/mlL no grupo de estresse agudo e 723 pg/mL no controle, 954 pg/mL no grupo de estresse crônico e 792 pg/mL no controle). Também foi dosada a quantidade de imunoglobulinas IgM no soro, que apresentou um aumento significativo no estresse agudo (25,4 ng/mL × 14,4 ng/mL) e uma diminuição significativa no estresse crônico (14,4 ng/mL × 19,2 ng/mL), quando comparada com seus controles.[29]

Referências Bibliográficas

1. Reeb-Whitaker CK, Paigen B, Beamer WG, Bronson RT, Churchill GA, Schweitzer IB, et al. The impact of reduced frequency of cage changes on the health of mice housed in ventilated cages. Laboratory Animals, 2001; 35: 58-73.
2. Vessel ES, Lang CM, White WJ, Passananti GT, Hill RN, Clemens TL, et al. Environmental and genetic factors affecting the response of laboratory animals to drugs. Federation Proceedings, 1976; 35 (5): 1125-32.
3. Osweiler GD, Carson TL, Buck WB, Van Gelder GA. Clinical and diagnostic veterinary toxicology. 3. ed. Dubuque: Kendall/Hunt, 1985. p. 369-77.
4. Tsai PP, Oppermann D, Stelzer HD, Mähler M, Hackbarth H. The effects of different rack systems on the breeding performance of DBA/2 mice. Laboratory Animals, 2003; 37:44-53.
5. Teixeira MA, Saldiva PHN, Sousa NL, Sinhorini IL, Merusse JLB. Reduction of atmospheric ammonia (NH3) and incidence of pulmonary lesions in mice (*Mus domesticus domesticus*) kept in plenum chambers microenvironmental ventilation system. Scandinavian Journal of Laboratory Animal Science, 2001; 28: 145-53.
6. Carissimi AS, Chaguri LCAG, Teixeira MA, Mori CMC, Macchione M, Guimarães-Sant Anna ET, et al. Effects of two ventilation systems and bedding change frequency on cage environmental factors in rats (*Rattus norvegicus*). Anim. Technol., 2000;51 (3): 161-70.
7. Teixeira MA, Sousa NL, Merusse JLB. Mice (*Mus domesticus domesticus*) productivity in a microenvironmental ventilation system using plenum chambers. Anim. Technol., 2001; 52: 233-42.
8. Chaguri LCAG, Souza NL, Teixeira MA, Mori CMC, Carissimi A, Merusse JLB Evaluation of reproductive indices in rats (*Rattus Norvegicus*) housed under an intracage ventilation System. Contemporary Topics in Laboratory Animal Science, 2001;40(5): 25-30.
9. Reymão MSF, Cury PM, Lichtenfels AJ.FC, Lemos M, Battlehner CN, Conceição GMS, et al. Urban air pollution enhances the formation of urethane-induced lung tumor in mice. Environmetal Research, 1997; 74 (2): 150-8.
10. Martinewski A. Sistema de ventilação microambiental utilizando caixas pressurizadas e intraventiladas por microventiladores de corrente contínua: desempenho físico do sistema e resultados de ensaios biológicos em camundongos BALB/c padrão SPF [dissertação]. São Paulo (SP): Faculdade de Medicina Veterinária e Zootecnia, Universidade de São Paulo, 2001.

11. Martinewski A. Controle termo-higrométrico microambiental para roedores de laboratório através da tecnologia termoelétrica: montagem, avaliação de desempenho do equipamento e teste de climatização em ratos (*Rattus norvergicus*) [tese]. São Paulo (SP): Faculdade de Medicina Veterinária e Zootecnia, Universidade de São Paulo, 2007.
12. National Research Council. Guide for care and use of laboratory animals. Washington DC: National Academic Press, 2010.
13. Gordon CJ. Temperature regulation in laboratory rodents. Cambridge: Cambridge University Press, 1993; xii:276.
14. Cannon B, Nedergaard J. Thermogenesis challenges the adipostat hypothesis for body-weigt control. Proceedings of the Nutrition Society, 2009; 68: 401-407.
15. Gaskill BN, Rohr SA, Pajor EA, Lucas JR, Garner JP. Some like it hot mouse temperature preferences in laboratory housing. Applied Animal Behaviour Science, 2009; 116: 279-285.
16. Gaskill BN, Rohr SA, Pajor EA, Lucas JR, Garner JP. Working with what you've got: Changes in thermal preference and behavior in mice with or without nesting material. Journal of Thermal Biology, 2011; 36: 1193-1199.
17. Gordon CJ, Becker P, Ali JS. Behavioral thermoregulatory responses of single and group- housed mice. Physiology & Behavior.,1998; 65: 255-262.
18. Furtado GD, Araújo Filho UL. Influência da temperatura ambiente na reprodução animal. Natal, 2008 [citado 2008 junho 22]. Disponível em: http://201.2.114.147/bds/bds.nsf/B99B1479A07 5F5B983257424006A6C7E/ $File/Influ%C3%AAncia%20da%20temperatura%20ambiente%20na%20reprodu%C3%A7%C3%A3o%20animal.pdf.
19. Johnson MS, Speakman JR. Limits to sustained energy intake V. Effect of cold-exposure during lactation in *Mus musculus*. The Journal of Experimental Biology, 2001; 204:1967-77.
20. Król E, Johnson MS, Speakman JR. Limits to sustained energy intake VIII. Resting metabolic rate and organ morphology of laboratory mice lactating at thermoneutrality. The Journal of Experimental Biology, 2003; 206:4283-91.
21. Marchi LF, Sesti-Costa R, Moreira MR, Chedraoui-Silva S. Efeito do estresse pelo frio na fagocitose imunológica e na produção de espécies reativas de oxigênio em neutrófilos de camundongo. São Paulo; 2008 [citado 2008 junho 22]. Disponível em: http://www.fesbe.org.br/fesbev4/sistema/static/52/34.001.html.
22. Yamauchi C, Fujita S, Obara T, Ueda T. Effects of room temperature on reproduction, body and organ weights, food and water intake, and hematology in rats. Laboratory Animal Science, 1981; 31(3): 251-8.
23. Greenberg G. The effects of ambient temperature and population density on aggression in two inbred strains of mice. *Mus musculus*,1972; 42: 119-130.
24. Gaskill BN, Gordon CJ, Pajor EA, Lucas JR, Davis JK, Garner JP. Heat or insulation: behavioral titration of mouse preference for warmth or access to a nest. PLOS ONE, 2012 [citado 2015 fev 26]; 7 (3): 1-11. Disponível em: http://journals.plos.org/plosone/article? id=10.1371/journal.pone.0032799.
25. Harikai N, Tomogane K, Miyamoto M, Shimada K, Onodera S, Tashiro S. Dynamic Responses to acute heat stress between 34 °C and 38,8 °C, and characteristics of heat stress response in mice. Biol. Pharm. Bull., 2003; 26(5): 701-8.

26. Barabino S, Rolando M, Chen L, Dana MR. Exposure to a dry environment induces strain-specific responses in mice. Experimental Eye Research, 2007; 84: 973-7.
27. Schulz D, Aksoy A, Canbeyli R. Behavioral despair is differentially affected by the length and timing of photic stimulation in the dark phase of L/D cycle. Progress in Neuro-Psychopharmacology & Biological Psychiatry, 2008; 32: 1257-62.
28. Martinez R, Garcia AMB, Morato S. Papel da luminosidade do biotério no comportamento do rato no labirinto em cruz elevado. Estud. Psicol., 2005;10(2).
29. Zheng KC, Ariizumi M. Modulations of immune functions and oxidative status induced by noises stress. J Occup Health, 2007; 49:32-8.

Leitura complementar

Andrade A. Fatores que influenciam no resultado do experimento animal. In: Andrade A, Pinto SC, Oliveira RS, organizador. Animais de laboratório: criação e experimentação. Rio de Janeiro: Fiocruz, 2002. p. 65-70.

Barbosa JAR. Estudo sobre a influência dos intervalos de trocas de cama na manutenção de ratos (Rattus norvegicus) acasalados em sistema de ventilação microambiental [dissertação]. São Paulo: Faculdade de Medicina Veterinária e Zootecnia, Universidade de São Paulo, 1999.

Santos BF. Macro e microambientes. In: Andrade A, Pinto SC, Oliveira RS. Animais de laboratório: criação e experimentação. Rio de Janeiro: Fiocruz, 2002. p. 65-70.

Sanches OV, Gonzaléz RH. Manual en ciencias de los animales de laboratorio. Instituto Nacional de Ciencias Médicas y Nutrición. Savador Zubirán, México, 2004.

Teixeira MA, Chaguri LCCG, Carissimi AS, Souza NL, Mori CMC, Saldiva PHN, et al. Effects of an individually ventilated cage system on the airway integrity of rats (*Rattus norvegicus*) in a laboratory in Brazil. Laboratory Animals, 2006; 40: 419-31.

Parte III

Gestão de Biotério

8

Higienização em Biotério

Gui Mi Ko
Cynthia Zaccanini de Albuquerque
Mariana Valotta Rodrigues
Regiane Marinho da Silva

Higiene é um conjunto de medidas que utiliza métodos de limpeza, desinfecção e esterilização, com o objetivo de conservar e promover a saúde. No estabelecimento de procedimentos operacionais padronizados de higiene em biotério, com o intuito de prevenir contaminação biológica na área de criação, quatro fatores devem ser considerados: a natureza dos agentes infecciosos; as prováveis vias de entrada de tais agentes; prevenção das vias de entrada e meios de destruição; e, finalmente, a validação dos métodos higiênicos adotados.

A tecnologia de desinfecção e esterilização tem importante papel na qualidade sanitária dos animais de laboratório. Essas duas operações previnem a entrada de doenças que podem ter rápida propagação, pondo em risco a sobrevivência das colônias.

Natureza dos agentes infecciosos

Do ponto de vista da resistência inata, os agentes podem ser divididos em quatro grupos principais: vírus e riquetsias; bactérias e micoplasmas; fungos; maioria dos parasitas, incluindo protozoários e metazoários. Eles podem afetar animais de laboratório e o homem e variam na sua resistência inata a métodos químicos[1] (Quadro 8.1) e físicos. Para as estratégias de desinfecção considera-se a subpopulação microbiana mais resistente à desinfecção ou esterilização.

Os vírus são os menores dos agentes infecciosos: picornavírus, vírus da encefalomielite murina; poxvírus, grupo que inclui vírus de mixomatose de coelho e mousepox ou ectromélia. Embora a maioria dos vírus tenha um tamanho extremamente pequeno, partículas individuais de vírus não ocorrem naturalmente

Quadro 8.1 Ordem decrescente de resistência de microrganismos a germicidas químicos[1]	
Agente infeccioso	**Resistência**
	Resistente
Esporos bacterianos (p. ex.: *Bacillus subtilis*)	↓
Coccidia (p. ex.: *Cryptosporidium*)	
Micobactéria (p. ex.: *M. tuberculosis, M. terrae*)	
Vírus não lipídico ou pequeno (p. ex: *Enterovirus poliovirus, coxsakievírus*)	
Fungos (p. ex.: *Aspergillus, Candida*)	
Bactérias vegetativas (p. ex.: *S. aureus, P. aeruginosa*)	
Vírus lipídicos ou médios (p. ex.: herpes, hepatite B)	
	Susceptível

em ambientes, estando sempre associadas à outra matéria orgânica. Estas medem entre 20 e 300 nm.

A ocorrência de partículas infecciosas menores do que 1µ de diâmetro é pouco provável e é improvável que a maioria das doenças de origem aérea seja associada a partículas menores do que 5µ. Isso é importante quando se considera a estrutura prática dos sistemas de filtração para a água e para o ar.

Vírus são parasitas intracelulares e tendem a ser instáveis fora do hospedeiro; sua sobrevivência depende de muitos fatores. São transmissíveis direta ou indiretamente por secreções, urina ou fezes e, em alguns casos, transmitidos pelos óvulos ou espermatozóides. Em geral, vírus são particularmente susceptíveis ao calor (50 a 60 °C por 30 minutos), irradiação ultravioleta, agentes oxidantes e vapor de formalina. O efeito de outros agentes químicos varia de acordo com o grupo de vírus.

As bactérias são geralmente parasitas extracelulares, transmissíveis na forma vegetativa ou esporulada. São procariotas, unicelulares, com parede celular gram-positiva ou negativa. As menores bactérias medem em torno de 0,5 a 1µ, mas algumas espiroquetas podem medir 10µ em comprimento. Existe considerável número de espécies de bactérias que têm a capacidade de formar esporos, garantindo sua sobrevivência, por serem mais resistentes a condições ambientais desfavoráveis do que na forma vegetativa. Por exemplo, algumas células vegetativas de *Bacillus sp* são destruídas a 60 °C em menos de 1 minuto. Na forma esporulada, o mesmo organismo pode sobreviver a 120 °C por muitos minutos. As micobactérias têm uma parede celular que impede a entrada de desinfetante e as bactérias gram-negativas apresentam uma membrana externa que atua como uma barreira para a absorção de desinfetantes. A termorresistência pode variar entre as diversas espécies de um mesmo gênero que produzem esporos e têm características de resistência ao calor ou a agentes químicos.

Assim, o esporo de *Bacillus stearothermophilus* é mais resistente ao calor úmido, enquanto o esporo de *Bacillus subtillis* é mais resistente ao calor seco e óxido de etileno; e o esporo de *Clostridium esporogenes* é o que apresenta grande resistência aos agentes químicos. Mantidos à temperatura ambiente e em estado seco, os esporos podem permanecer viáveis durante anos.[2]

Fungos, como as bactérias, podem produzir esporos e sua destruição depende da inativação dos seus sistemas enzimáticos, poucos sobrevivem ao calor úmido de 80 °C.

O amplo espectro dos tipos de parasitas produz, em seu estágio de desenvolvimento, cistos com densa parede ou ovos altamente resistentes a muitos compostos químicos, mas podem ser efetivamente destruídos por métodos físicos, tais como esterilização a vapor ou radiação gama. Brometo de metila é um dos poucos agentes químicos efetivos contra a maioria dos parasitas artrópodes, ovos de helmintos e cistos de coccídeos. Cistos são também sensíveis ao calor, especialmente se a umidade é baixa, e são destruídos facilmente com 10% de amônia, agente químico consideravelmente mais barato e prático do que brometo de metila.

O conhecimento do ciclo de vida dos parasitas permitirá medidas de controle higiênico adequadas. O ciclo de desenvolvimento pode ser prevenido por eliminação de todos os prováveis hospedeiros intermediários, juntamente com uma limpeza eficiente no biotério. Por exemplo, a larva da pulga sobrevive alimentando-se de restos de matéria orgânica e não é estritamente um parasita nesse estágio do seu desenvolvimento.

Os fatores que levam a uma infecção por um agente específico são extremamente complexos e incluem a imunidade natural do hospedeiro em potencial, a virulência do microrganismo e o número de microrganismos com o qual o animal é desafiado. Isso pressupõe que um único microrganismo bacteriano seria incapaz de causar infecção. Assim, ainda que um dado método de higienização não destrua todos os microrganismos potencialmente infectantes, se tais agentes não forem em número suficiente, possivelmente não ocorrerá infecção. São excluídos dessa generalização casos de parasitas, uma vez que um simples cisto é capaz de produzir uma infecção letal em um hospedeiro susceptível.

Prováveis vias de entrada

O risco de contaminação biológica nas unidades experimentais é muito maior do que nas unidades de criação em razão da necessidade de acesso frequente de pessoal e de materiais de experimentação.

Os animais podem, mesmo aparentando ser clinicamente saudáveis, carregar uma gama de agentes infecciosos não detectados. Os animais devem ser adquiridos de uma fonte segura com controle microbiológico estabelecido e protegidos de uma eventual contaminação no transporte (gaiolas com filtro). Em alguns casos, animais de uma espécie podem agir como carregador não clínico de infecção para outra espécie. Por exemplo, a cobaia pode carregar *Streptobacillus moniliformis* que é um patógeno para ratos.

Materiais biológicos, como tumores, linhagem de células e anticorpos monoclonais representam um alto risco de contaminação se eles foram originados de animais infectados.[3] Agentes infecciosos podem sobreviver por anos quando amostras contaminadas são estocadas em refrigeradores. Como agentes contaminantes, têm sido encontrados vírus, bactérias (*Mycoplasma pulmonis*, *Pasteurella pneumotropica*) e protozoas (p. ex.: *Encephalitozoom cuniculi*). Foram encontrados vírus murino em 70% de camundongos propagados por tumores *in vivo*, sendo o mais comum o LDV (em inglês, *lactate dehydrogenase-elevating* vírus).[4] É recomendado que materiais biológicos devam ser considerados contaminantes e os animais de experimentação, mantidos em estrito isolamento.

O homem é um hospedeiro improvável de patógenos de animais de laboratório. Entretanto, a importância do homem como vetor mecânico não deve ser subestimado. Vários microrganismos de origem humana (p. ex.: *Staphilococcus aureus*) podem causar doenças infecciosas ou complicações na pesquisa, particularmente em animais imunodeficientes. Transmissão do homem para o animal (ou vice-versa) certamente pode ser evitada nas colônias mantidas sob barreiras pelo uso de luvas e máscaras cirúrgicas, além de outras precauções. Pode somente ser evitada com o uso de barreiras estritas.

Não existe nenhuma dúvida de que microrganismos podem ser transmitidos no manuseio dos animais.[5] Microrganismos podem ainda ser transportados dos animais domésticos para animais de laboratório pelo vetor humano.[6] Tais exemplos enfatizam a necessidade de medidas de higiene apropriada e a importância de educação e motivação positiva promovidas pela coordenação. Deve ser assegurado que o pessoal que entra em contato com os animais de qualidade microbiológica definida não tenha previamente entrado em contato com animais de qualidade microbiológica inferior.

Os insetos e roedores selvagens são outra fonte de contaminação em potencial. Insetos voadores podem ser evitados na entrada de ar por uso de filtros ou por aparelhos que matam insetos por eletrocussão. Porém, insetos como as baratas, são mais difíceis de controlar. Uma instalação adequada deve dispor de medidas de higiene apropriadas em combinação com barreiras na porta das salas contra insetos rastejantes e invasores selvagens para impedir a contaminação dos insumos com ovos ou cistos de parasitas.

Matérias e insumos utilizados no manuseio dos animais (gaiola, ração, água, cama etc.) podem estar contaminados e podem agir como vetores em potencial. Daí a importância de medidas higiênicas de fácil monitoramento no biotério com o uso de autoclave de vapor saturado sob pressão.

Prevenção das vias de entrada e meios de destruição

Dá-se por meio da adoção de barreiras sanitárias – sistema que combina aspectos construtivos, equipamentos e métodos operacionais que buscam estabilizar o ambiente das áreas fechadas e restritas, e minimizar a probabilidade de patógenos e outros organismos indesejáveis contatarem ou infectarem a colônia de animais (Capítulo 5).

Quanto maior a eficiência da barreira, menor a probabilidade de contaminação da área protegida.

Procedimentos de Higienização

Compreendem limpeza, desinfecção e esterilização. Os métodos de desinfecção e esterilização podem ser físicos e químicos (Quadro 8.2).

Limpeza

Processo básico no qual se remove fisicamente a sujidade de materiais visíveis (pré-limpeza) e invisíveis, incluindo material orgânico e inorgânico, não permitindo que o microrganismo ou esporo seja protegido, com o objetivo de reduzir a carga microbiana e garantir a eficácia do processo de desinfecção e esterilização. Uma superfície aparentemente limpa pode não ser considerada fonte segura, livre de agentes infecciosos, pois pode ainda carregar germes.[7] São utilizados dois métodos na limpeza: manual e automatizado.

A limpeza automatizada é o processo em que se utiliza tecnologia que combina temperatura, produto químico, ação mecânica e tempo. Proporciona menor risco de acidente aos profissionais e melhor padronização do processo. Todas as fases da limpeza são executadas e monitoradas pelo equipamento que é previamente programado executando as fases sem interferência humana como o abastecimento de água no reservatório, aquecimento de água, dosador, tempo e temperatura de exposição de limpeza, esvaziamento do reservatório e enxágue. Em um biotério, a limpeza automática normalmente é feita com uso de lavadoras ultrassônicas, lavadoras termodesinfectadoras e lavadoras de túnel.

Desinfecção

Conjunto de operações com objetivo de eliminar os microrganismos potencialmente patogênicos, presentes em superfícies inertes, mediante a aplicação de agentes químicos (desinfetantes) e físicos,[8] com exceção de esporos bacterianos.

É importante poder contar com um bom desinfetante. O desinfetante é um germicida que inativa virtualmente os microrganismos patogênicos reconheci-

Quadro 8.2
Métodos físicos e químicos de desinfecção e esterilização

Física	Calor	Seco	Flambagem
			Ar quente
		Úmido	Vapor fluente
			Vapor sob pressão (autoclave)
			Fervura
	Radiação	Ultravioleta	
		Ionizante	
		Ultrassônica	
	Filtração		
Química	Líquida		
	Gás – Vapor		

dos, mas não necessariamente todas as formas microbianas (esporos bacterianos) em objetos inanimados.[9] Lawrence e Block[10,11] classificaram os desinfetantes em ordem de atividade de eliminação dos microrganismos (Quadro 8.3).

A escolha do desinfetante deve levar em consideração aspectos como o espectro de atividade desejada, ação rápida e irreversível, toxicidade, estabilidade e natureza do material a ser tratado. Os fatores que influenciam a eficiência dos germicidas são a concentração, tempo de contato, temperatura, concentração de matéria orgânica ou protetora, estabilidade, segurança, pH e outros.

A concentração de trabalho do desinfetante determina o tempo necessário para matar os microrganismos. Normalmente, quanto maior a concentração, maior a eficácia e poder desinfetante do produto e menor tempo necessário de exposição para destruição dos microrganismos, exceto para álcool e óxido de etileno. O uso de desinfetantes diluídos fora das recomendações do fabricante pode levar progressivamente os microrganismos a se tornarem mais resistentes a eles.

O processo de desinfecção é gradual e, para ser efetivo, o desinfetante deve ser aplicado por um dado período de tempo. O ideal é que não seja longo para se obter o efeito máximo, destruindo todos microrganismos patogênicos. Muitos desinfetantes químicos devem ser usados por um longo tempo, mas os

Quadro 8.3
Classificação dos desinfetantes de acordo com a ordem de atividade de eliminação de microrganismos[10]

	Concentração	**Bactéria**		**Vírus**		**Ordem de atividade**
Produto	Usual	Vegetativa	Esporos	Lípide	Não lípide	
Líquido						
Comp. Amônio Quaternário	1/750	Bom	Nenhum	Bom[2]	Nenhum[2]	3ª
Comp. Fenóis	0,5 a 3%	Bom	Pobre	Bom	Nenhum a Bom	3ª
Comp. Cloro	4 a 5%[5]	Bom	Falho	Bom[3]	Bom[3]	2ª a 3ª
Iodoforos	75 a 150 ppm	Bom	Pobre[4]	Bom	Bom[1]	2ª
Álcoois	70 a 95%	Bom	Nenhum	Bom[1]	Nenhum a Bom	2ª -1ª
Formaldeído	3 a 8%	Bom	Bom	Bom[1]	Bom[1]	1ª a 2ª
Glutaraldeído	2%	Muito bom	Muito bom	Bom[1]	Bom[1]	1ª
Formaldeído-álcool	8 a 70%	Muito bom	Muito bom	Bom[1]	Bom[1]	1ª
Iodo-álcool	0,5 a 70%	Bom	Nenhum	Bom	Bom	2ª
Gás						
Oxido de etileno	450 a 800 mg/L	Muito bom	Muito bom	Bom	Bom	1ª

[1]Klein and Deforest[11]; [2] 10%; [3] 1:5.000 (200 ppm) Klein and Deforest[11]; [4] Requer 750 ppm; [5] Disponibilidade de cloro não dada.

desinfetantes que requerem curto tempo de exposição são os desejados, como os desinfetantes de uniformes.

A temperatura acima da ambiental proporciona uma melhor ação germicida aos detergentes (com exceção do hipoclorito de sódio, que é termolábil), entretanto temperaturas muito elevadas favorecem a degradação do princípio ativo do germicida.

A combinação de compostos orgânicos com outros produtos químicos pode inativar o desinfetante. Funciona como barreira, impedindo o contato do agente desinfetante com o material. Por isso, a limpeza prévia de um artigo é fundamental.

O desinfetante deve ser estável por longo período de tempo, não somente quando concentrado, mas também quando diluído na concentração de trabalho.

A toxicidade e a possibilidade de causar alergia de um desinfetante devem ser consideradas. Animais não devem ser expostos a desinfetantes perfumados e isso também se aplica aos bioteristas. O uso de um desinfetante pode ser restrito por sua ação corrosiva em certos materiais ou por sua influência no animal, isto é, ser irritante ou provocar queimaduras no animal, como no caso do uso de desinfetante em isoladores.

O pH da solução do desinfetante e a temperatura influenciam a eficácia dos desinfetantes. O aumento do pH melhora a atividade de alguns desinfetantes, como o glutaraldeído e o amônio quaternário, mas diminuem a atividade de outros como os fenóis e o hipoclorito de sódio.

A umidade relativa é um importante fator que influencia a atividade dos germicidas gasosos. Produtos como magnésio e cálcio na água reduzem a ação microbicida, principalmente de amônio quaternário.

Existem vários desinfetantes, como fenóis, ácido peracético, peróxido de hidrogênio, compostos de amônio quaternário, álcoois, aldeídos, halogenados, entre outros. Entretanto, não existe um desinfetante que atenda a todas as situações e necessidades encontradas em um biotério, sendo preciso conhecer as características individuais para a escolha correta em cada aplicação. Por suas características, três desinfetantes destacam-se no uso em biotérios: etanol; hipoclorito de sódio; e os compostos de amônio quaternário.

O etanol apresenta atividade rápida sobre as bactérias na forma vegetativa (gram-positivos e gram-negativos). Atua também sobre alguns fungos e vírus lipofílicos. O seu mecanismo de ação consiste na coagulação de proteínas, necessitando da presença de água. Por isso, a diluição crítica a ser considerada é de 70%. No entanto, existem razões para pensar que contra microrganismos podemos trabalhar em uma faixa entre 60 e 90%. Utilizado para higienização das mãos e superfícies horizontais, tende a deixá-las secas porque evapora rapidamente. A principal desvantagem do álcool é ser inflamável e, portanto, precisa ser usado com cuidado e armazenado de forma adequada.[8,12]

O composto inorgânico liberador de cloro ativo mais utilizado é o hipoclorito de sódio. Pode ser usado como desinfetante de baixo a alto nível e quanto maior a concentração e/ou tempo de exposição, maior o espectro de ação. Atualmente é o desinfetante mais utilizado em razão de sua ação rápida, baixo custo e amplo espectro de ação. Os compostos liberadores de cloro são muito ativos para bactérias na forma vegetativa gram-positiva e gram-negativa, ativos para micobactérias, esporos bacterianos, fungos vírus lipofílicos e hidrofílicos.

Os compostos de amônio quaternário são detergentes catiônicos com propriedade germicida (detergência e desinfecção). O cloreto de benzalcônio apresenta maior eficiência, sob o ponto de vista de ação antimicrobiana. As desvantagens dos detergentes catiônicos são o preço relativamente alto, o poder irritante e de sensibilização, e a incompatibilidade com os detergentes aniônicos. São considerados germicidas de baixo nível e de baixa toxicidade. De modo geral, os compostos quaternários de amônio são muito efetivos contra bactérias e para alguns não lipídicos. Não apresentam ação letal para esporos bacterianos e para micobactérias.

As características do álcool, fenol, cloro e compostos de amônio quaternário como desinfetante[13] estão listadas no Quadro 8.4. A comparação das características germicidas do hipoclorito de sódio e do ácido peracético,[14] considerados respectivamente desinfetantes de médio e alto nível germicida, estão apresentados no Quadro 8.5.

As propriedades dos desinfetantes são dadas para exemplificar a escolha e o uso com máxima eficácia e segurança.

Métodos físicos também são aplicados aos materiais de biotério desinfetados por ultrassom, ultravioleta e principalmente calor.

A desinfecção é um processo eficiente que utiliza água em temperatura < 100 °C (aproximadamente 75 °C) por 30 minutos. Esse método associado ao aparelho de ultrassom promove eficiente desinfecção dos bicos dos bebedouros para os animais. O uso de UV é eficiente na desinfecção da água de beber.[15]

As lavadoras termodesinfetadoras (como máquina de lavar bebedouros e gaiolas) realizam o processo de desinfecção térmica utilizando temperatura de 60 a 95 °C, com combinação de tempo inversamente proporcional. O tempo de exposição depende do fabricante, após validação do ciclo. Os procedimentos padronizados de higiene devem ser preferencialmente estabelecidos pelo uso de desinfecção térmica que não deixa resíduo, em vez de desinfecção química.

Quadro 8.4
Características dos desinfetantes[13]

Produto	Características	Indicações	Problemas	Concentração
Álcool	Amplo espectro, fácil aplicação e ação imediata	Mobiliário em geral	Inflamável, volátil, opacifica acrílico, resseca plásticos e borrachas	70%
Fenólicos	Amplo espectro têm ação residual, podem ser associados com detergente	Superfícies fixas e mobiliário em geral	Tóxicos para pele devem ser evitados	Usar conforme recomendação do fabricante

Continua

Continuação

Quadro 8.4 Características dos desinfetantes[13]				
Produto	**Características**	**Indicações**	**Problemas**	**Concentração**
Cloro inorgânico	Líquido amplo espectro, ação rápida e baixo custo	Desinfecções de superfícies fixas	Instável (afetado pela luz solar, temperatura > 25ºC e pH básico) Inativo em presença material orgânico, corrosivo para metais, odor desagradável e pode causar irritação dos olhos e mucosa	Desinfecção: 0,02% a 1% por 10 minutos Descontaminação: 1% a 10 minutos
Cloro orgânico	Amplo espectro, apresentação em pó, mais estável, age mesmo em presença de material orgânico e é mais prático para a absorção de líquidos	Descontaminação de superfícies	Mesmo do cloro inorgânico	Descontaminação: 1,8 a 6%
Composta de amônio quaternário	Baixa atividade e espectro, pouco corrosiva e baixa toxicidade	Superfícies fixas	Pode ser inativada em presença de matéria orgânica	Usar conforme recomendação do fabricante

Quadro 8.5 Características do processo de desinfecção por hipoclorito de sódio a 1% e ácido peracético[14]		
Agentes Químicos		
Características	Hipoclorito a 1%	Ácido peracético
Desinfecção	Médio nível	Alto nível
Tempo para desinfecção	30 minutos	10 a 30 minutos: depende da concentração
Esporicida	Apenas em altas concentrações (5,25%)	Sim
Ação contra bactérias, fungos, vírus e bacilo da tuberculose	Sim	Sim
Na presença de matéria orgânica	É inativado	Mantém-se ativo
Compatibilidade com plásticos e borrachas	Ataca plástico e borrachas	Compatível com vidro, porcelana, teflon, PVC, polietileno, polipropileno e policarbonato
Compatível com metais	Não. É corrosivo	Sim. É necessário ser acompanhado por catalisador de agente antioxidante
Necessidade de limpeza prévia e secagem	Sim	Sim
Necessário uso de EPI	Sim	Sim

Continua

Continuação

Quadro 8.5 Características do processo de desinfecção por hipoclorito de sódio a 1% e ácido peracético[14]		
Agentes Químicos		
Odor	Desagradável persistente	Avinagrado/forte odor de ácido acético
Irritante	Para a pele e olhos membranas e mucosas (pode provocar conjuntivite)	Irritante leve
Custo	Baixo	Alto

Esterilização

Processo que utiliza agentes químicos e físicos para destruir todos os modos de vida microbiana e aplica-se especificamente a objetos inanimados.[16] O material é considerado estéril quando a probabilidade de sobrevivência dos microrganismos é menor[17] do que 1:1.000.000 (10^{-6}). Não existe esterilização parcial. É um termo absoluto para a destruição ou remoção de todas as formas de vida de uma área ou material.

Esterilização por agentes físicos

Além do uso de vapor sob pressão (comentado a seguir), existe a esterilização por calor seco, filtração, micro-ondas, radiação não ionizante (ultravioleta) e radiação ionizante, entre outras tecnologias em desenvolvimento. As micro-ondas têm efeito germicida, porém a efetividade de fornos de micro-ondas como método de esterilização ainda requer maior estudo para ser confirmada[1]. Embora apresente ação bactericida, a luz ultravioleta não é considerada um agente esterilizante em razão de seu baixo poder de penetração e fraca atividade antimicrobiana.

O método da esterilização por filtração é aplicado principalmente na esterilização da água ou soluções que se decompõem pela ação do calor, como soros ou soluções de antibióticos. A membrana de filtro deve ser uniforme e ter poro pequeno o suficiente para impedir a passagem de bactérias (0,22 µ). Para filtração do ar, filtros HEPA têm uma eficiência de retenção de 99,97% para partículas de 0,3 µ de diâmetro e podem produzir corrente de ar absolutamente estéril.

a. Calor seco: a destruição de microrganismos mediante calor seco é feita por flambagem e ar quente (forno de Pasteur). No caso da flambagem, a esterilização ocorre por simples destruição física do microrganismo. O calor seco tem poder esterilizante menor do que o úmido. A maior resistência de proteínas a calor seco foi demonstrada por Lewith[18] (Tabela 8.1). Por essas razões, o uso do calor seco limita-se à esterilização dos materiais que não são capazes de resistir à ação corrosiva ou hidrolizadora do calor úmido, como instrumentos cortantes, seringas e produtos químicos anidros, como glicerina, óleos, etc.

b. Vapor saturado sob pressão – autoclave: em biotério de criação e experimentação de animais de alta qualidade sanitária, é imprescindível a instalação de pelo menos uma autoclave, preferencialmente de passagem, isto é, de dupla porta. A esterilização pelo vapor saturado sob pressão, usando-se a auto-

Tabela 8.1 Influência de água na temperatura de coagulação da ovalbumina[18]	
Quantidade de água(%)	**Temperatura de coagulação em 30 minutos**
50	56 °C
25	74 °C a 80 °C
18	80 °C a 90 °C
6	145 °C
0	160 °C a 170 °C

clave, é o processo mais eficiente de destruição dos microrganismos e é o preferido desde que o material não seja prejudicado pelo calor e a umidade.

O princípio do método da esterilização na autoclave é o vapor saturado sob pressão. Existe uma relação entre a temperatura e pressão, já que o vapor saturado é um gás. Se a pressão do vapor, no interior de recipiente fechado, do qual todo o ar foi retirado, for aumentada para 15 libras por polegada,^{2} a temperatura se elevará a 121,6 °C. Em regiões de altitudes elevadas, é necessário usar maiores pressões do vapor para se obter a mínima variação de temperatura para esterilização (pressão atmosférica varia com a altitude).

Em geral, opera-se a autoclave de alto-vácuo entre 121 °C (por 20 minutos) a 132 °C (durante 3 a 5 minutos). O tempo variável é o necessário para expulsar o ar do interior da câmara e torná-lo saturado de vapor de água. Essas condições asseguram a destruição de todos os microrganismos, células vegetativas ou esporos, levando-se sempre em conta vários cuidados que devem ser observados no uso de uma autoclave:

- Influência das características do vapor: vapor saturado seco é o ideal. Deve-se evitar vapor úmido e vapor superaquecido à mesma pressão e temperatura. O vapor saturado exerce a pressão máxima a dada temperatura e encontra-se no limiar entre duas fases de agregação, a líquida e a gasosa. Um grama de vapor saturado, ao condensar-se, liberta 524 calorias-grama. Ao entrar em contacto com superfície fria, o vapor saturado condensa-se imediatamente, aquecendo e molhando o objeto, fornecendo, assim, os dois grandes requisitos para a destruição térmica dos microrganismos: o calor e a umidade. Quando o vapor se acha superaquecido, seu poder microbicida diminui, pois passa a se comportar como ar quente.
- Influência do ar sobre a eficiência da esterilização: os bolsões de ar na autoclave prejudicam a esterilização. Um outro fator importante é a diferença de densidade entre o vapor saturado e o ar. O ar, sendo mais denso que o vapor, pode formar um gradiente de temperatura no equipamento que está sendo esterilizado. O controle da eliminação total de ar se faz pela leitura do manômetro ligado à câmara interna da autoclave e do termômetro que deverá estar colocado na parte mais baixa da mesma câmara, no conduto de saída do ar.

O ciclo de esterilização compreende a drenagem do ar, admissão e exaustão do vapor e secagem dos artigos no interior da câmara. A maioria das autoclaves modernas apresenta ciclos específicos para materiais de densidade, de superfície e líquidos, que atendem aos parâmetros necessários para a esterilização.

Para garantir o bom funcionamento do equipamento, é necessário que seja instalado de acordo com as instruções do fabricante, além de seguir suas recomendações como inspeções periódicas, manutenção e troca dos componentes das autoclaves (filtros, válvulas, diafragmas) (Vide Cap. 9). A frequência para se realizar a manutenção preventiva depende do número de utilizações e da idade dos equipamentos. As autoclaves devem ser validadas em função de suas instalações e performance.[19] Um calendário de manutenção preventiva deverá ser estabelecido.

Agentes químicos

Poucos agentes químicos são capazes de matar esporos bacterianos na concentração e sob as condições ideais do seu uso, isto é, poucos químicos causam esterilização e o seu valor principal está no uso em áreas onde os métodos físicos de esterilização não podem ser empregados. Assim, o método mais adequado e eficiente de desinfecção e esterilização é o método físico, que não deixa resíduos tóxicos, porém há restrições para usar a autoclave e a flambagem em determinados materiais. Os agentes químicos que podem ser utilizados em biotérios nos processos de esterilização são: glutaraldeído, peróxido de hidrogênio e ácido peracético. Alguns esterilizantes e desinfetantes de alto nível aprovados pelo FDA[20] estão apresentados na Tabela 8.2.

A solução alcalina (bicarbonato de sódio) de glutaraldeído 2% em pH 8 (forma ativa) é utilizada para desinfecção, requerendo 20 minutos de exposição; e esterilização de instrumentos, equipamentos de borracha ou plástico e outros materiais termosensíveis.[21,22] Apresenta um amplo espectro de ação e boa velocidade de eliminação contra bactérias gram-positivas e gram- negativas.[23] Nessa concentração de 2%, é capaz de eliminar esporos de *Bacillus* e *Clostridium* spp em 3 horas de exposição, apesar de os produtos comerciali-

Tabela 8.2
Alguns esterilizantes e desinfetantes de alto nível aprovados pelo FDA[20]

Nome Comercial	Princípio ativo	Fabricante	Esterilização	DAN	Máximo reúso da solução
Cidex	2,4% glutaraldeído	Johnson & Johnson	10 horas 25 °C	45 minutos 25 °C	14 dias
Endospor Plus	7,35% peróxido de hidrogênio 0,23% ácido peracético	Cottrell Limited	180 minutos 20 °C	15 minutos 20 °C	14 dias
Metricide	2,6% glutaraldeído	Metrex Research	10 horas 25 °C	45 minutos 25 °C	14 dias
Peract 20	0,08% ácido peracético 1% peróxido de hidrogênio	Minntech Corporation	8 horas 20 °C	25 minutos 20 °C	14 dias

zados recomendarem exposição de 8 a 10 horas. Após esterilização, enxágue abundante com água estéril ou álcool. O glutaraldeído é classificado segundo sua toxicidade como agente não mutagênico, não cancerígeno e sem toxicidade sistêmica,[12,24,25] porém irritante e sensibilizante de pele, mucosa ocular e respiratória em condições ambientais desfavoráveis.

O peróxido de hidrogênio é forte oxidante, seu uso em biotérios é ainda restrito, embora essa solução tenha ação bactericida, viricida, esporicida e fungicida. Apresenta-se na forma líquida, gasosa e de plasma. Em virtude de sua inativação pela presença da catalase na matéria orgânica, é utilizada somente em materiais previamente limpos e secos.[26] Está disponível em concentrações de 3 a 6% para uso como desinfetantes e de 6 a 25% como esterilizantes. O uso do peróxido de hidrogênio (5,6 a 23,6%) em associação com o ácido peracético constitui uma associação sinérgica do efeito esporicida e uma nova opção para esterilização de artigos termossensíveis.[9] Uma vez que os produtos da degradação do peróxido de hidrogênio sejam o oxigênio e água, é um germicida de baixa toxicidade. Tecnologias de esterilização gasosa de materiais termossensíveis estão disponíveis no mercado como o equipamento de esterilização por plasma de peróxido de hidrogênio. A câmara de passagem de peróxido de hidrogênio está descrita por Damy e Mattaraia.[27]

O ácido peracético tem uma rápida ação contra todas as formas de microrganismos a baixas concentrações (0,01 a 0,2%), mas é ineficiente contra a maioria dos parasitas. O ácido peracético é um químico que alcança condições de esterilização, mas é instável na diluição de uso e tem de ser preparado frescamente. É usado como esterilizante de superfície para isoladores e seus materiais e empregado principalmente na descontaminação de ambientes em que se teme a presença de vírus no ar. A diluição de uso é 2%, borrifada no ambiente. As películas de gorduras são suficientes para impedir sua ação, devendo-se, então, acrescentar uma solução de 0,2 a 0,3% de detergente para dispersão dessas gotículas de gordura. Não é desativado pela presença de material orgânico. A estabilidade é baixa em soluções diluídas (solução a 1% perde metade de seu poder biocida em 6 dias), entretanto as soluções concentradas podem manter sua atividade por meses (p. ex.: 40% de ácido peracético perde 1 a 2 % de sua atividade por mês).[26] É usado como esterilizante de superfície para isoladores e seus materiais e empregado principalmente na descontaminação de ambientes em que se teme a presença de vírus no ar. A câmara de passagem de ácido peracético está descrita por Damy e Mattaraia.[27]

O formaldeído já foi utilizado em biotério como um importante agente germicida, mas com sua classificação como carcinogênico para os seres humanos pela Agencia Internacional para Pesquisa sobre Cancro28 (IARC, 2006) e a proibição pela Agencia Nacional de Vigilancia Sanitária (ANVISA) no uso isolado de produtos que contenham paraformaldeído ou formaldeído para desinfecção e esterilização (Resolução 91 de 28/11/2008 – D.O.U. 01/12/2008), somente deve se utilizar produtos com agente químico registrado na Anvisa e em equipamentos de esterilização (autoclaves).

Descontaminação de áreas

O programa de desinfecção das salas deve ser estabelecido visando os patógenos específicos dos animais de laboratório ou, como no caso de desinfecção primária, visando eliminar todos os microrganismos. Desinfecção primária significa a primeira desinfecção de instalações novas ou salas novas de um biotério, antes de povoá-las com animais; antes de colocar as instalações novas em operação; depois de reforma de instalações antigas; antes da chegada de novas populações animais para criação.

A desinfecção primária é realizada depois da averiguação completa de todas as instalações técnicas e depois de controlar os selos das barreiras. Estantes, mesas, cadeiras, equipamentos, ferramentas e as salas devem ser completamente limpas. As salas e seus conteúdos devem ser secos antes da desinfecção para prevenir diluição do desinfetante.

Antes da desinfecção, devem ser realizados procedimentos contra insetos e parasitas. Principalmente na renovação de biotérios ou salas já em uso, atenção especial deve ser dada para as formas de resistência de certos parasitas, como oocisto de coccídea e de ovos de oxiurídeos. Em tais casos, a limpeza das paredes com vapor a jato mata as formas desenvolvidas de parasitas.

Após a limpeza e enxágue, as superfícies devem ser secas e realizar a aplicação de dois tipos de desinfetantes, escolhidos com diferentes modos de ação entre eles.[29] Pelo menos um dos desinfetantes deve ser ativo na fase de vapor, assim, não necessitando de contato direto com a solução desinfetante. Para esse fim, agentes a base de dióxido de cloro podem ser escolhidos, sendo mais eficazes para a desinfecção inicial, utilizando-se proteção respiratória e ocular, vestuário adequado resistente à água para proteção da pele, incluindo luvas. Devem-se secar completamente todas as superfícies tratadas antes de aplicar o segundo desinfetante. Um segundo desinfetante com um modo de ação diferente deve ser escolhido, como peróxidos e o ácido peracético. Deve-se observar precauções de segurança apropriadas; no caso do ácido peracético, o processo é menos trabalhoso. Poucas horas após a nebulização da instalação mobiliada, o ar condicionado deve ser ligado e, depois de 3 horas, o ambiente está pronto para as atividades.

Desinfecção continuada é uma medida profilática que atua no controle ou diminuição da carga microbiológica existente. O descumprimento dos procedimentos da continuidade de higiene pode acarretar um desiquilíbrio da carga microbiológica estabelecida.

Tratamento dos materiais

Todos os materiais para serem usados nas áreas SPF (*Specific Pathogenic Free)* devem, primeiramente, ser esterilizados para prevenir contaminação de animais por microrganismos indesejáveis. Isso se aplica a ração, água, cama, caixa, materiais de escritório, equipamento de laboratório e outros. Embora a radiação gama seja, até o presente momento, o meio de esterilização menos agressivo para os materiais, o alto custo e logística do serviço de radiação dificultam seu uso em biotério.

Para materiais termossensíveis, existem as seguintes possibilidades: tanque de passagem contendo desinfetante para materiais lisos, não porosos; câmara de ácido peracético e câmara de peróxido de hidrogênio.

Se os materiais são grandes como lâmpadas fluorescentes, estantes, escadas e outros, para sua entrada, podem ser submetidos a chuveiros, usados como câmaras de passagem. Os materiais que não podem ser desinfetados por nenhum dos métodos mencionados, podem ser submetidos à desinfecção da superfície em câmara de UV. Somente raios diretos têm algum efeito, assim a câmara não deve ser muito grande. A entrada do material no biotério deve ser rigorosamente supervisionada. Uniformes para serem usados nas salas de animais podem ser desinfetados e esterilizados usando vapor ou ar quente.

Instrumentos e materiais de laboratório, bem como outros materiais infectados, devem ser autoclavados ou, não sendo possível, desinfetados antes de lavados. Podem ser usados produtos com boas propriedades de desinfecção e limpeza, mas que não sejam corrosivos. Na seleção de desinfetantes para laboratórios ou equipamentos de laboratório, lembrar também a natureza da contaminação (bactericida, fungicida, viricida). Nos casos de materiais contaminados com excrementos de animais (gaiolas, fezes, bandejas, estantes, equipamentos de teste), são preferíveis o uso de desinfetantes com boa atividade na presença de proteínas e boa penetração. Podem ser adotadas medidas de desinfecção profilática como uma limpeza e desinfecção de antessalas, o uso de inseticidas nas salas fora das barreiras e o uso de tapete com desinfetante.

Tratamento da ração

As rações para animais devem ser livres de patógenos, isto é, devem sofrer processo de pasteurização (ou redução de microrganismo resultado do processo da manufatura com prevenção de contaminação subsequentemente).

Rações de roedores de laboratório também podem ser esterilizadas ou pasteurizadas por radiação ionizante, usando radiação gama[30,31] e estão disponíveis comercialmente.

Geralmente, é usado cobalto-60 como fonte de radiação. Na prática, são utilizadas doses de 2,4 Mrad ou 24 Gy para animais SPF e de 5 Mrad ou 50 Gy para animais gnotobióticos. A irradiação leva à perda de nutrientes como alguns aminoácidos e vitaminas hidrossolúveis que ocorre também no processo da autoclavação, mas não ocorre alteração física dos péletes. A perda de vitaminas, particulamente de vitamina K, deve ser reposta. Antes da irradiação, a ração deve ser embalada adequadamente, como regra geral, com duas camadas de filme de plástico impermeável e um de papelão.[32] A ração pode, então, ser introduzida na área limpa através da camada de passagem adequada.

A esterilização por radiação gama é facilmente validada e monitorada, variando no tempo de exposição e dosagem de absorção do produto.[33] De acordo com a Resolução RDC nº 21 de 26 de janeiro de 2001, "Regulamento Técnico para Irradiação de Alimentos",[34] que estabelece as condições para o uso da irradiação de alimentos atendendo a qualidade sanitária do produto final, sem o comprometimento das propriedades funcionais e/ou os atributos sensoriais do alimento, e que a dose mínima absorvida seja suficiente para alcançar a finalidade pretendida. Na rotulagem dos alimentos irradiados, além dos dizeres exigidos para os alimentos em geral e específicos do alimento, deve constar no painel principal: "ALIMENTO TRATADO POR PROCESSO DE IRRADIAÇÃO", com as letras de tamanho não inferior a um terço (1/3) em comparação à letra de maior tamanho das informações de rotulagem.

Tratamento da água de beber

A água de beber deve ser potável. Em certas circunstâncias, o tratamento da água se faz necessário e a qualidade obtida deve ser mantida durante o uso. A água de beber para animais de laboratório, particularmente para animais sanitariamente controlados, deve manter alta qualidade higiênica. Os métodos de tratamento de água constam da literatura.[35-39]

Em biotério com barreiras rigorosas, é frequentemente utilizado o tratamento da água autoclavada. Entretanto, a água pode tornar-se facilmente contaminada com microrganismos depois do aquecimento. Filtração de água é um método efetivo que pode ser usado em instalações de animais de laboratório (Vide Cap. 9). Uma sequência de filtros levam à redução progressiva da pressão de fornecimento de água, requerendo manutenção frequente. O tratamento de água corrente com raios UV de lâmpada de quartzo também pode ser utilizado. A morte do microrganismo depende das características orgânicas e inorgânicas da água e da duração e intensidade da irradiação. A esterilização efetiva da água por raios UV depende de as características do equipamento submeter os raios a um filme de água.

Validação dos Métodos de Higienização

A validação dos métodos implantados para higienização em biotérios objetiva atingir padrões pré-estabelecidos, fazendo parte de um sistema de seleção de equipamentos, procedimentos e tecnologias para monitoramento, registros, avaliação e arquivos. Esse sistema tanto pode ser aplicado em biotério SPF como em convencional ou experimental, garantindo que o produto final, ou seja, o animal e/ou os resultados da pesquisa, tenha a qualidade sanitária proposta.

Áreas limpas devem ser projetadas, construídas e operadas de acordo com critérios rígidos de Boas Práticas de Fabricação (BPF), incluindo desenhos, fluxos de pessoal e materiais, sistemas de tratamento de ar, utilidades e qualificações de operadores. Todas as barreiras são adotadas para impedir ou reduzir ao máximo a introdução, geração e retenção de contaminantes em seu interior. Essas áreas são classificadas de acordo com suas condições ambientais para quantidade de partículas viáveis e, por vezes, também para partículas não viáveis. Há diferentes normas técnicas que tratam das classificações de áreas limpas, sendo as mais empregadas em território nacional a ISO 14644 e as normas de BPF.

Na Figura 8.1, estão ilustradas as validações da área interna (salas de criação e corredores limpos) e da área externa (área de lavagem e estoque de materiais)

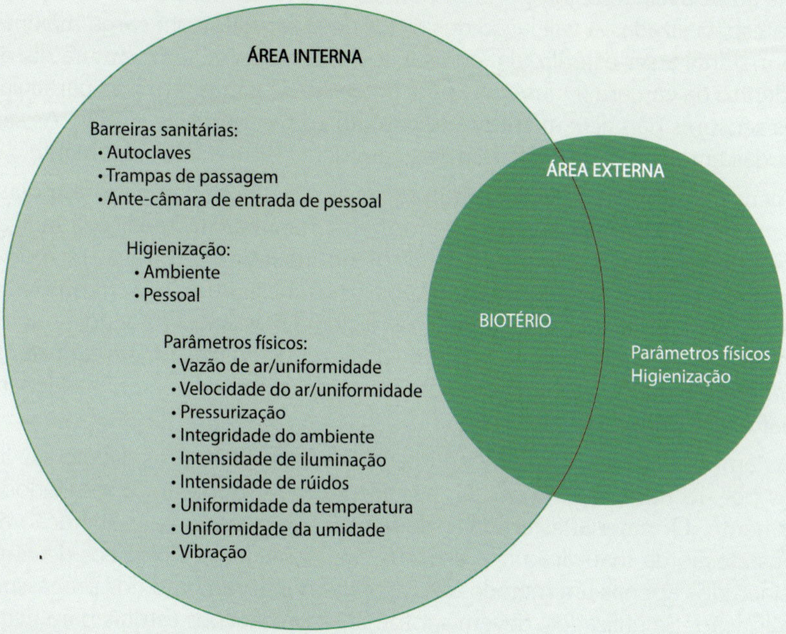

Figura 8.1 – *Esquema geral de validação dos métodos de higienização aplicados nas diferentes áreas de biotérios.*

de biotério. A análise periódica dos dados obtidos realimenta as equipes de validação e a confiabilidade do produto final. Conhecendo os resultados de cada área, é possível fazer alterações, mudar configurações ou modificar os parâmetros de operação do sistema.

A padronização do ambiente e a validação devem ser feitas por empresa especializada, compreendendo: vazão de ar/uniformidade; velocidade do ar/uniformidade; pressurização; integridade do ambiente; intensidade de iluminação; intensidade de ruídos; uniformidade da temperatura; uniformidade da umidade e vibração, com frequência máxima de 1 ano.

A higienização de teto, parede, piso, prateleiras, carrinhos de transporte de água e ração e outros utensílios utilizados dentro da área limpa deve ser semanal, alternando-se os desinfetantes com composição química diferentes. Os baldes utilizados para limpeza devem permitir a esterilização por autoclave e a água para o preparo da solução desinfetante e para o enxágue deve ser estéril. Valida-se a higienização por uma inspeção visual e por coletas de *swabs* em pontos estratégicos, os quais são semeados em meios específicos para agentes patogênicos, como ágar salmonela-shigela. Após incubação por 48 horas a 37 °C, não devem apresentar crescimento de organismos patogênicos.

A capela de fluxo laminar e as estantes ventiladas devem ser validadas, após higiene e desinfecção, por exposição de placas com meios de cultura (ágar sangue e *sabouraud*) abertas por 45 minutos nesses ambientes, não devendo apresentar crescimento de qualquer organismo após 48 horas de incubação.

As autoclaves de dupla porta devem ser calibradas periodicamente por empresa especializada. A validação dos ciclos deve ser feita com carga máxima de cada material a ser esterilizada, colocando-se sensores de temperatura distribuídos dentro da câmara (Figura 8.2) para detecção de zonas térmicas particulares. Esses sensores não devem entrar em contato com superfícies sólidas. As saídas de ar das autoclaves devem ser limpas com detergente a 2% diariamente.

Além dos sensores de temperatura, pode-se utilizar também ampolas ou fitas contendo *Bacillus stearothermophylus* nas mesmas posições indicadas na Figura 8.2, assim como termômetros de máxima com trava, termopares e registros em microprocessador. Após o estabelecimento de tempo ótimo para cada material, deve-se repetir os ciclos 10 vezes. Obtendo-se sempre os mesmos resultados quanto à positividade na esterilização, adotam-se esses parâmetros para as esterilizações subsequentes, repetindo-se as validações semanalmente para cada material.

As ampolas ou as fitas contendo os indicadores biológicos devem ser incubadas por 48 horas a 55 a 65 °C, não fornecendo, portanto, o resultado imediatamente. O material esterilizado deve ficar aguardando para liberação após a constatação da inativação dos esporos. Os indicadores biológicos devem ser considerados apenas um método adicional de monitoramento dos processos de esterilização. Se utilizados, devem ser tomadas precauções estritas para evitar a transferência de contaminação microbiana a partir deles.

O microprocessador acoplado à autoclave fornece, imediatamente após cada ciclo, todas as informações necessárias para a liberação da carga, como vácuo, pressão e tempo em que a temperatura máxima foi atingida, representando o modo mais seguro de validação da esterilidade, sendo, porém, de alto custo, o que impede sua ampla utilização.

Para a esterilização de água, os termopares devem ter um dos sensores mergulhado em um frasco contendo o mesmo volume que está sendo esterilizado e o outro sensor registrando a temperatura. Na cabine de fluxo laminar unidirecional, as amostras são filtradas em membrana de nitrato de celulose com porosidade máxima de 0,45 μm. Na inoculação indireta, as membranas filtrantes são depositadas na superfície de placas com ágar *sabouraud* e ágar sangue, que são incubadas nas temperaturas de 20 a 25 °C e 30 a 35 °C, durante 14 dias.

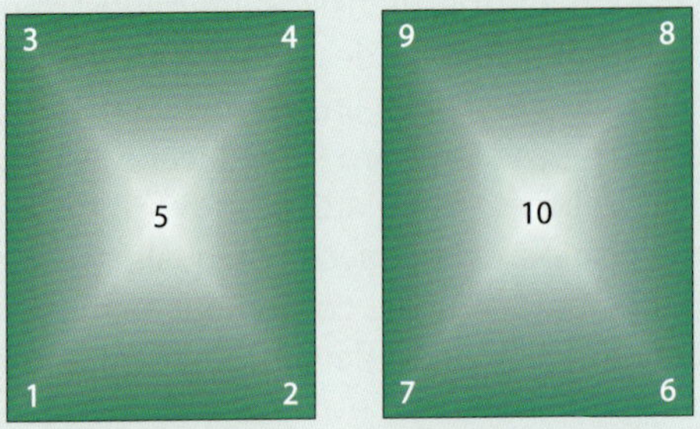

Figura 8.2 – *Distribuição de bioindicadores, termopares e termômetros de máxima na câmara interna da autoclave.*

A frequência de trocas do bebedouro para que a água permaneça potável deve ser determinada pelo próprio biotério.

A ração deve ser colocada em bandejas de aço inoxidável perfurado, em camadas com no máximo 10 cm de espessura para permitir a passagem do vapor. Amostras da ração esterilizada devem ser trituradas, pesadas, diluídas e semeadas em meios de cultura, do mesmo modo que a água, conforme já descrito.

Em virtude do longo período de incubação recomendado para avaliação da esterilidade da água e da ração, deve-se ter bem estabelecidos os ciclos de esterilização para esses dois produtos para que a sua aplicação seja segura, não necessitando dessa longa espera para a respectiva liberação para uso. O resultado final também dependerá da contaminação inicial dos produtos.

A demonstração da uniformidade e estabilidade da temperatura média de esterilização, por toda a carga da autoclave, deve ter a variação máxima de 1 °C entre as temperaturas registradas pelos termômetros, microprocessador e termopares.

Cada ciclo de esterilização deve ser registrado em protocolo, constando material, pré-vácuo, tempo, temperatura, pressão, temperatura nos termômetros de máxima, registro de todos os parâmetros impressos pelo microprocessador e resultado do cultivo dos *Bacillus stearothermophylus*. O prazo de validade de esterilização do material deve ser estabelecido baseado em pesquisa da própria unidade.

As trampas de passagem devem ser higienizadas e desinfetadas diariamente, alternando-se a composição do agente. A validação deve ser feita uma vez por semana, coletando-se *swabs* em pontos estratégicos e semeando-os conforme descrito no item higienização.

A área externa destinada a descarte da cama dos animais, lavagem dos utensílios e preparo de materiais também deve cumprir com os padrões preestabelecidos. Portanto os métodos de validação dos parâmetros físicos e de higienização devem ser seguidos do mesmo modo para a área interna.

Finalmente, o item mais importante: o técnico e o pesquisador, que representam a principal fonte de contaminação para o animal. Pessoal qualificado, motivado e bem treinado assegura o cumprimento dos métodos estabelecidos. Periodicamente, os técnicos devem passar por exames médicos prevendo radiografia de tórax; exames de fezes; análise de urina; *swabs* de narinas e cavidades faringeanas, pele e especialmente das mãos; exames sorológicos; testes para alergia.

Finalizando, o objetivo da validação de métodos em biotérios somente será alcançado com o treinamento adequado do pessoal em técnicas bem definidas de controle organismos no ambiente, o uso de substâncias químicas com ação antimicrobiana efetiva, fluxos de materiais e pessoas unidirecionais impedindo a contaminação cruzada por movimento de ar, operadores ou do fluxo de materiais e um plano mestre de validação, criado por grupo multiprofissional, para atuar na certificação da eficiência máxima do plano preestabelecido.

Referências Bibliográficas

1. Rutala WA, Weber DJ. Healthcare infection control practices advisory committee. Draft guideline for disinfection and sterilization in healthcare facilities. Center for disease control and prevention. HICPAC, 2002. 143p.
2. Stanier RY, Doudoroff M, Adelberg EA. Crescimento e morte de bactérias. In: Mundo dos micróbios. São Paulo: Blücher, 1960. p. 311-333.
3. Lipman NS, Perkins S, Nguyen H, Pfeffer M, Meyer H. Mousepox resulting from use of ectromelia virus-contaminated, imported mouse serum. Comp. Med., 2000; 50: 426-435.
4. Nicklas W, Kraft V, Meyer B. Contamination of transplantable tumors, cell lines, and monoclonal antibodies with rodent viruses. La. Anim. Sci., 1993; 43:296-300.
5. La Regina M, Woods L, Klender P, Gaertner DJ, Paturzo FX. Transmission of *sialodacryoadenitis virus* (SDAV) from infected rats to rats and mice through handling, close contact, and soiled bedding. Lab. Anim Sci., 1992. 42: 344-346.
6. Tietjen RM. Transmission of minute virus of mice into a rodent colony by a research technician. Laboratory Animal Science, 1992; 42:422.
7. Lazzarini MP, Castelluci CA, Barilli ALA, Gomes ETL, Pereira MC, Mendes MD. Limpeza e desinfecção de superfícies em serviços de saúde. Disponível em: http://www.ribeiraopreto.sp.gov.br/ssaude/comissao/desin/m-pdf/m-limp-desinfec-superficie.pdf. Acesso em: 27/02/2015.
8. Lengert HP. Desinfecção e esterilização. Especialização em aplicações complementares as ciências militares [tese]. Rio de Janeiro: Escola de Saúde do Exército – curso de formação de oficiais do serviço de saúde; 2008.
9. Rutala WA. APIC Guideline for selection and use disinfectants. Review. Am. J. Infect. Control, 1996; 24(4): p. 42-313.
10. Lawrence CA, Block SS. Disinfection, sterilization and preservation. Philadelphia: Lea and Febiger, 1968.
11. Klein M, Deforest A. Antiviral action of germicides. Soap and Chemical Specialities, 1963; 39(2):70.
12. Rutala WA, Weber DJ. Guideline for disinfection and sterilization in healthcare facilities. Centers for disease control and prevention. Atlanta: GA, 2008. 158p.
13. Molina E(coord). Limpeza, desinfecção de artigos e áreas hospitalares e antissepsia. APECIH 1999.
14. Harrison J. Is there an alternative to glutaraldehyde? A review of agents used in cold sterilization – working well initiative. Newcastle, Royal College of Nursing, 2000. 13p.
15. Ferreira RR, Yamamoto V, Damy SB. Efficacy of immersion in 2% sodium hypochlorite solution followed by fifteen minutes in autoclave at 121 °C for sterilization of drinking tubes. 6th International Congress on Laboratory Animal Science, São Paulo, março 2007.
16. Favero MS, Bond WW. Chemical disinfection of medical and surgical materials. In: Block SS. Disinfection, sterilization and preservation. 4. ed. Philadelphia: Lea & Febiber, 1991. p. 617-641.
17. Barilli ALA, Nascimento GM, Pereira MCA, Liporali MMPM, Lazzarini MPT. Manual de qualificação de esterilização em autoclave. Disponível em: http://www.ribeiraopreto.sp.gov.br/ssaude/comissao/desin/m-pdf/m-autoclave-gibi.pdf. Acesso em: 27/02/2015.

18. Lewith S. Ueber die Ursache der Widerstandsfaehigkeit der Sporen gegen hohe Temperaturen. Ein Beitrag zur Theorie des Desinfektion. Arch. exp. Path. u. Pharmakol., 1890; 26:341-54.
19. Penna TCV. Validação de processos de esterilização In: Conceitos básicos. Philadelphia: Laers & Haes, 1994. p. 8-44.
20. FDA. Food and Drug Administration. FDA-Cleared sterilants and high level disinfectants whit general claims for processing reusable medical and dental devices. Disponível em: www.fda.gov/cdrh/ode/ggermlab.html. Acesso em: 30/01/2002.
21. Martindale. The complete drug reference. Pharmaceutical. 35. ed. London Press, 2007. p. 1472-1475.
22. WHO – World Health Organization. Glutaraldehyde. Regional Office for Europe. International Programme on Chemical Safety, Geneva, 2004.
23. Drugdex. Ficha informacional do produto químico – Glutaraldeído. 2007.
24. Van Lente F, Jackson JF and Weintraub H. Cell, 1975; 5: 45-50.
25. Ballantyne B, Myers R. The acute toxicity and primary irritancy of glutaraldehyde solutions. Vet. Hum. Toxicol., 2001; 43: 193-202.
26. Rutala WA & Weber DJ. New disinfection and sterilization methods. Disponível em: www.cdc.gov/ncidod/eid/vol17no2/rutula.html.
27. Damy SB, Mattaraia VGM. Comportamento de Camundongos em Biotério. In: Aspectos estruturais para biotérios de produção e biotério de experimentação. São Paulo: SBCAL, 2012. p. 31-54.
28. IARC. Formaldehyde, 2-butoxyethanol and 1-tertbutoxypropan-2-ol. IARC Monogr Eval Carcinog Risks Hum, 2006; 88:1-478.
29. Block SS. Disinfection, sterilization, and preservation. Philadelphia: Lippincott Williams & Wilkins, 2001.
30. Coates ME, Ford JE, Gregory ME and Thompson SY. Effects of gamma-irradiation on the vitamin content of diets for laboratory animals. Lab. Anim., 1969; 3:39-49.
31. Franco, BDGM, Landgraf M. Microbiologia dos Alimentos. São Paulo: Atheneu, 1996. p.134-139.
32. Brito MFP, Galvão CM, Françolin L, Rotta CSG. Validação do processo de esterilização de artigos médico-hospitalares segundo diferentes embalagens. Ver Bras Enferm., 2002; 55(4):414-419.
33. EMBRARAD. Empresa Brasileira de Radiações. Disponível em: http://embrarad.com.br/radiacao.asp. Acesso em: 08/03/2015.
34. BRASIL. Resolução RDC n. 21, de 26 de jan. 2001. Diário Oficial da União, Brasília, n. 20-E, 29 de janeiro de 2001. Seção 1, p. 35. Agência Nacional de Vigilância Sanitária aprova o Regulamento Técnico para Irradiação de Alimentos.
35. Bank HL, John J, Schmehl MK, Dratch RJ. Bactericidal effectiveness of modulated UV light. Appl Environ Microbiol. 56(12):3.888-3.889, 1990.
36. Engelbrecht RS, Weber MJ, Salter BL, Schmidt CA. Comparative inactivation of viruses by chlorine. Appl Environ Microbiol 40(2): 249-56, 1980.
37. Fidler IJ. Depression of macrophages in mice drinking hyperchlorinated water. Nature 270:735-736, 1977.
38. Hall JE, White WJ and Lang CM. Acidification of drinkingwater: its effects on selected biologic phenomena in male mice. Lab. Anim. Sci., 1980; 30:643-651.
39. Hermann LM, White WJ, Lang CM. Prolonged exposure to acid, chlorine, or tetracycline in drinkirig v. arer: effects on delayed-type hypersensitivity, hemagglutination liters, and reticuloendothelial clearance rates in mice. La. Anim. Sci., 1982; 32:603-608.

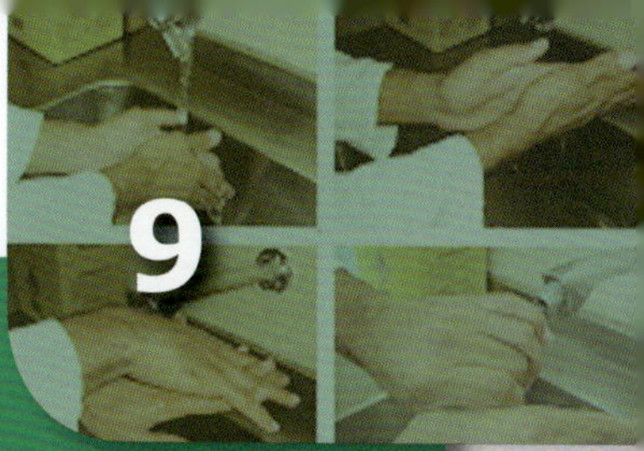

9

Rotinas em Biotério

Valderez Bastos Valero Lapchik
Gui Mi Ko
Vania Gomes de Moura Mattaraia

Introdução

A evolução da ciência de animais de laboratório exige cada vez mais que os biotérios desenvolvam e mantenham atualizados procedimentos especializados e específicos de natureza diversos adequados às suas necessidades. Essa área do conhecimento raramente faz parte da formação dos profissionais que atuam em biotérios, exigindo, portanto, que sejam desenvolvidos sistemas de gestão, registros e planilhas próprios para essa finalidade.

De acordo com a complexidade do biotério, deve ser a abrangência dos procedimentos operacionais padronizados, elaborados de modo a garantir que as tarefas, denominadas rotinas de trabalho, sejam executadas de modo continuado como descrito nos procedimentos de boas práticas de laboratório.

A descrição das atividades deve incluir as responsabilidades específicas de pessoal. Quanto aos equipamentos, não se limitam à descrição de como os operar, mas inclui também a frequência de limpeza, a manutenção preventiva e a calibração, quando for o caso. A manutenção preventiva é a garantia de bom funcionamento e longa vida útil dos equipamentos. Para que todos os itens sejam acompanhados em tempo adequado, recomenda-se a projeção de um calendário estabelecendo a frequência com a distribuição dessas tarefas (Tabela 9.1).

Tabela 9.1
Principais atividades realizadas em biotérios

Dias da semana	**2ª feira**	**3ª feira**	**4ª feira**	**5ªfeira**	**6ªfeira**	**Recomendações gerais (semanal)**
Atividades	Ímpar	Par		Ímpar	Par	Adaptado a cada biotério
Troca de gaiolas	X	X		X	X	1 a 2 vezes por semana (conforme sistema de ar e população)
Administrar ração e água	X	X		X	X	Alternar troca e revisão (água fresca se possível)
Reg. nascimento e desmame	X	X		X	X	Com precisão, observação dias alternados, evitando estresse de manipulação
Novos acasalamentos		X			X	Semanalmente, quinzenal ou mensal dependendo da demanda
Lavagem bicos, gaiolas, bebedouros	X	X		X	X	Nos dias de troca de gaiolas e bebedouros
Autoclavar ração			X			Preferencialmente nos dias sem troca de gaiolas e bebedouro
Autoclavar bebedouros e gaiolas	X	X		X	X	Nos dias de troca de gaiolas e bebedouros
Registros condições ambientais	X	X	X	X	X	Temperatura, umidade e tarefas desenvolvidas.
Filtros (máquinas)			*			*Revisão mensal
Filtros das racks			*			*Revisão mensal
Filtros cabines de troca			*			*Revisão mensal
Limpeza do piso salas de animais	X	X		X	X	Nos dias com atividade na sala
Fornecimento de materiais de limpeza		X				Semanal (evita estocagem externa e propicia maior controle)
Limpeza áreas de criação			X			Parede, portas, estantes, corredores, cabines e demais itens
Limpeza vestiários			X			Semanal
Limpeza almoxarifado		X				Semanal (após o fornecimento dos produtos)

Para a gestão de qualidade nos biotérios, podem ser usadas diversas metodologias, entre elas, destacam-se o mapeamento e o monitoramento dos processos de trabalho e seus resultados, a identificação de problemas e solução de suas causas. Além desses itens, existe a implementação de ações preventivas e de melhoria continuada e de um sistema de documentação. Essas metodologias permitem alcançar melhores resultados, reduzem riscos e aumentam a segurança e a satisfação dos usuários.

Documentação

Antes de iniciar a padronização de procedimentos por meio de protocolos, procedimento operativo padrão (POP) e respectivos formulários, é necessário realizar um diagnóstico da situação para conhecer os principais processos de trabalho, identificando aqueles de maior impacto ou risco que precisam ser monitorados (avaliados e medidos).

Cada biotério deve se iniciar pelas tarefas de maior impacto ou de maior custo e, gradativamente, expandir os processos. Esse processo de melhoria precisa ser realizado de modo sistemático e participativo, ou seja, elaborado e compreendido pelos colaboradores da instituição.[1]

Protocolos são instrumentos de gestão que abordam os métodos para organização do trabalho, os fluxos administrativos do biotério/instituição, os processos de avaliação e a estruturação do sistema de informação que abrange toda a instituição.[2]

O POP é um documento que expressa o planejamento do trabalho repetitivo e tem como objetivo padronizar e minimizar a ocorrência de desvios na execução da atividade. Assim, um POP garante que as ações sejam realizadas do mesmo modo, independentemente do profissional executante ou de qualquer outro fator envolvido no processo, diminuindo as variações causadas por imperícia e adaptações aleatórias.[1] Ressalte-se que esse documento deve passar por atualização e revisão periódica, seguidas da aprovação institucional de cada versão.

Formulário é o registro da atividade desenvolvida com sua frequência característica que garanta a rastreabilidade.

A identificação de cada atividade obedece a uma regra de nomenclatura, estabelecida pela instituição. O POP deve conter informações relevantes quanto ao propósito básico do processo. Devem constar: título do procedimento; número de identificação do POP; data de edição ou revisão; nome da agência/departamento/setor a que o POP se aplica; o propósito; limites do procedimento e como deve ser aplicado, padrões; requisitos regulamentares; atribuições; e responsabilidades.

Para que um POP atinja o resultado esperado, deve apresentar um *checklist* dos materiais e equipamentos necessários acompanhado do modo de funcionamento, com os passos detalhados de modo conciso e de fácil leitura e citação das referências significativas. Se a descrição do POP for longa, será necessário elaborar um índice. Deve-se identificar siglas, abreviaturas e termos técnicos que não integram a linguagem comum. É importante incluir avisos de saúde e segurança. Ao final, devem constar os nomes e as assinaturas daqueles que prepararam e aprovaram o documento.

Faz parte da rotina, o calendário de manutenção preventiva dos equipamentos que devem ser regularmente validados e identificados com a correspondente descrição das suas especificações e instruções de uso e de limpeza, fixados próximo do equipamento, em local de fácil visibilidade.

Há procedimentos que relacionam o biotério com outros setores da instituição como oficina de manutenção, controle de pessoal, controle administrativo, comissão de ética, comissão de biossegurança, comissão interna de prevenção de acidentes e serviços, como o serviço especializado em engenharia de segurança e medicina do trabalho (SESMET); ou mesmo com outras instituições como para controles sanitários, entre outros, que não serão detalhados neste capítulo.

A necessidade de elaboração de protocolos e formulários pode ser mais bem planejada com base na Tabela 9.1.

Fluxo de pessoal e de material

Higiene dos profissionais

Ao chegar ao biotério, recomenda-se que o funcionário passe primeiramente no vestiário e guarde todos os objetos pessoais em armário (bolsa, acessórios, celular); proceda à lavagem das mãos[3] e troque de roupa, colocando o uniforme pertinente à área de trabalho.

Higiene das mãos

Deve ser feita com a lavagem cuidadosa com sabão neutro, de preferência bactericida, podendo utilizar escova para a higiene também das unhas (Figura 9.1).

O antisséptico que mais satisfaz as exigências para aplicação em tecidos vivos são o álcool diluído em água. Após a lavagem das mãos com água e sabão, a aplicação de soluções alcoólicas para higienização das mãos oferece rapidez de aplicação e maior efeito microbicida. É recomendado secar as

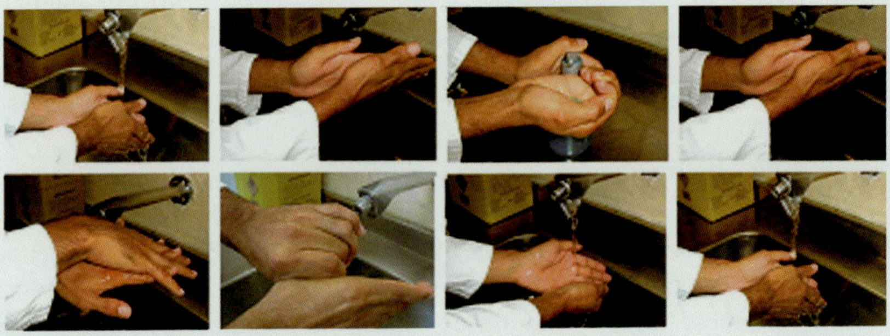

Figura 9.1 – *Sequência de lavagem das mãos.*

mãos em papel toalha estéril. O uso de álcool durante 15 segundos é eficaz na prevenção de transmissão de bactérias gram-negativas encontradas nas mãos dos profissionais de saúde (Quadro 9.1).

Banho

Os chuveiros devem ser construídos de tal modo que os jatos d'água sejam direcionados para todas as partes do corpo. Se os cabelos não forem lavados, então deve ser incluído o uso de uma touca que os cubra completamente. Além de lavados no banho, os pés devem ser tratados com um fungicida.

A substituição do banho é recomendada nos casos de utilização de uniformes estéreis. Para entrar na área de criação, o funcionário atravessa o banheiro de passagem, onde lava o rosto antes de colocar o uniforme esterilizado de acordo com o procedimento estabelecido.

A paramentação deve ser feita na seguinte ordem: a máscara e a touca; calça e camisa ou macacão; sapatos e pró-pé; e as luvas devem ser colocadas por último (Figura 9.2).

Uniformes

Devem ser confeccionados em tecido 100% algodão, com camisa de mangas longas e calça comprida. Profissionais devidamente treinados devem utilizar equipamentos de proteção individual (EPI) adequados ao desempenho da atividade respectiva. Os uniformes devem ser trocados todas as vezes que o profissional entrar na unidade protegida; as luvas e máscaras devem ser trocadas na frequência predeterminada. O calçado deve ser adequado para possível desinfecção.

Quadro 9.1
Características do álcool como antisséptico

Ação	Álcool
Bactérias gram-positivas	Boa
Bactérias gram-negativas	Boa
Mycobacterium tuberculosis	Boa
Fungos	Boa
Vírus	Boa
Velocidade da ação microbicida	Rápida
Inativação por muco e proteína	Moderada
Comentários	Ótima potência nas concentrações entre 70 e 90% com adição de emolientes; não é recomendado para a limpeza física da pele; bom para antissepsia das mãos e preparo do sítio cirúrgico.

Modificado de: Graziano Ku, et al. Limpeza, desinfecção esterilização de artigos e antissepsia. IN: Fernandes AT. São Paulo: Atheneu, 2000. p. 266-305.

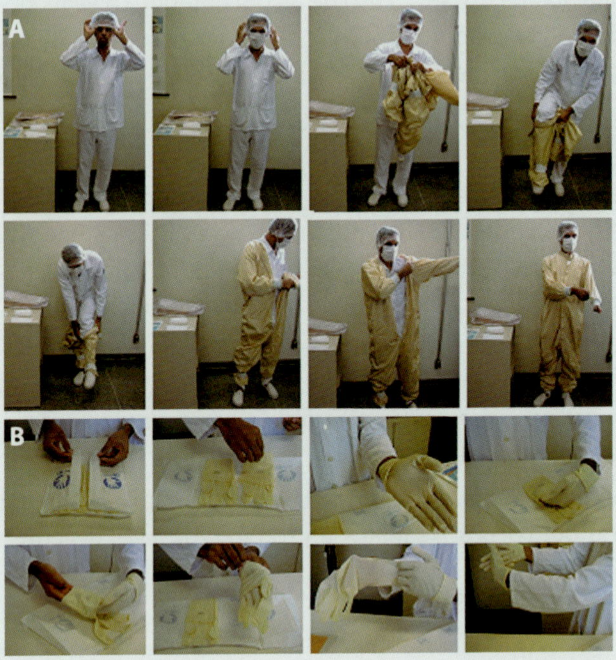

Figura 9.2 – *(A): Sequência para colocação de EPI. (B): Sequência para a colocação de luvas. Fonte: Valderez Bastos Valero Lapchik, Vania Gomes de Moura Mattaraia e Gui Mi Ko.*

Recebimento de insumos

O recebimento dos insumos deve ser criterioso, confrontando dados relacionados na ordem de serviço e nota fiscal, com relação ao fabricante (marca), descrição do produto, quantidade, data de validade e preço. Qualquer não conformidade dos itens representa impedimento para o recebimento do material e imediato encaminhamento ao setor administrativo.

As áreas de armazenamento devem assegurar condições ideais de estocagem. Devem ser limpas, secas e mantidas em temperatura e umidade compatíveis com os materiais armazenados, não permitindo a contaminação cruzada. Essas condições devem ser monitoradas, registradas e, quando necessário, controladas.

Conforme a característica do material, este será armazenado em prateleiras identificadas ou sobre paletes plásticos que permitem fácil higienização, mantendo 50 cm de distância da parede para possibilitar a circulação e acesso de uma pessoa ao redor da carga.

Planilhas com o histórico de movimentação do material, data de chegada, quantidade e saída auxiliam na observância do uso e previsão de solicitação do material de modo a evitar falhas de disponibilidade. Deve-se priorizar o uso da carga remanescente no almoxarifado, evitando o vencimento do prazo de validade do material.

Cama

Um dos itens mais importantes dentro do microambiente de animais de laboratório. Entre as características ideais da cama, ela deve ser livre de pó (fator importante para o nível de contaminação do ar),[4] de micróbios, de parasitas ou de contaminantes químicos e de aparas traumáticas que possam machucar o animal.

O material deve ainda permitir a absorção de urina suficiente para regular a produção bacteriana, minimizando a produção de amônia durante o intervalo de trocas na gaiola.[5] O bom material de cama facilita a termorregulação comportamental e é desejável que apresente boa relação custo-benefício, seja prontamente disponível, fácil de usar e de eliminar.

Como orientação geral, recomenda-se, em gaiolas abertas, uma profundidade de 2 cm de cama, com o objetivo de proporcionar ao animal oportunidades para comportamento de cavar, esconder-se, construir ninho, conforme as características do material. Em microisoladores ventilados, a recomendação dos fabricantes é de redução em 30% do material para cama em relação ao usado em gaiolas abertas.

Ração

A ração comercial peletizada adequada para as espécies deve estar livre de pó antes de ser administrada aos animais em quantidade que não ultrapasse a capacidade do comedouro (gaiolas de ratos e camundongos), para não derramar da tampa aramada no momento da troca da gaiola e para favorecer a renovação do alimento.

Recomenda-se receber a ração como carga única (sem outros materiais na mesma carga) em caminhão baú, para proteção contra intempérie. No recebimento de cada lote, devem ser verificados os seguintes dados da ração:

- Data de fabricação e de validade;
- Laudo do processo de irradiação (caso o produto tenha passado por tratamento de irradiação gama);
- Integridade das embalagens;
- Inspeção de aspecto geral dos paletes, cheiro e quantidade de pó;
- Análises químicas e microbiológicas do lote da ração;
- Análise periódica da composição centesimal, mineral e vitamínica;
- Checagem periódica da curva de consumo de ração e curva de crescimento dos animais para cada espécie e linhagem de animais de laboratório.

Ao término das atividades diárias na área de trabalho, recomenda-se a aplicação do princípio dos cinco passos,[6] com o objetivo de deixar o local nas seguintes condições:

- Organizado: verificação de todos os itens da área de trabalho e descarte dos que não são necessários;
- Arrumado: criação de um lugar para cada item na área de trabalho e rotulá-la;
- Limpo: manutenção da limpeza;

- Padronizado: desenvolvimento de sistemas e procedimentos para manter e monitorar as três etapas anteriores;
- Sustentado: uso de auditorias de gestão para manter a adesão e manter os resultados.

No capítulo 8, estão apresentados princípios dos cuidados de higiene relacionados com os temas aqui descritos.

Descontaminação de Áreas

Filtração do ar

Os filtros de menor eficiência são comumente chamados de "pré-filtros" e aqueles de maior eficiência (p. ex.: filtros HEPA) de "filtros finais". A função dos pré-filtros é proteger o filtro de maior eficiência contra sua rápida saturação. Portanto, são importantes para o correto funcionamento do sistema e devem fazer parte de um programa de monitoramento periódico, de modo a garantir que eles cumpram com seu papel. O monitoramento dos pré-filtros é feito com o auxílio de medidores de diferenciais de pressão (analógicos, digitais ou sistemas supervisórios), que medem a "pressão de saturação".

A vida útil dos filtros HEPA depende diretamente das condições ambientais, tais como o nível de limpeza das salas atendidas, da contaminação do ar externo, da porcentagem de renovação do ar pelo sistema e das condições da instalação.[7]

Desinfecção continuada

Pisos, baldes, banheiro, dreno e, se necessário, paredes devem ser desinfetadas uma ou duas vezes por semana. Gaiolas, bebedouros e estantes são desinfetados quando forem lavados. A desinfecção deve ser realizada de cima para baixo, e do limpo para o sujo – iniciando pelo teto, paredes, estantes, o piso e, por último, os ralos. Escovas, rodos e frascos de *spray* podem ser usados. Para uma rotina básica de desinfecção, o desinfetante deve ter bom poder de penetração e deve reter bem as suas atividades na presença de proteínas (Quadro 9.2). Quando a área de quarentena ou outras salas de animais do biotério não estiverem ocupadas, uma desinfecção preliminar deve ser realizada para prevenir a expansão de patógenos.

Desinfecção terminal

Ao final da construção ou reforma do biotério, depois de ser mobiliado e antes da introdução dos animais, a instalação deve passar por desinfecção terminal,[8,9] bem como após contaminação.

Limpeza

Deve ser realizada, de preferência, imediatamente após o uso do material ou local, evitando, assim, o ressecamento da sujidade, o que dificultaria a sua remoção.

A limpeza consiste na remoção de sujidade depositada nas superfícies inanimadas, incluindo canais e ranhuras, utilizando-se meios mecânicos (fricção),

Quadro 9.2 Desinfetantes de uso comum			
Produto	**Indicações**	**Limitações**	**Concentração**
Álcool Amplo espectro, ação imediata	Mobiliário em geral, bancadas	Inflamável, resseca plásticos e borrachas. Fixa matéria orgânica (limpeza prévia).	70% (70 °INPM ou 77 °GL)
Cloro inorgânico, líquido, amplo espectro, ação rápida	Desinfecção de superfícies	Instável, sensível à luz, temperatura > 25 °C, pH básico. Corrosivo para metais, odor desagradável, irritante para olhos e mucosa, uso limitado pela presença de matéria orgânica.	Desinfecção: 0,02 a 1% por 10 minutos Descontaminação: 1% por 10 minutos
Amônio quaternário baixa atividade, pouco corrosivo, baixa toxicidade	Superfícies lisas	Agentes de superfície catiônicos, germicida, neutralizados na presença de sabões e outros agentes aniônicos, intensificados pelo álcool. Indicado para superfícies e equipamentos em área de alimentação.	Conforme recomendação do fabricante

físicos (temperatura) e/ou químicos (detergente). Deve-se utilizar artefatos como escova e esponja, não abrasivos e enxaguar bem os materiais após a limpeza para retirada de todo o material orgânico e resíduo de detergente. Os artefatos utilizados devem ser limpos e mantidos secos. Utilizar detergentes neutros para não danificar o material. Instrumentos cortantes imersos em soluções de limpeza devem ser removidos com auxílio de uma pinça.

Esterilização

Autoclave

O empacotamento e a distribuição dos materiais são importantes na efetividade do processo de esterilização em autoclave. O processo utiliza alto vácuo com vapor saturado sob pressão entre 121 °C por 20 minutos e a 132 °C 5 por minutos (Quadro 9.3).

- Distribuição e empacotamento dos materiais: as autoclaves devem ser carregadas observando-se um espaçamento de 25 a 50 mm entre os pacotes e entre eles e as paredes da câmara, sendo que o volume de material não deve exceder 80% da capacidade da câmara.

O empilhamento do material deve ser vertical com espaçamento entre os pacotes. Os materiais que apresentem concavidade, como gaiolas, devem ser colocados com sua abertura para baixo para facilitar o escoamento de água resultante da condensação do vapor. A correta disposição dos pacotes na autoclave evita a ineficiência da secagem da carga. As embalagens dos materiais a serem esterilizados devem ser permeáveis ao vapor, resistentes ao calor, além de outros requisitos indicados. O peso e o tamanho dos pacotes devem ser cuidadosamente analisados.

Quadro 9.3 Métodos comuns de esterilização			
Método	**Tratamento**	**Referência**	**Aplicações**
Vapor sob pressão	121 ºC × 15 minutos 126 ºC × 10 minutos 134 ºC × 3 minutos	Medical Research Council, 1959-60-64	Ração, cama, caixas policarbonato, bebedouros e bicos, material cirúrgico
Calor seco	160 ºC × 45 minutos 170 ºC × 18 minutos 180 ºC × 7,5 minutos	Darmad et al., 1958	Instrumentos, equipamentos, vidraria
Ácido peracético	2% × 20 minutos	Greenspan et al., 1955	Porto de entrada de Isoladores
Radiação gama	1-5 mGy	Ley et al., 1967	Ração, material cirúrgico
Radiação UV	1000 – 150.000 μW/cm²	Morris, 1972	Câmara de passagem, sistema de água
Filtração	Manta plissada (pré-filtro) Bolsa de partículas < 75μ HEPA (99,997% partículas < 0,5 μm)	Dyment, 1976	Sistemas de ventilação

Quadro 9.4
Esquema de manutenção preventiva de autoclave

Diariamente:
- Limpeza da câmara interna
- Limpeza do dreno
- Verificação do dreno da câmara interna

Mensalmente
- Limpeza dos elementos filtrantes, válvulas de retenção, gerador e purgadores
- Verificação das borrachas de vedação das portas, lubrificação com silicone líquido
- Verificação da necessidade de troca da guarnição da porta
- Verificação do acionamento manual das válvulas de segurança
- Verificação do grau de impregnação dos elementos hidráulicos

Trimestralmente
- Verficação do correto desempenho da válvula de segurança da câmara
- Limpeza dos filtros de água fria e de entrada da válvula do flutuador
- Limpeza dos purgadores
- Certificação de aperto de todas as juntas das tubulações das utilidades e da autoclave

Anualmente
- Teste e avaliação hidrostática e aferição dos instrumentos de controle
- Monitoração e segurança
- Validação do equipamento
- Calibração dos instrumentos de medida que integram o equipamento

Fonte: Adaptado de Getinge, 1998.

Os materiais termorresistentes podem ser submetidos à esterilização em autoclave conforme recomendações do Quadro 9.3. A eficiência do método também depende de bom funcionamento do equipamento. O Quadro 9.4 apresenta orientação para a manutenção preventiva da autoclave.

■ TRATAMENTO DE MATERIAIS

Gaiolas

Tem início com o descarte da cama, seguido da raspagem dos resíduos aderidos. A lavagem pode ser feita por imersão em solução detergente, limpeza mecânica, enxague em água corrente e desinfecção em solução de hipoclorito de sódio (Quadro 9.2), seguido de novo enxague e secagem.

Na lavagem das gaiolas, também é possível utilizar em área aberta, máquinas de alta pressão com recurso de água quente e detergente. O equipamento ideal é o sistema automático com programação do tempo de exposição do material em cada fase do processo. Consiste em gabinete fechado ou esteira em túnel que combina fase de pré-lavagem, lavagem com detergente alcalino, água quente; enxágue; e secagem.

Tratamento da água de beber

Pode ser feito por autoclavação em bebedouros com a tampa levemente apoiada, submetidos a ciclo sem vácuo.

Acidificação da água

Em complementação à autoclavação, reduzindo o desenvolvimento bacteriano durante a permanência da água administrada aos animais. Em pH de 2,5 a 3, quase todos os microrganismos apresentam completa inibição no seu crescimento, mantida por um longo período nesta condição. Esse procedimento permite menor frequência de troca dos bebedouros.

Filtração

Para atender grande volume, utiliza-se uma combinação de pré-filtro e filtro. O pré-filtro faz a remoção de partículas de até 10 µ; e filtro com poros de aproximadamente 0,2 µ de diâmetro remove bactérias, mas não vírus.

Raios ultravioleta (UV)

Complementam o tratamento quando o filme de água é submetido a aparelho de UV (Quadro 9.3).

Tratamento da ração

Autoclavagem

Com ciclos de 15 minutos a 121 °C para pasteurização e 3 minutos a 134 °C para esterilização, adequados como regra geral, é o método mais utilizado no tratamento das rações (Quadro 9.3).

A embalagem da ração deve ter duas camadas de filme plástico impermeável e uma de papel.[10] A ração pode, então, ser introduzida na área limpa através da camada de passagem adequada.

Troca das gaiolas

A frequência da troca da cama e/ou gaiolas é estabelecida de acordo com o sistema adotado pelo biotério para manutenção dos animais, com base no número de renovações de ar. Visando proporcionar aos animais ambiente seco, livre da circulação de gases tóxicos e particulados no ar, a gaiola convencional, aberta, exige maior frequência de troca e os microisoladores permitem maior intervalo entre as trocas.

Antes de se deixar a sala de criação, deve ser checado o nível de água nos bebedouros e o nível de ração nos comedouros para assegurar o bem-estar dos animais.

■ Manejo etológico dos animais

No momento da formação dos casais e da desmama, é indispensável considerar o tamanho das gaiolas utilizadas para a definição do tamanho do grupo de animais em cada gaiola, oferecendo o espaço[11] necessário para a prática do comportamento característico da espécie como apresentado na Tabela 9.2.

Registros

A escolha de um sistema de acasalamento dos animais depende da necessidade de cada instituição para estabelecer a variedade e o tamanho das colônias.

Qualquer que seja o sistema adotado para a produção de animais, não deve ser esquecido que a colônia que fornecer os animais de reprodução deve ter um registro fechado e detalhado permitindo total rastreabilidade.

Rastreabilidade é a capacidade de traçar o histórico do processamento do material e da sua utilização por meio de informações previamente registradas.

O registro de informação é determinado pelo sistema de criação em uso e devem atender os requisitos de cada instituição, entretanto algumas informações são essenciais para o sucesso de qualquer programa de reprodução.

Na manutenção de colônia de fundação de animais *inbred*, os registros críticos são referentes aos dados de relação de parentesco (árvore genealógica). O programa deve permitir a identificação e rastreamento das relações ancestrais dos animais.

Tabela 9.2
Espaço mínimo recomendado para roedores e lagomorfos comumente utilizados em laboratório e alojados em grupos ou duplas*

Animal	Peso (g)	Área/animal Piso[a] (cm^2)	Altura[b] (cm)	Observações
Camundongo (em grupo)[c]	< 10	38,7	12,7	Animais maiores podem necessitar de espaço adicional para melhor condição de alojamento.
	até 15	51,6	12,7	
	até 25	77,4	12,7	
	> 25	≥ 96,7	12,7	
Camundongo Fêmea com ninhada[d]		330 (espaço recomendado para o grupo)	12,7	Outras configurações de alojamento e criação podem necessitar de mais espaço e serão dependentes do número de adultos e ninhadas, número de ninhadas e idade.[d]
Rato (em grupo)[c]	< 100	109,6	17,8	Animais maiores podem necessitar de espaço adicional para melhor condição de alojamento.
	até 200	148,35	17,8	
	até 300	187,05	17,8	
	até 400	258,0	17,8	
	até 500	387,0	17,8	
	> 500	≥ 451,5	17,8	
Rato Fêmea com ninhada[d]		800 (espaço recomendado para o grupo todo)	17,8	Outras configurações de alojamento e criação podem necessitar de mais espaço e serão dependentes do número de adultos e ninhadas, número de ninhadas e idade.[d]
Hamster[c]	< 60	64,5	15,2	Animais maiores podem necessitar de espaço adicional para melhor condição de alojamento.
	até 80	83,8	15,2	
	até 100	103,2	15,2	
	> 100	≥ 122,5	15,2	
Cobaia[c]	até 350	387	17,8	Animais maiores podem necessitar de espaço adicional para melhor condição de alojamento.
	> 350	≥ 651,5	17,8	
			17,8	
Coelhos	< 2.000	1.400	40,5	Coelhos maiores podem necessitar de gaiola com maior altura se sentarem.
	até 4.000	2.800	40,5	
	até 5.400	3.700	40,5	
	> 5.400	≥ 4.600	40,5	

[a]Animais alojados isoladamente podem necessitar de maior espaço individual do que o recomendando quando alojados em pares ou grupos de animais; [b]Do piso da gaiola até o topo da gaiola; [c]Considerações sobre as características das linhagens (crescimento, sexo, ganho de peso, comportamento mais ativo) podem sugerir um aumento no espaço; [d]Considerações sobre o manejo de ninhadas (redução ou separação) do grupo, bem como outras formas de manejo mais intensivas do espaço disponível para permitir a segurança e bem-estar dos animais. Espaço suficiente precisa ser destinado para as mães com ninhadas para possibilitar o desenvolvimento dos filhotes até o desmame sem prejuízos à mãe ou à ninhada.

Um sistema em rede deve integrar informações em tempo real de disponibilidade dos animais de todas as colônias à área administrativa, sem a necessidade de buscar a informação *in loco*. Fazer *backup* diário das informações é uma medida de segurança de proteção dos dados. Estão disponíveis no mercado programas computacionais para gestão de colônias que, de modo ideal, devem ser customizados para atender às características de cada biotério. Na falta de tal tecnologia são indispensáveis registros em fichas, planilhas e outros.

Toda e qualquer gaiola deve estar identificada por ficha com dados de origem dos animais, quantidade, linhagem, sexo, data de nascimento e destino.

Avaliação de desempenho na produção de animais

Na avaliação do desempenho dos animais em produção alguns critérios devem ser observados tais como:

- Seleção e criação de casais reprodutores, sistema monogâmico ou poligâmico;
- Observar fêmeas em gestação, para evitar problemas antes e durante o parto;
- Observar e avaliar ninhadas recém-nascidas;
- Acompanhar e avaliar o desempenho dos animais de reprodução, substituindo reprodutores e animais em fim de vida útil;
- Registro de dados sobre destino dos animais ao desmame;
- Geração de relatórios com base em dados coletados;
- Providenciar transporte dos animais da produção para os usuários (área experimental);
- Tomada de decisões para a progressão das colônias animais com base nos requisitos de produção;
- Contato com os usuários sobre data de entrega dos animais e/ou renovação de pedidos.

Para a gestão eficiente de um biotério, o desenvolvimento de *softwares,* é de grande auxílio na comunicação, consulta e cumprimento da ampla variedade das atividades relacionadas.

Serviço de atendimento ao cliente

É de grande utilidade disponibilizar uma página no site do biotério com calendário anual de feriados, informando dia e horário de retirada ou entrega de animais. Essa página deve estar em consonância com a comissão de ética no uso de animais (CEUA) da instituição.

Os princípios de higiene estão apresentados no capítulo 8, enquanto aqui neste, demos ênfase aos procedimentos de gestão organizacional de modo geral.

Com o conjunto de documentos elaborados para a gestão eficiente do biotério, recomenda-se a elaboração de um guia de atividades do biotério que deve conter a planta física da instalação com a identificação das áreas de higiene, produção, administração, direcionamento do fluxo de pessoal e de material, escolaridade e número dos funcionários.

Uma breve descrição dos objetivos da instituição e a missão do biotério no quadro organizacional devem estar presentes no guia, relatando ainda a descrição e frequência das atividades, justificando os dados extraídos para ideais de uniformidade do produto, padrão de qualidade e eficiência na produção aplicado à prática científica para gerar um modelo animal padrão em pesquisa.

Referências Bibliográficas

1. Scartezini, LMB. Análise e Melhoria de Processos. Goiânia, Apostila. 54 p, 2009. Disponível em: http://www.aprendesempre.org.br/arqs/GE%20B%20-%20 An%E1lise-e-Melhoria-deProcessos.pdf.
2. Werneck MAF, Faria HP, Campos KFC. Protocolos de cuidado à saúde e de organização do usuário. Belo Horizonte, NESCON (Núcleo de Educação em Saúde Coletiva) da Faculdade de Medicina da Universidade Federal de Minas Gerais – UFMG: Coopmed, 2009, 844p.
3. Santos AAM. Higienização das mãos no controle das infecções em serviços de saúde. RAS 4(15),2002. The bedding of laboratory animals as a source of airbone contaminants. Laboratory Animals 38:25-37, 2004.
4. Domer DA, Erickson RL, Petty JM, Valerie K Bergdall V K and Hickman-Davis JM. Processing and treatment of corncob bedding affects cage-change frequency for C57BL/6 mice. J Amer Assoc Lab Anim Sci, 51(2)162-169, 2012. Disponível em: http://researchegate.net/publication/229009247.
5. Khan N, Umrysh BM. Improving Animal Research Facility Operations Through the Application of Lean Principles. ILAR e-Journal 49(15-22)2008.
6. Brasil, Ministério da Saúde, Agência Nacional de Vigilância Sanitária – ANVISA, Guia da Qualidade para Sistemas de Tratamento de Ar e Monitoramento Ambiental na Indústria Farmacêutica, março de 2013.
7. Guideline for Disinfection and Sterilization in Healthcare Facilities, 2008. Disponível em: www.cdc.gov/hicpac/Disinfection_Sterilization/9_0PeraceticAcidHydroPoxide.html. Acessado em: 30/10/2015.
8. Brasil. Ministério da Saúde. Resolução da Diretoria Colegiada da ANVISA no 14 de 28/02/2007. Regulamento Técnico para Produtos Saneantes de Ação Antimicrobiana. Portaria 122 de 29/11/1993.
9. Brito MFP, Galvão CM, Françolin L, Rotta CSG. Validação do processo de esterilização de artigos médico-hospitalares segundo diferentes embalagens. Bras Enferm 55(4):414-419, 2002.
10. BRASIL. Ministério da Ciência, Tecnologia e Inovação. Resolução Normativa n° 15 de dezembro de 2013. Estrutura Física e Ambiente de Roedores e Lagomorfos do Guia Brasileiro de Criação e Utilização de Animais para Atividades de Ensino e Pesquisa Científica. Diário Oficial da União, n. 245, 18 de dezembro de 2013, Seção 1, p. 9-12.

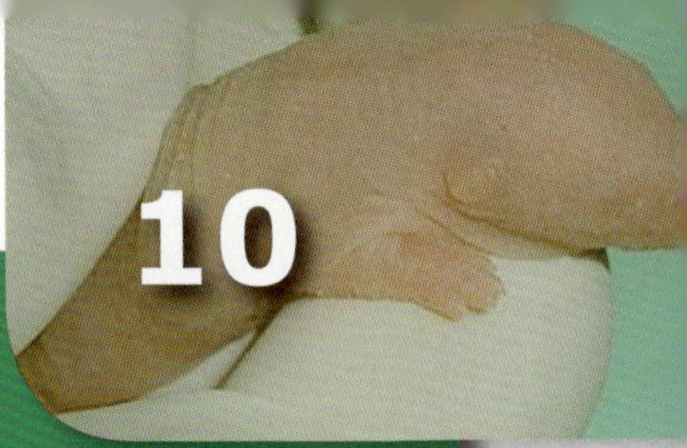

10

Métodos para Produção de Ratos e Camundongos de Laboratório

Vania Gomes de Moura Mattaraia
Valderez Bastos Valero Lapchik
Gui Mi Ko

A qualidade é essencial para a redução do número de animais utilizados, sem comprometer os objetivos da pesquisa e produzir resultados satisfatórios. O termo qualidade, nesse caso, significa animais livres de estresse induzido pelo ambiente, livres de organismos patogênicos (ou com qualidade sanitária definida) e com genética certificada. Para a manutenção do padrão genético do animal, o sistema de acasalamento deve ser planejado de acordo com as características biológicas de cada espécie, colônia ou linhagem.

A necessidade de conhecimentos especializados no planejamento de métodos de produção de ratos e, especialmente, de camundongos de laboratório, vem acompanhando o crescimento de novos modelos para pesquisas na área biomédica visando a saúde humana e animal. A longa história de criação de pequenos roedores de laboratório resultou na disponibilidade de milhares de colônias e linhagens usadas na pesquisa.

Segundo o padrão genético que se deseja preservar, adota-se o método de acasalamento para a colônia animal.

Nesse capítulo serão tratadas expressões que carregam conceitos e definições para os quais apresentamos o entendimento segundo autores consagrados nessa área do conhecimento.

- Colônia: população de animais mantidos sob controle para fins de reprodução que apresentam um único agrupamento genético produzido em um único local sob condições idênticas de manejo ou gestão.[1]
- Colônia fechada: população de animais que não aceita reprodutores de fora.[1]
- Estoque heterogênico: colônia de animais de laboratório geneticamente indefinida, geralmente mantida como uma colônia fechada.[2]

- Geneticamente indefinido: significa que o genótipo do animal em um dado locus é geralmente desconhecido.[2]
- Linhagem: animais de ascendência conhecida que são resultantes de um programa de 20 gerações com planejamento de endogamia (utilizando cruzamentos entre irmãos preferencialmente), os quais passam a expressar entre si as mesmas semelhanças genéticas distinguíveis (animais isogênicos) e são chamados de animais *inbred*.[2]
- *Breed:* traduz-se por procriar e entendemos por criação. O termo é destinado a população de animais que difere de outras populações, dentro da mesma espécie, em relação a determinados traços geneticamente definidos.[1]

Características genéticas

Neste capítulo, trataremos da produção de animais *outbred e inbred*. Animais híbridos, *knockout*, transgênico ou mutante são abordados nos capítulos 11 e 19.

Animal geneticamente definido

Animal inbred

Obtido por acasalamento mínimo de 20 gerações entre irmãos (ou pais e filhos) a partir de um único casal,[3] resultando em coeficiente de *inbreeding* de 98,6%. Os animais obtidos são isogênicos e homozigotos (99% de taxa de homozigose). Nas linhagens mantidas por acasalamentos entre irmãos de 40 até 60 gerações, a chance de homozigose para um determinado lócus gênico é aumentada a cada geração e a isogenicidade tende a 99%. Os genes fixados são transmitidos para a geração subsequente compondo o repertório característico da linhagem. A uniformidade genética permite a realização de um experimento com número reduzido de animais e validade estatística. Por outro lado, pela alta consanguinidade, apresentam maior susceptibilidade às doenças e menor capacidade reprodutiva.

O acasalamento consanguíneo aplicado aos animais *inbred* visa:

1. controlar a probabilidade de um resíduo de heterozigosidade na linhagem;
2. controlar mutações espontâneas que surjam e criem nova heterozigosidade.

Entre a grande variedade de linhagens de camundongos *inbred* disponíveis, cerca de 10 a 15 são as mais utilizadas na pesquisa como: C57BL/6; BALB/c; C3H; FVB; 129; DBA; e CBA (Tabela 10.1). As linhagens de ratos *inbred* mais utilizadas estão apresentadas na Tabela 10.2.

Animal geneticamente variável

Animal outbred

É geneticamente variável, resulta de reprodutores não aparentados, preservando a variabilidade genética e assemelhando-se à população humana. São

Tabela 10.1
Ranking de linhagens de camundongos

Posição no *ranking*	Linhagem (1986)	Linhagem (1993)
1	BALB/c	C57BL/6
2	C3H	C2H
3	C57BL/6	BALB/c
4	CBA	DBA/2
5	DBA/2	CBA
6	C57BL/10	A
7	AKR	AKR
8	A	NZB
9	129	B10.D2
10	SJL	SJL

Tabela 10.2
Ranking de linhagens de ratos *inbred*

Posição no *ranking*	Linhagem (1986)	Linhagem (1993)
1	F344	F344
2	LEW	LEW
3	BN	SHR
4	SHR	WKY
5	DA	DA
6	PVG	BN
7	WAG	WAG
8	ACI	PVG
9	WF	BUG
10	WKY	WF

animais saudáveis com ninhadas grandes e frequentes, taxa de mortalidade menor, maior fertilidade e maior resistência às doenças. São animais desejáveis na pesquisa biomédica por seu elevado grau de diversidade. Devem ser usados em tamanho de amostras significativas que guarde uma representação da população como um todo. Como exemplo, temos principalmente as colônias de camundongos suíços (*swiss*) de vários laboratórios (*NIH Swiss*, *Swiss Webster*, ICR, CD-1, etc.) e as colônias de ratos Wistar (Han IGS, Han GALAS,™ Crl:WI, etc, e HanUnib:WH que é uma colônia do CEMIB da UNICAMP).

Acasalamento não consanguíneo

Aplicado para animais *outbred*, visa maximizar a heterozigosidade mantendo todas as variáveis genéticas presentes originalmente na colônia e distribuídas de modo uniforme em todos os indivíduos, evitando ao máximo a consanguinidade.

Os métodos de acasalamento para evitar consanguinidade são eficientes quando não há excesso de sobreposição entre as gerações.

Alguns fatores devem ser considerados como causa do aumento de consanguinidade:

- da produção, apenas um pequeno número de animais tem oportunidade de participar do programa de reprodução;
- as limitações de espaço para instalação do grupo reprodutor;
- preferência de sexo utilizado na pesquisa limita disponibilidade na reprodução;
- critério de seleção inconsciente;
- critérios de seleção conscientes: tamanho da ninhada, fecundidade, habilidade de levar a ninhada a termo, docilidade e características morfológicas.

A pressão desses critérios de seleção pode levar a alterações no genótipo e fenótipo se fixando na população.

As considerações que seguem visam enfatizar possível diversidade entre colônias heterogênicas, originadas a partir de um pequeno número de casais (3 a 4 pares). Nesse caso, depois de muitos anos, não se pode esperar que permaneça o critério de heterogeneidade e de relação com a colônia de origem.

Com a sucessão de acasalamentos na colônia fechada a endogamia aumenta, observando-se em média, como características mais afetadas a diminuição: no tamanho da ninhada, no peso corporal, na resistência à doença e na expectativa de vida. Essas características representam o fenômeno da depressão endogâmica (*inbreeding depression*), que leva a deriva genética em colônias fechadas.

O efeito da consanguinidade é um fenômeno real que dificulta o estabelecimento e manutenção de linhagens *inbred* (Figura 10.1). Durante o estabelecimento da consanguinidade as mudanças nas frequências gênicas estão relacionadas com o aumento na fixação do número de alelos recessivos. Assim, a causa mais provável da depressão por endogamia é a fixação de alelos re-

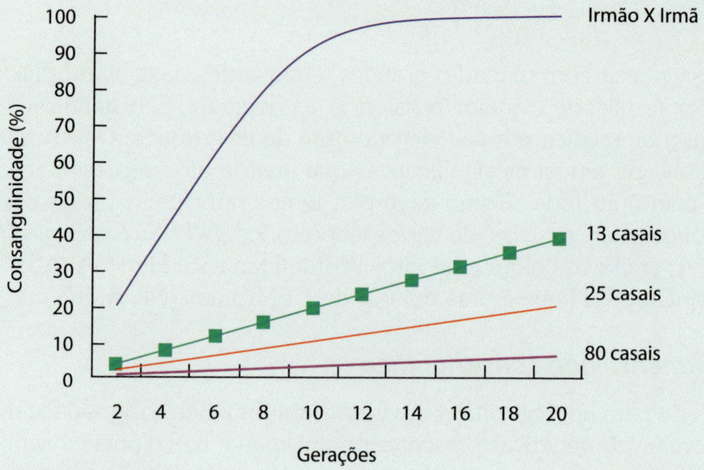

Figura 10.1 – *Coeficiente de* inbreeding *(consanguinidade) em colônias de diferentes tamanhos e sistemas de acasalamento.*

cessivos deletérios normalmente mascarados e tornados ineficazes por alelos dominantes numa população geneticamente heterogenea.

Para superar as dificuldades do cruzamento ao acaso e maximizar a heterozigosidade (variação individual), foi desenvolvido um método que minimiza a chance de endogamia, em que uma grande porcentagem da população possa participar do cruzamento reduzindo o critério de seleção.

O método para diminuir a endogamia divide a população em vários grupos que são referidos como famílias ou linhas. Os pares reprodutores para substituição são selecionados estabelecendo os cruzamentos (Figura 10.2). Quando a população é pequena, pode ser calculado matematicamente permitindo que todos os novos reprodutores sejam representantes do conjunto de toda variabilidade genética dos seus antecessores.

Um grande número de linhas e de indivíduos por linha levará à ocorrência de menor endogamia. Entretanto, do ponto de vista prático, quanto mais linhas, mais complexo o padrão de migração usado na construção de novos pares para substituição dos reprodutores, maior dificuldade na logística do método, mais trabalhoso, espaçoso e com maior tendência ao erro.

Outras causas inter-relacionadas podem resultar na deriva genética, isto é, na perda da variação genética e na fixação de alelos em diferentes loci. O efeito da deriva pode ocorrer em diferentes tempos em uma colônia: no seu início (efeito fundador); em uma ou mais etapas (efeito de gargalo); em intervalos regulares; ou constantemente. Podemos atribuir como causa para o gargalo e o efeito fundador, a escolha de um pequeno número de animais para iniciar uma colônia não isogênica.

O processo de rederivação cesariana ou transferência de embriões de animais para produzir animais fundadores de perfil microbiológico adequado para a nova colônia, geralmente, utiliza um pequeno número de animais, tornando-se um gargalo por perda da heterozigosidade.

Como mostrado na Figura 10.3, se apenas uma única colônia é escolhida, o resto da frequência genotípica mantida pelas outras colônias da população fica perdido. O único caminho para superar isso é usar um número suficientemente grande de reprodutores de cada população para iniciar a nova colônia para que a frequência de genótipos de todas as colônias usadas como um todo seja representada na nova colônia.

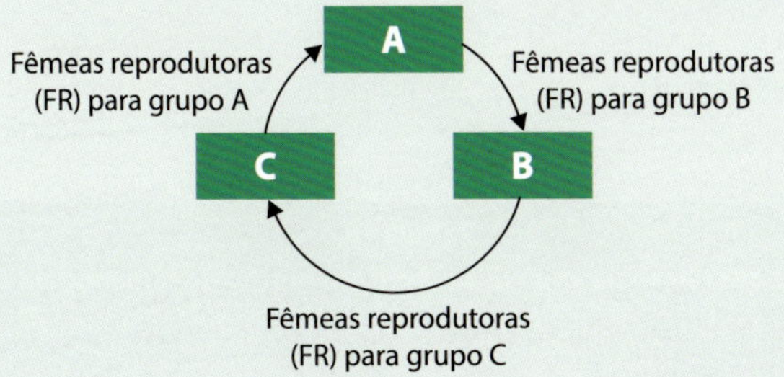

Figura 10.2 – *Método para não consanguíneos com três grupos. Fixação do macho e alternância das fêmeas.*

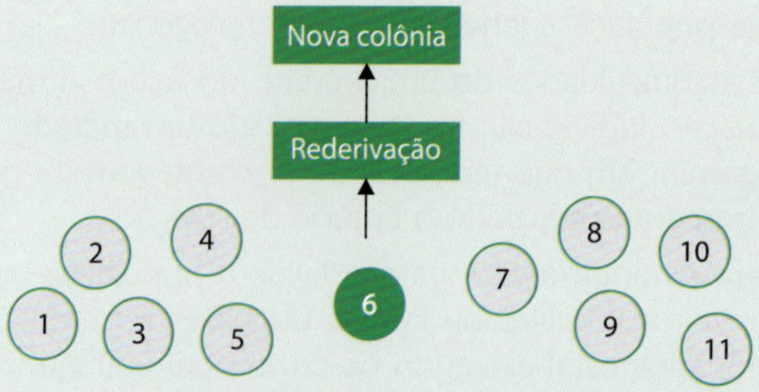

Figura 10.3 – *Efeito gargalo: seleção de um único grupo de representação genética para renovação da nova colônia por processo de rederivação.*

Outro processo que resulta na perda da heterozigosidade é a mutação. As mutações ocorrem na colônia e podem se fixar ou podem não persistir especialmente se a ocorrem em um animal que não é um reprodutor. Algumas mutações não são vantajosas e podem ser excluídas, entretanto é recomendada a avaliação do mutante antes da exclusão, lembrando que vários modelos de doenças humanas surgiram de mutações espontâneas.

A prevalência de fenótipos e genótipos dentro de uma população não endogâmica é constantemente mudada em virtude da variedade e das mutações ao acaso.

De modo geral, há uma relação inversa entre o tamanho da colônia e a taxa de *inbreding* (Tabela 10.3). A escolha dos métodos de acasalamento deve tentar minimizar a taxa de *inbreding* (Tabela 10.4). Essa taxa depende basicamente do tamanho da colônia, método de renovação dos reprodutores para a geração futura e do método de acasalamento dos animais.

Tabela 10.3
Taxa de *inbreeding* em sistema fechado com acasalamento ao acaso

Nº de machos acasalados por geração	Taxa de consanguinidade por geração
10	2,5
20	1,25
40	0,625
60	0,42
80	0,31
100	0,25

Tabela 10.4
Sistema de criação de animais *outbred* em função do tamanho da colônia

Número de machos acasalados por geração	Sistema de acasalamento recomendado
10-25	Evitar *inbreeding* ao máximo
26-100	Rotacional
Mais que 100	Rotacional ou ao acaso

Manejo de colônias

Dependendo da necessidade da instituição, o espaço disponível é dimensionado para a variedade e tamanho das colônias. Uma colônia grande, onde há elevada demanda, requer adoção de estratificação em Colônias de: fundação, expansão e produção, com regra estabelecida de hierarquia e fluxo definido, conforme a ordem da Figura 10.4.

A estratificação de colônias estabelece níveis de controle para proteger fielmente as características genéticas (e sanitárias) dos animais e pode ser aplicada na produção tanto de animais isogênicos como de heterogênicos. O que muda é a seleção dos reprodutores segundo o objetivo em cada caso.

Colônia de fundação

Entende-se por "colônia de fundação" a que deu origem ao plantel e que possibilita sua própria manutenção, isto é, a autoperpetuação. A principal função dessa colônia é preservar o material genético, o mais próximo possível dos primeiros exemplares que a originaram. Os acasalamentos devem ser por sistema monogâmico intensivo (permanente), propiciando controle do patrimônio

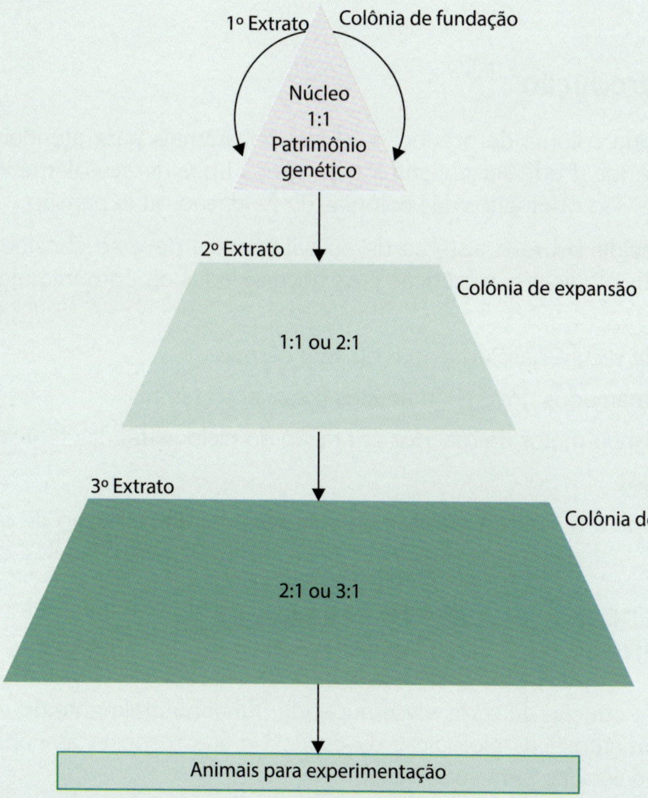

Figura 10.4 – *Extratificação de colônias: fundação, expansão e produção.*

genético, registros com exatidão dos dados reprodutivos e o cálculo dos índices de produtividade. Nos animais *outbred* (exogâmico), recomenda-se formação de um grande número de casais; enquanto nos animais *inbred* (endogâmicos), até 10 casais. Os casais *inbred* devem ser registrados em uma árvore genealógica para cada linhagem, com cruzamento entre irmãos.

Colônias de fundação com qualidade sanitária conhecida são mantidas separadamente das outras colônias em isoladores ou microisoladores, garantindo, assim, controle genético e sanitário estritos. Essa colônia serve como fonte para constituir a colônia de expansão (ou pedigree), isso assegura que os animais produzidos não diferem significantemente da colônia de fundação.

Qualquer que seja o método e sistema adotado para a produção de animais experimentais, não deve ser esquecido que a colônia que fornece os futuros animais para reprodução tenha um registro fechado e detalhado (rastreabilidade).[4]

Colônia de expansão

Estabelecida pelos animais advindos da colônia de fundação e desenvolvida para gerar um número suficiente de animais produtores para a colônia de produção. O sistema de acasalamento nesta colônia é por formação de casais em sistema monogâmico ou poligâmico intensivo (permanente), identificados e registrados.

Colônia de produção

A finalidade da colônia de produção é fornecer animais para atender a demanda dos usuários. Pode ser constituída de vários tipos de acasalamento. Os casais ou haréns são originados das colônias de fundação ou expansão.

Antes de decidir sobre o sistema de acasalamento, deve-se considerar as características fisiológicas e genéticas e as necessidades da comunidade científica, como:

- solicitação de recém-nascidos, com ou sem os pais;
- animais desmamados, jovens ou adultos (peso dos animais);
- sexo (a demanda maior de machos em razão do ciclo estral das fêmeas);
- animais idosos;
- necessidade de um elevado número de animais para alimentação de outros.

Métodos de acasalamento para ratos e camundongos não consanguíneos

O sucesso da criação de seres vivos depende, fundamentalmente,do conhecimento das características biológicas da espécie e sua resposta às condições ambientais estabelecidas para sua criação.

Nos biotérios nacionais, os métodos mais utilizados para acasalamentos de animais não consanguíneos *(outbred)* são o circular Poiley e os métodos cíclicos

Falconer, mas há também os propostos por Robertson e o sistema rotacional HAN,[5] em que o macho muda entre os grupos de modo alternado.

No método circular Poiley, o mais antigo para evitar consanguinidade, a população é dividida em grupos e o macho é transferido para o grupo vizinho, entretanto a regra de transferência do macho não está claramente definida e diferentes regras são aplicadas para diferentes números de grupos.[6] Rapp[7] comenta que, no método proposto por Poiley, a evolução do coeficiente de consanguinidade não pode ser calculado pela mesma equação nos diferentes grupos.

O método de Robertson requer reprodutores em reciprocidade, em que fêmeas das gaiolas pares são acasaladas com machos de gaiolas ímpares (ambos em ordem numérica correspondente) e vice-versa. Isso requer que o número de reprodutores usado para manter a colônia tenha o poder de representação dos dois sexos.

Nos métodos Falconer e HAN, a colônia também é dividida em grupos, porém, para a formação do novo grupo, a contribuição genética é individual, ou seja, cada macho acasalado contribui com um filhote macho e cada fêmea acasalada contribui com um filhote fêmea, em que um dos sexos é rotativo e o outro é fixo para o acasalamento da próxima geração. Por exemplo, no caso de o macho ser o sexo rotacional e pertencer à gaiola 7, na próxima geração ele contribuirá na gaiola 8, permanecendo as fêmeas (sexo fixo) sempre na gaiola de mesmo número.

Esses acasalamentos devem obedecer a esquemas predefinidos como apresentado na Tabela 10.5.

No resultado comparativo, o método Poiley com quatro grupos, cada grupo com um casal, atinge 26,58% de consanguinidade na 10ª geração; enquanto no sistema rotacional HAN com quatro grupos, cada grupo com um casal atinge 24,72% de consanguinidade na 10ª geração.

■ SISTEMAS DE PRODUÇÃO

Uma vez definido o método de acasalamento a ser aplicado, é necessário definir o sistema nos diferentes extratos das colônias.

Pela própria definição, a colônia de fundação já tem o seu sistema estabelecido, que sempre deve ser monogâmico intensivo. Os demais extratos podem adotar sistema intensivo ou temporário, monogâmico, poligâmico (harém). A adoção do sistema é particular de cada biotério, deve ser definida de acordo com a necessidade da instituição.

Sistema monogâmico intensivo

Um macho e uma fêmea são acasalados e mantidos juntos toda a sua vida reprodutiva (intensivo), a fêmea entra em parto na presença do macho e pode haver aproveitamento do estro pós-parto. A desvantagem dessa prática é que grande número de machos deve ser mantido e, como os pares são alojados individualmente, mais espaço e equipamentos são necessários mesmo para colônias pequenas. A manutenção de registro deve ser exata e detalhada.

Tabela 10.5
Diferentes métodos de acasalamento para colônias *outbred* para cinco gerações (A)

Geração	Poiley	Robertson	Falconer	Rotacional HAN
	♂ F ♀	♂ F ♀	♂ F ♀	♂ F ♀
1	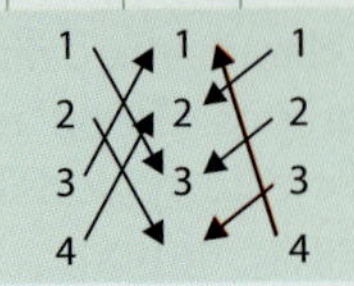	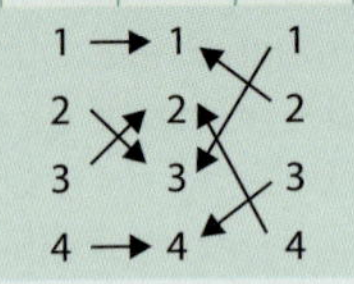	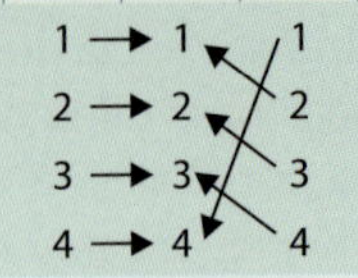	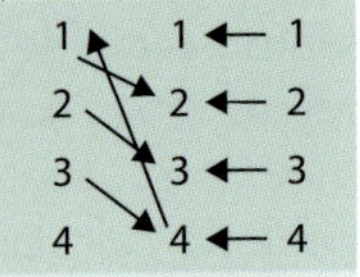
2		Idem à geração 1	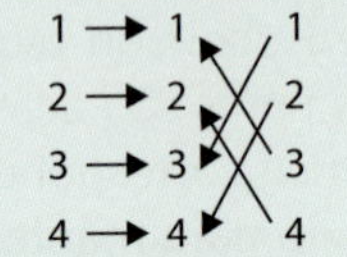	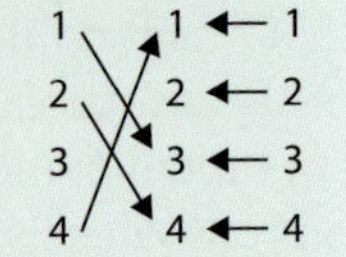
3	Idem à geração 1	Idem à geração 1	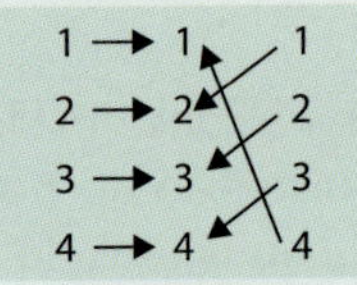	Idem à geração 1
4	Idem à geração 1	Idem à geração 1	Idem à geração 1	Idem à geração 2
5	Idem à geração 1	Idem à geração 1	Idem à geração 2	Idem à geração 1

Diferentes métodos de acasalamento para colônias *outbred* para cinco gerações (B)

Geração 1	Geração 2
♂ F1 ♀	♂ F2 ♀
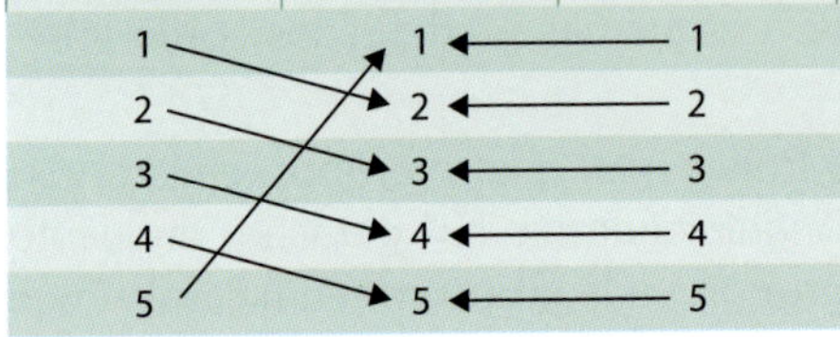	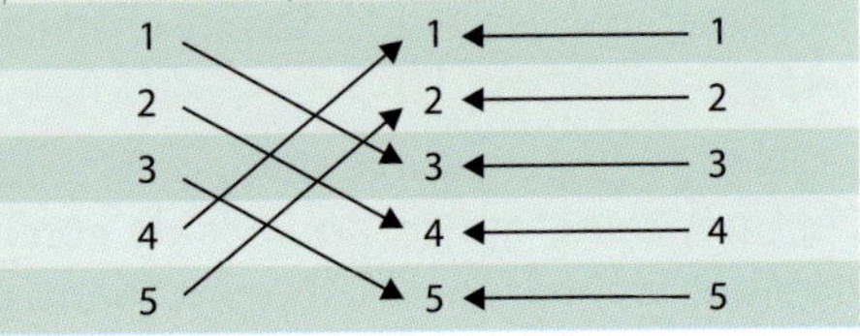

(A): Poiley, Robertson, Falconer, Rotacional Han; (B): com destaque para Rotacional HAN proposto por Rapp com quatro grupos em duas gerações

Sistema poligâmico (harém)

Método de reprodução em que um macho acasala com várias fêmeas, na mesma gaiola. O número de fêmeas no harém é limitado pela capacidade do macho, tamanho da gaiola e hábitos do animal. Para camundongos, é prudente agrupá-los em harém de um macho com até quatro fêmeas. No caso de ratos, a proporção é de 1:2 fêmeas, com atenção ao espaço da gaiola.

O sistema poligâmico intensivo permite melhor aproveitamento do espaço físico, diminuição da quantidade de material (estantes, gaiolas, bebedores, insumos); a fêmea pode contribuir no aleitamento dos filhotes das outras fêmeas; o número de filhotes por fêmea no período será máximo. As desvantagens são: recém-nascidos podem sofrer a competição dos filhotes mais velhos, podendo haver perda; dificuldade de manter os registros de desempenho reprodutivo individualmente.

No sistema poligâmico temporário, a diferença reside em segregar as fêmeas prenhes antes do parto e permitir o nascimento dos filhotes na ausência do macho. A vantagem do sistema harém consiste na necessidade de espaços pequenos para produção de números relativamente grandes de animais. Com o aproveitamento de cio pós-parto, o número de filhotes por fêmea em um período será máximo. A desvantagem é que recém-nascidos podem ser pisoteados pelos filhotes mais velhos e pelos adultos. Nesse caso, não ocorre o aproveitamento do estro pós-parto; logo, a fêmea ficará apenas em aleitamento, o que resulta em maior peso dos animais ao desmame. É difícil manter os registros de desempenho reprodutivo individualmente a menos que as fêmeas sejam isoladas no parto.[8]

Particularidades do manejo reprodutivo

Na busca de melhor desempenho reprodutivo, ratos e camundongos devem se acasalar ao atingir desempenho compatível com a idade adulta.[9] É comum o acasalamento das linhagens isogênicas no momento da desmama para prevenir a perda da isogenicidade. Entretanto, controle rigoroso dos registros posterga o acasalamento e leva a melhores resultados.

Os casais com condições sanitárias adequadas podem fornecer seis ninhadas consecutivas durante a vida reprodutiva útil que representam uma geração. Cada geração é identificada como F1, F2, F3... e assim sucessivamente.

Uma prática utilizada para ratos é a redução da ninhada, compatível com o número de tetas da mãe, permitindo atingir peso homogêneo ao desmame.

Camundongos de linhagens isogênicas, muitas vezes, necessitam ser desmamados aos 28 dias de idade. Outra questão sobre os isogênicos é a melhor idade para o acasalamento, apregoam-se vantagens de acasalamento ao desmame como forma de garantir a isogenicidade.

Dependendo da característica genética da colônia, os filhotes devem ser beneficiados com prolongamento do período de aleitamento.

Avaliação da produtividade

Avalia-se a produtividade por meio do número de filhotes saudáveis por fêmea, em um determinado período, usando o índice Q ou índice de produtividade. A vida reprodutiva da rata e da camundonga permite a produção de 6 partos. Apesar disso, os especialistas consideram para o cálculo dos índices de produtividade, dados cumulativos do 1º ao 4º parto, as vezes excluindo os últimos partos que podem apresentar ninhadas menores em função do desgaste pela intensa reprodução.

Do mesmo modo, o intervalo entre acasalamento e primeira ninhada poderá apresentar período fora da média quando da precoce idade do acasalamento, assim como o último intervalo pode estar postergado.

As seguintes características foram examinadas[10] em algumas linhagens *inbred*, acasaladas em sistema monogâmico intensivo (20 casais por linhagem):

- Média do tamanho da ninhada: média aritmética de número de nascidos nas quatro primeiras ninhadas;

- Média de intervalo entre ninhadas: média do período entre o acasalamento e o dia do parto de cada uma das ninhadas, até o quarto parto, expressa em dias;
- Índice da ninhada: calculado do número total de ninhadas produzidas até o quarto parto de 20 casais, dividido pelo número possível de quatro partos (isto é, 80), e expresso em porcentagem;
- Mortalidade pré-desmame: número total de mortos pré-desmame, dividido pelo número de filhotes daninhada e, então, expresso como mortalidade pré-desmame por ninhada;
- Produtividade (período em dias): número acumulado de filhotes desmamados por fêmea acasalada de 70, 120 e 170 dias após acasalamento dos casais monogâmicos.

Os índices de produtividade possibilitam conhecer o desempenho reprodutivo da colônia, nas condições do biotério. Detectam os problemas de saúde ou alteração genética na colônia; possibilitam a avaliação do método de acasalamento adotado. Para tais cálculos, são descritas as fórmulas dos índices de reprodutividade:

- Taxa de fertilidade: nº de fêmeas prenhes no período/nº de fêmeas acasaladas no período;
- Índice de natalidade: nº de filhotes nascidos/nº de fêmeas acasaladas;
- Taxa de prolificidade: (nº de filhotes nascidos/nº de fêmeas prenhes) × 100;
- Taxa de desmame: (nº de filhotes desmamados/nº de filhotes nascidos) × 100.

Para entendermos o significado dos resultados obtidos, é preciso ter em mãos as características da espécie e linhagem, como os índices de reprodutividade de linhagens isogênicas e estoques heterogênicos conforme apresentado nos capítulos 12 e 16.

Referências Bibliográficas

1. The CCAC Guide to the Care and Use of Experimental Animals, Vol. 1. 2nd Edition. Canadian Council on Animal Care 1993.
2. Festing MFW, Lutz C. Introduction to Laboratory animal genetics. In: Hubrecht R, Kirkwood J, editors. The Care and Management of Laboratory and Other Research Animals. 8th ed. Chichester: Wiley-Blackwell; 2010.
3. Festing MFW, Staats J. Standardized nomenclature for inbred strains of rats: fourth listing. Transplantation 16:221-245, 1973.
4. White WJ, Lee CS. The development and maintenance of the Crl:CD (SD)IGS BR Rat breeding system,1988.
5. Berry ML, Linder CC. Breeding Systems: considerations, genetic fundamentals, genetic background, and strain types. In: Fox JG, Davisson MT, Quimby FW, Barthold SW, Newcomer CE, Smith AL. The mouse in biomedical research: history, wild mice, and genetics. 2. ed. San Diego: Academic Press, 2097. p. 53-78.
6. Nomura T, Yonezawa KA. Comparison of four systems of group mating for avoiding inbreeding. Genet Sel Evol 28,1996. p. 41-159.

7. Rapp KG. HAN-Rotation, a new system for rigorous outbreeding. Z. Versuchstierkd, 1972; 14:133-142.
8. Mattaraia VGM, Moura ASAMT. Produtividade de ratos Wistar em diferentes sistemas de acasalamento. Ciência Rural, 42(8):1490-96,2012. Disponível em: http://www.scielo.br/pdf/cr/v42n8/a21312cr5598.pdf. Acessado em: 30/10/2015.
9. Moreira VB, Mattaraia VGM, Moura ASAMT. Lifetime reproductive efficiency of BALB/c mouse pairs after an environmental modification at three mating ages. Journal of the American Association for Laboratory Animal Science, 2014.
10. Festing MFW. Some aspects of reproductive performance in inbred mice. Laboratory Animals 2(1): 89-100,1968.

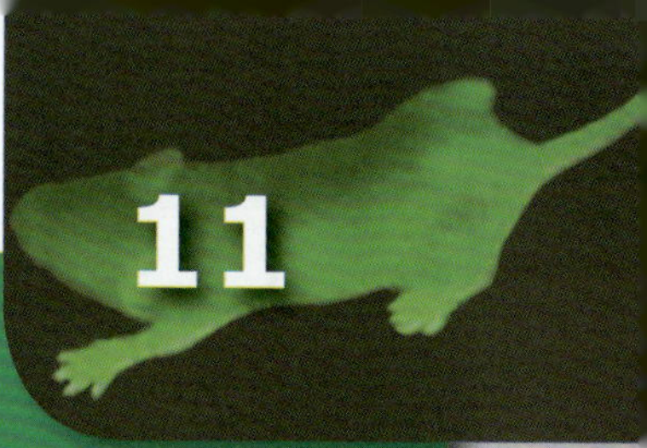

11

Animais Geneticamente Modificados

Ana Lúcia Brunialti Godard
Silvia Maria Gomes Massironi

No desenho de um protocolo experimental todas as variáveis precisam ser controladas. Isso significa a manipulação de apenas uma variável enquanto se mantêm as outras constantes na tentativa de interpretar as consequências de uma mudança. Seguem-se a isso a necessidade de repetições controladas e a análise estatística de resultados. Considerando o exposto, estabelece-se a necessidade do uso de linhagens geneticamente definidas e modificadas.

Os roedores constituem os principais modelos utilizados na pesquisa, apesar de diversos outros modelos animais também serem utilizados. Na realidade, nenhum modelo experimental apresenta as mesmas características que o homem, o que leva à utilização de diversos modelos que são geneticamente modificados.

Tipos de mutações – mutações espontâneas e induzidas

Mutações espontâneas em camundongos

As mutações espontâneas são as que surgem na ausência de um tratamento com um agente mutagênico conhecido, sendo fonte natural da variação genética. As mutações espontâneas surgem de diversas maneiras, incluindo erros na replicação do DNA, lesões espontâneas e elementos genéticos de transposição, mas também sabemos que sua ocorrência é muito rara (~5×10^{-6} por lócus).

Podemos citar como mutações espontâneas a mutação nude (nu/nu) e a mutação obese (ob/ob).

Mutações induzidas por radiação e agentes químicos

Como as mutações espontâneas ocorrem em uma baixa frequência, geneticistas de camundongos procuraram agentes mutagênicos para gerar novas mutações eficientemente. Com essa finalidade, a mutagênese por raios x foi explorada. Embora a frequência de mutagênese dos raios x (13×10^{-5} a 50×10^{-5} por lócus) seja de 20 a 100 vezes maior que a taxa de mutagênese espontânea, os raios x causam uma grande variedade de rearranjos cromossômicos, como inversão, deleções e translocações, que geralmente afetam vários genes. Do mesmo modo, o agente químico clorambucil também causa uma gama de rearranjos cromossômicos, mas com uma frequência de mutagênese maior (127×10^{-6} por lócus).[1]

Na década de 1970, os pesquisadores do laboratório Oak Ridge National, sob a liderança de Bill Russell, começaram a explorar sistematicamente o uso do agente mutagênico *N*-etil-*N*-nitrosoureia (ENU) para produzir novas mutações em camundongos.[2-6] Esses pesquisadores descobriram que o ENU introduzia mutações pontuais em células-tronco de espermatogônias a uma frequência de $\sim 150 \times 10^{-5}$ por lócus. Ainda, ENU é um agente de fácil administração, e os machos tratados com ENU podem ser usados para gerar progênies mutantes durante vários meses.

ENU causa mutações randômicas por troca de uma única base pela alquilação direta dos ácidos nucleicos. O grupo etil do ENU pode ser transferido a um oxigênio (preferencialmente em O_4-timina, O_2-timina ou O_2-citosina) ou a um nitrogênio nas moléculas de DNA. Durante a replicação do DNA esses pares de bases etiladas causam erro na identificação das bases e, desta maneira, a introdução de mutações pontuais. Eventualmente podem também ocorrer pequenas deleções.

A produção de novos mutantes através da mutagênese experimental é uma abordagem baseada na análise do fenótipo que possibilita a identificação de genes ainda não conhecidos, assim como a obtenção de novos alelos de genes já estudados (*phenotype-driven approach*). A mutagênese experimental apresenta-se como alternativa à produção de animais transgênicos que procura estudar a função de genes sequenciados, que podem ser modificados em laboratório (*genetic-driven approach*). Na realidade, ambas as abordagens são complementares ao invés de alternativas. O isolamento e a análise de genes responsáveis por doenças hereditárias contribuem para a elucidação de quadros patogênicos e consequentemente abrem caminho para o tratamento dessas doenças.

Mutações obtidas por manipulação do genoma

- Mutantes transgênicos: organismos que possuem em seu genoma uma sequência de DNA de origem exógena. A sequência exógena pode conter um ou mais genes que são expressos no organismo transgênico. As técnicas de transgênese são detalhadas em capítulo específico.

■ Manutenção das mutações das linhagens de roedores de laboratório

O rápido avanço na área das pesquisas biomédicas tornou indispensável a utilização de animais geneticamente padronizados, que permitem que os resultados experimentais, muitas vezes obtidos após a realização de experiências longas e onerosas, sejam reprodutíveis, fáceis de interpretar e, sobretudo, incontestáveis. Os responsáveis pelo biotério assumem, assim, um papel fundamental na manutenção dessas linhagens, uma vez que na maioria dos casos são eles os responsáveis pela manutenção das mutações (espontâneas ou provocadas por uma manipulação genética qualquer) e pelo controle genético das linhagens de roedores de laboratório.[7] Discutiremos aqui a manutenção das mutações.

Podemos classificar as mutações de várias maneiras:

- ❑ Em função de suas interações alélicas: mutações dominantes, recessivas, semidominantes, ligadas ao sexo etc.;
- ❑ Em função de suas origens: mutações espontâneas, mutações induzidas por tratamento com agentes mutagênicos (produtos químicos ou radiação) e mutações que são resultado de manipulações genéticas mais ou menos complexas;
- ❑ Em função do fenótipo mutante: mutações de coloração de pelagem, mutações com efeitos neuromusculares, com efeitos sobre o sistema imune etc.;
- ❑ Em função da viabilidade do fenótipo mutante: mutações letais ou viáveis, férteis ou estéreis em um ou em ambos os sexos.

Na prática, no nível da criação, há apenas três categorias de mutação, em função do protocolo utilizado para mantê-las. Vamos examiná-las em detalhe, a seguir.

O caso mais simples: a manutenção de um alelo recessivo, viável e fértil

Quando uma mutação recessiva (simbolizada por m) ocorre em uma linhagem isogênica (um caso relativamente frequente), pode-se estabelecer uma nova linhagem homozigota para o novo genótipo e propagar, assim, essa nova mutação paralelamente à linhagem original através do acasalamento entre progenitores homozigotos (m/m) para a nova mutação, geração após geração. A nova linhagem difere, portanto, da linhagem original apenas em um único lócus, como resultado da substituição do alelo original + pelo alelo mutante m. A esse tipo de linhagem dá-se o nome de linhagem isogênica mutante, e ao conjunto das duas linhagens assim obtidas, de linhagens coisogênicas.

Após várias gerações, as duas linhagens assim estabelecidas acabam por divergir uma da outra, tornando as comparações entre elas problemáticas. Para evitar essa divergência, é preferível, sempre que possível, manter-se a mutação sob a forma de uma única linhagem, através do cruzamento de animais heterozigotos +/*m* com parceiros homozigotos *m/m*. Uma linhagem como essa é chamada de segregante, e traz a vantagem de produzir a cada geração um mesmo número de fenótipos mutantes [m] (genótipo *m/m* e de selvagens [+] (genótipo +/*m*).

Um caso um pouco mais complexo: a manutenção de mutações dominantes que não alteram nem a viabilidade nem a fertilidade e a manutenção de linhagens transgênicas

De um modo geral, a primeira letra do símbolo das mutações dominantes é escrita em maiúscula, como por exemplo: Caracul (cromossomo 15) é simbolizado *Ca*. O alelo normal ou selvagem é simbolizado + e, mais raramente, $+^{Ca}$.

Se a mutação dominante é simbolizada por uma letra maiúscula *M*, é recomendável a manutenção do estoque que segrega para essa mutação através do cruzamento, a cada geração, de um indivíduo heterozigoto *M*/+ com um indivíduo normal +/+ (*M*/+ × +/+). Assim, cada casal produzirá em média um número igual de mutantes [M] (genótipo *M*/+) e de selvagens [+] (genótipo +/+); pode-se, ainda, ao menos em teoria, acasalar os heterozigotos entre si (*M*/+ × *M*/+), porém é preciso saber que a maioria das mutações dominantes é letal na forma homozigota. Nessa condição, os indivíduos portadores de genótipos *M/M* não nascem, e os portadores da mutação são reduzidos em ¼.

Uma mutação dominante é de fácil manutenção, uma vez que podemos ver o fenótipo a cada geração. No entanto, ela pode ser facilmente perdida, já que, no dia a dia, o fenótipo mutante influencia um pouco a viabilidade e/ou a fertilidade dos heterozigotos M/+. Portanto, é recomendável manter uma mutação desse tipo a partir de vários casais M/+ × +/+ e renová-los frequentemente.

Por analogia às recomendações para a manutenção de mutações recessivas, quando se deseja manter uma mutação dominante, é recomendável acasalar, a cada geração, um indivíduo mutante *M*/+ com um indivíduo +/+ pertencente a uma linhagem isogênica. Após um número de retrocruzamentos de no mínimo 10, obtêm-se então duas linhagens congênicas que diferem uma da outra somente por um gene (ou um número bem pequeno de genes).

O protocolo de manutenção de linhagens transgênicas apresenta muitas analogias com o protocolo que descrevemos para as mutações dominantes, quando um transgene (símbolo *Tg*) corresponde à adição artificial de um caractere genético novo. Em alguns casos, o animal transgênico (*Tg*/+) possui um fenótipo mais ou menos fácil de ser identificado, exatamente como ocorre com mutações dominantes. Ele se comporta, portanto, como um heterozigoto (é mais correto dizer hemizigoto nesses casos) para uma mutação dominante. Em outros casos, infelizmente, o animal transgênico *Tg*/+ não apresenta um fenótipo facilmente reconhecível, sendo então necessária a análise de DNA para detectar a presença ou ausência do transgene. Em geral, o laboratório criador do animal transgênico fundador propõe um teste que permite o reconhecimento dos animais *Tg*/+, seja indiretamente, através da busca do produto gênico do transgene ou de seus efeitos, seja diretamente, através da demonstração da presença no genoma do animal *Tg*/+ de um DNA exógeno.

Em geral, esse teste é realizado em uma porção de DNA preparada a partir de um fragmento de cauda e analisado por PCR. Observa-se que o resultado desse teste não indicará o número de cópias do transgene que o animal carrega, apenas sua presença ou ausência.

Uma vez que a linhagem transgênica se torna congênica, é interessante, quando possível, a introdução do transgene no estado homozigoto (*Tg/Tg*), pois o acasalamento dos homozigotos (*Tg/Tg*) entre si é mais econômico quanto ao espaço e, sobretudo, dispensa a tipagem de cada geração para o reconhecimento dos indivíduos portadores. Infelizmente, a introdução de uma inserção transgênica no estado homozigoto não é fácil de ser feita, por duas razões independentes: Primeiramente, é preciso saber que 8% dos transgenes são letais no estado homozigoto porque a inserção transgênica pode fortuitamente provocar uma mutação recessiva letal. Além disso, geralmente não é fácil distinguir, utilizando um teste prático ao nível de DNA, os animais *Tg/+* dos animais *Tg/Tg*, o que complica consideravelmente a análise dos *pedigrees*. Assim, o único método confiável é a realização de um teste de progênie, no qual se observa que os animais homozigotos *Tg/Tg*, ao contrário dos animais *Tg/+*, nunca dão origem a animais de genótipos +/+ quando acasalados com camundongos normais. Ao cruzar um macho *Tg/+* e uma fêmea *Tg/+*, ¼ dos descendentes obtidos será (teoricamente) *Tg/Tg*, se o transgene for viável no estado homozigoto. A probabilidade de estabelecer-se uma linhagem homozigota para o transgene ao cruzar-se (sem fazer a tipagem dos animais) indivíduos gerados pelo cruzamento ao acaso de descendentes de casais *Tg/+* × *Tg/+* é, *a priori*, de 1/16 (1/4 de probabilidade para que o macho seja *Tg/Tg*, × ¼ de probabilidade para que a fêmea seja também *Tg/Tg*). Ao tipar os animais ao nível do DNA, eliminam-se os +/+ e assim aumenta-se a probabilidade de criar a linhagem desejada para 1/9, que é um pouco melhor. Porém, a melhor estratégia consiste em identificar o mais rápido possível um macho *Tg/Tg* testando-se a progênie de todos os machos, provenientes de um cruzamento *Tg/+* × *Tg/+* e positivos em PCR. Se o transgene é viável no estado homozigoto, um macho em cada três originará somente descendentes *Tg/+* quando acasalados com fêmeas +/+, o que significa que seu genótipo é *Tg/Tg*. Esse macho pode então ser acasalado com várias fêmeas *Tg/?* (*Tg/Tg* ou *Tg/+*) e assim, na pior das situações, metade dos descendentes será *Tg/Tg* e a outra metade será *Tg/+*. Esse é, portanto, um modo mais adequado para a criação de animais transgênicos.

O caso mais complexo: a manutenção de um alelo recessivo acarretando, no estado homozigoto, a morte, a esterilidade ou dificuldades de reprodução

Os indivíduos que apresentam um fenótipo mutante (genótipo *m/m*) são algumas vezes afetados por manifestações patológicas que os tornam inutilizáveis para a reprodução, seja porque morrem antes da puberdade, seja porque a afecção hereditária que os atinge é direta ou indiretamente incompatível com o desenvolvimento normal da função de reprodução. É o caso, por exemplo, de mutantes neurológicos, tais como reeler (*rl*), staggerer (*sg*), de mutantes musculares, tais como distrofia muscular (*dy*), ou de mutantes anêmicos, tais como anemia (*an*). Em todos esses casos, os animais morrem sem precauções ou tratamento particulares, por volta da época de desmame. É também o caso de mutações com repercussões sobre o metabolismo, tais como obeso (*ob*) e diabetes (*db*), que levam à geração de adultos viáveis, porém estéreis nos dois sexos.

Para manter viável uma colônia de animais em que um alelo recessivo no estado homozigoto leva à esterilidade ou à morte, é necessário intervir, modificando o ambiente imediato dos animais afetados ou o sistema de acasalamento, sem o quê o alelo em questão seja perdido.

Modificações do ambiente imediato

Em certas condições, a intervenção do homem pode permitir a sobrevida de certos fenótipos mutantes durante períodos mais ou menos longos ou permitir ainda que animais normalmente incapazes de se reproduzir ou de criar sua progênie tenham uma descendência.

Modificação da alimentação

As modificações que se pode introduzir no regime alimentar são inúmeras e dependem, é claro, do conhecimento que se tem das malformações anatômicas ou dos distúrbios metabólicos ou fisiológicos do mutante considerado. Citaremos apenas alguns exemplos, como as restrições qualitativas (açúcares, gorduras) ou quantitativas da ração que permitem retardar o aparecimento da obesidade congênita em alguns mutantes (nonagouti; viableyellowA^{vy}), que permite eventualmente o desenvolvimento de machos férteis. Os pellets autoclavados são algumas vezes demasiadamente duros para serem consumidos por certos mutantes cujos dentes estão ausentes ou malformados (Tabby*Ta*, downlessd*l*, greylethal*gl* etc.). Um alimento pulverizado ou uma gelatina nutritiva permitirá corrigir esse inconveniente.

Os mutantes afetados por distúrbios neurológicos ou musculares graves frequentemente morrem de fome em virtude de sua incapacidade de obter o alimento do comedouro ou a água da mamadeira. Recomenda-se deixá-los a sós com uma mãe nutriz e pôr-lhes à disposição, durante as primeiras semanas de vida, uma gelatina nutritiva ou um alimento pastoso com alto teor energético.

Modificações do ninho

As fêmeas desprovidas de pelos (*hairless*, *hr*) ou de pelo rarefeito (Ragged*Ra*, nacktn*kt*, fuzzy*fz*) são muitas vezes incapazes de assegurar a proteção térmica de sua progênie, devendo-se então colocar na gaiola outras mães normais ou nutrizes, acrescentando-se apenas um ninho ou algodão (não hidrófilo!) que a mãe usará para aninhar os filhotes.

Adoção

Em casos em que a fase de aleitamento corre o risco de ser perturbada por qualquer razão, é sempre possível tentar a adoção dos recém-nascidos por uma ama de leite de coloração de pelagem diferente dos filhotes, de modo a possibilitar seu reconhecimento no desmame).

Transplantes de ovários e fecundação artificial

Certas mutações podem ser mantidas através do transplante de ovários de fêmeas mutantes para fêmeas receptoras normais da mesma linhagem (exemplo da linhagem DW – *dwarf* ou anão- gene Pou1f1^{dw}), quando é possível transplantar os ovários de camundongos fêmeas anãs *dw/dw* para receptoras +/*dw* ou +/+, o que permite a obtenção de embriões do ovário *dw/dw*. Pode-se também obter oócitos de fêmeas jovens mutantes pré-púberes e realizar em seguida uma fecundação artificial com espermatozoides obtidos de machos afetados pela mesma mutação ou de machos heterozigotos. Com o desenvolvimento das técnicas de criopreservação de gametas e de embriões, essa estratégia tornou-se rotina em alguns biotérios.

Modificações genéticas do sistema de criação

Acasalamento de heterozigotos

Quando os indivíduos com fenótipos mutantes são incapazes de se reproduzir, mesmo utilizando os meios descritos anteriormente, pode-se manter o alelo de interesse e propagá-lo de geração em geração acasalando entre si dois parceiros heterozigotos na progênie, a partir dos quais aparecerão novos mutantes. Exemplo: mutação nude (símbolo *nu* gene Foxn1^{nu}) acasalamento +/*nu* × +/*nu*.

Gametas	+	*nu*
+	+/+	+/*nu*
nu	+/*nu*	*nu/nu*

Um quarto dos indivíduos nascidos de um cruzamento entre heterozigotos +/*nu* × +/*nu* é mutante *nu/nu* [nu] e facilmente reconhecível; os outros indivíduos são de fenótipo selvagem [+], mas indistinguíveis do ponto de vista de seus genótipos (na realidade, 1/3 é +/+ e 2/3 são +/*nu*). Eles são então designados coletivamente pelo genótipo +/*nu*.

Na prática, são suficientes 10 gaiolas para manter com segurança um alelo mutante:

- ❑ 1 ou 2 gaiolas contendo progenitores testados (+/*m*);
- ❑ 4 ou 5 gaiolas contendo progenitores para serem testados (+/*m?*);
- ❑ 2 gaiolas de 3 machos [+](+/*m?*);
- ❑ 2 gaiolas de 3 fêmeas [+](+/*m?*).

Todas são provenientes de um casal testado segundo a regra: um casal de progenitores testados deve ser conservado até que a substituição esteja assegurada por um casal mais jovem.

Se acasalarmos gerações após gerações os indivíduos de fenótipo selvagem provenientes de pais testados, após um certo tempo criaremos uma linhagem consanguínea que deriva da linhagem inicial em consequência particularmente de mutações espontâneas e que tendem a separar-se cada vez mais. Essa situação não é prejudicial à experimentação quando se limita a comparar o indivíduo mutante e o testemunho [+]. Quando se quer comparar dois mutantes diferentes entre si, é preciso ter um testemunho em comum, sendo necessário proceder então à realização de retrocruzamentos sucessivos com uma linhagem isogênica.

O sistema de manutenção que acabamos de descrever e que consiste em acasalar entre si heterozigotos oferece uma grande segurança. Por outro lado, ele é trabalhoso e pouco rentável, já que uma grande proporção de casais novos não produz fenótipos mutantes [*m*]. Para otimizar esse sistema de manutenção, quando possível, podemos utilizar métodos moleculares, que auxiliarão na escolha dos casais portadores da mutação. Para tanto, a alteração no DNA que gerou o fenótipo deve ser conhecida. De posse dessa informação, podemos gerar um sistema de diagnóstico molecular para a escolha dos progenitores. Esse é o caso, por exemplo, das linhagens geneticamente modificadas.

A manutenção de mutações produzidas por "engenharia genética"

Antes de concluir esta seção, e para reforçar essa questão, devemos examinar novamente o caso das mutações produzidas por engenharia genética *in vitro*, normalmente chamados *knockouts*. Na maioria dos casos os *knockouts* são alelos recessivos, não funcionais. Eles são produzidos pela interrupção da sequência codificante de um gene por uma outra sequência, conhecida pelo investigador, que impede a transcrição normal do gene-alvo, levando assim à geração de um alelo não funcional (em inglês: *null alele*). As mutações *knockouts* são de vários tipos, mas nenhuma tem um fenótipo facilmente identificável. Algumas vezes esse fenótipo é muito severo e provoca a morte embrionária dos homozigotos em um estágio muito precoce, enquanto outras vezes não há nenhum fenótipo detectável. Como exemplo, podemos citar os camundongos nos quais o gene da vimentina (Vim), proteína que compõe o citoesqueleto das células, foi interrompido por *knockout* (Vim-/Vim-), e que não demonstram nenhum fenótipo, por mais surpreendente que isso possa parecer. É, portanto, necessária, nesse caso, a manutenção do gene mutado (Vim-) sem poder contar com o reconhecimento de seu fenótipo. A única solução é a de identificação, diretamente ao nível de uma amostra de DNA, da alteração molecular realizada *in vitro* pelo experimentador responsável pela realização da inativação do gene. Nesse caso, é, em geral, bastante fácil reconhecer o alelo mutante do alelo normal por meio de um ensaio de PCR. Os camundongos de interesse para a manutenção da linhagem Vim- são aqueles que carreiam os dois alelos (Vim+/Vim-) e que são positivos para os dois testes de PCR. De fato, na prática cotidiana, a manutenção de mutações por *knockout* não é um grande problema, uma vez que se faz normalmente com a colaboração do laboratório interessado pela mutação. De um modo geral, se uma mutação recessiva é de difícil manutenção, devemos ressaltar que, quando não se pode identificar os animais portadores (+/m) pela ausência de um fenótipo diferente dos normais (+/+), por outro lado é difícil de perdê-la, uma vez que o alelo mutante, em geral, não influencia a viabilidade e/ou a fertilidade dos heterozigotos.

Considerações gerais

Bem-estar de animais geneticamente modificados

A manipulação genética de animais tem como resultado caraterísticas previsíveis ou não, que podem afetar seu bem-estar.[8] A observação de animais fundadores (primeiros filhotes resultantes da manipulação genética) deve ser feita por extensos períodos, começando no seu nascimento. As mesmas observações devem ser realizadas nos cruzamentos para mudança do *background* genético. A implementação de um protocolo de bem-estar para a manutenção de animais geneticamente modificados ou não é prática recomendável aos biotérios.

Dados da produção de animais geneticamente modificados

Dados da produção devem ser registrados também para animais geneticamente modificados. Os índices de produtividade e prolificidade fornecem informações uteis sobre a renovação de casais na colônia. Dados como tamanho da ninhada, taxa de desmame, intervalo entre partos e proporção de machos e fêmeas desmamadas são essenciais para o planejamento e a renovação de colônias.

Informações sobre as linhagens fornecidas

Recomenda-se que sejam disponibilizados aos pesquisadores usuários do biotério dados acurados das linhagens produzidas/fornecidas. Esses dados devem incluir origem dos animais, nomenclatura correta de cada linhagem, características fenotípicas e resultados da genotipagem, pelo menos dos casais parentais.

Importância da genotipagem de animais de laboratório

O constante aumento do número de modelos geneticamente modificados disponíveis torna fundamentais a coleta apurada de informações sobre cada linhagem e o estabelecimento de métodos reprodutíveis e confiáveis para seu monitoramento genético. Os métodos utilizados para genotipagem estão descritos em outro capítulo deste livro. Cabe aqui ressaltar a real importância do monitoramento não apenas do gene modificado como também do *background* genético de cada linhagem produzida. Muitas linhagens são geradas em *background* genético híbrido e posteriormente são feitos cruzamentos para estabelecer o *background* genético desejado (normalmente C57BL/6). É importante ressaltar que o *background* genético desejado só é obtido após 10 gerações de retrocruzamento.

Identificação de camundongos geneticamente modificados

A identificação de camundongos geneticamente modificados é necessária sempre que a genotipagem de cada indivíduo deve ser realizada.[9] O mesmo se aplica a situações experimentais em que cada indivíduo é acompanhado separadamente. Na Tabela 11.1 estão listados os principais métodos utilizados rotineiramente.[10]

Tabela 11.1
Métodos sugeridos para a identificação de roedores

Método	Permanente/ temporário	Treinamento técnico	Número de códigos	Idade de aplicação	Observações
Pintura da pelagem	T	Não	10/cor	A partir de 2 semanas	Aplicável somente em animais de pelagem clara

Continua

Continuação

Tabela 11.1 Métodos sugeridos para a identificação de roedores					
Método	**Permanente/ temporário**	**Treinamento técnico**	**Número de códigos**	**Idade de aplicação**	**Observações**
Brinco	T	Sim	Infinitos	Ao desmame	Pode ser muito pesado para camundongos
Tatuagem na orelha ou cauda	P	Sim	Centenas	Ao desmame	Procedimento que causa dor na aplicação. Considerar uso de anestésico
Microchip	P	Sim	Infinitos	Depende do tamanho do animal	Procedimento que causa dor na aplicação. Considerar uso de anestésico
Furação orelha	P	Sim	Centenas	Ao desmame	Procedimento que causa dor. A pele cortada pode ser usada no controle genético

Adaptada[10] de Rose et al., 2013.

Implicações na geração de animais geneticamente modificados

Vários métodos têm sido desenvolvidos e aplicados para a geração de animais geneticamente modificados. De todo modo, para a geração de uma linhagem geneticamente modificada um grande número de animais precisa ser utilizado, apesar de geralmente seu uso ser visto com um refinamento na pesquisa. Aspectos éticos devem ser considerados, uma vez que os modelos gerados podem apresentar alterações fisiológicas ou comportamentais que afetam o bem-estar do indivíduo ou seu convívio social.

Considerações sobre técnicas usadas para a geração e a manutenção de animais geneticamente modificados

Diferentes técnicas de produção de animais geneticamente modificados podem ser utilizadas, dependendo da espécie e do tipo de modificação requerida. O uso de mutantes condicionais ou induzíveis, por exemplo, pode minimizar os impactos da mutação sobre os animais.

O biotério deve ser adequado para a criação de animais geneticamente modificados, seguindo normas de biossegurança de OGMs e garantindo que não haja contaminação que possa comprometer os animais. Muitos dos mutantes desenvolvidos apresentam deficiências imunológicas, podendo ser suscetíveis a patógenos que não causam sintomas visíveis em animais selvagens. Com a introdução de AGMs nos biotérios, alguns patógenos dados como não existentes em biotérios foram novamente encontrados graças principalmente à maior suscetibilidade desses modelos animais.

A equipe técnica do biotério deve ser preparada para cuidar de AGMs que podem apresentar comportamentos alterados e requerimentos especiais na criação. Algumas mutações precisam ser mantidas em heterozigose ou hemizigose, gerando, além de homozigotos, animais selvagens que se não forem utilizados como controle serão excedentes de produção. Sempre que possível, recomenda-se manter as mutações em homozigose e criopreservadas para evitar a perda da linhagem.

Referências Bibliográficas

1. Russel LB, Hunsicker PR, Cacheiro NLA, Bangham JW, Russel WL. Chlorambucil effectively induces delections mutations in mouse germ cells. Proc Natl Aca Sci USA 1989; 86 (10): 3704-3708.
2. Justice MJ, Noveroske JK, Weber JS, Zheng B, Bradley A. Mouse ENU mutagenesis. Hum Mol Genet 1999; 8(10):1955-1963.
3. Justice MJ. Mutagenesis of the mouse germline. In. Jackson I, Abbott C, eds. Mouse Genetics and Transgenics: A Practical Approach, Oxford: Oxford University Press, 2000. p.299.
4. Noveroske JK, Weber JS, Justice MJ. The mutagenic action of N-ethyl-N-nitrosourea in the mouse. Mammalian Genome 2000; 11:7.
5. Russel WL, Kelly EM, Hunsicker PR, Bangham JW, Maddux SC, Phipps EL. Specific locus test shows ethylnitrosourea to be the most potent mutagen in the mouse. Proc Natl Aca Sci USA 1979; 76: 5818-5819.
6. Shibuya T, Morimoto K. A review of the genotoxicity of 1-ethyl-1-nitrosourea. Mutation Research 1993; 297: 03-38.
7. Breeding Strategies for Maintaining Colonies of Laboratory Mice. A Jackson Laboratory Resource Manual. http://ko.cwru.edu/info/breeding_strategies_manual.pdf.
8. Hawkins P, Morton DB, Burman O, Dennison N, Honess P, Jennings M, Lane S, Middleton V, Roughan JV, Wells S, Westwood K. A guide to defining and implementing protocols for the welfare assessment of laboratory animals: eleventh report of the BVAAWF/FRAME/RSPCA/UFAW Joint Working Group on Refinement. Laboratory Animals 2011; 45: 1–13.
9. Dahlborn K, Bugnon P, Nevalainen T, Raspa M, Verbost P, Spangenberg E. Report of the Federation of European Laboratory Animal Science Associations Working Group on animal identification. Laboratory Animals 2013; 47: 2–11.
10. Rose M, Everitt J, Hedrich H, Schofield J, Dennis M, Scott E, Griffin G. ICLAS Working Group on Harmonization: International guidance concerning the production care and use of genetically-altered animals. Laboratory Animals 2013; 47(3) 146–152.

Parte IV

Espécies Convencionais de Animais de Laboratório

12

Camundongo de Laboratório

Gui Mi Ko
Rosália Regina De Luca
Gabriel Melo de Oliveira

■ INTRODUÇÃO

O camundongo é conhecido pelo homem há milênios, sendo utilizado em pesquisa científica já no século XVII, quando em 1664 o eminente microbiologista Dr. Robert Hooke utilizou esse animal nos seus estudos em doenças infecciosas.[1] Entretanto, com a utilização dos camundongos nos estudos genéticos de demonstração da aplicação das leis de Mendel na herança dos mamíferos no início do século XIX, os camundongos transformaram-se em um dos mais importantes animais de experimentação.

O ancestral do camundongo doméstico é, sem dúvida, de origem do Centro da Ásia. A espécie *Mus musculus* é representada no Velho Mundo por várias espécies entrecruzadas e suas variedades naturais. No Norte da África e na Síria, é encontrada a subespécie *M. musculus gentilis,* mais esbranquiçada e pálida. *M. musculus,* do sudeste da Europa, é mais escura em geral do que a do norte da Europa, e parece que o animal se tornou mais escuro que o estabelecido no México e na América do Sul por causa da colonização pelos europeus do sul, ao passo que o modo mais claro é mais comum nos Estados Unidos e no Canadá.[2]

Abbie C. E. Lathrop, uma professora aposentada, por volta de 1900, mudou-se para uma fazenda ao redor de Granby, Massachusetts, e teve a ideia de criar pequenos animais para venda como animais de estimação. Ela forneceu camundongos para vários laboratórios de pesquisa, mesmo os distantes, como em St. Louis e Nova York, e próximo, como o Instituto Bussey, de Boston, dirigido por William Ernest Castle, da Universidade de Harvard. Os camundongos de laboratório criados e usados por Lathrop e Castle são os ancestrais da maioria das linhagens utilizadas nas pesquisas da atualidade.[3]

Clarence Cook Little, um estudante de Harvard, começou a estudar a herança da cor da pelagem em camundongos, sob a orientação de William Ernest Castle, em 1907. Dois anos mais tarde, ele obteve um par de camundongos que carregava os genes recessivos para a cor de pelagem de diluição (D), marrom (B) e não agouti (A). Durante os anos seguintes, ele acasalou os descendentes desse casal entre irmão e irmã, por mais de 20 gerações, com a seleção dos animais vigorosos, criando assim a primeira linhagem de camundongo *inbred*, que ele chamou de DBA. Mais tarde, foi chamado dba, com letras minúsculas, referindo-se aos três genes recessivos, e depois de 1950 tornou a ser escrito com letras maiúsculas. Litlle estava interessado em estudar doenças neoplásicas. Em 1918, com seus novos colegas, incluindo Leonell C. Strong e E. Carleton MacDowell, foram desenvolvidas as linhagens *inbred* mais famosas, como C57BL/6, C57BL/10, C3H, CBA e BALB/c. O Laboratório Jackson, em Cold Spring Harbor, Maine, foi inaugurado em 1929, e Litlle foi seu primeiro diretor. As relações entre as linhagens e famílias das linhagens de camundongos[4] são mostradas na Figura 12.1.

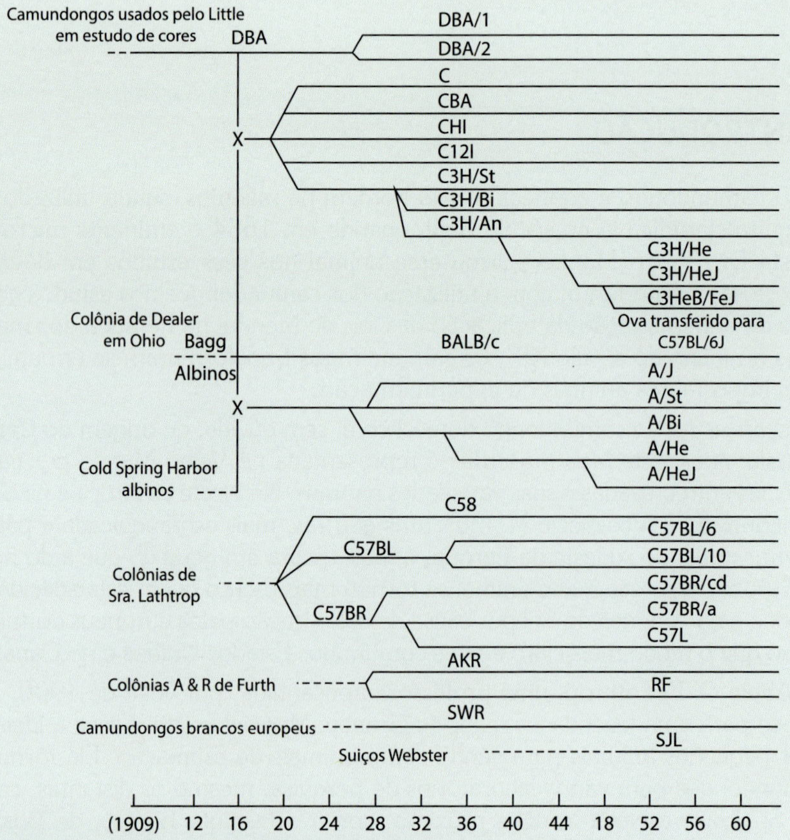

Figura 12.1 – *Relações entre as linhagens e famílias das linhagens de camundongo. Fonte: Staff, 1966.*

Os camundongos albinos suíços (Swiss), amplamente distribuídos, em grande parte não *inbred*, têm sua origem principalmente de dois machos e sete fêmeas de Clara J. Lynch, do Instituto Rockefeller, obtidos a partir de A. de Coulon de Lausanne em 1926. O estoque inicial provavelmente veio de Paris. Descendentes desses camundongos foram distribuídos para outros laboratórios e criadores comerciais.[4]

A genealogia das linhagens de camundongos *inbred* está bem documentada. Para explorar ainda mais essas relações, Petkov e colaboradores[5] procuraram reconstruir as relações filogenéticas entre as 102 linhagens *inbred* e derivadas do selvagem, utilizando um conjunto de marcadores SNP (do inglês *Single Nucleotide Polimorphism*) (Figura 12.2).

Atualmente, uma extensa literatura de dados de camundongos de laboratório está continuamente disponível, dando subsídios para utilização como modelo de várias doenças humanas e possibilitando seu amplo estudo e a obtenção da cura. A Mouse Genome Informatics (MGI) Database (http://www.informatics.jax.org) representa uma fonte de acesso pública de fornecimento de informações integradas curadas de dados da genética e genoma com a função e fenótipo de milhares de mutações de gene em camundongo e serve como um catálogo abrangente para modelos de camundongos de doenças humanas.[6]

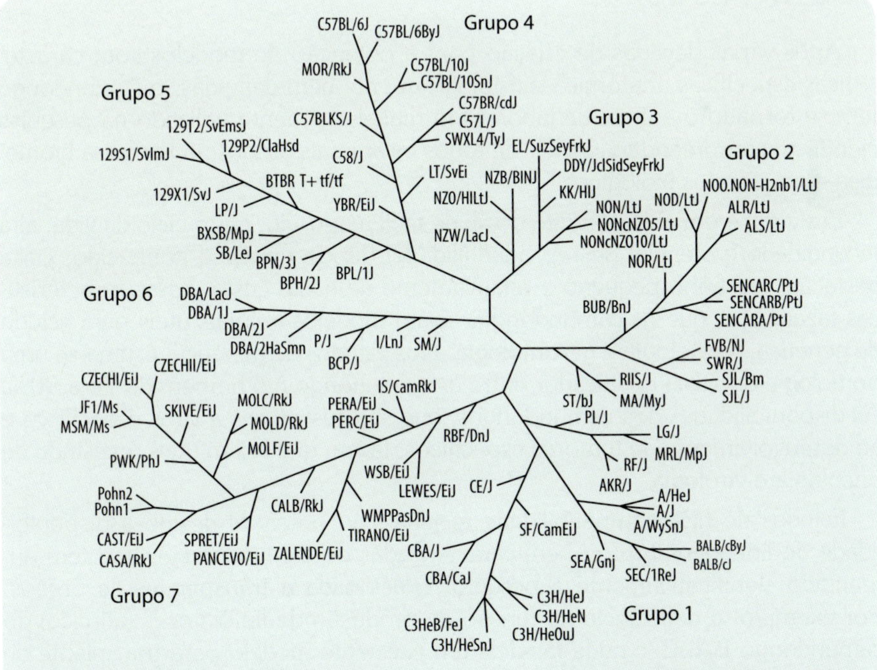

Figura 12.2 – *Árvore genealógica de linhagem de camundongos: As 102 linhagens de camudongos testadas foram organizadas em sete grupos. Grupo 1, albinos derivados do Bagg; Grupo 2, camundongos suíços; Grupo 3, linhagens do Japão e da Nova Zelândia; Grupo 4, linhagens C57/58; Grupo 5, os camundongos de William E. Castle; Grupo 6, linhagens de Clarence C. Little, DBA e afins; Grupo 7, linhagens derivadas do selvagem. Fonte: Petkov, 2004.*

■ TAXONOMIA

O camundongo de laboratório é um mamífero da família *Muridae*, subfamília *Murinae,* da ordem *Rodentia* e gênero *Mus*. Seu nome científico é *Mus musculus*. Porém, devido à grande diversidade, as relações filogenéticas entre as diferentes espécies dessa ordem foram um assunto de controvérsia por muitos anos, especialmente quando marcadores morfológicos eram os únicos critérios disponíveis para estabelecer a filogenia. Atualmente, com o uso de vários marcadores genéticos (principalmente o DNA) e com as referências disponíveis da sequência genômica completa de numerosos genes ortólogos (homólogos de sistemas biológicos diferentes), a situação está bem elucidada. Assim, podemos afirmar que os camundongos do complexo *Mus musculus* são intimamente aparentados. Eles têm suas origens evolutivas no subcontinente da Índia, mas estão agora espalhados nos quatro continentes.

Os representantes mais bem conhecidos do complexo são as três subespécies: *Mus m. domesticus*, comum no oeste da Europa, África e Oriente Próximo e transportado pelo homem para as Américas e Austrália; *Mus m. musculus*, cujo hábitat se estende da Europa oriental ao Japão, através da Rússia, e China setentrional, e *Mus m. castaneus*, que é encontrado de Sri Lanka e no Sudeste Asiático, incluindo o arquipélago indo-malaio.[7]

USO NA PESQUISA

Após várias décadas de criação para a obtenção de modelos com características específicas anatômica e fisiologicamente bem-definidas, o camundongo tem se tornado o animal de laboratório mais largamente utilizado na pesquisa cientifica, compreendendo 67% de todos os animais usados na pesquisa biomédica e em ensaios biológicos.[8]

Em geral é um animal muito dócil, de fácil manuseio, curto ciclo de vida, alta fecundidade (potencial de reprodutibilidade), fundo genético conhecido, curta gestação, tamanho pequeno e relativamente de baixo custo. Essas características fazem com que os camundongos sejam modelos animais úteis para estudo de genética, teratologia e gerontologia. Nos estudos de genética, estima-se uma homologia do DNA codificador entre o camundongo e o homem de 70 a 90%. As disponibilidades dos camundongos, que são suscetíveis a vírus específicos e ao desenvolvimento de tumores específicos, fazem que sejam úteis no estudo de oncologia e virologia.

Estudos de histocompatibilidade tecidual são possíveis devido à disponibilidade de linhagens *inbred* bem-caracterizadas de camundongos. Isso tem aumentado significativamente a pesquisa relacionada a transplantes de órgãos. Por exemplo, a deficiência na função de produção de linfócitos T (atímico) do camundongo BALB/c nude faz dele um excelente modelo para transplante de tecidos, que não rejeita xenógrafos e alógrafos de tecidos normais e malignos. Os tecidos de BALB/c nude podem ser transplantados nesse caso em camundongos BALB/c normais (Figura 12.3).

Vários prêmios Nobel foram concedidos a pesquisadores cujos trabalhos de pesquisa provavelmente não poderiam ter sido realizados sem linhagens de ca-

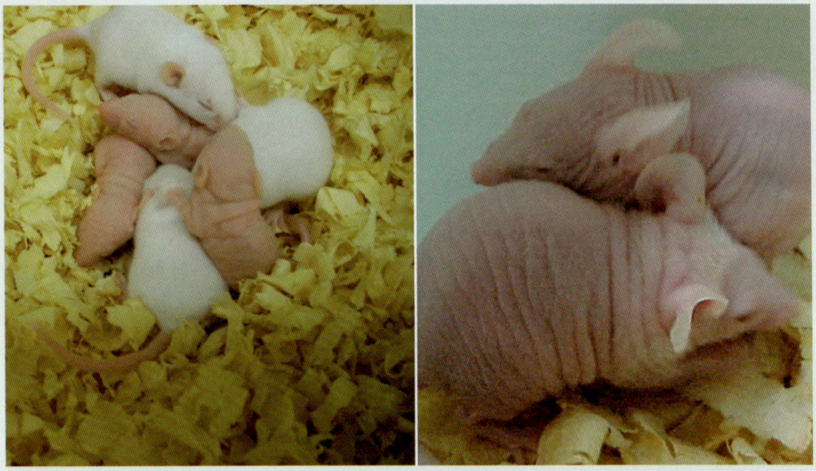

Figura 12.3 – *O gene recessivo autossômico nude em camundongos homozigotos (nu/nu) causa perda de pelo e um timo anormal. Os animais heterozigotos (nu/+) carregam o gene nude recessivo somente em um único cromossomo e possuem timo normal e pelo. O sistema de acasalamento normalmente é entre macho homozigoto (nu/nu) e fêmea heterozigoto (nu/+).*

mundongos *inbred*. Um exemplo é o uso de camundongos *inbred* no trabalho de George Snell, que ganhou o prêmio Nobel realizando a dissecção da biologia do complexo de histocompatibilidade-2 do camundongo e desenvolvimento da metodologia de retrocruzamentos, que é atualmente uma importante ferramenta nos estudos de mapeamento genético.[9]

Camundongos são também usados nos testes toxicológicos e carcinogênicos, nos quais são necessários dados de um grande número de animais, observando que sempre devem atender os requisitos estabelecidos dos testes de drogas. Camundongos são também usados nos estudos de diabetes, doenças renais, comportamento, obesidade e uma variedade de doenças autoimunes, uma vez que já foram descritas centenas de camundongos com mutações que geram, por exemplo, obesidade (com ou sem diabetes), ausência de pelagem, nanismo, defeitos esqueléticos, defeitos na visão, defeitos na audição, anemia e desordens metabólicas, neuromusculares e principalmente imunológicas.

Os modelos animais, por mais úteis e numerosos que sejam, têm seus limites. Entretanto, camundongos são indispensáveis no estudo das doenças genéticas humanas, pois permitem, por exemplo, o estudo da patologia de uma síndrome ao longo do tempo, no desenvolvimento de terapias gênicas, na descoberta de novos genes que podem ser uma fonte para novos medicamentos, e/ou dos genes modificadores, que têm papéis determinantes na gravidade de um fenótipo e que constituem novos alvos para novos tratamentos. Além disso, o camundongo tem relevância como modelo porque seu genoma pode ser facilmente manipulado para estudo da função do gene ou para mimetizar estados de doença.[10]

A longa história de criação de camundongos tem resultado na disponibilidade de literalmente milhares de colônias e linhagens de camundongos e ambos são usados na pesquisa. Os camundongos *inbred*, *outbred*, híbrido, *knockout*, transgênicos ou mutantes (Figura 12.4) estão disponíveis comercialmente em vários laboratórios de referência internacionais. A nomenclatura e os métodos utilizados para confirmar a genética das linhagens de camundongos são descritos no Capítulo 19, Genética de Animais de Laboratório.

Figura 12.4 – *Linhagens e colônia de camundongos utilizados na pesquisa: BALB/c GFP (A1); obeso B6.V-Lep^{ob} e seu irmão normal (B1 e B2); camundongo suíço, C57BL/6, BALB/c adultos (B1, B2 e B3, respectivamente); C57CD 28 KO (C); ninhada de BALB/c (D).*

O uso responsável de animais na pesquisa biomédica obrigatoriamente consiste em conhecer as características biológicas e os requisitos de criação da espécie a ser utilizada.

COMPORTAMENTO

Em geral, a personalidade do camundongo é ativa, social e amedrontada. Uma das características sociais do camundongo é a imitação. Desde filhotes (a partir do 17º dia de vida) podemos observar a capacidade dos indivíduos de realizar as mesmas atitudes dos pais e também dos irmãos. As atividades mais incidentes em camundongos em biotério são a exploração do ambiente, procura por alimento, repouso, auto-higienização e contato físico. A incidência dessas atividades pode variar entre as linhagens, idades e agrupamentos sob as mesmas condições controladas de um biotério.[11]

A audição apurada dos camundongos faz com que eles tenham alta sensibilidade a ultrassons, e ruídos de pico ou súbitos induzem uma resposta de estresse que tem sido empiricamente relatada como aumento do canibalismo dos filhotes pelas suas mães. A visão pobre dos camundongos faz com que eles sejam incapazes de detectar determinadas cores, e a luz vermelha é frequentemente usada para observar os animais durante o ciclo de escuridão.

Camundongos normalmente demonstram comportamento de fazer ninho e toca, e consequentemente o material para cama que encoraje tal comportamento deve ser fornecido em abundância. Esses comportamentos também servem para ajudar o camundongo a manter a sua temperatura corpórea. Eles são bastante curiosos e podem tornar-se habilidosos para escapar de suas gaiolas.

A comunicação de camundongos em biotério

A comunicação social em roedores é primordiamente baseada no sentido do olfato pela percepção de odores ou também chamados feromônios. Esses odores, com função social, são produzidos na urina ou pela secreção de glândulas odoríferas distribuídas ao longo do corpo e podem ser voláteis e não voláteis. Além da capacidade de produção desses odores, é imprescindivel que haja um sistema de reconhecimento para esses cheiros.[12]

O sistema olfativo acessório, que inclui o órgão vomeronasal e o bulbo olfatório acessório, é responsável em grande parte pela sinalização não volátil, enquanto o sistema olfativo principal recebe os sinais voláteis. Apesar de os feromônios de mamíferos serem classicamente associados na ativação do sistema olfativo acessório, estudos recentes atribuem aos feromônios ativação do sistema olfativo principal. A sinalização química estimulada pelos feromônios possui inúmeras vantagens em termos de comunicação social e outras modalidades sensoriais. Além disso, ela possui uma produção com baixo custo de gasto energético, e pode continuar a emitir o sinal mesmo após o animal ser transferido para outro local.[13]

A atitude de *sniffing* (cheirar o focinho ou a região urogenital entre os indivíduos) é curiosamente maior em grupos na presença de agressões do que em grupos harmônicos. A frequência dessa atitude aumenta imediatamente após os episódios de brigas, lutas e mordidas entre os indivíduos. Essa observação sugere que haja a necessidade de reorganizar a identificação entre os indivíduos através da comunicação olfativa entre os animais do grupo.

Muitas espécies utilizam a urina ou marcos físicos, como pedras, quando estabelecem os limites de fronteiras, e camundongos certamente fazem uso de odores da urina e marcos físicos para reconhecimento de suas fronteiras. O senso bem desenvolvido de olfato é usado para detectar feromônios usados na interação social. Os efeitos dos odores de camundongos podem basicamente alterar comportamento, particularmente comportamento reprodutivo (descrito mais adiante em reprodução) e também agressivo.

A audição apurada dos camundongos permite comunicação entre eles por ultrassons. Os camundongos jovens emitem ultrassons de aproximadamente 70 kHz, e machos adultos emitem sons em resposta a estímulos que emanam das fêmeas. Esses estímulos parecem ser induzidos pelo odor e servem para mediar a atividade sexual entre camundongos machos e fêmeas.[14,15]

Camundongos, como a maioria das outras espécies, têm um ritmo circadiano. O padrão de ciclo de claro/escuridão geralmente é de 12 horas claro e 12 horas escuro (12/12). Esse ciclo de luz pode ser aumentado (14 horas) para atender as necessidades especiais da pesquisa. Camundongos são animais de hábitos noturnos. O camundongo no ambiente noturno, com ciclo de luz/escuridão regular, expressa maior atividade locomotora, comportamento exploratório e agressivo (escalamento da tampa), consumo de alimento e água (embora não exista total concordância neste ponto), excreção de fezes e urina e limpeza corporal durante as horas de escuridão. Segundo alguns autores,[16,17] o camundongo, diferentemente do rato, é um alimentador diurno, consumindo a maioria da sua alimentação durante o período de luz, com exceção para esse padrão de alimentação nas linhagens de camundongo com fenótipo de obesidade.[16]

Existem diferenças nos parâmetros comportamentais entre linhagens e colônias de camundongos.[18] Os padrões de atividade locomotora específica da linhagem em geral refletem nas temperaturas corpóreas internas e na frequência cardíaca. Foi observado que o comportamento agressivo contra intrusos durante o período de escuridão é aproximadamente duas vezes maior que o visto no período de luz.[19] A influência do ciclo de luz/escuridão nas fases do ciclo estral de camundongo está descrita mais adiante, em reprodução.

Comportamento sexual

No estudo de comportamento sexual, o acasalamento dos camundongos é observado durante a noite, e pode ser descrito sumariamente como:

a. perseguição: demonstração insistente de interesse pelo macho, buscando o contato físico e cheirando o corpo da fêmea, principalmente a região genital;
b. montagem: busca pela posição de coito e montagem no quarto traseiro da fêmea;
c. aceite: com a permissão da fêmea, ela levanta a base da cauda, expondo a vulva, e coloca a cauda para o lado;
d. intromissão: após a primeira tentativa aceita pela fêmea, o macho repete o coito por diversas vezes até a exaustão;

e. autolimpeza: após cada cópula, macho e fêmea realizam a auto-higienização dos seus órgãos genitais, antes de iniciar uma nova tentativa. Os nascimentos são observados durante a madrugada. O tempo de duração para se completar o parto dependeu basicamente do tamanho da prole e da habilidade do casal em cuidar dos recém-nascidos.[20]

Comportamento de hierarquia social

Camundongos que são mantidos agrupados na maioria das vezes desenvolvem uma hierarquia social. Machos adultos frequentemente brigam, mas os que foram agrupados logo depois do desmame coexistem pacificamente. Entretanto, em algumas linhagens de camundongo (por exemplo, BALB/cJ, SJL/J e HRS/J), os machos podem começar a brigar entre 7 e 10 semanas de idade ainda que mantidos em grupos formados logo após o desmame. O agrupamento de machos removidos da reprodução resultará em brigas severas entre eles. Fêmeas raramente brigam, mesmo quando agrupadas quando adultas, exceto para defender seus filhotes. Ferimentos na cauda indicam sinal de agressão entre companheiros de gaiola. Brigas podem ser relacionadas com o estabelecimento de hierarquia e defesa de território. Entretanto, existe outro comportamento mais comum, em que um camundongo estabelece uma posição de dominância puxando o pelo da face e do corpo dos outros animais do grupo. Esse comportamento é referido como *barbering,* que constitui uma perda local de pelo sem feridas com uma margem bem-definida entre as áreas sem e com pelo normal (Figura 12.5). O camundongo dominante, que inflige aos subordinados essa ação de *barbering*, não apresenta perda de pelo. Apesar desse comportamento de dominância, descrito detalhadamente a seguir, deve-se entender que camundongos são animais sociais e vivem bem se mantidos em grupos compatíveis.

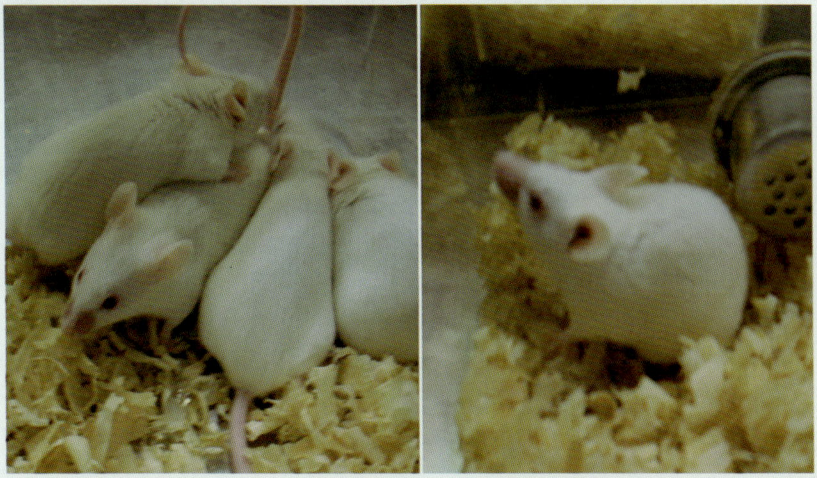

Figura 12.5 – *Camundongo BALB/c dominante puxa o pelo da face dos outros animais do grupo (e, às vezes, das outras áreas do corpo), mantendo a dele intacta (*barbering*).*

A interação entre os camundongos apresenta formação de uma estrutura hierárquica de elementos em ordem de importância pela dominância. Esta é determinada pela competição com ou sem uso de agressões. Hierarquias de dominância podem ser despóticas ou lineares. Na hierarquia despótica, apenas um indivíduo é o dominante, e os demais igualmente submissos. Na hierarquia linear, há uma relação de dominação entre os indivíduos do grupo.[21] As dominâncias dos indivíduos não são fixas e podem mudar dependendo de vários fatores como idade, sexo, peso e habilidade social e agressividade. Em algumas espécies a diminuição da fertilidade é um dos principais motivos de deslocamento do *status* social.[22]

Em relação aos camundongos, principalmente machos adultos, foi caracterizada uma hierarquia com tendência a dominância despótica. Quando agrupados em idades muito jovens, logo após desmame, desenvolvem uma relação fraternal entre os indivíduos. Deste modo, mesmo que haja indivíduos com alterações de comportamento, como compulsões (pular na grade ou andar em círculo pela caixa) e a tentativa insistente de realizar o coito em outros indivíduos machos, há uma complacência entre os indivíduos ou a presença de uma hierarquia linear ou a ausência do estabelecimento de uma estrutura hierárquica.[23]

A dominância possui como objetivo principal exclusividade de território. Em relação à alimentação, o acesso exclusivo a ela tem uma importância estratégica. Apesar de o dominante ter acesso exclusivo ao território com oferta de alimentos somente para si, manter sua dominância requer um alto gasto de energia, contínuo e constante. Deste modo, até a estabilização e a fixação da dominância observamos, ao longo de semanas, queda de peso de todos os outros indivíduos do grupo e no dominante, ao invés de ganho, como poderia ser esperado. Somente após a estabilização se observa o ganho do peso dos indivíduos, principalmente do dominante. Outro ponto interessante é que há uma "proteção" do dominante com seus semelhantes[22] (ou amigos fraternos).

Em camundongos não é possível observar a presença de mais de um dominante, porém, pela sua alta dinâmica, essa dominância pode ser substituída em questão de dias. Os animais dominantes, principalmente os mais agressivos, tendem a ter um perfil mais hiperativo (similar a ansiedade) e os subordinados, um perfil hipoativo[24] (similar a depressão).

Num estudo de reagrupamento de camundongos machos adultos de colônia Swiss Webster observou-se uma estrutura hierárquica composta de:

a. Dominante: animal líder, que exerce sua dominância através de agressividade de variável intensidade;

b. Neutros: são indivíduos que estão presentes no grupo, porém em todo o tempo de observação não agridem o dominante e nem são agredidos pelo dominante;

c. Subordinados: são indivíduos que sofrem as agressões do dominante, porém buscam fugir dos ataques;

d. Subordinado alvo: normalmente é apenas um indivíduo que sofre até 90% dos ataques do dominante. Não sabemos exatamente o motivo dessa preferência, mas algumas hipóteses são possíveis:

1. é um disputante a dominância ou foi dominante e é regularmente agredido pelo dominante para manter sua posição social sem ameaças;
2. apresenta algum fator (feromônio) que incita o dominante a agredi-lo;
3. não possui capacidade de se defender ou se esquivar dos ataques do dominante, ficando mais suscetível a gravidade dos ferimentos.

Como proposto por Darwin, a dominância é exercida pelo mais hábil (ou mais adaptado) e não pelo mais forte fisicamente, também no agrupamento de camundongos. A dominância é conquistada através de alguma habilidade específica do animal e talvez diferenças genéticas, fisiológicas e morfométricas desse animal que possibilitem a disputa e a conquista da dominância.

Animais altamente agressivos conseguem alcançar e manter rapidamente sua dominância, porém continuam a realizar ataques insistentes em todos os animais e frequentemente no subordinado alvo, ou porque o dominante não consegue controlar sua agressividade ou pelo seu medo excessivo de perder a dominância.

Pela necessidade da contínua interação social, a situação de isolamento social é extremamente prejudicial ao camundongo, com efeitos negativos na saúde do animal. Isso sugere o uso de gaiolas individuais, principalmente em roedores, como um modelo para doenças humanas promovidas pelo isolamento.[25] Camundongos alojados individualmente apresentam maiores níveis de atividade locomotora e exploratória, relacionados a comportamentos de ansiedade e agressividade. Os níveis de corticosteroides podem encontrar-se elevados, iguais ou até mesmo inferiores em diversos estudos em camundongos solitários. Estudos sobre o sistema imunológico apresentam um impacto evidente sobre a saúde do animal e podem ajudar a compreender o efeito fisiológico do isolamento social. Um recente estudo sugere que o alojamento individual induz um aumento da excitabilidade e da ansiedade. Além disso, também pode-se observar que camundongos isolados socialmente, quando colocados em agrupamentos, demonstram comportamentos agressivos de maior frequência e maior intensidade.[26]

Varlinskaya e colaboradores constataram que, após longo períodos de isolamento, camundongos reagrupados demonstram aumento dos níveis de interações e outros tipos de comportamentos sociais. Esse comportamento pode ser considerado efeito rebote ao período de isolamento.

Comportamento de agressividade

A agressividade do camundongo caracteriza-se por perseguições, vocalizações e principalmente pela presença de lesões e ferimentos decorrentes de mordidas sucessivas no mesmo lugar, promovendo uma grave dermatose inflamatória aguda. As regiões de preferência para as mordidas são a cauda, o dorso e a região genital. É mais comum o agressor escolher uma só região.

O ataque do camundongo pode ser frontal ou caudal. No ataque frontal, coloca-se em posição vertical, faz uma base de equilíbrio com a cauda e pula buscando esquivar-se da cabeça do atacado (que muitas vezes se coloca em posição vertical também, em confronto), alcançando a parte final do dorso, a base da cauda ou a região genital. No ataque caudal, o atacante procura que o atacado esteja "de costas". Deste modo, busca ferir o oponente e ao mesmo tempo não sofrer seu contra-ataque, por isso as regiões de preferência são distantes da cabeça (e dos dentes) do outro animal.

Há poucos casos de lesões em outras partes do corpo, como membros anteriores e abdômen. Acredita-se que essa localização do ataque está relacionada a postura, a capacidade de defesa do indivíduo agredido e a não submissão do animal. Indivíduos com melhor habilidade de defesa, que não se intimidam e ficam na posição vertical sofrem as mordidas na região dos membros anteriores e tórax. Nesse caso, não é aparente a extensão das lesões na região dorsal dos outros indivíduos. Assim, há grupos de camundongos machos que quando agrupados são capazes de conviver sem violência.

Em animais, vários estudos etológicos relacionam a agressividade ao caráter ontogenético e à adaptabilidade filogenética desse tipo de comportamento. Desde 1960 podemos observar um estudo sistemático do comportamento de camundongos em ambiente laboratorial. Em relação à(s) causa(s) da agressividade nos animais de laboratório ainda não há um consenso. Há uma complexa rede de fatores relacionados a genética, bioquímica, fisiologia, neuroanatomia que determinam a presença de episódios agressivos entre os indivíduos de um determinado agrupamento.[27]

Brodkin e seus colaboradores[28] identificaram e sugeriram duas possíveis regiões cromossomais relacionadas ao comportamento agressivo. As regiões *Aggr1* e *Aggr2* foram relacionadas à porção distal do cromossomo 10 e proximal do cromossomo X. Outros genes também estão sendo estudados, como os relacionados a receptores de andrógenos, sistema de serotonina, vias de resposta ao estresse, hipoglicemia e outros. Em relação à bioquímica e à identificação pelo sistema vomeronasal, bulbo olfativo e hipotálamo, parece haver uma grande influência da secreção e percepção de feromônios e excreção de hormônios gonadais. Além disso, há aumento da expressão de proteínas e neurotransmissores como o *nerve growth factor* (NGF), vasopressina e óxido nítrico. Este último está intimamente ligado ao sistema serotonina, atualmente alvo de diversos novos fármacos no controle da depressão, da ansiedade e também da agressividade. Por sua vez, esse sistema está contrabalanceado com a expressão de dopamina e GABA. Os níveis de hormônios esteroides, como a testosterona, também estão intimamente relacionados ao sistema serotonina. Contudo, nenhum desses fatores, isoladamente, conseguiu explicar o surgimento do comportamento agressivo.[28-30]

A colocação de machos estranhos em um novo grupo durante a idade adulta é uma situação muito estressante. Os níveis séricos de corticosterona de todos os animais se elevam variavelmente na adaptação da situação, sem a presença de agressões entre os indivíduos. No entanto, os indivíduos altamente agressivos (dominantes despóticos) não apresentam elevação média dos níveis séricos de corticosterona, que são inferiores aos da maioria dos subordinados e da média dos harmônicos.

Pode-se, por meio da genotipagem dos animais, tentar definir se alguns são mais propensos a agressividade, o que significaria estar suscetível ao trauma. A fase de suscetibilidade ao trauma se refere do nascimento até o desmame. É observável a importância da relação materno e paterno/filial durante o desenvolvimento do filhote. A retirada do indivíduo macho preserva a relação maternal e a qualidade da prole. Há variações enormes em cada indivíduo na capacidade de realizar os cuidados paternais. Filhotes que sofreram violência paterna apresentam tendência a comer compulsivamente, aumentando seu ganho de peso em relação aos animais de ninhadas harmônicas. Porém, morfometricamente, seu corpo não se desenvolve de modo uniforme. Apresentam tamanho de corpo/cauda de menor comprimento que os animais de ninhadas harmônicas. Além disso, trabalhos demonstraram que todos os indivíduos da ninhada que sofreram violência paternal estão envolvidos em episódios agressivos no reagrupamento na idade adulta.[31,32]

Podemos concluir que o estudo do comportamento do camundongo em biotério é uma importante metodologia de aprendizado, pois diversos comportamentos individuais e sociais desse animal são semelhantes aos dos humanos. A diminuição da distância da relação entre o camundongo e o manipulador proporciona maior bem-estar aos animais mantidos em biotério.

CARACTERÍSTICAS ANATÔMICAS E FISIOLÓGICAS

A anatomia e fisiologia do camundongo de laboratório foram detalhadamente descritas por Cook[33] e Kaplan.[34] O camundongo tem características únicas que o distinguem dos demais mamíferos (Tabela 12.1).

Tabela 12.1
Parâmetros biológicos e fisiológicos do camundongo

Parâmetros	Camundongo (*Mus musculus*)
Peso corpóreo adulto: macho	20-40 g
Peso corpóreo adulto: fêmea	18-35 g
Peso ao nascer	1,0-1,5 g
Período de vida	2 anos (máximo registrado de 4 anos)
Número de cromossomos (diploide)	40
Fórmula dentária	2 (1/1 incisivos, 0/0 caninos, 0/0 pré-molares e 3/3 molares)
Consumo de água	6,7 ml (ou 2,5 a 3 vezes a quantidade de alimento seco ingerido)
Consumo diário de alimento adulto	4-5 g/dia
Início do consumo de alimento sólido	12 dias
Temperatura ambiental	20-24 °C
Umidade relativa	40-60%
Luz	12-14 horas/dia
Batimentos cardíacos/minuto	320-780
Frequência respiratória/minuto	163/min
Temperatura corporal	36,5 °C (35,2-37,9 °C)

Características externas

Camundongos são fáceis de manter devido ao seu pequeno tamanho (10% do peso do rato). O seu tamanho pequeno (o camundongo adulto pesa aproximadamente 40 gramas) e a sua área de superfície por grama de peso corpóreo relativamente grande fazem com que o animal seja suscetível a alterações nas condições ambientais. A temperatura corpórea é facilmente afetada pelas pequenas alterações na temperatura ambiental que podem modificar as respostas fisiológicas do animal. O camundongo tem maior sensibilidade à perda de água que outros mamíferos.

O camundongo tem muitas características externas e internas em comum com seus primos roedores: um corpo fusiforme coberto com pelos, uma cauda sem pelo, orelhas eretas arredondadas descobertas de pelo. A pele nas áreas com menos pelo é relativamente fina.

Pele e seus anexos

Ao exame mais cuidadoso, observam-se pelo menos dois tipos de pelo. Uma camada de pelos finos e curtos cobre a maior parte do tronco. Mais detalhadamente, esses pelos são classificados em quatro tipos. Na cabeça, pelos mais longos são evidentes (vibrissas, incorretamente chamadas de bigode, uma vez que elas não têm similaridade anatômica com o pelo facial humano). A cauda está coberta com vastas fibras muito curtas, e as orelhas têm uma variedade de finas fibras muito curtas. Os olhos têm vibrissas acima das pálpebras e uma rede de longos pelos nas margens da pálpebra chamados de cílios. Vibrissas são encontradas ao redor da boca, pálpebras e perto das patas nos membros inferiores. Pelos perianais são estruturas mais finas que formam uma rede acima da abertura do ânus. Pelos mudam ao redor dos mamilos e na base da orelha. Os pelos são geralmente finos e retos, com um padrão de distribuição uniforme, e suas variações, especialmente de perda de pelo, podem sugerir que o camundongo possa ter uma mutação fenotípica (descartando causas de infecção ou infestação). O camundongo tem unhas em cada dígito, como a maioria dos outros mamíferos, incluindo os humanos. Anatomicamente, elas são muito similares, porém as unhas humanas são aplainadas dorsoventralmente para formar um lâmina, enquanto as unhas dos roedores são aplainadas lateralmente.

As glândulas associadas ao olho

A glândula harderiana é em forma de ferradura e localizada na órbita. Produz uma secreção que lubrifica as pálpebras e libera um pigmento vermelho-castanho, denominado porfirina. O fluxo dessa secreção aumenta sob condições estressantes ou doenças. O hábito de limpeza dos animais e a retirada de pelos das áreas ao redor dos olhos (*barbering*) podem causar irritação (arranhão e vermelhidão), e a secreção de porfirina pode tingir a região periocular, atingindo a face e a região nasal, podendo ser transferida para as patas dianteiras. A glândula extraorbital está localizada subcutaneamente, exatamente ventral e anterior à orelha, e produz uma secreção que lubrifica o globo. A glândula intraorbital é encontrada perto do canto do olho e produz uma secreção que lubrifica o globo. Se o *barbering* também inclui a área em torno dos olhos, pode causar irritação (rasgamento e vermelhidão).

Sistema respiratório

As estruturas torácicas

As estruturas torácicas são quase idênticas àquelas dos ratos. Os pulmões apresentam um único lobo esquerdo e um lobo direito de quatro seções. Os camundongos também apresentam um depósito de tecido adiposo multilocular (gordura marrom), localizado difusamente ao redor do pescoço e entre as omoplatas. A cartilagem costocondral, localizada entre costela e esterno, é geralmente fundida. Uma quantidade pequena de tecido cardíaco está localizada na túnica média. O esôfago não tem as glândulas da mucosa e entra no meio do estômago. Os anéis da traqueia são incompletos.

Trato respiratório

Embora o camundongo seja geneticamente próximo do homem, quanto à anatomia e função do pulmão eles diferem significativamente (Tabela 12.2). Como modelo de asma, tumor e doença de obstrução pulmonar crônica, encontram-se certas deficiências, e a principal delas é a avaliação da função pulmonar válida num animal tão pequeno que requer a superação de desafios técnicos. Apesar disso, são amplamente utilizados na pesquisa de pulmão pelas seguintes vantagens: um sistema imunológico bem compreendido; uma vasta gama de reagentes disponíveis; um genoma bem-caracterizado; o advento da tecnologia transgênica; e os fatores econômicos.

Sistema urogenital

O sistema urogenital do camundongo é análogo ao dos ratos. O sistema urinário é formado de rins, ureter, bexiga e uretra. O rim direito é normalmente localizado anterior ao rim esquerdo. A urina é geralmente clara, amarela e bastante concentrada (até 4,3 osmol/kg). Uma grande quantidade de proteína é normalmente excretada na urina do camundongo. O aminoácido taurina está sempre presente na urina do camundongo, ao passo que o triptofano está ausente. Creatinina é também excretada na urina.[35] Camundongos excretam muito mais alantoína que ácido úrico. O pH da urina normal de camundongo é de 7,3 a 8,5.

Tabela 12.2
Comparação entre pulmão de camundongo e humano

Anatomia	Camundongo	Humano
Pulmão	Direito: 4 lóbulos	Direito: 3 lóbulos
Diâmetro do brônquio principal	1 mm	10-15 mm
Diâmetro do bronquíolo	0,01-0,05 mm	< 1 mm
Diâmetro terminal do bronquíolo	0,01 mm	0,6 mm
Diâmetro respiratório do bronquíolo	Não existe	0,5 mm
Diâmetro do alvéolo	0,00039-0,0069 mm	0,2-0,4 mm

Órgãos reprodutivos das fêmeas

Os órgãos reprodutivos da fêmea consistem em ovários, ovidutos, dois cornos uterinos, cérvix, vagina, clitóris e glândulas de clitóris. O ovário e o infundíbulo estão envoltos por uma membrana ou saco periovariano. As células germinativas da fêmea (óvulos) são liberadas pelo ovário, com a ruptura dos folículos de de Graaf (ovulação), e a liberação dos óvulos ocorre periodicamente, conhecida como ciclo estral. Depois da liberação, o óvulo é capturado para o oviduto pelas fímbrias através do infundíbulo. Na ocorrência da cópula, o espermatozoide, por meio de movimentos promovidos pelos cílios e contrações musculares, encontrará o óvulo, ocorrendo então a fertilização. Depois da fertilização, o zigoto sofre uma série de clivagens, enquanto migra através do oviduto em direção ao útero. Compactação ocorre no estágio de 8 células como um pré-requisito para a formação de blastocisto, que ocorre em torno dos 3 a 5 dias depois da fertilização. A implantação do blastocisto ocorre no quinto dia de desenvolvimento, com o desprendimento da zona pelúcida. A placenta do camundongo é hemocorial. O útero tem dois cornos uterinos com uma cérvix única. As glândulas clitorianas permanecem no subcutâneo exatamente laterais à abertura da uretra. A fêmea normalmente tem 5 pares de mamas, sendo 3 pares no tórax ventral e 2 pares no abdômen.

Órgãos reprodutivos dos machos

Os órgãos reprodutivos dos machos consistem em testículos, uretra, pênis e glândulas acessórias. As células germinativas do macho (espermatozoides) são produzidas nos testículos, passam através de pequenos ductos (vaso eferente) para um ducto maior (vaso deferente) que leva diretamente para o exterior do corpo através do órgão copulatório (pênis). A próstata, a vesícula seminal e a glândula bulbouretral fornecem secreções que formam o sêmen. Nos machos, o canal inguinal permanece aberto durante toda a vida. Machos possuem o osso do pênis, um osso pequeno sobre a uretra perto da extremidade do pênis. Glândulas do prepúcio são estruturas que se encontram no subcutâneo perto da extremidade do prepúcio.

Os machos são distinguidos das fêmeas pelo saco escrotal contendo os testículos e pela distância anogenital (Figura 12.6).

Sistema gastrointestinal e metabolismo

O canal alimentar é similar ao de outros mamíferos (exceto ruminantes) e consiste em esôfago, estômago, duodeno, jejuno, íleo, ceco, cólon e reto.

Na boca existem dois pares de incisivos e no fundo mais três pares de molares. Existe um espaço chamado diastema que separa os incisivos e os molares. Os incisivos crescem continuamente ao longo de toda a vida do animal, e poderá ocorrer má oclusão se crescerem demasiadamente (Figura 12.7).

Localizadas perto da boca e desembocando nela estão as glândulas salivares: glândulas parótida, mandibular e sublingual. Todas as três glândulas produzem e liberam saliva na boca. A secreção sublingual é quase inteiramente de muco, enquanto as secreções das outras duas variam em quantidade de muco produzida. A saliva da parótida possui amilase salivar, bem como lipase salivar. Essas duas enzimas iniciam a digestão do carboidrato e de lipídios, respectivamente. Entretanto, a quantidade de digestão que ocorre na boca e esôfago é mínima. Essas duas enzimas são inativadas pelo pH baixo do estômago. Na superfície da boca encontramos as papilas gustativas, que possibilitam a palatabilidade de salgado, doce ou amargo. Entretanto, como existem muito menos dessas papilas no camundongo que no humano, é possível que as percepções gustativas sejam menos aguçadas nessa espécie que no humano.

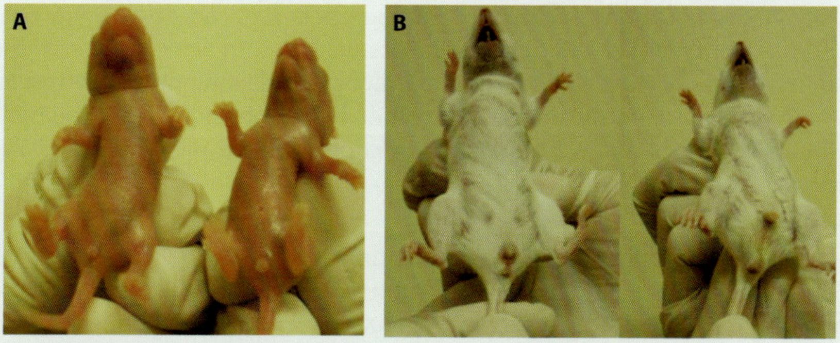

Figura 12.6 – *Sexagem de neonatos (A) e adultos (B). Comparação entre a distância do ânus à papila genital nos jovens e pelo saco escrotal contendo os testículos nos machos adultos. Fêmeas à esquerda e machos à direita.*

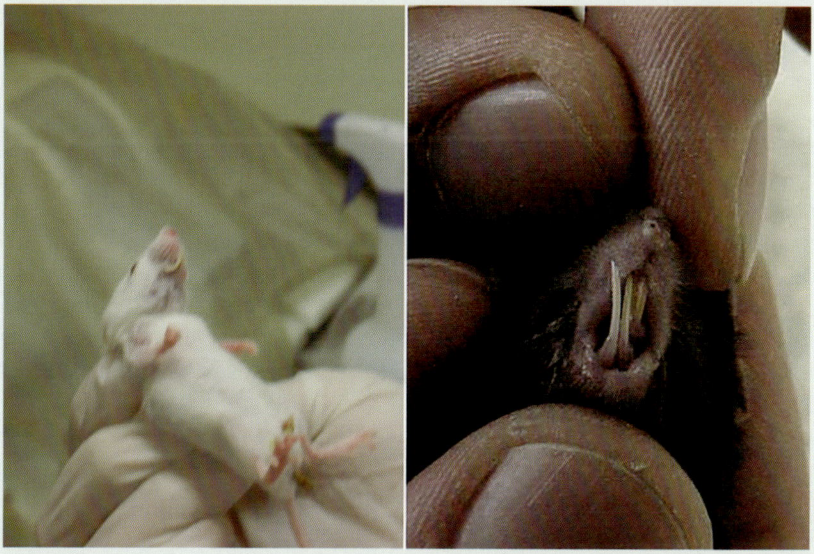

Figura 12.7 – *Má oclusão dentária observada nos camundongos BALB/c e C57BL/6.*

O esôfago é recoberto por uma grossa camada de células epiteliais escamosas cornificadas, o que possibilita um procedimento relativamente simples de gavagem. O interior da camada escamosa é uma camada muito fina de músculo liso (*muscularis mucosae*) e uma banda mais larga de tecido conectivo (*laminar propria*).

O estômago é dividido em porções glandular e aglandular, e consiste em região de entrada do esôfago (cárdia), o fundo e a região pilórica. O fundo é a primeira região do estômago, onde são produzidas as enzimas pepsina no seu modo precursor, mucina e um precursor para ácido hidroclorídrico. Na região do piloro, é produzida somente mucilagem. No curso da digestão, a função do estômago é misturar o alimento ingerido com o ácido e a enzima. A pepsina, secretada na forma precursora, é ativada pela redução do pH que ocorre quando os conteúdos do estômago são misturados com ácido hidroclorídrico. Os músculos do estômago possuem contrações e relaxamentos, que resultam em uma agitação e mistura dos seus conteúdos, conhecidos como quimo. O estômago é conectado ao intestino delgado pela válvula pilórica. Essa válvula funciona regulando o fluxo dos conteúdos do estômago para o duodeno do intestino delgado.

O duodeno é a primeira porção do intestino delgado. É aqui que as secreções exócrinas do pâncreas e glândulas de Brunner, bem como a bile produzida pelo fígado, são misturadas com o quimo. As enzimas digestivas encontradas nessas secreções agem nas proteínas, gorduras e carboidratos do alimento, produzindo moléculas pequenas de fácil absorção. Açúcares simples e aminoácidos são os primeiros a desaparecer do quimo. Eletrólitos desaparecem rapidamente do estômago e do duodeno. Cálcio, magnésio, ferro e outros minerais são absorvidos vagarosamente ao longo de todo o trato intestinal. Vitaminas hidrossolúveis são absorvidas no duodeno, enquanto vitaminas lipossolúveis seguem o padrão dos ácidos graxos de cadeia longa e colesterol, que são absorvidos no íleo e, para algum de tamanho diferente, no jejuno.

O jejuno é o segmento médio do intestino delgado, onde continua a digestão e a absorção. Geralmente, macromoléculas grandes ainda necessitam de digestão. O íleo então entra em ação. Essa porção é caracterizada por linfonodos (placas de Peyer) na submucosa. As vilosidades do íleo contêm vasos linfáticos de paredes finas (*lacteals*) onde são absorvidas as gorduras e vitaminas. Os alimentos remanescentes não absorvidos, as células epiteliais descamadas, as enzimas digestivas residuais e mucilagens agora deixam o íleo e entram no cólon. Nessa junção está o ceco. Em roedores o ceco funciona como um tonel de fermentação. No camundongo, pode ser até a terça parte do comprimento do intestino grosso. Seu tamanho é dependente da composição da dieta. Dietas contendo grande quantidade de carboidratos complexos resultarão em um ceco maior que com dietas contendo muito poucos carboidratos complexos. Nesse tonel de fermentação, bactérias agirão nas fibras não digestivas (bem como em outros materiais não digestíveis) e metabolicamente produzirão produtos úteis. Ácidos graxos de cadeia curta são produzidos, e esses podem ser prontamente absorvidos e usados pelo corpo. Algumas sínteses de vitaminas ocorrem tanto no ceco quanto no cólon, tendo um benefício para o animal. Em particular, as vitaminas são sintetizadas e absorvidas pelas células epiteliais do cólon. Algumas vitaminas do complexo B são também produzidas e absorvidas ou excretadas nas fezes. Na porção final do cólon está o reto, por onde, através do esfíncter, as fezes são expelidas.

Sistema linfático

O sistema linfático consiste em vasos linfáticos, timo, nodos linfáticos, baço e nodos periféricos e as placas de Peyer intestinais. O nodo linfático típico é em forma de feijão e consiste no córtex e na medula. O córtex está dividido em domínios de linfócito B, chamado de folículos, e domínios do linfócito T, conhecido como córtex difuso. O camundongo não tem tonsilas palatina e faríngea. O baço se encontra adjacente à curvatura maior do estômago. O baço nos machos é 1,5 a 2 vezes maior que nas fêmeas. O timo está localizado no mediastino anterior. Ele alcança o tamanho máximo por volta do período da maturação sexual e envolve entre 35 e 80 dias de idade. O timo tem o papel principal na maturação e diferenciação dos linfócitos T. Essa função não é completa no recém-nascido. Alguma transmissão de imunidade humoral ocorre no útero, mas a maioria dos anticorpos é transferida depois do nascimento pelo colostro.

Sistema cardiovascular

O coração consiste em quatro cavidades: os átrios, de parede fina, e os ventrículos, de parede grossa. A pressão sistólica do camundongo é de 84 a 105 mmHg. Batimento cardíaco de 310 a 840/minuto foi registrado para camundongos, e existem grandes variações nas taxas e na pressão de sangue entre linhagens. É necessário que cada laboratório estabeleça especificamente os valores normais para sua instalação dos parâmetros hematológicos, bioquímicos do sangue[36] (Tabela 12.3) e outros valores fisiológicos. Variações significativas dos valores podem ocorrer entre camundongos individualmente, linhagens e colônias, e métodos de coleta de amostras de sangue. Existe uma pequena variação no número de eritrócitos circulantes no sangue do camundongo de 2 meses de idade até a sua última fase de vida, mas diferenças significativas no número de eritrócito, nível de hematócrito e contagem de hemoglobina têm sido registradas entre camundongos de diferentes linhagens[37] (Tabela 12.4).

Sistema esquelético

O esqueleto é composto de duas partes: o esqueleto axial, que consiste no crânio, nas vértebras, nas costelas e no esterno, e o esqueleto apendicular, que consiste nas cinturas peitoral e pélvica e nos membros em par. A fórmula da vértebra normal é C7 T13 L6 S4 C28, com algumas variações entre linhagens. O camundongo normalmente tem 13 pares de costelas. Ao contrário dos ratos e da maioria dos outros mamíferos, a medula dos ossos longos de camundongos permanece ativa ao longo da vida. Tanto as patas dianteiras como as traseiras têm 5 dígitos cada.

Tabela 12.3
Os valores normais dos parâmetros bioquímicos do sangue e outros valores fisiológicos (Loeb e Quimby, 1999)

		CD-1		C57BL/6		BALB/cBy	
Análise	**Unid**	**Macho**	**Fêmea**	**Macho**	**Fêmea**	**Macho**	**Fêmea**
Soro							
Glicose	mg/dL	112±38,1	97±39,9	121,7±33,2	134,4±20,3	171,6±57,2	174,9±31,0
Ureia nitrogênio	mg/dL	38±20,1	37±16	32,7±3,5	23,6±5,3		
Creatinina	mEq/L	1,10±1,45		0,50±0,08	0,84±0,298	0,43±0,14	0,45±0,07
Sódio	mEq/L	166±8,6	166±4,1	166,7±8,9	160,8±4,4	157,8-5,7	157±6,70
Potássio	mEq/L	8,0± 0,85	7,8±0,75				
Cloro	mg/dL	125±7,2	130±3,9				
Cálcio	mg/dL	8,90±2,06	10,30±1,58			8,10±0,80	
Fósforo	mg/dL	8,30± 1,46	8,00±1,85			5,95±0,63	
Magnésio	mg/dL	3,11± 0,37	1,38±0,28				
Ferro	µg/dL	474± 44	473±16				
Alanina aminotransferase	UI/L	99± 86,3	49±22,6	41,4±16,4	29,3±7,1		
Aspartato aminotransferase	UI/L	196± 132,6	128±60,6	99,5±33,4	73,6±15,3		
Alcalino fosfatase	UI/L	39±25,7	51±27,3	59±11,4	118±15,9		
Lactato desidrogenase	UI/L					378±269	
Proteína, total	g/L	44± 11,0	48±8,5	53,9±7,5	63,5±8,8	55,7±8,9	54,6±8,3
Albumina	g/L			36,7±5,2	46,4±7,0	31,7±4,7	39,3±5,4
Colesterol	mg/dL	114±56,3	72±20,1	94,8±16,9	92±15,9	150,4±29,9	118,2±36,1
Triglicérides	mg/dL	91±58,5	53±23,6	97±21,1	78±122		
Bilirrubina	mg/dL	0,4± 02	0,5±0,35			0,7±0,15	

■ REPRODUÇÃO

Os limites da estação de procriação são controlados pelos fatores externos, tais como a quantidade de luz em 24 horas, a disponibilidade de alimento e a densidade populacional. Quando os animais são mantidos nas condições de laboratório, a estação de procriação estende-se durante todo o ano, e a fêmea normalmente apenas permite o acasalamento quando está no estro.

Maturação sexual

A secreção de todos os hormônios testiculares e ovarianos depende da ação das gonadotrofinas secretadas pela hipófise. O hormônio foliculestimulante promove gametogênese em ambos os sexos. O hormônio luteinizante promove a secreção de estrógeno e progesterona pelo ovário e de andrógeno pelos testí-

Tabela 12.4

Médias e erro padrão para características de eritrócitos de 18 linhagens *inbred*

Linhagem	RBC[b] (média±EP)	Hematócrito % (media ± EP)	Células (μL) (média ± EP)	Hemoglobina g/100 cc sangue (média ±EP)	Hemoglobina g/cc células (média)	Reticulócitos % (média)
A/J	9,42± 0,28	42,5±0,4	45,1±1,4	12,9±0,2	0,30	3,5
A/HEj	9,48± 0,18	42,5±0,5	44,8±1,0	12,7±0,2	0,30	2,9
AKR/J	9,38±0,24	45,6±1,0	48,5±1,6	13,9±0,2	0,30	2,3
A/Hej	10,14±0,15	46,5±0,8	45,9±1,1	14,5±0,2	0,31	3,3
BALB/cJ	10,51±0,16	48,0±0,7	45,7±1,0	15,0±0,2	0,31	2,9
CBA/J	10,04±0,27	45,0±1,3	44,8±1,8	13,5±0,2	0,31	2,6
C3H/J	8,79±0,24	39,5±0,7	44,9±1,4	12,2±0,4	0,31	2,8
C3H/ScJ	9,63±0,26	43,0±1,0	44,7±1,6	13,2±0,3	0,30	2,2
C57BL/6pJ	9,70±0,15	43,4±0,8	44,7±1,0	13,0±0,3	0,30	2,5
C57BL/6J	9,66±0,09	44,0±0,4	45,5±0,6	13,3±0,2	0,30	2,6
C57BR/cdJ	10,54±0,17	50,0±0,5	47,4±0,9	14,6±0,2	0,29	2,4
C57/HeJ	9,82*±0,20	50,6*±0,4	51,5*±1,1	14,9±0,2	0,29	2,6
DBA/1J	1,52*±0,27	43,8*±0,6	41,6*±1,2	13,2 ±0,2	0,30	1,5
DBA/WaJ	9,93±0,27	43,0±0,6	43,3±1,1	12,5±0,2	0,29	2,6
DBA/2J	10,30±0,25	42,6±0,5	41,4±1,1	12,7 ±0,1	0,30	3,1
I/J	10,27±0,27	46,8±0,7	45,6±1,5	13,5±0,1	0,29	2,4
RIII/J	9,63±0,25	44,5±0,6	46,2±1,3	13,7±0,2	0,31	2,8
ST/J	9,88*±0,19	44,1*±1,1	44,6*±1,4	12,1 ±2,0	0,31	2,1

[a] *As médias foram baseadas em 10 animais, exceto as marcadas *, que foram baseadas em 20 animais.*

[b] *RBC (em inglês red blood count) em milhões por milímetro cúbico.*

culos. A progesterona é derivada do corpo lúteo, que se desenvolve do folículo ovariano depois da liberação do óvulo maturado. A progesterona prepara o útero para a recepção do ovo fecundado e é responsável pela manutenção da prenhez. A placenta também secreta progesterona e permite que ocorra um estro pós-parto no camundongo. A prolactina promove lactação e o desenvolvimento dos óvulos durante a prenhez. No nascimento, a hipófise do camundongo é fisiologicamente indiferente sob o ponto de vista gonadotrópico. A diferenciação sexual pela ação da hipófise é geralmente realizada no 6º dia no macho e antes do 12º dia na fêmea. O desenvolvimento do folículo ovariano começa com 3 semanas de idade e a maturação, com 30 dias, constatada pelo aumento de gonadotrofina aproximadamente nessa idade. Na fêmea, alterações dependentes de estrógeno tais como cornificação do epitélio na abertura vaginal podem ocorrer entre 24 e 28 dias de idade. A puberdade é mais atrasada nos machos (até 2 semanas). A maturação sexual varia entre as linhagens e colônias de camundongos e está sujeita a influências sazonais e ambientais. O comportamento de acasalamento e a habilidade para conceber estão sob a ordem dos complexos balanços hormonais mediados pela hipófise anterior.

Ciclo estral e ovulação

A fêmea é poliéstrica, com ciclos de 4 a 5 dias. Ovulação espontânea ocorre aproximadamente 8 a 11 horas após o início do estro. O estro pós-parto frequentemente ocorre 14 a 28 horas após o parto. Se não ocorrer a cópula logo após o parto, a fêmea só retornará à ciclagem normal alguns dias após o desmame dos filhotes. Se ocorrer a cópula, ocorrerá o novo parto aproximadamente no tempo de desmame da primeira ninhada. É importante que a remoção dos desmamados seja antes do nascimento da próxima ninhada, para evitar injúria dos neonatos. Um casal em acasalamento intensivo é capaz de produzir três a sete ninhadas de até oito filhotes em média por ano.

O ciclo estral refere-se a uma série de alterações no trato reprodutor da fêmea levando a uma condição de cio ou estro, momento em que a fêmea é mais receptiva ao acasalamento. Nas duas primeiras fases do ciclo (proestro e estro), ocorre o crescimento ativo do epitélio, no trato genital, culminando na ovulação. O estro dura aproximadamente 9 a 20 horas. Trocas de epitélios degenerativos ocorrem durante a terceira fase (metaestro), seguida pelo diestro, uma fase de quiescência ou lento crescimento das células. No esfregaço vaginal, os leucócitos estão presentes em todos os estágios do ciclo, exceto no estro. Na aproximação do estro, os leucócitos desaparecem e o esfregaço consiste principalmente em células epiteliais com núcleo nítido. No metaestro, aparecem vários leucócitos e poucas células cornificadas. No diestro, existe principalmente a presença de leucócitos. As alterações que ocorrem nos órgãos reprodutores durante o curso de um ciclo estral típico estão detalhadamente descritas no capítulo da Reprodução assistida.

Existem vários métodos de realizar esfregaços vaginais:

1. uma gota de água destilada é pipetada na vagina, e então transferida para uma lâmina;

2. um pequeno cotonete de algodão esterilizado é umedecido na salina e, então, inserido na vagina e transferido para uma lâmina esfregando cuidadosamente;
3. uma alça de níquel e cromo, previamente flambada e esfriada na salina, é usada para remover algumas células da parede da vagina por raspagem gentil, e transferida para uma lâmina.

A ovulação da fêmea do camundongo é espontânea, isto é, ocorre quando o folículo de de Graaf se rompe, independentemente do acasalamento.

O ciclo estral e a ovulação são controlados pelo ritmo circadiano de fotoperiodicidade. Acasalamento, estro e ovulação frequentemente ocorrem durante a fase escura do fotoperíodo, no meio do período de escuridão, entre 24 e 3 horas. Nesse horário as fêmeas mostram máximo de comportamento de lordose e quando a atividade copulatória do macho é máxima.[38] A administração de gonadotropinas exógenas, para superovular fêmeas, por exemplo, tem a melhor resposta com injeções dadas durante a segunda parte do período de Luz. Durante o pró-estro, ocorre a liberação de hormônio luteinizante, que atinge seu pico logo antes do fim do período de luz e provoca ovulação aproximadamente 6 a 9 horas depois. Durante o diestro, o ritmo de 24 horas de progesterona culmina logo depois do começo da escuridão. O nível de progesterona durante o estro é muito mais baixo em comparação com o pró-estro.

Acasalamento

No camundongo, a evidência de acasalamento pode ser detectada pela presença de um plugue vaginal (plugue seminal) que geralmente persiste por 16 a 24 horas após a cópula. O plugue geralmente preenche a vagina, da cérvix à vulva. Uma citologia vaginal revelará a presença de espermatozoides. A prolactina é liberada da hipófise anterior para capacitar o corpo lúteo a secretar progesterona. A secreção continua por aproximadamente 13 dias. Se ocorrer a fertilização, a placenta assume a produção de progesterona. Se a fertilização não ocorrer, segue um período de pseudoprenhez, não ocorrendo estro e ovulação nessa fase. A fertilização geralmente ocorre no oviduto, mais especificamente na ampola, 10-12 horas após a ovulação.

Feromônios têm um papel importante no comportamento de acasalamento. Quando um grande número de fêmeas é alojado junto, sem a presença do macho, as fêmeas apresentam diestro prolongado. Subsequentemente, se expostas ao macho ou ao odor de urina do macho,[39] as fêmeas começarão o estro em 3 dias. Esse fenômeno é referente ao efeito Whitten[40-42] e permite uniformidade de ovulação de grupos grandes de fêmeas. No entanto, quando as fêmeas foram previamente mantidas sozinhas, a ovulação se estende razoavelmente para 4 ou 5 dias, após a introdução do macho ou da urina deste. Outro aspecto relacionado ao feromônio na fisiologia de reprodução em camundongos é referente ao efeito Bruce.[43,44] Se a fêmea prenhe for exposta a um novo macho ou ao seu odor dentro de 4 dias após a cópula, a gestação existente será geralmente reabsorvida e a fêmea retornará ao estro. Se uma fêmea estiver alojada sozinha, o ciclo é mais longo (5 a 6 dias) e mais irregular. Se elas estiverem alojadas em pequenos grupos, existe uma supressão natural do estro, com um aumento no número de pseudoprenhez espontânea.[45]

Gestação e parto

O período de gestação dura 19 a 21 dias, exceto para as fêmeas que estão amamentando. Nessa fase, a gestação pode ser prolongada por até 5 dias.

Próximo ao parto, a fêmea começa a construir o ninho.

O período entre fertilização e implantação do blastocisto no útero (progestacão) é geralmente muito curto, mas pode se estender quando a concepção resulta de um acasalamento pós-parto, devido ao efeito inibitório da lactação na implantação. No período de desenvolvimento uterino, ocorre um considerável desenvolvimento das glândulas mamárias. Durante os últimos 2 dias de gestação, os mamilos tornam-se mais proeminentes, e as glândulas mamárias mais distendidas. O feto nasce envolto num saco formado pelo âmnio e pelo cório. O nascimento é realizado sob fortes contrações do músculo uterino, ajudadas pelas contrações dos músculos do abdômen. Mais tarde, o saco membranoso contendo o feto entra na vagina, e, com a ruptura do saco, ocorre o esvaziamento de parte do líquido amniótico. Por algum tempo o novo recém-nascido permanece ligado ao útero pelo cordão umbilical e pela placenta. Esse cordão é normalmente separado pela mãe e ela passa a comer a placenta e o saco membranoso, limpa o recém-nascido e este é colocado no ninho. Pode levar vários minutos entre os nascimentos de sucessivos filhotes, porém algumas fêmeas esperam o nascimento de todos os filhotes para começar o processo de limpeza deles em conjunto. No camundongo, como na maioria das espécies mamíferas, o parto ocorre principalmente durante as primeiras horas do período de luz, com exceção de algumas linhagens, que possuem registros no período de escuridão.[46]

Lactação

No recém-nascido até a puberdade poucas alterações ocorrem nas glândulas mamárias, mas com a iniciação do ciclo estral ocorre o desenvolvimento dos alvéolos, relacionado com a secreção do leite. Entretanto, o crescimento ocorre principalmente durante a prenhez das fêmeas, a partir da segunda metade da gestação, quando o alvéolo secreta um fluido viscoso rico em globulina que, misturado ao leite, constitui o colostro, importante para o animal recém-nascido como fonte de anticorpos. A partir do 19º dia de prenhez, com a proximidade do parto, os alvéolos estão bem dilatados e apresentam secreção, embora a glândula mamária só inicie a secreção propriamente dita após o parto.[47] A secreção de leite aumenta rapidamente até atingir um pico e então declina vagarosamente.

O primeiro dia de vida pós-natal é uma fase crítica do desenvolvimento. Logo após o parto, os recém-nascidos são absolutamente dependentes dos cuidados da mãe e do leite materno para sua sobrevivência. Camundongos recém-nascidos são imunologicamente deficientes.[48] Considera-se que quando as crias abrem os olhos elas se tornam relativamente independentes das mães porque começam a se alimentar de sólidos.[49] Iniciada a alimentação sólida, o número de mamadas diminui, e consequentemente o estímulo da sucção, que é indispensável para a manutenção da produção de prolactina e ocitocina, começa a reduzir, levando à involução da glândula mamária. Durante o período de lactação, 63 a 65% da amamentação é realizada durante as horas tranquilas do período de luz, enquanto comportamentos não sociais são elevados durante as horas de escuridão.[50]

Desenvolvimento pós-natal e desmame

Filhotes de camundongos nascem sem pelo, e seus olhos estão fechados. Os recém-nascidos começam a mamar imediatamente. Isso fica evidente através da mancha branca observada na região abdominal, que nada mais é do que o estômago cheio de leite. Essa observação pode servir de critério para a seleção dos animais mais fortes. Se o estômago não se apresentar cheio, o animal pode ser considerado fraco. O camundongo, ao nascer, pesa cerca de 1 a 1,5 grama. O crescimento dos pelos se inicia imediatamente, e só se torna evidente a partir de 2 a 3 dias de idade. Os camundongos nascem com o pavilhão auricular colado à cabeça, que se desprende no 3º dia. Fêmeas apresentam cinco pares de mamilos distintos aproximadamente com 9 dias de idade. Os dentes começam a aparecer no 11º dia de idade. Os olhos abrem com 12 a 14 dias de vida, e o animal começa a mordiscar o alimento sólido (12 a 13 dias). O apetite aumenta rapidamente, e o animal pode ser desmamado aos 21 dias. A sexagem poderá ser realizada ao nascimento ou ao desmame. O macho tem uma papila genital maior que as fêmeas e uma maior distância da papila genital ao ânus (distância anogenital). Alguns sinais de estro podem ser observados já aos 21 dias, conforme a linhagem do animal. Nessa época podemos observar uma certa abertura da vagina, mas o estro completo se inicia alguns dias mais tarde. A idade da puberdade pode variar, mas geralmente é em média de 35 dias de idade, com maturidade sexual completa por volta de 50 dias em machos e 50 a 60 dias em fêmeas. Assim, como regra geral, normalmente os camundongos são acasalados aos 60 dias de idade. Já foram obtidas ninhadas de pais com apenas 45 dias de idade, mas essa prática não é recomendada quando se pretende manter uma colônia de reprodutores. Fêmeas jovens tendem a ter ninhadas menores. O número de filhotes numa ninhada varia normalmente de seis a 12 animais (Tabela 12.5). Embora o canibalismo seja incomum, quando ocorre, é uma prática que se observa geralmente nos 2 primeiros dias de parto.

Tabela 12.5
Dados reprodutivos do camundongo de laboratório

Parâmetros	Camundongo (*Mus musculus*)
Puberdade	28-35 dias
Idade mínima de acasalamento	60 dias
Ciclo estral	Poliestro
Mecanismo de ovulação	Espontânea
Duração do ciclo estral	4-5 dias
Estro pós-parto	Imediato em 14 a 28 horas
Duração do estro	10-20 h
Duração da pseudoprenhez	12 dias (após cópula estéril)
Duração média da gestação	19 dias (19-21 dias)
Tamanho da ninhada	4 -12 filhotes
Desmame	21 dias (peso 10-12 g)
Volta do estro	Estro pós-parto e depois do fim da lactação normal
Vida reprodutiva da fêmea	6 -10 ninhadas
Vida reprodutiva do macho	12 – 18 meses
Mamas	5 pares

MANUSEIO

Alojamento e nutrição

Camundongos são alojados em gaiolas convencionais, compostas de material de policarbonato com uma tampa de arame para segurar bebedouro de água e alimento, com fundo sólido, ou em microisoladores, que diferem das gaiolas convencionais por serem confeccionados em polissulfona e contar com uma tampa na parte superior (*cap*) com uma janela para circulação e troca de ar, onde o elemento filtrante (descartável) é fixado. Os técnicos trocam as gaiolas uma ou duas vezes por semana, fornecendo ao animal uma gaiola limpa com nova cama, alimentação e água. Os bebedouros de água e os comedouros são checados diariamente pelos técnicos para assegurar a provisão de água e alimento. Alguns camundongos são alojados em gaiolas com fundo de arame para permitir coleta de fezes e urina ou para prevenir contato com a cama. As malhas devem ter a menor abertura possível para evitar injúria das patas, mas larga o suficiente para permitir que o material fecal caia atravessando a malha e fique fora do contato com o animal. Esse tipo de alojamento não é preferido e é usado somente quando requerido pelo protocolo experimental.

Outro fator importante é a quantidade de cama na gaiola, que tem que ser suficiente para o conforto do animal, porém não abundante que ocasione tocar no bico do bebedouro, causando derramamento lento e contínuo de água, saturando a cama (aparência escura). Esse problema deve ser resolvido imediatamente. A cama para gaiolas de fundo sólido deve ser absorvente, livre de pó, não palatável, isolante e livre de contaminações químicas e microbiológicas. São normalmente usadas espigas de milho, celulose ou maravalha de madeira.

A ração comercial peletizada é adequada para roedores e pode ser colocado no comedouro de formato em V na tampa aramada da gaiola.

Manutenção de registro

A escolha de um sistema de acasalamento de camundongos depende da necessidade de cada instituição para estabelecer as colônias e o seu tamanho, e está detalhada no Capítulo 10, Métodos para Produção. Qualquer que seja o sistema adotado para a produção de animais experimentais, não deve ser esquecido que a colônia que fornecer os futuros animais de reprodução deve ter um registro fechado e detalhado (rastreabilidade).

O registro de informação é determinado pelo sistema de criação em uso e deve atender os requisitos de cada instituição, mas algumas informações são essenciais para o sucesso de um programa de reprodução. Na manutenção de colônia de fundação de animais *inbred*, os registros mais críticos são referentes aos dados de relação de parentesco (árvore genealógica). Deve ser possível identificar e rastrear todas as relações através dos seus registros. Deve ser usado um livro mestre como arquivo das informações das colônias mantidas e/ou um sistema de computador seguro para registrar os dados. Um programa de computação para manutenção de registros de colônias foi descrito por Silver.[51] Cada livro deve identificar o livro que o precedeu, e, se for o primeiro registro da linhagem, a origem dos animais, bem como seus pais e outras informações do local de procedência. É importante também a identificação individual dos animais usados na pesquisa, o que permitirá rastrear o animal e explicar possíveis resultados inesperados.

Além de os registros serem mantidos nos cadernos, as fichas devem ser preenchidas (Figura 12.8) e comparadas com os dados das páginas do caderno

Ficha de maternidade

LINHAGEM ______________________

N.º M ______________ F __________

NASC. ______________________

GER. ______________________

PAIS N.º ______________________

GER. ______________________

ACAS. ______________________

Parto dia	N.o de filhos	Desmame

FICHA DE BIOTÉRIO - IMUNOLOGIA

UNIFESP

Laboratório de Experimentação Animal – INFAR

Cx Nº ______

Linhagem: ______________________

Nº: ______________ Sexo: M ( ) ou F ( )

Nasc.: ____/____/____ CEUA: ______________

Duração: ____/____/____ a ____/____/____

Pesquisador: ______________________

Tel/email: ______________________

OBS:

Figura 12.8 – *Modelo de ficha de maternidade e manutenção de linhagem de camundongo.*

e presas à gaiola. Os dados registrados permitem a avaliação da produtividade, que está descrita no Capítulo 10, Produção Animal.

Identificação

As fichas de gaiolas são utilizadas para identificar a linhagem de camundongos, sexo, número do investigador principal e o protocolo de pesquisa. As fichas não devem ser removidas da gaiola para evitar a perda da identificação dos animais. A identificação temporária do camundongo individualmente pode ser acompanhada pelas marcas de caneta na cauda, corte dos pelos ou pintura dos pelos. Marcas de caneta somente durarão 1 a 2 dias, enquanto corte de pelo pode durar até 14 dias. A identificação permanente pelo furo das orelhas (Figura 12.9) pode ser utilizada, mas cuidado com briga entre camundongos, que pode provocar injúria nas orelhas. Outro método seguro, porém mais custoso, é a colocação de microchip. Pode ser utilizada tatuagem nas patas e na cauda.

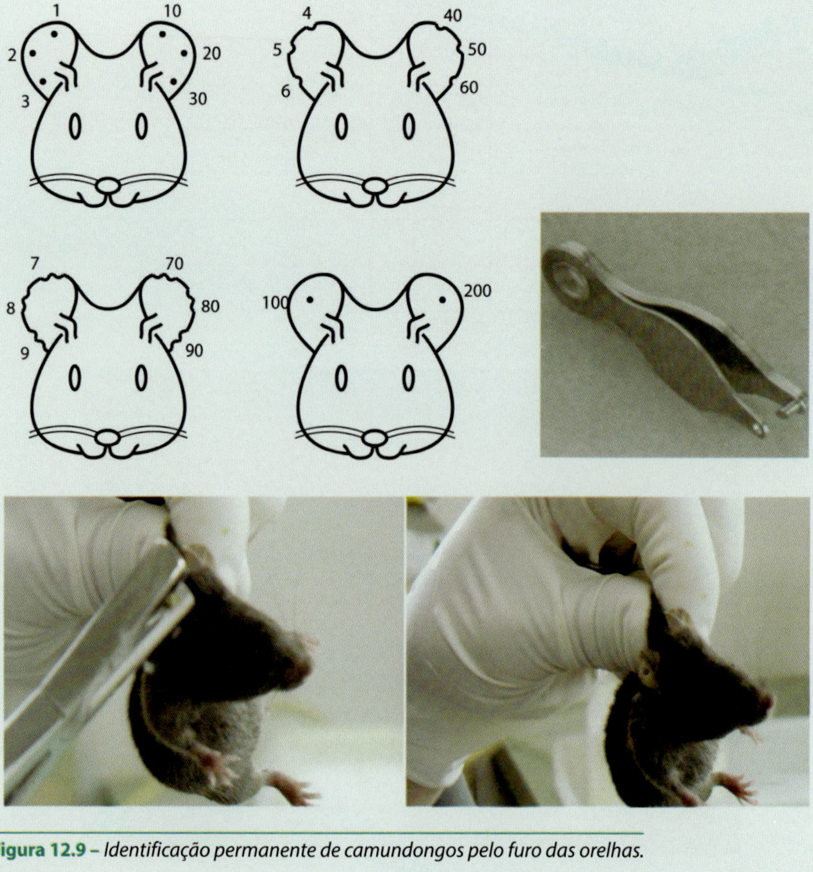

Figura 12.9 – *Identificação permanente de camundongos pelo furo das orelhas.*

Referências Bibliográficas

1. Berry RJ. The house mouse. Biologist 1987; 34:177-86.
2. Keeler CE. The Laboratory Mouse. Its Origins, Heredity and Culture. Cambridge: Harvard University Press, 1931.
3. Morse HC III. Origins of Inbred Mice. New York: Academic Press, 1978.
4. Staff of The Jackson Laboratory. Biology of the Laboratory Mouse. 2nd ed. New York: McGraw-Hill Book Company, 1966.
5. Petkov PM, Ding Y, Cassell MA, Zhang W, Wagner G, Sargent EE, Asquith S, Crew V, Johnson KA, Robinson P, Scott VE, Wiles MV. An efficient SNP system for mouse genome scanning and elucidating strain relationships. Res 2004;14(9):1806-11.
6. Bult CJ, Eppig JT, Blake JA, Kadin JA, Richardson JE. The mouse genome database: genotypes, phenotypes and models of human disease. Nucleic Acids Res 2013;D885-D891.
7. Boursot P, Auffray JC, Britton-Davidian J, Bonhomme F. The evolution of house mice. Ann Rev Ecol Syst 1993; 24:119-52.
8. NRC. National Research Council. Use of Laboratory Animals in Biomedical and Behavioral Research. Washington: National Academy of Science, 1988.
9. Beck JA, Lloyd S, Hafezparast M, Lennon-Pierce M, Eppig JT, Festing MF, Fisher EM. Genealogies of mouse inbred strains. Nature Genetics 2000;24:23-25.
10. Acevedo-Arozena A, Wells S, Potter P, Kelly M, Cox RD, Brown SDM ENU mutagenesis, a way forward to understand gene function. Annu Rev Genomics Hum Genet 2008; 9: 49-69.
11. Rodrigues FVB, Kuzel MA, Oliveira FS, Demarque KC, Rangel JA, Batista WS, da Silva LCM, Gameiro LS, Oliveira GM. Etograma de camundongos em biotério II: Quais são as principais diferenças no comportamento de SW e Balb/c? Revista da Sociedade Brasileira em Ciência de Animais de Laboratório 2013; 1(4): 136-146.
12. Lin DY, Zhang SZ, Block E, Katz LC. Encoding social signals in the mouse main olfactory bulb. Nature 2005; 23(1): 123-145.
13. Edwards DA, Nahai FR, Wright P. Pathways linking the olfactory bulbs with the medial preoptic anterior hypothalamus are important for intermale aggression in mice. Physiol Behav 1993; 53(3): 611-615.
14. Nyby J, Wysocki CJ, Whitney G, Dizinno G. Pheromonal regulation of male mouse courtship. Anim Behav 1977; 25: 333-341.
15. Sales GD. Ultrasound and mating behaviour in rodents with some observations on other behavioural situations. J Zool Soc (Lond) 1972; 168:149-164.
16. Bailey CJ, Atkins TW, Conner MJ, Manley CG, Matty AJ. Diurnal variations of food consumption, plasma glucose and plasma insulin concentrations in lean and obese hyperglycaemic mice. Hormone Res 1975; 6(5-6):380-6.
17. Méier AH, Cincotta AH. *Circadian rhytmus* regulate the expression of the thrifty genotype/fenotype. Diabetes Rev 1996; 4:464-487.
18. Ziesenis JS, Davis DE, Smith DE. Diel variations in the aggressive behaviour of the mouse, *Mus musculus*. Anim Behav 1975; 23, 941–948.
19. Paterson AT, Vickers C. Saline drinking and naloxone: lightcycle dependent effects on social behaviour in male mice. Pharmacol Biochem Behav 1984; 21: 495-499.
20. Lapchick V, Mattaraia V, Ko G Camundongo.In. Cuidados e Manejos de Animais de Laboratório. 2009. São Paulo: Editora Atheneu. p. 137-167.

21. Blanchard RJ, Hori K, Blanchard DC. Social dominance and individual aggressiveness. Aggress Behav 1988; 14(1): 195–203.
22. Kuzel MA, Oliveira FS, Demarque KC, Rangel JA, Rodrigues FVB, Batista WS, Gameiro LS, Oliveira GM. Estudo da hierarquia de camundongos SW através do uso de Sistemas com Gaiolas Interligadas (SGI). Revista da Sociedade Brasileira em Ciência de Animais de Laboratório 2013; 2(1): 49-60.
23. Oliveira FS, Rangel JA, Batista WS, Gameiro LS & Oliveira GM. Influência da agressividade paterna no desenvolvimento físico/emocional de camundongos SW em biotério. Revista da Sociedade Brasileira em Ciência de Animais de Laboratório 2014; 2(4): 244-253.
24. McKinney WT. Basis of development of animal models in psychiatry: an overview. In: Koob GF, Ehlers CL, Kupfer DJ, (org). Animal Models of Depression. Boston, MA: Birkhäuser; 1989. p.3-17.
25. Brain P & Benton D. What does individually housing mean to a research worker? IRCSMed Sci1977; 5(1): 459–463.
26. Goldsmith JF, Brain PF, Benton D. Effects of the duration of individual or group housing on behavioural and adrenocortical reactivity in male mice. Physiol Behav 1978; 21(1): 757–760.
27. Batista WS, Pereira da Silva LCC, Demarque KC, de Oliveira FS, Acquarone M, Rodrigues FVB, Oliveira GM. Estudo do comportamento agressivo de camundongos em biotério: Aplicação do Modelo Espontâneo de Agressividade (MEA). Revista da Sociedade Brasileira em Ciência de Animais de Laboratório 2012; 1(4): 46-51.
28. Brodkin ES, Goforth SA, Keene AH, Fossella JA, Silver LM. Identification of quantitative trait loci that affect aggressive behavior in mice. J Neurosci2002; 22(3):1165-1170.
29. Coccaro EF, Kavoussi RJ, Trestman RL, Gabriel SM, Cooper TB, Siever LJ. Serotonin function in human subjects: intercorrelations among central 5-HT indices and aggressiveness. Psychiatry Res 1997; 73(2):1–14.
30. Bari A, Robbins TW. Inhibition and impulsivity: behavioral and neural basis of response control. Prog Neurobiol 2013; 108(4):44-79.
31. Oliveira FS, Rodrigues FVB, Demarque KC, Rangel JA, Alvarenga TA, Batista WS, Gameiro LS, Oliveira GM. Characterization of dominant and subordinate social status and the structure of the social hierarchy in SW mice. Revista da Sociedade Brasileira em Ciência de Animais de Laboratório 2014; 2(2) 204-214.
32. Mattos P. A Psiconeuroendocrinologia. In Fiskis JP & Mello MF (Orgs.) Transtorno de Estresse Pós-Traumático. 2012. São Paulo: Editora Atheneu. P. 123-145.
33. Cook MJ. Anatomy. In: Foster HL, Small JD and Fox JG. The Mouse in Biomedical Research. vol III. New York: Academic Press, 1983.
34. Kaplan HM, Brewer NR, Blair WH. Physiology. In: Foster HL, Small JD and Fox JG. The Mouse in Biomedical Research. vol III. New York: Academic Press, 1983.
35. Dunn SR, Qi Z, Bottinger EP, Breyer MD, Sharma K. Utility of endogenous creatinine clearance as a measure of renal function in mice. Kidney International 2004; 65:1959–1967.
36. Loeb WF, Quimby FW. The clinical chemistry of laboratory animals. 2nd ed. Philadelphia: Taylor and Francis, 1999.
37. Russel, ES, Bernstein SE. Blood and blood formation. In: Green EL. Biology of the laboratory mouse. 2nd ed. New York: McGraw-Hill, 1966. p. 351–372.

38. Chan J, Ogawa S, Pfaff DW. Reproduction-related behaviors of Swiss-Webster female mice. Journal of Comparative Neurology 2001; 437: 286 – 295.
39. Marsden HM, Bronson FH. Estrous synchrony in mice: alteration by exposure to male urine. Science 1964; 144:1469.
40. Whitten WK. Modification of the oestrous cycle of the mouse by factors associated with the male. J Endocrinol 1956; 13:339-404.
41. Whitten WK. The effect of progesterone on the development of mouse eggs in vitro. J Endocrinol 1957; 16: 80-85.
42. Whitten WK. Occurrence of anoestrus in mice caged in groups. J Endocrinol 1959; 18:102–107.
43. Bruce HM. A block to pregnancy in the house mouse caused by the proximity of strange males. J Reprod Fertil 1960; 1: 96-103.
44. Bruce HM. Pheromones. Br Med Bull 1970; 26:10-13.
45. Lee V der S, Boot LM. Spontaneous pseudopregnancy in mice. Acta Physiol Pharmacol Neerl 1955; 4:442-444.
46. Kaiser IH. Effect of a 28-h-day on ovulation and reproduction in mice. Am J Obstet Gynec 1967; 99: 772-784.
47. Tucker HA. Lactation and its hormonal control. In: Knobile E, Neill JD. The Physiology of Reproduction. 2nd ed. New York: Raven Press, 1994. p.1064-1098.
48. Quarrie LH, Addey CV, Wilde CJ. Programmed cell death during mammary tissue involution induced by weaning, litter removal, and milk stasis. J Cell Physiol 1996; 168:559-569.
49. Shipman LJ, Docherty AH, Knight CH, Wilde CJ. Metabolic adaptations in mouse mammary gland during a normal lactation cycle and in extended lactation. Q J Exp Physiol 1987; 72:303-311.
50. Chapman JB, Cutler MG. Behavioural effects of phenobarbitone I. Effects in the offspring of laboratory mice. Psychopharmacology 1983; 79:155-160.
51. Silver LM. Recordkeeping and database analysis of breeding colonies. P 3-15. In: Wassrman PM, de Pamphilis M L. Guide to Techniques in Mouse Development. Methods in Enzymology. Vol 225. San Diego: Academic Press, 1993; 225:3-15.

13

Cobaia

Rinaldo Bueno Ferreira

■ Introdução

A cobaia é um roedor da família *Cavidae*, conhecido popularmente como porquinho-da-índia, preá, ou mesmo como preá-da-índia, e, na língua inglesa, como "*guinea pig*". A real etimologia de seu nome ainda é desconhecida, existindo algumas conjecturas a esse respeito. Embora o seu nome popular "porquinho-da-índia" possa erroneamente sugerir que esse animal pertença à família *Suidae* e que seja originário da Índia, acredita-se que o seu nome popular se deva ao fato de ele provir originariamente das chamadas "Índias Ocidentais" (atual continente americano), onde no período da colonização alguns povos andinos, como os incas, o criavam para servir de fonte de alimento. Tal tradição alimentar é ainda mantida em alguns países, como o Peru, onde esse animal está presente na rica culinária local, como um prato típico.

Quanto ao seu nome na língua inglesa, "*Guinea pig*", existem ainda duas versões para validar a sua origem. A primeira é de que, como os navios ingleses faziam escala na costa da Guiné, foi passada a ideia às pessoas de que os animais eram originários daquela região e não da costa pacífica da América do Sul. Já a segunda hipótese se baseia no fato de que o valor que os marinheiros ingleses cobravam pelos animais era de 1 guinéu, moeda britânica de ouro cunhada em 1663 e extinta em 1813.

Dentre os membros da subordem *hystricomorpha,* a cobaia é o único membro que tem a sua utilização como animal de laboratório amplamente difundida.[1]

Existem várias espécies de cobaias descritas, porém a espécie mais utilizada para fins de pesquisa é a *Cavia porcellus,* assim como três variedades principais que se destacam: a inglesa, a abissínia e a peruana. Como animal de laboratório, a linhagem Dunkin-Hartley é a que tem a sua distribuição mais difundida em relação às demais, sendo a linhagem mais comumente utilizada para fins científicos em pesquisas biomédicas, servindo como fonte de hemácias, anticorpos policlonais, complemento e tecidos. Tendo ainda um papel importantíssimo na realização de ensaios bioquímicos, fisiológicos e clínicos.[2]

Considerações históricas e distribuição geográfica

A cobaia é proveniente da América do Sul. A data precisa que os primeiros europeus tiveram contato com esse animal é ainda indeterminada, porém, de maneira sintética, ele foi avistado pela primeira vez por espanhóis no século XVI, durante o período de colonização do Peru, e levados por marinheiros para a Europa com o escopo de domesticação e exposição. Posteriormente, já sendo empregado como animal de laboratório, foi o primeiro a ser utilizado na tentativa de se obter animais livres de germes, através de cesárias assépticas realizadas por Nuttal e Thierfelder (1895) na Alemanha, sendo a maturidade de seus filhotes ao nascimento o fator preponderante para a sua escolha. Cepas consanguíneas de cobaias foram obtidas a partir de 1906, auxiliando consideravelmente na compreensão da genética e da reprodução. Sucesso também foi obtido por Reyniers (1946) na produção desses animais livres de germes em isoladores mais adequados.

A conversão desse roedor nativo em animal de laboratório, bem como a descrição das diferentes espécies do gênero *Cavia* encontradas na América do Sul,[3] destaca a predominância da espécie *Cavia aperea* na Argentina, no Uruguai e no Brasil e da espécie *Cavia cutleri* no Peru.

Posição taxonômica

Cavia porcellus, o nome científico utilizado para se identificar a cobaia domesticada, foi o nome conferido à espécie no final do século XVIII pelo naturalista alemão Johann Christian Polycarp Erxleben, considerado um dos fundadores da medicina veterinária moderna. Uma breve revisão da história e etimologia da cobaia pode ser encontrada na abrangente obra de referência escrita por Wagner e Maning, de 1976, *The Biology of Guinea Pig*.[3]

De acordo com Wagner (1976),[4] segue abaixo o esboço taxonômico para as cobaias domesticadas:

- Reino: *Animalia.*
- Filo: *Chordata.*
- Classe: *Mammalia.*
- Ordem: *Rodentia.*
- Subordem: *Hystricomorpha.*
- Família: *Caviidae.*
- Subfamília: *Caviinae.*
- Gênero: *Cavia.*

As variedades da espécie *Cavia porcellus* são identificadas pela coloração, comprimento, textura e direção do crescimento dos seus pelos. A variedade inglesa (Dunkin–Hartley) produzida em 1926, caracteriza-se por apresentar: pelos curtos, lisos e macios, além de cores sólidas, e, juntamente com algumas de suas sublinhagens, é a variedade mais comum e aparentemente a mais bem adaptada e utilizada para fins de ensino e pesquisa (Figura 13.1). A variedade abissínia caracteriza-se por apresentar: pelos curtos, ásperos, que se irradiam em vários centros do corpo do animal, formando redemoinhos ou "rosetas", apresentando ainda uma variedade de cores. Já a variedade peruana diferencia-se das demais por apresentar pelos longos e sedosos.

Uso na experimentação biológica

A posição proeminente da cobaia como um animal de laboratório, durante o século XIV e início do século XX, diante das demais espécies, consagrou em nosso vocabulário o uso do termo "cobaia". Desde 1913, o termo "cobaia" é empregado para quando um humano ou outra espécie animal participa de alguma pesquisa ou investigação científica, voluntariamente ou não, na qual se busca a obtenção de novos resultados (Oxford English Dictionary, 2007). A aplicação desse termo de forma tão disseminada através dos tempos causa até os tempos atuais grande dificuldade para um leigo compreender que ele se trata do nome de um animal de laboratório específico, não devendo ser empregado de modo generalizado a todos os animais de laboratório.

Um dos primeiros registros na língua inglesa descrevendo a biologia da cobaia foi escrito por Goldsmith (1791), sendo creditada a Antoine Lavoisier (1780) a utilização pela primeira vez de cobaias para fins experimentais em seu estudo de fisiologia respiratória. Louis Pasteur, Robert Koch, Ferdinand Cohn e outros grandes pesquisadores também utilizaram a cobaia como modelo experimental em seus estudos para a verificação de vários aspectos de doenças patogênicas infecciosas.[5] Anos depois de ser empregada por Lavoisier, Pasteur,

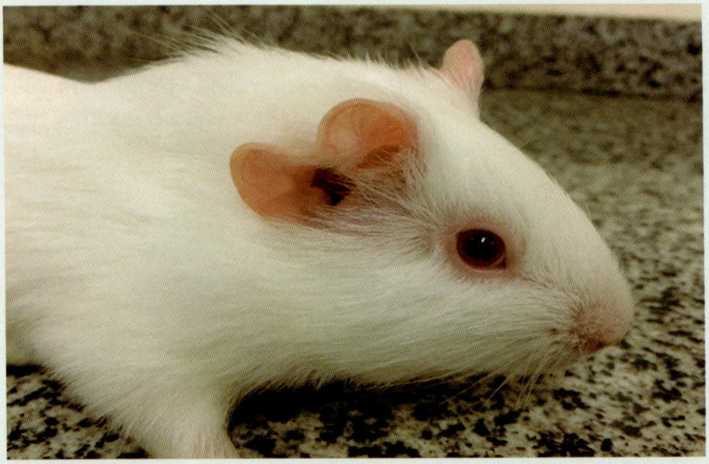

Figura 13.1 – Cavia porcellus – *Variedade inglesa. Fonte: Serviço de Biotério da PUSP-RP.*

Koch e Cohn, a cobaia tornou-se um dos animais de laboratório mais utilizados nos Estados Unidos da América. No entanto, após um pico de utilização, ocorrido na década de 1960, consistindo em sua grande maioria na utilização em estudos da tuberculose, o número de cobaias utilizadas anualmente em pesquisas biomédicas diminuiu sensivelmente. Grande parte do declínio do uso da cobaia em pesquisas foi creditada ao surgimento e ao crescente emprego de camundongos e ratos geneticamente modificados, em substituição à cobaia, como modelos mais aceitáveis para doenças específicas. Além disso, o desenvolvimento de vários outros procedimentos *in vitro* contribuiu ainda mais para o decréscimo de seu uso na experimentação. Mesmo com a diminuição do seu uso para fins de pesquisa biomédica, a cobaia ainda é empregada em estudos de nutrição, farmacologia, fisiologia, imunologia, anatomofisiologia auditiva, radiologia, gerontologia, clínica e análises clínicas. É o animal de eleição para a obtenção de "complemento", necessário em muitas reações imunológicas, dentre as quais se destaca a clássica reação de Wassermann, utilizada para o diagnóstico clínico e isolamento do *Mycobacterium tuberculosis* variedade *hominis*, além de ser um modelo animal também empregado para a realização de testes de reativos biológicos.[4] A aplicação de cobaias como modelos experimentais de doenças humanas pode ser melhor verificada acessando-se as publicações do Instituto de Patologia das Forças Armadas Americanas-Washington-EUA. Mais informações sobre o seu uso em estudos genéticos de histocompatibilidade e respostas imunes podem ser obtidas também em Robinson[6] e Festing,[7] os quais realizaram uma abrangente revisão sobre esses estudos.

Comportamento, manejo e alojamento

A cobaia se caracteriza por ser um animal de hábito sociável, apresentando traços de inibição e de afabilidade, proporcionando assim a ocorrência de raríssimos casos de mordidas e arranhões em quem a manipula.[8] Caracteriza-se ainda por assustar-se com facilidade em resposta a ações do meio externo, mantendo-se unidas, geralmente, uma sobre a outra nos cantos das gaiolas onde são mantidas. Também é costumeira a prática de defecar e urinar sobre os comedouros e derramar sua alimentação por sobre a cama de maravalha. Como a cobaia apresenta uma capacidade pouco desenvolvida tanto para saltar como para escalar, pode ser alojada em gaiolas com baixa altura e sem a necessidade de cobertura com tampas aramadas.

A cobaia também exibe um repertório complexo de vocalizações com diferentes frequências e durações dos pulsos e intervalos, associados a muitos contextos, tais como o de recebimento de alimento, encontros pacíficos, episódios agonísticos, reprodutivos, interação mãe-filhote, separação de filhotes, exploração de ambientes e de coespecíficos. Tais diferenças de vocalização afetam consideravelmente o comportamento social e reprodutivo de toda a colônia.[9]

O animal adulto, frequentemente, apresenta o comportamento de morder as orelhas dos animais mais jovens, assim como o macho adulto apresenta o costume de hostilizar outro macho adulto, chegando até a brigar, quando do estabelecimento da hierarquia dentro do grupo, ou mesmo quando da disputa por fêmeas em estro.

Quando adulta a cobaia apresenta rígidos padrões de comportamento e hábitos, sendo muito suscetível a estímulos externos estressantes, principalmente a alterações ambientais e de alimentação; chegando muitas vezes a recusar o próprio alimento oferecido, devido a simples alterações na apresentação da ração, água, comedouro, ou mesmo no bebedouro. Estímulos como o de barulho intenso ou o de movimentos bruscos devem ser evitados dentro do ambiente de produção/manutenção da cobaia por ela se assustar com muita facilidade, correndo de um lado para o outro da caixa, podendo nesses episódios até se ferir. O alto grau de estresse desse animal quando colocado diante desses estímulos pode ser exemplificado quando da sua contenção, realizada para a limpeza e troca de gaiolas, quando pode ocasionalmente ser observada a ocorrência da paralisação do animal por alguns instantes, e até mesmo episódios de morte. Portanto, o manejo dessa espécie deve ser realizado com muito cuidado, principalmente no que se refere às fêmeas grávidas ou com filhotes recém-nascidos. Assim sendo, por se constituir em um fator potencialmente estressante, os protocolos de limpeza das gaiolas e das instalações de produção/manutenção de cobaias necessitam ser realizados de maneira a se obter um perfeito equilíbrio entre a frequência suficiente de execução dessas atividades, a qual possa garantir a saúde, a higiene e a habituação dos animais, diante da sua manipulação e da presença dos tratadores, sem contudo causar-lhes estresse excessivo quando da sua execução.

Os animais adultos utilizam as glândulas sebáceas existentes em abundância na região lombar e circum-anal para a demarcação de territórios.

Devido a sua dificuldade de dissipação de calor, a cobaia apresenta-se mais sensível ao calor do que ao frio. A temperatura recomendável para a manutenção de cobaias em reprodução e estoque é de 20 °C (± 2) e a umidade relativa considerada satisfatória é de 40% a 60%.

Fisiológica e imunologicamente, a cobaia pode muitas vezes responder desfavoravelmente à antibioticoterapia e ao estresse. A cobaia é muito suscetível à toxicidade produzida por alguns antibióticos, dentre os quais a tetraciclina, a penicilina e o cloranfenicol.

A queda de pelos sob a forma de um desbaste relativamente uniforme é vista predominantemente em cobaias albinas nos últimos estágios de gestação ou mesmo imediatamente após o parto. O retorno progressivo do crescimento dos pelos pode ser observado logo após o parto, retornando ao normal num período de 3 a 4 semanas. A ocorrência dessa condição é mínima ou não usualmente encontrada em fêmeas primíparas, porém a perspectiva de sua ocorrência é aumentada a cada gestação subsequente. Nos machos essa ocorrência raramente é observada. A causa dessa condição não é bem compreendida, existindo sugestões de que a hereditariedade esteja envolvida na sua expressão, embora tal condição esteja indiscutivelmente relacionada a fatores de estresse.

A cobaia lactante apresenta o notável comportamento materno de também amamentar os filhotes de outras fêmeas de seu mesmo grupo de convivência, contribuindo dessa maneira para o aumento do índice de sobrevivência de filhotes dentro da colônia (Figura 13.2). Para tanto, em seu ápice de produção de leite, a cobaia pode chegar a produzir o volume médio diário de até 65 mL/kg. Esse e outros aspectos biológicos e reprodutivos da cobaia podem ser observados na Tabela 13.1.

Figura 13.2 – *Detalhe de fêmea amamentando vários filhotes. Fonte: Serviço de Biotério da PUSP-RP.*

Tabela 13.1
Parâmetros biológicos, fisiológicos e reprodutivos básicos

Parâmetros (unidades)	Valores típicos
Número de cromossomos (pares)	64
Vida útil (anos)	3-7
Peso corporal do macho adulto (g)	900-1.000
Peso corporal da fêmea adulta (g)	700-900
Peso ao nascimento (g)	70-100
Início da reprodução nos machos (meses)	3-4 (600-700 g)
Início da reprodução nas fêmeas (meses)	2-3 (350-450 g)
Duração do ciclo estral (dias)	17
Período de gestação (dias)	59-72
Tamanho da ninhada (unidades)	2-5
Estro pós-parto – Fértil (%)	60-80
Idade do desmame (dias)	14-21 (150-200 g)
Teor de gordura no leite (%)	4
Teor de proteína no leite (%)	8
Teor de lactose no leite (%)	3
Pico de produção de leite (dias)	5-8 (65 ml/kg)
Área de superfície corporal (m^2)	9,5 (peso em g)$^{2/3}$
Temperatura corporal (°C)	39,2 ± 0,7
*Frequência cardíaca (bpm)	230-380
*Frequência respiratória (rpm)	42-104
Consumo de alimento (g/kg/dia)	60
Consumo de água (mL/kg/dia)	100
Tempo de trânsito gastrointestinal (horas)	13-30
Potencial hidrogeniônico da urina (pH)	9
Volume de sangue ((mL/kg)	69-75

**Nota: Respostas fisiológicas medidas em cobaias normais e anestesiadas.*
Fontes: Lizbeth A. Terril and Donna J. Clemons, 1998. The Laboratory Guinea Pig. CRC Press LLC e Denise Noonan, 1994. ANZCCART News, Vol. 7 Nº 3.

Nutrição

A cobaia é um animal fundamentalmente herbívoro, alimentando-se da maioria dos tipos de grãos, verduras e capins. Em ambiente de laboratório, sua dieta principal é composta por rações balanceadas, as quais apresentam formulação específica para atender a todas as suas necessidades nutricionais com o escopo de promover o correto crescimento e reprodução. Essas rações são apresentadas na forma de pellets, com diâmetro recomendável de no máximo 50 mm. Tal alimento deve ser administrado em comedouros adequados, de maneira a minimizar o seu desperdício, assim como a contaminação por fezes e urina. O consumo de alimento varia muito assim como a sua idade, o estado fisiológico do animal e fatores ambientais. Em condições normais de laboratório, o consumo médio diário de ração comercial peletizada praticado por animais adultos é de 60 g/kg, em uma série de pequenas refeições ao longo do dia; assim como a ingestão média diária de água é de aproximadamente 100 mL/kg. As rações comerciais devem possuir em suas formulações quantidade de matéria fibrosa suficiente para atender as suas necessidades nutricionais, porém existem evidências sugerindo que, em situações estressantes, a cobaia pode ter uma necessidade de fibras mais elevada do que a existente nas dietas comerciais, sendo necessária a sua suplementação na forma de vegetação verde ou mesmo de feno. A cobaia, assim como os morcegos frugívoros, os primatas não humanos e o próprio homem, necessita de fontes exógenas de ácido ascórbico. A deficiência de ácido ascórbico na sua alimentação é responsável pelo surgimento de sintomas característicos do escorbuto, que se iniciam com a redução no consumo de alimento e consequente perda de peso, seguidos por anemia, tumefação das articulações costocondrais, gengivite e hemorragia generalizada.[10] Em função dessas alterações, ou de infecções bacterianas secundárias, a morte sobrevém em um curto prazo de tempo de 3 a 4 semanas.[11] As espécies suscetíveis a desenvolver essa doença não possuem o gene que codifica a síntese da enzima hepática gulonolactona-oxidase, envolvida na síntese da vitamina C a partir da glicose. Por essa razão há a necessidade de se proceder a suplementação da dieta oferecida a essas espécies, com alguma fonte exógena de ácido ascórbico, evitando-se assim o surgimento do escorbuto, o qual se estabelece num prazo variável, de acordo com cada espécie.

O conteúdo de vitamina C presente nos alimentos em forma de pellets diminui de acordo com o período de fabricação do produto e o seu tempo e condições de armazenamento. É difícil determinar a dose de vitamina C exata para atender a real necessidade de cada animal, pois isso depende da sua condição fisiológica. É sugerida a quantidade diária de 10 mg/kg para manutenção de animais adultos e de 30 mg/kg para fêmeas prenhes. Para a suplementação de vitamina C na água a ser oferecida ao animal, recomenda-se a proporção de 300 mg/l. Devendo tal solução ser preparada diariamente por ser uma vitamina termolábil, extremamente instável, que reage com o oxigênio, a luz e a própria água.

Sistema de acasalamento

A seleção de animais com a finalidade de servirem como matrizes e reprodutores não pode ser realizada de maneira aleatória, devendo-se para tanto seguir alguns padrões de seleção. Além de se selecionar machos e fêmeas jovens, fortes e saudáveis, deve-se ter também o cuidado de selecioná-los criteriosamente pelos seus valores genéticos. Quando as fêmeas atingem aproximadamente 3 meses de vida (400-500 g) e os machos 4 meses (500-600 g), já estão aptos à reprodução, podendo-se a partir de então promover o acasalamento dos mesmos, embora acasalamentos férteis também possam ser observados entre animais um pouco mais jovens.[12] É importante que as fêmeas sejam fecundadas antes dos 6 meses de vida, pois após esse período a sínfise púbica tende a soldar-se mais firmemente por um processo de calcificação, produzindo um estreitamento mecânico do canal de parto que resultará em partos distócicos.

Os acasalamentos podem ser realizados utilizando-se dois tipos de sistemas: monogâmico ou poligâmico permanente. O sistema monogâmico é amplamente utilizado em colônias consanguíneas, nas quais se emprega o acasalamento entre irmãos. Consiste em um sistema no qual um macho e uma fêmea são mantidos juntos durante toda a vida reprodutiva. Tal sistema apresenta a vantagem de permitir uma fácil identificação dos filhotes e a manutenção de registros fidedignos, elevada porcentagem de cios férteis pós-parto e de filhotes desmamados, maior controle das enfermidades e boa seleção dos reprodutores. As desvantagens envolvidas constituem-se no aumento de mão de obra, na necessidade de um número maior de machos reprodutores, na necessidade de espaços maiores e em um número maior de equipamentos/utensílios.

O acasalamento poligâmico por sua vez é o sistema mais utilizado na maioria das colônias com necessidade de atendimento de uma grande demanda de animais, consistindo na união de um macho para um grupo de 5 a 10 fêmeas, respeitando-se a área mínima de piso por animal de acordo com a RN 15 do Conselho Nacional de Controle de Experimentação Animal-Concea, constante no seu item 2.2.7 – Alojamento.[13]

Recomenda-se a manutenção de 1 macho para cada 5 fêmeas, os quais permanecem juntos durante toda a vida reprodutiva. Igualmente, os filhotes permanecem no mesmo ambiente, juntos aos pais, até o momento do desmame. A principal vantagem desse sistema é o maior número de animais produzidos em um menor espaço de área física. Tem como desvantagens a dificuldade para o registro dos animais e a identificação da fêmea ou do macho inférteis (Figura 13.3). Em algumas colônias pode-se observar um sistema de acasalamento similar ao rotacional, que é o método Poiley.[14]

Figura 13.3 – *Sistema de acasalamento do tipo poligâmico permanente. Fonte: Serviço de Biotério da PUSP-RP.*

Em ambos os sistemas de acasalamento é necessário que se proceda à prévia seleção e reserva de animais jovens para substituição anual de até 50% das matrizes e reprodutores. Independentemente do sistema de produção a ser adotado, é interessante que os filhotes sejam desmamados, no máximo com 3 semanas de idade. Quando da não existência de nenhum modo de registro na colônia, o melhor critério a ser aplicado para a separação dos animais a serem desmamados é preferencialmente selecionar os animais com peso superior a 180 gramas. A partir daí os animais devem ser separados por sexo e tamanho e alojados em gaiolas de estoque, de acordo com a densidade recomendada pela RN15. Para a distinção do sexo dos animais nessa fase, tanto os machos quanto as fêmeas apresentam o orifício genital em igual distância do ânus. Porém, nos machos, essa área é ligeiramente arredondada com sulco único e contínuo entre a abertura da uretra e o ânus, enquanto nas fêmeas esse sulco é interrompido pela membrana vaginal, exceto durante o estro ou no término da gravidez. Nos machos, os testículos podem ser apalpados e o pênis pode ser exteriorizado facilmente, mediante uma pressão na região inguinal (Figura 13.4).

Registro da colônia de cobaia

É necessário contar com um bom método de apontamento reprodutivo dos animais para garantir um registro fidedigno da colônia.

Os registros dos eventos ocorridos com os animais, nas respectivas fichas de identificação, livros ou então relatórios, devem conter informações suficientes para que se tenha, a cada momento, uma posição exata de tudo o que acontece na colônia, tais como: data do acasalamento, nascimento, quantidade de filhotes nascidos, mortos, sacrificados, desmamados, descartados, variações ambientais, de insumos e etc.

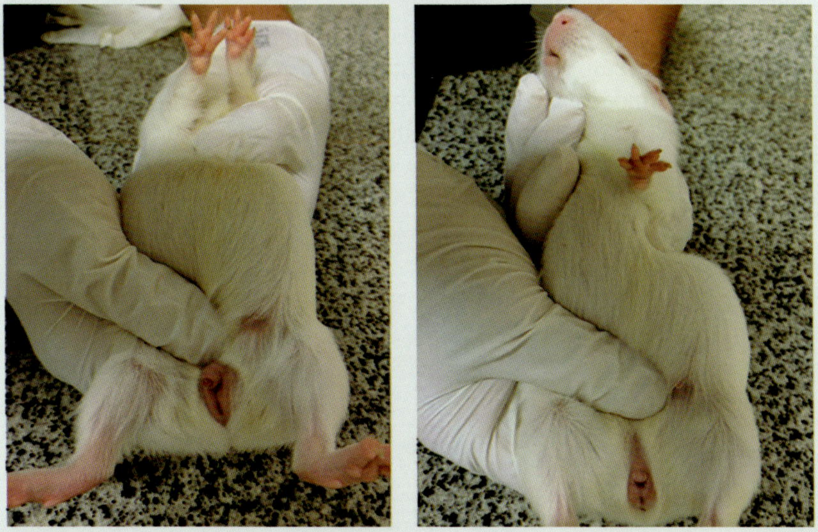

Figura 13.4 – *Cavia porcellus – Sexagem: macho e fêmea. Fonte: Serviço de Biotério da PUSP-RP.*

Manipulação e contenção manual

A cobaia, por ser um animal dócil, permite facilmente a realização da maioria dos procedimentos simples de manejo, através da contenção manual, sendo raramente necessária a utilização de meios químicos para tanto. A contenção manual da cobaia deve ser realizada de maneira delicada, tomando-se o cuidado para não a apertar em demasia e nem privá-la de movimento por um período de tempo muito longo, o que pode provocar que o animal se debata excessivamente, emitindo conjuntamente vocalizações associadas à forma errada de contenção.

O método mais seguro e recomendado para a contenção manual de uma cobaia, seja para a realização do transporte a pequenas distâncias, sexagem, ou mesmo para a administração de fármacos, é colocar uma das mãos sobre o dorso do animal, envolvendo-a parcialmente sob o seu tórax e abdômen, e com a outra mão apoiar a parte posterior do seu corpo, para que ela possa suportar o seu peso, permitindo assim que o animal fique sentado de maneira confortável sobre a palma da mão de quem o manipula (Figura 13.5).

Anestésicos

Em geral, nos roedores, a cetamina utilizada isoladamente não provoca sedação adequada. Além do quê, mesmo administrado em dose elevada, esse fármaco não induz efeito analgésico suficiente para permitir a realização de uma cirurgia (Tabela 13.2). Em geral, nos caviomorfos são utilizadas as associações para a anestesia fixa.[15]

Eutanásia

A eutanásia é um procedimento que engloba questões técnicas e éticas, devendo o método selecionado garantir a inconsciência do animal antes mesmo de qualquer traço de sofrimento físico e mental. Em síntese, o método mais recomendado para a prática da eutanásia é o uso de sobredose anestésica geral, administrada por via intraperitoneal, principalmente os barbitúricos; sendo necessário que a solução de barbitúricos seja associada com lidocaína na concentração de 10 mg/mL ou então a outro anestésico local, para minimizar a dor no momento da sua administração. Para a realização desse método re-

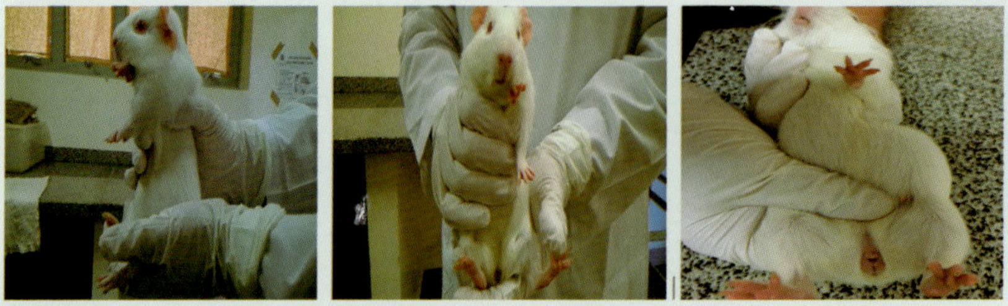

Figura 13.5 – *Detalhes da contenção manual. (Fonte: Serviço de Biotério da PUSP-RP.)*

Tabela 13.2 Associações para a anestesia fixa de caviomorfos		
Fármacos	**Dose (mg/kg)**	**Observações**
Acepromazina + Cetamina	(0,5) + (20-40)	Anestesia leve.
Diazepam + Cetamina	(3-5) + (20-40)	Sem analgesia.
Xilazina + Cetamina	(3-5) + (20-40)	Anestesia cirúrgica.
Metodomidina + Cetamina	0,5 + 40	Analgesia.
Atipamezol (antídoto)	1	Depressão cardiovascular (pode ser necessária uma máscara com oxigênio).
Tiletamina + Zolazepam	20 + 40	Anestesia leve.

**Nota: Em cobaias, há grande variação individual ao efeito da cetamina (a dose pode atingir de 100 a 150 mg/kg).*
Fonte Principal: Quinton JA. Novos animais de estimação – pequenos mamíferos. São Paulo: Editora Roca, 2005.

comenda-se iniciar a administração do fármaco selecionado, contendo no mínimo três vezes a dose necessária para a anestesia do animal, com o aumento da dose caso necessário (Tabela 13.3) até a observação da ausência de todos os parâmetros vitais.[15]

Características Anatômicas, Fisiológicas e Bioquímicas

Anatomia externa

A cobaia possui uma baixa estatura, um corpo longo e arredondado e uma calda vestigial. O desenvolvimento máximo em relação ao seu peso e tamanho ocorre muito próximo dos 15 meses de vida, estando as alterações de peso apresentadas após esse período relacionadas a perda ou ganho de gordura estocada em seu corpo. Machos adultos podem apresentar pesos variando de 700 a 1.300 gramas, podendo ser observados em algumas colônias animais com peso ainda superior. Do mesmo modo, o comprimento de machos e fêmeas adultos pode, respectivamente, variar de 30 a 35 centímetros e de 28 a 32 centímetros, tomando-se a medida da extremidade do focinho até a última vértebra.[16]

Tabela 13.3 Métodos recomendados para a eutanásia de cobaias		
Métodos	**Administração**	**Observações**
Barbitúricos	IV ou IP	Sempre associados a lidocaína na concentração de 10 mg/mL, ou então outro anestésico local.
Anestésicos gerais	IV	Exemplo: Propofol.
Anestésicos inalatórios	Inalatória	-
Exsanguinação	Punção cardíaca	Sempre após a anestesia geral.

Nota: IV: intravenosa, IP: intraperitoneal.
Fonte: Resolução Normativa Cocea nº 13 de 20/09/2013.

Vista lateralmente, a sua cabeça é de forma cônica e de comprimento variável, apresentando-se relativamente grande em relação ao seu corpo. Seu focinho é cônico, com cinco a seis fileiras de vibrissas, possuindo na porção superior do focinho fossas nasais e uma depressão labial, enquanto a porção do lábio inferior é inteira.

Seu pescoço é curto, porém grosso, musculoso e bem inserido ao tronco. Ele é formado por sete vértebras cervicais, das quais a atlas e o áxis se mostram bem desenvolvidos.

O tronco, de forma cilíndrica, é formado por 13 vértebras torácicas, cada qual sustentando um par de costelas articulando-se com o esterno, com exceção dos três últimos pares de costelas. O abdome apresenta sete vértebras lombares. A porção posterior do corpo (anca) é arredondada, possuindo uma cauda composta por duas a três vértebras sacrais e três a quatro vértebras coccígeas.

Há uma sutil diferença no comprimento dos membros, sendo os anteriores mais curtos que os posteriores. As patas dianteiras e traseiras apresentam coxins plantares, pelos muito curtos e dedos providos de unhas, que são curtas e finas nas patas dianteiras e longas e grossas nas patas traseiras. O número de dedos também varia, sendo que as patas dianteiras contêm quatro dedos, três dos quais possuem três falanges e um possui somente duas falanges. Já as patas traseiras contêm três dedos com três falanges cada (Figura 13.6).

A maior parte da superfície corporal da cobaia é coberta por pelos grossos, existindo ainda regiões sem pelos, como ao redor das aberturas externas dos sistemas respiratório, digestivo e urogenital. As duas glândulas mamárias, localizadas na região inguinal, também apresentam ausência de pelos em torno dos mamilos. A epiderme da cobaia em sua maior parte é fina, sendo um pouco mais espessa sobre a base das patas, focinho, mamilos e ao redor dos orifícios externos genital e anal.

O pelo da cobaia é caracteristicamente grosso, com uma camada inferior de pelos finos. Apresentam ainda prolongamentos de pelos queratinosos, as vibrissas, também conhecidas como pelos táteis ou sensoriais, que transmitem vibrações aos órgãos sensoriais situados nas suas bases. Na cobaia as vibrissas estão presentes sobre a superfície lateral do focinho, formando cinco ou seis fileiras. Duas vibrissas estão geralmente presentes como um tufo superciliar dorsal no canto médio do olho, apenas dois no canto lateral inferior do olho e um número variável na superfície dorsolateral da face. Esses são pelos típicos do focinho.

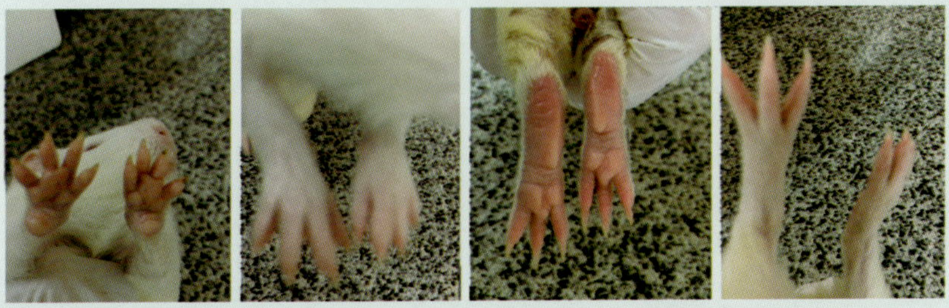

Figura 13.6 – *Detalhes das patas dianteiras e traseiras. Fonte: Serviço de Biotério da PUSP-RP.*

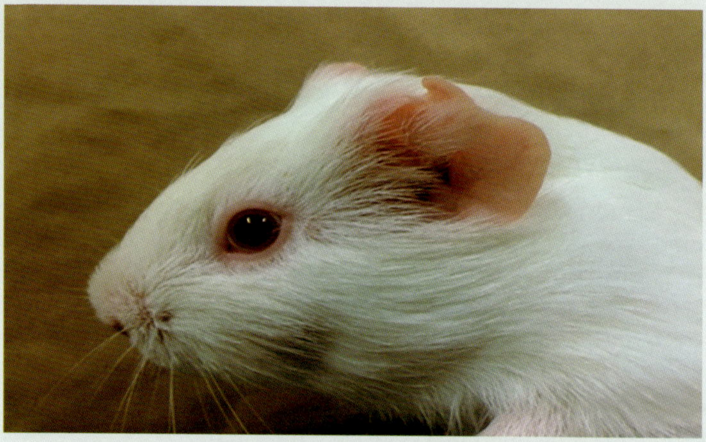

Figura 13.7 – *Detalhes das vibrissas. Fonte: Serviço de Biotério da PUSP-RP.*

Os pelos presentes sobre as orelhas e no interior do canal auditivo externo são todos pelos finos, não existindo nenhum pelo protetor grosso (Figura 13.7).

Embora não apresentem visão tão boa quanto a dos humanos, por possuírem visão dicromática, os seus olhos, além de lhes conferir um maior campo de visão, devido a sua disposição anatômica, também lhes permitem a distinção de cores primárias. Seus olhos são grandes, salientes e brilhantes, de cor preta em animais que apresentam pelagem colorida, ou então despigmentados em animais albinos, quando é possível a visualização dos vasos sanguíneos que irrigam o globo ocular, dando a eles a aparência de que são de coloração avermelhada (Figura 13.8).

Seu olfato é mais aguçado do que o dos humanos. Esse sentido é muito importante para a realização das atividades de demarcação de território, reconhecimento mútuo, acasalamento e alimentação. Suas orelhas são pequenas, largas, dobradas, quase desnudas e bastante irrigadas, e inseridas na parte superior da cabeça. Possuem uma faixa de audição que varia entre 0,1 e 35 dB e uma

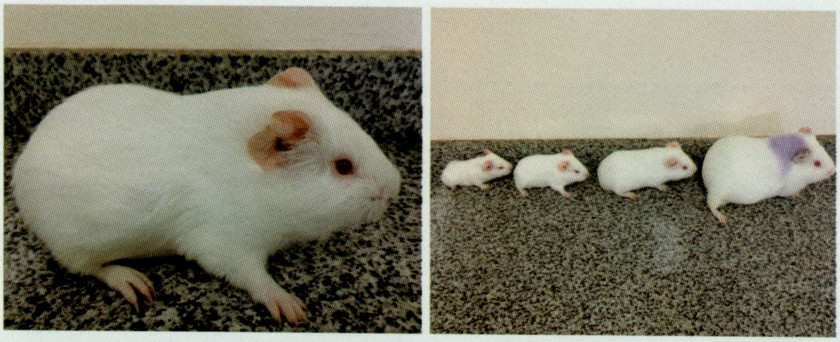

Figura 13.8 – *Detalhes da anatomia externa e das diferentes fases de desenvolvimento (do nascimento à fase adulta). Fonte: Serviço de Biotério da PUSP-RP.*

faixa de sensibilidade de 0,2 a 1 dB, muito superiores portanto às encontradas no homem e em outras espécies (Tabela 13.4).

Anatomia interna

Sistema esquelético

Diferenças morfológicas e funcionais podem ser observadas entre os esqueletos de ambos os sexos, como por exemplo na pélvis das fêmeas, cujo formato favorece a parição dos filhotes. O número de ossos é variável de acordo com a idade da cobaia, uma vez que ossos separados presentes em animais imaturos se fundem na fase adulta. O sistema esquelético da cobaia é formado por um total de 258 ossos, distribuídos entre 32 e 36 vértebras, 86 ossos nos membros anteriores e 72 ossos nos membros posteriores; encontrando-se os ossos restantes distribuídos no crânio, nas costelas e no esterno. Seu esqueleto pode ser dividido em três partes distintas: axial, apendicular e heterotópica.

O esqueleto axial contempla os ossos do crânio, aparato hioideo, vértebras, costelas e esterno. O crânio é constituído por ossos de estrutura alongada e chata, sendo ligados por um total de seis suturas articuláveis. Seu crânio apresenta ainda arcos zigomáticos proeminentes, fossa pterigopalatina profunda, órbitas grandes e canal infraorbital curto. As mandíbulas são unidas à linha mediana rostral por uma sínfise mandibular. A cobaia possui um total de 20 dentes permanentes, desprovidos de raízes e com crescimento contínuo durante toda a sua vida. Sua dentição apresenta-se completa e apta para roer e mastigar os alimentos desde o nascimento. A fórmula dentária da cobaia adulta é assim composta: 2 (I 1/1, C 0/0, PM 1/1 e M 3/3) = 20. Seus incisivos são alongados, apresentando curvatura para dentro da cavidade bucal. Por ser desprovida de caninos, apresenta espaço diastemal bem visível entre os dentes incisivos e molares.

A coluna vertebral é composta por 32 a 36 vértebras, as quais são ligadas pelos discos intervertebrais; constituídos pelo núcleo pulposo e ânulo fibroso. As vértebras compõem-se de um corpo, um forame vertebral e um processo espinhoso, apresentando diferenciação quanto ao tamanho do corpo em relação à sua disposição na coluna vertebral. A fórmula vertebral encontrada na cobaia é assim disposta: C 7, T 13-14, L 6, S 2-3 e Co 4-6. O esterno tem seis segmentos: pré-esterno, manúbrio, estérnebra (composto por três segmentos

Tabela 13.4
Parâmetros de frequência e faixa de sensibilidade auditiva apresentadas por algumas espécies

Espécie (Binomial)	Faixa auditiva (dB)	Faixa de sensibilidade (dB)
Mus musculus	0,75 a 85	10 a 65
Cavia porcellus	0,1 a 35	0,2 a 1
Oryctolagus cuniculus	0,1 a 40	0,7 a 8
Homo sapiens	0,02 a 20	0,7 a 8
Rattus norvegicus	0,1 a 65	35 a 40

Fonte: Mezadri, Tomáz e Amaral, 2004. Animais de Laboratório Cuidados na Iniciação Experimental. [44]

do corpo do esterno) e um processo xifoide. Apresenta ainda um total de 13 a 14 pares de costelas, das quais uma ou as duas últimas são cartilaginosas. Elas se estendem da coluna vertebral até o esterno, ao qual se unem através de cartilagens costais.

O esqueleto apendicular contempla os ossos da região peitoral e cintura pélvica, bem como os seus respectivos membros. A região peitoral apresenta clavículas vestigiais e úmero. A cintura pélvica está localizada na base da coluna vertebral, sendo o sistema coxal constituído pelos ossos do ílio, ísquio e púbis e, em animais imaturos, pelo osso acetabular. A completa fusão dos componentes individuais do conjunto de ossos coxais ocorre a partir da 2ª semana de vida. A sínfise púbica ou articulação pubiana está localizada entre os dois ossos da pélvis, sendo a sua importância destacada no momento da parição. Apresenta constituição fibrocartilaginosa ao longo de toda a vida reprodutiva do animal; havendo uma redução gradativa dessa flexibilidade e/ou relaxamento com o passar da idade, verificando-se, então, um ligeiro estreitamento da passagem e calcificação, concorrendo na maioria das vezes para a ocorrência de complicações no momento do parto.

Os ossos dos membros anteriores são o úmero, a ulna, oito ossos carpais (radial, ulnar e acessório na fileira proximal; o primeiro, segundo, terceiro, quarto e quinto carpais na fileira distal), quatro ossos metacarpais e três falanges no primeiro, segundo e terceiro dígitos; com somente duas falanges associadas ao quarto dígito. Nos membros anteriores, não há sesamóideos digitais além daqueles da articulação metatarsofalangeal. A terceira falange, de ambos os membros, e os dígitos dos membros pélvicos apoiam uma garra fortemente curvada e pesada.

Sistema muscular

O sistema muscular da cobaia apresenta-se bem definido, com exceção dos músculos cutâneos. Os músculos da cabeça tendem a se fundir, tornando-se difícil a sua identificação individual. O sistema muscular da cobaia é constituído por diferentes tecidos musculares, os quais se caracterizam pela sua contratilidade e elasticidade. Seus músculos apresentam tamanhos e formatos variados, de acordo com a disposição do seu local de origem e de inserção, desempenhando funções específicas para a realização das várias atividades desenvolvidas pelos animais. Dentre eles, destacam-se os músculos mastigatórios, masseter e digástrico, ambos mostrando-se bastante desenvolvidos; refletindo o comportamento notadamente encontrado nos roedores na forma de roer e mastigar os alimentos.

Sistema cardiovascular

Os volumes do sangue e plasma da cobaia são de aproximadamente 3,8 e 6,96 mL/100 g de peso corporal, respectivamente. O volume do plasma é mais alto ao nascimento (5,73% do peso corporal), decrescendo continuamente a 3,0% ao chegar até 900 g de peso corporal. O volume de sangue segue um padrão similar, decrescendo de 11,5% para 5,86% durante o mesmo período.

A frequência cardíaca média de 275,5 batidas/min é considerada a frequência cardíaca normal de repouso da cobaia. Raramente a pressão sistólica é superior a 100 mmHg, sendo, porém, observada a ocorrência de uma sensível alteração das pressões de animais submetidos ao efeito de agentes anestésicos.[16]

Sistema circulatório

O coração da cobaia é composto por dois átrios e dois ventrículos. Os átrios possuem paredes finas, separadas dos ventrículos pelo sulco coronariano, o qual contém as veias e artérias coronárias, direita e esquerda. As válvulas atrioventriculares compreendem três grandes cúspides (tricúspides) e várias pequenas cúspides, todas ligadas nas suas bases ao esqueleto cartilaginoso do coração. Os ventrículos são separados por um espesso septo interventricular. O lúmen ventricular direito normalmente contém uma única trabécula septomarginal (banda moderadora). O ventrículo esquerdo de maneira geral é desprovido de igual trabécula. O sangue é drenado do coração através das veias coronárias direita e esquerda, as quais se unem para formar o seio coronário. O seio coronário se esvazia no átrio direito próximo à abertura da veia cava inferior. O suprimento de sangue para os pulmões é promovido pelas artérias pulmonar e brocnoesofágica. As veias pulmonares drenam o sangue dos pulmões para o átrio esquerdo.

Em algumas cobaias observam-se três pares de artérias renais, porém a presença de um único par é o mais habitual. As artérias ovarianas e testiculares originam-se da aorta, sendo respectivamente distribuídas para os ovários, testículos e epidídimos. O oviduto e o útero são supridos pela artéria uterina, um ramo da ilíaca interna, e da artéria ovárica.[17] A distribuição aórtica remanescente é semelhante à de outras espécies de mamíferos. O sistema linfático é composto por linfonodos de tamanhos variáveis, distribuídos ao longo do corpo,[18,19] e os seus vasos linfáticos associados. Os principais linfáticos são os ductos linfáticos traqueais direito e esquerdo, que drenam a cabeça, o ducto torácico, que drena a porção inferior do animal, e os ductos mediastinais, que drenam as cavidades pericárdica, pleural e peritoneal. Os gânglios linfáticos paratímicos, localizados no interior da região cervical, que servem para drenar as linfas a partir do timo, são de grande interesse do ponto de vista das investigações das interligações entre o timo e os gânglios linfáticos nos mecanismos imunológicos.

Glândulas mamárias

As glândulas mamárias na cobaia apresentam-se como um único par de glândulas alongadas e finamente lobuladas, dispostas na região inguinal. Elas abrem-se através de uma série de pequenos ductos em um único ducto papilar grande, o qual se abre para o exterior. Há dois tetos, um de cada lado da linha mediana superior à coxa, muito evidentes também nos machos.

Glândulas sebáceas

As glândulas sebáceas são notadamente abundantes ao longo da superfície dorsal da cobaia, existindo um grande acúmulo na região circum-anal. Elas são frequentemente utilizadas para a demarcação de territórios por meio de compressão das mesmas sobre as superfícies.

Glândulas salivares

A cobaia possui quatro pares de glândulas salivares: parótidas, mandibulares, sublinguais e molares.

Sistema gastrointestinal

O orifício bucal tem forma triangular. Os lábios são arredondados e cobertos por pelos curtos e finos. As duas metades do lábio superior são separadas na linha mediana por uma depressão infranasal bem-definida, o *philtrum* (filtro labial). A borda do lábio superior é lançada para dentro, formando um amplo enchimento bucal achatado coberto com pelos finos e curtos. Próximo do centro do diastema o revestimento bucal é separado de uma área oval que é coberta com cerdas relativamente longas. O lábio inferior é relativamente pequeno e é anexado à gengiva incisiva por um frênulo. A porção superior da cavidade oral é quase completamente separada da região inferior pelos dentes pré-molares. A língua é um órgão relativamente grande que se estende da porção superior ventral da faringe em direção à sínfise da mandíbula. Um terço da porção anterior da língua é livre, estando o restante ligado ao piso da cavidade oral. Um evidente frênulo lingual nem sempre se encontra presente.[20]

Os caviomorfos, dos quais a cobaia faz parte, são herbívoros estritos que praticam a cecotrofia, apresentando trato digestivo bem longo, comparado ao de outros roedores, medindo em uma cobaia adulta aproximadamente 2,3 m de comprimento da faringe ao ânus, e trânsito digestivo lento.[21]

Estômago

A cobaia apresenta um estômago do tipo monogástrico, o qual está localizado no quadrante abdominal cranial esquerdo, estando em contato com o lóbulo esquerdo do fígado e com o intestino delgado. Esse órgão é dividido em quatro regiões: cárdia, fundo, corpo e piloro, exercendo funções endócrinas e exócrinas.[20]

Sua superfície interna é lisa, com exceção da região pilórica, a qual é caracterizada por uma série de rugas longitudinais. A mucosa gástrica não apresenta uma porção queratinizada.

Intestino delgado

O intestino delgado é uma série de espirais ocupando a metade direita da cavidade abdominal e medindo cerca de 125 cm de comprimento.[16] Não há marcas ou referências externas que permitam a separação do intestino delgado em duodeno, jejuno e íleo, porém a própria topografia do intestino delgado contribui para tal delineamento. A superfície mucosa do intestino delgado possui caracteristicamente vilosidades em toda a sua extensão. O ducto biliar comum penetra no duodeno apenas cerca de 1 cm abaixo do piloro.

Íleo

O íleo entra em um pequeno compartimento do ceco, que por sua vez se comunica através de uma ampla abertura com o ceco e cólon restantes. As paredes do íleo projetam-se ligeiramente na cavidade do ceco para formar a papila ileocecal.

Ceco

Muito volumoso nessa espécie, o ceco é o principal órgão de digestão da celulose. A microbiota digestiva da cobaia é composta principalmente por bactérias anaeróbicas gram-positivas (cocos e *Lactobacillus spp.*). A população de bacilos gram-negativos, como a *E. coli*, apresenta-se muito pequena.

Fígado

O fígado situa-se na porção anterior da cavidade abdominal, bem próximo ao diafragma, e é composto de seis lóbulos: lateral direito, medial direito, lateral esquerdo, medial esquerdo, caudado e quadrado. O medial direito está separado dorsalmente dos lóbulos caudado e quadrado pelo entalhe do esôfago e ventralmente pela vesícula biliar. Os lóbulos caudado e quadrado são separados dorsalmente do lóbulo medial esquerdo pela impressão esofágica e ventralmente pelo ligamento redondo do fígado.

Pâncreas

Consiste em três lóbulos, cada qual separado em uma série de pequenos lóbulos. As ilhotas de Langerhans são distribuídas ao longo de todas as partes do órgão. Contudo, a maior concentração encontra-se dentro da porção esplênica direita, com concentrações intermediárias dentro do corpo e concentrações menores dentro da porção duodenal.[20]

Baço

O baço está suspenso ao longo da porção dorsolateral do fundo do estômago pelo ligamento gastroileal. Esse órgão, que é mais largo na sua proporção do que o de outros roedores e até mesmo dos coelhos, possui aproximadamente 26 mm de comprimento e 13 mm na sua maior largura.[20] Sua ponta inferior situa-se em posição dorsal a uma parte do pâncreas. A superfície dorsal do baço é convexa, e a sua superfície ventral côncava se encaixa como uma tampa sobre a superfície dorsolateral do estômago.

Timo

Barnes[22] relatou que o timo se apresenta distintamente como um par de massas ovoides localizadas inteiramente na região cervical, que mais tarde foi relatado com divisão em um timo cervical e um mediastino.

A cobaia apresenta-se como um perfeito modelo experimental para os estudos imunológicos; devido ao seu timo cervical apresentar-se de fácil acesso e remoção para fins exploratórios.[20] Cobaias com 12 meses de idade apresentam a maioria dos tecidos tímicos evolvidos, contendo depósitos de gordura. A timectomia na cobaia tem um efeito menos dramático do que nos camundongos ou ratos, por ser o seu sistema linfomieloide mais amadurecido ao nascimento. Contudo, a timectomia reduz o peso do órgão linfoide, ocasionando a linfopenia e reduzindo a produção de linfócitos do ducto torácico. Assim como o furão, o macaco e o homem, a cobaia também é considerada uma espécie resistente a corticosteroides.

Sistema respiratório

As narinas externas e as vias aéreas nasais são típicas dos mamíferos. A nasofaringe é relativamente curta e contém em suas paredes dorsolaterais as pequenas aberturas dos tubos auditivos.

A faringe é relativamente lisa em sua superfície interna, com exceção das irregularidades produzidas pelos linfonodos subjacentes ou amígdalas, encontradas igualmente na nasofaringe e na orofaringe.

A porção posterodorsal da cavidade nasal é revestida de epitélio olfativo, que contém órgãos receptores especializados para o olfato. Na porção posterior da superfície dorsal do palato mole, o epitélio torna-se abruptamente estratificado escamoso e contínuo com aquele da própria orofaringe e faringe. As lâminas próprias das cavidades nasal e faríngea contêm numerosas glândulas com pequenos ductos que se abrem na superfície.

A laringe compreende cinco elementos cartilaginosos: epiglote, tireoide, cricoóide,e as cartilagens aritenoides emparelhadas.[22] Estas se articulam entre si e com o aparato hioide no padrão típico dos mamíferos. Não há um ventrículo laríngeo nas cobaias, e as suas pregas vocais são pequenas, mostrando-se pouco desenvolvidas. A traqueia contém de 35 a 40 anéis cartilaginosos e bifurca-se em dois brônquios principais ao nível da 3ª costela.

O pulmão direito é composto por quatro lóbulos: superior, médio, inferior e acessório. O pulmão esquerdo é composto por três lóbulos: superior, médio e inferior. Os brônquios continuam a dividir-se dentro do pulmão para a formação dos bronquíolos terminais; estes terminam em bronquíolos respiratórios, que, por sua vez, se abrem em ductos alveolares. Um ducto alveolar comunica-se com vários sacos alveolares, sendo cada saco constituído de vários alvéolos.

Sistema reprodutor masculino

O sistema reprodutor masculino é composto por testículos, epidídimo, ducto deferente, uretra, glândulas vesiculares, próstata, glândulas coaguladoras e glândulas bulbouretrais.[23,24] Cada testículo é suportado por uma prega peritoneal, dito mesórquio, que passa a partir da sua superfície para o rim. O epidídimo está intimamente associado com o testículo e é facilmente dividido em três porções: cabeça, corpo e cauda. Os dois ductos deferentes localizam-se adjacentes uns aos outros sobre a superfície dorsal da porção inicial da uretra, entrando em comum na uretra com o ducto da glândula vesicular para formar um curto ducto ejaculatório, abrindo-se de cada lado do colículo seminal. As grandes glândulas vesiculares apresentam-se alongadas (± 10 cm) e enroladas, e estruturas tubulares se estendem anteroventralmente para o ureter.[25]

A próstata está localizada na parte inferior em relação à base das glândulas vesicular e de coagulação, apresentando dois lóbulos ventrais e dois dorsais. Cada lóbulo ventral se dirige à uretra através de um simples ducto; por sua vez, os lóbulos dorsais se dirigem à uretra através de numerosos pequenos ductos. Os túbulos glandulares da próstata ventral são revestidos por células colunares baixas. A secreção produzida é um tanto acidófila e tende a formar massas globulares. As glândulas bulbouretrais estão localizadas sobre as superfícies laterais da uretra, próximas do arco isquial. Elas apresentam-se ovais e emparelhadas, comunicando-se com a uretra através de um ducto fino que entra na superfície lateral da uretra.

A glande é cilíndrica e coberta primariamente por escamas queratinizadas que são arranjadas em padrão definido. A glande afila-se distalmente de tal maneira que a abertura da uretra é ligeiramente ventral em relação à ponta do pênis. No estado não ereto a glande se encontra dentro de um prepúcio, que é caracterizado por um epitélio que contém pequenas glândulas mucosas.

Sistema reprodutor feminino

O sistema reprodutor da fêmea consiste em ovários, ovidutos (tubas uterinas), útero e vagina. Os ovários se encerram dentro da cavidade abdominal na parte inferior e lateral dos rins. Cada ovário possui de 6 a 8 mm de comprimento e de 4 a 5 mm de diâmetro. Os corpos lúteos são produzidos a cada ciclo de 16 a 17 dias. Mesmo definhando-se após o 13º dia, os corpos lúteos são estruturas visíveis no ovário, apresentando-se com a coloração rosada.

Os cornos uterinos são suspensos por largos ligamentos a partir da parede abdominal dorsolateral. O corpo uterino tem aproximadamente 12 mm de comprimento e 10 mm de diâmetro, decrescendo em tamanho de cima para baixo. O corpo parece atingir 45 mm de comprimento, devido a um ligamento intercornual bem-desenvolvido. Os cornos uterinos se juntam nas cérvix, e uma cérvix simples se abre para a vagina.

O colo do útero tem aproximadamente 25 mm de comprimento, 14 mm de diâmetro na parte superior e 5 mm de diâmetro na sua extremidade inferior.

A vagina é menor no diâmetro externo do que o colo do útero, possuindo ainda paredes mais finas. A vagina se encontra sobre a porção inferior do assoalho pélvico e se curva de forma ventral em torno da margem inferior do arco isquial, onde ela se abre para o exterior no orifício vaginal. Todos os roedores histricomorfos, com exceção do ratão-do-banhado, têm uma membrana de fechamento vaginal que se perfura somente no estro ou na parição,[26] ao contrário dos roedores murídeos e ciurídeos. O clitóris está localizado dentro da fossa rasa, no piso da porção inferior da vagina. O orifício uretral é visto sobre a superfície inferior da fossa clitoridiana.[27]

Sistema urinário

O sistema urinário é similar em ambos os sexos, com variações em relação às aberturas externas; as quais correspondem às alterações dos sistemas reprodutivos associados. Ambos os rins são retroperitoneais e não têm mesentérios. O rim esquerdo está localizado um pouco abaixo em relação ao direito, com a extremidade superior do esquerdo sobre um plano transversal, através de um polo inferior do direito.[20,25]

O rim compreende um córtex definitivo e medula. O córtex é caracterizado por glomérulos e túbulos tortuosos e a medula, por túbulos relativamente retos. Os túbulos retos da medula dão-lhe uma aparência um tanto estriada. O ureter é um ducto muscular que escoa a urina dos rins para a bexiga. Ele é contínuo à pelve renal e é um tanto aumentado na sua origem. Nas fêmeas o orifício uretral externo é geralmente ao longo da borda ventral da fossa do clitóris, mas ocasionalmente se abre independentemente abaixo da vulva. A bexiga urinária é revestida por epitélio de transição que se torna fino quando a bexiga se distende, além de conter uma lâmina própria ou cório e fibras musculares bem-desenvolvidas. A mucosa uretral é longitudinalmente dobrada com o epitélio de transição que cobre a sua superfície.

Fisiologia reprodutiva

As fêmeas apresentam o ciclo estral longo de 15 a, 17 dias, ovulação espontânea, corpo lúteo com atividade secretória ativa, além da característica de se acasalarem em qualquer época do ano (poliestros não sazonais). O primeiro cio ocorre por volta dos 68 dias de idade (67,8 ± 21,5 DP) (Tabela 13.1). Nas fêmeas jovens há um período que varia de 0 a 6 dias, pouco antes de a membrana vaginal romper-se pela primeira vez; quando os mamilos aumentam rapidamente em tamanho e vascularidade e a genitália externa se incha. Quando são observados em um animal dois desses três sinais citados, a sua membrana vaginal está próxima de se romper, o que deve ocorrer em um período de 3 a 4 dias. Salvo durante o estro e o parto, a vagina da cobaia é selada com uma membrana epitelial (membrana vaginal). A abertura dessa membrana antecede o estro, mas o seu tempo de ocorrência é muito variável para ser utilizado com precisão no estabelecimento do início do estro. Alguns pesquisadores consideram a técnica de esfregaço vaginal um melhor indicador do estro do que a própria abertura vaginal. O fluxo de leucócitos também indica a ocorrência da ovulação. O início do estro pode ser detectado a partir da visualização de células cornificadas arredondadas.

Nas fêmeas maduras, a membrana vaginal abre-se 2,3 ± 0,1 dia, durante o estro. Entretanto, nos primeiros ciclos, o período de abertura é mais prolongado, sendo no primeiro ciclo de 11,2 ± 1,0 dia e no segundo ciclo de 5 dias. O fechamento da membrana vaginal ocorre após a ovulação. A duração do estro é de aproximadamente 24 horas. A ovulação ocorre 10 horas após o início do estro e, geralmente, no intervalo de 1,5 a 2,0 horas após o final do estro. No que diz respeito à abertura e ao fechamento da membrana vaginal, nota-se que a ovulação ocorre após a vagina abrir-se há mais de 1 dia. O cio pós-parto ocorre de 12 a 15 horas após o parto, tendo uma duração curta, de aproximadamente 3,5 horas.

Quando liberados, os óvulos progridem para a porção média do tubo de Falópio em 3 a 4 horas, permanecendo lá durante o período aproximado de 30 horas e progredindo através do restante do tubo durante as próximas 50 horas. Assim, quando fecundados, eles entram no útero 72 horas ou mais após a ovulação, já na fase de 8 a 12 células. A implantação ocorre 6 a 7,5 dias após o coito. Nessa fase (3 a 9 dias pós-ovulação), o útero é sensível à reação decidual. Verifica-se uma baixa taxa de mortalidade de embriões na fase anterior à implantação.

O período de gestação da cobaia varia de 59 a 72 dias, apresentando uma média de 65 dias. O longo período de duração da gestação é inversamente relacionado ao número de fetos levados a termo. Durante o período de prenhez a fêmea pode até dobrar de peso devido à massa fetal. O parto ocorre em um período compreendido entre 10 e 30 minutos, com um intervalo médio entre neonatos de 7,4 minutos. O tamanho médio da ninhada é de três filhotes. O peso ao nascimento é inversamente relacionado com o tamanho da ninhada, sendo a média de 80 gramas, com uma variação de 60 a 100 gramas (Tabela 13.1). A sexagem nesse período é bastante difícil de ser realizada, sendo necessário se basear na distância anogenital, a qual é duas vezes maior nos machos em relação às fêmeas.

O pico do período de lactação é alcançado no 5º ao 8º dia, quando a produção de leite chega a aproximadamente 65 gramas/dia. Observa-se a agalactia do 18º ao 23º dia, ou 24 horas após o desmame dos filhotes (Tabela 13.1).

A puberdade dos machos ocorre aproximadamente com o animal atingindo 70 dias de vida, quando se observa a presença de espermatozoides no sêmen. Porém a maturidade sexual não ocorre antes da 14ª à 19ª semana, quando se observa o aumento da concentração de espermatozoides e da secreção de andrógenos.

A ejaculação é rápida, ocorrendo na primeira ou na segunda introdução. Uma nova cobertura pode ocorrer após um período de repouso de aproximadamente 1 hora.

O plugue vaginal é a porção do ejaculado secretado pelas vesículas seminais que coagula instantaneamente após a emissão (característica da ordem *Rodentia*). O plugue é eliminado para fora da vagina em poucas horas após a sua formação.

Parâmetros fisiológicos e hematológicos

A extensiva utilização da cobaia em estudos hematológicos proporcionou, consequentemente, um considerável número de dados sobre elementos celulares, propriedades fisiológicas, características da circulação do sangue e da medula óssea. Contudo, deve-se levar em consideração a existência de variações individuais relacionadas com a idade, a dieta ou o estado fisiológico dos animais, as quais se constituem em uma das grandes dificuldades encontradas na compilação de dados da literatura. Uma revisão abrangente da literatura sobre a hematologia da cobaia foi publicada por Scarborough (1931), servindo como uma excelente fonte de dados ao pesquisador (Tabelas 13.5 e 13.6).[28]

Tabela 13.5
Parâmetros fisiológicos e bioquímicos

Parâmetros	Intervalos de Frequência
Hematócritos (%)	37-48
Concentração média de hemoglobina (HCM) (g/100 mL)	11-15,2
Concentração hemoglobina corpuscular média (MCHC) (%)	30,5
Eritrócitos circulantes (RBC) ($\times 10^6$/mm^3)	4,89 (ao nascimento) 5,81 (adulto ± 600 g)
Taxa sedimentação eritrócitos (ESR) mm/min	1,06-1,20
Massa de eritrócitos (mL/kg)	22,3 (jovem) 19,5 (adulto)
Tempo de vida dos eritrócitos (dias)	60-80
Volume corpuscular médio (VCM) (μm^3)	70,3-85,0
Plaquetas ($\times 10^5$/mm^3)	3,4-10,0
Leucócitos ($\times 10^3$/mm^3)	4,09-10,6
Neutrófilos (%)	28-44
Eosinófilos (%)	1-5
Basófilos (%)	0-3
Linfócitos (%)	39-72
Monócitos (%)	3-12
Volume de plasma (mL/100 g peso corporal)	3,88
Volume de sangue (mL/100 g peso corporal)	6,96
Pressão sanguínea (mmHg)	68 (Média) 88-94 (Sistólica) 55-58 (Diastólica)
Frequência cardíaca média de repouso (bpm)	280
Temperatura média corporal (ºC)	39,1
Glicose sérica (mg%)	60,0-100,00
Proteína sérica (g/dL)	4,6-6,2
Cálcio sérico (mg/dL)	4,5-6,0
Albumina (g/dL)	2,1-3,9
Globulina (g/dL)	1,7-2,6
Creatinina (mg/dL)	0,6-2,2
Colesterol (mg/dL) e Triglicerídeos (mg/dL)	20-43 e < 145

Principais Fontes: Wagner J E, Manner P.J. The Biology of the Guinea Pig. New York:Academic Press, 1976; Wagner J.E and Harkness J E. The Biology and Medicine of Rabbits and Rodents. 2nd ed. Philadelphia: Lea and Febiger, 1983.

Tabela 13.6 Alguns parâmetros bioquímicos do sangue	
Parâmetros (Unidades)	**Intervalos**
Glicose (g/L)	0,60-1,25
Ureia (g/L)	0,1-0,3
Creatinina (mg/L)	6-22
ALT (UI/L)	25-59
AST (UI/L)	26-68
ALP (UI/L)	55-108
Proteína total (g/L)	42-68
Cálcio (mg/L)	82-120
Fósforo (mg/L)	30-76

Fonte: Quinton JF. Novos animais de estimação – pequenos mamíferos. São Paulo-SP: Editora Roca, 2005.

Parâmetros bioquímicos do sangue

Na cobaia, observa-se uma discreta atividade de alanina transaminase (ALT) nos hepatócitos. Portanto, nessa espécie a ALT não é considerada um indicador de lesão hepática.[29] (Tabela 13.2)

Fosfatase alcalina

Assim como o homem, a cobaia possui atividade de fosfatase alcalina; tanto nos linfócitos como nos granulócitos.

Referências Bibliográficas

1. Weir BJ. Laboratory hystricomorph rodents other than the guinea pig and chinchilla. In: The UFAW Handbook on the Care and Management of Laboratory Animals. London UK: Churchill Livingstone, 1976. p. 284-292.
2. Canadian Council on Animal Care. 1980-1984. Guide to the care and use of experimental animals, vol. 2, p. 103-106. Canadian Council on Animal Care, Ottawa, Ontario.
3. Wagner JE and Manning PJ. (eds.). The Biology of the Guinea Pig. New York: Academic Press, 1976.
4. Wagner JE. Introduction and taxonomy. In: Wagner JE, Manning PJ, eds. The Biology of the Guinea Pig. New York: Academic Press, 1976. p. 1-4.
5. Padilla-Carlin DJ, McMurray DN, Hichey AJ. 2008, The Guinea Pig as a Model of Infectious Diseases. Comp Med. Aug; 58(4): 324–340.
6. Robinson R. The guinea pig, *Cavia porcellus*. In: King R. (ed.) Handbook of Genetics. Vol. 4: Mammals, 1975.
7. Festing M. Inbred Strains in Biomedical Research. London: Macmillan, 1979.
8. Kaiser S, Kruger C & Sachser N. The guinea pig. In Hebrecht & Kirkwood J (eds). The UFAW Handbook on Care and Management of Laboratory and Other Research Animals. Eight Edition. Chichester, UK: Wiley-Blackwell, 381-398.

9. Sutherland S D, and Festing MFW. The guinea pig. In Poole TB (ed.). The UFAW Handbook on the Care and Management of Laboratory Animals. 5th ed. New York: Churchill Livingstone, 1987. p. 393-910.
10. Harkness J. and Wagner J. The Biology and Medicine of Rabbits and Rodents. 3rd ed. Philadelphia: Lea and Febiger, 1989.
11. National Research Council (U.S.). Nutrient requirements of the guinea pig. In: Nutrient Requirements of Laboratory Animals (3rd Ed.). Washington DC: National Academy of Sciences, 1978. p. 59-69.
12. Quesenberry, KE, Donnelly TM, Hillyer, EV. Biology, husbandry and clinical techniques of guinea pigs and chinchillas. In: Quesenberry KE, Carpenter JW (eds.), Ferrets, Rabbits and Rodents Clinical Medicine and Surgery. Second ed. New York: Elsevier, p. 232-244
13. Brasil. Ministério da Ciência, Tecnologia e Inovação. Resolução Normativa n° 15 de dezembro de 2013. Estrutura Física e Ambiente de Roedores e Lagomorfos do Guia Brasileiro de Criação e Utilização de Animais para Atividades de Ensino e Pesquisa Científica. Diário Oficial da União, n. 245, 18 de dezembro de 2013, Seção 1, p. 9-12.
14. Sutherland S, Festing M. The guinea pig. In: Poole T (ed.) The UFAW Handbook on the Care and Management of Laboratory Animals. 6th ed. Chapter 24. London: Longman Scientific and Technical, Longman Group, 1987.
15. Flecknell PA. Laboratory Animal Anesthesia. London: Academic Press, 1987. Harkness J Eand Wagner JE. The Biology of Rabbits and Rodents. 3rd ed. Philadelphia: Lea and Febiger, 1989.
16. Cooper G, Schiller AL. Anatomy of the Guinea Pig. Cambridge, Mass.: Harvard Press, 1975.
17. Del Campo CH, Ginther OJ. Vascular anatomy of the uterus and ovaries and the unilateral liteolityc effect of the uterus: guinea pigs, rats, hamsters and rabbits. Amer J. Res 1972;33, 2561-2578.
18. Hashiba GT. The lymphatic system of the guinea pig. Anat Res 1917; 12, 331-356.
19. Hadek R. The lymphonodes of the guinea pig. Brit Vet J 1951; 107:487-890.
20. Breazile JE, Brown EM. Anatomy. In The Biology of The Guinea Pig
21. Jilge B. The gastrointestinal transit time in the guinea pig Z. Versuchstierk 1980;22:204-210.
22. Barnes RD. Unpublished Autotutorial. Special Anatomy of Laboratory Mammals. University of California, Davis, 1972.
23. Rauther M. Uber den genitalapparat einiger Nager u Insektivoren Inbensondere die accessorischen genitaldrusen derselben. Jena Z. Naturwiss 1903; 30.
24. Marshall FHA. The Physiology of Reproduction. Green New York: Longmans, 1910.
25. Neuhaus J, Dorschner W, Mondry J, Stulzenburg JU. Comparative anatomy of the male guinea pig and human lower urinary tract: histomorphology and three-dimensional reconstruction. Ant Histol Embryol 2001;30:185-192.
26. Smallwood J. Laboratory mammals. In: A Guided Tour of Veterinary Anatomy: Domestic Ungulates and Laboratory Mammals. Chapter 11. Philadelphia: W.B. Saunders Company, 1992.
27. Ediger RD. Care and management. In: The Biology of the Guinea Pig. Wagner JE, Manning PJ (eds.). New York: Academic Press, 1976.p. 5-12.

28. Thrall MA, Baker DC, Campbell TW, DeNicola D, Fettman MJ, Lassen ED, Rebar A and Weiser G. Veterinary Hematology and Clinical Chemistry. Baltimore, MD: Lippincott Williams & Wilkins, 2004.
29. Solter PF. Clinical pathology approaches to hepatic injury. Toxicol Pathol 2005; 33, 9-16.

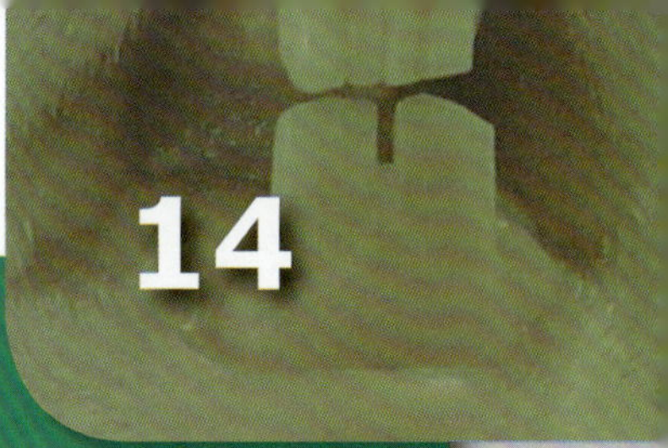

14

Coelho

Ana Silvia Alves Meira Tavares Moura
Vania Gomes de Moura Mattaraia

■ Histórico

O ancestral do coelho doméstico (*Oryctolagus cuniculus*) é o coelho selvagem europeu, um mamífero da ordem *Lagomorpha* com uma grande capacidade de adaptação a diferentes regiões climáticas. A domesticação do coelho é, de fato, recente e não produziu ainda mudanças substanciais no comportamento quando comparado ao do coelho selvagem (Tabela 14.1).

O coelho foi por muitos anos classificado como roedor (ordem *Rodentia*), devido à semelhança no padrão de dentição em relação aos roedores. Mas, constatou-se que o coelho possuía um par de dentes incisivos inferiores e, ao contrário dos roedores, dois pares de incisivos superiores. Enquanto os dentes do primeiro par são curvados e se assemelham aos dos roedores, os do segundo par são reduzidos em tamanho e posicionados atrás do primeiro par (Figura 14.1). Atualmente, coelhos e lebres pertencem a uma ordem distinta, a dos lagomorfos (ordem *Lagomorpha*).

Tabela 14.1
Taxonomia

Reino	*Animalia*
Filo	*Chordata*
Subfilo	*Vertebrata*
Classe	*Mammalia*
Ordem	*Lagomorpha*
Família	*Leporidae*
Gênero	*Oryctolagus*
Espécie	*O. cunniculus*

Fonte: Hagen WK. 1982. Colony Husbandry. In: De Weisbrotj, D. The Biology of the Laboratory Rabbit.(Chapter 2) Philadelphia, London: Lea & Febiger, 1982.

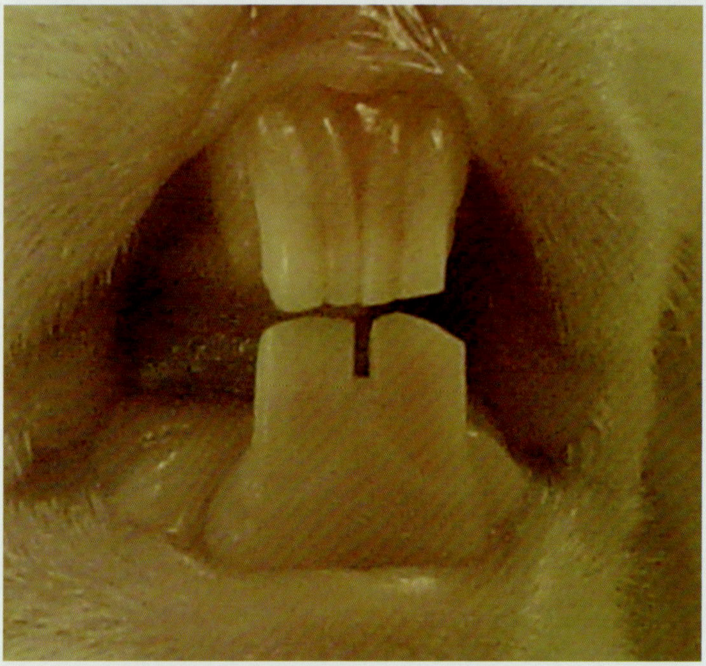

Figura 14.1 – *Incisivos superiores do coelho. Fonte: Vania Gomes de Moura Mattaraia.*

COMPORTAMENTO

Para que possamos discorrer sobre o comportamento de um animal que é mantido em cativeiro, precisamos conhecer os hábitos naturais desse animal. No caso dos coelhos isso se torna mais fácil, pois, apesar da grande variedade entre as raças atuais, as características comportamentais não mudaram muito, mesmo com a domesticação, ou seja, nenhum padrão comportamental foi perdido ou criado.[1,2]

As semelhanças entre os coelhos atuais e seus ancestrais só podem ser percebidas quando existe um ambiente que simule uma aproximação ao ambiente natural.[3-7] Vários comportamentos mantêm-se: o comportamento de manutenção, o comportamento materno e o comportamento social.[8] A duração, a frequência e a intensidade com que os animais expressam esses comportamentos dependem da raça, das condições ambientais e, consequentemente, do nível de estresse a que eles estão submetidos.

Os coelhos são animais sociáveis que, em vida livre, vivem grande parte do tempo em grupo e em contato próximo uns com os outros. As lutas não são frequentes porque a hierarquia é claramente definida.

Comportamento sexual do macho

Diferentemente das demais espécies convencionais de animais de laboratório, a ovulação da coelha se dá através do mecanismo neuro-humoral de indução coital. Essa particularidade leva os criadores a manter as fêmeas separadas dos machos, juntando-os apenas para o acasalamento.

O comportamento de cortejo tem sido descrito em coelhos em vida livre. Contudo, em coelhos mantidos em sistemas de produção intensiva comercial, esse comportamento é restrito a movimentos rápidos da cauda e enurese (urinar), seguido por um certo grau de agressividade sexual, como uma exploração circular perseguindo a fêmea dentro da gaiola.[9,10]

Três variáveis têm sido utilizadas para avaliar a agressividade sexual nos machos: enurese, agarramento (*grasping*) e chute (*kicking*). Sugere-se que o agarramento seja uma importante característica, 58% do comportamento sexual nessa espécie.[9]

O acasalamento ocorre alguns segundos após introduzir-se a fêmea na gaiola do macho. A monta é acompanhada de intensas vibrações da pélvis e, em seguida, (estando a coelha receptiva), de uma cópula rápida. Todo o acasalamento dura, em média, 70 segundos e pode ser repetido várias vezes. Quando ocorre a cópula, o macho pode apresentar uma queda para o lado ou para trás. Após a cópula, o macho apresenta um comportamento de territorialidade batendo as patas sobre o solo repetidamente. A enurese dos machos pode ocorrer ocasionalmente, sendo mais presente e mais frequente em animais mais velhos.

O comportamento sexual parece estar associado ao volume do ejaculado e à concentração espermática. Os animais mais agressivos apresentam um maior volume de ejaculado, uma menor concentração e maior percentual de espermatozoides vivos que os menos agressivos.[11]

Comportamento sexual da fêmea

Quando a coelha é apresentada ao macho, pode manifestar dois comportamentos: recusa ou aceitação. O comportamento de recusa é evidenciado por uma postura de imobilidade; quase sempre, a fêmea fica prostrada sobre o piso da gaiola, permanecendo assim por todo o tempo. Na aceitação, a fêmea apresenta uma imobilidade voluntária, adotando uma postura adequada para a introdução do pênis, ou seja, arqueando levemente o quarto posterior (postura de lordose).

O estabelecimento da prenhez desencadeia um comportamento específico denominado comportamento materno.

Comportamento materno

O comportamento materno é controlado pela prolactina, pela ocitocina e pela prostaglandina ($PGF_2\alpha$).

As coelhas que desenvolvem comportamento materno normal apresentam a necessidade de construir um ninho, o que requer local e material. A construção do ninho é dividida em duas fases: a primeira é a construção do ninho com material coletado pela fêmea. A segunda fase é conhecida como "ninho maternal", quando a fêmea retira os pelos do próprio corpo e forra o ninho com eles (Figuras 14.2A e 14.2B). O comportamento de construção do ninho é controlado por uma combinação de hormônios específicos: estradiol, progesterona, testosterona e prolactina.

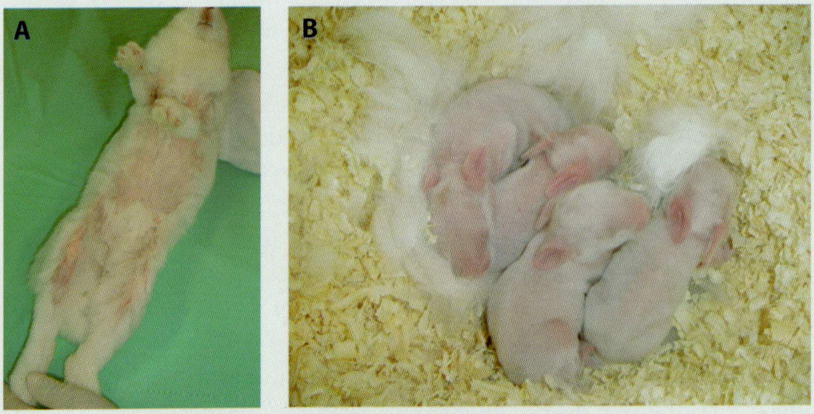

Figura 14.2 – *Ninho maternal da coelha. A: Coelha retirou o pelo pela proximidade do parto. B: Ninho construído com os pelos da mãe. Fonte: Vania Gomes de Moura Mattaraia.*

O parto é rápido, a expulsão de cada feto ocorre em um tempo médio de 1 minuto, e cada feto é lambido pela mãe, que ingere as placentas. Após o parto a coelha prostra-se sobre a ninhada.

A coelha lactante emite o feromônio mamário que se encontra nos mamilos e no leite. Esse feromônio atrai os filhotes, fazendo com que eles encontrem o mamilo em 3 a 5 segundos.

Comportamento de manutenção

Em vida livre, os coelhos alimentam-se de gramas, caules, ervas e folhas secas, geralmente ao nascer e ao pôr do sol. As necessidades hídricas são supridas pelo orvalho e os líquidos encontrados nas plantas. Os coelhos mantidos em confinamento são alimentados com rações próprias à espécie e água.

O salto é um meio de locomoção típico dos coelhos. Durante as brincadeiras, encontros ou em fugas, o coelho pode atingir velocidades de até 30 km/h e mudar de direção repentinamente, ziguezagueando. Outro comportamento característico dos coelhos é cavar tocas; quando cavam, usam as patas dianteiras e jogam a terra por baixo e para trás do corpo.

O comportamento social do coelho começa ao nascer, com os benefícios de ter irmãos, permitindo sua sobrevivência e reduzindo a perda de calor corporal. Coelhos adultos vivem em grupos sociais estáveis (2-10 adultos e um número variável de coelhos com menos de 3 meses) com uma dominância de hierarquia linear entre as fêmeas. Durante o estabelecimento da hierarquia, as fêmeas podem morder, arranhar, perseguir e até se envolver em breves lutas com outras fêmeas, mas quando a hierarquia se estabelece a agressão diminui muito. Coelhos tendem a brigar com o mesmo sexo, particularmente machos, pela posse tanto territorial quanto sexual.

Em seus cuidados corporais o coelho usa as patas, a língua e os dentes. Eles lambem seus pelos com movimentos da cabeça, limpam as orelhas com as patas traseiras e retiram pontos de sujeira com os dentes ou os coçam com as patas traseiras. Após descansar, os coelhos podem espreguiçar os músculos do corpo, e os cuidados corporais grupais são muito importantes, pois aumenta a coesão do grupo. Os cuidados corporais grupais são direcionados as partes sensíveis do corpo como a cabeça e as orelhas e é iniciada por um gesto de agachamento do receptor.

Devido à grande pressão de predadores, os coelhos são animais muito alertas e interrompem ações regularmente para analisar o ambiente, sentando nas patas de trás sozinhos, ou se apoiando, com orelhas levantadas e viradas em direção ao estímulo.

Os coelhos descansam por um período de 12-18 horas por dia, mas isso é dividido em períodos que seguem uma rotina rígida.

Biologia

O coelho é um animal macrosmático, com alta sensibilidade olfativa, possuindo aproximadamente 100 milhões de células olfativas (humanos apresentam por volta de 30 milhões de células olfativas). Esse rico olfato é de extrema importância no comportamento social e sexual. A audição também é aguçada, funcionando como uma ferramenta de defesa contra predadores (coelhos ouvem em frequência até 50 kHz, humanos > que 20 kHz). Apresentam um campo visual com pouco mais de 170° em cada olho, porém a posição lateral dos olhos só permite visão binocular de 10°. O coelho possui uma membrana nictitante bem desenvolvida, considerada a terceira pálpebra. Seu longo focinho e suas vibrissas facilitam a orientação dentro das tocas.

Láparo é o nome dado ao coelho recém-nascido. Os láparos nascem desprovidos de pelo, com os olhos fechados, orelhas coladas, não possuem dentes, e com um peso corporal médio de 60 g para as raças de porte médio. O coelho adulto apresenta temperatura retal entre 38,5 e 39,5 °C.[12] O número médio de batimentos cardíacos por minuto é de 130 a 300. Ontogenia do coelho (Figura 14.3).

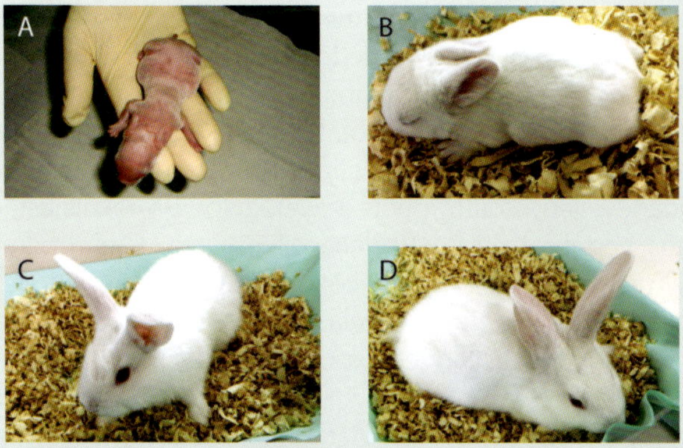

Figura 14.3 – *Ontogenia do coelho Nova Zelândia branco. A: Ao nascer; B: aos 7 dias de idade; C: aos 14 dias de idade; D: aos 28 dias de idade.* Fonte: Vania Gomes de Moura Mattaraia.

Dentição

A fórmula dentária do coelho inclui, além dos incisivos, que são dois pares superiores e um par inferior, três pares de pré-molares superiores e dois pares inferiores, três pares de molares superiores e três pares inferiores. Os dentes não possuem raízes e apresentam crescimento contínuo.

Sistema esquelético

O esqueleto do coelho é relativamente leve e frágil, e corresponde a cerca de 7 a 8% do peso vivo, quando comparado a um gato do mesmo peso, cujo esqueleto corresponde a 13% do peso vivo. Como consequência, as fraturas são comuns, principalmente as do membro posterior e da coluna vertebral. Estas podem ser atribuídas, em parte, à maior massa muscular do coelho doméstico em relação ao coelho selvagem.

O esqueleto pode ser dividido em duas porções: axial e apendicular. O esqueleto axial forma o eixo do corpo e fornece sustentação e proteção aos órgãos da cabeça, pescoço e tronco. O esqueleto apendicular é composto pelos ossos dos membros torácico e pélvico e ossos que conectam os membros ao esqueleto axial.

A cabeça consiste no crânio e no esqueleto facial. O crânio é composto por três ossos pares (frontais, parietais e temporais) e quatro ossos ímpares: interparietal, occipital, basiesfenoide e pré-esfenoide. A face é formada por um maior número ossos, sendo seis pares (nasais, incisivos, maxilares, lacrimais, palatinos e mandíbulas) e quatro ossos ímpares (zigomático, vômer, etmoide, hioide), mais os três ossos do ouvido médio.

A coluna vertebral é constituída por sete vértebras cervicais, das quais as duas primeiras recebem os nomes de atlas e áxis, 12 vértebras torácicas, identificadas através dos processos espinhais dorsais, sete vértebras lombares, os ossos esterno e sacro e várias vértebras coccígeas, cujo número varia em função do tamanho da cauda, mas que, em geral, é de 16. As costelas, em número de 12 pares, estão unidas às vértebras torácicas.

A cintura escapular é composta por escápulas e clavículas, e cada membro torácico contém o úmero, o rádio e a ulna, mais oito ossos do carpo, cinco do metacarpo e as falanges. O primeiro dedo possui apenas duas falanges, enquanto os outros quatro possuem três falanges cada. Há vários ossos sesamoides, localizados nas articulações metacarpofalangianas e falangianas. A cintura pélvica é constituída pelos coxais, os quais, por sua vez, são resultantes da fusão de quatro subunidades: íleo, ísquio, púbis e acetábulo. Os coxais estão firmemente unidos à coluna vertebral pela articulação ileossacra. Cada membro pélvico é constituído pelo fêmur (osso longo da coxa), tíbia e fíbula (osso delgado fundido à porção lateral superior da tíbia), patela, seis ossos do tarso e quatro do metatarso (um para cada dedo), falanges (ossos dos dedos) e sesamoides.

Sistema circulatório

Um coelho adulto saudável e bem-alimentado apresenta volume de sangue circulante de 44 a 70 mL/kg de peso vivo. Os valores de pressão sanguínea e pulsação são variáveis entre as linhagens e até mesmo para uma mesma linhagem entre os machos e as fêmeas. Vários autores relatam que mudanças ambientais podem se refletir em alterações na pressão sanguínea dos coelhos.

O coração é relativamente pequeno e se localiza cranialmente na cavidade torácica. A válvula atrioventricular direita é bicúspide, e a aorta tem contrações neurogênicas rítmicas.

Sistema respiratório

Coelhos respiram pelo nariz (respirar pela boca é um sinal prognóstico muito ruim). O nariz se mexe para cima e para baixo, em um coelho normal, de 20 a 120 vezes por minuto, mas isso não acontece quando o coelho está muito relaxado ou anestesiado.

A capacidade residual funcional, bem como o volume do pulmão do coelho, pode ser normalmente mensurada em torno de 11,3 mL e 15,8 mL, respectivamente, variando de acordo com o tamanho do coelho. O pulmão em coelhos anestesiados é de 6,0 mL/cmH_2O, e a caixa torácica é de 9,4 mL/cmH_2O.

As taxas de respiração variam de 32 a 60 respirações por minuto. Para um coelho de 2,4 kg observamos 39 respirações por minuto. Devemos considerar que condições de restrição nutricional podem reduzir o número de alvéolos.[13,14]

A glote é pequena e visualmente obscurecida pela parte de trás da língua. Laringospasmo reflexivo é comum no coelho, o que pode dificultar a entubação endotraqueal, a cavidade torácica é pequena e a respiração é em grande parte diafragmática. O pulmão esquerdo tem dois lóbulos (cranial e caudal) e o direito tem quatro lóbulos (cranial, medial caudal e acessório), e os lóbulos craniais pulmonares são pequenos (o da esquerda sendo menor do que o da direita).

Grandes quantidades de gordura intratorácica são comumente presentes. O timo permanece grande no coelho adulto e se localiza ventralmente ao coração, estendendo-se até a entrada torácica.

Sistema digestório

De acordo com o hábito alimentar e a morfologia do sistema digestório, o coelho é classificado como animal herbívoro e monogástrico. A estratégia digestiva da espécie envolve alta ingestão de alimentos, trânsito digestivo rápido, grande atividade microbiana no ceco e cecotrofia. O sistema digestório é volumoso, correspondendo a cerca de 14% do peso vivo, destacando-se o estômago e o ceco, perfazendo mais de 80% do volume total (Figura 14.4).

A preensão dos alimentos é feita pelos incisivos, e a mastigação, bastante rápida e eficiente (120 movimentos por minuto), pelos molares. A dentição está completa a partir da 3ª semana de idade.

O estômago do coelho possui baixo poder de contração, as paredes são delgadas, de fraca constituição muscular, com exceção da região pilórica. Assim, o próprio alimento ingerido empurra o conteúdo gástrico até o piloro, onde é gradualmente injetado para o intestino delgado por fortes contrações. Como consequência, o abate de um coelho saudável, com jejum prévio de 24

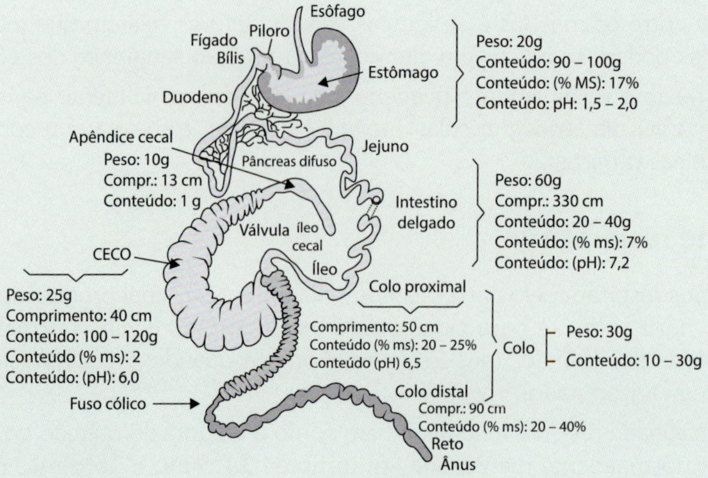

Figura 14.4 – *Representação esquemática do sistema digestório do coelho. Fonte: Redesenhado por Mafalda Cristina de Bianchi a partir de: Lebas F. The rabbit: husbandry, health and production. (FAO Animal Production and Health Series, no. 21) 1986. ISBN: 92-5-101253-9.*

horas não evita que haja alimento no estômago. Essas adaptações implicam alta ingestão (65 a 80 g de alimento/kg PV), porém dividida em um número elevado de refeições diárias (de 30 a 40). Adicionalmente, o coelho não apresenta vômitos, embora tenha predisposição a indigestões, manifestadas sob a forma de diarreias.[15,16]

De 3 a 6 horas é o tempo de permanência do bolo alimentar no estômago, cujo pH pode variar de 1 a 5, dependendo de vários fatores, dentre os quais a idade. Os valores mais baixos são registrados acima de 5 meses. Apesar de existirem enzimas como a pepsina e a lipase, há pouca modificação química do alimento no estômago. A atividade das enzimas gástricas é mais elevada em lactentes, mas sua importância cai com a idade, à medida que a atividade das enzimas pancreáticas aumenta (lipase, tripsina, quimiotripsina e amilase).

O intestino delgado possui 2 a 3 metros de comprimento e 9 milímetros de diâmetro. Decompõe-se em três partes: duodeno, jejuno e íleo. O duodeno é o local de digestão química do alimento. A bile é a primeira secreção intestinal. Os sais biliares têm ação catalítica na digestão de gorduras. O material ácido proveniente do estômago é diluído e neutralizado por secreções alcalinas do pâncreas. O suco pancreático contém também quantidades apreciáveis de enzimas proteolíticas (tripsina, quimiotripsina), amilase e lipase. Dissacaridases também estão presentes no intestino delgado do coelho, onde a atividade da lactase cai com a idade, enquanto a da invertase e da maltase aumenta. Depois de sofrer a ação das secreções, os nutrientes já digeridos – açúcares, aminoácidos e ácidos graxos – são absorvidos principalmente no íleo distal e são levados às células através do sangue. As partículas não digeridas no período de 1 hora e meia (cerca de 80% do alimento ingerido) são descarregadas na área cecocólica e são uniformemente misturadas.

O cólon subdivide-se em duas porções distintas: o colo proximal, que tem 50 cm de comprimento e é sulcado, e o colo distal, que é liso. O ceco é um órgão em fundo cego e está continuamente em movimento, misturando o conteúdo por contrações rápidas para a frente e para trás em toda a sua extensão. O pH do conteúdo cecal é ligeiramente ácido. A válvula ileocecal permanece fechada, e se estabelece um fluxo contínuo de material entre o ceco e o colo proximal. A separação entre as partículas grosseiras e finas (< 0,3 mm) e líquido ocorre mecanicamente. Movimentos peristálticos movem o material para o colo, onde há secreção de líquido. As partículas fibrosas maiores, por serem menos densas, tendem a se acumular no lúmen, enquanto partículas pequenas e fluidos, por serem mais densos, tendem a se acumular na circunferência. Contrações das fibras musculares do colo movem esse material para trás em direção ao ceco, onde ocorre absorção de água. Assim, pequenas partículas e fluidos são retidos por tempo considerável no ceco, onde as fermentações ocorrem, enquanto a porção mais fibrosa é eliminada rapidamente sob a forma de fezes.[15,16]

O bolo alimentar permanece no ceco cerca de 10 a 12 horas. Durante esse período, a microbiota realiza fermentações, degradando a celulose a ácidos graxos voláteis (AGV), sintetizando vitaminas, principalmente as do complexo B, e aminoácidos (proteína microbiana). Após as fermentações, o conteúdo cecal é transformado em pequenas pelotas pelas contrações da musculatura do colo, as quais são gradualmente envoltas em muco, juntando-se em cachos alongados para formar os cecotrofos. No colo a digestão química e microbiana continua, há secreção de muco, e no colo distal ocorre a segmentação das fezes. O cálcio é absorvido na transição entre colo e reto.

A cecotrofia é o processo pelo qual o coelho toma os cecotrofos diretamente do ânus e os deglute inteiros, sem mastigar. Os cecotrofos permanecem intactos no estômago por um período mínimo de 6 horas. O muco que os recobre tem poder tampão, permitindo que a fermentação bacteriana continue dentro de cada pelota. Depois disso, o muco é dissolvido e o cecotrofo é submetido a um novo processo de digestão e à degradação enzimática normal na passagem pelo sistema digestório. Portanto, a cecotrofia permite ao coelho o aproveitamento dos AGV, aminoácidos e vitaminas obtidos através da síntese microbiana cecal.

Nas Tabelas 14.2 e 14.3 são apresentadas, respectivamente, as características físicas e a composição química das fezes e dos cecotrofos. O alto conteúdo de proteína bruta nos cecotrofos, superior ao da dieta, deve-se principalmente à síntese microbiana cecal e à seleção de partículas pelo fluxo e refluxo na região cecocólica. Os cecotrofos são constituídos, aproximadamente, metade por resí-

Tabela 14.2
Características físicas das fezes e cecotrofos

Características	Fezes	Cecotrofos
Cor	escura	marrom chocolate
Umidade	baixa (40 %)	alta (70-75 %)
Consistência	dura	macia
Forma	esferas individualizadas	cachos envoltos em muco

Fonte: Lebas et al. (1996).

Tabela 14.3
Composição química comparativa do conteúdo cecal, cecotrofos e fezes

Constituinte	Conteúdo cecal	Cecotrofos	Fezes
Proteína bruta (%)	36,4	37,8	14,8
Gordura (%)	1,8	1,8	1,8
Cinzas (%)	15,4	14,3	14,8
Fibra bruta (%)	13,4	14,3	27,8
Cl^- (mmol/kg MS)		55	33
Na^+ (mmol/kg MS)		105	38
K^+ (mmol/kg MS)		260	84
Ácido nicotínico (mg/kg)		139	40
Riboflavina (mg/kg)		30	9
Ácido pantotênico (mg/kg)		52	8
Cianocobalamina (mg/kg)		3	1

Fonte: Cheeke (1987), Carabaño e Piquer (1998).

duos alimentares maldigeridos e secreções digestivas e metade por bactérias. Os cecotrofos também são mais ricos em vitaminas hidrossolúveis e minerais que as fezes. Considerando que algumas partes do alimento podem ser recicladas uma, duas ou até três vezes, o processo digestivo total no coelho dura de 18 a 30 horas, em média 20 horas. No entanto, a parte mais fibrosa e grosseira é eliminada após 4 horas apenas.

A atividade celulolítica das bactérias do ceco produz AGV, que são encontrados no plasma sanguíneo na proporção de aproximadamente 60-80% de ácido acético, 8-20% de ácido butírico e 3-1% de ácido propiônico. Os AGV são utilizados como fonte de energia, que pode representar até 40% das necessidades de manutenção. As bactérias da microbiota cecal sintetizam ainda aminoácidos sulfurados (metionina), lisina e treonina e outros. Isso permite que o coelho adulto sobreviva bem com dietas de baixa qualidade proteica. Admite-se que todas as vitaminas do complexo B, com exceção da B_6, sejam sintetizadas no ceco. Foi demonstrado que a cecotrofia garante aos animais 83% mais niacina, 100% mais riboflavina, 165% mais ácido pantotênico e 42% mais vitamina B_{12} do que se os cecotrofos não fossem consumidos. No entanto, para rápido crescimento e lactação há necessidade de suplementar vitaminas na dieta.

A concentração de AGV no sangue parece estar envolvida no processo de desencadeamento da cecotrofia, pois esta se inicia no pico de produção de AGV, cerca de 8 a 12 horas após a ingestão de alimentos em animais racionados ou após o pico de alimentação em animais alimentados *ad libitum*. Normalmente, 80% do alimento é ingerido no período noturno, enquanto a cecotrofia ocorre principalmente no período da manhã, com pico entre 9h e 12h. Durante esse último período, não há excreção de fezes e a ingestão de alimentos é baixa. Pela manhã há grande número dessas pelotas no estômago, onde podem ocupar 3/4 da capacidade total. A cecotrofia depende ainda da integridade da microbiota digestiva. A formação da microbiota cecal ocorre a partir da metade da 2ª semana de vida. No coelho lactente o pH gástrico é mais elevado do que no animal adulto, variando de 5,0 a 6,5, o que permite a sobrevivência de microrganismos. A coelha deposita no ninho, onde ficam abrigados os filhotes, algumas pelotas fecais, que iniciam a contaminação oral dos filhotes pelas bactérias da microbiota normal. Com 18 a 21 dias de idade, o láparo começa a ingerir alimentos sólidos e a microbiota vai se especializando gradativamente, estando plenamente desenvolvida às 8 semanas de idade. O número de bactérias no ceco está estimado em 10^{10} a 10^{12}/g de conteúdo cecal, em média. Predominam as bactérias do gênero *Bacteroides sp,* que são bacilos não esporulados, anaeróbios estritos, gram-negativos, e que apresentam atividade celulolítica. O consumo de alimentos, em geral, é maior à noite do que de dia. Quanto mais velho o animal, mais acentuado é o hábito noturno.

O pH normal da urina é 8,2. A urina de coelhos jovens é livre de precipitação de albuminúria, mas é normal; a urina de coelhos adultos é turva, devido à presença de amônia, fosfato de magnésio e cristais de carbonato cálcico. A cor pode variar de bronze até um laranja-avermelhado. Essa última cor é causada pela presença de porfirina e derivados de bilirrubina. Essa cor laranja-avermelhado é intensificada durante a desidratação ou por certas dietas apimentadas ou ricas em cálcio, e deve ser diferenciada de hematúria (sangue na urina).

Sistema reprodutor

A reprodução é regulada por um sistema hormonal complexo, no qual o eixo hipotálamo-hipófise desempenha papel fundamental. O hipotálamo é uma pequena glândula localizada na base do cérebro. É a ligação entre os sistemas nervoso e endócrino. Possui neurônios secretores que recebem estímulos do sistema nervoso central e reagem secretando hormônios no sistema porta hipofisário, controlando a hipófise. A hipófise possui dois lobos (anterior e posterior) e está localizada imediatamente abaixo do hipotálamo.

O sistema reprodutor do macho é formado pelo pênis, que no caso do coelho é desprovido de glande (Figura 14.5), pela bolsa escrotal, testículos, canais excretores (epidídimos, canais deferentes e uretra) e glândulas acessórias (vesícula seminal, glândula vesicular, próstata e glândula de Cowper). Os testículos contêm células que produzem andrógenos e tubos seminíferos que produzem espermatozoides. Os canais excretores realizam o transporte e a maturação dos espermatozoides, e as glândulas acessórias elaboram a maior parte do líquido seminal, que é o meio de suspensão e sobrevivência dos espermatozoides. A bolsa escrotal se comunica com o abdômen através do anel inguinal, pelo qual passam os canais excretores em direção aos testículos.

A diferenciação da gônada primitiva do embrião ocorre por volta da metade da gestação (dias 14 a 15), quando no macho se forma a cápsula de tecido conjuntivo que envolve os testículos e, em seguida, os tubos seminíferos. A produção de andrógenos começa no dia 19 de gestação, e a formação da próstata, no dia 21. Ao nascer, os testículos estão posicionados no abdômen, e sua descida para a bolsa escrotal ocorre na puberdade. A morfologia especial do cremaster, músculo situado na bolsa escrotal, permite que no macho adulto os testículos retornem voluntariamente à cavidade abdominal em períodos de inatividade sexual, ou quando o macho se sente ameaçado.

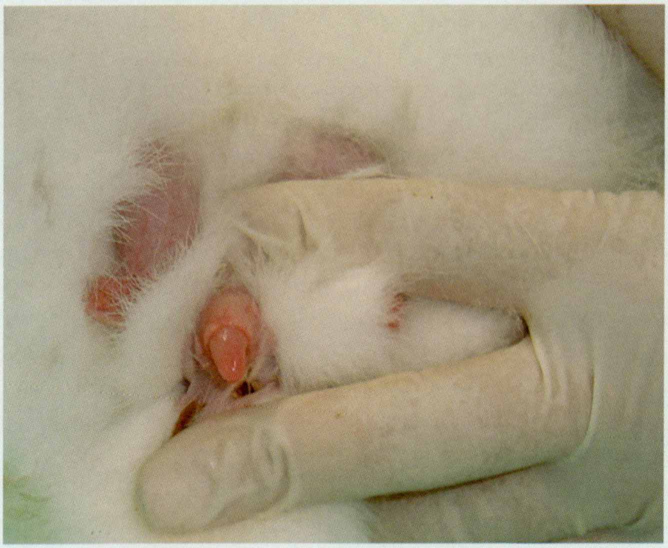

Figura 14.5 – *Pênis do coelho (NZB), que é desprovido de glande. Fonte: Vania Gomes de Moura Mattaraia.*

Embora existam diferenças raciais, individuais e outras que podem ser atribuídas às condições ambientais, a fase pré-puberal no macho se inicia aos 40 dias de idade e é caracterizada por um aumento substancial dos níveis séricos de FSH e testosterona, acompanhado por crescimento acentuado dos testículos, que continua até os 8 meses de idade. O início da espermatogênese ocorre antes dos 70 dias de idade, variando também em função da raça e das condições ambientais e de manejo. Por volta dos 112 dias, já se encontram espermatozoides no epidídimo. Em relação ao comportamento sexual, as primeiras tentativas de monta se iniciam entre 60 e 70 dias, e as primeiras cobrições ocorrem por volta dos 100 dias. A maturidade sexual, no entanto, definida como o momento em que a produção de espermatozóides se estabiliza, é alcançada somente por volta de 130 dias de idade na raça neozelandesa.

No macho adulto, a duração da espermatogênese é de cerca de 40 dias, e a produção diária de espermatozoides é estimada em 250 milhões, com variações raciais e estacionais. O volume do ejaculado apresenta ampla variação de 0,3 a 6 mL, em função da presença ou ausência de gel, mas o volume normal varia de 0,3 a 0,8 mL. A concentração espermática também pode variar de 50 a 500 milhões de espermatozoides/mL, mas normalmente se encontra entre 150 e 350 milhões/mL. Raça, idade e fatores ambientais exercem influência sobre as características do sêmen. Por exemplo, o volume médio e a concentração aumentam entre 5 e 8 meses de idade. Paralelamente, a taxa de concepção e o tamanho da ninhada aumentam. Machos velhos apresentam menor fertilidade e libido que machos com 2 anos de idade.

O sistema reprodutor da coelha é composto pela genitália externa (lábios vulvares), a vagina, que se caracteriza por ser um tubo longo (6 a 10 cm de comprimento), dois cornos uterinos longos e independentes que formam o útero duplo com cérvix também dupla, dois ovidutos e dois ovários.

Como já foi indicado anteriormente, a diferenciação da gônada primitiva do embrião ocorre por volta da metade da gestação (dias 14 a 15), e em torno do dia 28 aparecem os ovidutos e o útero. As primeiras ondas de maturação folicular se apresentam com 65 a 90 dias de idade, o que pode ser considerado o início da puberdade. No entanto, o número de folículos ovarianos com diâmetro maior que 0,8 mm cresce muito entre 14 e 17 semanas de idade, quando o pleno desenvolvimento folicular é alcançado. Há influência da época de nascimento da fêmea, sendo que as nascidas na primavera atingem a maturidade sexual mais precocemente.

Após a puberdade, os folículos ovarianos iniciam um período de crescimento, passando pelos estágios de folículos primário, secundário e terciário (que apresenta antro e mais de 250-300 μ de diâmetro), alcançando o estado de folículo pré-ovulatório (folículo de de Graaf). Esses últimos medem 800-900 μ de diâmetro. Paralelamente ao processo de maturação do folículo pré-ovulatório ocorre também a maturação citoplasmática do ovócito, que o capacita para a fecundação, tornando digestível a zona pelúcida, que será atravessada pelo espermatozoide.[17]

O número de folículos que iniciam o crescimento é uma função da reserva de folículos primordiais e, portanto, da idade da fêmea. Para alcançar o estágio de folículo terciário, necessitam das gonadotrofinas hipofisárias (FSH, LH). Em contraste com outras espécies domésticas, em que a atividade ovariana é cíclica, na coelha a ovulação não ocorre espontaneamente, mas é induzida pelo coito, e há discussão sobre o seu caráter cíclico. Estudos sobre a evolução de folículos no pós-parto da coelha sugerem ciclos de maturação folicular com duração de 7 a 10 dias. Na ausência de monta (estímulo à ovulação) e ovulação, os folículos maduros iniciam um estado de atresia e são reabsorvidos.

A ovulação na coelha se dá pelo mecanismo neuro-humoral de indução coital (Figura 14.6). Estímulos vaginais, tentativas de monta de outras coelhas e estímulos elétricos cerebrais, lombossacros, hipotalâmicos ou hipofisários também podem desencadear a ovulação. O estímulo coital provoca uma descarga do hormônio hipotalâmico GnRH, que dá lugar a um pico pré-ovulatório de LH. O pico de LH desencadeia processos que levam à ruptura dos folículos e à liberação dos ovócitos. A ovulação ocorre 10 a 12 horas após o coito e é seguida pela formação dos corpos lúteos, que secretam progesterona.

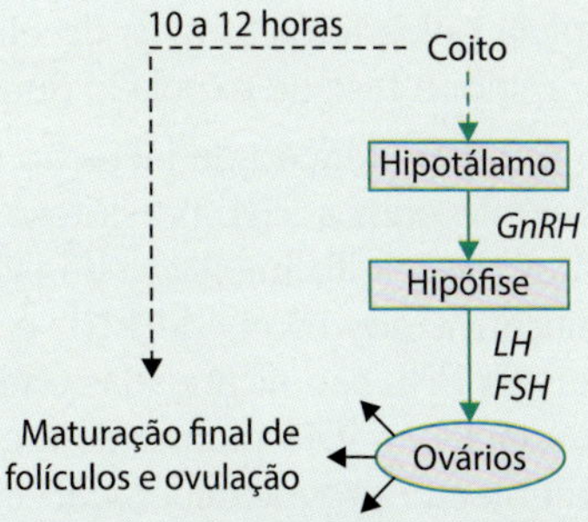

Figura 14.6 – *Mecanismo neuro-humoral de indução da ovulação na coelha. Fonte: desenhado por Ana Silvia.*

No coito, o esperma é depositado na parte superior da vagina. Os espermatozoides levam 4 a 5 horas para atingir a junção útero-oviduto e passam pela capacitação, processo que dura cerca de 6 horas e lhes confere a capacidade para perder o acrossomo, liberando enzimas proteolíticas que permitam transpor as camadas celulares que rodeiam o ovócito. O ovócito é captado pelo infundíbulo e permanece na região distal do oviduto por um período prolongado, durante o qual ocorrem a fecundação (no período de 6 horas que se seguem à ovulação) e as primeiras divisões embrionárias. A primeira divisão ocorre às 24 horas e a segunda, às 35 horas, o estado de mórula, às 50 horas, e o de blástula, às 70 horas após o coito. A passagem do oviduto para o útero ocorre entre 75 e 80 horas, e a implantação, no dia 7 após a cópula. A placenta está totalmente formada no dia 17. Os corpos lúteos, responsáveis pela produção de progesterona durante a gestação, estão plenamente formados no dia 6.

A pseudogestação ocorre quando há ovulação e formação dos corpos lúteos, mas não há fertilização, por exemplo, na cópula com um macho estéril ou monta de outra fêmea. Nesse caso, os corpos lúteos equivalem aos da gestação até o dia 10, mas reduzem seu tamanho no dia 12, e sofrem destruição no dia 14. As concentrações plasmáticas de progesterona evoluem paralelamente aos corpos lúteos em coelhas gestantes e pseudogestantes.

O processo de fertilização é muito eficiente, atingindo a maioria dos ovócitos liberados. Mas a mortalidade embrionária assume importância na fase de implantação, principalmente quando a taxa ovulatória é muito elevada, podendo atingir 5 a 15% de perdas totais. Além disso, há um nível de mortalidade pós-implantação denominado reabsorção embrionária, que varia entre 0 e 5%. Mas tem-se detectado diferenças importantes entre raças e linhagens em relação à taxa de ovulação, à capacidade uterina e à mortalidade embrionária.

A gestação é mantida pela progesterona secretada pelos corpos lúteos, sob o controle do complexo luteotrófico LH, da prolactina (PRL) e de uma luteotrofina placentária que regula a resposta do corpo lúteo ao estrógeno. A presença de embriões permite que a vida dos corpos lúteos se prolongue até o final da gestação. O número mínimo de duas implantações é necessário para que a gestação possa prosseguir. O reconhecimento materno da presença dos embriões ocorre no dia 12 de gestação.

Na coelha, é necessário que haja uma queda na concentração plasmática de progesterona e uma elevação da concentração plasmática de estradiol para que ocorra o parto. Este se inicia pelos fetos através do eixo hipotálamo/hipófise/adrenais fetais e é muito rápido: a fase de expulsão dura entre 10 e 30 minutos.

A PRL regula o início e a manutenção da lactação na coelha. Os glicocorticosteroides atuam em conjunto com a PRL na síntese da caseína e da lactose, enquanto a progesterona exerce efeito inibitório da lactogênese. A lactação se inicia com aumento significativo dos níveis de PRL e queda de progesterona. As concentrações máximas de PRL são alcançadas entre os dias 2 e 20, caindo posteriormente. Quando a lactação está plenamente estabelecida, ao redor do dia 11 pós-parto, a amamentação provoca liberação imediata e prolongada de PRL, com duração de até 3-4 horas, efeito este fundamental para a manutenção da lactação. A amamentação também provoca uma descarga de ocitocina da neuro-hipófise, que é imprescindível para a ejeção do leite.

■ REPRODUÇÃO

Embora a inseminação artificial (IA), feita com sêmen fresco, seja utilizada rotineiramente nas granjas de produção de coelhos de corte, principalmente na Europa, a conveniência da adoção dessa técnica em biotérios de produção é discutível. A principal vantagem do uso da IA nas granjas comerciais é a possibilidade de sincronização da produção das fêmeas, permitindo que grandes lotes de animais sejam produzidos ao mesmo tempo para o abate. Na produção de animais para a pesquisa, as condições podem ser bem distintas, requerendo-se a produção de lotes menores de animais a qualquer momento. A necessidade de administração de GnRH exógeno (ou seus análogos) na indução da ovulação associada à manutenção de equipamento e técnico capacitado para examinar a qualidade do sêmen antes da inseminação somente se justifica quando o procedimento é realizado em grande escala. Assim, considerando a escala e o ritmo de produção, acredita-se que a monta natural seja mais conveniente que a IA para a reprodução de coelhos nos biotérios.

A vida útil reprodutiva se inicia em torno dos 5 meses de idade nos coelhos machos nas raças de médio porte, incluído a neozelandesa branca. Os machos jovens, destinados à reprodução, podem ser alojados em gaiolas coletivas somente até 10 semanas de idade. A partir daí, passam a apresentar comportamento agressivo em relação a outros machos, e devem ser alojados em gaiolas individuais. No Brasil, o Concea, por meio da RN 15, tornou pública a Estrutura Física e Ambiente de Roedores e Lagomorfos do Guia Brasileiro de Criação e Utilização de Animais para Atividades de Ensino e Pesquisa Científica, onde consta a atribuição do espaço alocado para gaiolas das espécies convencionais de animais de laboratório.[18]

Entre os 5 e os 8 meses de idade recomenda-se que o macho realize no máximo um salto por semana. Em torno dos 8 meses de idade atinge a maturidade sexual, o que permite o máximo rendimento na função reprodutiva, realizando uma monta por dia, todos os dias, ou duas montas por dia, em dias alternados. No caso do macho submetido à coleta de sêmen para IA pode-se realizar duas coletas no dia, com 10 minutos de intervalo, uma vez por semana.

A proporção entre machos e fêmeas no plantel de reprodutores pode variar de 1/5 a 1/10, quando se trabalha com a monta natural, e de 1/10 a 1/30 com IA. Sob o ponto de vista da capacidade de fecundação, um macho é suficiente para 10 fêmeas. A razão para se manter uma maior proporção de machos em relação às fêmeas (de 1/8 a 1/5) é evitar o aumento muito rápido da endogamia na população e a deriva genética. Esse aumento indesejado da consanguinidade poderá ser evitado com a introdução constante de machos de outras granjas, o que, por sua vez, também é inoportuno, por significar risco sanitário para o biotério. A produção de coelhos para pesquisa se dá, portanto, a partir de populações fechadas, em geral organizadas em pelo menos quatro a cinco grupos ou famílias, em que a reposição de machos e fêmeas reprodutores se dá entre grupos de modo rotacionado, seguindo-se sistemas preestabelecidos de acasalamento como o Poiley ou o Han rotacional.

Os níveis de descarte e reposição anual de machos estão em torno de 40 a 50%. As principais causas incluem: baixa libido e fertilidade, alterações do estado sanitário e morte do macho.

Há controvérsias sobre a idade ideal para o primeiro acasalamento na coelha. É preciso aguardar até que a população folicular atinja o desenvolvimento ótimo, mas, ao mesmo tempo, evitar o acúmulo excessivo de gordura que poderia dificultar a cobrição. O peso corporal é um bom indicador do momento ideal para o início da reprodução, considerando-se que a fêmea está pronta quando atinge 80% a 85% do peso adulto da raça ou linhagem. Isso ocorre por volta de 16 a 20 semanas em raças de médio porte. Fêmeas com peso vivo mais elevado à primeira inseminação apresentam primeira ninhada mais numerosa do que fêmeas de peso intermediário e baixo. A produtividade da fêmea nos ciclos reprodutivos subsequentes também pode ser reduzida caso o primeiro acasalamento ocorra com peso muito baixo.

As coelhas jovens podem ser alojadas em grupos de até 16 animais/m^2 de gaiola por até 10 semanas e 8 animais/m^2 de gaiola de 10 até 13 semanas. A partir dessa idade devem ser alojadas em gaiolas individuais para evitar a pseudogestação. Fêmeas em estado de pseudogestação recusam o acasalamento, o que pode atrasar a fecundação.

As cobrições devem ser realizadas sempre nas horas menos quentes do dia, ou seja, cedo pela manhã ou no fim da tarde, coincidindo com os horários de maior atividade dos coelhos. Leva-se sempre a fêmea à gaiola do macho, verificando antes a coloração e a turgência dos lábios vulvares para se prever a receptividade. A cobrição deve ser sempre assistida, de tal modo que, estando a fêmea na gaiola do macho, aguardam-se 1 a 2 minutos, observando-se seu comportamento, que pode ser de aceitação ou de recusa. No caso de recusa, pode-se apresentar a fêmea a um segundo macho. Quando ocorre a cópula o macho tem um comportamento conhecido como "tombo ou queda", ou seja, ele cai para um dos lados (Figura 14.7). Finalizada a cobrição, anotam-se os respectivos dados na ficha da fêmea.

Figura 14.7 - *Cópula. Fonte: Vania Gomes de Moura Mattaraia.*

O método mais prático de diagnóstico de prenhez é a palpação abdominal realizada nos dias 10 a 12 após a cobrição, por pessoa devidamente treinada. Um número variável de esferas com tamanho e consistência semelhantes a uvas é detectado em caso de prenhez positiva. Alguns cuidados são muito importantes para evitar problemas durante a gestação. Dentre eles, se destacam: o fornecimento de dieta balanceada, contendo os níveis recomendados de vitaminas lipossolúveis (principalmente A e E); conservação adequada da ração para evitar emboloramento; evitar as manipulações bruscas e a aplicação de medicamentos nas coelhas durante a gestação.

No dia 28, ou seja, 3 a 4 dias antes da data prevista do parto, é necessário disponibilizar o ninho, forrado com 5 cm de cama, para que a fêmea possa prepará-lo adequadamente com os pelos retirados da região da glândula mamária, para receber os recém-nascidos. O ninho pode ser confeccionado com madeira de pinho (branca, leve e inodora), chapa galvanizada ou plástico. A cama pode ser feita de maravalha de madeira, palha, sabugo de milho triturado ou outros materiais secos, macios e absorventes.

A duração da gestação na coelha é de 31 a 32 dias, mas podem nascer láparos vivos entre os dias 28 e 35. Nesse intervalo a duração é inversamente proporcional ao tamanho da ninhada. O parto é rápido, ocorre em 10 a 30 minutos e mais frequentemente nas primeiras horas da manhã. Garantir tranquilidade ambiental para o parto ajuda a prevenir problemas como parição fora do ninho e canibalismo. Essas ocorrências também são frequentes quando os partos ocorrem em noites muito frias e não há climatização das instalações. O tamanho da ninhada é, em média, de 8 láparos, mas pode variar de acordo com a raça e a linhagem. Os valores extremos são de 1 a 20 láparos por ninhada. A taxa de natimortalidade pode variar de 5 a 15%. As principais causas são genéticas (alta endogamia), ambientais (fotoperíodo muito curto ou decrescente) ou nutricionais (falta de vitaminas A e E ou excesso de vitamina A na dieta).

Finalizado o parto, a coelha normalmente dedica alguns minutos aos cuidados corporais, lambendo seu próprio corpo, ingerindo água e alimento. A partir desse momento, pode-se realizar a inspeção inicial do ninho, repondo-se o material de cama quando necessário, contando-se os láparos vivos e retirando os mortos e procedendo-se às anotações. Filhotes vivos nascidos fora do ninho devem ser recolocados no ninho manualmente, pois a coelha não possui a capacidade de carregá-los com a boca.

O microclima do ninho deve manter a temperatura mínima de 32 °C para garantir o bem-estar e a sobrevivência dos láparos, especialmente na 1ª semana de vida. Os neonatos são desprovidos de pelos no corpo, e sua capacidade de termorregulação é muito limitada. Dependem da qualidade do ninho e do agrupamento da ninhada para manter a temperatura corporal. No caso de ocorrência de hipotermia, pode-se adaptar uma fonte de calor à entrada do ninho por cerca de 1 hora para ajudar os neonatos a recuperar a temperatura corporal normal. Desde que o ninho seja identificado com o número da coelha, isso pode ser feito sobre a bancada de trabalho.

O ritmo de alimentação dos lactentes é imposto pela mãe, que, em geral, amamenta uma vez ao dia. Apenas um quarto das coelhas entra no ninho duas vezes ao dia para amamentar a ninhada. O leite da coelha apresenta alta concentração de proteínas (ao redor de 13%) e gordura (ao redor de 9%), garantindo o rápido crescimento dos lactentes, que frequentemente multiplicam por 10 seu peso corporal no mês que segue o nascimento. O peso ao nascer está ao redor de 60 g, e, de acordo com a raça, pode chegar aos 600 g em 1 mês, dependendo das condições de manejo das matrizes. Ao final da 1ª semana de vida os láparos já apresentam uma fina camada de pelos cobrindo o corpo, mas permanecem até 10 dias com os olhos fechados. O ninho deve ser inspecionado diariamente pelo técnico para verificar o estado nutricional e de saúde dos láparos, bem como o estado da cama.

A mortalidade de láparos do nascimento à desmama é alta e muito variável (10 a 30% dos nascidos vivos) em função do estado nutricional e de saúde das matrizes, devido à completa dependência da ninhada em relação à mãe nessa fase. As principais causas são: abandono, canibalismo, inanição, pisoteamento, doenças e morte da mãe, mas cerca de um quarto das causas ainda permanece indeterminado. Com o intuito de reduzir a mortalidade do nascimento à desmama e de produzir ninhadas uniformes à desmama adota-se a homogeneização ou padronização de ninhadas logo após o nascimento. Para isso deve-se levar em conta a habilidade materna média das coelhas na colônia em questão. Ao nascer, o número de láparos por ninhada é muito desigual. O objetivo é uniformizar esse número ao redor de 7-9 láparos, transferindo os excedentes das ninhadas mais numerosas para as menores. Três recomendações básicas devem ser seguidas para garantir o sucesso dessa prática:

1. realizá-la no máximo até o 3º dia após o parto;
2. as ninhadas doadora e receptora não devem apresentar diferença de idade superior a 48 horas;
3. cada coelha, independentemente do tamanho inicial de sua ninhada, pode adotar, no máximo, três láparos.

O pico de produção de leite da coelha ocorre na 3ª semana, entre 18 e 21 dias pós-parto, e é precedido pelo início da ingestão de alimentos sólidos e água pelos láparos. Por isso é muito importante garantir que os láparos tenham livre acesso ao alimento sólido e à água nessa fase, pois disso podem depender seu desenvolvimento e sobrevivência após a desmama. Recomenda-se remover o ninho da gaiola da matriz no início da 4ª semana de vida dos láparos e desmamar os filhotes entre 30 e 38 dias de idade, alojando-os definitivamente em gaiola separada da mãe. A desmama também pode ser realizada pela retirada da fêmea da gaiola. Na desmama procede-se à contagem e pesagem dos láparos, à separação por sexo e à identificação dos animais. É desejável o peso individual mínimo de 500 g em raças médias à desmama.

O ritmo reprodutivo é definido como o intervalo entre duas parições sucessivas de uma mesma fêmea, e sua duração é determinada pelo período que vai do parto até a próxima cobrição ou inseminação artificial. As unidades feto-placenta e as glândulas mamárias usam como fonte de energia os mesmos substratos (glicose, ácidos graxos de cadeia longa e ácidos graxos livres). Portanto, em coelhas que se encontram simultaneamente em gestação e lactação, há uma competição entre o útero e a glândula mamária pelo suprimento de nutrientes, o que irá influenciar o desenvolvimento e a sobrevivência fetal. Assim, é desejável que o pico de produção de leite da lactação em curso ocorra antes de se atingir a fase de máximo crescimento dos fetos na nova gestação. Na prática, recomenda-se o ritmo semi-intensivo (Figura 14.8), com intervalo parto-cobrição (ou IA) de 9 a 11 dias e 42 dias entre duas parições sucessivas da mesma fêmea. Um ritmo mais lento também poderá ser adotado, mas recomenda-se que, em condições normais, as coelhas sejam reacasaladas logo após a desmama, sob pena de ganharem peso em excesso e apresentarem dificuldade reprodutiva.

O descarte e a reposição de reprodutoras são um aspecto chave no manejo reprodutivo em cunicultura. Os níveis de descarte e reposição variam de acordo com o ritmo reprodutivo, podendo alcançar 100 a 130% ao ano, quando o ritmo semi-intensivo é adotado. De preferência, deve-se dispor de uma fêmea jovem, já com diagnóstico positivo de prenhez, no momento do descarte de cada fêmea do plantel de reprodutoras, para se evitar queda na produtividade. Dentre as causas mais comuns de descarte e/ou reposição de coelhas reprodutoras destacam-se: as alterações do estado sanitário (metrites, mastites, infecções respiratórias graves com perda de peso acentuada, pododermatite ulcerativa), irregularidade produtiva (3 a 4 recusas e/ou falhas reprodutivas consecutivas, média inferior a 4,5 láparos desmamados em 2 a 3 lactações) e morte da fêmea.

Técnicas denominadas bioestimulação são empregadas para modificar o equilíbrio endócrino das coelhas e aumentar os resultados reprodutivos, sem a utilização de hormônios. Além de melhorar a eficiência reprodutiva, as técnicas devem contribuir para a ciclização da produção (agrupamento de tarefas), serem fáceis de aplicar e compatíveis com o bem-estar animal. Destacam-se a separação temporária entre fêmea e ninhada e a adoção de programas nutricionais e de luz.

A separação temporária entre mãe e ninhada visa reduzir o antagonismo entre lactação e ovulação. A concentração plasmática de PRL das coelhas cai 24 horas após a separação da ninhada e a concentração plasmática de estradiol aumenta 48 horas após a separação da ninhada. Na prática, a separação mãe/ninhada 40 horas antes da inseminação implica privar a ninhada de uma mamada. Mas, a simples mudança de regime de amamentação de livre para controlada, sem a necessidade de privação de uma mamada, pode render efeitos positivos sobre o desempenho reprodutivo, com aumentos na taxa de prenhez e no número de nascidos vivos por ninhada.

O *flushing* nutricional, que consiste no fornecimento de alimento rico em energia 4 a 10 dias antes da IA ou cobrição, tem sido apontado como uma das estratégias alimentares para melhorar a fertilidade em fêmeas multíparas. Adicionalmente, dietas de baixa densidade de nutrientes são indicadas na fase pré-reprodutiva (de 10 semanas de idade até 10 dias antes da primeira IA ou

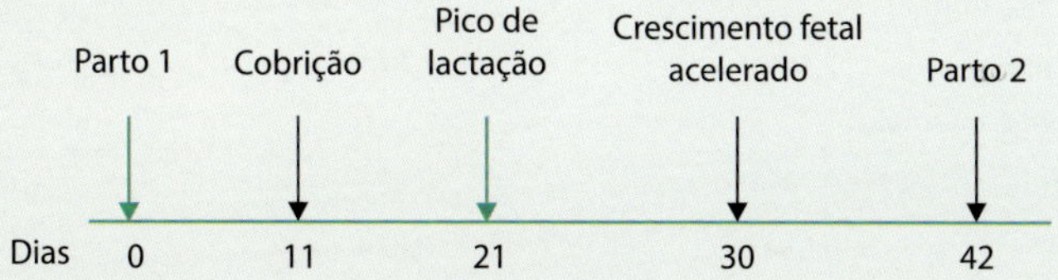

Figura 14.8 – *Esquema do ritmo semi-intensivo de reprodução. Fonte: Desenhado por Ana Silvia.*

cobrição), com o objetivo de aumentar a capacidade de ingestão de alimento da fêmea jovem e reduzir o balanço energético negativo durante a gestação e a lactação. Embora esses objetivos tenham sido alcançados, o desempenho reprodutivo não foi substancialmente alterado com o emprego desse tipo de programa alimentar.

O fotoperíodo constante durante todo o ano também apresenta efeito benéfico sobre a receptividade sexual das coelhas. A adoção de um programa de luz constante, suplementando o fotoperíodo natural decrescente com luz artificial, de tal modo a fornecer 14L:10E, resultou em elevação de 40% no número de folículos ovarianos com diâmetro superior a 1 mm, de 47% na taxa de prenhez e de 30% na sobrevivência embrionária em comparação com coelhas submetidas ao fotoperíodo natural decrescente no estado de São Paulo (Tabelas 14.4 e 14.5).[19]

A temperatura também exerce influência marcante sobre a reprodução. O coelho é sensível ao calor, de tal modo que temperaturas elevadas deprimem a reprodução, principalmente através de seu efeito negativo sobre o consumo de

Tabela 14.4
Número de folículos cujo diâmetro excedeu 1 mm nos grupos-controle (fotoperíodo natural de crescente) e tratado (programa de luz constante com 14L:10E) avaliados 8 horas após a cópula (Mattaraia et al., 2005)

Número de folículos > 1 mm	Fotoperíodo natural decrescente	Fotoperíodo natural suplementado com luz artificial	Significância
Número de coelhas	10	10	
Ovário direito	5,25	6,81	n.s
Ovário esquerdo	3,37	5,24	$p < 0,10$
Total	8,63	12,05	$p < 0,05$

Tabela 14.5 – Taxa de ovulação e características embrionárias nos grupos-controle (fotoperíodo natural de crescente) e tratado (programa de luz constante com 14L:10E) avaliados no dia 8 após a cópula (Mattaraia et al., 2005)

Características	Fotoperíodo natural decrescente	Fotoperíodo natural suplementado com luz artificial	Significância
Taxa ovulatória	9,12	10,17	n.s.
Número de sítios de implantação	7,13	8,50	n.s.
Número de embriões com desenvolvimento normal	4,83	8,53	$p < 0,10$
Número de embriões com desenvolvimento anormal	2,500	0,067	$p < 0,01$
Taxa de implantação	0,782	0,836	n.s.
Sobrevivência embrionária até o dia 8	0,534	0,839	$p < 0,05$
Peso do útero (g)	10,99	13,83	$p < 0,05$

alimentos. Temperaturas elevadas (33 °C e 65% de umidade por 10 dias) são capazes de alterar as características das secreções ovidutais e afetam negativamente o desenvolvimento embrionário.

Observa-se, nas condições de Centro-Sul do Brasil, maior incidência de problemas reprodutivos (recusas, falhas reprodutivas, natimortalidade e ninhadas pouco numerosas) no primeiro semestre do ano, principalmente de fevereiro a junho, ao contrário do que ocorre no hemisfério Norte. Atribui-se esse fato aos efeitos negativos combinados das altas temperaturas de verão, logo seguidas pelo fotoperíodo decrescente no outono. Na prática, medidas como a adoção de programas de luz podem ajudar a superar essa dificuldade.[19]

ÍNDICES DE PRODUTIVIDADE

Medidas de receptividade sexual e de fertilidade

Taxa de aceitação (%): expressa a proporção de fêmeas que ao serem apresentadas ao macho na monta natural permitem que ele realize a cópula:

$$\text{Taxa de aceitacão (\%)} = \frac{\text{número de fêmeas que aceitam a cobrição}}{\text{número total de fêmeas apresentadas ao macho}} \times 100$$

Taxa de prenhez (%): expressa a proporção de fêmeas que receberam diagnóstico de prenhez positivo em relação ao número total de fêmeas acasaladas ou inseminadas. O diagnóstico de gestação é realizado pela palpação abdominal executada por um operador experiente no 10º dia de prenhez. Quando ocorre mortalidade de fêmeas antes da palpação, as cobrições correspondentes devem ser removidas do conjunto de dados:

$$\text{Taxa de prenhez (\%)} = \frac{\text{número de fêmeas palpadas positivas}}{\text{número total de fêmeas acasaladas}} \times 100$$

Taxa de parição (%): expressa a proporção de fêmeas paridas em relação ao número de fêmeas cobertas ou inseminadas. Quando ocorre mortalidade antes da parição, as cobrições devem ser removidas do conjunto de dados.

$$\text{Taxa de parição (\%)} = \frac{\text{número de fêmeas paridas}}{\text{número total de fêmeas acasaladas}} \times 100$$

Medidas de prolificidade e viabilidade ao nascer

Tamanho da ninhada ao nascer: número total de láparos nascidos (vivos mais mortos). Deve ser registrado no intervalo máximo de 24 horas pós-parto;

Número de nascidos vivos: número total de láparos nascidos vivos por ninhada. Deve ser registrado no intervalo máximo de 24 horas pós-parto;

Taxa de natimortalidade (%): expressa a proporção de láparos natimortos em relação ao número total de nascidos por ninhada ou para um conjunto de ninhadas;

$$\text{Taxa de natimortalidade (\%)} = \frac{\text{número de láparos natimortos}}{\text{número total de láparos nascidos}} \times 100$$

Tamanho da ninhada padronizada: número de láparos por ninhada após a homogeneização das ninhadas. A homogeneização das ninhadas é adotada com o objetivo de reduzir a mortalidade do nascimento à desmama e produzir ninhadas uniformes à desmama.

Crescimento e sobrevivência dos láparos

Tamanho da ninhada aos 21 dias de idade: número de láparos por ninhada aos 21 dias de idade. O desempenho da ninhada até 21 dias de idade reflete a habilidade materna da coelha.

Peso da ninhada aos 21 dias de idade: peso total da ninhada aos 21 dias de idade. O desempenho da ninhada até 21 dias de idade reflete a habilidade materna da coelha.

Idade à desmama: idade em dias em que a ninhada é separada definitivamente da mãe. Em geral está entre 30 e 38 dias.

Taxa de mortalidade do nascimento à desmama: expressa a proporção de láparos que morrem entre o nascimento e a desmama. Pode ser expressa em relação ao número de nascidos vivos ou ao tamanho da ninhada padronizada, quando for o caso.

$$\text{Taxa de mortalidade nascimento desmama (\%)} = \frac{\text{números de láparos desmamados}}{\text{número de láparos nascidos vivos}} \times 100$$

$$\text{Taxa de mortalidade nascimento desmama (\%)} = \frac{\text{numeros de laparos desmamados}}{\text{tamanho da ninhada padronizada}} \times 100$$

Tamanho da ninhada à desmama: número de láparos desmamados por ninhada.

Peso da ninhada à desmama: peso total dos láparos desmamados por ninhada.

Produtividade global

Índice de produtividade global: é um critério sintético que leva em conta fertilidade, tamanho e peso da ninhada num dado momento e expressa a eficácia global do sistema de produção. Pode ser computado ao nascer, à desmama ou em outro momento.

$$\text{Produtividade global a desmama} = \frac{\text{peso de láparos desmamados}}{\text{número de coelhas acasaladas}}$$

Finalizando ressaltamos a importância dos registros, que devem ser diários, permitindo o controle dos índices de produtividade e, consequentemente, uma produção animal consciente, embasada no respeito à biologia, à fisiologia e à etologia do animal. Segundo a European Food and Safety Authority-EFSA (2005),[20] aumentam as exigências com relação às garantias de bem-estar dos animais, criando expectativas de como os animais devem ser tratados e como os alimentos devem ser produzidos. Nós pesquisadores e bioteristas esperamos que essas exigências se estendam, cada vez mais, aos animais que, como o coelho, estão nas duas categorias: produção e experimentação.

Referências Bibliográficas

1. Bell DJ. Social olfaction in lagomorphs. Symp Zool Soc Lond.1980; 45: 141-164.
2. Mykytowycz Rand Hestermann ER. An experimental study of aggression in captive European rabbits. *Oryctolagus cuniculus* (L.). Behaviour 1975; 52: 104-123.
3. Baumans V. Enrichment strategies for laboratory animals. ILAR J 2005; 46 (2): 162-170. doi: 10.1093/ilar.46.2.162.
4. Berdoy M. 2002. Ratlife. Available online (www.ratlife.org).
5. Stauffacher M. Environmental enrichment, fact and fiction. Scand J Lab Anim Sci 1995;22:39-42.
6. Lehmann M. Interference of a restricted environment - as found in battery cages - with normal behaviour of young fattening rabbits. In Auxilia T (ed.) Rabbit Production Systems including Welfare. Official Publication of the E.C., Luxembourg, 1987.
7. Stodart E & Myers K. A comparison of behaviour, reproduction and mortality of wild and domestic rabbits in confined populations. CSIRO Wildl Res., 1964;9,144-154.
8. Kraft R. A comparison of the behaviour of wild and domestic rabbits. 1. An inventory of the behaviour of wild and domestic rabbits. Zeitschrift fur Tierzuchtung und Zuchtungsbiologie 1979; 95: 2, 140-162.
9. Heath E. Sexual and related territorial behavior in the laboratory rabbit. Lab Anim Sci 1972; 22, 684–691.
10. Hagen WK. Colony husbandry. In: De Weisbrotj D. The Biology of the Laboratory Rabbit. Chapter 2. Philadelphia, London: Lea & Febiger, 1982.
11. Berger M, Jean-Faucher Ch, deTurckheiin M, Veyssiere G, Blanc MR, Poirier JC, Jean Cl. Testosterone, luteinizing hormone (LH) and follicle-stimulating hormone (FSFI) in plasma of rabbit from birth to adulthood. Correlation with sexual and behavioural development. Acts Endocrinol (Kbh) 1982; 99:459-65.
12. Manning PJ, Ringer DH, Newcomer CE. The Biology of the Laboratory Rabbit. 2nd ed. New York: Academic Press, 1994. 483p.
13. Massaro D, Massaro GD. Hunger disease and pulmonary alveoli. Am J Respir Crit Care Med2004;170:723-4.
14. Burri P. Structural aspects of prenatal and postnatal development and growth of the lung. In: McDonald JA (ed). Lung Growth and Development. New York: Marcel Dekker, Inc, 1997. p 1–35.
15. Carabaño R, Piquer J. The digestive system of the rabbit. In: De Blas C and Wiseman J (eds). Wallingford, CABI Publishing, 1998. p. 1-16.
16. Cheeke PR. Digestive physiology. In: Rabbit Feeding and Nutrition. Orlando: Academic Press, 1987. p. 15-33.
17. Alvariño MR. Control de la Reproducción en el Conejo. Madrid: Ediciones Mundi-Prensa, 1993. 137p.
18. Resolução Normativa nº 15 do Concea.
19. Mattaraia VGM, Bianospino E, Fernandes S, Vasconcelos JLM, Moura, ASAMT. Reproductive responses of rabbit does to a supplemental lighting program. Livestock Production Science 2005; 94:179-187.
20. EFSA- European Food and Safety Authority. The impact of the current housing and husbandry systems on the health and welfare of farmed domestic rabbits. EFSA Journal 2005; 267:1-31.

Endereços Eletrônicos

http://www.aquavet.i12.com/Rabbit.htm

http://herkules.oulu.fi/isbn9514270584/html/x410.html

http://www.baa.duke.edu/companat/BAA_289L_2004/heart/Rabbit/rabbit_thorax.htm

http://www.bunniwerks.org/biology.htm

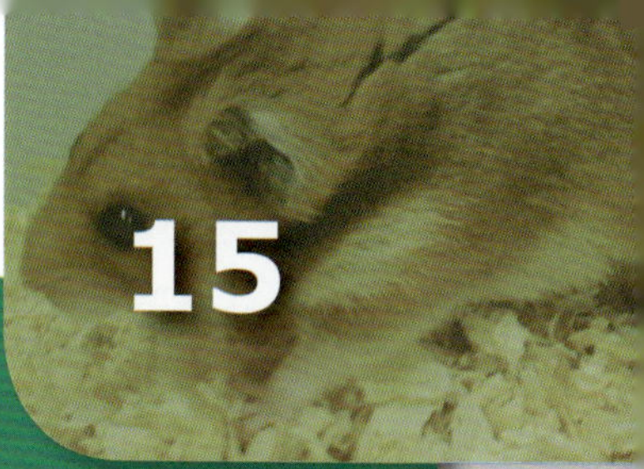

15

Hamster

Claudia Madalena Cabrera Mori
Marie Odile Monier Chelini
Sebastião Enes Reis Couto

Introdução

Reúnem-se sob o nome popular de hamster diversas espécies de roedores pertencentes à família Cricetidae (ainda que alguns taxonomistas as coloquem entre os Muridae). Além do hamster sírio ou dourado (*Mesocricetus auratus*), de longe o mais utilizado no laboratório, algumas outras espécies são criadas para fins de pesquisa biomédica. A maior delas é o hamster comum ou europeu (*Cricetus cricetus*), que pode chegar a pesar até 500 g quando adulto.[1] Outros são bem menores, como o hamster chinês (*Cricetulus barabensis*, antes conhecido como *Cricetus griseus*) ou o hamster anão siberiano (*Phodopus sungorus*), cujo peso não ultrapassa 40 a 50 g.

Origem

A primeira descrição conhecida sobre a origem do hamster sírio foi publicada em 1797 na segunda edição do livro The Natural History of Aleppo, escrito por Alexander Russell e seu irmão mais jovem Patrick Russell. No entanto, na época, Russell equivocadamente refere-se ao hamster sírio como sendo a mesma espécie que o hamster europeu.

Anos mais tarde, em 1839, George Robert Waterhouse, curador da London Zoological Society, descreveu essa nova espécie de hamster, baseado nas características de um único exemplar, fêmea, originário de Aleppo, Síria. Atualmente, esse exemplar encontra-se no Museu Britânico de História Natural em Londres.

O interesse científico pelo hamster sírio surgiu somente 91 anos após a descrição por Waterhouse, graças ao parasitologista Saul Adler,[2] da Universidade Hebraica de Jerusalém, que conduzia pesquisas sobre leishmaniose e procurava por um modelo animal que substituísse o hamster chinês, que não se reproduzia bem em laboratório.

Em 1930, atendendo ao pedido de Saul Adler,[2] Israel Aharoni, professor do Departamento de Zoologia da Universidade Hebraica de Jerusalém, organizou uma expedição à procura de exemplares do hamster sírio, na qual capturou uma fêmea com a ninhada de dez filhotes, próximo de Aleppo no deserto da Síria. Até chegarem ao seu destino em Jerusalém, alguns escaparam e outros morreram, restando apenas um macho e duas fêmeas. Os três hamsters remanescentes foram mantidos em cativeiro no Departamento de Parasitologia da Universidade Hebraica de Jerusalém, onde se iniciou a primeira criação bem-sucedida do hamster sírio em laboratório, chegando a 150 exemplares em um ano.

Os primeiros hamsters sírios nascidos em laboratório foram utilizados por Adler[2] no estudo da leishmaniose visceral em novembro de 1930. Posteriormente, esses animais foram utilizados em pesquisas sobre tuberculose e brucelose. Descendentes dessa colônia de hamsters foram doados por Adler[2] e enviados a diversos institutos de pesquisa em torno do mundo para serem usados em investigações com animais. Eles chegaram ao Reino Unido em 1931, e alcançaram os Estados Unidos pela primeira vez em 1938. Embora haja registros de capturas posteriores na Síria, como um grupo de 12 animais enviados para o Massachusetts Institute of Technology (MIT) nos Estados Unidos em 1971, acredita-se que todos os hamsters sírios que vivem atualmente em cativeiro são descendentes dos originais encontrados por Aharoni. Nos Estados Unidos, esses animais foram utilizados pela primeira vez em 1939, em pesquisas sobre lepra, realizadas pelo dr. Sam H., Black[3] do USPHS (United States Public Health Service). Em 1940 e 1941 diversos artigos foram publicados utilizando o hamster sírio como modelo animal para estudo do vírus da influenza. Em 1942, Morton[4] descreveu o hamster como modelo para estudo da leptospirose.

Não se sabe ao certo quando o hamster sírio chegou ao Brasil, tampouco como foram implantadas as primeiras colônias em laboratório. Registros extraoficiais indicam que os primeiros exemplares foram trazidos da Alemanha por volta de 1960 e doados ao Instituto Biológico, órgão mantido pela Secretaria de Agricultura e Abastecimento do Estado de São Paulo. Na literatura nacional encontramos o trabalho publicado por Nilsson e Corrêa,[5] (1966) no qual os autores adotaram o hamster como modelo animal para o isolamento do vírus do aborto equino a partir de 1963. Provavelmente esse estudo seja um dos primeiros relatos da utilização do hamster sírio na pesquisa em nosso país.

Taxonomia

A classificação do hamster ainda gera controvérsias entre os taxonomistas, sendo que alguns o classificam na família Muridae e outros na família Cricetidae. Atualmente, segundo Neumann et al.,[6] o hamster sírio, ou hamster dourado, identificado pelo símbolo SYR, é classificado como:

- Classe: Mammalia.
- Ordem: Rodentia.
- Família: Cricetidae.
- Gênero: Mesocricetus.
- Espécie: Mesocricetus auratus.

Importância na pesquisa

Por volta de 1971, o hamster tornou-se a terceira espécie animal de laboratório mais utilizada nos Estados Unidos, sendo superada somente por camundongos e ratos. Atualmente cerca de um milhão de hamsters é utilizado anualmente em pesquisas nesse país, dos quais 90% são hamsters sírios.

Os hamsters sírios possuem particularidades que os tornam modelo para o estudo de diversas doenças humanas, como também de investigações comportamentais e de cronobiologia. Devido a características genéticas e imunológicas,[7] a espécie apresenta tolerância a tumores homólogos, heterólogos e de origem humana, bem como a diversos parasitas, bactérias e vírus. As bolsas guturais, sítios de privilégio imunológico, são particularmente utilizadas em estudos que envolvem o implante e o crescimento de tumores originários de outras espécies, incluindo o homem. A linhagem isogênica BIO 14.6 possui uma mutação espontânea no gene delta-sarcoglicano,[8] que afeta todo o sistema muscular, ou seja, as musculaturas lisa, esquelética e cardíaca. Esse modelo é amplamente utilizado em estudos relacionados a cardiomiopatias, arritmias cardíacas, distrofias musculares, entre outros. Adicionalmente, o hamster sírio também tem sido utilizado em investigações odontológicas por ser a oclusão dos molares semelhante à de humanos e pela possibilidade da indução de lesões sem que o dente seja fraturado, como em ratos. Outras áreas de interesse incluem estudos das vias aéreas, fisiologia respiratória e teratologia devido ao curto período de gestação.

Seleção genética

Desde sua introdução como animal de laboratório, o hamster sírio tem sido criado nos centros de pesquisa por meio de cruzamentos sucessivos, estabelecendo-se colônias de animais heterogênicos e isogênicos a partir da progênie da ninhada capturada por Aharoni em 1930.

As primeiras linhagens isogênicas foram desenvolvidas na década de 1950 por Billingham e Hildemann.[9] Posteriormente, com a descoberta de mutações espontâneas, foram estabelecidos vários modelos geneticamente definidos de interesse científico. Algumas das linhagens isogênicas de hamsters mais conhecidas são:

- MHA/SsLak: albino, suscetível a cáries.
- LSH/SsLak: dourado, origem: London School of Hygiene, UK.
- CB/SsLak: dourado, origem: Chester Beatty Institute, UK.
- PD4/Lak: albino.

- LHC/Lak: creme, origem: Lakeview Hamster Colony, Newfield, New Jersey, EUA.
- BIO 14.6: modelo para estudo de cardiomiopatias devido à mutação no gene delta-sarcoglicano, origem: Bio Research Institute, EUA.
- BIO 15.16: dourado, modelo para estudo de carcinogênese, origem: Bio Research Institute, EUA.

Os hamsters heterogênicos mais conhecidos são denominados Lak: LVG (SYR), de coloração dourada.

Características anatômicas e fisiológicas

Características fenotípicas peculiares ao hamster sírio incluem pele abundante e flácida, pelo curto e macio, corpo compacto e cauda muito curta. A coloração mais comum é o dourado, com a região ventral cinza claro; entretanto, a cor pode variar do albino ao marrom escuro (Figura 15.1). Os animais adultos medem de 15 a 17 cm, e as fêmeas são maiores do que os machos. Essa espécie possui quatro dígitos nos membros anteriores e cinco nos posteriores.

Apesar de serem mais proeminentes nos machos, ambos os sexos possuem duas glândulas laterais no flanco, de coloração escura, histologicamente compostas por glândulas sebáceas e células pigmentadas. Essas glândulas são controladas pelos hormônios andrógenos, sendo consideradas características sexuais secundárias nos machos com a função de marcador olfativo de identidade (Figura 15.2).

A fórmula dentária do hamster sírio é: 2 (incisivos 1/1, caninos 0/0, pré-molares 0/0, molares 3/3) = 16. Cáries são facilmente induzidas pela mudança de dieta.

Os hamsters sírios possuem bolsas guturais que são invaginações da parede bucal lateral e se estendem dorsolateralmente até a região das escápulas (Figura 15.3). Essas estruturas são utilizadas experimentalmente como sítios de privilégio imunológico, pois são desprovidas de glândulas e de drenagem linfática.

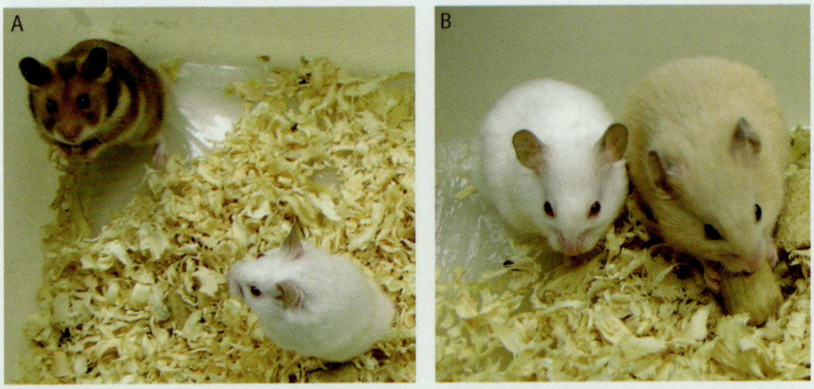

Figura 15.1 – *Diferentes colorações de pelagem do hamster sírio* (Mesocricetus auratus)*: (A) dourado (esquerda) e albino (direita); (B) albino (esquerda) e creme (direita).*

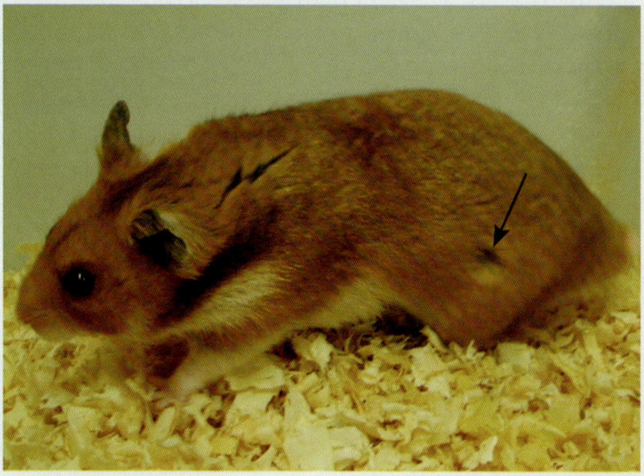

Figura 15.2 – *Hamster sírio dourado* (Mesocricetus auratus) *macho. A seta indica a glândula do flanco.*

As bolsas guturais são usadas para transportar alimentos e carregar objetos. As fêmeas com filhotes recém-nascidos, ao sentirem-se ameaçadas, escondem as ninhadas dentro dessas bolsas.

Diferentemente das outras espécies de roedores de laboratório, o estômago do hamster possui dois compartimentos distintos, sendo a região anterior queratinizada e não glandular (cárdia) separada da região glandular (pilórica) por um esfíncter muscular que controla a passagem da ingesta em direção ao duodeno. Pela sua estrutura e função, a região não glandular assemelha-se ao rúmen dos ruminantes.

O sistema respiratório caracteriza-se por número limitado de glândulas nas vias aéreas anteriores. O pulmão esquerdo possui um único lobo e o pulmão direito, três lobos (cranial, medial e caudal).

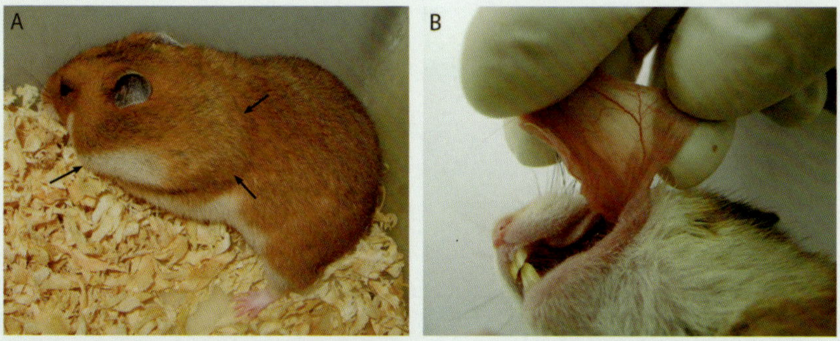

Figura 15.3 – *Hamster sírio dourado* (Mesocricetus auratus)*: (A) hamster com as bolsas guturais aumentadas de volume (repletas de alimento); (B) exposição da mucosa da bolsa gutural com o hamster anestesiado.*

Nos rins a papila renal estende-se para dentro do ureter, tornando possível a colheita de urina dos túbulos renais em um hamster vivo. A urina apresenta pH alcalino, por volta de 8, aspecto leitoso e coloração turva devido à presença de pequenos cristais.

Os índices de desenvolvimento e parâmetros fisiológicos do hamster sírio estão apresentados na Tabela 15.1. A Figura 15.4 demonstra a curva de ganho de peso do hamster sírio heterogênico.

Tabela 15.1
Índices de desenvolvimento e, parâmetros fisiológicos do hamster sírio (*Mesocricetus auratus*)

Variáveis	
Peso ao nascimento	2-3 g
Erupção dos incisivos	1 dia
Abertura das orelhas	4-5 dias
Abertura dos olhos	14-16 dias
Consumo de alimento sólido	7-10 dias
Idade ao desmame (média)	21 dias
Peso ao desmame	35-40 g
Peso adulto fêmea	95-150 g
Peso adulto macho	85-130 g
Tempo de vida	1-3 anos
Temperatura corpórea (retal)	37-38 °C
Frequência cardíaca (batimentos por minuto)	250-500
Frequência respiratória (movimentos respiratórios por minuto)	74 (35-135)

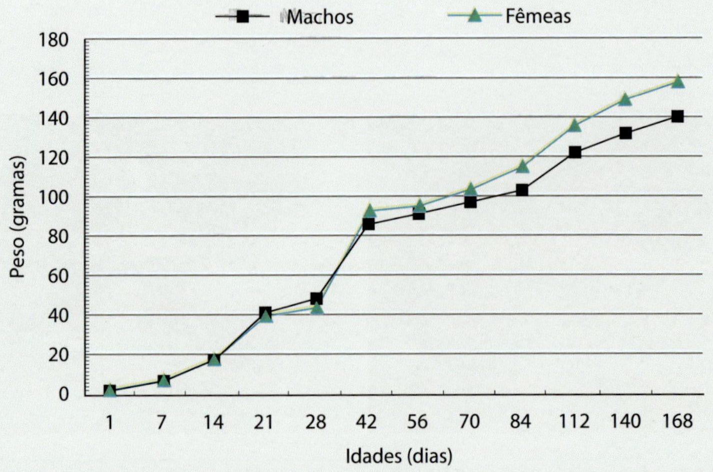

Figura 15.4 - *Curva de crescimento do hamster sírio* (Mesocricetus auratus) *heterogênico. Fonte: Poiley (1972).*

Parâmetros hematológicos e bioquímicos

O hamster não possui veias superficiais de fácil acesso; portanto, levando em consideração os princípios éticos e de bem-estar animal, a colheita de sangue por qualquer uma das vias de acesso deve ser realizada com os animais anestesiados. As principais vias de acesso utilizadas para a colheita de sangue em hamsters de laboratório são o plexo venoso retro-orbital, a veia gengival, a veia jugular, a veia safena e a punção cardíaca. O volume de sangue total de um hamster adulto varia entre 65 e 80 mL/kg de peso, dos quais cerca de 1 a 1,5 mL pode ser recuperado seguramente durante uma única colheita. Informações adicionais sobre a colheita de sangue em hamsters e outras espécies de animais de laboratório podem ser encontradas na literatura.[10]

Os valores referentes aos parâmetros bioquímicos (Tabela 15.2) e hematológicos (Tabela 15.3) derivam dos artigos publicados por Wolford et al. [11] e Moore,[12] nos quais foram analisados hamsters machos e fêmeas, da linhagem isogênica BIO15.16, com idades entre 12 e 18 meses.

Comportamento

Pouco se sabe sobre o comportamento e a biologia do hamster em vida livre. Habitam regiões áridas, são curiosos por natureza e excelentes escavadores, construindo tocas com galerias subterrâneas com uma ou mais entradas. Dados da literatura confirmam seus hábitos solitários e noturnos, como o trabalho

Tabela 15.2
Valores de referência de bioquímica sérica do hamster sírio (*Mesocricetus auratus*) linhagem BIO15.16, idades entre 12 e 18 meses. Resultados expressos em percentis de 10 e 90%, respectivamente

Parâmetros	Machos	Fêmeas
Sódio	144-154 mEq/L	143-152 mEq/L
Potássio	5,5-7,4 mEq/L	5,7-7,0 mEq/L
Cloro	100-109 mEq/L	100-109 mEq/L
Cálcio	12,0-13,4 mg/dL	12,3-14,2 mg/dL
Fósforo inorgânico	4,4-6,9 mg/dL	4,4-7,5 mg/dL
Ureia	16-24 mg/dL	16-25 mg/dL
Creatinina	0,3-0,5 mg/dL	0,3-0,6 mg/dL
Bilirrubina total	0,2-0,4 mg/dL	0,2-0,4 mg/dL
Proteína total	5,9-7,0 mg/dL	5,9-7,1 mg/dL
Glicose	53-91 mg/dL	70-96 mg/dL
Colesterol	110-170 mg/dL	125-208 mg/dL
Triglicérides	162-253 mg/dL	152-291 mg/dL
Fosfatase alcalina (FA)	41-77 UI/L	48-97 UI/L
Aspartato aminotransferase (AST)	22-51 UI/L	22-42 UI/L
Alanina aminotransferase (ALT)	24-48 UI/L	19-43 UI/L

Fonte: Wolford et al.[11]

publicado por Gattermann et al.,[13] no qual os autores investigaram mais de vinte tocas e nunca encontraram nelas mais de um animal adulto. A fêmea, em particular, é estritamente territorial tanto em vida livre como em condições de laboratório. Nos dois casos, defende com energia seu território, toca ou gaiola, contra eventuais intrusos machos ou fêmeas, fazendo uso de unhas e dentes. Tais encontros podem resultar em ferimentos graves e mesmo fatais para as duas partes. Talvez por serem geralmente um pouco menores do que elas quando adultos, os machos não costumam demonstrar agressividade para com as fêmeas e sim somente com outros machos. Em cativeiro, porém, é perfeitamente possível manter os hamsters em grupos de indivíduos do mesmo sexo, grupos esses que podem ser formados por ocasião do desmame ou pelo menos com animais ainda jovens (até 5 a 6 semanas de idade). Hamsters criados em tais grupos convivem pacificamente e costumam demonstrar menos agressividade quando, já adultos, são postos em contato com coespecíficos, mesmo desconhecidos, do que aqueles criados isolados.

O hamster sírio apresenta um repertório de posturas que pode ser facilmente identificado e serve de comunicação no processo de interação social entre os indivíduos (Figura 15.5). A maioria das interações sociais começa com a postura conhecida como "nariz com nariz", na qual os dois indivíduos ficam frente a frente, aparentemente farejando um ao outro, com o objetivo de reconhecimento. Outra postura característica é quando os dois animais assumem uma posição antiparalela e movimentam-se em círculos enquanto farejam um ao outro, es-

Tabela 15.3
Valores de referência de hematologia do hamster sírio (*Mesocricetus auratus*) linhagem BIO15.16, idades entre 12 e 18 meses. Resultados expressos em percentis de 10 e 90%, respectivamente

Parâmetros	Machos	Fêmeas
Hematócrito (%)	32,6-43,8	35,5-44,0
Hemoglobina (g/dL)	12,3-16,5	13,6-16,0
Hemácias (× 10^6/mm^3)	6,0-8,0	6,4-7,8
Reticulócitos (%)	0,2-3,0	0,6-3,6
Volume corpuscular médio (VCM) (μm^3)	53,9-56-3	54,1-59,4
Hemoglobina corpuscular média (HCM) (pg)	20,1-21,5	20,4-22,1
Concentração de hemoglobina corpuscular média (CHCM) (%)	36,4-39,2	35,9-39,0
Plaquetas (× 10^3/mm^3)	697,0-968,0	723,0-1101,0
Leucócitos (× 10^3/mm^3)	5,5-9,2	6,7-11,3
Neutrófilos (%)	20,0-54,0	28,0-64,0
Eosinófilos (%)	0,0-3,0	0,0-3,0
Basófilos (%)	0	0
Linfócitos (%)	40,0-77,0	30,0-69,0
Monócitos (%)	0,0-4,0	0,0-4,0

Fonte: Wolford et al.[11]

pecialmente na região genital. Nas interações agonísticas, observam-se atitudes de agressividade e luta, como a postura ereta (*upright*), que pode ser defensiva ou ofensiva, na qual o hamster se coloca na posição em pé, com os membros anteriores levantados, geralmente em frente a seu oponente. Na postura de ataque os animais rolam, na tentativa de manter contato com a boca na região ventral do oponente.

Em condições naturais, o hamster sírio é uma espécie sazonal que entra em hibernação durante os períodos de dias curtos com baixa luminosidade, baixas temperaturas (inferiores a 5 °C) e escassa disponibilidade de recursos alimentares e de material para construção de ninho. No biotério, o controle ambiental com temperatura constante da ordem de 21 a 22 °C e 12 horas de claridade por dia evita a manifestação de sazonalidade, inclusive na esfera reprodutiva.[14,15]

Foi amplamente demonstrado o efeito das condições de alojamento sobre o crescimento, o peso e a composição corporal de hamsters nos trabalhos publicados por Borer[16] e Meisel.[17] O alojamento em grupo acelera o crescimento e a deposição de gordura, induzindo obesidade, especialmente nas fêmeas, porém sem ocorrência de hiperfagia.

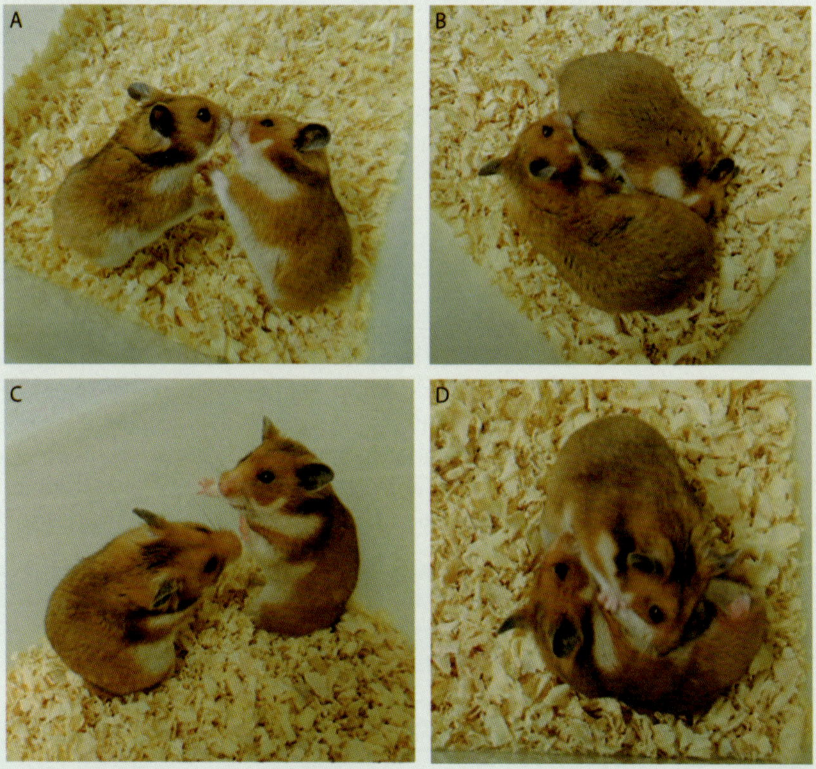

Figura 15.5 – *Posturas frequentemente observadas na interação social do hamster sírio dourado (*Mesocricetus auratus*): (A) "nariz com nariz" – investigação e reconhecimento enquanto farejam; (B) posição de investigação em que os animais andam em círculos e se farejam mutuamente; (C)* upright *(postura ereta) – pode ser agressiva ou defensiva; (D) postura de ataque, com os animais rolando, na tentativa de manter contato com a boca na região ventral do oponente.*

Manejo e alojamento

Apesar da divergência de opiniões, podemos encontrar na literatura internacional diferentes publicações que mencionam o espaço mínimo recomendado para o alojamento do hamster sírio (Tabela 15.4).

Em termos práticos, gaiolas convencionais de polipropileno de 490 mm × 340 mm × 160 mm convêm perfeitamente ao alojamento de grupos de até cinco hamsters adultos. Já animais isolados podem ser mantidos em gaiolas menores do mesmo material (300 mm × 200 mm × 190 mm). Tratando-se de alojar hamsters, é preciso ficar atento à sua surpreendente capacidade de escapar por frestas e orifícios mínimos. Ao contrário dos ratos, não costumam voltar para a gaiola para dormir ou se alimentar. É importante, portanto, que as gaiolas estejam em perfeito estado, com tampas bem-ajustadas, eventualmente fixadas por ganchos, fita adesiva ou tiras elásticas, já que o peso da ração e do bebedouro cheio nem sempre representa um obstáculo suficiente para impedir a fuga de fêmeas no estro.

A maravalha de pinus é o material mais utilizado para a forração das gaiolas. Deve ser substituída uma a duas vezes por semana, dependendo do número de animais alojados. Em gaiolas de fêmeas com ninhadas recém-nascidas, a higienização deve ser realizada com intervalos maiores, de até 2 semanas, para evitar o canibalismo.

As condições ambientais adequadas para manutenção de hamsters são as mesmas indicadas para ratos e camundongos, ou seja, temperatura entre 20 e 22 °C e umidade relativa do ar entre 40 e 60%. O fotoperíodo deve ser de 12 a 14 horas de claridade diariamente.

Nutrição

Em vida livre, a alimentação do hamster sírio consiste basicamente em sementes que armazena em quantidade às vezes importante, e em alguns brotos, raízes, frutos e insetos. No laboratório, rações de boa qualidade, com formulação específica para roedores, são adequadas tanto à manutenção como à reprodução do hamster sírio. Um animal adulto consome diariamente 10 a 15 gramas de ração e 30 mL de água, que devem ser fornecidos *ad libi-*

Tabela 15.4
Recomendações de espaço para o alojamento do hamster sírio (*Mesocricetus auratus*)

Peso	Área/animal (cm^2)	Altura (cm)
< 60 g*	65	15
60 a 80 g*	84	≥ 15
80 a 100 g*	103	15
> 100 g*	≥ 123	≥ 15
> 100 g (animais adultos alojados em grupo)**	≥ 300	≥ 15
Casal ou fêmea com ninhada**	650	≥ 15

**NRC;[14] **Whittaker.[15]*

tum. Informações detalhadas sobre os requerimentos nutricionais do hamster podem ser encontradas em publicações do Institute for Laboratory Animal Research.[18]

Contenção e sexagem

Os hamsters criados em cativeiro costumam demonstrar mais curiosidade do que agressividade com seres humanos. Filhotes recém-desmamados, principalmente as fêmeas, são, porém, bastante ariscos e podem reagir com mordidas às primeiras manipulações. Não se pode esquecer que, tratando-se de uma espécie de hábitos crepusculares e noturnos, os hamsters estão geralmente dormindo nos horários em que técnicos e pesquisadores necessitam interagir com eles. Para evitar as reações agressivas e mordidas devidas ao efeito de surpresa, é aconselhável acordá-los com delicadeza antes de qualquer manipulação.

A contenção do hamster é favorecida pela sua pele muito frouxa, que permite agarrá-lo facilmente com os dedos de uma única mão no dorso do animal, possibilitando assim transportá-lo de uma caixa para outra próxima. Se a distância a percorrer for um pouco maior, aconselha-se apoiar o animal contra o corpo, ou na outra mão, mantendo-o firmemente contido pela pele do dorso. A mesma contenção, com o cuidado de segurar o máximo possível de pele na altura do pescoço para que o animal não consiga virar e morder, é empregada para a administração de drogas por via oral, intraperitoneal, intramuscular ou subcutânea, para a sexagem ou para observação das secreções vaginais. Filhotes pequenos podem ser pegos e transportados delicadamente nas mãos unidas em concha (Figura 15.6).

A sexagem de hamsters adultos é muito fácil devido ao tamanho e ao caráter proeminente dos testículos do macho. Nos filhotes é possível distinguir machos e fêmeas observando a distância entre o ânus e a genitália externa, distância essa muito maior nos machos (Figura 15.7).

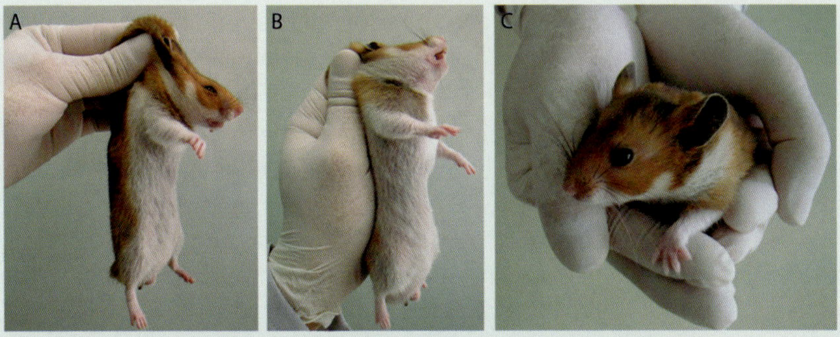

Figura 15.6 – *Métodos de contenção do hamster sírio dourado (*Mesocricetus auratus*): (A) contenção para transporte a curtas distâncias; (B) contenção para procedimentos experimentais; (C) transporte com as mãos unidas em concha.*

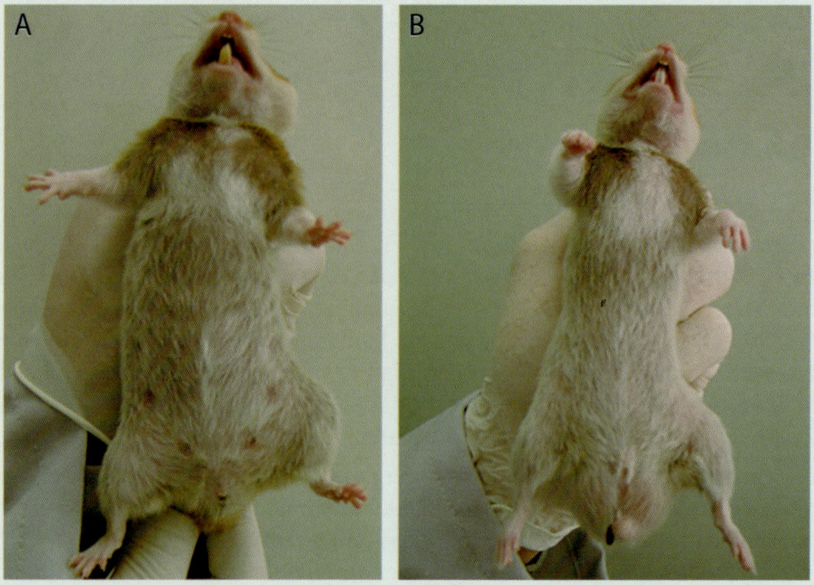

Figura 15.7 – *Sexagem do hamster sírio dourado* (Mesocricetus auratus)*: fêmea (A) e macho (B).*

Identificação

A marcação individual do hamster é pouco adotada, pois até o momento não existe um método que seja completamente satisfatório. Alguns tipos de marcação permanente que podem ser utilizados são a furação da orelha e as tatuagens na cartilagem da orelha daqueles animais que não possuem pigmentação escura.

Reprodução

A puberdade do hamster sírio ocorre aproximadamente aos 42 dias de idade para os machos e 35 dias de idade para as fêmeas. Alguns hamsters, todavia, podem ser mais precoces, e gestações inesperadas em ninhadas desmamadas tardiamente não são raras. Selle[19] reporta um acasalamento aos 28 dias de idade da fêmea resultando em prenhez e nascimento de uma ninhada.

O ciclo estral da fêmea de hamster dura 4 dias e é extremamente regular. Seu monitoramento é feito pela observação das secreções vaginais.[20] Na manhã seguinte à ovulação, pode ser detectada uma secreção opaca, grossa, esbranquiçada e de odor forte característico, conhecida como descarga pós-ovulatória (Figura 15.8). A presença dessa secreção ao mesmo tempo dificulta e dispensa os exames citológicos de esfregaços vaginais usados em outras espécies. Tendo em vista a duração de 4 dias do ciclo, a fêmea estará de novo em estro na noite do 3º dia (dia 4) após a observação da descarga pós-ovulatória (na manhã do dia 1) (Figura 15.9). Durante algumas horas, a fêmea não somente aceita a presença do macho como adota a posição conhecida como de lordose na sua presença, demonstrando assim receptividade sexual. O casal copula então repetidamente (até 50 vezes) por um período de 30 a 60 minutos.

Diversos sistemas de acasalamento são aplicados para a criação de hamsters sírios. O mais comum é o sistema dito de harém, no qual um macho é alojado com diversas fêmeas, as quais são sucessivamente retiradas para gaiolas individuais à medida que se constata a prenhez, para voltar à caixa original logo depois do desmame das respectivas ninhadas. O principal inconveniente desse

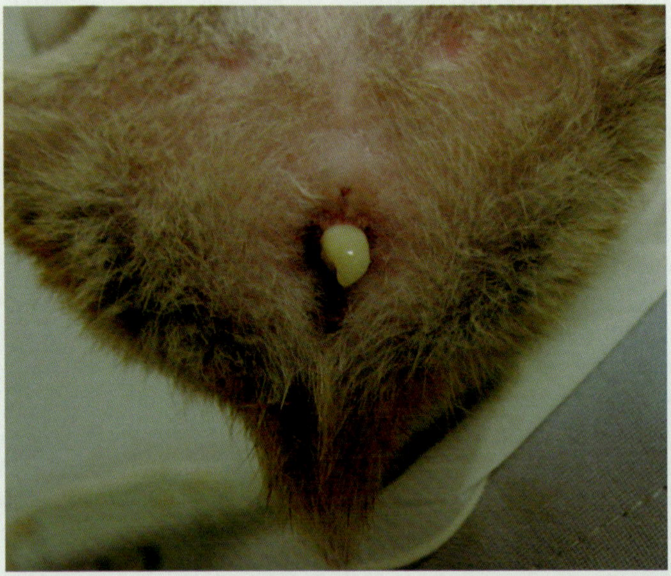

Figura 15.8 – *Descarga pós-ovulatória da fêmea de hamster sírio dourado* (Mesocricetus auratus).

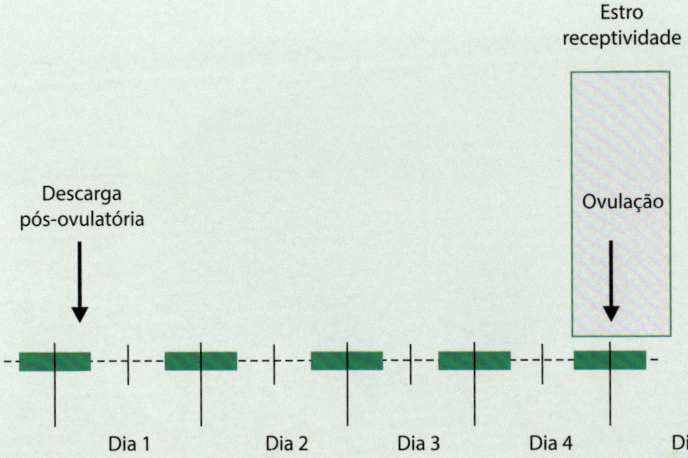

Figura 15.9 – *Representação esquemática da detecção do estro na fêmea de hamster sírio dourado* (Mesocricetus auratus).

sistema reside nas brigas que ocorrem por ocasião da formação do harém e também na volta de cada fêmea para a gaiola comunitária. A formação dos grupos por ocasião do desmame das fêmeas, com um macho um pouco mais velho, limita bastante essas manifestações de agressividade. Outro sistema consiste em monitorar o ciclo estral de cada fêmea e proceder aos acasalamentos na noite do estro, separando os casais na manhã seguinte. Embora seja extremamente trabalhoso, esse sistema tem como única vantagem evitar as agressões. Entre outras desvantagens, ele aumenta em até 4 dias o intervalo entre partos, já que o acasalamento só ocorrerá no segundo estro após o desmame (o primeiro só é detectado a posteriori por observação da descarga pós-ovulatória), enquanto o macho alojado com a fêmea aproveita o primeiro. A criação de casais monogâmicos também é possível com a condição de formar as duplas por ocasião do desmame das fêmeas, alojando cada uma com um macho um pouco mais velho. No entanto, observamos que alguns machos podem matar os filhotes.

No Centro de Criação de Animais de Laboratório - Cecal/Fiocruz[21] foi estabelecido o acasalamento monogâmico permanente, no qual os animais são acasalados após o desmame, seguindo-se um método rotacional, e o macho nunca é retirado da gaiola da fêmea. Com isso conseguiu-se não só aumentar a produtividade das fêmeas como também tornar os animais mais dóceis. Já no biotério do Departamento de Patologia da Faculdade de Medicina Veterinária e Zootecnia da USP, adota-se o sistema de acasalamento de um macho para duas fêmeas, alojando essas fêmeas em gaiolas individuais alguns dias antes do parto.

Com uma duração de 16 dias, a gestação do hamster é a mais curta entre os mamíferos euterianos. No 3º dia após a cópula, os óvulos fecundados desenvolvem-se em embriões de 3 a 8 células e, no início do 4º dia, encontram-se na fase de mórula ou fase inicial de blastocisto. A implantação dos embriões tem início no quarto 4º ou 5º dia após a fertilização. A prenhez pode ser confirmada visualmente pelo aumento do volume abdominal, que se manifesta no hamster de modo muito característico por duas proeminências simétricas na região lombar, bem visíveis por volta do 14º dia de gestação (Figura 15.10). Os filhotes

Figura 15.10 – *Fêmea de hamster sírio dourado (*Mesocricetus auratus*) prenhe.*

nascem sem pelos, com os olhos e as orelhas fechados, porém com incisivos. O nascimento de ninhadas grandes com até 16 filhotes é comum. É raro, no entanto, que a fêmea crie todos, e o número de filhotes desmamados por ninhada é em média de 6 a 10.

Casos de canibalismo são frequentes em hamsters e podem ocorrer em consequência das condições de criação em laboratório, tais como espaço, temperatura, fotoperíodo e impossibilidade de construir tocas. Por outro lado, torna-se difícil identificar a verdadeira causa, pois não se tem informações disponíveis sobre a ocorrência de canibalismo em hamsters na natureza. Para Schneider & Wade,[22] as fêmeas devoram seus filhotes para ajustar a demanda de energia metabólica da lactação à disponibilidade de recursos energéticos. A consequência é que mães bem-alimentadas, e às quais é permitido acumular reservas de alimento, canibalizam menos filhotes do que fêmeas mais magras e com restrição de alimento. Na nossa experiência, aconselhamos que fêmeas lactantes recebam ração diretamente no fundo da caixa e não somente no comedouro da tampa, como é de praxe. Essa prática reduz sensivelmente o infanticídio, além de facilitar o acesso dos filhotes à ração, que eles começam a consumir com 7 a 10 dias de idade. O estresse pode também levar a fêmea a matar e comer seus filhotes.[23] Por esse motivo, as fêmeas não devem ser perturbadas durante os dias que se seguem ao parto. Recomenda-se, portanto, às vésperas do parto, colocar cada gestante numa gaiola limpa, com ração no fundo e um bebedouro cheio, e não mais intervir até que os filhotes completem 1 semana de idade. Usamos, nessa ocasião, gaiolas pequenas (300 × 200 × 130 mm) que limitam a deambulação das mães e fazem com que elas passem mais tempo no ninho junto aos filhotes.

O desmame ocorre geralmente 21 dias após o parto. O peso dos filhotes nessa ocasião é em média de 40 g.

A Tabela 15.5 apresenta os principais índices reprodutivos do hamster sírio.

Tabela 15.5
Índices reprodutivos do hamster sírio (*Mesocricetus auratus*)

Variáveis	
Puberdade	30-50 dias
Idade mínima recomendada para o acasalamento	50 dias
Número de cromossomos	44
Ciclo estral	Poliéstrica
Duração do ciclo estral	4 dias
Duração do estro	4-23 horas
Ovulação	Início do estro
Cópula	1 hora após escurecer
Implantação dos embriões	5 dias ou mais
Tempo de gestação	16 dias
Estro pós-parto	5-10 min

Continua

Continuação

Tabela 15.5 Índices reprodutivos do hamster sírio (*Mesocricetus auratus*)	
Variáveis	
Número de mamas	12-22
Tamanho das ninhadas	Até 16
Média de filhotes desmamados por ninhada	6-10
Nº de ninhadas/fêmea	4-6
Tempo de vida reprodutiva	10 meses

Referências Bibliográficas

1. Cantrell CA. & Padovan D. Other hamsters: Biology, care and use in research. In. Van Hoosier GL and McPherson W (eds.). Laboratory Hamsters. Orlando, Fla: Academic Press, 1987. p. 369-386.
2. Adler S. Origin of the golden hamster *Cricetus auratus* as a laboratory animal. Nature 1948;162: 256-257.
3. Black S H. Breeding hamsters. Internal Journal of Leprosy 1939; 7, 412-414, 193.
4. MortonH E. The susceptibility of Syrian hamsters to leptospirosis. Proceedings of the Society for Experimental Biology and Medicine 1942; 49,556-S8.
5. Nilsson MR & Corrêa WM. Isolamento do vírus do aborto equino no Estado de São Paulo. Arquivos do Instituto Biológico, São Paulo, 1966;33(2): 23-25.
6. Neumann K, Michaux J, Lebedev V, Yigit N, Colak E, Ivanova N et al. Molecular phylogeny of the *Cricetinae* subfamily based on the *mitochondrial cytochrome b* and 12S rRNA genes and the nuclear vWF gene. Molecular Phylogenetics and Evolution 2006;39(1):135-48.
7. Van Hoosier GL & McPherson CW. Laboratory Hamsters. Orlando, Fla: Academic Press, 1987.
8. Boschert K. Netvet Veterinary Resources. 2002. Disponível em: http://netvet.wustl.edu/species/hamsters/HAMSTBIO.TXT. Acessado em 29/05/2015.
9. Billingham RE & Hildemann WH. Studies on the immunological responses of hamsters to skin homografts. Proceedings of the Royal Society of London B: Biological Science 1958; 4;149 (935):216-33.
10. BVA/FRAME/RSPCA/UFAW. Removal of blood from laboratory mammals and birds. First report of the Joint Working Group on Refinement. Laboratory Animals 1993;27(1):1-22.
11. Wolford ST, Schroer RA, Gohs FX, Gallo PP, Brodeck M, Falk HB, Ruhren R. Reference range database for serum chemistry and hematology values in laboratory animals. Journal of Toxicology and Environmental Health 1986; 18(2):161-88.
12. Moore DM. Hematology of Syrian (golden) hamster (*Mesocricetus auratus*). In: Jain N C. Schalm's Veterinary Hematology 5th Edition. Ames, Iowa, USA: Blackwell Publishing, 2006. p.1115-1119.
13. Gattermann R, Fritzsche P, Neumann K, Al-Hussein I, Kayser A, Abiad M, Yakti R. Notes on the current distribution and the ecology of wild golden hamsters (*Mesocricetus auratus*). Journal of Zoology 2001;254, 359–365.
14. National Research Council (NRC). Guide for the Care and Use of Laboratory Animals. 248p. NRC ed. Washington D.C.: National Academy Press, 2010.

15. Whittaker D. Hamsters. In: Poole T B (ed.). The UFAW Handbook on the Care and Management of Laboratory Animals. 7th edition. Oxford: Blackwell Science, 2006. p.356-366.
16. Borer KT, Pryor A, Conn CA, Bonna R, Kielb M. Group housing accelerates growth and induces obesity in adult hamsters. American Journal of Physiology, Regulatory, Integrative and Comparative Physiology 1988; 255: R128-R133.
17. Meisel RL, Hays TC, Del Paine SN, Luttrell VR. Induction of obesity by group housing in female Syrian hamsters. Physiology and Behavior 1990; 47:815-817.
18. ILAR (Institute for Laboratory Animal Research) Nutrient Requirements of Laboratory Animals, 4th Revised Edition, 1995. Disponível em: http://www.nap.edu/catalog/4758.html. Acesso em 11/12/2016.
19. Selle RM. Hamster sexually mature at twenty-eight days of age. Science 1945; 102(2654):485-486.
20. Siegel HI. The Hamster: Reproduction and Behavior. New York:Plenum Press, 1985.
21. Santos BF. Criação e manejo de hamsters. In: Andrade A; Pinto SC; Oliveira RS. Animais de Laboratório: criação e experimentação.; Rio de Janeiro: Ed. Fiocruz, 2002. cap.16, p.123 –137.
22. Schneider JE, Wade GN. Effects of ambient temperature and body fat content on maternal litter reduction in Syrian hamsters. Physiology and Behavior 1991; 49(1):135-139, 199.
23. Fritsch P, Riek M, Gattermann R. Effects of social stress on behavior and *corpus luteum* in female golden hamsters (*Mesocricetus auratus*). Physiology and Behavior 2000; 68, 625-630.

Rato de Laboratório

Valéria Lima Fabrício Borghesi
Luci Ebisui
Valderez Bastos Valero Lapchik

■ Origem

O rato de laboratório, ou rato Norway, é a forma domesticada da espécie *Rattus norvegicus.* Embora o gênero *Rattus* possua cerca de 300 espécies, a espécie mais conhecida é *Rattus rattus,* o rato-preto. O gênero pertence à ordem *Rodentia* e à família *Muridae.*

As duas espécies diferem consideravelmente em sua aparência, comportamento e ecologia. Enquanto o *Rattus rattus* tem principalmente pelagem marrom escuro ou preto, o *Rattus norvegicus* (de laboratório) possui pelagem *agouti,* caracterizada pela perda de pigmento na parte do meio do pelo, apresentando três zonas de cores preta, branca e amarela, formando assim o típico efeito *agouti*. As diferenças mais visíveis entre as duas espécies são as orelhas relativamente grandes e a longa cauda do *R. rattus* (Figura 16.1). As duas espécies dividem mais ou menos o mesmo habitat, sendo que o *R. norvegicus*

Figura 16.1 – *Características físicas do (A) rato de laboratório (*Rattus norvegicus*): nariz arredondado, olhos pequenos, orelha pequena, corpo grosso e pesado, cauda com mesmo comprimento do corpo em relação ao (B)* Rattus rattus.[1]

vive principalmente em sistema de tocas no nível do solo, enquanto o *R. rattus* tende a ocupar áreas elevadas em árvores e telhados.

Os *R. norvegicus* e os *R. rattus* são cosmopolitas e podem ser encontrados em todos os continentes. O rato Norway tem uma história evolucionária recente, bem interessante. O rato de laboratório *R. norvegicus* se originou na Ásia central, norte da China, e o seu sucesso em se espalhar pelo mundo se deveu ao seu relacionamento próximo aos humanos. J. Berkenhout, em seu tratado de 1769, *Esboço da História Natural da Grã-Bretanha*, erroneamente achou que ele era originário da Noruega e usou *R. norvegicus* na primeira descrição linear formal da espécie.[1] O rato- preto (*Rattus rattus*) era parte do cenário europeu desde, no mínimo, o século III d.C., e essa espécie esteve associada à disseminação da peste bubônica, enquanto o *R. norvegicus* provavelmente se originou na parte norte da China e migrou para a Europa ao redor do século XVIII, embora haja relatos de que eles podem ter entrado na Europa após um terremoto em 1727 atravessando o rio Volga. A expansão dessas espécies no mundo foi facilitada pelo desenvolvimento do comércio entre os continentes, no início do século XVIII. Os *R. norvegicus* alcançaram Paris por volta de 1750, o leste dos Estados Unidos em 1775, chegaram à Groenlândia ao redor de 1780, à Suíça em 1809 e à costa do Pacífico em 1851.[2] A Tabela 16.1 apresenta a taxonomia.

O *R. norvegicus* foi o primeiro mamífero a ser domesticado para a pesquisa científica, como referência ao trabalho datado de 1828. A primeira colônia de criação para ratos foi estabelecida em 1856. O estudo genético do rato teve um começo surpreendentemente precoce. Os primeiros estudos feitos por Crampe foram de 1877 a 1885 e se concentraram na hereditariedade da cor da pelagem. Bateson, com base na reinterpretação das leis de Mendel, na virada para o século XX demonstrou que a hereditariedade da cor dos pelos é um caráter mendeliano. A primeira colônia de ratos criados em laboratório foi estabelecida por King em 1909, o mesmo ano em que começou a criação sistemática do camundongo. Enquanto o camundongo se tornou o mamífero predileto pelos geneticistas, o rato se tornou o modelo de escolha para fisiologistas, nutricionistas e pesquisadores biomédicos.[3]

Tabela 16.1
Taxonomia[1]

Filo	*Chordata*
Classe	*Mammalia*
Ordem	*Rodentia*
Subordem	*Myomorpha*
Família	*Muridae*
Subfamília	*Murinae*
Gênero	*Rattus*
Espécie	*R. norvergicus* *R. rattus*

O Instituto Wistar, fundado em 1892, é o mais antigo instituto de pesquisa nos Estados Unidos, e foi o local onde se estabeleceram ratos de laboratório como um importante animal. Henry Donaldson e seu grupo trabalharam para padronizar o rato albino, a fim de realizar estudos reprodutíveis sobre o crescimento e desenvolvimento do sistema nervoso. Seu trabalho possibilitou ao Instituto a utilização do rato em muitas disciplinas, incluindo nutrição, genética, endocrinologia e bioquímica. Esse esforço favoreceu Helen King, que começou a trabalhar com ratos endogâmicos por volta de 1909. O Instituto Wistar forneceu o "rato Wistar" para outros laboratórios até 1960, quando as matrizes reprodutoras e todos os direitos foram vendidos a uma empresa comercial. A coloração dos ratos pode variar de albinos (branco) ao bicolor como o Long-Evans capuz preto) (Figura 16.2).

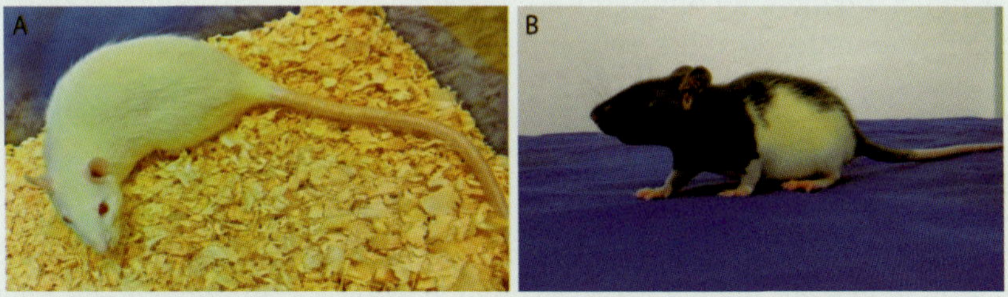

Figura 16.2 – *(A): Rato Wistar;[4] (B): Rato Long-Evans.*

■ Modelos de estudo

Embora camundongos transgênicos sejam importantes modelos de doenças humanas, existem alguns casos em que os ratos são modelos roedores de qualidade superior. O rato de laboratório é um dos animais de experimentação mais utilizado, não só por seu tamanho, mas também porque oferece o melhor modelo de mamífero funcionalmente caracterizado.[4] A variação de expectativa de vida depende do *status* sanitário do animal. As variações dos demais parâmetros estão relacionadas com a genética do animal (Tabela 16.2). Os ratos são mais adequados para microcirurgia, estudos de transplante de órgãos, cultura de células, de tecidos *in vivo*, transplante ósseo, doenças cardiovasculares, doenças

Tabela 16.2
Parâmetros fisiológicos[5,9]

Número de cromossomos	42
Expectativa de vida	2,5-3,5 anos
Temperatura corporal	35,9-37,5 ºC
Peso do macho adulto	300-500 g
Peso da fêmea adulta	250-300 g
Produção de urina (24 horas)	3,3 mL/100 g de peso
Produção de fezes (24 horas)	9-13 g
pH da urina	7,3-8,5

metabólicas (diabetes), doenças autoimunes, suscetibilidade a cancro, doenças renais, distúrbios neurológicos, regeneração neural, enjoo espacial, distúrbios psiquiátricos, neurociências, incluindo intervenção comportamental e abuso de álcool e drogas.

No desenvolvimento de drogas o rato é usado frequentemente tanto para demonstrar eficácia terapêutica como em segurança farmacológica de novos compostos terapêuticos na fase pré-clínica e análises funcionais. Os ratos têm sido amplamente utilizados em várias áreas de pesquisa reprodutiva, incluindo estudos de fecundidade e fertilidade, aspectos comportamentais da reprodução, bem como o rastreio de compostos para efeitos teratogênicos. O rato é muitas vezes o modelo preferido no caso de doença filogeneticamente controlada.[4]

A familiaridade e a compreensão de características reprodutivas normais e comportamento de ratos são imperativas para as áreas de investigação científica.

Classificação genética

Quanto ao perfil genético, os ratos de laboratório podem ser classificados em *outbred* (geneticamente variáveis e heterozigotos) e *inbred* (geneticamente definidos, homozigotos e isogênicos). Informações sobre sistemas de cruzamento estão no Capítulo 10.

A heterogeneidade genética da população do rato fica clara na ramificação que parte do centro da árvore como demonstrado na Figura 16.3. O grupo de linhagens relacionadas com WKY mostra um padrão complexo de relações, devido provavelmente à endogamia incompleta das unidades populacionais antes de serem disseminadas para vários laboratórios e, posteriormente, completamente puras. A rede também mostra a presença residual de variação interisolada dentro das linhagens SHR, WKY, LE, GK e BN.[6] O rato tem muitas vantagens como um animal de pesquisa, está facilmente disponível e é de fácil criação. Esses animais são inteligentes, de fácil adaptação e manuseio. O tamanho maior de ratos, em comparação aos camundongos, faz deles um modelo cirúrgico mais adequado.

ALGUNS ESTOQUES HETEROGÊNICOS OU *OUTBRED*

A colônia Long-Evans (capuz preto) teve origem na Universidade da Califórnia em Berkeley em torno de 1920 (Figura 16.2), através da colaboração entre Herbert Evans e Joseph Long para estudos de fisiologia reprodutiva. O rato Sprague-Dawley foi criado por Robert Dawley na Universidade de Wisconsin em torno de 1925.[5]

Long-Evans

- Cor: branco com cabeça preta, ocasionalmente branco com cabeça marrom;

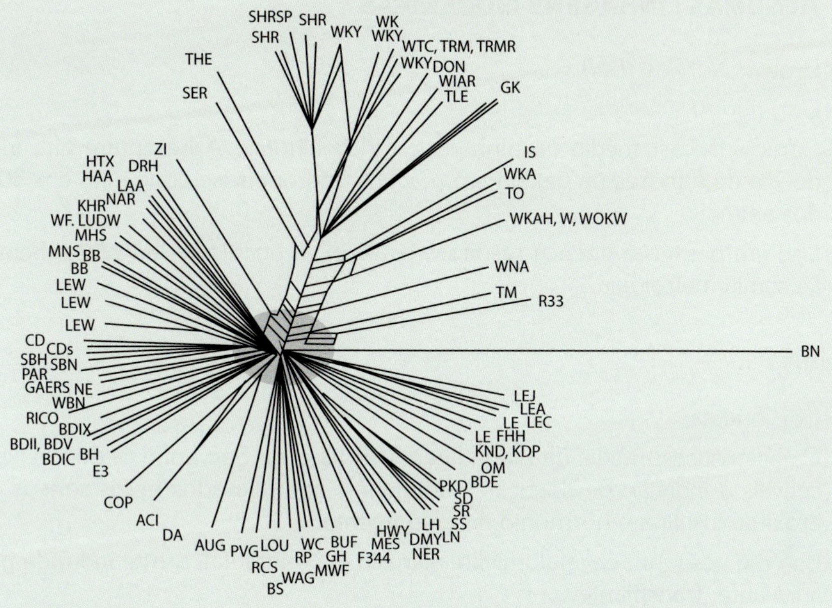

Figura 16.3 – *Rede filogenética de 167 linhagens de ratos de laboratório genotipados.*[6]

- Características: média da ninhada em 10 filhotes. Também conhecido como rato com capuz, *hooded*, possui maior resistência a problemas respiratórios que outros ratos heterogênicos, sendo preferido para procedimentos cirúrgicos que necessitam de uso prolongado de anestésicos inalantes;
- Uso em pesquisa: obesidade induzida por dieta, nutrição, estudos neurológicos, toxicológicos, oftalmológicos e de comportamento.

Sprague Dawley[4]

- Cor: branca;
- Características: média da ninhada em 10,5 filhotes. São dóceis e possuem excelente desempenho reprodutivo, são longilíneos, e o traçado eletrocardiográfico é típico;
- Uso em pesquisa: toxicologia, oncologia, envelhecimento, nutrição, teratologia.

Wistar Hannover[4]

- Cor: branca;
- Características: média da ninhada em 9,5 filhotes. São animais dóceis e facilmente manipuláveis, possuem excelente desempenho reprodutivo;
- Uso em pesquisa: teratologia, envelhecimento, nutrição, oncologia, finalidades gerais.

Algumas linhagens isogênicas

- Brown: *Norway (BN).*
- Cor: *agouti.*
- Características: média da ninhada em 4,5 filhotes. Apresentam alta incidência de tumores na bexiga em machos, hidronefrose congênita em 30% dos animais.
- Uso em pesquisa: doença respiratória alérgica, oncologia, envelhecimento, leucemia, nefrologia.

Lewis

- Cor: branca;
- Características: média da ninhada em 7,5 filhotes. São animais dóceis, suscetíveis à indução de doenças autoimunes; com elevados níveis séricos de tiroxina, insulina e hormônio do crescimento;
- Uso em pesquisa: encefalomielite alérgica experimental, artrite induzida por adjuvante, transplante.

Spontaneously Hypertensive Rat (SHR)

- Cor: branca;
- Características: a incidência de hipertensão é alta e não há lesões orgânicas evidentes nos rins ou nas glândulas adrenais. O macho exibe pressão sanguínea sistólica média maior que 200 mmHg a partir dos 3-4 meses de idade, com alta incidência de doenças cardiovasculares;
- Uso em pesquisa: drogas hipertensivas, hipertensão genética.

Anatomia

Uma característica peculiar dos roedores, incluindo os ratos, é a ausência dos caninos e a presença de incisivos bem desenvolvidos. A fórmula dentária do rato é 2 (I 1/1, C 0/0, PM 0/0, M 3/3) = 16. Os ratos são monofiodônticos, o que significa que têm uma só dentição.[7] O esmalte dos incisivos dos roedores contém ferro, que confere a dureza e lhes dá uma coloração amarelada. Esses incisivos crescem durante toda a vida e devem ser gastos, com isso os ratos têm o hábito de roer.[8]

Os ratos possuem várias estruturas glandulares únicas. A glândula nasal lateral (Steno) localizada no seio maxilar, umidifica o ar e controla a viscosidade da mucosa. As glândulas sebáceas (Zymbal) estão localizadas na base de cada orelha.

As glândulas lacrimais (Harderian), localizadas atrás de cada olho, secretam porfirina (avermelhada), que pode ser observada nos cantos dos olhos ou na parte externa das narinas quando o rato está doente ou estressado (Figura 16.4). As patas dianteiras podem também ficar manchadas quando o animal tenta se limpar. Essas secreções podem ser confundidas com sangue, mas a porfirina, sob a luz ultravioleta, é diferente do sangue.

Os ratos, como outros roedores, não possuem muitos mecanismos fisiológicos para evitar o calor. Eles não suam, não possuem glândulas sudoríparas,[9] o calor é dissipado através da vasodilatação na cauda e um aumento da salivação é visto como resposta ao superaquecimento. Os ratos não aumentam o consumo de água quando a temperatura aumenta. A taxa respiratória é aumentada para regular a temperatura do corpo.

Sistema esquelético

A maturação óssea é muito lenta e os centros de ossificação, as epífises, nunca se fecham completamente nos machos. Existe uma diferença significativa no crescimento dos ratos dependendo das características genéticas, uns crescem muito mais que outros. Os machos continuam a crescer depois de adultos, enquanto as fêmeas param de crescer entre 85 e 100 dias.[9,10]

Sistema digestório

O rato não possui tonsilas palatinas, tampouco receptoras para o paladar da água.[7] O esôfago do rato é inteiramente coberto com epitélio queratinizado. O estômago contém uma porção glandular e outra não glandular, separadas por um sulco limitante. O esôfago entra pela menor curvatura do estômago através de uma prega do sulco limitante, e essa característica anatômica impede que o rato vomite, o que o torna um animal seletivo quanto à alimentação.[9]

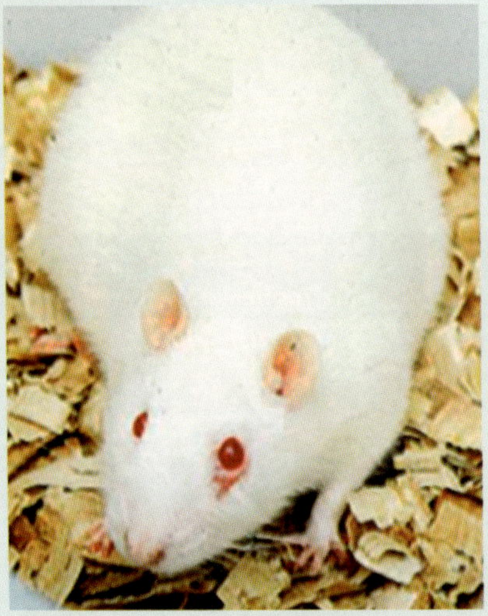

Figura 16.4 – *Secreção avermelhada no canto do olho do rato.*

O intestino delgado do rato é composto pelo duodeno (10 cm), jejuno (100 cm) e íleo (3 cm). O ceco proeminente ocupa grande parte da cavidade abdominal. O rato possui um fígado com quatro lobos e não possui vesícula biliar. O pâncreas é um órgão difuso, que se estende da alça duodenal para o epíploo gastrointestinal. Pode ser diferenciado do tecido adiposo por sua maior consistência.

Sistema cardiovascular

Os átrios, ao contrário dos mamíferos superiores, recebem a maior parte de seu suprimento de sangue dos vasos extracoronarianos, incluindo as artérias mamárias e subclávia. As veias pulmonares contêm músculo estriado cardíaco.[9] A Tabela 16.3 apresenta os parâmetros cardiovasculares.

Os pulmões dos ratos são imaturos ao nascimento e desprovidos de alvéolos, ductos alveolares e bronquíolos respiratórios. O remodelamento ocorre 4 a 7 dias após o nascimento, com o surgimento dos bronquíolos respiratórios aos 10 dias após o nascimento. A Tabela 16.4 apresenta os parâmetros hematológicos, e a Tabela 16.5 apresenta os parâmetros bioquímicos de ratos convencionais.

Características observáveis não infecciosas[10]

- Barbérie: é comum e caracteriza-se por depilação no focinho do animal submisso feita pelo animal dominante e autodepilação acima das patas dianteiras, muitas vezes simétrica, por estresse;
- Maloclusão: contínuo crescimento dos incisivos;

Tabela 16.3
Parâmetros cardiovasculares[9]

Batimentos cardíacos	330-400 batimentos/min
Pressão sanguínea arterial média	116-90 mmHg
Débito cardíaco	50 mL/min
Volume de sangue	5-6,5 mL/100 g de peso corporal

Tabela 16.4
Parâmetros hematológicos[7,9]

Glóbulos vermelhos (× 1 µL)	5,4-8,5
Hemoglobina (g/dL)	11,5-16,0
Hematócrito (%)	37-49
Plaquetas (× 10 µL)	450-885
Glóbulos brancos (× 10 µL)	4,0-10,2
Neutrófilos (× 10 µL)	1,3-3,6
Linfócitos (× 10 µL)	5,6-8,3
Volume total de sangue (mL/kg)	50-65

Tabela 16.5 Parâmetros bioquímicos plasmáticos*[10]		
	Adultos	
	Macho	**Fêmea**
Glicose (mg/dL)	102,00±5,55	110,00±6,13
Ureia nitrogenada (mg/dL)	7,29±0,90	7,56±0,92
Colesterol total (mg/dL)	74,40±8,89	73,60±4,45
Proteína total (mg/dL)	61,50±6,13	82,32±2,49
Albumina (mg/dL)	21,48±3,31	19,66±1,84
Globulina (mg/dL)	40,00±2,95	62,66±3,07
Aspartato aminotransferase (U/L)	18,80±7,84	22,60±2,92
Alanina aminotransferase (U/L)	22,20±7,88	20,22±2,92
Cloretos (mEq/L)	100,00±5,42	97,20±6,32
Fósforo (mg/dL)	6,19±1,79	4,04±0,65
Cálcio (mg/dL)	13,28±0,91	12,58±0,89
Magnésio (mg/dL)	3,22±0,17	2,98±0,08

**Ratos convencionais*

- Neoplasias:

a. Neoplasia da glândula mamária: 90% são fibroadenomas benignos e 10%, adenocarcinomas;

b. Adenoma hipofisário é relativamente comum nos ratos senis. Geralmente assintomático, mas pode estar associado a sinais nervosos;

c. Linfossarcomas ocorrem esporadicamente.

- Nefrose crônica progressiva (antiga nefropatia do rato, glomerulopatia crônica): afeta muitas linhagens de ratos albinos. A gravidade aumenta com a idade e é mais comum nos machos. A prevalência está associada à dieta, sendo atenuada pela diminuição da ingestão alimentar e variação da fonte de proteína;
- Cauda em anel: caracteriza-se por constrições circulares na cauda, com ou sem necrose, em ratos lactantes ou próximos ao desmame. Está associada a umidade ambiental inferior a 20%;
- Deficiência ou restrição alimentar: interferem na reprodução.[11]

Comportamento social

Os ratos são curiosos, inteligentes, e exibem ampla variedade de comportamentos. Eles tendem a ser dóceis, mostrando agressividade somente na defesa de seus filhotes. Alguns comportamentos comuns em ratos incluem a posição em pé, usada para explorar o ambiente, lutar, que, entre ratos jovens, é um modo de brincar, e limpeza da pelagem. Os ratos não são neofóbicos, como alguns roedores, e interagem prontamente à aproximação do humano e com objetos novos colocados em seu ambiente.

Os ratos são animais noturnos e geralmente têm três períodos de atividade: no início, no meio e ao final da noite. Eles se alimentam durante esses períodos de atividade, fazendo três a cinco refeições. O êxito do rato *Norway* em todo mundo deve-se, em parte, ao fato de a espécie ser onívora e ter uma notável capacidade para balancear os nutrientes ingeridos, dentro da diversidade de condições alimentares.[1]

Estudos demonstram que ratos possuem a capacidade de discriminar indivíduos específicos pelo odor emitido pelo MHC (complexo de histocompatibilidade). Essa espécie também pode determinar se outros indivíduos estão infectados por vírus ou parasitas. Presume-se que essa atitude esteja relacionada a uma habilidade para a escolha de acasalamentos com parceiros saudáveis.

BIOLOGIA

O olfato, a audição e o tato são altamente desenvolvidos em ratos. Em uma organização social, os machos são capazes de reconhecer a hierarquia, a condição reprodutiva das fêmeas e o parentesco, unicamente por meio do olfato.[12] Os feromônios são importantes na comunicação individual do rato, sendo transmitidos através da urina, glândulas sebáceas e fezes, e servem de alerta no reconhecimento de ratos recém-chegados.

Os ratos emitem uma faixa de vocalizações ultrassônicas variando de 22 a 80 kHz, e com diferentes durações. Essas vocalizações são emitidas pelos filhotes quando deixados sozinhos pela mãe e por adultos durante o comportamento sexual. Embora a função dessas vocalizações não seja sempre clara para os humanos, o rato pode escutar frequências de até 80 kHz.

Os receptores táteis são particularmente bem desenvolvidos na cabeça, na extremidade das vibrissas, nas patas e na cauda. As vibrissas desempenham um importante papel nas interações sociais.[13]

Inicialmente, os experimentos de eletrofisiologia indicavam que os ratos não possuíam visão para cores. Contudo, experiências recentes mostraram que os ratos podem ter visão dicromática para o azul ultravioleta (359 nm) e numa faixa entre o vermelho e o verde médio (510 nm).[14] Isso significa que os ratos podem ver cores que os humanos não veem. A visão em ultravioleta nos roedores contribui para que possam ver as marcas de urina deixadas no ambiente, úteis para marcar seu território. O rato tem acuidade visual vinte vezes pior que o humano. A acuidade é medida pela resolução diferencial entre dois pontos pequenos e um grande. Entretanto, por essa característica e a de ter olhos pequenos, possui enorme foco em profundidade (de 7 centímetros ao infinito) que é a propriedade do sistema visual que determina a faixa na qual todos os objetos efetivamente estão a partir da mesma distância focal (Figura 16.5).

Biologia da reprodução

Comportamento sexual do macho

Os machos atingem a puberdade aos 40-60 dias de idade. A descida dos testículos geralmente ocorre entre 30-60 dias (Tabela 16.6). Os machos pos-

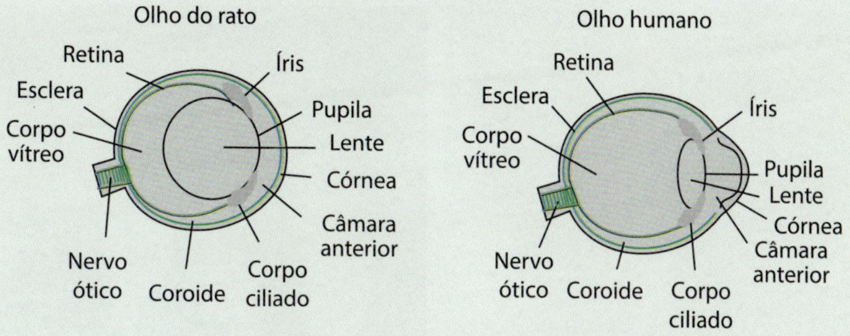

Figura 16.5 – *Anatomia do olho do rato e do olho humano.*[14]

Tabela 16.6
Parâmetros reprodutivos[5,9]

Fêmeas	**Valores normais**
Temperatura retal durante o estro (°C)	38,5-39,5
Comportamento receptivo	16h-22h
Tempo de concepção	8h-11:00h
Ovulação	3h
Macho	Valores normais
Maturidade para montar (dias)	90-120
Idade ao final da reprodução (meses)	9-24
Mínimo de intromissões (número)	3-10
Tempo para ejaculação (s)	10-20

suem glândulas sexuais acessórias altamente desenvolvidas: vesículas seminais, próstata, glândulas bulbouretrais, glândulas de coagulação e glândulas prepuciais. As secreções da glândula de coagulação, da próstata e da vesícula seminal são responsáveis pelo plugue da cópula, um tampão depositado na vagina da fêmea após a cópula. Esse plugue, quando encontrado fora da fêmea, tem forma de cápsula e aproximadamente 5 mm de comprimento. O macho não possui mamilos. O rato adulto tem a bolsa escrotal proeminente e uma distância anogenital maior que a da fêmea (Figuras 16.6A e 16.6B).

A testosterona é necessária para o comportamento do acasalamento. Os neurônios motores do núcleo espinal bulbocavernoso (NEB) estão presentes ao nascimento nos machos e também nas fêmeas, mas nelas é muito reduzido.[15] Nas fêmeas a falta de testosterona circulante leva à morte desses neurônios e de seus alvos musculares. Nos machos a testosterona circulante promove a sobrevivência dos alvos musculares que expressam os receptores de androgênio. Em resposta à testosterona, os músculos inervados pelos neurônios do NEB produzem fatores tróficos. A testosterona atua nas células musculares controlando a diferenciação sexual dos neurônios no NEB.

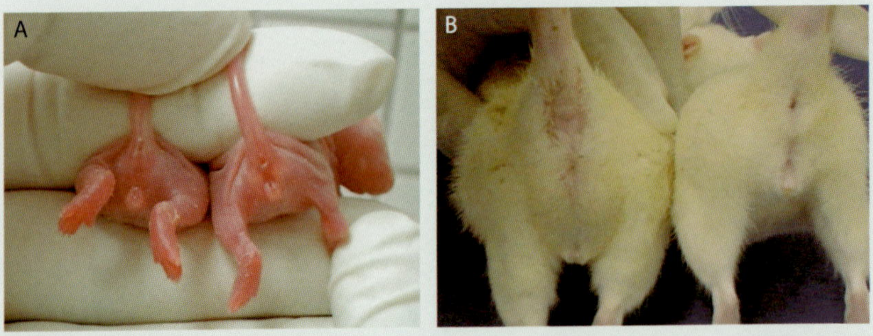

Figura 16.6 – *Sexagem de ratos recém-nascidos (A) e adultos. (B) Machos à esquerda e fêmeas à direita (A e B).*

Nos ratos machos adultos é observada extensa arborização dendrítica na medula espinal, regulada pela testosterona circulante. Nos machos castrados, a arborização está podada como evidência da dependência dos androgênios.

Pistas olfativas de feromônios também são fundamentais para o comportamento sexual masculino. Os estímulos auditivos desempenham papel importante no comportamento reprodutivo de ambos os sexos. A cópula em ratos ocorre mais frequentemente durante a última parte do ciclo escuro. O macho inicia o comportamento de acasalamento com *sniffing* genital da fêmea no cio. O comportamento de montagem consiste em combinações de intromissão e ejaculação.

Pound observou que o volume do sêmen ejaculado de ratos que copularam com uma fêmea na presença de outro macho era muito superior ao ejaculado na ausência do rival.[16] Esse resultado está de acordo com os prognósticos gerados pela teoria da competição do esperma, pois no acasalamento em ambiente natural as fêmeas *Norway* podem copular em sequência com vários machos durante um único estro; assim, os encontros com os machos rivais aumentam o risco da competição. Para distribuir seu sêmen com prudência, os machos aumentam a quantidade de esperma que eles inseminariam quando acasalados sob risco de competição, e mantêm reservas de sêmen para futuras oportunidades de acasalamentos sem a presença de outros machos.

Comportamento Sexual da Fêmea

As fêmeas nascem com uma membrana que fecha a vagina e que se rompe espontaneamente antes da puberdade, geralmente aos 33-42 dias de idade. Essa membrana pode persistir, resultando em uma vagina e útero distendidos com muco ou outras secreções. As fêmeas atingem a puberdade com 40-65 dias de idade (Tabela 16.6), apresentam ciclo poliestral que se repete a cada 4-5 dias, com ovulação espontânea e aceitação do macho.

A citologia vaginal é semelhante à outros animais, e os estágios do ciclo são facilmente identificados pela aparência da genitália acompanhada de secreções e confirmados por citologia vaginal (Figura 16.7).

A sexualidade da fêmea utiliza três critérios: receptividade, atratividade e proceptividade.[17] A proceptividade é o comportamento da fêmea para iniciar, manter e intensificar uma interação sexual. Esse comportamento é identificado

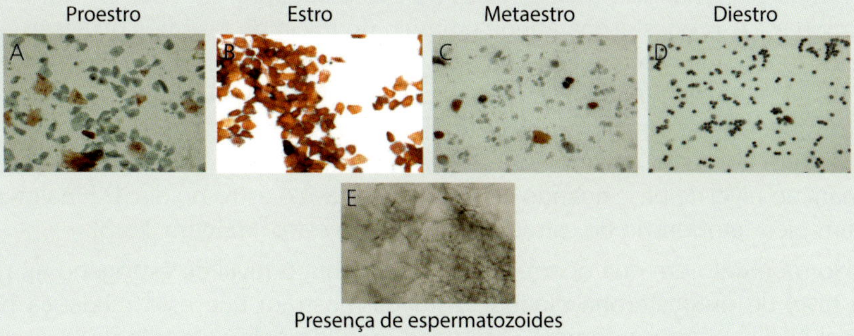

Figura 16.7 – *Estágios do ciclo estral: (A) proestro; (B) estro; (C) metaestro; (D) diestro;*[18,19] *(E) presença de espermatozoides, evidenciando a cópula. Fonte: Ruiz e Passos.*

quando observamos a fêmea tocando o macho com o focinho, exibem dança e tremor da orelha resultando na monta do macho, que por sua vez solicita a lordose da fêmea.

O proestro é a fase em que ocorre o amadurecimento dos folículos e tem duração de aproximadamente 12 horas, observável pelo inchaço da vagina.[18] Essa fase é caracterizada por células epiteliais nucleadas que são gradualmente substituídas por células queratinizadas anucleadas (Figura 16.7A).

O estro, com aproximadamente 12 horas de duração, ocorre no período escuro, fase em que a fêmea apresenta interesse sexual e está apta para o acasalamento. Os ratos são sensíveis a alterações no ciclo de luz, e a ovulação ocorre geralmente na metade do período noturno. Na fase inicial do estro a citologia consiste predominantemente em células nucleadas (75%) e células queratinizadas (25%), condição que ao final do ciclo evolui com predominância de células queratinizadas (Figura 16.7B). Os hormônios sexuais esteroides são responsáveis pela lordose, um comportamento receptivo típico, caracterizado pela dorsiflexão da coluna vertebral, induzido pelo estrógeno, enquanto a progesterona complementa a expressão do comportamento proceptivo.[19]

O metaestro tem duração de aproximadamente 21 horas e corresponde à fase de formação dos corpos lúteos, que produzem a progesterona. Ocorrem o desaparecimento do inchaço da vulva e o surgimento de fluido mucoso com muitos leucócitos com células nucleadas e células queratinizadas[18] (Figura 16.7C).

O diestro é a fase mais longa, com aproximadamente 57 horas; apresenta basicamente leucócitos no fluido mucoso[18] (Figura 16.7D). Corresponde à atuação da progesterona, que impede a formação de novos folículos e permite a manutenção da gestação.

A cobertura pode ser confirmada pela observação do plugue vaginal ou identificação do espermatozoide na secreção vaginal, presente até 12 horas após a cópula (Figura 16.7E). O estro pode ser sincronizado e ativado pela introdução de fêmeas em gaiola que tenha sido habitada por machos. Essas fêmeas mantidas por 3 dias consecutivos na presença do feromônio do macho resulta em estro de 80% delas pela ação do chamado efeito Whitten. O período de gestação da fêmea tem duração de 21 a 23 dias, e existe um estro pós-parto fértil.

Em correspondência com as fases do ciclo estral da rata ocorrem variações hormonais. A progesterona atinge um pico no início da fase pós ovulação, isto é, diestro e diminui acentuadamente ao final do diestro no dia 2. Aproximadamente ao meio dia tem início a fase folicular, o proestro, quando surge os níveis de estrógeno com um rápido pico de LH e FSH entre 4 e 6 horas da tarde do dia 3 e um aumento na secreção de progesterona. Todos esses hormônios retornam ao nível de base quando ocorre a ovulação, o estro no dia 4. Finalmente há um pico temporário de estradiol na tarde do estro[19] (Figura 16.8).

No momento em que ocorre o parto, aumenta o nível de estrógeno da rata e o nível de progesterona diminui. Estudos mostram que essa mudança hormonal facilita o comportamento maternal mantido pelo aumento da ocitocina. As fêmeas possuem seis pares de glândulas mamárias e têm em média de 8 a 14 filhotes por parto. Os filhotes nascem com olhos fechados e desprovidos de pelos, pesando ao redor de 5-6 gramas (Figura 16.9). Suas orelhas se abrem totalmente com aproximadamente 12 dias de idade, e seus olhos, entre 10 e 12 dias de idade (Figura 16.10).

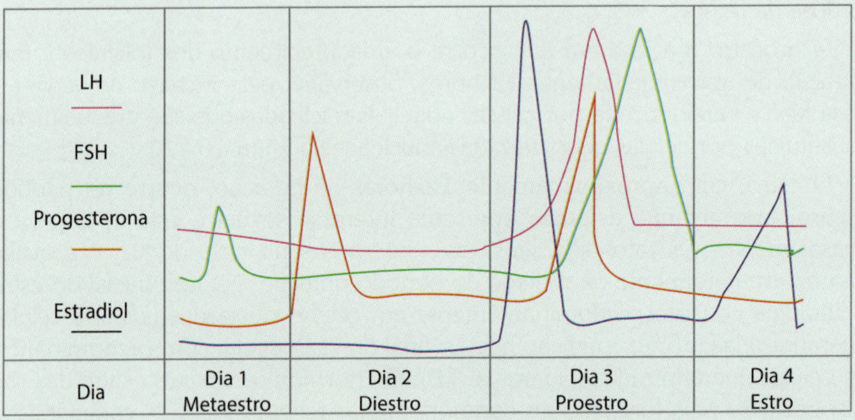

Figura 16.8 – *Variações hormonais durante o ciclo estral de rata.*

Figura 16.9 – *Recém-nascidos com leite no estômago.*

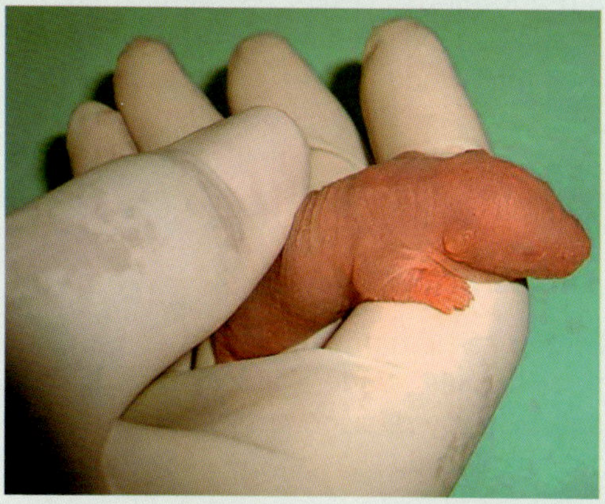

Figura 16.10 – *Ratos nascem com as orelhas coladas que se abrem totalmente com aproximadamente 12 dias de idade e seus olhos, entre 10 e 12 dias de idade.*

Comportamento no parto

A rata limpa sua vulva, remove com cuidado a bolsa e lambe o recém-nascido. A ingestão da placenta, conhecida como placentofagia, é uma prática saudável usada pela maioria dos mamíferos. A placenta contém níveis de prostaglandinas e ocitocina que estimulam a contração do útero e a lactação. Logo após o parto, a rata anda ao redor da ninhada, deita e se curva sobre os filhotes (Figura 16.11). Além de a influência genética determinar a socialização da mãe, o número de filhotes nascidos e menor frequência de partos, também age na agressividade materna, através de estressores ambientais, ruídos ou movimentos bruscos, interação técnico/animal e a saúde da mãe.

Figura 16.11 – *Mãe curvada amamentando a ninhada.*

Estudos mostram que ninhadas que receberam maior atenção das mães apresentam nível de desenvolvimento cerebral maior quando comparadas àquelas mantidas por mães indiferentes. O comportamento da mãe no momento do parto, o cuidado com os filhotes, amamentação, a interação humana nessa fase da vida da mãe são definitivos para o bom desenvolvimento da ninhada.

Comportamento materno (CM)

O comportamento materno em mamíferos é considerado o cuidado que as fêmeas dispensam aos filhotes, desde o nascimento até que eles desenvolvam características e habilidades que assegurem sua própria sobrevivência. O comportamento materno na rata pode ser dividido nas seguintes categorias:[20]

- Construção do ninho: os ninhos são construídos com materiais que elas conseguem recolher em vida livre; já em laboratório, utilizam o material disponível para a cama das gaiolas. A construção do ninho é uma atividade homeostática que contribui para manter constante a temperatura corporal dos filhotes.
- Recuperação: a mãe ajuda os filhotes a sair, puxando-os com os dentes, e os transportam para o ninho. Depois ingere a placenta e o cordão umbilical e desfaz as membranas fetais dos filhotes lambendo-os para estimulá-los e para eliminar o conteúdo líquido das vias respiratórias. Depois de nascer, os filhotes desenvolvem uma atração química até o ventre materno e se aderem às tetas como consequência da experiência intrauterina com o líquido amniótico. O reconhecimento da mãe ocorre através do odor que elas emanam. Ao final do nascimento a fêmea aproxima todos os filhotes e os coloca no ninho, onde pode mantê-los aquecidos. Normalmente a mãe carrega os filhotes pela prega na nuca ou pelas costas.
- Lamber os filhotes: ratos que são devidamente lambidos por suas mães durante a primeira semana de vida tornam-se adultos mais tranquilos, pouco medrosos e com respostas hormonais e comportamentais de estresse mais controladas do que ratos criados por mães menos cuidadosas. Ainda, ratas que quando filhotes foram fartamente lambidas pela mãe tendem a se tornar mães com o mesmo comportamento em relação a suas crias. Esses fatores não são puramente genéticos: experimentos mostraram que o comportamento da mãe é determinante, seja ela biológica ou adotiva.[21]

Meaney e colaboradores[22] demonstraram que o lamber da mãe provoca nos filhotes um aumento na liberação de serotonina no cérebro, levando a um aumento de um fator neuronal de transcrição que estimula a produção de receptores para os hormônios do estresse em nível do hipocampo. Através de genética molecular, demonstraram que o CM provoca alteração não no genoma, mas no epigenoma (moléculas de cromatina enoveladas e metiladas ao redor do DNA). As alterações epigenômicas são estáveis até que a célula entre em divisão, quando o DNA é alongado para depois duplicar. Uma vez que os neurônios não sofrem divisão, as contribuições pelo CM ao seu epigenoma serão carregadas pelo resto da vida e serão passadas adiante por um mecanismo igualmente epigenômico.[23]

O segundo cuidado dispensado é lamber a região anogenital: os filhotes ainda não possuem o reflexo de micção e defecação, e é a mãe quem, através de lambidas nas regiões genitourinária e anal, estimula esses reflexos, comportamento esse chamado "limpeza do outro" ou *heterogrooming*, para estimular o filhote a urinar e defecar, sem o que não sobrevivem. Depois de um rápido manuseio, a mãe irá lamber os filhotes que retornam a ela. Se o afastamento for prolongado, a mãe poderá reduzir a atenção e deixar de lamber os filhotes.

- Cuidar dos filhotes: após o nascimento dos bebês a mãe se curva sobre o ninho, tornando os mamilos acessíveis (Figura 16.10). As ratas apresentam um elevado comportamento materno, uma vez que amamentam os filhotes 18 horas por dia, na primeira semana após o nascimento, mantendo-se muito tempo ocupadas nessa tarefa. Nos ratos, a ingestão de alimentos sólidos pode se iniciar ao 12º dia de vida. É provável que os filhotes sejam estimulados a comer alimento sólido quando a mãe também o faz. Por volta do 10º ao 12º dias de vida, os filhotes arriscam-se fora do ninho afastando-se do território da mãe, embora ela permaneça próximo. Aos 15 dias de vida os incisivos superior e inferior dos filhotes já romperam e eles se alimentam de pequenas porções da comida da mãe.[24] Com isso, ela disponibiliza menos tempo ao cuidado com os filhotes, e próximo ao desmame (21 dias) se observa a mãe encostar o ventre na lateral da caixa para evitar a constante procura dos filhotes.
- Organização da ninhada: muitas vezes a mãe carrega os filhotes de um lado para outro da caixa, tentando encontrar um espaço onde possa colocar a ninhada em segurança. Geralmente, isso é devido a estresse ou risco percebido no momento em que a ninhada é avaliada ou após a troca da caixa. Quando se observa esse comportamento na mãe, deve ser mantida distância da caixa para afastar a ameaça, reduzir o ruído ou a atividade. A recolocação dos filhotes seguidas vezes pela mãe pode machucá-los.

Comportamento alimentar do neonato

Segundo Souza,[25] os comportamentos do ato de se aleitar são organizados nas seguintes etapas:

- Procura do mamilo materno: essa etapa caracteriza-se, no rato, principalmente por movimentos de membros anteriores, promovendo rotação e direcionamento do neonato para a região ventral materna. Com o desenvolvimento locomotor e a abertura dos olhos há atenuação do processo de procura, com rápida orientação para o mamilo.
- Fixação ao mamilo: ao aproximar-se da mãe, o neonato orienta-se por fontes de calor para a fixação ao mamilo, apresentando movimentos rítmicos de cabeça, boca e língua. Essa função do olfato no aleitamento parece ser resultado do aprendizado. Após o parto, as ratas distribuem o líquido amniótico na superfície dos mamilos, o que favorece o reconhecimento destes pelos filhotes e a primeira fixação.
- Ingestão de leite: apresenta duração, frequência e quantidade modificadas com a idade do neonato. Em ratos, esses três fatores sofrem redução gradual em direção ao desmame.

- Desligamento do mamilo: ratos lactentes com 5 dias de idade apresentam certo esforço para se desligarem do mamilo materno, ficando muitas vezes ofegantes. No 10º dia, empurram o mamilo após o leite ter preenchido suas bocas, não sendo mais observadas alterações respiratórias. Próximo ao desmame (20º dia de vida), os filhotes finalizam a sucção desligando-se ativamente do mamilo materno.
- Comportamento após sucção: ratos neonatos sonolentos deitam próximos à região do mamilo materno. Ao 15º dia de vida, metade dos filhotes de uma ninhada apresenta comportamentos característicos do adulto, como o de limpeza e o exploratório. No entanto, somente ao 20º dia de vida é observada em toda a ninhada uma sequência de comportamentos característicos do adulto: ingestão alimentar, comportamentos de exploração e de limpeza, sono (não dormem próximo ao ventre materno). Essa é a sequência comportamental de saciedade presente ao término da ingestão alimentar.

No neonato alguns dos mecanismos envolvidos no controle do comportamento alimentar são imaturos, apresentando algumas peculiaridades. Estudos experimentais têm acompanhado a ontogênese desses mecanismos. O controle do comportamento alimentar parece mudar de um padrão pré-prandial, durante períodos precoces do aleitamento, para pós-prandial, próximo ao desmame. Ratos neonatos não ajustam a ingestão alimentar em resposta a sinais fisiológicos pós-prandiais, como o nível de glicose sanguínea. Esse mecanismo de controle parece não ser ativo nessa idade. Isso evidencia o papel principal dos sinais fisiológicos pré-prandiais, como a distensão do trato gastrointestinal, na regulação da ingestão até o 12º dia de vida.

Outro fator relevante no controle da ingestão em neonatos é a habituação oral. Em resposta a uma série de curtas infusões orais, os filhotes apresentam reduções progressivas nos movimentos de mandíbula e da língua. Os animais podem habituar-se aos estímulos próprios do alimento, e, como resultado dessa habituação, cessa a ingestão. Esse é um processo primário que atua sinalizando o término dos episódios ingestivos produzindo saciedade. O grande volume de leite ingerido até o 10º dia de vida, em ratos, é um indicador da imaturidade do controle da ingestão alimentar dos neonatos. Quando há oferta ilimitada de leite, os filhotes ingerem o volume máximo da capacidade do trato gastrointestinal.

Durante o período de aleitamento, o volume das refeições aumenta, enquanto sua frequência diária diminui. O aumento do volume da refeição e o intervalo entre as mamadas são alterações que ocorrem antes do desmame. Nesse último período, ratos ingerem quantidades menores de leite, indicando maturação do controle da ingestão do alimento.

Os filhotes de rato demonstram uma “reação de estiramento”, alternando o alongamento de seus membros e passadas, que ajuda na ejeção do leite pela pressão na glândula mamária (Figura 16.12). São observados três tipos de comportamento durante a sucção:

1. na maior parte do tempo os neonatos assumem uma postura de repouso;
2. há períodos alternados de atividade de sucção no momento do reflexo da ejeção de leite;
3. reação de estiramento combinada a sucção intensa.

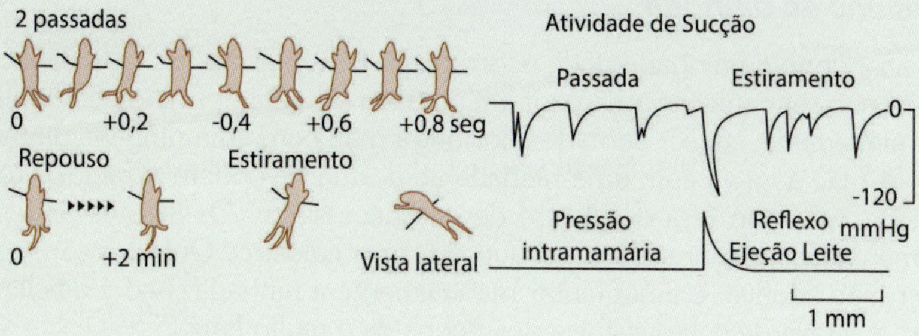

Figura 16.12 – *Comportamento alimentar dos neonatos.*[25]

Aos 14-15 dias de vida, quando os filhotes estão com os olhos abertos, ganham liberdade para se afastar do ninho. Nessa idade os filhotes ainda são dependentes nutricionalmente da mãe, mas, uma vez que eles estão se locomovendo, podem explorar o alimento e começam a ingerir alimento sólido. Entretanto, ainda recebem a maior parte de suas calorias do leite materno. Durante o período inicial de exploração do alimento, se observa os filhotes praticando a coprofagia. Isso tem um significado normal de obtenção da flora intestinal e exploração de seu ambiente. De modo geral ratos são desmamados aos 21 dias de idade. O desmame é geralmente realizado pela remoção dos animais de suas gaiolas, separando-os em grupos do mesmo sexo.

Interação com humano

É importante mencionar que a fêmea pode não aceitar que se aproximem da sua ninhada. Esse comportamento pode ser tão rigoroso no momento do parto que ela retém os filhotes e eles nascem mais tarde. A agressão maternal em relação a humanos varia entre os animais, e com algumas fêmeas pode ser possível manusear os filhotes sem que elas se estressem ou mordam, mas a maioria se torna agressiva. É recomendável que o manuseio para avaliação dos filhotes seja 2 ou 3 dias após o nascimento, e se possível que coincida com o momento da troca da gaiola, passando primeiro a mãe e os filhotes após rápida avaliação. O manuseio da mãe com recém-nascidos deve ser cuidadoso para evitar problemas.

As apresentações de filhotes adotivos em ratos são frequentemente usadas como modelo experimental para investigar quão rapidamente as fêmeas adultas (ou algumas vezes os machos) começam a apresentar um comportamento maternal. As fêmeas em estado avançado de prenhez mostram comportamento materno imediatamente após a introdução dos filhotes para adoção. Se filhotes são apresentados para uma fêmea nulípara durante 1 a 2 horas por dia, ela mostrará comportamento materno após 5 a 6 dias. Esse fenômeno é denominado sensibilização, quando as ratas se comportam como se já tivessem tido ninhadas.

Estudos sugerem que os mecanismos para a iniciação do comportamento materno tenham a participação de um fator hormonal (estrógeno, progesterona e prolactina).

Abandono da ninhada

O abandono da ninhada pode ocorrer por diferentes razões. A mais comum é a mãe não ser capaz de amamentar a ninhada e cuidar dos filhotes. Os filhotes dessa ninhada devem ser adotados por outra mãe com uma ninhada da mesma idade. A mãe adotiva com uma ninhada ao desmame poderá aceitar os recém-nascidos, mas não terá o colostro de que necessitam. Os filhotes podem ser suplementados com uma fórmula que simula o colostro. Outra opção, se não houver mãe adotiva, é amamentar manualmente a ninhada. Isso é difícil, toma tempo, e a taxa de sobrevivência dos neonatos é muito baixa.

Abandono do filhote

É sempre preocupante o abandono de um filhote individualmente. Exceto quando há algo errado com ele, a parte difícil é tentar saber o motivo.

Canibalismo pós-morte

Não é incomum a fêmea devorar um filhote natimorto ou um que tenha morrido após o nascimento. Isso pode ocorrer como uma forma de a mãe manter o ninho "limpo", ou a mãe pode entender o filhote morto como um alimento proteico. Nem todas as mães canibalizam o filhote morto. Algumas somente afastam o corpo para fora do ninho ou o carregam para um canto da caixa. Outras mantêm o filhote morto no ninho junto com os vivos.

Correlação entre a idade do homem e a do rato

Diversos estudos investigam a correlação entre a idade de pequenos mamíferos e humanos utilizando diferentes métodos:[26] uso do peso da lente do olho, indicador útil até 4 meses de idade;[27] crescimento dos dentes molares,[28] que ocorre aos 21 dias pós-natal; contagem de camadas endosteais na tíbia; crescimento musculoesquelético; fechamento e espessamento das epífises.[29] Entretanto, esses são métodos relativos, e os pesquisadores geralmente empregam mais de um critério para fazerem uma correlação entre a idade do rato e do humano.[26] Do ponto de vista da Psicologia o desenvolvimento humano apresenta as seguintes fases: Pré-natal ou período intrauterino; Primeira infância do nascimento até os 3 anos; Segunda infância dos 3 aos 6 anos; Terceira infância dos 6 aos 11 anos; Adolescência dos 11 aos 20 anos; Adulta dos 20 aos 40 anos; Adulta Intermediário dos 40 aos 65 anos; Adulta Tardia a partir dos 65 anos.[30] As orientações que seguem apresentam para cada fase da vida do rato cálculos relativos à fase da vida do humano, não havendo portanto uma correlação linear entre rato e humano do início ao fim da vida. Sengupta utiliza um modelo matemático para a correlação da idade entre humano e rato.

Qual a relação entre os períodos de vida deles? – Um método adequado deve considerar as diferentes fases de desenvolvimento da vida do rato. Considerou-se que o rato vive em média 3 anos, enquanto a expectativa de vida dos seres humanos de todo o mundo é de 80 anos, com variações de acordo com as condições socioeconômicas dos países. A partir desses parâmetros, Sengupta calcula para ratos senis: $(80 \times 365) \div (3 \times 365) = 26{,}7$ dias do humano = 1 dia do rato e $365 \div 26{,}7 = 13{,}8$ dias rato = 1 ano humano, nessa fase da vida.

Quando os ratos bebês são desmamados? – O processo de desmame é o elemento essencial na progressão para a fase adulta.

Em média a idade de desmame para humanos é aproximadamente 6 meses (180 dias), enquanto para ratos é de 3 semanas (~P21). Assim, 180 ÷ 21 = 8,6 dias do humano corresponde a 1 dia para o rato, um fator de correlação. Portanto, 360 ÷ 8,6= 42,4 dias. Assim sendo, nessa fase do desenvolvimento, a saída da primeira infância do rato pode ser considerada aos 42,4 dias que equivalem a 3 anos do humano.

Quando o rato atinge a puberdade? – Os humanos alcançam a puberdade, em média, até 11,5 anos (11,5 × 365 = 4198 dias), 4198 ÷ 38 = 110,5 dias humanos = 1 dia do rato e 365 ÷ 110,5 = 3,3 dias rato = 1 ano humano. Então, na puberdade, um ano humano equivale a 3,3 dias para rato. Enquanto ratos alcançam a fase pré-púbere aos 38 dias, que pode ser observado com o ganho de peso, se tornam sexualmente maduros com 6 semanas (P42) e atingem a puberdade em P50. Os ratos são escolhidos para o acasalamento, preferencialmente, entre P56 e P70 (8 a 10 semanas), com o objetivo de maior aproveitamento da vida sexual.

Quando o rato é considerado adulto? – A maturidade sexual nas fêmeas aos P32-P34 é definida pela abertura vaginal e nos machos aos P45-48 definida pela separação balanoprepucial, podendo variar entre indivíduos de P40 a P76. É importante notar que maturidade sexual não marca o início da vida adulta, mas sim a adolescência, com atividades sociais que permanecem até 8 semanas de vida pós-natal (P63), como mostra a Figura 16.13.

O peso do animal que muitas vezes é considerado um marcador de idade, não é um substituto preciso pois como mencionado acima outros aspectos interferem com o peso como características genéticas, fatores nutricionais, condições do ambiente, status sanitário. O peso de ratos machos varia muito entre P49 (adolescente) e P70 (adulto jovem). No estudo de Sengupta, P70 é a idade em que o animal é considerado sexualmente adulto jovem e não P90, como muitos convencionam chamar. Sengupta não apresenta destaque para ratos em P90 do ponto de vista da reprodução, tampouco relaciona com 18-21 anos humanos como costumeiramente é mencionado.

O peso pode apenas dar uma ideia da idade, assim como identificar a idade adulta pela maturidade do músculo esquelético, considerando que não há fecha-

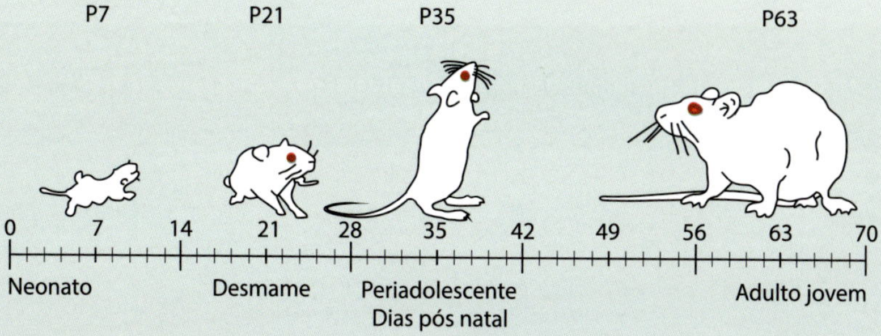

Figura 16.13 – *Correlação da postura nas diferentes fases da vida (adaptado de Sengupta).*

mento das epífises dos ossos longos. Aos 7-8 meses de idade (~210 dias), afunila o crescimento esquelético no macho e fêmeas Sprague-Dawley. Nos humanos, em média, o crescimento para fundir na escápula fecha aos 20 anos de idade (365 × 20 = 7.300 dias). Portanto, nessa fase: 7.300 ÷ 210 = 34,8 dias do humano correspondem a 1 dia para o rato, indicando que 365 ÷ 34,8 = 10,5 dias para o rato, na fase da adolescência, corresponde a 1 ano do humano.

- ❑ Senescência reprodutiva: *O rato não é sexualmente ativo.* - A senescência reprodutiva nas fêmeas ocorre entre 15 e 20 meses de idade. A aciclicidade é o estado mais comum em ratas de laboratório. De acordo com a Associação Médica Americana, em média a idade da menopausa na mulher é 51 anos (51 × 365 = 18.615 dias), as fêmeas entram em menopausa em média entre 15 e 20 meses (600 dias) 18.615 ÷ 600 = 31 dias humano = 1 dia rato e 365 ÷ 31= 11,8 dias rato = 1 ano humano. Na fase da senescência reprodutiva 11,8 dias rato equivale a 1 ano humano.
- ❑ Pós-senescência: *Quando o rato é idoso.* - Durante a senescência reprodutiva, 11,8 dias do rato equivalem a 1 ano do humano.

Ao compararmos o período de pós-senescência até a morte, encontramos: ratas vivem em média 485 dias após a senescência e fêmeas humanas vivem em média 10.585 dias após a senescência. Então: 10.585 ÷ 495 corresponde a 21,4 dias humanos e a 1 dia do rato, significando que 365 ÷ 21.4 = 17,1 dias do rato correspondem a 1 ano do humano. Assim, nessa fase da vida, 17,1 dias do rato equivalem a 1 ano do humano.

A Tabela 16.7 resume a correlação entre dias do humano e do rato nas diferentes fases da vida, e a Tabela 16.8 apresenta a proposta de Sengupta[26] de correlação entre a idade do rato *versus* humano com base em parâmetros de maturidade social, que está relacionada a estabelecimento de hierarquia, do território, dominância e liderança como ilustra a Figura 16.13.

Diferenças na anatomia, na fisiologia, no desenvolvimento e em fenômenos biológicos devem ser consideradas na análise dos resultados de pesquisa com ratos quando a idade é um fator crucial. A relação entre as idades é diferente dependendo do estágio da vida para determinar a idade relevante sob investigação e quais os fatores que estão sendo analisados. É necessário verificar a fase do animal em dias e sua correlação com a idade do humano em anos.

O rato interage com o olhar e aproximação do humano, e quando essa interação é positiva, o rato habitua-se ao manuseio e pode se afastar da ninhada

Tabela 16.7
Correlação do ano humano com dias do rato nas diferentes fases da vida[23]

Vida útil	13,2 dias rato = 1 ano humano
Infância	42,4
Puberdade	3,3
Adolescência	10,5
Adulto	11,8
Senilidade	17,1
Média	16,4

Tabela 16.8 Fase de maturidade social: idade rato × idade humano[23]	
Idade rato (anos)	**× Idade humano (anos)**
6 meses (0,5)	18
12 meses (1,0)	30
18 meses (1,5)	45
24 meses (2,0)	60
30 meses (2,5)	75
36 meses (3,0)	90
42 meses (3,5)	105
45 meses (3,75)	113
48 meses (4,0)	120

quando reconhece o momento da troca da gaiola facilitando a transferência dos filhotes.

Por tantos benefícios obtidos, manifestamos respeito com a dedicação do nosso trabalho zelando pelo bem estar desses animais, enquanto não houver alternativa para sua completa substituição.

A vida é breve,
a ciência é duradoura,
a oportunidade é ardilosa,
a experimentação é perigosa,
o julgamento é difícil.

Aforisma I.1, Hipócrates.

Referências Bibliográficas

1. Richter C P. The effects of domestication and selection on the behavior of the Norway rat. J Natl Cancer Inst 1954;15, 727–738.
2. Koolhaas J M. The UFAW Handbook on the Care and Management of Laboratory and Other Research Animals. Wiley-Blackwell, UK, 2010.
3. Jacob H J et al. A genetic linkage map of the laboratory rat, *Rattus norvegicus*. Nat Genet 1995;9, 63–69.
4. Canzian F, Phylogenetics of the Laboratory Rat *Rattus norvegicus*. Genome Research 1997;7: 262–267.
5. Maeda K, Ohkura S and Tsukamura H. In Krinke G J) (ed.). Physiology of Reproduction. The Laboratory Rat.Academic Press, San Diego, 2000.
6. Saar K et al. SNP and haplotype mapping for genetic analysis in the rat. Nat Genet2008;40, 560–566.
7. Sharp P and Villano J. The Laboratory Rat - pocket book 2nd. ed. CRC Press, USA, 2013.
8. Hebel R, Stromberg M W. Anatomy of the Laboratory Rat. (Burns & McEachern, Don Mills, 1976. doi:10.1163/1573-3912_islam_DUM_3825.

9. Bivin W S, Crawford MP & Brewer NR. The Laboratory Rat. Elsevier, San Diego, 1979. doi:10.1016/B978-0-12-074901-0.50011-3.
10. Spinelli MO, Godói CMSC, Motta MC, Cruz, RJ, Junqueira MS, Bortolatto J. Perfil bioquímico dos animais de laboratório da Faculdade de Medicina da USP. RESBCAL 2012; 1(1):76-81.
11. Mattaraia VGM. Tese de Doutorado. UNESP-Zootecnia Botucatu, 2007.
12. Gheusi G, Goodall G & Dantzer R. Individually distinctive odours represent individual conspecifics in rats. Anim Behav 1997;53, 935–944.
13. Thor D H. Enhanced social docility in male hooded rats by dermal cautery of the vibrissal pads. Aggressive Behavior 1976;2, 39–53.
14. Jacobs G H, Neitz J & Deegan JF. Retinal receptors in rodents maximally sensitive to ultraviolet light. Rat Behavior and Biology on (Anne's rat page). Disponível em: http://www.ratbehavior.org/Eyes.htm
15. Kandel E; Schwartz J; Jessel T; Siegelbaum S; Hudspeth A. Principles of Neural Science.5th, New York, Ed McGraw-Hill. ed. 2012.
16. Pound N & Gage M J G. Prudent sperm allocation in Norway rats, *Rattus norvegicus*: a mammalian model of adaptive ejaculate adjustment. Anim Behav 2004;68, 819–823.
17. Beach F A. Sexual attractivity, proceptivity, and receptivity in female mammals. Horm Behav 1976; 7, 105–138.
18. Baker HJ, Lindsey JR, Wesibroth. Edited by: Henry J Baker, J Rusell Lindsey and Steven H Weisbroth. The laboratory Rat: biology and diseases. Vol I, USA, 1979.
19. Emanuele MA; Wezerman F and Emanuele NV. Alcohol's effects on female reproductive function. Alcohol Research & Health 2002; 26(4)274-281. Disponível em: http://pubs.niaaa.nih.gov/publications/arh26-4/274-281.pdf
20. Barnett SA. The Rat: A Study in Behavior. Chicago, USA:Aldine Publishing Company, 1963.
21. Fleming AS, O'ay DH & Kraemer GW. Neurobiology of mother infant interactions: experience and central nervous system plasticity across development and generations. Neurosci Biobehav 1999;23, 673–685.
22. Meaney MJ et al. Epigenetic programming by maternal behavior. Nat Neurosci 2004;7, 847–854.
23. WeaverI C G et al. Epigenetic programming by maternal behavior. Nat Neurosci 2004;7, 847–854.
24. Levin R & Stern J M. Maternal influences on ontogeny of suckling and feeding rhythms in the rat. J CompPhysiol Psychol1975;89, 711–721.
25. Souza S L de & Castro R M de. Comportamento alimentar neonatal. Neonatal Feeding Behavior 2003;3, 241–246.
26. Sengupta P. The laboratory rat: relating its age with human's. Int J Prev Med 20134;4, 624–630.
27. Friend M. New York Fish Game J. A review of research concerning eyelens weight as a criteria of age in animals. New York Fish Game J. 1967;152–165.
28. Pankakoski E. An improved method for age determination in the muskrat, Ondatra zibethica (L.). Ann Zool Fennici 1980;17, 113–121.
29. Broughton J M, Rampton D & Holanda K. A test of an osteologically based age determination technique in the double-crested Cormorant *Phalacrocorax auritus*. Ibis (Lond. 18592002; 144, 143–146.
30. Papalia E D; Feldman R D. Desenvolvimento Humano. 12. ed. Porto Alegre: AMGH, 2013. 800p.

Parte V

Espécies Não Convencionais

17

Peixe-zebra

Mônica Lopes-Ferreira

Histórico

O *Danio rerio* é um pequeno peixe tropical conhecido popularmente como paulistinha, peixe-zebra ou, pela comunidade científica, como *zebrafish*. Originário dos principais rios da Índia, Bangladesh e Nepal, é comumente encontrado em águas rasas, paradas ou de baixa movimentação, com vegetação aquática submersa e lodo.

Esse peixe chegou aos laboratórios de pesquisa no final dos anos 1960, através do biólogo e pesquisador norte-americano George Streisinger, da Universidade do Oregon.[1] O biólogo trabalhou durante muito tempo para selecionar linhagens que permitissem entender como defeitos em diferentes genes afetavam o desenvolvimento. Precisamente em 1981, seus trabalhos foram reconhecidos pela comunidade científica, quando publicou um artigo na revista *Nature* apresentando o modelo consolidado. Nos anos seguintes, o número de artigos científicos que usavam o peixe como modelo biológico cresceu aceleradamente, e continua crescendo até os dias atuais.

Peixe-zebra na pesquisa científica

Como é sabido, modelos animais são utilizados para aprofundar o conhecimento das causas das doenças humanas e também para possibilitar testes com terapias inovadoras. Embora os animais mais frequentemente utilizados nas pesquisas biológicas sejam os roedores, podemos dizer que nos últimos anos o peixe-zebra vem ocupando posição de destaque.[2] Cerca de dois mil artigos utilizando o peixe-zebra como modelo experimental, em diferentes áreas de, são publicados anualmente.[3] As principais justificativas para esse fato encontram-se na Tabela 17.1.[3]

Comportamento

O peixe-zebra é uma espécie gregária, normalmente encontrada em cardumes de 5 a 20 indivíduos. Possuem uma tendência para formar cardumes de sexos misturados, comportamento esse inato e hereditário. Embora sejam animais sociais, podem apresentar comportamento agonista, especialmente quando acasalam e durante o estabelecimento de hierarquias de dominância, que ocorrem dentre e entre os sexos.[4]

Vivem em águas que podem sofrer grandes variações de temperatura (16-38 °C) e pH (5,9-8,5 °C). Alimentam-se de uma ampla variedade de zooplâncton e insetos e, em menor proporção, de algas, detritos e outros materiais orgânicos. É um peixe de hábito tipicamente diurno, mostrando os maiores níveis de atividade durante as primeiras horas da manhã. Dormem frequentemente, embora não exclusivamente, durante a noite. Esse padrão circadiano de atividade influi nos processos fisiológicos, bioquímicos e comportamentais no animal, padrão esse que deve ser levado em consideração nos biotérios de criação.[4]

Características anatômicas e fisiológicas

O peixe-zebra é classificado como um peixe ósseo. Seu esqueleto axial inclui coluna vertebral e nadadeiras ímpares. Possuem corpos esguios e alongados, com uma cabeça curta, narina protuberante e uma boca inclinada e voltada para cima. A mandíbula superior possui uma saliência (protrusão) que possibilita a abertura da boca e ajuda na sucção de alimentos. A característica mais marcante

Tabela 17.1
Principais vantagens da utilização do peixe-zebra na pesquisa científica

Peixe-zebra: vantagens como modelo experimental
1. Alta taxa reprodutiva: 100 a 200 embriões/dia.
2. Embriões transparentes.
3. Rápido desenvolvimento: de 48 a 72 horas, de ovo para larva, e se torna adulto após 3 meses de vida.
4. Pequeno porte: 3 a 4 cm quando adulto.
5. Uso na experimentação de todos os estágios de vida: embrião, larva e adulto.
6. Fácil manipulação a) imersão do animal em uma solução com o agente a ser investigado, b) a administração de substâncias pode ser feita por via oral, intramuscular, intravenosa ou intraperitoneal.
7. Econômicos para criação.
8. Genoma sequenciado: 70% de seus 26 mil genes são semelhantes aos genes humanos.
9. Métodos e estratégias de avaliação genética e embriológica são aplicados com facilidade ao modelo.
10. O desenvolvimento de técnicas especiais de clonagem, mutagênese e transgênese permite a identificação de um número importante de mutantes.

do peixe-zebra é o seu padrão de listras azuis e brancas ao longo do corpo e das nadadeiras anal e caudal (Figura 17.1).

Passa pelos estágios larval, juvenil e adulto. Aspectos importantes desses estágios estão contidos na Tabela 17.2. No estágio larval já apresenta órgãos importantes (Figura 17.2), e por essa razão muitas pesquisas científicas são realizadas nesse estágio de vida do animal.

Outra importante característica é a presença da linha lateral, que consiste em células ciliadas sensoriais, conhecidas como neuromastos. Estão embutidas na pele em linhas que percorrem o comprimento dos dois lados do corpo. A linha

Figura 17.1 – *Peixe-zebra.*

Tabela 17.2
Características importantes dos diferentes estágios de vida do peixe- zebra

	Tempo de vida	Tamanho	Comportamento
Embrião	0-48 ou 72 hpf (hora pós-fertilização)		
Larva	3-29 dpf (dias pós-fertilização)	3,5-6 mm	Nada livremente em busca de alimento
Juvenil	30 dpf (dias pós-fertilização)	10 mm	Nadadeiras e padrão de pigmentação igual aos adultos
Adulto	90 dpf (dias pós-fertilização)	20-50 mm	Ideal para reprodução De 2 a 3 anos de idade é considerado adulto velho

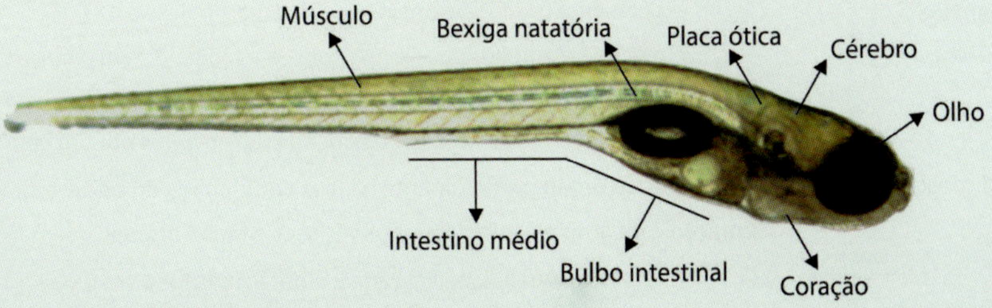

Figura 17.2 – *Estágio larval do peixe-zebra.*

lateral é envolvida em uma variedade de comportamentos, incluindo formação de cardumes, fuga de predadores e reprodução. As principais características dos sistemas do peixe-zebra estão mencionadas na Tabela 17.3.[5]

Reprodução

Em condições apropriadas o peixe-zebra se reproduz continuamente durante a maturidade sexual. Sua grande fertilidade é uma de suas principais características. A liberação de feromônios pelo macho induz a ovulação da fêmea. A fêmea, por sua vez, induz o comportamento de acasalamento no macho através da liberação de feromônios durante a ovulação. Por essa razão é importante manter machos e fêmeas juntos compartilhando a mesma água antes do acasalamento. Também muito importante é diferenciar machos de fêmeas. os machos são geralmente mais delgados e escuros que as fêmeas. As fêmeas são muito mais desenvolvidas e sexualmente maduras do que os machos. Elas tendem a ser maiores e com suas cores um pouco mais suaves. No corpo da fêmea predomina o branco prateado e no macho, o amarelo-ouro (Figura 17.3).

A reprodução é influenciada por fotoperíodo. Assim, ocorre normalmente antes do amanhecer, e a desova começa nas primeiras horas do dia. Em condições adequadas, o peixe-zebra se reproduz continuamente durante a maturidade sexual. As fêmeas podem se reproduzir diariamente, embora seja recomendado um intervalo de descanso. Esse intervalo pode variar de dias a semanas, dependendo do protocolo adotado. Outro fator que deve ser levado em consideração

Tabela 17.3
Principais sistemas do peixe-zebra

Sistemas	Características
Tegumentar	Pele coberta por escamas cicloides. Funcionam como barreira de proteção física.
Esquelético	Esqueleto complexo compreendendo cartilagem e osso.
Gastrointestinal	Inclui boca, faringe, esôfago, intestinos e abertura anal. Possui um par de dentes e papilas gustativas. As papilas gustativas são órgãos quimiossensoriais constituídos de células epiteliais modificadas que auxiliam o peixe na decisão de quais substâncias serão ou não ingeridas.
Respiratório	As brânquias são as responsáveis pelas trocas gasosas, balanço osmótico, excreção de compostos nitrogenados e manutenção do balanço acidobásico.
Urogenital	O rim é o principal órgão responsável pela hematopoiese. O peixe macho possui um par de testículos e a fêmea possui ovários contendo oócitos. A fertilização dos ovos é externa e os oócitos são envoltos por um córion.
Cardiovascular	O coração é o órgão predominante na fase embrionária do peixe-zebra. Coração com átrio e ventrículo, seios venosos e bulbo arterial.
Nervoso e sensorial	Possui órgãos sensoriais especializados: olho, sistema olfativo e ouvido. A linha lateral é um sistema sensorial que permite que o animal detecte e responda a variações de movimento na água.

é a existência de fêmeas dominantes, o que pode inibir a desova de fêmeas consideradas subordinadas. Uma maneira de contornar esse possível problema é evitar manter os mesmos grupos de fêmeas no mesmo aquário por extensos períodos de tempo.

A eficácia do protocolo de acasalamento irá determinar a quantidade de produção de ovos viáveis. Diferentes protocolos podem ser utilizados para a reprodução do peixe-zebra em biotérios. Um dos principais e mais utilizados em biotérios por se mostrar bastante prático e eficaz é a realização do acasalamento em locais separados dos aquários onde os animais vivem (Figura 17.4). Esses sistemas, comercializados por diferentes empresas, possuem fundo gradeado que se encaixam em recipientes maiores preenchidos de água. Quando ocorre o acasalamento, os ovos passam pelo fundo gradeado e se depositam na parte inferior do recipiente, ficando assim protegidos do canibalismo. Esses sistemas também possibilitam que os ovos sejam facilmente retirados. O tamanho do sistema determinará a quantidade de peixes que podem ser colocados para acasalamento, e o cuidado com a manipulação dos embriões após a desova determinará o sucesso da criação.

Os animais exibem rituais de acasalamento antes e durante a desova. Os machos competem pelas fêmeas estabelecendo e defendendo território. Durante a corte, nadam em círculos para que as fêmeas os percebam. No momento da desova, nadam em paralelo com as fêmeas, provocando a liberação dos óvulos e simultaneamente liberando o esperma para que ocorra a fecundação. Os embriões devem ser retirados do sistema de acasalamento o mais rápido possível, evitando possíveis contaminações (Figura 17.5). Em seguida devem ser cuidadosamente lavados com água limpa e transferidos para placas de Petri preenchidas com água. Um meio de evitar contaminação é utilizar azul de meti-

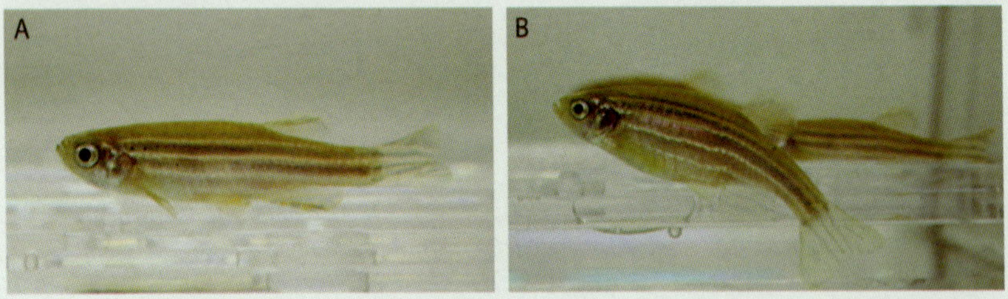

Figura 17.3 – *Fotografia do peixe-zebra macho (A) e fêmea (B).*

Figura 17.4 – *Exemplos de locais utilizados para acasalamento do peixe-zebra.*

leno (0,00003%) dissolvido em água. Após 12 ou 24 horas os embriões não viáveis são facilmente identificados por sua aparência esbranquiçada e devem ser imediatamente retirados. Os ovos vão permanecer em recipientes de incubação até que as larvas eclodam e inflem a bexiga natatória. Os ovos do peixe-zebra eclodem de 2-3 dias pós-fertilização (dpf). (Figura 17.6).[6]

Manejo da criação

A qualidade da água e a alimentação são um dos fatores mais importantes na criação do peixe-zebra.

A água é o meio ambiente no qual os peixes vivem, sendo cruciais os cuidados com parâmetros que irão determinar o bem-estar do animal. Nesse quesito, parâmetros de temperatura, pH, condutividade e compostos nitrogenados são de extrema importância. Os peixes devem ser mantidos em temperaturas altas, e aquários ou sistemas de criação devem estar equipados com termostato e

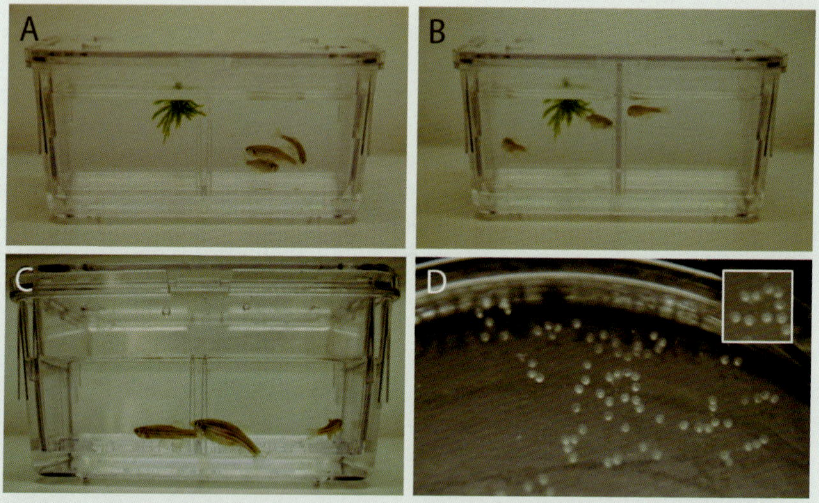

Figura 17.5 – *Fotografias mostrando o ritual de acasalamento do peixe-zebra: (A) animais nadam em círculo; (B) animais nadam lateralmente; (C) liberação de esperma e óvulo para fecundação; e (D) embriões.*

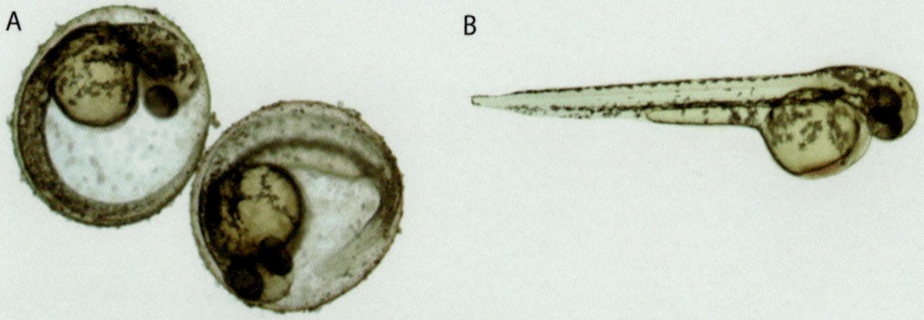

Figura 17.6 – *Fotografia de embriões transparentes (A) e larva (B) de peixe-zebra.*

aquecedores para manter a temperatura da água entre 25 °C e 31 °C, sendo o ideal 28,5 °C. O pH deve ser mantido entre 7,0 e 7,5, e a condutividade, entre 400 a 700 μS. Compostos nitrogenados também são tóxicos aos peixes e merecem um controle minucioso. Amônia, nitrato e nitrito são produtos de excretas nitrogenadas ou de decomposição de alimento que podem comprometer a qualidade da água dos aquários ou sistemas de criação. Por isso é de fundamental importância a eficácia do filtro biológico. Ele promoverá a transformação desses elementos e permitirá que estejam disponíveis na forma menos tóxica. Os níveis de amônia, nitritos e nitrato devem ser mantidos controlados, dentro dos seguintes limites: amônia < 0,01 ppm, nitrito < 0,2 ppm e nitrato < 25 ppm. Outro ponto relevante refere-se à "dureza" ou mineralização da água. A água é dita "dura" quando contém quantidades excessivas de sais contendo cátions como Ca^{++} e Mg^{++} e ânions como o carbonato (CO_3^-) e sulfato ($SO4^-$). A escala de dureza (dH) vai de 0° (muito mole) a 25° (muito dura). Para criação do peixe-zebra o ideal é dH 9 a 14°.

A habilidade de criar e manter peixes em cativeiro está fortemente relacionada a uma alimentação ideal conforme os diferentes estágios de vida do animal (Tabela 17.4).[7-9]

Os requerimentos nutricionais das espécies devem ser estabelecidos, e essa informação deve ser aplicada de maneira adequada para que se promovam máximo crescimento, sobrevivência, reprodução e atividade imune dos animais. De modo geral os peixes-zebra podem se alimentar de alimentos vivos que incluem várias espécies de zooplâncton, como artêmias, rotíferos e *Paramecium spp* e alimentos processados. Todas compartilham características favoráveis, como facilidade de cultivo, perfil nutricional balanceado, alta digestibilidade, atratividade e aceitabilidade.

É importante ressaltar que dietas com alimentos processados podem ser utilizadas para substituir as dietas com alimentos vivos. Isso ocorre na maioria das vezes, já que elas representam uma diminuição de custos e permitem um maior controle sobre o estado nutricional dos animais e reduzem o risco de introdução de patógenos ou toxinas via dieta. Eles podem ser usados como fonte exclusiva após a fase larval, se forem nutricionalmente balanceados, palatáveis, estáveis e de boa digestibilidade. É essencial que dietas processadas sejam estocadas e administradas corretamente, lembrando que a vida útil de um alimento processado não passa de 3 meses, quando mantido em local seco e ventilado. Importante lembrar que alimentos processados devem ser ofertados secos e não hidratados previamente.[7-9]

Tabela 17.4
Perfis ideais de alimentação para cada estágio do peixe-zebra

Larvas	Juvenis	Adultos
45-60% - Proteínas	45-60% - Proteínas	45-55% - Proteínas
6-10% - Lipídeos	6-15% - Lipídeos	10-15% - Lipídeos
5% - Carboidratos	5% - Carboidratos	5% - Carboidratos
		↑ Vitamina C
		↑ Vitamina A

Sem dúvida um dos principais desafios da criação é a correta administração de alimento, seja ele vivo ou processado. Essa etapa exigirá a criação de um protocolo padrão a ser utilizado levando em consideração as diferentes fases de vida do animal. Lembrando que durante o desenvolvimento de vida do peixe-zebra seus requerimentos nutricionais mudam em termos de qualidade e quantidade. Fatores relacionados às características do alimento como tamanho, perfil de nutrientes, suspensão e estabilidade na água, digestibilidade, aceitabilidade, quantidade e frequência de oferta devem ser levados em consideração no desenvolvimento de protocolos de alimentação do peixe-zebra (Tabela 17.5).[7-9]

INDICADORES DE ESTRESSE PARA PEIXE-ZEBRA CRIADO EM BIOTÉRIO

O bem-estar do animal é reflexo de uma boa criação. Entretanto, fatores alheios à nossa vontade podem ocorrer, e nesse momento devemos estar atentos para reconhecer os sinais e preparados para intervir de imediato para solucionar os problemas.[7-9]

Os indicadores de estresse mais frequentes em peixe-zebra são:

a. Taxas de crescimento: podem variar de acordo com a genética, parâmetros ambientais, densidade e nutrição. Uma taxa de crescimento reduzida, especialmente nos primeiros estágios de vida, pode ser um indicativo de estresse crônico, de que o sistema de criação não está adequado;

b. Anormalidades morfológicas: os indicadores mais comuns de estresse são anormalidades nas brânquias, olhos e nadadeiras. Visualizamos opacidade nas nadadeiras e a descoloração nas brânquias, alterações que ocorrem como consequência de múltiplos fatores e que podem indicar a presença de um problema crônico subjacente, associado à má qualidade da água;

c. Desempenho reprodutivo: muitos são os fatores que podem provocar alteração no desempenho reprodutivo; entre os principais podemos citar: desequilíbrio nutricional, desequilíbrio na química da água, perturbações no ambiente e idade do animal;

Tabela 17.5
Características importantes da alimentação para cada estágio do peixe-zebra

Parâmetros	Larvas	Juvenis	Adultos
Suspensão	Alimentam-se principalmente na coluna d`água	Alimentam-se na superfície e no fundo	Alimentam-se na coluna d`água, na superfície e no fundo
Tamanho	150-200 µm Normalmente ingerem a presa inteira	400-600 µm Tendem a quebrar o alimento quando necessário	40-600 µm Tendem a quebrar o alimento quando necessário
Quantidade	Consomem 50-300% do seu peso corporal diariamente	Consomem 25-50% do seu peso corporal diariamente	Consomem 1-5% do seu peso corporal diariamente

d. Mudança de coloração: a mudança ocorre em função de estresse fisiológico, subordinação social e muito comumente estímulos ambientais;
e. Frequência respiratória - o aumento é causado principalmente pela diminuição dos níveis de oxigênio na água;
f. Condição corporal: rápido ganho ou perda de peso estão normalmente associados a ciclo reprodutivo, doenças infecciosas e não infecciosas.

Doenças comuns em peixe-zebra de biotério

O fato de os peixes compartilharem a mesma água, principalmente os que são criados em sistemas onde a água recircula, possibilita que patógenos possam ser facilmente introduzidos através da chegada de novos peixes, peixes com o estado de saúde indefinido, atingindo assim todos os demais animais. Por esse motivo, é de extrema a importância o período de quarentena. Nesse período, animais recém-adquiridos permanecem em observação antes de serem introduzidos ao sistema.[7-9]

As doenças dos peixes podem ter etiologia não infecciosa ou infecciosa.

a. Doenças não infecciosas: são causadas por fatores ambientais, deficiências nutricionais, anomalias genéticas e traumas;
b. Doenças infecciosas: são causadas por microrganismos que podem estar presentes nos alimentos, no biofilme e nos peixes. Os agentes infecciosos incluem parasitas, bactérias, vírus e fungos.

É muito importante ficarmos atentos aos sinais clínicos, que podem se manifestar de:

a. Forma aguda: ocorre devido a parâmetros inadequados da água, tais como baixo oxigênio dissolvido, toxicidade do cloro ou supersaturação, levando à rápida mortalidade.
b. Forma crônica: ocorre na presença de parasitas, bactérias, vírus, toxinas ou deficiência nutricional. Caracterizada por letargia, diminuição do apetite, redução do desempenho reprodutivo, levando a baixa taxa de mortalidade.

Embora o peixe-zebra seja bem resistente, e essa é uma de suas principais características, algumas doenças podem afetar os animais criados em biotério. Estas são principalmente as micobacterioses, a capilaríase e a doença do veludo.

Sobre a micobacteriose

1. Doença crônica e com baixa mortalidade.
2. Sinais: lesões na pele e córnea, diminuição do desempenho reprodutivo, perda de peso.
3. Análise laboratorial: presença de múltiplos nódulos granulomatosos brancos em vários órgãos viscerais.
4. Fatores que predispõem os peixes à infecção: baixa qualidade da água, superpopulação e imunossupressão.

5. Prevenção: estabelecimento de um bom programa de desinfecção e quarentena, manutenção da qualidade da água, minimização da formação de biofilme, rápida remoção de peixes doentes e redução do estresse.

Sobre a capilaríase

1. Doença causada pelo parasita *Pseudocapillaria tomentosa*, um nematoide.
2. Sinais: afeta negativamente as taxas de crescimento e de reprodução.
3. Análise laboratorial: esse agente ataca o trato gastrointestinal do peixe- zebra, originando uma infecção caracterizada por inflamação, emagrecimento e carcinomas intestinais que atacam vários tipos de tecidos.
4. Fatores: possibilidade de transmissão direta por animais contaminados.
5. Prevenção: a criação de um programa de quarentena é essencial para prevenir a introdução de *P. tomentosa* nas instalações.

Sobre a doença do veludo

1. Doença causada pelo parasita *Piscinoodinium pillulare*, um parasita amarelado e dinoflagelado.
2. Sinais: nos peixes altamente infectados, dificuldade para respirar e letargia. A epiderme dos peixes pode apresentar um brilho acinzentado e cor de ferrugem.
3. Análise laboratorial: infecção na pele e nas brânquias dos peixes.
4. Fatores: o parasita pode se multiplicar e matar rapidamente os animais.5. Prevenção: desinfetar os aquários.

O sucesso da criação

O sucesso da sua criação independe do tamanho de seu biotério, do número de peixes que irá criar, se em aquários ou em sistemas, o que importa é a maneira como irá criar: o planejamento, os cuidados diários, a manutenção do biotério e, muito importante, a competência dos que cuidam, dos que trabalham no biotério. Esse item fará toda a diferença em sua criação.

De maneira geral, nunca podemos descuidar de três itens: origem dos animais, cuidados coma dieta, desinfecção e limpeza dos equipamentos e de pessoas.[9,10]

- ❑ Origem dos animais: atualmente os peixes-zebra disponíveis para compra são criados em viveiros, locais que muitas vezes propiciam aos animais o contato com inúmeros microrganismos. Animais criados nesse ambiente, ao serem inseridos em um sistema de recirculação de água, representam um risco significativo de biossegurança, devido ao alto potencial de introdução de organismos patogênicos. Deste modo, devem ser submetidos a programas de quarentena, higienização apropriada do sistema e observação dos indicadores de bem-estar dos peixes.
- ❑ Cuidados com a dieta: recomenda-se que as dietas dos animais de biotério sejam equilibradas e livres de patógenos e toxinas. Como dissemos anteriormente, alimentos vivos como artêmia, oligoquetos e *Paramecium spp.*

são fornecidos aos peixes-zebra para complementar a dieta. Essa prática, embora importante, representa um risco de introdução de contaminantes ambientais e patógenos no sistema. Os alimentos vivos também podem conter contaminantes químicos e metais pesados. Deste modo, assegurar que a fonte de alimentação seja equilibrada e desprovida de patógenos e de elementos tóxicos é essencial para a saúde animal e também para a integridade das pesquisas.

Como modo de facilitar, apresentamos a seguir um esquema (Figura 17.7) que pode ser utilizado.

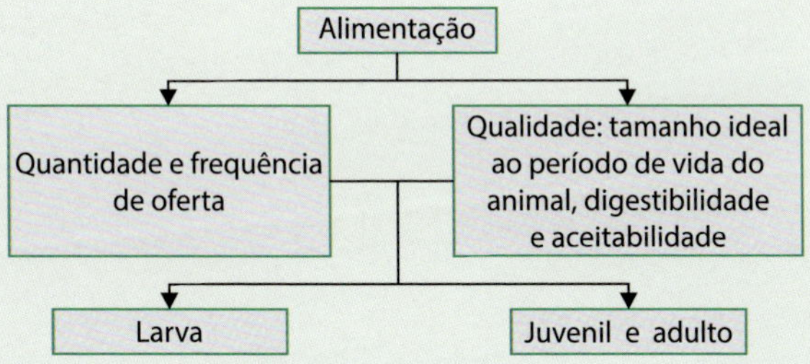

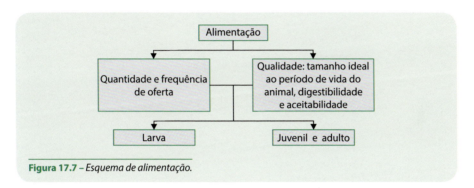

Figura 17.7 – *Esquema de alimentação.*

Desinfecção e limpeza dos equipamentos e de pessoas

Tanto equipamentos como pessoas podem ser fontes de patógenos nas instalações. É importante identificar os indivíduos que entram no biotério, pois o fluxo elevado expõe os peixes a muitos fatores de risco. As pessoas que trabalham nesse meio devem ter um padrão de trabalho definido, deixando as salas de quarentena para serem visitadas por último. Todo o equipamento utilizado para limpeza dos tanques deve ser desinfetado entre os usos.

Em resumo, as boas práticas levarão ao sucesso da criação.

Referências Bibliográficas

1. Streisinger G, Walker C, Dower N, Knauber D, Singer F. Production of clones of homozygous diploid zebrafish (*Brachydanio rerio*). Nature 1981 May; 28;291(5813):293-6.
2. Lieschke JG, Currie PD. Animal models of human disease: Zebrafish swim into view. Nature Reviews-Genetics2007; 8:5.
3. Kari G, Rodeck U, Dicker AP. Zebrafish: an emerging model system for human disease and drug discovery. Clin Pharmacol Ther 2007 Jul;82(1):70-80.
4. Lawrence C. The husbandry of zebrafish (*Danio rerio*): A review. Aquaculture. 2007; 269(1-4): 1-20.
5. Spence R, Gerlach G, Lawrence C, Smith C. The behaviour and ecology of the zebrafish, Danio rerio. Biol Rev Camb Philos Soc 2008 Feb;83(1):13-34.

6. López-Olmeda JF, Sánchez-Vázquez FJ. Thermal biology of zebrafish (Danio rerio). Elsevier Review. Journal of Thermal Biology 2011 Mar(36): 91–104.
7. Westerfield M. The zebrafish book: a guide for the laboratory use of the zebrafish (*Danio rerio*).:University of Oregon Press, 2007.
8. Westerfield, M. The zebrafish book. A guide for the laboratory use of zebrafish (*Danio rerio*). 4th ed. University of Oregon Press, Eugene, 2000.
9. Dammski AP, Müller BR, Gaya C, Regonato D. Zebrafish, Manual de Criação em Biotério. 2011. Universidade Federal do Paraná. 107p.
10. Nusselein-Volhard C, Dahm R. Zebrafish: A practical approach. New York: Oxford University Press, 2002. 303p.

18

Suíno como Modelo Experimental

Alessandro Rodrigo Belon

Historicamente a principal função do suíno era o fornecimento de carne para os humanos, porém, em pesquisa, dois nomes de médicos gregos são mencionados, o primeiro Erasístrato de Chio (310 a.C. – 250 a.C.) e o segundo, Galeno de Pérgamo (129 d.C. – 217 d.C.), que utilizaram o porco para começar a elucidar os mistérios relacionados ao sangue, veias, artérias e nervos. Essa passagem é retratada por Andreas Vesalius, em 1540, em seu livro *De Humani Corporis Fabrica*, onde apresenta o desenho de um porco em experimentação (Figura 18.1) da maneira como o médico grego Galeno o fez mais de mil anos antes.[1]

Figura 18.1 – *Figura de suíno sob experimentação, extraída do livro* De Humani Corporis Fabrica, *de Andreas Vesalius.*[1]

Outro achado histórico da relação entre ciência e os suínos data de 1628, com William Harvey, na sua obra *Exercitatio Anatomica de Motu Cordis et Sanguinis in Animalibus*, onde utilizou o suíno, entre outras espécies, para descrever os mecanismos que regem a circulação sanguínea.

Como o foco da criação de suínos era a produção de carne, o processo de desenvolvimento e seleção dos animais buscava raças que apresentassem uma alta taxa de conversão alimentar, levando a termos, nos tempos modernos, animais que aos 8 meses de idade estivessem com peso superior a 100 quilos.[2]

O peso elevado e a alta conversão alimentar foram responsáveis pela subutilização dessa espécie em pesquisa, pois o manejo e o alojamento de animais com esse porte eram difíceis, além de inviabilizar a sua utilização em pesquisa de fases crônicas.

Os experimentos, quando realizados, eram de fase aguda e de curta duração, como treinamentos cirúrgicos ou desenvolvimentos de técnicas e materiais cirúrgicos. Estudos que tinham como foco a fisiopatologia, e que eram realizados em suínos, muitas vezes incorriam no erro de utilizar animais mais leves e consequentemente mais jovens, sem o completo amadurecimento fisiológico, podendo trazer discrepâncias nos achados de suas pesquisas, acentuando-se quando esses eram comparados a humanos adultos.

Porém em 1949, na Universidade de Minnesota, um grupo de cientistas se reuniu com o objetivo de desenvolver e selecionar um porco com tamanho reduzido e com condições anatômicas e fisiológicas normais, os chamados suínos miniatura ou micro.[3]

Já na década de 1970, duas décadas após o começo dessa seleção, houve um aumento nas publicações com essa espécie, tendência que vem se mantendo até os dias de hoje.[4]

O uso da engenharia genética e/ou a alteração da sequência do DNA criaram a possibilidade de selecionar ou modificar características que sejam mais interessantes e de maneira mais rápida para a pesquisa. Essas possibilidades foram abertas por Hammer em 1985, que produziu o primeiro suíno transgênico por meio da microinjeção de um DNA diferente no pronúcleo do zigoto.[5]

Outro fator que contribui com o sucesso do suíno como modelo experimental, além da anatomia e da fisiologia muito semelhantes às dos humanos, é o fato de o genoma dessa espécie estar três vezes mais próximo ao humano quando comparado com o genoma do rato.[5]

O suíno, atualmente, é extensamente usado e aceito pela comunidade médica no estudo de transplantes de órgãos, treinamento cirúrgico de estudantes de medicina e no desenvolvimento de novas técnicas para utilização de dispositivos médicos. Porém, ao longo das últimas décadas, sua importância vem aumentando em publicações na área das ciências biomédicas. Isso se deve ao aperfeiçoamento na sua criação, ao sequenciamento completo de genoma suíno e ao recente sucesso na manipulação genética, que possibilitaram o desenvolvimento de *knock-in* (inserções) e *knock-out* (exclusões) em seu genoma.[5]

Com esses avanços, a utilização de suínos conquista um campo fértil e promissor tanto em experimentos de fase aguda quanto nos experimentos de fase crônica, já sendo considerados por muitos o modelo animal ideal para o estudo de saúde e de doenças em humanos.

■ Taxonomia e raças

O Quadro 18.1 apresenta taxonomia e raças.

Quadro 18.1 Taxonomia e raças
Filo: *Chordata*
Classe: *Mammalia*
Ordem: *Artiodactyla*
Família: *Suidae*
Género: *Sus*
Espécie: *Scrofa*
Subespécie: *Domesticus*

Apesar de todos os suínos domésticos e as raças miniaturas receberem a mesma classificação taxonômica, *Sus scrofa domesticus*, há entre eles uma grande diferença no que se refere ao comportamento, ao tamanho e à aparência. Um problema comum quando revisamos a literatura é que são raros os artigos que trazem referências descritivas quanto à raça do suíno utilizado e a suas descrições metodológicas. A correta identificação da raça, sexo, peso e idade, além da minuciosa descrição metodológica da pesquisa, é responsabilidade do pesquisador e tem como objetivo principal possibilitar que os achados das pesquisas sejam replicáveis e possam ser comparados com outros.

As raças criadas para a agropecuária são chamadas informalmente de suínos domésticos, e as principais raças mencionadas na literatura científica são *Landrace*, *Duroc*, *Large White*, *Yorkshire* e os animais mestiços. As raças miniaturas ou micro mais utilizadas nas pesquisas são o *Yucatan* miniatura, o *Hanford*, o *Göttingen*, o NIH e o Sinclair S-1, pela grande disponibilidade comercial. Outras raças como *Ossabaw*, *Banna*, *Ohmini*, Pitman-Moore, *Chinese Dwarf*, *Meishan*, *Vietnamese*, *Panepinto* e o brasileiro *Minipig* BR são usadas em menor quantidade devido à limitação de mercado.[2]

As diferenças entre as raças de pesquisa e as raças para agropecuária passam por diferentes técnicas de manejo dos animais, de controle ambiental e de controle sanitário. A diferença essencial entre elas porém é o peso dos animais. Nas raças de corte a maturidade sexual é atingida com o animal podendo passar de 100 kg, enquanto nas miniaturas a maturidade sexual é atingida em uma faixa de peso de 12 a 45 kg, dependendo da raça.[2]

O peso é o fator limitante para utilização de raças de corte em experimentos crônicos, pois, além da dificuldade com o manejo à medida que o animal cresce, o custo é maior em consequência da maior demanda por alimentação e de área para abrigo. Em estudos agudos, que não sofram influência da maturidade do animal, as raças de corte ainda são utilizadas por termos uma maior disponibilidade de animais e preço inferior quando comparado ao das raças desenvolvidas para pesquisa.

Comportamento e ambiente

Os suínos apresentam como característica a socialização, vivendo bem em rebanhos, porém, como a maioria dos animais de rebanho, apresenta graus de hierarquia. Essa dominância é estabelecida através de brigas, que são mais frequentes durante o momento da alimentação do grupo. Para minimizar as brigas, a introdução de novos animais ou a retirada de animais de grupos já formados devem ser evitadas. Outras maneiras de minimizar as brigas é aumentar o número de comedouros e, em alguns casos, o confinamento dos animais em separado do grupo. Os animais que passaram por procedimentos cirúrgicos e que se encontram em recuperação cirúrgica devem ser acomodados separadamente para evitar episódios de canibalismo.[2,6]

As acomodações dos animais devem permitir a fácil e boa higienização. É recomentada a utilização de estrados plásticos, que possibilitam que o animal fique de pé sem escorregar e que evitam o contato com urina e fezes. Comida e água devem ser fornecidas do lado oposto onde àquele em que o animal defeca.[2,6]

Gaiolas de metais com grades e com sistemas de "portinholas" podem ser utilizadas para fazer o confinamento dos animais em grupos ou em separado. Esse sistema possibilita a redução dos espaços quando necessário, mantendo os animais separados do grupo, ou aumentando os espaços para deixar o animal com acesso ao grupo quando convém. É ideal que essas gaiolas evitem o contato físico dos animais, mas não impossibilitem a visualização entre eles. Quando se deseja uma separação que impossibilite a visualização entre os animais utiliza-se um sistema de barreiras metálicas sem fenestras que podem ser adaptadas nas grades nas ocasiões em que o contato não for benéfico e que podem ser retiradas para permitir o contato visual entre os animais quando isso for desejável.

A Tabela 18.1 apresenta as dimensões e área mínima para porcos e miniporcos.

O enriquecimento ambiental com objetos e brinquedos é necessário, pois, apesar do sedentarismo do suíno, comportamentos enraizados, como o ato de focinhar a cama e a terra na natureza, quando não realizados no ambiente do laboratório, podem levar ao estresse do animal.[2,6]

Umidade do ar e ventilação

Os suínos na natureza possuem boa tolerância a variações de umidade, porém os extremos (muito alta ou muito baixa) podem predispor ao surgimento de doenças. Quando criados em ambientes internos sem ventilação mecânica, as construções devem apresentar condições para uma ventilação suficiente, evitando assim períodos prolongados de umidade.[2,6,7]

No ambiente laboratorial recomenda-se a utilização de ventilação mecânica que possibilite a troca de todo o ar do ambiente, oferecendo ar fresco com qualidade adequada, diminuindo as concentrações de odor, gases nocivos e agentes infecciosos, além de auxiliar na remoção da umidade e de calor. A unidade do

Tabela 18.1
Dimensões e área mínima para porcos e miniporcos

Peso (kg)	Dimensão mínima do compartimento* (m^2)	Superfície mínima do pavimento por animal (m^2)	Espaço mínimo de repouso por animal (em condições térmicas neutras) (m^2)
Abaixo de 5	2	0,20	0,10
5-10	2	0,25	0,11
10-20	2	0,35	0,18
20-30	2	0,50	0,24
30-50	2	0,70	0,33
50-70	3	0,80	0,41
70-100	3	1,00	0,53
100-150	4	1,35	0,70
Acima de 150	5	2,50	0,95
Machos Adultos (Raças Domesticas)	7,5		1,30

**Os animais podem ser confinados em compartimentos menores para curtos períodos de tempo, por exemplo, através da repartição do gabinete principal com divisórias, quando tal se justifique por razão veterinária ou experimental, ou para o monitoramento do consumo alimentar individual.*

Adaptada do Apêndice A da Convenção Europeia para a Proteção dos Animais Vertebrados Utilizados Para Fins Experimentais ou Outros Fins Científicos – Conselho da Europa (http://conventions.coe.int/Treaty/EN/Treaties/PDF/123-Arev.pdf)[7]

ar deve estar entre 50-70%, e os ciclos de trocas devem ser ajustados de acordo com a concentração de animais, sendo que em baixas concentrações 8 trocas por hora são suficientes e em concentrações maiores esse número pode chegar a 20 trocas por hora.[2,6,7]

Temperatura ambiental

Os suínos são sensíveis às alterações de temperatura ambiental, animais jovens possuem necessidades de ambientes mais quentes, enquanto os animais adultos, com maior peso, devem estar em ambientes mais frescos. A temperatura ambiental ideal pode variar de acordo com a idade dos animais, presença ou não de cama, número de animais no grupo e a ingestão calórica. De uma maneira geral, as recomendações de temperatura ambiental seguem a Tabela 18.2, adaptada do Apêndice A da Convenção Europeia para a Proteção dos Animais Vertebrados Utilizados para Fins Experimentais ou Outros Fins Científicos – Conselho da Europa.[7]

Iluminação

Para os animais de criação, os ciclos de luz diários são importantes, pois guiam o comportamento e o ciclo circadiano. O suíno apresenta atividade crepuscular. A luz natural tem preferência quando há a possibilidade de ambiente

Tabela 18.2 Temperatura ambiental recomendada por faixa de peso dos animais	
Peso do animal kg	**Temperatura recomendada °C**
Abaixo de 3	30-36
3-8	26-30
8-30	22-26
30-100	18-22
Acima de 100	15-20

Fonte: http://conventions.coe.int/Treaty/EN/Treaties/PDF/123-Arev.pdf.[2,6,7]

com janelas, porém, quando isso não se faz possível, a luz artificial em ciclos que variam de 8 a 12 horas por dia é suficiente para suprir as necessidades desses animais.[2,6,7]

Manejo

Técnicas de manejo e contenção apropriadas para a agropecuária e para a criação comercial de suínos muitas vezes não são ideais para o ambiente laboratorial, podendo trazer estresse para os animais e até casos de agressões.[2,6]

Os profissionais que lidam com animais de pesquisa devem ter sempre em mente que condições que causem desconforto, ansiedade e estresse aos animais não são desejáveis, podendo trazer alterações metabólicas que podem gerar vieses às pesquisas.[2,6]

Por isso é recomendado o treinamento correto dos profissionais que farão o tratamento dos suínos e de sua estrutura. A socialização dos animais com seus tratadores é uma manobra desejável e recomendada em projetos de longa duração, por proporcionar bem-estar para os animais, evitando estresse nas coletas de amostras, nas trocas ou limpeza dos ambientes.[2,6]

Transporte

O transporte é um fator gerador de risco e estresse, seja ele interno (entre diferentes salas ou laboratórios da própria instituição) ou externo (de um estabelecimento para outro).

Para o transporte externo, recomendamos que os animais sejam acondicionados em caixa de transporte que tenha dimensões para acomodar de um a dois suínos de maneira confortável, possuindo perfurações para possibilitar a passagem de ar e tampa para evitar fugas. Essas caixas devem sem transportadas em veículo de carga com caçamba fechada e com aclimatação, pois o suíno é muito suscetível ao estresse térmico. Elas também devem ser fixadas aos veículos, por exemplo por meio de cordas, para evitar deslizamentos durante o transporte que causem lesões ou traumas aos animais.

Os transportes externos devem ser agendados e planejados para evitar os extremos climáticos, assegurar que o tempo e o estresse para os animais sejam os menores possíveis. Quando o tempo de transporte for longo, fornecer a hidratação e a alimentação adequadas.[8]

Para transporte interno, entre as instalações da instituição, é recomendado o uso de carrinhos de transporte adaptados fechados para evitar a fuga.

Um fator importante para o transporte dos animais, seja ele interno ou externo, é uma equipe técnica bem-treinada, reduzindo o estresse do transporte e capaz de intervir em situações que fujam do cotidiano.[8] A legislação referente ao transporte de animais em âmbito internacional, nacional e estadual deve ser observada, havendo a exigência de que o transporte seja feito com a Guia de Transporte Animal (GTA) emitida por um veterinário credenciado.

Aclimatação

Todas as mudanças de locais, nas rotinas de manejo e grupos de animais, produzem estímulos estressantes. Por isso é recomendado que, antes que entrem na pesquisa, os animais passem por um período de adaptação aos novos locais, às novas rotinas de manejo e aos novos reagrupamentos sociais.[8]

Quarentena

O uso da quarentena é recomendado na introdução de novos animais nas áreas de criação e manutenção, visando diminuir o risco de contaminação do restante do rebanho por patógenos indesejáveis. Os animais devem ser preferencialmente de lotes únicos, evitando a mistura de diferentes fornecedores no período de quarentena.[8,9]

Durante o período de quarentena os novos animais devem permanecer isolados com rígidos padrões de barreiras sanitárias. Eles devem ser observados diariamente para o aparecimento de sintomas clínicos que possam indicar a presença de doenças, e coletas de matérias para exames, em períodos predeterminados, se fazem necessárias para detectar doenças subclínicas em animais portadores.[8,9]

Padrões sanitários

No Brasil, o órgão responsável pela regulamentação oficial sobre o padrão sanitário do rebanho suíno destinado a pesquisa é o Conselho Nacional de Controle de Experimentação Animal – Concea, porém, desde a sua criação até o presente momento, não foi publicada nenhuma normatização para espécie suína. Outras espécies de laboratório tradicionais já possuem normatizações publicadas, o que nos faz acreditar que seja uma questão de tempo para que isso ocorra na espécie suína.

Sem um padrão sanitário definido, cada instituição que faz uso de suíno em suas pesquisas adota critérios próprios de padronização sanitária dos seus animais e de seus fornecedores, muitas vezes se valendo de critérios sanitários regulamentados para o rebanho suíno de corte, que em muitos casos são limitados e ineficazes em garantir um estado de saúde ideal aos animais de pesquisa, causando interferências diretas em seus resultados.

Para mais detalhes sobre os padrões recomendados fora do Brasil em países da União, acesse o site da Federation of European Laboratory Animal Science Associations – Felasa (http://www.felasa.eu/recommendations).

É importante ressaltar que uma normatização nacional sobre o assunto se faz necessária, como um guia para elevarmos a qualidade dos fornecedores e dos rebanhos suínos utilizados na pesquisa.

Nutrição

A prática de deixar a ração à vontade, que é comum na agropecuária, não é indicada para o ambiente laboratorial, principalmente em projetos de longa duração, em que isso pode levar à obesidade nos animais.[2]

Em pesquisa, a restrição alimentar para evitar ganho de peso exagerado com o uso de rações comerciais para agricultura não resolve o problema, pois, em geral, essas rações têm seu balanço de vitaminas e minerais guiado pelos níveis de energia presentes em suas formulações. Assim, restringindo o acesso ao ganho energético estaremos restringindo o acesso a vitaminas e minerais essenciais para o correto desenvolvimento e manutenção dos animais.[2]

Já existem no mercado rações comerciais para raças miniaturas de suínos de acordo com a fase de vida dos animais (iniciação, crescimento e reprodução/lactação). Essas rações podem ser utilizadas em suínos de raças de corte quando elas estiverem em ambiente laboratorial. A quantidade de ração por dia pode variar de acordo com a fase de desenvolvimento e o peso do animal: de maneira geral temos 0,2 a 2,5 kg de ração/dia para animais de 5 a 55 kg de peso vivo.[2,6]

O acesso à água é deixado à vontade, mas para se quantificar aproximadamente a ingestão diária usamos o cálculo de 2,5 L/kg de ração ingerida. A manutenção e a limpeza dos bebedouros devem ser feitas rotineiramente para evitar que os animais fiquem em restrição hídrica, que pode levar a intoxicação por sódio, caracterizada por sintomas de encefalite pelo desenvolvimento de uma eosinofilia.[2,6]

Crescimento

Em geral os suínos podem alcançar de 15 a 25 anos, dependendo das condições sanitárias, porém, quando criados para o fornecimento de carne, a vida média é de 6 meses, com os animais pesando em torno de 100 kg. Já as matrizes reprodutoras em geral têm vida média de 5 anos.[2]

A Figura 18.2 apresenta a relação entre peso e idade do suíno doméstico e das raças miniaturas.

Alguns fatores como raça dos animais, condições nutricionais e tamanho da ninhada podem influenciar o peso dos filhotes ao nascer, porém nas raças domésticas o peso varia de 1 kg a 2 kg, enquanto nas raças miniaturas fica em torno de 0,5 kg. Outros fatores que sofrem influência direta da raça são o período gestacional e o número de filhotes por ninhada. As raças miniaturas tendem a ter gestação alguns dias mais breve que as raças domésticas, assim como uma menor quantidade de filhotes.[2]

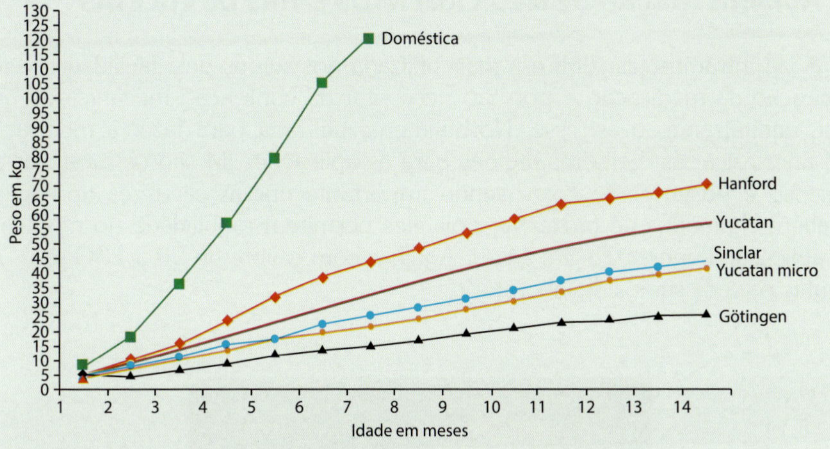

Figura 18.2 – *Relação entre peso e idade do suíno doméstico e das raças miniaturas. (Modificada de Swindle.[2])*

Reprodução

A Tabela 18.3 apresenta os padrões reprodutivos dos suínos.

Tabela 18.3 Padrões reprodutivos dos suínos[2,6]	
Cromossomos	2N = 38
Maturidade sexual	
Doméstica	3-7 meses
Miniatura	4-6 meses
Gestação	114 (110-116) dias
Desmame	4-6 (3-8) semanas
Ciclo estral	21 (18-24) dias
Estro	2 (1-5) dias
Ovulação	30-36 dias pós-estro
Ninhada por ano	2
Filhotes	4-20
Peso dos filhotes ao nascer	
Doméstica	1-2 kg
Miniatura	0,5 kg
Período reprodutivo	5-6 anos

■ Administração de Medicamentos e Vias de Coletas

A via intramuscular (IM) é a mais utilizada nos suínos pela facilidade de administração da medicação e por não necessitar da contenção mecânica do animal, minimizando o estresse. Normalmente utilizada para fazer a medicação pré-anestésica, as melhores regiões para as aplicações IM são os músculos do pescoço e posterior da coxa, sendo importante utilizar cateteres tipo scalp, também chamados de *butterfly*, pois eles permitem mobilidade no momento da aplicação (Figuras 18.3 e 18.4). Agulhas com calibre de 20 a 23G são suficientes para os suínos de laboratório.[2,6]

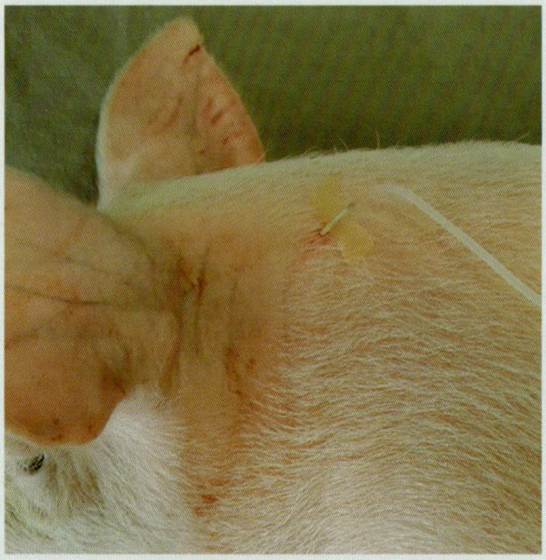

Figura 18.3 – *Via intramuscular nos músculos do pescoço.*

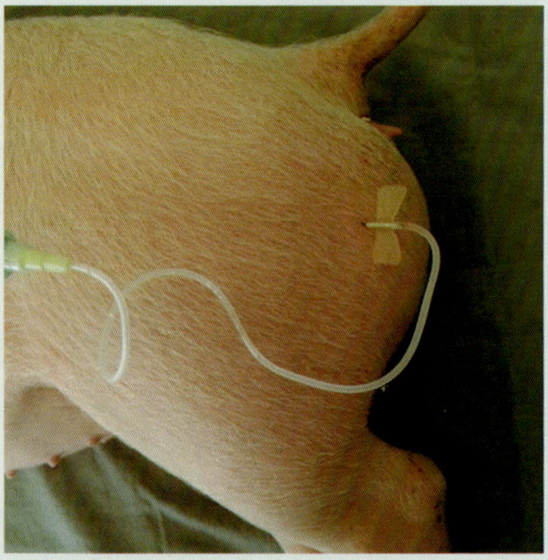

Figura 18.4 – *Via intramuscular no posterior da coxa.*

A via subcutânea (SC) é normalmente menos dolorosa que a IM, porém a absorção dos medicamentos pode ser irregular e demorada. São utilizados os mesmo cateteres tipo scalp como na via IM, e as regiões mais utilizadas são o flanco do animal e a região do pescoço (Figura 18.5).[2,6]

A via intravenosa (IV) é a que possui ação imediata dos medicamentos, sem tempo de absorção prévia; por outro lado, exige que os profissionais estejam bem treinados e que os animais tenham uma sedação prévia, possibilitando fácil acesso aos vasos. As principais vias de acesso para aplicação de medicamento são a veia marginal da orelha (Figura 18.6), a veia cefálica (Figura 18.7), a veia coccígea (Figura 18.8) e a veia abdominal cranial (Figura 18.9). A veia pré-cava

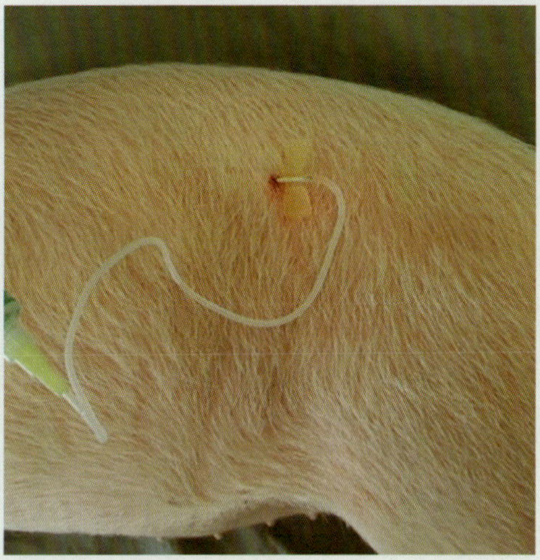

Figura 18.5 – *Via subcutânea no flanco do animal.*

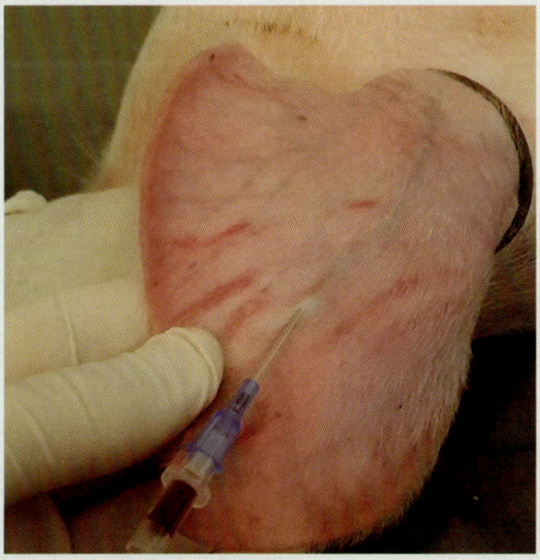

Figura 18.6 – *Via intravenosa, veia marginal da orelha.*

(Figura 18.10), as veias jugulares interna e externa (Figuras 18.11 e 18.12) e a veia femoral em geral são utilizadas por facilitarem a coleta de maiores volumes de sangue.[2,6]

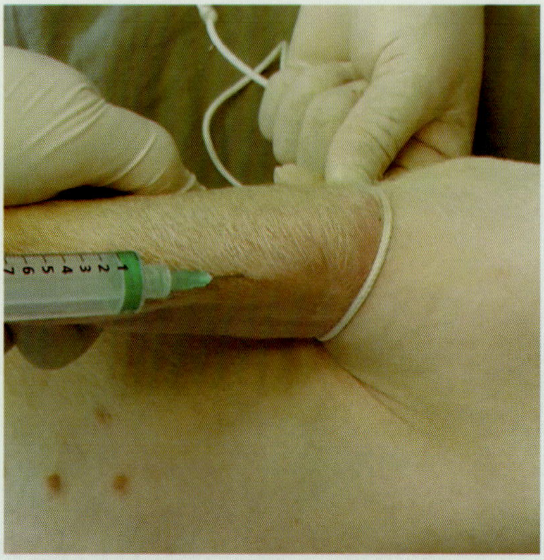

Figura 18.7 – Via intravenosa, veia cefálica.

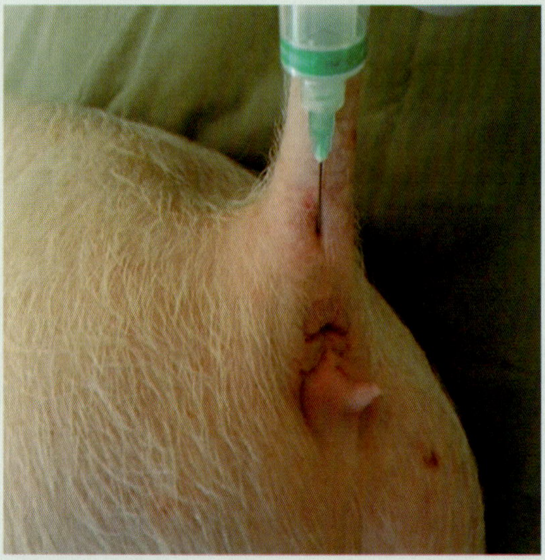

Figura 18.8 – Via intravenosa, veia coccígea.

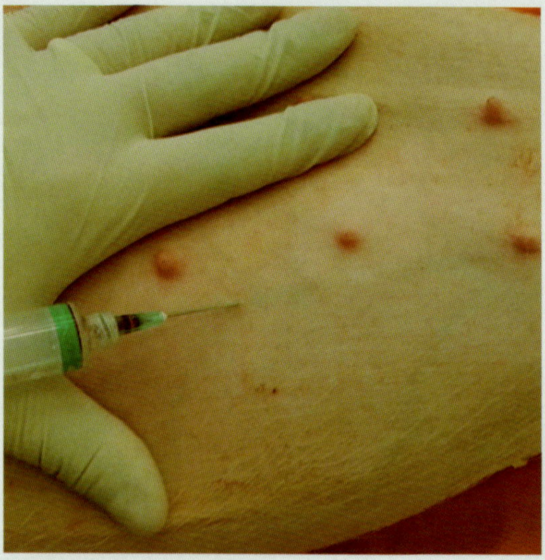

Figura 18.9 – *Via intravenosa, veia abdominal cranial.*

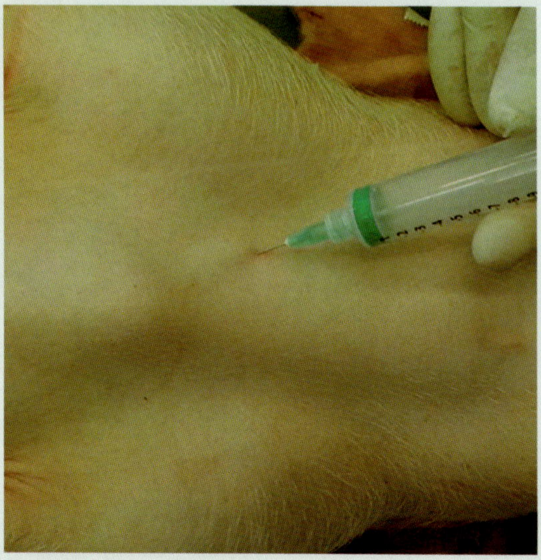

Figura 18.10 – *Via intravenosa, veia pré-cava.*

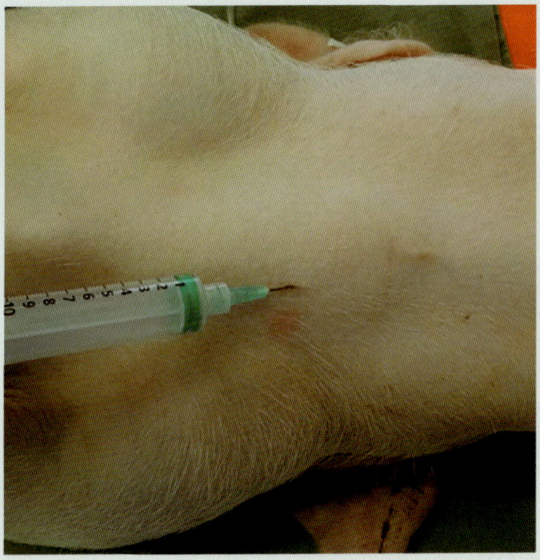

Figura 18.11 – *Via intravenosa, veia jugular interna.*

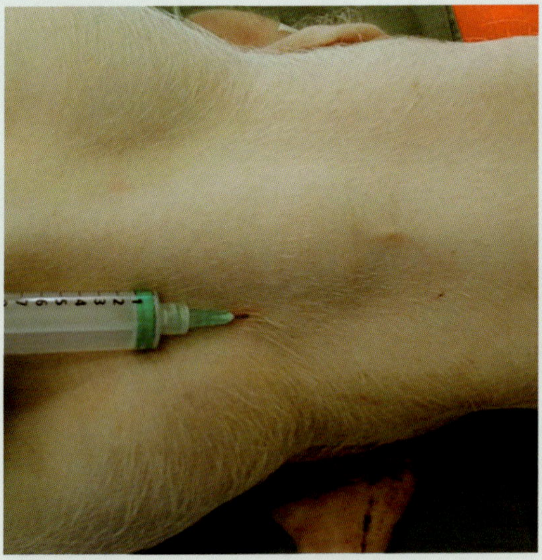

Figura 18.12 – *Via intravenosa, veia jugular externa.*

A coleta de sangue arterial muitas vezes é uma rotina nos animais de laboratório e pode ser obtida pela via intra-arterial (IA). O sítio de coleta preferencial no suíno é a artéria safena medial (Figura 18.13). Com maior dificuldade, também podemos coletar sangue arterial da artéria carótida e da artéria femoral (Figura 18.14).[2,6]

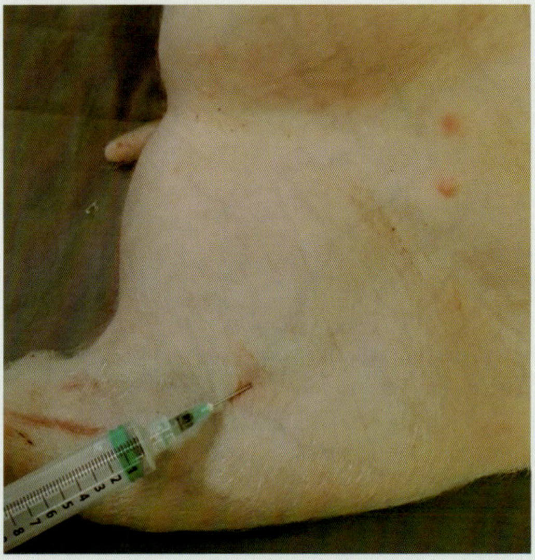

Figura 18.13 – *Via intra-arterial, artéria safena medial.*

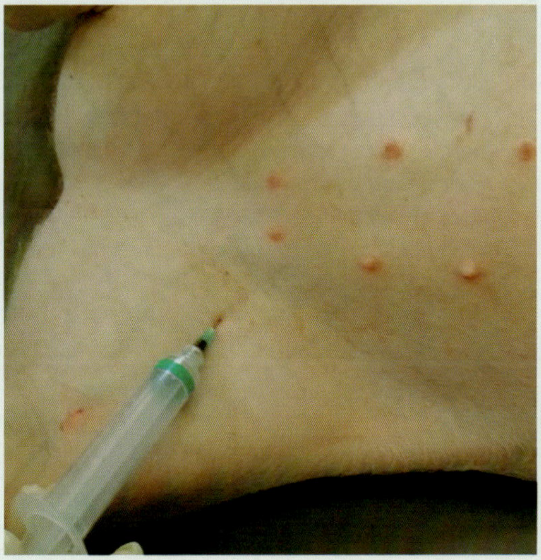

Figura 18.14 – *Via intra-arterial, artéria femoral.*

Referências Bibliográficas

1. A Vesalius A. De humani corporis fabrica, Libri VII (em latim), 1543. [acesso em 19 ago 2015]. Ed. apud Franciscum Franciscium Senefem & Ioannem Criegher Germanum, 1568. Original: A Universidade Complutense de Madri. Disponível em:

https://books.google.com.br/books?id=werjNGYbfrsC&hl=pt-BR&source=gbs_navlink Página visitada[Acesso em 17 agosto de 2015].
2. Swindle MM. Swine in the Laboratory: Surgery, Anesthesia, Imaging & Experimental Techniques. Boca Raton, Fl: CRC Press, 2007.
3. England DC, Winters LM, Carpenter LE. The development of a breed of miniature swine: a preliminary report. Growth1954;18: 207.
4. Ericsson AC, Crim MJ, Franklin CL. A brief history of animal modeling. Mo Med 2013;110(3):201-5.
5. Walters EM, Prather RS. Advancing swine models for human health and diseases. Mo Med 2013;110(3):212-5.
6. Swindle MM. Technical Bulletins: Handling, Husbandry & Injection Techniques in Swine. Disponível em: http://www.sinclairbioresources.com/Literature/Technical-Bulletins.aspx[Acesso em 19 ago 2015].
7. Council of Europe. European Convention for the Protection of Vertebrate Animals Used for Experimental and Other Scientific Purposes - Apêndice A. Guidelines for accomodation and care of animals. Estrasburgo, 15 de junho de 2006. Disponível em: http://www.conventions.coe.int/Treaty/en/Treaties/Html/123.htm [Acesso em 19 ago 2015].
8. Brasil. Ministério da Ciência, Tecnologia e Inovação. Conselho Nacional de Controle de Experimentação Animal. Resolução Normativa Nº- 23, de 23 de julho de 2015. "Introdução Geral" do Guia Brasileiro de Produção, Manutenção ou Utilização de Animais para Atividades de Ensino ou Pesquisa Científica do Conselho Nacional de Controle e Experimentação Animal - Concea. Diário Oficial [da República Federativa do Brasil], Brasília, v.141, p.4-9, 27 jul. 2015. Seção 1.
9. Brasil. Ministério da Ciência, Tecnologia e Inovação. Conselho Nacional de Controle de Experimentação Animal. Resolução Normativa Nº- 22, de 25 de junho de 2015. "Estudos conduzidos com animais domésticos mantidos fora de instalações de instituições de ensino ou pesquisa científica" do Guia Brasileiro de Produção, Manutenção ou Utilização de Animais em Atividades de Ensino ou Pesquisa Científica do Conselho Nacional de Controle e Experimentação Animal - Concea. Diário Oficial [da República Federativa do Brasil], Brasília, v.121, p.11-3, 29 jun. 2015. Seção 1.

Parte VI

Controle de Qualidade Animal

19

Genética de Animais de Laboratório

Silvia Maria Gomes Massironi
Ana Lúcia Brunialti Godard

O CAMUNDONGO COMO MODELO PARA O ESTUDO DA GENÉTICA

O estudo de problemas biológicos requer o estabelecimento de modelos. O mesmo é válido para a experimentação animal. A escolha de um modelo, em geral, deve refletir a condição humana, seja quanto à fisiologia, ao metabolismo ou à genética. Somam-se a isso as condições técnicas experimentais e a possibilidade da criação desse organismo em biotérios. Após o sequenciamento dos genomas humano e murino outros genomas têm sido sequenciados, mas o camundongo ainda é o melhor modelo para estudos genéticos. Devido a seu pequeno tamanho, fácil manuseio, menor custo de manutenção quando comparado a outras espécies de laboratório e possibilidade de ser manipulado geneticamente, o camundongo permite hoje abordagens em qualquer área de pesquisa.[1]

Com o advento das técnicas de transgênese, tem sido demonstrado que é possível reproduzir no camundongo muitas das pesquisas realizadas anteriormente em outras espécies de animais de laboratório. Vários fatores contribuíram para que o camundongo se tornasse o organismo de escolha para o estudo genético. Citam-se dentre eles a existência de um grande número de linhagens isogênicas, mutantes e portadoras de rearranjos cromossômicos; a possibilidade de alteração da constituição genética com adição, modificação e silenciamento de genes; o acúmulo de informações genéticas ao longo dos anos; e a possibilidade da localização de novos genes por clonagem posicional,[2,3] que envolve o estabelecimento de mapas genéticos detalhados e a possibilidade de estabelecer diferentes esquemas de cruzamentos.[4]

Origem dos camundongos de laboratório

Desde o início da civilização humana, o camundongo vive associado ao homem. Essa associação começou no final da última era glacial, há aproximadamente 10.000 anos, em uma região do Golfo Pérsico onde hoje se encontram Israel, Líbano e Síria, quando tribos nômades de caçadores e catadores começaram a cultivar plantas e animais domésticos. Quando o homem deixou de ser nômade, começou a estocar grãos que serviram de alimento para os camundongos. Com a migração humana para outros continentes o camundongo também migrou, ocupando hoje todos os lugares do mundo onde existem populações humanas, podendo ser encontrados em áreas urbanas e rurais.

Ao mesmo tempo que o camundongo se tornou uma praga que competia com o homem por alimentos, encontram-se registros de sua domesticação desde as civilizações gregas e romanas. Nos séculos XVIII e XIX, criadores chineses e japoneses selecionaram e desenvolveram várias linhagens mutantes com diferentes cores, de importância fundamental para a origem do camundongo de laboratório. Também durante o século XIX, na Europa, o camundongo se tornou "animal de coleção", havendo trocas entre criadores ingleses, chineses e japoneses. No começo do século XX, criadores europeus e americanos mantinham linhagens com mutações de cor da pelagem e dos olhos. O uso do camundongo para estudos genéticos começou logo após a redescoberta das Leis de Mendel, em 1900, quando o pesquisador francês Lucien Cuénot publicou uma série de trabalhos confirmando em camundongos os padrões de herança dominante e recessivo, estudados por Mendel em ervilhas. Além disso, outros parâmetros genéticos se tornaram conhecidos, como a existência de mais de dois alelos em um lócus, a existência de alelos recessivos letais e a interação epistática entre genes não ligados.

Deve-se a Miss Abbie Lantthrop a ligação entre os "colecionadores" de camundongos e os geneticistas americanos. Por volta de 1900, Miss Lanthrop, uma professora aposentada, começou a criar camundongos em sua casa em Granby, Massachusetts. Perto dali ficava o Instituto Bussey, dirigido por William Castle, da Universidade de Harvard. Além de fornecer camundongos para Castle e colaboradores em Harvard, e para Leo Loeb da Universidade da Pensivânia, ela conduzia seus próprios experimentos, que deram origem a linhagens isogênicas.[5]

A maior contribuição do grupo de Castle, e particularmente de Clarence Little para o desenvolvimento do estudo da genética em camundongos, foi o desenvolvimento das linhagens de camundongos isogênicas. Os cruzamentos, iniciados em 1909, resultaram na linhagem DBA. A partir de 1918, no Laboratório de Cold Spring Harbor, Little e colaboradores estabeleceram as principais linhagens de camundongos isogênicos, utilizadas até hoje, B6, B10, C3H, CBA e BALB/c.[5]

Quanto à sistemática, os camundongos são mamíferos, roedores pertencentes ao gênero *Mus*. Estudos envolvendo a análise do polimorfismo eletroforético de enzimas do metabolismo e análise da sequência do DNA mitocondrial ou genômico auxiliaram no estabelecimento de uma árvore genealógica com espécies de camundongos pertencentes ao gênero *Mus*. Dentro do gênero *Mus* pode-se considerar a existência de um grupo que corresponde ao complexo *Mus musculus*, que compreende *Mus musculus musculus, Mus musculus domesticos, Mus musculus castaneus, Mus musculus bactrianus* e *Mus musculus molossinus*. Apesar de diferirem entre si quanto a critérios genéticos, os camundongos desses quatro grupos podem se hibridizar (acasalar e gerar descendentes férteis) no estado natural, podendo assim ser considerados semiespécies do gênero *Mus*. Existem ainda espécies verdadeiras do gênero *Mus*, como *Mus spetrus, Mus macedonicus, Mus spicilegus, Mus caroli, Mus cervicolor, Mus coki, Mus fragilicauda* e *Mus famulus*, que, apesar de muitas vezes dividirem o mesmo território, não se hibridizam em estado natural. Por outro lado, é possível obter em cativeiro alguns híbridos entre espécies que têm sido utilizados no estudo de cartografia genética.

As linhagens de camundongos utilizadas em laboratório têm origem de camundongos albinos, raros na natureza. Várias semiespécies contribuíram para sua formação, tendo, portanto, origem polifilética. A principal contribuição provém de *Mus musculus domesticus;*[6] encontram-se ainda contribuições de *Mus musculus musculus* e *Mus musculus castaneus*.

AS POPULAÇÕES DE CAMUNDONGOS DE LABORATÓRIO

A boa adaptação do camundongo a acasalamentos consanguíneos, contrariamente a outras espécies, possibilitou sua utilização como organismo modelo para o estudo da genética de mamíferos. Um sistema formal de classificação para o acasalamento de camundongos foi estabelecido para descrever os vários tipos de cruzamentos entre camundongos que possuem uma inter-relação genética definida por um ou mais lócilócus.

Tomando-se como exemplo um único lócus, com dois alelos (A e a), é possível exemplificar as quatro classes de cruzamentos que podem ser estabelecidas (Figura 19.1):

1. *Outcross* (cruzamento alogênico): cruzamento entre dois animais ou linhagens consideradas não relacionadas. Este pode ser o cruzamento inicial para o estabelecimento de uma linhagem consanguínea, ser o primeiro passo para o estudo de análise de ligação ou ser estabelecido para produzir indivíduos F1 híbridos entre duas linhagens isogênicas.
2. *Backcross* (retrocruzamento): o cruzamento de indivíduos F1 com um indivíduo homozigoto para esse lócus denomina-se retrocruzamento. Usualmente acasala-se um indivíduo F1 (A/a) com um membro da linhagem parental (A/A ou a/a). Os descendentes desse cruzamento serão 50% homozigotos (A/A ou a/a) e 50% heterozigotos (A/a).
3. *Intercross* (intercruzamento): cruzamento entre dois indivíduos F1 heterozigotos (A/a) idênticos, que dá origem a uma população 50% heterozigota (A/a) e 25% homozigota para cada alelo considerado (25% A/A e 25% a/a). Observa-se que essa proporção, assim como a proporção de descendentes obtidos num retrocruzamento, segue a primeira lei de Mendel.
4. *Incross* (cruzamento singênico): cruzamento entre dois animais que têm o mesmo genótipo homozigoto, usado para a manutenção de linhagens iso-

gênicas. Os indivíduos resultantes desse acasalamento são idênticos aos indivíduos parentais.

Os cruzamentos descritos têm possibilitado o estabelecimento de um grande número de linhagens de camundongos, que por sua vez compreendem um inestimável repositório de informações genéticas. O conhecimento das características genéticas de cada uma dessas linhagens é indispensável para a escolha do modelo mais adequado ao trabalho experimental com camundongos. Descrevem-se a seguir os principais tipos de linhagens estabelecidos por meio desses cruzamentos:

Outbred stocks

Os camundongos cruzados ao acaso constituem lotes de camundongos não definidos geneticamente, que não podem ser chamados de linhagens. As colônias de camundongos cruzados ao acaso são mais fáceis de criar devido ao vigor híbrido, tendo frequência de acasalamentos produtivos próxima a 100%, podendo se tornar férteis a partir de 5 semanas e com ninhadas que podem

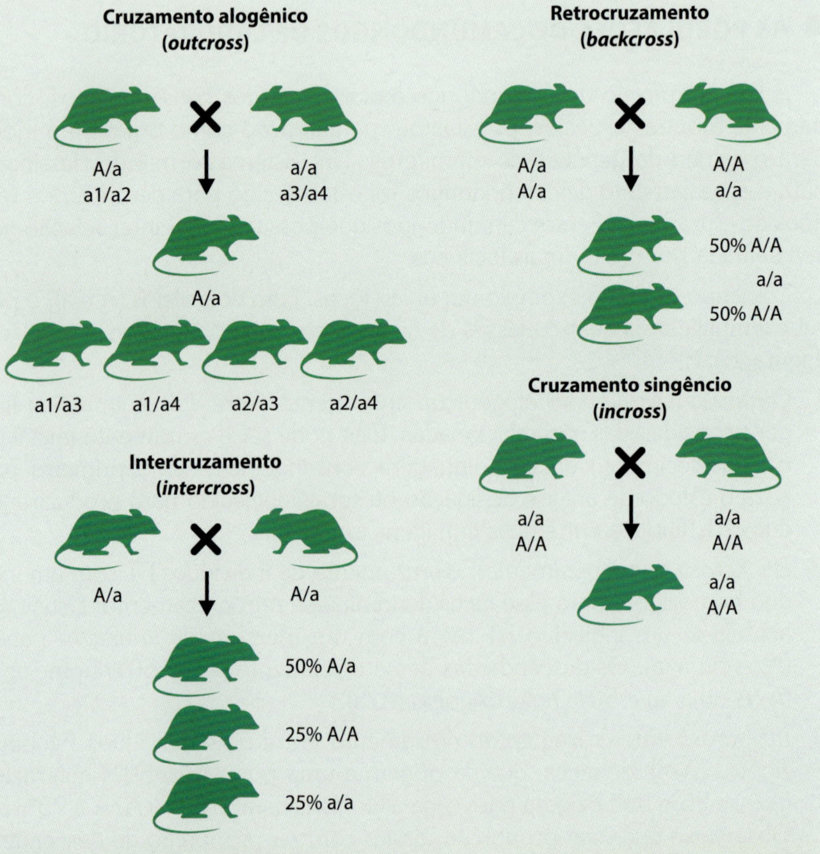

Figura 19.1 – *Esquemas de cruzamentos considerando-se um par de alelos A e a. (Adaptada por Carolina Massironi Berchez.)*

ter até 16 filhotes.[7] As fêmeas não isogênicas podem por vezes permanecer férteis até 18 meses e ter até 10 ninhadas.

As colônias de camundongos *outbred* mais utilizadas são Swiss e CD-1. Esses camundongos são úteis em pesquisas nas quais o genótipo do animal não precisa ser conhecido e quando os animais não são utilizados para o estabelecimento de uma nova linhagem. São usados como material para purificação bioquímica e como machos castrados para indução de pseudogestação em fêmeas usadas como mães receptoras de embriões transgênicos ou quiméricos. Não se deve usar um macho geneticamente não definido como progenitor de uma linhagem que será estudada por várias gerações, pois sua contribuição genética pode trazer resultados não esperados. O cruzamento de colônias de animais *outbred* deve seguir esquemas que evitem o cruzamento de indivíduos aparentados, como o esquema rotacional de Poiley ou Han rotacional.[8]

Linhagens isogênicas

Diz-se que dois organismos são isogênicos quando são geneticamente idênticos. Camundongos isogênicos são como clones de indivíduos geneticamente idênticos que podem ser reproduzidos. Sua similaridade genética leva a uniformidade fenotípica, diminuindo o número de animais necessários para que a análise estatística de um experimento seja significante.

As linhagens de camundongos isogênicos são geradas por acasalamento irmão X irmã por pelo menos 20 gerações, de modo ininterrupto a partir de quaisquer genitores iniciais, quando 98,7% de todos os lóci do genoma devem estar em homozigose. Continuando os cruzamentos, a porcentagem de homozigose aumenta, de modo que após 40 gerações 99,98% de todo o genoma será homozigoto. Na realidade, o estado de homozigose total do genoma nunca é atingido, seja por eventos mutacionais que podem ocorrer nos gametas produzindo novos alelos, ou pela existência de lócus deletérios em homozigose. Indivíduos heterozigotos para estes lóci podem ter mais viabilidade que os homozigotos e, assim, a forma heterozigota desses genes ser fixada. Por isso é indispensável a continuidade dos cruzamentos irmão X irmã, para a manutenção das linhagens consanguíneas, partindo novamente de um único casal. Escolhe-se de preferência um casal de irmãos, mas pode-se cruzar um pai com uma filha. No camundongo, indicam-se com a letra F seguida de um número as gerações de cruzamentos consanguíneos.

Sublinhagens

Quando existe diversidade genética entre ramos diferentes de camundongos isogênicos, caracteriza-se a existência de uma sublinhagem. A heterozigosidade residual ou isogenia incompleta podem ser a causa da formação de sublinhagens, quando ramos são separados da linhagem isogênica parental antes da quadragésima geração de cruzamento irmão X irmã. As mutações espontâneas ou o isolamento físico, separando um ramo da linhagem parental por mais de 20 gerações, podem também originar sublinhagens.

Híbridos F1

São assim chamados os indivíduos da primeira geração filial de um cruzamento entre duas linhagens isogênicas. São geneticamente uniformes, considerando-se tempo e espaço, e, por serem resultado da hibridização de duas linhagens isogênicas, expressam vigor híbrido, com maiores peso corpóreo, fecundidade, tempo de vida, tamanho de ninhada e resistência a doenças e a manipulação experimental, como os animais *outbred*. Obviamente, a uniformidade genética não é preservada em uma geração subsequente, ou F2, e a renovação de casais F1 híbridos deve ser feita sempre a partir de indivíduos das duas linhagens parentais.

Linhagens coisogênicas

Quando uma mutação ocorre em uma linhagem isogênica e é fixada através de cruzamentos dando origem a uma nova linhagem que difere da original por apenas um lócus, essa nova linhagem é dita coisogênica. Seu genoma é idêntico ao da linhagem original, diferindo por apenas o lócus mutado.

Linhagens congênicas

O conjunto de genes presentes em cada linhagem isogênica define um fundo genético. Um gene pode apresentar características diferentes, dependendo do fundo genético em que está. Para evitar artefatos ligados a diferenças de fundo genético, é importante que grupos de animais comparados em uma experiência apresentem o mesmo fundo genético. Isso se torna particularmente importante quando se estudam linhagens transgênicas, obtidas a partir de quimeras provenientes de dois zigotos diferentes. A transferência de genes entre linhagens é possível por meio de retrocruzamentos repetitivos, obtendo-se novas linhagens consanguíneas. Através de retrocruzamentos, transfere-se uma sequência de um cromossomo, e, como a nova linhagem formada não difere da original por um único gene, ela é denominada congênica.

Estabelecimento de linhagens congênicas

O estabelecimento de uma linhagem congênica envolve duas linhagens, uma linhagem doadora que carrega o gene mutado e uma linhagem consanguínea receptora. Num primeiro cruzamento entre as linhagens doadora e receptora são obtidos indivíduos N1. A partir daí estabelecem-se mais nove gerações de cruzamentos entre animais portadores do gene mutado e a linhagem receptora. Na geração N10 os animais portadores do gene mutado podem ser cruzados entre si, estabelecendo-se assim a nova linhagem congênica. As Figuras 19.2A e 19.2B mostram dois esquemas de cruzamentos para a obtenção de linhagens congênicas: no primeiro esquema, os animais heterozigotos para a mutação são identificados por testes laboratoriais e, selecionados para o próximo cruzamento. Quando não se dispõe de técnicas laboratoriais para a identificação da presença do gene mutado, deve-se estabelecer um esquema de retrocruzamento intercalado com intercruzamento, com o qual é possível selecionar os animais que serão utilizados para o estabelecimento da próxima geração.

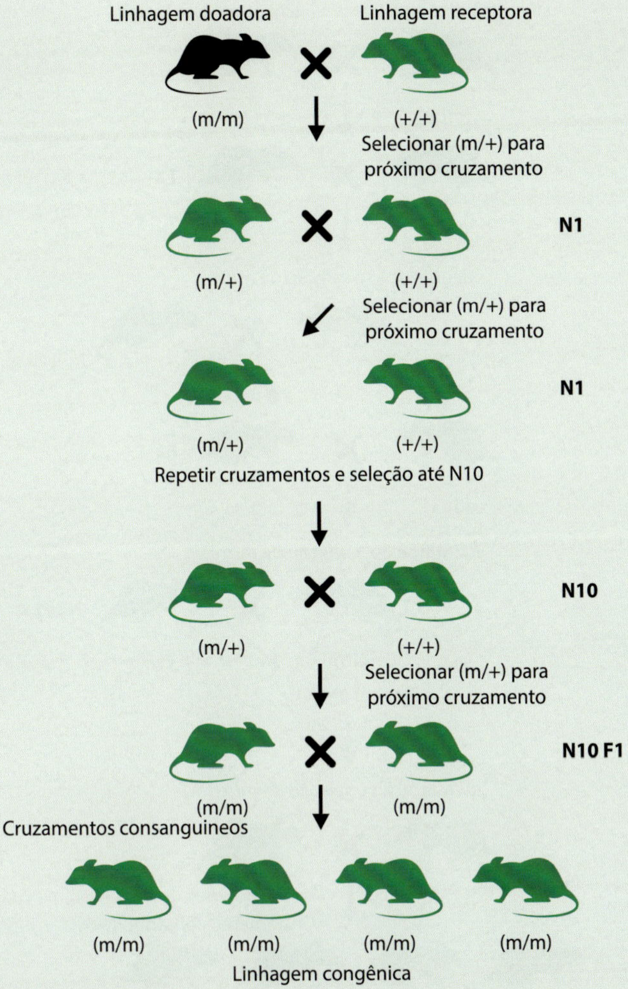

Figura 19.2 A – *Esquemas de cruzamentos para a obtenção de linhagens congênicas para mutações recessivas: a cada geração camundongos heterozigotos para a mutação são identificados por testes laboratoriais e selecionados para o próximo cruzamento. (Adaptada por Carolina Massironi Berchez.)*

No curso do estabelecimento de uma linhagem congênica, de maneira geral, a cada geração de cruzamento com a linhagem receptora a porcentagem do genoma proveniente da linhagem doadora é dividida por dois. Ao fim de dez gerações de retrocruzamentos, a porcentagem do genoma da linhagem doadora é de (1/2),^{9} aproximadamente 0,1%. Deve-se levar em conta que, esse segmento cromossômico transferido pode conter outros genes que podem influenciar no fenótipo estudado.

O estabelecimento de uma linhagem congênica pode, na prática, demorar de 2 a 3 anos. A mudança de fundo genético de uma linhagem pode ser acelerada pelo estabelecimento da técnica denominada *speed congenics*. Com o uso de um painel de marcadores genéticos, polimórficos entre as linhagens doadora e recep-

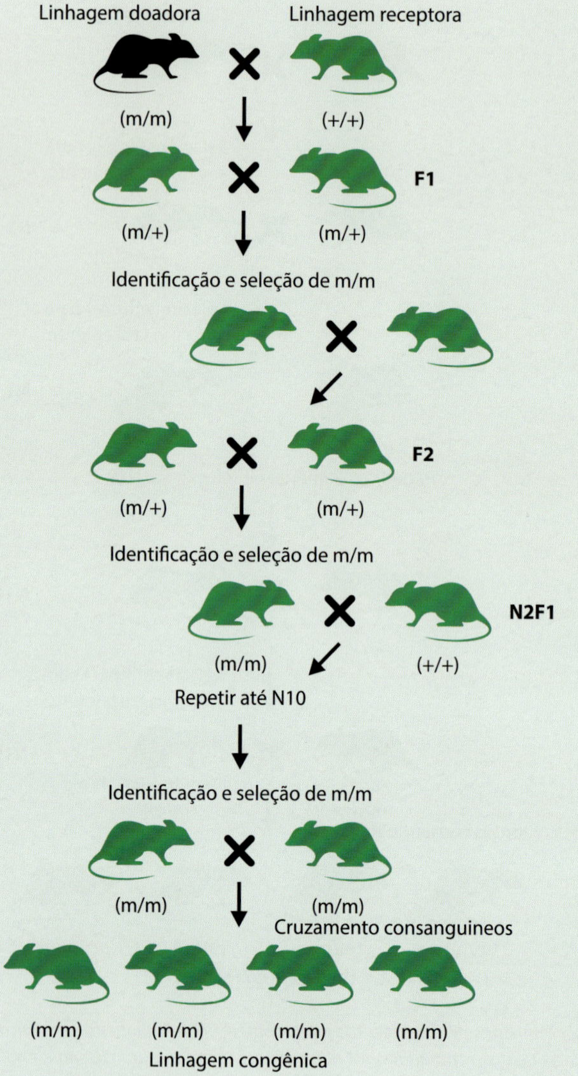

Figura 19.2 B – *Após cada retrocruzamento estabelece-se um intercruzamento para a identificação dos camundongos heterozigotos utilizados no estabelecimento da próxima geração. Nas duas situações, após 10 gerações de retrocruzamento estabelecem-se intercruzamentos para o estabelecimento de uma linhagem homozigota para o gene transferido no fundo genético da linhagem receptora. (Adaptada por Carolina Massironi Berchez.)*

tora, é possível selecionar a cada geração de retrocruzamento o camundongo que carreia o gene de interesse e a maior porcentagem de marcadores da linhagem receptora para o estabelecimento da próxima geração. Com a utilização desse painel de marcadores é possível reduzir de 10 para 5 o número de gerações necessárias para o estabelecimento de uma linhagem congênica. A eficácia desse tipo de cruzamento depende diretamente do número e da distribuição dos marcadores selecionados, e seu resultado deve ser cuidadosamente avaliado. Além da redução do tempo, reduz-se o número de animais utilizados no processo.

Linhagens consômicas

Variação das linhagens congênicas, na qual um cromossomo inteiro é transferido através de cruzamentos de uma linhagem doadora para uma linhagem receptora. Assim como as linhagens congênicas, são produzidas por uma série de 10 retrocruzamentos. Um painel completo consta de 21 linhagens, uma para cada cromossomo do camundongo (Cr. 1-19, X e Y). A análise de um painel de linhagens consômicas permite a associação de um fenótipo a um cromossomo em particular, no qual doador e receptor diferem.

Linhagens recombinantes consanguíneas

Linhagens formadas a partir do cruzamento de duas linhagens isogênicas diferentes a partir de um intercruzamento, produzindo uma geração F1. Casais F1 são então cruzados irmão X irmã por 20 gerações, produzindo uma família de novas linhagens. Cada linhagem possui uma recombinação única dos alelos provenientes dos genes parentais. Lóci não ligados geneticamente segregam independentemente, enquanto lóci ligados têm maior tendência a serem transmitidos juntos. Essas linhagens são usadas para o estudo de caracteres complexos (QTLs – *quantitative trait locus* – lócus polimórficos quanto a efeitos quantitativos detectáveis). Como qualquer linhagem isogênica, essas linhagens podem ser perpetuadas, e os dados obtidos a partir de seus estudos podem se somar a resultados anteriores publicados com as mesmas linhagens.

■ A IMPORTÂNCIA DO FUNDO GENÉTICO

Como já mencionado, o conjunto de genes presentes em cada linhagem isogênica define um fundo genético. Os modelos obtidos por mutações (espontâneas ou induzidas) ou por manipulação genética de alelos de interesse são mantidos em um ou mais fundos genéticos, muitas vezes não isogênicos e, portanto, não definidos geneticamente. Por outro lado, a transferência de genes para outro fundo genético pode ter maior interesse, seja pelo desempenho reprodutivo, por melhor apresentação do fenótipo mutante ou por outras questões ligadas à experimentação. De todo modo, a definição do fundo genético é de suma importância para evitar a má interpretação de resultados experimentais.[10] Cada linhagem tem um único fundo genético, e diferentes fundos genéticos contêm uma combinação diferente de genes que podem modificar a expressão do gene estudado. Genes modificadores interferem na ação de outros genes e foram descritos para explicar a variabilidade de expressão, afetando a severidade do fenótipo.[9]

A utilização de células-tronco embrionárias da linhagem 129 (*ES cells lines*) para a produção de transgênicos e sua inserção em óvulos de outras linhagens, principalmente C57BL/6, levam à produção de quimeras. Essas quimeras, que carregam informações genéticas das duas linhagens, devem ser objeto de 10 retrocruzamentos com a linhagem escolhida como fundo genético, para se obter uma linhagem congênica. No decurso dessas gerações de retroacasalamento, os animais produzidos não têm um fundo genético definido, e, quando usados, podem fornecer resultados experimentais que podem se modificar com o andamento das gerações.

Para minimizar os efeitos indesejados do fundo genético, alguns cuidados podem ser tomados:[11]

1. usar mutantes com fundo genético definido;
2. usar controles apropriados, isto é, com o mesmo fundo genético que o mutante;
3. construir modelos geneticamente modificados com células ES obtidas de linhagens de camundongos definidas;
4. se possível, analisar uma mutação em vários fundos genéticos;
5. na análise dos resultados, avaliam-se efeitos ambientais como barulho, luminosidade do microambiente da caixa, manuseio dos animais e dieta sobre a expressão do gene estudado e do comportamento dos animais;[12]
6. nas publicações, descrever o modelo estudado com detalhes e correta nomenclatura.

MONITORAÇÃO GENÉTICA

Considerando-se a importância do uso de camundongos geneticamente definidos na pesquisa biomédica, sua constituição genética deve ser definida e monitorada para a obtenção de resultados reprodutíveis. Um programa de monitoração deve ser estabelecido pelos criadores de linhagens de camundongos geneticamente definidas para sua certificação genética.

O genoma das linhagens de camundongos consanguíneos está sujeito à contaminação genética e também à deriva genética. A contaminação genética normalmente ocorre por erro humano quando duas linhagens de mesma cor de pelagem são cruzadas inadvertidamente ou quando existe erro de anotações em fichas, levando novamente a cruzamentos indevidos. Esse tipo de contaminação é rapidamente detectável por um programa de monitoração genética. Por outro lado, a deriva genética devida à separação física de animais gera sublinhagens que acumulam mutações que se fixam lentamente, sendo detectadas com maior dificuldade.

A monitoração genética começa pela organização de uma colônia de camundongos consanguíneos, estabelecendo-se colônias de fundação e expansão, evitando-se a mistura de animais de mesma cor de pelagem numa mesma sala. O estabelecimento de uma colônia de fundação é fundamental para a perpetuação das características genéticas de uma linhagem consanguínea. Essa colônia, constituída por algo em redor de 10 casais, deve ser mantida fisicamente isolada das demais colônias da mesma linhagem. Usualmente estabelecem-se salas, unidades isoladoras, ou, mais recentemente, *racks* ventilados, onde são mantidas apenas colônias de fundação. Todos os dados reprodutivos da colônia de fundação precisam ser cuidadosamente anotados, elaborando-se mapas que mostrem claramente as relações entre os casais de cada geração (Figura 19.3). O acasalamento deve ser sempre irmão X irmã, e emprega-se um sistema de autorrenovação a partir de um único casal, sendo possível optar pela continuidade de várias linhas paralelas quando há problemas de fecundidade. A monitoração genética deve ser constante nos casais de fundação. Recomenda-se que todos os animais dessa colônia sejam monitorados, pois dão origem às demais colônias.

O tamanho da colônia de expansão depende diretamente da necessidade de fornecimento, podendo ser necessário estabelecer uma colônia intermediária entre a fundação e a expansão, denominada colônia de pedigree. A colônia de pedigree é constituída de casais, filhos da fundação e cruzados irmão X irmã. Os filhotes dos casais da colônia de pedigree formarão os casais da colônia de expansão. Estes podem ser cruzados ao acaso, e seus descendentes só deverão ser usados para a pesquisa, não sendo geneticamente adequados para o estabelecimento de novos casais. Uma vez respeitado esse sistema de acasalamento, pode-se concentrar toda a monitoração genética somente na colônia de fundação, uma vez que todos os casais das colônias de pedigree e expansão estão a uma ou duas gerações dos casais submetidos a controle genético.

TÉCNICAS DE MONITORAÇÃO GENÉTICA

Tradicionalmente a monitoração genética era baseada na análise de marcadores bioquímicos, imunológicos, na coloração de pelagem e em análises morfológicas. Como a iso-histogenicidade é um pré-requisito para as linhagens isogênicas, o transplante de pele foi estabelecido como um método barato e facilmente reprodutível, apesar de seus resultados serem bastante demorados. Nenhum dos métodos tradicionais sozinho era suficiente para a monitoração genética de uma linhagem. Em cada método monitorava-se um número limitado de genes distribuídos pelos cromossomos (dois ou três marcadores por cromossomo). Utilizava-se então uma combinação de métodos. Atualmente os métodos moleculares substituem os demais métodos, fornecendo em pouco tempo grande número de informações genéticas.

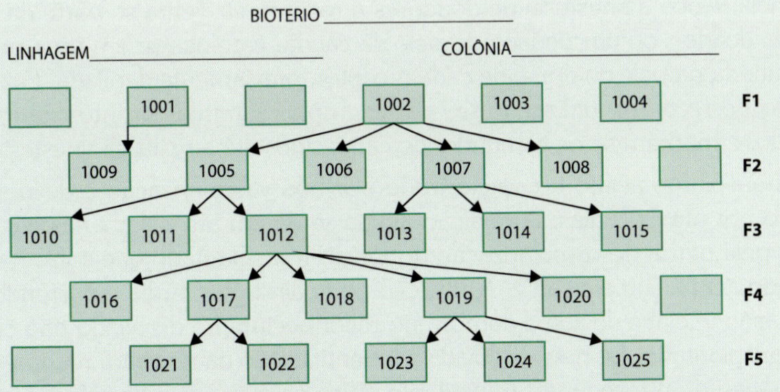

Figura 19.3 – *Exemplo de um mapa de camundongos isogênicos. Cada número representa um casal, em cada linha são registrados casais de uma geração, representadas pela letra F ao lado direito. As flechas indicam a descendência. No exemplo, selecionam-se um ou dois casais de cada geração para dar origem à geração seguinte.*

A detecção de uma contaminação genética indica que as matrizes da linhagem contaminada devem ser substituídas. Quando se trata de linhagens congênicas, deve-se restabelecer o esquema de retrocruzamentos até que o fundo genético seja o da linhagem receptora.

Coloração de pelagem

Existe um grande número de genes que determinam as variações de coloração dos camundongos, alguns dos quais são usados na monitoração genética. Os genes marcadores de cor usados na monitoração genética de rotina são nonagouti (a – cromossomo 2), tyrosinase related protein 1 (Tyrp 1 – antigo gene b – cr. 4), tyrosinase (Tyr – antigo gene c – cr. 7) e Myosin Va (Myo5a – antigo gene d – cr. 9). Como muitas linhagens de camundongos isogênicos têm a mesma cor de pelagem, muitas vezes não se podem distinguir os descendentes originários de cruzamentos errôneos. Na monitoração genética utilizando genes de coloração, cruzam-se indivíduos de cor de pelagem distinta que devem originar descendentes de uma só coloração. Qualquer variação de coloração obtida indica contaminação.

Transplante de pele

O transplante de pele entre indivíduos de uma mesma linhagem isogênica deve ser aceito uma vez que todos os indivíduos são geneticamente idênticos e, portanto, histocompatíveis. Por essa técnica, inúmeros genes localizados em vários cromossomos podem ser monitorados. No caso de uma rejeição não é possível determinar qual a diferença existente entre os indivíduos, mas trata-se de uma técnica simples e barata, muito empregada no passado e que ainda não pode ser totalmente desconsiderada.

Para sua execução, selecionam-se camundongos adultos de mesma linhagem e sexo. Cada camundongo pode ao mesmo tempo ser doador e receptor, podendo ser formados grupos de 4 ou 5 camundongos, fazendo-se os transplantes em sequência. Após a anestesia de doadores e receptores, retira-se parte da orelha de cada doador, ou um pedaço da pele da cauda, e coloca-se em uma pequena fenda aberta na pele do dorso de cada receptor, previamente depilada. Faz-se um curativo no receptor, utilizando-se, por exemplo, curativos prontos de formato redondo, e mantêm-se os camundongos aquecidos até a volta da anestesia.

O transplante aceito é caracterizado por boa vascularização e deve ser observado por até 100 dias. A rejeição aguda se dá em até 2 semanas e caracteriza-se pela perda de vascularização do tecido transplantado que sofre necrose, deixando apenas uma cicatriz. A rejeição pode ainda ser tardia, ocorrendo após a aceitação inicial e devida a demora no reconhecimento do tecido não compatível transplantado. Se houver dúvida na identificação da rejeição, recomenda-se a realização de um segundo transplante entre os mesmos indivíduos. Havendo incompatibilidade entre os tecidos do doador e receptor haverá uma rejeição mais rápida que a primeira.

Transplantes entre machos doadores e fêmeas receptoras de uma mesma linhagem isogênica apresentam rejeição tardia em aproximadamente 45 dias. Os machos carregam no cromossomo Y o gene H^y, que codifica determinantes antigênicos estranhos às fêmeas, mas que demoram a ser reconhecidos por estas.

Marcadores bioquímicos

Os marcadores bioquímicos são analisados por eletroforese em gel de amido, gel de poliacrilamida ou acetato de celulose. Nessa técnica expõem-se proteínas a um campo elétrico que irão migrar dependendo de sua carga (ponto isoelétrico) e de seu peso molecular em certo pH. As proteínas são produzidas em uma ou mais formas codificadas pelo mesmo lócus. Diferenças na composição de aminoácidos ou na sua estrutura secundária farão com que elas migrem de modo diferente quando submetidas a um campo elétrico. Modos alternativos de uma mesma proteína codificadas pelo mesmo lócus constituem marcadores bioquímicos polimórficos. As linhagens mais comuns de ratos e camundongos são caracterizadas por 20 ou mais marcadores bioquímicos, codificados por diferentes genes nos cromossomos. Nos procedimentos laboratoriais de marcadores bioquímicos, os tecidos são retirados dos animais e homogeneizados. Para cada marcado analisado utiliza-se uma combinação tecido-tampão de corrida. Lisado de hemácias, soro e homogenatos de rim, fígado são os fluidos mais comumente utilizados nos procedimentos laboratoriais.

Marcadores imunológicos

Os marcadores imunológicos são detectados por testes sorológicos, reações celulares com linfócitos e eritrócitos e por transplante de pele, já descrito. Os marcadores imunológicos são antígenos de superfície ou moléculas solúveis que existem em diferentes formas (aloantígenos). O complexo principal de histocompatibilidade (MHC) é o principal conjunto de marcadores imunológicos, sendo utilizados ainda como marcadores antígenos de eritrócitos, linfócitos, alótipos de imunoglobulinas e antígenos menores de histocompatibilidade. Outros métodos imunológicos que podem ser utilizados na monitoração genética são: teste de citotoxicidade, hemaglutinação, citometria de fluxo e cultura mista de linfócitos.

Métodos moleculares

Algumas técnicas de biologia molecular foram testadas para a monitoração genética de camundongos isogênicos. Técnicas como RFLP (*Restriction Fragment Length Polymorphism*) e DNA *fingerprint* mostraram pouca eficiência na diferenciação de linhagens, pois o número de progenitores que deram origem de todas as linhagens utilizadas atualmente em laboratório foi bastante restrito. Novas técnicas, entretanto, têm apresentado melhores resultados na diferenciação de linhagens utilizando marcadores microssatélites e SNPs (*Single Nucleotide Polymorphism*), ou sequências específicas de genes modificados. Com essas técnicas pode-se monitorar a integridade genética das linhagens isogênicas e o fundo genético de linhagens congênicas e de mutantes espontâneos ou modificados por engenharia genética. Pode-se ainda verificar a presença de alelos específicos em animais geneticamente modificados.

Para a monitoração do fundo genético selecionam-se marcadores distribuídos por todo o genoma e polimórficos entre as linhagens mantidas num biotério. Marcadores microssatélites são *repeats* de dinucleotídeos, p.ex., $(TG)_n$ ou $(CG)_n$, que estão dispersos por todo o genoma. Os *repeats* de dinucleotídios são polimórficos em relação ao número de repetições. Cada microssatélite representa um lócus único no genoma e apresenta polimorfismo entre as linhagens, definindo alelos distintos. O banco de dados MGI (http://www.informatics.jax.org/) fornece informações sobre o polimorfismo de microssatélites entre linhagens. O uso de microssatélites está baseado no fato de que esses *repeats* estão localizados em associação com outros genes, e cada sequência de dinucleotídios pode ser identificada com base na sequência de genes que estão próximos (*flanking genes sequencies*). Na prática, os microssatélites são identificados por reação de PCR (*Polymerase Chain Reaction*) utilizando-se *flanking DNA sequencies* como *primers*. Nessa técnica fazem-se muitas cópias dos microssatélites entre os *primers* e identifica-se o tamanho destes através de eletroforese em gel como bandas que migram de acordo com seu tamanho.

A genotipagem de SNPs é uma abordagem alternativa ao uso de marcadores microssatélites, com a vantagem de ser mais barata, abrangente, a padronização ser simples, reprodutível, e, talvez a maior vantagem, e diferentemente dos demais métodos, permitir detectar a origem da contaminação genética.[13] Os SNPs correspondem às variações mais comuns encontradas no DNA tanto nas regiões codificadoras como nas não codificadoras[14]. Estima-se que no genoma murino pode-se encontrar algo em torno de 10^6 SNPs, o que permitiria caracterizar qualquer linhagem de camundongo. Quando encontrados nas regiões codificadoras, e se a variante altera um aminoácido ou gera um códon STOP, o SNP é chamado de não sinônimo. Por outro lado, se o SNP dessa mesma região codificadora não altera a sequência de aminoácidos, nesse caso, é chamado de sinônimo. A grande maioria dos SNPs encontrados em camundongos, e em outras espécies, é bialélica. Isso significa que um indivíduo pode apresentar uma (homozogoto; exemplo G/G ou T/T)[15] ou duas possibilidades nucleotídicas (heterozigoto; exemplo G/T). Em 2004, Petkov e colaboradores[15] publicaram um trabalho no qual descreveram a distribuição alélica de 235 SNPs genotipados em 48 linhagens de camundongos. Destes, selecionaram um painel de 28 SNPs capazes de caracterizar praticamente mais de 300 linhagens isogênicas, heterogênicas, congênicas, consômicas e linhagens recombinantes consanguíneas mantidas no Laboratório Jackson (http://www.jax.org). Esse painel de marcadores SNPs está distribuído entre todos os cromossomos murinos e pode ser utilizado para o monitoramento das linhagens mantidas nos biotérios. Para tanto, as técnicas mais utilizadas são a PCR em tempo real (TaqMan®), sequenciamento direto, PCR alelo específico e *array* de DNA. As informações sobre a coleção de SNPs existente no genoma de camundongo e sua distribuição alélica podem ser consultadas no site http://phenome.jax.org/. Neste pode-se encontrar mais de 8 milhões de SNPs e inúmeras linhagens isogênicas genotipadas.[16]

Um pequeno número de marcadores genéticos polimórficos entre duas linhagens de mesma coloração de pelagem é suficiente para assegurar que não houve cruzamentos errados entre indivíduos dessas linhagens. Por outro lado, a diferenciação entre sublinhagens requer um maior número de marcadores distribuídos em todos os cromossomos.

Para a monitoração genética de alelos mutantes de linhagens geneticamente modificadas ou de mutantes naturais já clonados utilizam-se protocolos moleculares específicos, pois seu defeito molecular é conhecido. Os protocolos utilizados podem ser encontrados publicados pelos pesquisadores autores da modificação genética, e grande parte deles pode ser encontrada no site do Laboratório Jackson (http://www.jax.org). As mutações muitas vezes levam a infertilidade ou letalidade quando em homozigose, precisando ser mantidas em heterozigose. Para essas linhagens a tipificação genética é necessária para identificar animais que carregam a mutação para a manutenção da colônia e para sua utilização experimental. As mutações mantidas em homozigose também devem ser monitoradas periodicamente para assegurar que continuam a carrear a mutação.

Nomenclatura

Em 2001, o Comitê Internacional em Nomenclatura Padronizada para Camundongos e Ratos (International Committee on Standardized Nomenclature for Mice and Rat) e o Comitê do Genoma e Nomenclatura de Ratos (Rat Genome and Nomenclature Committee) estabeleceram um grupo de regras aplicáveis às duas espécies. Essas regras são revisadas e atualizadas anualmente. A seguir apresentamos um resumo dessas regras para nomenclatura de linhagens. Informações para nomenclatura de genes podem ser encontradas nos sites:

Mouse Genome Informatics:

- http://www.informatics.jax.org/mgihome/nomen/gene.shtml

Rat Genome Database (RGD):

- http://rgd.mcw.edu/nomen_rules.html

1. Uma linhagem isogênica deve ser designada por letras maiúsculas ou uma combinação de letras e números, sempre começando com uma letra (ex.: NZW). Note-se que as linhagens preexistentes a essa regra podem não segui-la (ex.:129).
2. A separação de linhagens por várias gerações acarreta o estabelecimento de sublinhagens. Sua nomenclatura deve conter a raiz da linhagem original seguida pelo nome do seu criador (ex.: C57BL/6J, linhagem criada pelo Laboratório Jackson, e C57BL/6UNI, linhagem criada pelo Cemib Unicamp).
3. O número de gerações de consanguinidade pode ser indicado, se necessário (ex.: BALB/c/J (250)) ou quando não se sabe o número de gerações anteriores ao seu registro (ex.: C57BL/6 (?+50)).
4. A designação de F1 híbridos deve ser formada pelo nome da linhagem materna e depois paterna (ex.: (C57BL/6 X BALB/c) F1 ou B6CF1). Algumas das abreviaturas usadas são: 129- todas as linhagens 129; A – linhagens A; B6 – C57BL/6; C – BALB/c; C3 – todas as linhagens C3H; D2 – DBA/2.
5. Mutantes naturais ou induzidos por agentes químicos ou por radiação, em um fundo genético determinado, são considerados linhagens coisogênicas. Estas devem ser designadas pelo símbolo da linhagem seguido de um hífen e o símbolo do gene e o símbolo do alelo diferencial em itálico (ex.: C57BL/6JEi-*tth* – Linhagem C57BL/6JEi com tumor e mutação *headtilted*).

6. A nomenclatura de linhagens congênicas é composta por três partes: o nome completo ou a abreviatura da linhagem receptora, seguida por um ponto, o nome completo ou a abreviatura da linhagem doadora seguido por um hífen e finalmente o alelo transferido em itálico (ex.: B6.AKR-*H2k*- a linhagem receptora C57BL/6 recebeu por cruzamentos o alelo $H2^K$ da linhagem AKR). O símbolo Cg pode ser usado se o alelo for proveniente de um animal de linhagem não definida ou de um segmento cromossômico desconhecido (ex.: B6.C(Cg)-*mut* – uma mutação foi transferida por retrocruzamentos da linhagem BALB/c para C57BL/6, mas teve origem de um fundo genético misturado ou tem uma história indefinida e o segmento cromossômico é desconhecido).
7. A nomenclatura de camundongos cruzados ao acaso (*outbred*) deve conter o nome do criador seguido pelo nome comum da "linhagem" (ex.: Tac:Swiss – camundongos Swiss criados por Taconic Farms).

Referências Bibliográficas

1. Paigen K. Understanding the human condition: experimental strategies in mammalian genetics. ILAR J 2002; 43(3):123-135.
2. Barbaric I. Spectrum of ENU-induced mutations in phenotype-driven and gene-driven screens in the mouse. Environmental Molecular Mutagenesis 2007; 48(2):124-142.
3. Yang,Y. Genetic approaches to studying mouse models of human seizure disorders. Adv Exp Med Biol 2004; 548:1-11.
4. Panthier JJ, Montagutelli X, Guénet JL. Les organismes modèles. Génétique de lasouris. Paris: Belin, 2003.
5. Silver LM. Mouse Genetics. Concepts and Applications. Oxford University Press, 1995. Disponível em: http://www.informatics.jax.org/silver/. Acessada em: 20/05/15.
6. Yoshiki A, Moriwaki K. Mouse phenome research: implications of genetic background. ILAR J 2006; 47:94-102.
7. Chia R, Achilli F, Festing MFW, Fisher EMC. The origins and uses of mouse outbred stocks. Nature Genetics 2005; 37:1181–1186.
8. Rapp GK. HAN-rotation, a new system for rigorous outbreeding. Z Versuchstierkd 1972; 14(3):133-42.
9. Crawley JN, Belknap JK, Collins A, Crabbe JC, Frankel W, Henderson N, et al. Behavioral phenotypes of inbred mouse strains: implications and recommendations for molecular studies. Psychopharmacology (Berl) 1997; 132:107-24.
10. Linder CC. The influence of genetic background on spontaneous and genetically engineered mouse models of complex diseases. Laboratory Animals 2001; 30:34-9.
11. Linder CC. Genetic variables that influence phenotype. ILAR Journal 2006; 47:132-40.
12. Bailey KR, Rustay NR, Crawley JN. Behavioral phenotyping of transgenic and knockout mice: practical concerns and potential pitfalls. ILAR J 2006; 47:124-31.
13. Moran N, Bassani DM, Desvergne JP, Keiper S, Lowden PA, Vyle JS, Tucker JH. Detection of a single DNA base-pair mismatch using an anthracene-tagged fluorescent probe. Chem Commun 2006; 48:5003–5005.

14. Nijman IJ, Kuipers S, Verheul M, Guryev V, Cuppen E. A genome-wide SNP panel for mapping and association studies in the rat. BMC Genom 2008; 9:95.
15. Petkov PM, Cassell MA, Sargent EE, Donnelly CJ, Robinson P, Crew V, Asquith S, Haar RV, Wiles MV. Development of a SNP genotyping panel for genetic monitoring of the laboratory mouse. Genomics 2004; 83:902–911.
16. Frazer KA. et al. A sequence-based variation map of 8.27 million SNPs in inbred mouse strains. Nature 2007; 448: 1050-1055.

20

Doenças Prevalentes nas Espécies de Laboratório

Sueli Blanes Damy
Rosália Regina De Luca

Os animais de laboratório são potencialmente portadores assintomáticos de patógenos que permanecem, por gerações, em uma colônia devido a resistência inata ou adquirida. Esses animais constituem uma fonte de infecção e podem causar um surto de doenças quando ocorre algum desequilíbrio das condições homeostáticas. Inúmeros são os agentes infecciosos. Entretanto, devido a características de prevalência e de transmissibilidade, a Felasa – Federation of European Laboratory Animal Science Associations[1] recomenda a monitoração de alguns microrganismos, os quais estão relacionados nas Tabelas 20.1, 20.2, 20.3 e 20.4. Essas tabelas contêm, resumidamente, informações relevantes sobre cada agente.[2-18]

A padronização sanitária dos animais de laboratório constitui importante pré-requisito para a reprodutibilidade dos resultados. Assim, o monitoramento clínico e laboratorial periódico das colônias[19-22] tanto de criação quanto de experimentação garante a manutenção do estado sanitário, dando importante informação sobre a qualidade dos animais durante o experimento. Por exemplo, um ensaio biológico de longa duração, utilizando animais SPF (*specific pathogen free*), realizado dentro de barreiras sanitárias estritas, protocolos rigorosos, técnicos e pesquisadores criteriosos, teria sua credibilidade comprometida se paralelamente não fosse estabelecida uma monitoração igualmente rigorosa. As publicações científicas em revistas de impacto solicitam cada vez mais um grande número de informações sobre a condição sanitária dos animais, das instalações onde foram criados e de onde os experimentos foram realizados, seja através de questionamentos diretos ao pesquisador ou exigindo o certificado das comissões de ética animal, onde todos esses fatores são apreciados antes da aprovação. Deste modo, além do aspecto estrito da ciência, temos as questões de ética, em que não se admite que animais sem condições sanitárias adequadas à pesquisa sejam utilizados em protocolos de pesquisa.

Tabela 20.1
Infecção por bactérias em camundongos, ratos, hamsters, cobaias e coelhos

Agente etiológico	Evolução e sintomas	Forma de disseminação	Patologia	Espécies suscetíveis
Leptospira spp. AGENTE ZOONÓTICO	• Geralmente assintomático. • Sintomas em infecção experimental dependem da cepa da bactéria.	• Transmissão por contato direto ou indireto com urina infectada e aerossóis.	• O rato é o principal reservatório, albergando a bactéria nos túbulos renais.	• Ratos • Camundongos • Outros mamíferos • HOMEM
Salmonella spp. AGENTE ZOONÓTICO	• Geralmente assintomática. • Camundongos e cobaias: morte súbita em consequência de septicemia aguda. • Quando os sinais estão presentes: diarreia, anorexia, postura encurvada, pelo arrepiado, perda de peso, conjuntivite, morbidade e mortalidade variável, pigmentos porfirínicos nasais em ratos. • Suscetibilidade depende da linhagem dos camundongos, da idade, da virulência da cepa da bactéria e de fatores ambientais.	• Via oral-fecal e fômites. • Possibilidade de transmissão vertical.	• Esplenomegalia, fígado com multifocos esbranquiçados, alças intestinais distendidas e hiperêmicas, fezes aquosas. • Lesões microscópicas: inflamação poligranulomatosa, trombose vascular, necrose multifocal no fígado, baço, gânglios mesentéricos e tecido linfático associado. Epitélio intestinal edemaciado, infiltração leucocitária. • Nas cobaias pode-se observar aumento e supuração dos gânglios linfáticos cervicais e conjuntivite.	• Camundongos e cobaias são mais suscetíveis • Ratos • Hamsters • Coelhos • HOMEM
Streptrobacillus moniliformis AGENTE ZOONÓTICO Febre da mordida do rato	• Geralmente assintomática em ratos, portadores do organismo no nasofaríngeo. • Linfadenite cervical (cobaias) • A suscetibilidade de camundongos depende da linhagem. Linfadenite cervical, diarreia, conjuntivite, cianose, hemoglobinúria, perda de peso. Morte súbita devido a septicemia. • Nos sobreviventes: poliartrite ulcerativa, osteomielite, abscessos.	• Transmissão pela saliva através da mordida. • Secreções nasal e ocular também são infectantes.	• Focos necróticos e inflamação no baço e fígado. Petéquias e equimoses nas serosas. Nefrite com colônias de bactéria secundária à septicemia.	• Camundongos • Ratos • Cobaias • Outros mamíferos

Continua

Continuação

Tabela 20.1
Infecção por bactérias em camundongos, ratos, hamsters, cobaias e coelhos

Agente etiológico	Evolução e sintomas	Forma de disseminação	Patologia	Espécies suscetíveis
Bordetella bronchiseptica	• Em camundongos e ratos não há relatos de infecção natural. • Cobaias: pelo arrepiado, dispneia, anorexia. Exsudato catarro-purulento nas narinas. • Quando associada a *Pasteurella multocida*, provocando: anorexia, letargia, conjuntivite, rinite, secreções purulentas, emagrecimento, dispneia, lesões pulmonares	• Transmissão por aerossóis, contato direto, ou contato com secreções nasais de animais infectados.	• Broncopneumonia supurativa e pneumonia intersticial. Infiltrado linfocitário peribronquial e cilioestase. • Formas patogênicas de *B.bronchiseptica* produzem adesinas e toxinas citolíticas.	• Camundongos • Ratos • Hamsters • Cobaias • Coelhos
*CAR-bacillus (*bacilo associado ao trato respiratório*)* Cilia-Associated Respiratory Bacillus	• Sinais inespecíficos como fungar, espirrar, ranger dos dentes, dispneia, hiperpneia, pelos arrepiados.	• Transmissão pelo contato direto de secreções nasais	• Microscopicamente observam-se bacilos na superfície epitelial entre os cílios, fazendo a borda ciliar parecer mais densa. • Bronquite crônica e atelectasia.	• Camundongos • Ratos • Coelhos
Clostridium piliforme (Doença de Tyzzer)	• Os portadores podem não apresentar sinais clínicos e eliminar a bactéria do organismo em poucas semanas. • Em imunossuprimidos e em condições sanitárias inapropriadas: anorexia, letargia, pelos arrepiados, diarreia de diferentes gravidades, emagrecimento e morte. Pode ocorrer morte repentina sem sintomas. • Em ratos observa-se distensão abdominal, e em coelhos a diarreia é frequente.	• Os esporos das bactérias são excretados pelas fezes, disseminando-se através de ração, camas e fômites. • Esporo mantêm-se infecciosos por anos.	• Parasita intracelular obrigatório. • Hepatite necrotizante. • Hipertrofia e inflamação do íleo. • Hiperemia, edema, hemorragia e possíveis ulcerações no íleo, ceco e cólon. • Gânglios mesentéricos aumentados, hiperêmicos e edematosos. • Manchas pálidas no epicárdio e miocárdio.	• Camundongos • Ratos • Hamsters • Cobaias • Coelhos • Carnívoros • Cavalos • HOMEM

Continua

Continuação

Tabela 20.1
Infecção por bactérias em camundongos, ratos, hamsters, cobaias e coelhos

Agente etiológico	Evolução e sintomas	Forma de disseminação	Patologia	Espécies suscetíveis
Citrobacter rodentium Hiperplasia do cólon murina	• Em camundongos desmamados os sinais variam desde inaparentes até sinais clínicos como: perda de peso, pelo arrepiado, letargia, fezes escuras na região perianal, prolapso de reto. Diminuição dos índices reprodutivos. • Morbidade e mortalidade dependem da idade, linhagem, sistema imune deficitário, infecções concorrentes.	• Oral-fecal.	• Hiperplasia da parede do cólon, diminuição do ceco, ausência de fezes normais no cólon. • Histopatológico: em infecção recente, grande número de bactérias aderidas à borda da mucosa; com o progresso da infecção, hiperplasia da mucosa do cólon. Inflamação pode ou não estar presente.	• Camundongos
Corynebacterium kutscheri	• Comum infecção inaparente. Os animais são portadores da bactéria na cavidade oral, linfonodos cervicais, e no trato digestivo, com o avanço da idade, estresse experimental, disfunção do sistema imune, ocorre disseminação hematógena, com sinais clínicos não específicos como: postura encurvada, letargia, perda de peso e dispneia.	• Oral-fecal.	• Nódulos branco-acinzentados no fígado, rim e pulmões. • Histopatológico: os nódulos apresentam o centro necrótico (necrose de coagulação) rodeado por neutrófilos.	• Camundongos • Ratos • Hamsters • Cobaias
Helicobacter spp Suspeito de ser agente zoonótico	• Geralmente assintomática. • Associados a sinais clínicos em camundongos e ratos: *H.bilis* e *H.hepaticus* • Sintomas ausentes em imunocompetentes, porém as linhagens suscetíveis podem apresentar prolapso de reto, inflamação no ceco e cólon, diarreia ocasional. • *H.hepaticus* está associada a câncer no fígado e cólon em algumas linhagens (ex.: A/J)	• Oral-fecal ou fômites.	• Histopatológico: inflamação no cólon e ceco.	• Camundongo (*H. hepaticus, H. billis, H. muridarum, H. rodentium*). • Ratos (*H. troglontum, H. muridarum, H. hepaticus, H. bilis*) • Hamsters (*H. cholecystus, H. cinaedi*) • Homem

Continua

Continuação

Tabela 20.1
Infecção por bactérias em camundongos, ratos, hamsters, cobaias e coelhos

Agente etiológico	Evolução e sintomas	Forma de disseminação	Patologia	Espécies suscetíveis
Klebsiella pneumoniae	• Rara em imunocompetentes. • Em imunodeficientes há maior chance de esse organismo oportunista se estabelecer, apresentando sintomas inespecíficos como pelo arrepiado, otite média, infecção urogenital, abscessos e sepse.	• Transmissão oral-fecal. Prevalência muito grande em colônias de roedores, e aumenta com o uso de antibióticos. • Bioteristas podem ser fonte de infecção.	• Histopatológico: lesões ulcerativas.	• Camundongos • Ratos • Hamsters • Cobaias • Coelhos
Mycoplasma pulmonis *Mycoplasma arthritides*	• *Mycoplasma pulmonis* • Doença crônica respiratória em ratos e camundongos. • Encontrado no nasofaríngeo e no ouvido médio. • Em camundongos: sinais inespecíficos como fungar, espirrar, dispneia, hiperpneia, perda de peso, letargia, pelos arrepiados, movimentos giratórios quando suspensos pela cauda, cabeça inclinada. • Infertilidade, infecção dos fetos, aborto, morte fetal. • Em ratos, os mesmos sintomas além de pigmentos porfirínicos nas pálpebras e narinas. • *Mycoplasma arthritides* • Doença aguda limitada, poliartrite séptica como manifestação primária.	• Penetração pelas vias respiratórias, iniciando a colonização pela cavidade nasal, com provável progressão para ouvido médio, laringe, traqueia e pulmões. Não está claro como a bactéria alcança o trato genital. • Baixa morbidade e mortalidade em condições ótimas de ambiente. • Alta morbidade e mortalidade em combinação com outros fatores extrínsecos e infecções pneumotrópicas. • Transmissão vertical depende da virulência da cepa, da carga bacteriana e da suscetibilidade da linhagem	• A evolução depende de fatores do hospedeiro (idade, linhagem e estado sanitário), do ambiente (altas concentrações de amônia e outros gases irritantes; deficiências nutricionais), da cepa de *M.pulmonis* e da carga bacteriana. • Hiperplasia epitelial e/ou metaplasia escamosa nasal e traqueal; redução do número de cílios epiteliais. • Hiperplasia do tecido linfoide associado ao brônquio, bronquiectasia, broncopneumonia supurativa, bronquiolite supurativa, hiperplasia epitelial associada a infiltrado mononuclear submucoso nas vias aéreas superiores e inferiores, infiltrado mononuclear perivascular e peribronquial, alveolite supurativa perivascular, atelectasia. • Trato genital: salpingite, perioofrite, endometrite, piometra, reabsorção fetal, vaginite e cervicite. • Infamação crônica do epidídimo, vasos deferentes e uretra de ratos. • Artrite em ratos.	• Camundongos • Ratos • Raramente encontrado em cobaias e hamsters

Continua

Continuação

Tabela 20.1
Infecção por bactérias em camundongos, ratos, hamsters, cobaias e coelhos

Agente etiológico	Evolução e sintomas	Forma de disseminação	Patologia	Espécies suscetíveis
Pasteurella pneumotropica	• Geralmente assintomática. • Em animais estressados ou portadores de outros agentes oportunistas, podem ocorrer sintomas. • Em camundongos nude: abscesso retrobulbar da glândula lacrimal, podendo estar associado a penetração de corpo estranho. • Rinite, otite e linfadenite cervical em camundongos e ratos. • Infecções pulmonares incluindo broncopneumonia supurativa, pela infecção por *P. pneumotropica* associada a *Mycoplasma pulmonis* ou vírus Sendai.	• Transmissão por contato direto ou fômites contaminados com secreções do trato respiratório superior, útero e fezes. • Infecção no homem associada a mordeduras.	• Inflamação supurativa necrotizante. • Bactérias detectadas no nasofaríngeo, vagina e intestinos.	• Camundongos • Ratos • Hamsters • Cobaias • Coelhos • Outros mamíferos • HOMEM
Pseudomonas aeruginosa	• Imunocompetentes não apresentam sintomas. • Infecção significante em animais neutropênicos, como os irradiados ou tratados com agente anti-mitótico (compostos quimioterápicos). • A invasão de tecidos profundos provoca o aparecimento de sintomatologia em imunocomprometidos: conjuntivite, descargas nasais, anorexia, postura encurvada, morte súbita.	• Encontra-se normalmente na terra e em material orgânico. Faz parte da flora normal da pele, e multiplica-se em fezes e água potável. • Transmissão por contato direto com água contendo a bactéria.	• A disseminação por via hematógena é facilitada pelas proteases presentes na bactéria. As lesões anatomopatológicas consistem principalmente em necrose multifocal, formação de abscesso e lesões purulentas. • As cepas de *P. aeruginosa* apresentam virulência variada, incluindo flagelos, pioverdina, piocianina ou elastase e a produção de exotoxinas potentes.	• Camundongos • Ratos • Hamsters • Cobaias • Coelhos • Outros mamíferos • HOMEM

Continua

Continuação

Tabela 20.1
Infecção por bactérias em camundongos, ratos, hamsters, cobaias e coelhos

Agente etiológico	Evolução e sintomas	Forma de disseminação	Patologia	Espécies suscetíveis
Staphylococcus aureus	• Geralmente assintomática. • Dermatite ulcerativa, pododermatite, lesões na cauda, no pênis e abscessos podem ser observados em adultos ou, raramente, lesões ulcerativas e vesiculares em jovens. • Colonizam a pele e membrana mucosa, resultando em abscessos somente quando essas estruturas sofrem algum tipo de lesão. • Algumas cepas produzem toxina esfoliativa que predispõe a pele de ratos neonatos a infecções oportunistas. • Provocam intenso prurido, mais frequentemente na superfície dorsolateral do tórax anterior, cabeça e pescoço.	• Transmissão direta. • Está presente como comensal em roedores de laboratório, assim como em inúmeros mamíferos, incluindo o homem. Essa bactéria só não é detectada quando é estritamente excluída. • Os bioteristas podem ser os reservatórios, disseminando a bactéria diretamente para a colônia ou através de fômites. • Frequentemente isolado das glândulas prepuciais de ratos e camundongos.	• Dermatite ulcerativa, numerosos cocos embebidos em exsudato seroso e ocasionalmente na derme. • Perda da epiderme, necrose, acúmulo de exsudato seroso com infiltração neutrofílica e poucos cocos espalhados na superfície. Em casos crônicos, tecido de granulação fibrosado com neutrófilos infiltrados. • Traumas pela manipulação, superfícies cortantes das gaiolas e brigas são consideradas causas primárias das lesões ulcerativas da pele.	• Camundongos • Ratos • Hamsters • Cobaias • Coelhos • Outros mamíferos • HOMEM

Continua

Continuação

Tabela 20.1
Infecção por bactérias em camundongos, ratos, hamsters, cobaias e coelhos

Agente etiológico	Evolução e sintomas	Forma de disseminação	Patologia	Espécies suscetíveis
Streptococcus pneumoniae Possível agente zoonótico.	• Geralmente assintomática, hospedeiros albergam a bactéria no nasofaríngeo. • Em animais jovens, após estresse experimental, infecções concorrentes, perturbações dos mecanismos de defesa, podem aparecer inapetência, postura encurvada, pelo arrepiado, morte súbita. Sinais específicos: descargas nasais, conjuntivite. • Cobaias: Linfadenite cervical, abortos, natimortos. • Estreptococos enteropáticos provocam diarreia em lactantes.	• Bactéria ubíqua, presente em alta percentagem na população humana. Alguns enterococos são considerados habitantes normais da flora intestinal de diferentes espécies animais. • Homens são os hospedeiros naturais da bactéria, tanto em adultos como em crianças. • Transmissão por aerossóis ou contato direto com secreções nasais e oculares.	• O pulmão afetado aparece inicialmente edematoso e posteriormente consolidado. Em qualquer parte do aparelho respiratório e das estruturas adjacentes podem aparecer lesões purulentas ou fibrinosas; as mais comuns são a otite média e a rinite purulenta. A septicemia permite o aparecimento de lesões purulentas em qualquer órgão.	• Camundongos • Ratos • Cobaias

Tabela 20.2

Infecção por fungos em camundongos, ratos, hamsters, cobaias e coelhos

Agente etiológico	Evolução e sintomas	Forma de disseminação	Patologia	Espécies suscetíveis
DERMATÓFITOS *Trichophyton mentagrophytes* *Microsporum canis* *Microsporum gypseum* AGENTES ZOONÓTICOS	• Dermatófitos provocam lesões crostosas, prurido e desconforto na cabeça e corpo dos animais. • *T.mentagrophytes*: infecta camundongos e cobaias. • *T. mentagrophytes* e *M. canis*: infectam coelhos • *T. mentagrophytes* e *M.gypseum* infectam ratos	• Transmissão por contato direto. • Os esporos permanecem viáveis por longo tempo	• Esporos e hifas concentrados em cadeias nos pelos	• Camundongos • Ratos • Hamsters • Cobaias • Coelhos • HOMEM
Pneumocystis carinii	• Infecção assintomática em imunocompetentes. • Em imunodeficientes de todas as espécies de animais: pneumonia crônica progressiva, postura encurvada, pele seca, caquexia. • Em ratos imunocompetentes: pneumonia infecciosa intersticial. • Em coelhos desmamados pneumonia com leve fibrose intersticial, material eosinofílico nos alvéolos.	• Transmissão por aerossóis, fômites e contato direto entre animais da mesma espécie. • Há uma considerável variação genética entre as cepas de *P. carinii* infectando diferentes espécies de hospedeiros. Por exemplo, as cepas de *P. carinii* que infectam humanos e ratos são muito divergentes, não possibilitando a infectividade cruzada.	• Infecção leve: agregados alveolares multifocais de cistos e infiltração perivascular e intersticial não purulenta. • Infecção grave: consolidação dos pulmões, extensas áreas pulmonares envolvidas com agregados alveolares de cistos, proliferação de pneumocistos e fibrose intersticial grave.	• Camundongos • Ratos • Hamsters • Cobaias • Coelhos • HOMEM

Tabela 20.3
Infecção por vírus em camundongos, ratos, hamsters, cobaias e coelhos

Agente etiológico	Evolução e sintomas	Forma de disseminação	Patologia	Espécies suscetíveis
Hantaan Hantavírus AGENTE ZOONÓTICO (Febre hemorrágica epidêmica com síndrome renal, no homem)	• Infecção assintomática. • Em infecções experimentais, causa encefalite letal em camundongos adultos imunocompetentes.	• Transmissão pelo contato direto com urina, fezes, saliva e aerossóis.	• O vírus foi isolado do pulmão, glândulas salivares e rins. Pela infecção no fígado e pâncreas o vírus poderia levar a infectividade fecal pela excreção através da bile e enzimas pancreáticas.	• Camundongos • Ratos • HOMEM
Coriomeningite linfocitária AGENTE ZOONÓTICO	• Usualmente assintomática • Os sinais clínicos variam com a idade e a linhagem do animal infectado, a via de inoculação e a cepa do vírus. • Em camundongos e hamsters, provoca infecção persistente perinatal e doença tardia (7 a 10 meses de idade). • Infecção experimental: lesões inflamatórias nas meninges, em inoculação intracerebral.	• Contato com secreções nasais, urina e saliva. • Em hamsters a infecção renal é mais persistente. • Os ratos e os camundongos selvagens são os reservatórios do vírus. • Transmissão por via transplacentária.	• Perinatal: formação de complexos imune antígeno-anticorpo. • Adulto: glomerulonefrite aos 7-10 meses de idade. • Esplenomegalia, hepatomegalia, linfadenopatia. • Infecção experimental: doença imune mediada por célula T.	• Camundongos • Hamsters • Cobaias • HOMEM
Adenovírus murino Mouse adenovirus Type 1; Tipe 2 (MAV-1; MAV-2)	• MAV-1 em imunodeficientes pode provocar pneumonia, hepatite, encefalite, gastroenterite, podendo envolver múltiplos órgãos. • Evolução depende da idade, da linhagem de camundongo, da cepa e da dose do vírus. • Fatal para neonato.	• Contato com urina infectada. • Imunodeficientes podem eliminar o vírus pelas fezes.	• Infecta linhagens de macrófagos, células dos túbulos renais e células endoteliais.	• Camundongos.

Continua

Continuação

Tabela 20.3
Infecção por vírus em camundongos, ratos, hamsters, cobaias e coelhos

Agente etiológico	Evolução e sintomas	Forma de disseminação	Patologia	Espécies suscetíveis
Ectromelia Mousepox	• Tem como hospedeiro natural o camundongo. Os ratos podem se infectar experimentalmente. • As linhagens isogênicas apresentam diferentes sensibilidades: C57BL/6 e /10 são resistentes; as linhagens C3H, BALB/c e DBA/2 são suscetíveis. • Lesões da pele com edema, necrose e úlceras. As partes distais dos animais, patas e cauda sofrem amputações nos estados terminais.	• Eliminado das lesões da pele, excreções orofaríngeas, genitais e intestinais, atinge o hospedeiro por contato direto.	• Agente politrópico levando a lesões em múltiplos órgãos. • Necrose no baço, linfonodos, placas de Peyer, timo e fígado.	• Camundongos
Hepatite murina Mouse hepatitis virus	• Forma aguda aparece em colônias virgens como uma epizootia e evolui para uma enzootia. • Forma subclínica permanece endêmica na colônia; os adultos são assintomáticos, assim como os jovens enquanto persistirem os anticorpos maternos. • Emagrecimento, dispneia, cianose, pneumonia hemorrágica e necrotizante, morte, *wasting type syndrome* em imunodeficientes. • Evolução clínica depende do genótipo, da idade e da via de infecção. • BALB/c e C57BL/6 extremamente suscetíveis • C3H e A/J relativamente resistentes • Lesões no fígado, intestino, baço. Em lactantes pode ocorrer diarreia. Cepas neurotrópicas provocam encefalite.	• Aerossóis, contato direto, fômites e transplante de tumores. • Transmissão vertical depende da cepa do vírus, da carga viral e da suscetibilidade do hospedeiro. • Usualmente 100% dos animais estão infectados em uma colônia • A mortalidade aproxima-se de 100% em neonatos durante um surto epizoótico e em imunodeficientes, com a cepa pantrópica	• Cepas pantrópicas provocam necrose aguda e formação de sincícios no fígado, baço e tecido linfoide; encefalite necrotizante com desmielinização e formação de sincícios. • Cepas enterotrópicas provocam formação de sincícios e necrose na mucosa da porção terminal do intestino delgado, ceco e cólon ascendente.	• Camundongos

Continua

Continuação

Tabela 20.3
Infecção por vírus em camundongos, ratos, hamsters, cobaias e coelhos

Agente etiológico	Evolução e sintomas	Forma de disseminação	Patologia	Espécies suscetíveis
Norovírus murino Murine norovirus MNV	• Gastroenterite aguda. • Perda de peso, postura encurvada, pelo arrepiado. • Assintomática em imunocompetentes.	• Oral-fecal. • Infecção persistente tanto em imunodeficientes como em imunocompetentes, eliminando o vírus pelas fezes por meses após a infecção.	• Infecção natural sem sinais patológicos associados. • Imunodeficientes: hepatite, peritonite, pneumonia intersticial.	• Camundongos
Sendai virus	• Organotropismo específico para o pulmão. • Os camundongos são particularmente suscetíveis a epizootias e enzootias. • Epizootias com alta mortalidade em lactantes e desmamados. • Em adultos pode ser grave quando houver coinfecção com outros microrganismos, como *M. pulmonis* e bacilo CAR • Dispneia, pelo arrepiado, perda de peso, anorexia, letargia e diminuição dos índices reprodutivos	• Transmissão por aerossóis, contato direto com secreções respiratórias e fômites. • Infecção aguda é autolimitante; ratos de todas as idades não imunes são suscetíveis; alta morbidade, baixa mortalidade.	• Broncopneumonia e pneumonia intersticial com necrose de brônquios e/ou epitélio brônquico; geralmente as vias aéreas superiores não estão envolvidas; infiltrado linfocítico peribronquial pode persistir por meses. Bronquite e bronquiolite necrotizante ou supurativa. • Macroscopicamente: focos avermelhados ou acinzentados nos pulmões. Exsudato purulento nas vias aéreas, consolidação ventral ou abscesso pulmonar, bronquiectasia, pode sugerir infecção por bactéria oportunista e/ou micoplasma.	• Camundongos • Ratos • Hamsters • Cobaias • Coelhos
Parvovírus dos camundongos Minute virus Mouse parvovirus	• Assintomática em imunocompetentes; grave em ratos e camundongos imunocomprometidos (SCID)	• Transmissão direta, pelo contato com fezes e urina. • Em epizootias atinge 100% da população.	• Linfocitotrópico, infectando placas de Peyer, timo, baço, linfonodos periféricos, linfonodos mesentéricos, persistindo nos três últimos.	• Camundongos • Ratos

Continua

Continuação

Tabela 20.3
Infecção por vírus em camundongos, ratos, hamsters, cobaias e coelhos

Agente etiológico	Evolução e sintomas	Forma de disseminação	Patologia	Espécies suscetíveis
Parvovírus do rato Kilham Rat Vírus- KRV H-1 virus (Toolan H-1) Rat parvovirus (RPV, rat orphan parvovirus) Rat minute virus	• Assintomática em adultos, podendo ser grave ou letal em ratos atímicos, isentos de anticorpos (*naïve immune status*), estressados e lactantes. • Em neonatos ocorrem ataxia, icterícia, edema, retardo no desenvolvimento e morte, pelos oleosos, diarreia e morte repentina. • Kilham virus pode provocar sintomas em *naïves* com hemorragia escrotal, perda de peso e linfonodos congestos. • Fêmeas contaminadas: morte e reabsorção fetal, queda nos índices de reprodução.	• Transmissão por contato direto com fezes, urina, aerossóis e por fômites. • Transmissão vertical depende da cepa do vírus, da carga viral e da suscetibilidade do hospedeiro.	• Linfocitotrópico. • Inclusões virais intranucleares em áreas de necrose entre os afetados clinicamente.	• Ratos
Sialodacrioadenite Rat coronavirus	• Em enzootias: assintomático ou conjuntivite em lactante • Em epizootias: fotofobia, ceratoconjuntivite, lágrimas avermelhadas, coloração vermelha porfirínica dos pelos das pálpebras, ulceração da córnea, exoftalmia, distúrbios respiratórios, edema do pescoço, aumento de volume das glândulas salivares. Anorexia, diminuição dos índices reprodutivos. • Evolução aguda e autolimitante • Ratos atímicos desenvolvem a doença crônica com sialodacrioadenite, rinotraqueíte, bronquite e pneumonia intersticial. O vírus pode persistir por pelo menos 6 meses. • Efeito sinérgico com *Mycoplasma pulmonis*.	• Transmissão por contato direto, fômites e aerossóis. • Em epizootias 100% dos animais expostos são contaminados, embora a maioria assintomaticamente. • Mortalidade baixa.	• Aguda: inflamação e necrose de coagulação das estruturas dos ductos das glândulas salivares e lacrimal. Pneumonia intersticial, inflamação, necrose e hiperplasia das vias aéreas. Atelectasia pulmonar e metaplasia escamosa do epitélio brônquico. • Fase reparativa: metaplasia escamosa das estruturas do ducto e dos ácinos das glândulas salivar e lacrimal.	• Ratos

Continua

Continuação

Tabela 20.3
Infecção por vírus em camundongos, ratos, hamsters, cobaias e coelhos

Agente etiológico	Evolução e sintomas	Forma de disseminação	Patologia	Espécies suscetíveis
Pneumonia de camundongos *Pneumonia virus of mice*	• Assintomática em imunocompetentes • Em camundongos atímicos, pode provocar emagrecimento, dispneia, cianose, pneumonia hemorrágica e necrotizante, morte (*wasting type syndrome*). • Em camundongos eutímicos, descamação e hiperplasia do epitélio brônquico. • Em ratos, pneumonia intersticial	• Transmissão por contato direto e aerossóis.	• Em camundongos imunocompetentes as lesões histológicas são raras. • Em atímicos: rinite necrotizante, bronquiolite necrotizante e pneumonia intersticial nãosupurativa.	• Camundongos • Ratos • (Anticorpos detectados em Hamsters, Cobaias e Coelhos)
Diarreia epidêmica dos camundongos Mouse rotavirus	• Lactantes com 2 semanas de idade são mais suscetíveis, assim como os imunodeprimidos. • Diarréia amarelada, distensão abdominal, letargia e atraso no crescimento.	• Transmissão por aerossóis e contato direto com animais infectados.	• Vírus enterotrópico, provoca lesões características, enterócitos vacuolados com núcleos picnóticos.	• Camundongos • Ratos
Reovirus tipo 3	• O tipo 3 é o mais patogênico dos reovírus de roedores de laboratório. • Sinais clínicos dependentes da idade. • Assintomática em adultos. • Grave em lactantes e desmamados, abdômen distendido devido a exsudato peritoneal, esteatorreia, pelos opacos com aparência de engordurado, alopécia, desenvolvimento retardado. • Lesões no fígado, intestino, pulmões e sistema nervoso central.	• Transmissão por contato direto.	• Aumento de volume da vesícula biliar, necrose hepática, rins ictéricos.	• Camundongos • Ratos
Encefalomielite Theiler virus Rat theilovirus	• Assintomática. • Algumas cepas podem induzir encefalite com viremia transitória. Raramente desmielinização.	• Transmissão por contato direto com fezes e fômites.	• Polimielite com necrose, meningite não supurativa, perivasculite.	• Camundongos • Ratos

Tabela 20.4
Infestações parasitárias em camundongos, ratos, hamsters, cobaias e coelhos

Agente etiológico	Evolução e sintomas	Forma de disseminação	Patologia	Espécies suscetíveis
Hymenolepis nana *Hymenolepis diminuta* AGENTE ZOONÓTICO	• Grande infestação em animais jovens causa atraso no desenvolvimento, perda de peso, oclusão intestinal e morte. • Infestações menos graves: enterite catarral com pouca resposta inflamatória. • Em grandes infestações: enterite catarral e linfadenite regional, podendo aparecer granulomas ganglionares.	• Ciclo direto: após a ingestão dos ovos, as oncosferas são liberadas no intestino e penetram nas vilosidades, formando os cisticercos, os quais migram para o lúmen intestinal quando adultos. • Ciclo indireto: utiliza hospedeiro intermediário (artrópode) que ingere o ovo e em cujo aparelho digestório evolui até a fase de cisticerco. O artrópode, ao ser ingerido pelo roedor, completa o ciclo. • Autoinfestação.	• Inflamação crônica, linfadenite granulomatosa focal de linfonodos mesentéricos.	• Camundongos • Ratos • Hamsters • HOMEM
Encephalitozoon cuniculi	• Usualmente assintomática. • Ocasionalmente distúrbios neurológicos como torcicolo, paralisia, cegueira e agressividade.	• Transmissão direta pela ingestão de esporos. • Suscetibilidade variável em diferentes linhagens de camundongos.	• Sistema nervoso: infiltrado celular perivascular e multifocal no parênquima, granulomas com pseudocistos, focos necróticos, infiltrados linfocíticos nas meninges • Rins: nefrite intersticial multifocal, granulomas com pseudocistos • Fígado: granulomas • Em imunocomprometidos, agregados de pseudocistos em vários órgãos	• Coelhos (principal hospedeiro) • Cobaias • Hamsters • Ratos • Camundongos

Continua

Continuação

Tabela 20.4
Infestações parasitárias em camundongos, ratos, hamsters, cobaias e coelhos

Agente etiológico	Evolução e sintomas	Forma de disseminação	Patologia	Espécies suscetíveis
Myobia musculi *Rapfordia spp* *Myocoptes musculinus*	• Sinais variam com a linhagem, o sexo, a idade, diferenças individuais em suscetibilidade a ectoparasitas. • Prurido, alopécia, arranhaduras, piodermatite ulcerativa. • Efeitos secundários: perda de peso corporal.	• Contato direto	• Ulcerações na pele, pioderma, inflamação crônica, fibrose, hiperqueratose, acantose.	• Camundongos • Ratos • Hamsters • Cobaias • Coelhos
Syphacia obvelata, *Syphacia muris,* *Aspiculuris tretraptera*	• Usualmente inaparente. • Em condições inadequadas de ambiente: pelo arrepiado, taxa de crescimento reduzida, prolapso de reto. • Infecção com *S. muris* retarda o crescimento de camundongos. • Prolapso retal, constipação e intussuscepção podem ser provocados por *S. obvelata* (prolapso também pode ser causado por *Citrobacter rodentium* ou *Helicobacter hepaticus*).	• Direta: ingestão de ovos embrionados • Indireta: ingestão de alimentos ou água contaminados com ovos embrionados • Retroinfecção • A persistência dos ovos no ambiente justifica a persistência desses parasitas nas colônias de roedores.	• Grandes massas de parasitas no intestino em colônias infectadas enzooticamente. • Raras lesões no ceco e cólon.	• Ratos • Camundongos • Hamsters

Entre os organismos apresentados no presente capítulo não foram encontrados registros literários da capacidade de alterar a fisiologia e/ou interferências causadas por determinados agentes. Entretanto, o sistema imune do animal, quando ativado, independentemente da patogenicidade do organismo, pode provocar aceleração funcional ou supressão. Deste modo, pode-se assegurar que potencialmente qualquer agente infeccioso poderá provocar alterações nas respostas fisiológicas, principalmente em pesquisas com longo período de observação e/ou na área de gerontologia, utilizando animais de laboratório idosos. Em especial, os experimentos de imunologia, e, mais precisamente, os que utilizam técnicas modernas de biologia molecular,[19] têm várias restrições a agentes patogênicos nos animais de estudo, e mesmo de agentes considerados não patogênicos, pois a interferência nos resultados[20-22] é de conhecimento de todos e assunto de várias publicações importantes.

Os sintomas e lesões em diferentes órgãos podem não ser atribuídos exclusivamente à presença dos organismos, mas às endo e exotoxinas produzidas por eles. As fitotoxinas produzidas por fungos: aflatoxinas (*Aspergilus flavus*), fumonisinas (*Fusarium sp*), vomitoxinas (*Fusarium*), ocratoxinas (*Aspergilus* e *Penicillium*) possuem propriedades carcinogênicas (aflatoxinas e fumonisinas), redutoras de crescimento e possíveis ações no sistema imune (vomitoxina) e nefrotóxica (ocratoxina).[23] Esses fungos encontram-se largamente disseminados entre leguminosas e cereais, representando, portanto, importante fonte de contaminação para os animais de laboratório através da ração.[23]

Muitas lesões e sinais clínicos não são específicos das doenças infecciosas, podendo ocorrer por causas nutricionais, estresse, desidratação, variações do ambiente etc. Portanto, o diagnóstico definitivo será feito em conjunto com os resultados de provas complementares realizadas em laboratórios. Como exemplo, em ratos e camundongos ocorre um quadro clínico caracterizado por estrangulamentos em regiões da cauda, alternados com regiões edemaciadas, conhecido como *ring tail* (Figura 20.1). Os fatores predisponentes dessa patologia são: umidade inferior a 20%; regulação insuficiente da temperatura nos vasos da cauda de camundongos e ratos lactantes em resposta a alterações da temperatura do meio ambiente; camas inadequadas; coleta de sangue por vasos da cauda; deficiência de ácidos graxos essenciais. A Figura 20.2 ilustra outro quadro dermatológico: dermatite infecciosa provocada por *Staphylococcus aureus*,[11] no qual se observam orelhas ulceradas com ausência de epitélio de revestimento e de cartilagem. A Figura 20.3 mostra dermatite ulcerativa e atrofia muscular causadas pela mesma bactéria.

Foram descritos alguns agentes emergentes, como norovírus murino,[14] descobertos por provocarem resultados sorológicos atípicos, contaminação de cultura de células, alterações histopatológicas ou alguns sinais clínicos desconhecidos.[15,16] O papel desses agentes como fatores de interferência nos resultados experimentais[17] está merecendo estudos detalhados de pesquisadores.

■ Outras causas de doenças em animais de laboratório

Patologias associadas a fatores genéticos (tumores, má-oclusão dentária, imperfuração da vagina),[23] dietéticos, ambientais (lesões da retina por dege-

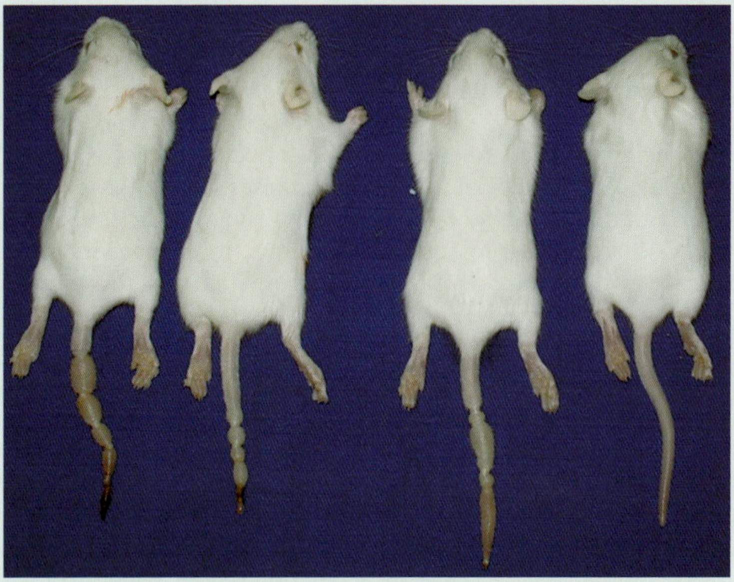

Figura 20.1 – Ring tail *em ratos lactantes.*

Figura 20.2 – *Infecção por* Staphylococcus aureus *em camundongo isogênico C57BL/6.*

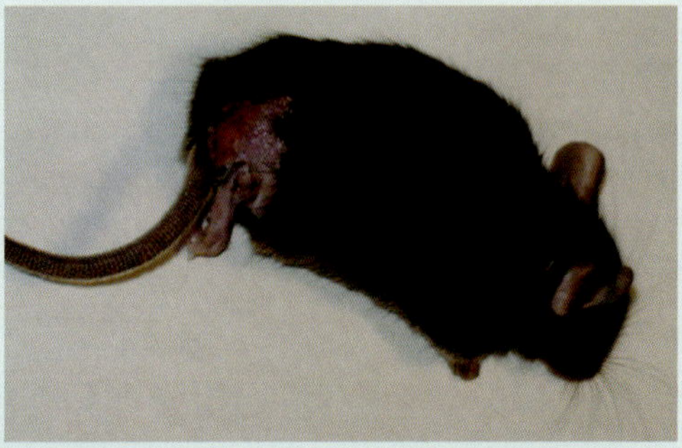

Figura 20.3 – *Infecção por* Staphylococcus aureus *em camundongo C57BL/6.*

neração de fotorreceptores devido a exposição a alta intensidade de luz) e à idade (doença renal crônica, degeneração do miocárdio e fibrose, poliartrite) são encontrados em colônias de animais de laboratório.

A Figura 20.4 ilustra o caso de linfossarcoma[24] espontâneo em camundongo da linhagem isogênica BALB/c, nude, macho, adulto, criado em condição sanitária livre de organismos patogênicos específicos. Ao exame clínico o animal apresentava aumento de volume dos gânglios superficiais, caquexia e ataxia. À necropsia, constataram-se aumento de volume dos gânglios mesentéricos e mediastínicos, esplenomegalia, hepatomegalia e hepatização pulmonar. Os resultados do exame histopatológico revelaram infiltração de células tumorais de origem linfoide de tamanho e forma variáveis, com abundantes mitoses, compatíveis com as descrições de linfossarcoma multicêntrico difuso.

Outra patologia de origem não infecciosa está ilustrada na Figura 20.5. Em uma colônia de camundongos da linhagem isogênica BALB/c, algumas fêmeas apresentaram aumento do volume abdominal. Esse quadro clínico pode ser causado por distensão do cólon e do ceco por material fecal ou gases, presença de fetos macerados concomitante a piometra ou mesmo neoplasias. À necropsia, constataram-se imperfuração da vagina,[23] provocando o acúmulo de secreções no útero e na vagina, e uma acentuada distensão bilobada do períneo, semelhante à bolsa escrotal, com preservação do meato urinário.

Os animais de laboratório na atualidade são mantidos em colônias com bons sistemas fechados, com microisoladores, *racks* ventilados e outros, e na maioria dos casos em ótimas instalações físicas próprias para biotérios, e são, ou deveriam ser, periodicamente monitorados, mas têm na própria condição da manutenção em instalações fechadas um motivo de disseminação fácil e rápido de vários agentes patogênicos.[25-27] Portanto, todos os melhoramentos de controles do ambiente, da ração e da cama dos animais, além do controle regular através

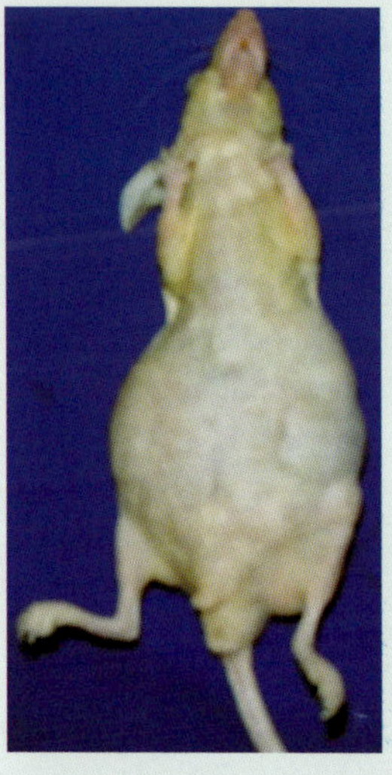

Figura 20.4 – *Linfossarcoma espontâneo em camundongo da linhagem isogênica BALB/c, nude, macho, adulto.*

de provas sorológicas que atestem a sanidade das colônias,[28] são fatores que garantem a sanidade e o equilíbrio da colônia e da resposta aos experimentos, ou, melhor dizendo, aos protocolos de pesquisa.

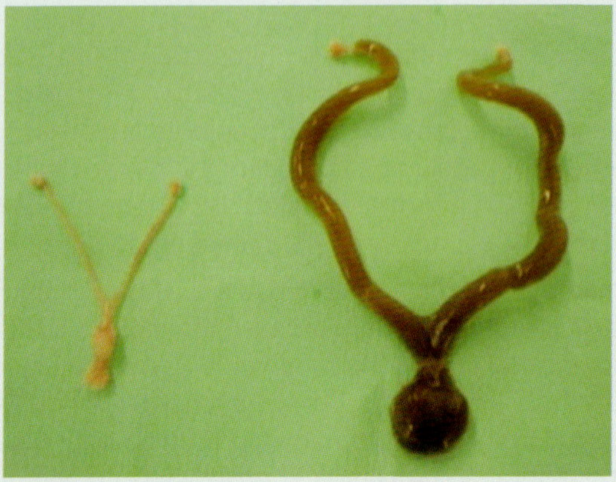

Figura 20.5 – *Imperfuração de vagina representado pelo trato genital à direita, em fêmeas de camundongos da linhagem isogênica BALB/c. Trato genital normal à esquerda.*

Referências Bibliográficas

1. Mahler M, Berard M, Feinstein R, Gallagher A, Illgen-Wilcke B, Pritchett-Corning k, Raspa M. Felasa recommendations for the health monitoring of mouse, rat, hamster, guinea pig and rabbit colonies in breeding and experimental units. Felasa Working Group on Revision of Guidelines for Health Monitoring of Rodents and Rabbits. Lab Anim 2014;4:48(3):178-192.
2. Baker DG. Natural pathogens of laboratory mice, rats and rabbits and their effects on research. Clin Microbiol Rev 1998; 11:233-266.
3. Suckow MA, Weisbroth SH and Franklin CL (eds.). The Laboratory Rat. Chapters 11, 12, 13. San Diego: Academic Press, 2006.
4. Levett PN. Leptospirosis. Clin Microbiol Rev 2001; 14:296-326.
5. Nix RN, Altschuler Se, Henson PM, Detweiler CS. Hemophagocytic macrophages harbor *Salmonella enterica* during persistent infection. Plos Pathog 2007;3:193.
6. Elliot SP. Rat bite fever and *Streptobacillus moniliformis*. Clin Microbiol Rev 2007; 20:13-22.
7. Hayashimoto N, Yoshida H, Gotoo K. Isolation of *Streptobacillus moniliformis* form a pet rat. J Vet Med Sci 2008; 70:483-86.
8. Borenshtein D, McBee ME, Schauer DB. Utility of the *Citrobacter rodentium* infection model in laboratory mice. Curr Opin Gastroenterol 2008; 24:32-7.
9. Chen CC, Louie S, McColrmick B, Walker WA, Shi HN. Concurrent infection with an intestinal helminth parasite impairs host resistance to enteric *Citrobacter rodentium* and enhances Citrobacter-induced colitis in mice. Infect Immun 2005; 73:5468-81.

10. Rao VP, Pouthahidis T, Ge Z, Nambiar PRE, Boussahmain C, Wang YY et al. Innate immune inflammatory response against enteric bacteria *Helicobacter hepaticus* induces mammary adenocarcinoma in mice. Cancer Res 2006; 66:7395-400.
11. Otto M. Staphylococcal biofilms. Curr Top Microbiol Immunol 2008; 322:207-28.
12. Aziz RK, Kansal R, Abdeltawab NF, Rowe SL, Su Y, Carrigan D et al. Susceptibility to severe Streptococcal sepsis: use of a large set of isogenic mouse lines to study genetic and environmental factors. Genes Immun 2007; 8:404-415.
13. Bi P, Tong S, Donald K, Parton K, NI J. Climatic, reservoir and occupational variables and the transmission of haemorrhagic fever with renal syndrome in China. Int J Epidemiol 2002; 31:189-93, 200.
14. Muller B, Klemm U, Mas Marques A, Schereier E. Genetic diversity and recombination of murine noroviruses in immunocompromised mice. Arch Virol 2007; 152:1709-19.
15. Besselsen DG, Frankin CL, Livingston RS, Rilei LK. Lurking in the shadows: emerging rodent infectious diseases. Ilar J 2008; 49:277-90.
16. Easterbrook JD, Kaplan JB, Glass GE, Watson J, Klein SL. A survey of rodent-borne pathogens carried by wild-caught Norway rats: a potential threat to laboratory rodent colonies. Lab An 2008;42:92-98.
17. Weisbroth SH. Pneumocystis: newer knowledge about the biology this group of organisms in laboratory rats and mice. Lab Anim 2006;35:55-61.
18. Salát J, Jelínek J, Chmelar J, Kopecky J. Efficacy of gamma interferon and specific antibody for treatment of microsporidiosis caused by *Encephalitozoon cuniculi* in SCID mice. Antimicrob Agents Chemother 2008; 52:2169-74.
19. Franklin CL. Microbial considerations in genetically engineered mouse research. ILAR J 2006;47:141-55.
20. Nicklas W, Homberger FR, Illgen-Wilcke B, Jacobi K, Kraft V, Kunstyr I et al. Implications of infectious agents on results animal experiments. Lab An 1999;33(Suppl 1), S1:39-S1:87.
21. Nicklas W, Baneux P, Boot R, Decelle T, Deeny AA, Fumanelli M, Illgen-Wilcke B. Recommendations for the health monitoring rodent and rabbit colonies in breeding and experimental units. Lab An 2002; 36:20-42.
22. Tobin G. The influence of external factors in animal experimentation; influence of phytoestrogens, toxins and other contaminants. IX Congreso Secal – Córdoba, 2007.
23. Barreto VM, Távora MFCLF, Rocha da Silva AP, Ghiuro Valentini EJ, Mattaraia VGM, Damy SB, Rodrigues UP. Imperforate vagina and mucometra in mice BALB/c colony. Annals of 6th International Congress on Laboratory Animal Science, March 2007.
24. Damy SB, Neves SMP, Fontes SR, Alves R. Spontaneous lymphosarcoma in inbred BALB/c Nude mouse. Annals of 6th International Congress on Laboratory Animal Science, March 2007.
25. Ilmonen P, Penn DJ, Damjanovich K, Clarke J, Lamborn D, Morrison L, Ghotbi L, Potts WK. Experimental infection magnifies inbreeding depression in house mice. J Evol Biol 2008; 21:834-41.
26. Compton SR, Jacoby RO, Paturzo FX, Smith AL. Persistent Seoul virus infection in Lewis rats. Arch Virol 2004; 149:1325-39.

27. Chung-Tiang Liang, Amy Shih, Yu-Hsiu Chang, Chiung-Wen Liu, et al. Microbial contamination of laboratory mice and rats in Taiwan from 2004 to 2007. J Am Assoc Lab Anim Sci 2009;48(4):381-386.
28. Zúniga JM, Marí JAT, Milocco SN, Gonzáles RP. Ciencia y tecnología en protección y experimentación animal. Madrid: McGraw-Hill, 2005. p. 203-240.

21

Gnotobiologia

Delma Pegolo Alves
Edivana Aparecida Vespa Alves
Leda Quercia Vieira
Cristiane Mendes Vinagre
Marcos Zanfolin

A GNOTOBIOLOGIA NO BRASIL

No Brasil, as pesquisas em gnotobiologia foram iniciadas em 1961 pelo prof. Enio Cardillo Vieira na Universidade Federal de Minas Gerais (UFMG), com projeto sobre crescimento e reprodução de caramujo *Biomphari glabrata* em condições axênicas, criados em tubos de ensaio. Posteriormente, os caramujos axênicos foram cultivados em isoladores de plástico flexível.

Em 1974, o prof. Enio Cardillo Vieira recebeu treinamento na Universidade de Notre Dame (EUA) (Figura 21.1), na área de gnotobiologia. Posteriormente, o pesquisador importou uma colônia de camundongos axênicos. Na ocasião, o dr. Julian Pleasants (Figura 21.2) veio ao Brasil (1979) para auxiliar nos procedimentos técnicos referentes à recepção dos animais. A infraestrutura implantada pelo prof. Enio possibilitou o desenvolvimento de trabalhos relevantes na área de gnotobiologia e a disseminação dessa tecnologia para o Centro Multidisciplinar para Investigação Biológica na área da Ciência em Animais de Laboratório (Cemib) na Universidade Estadual de Campinas – Unicamp, que implantou e estabeleceu colônias de camundongos a partir do núcleo original da UFMG, passando a ser a segunda instituição na América do Sul a manter animais axênicos.

Com o avanço técnico-científico, outras Instituições no país implantaram a infraestrutura e tecnologia para uso de unidades isoladoras, possibilitando a manutenção e a criação de modelos animais certificados.

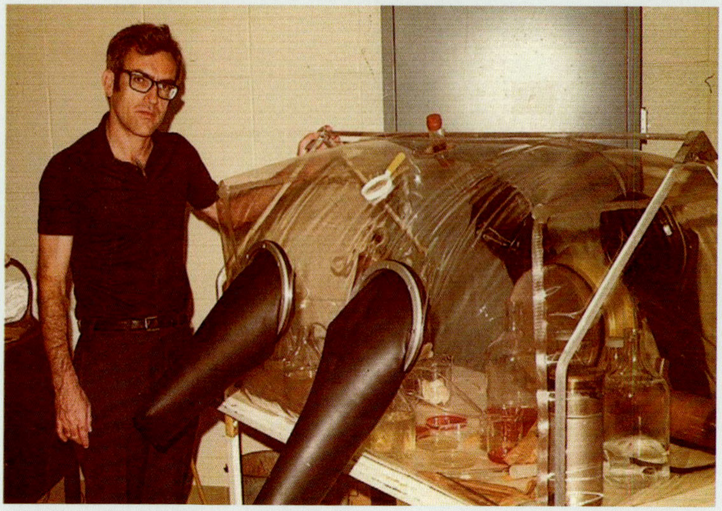

Figura 21.1 – *Prof. Enio Cardillo Vieira (1974). Fonte: Arquivo pessoal - Profª. Drª. Leda Quercia Vieira – UFMG.*

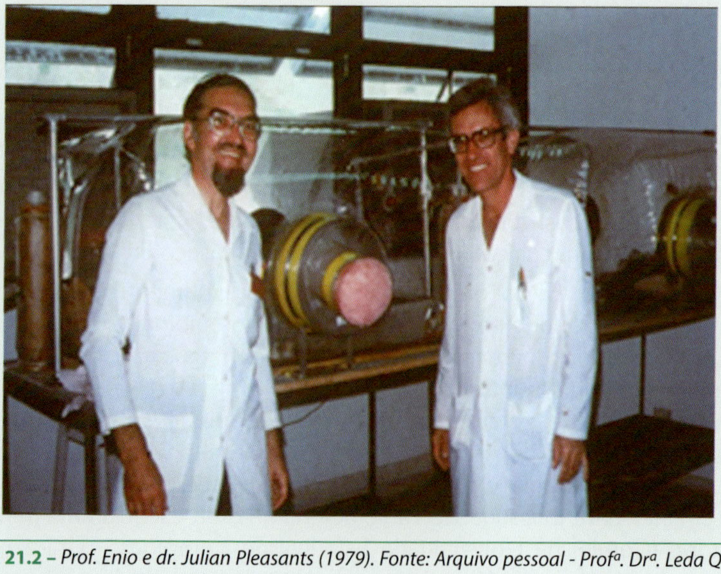

Figura 21.2 – *Prof. Enio e dr. Julian Pleasants (1979). Fonte: Arquivo pessoal - Profª. Drª. Leda Quercia Vieira – UFMG.*

A GNOTOBIOLOGIA NO SÉCULO XXI

Na última década houve um aumento no interesse pela interação entre a microbiota indígena e seu hospedeiro. Esse interesse se traduz no aumento significativo no número de publicações na área. Se fizermos uma busca na base de dados PubMed usando as palavras microbiota, microbioma ou microflora (termo que, apesar de impróprio, é amplamente utilizado na literatura), entre 1990 e 2014, encontraremos os dados plotados na Figura 21.3. Em 1980, não houve um trabalho sequer encontrado com essas palavras em seu texto, enquanto em 2015 já temos, na data da escrita deste capítulo, 1.261 trabalhos contendo essas palavras em seu texto. Como controle do aumento natural de publicações, utilizamos as palavras *Leishmania e leishmaniasis*, e o número de publicações em cada ano também se encontra plotado na Figura 21.3. No ano de 1980, foram publicados 192 trabalhos com essas palavras em seu texto, e em 2015 encontramos 423 trabalhos publicados com essas palavras. O que se nota é um aumento grande no número de publicações sobre a microbiota entre os anos de 2010 e 2014, que não é seguido pelas publicações em leishmaniose. Destacaremos aqui alguns efeitos da microbiota indígena sobre seu hospedeiro. Uma revisão recente faz uma cobertura mais ampla da literatura.[1]

A microbiota indígena parece estar envolvida na fisiologia do hospedeiro, nos processos de cicatrização e na sua resposta a infecções. Foi demonstrado que camundongos sem germes apresentam diferenças na metabolização de ácidos graxos e carboidratos.[2] Assim, a microbiota parece ser responsável pelo processamento de polissacarídeos complexos e pelo aumento da atividade da lipase lipoproteica em adipócitos e o aumento da lipogênese no fígado. Todos esses fatores combinados promovem maior ganho de peso em camundongos que têm a microbiota indígena normal quando comparados a camundongos sem germes. Os mesmos pesquisadores caracterizaram diferentes grupos bacterianos em indivíduos obesos e magros, destacando ainda mais o papel da microbiota no metabolismo do hospedeiro.[3,4] Até a suscetibilidade ao *kwashiorkor*, uma síndrome causada pela deficiência proteica, foi recentemente atribuída à microbiota indígena, em gêmeos idênticos.[5]

A cicatrização de feridas na pele também é influenciada pela microbiota residente nesse local. Assim, feridas na pele de camundongos sem germes ci-

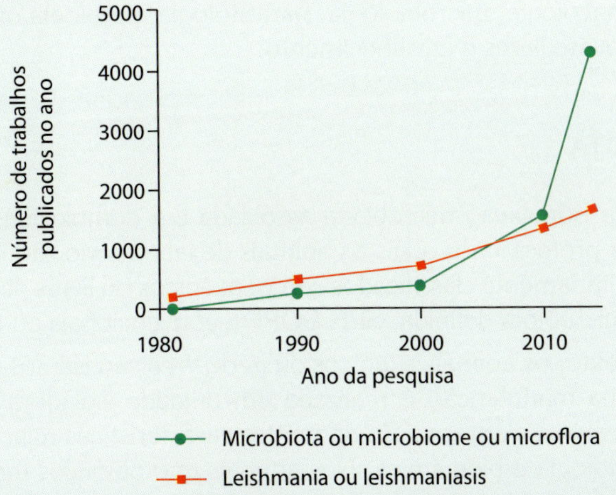

Figura 21.3 – *Número de trabalhos publicados nos anos indicados contendo as palavras microbiota, microbiome ou microflora e as palavras Leishmania ou leishmaniasis em seu texto. A busca foi realizada nos anos de 1980, 1990, 2000, 2010 e 2014 na base de dados PubMed.*

catrizam rapidamente, inflamam menos no local da injúria e parecem ter maior número de macrófagos alternativamente ativados, que contribuiriam para a cicatrização.[6-8] Adicionalmente, a resposta local a patógenos é dependente da microbiota da pele.

Vários grupos mostraram a importância da microbiota intestinal na resistência a infecções. Talvez o resultado mais dramático seja a resistência conferida pela microbiota à infecção por *Salmonella enterica* var. *Thyphimurium* a camundongos.[9] Também dramática é a resistência de camundongos sem germes ao choque séptico[10] mediada por IL-10, que modula a produção de TNF. O TNF seria a citocina responsável pela morte de camundongos pelo choque séptico, que não afeta camundongos sem germes, produtores de altos níveis de IL-10.

Finalmente, consideramos o papel da microbiota indígena nas parasitoses tropicais. A microbiota indígena parece favorecer o hospedeiro em infecções com *Schistosoma mansoni*[11] e *Leishmania major.*[12] Não se encontraram efeitos da microbiota indígena na mortalidade e parasitemia após infecção por *Trypanosoma cruzi.*[13] Por outro lado, camundongos sem germes infectados por via intradérmica com *Leishmania amazonensis* apresentaram infecção mais benigna que os convencionais.[14]

Considerando-se que no tubo digestivo humano se encontram pelo menos duas vezes mais células bacterianas que o número de células do próprio ser humano, não é de se surpreender que ocorram os efeitos descritos acima atribuídos à microbiota indígena. Não é, também, de surpreender o interesse crescente nesses microrganismos e em sua interação com seus hospedeiros. A gnotobiologia, por possibilitar a obtenção de animais sem germes ou associados a microbiota conhecida, tem papel óbvio e crucial na compreensão dos mecanismos envolvidos na interação dos comensais com seus hospedeiros e no levantamento de efeitos desses comensais que ainda não foram identificados.

Nesse contexto, os animais gnotobióticos têm contribuído de modo importante nas diversas áreas da pesquisa biomédica como: nutrição, imunologia, toxicologia, farmacologia, microbiologia, parasitologia, patologia oral, oncologia, doenças cardiovasculares e envelhecimento.

MICROBIOTA

Conforme a população microbiana associada e a complexidade do sistema de barreiras de proteção nos quais os animais de laboratório são mantidos, eles podem ser sanitariamente classificados como: axênicos ou livres de germes, gnotobióticos ou microbiota definida, SPF, SOPF e convencionais ou indefinidos.

Nesse contexto, os animais axênicos ou *germ-free* são isentos de microbiota associada, e sua manutenção é realizada em unidade isoladora com pressão positiva. Esses animais apresentam diferentes características relacionadas à sua morfologia, fisiologia e bioquímica. Nos animais gnotobióticos todas as formas de vida associada são conhecidas. Os animais SPF são livres de agentes patogênicos especificados. Atualmente, tem-se incorporado o conceito de animais SOPF que seriam livres de agentes patogênicos e oportunistas especificados. Animais que não possuem anticorpos virais sorologicamente demonstráveis são definidos como vírus *antibody free* (VAP), e os animais com microbiota indefinida são denominados convencionais.

A interação da microbiota intestinal indígena de mamíferos envolve processos de nutrição, defesas das mucosas e imunidade do hospedeiro. A presença de bactérias comensais no trato intestinal propicia a primeira linha de defesa contra bactérias patogênicas pelo estabelecimento de resistência à colonização.[15] O uso de probióticos como suplemento dietético tem sido explorado para a prevenção de infecções intestinais pela modulação ou restabelecimento das bactérias comensais normais.[16] Respostas imunes anormais do hospedeiro a bactérias que colonizam o intestino foram relacionadas aos processos inflamatórios patológicos do intestino grosso (*inflamatory bowel disease*).[17,18]

Assim, o animal gnotobiótico torna-se uma ferramenta valiosa para investigar a interação entre o hospedeiro e sua microbiota. No entanto, a produção de animais gnotobióticos é simples no conceito, mas complicada na sua execução.[19]

Em meados de 1960, Russell W. Schaedler[20] foi o primeiro pesquisador a colonizar camundongos axênicos com bactérias isoladas de um camundongo normal. A microbiota utilizada era constituída de um número de bactérias definidas e incluía bactérias aeróbicas que eram de fácil cultivo e alguns organismos anaeróbicos menos sensíveis ao oxigênio. As bactérias fusiformes (*extremely oxygen-sensitive* - EOS) não foram incluídas devido às dificuldades com o seu isolamento e cultivo. Posteriormente, essa microbiota definida usada para estudo de gnotobióticos foi denominada "Flora de Schaedler". Essa microbiota era composta por oito bactérias: *Escherichia coli* var. *mutabilis, Streptococcus faecalis*, *Lactobacillus acidophilus*, *Lactobacillus salivarius*, *Streptococcus* grupo N, *Bacteroides distasonis*, *Clostridium sp.* e uma bactéria fusiforme EOS. Visando a padronização da microbiota utilizada para colonizar ratos e camundongos axênicos, a Flora de Schaedler foi revisada pelo National Cancer Institute (1978). Assim, Orcutt[21] definiu uma nova microbiota conhecida como Flora de Schaedler Alterada (ASF), constituída de quatro bactérias da flora de Schaedler original (dois *Lactobacillus*, *B. distasonis* e uma bactéria fusiforme EOS), uma bactéria espiroqueta e três novas bactérias fusiformes EOS.

Estabelecimento de microbiota definida

Relatamos nossa experiência na transferência de microbiota entre animais visando obter camundongos gnotobióticos para sua utilização como linhagem receptora de histerectomia.

Para tal finalidade utilizamos camundongos ex-germ free com 6 semanas de idade, portadores de *Bacillus sp.* gram +. Os animais foram submetidos a análise metagenômica que identificou bacilos do Filo Firmicutes da espécie *Bacillus circulans*. Esses animais, devido à microbiota, apresentavam megaceco.[22] Assim, um camundongo com microbiota contendo *Staphylococcus sp.* coagulase-negativo foi utilizado como doador de flora intestinal. Para a transferência da microbiota a fresco foi utilizado o protocolo de Turnbaugh.[23] O resultado da avaliação sanitária confirmou a presença de *Staphylococcus sp.* coagulase-negativo e *Bacillus circulans*. Todos os procedimentos de transferência de microbiota e a manutenção dos animais foram realizados em unidades isoladoras.

A monitorização de colônias de animais gnotobióticos deverá demonstrar a presença dos microrganismos especificados na microbiota associada e ausência de microrganismos comensais.

A TECNOLOGIA E A UTILIZAÇÃO DE UNIDADES ISOLADORAS NA ÁREA DE GNOTOBIOLOGIA

A utilização de unidades isoladoras foi sugerida por Pasteur para o estudo da relação entre microrganismos e animais. Os primeiros equipamentos foram construídos em madeira, evoluindo depois para aço inox, plástico rígido, acrílico, fibra de vidro até os modelos flexíveis em PVC desenvolvidos em 1957 por Philip Trexler e James A. Reyniers, que se tornaram ideais por sua transparência, permitindo a visão total do interior da unidade isoladora.[24]

Conforme descrito por Alves,[24] a unidade isoladora é composta das seguintes estruturas:

A estrutura principal, corpo ou envelope deve ser, do ponto de vista óptico, transparente para melhor visualização dos animais. Nos equipamentos flexíveis, utiliza-se uma grande variedade de material plástico, sendo o cloreto de polivinila (PVC) o material mais comum para a confecção do equipamento. Os isoladores devem ser de espessura fina, resistência à ruptura, ter caráter atóxico e ajuste adequado da pressão durante o manejo. Os isoladores rígidos são confeccionados em aço inox, PVC rígido, fibra de vidro, sendo assim fortes e resistentes. Apresentam inconvenientes em relação à restrição aos movimentos do técnico. Para determinadas espécies de animais utilizam-se isoladores rígidos ou semirrígidos.

O porto de passagem deve possuir diâmetro e localização de acordo com a atividade técnica (experimentação ou manutenção de colônias de camundongos ou ratos). O porto de passagem pode ter o diâmetro de 30 cm ou 45 cm, sendo as extremidades (externa e interna) revestidas por membranas plásticas denominadas capas, removíveis para a introdução ou a retirada de materiais e insumos.

As luvas de manuseio podem ser de cano curto ou longo. As luvas de cano curto são adequadas por assegurar a sua substituição mesmo com o equipamento em uso. O tipo de luva a ser utilizado dependerá das atividades que serão desenvolvidas.

As luvas nitrílicas são confeccionadas com dupla camada de borracha nitrílica, resistente à ruptura. Com o decorrer do tempo, essas luvas podem apresentar microfissuras, oferecendo risco potencial de contaminação, comprometendo o padrão sanitário dos animais. As trocas das luvas nitrílicas das unidades isoladoras devem ser feitas a cada 2 meses.[25] Esse tipo de luva também é utilizado como EPI (Equipamento de Proteção Individual).

O filtro de ar possui a estrutura cilíndrica, possibilitando maior superfície de contato com o ar. O elemento filtrante deve ser High Efficiency Particulate Air (HEPA), retendo assim 99,9% de partículas.

O motor de insuflamento possibilita 16 a 18 trocas de ar por hora no interior do equipamento. Alguns equipamentos possuem motores para exaustão, denominados isoladores de pressão negativa. Nos protocolos experimentais, em que há risco de contaminação, utilizam-se isoladores com pressão negativa. Em ensaios experimentais realizados com animais livres de zoonoses, a opção é por isoladores com pressão positiva (Figuras 21.4 e 21.5). Nos dois tipos de equipamentos a pressão final média é de 2 mm a 4 mm de coluna de água abaixo ou acima da pressão atmosférica normal.

Para assegurar a integridade dos animais nos trabalhos com unidades isoladoras é necessário o uso de acessórios como módulo de transferência de animais e cilindro de esterilização.

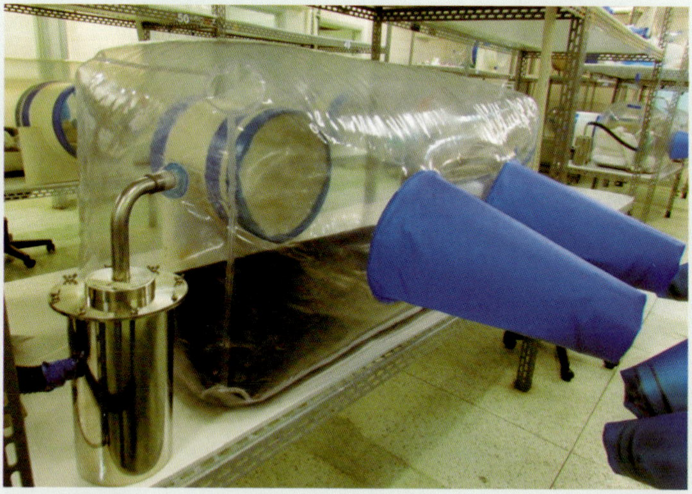

Figura 21.4 – *Unidade isoladora desenvolvida no Cemib/Unicamp. Fonte: Cemib/Unicamp.*

Figura 21.5 – *Exposição do interior da unidade isoladora. Fonte: Cemib/Unicamp.*

■ MÓDULO DE TRANSFERÊNCIA

O acessório (Figura 21.6) é utilizado para o transporte e transferência dos animais entre unidades isoladoras (Figura 21.7) e áreas técnicas sem riscos de contaminação. Ele é confeccionado em aço inoxidável, sendo esterilizado em autoclave. O lado oposto à abertura possui várias camadas de elemento filtrante HEPA.

Figura 21.6 – *Módulo de transporte para camundongos e ratos desenvolvido pelo Cemib/Unicamp.*

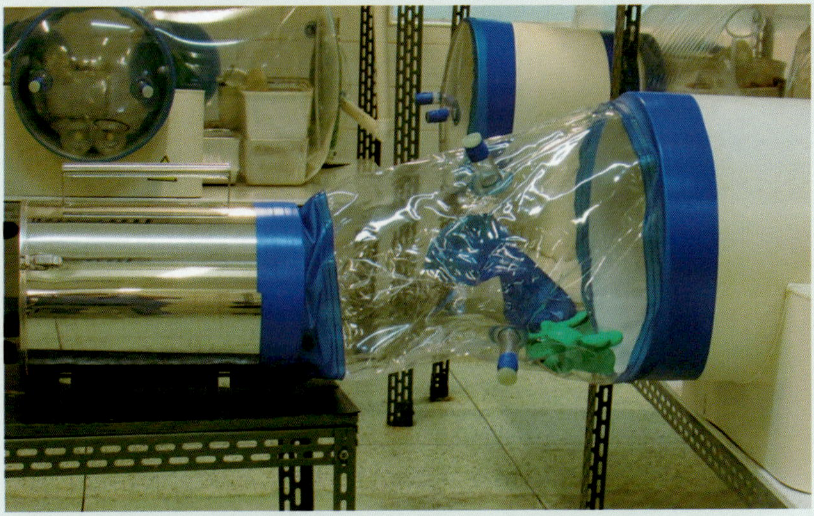

Figura 21.7 – *Conexão do módulo de transporte de animais com o porto de passagem da unidade isoladora. Fonte: Cemib/Unicamp.*

■ CILINDRO DE ESTERILIZAÇÃO DE MATERIAIS E INSUMOS

O cilindro é confeccionado em aço inoxidável, com orifícios revestidos por três camadas de elemento filtrante High Efficiency Particulate Air (HEPA) (Figuras 21.8 e 21.9). A validade do elemento filtrante, com uso frequente de esterilização, é de 6 meses.[25]

O acessório é utilizado para a esterilização de materiais e insumos necessários para a manutenção das colônias nas unidades isoladoras (Figura 21.10).

Figura 21.8 – *Estrutura do cilindro. Fonte: Cemib/Unicamp.*

Figura 21.9 – *Cilindro com elemento filtrante HEPA. Fonte: Cemib/Unicamp.*

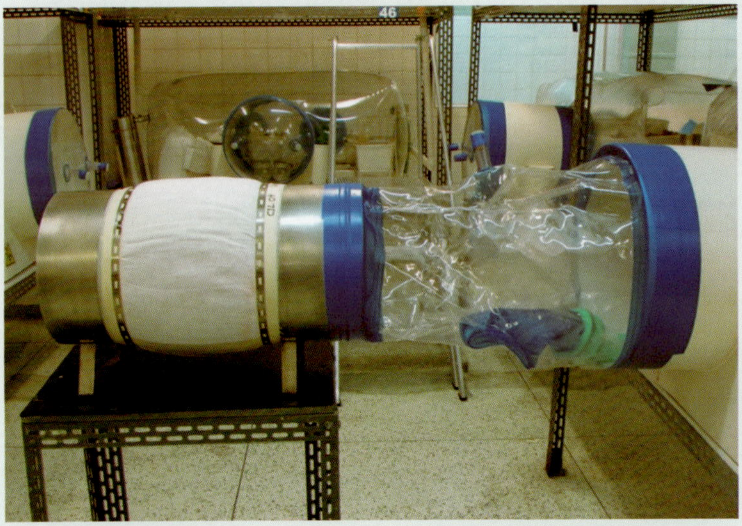

Figura 21.10 – *Conexão do cilndro de esterilização com o porto de passagem da unidade isoladora. Fonte: Cemib/Unicamp.*

■ MANUTENÇÃO DE COLÔNIAS DE ANIMAIS EM UNIDADES ISOLADORAS

A amônia quaternária tem sido utilizada como desinfetante em biotérios; é um agente bactericida, virucida e fungicida, porém não destrói esporos.[26] O procedimento de desinfecção reduz microrganismos, principalmente os patogênicos.[27] Conforme descrito por Block[28] e Chacha Garcéz,[29] com o uso do mesmo produto por muito tempo poderá surgir resistência por parte de algumas bactérias.

Ensaios experimentais realizados por Alves[25] em unidades isoladoras por meio de *swabs* da superfície dos braços e luvas (Figura 21.11) antes e após a desinfecção com amônia quaternária em solução 1/1000 identificaram na análise qualitativa a presença de microbiota bacteriana residual composta de cocos gram-positivos de *Staphylococcus sp.* coagulase-negativo, *Pseudomonas aeruginosa*, *Enterobacter sp.*, *Klebsiella pneumoniae* e *Alcaligenes faecalis*. A persistência das bactérias *Alcaligenes faecalis* e *Pseudomonas aeruginosa* se deve ao fato de que os bacilos gram-negativos são de difícil remoção e mais resistentes à ação do desinfetante na concentração utilizada.[30]

Assim, o resultado obtido aponta a necessidade de substituição do produto químico para os procedimentos de desinfecção do ambiente e das unidades isoladoras. Após avaliação técnica foi introduzido um desinfetante à base de monopersulfato de potássio, com maior espectro de ação.

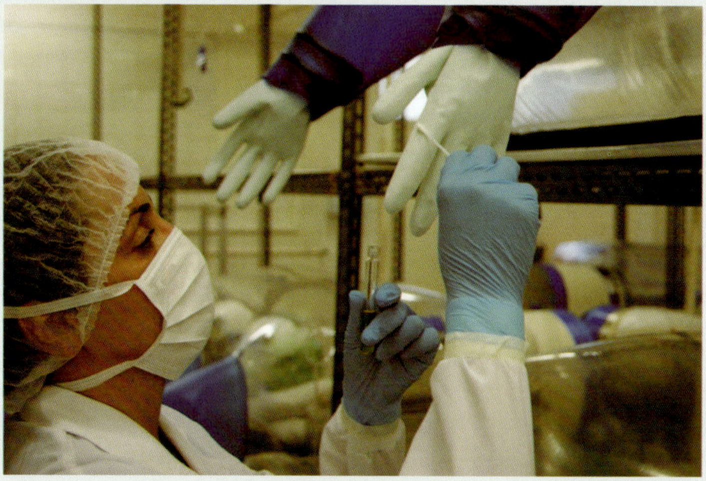

Figura 21.11 –Swabs *da superfície das luvas e braços da unidade isoladora. Fonte: Cemib/Unicamp.*

Procedimentos técnicos utilizados para manejo de unidades isoladoras

Antissepsia para técnicos

Antissepsia é o processo de desinfecção utilizado nos seres vivos capaz de impedir a proliferação de bactérias ou de destruí-las.[31] Na área de gnotobiologia é imprescindível que haja a rotina de higiene dos técnicos envolvidos com o manuseio dos animais. Essa rotina inclui lavagem das mãos, banho, utilização de uniforme limpo, máscaras e luvas, garantindo a segurança e evitando a contaminação.[32] As mãos e unhas são fontes de microrganismos e devem ser lavadas com sabão neutro, visando à remoção da sujeira, substâncias e microbiotas transitórias das mãos.[33] O álcool etílico e o isopropílico 70% a 80% são amplamente utilizados na higienização após a lavagem das mãos. O produto se torna inativo na presença de sujeira e/ou matéria orgânica.[34]

Utilização de avental e luvas

Os técnicos devem utilizar aventais de mangas longas com velcro e luvas de vinil ou cirúrgicas, evitando o contato da pele dos braços e das mãos com a unidade isoladora. Entre cada manejo das unidades isoladoras, desinfectam-se as luvas de vinil com álcool 70%.

Limpeza, desinfecção e esterilização das luvas nitrílicas

Inicia-se a limpeza com água e detergente, em seguida lavam-se as luvas em água corrente. Prepara-se uma solução de 1% de desinfetante à base de monopersulfato de potássio, e as luvas nitrílicas são mergulhadas nessa solução por 1 minuto, deixando-as secar em temperatura ambiente.

Após a secagem, acondiciona-se um par de luvas nitrílicas em cartucho autoclavável, pulveriza-se ácido peracético utilizando os equipamentos de proteção individual (EPIs) indicados (máscara contra gases ácidos, luvas permeáveis, óculos de proteção, avental de mangas longas e botas) e deixa-se em exposição pelo tempo mínimo de 24 horas.

Limpeza e desinfecção das unidades isoladoras – Parte externa

Semanalmente, os braços e as luvas das unidades isoladoras devem ser limpos com água e detergente neutro. Após, a limpeza desinfeta-se com uma solução de 1% de desinfetante à base de monopersulfato de fosfato. Ao realizar esse procedimento, utilizam-se todos os materiais esterilizados. Antes de manipular as unidades isoladoras utiliza-se uma toalha esterilizada com álcool 70% para remoção de resíduos do desinfetante.

VALIDAÇÃO/CERTIFICAÇÃO DO PROCESSO DE ESTERILIZAÇÃO POR AUTOCLAVE ATRAVÉS DE CILINDROS

Nesse procedimento utilizam-se amostras de *pellets* de ração dentro de frascos de vidro com tampão de algodão e tiras de papel-filtro impregnadas com esporos de *Geobacillus (Bacillus) stearothermophyllus* acondicionados em tubos de ensaio com tampas de rosca. Esses testes são enumerados de 1 a 3 e introduzidos no cilindro (Figura 21.12).

Após a esterilização do cilindro e conexão com a unidade isoladora, o material (caixas, tampas, bebedouros e insumos) é acondicionado em cartuchos plásticos e só será utilizado após o recebimento dos resultados. A avaliação do material é realizada pelo Laboratório de Controle de Qualidade Sanitária do Cemib/Unicamp. Para a identificação do cilindro submetido ao processo

Figura 21.12 – *Exposição de ração no cilindro de esterilização com os respectivos testes. Fonte: Cemib/Unicamp.*

de esterilização utiliza-se etiqueta com as seguintes informações: número do isolador, espécie e linhagem, técnico, data da esterilização, número do cilindro e autoclave. Na validação do processo de esterilização os materiais que apresentaram resultado negativo são utilizados na rotina, enquanto os materiais com resultados positivos deverão ser descartados.

Mapa de posicionamento e planilha de validação de equipamentos

Para controle dos procedimentos técnicos utilizam-se um Mapa de Posicionamento das unidades isoladoras e Planilhas para a validação de equipamentos com identificação das unidades isoladoras por número, linhagem, datas referentes à: validação da estrutura do corpo da unidade isoladora, validação de filtros, validação das luvas nitrílicas, desinfecção e esterilização do equipamento. Por meio desses registros dimensiona-se a capacidade técnica da área.

Derivação de animais gnotobióticos

Conforme descrito por Pleasants,[35] o primeiro camundongo *germ-free* foi obtido por meio de histerotomia asséptica realizada em unidade isoladora, e os neonatos foram alimentados artificialmente. Foram realizados 10 ensaios experimentais, e 6% dos camundongos (8/134) foram desmamados. No mesmo artigo o autor descreve minuciosamente a obtenção de ratos e coelhos *germ-free,* bem como a elaboração e administração da dieta artificial, curva de crescimento e avaliação clínica dos animais.

O avanço na área da ciência em animais de laboratório aprimorou técnicas objetivando obter animais livres de contaminação.

A histerectomia é utilizada para eliminar a maioria dos patógenos de animais que apresentam transmissão horizontal.[36] A linhagem receptora deverá ter padrão sanitário conhecido e bem-definido (SPF, gnotobiótico ou *germ-free*). Conforme descrito por Rahija,[37] alguns patógenos atravessam a barreira placentária, como o vírus da coriomeningite linfocitária (LCMV) e o vírus de lactato desidrogenase (LDH).

Nesse contexto, para eliminação de patógenos que apresentam transmissão vertical, quando o agente infeccioso atravessa a barreira placentária e contamina o feto em desenvolvimento no útero, utiliza-se a transferência de embriões. Para essa técnica, utiliza-se uma fêmea denominada doadora que receberá hormônios que induzirão a um ciclo exógeno. Sob efeito dos hormônios foliculestimulante (FSH) e luteinizante (LH), um número elevado de óvulos é amadurecido e liberado para o encontro com os espermatozoides.[38] A fêmea doadora é acasalada e os embriões coletados no estágio de 2 a 4 células são transferidos para diferentes placas com meio de cultura específico. Nessa transferência os embriões são lavados inúmeras vezes e os patógenos que estão na superfície do embrião (zona pelúcida) são retirados.

A fêmea de padrão sanitário definido, que receberá os embriões, deverá ter sido acasalada com macho vasectomizado para que ocorra a indução da pseudoprenhez. Na etapa da implantação dos embriões, a fêmea receptora é anestesiada, realiza-se uma incisão dorsal, após a abertura do peritônio, introduz-se o capilar de implante no início do oviduto (infundíbulo) e injetam-se os embriões.

Para a transferência de embriões há outro método não cirúrgico denominado *non-surgical embryo transfer* (NSET). Previamente à técnica, seguem-se as etapas descritas acima e utiliza-se um kit comercial composto por um aplicador e dois opérculos. Nessa técnica os embriões são transferidos diretamente para os cornos uterinos da fêmea receptora.[39]

Características reprodutivas de camundongos

A reprodução é um fenômeno cíclico que está na dependência da integração de vários fatores tais como gametogênese, fertilização e gestação. O sistema reprodutor ainda sofre influências marcantes dos hormônios que atuam sob a função dos ovários e testículos. Esses hormônios regulados pelo hipotálamo atuam via glândula hipófise.[40]

O sistema reprodutor masculino (Figura 21.13) é formado por um par de testículos, glândulas sexuais acessórias e um conjunto de ductos sexuais através dos quais os espermatozoides e o líquido seminal são eliminados no momento da ejaculação.[40]

O sistema reprodutor feminino (Figura 21.14) é formado por um par de ovários e um conjunto de glândulas sexuais que são constituídos pelos ovidutos ou tubas uterinas, cornos uterinos, corpo uterino e vagina.[40]

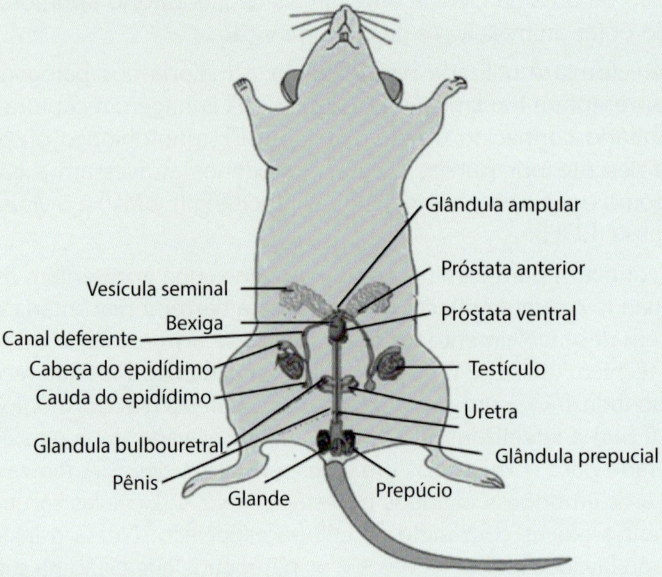

Figura 21.13 – *Sistema reprodutor masculino. Fonte: Atlas of Laboratory Mouse Histology com modificações, 1982.*

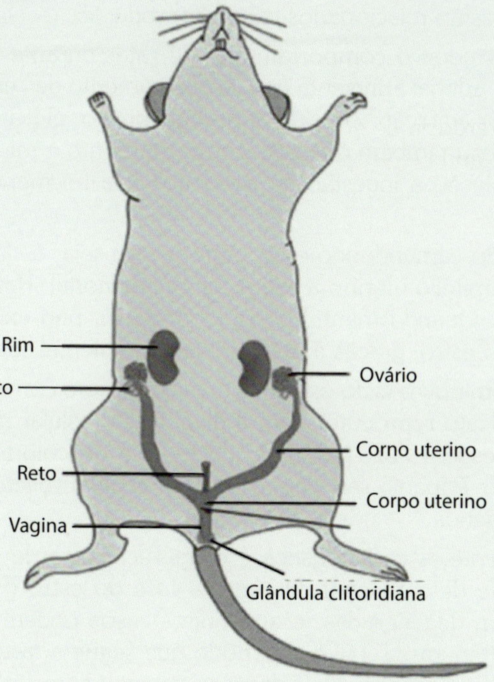

Figura 21.14 – *Sistema reprodutor feminino. Fonte: Atlas of Laboratory Mouse Histology com modificações, 1982.*

A maturação dos folículos ovarianos leva à ovulação. Os hormônios produzidos na hipófise (gonadotrofinas) induzem a ovulação. O número de óvulos liberados em cada ciclo é aproximadamente constante dentro das características de cada linhagem e é dependente da duração da estimulação hormonal do FSH. Os feromônios dos machos são capazes de induzir a secreção do FSH nas fêmeas.[40]

Os fenômenos cíclicos no ovário das fêmeas de camundongos não prenhes configuram o chamado ciclo estral. Durante esse ciclo as variações hormonais verificadas causam variações comportamentais, fisiológicas e anatômicas. O ciclo estral é caracterizado por 4 fases: estro com duração de 12 horas, a fêmea aceita o macho; metaestro com duração de 21 horas, a fêmea não aceita o macho; diestro com duração de 57 horas, a fêmea não aceita o macho; e proestro, com duração de 12 horas, há sinais de receptividade da fêmea no final dessa fase. Cada fase é acompanhada por mudanças na estrutura e função dos órgãos sexuais. Assim proestro e estro terminam na ovulação e constituem a fase folicular do ciclo ovariano. Metaestro e diestro constituem a fase lútea do ciclo ovariano. O estro se repete a intervalos de 4 a 6 dias durante a vida reprodutiva. Esse padrão pode ser interrompido por pseudoprenhez, gravidez e anestro.[40]

Hoar[41] realizou a classificação da fase do ciclo estral, conforme a proporção entre o número de células epiteliais nucleadas, células queratinizadas e leucócitos. O ciclo estral é considerado importante por modular padrões de comportamento que não estão relacionados com a reprodução.

Jennings[42] estudou o comportamento de ratas durante o estro e observou que nessa fase o animal apresenta um comportamento de "exploração" na gaiola, ou seja, maior agitação, considerando locomoção, elevar as patas dianteiras e cheirar; observou também que esse comportamento é minimizado na fase do diestro. Com relação à ingestão de alimento, esta foi menor no estro do que no diestro.

A ovulação do camundongo é espontânea, ou seja, é classificada com base na resposta do epitélio uterino à estimulação hormonal. Ratos e camundongos são poliéstricos. Quando mantidos em laboratório, não exibem efeito sazonal na frequência do estro, graças à uniformidade ambiental sobre as colônias.[40]

Allen[43] determinou o ciclo estral no camundongo e correlacionou mudanças anatômicas no trato reprodutor com a diversidade celular nos esfregaços vaginais. Sabe-se desde 1917, por meio da técnica de coloração multicromática desenvolvida por Papanicolau, que o epitélio vaginal reflete mudanças dependentes de estrógenos.[40]

Citologicamente, a característica é o aparecimento de células cornificadas (como células de descamação). Durante a fase do estro (Figura 21.15) essas células aparecem degeneradas, e em muitos casos podem formar grumos. A fase metaestro (Figura 21.16) é o período que segue a fase estro, e ocorre rapidamente após a ovulação. No esfregaço vaginal, caracteriza-se por predominância de leucócitos e poucas células cornificadas. A fase diestro (Figura 21.17) é a mais longa do ciclo. Caracteriza-se por estreitamento da mucosa da vagina, e o esfregaço vaginal exibe somente leucócitos. A fase proestro (Figura 21.18) caracteriza-se por células epiteliais nucleadas que podem ocorrer isoladas ou em grumos.[40]

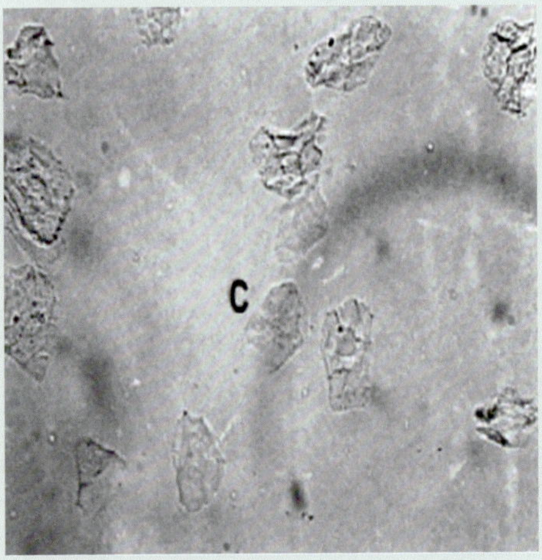

Figura 21.15 – *Microfotografia do ciclo estral – estro (células cornificadas C) objetivo 40x. Fonte: Marcondes et al., 2002.*[44]

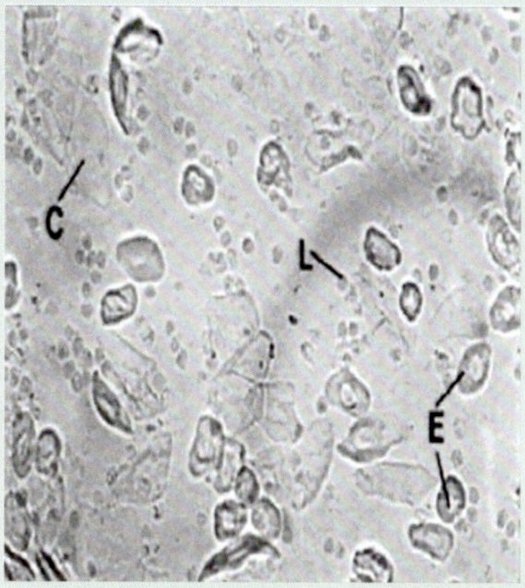

Figura 21.16 – *Microfotografia do ciclo estral – metaestro (leucócitos e células cornificadas) objetiva 40x. Fonte: Marcondes et al., 2002.*[44]

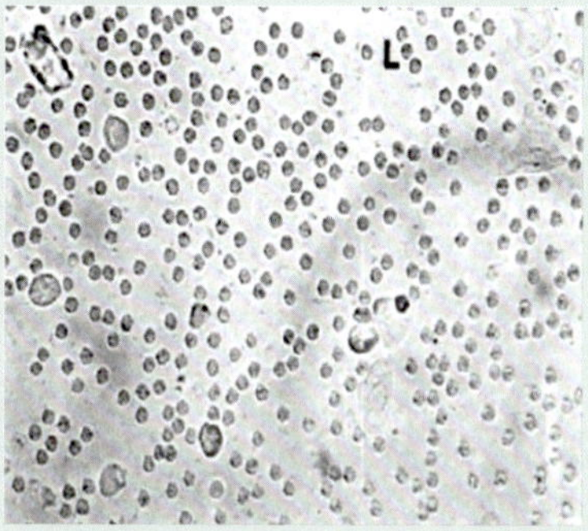

Figura 21.17 – *Microfotografia do ciclo estral – diestro –(leucócitos L) objetiva 40x. Fonte: Marcondes et al., 2002.*[44]

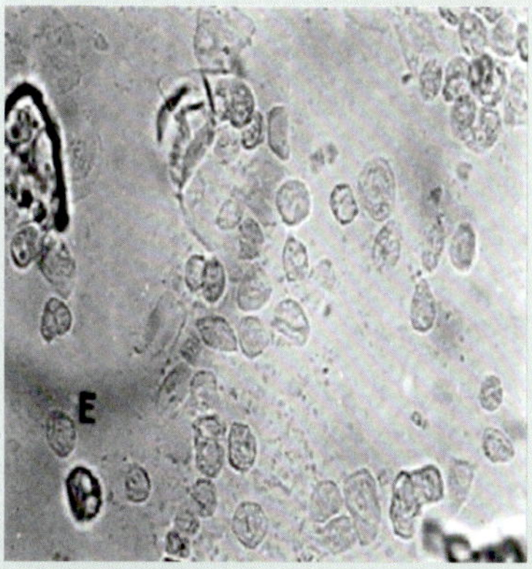

Figura 21.18 – *Microfotografia do ciclo estral – proestro – (células epiteliais nucleadas E) objetiva 40x. Fonte: Marcondes et al, 2002.*[44]

No estudo histológico, a fotomicrografia do útero de ratas mostraram no proestro, o epitélio uterino simples formado por células colunares altas com núcleos no polo basal.[45] Durante a fase de estro, o epitélio luminal mostra células hipertrofiadas e o núcleo passa então a ocupar o polo apical. No final dessa fase observam-se vacuolização citoplasmática e infiltração do epitélio por leucócitos.[46] No metaestro ocorrem desarranjo das células epiteliais, vacuolização citoplasmática e intensa infiltração por leucócitos.[45] Nessa fase, ocorrem mitoses e descamação da porção do epitélio em degeneração.[47]

Leroy[48] et al. mostraram que o epitélio uterino sofre velocidade máxima de proliferação durante a fase de diestro, sendo mais lenta no estro. No diestro, as células do epitélio uterino apresentavam-se preservadas, tendo formato cúbico.[49]

Foster[40] et al. mostraram o prolongamento na duração do ciclo estral, tanto no estro quanto no diestro. Alguns fatores externos atuam sobre a via hipotalâmica de modo a afetar a atividade ovariana. No controle do ciclo estral pode existir supressão do estro em fêmeas agrupadas, assim como indução do estro pela presença de feromônios do macho. No primeiro caso, fêmeas isoladas tendem a exibir um ciclo de 5 a 6 dias com algumas irregularidades, além da ocorrência de pseudoprenhez espontânea. Fêmeas agrupadas, na ausência de estimulação pelo macho, tendem a suprimir o estro. Em pequenos grupos, a incidência de pseudoprenhez aumenta (efeito Lee-Boot). As fêmeas agrupadas têm secreção de FSH diminuída, resultando aumento na luteotropina circulante (pseudoprenhez). Supressão prolongada da liberação do FSH induz o anestro. O fenômeno da supressão do estro pode ser explorado em algumas linhagens agrupando as fêmeas antes da exposição ao macho, para obtenção da máxima sincronização do estro. Esses pesquisadores ainda descreveram que tanto fêmeas mantidas isoladas como fêmeas mantidas em grupo, quando expostas ao macho, sofrem alterações imediatas em seu ciclo. A duração do ciclo é reduzida a uma média de 4 dias, se a exposição iniciar imediatamente após o metaestro e continua por 48 horas, sugerindo que o estímulo do macho age iniciando ou aumentando o desenvolvimento folicular.

O controle do ciclo estral é chamado “efeito Whitten”. O efeito Whitten não é universal, mas tem sido observado em diversos laboratórios em linhagens isogênicas e heterogenéticas. Tem sido usado para a obtenção da máxima ovulação ou acasalamento em qualquer noite. É especialmente útil quando óvulos naturalmente ovulados são solicitados ou quando uma espécie de camundongo não responde à gonadotrofina exógena. A ovulação induzida pela gonadotrofina pode ser facilitada pelo feromônio indutor do estro. Existe um feromônio dependente de andrógeno na urina do macho.[40]

Experimentos com camundongos cujos prepúcios foram retirados mostram-se menos efetivos na indução do estro. Proteínas de vesícula urinária (bexiga) ou homogeneizados de glândulas prepuciais mostraram-se tão efetivas quanto a presença do macho na indução do estro.[40]

A alternância de claro e escuro controla o ciclo. Camundongos mantidos em fotoperíodo de 14 horas de luz e 10 horas de escuro exibem ciclos de 4 a 5 dias espontâneos.[40]

A erradicação e o controle de doenças, bem como o desenvolvimento de técnicas cirúrgicas e a produção de fármacos, são itens indispensáveis ao bem-estar humano e exigem o uso prévio de animais de laboratório para a sua validação. Assim, torna-se indispensável a qualidade dos animais utilizados em pesquisa, assegurando a universalidade e resultados fidedignos. Nesse contexto, faz-se necessário o desenvolvimento de técnicas capazes de eliminar patógenos que interferem nos resultados experimentais. Uma das técnicas utilizadas é a histerectomia (derivação cesariana).

Identificação da fase do ciclo estral e acasalamento programado para a técnica de histerectomia

A identificação da fase do ciclo estral das fêmeas doadoras e receptoras é realizada mediante a coleta de fluido vaginal com o auxílio de micropipeta (10 μL) e solução salina (NaCl 0,9%) para confecção de lâminas. O ciclo estral pode ser observado a fresco, ao microscópio óptico (objetiva de 10 e 40X). As lâminas também podem ser coradas e fixadas conforme método de coloração de Shorr.

As fêmeas doadoras e receptoras que se encontram nas fases do ciclo estral de proestro final e estro são selecionadas para o acasalamento no sistema monogâmico. Assim, fêmeas e machos são acasalados no final da tarde. No dia seguinte, no período da manhã, as fêmeas doadoras e receptoras que apresentam o tampão vaginal são separadas para acompanhamento da prenhez.

Conforme descrito por Chovet,[13] considera-se o primeiro dia de prenhez aquele em que o tampão vaginal foi detectado.

Decorrido o período de prenhez de 18 a 21 dias, conforme a linhagem, no momento da histerectomia, sacrifica-se a fêmea doadora por deslocamento cervical. Em seguida, realizam-se a assepsia e abertura do abdômen e fazem-se o pinçamento dos cornos uterinos e a retirada do órgão, com imediata imersão em solução germicida de Virkon 1% a 37 °C. Em ambiente estéril, unidade isoladora especialmente construída para essa finalidade (Figura 21.19), procede-se à abertura do útero e à reanimação dos neonatos. A cirurgia deve ser rápida e precisa para que os neonatos não sejam prejudicados com a falta de oxigenação. Os restos placentários devem ser coletados e submetidos a avaliação sanitária. Os neonatos são colocados junto à fêmea receptora, que deverá ter sua cria, com no máximo 1 dia de vida, substituída pelos neonatos provenientes da derivação cesariana. Após o desmame, a fêmea receptora e um filhote são submetidos a avaliação sanitária para validação e certificação do estado sanitário dos animais.

O delineamento experimental da técnica encontra-se resumido e registrado nas Figuras 21.20 a 21.36.

Entre cada intervenção cirúrgica (histerectomia) o isolador é esterilizado por meio de vaporização com ácido peracético e o material cirúrgico esterilizado em autoclave a 121 °C.

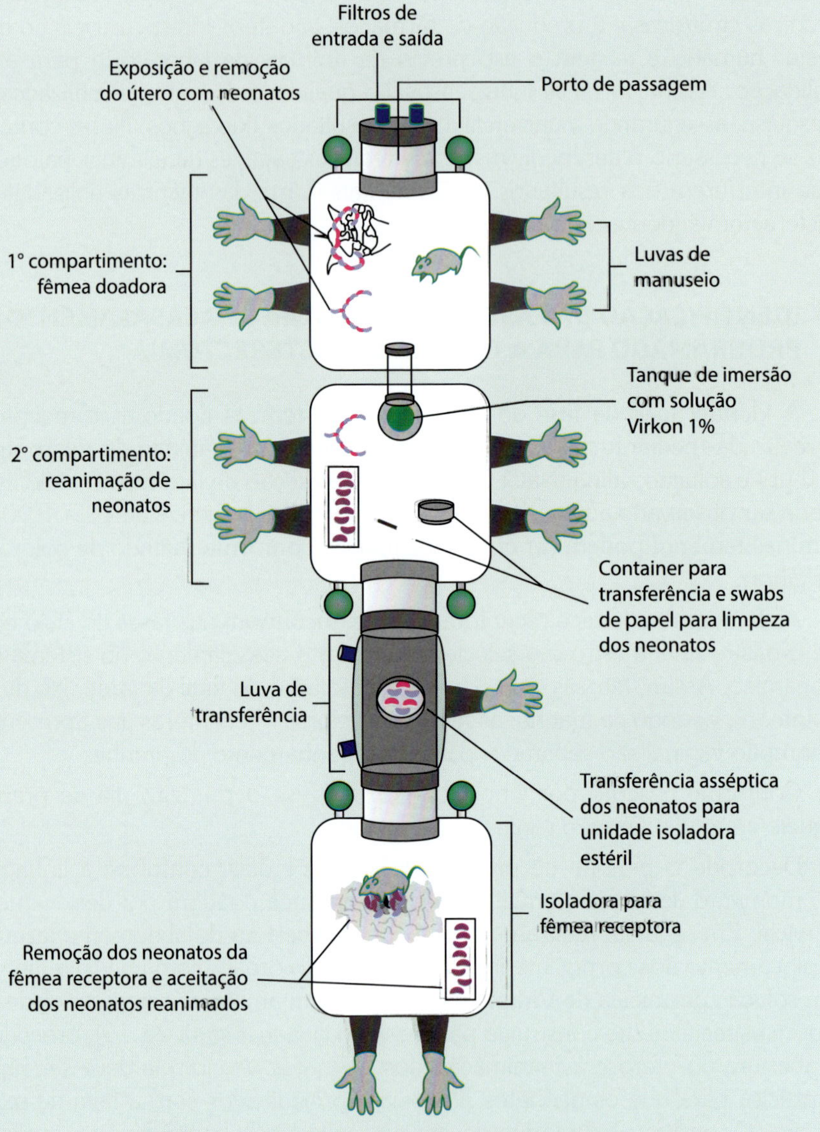

Figura 21.19 – *Unidade isoladora de histerectomia conectada a unidade isoladora com fêmea receptora. Fonte: Cemib/Unicamp.*

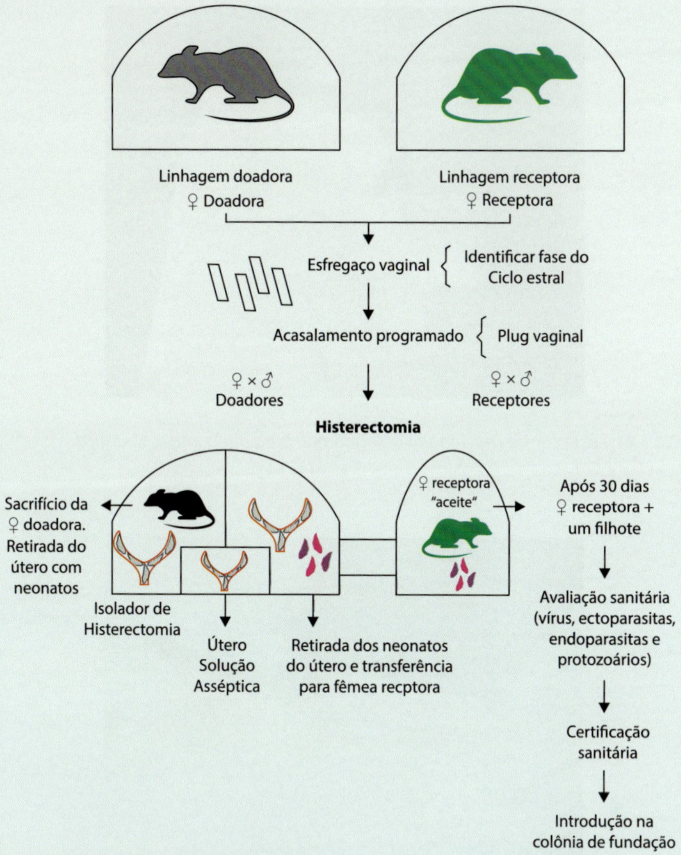

Figura 21.20 – *Delineamento experimental da técnica de histerectomia em unidade isoladora. Fonte: Cemib/Unicamp.*

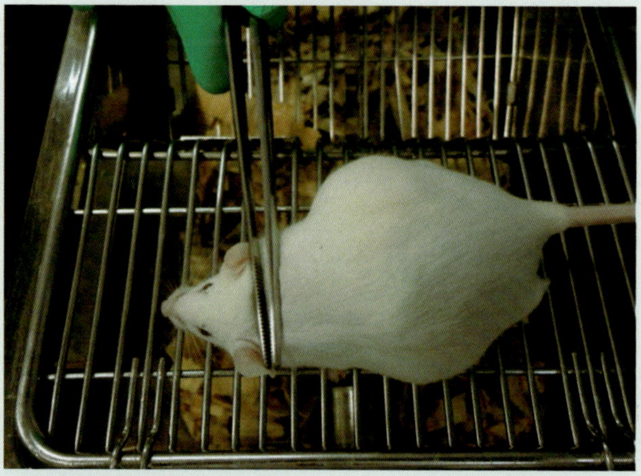

Figura 21.21 – *Sacrifício da fêmea doadora por meio de deslocamento cervical.*

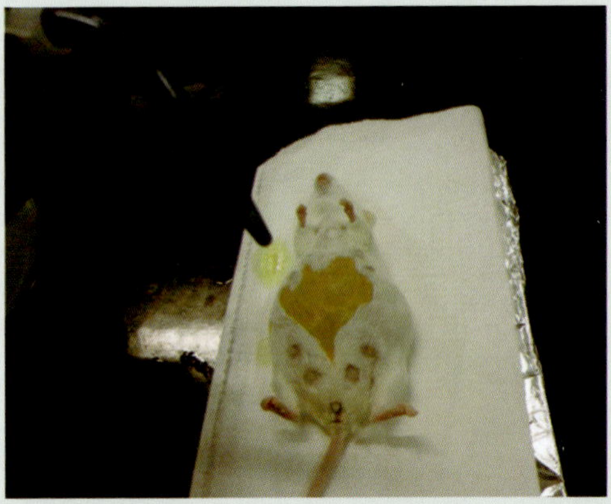

Figura 21.22 – *Assepsia com álcool iodado do abdômen para intervenção cirúrgica.*

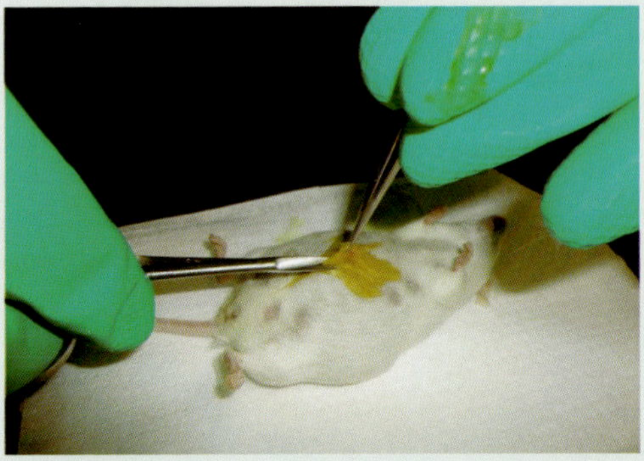

Figura 21.23 – *Incisão do abdômen.*

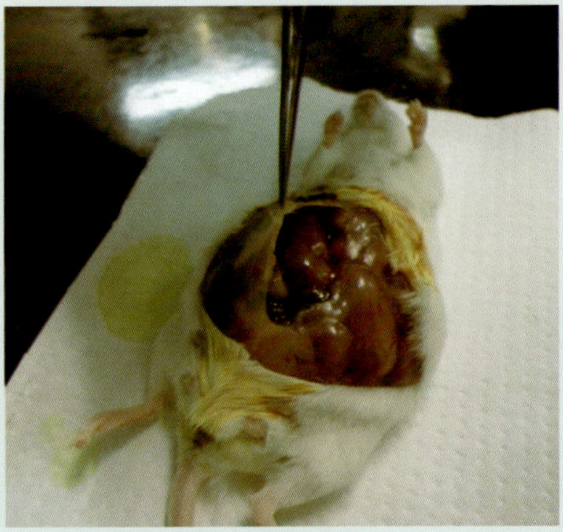

Figura 21.24 – *Abertura do abdômen.*

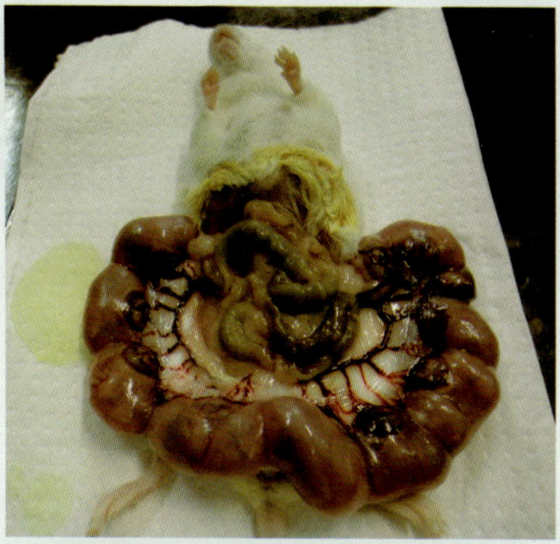

Figura 21.25 – *Exposição do útero.*

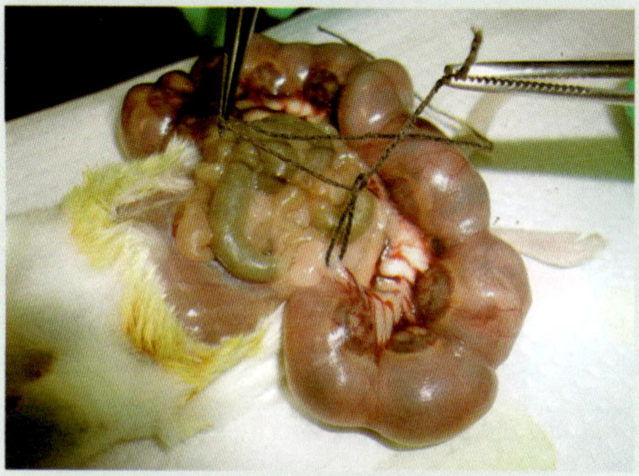

Figura 21.26 – *Isolamento da cérvix e dos cornos uterinos.*

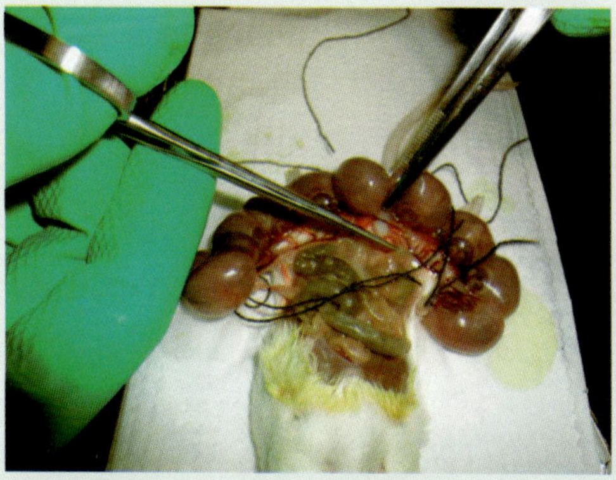

Figura 21.27 – *Os cornos uterinos e cérvix isolados.*

Figura 21.28 – *Útero com neonatos.*

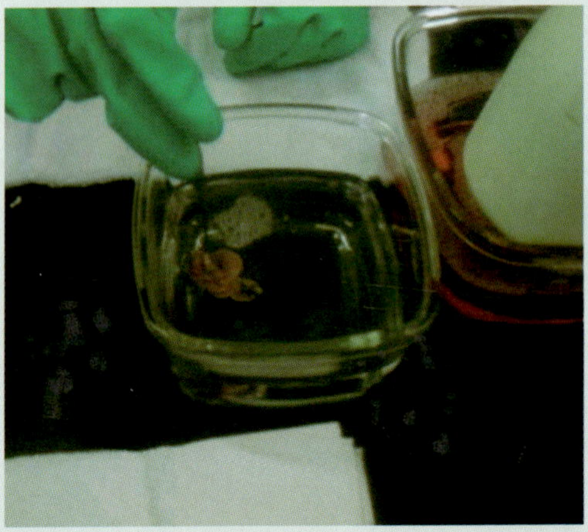

Figura 21.29 – *Passagem do útero em solução antisséptica de Virkon 1% e imersão em água esterilizada, ambas à temperatura de 37 ºC.*

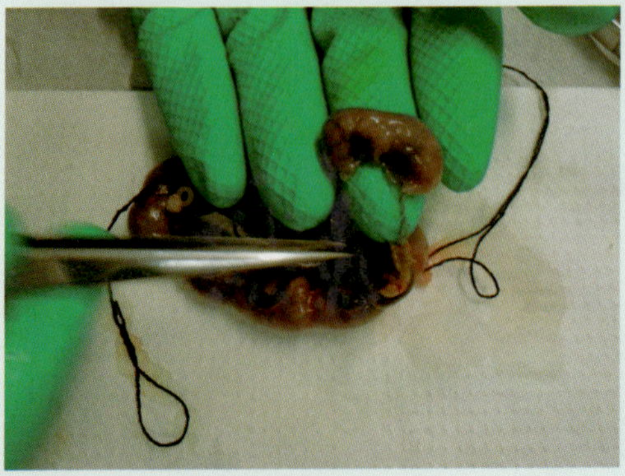

Figura 21.30 – *Retirada dos neonatos do útero.*

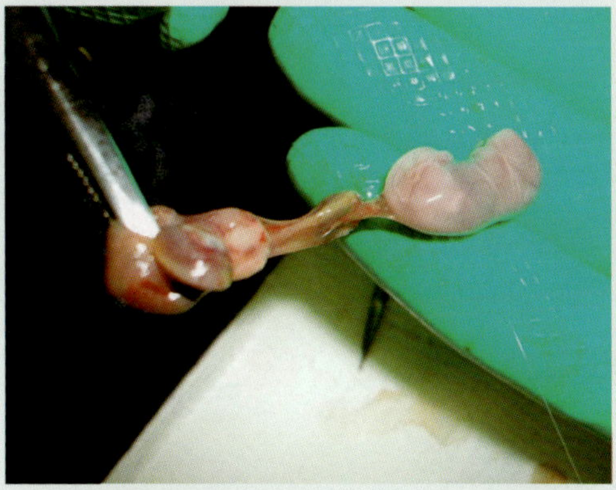

Figura 21.31 – *Retirada da placenta dos neonatos.*

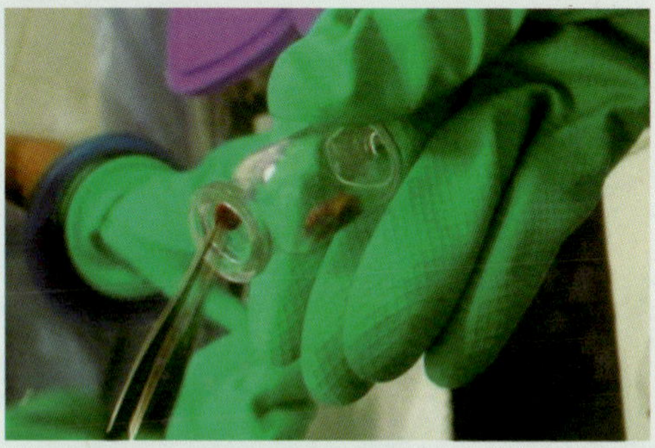

Figura 21.32 – *Placenta reservada para avaliação sanitária.*

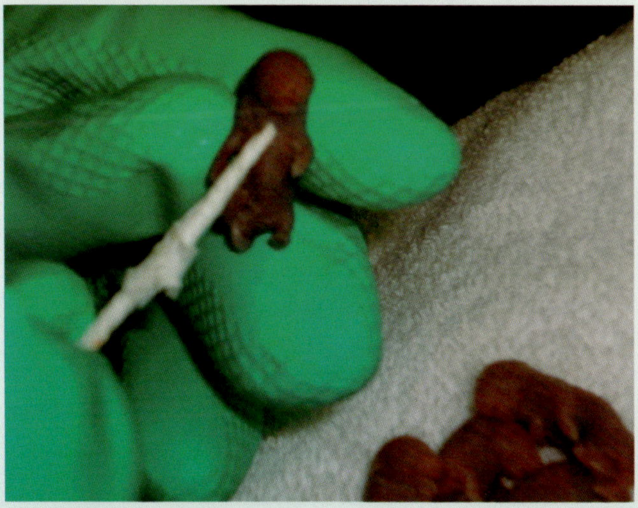

Figura 21.33 – *Reanimação e estimulação dos neonatos com cotonete de papel.*

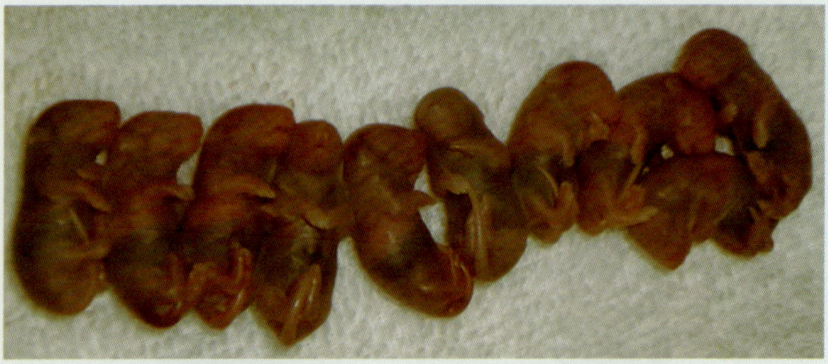

Figura 21.34 – *Neonatos reanimados.*

Figura 21.35 – *Transferência dos neonatos para a fêmea receptora.*

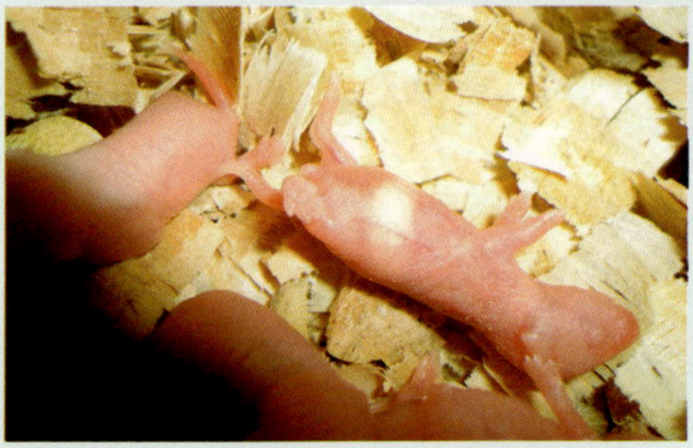

Figura 21.36 – *Observar o abdômen do neonato indicando o aleitamento e aceite pela fêmea receptora.*

Referências Bibliográficas

1. Silva MJ, Carneiro Mb, Anjos PB, Pereira DS, Lopes, ME, Santos LM. The multifaceted role of commensal microbiota in homeostasis and gastrointestinal diseases. J Immunol Res 2015;321241.
2. Backhed F, Ding H, Wang T, Hooper L V, Koh GY, Nagy A, Semenkovich C F, Gordon JI. The gut microbiota as an environmental factor that regulates fat storage. Proc Natl Acad Sci USA 2004;101 (44):15718-15723.
3. Ley RE, Turnbaugh PJ, Klein S, Gordon JI. Microbial ecology: human gut microbes associated with obesity. Nature 2006;444 (7122): 1022-1023.
4. Ley RE, Backhed F, Turnbaugh P, Lozupone CA, Knight RD, Gordon JI. Obesity alters gut microbial ecology. Proc Natl Acad Sci USA 2005;102 (31): 11070-11075.
5. Smith M I, Yatsunenko T, Manary MJ, Trehan I, Mkakosya R, Cheng J, Kau AL, Rich SS, Concannon P, Mychalecky JC, Liu J, Houpt E, Li JV, Holmes E, Nicholson J, Knights D, Ursell LK, Knight R, Gordon JI. Gut microbiomes of Malawian twin pairs discordant for kwashiorkor. Science 2013; 339 (6119):548-554.
6. Canesso M C, Vieira AT, Castro TB, Schirmer BG, Cisalpino D, Martins FS, Rachid MA, Nicoli JR, Teixeira MM, Barcelos LS. Skin wound healing is accelerated and scarless in the absence of commensal microbiota 1. J Immunol 2014; 193 (10): 5171-5180.
7. Naik S, Bouladoux N, Wilhelm C, Malloy MJ, Salcedo R, Kastenmuller W, Deming C, Quinones M, Koo L, Conlan S, Spencer S, Hall JA, Dzutsev A, Kong H, Campbell DJ, Trinchieri G, Segre JA, Belkaid Y. Compartmentalized control of skin immunity by resident commensals. Science 2012;337 (6098):1115-1119.
8. Naik S, Bouladoux N, Linehan JL, Han SJ, Harrison OJ, Wilhelm C, Conlan S, Himmelfarb S, Byrd AL, Deming C, Quinones M, Brenchley JM, Kong HH, Tussiwarnd R, Murphy KM, Merad M, Segre JA, Belkaid Y. Commensal-dendritic-cell interaction specifies a unique protective skin immune signature. Nature 2015;520 (7545): 104-108.
9. Nardi RM, Silva ME, Vieira EC, Bambirra EA, Nicoli JR. Intragastric infection of germ-free and conventional mice with *Salmonella typhimurium*. Braz J Med Biol Res 1989; 22 (11): 1389-1392.
10. Souza DG, Vieira AT, Soares AC, Pinho V, Nicoli JR, Vieira LQ, Teixeira MM. The essential role of the intestinal microbiota in facilitating acute inflammatory responses. J Immunol 2004;173 (6): 4137-4146.
11. Bezerra M, Vieira EC, Pleasants JR, Nicoli JR, Coelho PMZ, Bambirra E. The life cycle of Schistosoma mansoni under germ free conditions. J Parasitol 1985; 71: 519-520, 1985.
12. Oliveira MR, Tafuri WL, Afonso LC, Oliveira M A, Nicoli JR, Vieira EC, Scott P, Melo MN, Vieira LQ. Germ-free mice produce high levels of interferon-gamma in response to infection with Leishmania major but fail to heal lesions. Parasitol 2005; 131 (Pt 4):477-488.
13. Chovet M. Hysterectomie aseptique sur souris. *Experementation Animale* 1971; 385-399.
14. Vieira EC, Nicoli JR, Moraes-Santos T, Silva ME, Costa CA, Mayrink W, Bambirra EA. Cutaneous leishmaniasis in germ-free, gnotobiotic, and conventional mice. Revista do Instituto de Medicina Tropical de São Paulo 1987;29:385-387.

15. Van der Waaij D. The ecology of the human intestine and its consequences for overgrowth by pathogens such as *Clostridium difficile*. Annu Rev Microbiol 1989;43, 69±87.
16. Duarte R, Silva AM, Vieira LQ, Afonso LC, NICOLI JR. Influence of normal microbiota on some aspects of the immune response during experimental infection with *Trypanosoma cruzi* in mice. J Med Microbiol 2004; 53 (Pt 8):741-748.
17. Kuhn R, Lohler J, Rennick D, Rajewsky K, Muller W. Interleukin-10-deficient mice develop chronic enterocolitis. Cell 1993;75, 263±274.
18. Sadlack B, Merz H, Schorle H, Schimpl A, Feller AC, Horak I. Ulcerative colitis-like disease in mice with a disrupted interleukin-2 gene. Cell 1993;75, 253±261.
19. Coates ME. Gnotobiotic animals in research: their uses and limitations. Laboratory Animals 1975; 275-282.
20. Schaedler RW, Dubos R, Costello R. Association of germ-free mice with bacteria isolated from normal mice. J Exp Med 1965; 122:77-82.
21. Orcutt RP, Gianni FJ, Judge RJ. Development of an "Altered Shaedler Flora" for NCI gnotobiotic rodents. Microecol Ther 17:59, 1987.
22. Gordon HA.The germ-free animal. American Journal of Digestive Diseases 1960;5:10.
23. Turnbaugh PJ, Ridaura VK, Faith JJ, Rey FE,Knight R, Gordon JI. The effect of diet on the human gut microbiome: a metagenomic analysis in humanized gnotobiotic mice. Sci Transl MedNovember 11 2009; 1(6).
24. Alves DP et al. Gnotobiologia. In: Andrade A, Pinto SC, Oliveira RS. Animais de laboratório: criação e experimentação. Rio de Janeiro: Editora Fiocruz 2002. p. 213-215.
25. Alves EAV. Implementação de metodologia para monitoramento de contaminação microbiana no ambiente de produção de matrizes de camundongos e de ratos livres de agentes patogênicos especificados. Trabalho de Conclusão de Curso em Ciências Biológicas, Pontifícia Universidade Católica de Campinas, 2008. 65p.
26. Ingranhan A, Fleicher TM. Disinfectants in laboratory animal science: what are they and who says they work? Laboratory Animal2003;32(1): 36-40.
27. Graziano KU, Silva A, Bianchi ERF. Limpeza, desinfecção, esterilização de artigos e anti-sepsia, infecção hospitalar e suas interfaces na área de saúde. In: Fernandes AT, Fernandes MOV, Ribeiro Filho N, Graziano KU, Cavalcante NJF, Lacerda RA. Infecção Hospitalar e suas Interfaces na Área de Saúde. São Paulo, Editora Atheneu, p. 266-305, 2000.
28. Block SS. Disinfection, sterilization and preservation, 5th ed. Philadelphia, PA, EUA: Lippincott, Williams & Wilkins, 2001.
29. Chacha Garcéz EG. Implementación de un sistema de limpieza y desinfección en los criaderos de mantenimiento y maternidad del Bioterio de la facultad de Ciências. 2014. Disponível em dspace.espoch.edu.ec.
30. McDonnel G, Russel AD. Asseptics and disinfectants: Activity, action and resistance. Clinical Microbiology Reviews 1999; 12(1):147-179.
31. Valero VB. Manual para técnicos de biotério. São Paulo,: Editora Hanna A. Rothschild, 1990. 220p.
32. Andrade A et al. Manual para técnicos de biotério. Finep - Financiadora de estudos e projetos, Editora H. A. Rothschild, São Paulo, 1990. 220p.

33. Kawagoe JY. Higiene das mãos: comparação da eficácia antimicrobiana do álcool – formulação gel e líquida – nas mãos com matéria orgânica. 132f. Tese para obtenção do título de doutor – Escola de Enfermagem, Universidade de São Paulo, São Paulo, 2004.
34. Andrade D et al. Atividade antimicrobiana in vitro do álcool gel a 70% frente às bactérias hospitalares e da comunidade. Medicina Ribeirão Preto 2007; 40(2):250-254.
35. Pleasants JR. Rearing germ-free cesarean-born rats, mice, and rabbits through weanig. Annals New York Academy of Sciences, 1959; 116-126.
36. Sebesteny A, Lee P. Unidirectional air flow surgical isolator for hysterectomy of mice. Laboratory Animal 1973; 7(3): 271-277.
37. Rahija RJ. Gnotobiotics. The mouse in biomedical research. 2nd edition. Academic Press, New York, 2007, p.217-233.
38. Passos LAC et al. Criopreservação de embriões murinos em biotérios. In: Andrade A, Pinto SC, Oliveira RS. Animais de laboratório: criação e experimentação. Rio de Janeiro: Editora Fiocruz, 2002. p. 238-239.
39. Green MA, Bass S, Spear BT. Transcervical transfer of mouse embryos using the non-surgical embryo transfer (NSET) device.Peer-reviewed Protocol. 2010. Disponível em: www.Biotechniques.com/protocols [Acesso em abril de 2015].
40. Foster HL, Small JD, Fox JG. The mouse in biomedical research: normative biology, immunology and husbandry. V. 3 New York: Academic Press, 1983.
41. Hoar WS. General and comparative physiology. 2nd ed. New Jersey EUA: Prentice-Hall International, 1975.
42. Jennings WA. Total home-cage activity as a function of the estrous cycle and whell running in the rat. Psychon Science 1971; 22(3): 164-165.
43. Allen E. The estrous cycle in the mouse. Departament of Anatomy - Washington University School of Medicine. USA, 1922. Disponível em: http://onlinelibrary.wiley.com/doi/10.1002/aja.1000300303/epdf [Acesso em abril 2015].
44. Marcondes FK.,Bianchi FJ, Tanno AP. Determination of the estrous cycle phases of rats: some helpful considerations. Braz J Biol 2002; 64(4A):609-614.
45. Petrella Set al. Aspectos morfológicos do epitélio uterino de ratas nude atímicas nas fases de proestro e de metaestro do ciclo estral. Revista Acta Oncol Bras 1995; 15 (2):67-70.
46. Bertalanffy FD, Lau C. Mitotic rates, renewal times, and cytodynamics of the female genital tract epithelia in the rat. Acta Anat (Basel) 1963; 54: 39-81.
47. Leroy F, Galand P, Chretien J. The mitogenic action of ovarian hormones on the uterine and the vaginal epithelium during the estrous cycle in the rat: a radioautographic study. J Endocrinol Nov1969;45: 441-7.
48. Datta IC, Karkun, JN, Kar, AB. Studies on physiology and biochemistry of the cervix changes in the cervix of rats during estrus cycle. Acta Biol Med Germ 1980; 20: 147-156.
49. EMMA (The European Mouse Mutant Archive) protocol – Production of Germ-free Mice, 2015. Disponível em: http://strains.emmanet.org/protocols/GermFree_0902.pdf [Acesso em abril de 2015].

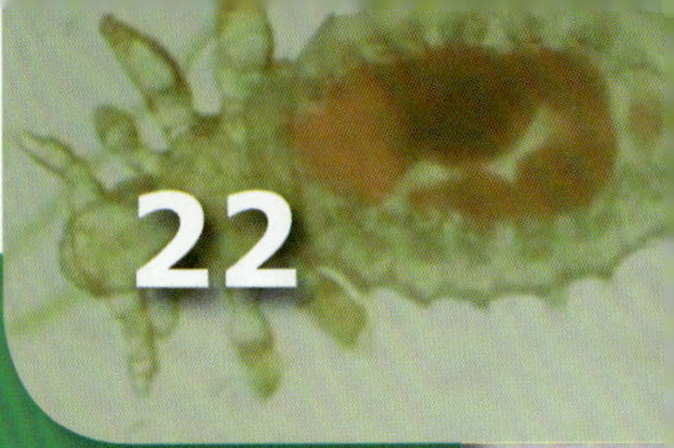

22

Diagnóstico Parasitológico

Sandra Regina Alexandre Ribeiro
Robison José da Cruz
Thais Marques (em memória)

Introdução

Nas últimas décadas ocorreram mudanças significativas nas áreas de criação, manutenção e experimentação animal.

Em 1991, Vieira Bressan[1] realizou o primeiro levantamento parasitológico nas maiores colônias de criação de animais de laboratório do Estado de São Paulo, demonstrando que 100% delas apresentavam-se infestadas e/ou infectadas por ecto e endoparasitos.

Com a melhoria das instalações, a implantação de controles sanitários mais rigorosos, a aquisição de novos equipamentos e o início dos processos de transferência de embriões, teve início o declínio da prevalência de doenças parasitárias nos biotérios brasileiros. Entretanto, alguns parasitos continuam sendo encontrados em algumas criações, e isso se deve a três grandes fatores: o primeiro por infestações não completamente eliminadas nas criações; o segundo, por parasitos introduzidos nas colônias através da aquisição de animais provenientes de centros que ainda apresentam animais com parasitismo enzoótico; e por último, e não menos improvável, pela invasão de roedores silvestres nas instalações de criação/manutenção. Além desses fatores devemos ter em mente que, o aumento da produção de animais transgênicos e *knockouts*, alguns imunologicamente comprometidos, oferece a oportunidade de infestações e infecções que seriam incomuns em animais imunologicamente competentes.[2]

Periodicidade e Tamanho da Amostra

Segundo as recomendações da Felasa de 2014,[3] o controle parasitológico de todas as espécies de laboratório deve ser realizado a cada 3 meses, independentemente de seu padrão sanitário. Para a determinação do número de amostras em uma colônia constituída por 100 ou mais animais utiliza-se a fórmula de distribuição binomial N = logα/log (1-P). Animais de ambos os sexos, devem ser selecionados de modo aleatório, com idades entre 30 a 60 dias. A idade é um fator importante na pesquisa parasitológica, uma vez que os animais mais velhos podem ter adquirido, previamente, infecções por endoparasitas e possivelmente já os tenham eliminado por mecanismos de imunidade natural, considerando-se que algumas linhagens apresentam essa capacidade com 3 a 4 semanas de vida.[4]

Protozoários

São organismos unicelulares, eucariotos, providos de um núcleo diferenciado e de outras organelas membranosas. Sua classificação se dá pela forma e localização dessas organelas especializadas relacionadas com a locomoção (flagelos, cílios, pseudópodos ou microtúbulos), nutrição e proteção.

Entamoeba spp

Espécie comensal, não patogênica, podendo ser encontrada no ceco e cólon de camundongos, ratos e hamsters convencionais (*E. muris*), não sendo relatados problemas de desordem intestinal. Espécies similares não patogênicas são também encontradas no ceco de cobaias (*E. caviae*) e de coelhos (*E. cuniculli*). Os trofozoítos possuem um diâmetro que varia de 8 a 30 µm; os cistos, quando maduros, apresentam oito pequenos núcleos (Figura 22.1). As infecções

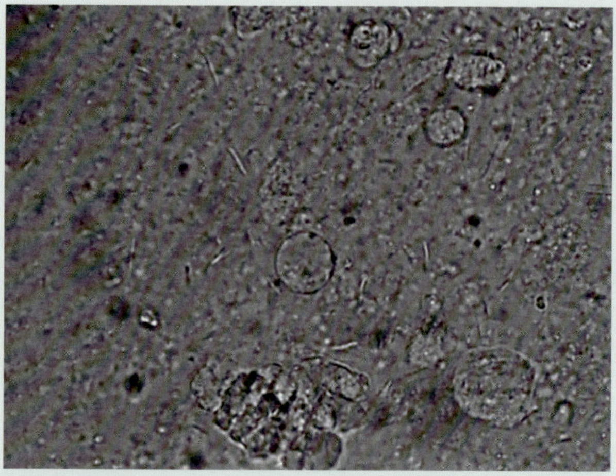

Figura 22.1 – Entamoeba spp.

normalmente apresentam-se subclínicas, não existindo relatos de sua interferência na pesquisa biomédica. Sua transmissão ocorre pela ingestão de cistos presentes nas fezes. Como a amebíase é uma doença de veiculação hídrica, sua entrada no biotério pode se dar pelo tratamento inadequado da água. Portanto, sua presença em biotérios é considerada um indicador de falhas nos processos de higienização ou de contato indireto com animais selvagens infectados.[3]

Giardia spp

A giardíase apresenta importância epidemiológica por possuir um elevado potencial zoonótico. É o único flagelado considerado patogênico para camundongos, ratos e hamsters (*G. muris*). A doença também pode acometer cobaias (*G. caviae*) e coelhos (*G. duodenalis*), porém o parasito não é patogênico para essas espécies. *Giardia spp* é encontrada no intestino delgado, e seu ciclo de vida consiste em dois estágios: trofozoítos e cistos viáveis. Os trofozoítos são facilmente reconhecidos em preparações úmidas do conteúdo intestinal por seu formato piriforme e movimento de rolamento; possuem quatro pares de flagelos (anterolateral, posterolateral, ventral e central) e um par de corpos parabasais centralizados. Seu tamanho varia de 7-13 por 5-10 µm, sendo bilateralmente simétricos (Figura 22.2). Os cistos, de parede espessa, são elipsoidais, medindo 15 por 17 µm, possuem quatro núcleos e são comumente encontrados no intestino delgado. Os cistos podem entrar nas colônias através da água ou de alimentos contaminados, mas a transmissão direta também é possível, especialmente em áreas com alta incidência populacional. Os cistos são eliminados pelas fezes após um período pré-patente de 1 a 2 semanas, podendo os animais apresentarem ou não sinais clínicos da enfermidade. A quantidade de cistos liberados é um bom indicador do nível de infecção, durante a fase aguda. Animais jovens infectados apresentam sinais de diarreia intermitente, com comprometimento da digestão e da absorção de alimentos, desidratação, perda de peso e morte.[5]

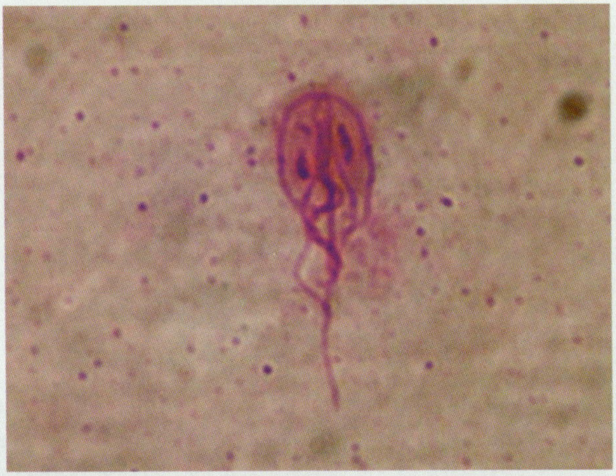

Figura 22.2 – Giardia spp.

Spironucleus muris (Hexamita muris)

Protozoário flagelado encontrado no intestino delgado e ceco de camundongos, ratos e hamsters. O trofozoíto é alongado na forma de torpedo, bilateralmente simétrico (3-4 por 10-15 μm), e seus cistos medem 4 por 7 μm. Possui seis flagelos anteriores que se movimentam ativamente e dois flagelos de baixa rotatividade na extremidade posterior. Apresenta ciclo direto e, os trofozoítos se reproduzem por fissão longitudinal. Camundongos jovens, entre 2 a 6 semanas de idade, apresentam-se mais suscetíveis que os adultos, sendo os trofozoítos encontrados habitando as criptas de Lieberkuhn do intestino delgado. Em ratos com idade mais avançada, a presença de trofozoítos pode estar reduzida, sendo encontrados apenas nas glândulas gástricas do piloro. Animais jovens desenvolvem a forma aguda da doença, enquanto os mais velhos desenvolvem a forma crônica. A forma aguda apresenta sinais clínicos como diarreia e rápida perda de peso, podendo por fim levar o animal à morte. Já na forma crônica não se observa perda de peso ou diarreia. Animais imunodeficientes podem apresentar enterite na fase crônica.[6]

S. muris está frequentemente associado a outros agentes infectantes, como por exemplo o vírus da hepatite murina (MHV).[3,7]

Chilomastix spp

Flagelado, com trofozoíto de formato piriforme, não patogênico, medindo entre 10 e 15 μm e seu cisto, entre 6 e 9 μm. Apresenta três flagelos anteriores próximos ao núcleo e, um quarto flagelo curto que ondula no interior da ranhura citostomal. É encontrado no ceco e cólon de camundongos, ratos, e hamsters (*C. bittencourt*) e coelhos (*C. cuniculi*). Sua transmissão é oral-fecal através de cistos infectantes.[8]

Tritrichomonas muris

Protozoário flagelado, comensal, encontrado no intestino delgado e ceco de camundongos, ratos e hamsters. O trofozoíto, de formato piriforme, mede de 10-14 por 16-26 μm, apresenta um núcleo vesicular anterior, três longos flagelos anteriores e uma membrana ondulante que percorre toda a extensão longitudinal de seu corpo (Figura 22.3). A transmissão ocorre através da ingestão de pseudocistos presentes nas fezes do hospedeiro. Após ingestão, a proliferação ocorre no lúmen intestinal, sem invasão do tecido. Embora considerado um parasito não patogênico, alguns animais podem apresentar sinais clínicos como anorexia e diarreia.[9] Como *T. muris* é espécie-específico, sua presença em biotérios pode ser um indicador da quebra no sistema de barreiras ou da existência de contato direto ou indireto com roedores silvestres.[3]

Balantidium caviae

Protozoário comensal, ciliado, que habita o ceco e intestino grosso de cobaias. Mede de 55 a 155 μm por 45 a 72,5 μm de largura, e os cistos, entre 40 a 45 μm de diâmetro (Figura 22.4). Apesar de não ser patogênico, se houver comprometimento da barreira da mucosa intestinal, o *B. caviae* pode tornar-se um invasor secundário, resultando em enterite. Sua reprodução pode ocorrer por fissão binária

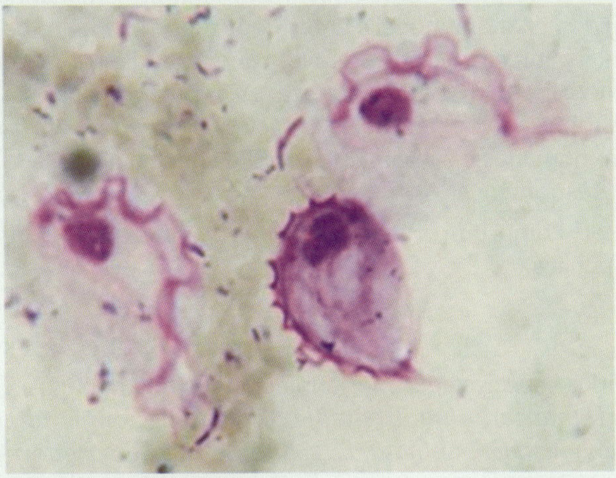

Figura 22.3 – Tritrichomonas muris.

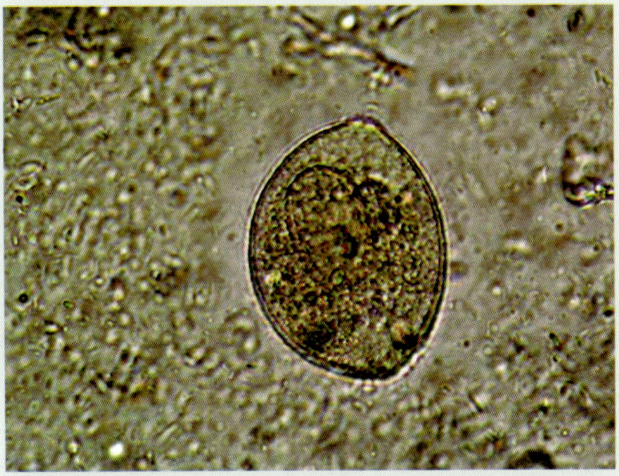

Figura 22.4 – Balantidium caviae.

ou por conjugação. Toda a superfície do parasito é coberta por cílios, dispostos paralelamente à linha longitudinal, exceto na região do campo periestomal.[10]

Cryptosporidium spp

É um pequeno coccídeo com aproximadamente 5 µm de diâmetro, intracelular obrigatório, que parasita as microvilosidades da mucosa das células epiteliais dos tratos gastrointestinal e respiratório não só do homem como de alguns animais. A infecção tem sido documentada desde o esôfago até o reto, embora o parasito apresente tropismo pelo intestino delgado. Camundongos podem ser infectados por duas espécies, *C. muris* e *C. parvum*. O camundongo é infectado por *C. muris* na região do estômago, e normalmente é considerado um parasita comensal ou pouco patogênico. Entretanto, camundongos neonatos imunossuprimidos e/ou imunodeficientes como, por exemplo, os da linhagem SCID apresentam infecção crônica grave, caracterizada por diarreia e desidratação que podem levar o animal à morte. A criptosporidiose é uma zoonose com ampla distribuição geográfica. As espécies *C. parvum* e *C. hominis são* as prevalentes em humanos e causam enterocolite aguda autolimitada, ou seja, que apresenta cura espontânea.[11]

É classificado como um organismo classe de risco nível 2 de importância para a saúde pública.

Eimeria spp

Existem várias espécies de *Eimeria* infectando camundongos: *E. arasinaensis, E. ferrisi, E. hansonorum, E. hindlei, E. keilini, E. musculi, E. muscoloidei, E. paragachaica, E. papillata, E. schueffneri* e *E. vermiformis*. Podemos encontrar as espécies *E. separata* e *E. contorta* infectando ratos, mas elas completam seu ciclo em camundongos.[10] Seu oocisto pode apresentar formato ovoide ou elipsoidal medindo de 28 a 40 µm por 16 a 25 µm (Figura 22.5).

E. stiedai é extremamente patogênica para coelhos, sendo frequentemente encontrada em criações. A infestação ocorre pela ingestão de oocistos esporulados que penetram na mucosa do intestino delgado, migrando até o fígado. As infecções são caracterizadas por anorexia, distensão abdominal e perda de peso do animal. A *E. stiedai* é frequentemente a causa da morte de coelhos jovens.[12]

NEMATÓDEOS

Syphacia spp

Oxiurídeo que pode ser encontrado frequentemente no ceco e intestino grosso de ratos, camundongos e hamsters mantidos em colônias convencionais. Seus ovos são facilmente identificados em exames de flutuação fecal, com for-

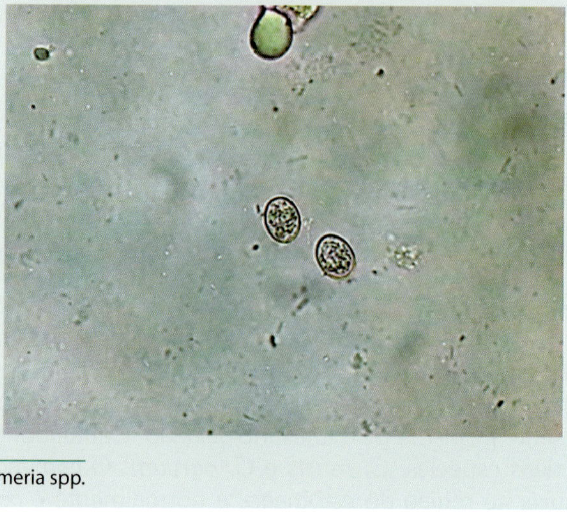

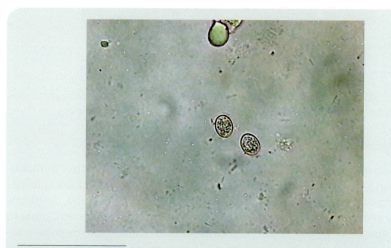

Figura 22.5 – Eimeria spp.

mato alongado e encurvado. Uma vez ingeridos com as fezes, os ovos se desenvolvem no intestino delgado e ceco dentro das primeiras 2 horas, terminando seu desenvolvimento, até a fase adulta, no ceco. As fêmeas grávidas migram para o ânus e põem seus ovos na região perianal antes de morrer. As fêmeas de *S. obvelata* depositam durante sua vida aproximadamente 350 ovos, e seu ciclo de vida completo é de 12 dias. Fêmeas de *S. muris* põem de 450 a 550 ovos (Figura 22.6), e seu ciclo de vida varia de 7 a 8 dias.[3,10]

Syphacia muris

Por ser muito semelhante a *S. obvelata*, essas espécies foram confundidas por muitos anos. Sua incidência e distribuição geográfica são incertas. No entanto, está presente na maioria dos ratos de colônias convencionais. O macho mede entre 1,2 a 1,3 mm de comprimento por 100 µm de largura. A cauda é fina e, cerca de duas vezes mais longa que a largura de seu corpo.[10,13]

Syphacia obvelata

Nematoide oxiurídeo encontrado parasitando o ceco e cólon de camundongos, ratos e hamsters mantidos em colônias convencionais. Possui o bulbo esofágico redondo e uma asa cervical pequena. O macho mede de 1,1 a 1,5 mm por 120 a 140 µm de largura, e sua cauda é fina e pontiaguda. A fêmea, maior, mede de 3,4 a 5,8 mm por 240 a 400 µm; sua vulva está localizada na região do sexto anterior de seu corpo (Figura 22.7). Os ovos destacam-se por sua leveza, proporcionando uma fácil dispersão pelo ar; medem de 118 a 153 µm de comprimento por 33 m a 55 µm de largura. São facilmente identificados em exames de flutuação fecal, pois são alongados e encurvados em forma de "D", com uma massa embrionária homogênea ocupando todo o seu espaço interno. Sinais clínicos geralmente não são observados; entretanto, quando a carga parasitária é elevada, observa-se prolapso retal ou irritação na região perianal dos animais parasitados.[10]

Aspiculuris spp

Oxiurídeo encontrado parasitando o ceco e cólon de camundongos, ratos e hamsters. O bulbo esofágico é oval, com uma asa cervical proeminente que

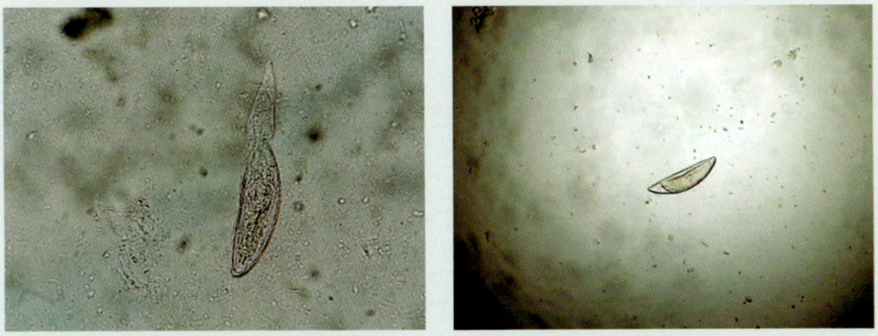

Figura 22.6 – *Ovo de* Syphacia muris.

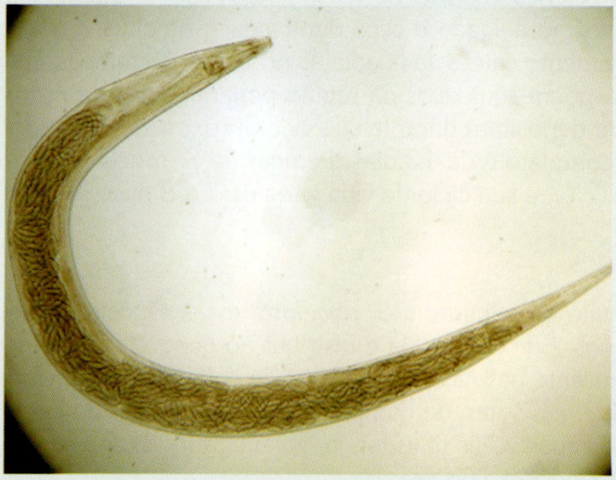

Figura 22.7 – Syphacia obvelata.

vai desde o bulbo até o esôfago. As fêmeas medem entre 3 e 4 mm de comprimento por 215 a 275 µm de largura; a vulva está localizada na região do quarto anterior do corpo. O macho mede de 2 a 4 mm, apresentando uma cauda de aspecto cônico. O ovo é simetricamente elipsoidal, medindo entre 89 e 93 µm por 36 e 42 µm de largura (Figura 22.8). Seu ciclo de vida é direto, variando entre 23 e 25 dias. Os adultos passam toda a sua vida na região do cólon, onde põem seus ovos, que se misturam ao bolo fecal, sendo eliminados pelas fezes. Os ovos eclodem após 6 a 7 dias à temperatura ambiente, e a contaminação ocorre através da ingestão dos ovos.[10]

Passalurus ambiguous

Encontrado no ceco e cólon de coelhos, lebres e outros lagomorfos mantidos em colônias convencionais. O macho mede de 4 a 5 mm de comprimento, e a fêmea, de 9 a 11 mm. Os ovos apresentam parede fina, ligeiramente achatada de um dos lados, medindo 95 a 103 µm por 43 µm (Figura 22.9). A infecção ocorre por ingestão do ovo.[10]

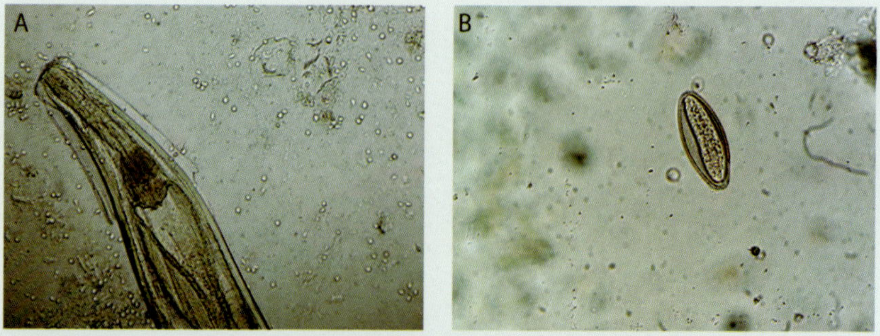

Figura 22.8 – *(A):* Aspiculuris tetraptera. *(B): Ovo de* Aspiculuris tetraptera.

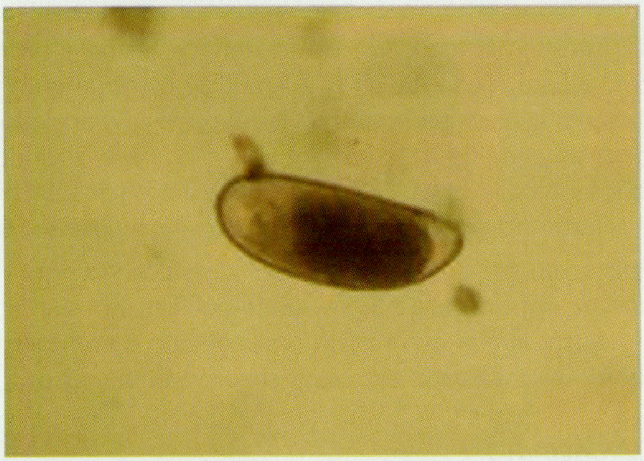

Figura 22.9 – *Ovo de* Passalurus ambiguous.

Cestódeos

Hymenolepis spp

Infecção geralmente benigna. As espécies mais importantes para animais de laboratório são *H. nana e H. diminuta*.

H. diminuta

Encontrado no intestino delgado de ratos, camundongos e hamsters, requerendo um hospedeiro intermediário. As formas adultas medem de 20 a 60 mm de comprimento por 4 mm de espessura. Esses cestoides não apresentam acúleos na região do escólex (Figura 22.10).

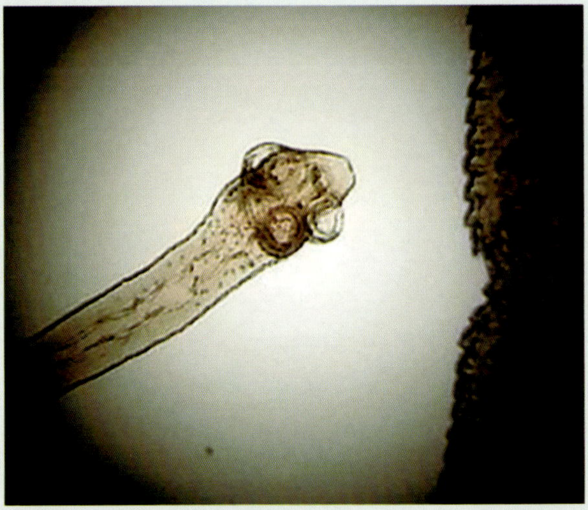

Figura 22.10 – Hymenolepis diminuta.

H. nana

Presente no intestino delgado de camundongos, ratos e hamsters convencionais. O verme adulto mede de 25 a 40 mm de comprimento por 1 mm de espessura. Apresenta acúleos na região do escólex (rostelo armado); os ovos embrionados medem cerca de 44 a 62 µm por 30 a 55 µm, possuindo três pares de pequenos ganchos internos (Figura 22.11). Sinais clínicos de infecção em animais jovens incluem retardo no crescimento, perda de peso e oclusão intestinal.[10]

Hymenolepis é um organismo zoonótico, classificado como risco biológico nível 2, portanto de importância para a saúde pública. Em humanos pode provocar enterite catarral aguda ou crônica, enterocolite com hiperplasia linfoide, que pode também ser observada em casos severos da infecção.[14]

Paraspidodera uncinata

Nematoide aparentemente não patogênico, ocorre no intestino grosso e ceco de cobaias e cutias (Figura 22.12). O macho mede de 16,3 a 17,6 mm de comprimento, a fêmea mede 18,4 a 20,9 mm, e o ovo, 43 por 31 µm.[10,15]

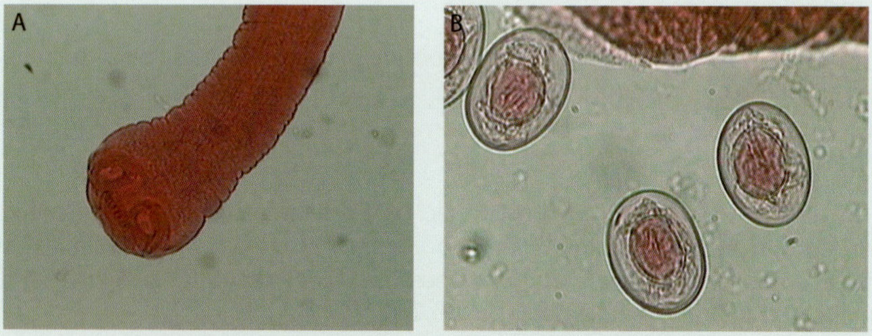

Figura 22.11 – *(A):* Hymenolepis nana. *(B): Ovo de* Hymenolepis nana.

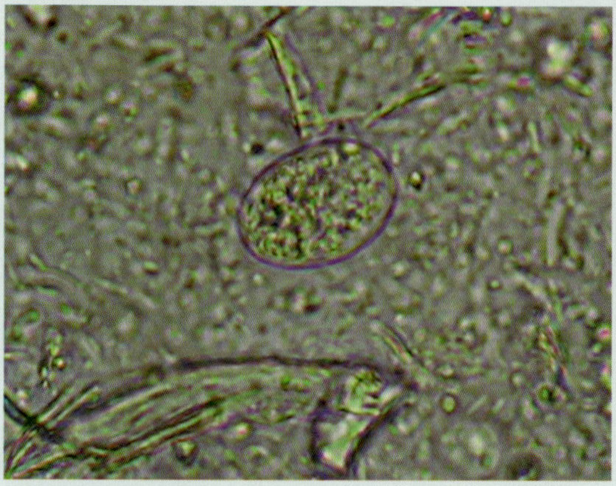

Figura 22.12 – Paraspidodera uncinata.

Piolhos

São insetos ápteros, de corpo achatado dorsoventralmente, com todos os instares ocorrendo no hospedeiro. Os grupos são diferenciados por caracteres morfológicos, hábitos alimentares e interações com o hospedeiro.

Poliplax serrata

Também conhecido como piolho de camundongo. Apresenta corpo delgado. As fêmeas medem aproximadamente 1,5 mm, enquanto os machos são mais largos e curtos, com 1 mm de comprimento. A cabeça alongada e menor que o tórax apresenta um par de antenas proeminentes com cinco segmentos e mancha ocular. A placa torácica, ventral, apresenta formato quase triangular. O abdômen é constituído por sete pares de placas laterais e de sete a treze placas dorsais. As cerdas, localizadas na quarta placa lateral, são desiguais e maiores na região dorsal. As patas não apresentam o mesmo tamanho, sendo as posteriores maiores com uma grande garra tarsal e esporão tibial (Figura 22.13). Seu ciclo biológico completa-se em aproximadamente 13 dias. Os ovos, normalmente fixados na região do colo e abdômen, eclodem entre 5 a 6 dias. Nos primeiros estágios do desenvolvimento as ninfas localizam-se predominantemente na região anterior do corpo; já os jovens sofrem mudas até chegarem ao estágio adulto, distribuindo-se por toda a superfície corpórea. O parasito suga o sangue do hospedeiro, podendo ocasionar debilidade e anemia. O intenso prurido provocado pelo piolho pode resultar em descamação da pele e dermatite. *P. serrata* atua como agente vetor do *Eperythrozoon cocoides* e da *Francisella tularensis.*[10,16]

Poliplax spinulosa

Piolho sugador, comumente encontrado infestando espécies dos gêneros *Rattus* e *Caviae*. A cabeça e o tórax possuem características morfológicas

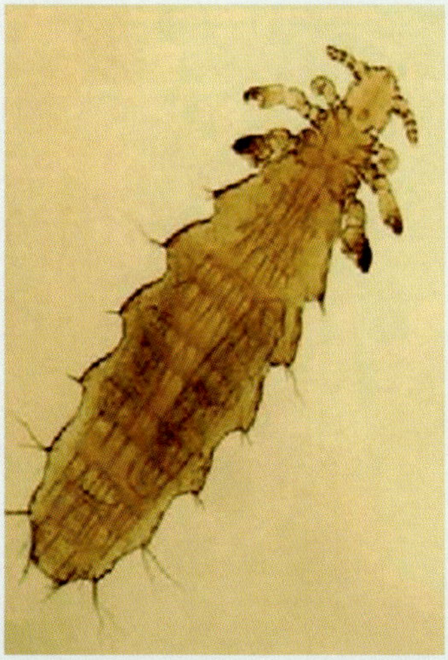

Figura 22.13 – Poliplax serrata.

semelhantes às descritas para *P. serrata*. A diferenciação entre as espécies é feita pelo formato da placa torácica ventral, pentagonal, e pelas cerdas da quarta placa lateral, que possuem quase o mesmo tamanho (Figura 22.14). Seu ciclo biológico ocorre em aproximadamente 26 dias. Os ovos eclodem entre 5 a 6 dias emergindo as ninfas, que passam por três mudas até atingirem a fase adulta. As formas adultas podem ser encontradas na região superior das patas anteriores, pescoço e dorso. Sinais clínicos como irritação da pele, debilidade e anemia podem ser observados. Durante a infestação observa-se a perda de viço do pelo, além de irritação e agitação nos animais. O *background* genético e o *grooming* controlam a distribuição e o número de ectoparasitos. *P. spinulosa* atua como agente vetor de *Rickettsia typhi, Haemobartonella muris* e possivelmente como vetor de *Brucella brucei, Borrelia duttoni* e *Trypanosoma lewisi.*[10]

Gyropus ovalis

Comumente encontrado infestando colônias de cobaias. De formato oval, mede entre 1,0 e 1,2 mm de comprimento. Sua cabeça triangular, mais larga que o tórax, possui uma pequena antena dilatada na extremidade distal, com palpos maxilares formados por quatro segmentos. O abdômen arredondado possui seis pares de espiráculos e finos pelos dorsais. O tarso mediano e o posterior apresentam uma garra. Seu ciclo biológico ocorre entre 20 e 25 dias, incluindo as fases de ovo, três estágios de ninfa e adulto.[10,16]

Gliricola porcelli

De formato mais delgado que *G. ovalis,* mede entre 1,0 e 1,5 mm. A cabeça, mais comprida que o tórax, possui antenas dilatadas nas extremidades distais e palpos maxilares com dois segmentos. As patas curtas são desprovidas de garras, distintas nos tarsos. O abdômen é alongado, possuindo

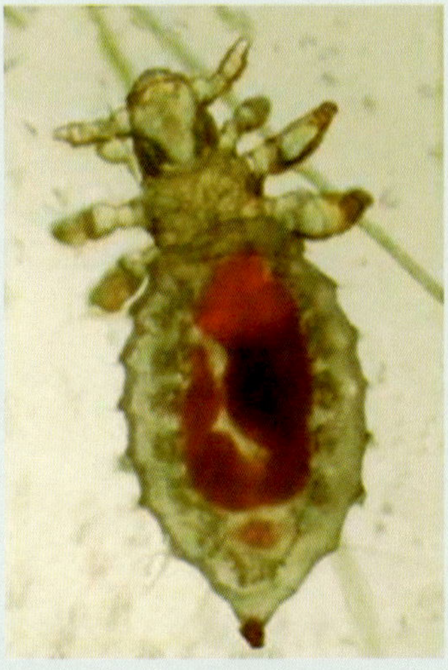

Figura 22.14 – Poliplax spinulosa.

cinco pares de espiráculos, dispostos paralelamente ao corpo. A infestação é normalmente assintomática, porém, dependendo de seu grau, pode ser observado prurido, alopecia parcial e formação de crostas, especialmente ao redor das orelhas.[10,16]

Ácaros

A classe *Arachnida* compreende os artrópodes que não possuem antenas e mandíbulas. Os ácaros afetam a saúde do hospedeiro de quatro maneiras:

1. causando dermatites ou outros danos nos tecidos epiteliais;
2. causando perda de sangue ou de outros líquidos do organismo;
3. atuando como vetores ou como hospedeiros intermediários de inúmeros agentes patogênicos;
4. causando fortes reações alérgicas.[17]

Myocoptes musculinus

Ácaro cosmopolita, causador da "sarna miocóptica" em camundongos. Morfologicamente apresenta cutícula estriada e patas grossas. Os dois primeiros pares de patas apresentam seis segmentos e ventosa terminal. A fêmea, alongada, possui projeções em forma de espinhos entre as estriações do corpo. O terceiro e quarto pares de patas são altamente modificados em um órgão de fixação. A abertura genital apresenta formato triangular. O ânus, localizado na região ventral posterior, possui um longo par de cerdas terminais. No macho, o primeiro e segundo pares de patas possuem pré-tarsos curtos, o terceiro par é modificado para fixação ao pelo e o quarto, muito aumentado, termina em uma projeção em forma de garra. A extremidade posterior é bilobada, com duas pequenas ventosas adanais (Figura 22.15). Seu ciclo biológico de 14 dias compreende ovo, larva, duas fases de ninfa e adulto. Em infestações maciças o ácaro se distribui por todo o corpo, embora tenha preferência pela região da nuca e parte superior da cabeça. Sinais clínicos como alopecia, alergia, eritema e dermatite traumática, podem ser observados. A transmissão é feita de animal para animal por contato direto.[10,16]

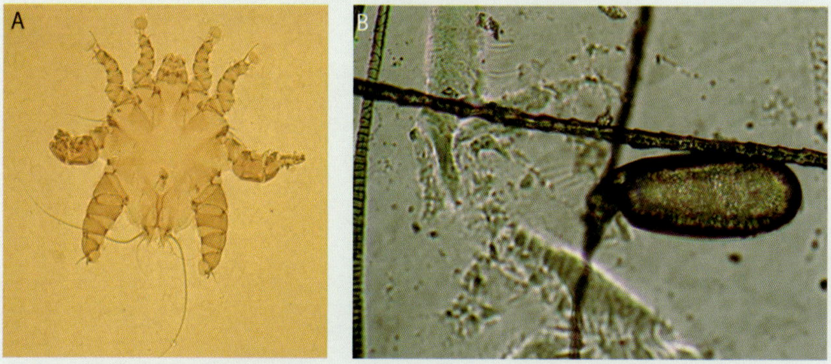

Figura 22.15 – *(A):* Myocoptes musculinos macho. *(B):* Ovo de Myocoptes musculinos.

Notoedres muris

Parasito cosmopolita específico do gênero *Rattus*, responsável pela sarna do pavilhão auricular. Morfologicamente similar ao *Sarcoptes*, apresenta corpo globoso, porém de menor tamanho. Nas fêmeas o ânus está localizado na região dorsal e as cerdas perianais são relativamente pequenas. Os espinhos dorsais e os cones apresentam-se em número reduzido (Figura 22.16). Os ovos eclodem em 4 a 5 dias, e seu ciclo biológico completo é realizado entre 19 e 21 dias. A infestação, normalmente benigna, é caracterizada pelo aparecimento de lesões hiperqueratósicas localizadas nas regiões pouco pilosas da derme (orelha, focinho, cauda, região externa da genitália e patas). Na região da orelha, face e pescoço a infestação resulta em descamação epitelial ou na formação de crostas amareladas. As lesões do focinho assemelham-se a verrugas ou chifres, enquanto as lesões da cauda apresentam-se eritematosas, vesiculares ou papulares. Não ocorre encapsulação do ácaro ou formação de tecido fibroso no local. Na região da inflamação ocorre um aumento de leucócitos polimorfos nucleares e linfócitos. A transmissão é realizada por contato direto, não afetando o homem.[10,16]

Sarcoptes scabiei var. *cuniculli*

Sarna sarcóptica ou escabiose é comum em colônias de coelhos que apresentam barreiras sanitárias inadequadas. Morfologicamente, o ácaro apresenta corpo ovalado, quatro pares de patas e ânus terminal. Os dois primeiros pares de patas, maiores, possuem ventosas na porção terminal, enquanto os dois últimos não se estendem além do corpo. A fêmea possui finas estrias paralelas ao corpo e os dois pares de patas posteriores terminam em longas cerdas. O macho é semelhante à fêmea, porém um pouco menor, possuindo cerdas apenas no terceiro par de patas (Figura 22.17). Seu ciclo biológico de aproximada-

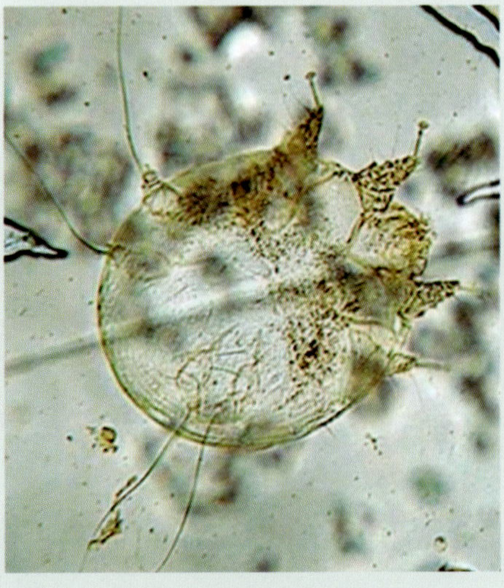

Figura 22.16 – Notoedres muris.

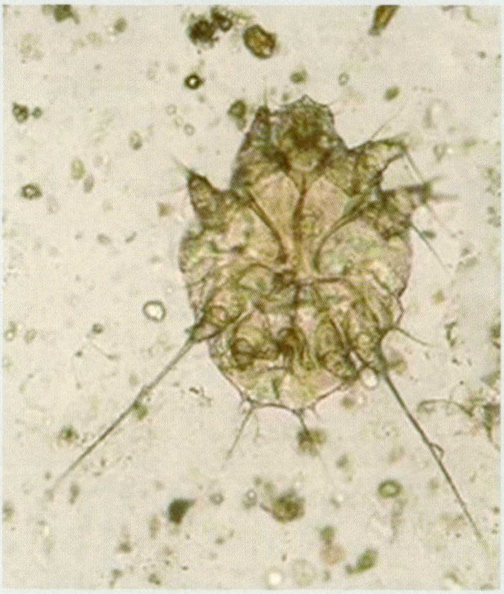

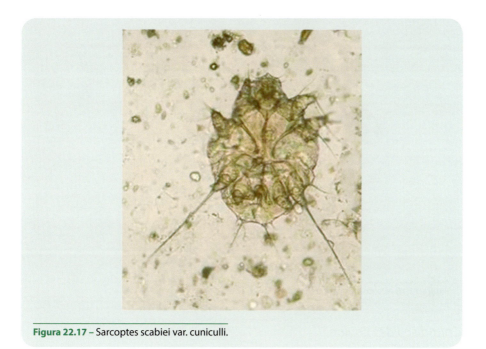

Figura 22.17 – Sarcoptes scabiei var. cuniculli.

mente 21 dias consiste em: ovo, larva hexápoda, protoninfa, tritoninfa e adulto. A infestação se inicia nas áreas do corpo onde o pelo é mais escasso (orelhas, focinho e olhos), porém, à medida que a infestação progride, a pele torna-se espessa e edematosa. O intenso prurido, provocado pelo ácaro, provoca sérias escoriações que com frequência levam à infecções bacterianas secundárias. Além desses sinais clínicos, são observadas debilidade, anemia, leucopenia e alterações dos níveis bioquímicos do soro. O emagrecimento progressivo do hospedeiro e a caquexia culminam com sua morte por intoxicação urêmica. Todas as subespécies de *S. scabiei* de pequenos vertebrados são transmissíveis ao homem por contato direto.[10,16]

Psoroptes cuniculli

Conhecida como sarna psoróptica ou auricular de coelhos, é menos grave que a notoédrica. Seu corpo, de contorno ovalado mais largo e longo que o do *Sarcoptes*, possui um gnatossoma proeminente e pontiagudo, quatro pares de patas longas e largas e, abertura genital em forma de U invertido. O macho difere da fêmea por apresentar dois escudos dorsais e extremidade posterior bilobada com longas cerdas (Figura 22.18). A infestação caracteriza-se pela formação de cerume e crostas que podem preencher todo o pavilhão auditivo. As lesões, que provocam intenso prurido, podem se espalhar pela face, pescoço e patas. O sangue proveniente das lesões serve de nutriente ao parasito. Otite média piogênica pode ocorrer e caracteriza-se pela perda de equilíbrio.[18] Em raros casos pode-se observar meningite fatal. Os ácaros do gênero *Psoroptes* não são considerados de especificidade parasitária, sendo facilmente transferidos de um hospedeiro a outro por contato direto.[10,16]

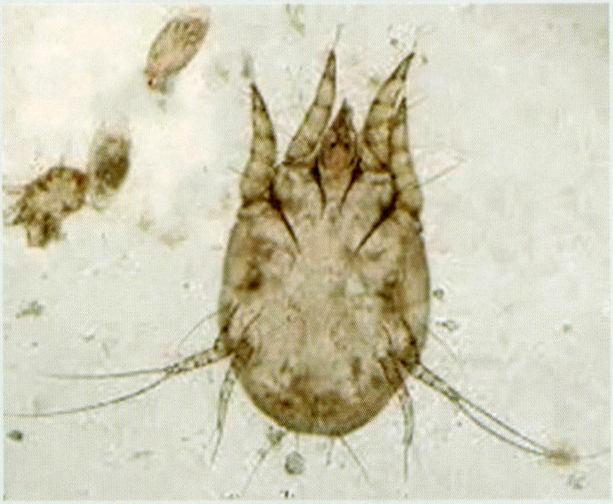

Figura 22.18 – Psoroptes cuniculli.

Chirodiscoides caviae

Ácaro comumente encontrado infestando colônias convencionais de cobaias. Possuem corpo alongado, três placas medianas e gnatossoma triangular. O primeiro e segundo pares de patas são modificados para auxiliar na fixação ao pelo; já o terceiro e quarto pares são menos modificados e mais longos (Figura 22.19). O corpo do macho prolonga-se em um par de lóbulos com um par de pequenas ventosas adanais.[10,17] O parasito apresenta tropismo pela região posterior dorsal do hospedeiro, porém pode ser encontrado por todo o corpo. Infestações por *C. caviae* são normalmente assintomáticas, porém, de acordo com o grau de infestação, pode ocorrer prurido, alopecia e dermatite ulcerativa.

Figura 22.19 – Chirodiscoides caviae.

Seu ciclo biológico inclui as seguintes fases: ovo, larva, dois estágios de ninfa e adulto.[19]

Demodex caviae

Ácaro causador da sarna folicular em cobaias, habitante dos folículos pilosos e das glândulas sudoríparas e sebáceas. São pequenos, de aspecto vimiforme e corpo muito alongado, medindo entre 0,1 a 0,4 mm de comprimento, opistossoma anulado (pseudossegmentação), quatro pares de patas com cinco segmentos localizados na parte anterior do corpo. O abdômen apresenta-se sulcado e flexível. A abertura genital feminina situa-se entre o quarto par de patas, ou depois delas, enquanto a genital masculina apresenta duplo espiculo (Figura 22.20). O ciclo biológico ocorre totalmente no hospedeiro entre 18 e 24 dias (ovo, ninfa e adulto).[10,16]

Ornitonyssus bacoti

Ácaro hematófago de ratos, camundongos e hamsters. Apresenta o corpo oval com cerca de 1,0 mm de comprimento. Sua coloração varia de branco a preto-avermelhado, dependendo do volume de sangue ingerido (Figura 22.21). A fêmea adulta sobrevive por cerca de 70 dias, alimentando-se entre 48 a 72 horas e liberando uma média aproximada de 100 ovos por dia. Esse ácaro passa a vida inteira no hospedeiro, podendo sobreviver cerca de 10 dias no ambiente externo. São observados sinais clínicos como dermatite papular pruriginosa, pele espessada com crostas e pelagem manchada. No caso de grandes infestações, os hospedeiros ficam inquietos e perdem peso em virtude de irritações, podendo resultar em anemia grave.[10]

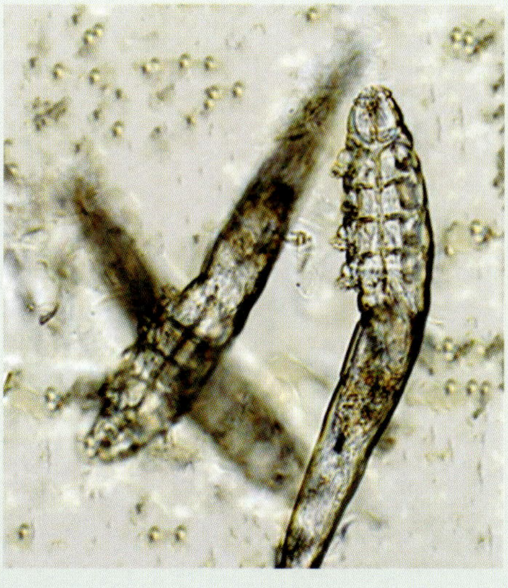

Figura 22.20 – Demodex spp.

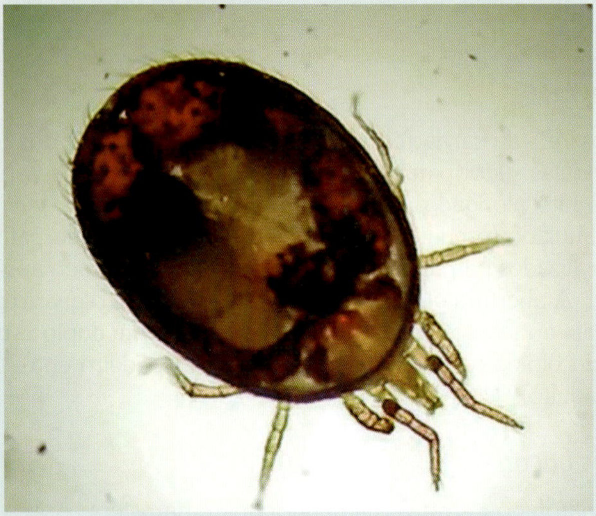

Figura 22.21 – Ornitonyssus bacoti.

Myobia musculi

Ácaro hematófago responsável pela mais especifica sarna de camundongo. Apresenta corpo pequeno, alongado, com estrias transversais e ânus dorsal. O primeiro par de patas é curto e altamente adaptado à fixação ao pelo; os outros três pares são menos modificados e servem para locomoção; garras verdadeiras são ausentes. A fêmea apresenta entre 400-500 µm de comprimento e uma abertura genital localizada na parte posterior da região dorsal, enquanto o macho menor, (285-320 µm), apresenta o pênis interiorizado (Figura 22.22).

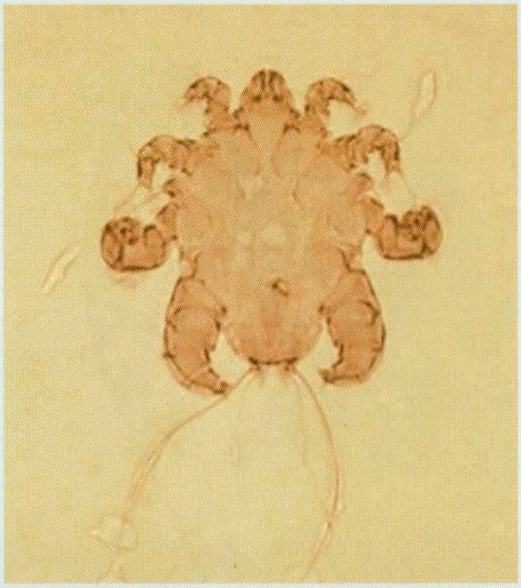

Figura 22.22 – Myobia musculi.

A diferença entre os sexos está baseada no tamanho, nas cerdas e na genitália. O ciclo biológico possui uma duração aproximada de 23 dias, apresentando tropismo pela região da cabeça, pescoço e nuca. São observados sinais clínicos como escoriações, pelo eriçado, alopecia, descamação epidérmica e ulcerações de pequena ou grande extensão, que podem variar de acordo com o grau da infestação. *M. musculi* não é comprovadamente vetor de bactérias ou vírus patogênicos, embora apresente hábitos alimentares que propiciam a transmissão desses patógenos.[6,10]

Radfordia affinis

Ácaro da família *Myobiidae*, apresenta morfologia similar a *M. musculi*, encontrado na pelagem de camundongos e ratos mantidos em colônias convencionais. É facilmente diferenciado por apresentar no tarso do segundo par de patas um par de ganchos simples e desiguais. Seu ciclo biológico, efeitos patológicos e importância na saúde pública são desconhecidos, mas devem ser similares aos de *M. musculi*. Sinais clínicos como erupções e descamação ao redor da cabeça, focinho e pescoço são observados em animais infestados.[10,17]

Radfordia ensifera

Habita a pelagem de ratos mantidos em colônias convencionais. Sua morfologia e biologia são semelhantes às de *R. affinis*. As diferentes espécies de *Radfordia* podem ser diferenciadas comparando-se o número e o tamanho dos ganchos presentes no segundo par de patas (Figura 22.23). *R. affinis* apresenta dois ganchos tarsais pareados e de mesmo tamanho. Sinais clínicos como lesões de pele na região da cabeça, focinho e pescoço são observados em infestações maciças.[10,16]

Figura 22.23 – Radfordia ensifera.

Psorergates simplex

Habitante dos folículos pilosos e das glândulas sebáceas de camundongos. Seu corpo apresenta formato quase circular, com diâmetro entre 90 a 150 µm. As larvas apresentam três pares de patas, enquanto as ninfas e os adultos têm quatro pares radialmente distribuídos. O tarso termina em um par de ganchos simples. O ânus, ventral, apresenta um tubérculo em cada lado. A fêmea apresenta um longo par de cerdas em forma de chicote em cada tubérculo; o macho apresenta uma cerda simples de cada lado e um pênis dorsal. O ciclo biológico é desconhecido, mas todos os estágios ocorrem na derme ou nas lesões provocadas pelo ácaro. O acúmulo de ácaros e detritos nas invaginações foliculares origina o aparecimento de pequenos nódulos brancos, não sendo observados em animais com idade inferior a 8 semanas.[10,17]

Cheyletiella parasitivorax

Ácaro parasito de coelhos, cães e gatos. Ocorre por todo o mundo, sendo encontrado com frequência em coelhos domésticos. A infestação em biotérios já foi comum, mas atualmente é rara. O corpo, de contorno ovalado, apresenta um único escudo dorsal e um grande gnatossoma. Seu tamanho varia entre 0,35 e 0,60 mm de comprimento. As patas possuem seis segmentos que terminam em um empódio. As garras tarsais são ausentes (Figura 22.24). Sabe-se que seu ciclo biológico é realizado em um único hospedeiro. A infestação quase sempre é subclínica, embora em alguns casos se possa observar alopecia parcial. *C. parasitivorax* pode temporariamente infestar humanos, resultando em severa dermatite.[10,16,20]

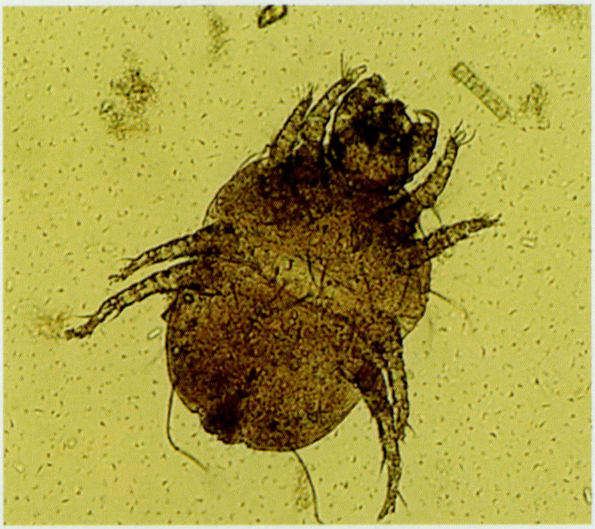

Figura 22.24 – Cheyletiella parasitivorax.

■ TÉCNICAS PARA IDENTIFICAÇÃO DE PARASITAS

Método direto com raspado da mucosa intestinal

Utilizado para pesquisa de protozoários, ovos, cistos, larvas e adultos de helmintos.

Técnica de Willis

É um método de flutuação, utilizado para a identificação de cistos de protozoários e de alguns ovos leves de helmintos.

Técnica da fita gomada

Utilizada para pesquisa de ovos de oxiurídeo no qual uma fita é pressionada na região perianal do animal e posicionada sobre uma lâmina para efetuar a leitura em microscópio (*anal swab*). Para pesquisa de ácaros, piolhos, pulgas e carrapatos também se utiliza a fita gomada pressionada no sentido contrário dos pelos nas regiões dorsal lombar, interescapular e da cabeça.

REFERÊNCIAS BIBLIOGRÁFICAS

1. Vieira Bressan MCR, Calgaro GA, Alexandre SR. Prevalence of ecto and endoparasites in mice and rats reared in animal houses. Braz J Vet Anim Sci 1997;14(3):142-6.
2. Pritchett-Corning KR, Cosentino J, Clifford CB. Contemporary prevalence of infectious agents in laboratory mice and rats, Lab Anim 2009; 43:165-73.
3. Mähler M, Berard M, Feinstein R, Gallagher A, Wilcke B, Pritchett-Corning K, Raspa M. Felasa recommendations for the health monitoring of mouse, rat, hamsters, guinea pig and habbit colonies in breeding and experimental units. Lab Anim 2014; 0(0):1-38.
4. Belosevic M, Faubert GM; Skamene E, MacLean JD. Studies of susceptibility and resistance of imbred mice to *Giardia muris*. Infect Immun 1984; 44: 241-86.
5. Vignard-Rosez KSFV; Alves FAR; Bleich IM. Giardiase. 2006. Disponível em:http://www.cepav.com.br/textos/t_giardia.htm[Acesso em: 26 de abril de 2015].
6. Fain MA, Karjala Z, Perdue KA, Copeland MK, Cheng LI, Elkins WR. Detection of Spironucleus muris in unpreserved mouse tissue and fecal samples by using a PCR assay. J Am Assoc Lab Anim Sci 2008; 47: 39-43.
7. Perdue KA, Copeland MK, Karjala Z. et al. Suboptimal ability of dirty-bedding sentinels to detect Spironucleus muris in a colony of mice with genetic manipulations of the adaptative imune system. J. Am Assoc Lab Anim Sci 2008; 47(5): 10-7.
8. Lindsey JR, Infections diseases of mice and rats. Washington DC: National Academic Press, 1991.
9. Kashiwagi A, Kurosaki H, Luo H, Yamamoto H, Oshimura M, Shibahara T. Effects of *Tritrichimonas muris* on the mouse intestine a proteomic analysis. Exp Anim (Japan) 2009; 58: 537-42.
10. Baker DG. Flynn's parasites of laboratory animals. 2nd ed. Iowa: Blackwell Publishing, 2007. p.303-499.

11. Hikosaka K, Satoh M, Koyama Y, Nakay Y. Quantification of the infectivity of *Cryptosporidium parvum* by monitoring the oocyst discharge from SCID mice. Vet Parasitol 2005;134: 173-6.
12. Lim JJ, Kim DH, Lee JJ, Kim DG, Kim SH, Min W et al. Prevalence of *Lawsonia intracellullaris*, *Salmonella spp* and *Eimeria spp* in healthy and diarrheic pet rabbits. JVet Med Sci (Japan) 2012; 74: 263-5.
13. Hill WA, Randolph MM, Mandrell TD. Sensitivity of perianal tape impressions to diagnose pinworm (*Syphacia spp*) infection in rats (*Rattus norvergicus*) and mice (*Mus musculus*). J Am Assoc Lab Anim Sci 2009; 48: 378-80.
14. Cadernos de Biossegurança. Legislação. Assessoria de Comunicação. Ministério de Ciência e Tecnologia, 2002. p.172-9.
15. Coman S, B cescu B, Coman T, Petru T, Coman C, Vlase E. Aspects of the parasitary infestations of guinea pigs reared in intensive system. Rev Sci Parasit 2009; 1(2): 97-100.
16. Alexandre SR. Principais ectoparasitos das espécies convencionais de animais de laboratório. Disponível em:http://www.bioterios.com.br/2013/post.php?s=2013-05-10-principais-ectoparasitos-das-espcies-convencionais-de-animais-de-laboartorio [Acesso em: 19 de abril de 2015].
17. Guimarães JH, Tucci EC, Barros-Battesti DM. Ectoparasitos de importância veterinária. São Paulo: Plêiade/Fapesp, 2000.
18. Sanders A, Froggatt P, Wall R, Smith KE. Life-cycle stage morphology of Psoroptes mange mites. Med Vet Entomol 2000;14:131-41.
19. Alexandre SR, Vieira Bressam MCR. Eficácia de diferentes tratamentos em cobaias (Cavia porcellus) infectadas por *Chirodiscoides caviae*. Braz J Vet Res Anim Sci 1994; 31:205-9.
20. Broonswijk JEMH, Kreek j. Cheyletiella (*Acari cheyletiellidae*) of dog, cat and domesticated rabbit, a review. J Med Entomol1976; 13(3): 315-27.

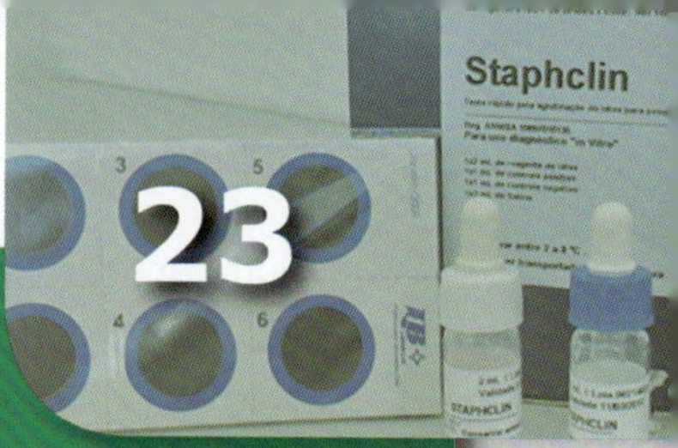

23

Controle Bacteriológico

Renaide Rodrigues Ferreira Gacek
Sueli Blanes Damy

Introdução

A padronização do animal de experimentação implica a implantação de procedimentos que impeçam a entrada de patógenos nas áreas onde eles são criados ou mantidos durante a experimentação.[1] Estabelecer procedimentos de rotina para cada tipo de instalação (convencional, SPF - *specific pathogen free* ou gnotobióticos) e implantar barreiras sanitárias são medidas seguras para evitar a invasão de agentes patogênicos ou oportunistas.[2,3]

Além de estabelecer procedimentos e rotinas adequados, devem ser de conhecimento de todos os indivíduos envolvidos no manejo as maneiras que os microrganismos podem ser introduzidos na colônia e o modo com que eles se espalham, implantando-se o controle sanitário das colônias, através de exames parasitológico, bacteriológico, virológico e micológico.[4]

Segundo Fischer[5] e Baker,[6] o objetivo do controle bacteriológico é detectar, por meio de amostragem, a presença de microrganismos patogênicos. A partir da detecção do agente, consideram-se os outros animais da unidade portadores potenciais do mesmo agente, desde que se assuma que a amostragem foi adequada para aquela unidade de animais.

Camundongos e ratos estão entre os animais mais utilizados em experimentação. Por serem suscetíveis a uma grande variedade de microrganismos, podem provocar infecções subclínicas que podem interferir nos resultados das pesquisas.[7] A prevenção de infecções subclínicas ou doenças instaladas em colônias é essencial, pois existe consenso entre a comunidade científica de que o uso de animais livres de patógenos reduz custos e riscos para a experimentação.

Outra preocupação é o desenvolvimento de animais geneticamente modificados que respondem de modo imprevisível às infecções.[8]

A resposta à presença do microrganismo associado ao animal dependerá de uma série de fatores, tais como: o potencial patogênico do microrganismo, a quantidade de partículas infecciosas à qual o animal foi submetido, linhagem, imunidade, estresse ou até mesmo uma má nutrição.[9]

O contato do animal com o microrganismo se dá por um contato direto – entre os animais e pessoas - e, também, indireto, através do ambiente ou fômites.[10] Exemplos de doenças transmitidas de modo direto seriam as doenças de pele ou até mesmo doenças sexualmente transmissíveis, e para a transmissão de modo indireto poderíamos citar como exemplo as doenças respiratórias.

A restrição de circulação de pessoas deve ser considerada a fim de evitar um dos fatores de risco de contaminação, especialmente se esse indivíduo esteve recentemente em outro biotério de padrão sanitário inferior.

Evitar a entrada de microrganismos em uma colônia é um processo dinâmico, passível de falhas ocasionais. Muitas técnicas disponíveis podem ser utilizadas em uma estratégia para controlar qualquer unidade animal, sendo importante considerar sua seleção e aplicação. O planejamento deve ser feito antes de qualquer contaminação potencial, a fim de limitar os danos causados por ela. Assim, a seleção de sistemas e o controle devem considerar estratégias equilibradas entre a avaliação dos riscos do patógeno e os recursos disponíveis para cumprir o objetivo.[11]

Conhecer as particularidades de cada microrganismo pesquisado (potencial patogênico, sítio de localização, exigências para cultura, características bioquímicas etc.) permite uma melhor interpretação dos resultados encontrados. As bactérias selecionadas para a pesquisa em animais de laboratório são aquelas recomendadas pela Federation of European Laboratory Animal Science Associations (Felasa)[9] e estão fundamentadas no potencial patogênico dos microrganismos, nas suas interferências nos resultados experimentais, nas alterações fisiológicas provocadas no hospedeiro e, principalmente, no potencial zoonótico do agente.

Amostragem

A presença de uma infecção em uma colônia pode ser detectada por uma variedade de métodos diretos, por exemplo, cultura; através da qual o agente é detectado. Outros modos, tais como a sorologia e a imunofluorescência, conhecidas como métodos indiretos, também podem ser utilizados, além de métodos de biologia molecular. Para se conhecer o real estado sanitário de uma colônia é necessário, em tese, examinar todos os animais. Dada sua inviabilidade, o exame é feito em amostras da colônia. Para uma correta amostragem, selecionam-se animais de gaiolas diferentes, de prateleiras diferentes, contemplando-se todos os lados da sala, assim como machos e fêmeas de diferentes idades. As amostras escolhidas aleatoriamente podem levar a erros, e esses erros dependem de três fatores: tamanho da colônia, tamanho da amostra e número de animais infectados na colônia. Em colônias de tamanho fixo, o risco de erro diminui proporcionalmente ao número de animais amostrados.[5]

Em colônias em que não se permite a retirada de animais para realização dos testes, pode-se trabalhar com animais sentinelas, expostos ao mesmo ambiente onde se faz necessário o controle. As sentinelas podem permanecer nas gaiolas com camas sujas de onde foram retirados animais submetidos ao controle. Todavia, deve-se estar seguro quanto ao estado sanitário dessas sentinelas, que devem estar livres dos patógenos pesquisados.

Tanto na criação quanto na experimentação, é crescente o uso de *racks* (ou estantes) ventilados, que minimizam o risco de contaminação por portar filtros absolutos tanto na entrada como na saída de ar. Entretanto, o desafio para o controle sanitário dessas unidades tornou-se maior. Cada gaiola da estante pode ser considerada uma unidade microbiológica, devendo-se fazer o uso adequado de sentinelas. Nesse caso, as sentinelas podem ser expostas tanto à cama utilizada anteriormente pelos animais a serem monitorados como ao ar exaurido das gaiolas, uma vez que somente a cama não expõe a sentinela aos agentes transmitidos por aerossóis.

Frequência do monitoramento

Dependendo das circunstâncias, das necessidades e das características dos biotérios, o monitoramento mais frequente pode ser realizado por uma seleção de alguns agentes que ocorrem com frequência e que apresentam um sério impacto sobre a pesquisa.

A frequência do monitoramento depende de muitos fatores, dentre eles: o objetivo específico da colônia, a importância do agente patogênico, seus meios de disseminação, o potencial de risco de contaminação e, também, considerações econômicas. Após avaliar esses fatores, decide-se com que frequência o monitoramento deverá ser feito. Dependendo dos patógenos, há necessidade de amostragens com intervalos diferentes: aqueles com alto risco de disseminação e com grande potencial patogênico devem ser monitorados a intervalos menores.

Nos locais onde há mais de uma espécie, cada espécie deve ser monitorada separadamente, de acordo com a recomendação do programa de monitoramento selecionado, uma vez que é de amplo conhecimento que pode haver diferenças de suscetibilidade à infecção de acordo com a linhagem e à resposta aos agentes testados. Portanto, cada linhagem deve ser monitorada individualmente e testada, no mínimo, uma vez ao ano.

Recomenda-se que em colônias de animais convencionais o controle bacteriológico seja realizado a cada 6 meses. Em colônias SPF, a frequência deve ser trimestral, e em colônias de animais axênicos, a cada 15 dias.

Procedimento para colheita do material

Após eutanásia, o material deve ser colhido dos tratos respiratório e digestório. Procede-se inicialmente à retirada de material da orofaringe, introduzindo-se um *swab* estéril, para semeadura em meios adequados, descritos a seguir. Em seguida, faz-se uma incisão longitudinal na região anterior do pescoço, divulsionando-se os músculos até total visualização da traqueia. Isola-se o trato respiratório superior pinçando-se a traqueia com pinça hemostática, e injeta-se e aspira-se BHI (*brain heart infusion*) no lúmen da traqueia. O material aspirado é incubado, e, havendo crescimento, prossegue-se até a identificação dos microrganismos.

Encerrada a colheita do trato respiratório, inicia-se a colheita de material do trato digestório. Realiza-se uma incisão no abdômen sobre a linha *alba*, exteriorizando o intestino, que deve ser removido e estendido em uma placa de Petri. Em seguida, faz-se uma incisão longitudinal no cólon ascendente, e, após remoção das fezes, raspa-se a mucosa com uma alça de platina e se processa o material conforme descrito a seguir. Realiza-se, agora, uma incisão longitudinal no duodeno, ceco e cólon descendente, fazendo-se um *pool* do conteúdo e processando-se conforme descrito a seguir.

Os agentes, o método de colheita, os meios de cultura empregados e o local da colheita são descritos a seguir:

- *Pasteurella pneumotropica:* o material da orofaringe colhido é semeado em BHI ou TSB (*tryptic soy broth*), caldo com vancomicina, por 1 hora. Em seguida, repicado em ágar-sangue a 5% e incubado em estufa a 37 °C por 24 horas. Havendo crescimento de colônia característica, é feita a identificação pelo sistema apropriado;
- *Corynebacterium kuscherii:* o material é colhido do pulmão, fígado ou rim, através de macerado dos mesmos, e semeado em ágar-sangue com telurito de potássio. A identificação morfológica é feita pela coloração de Albert ou de Neisse, seguida de identificação pelo sistema apropriado;
- *Staphylococcus aureus:* o material da orofaringe é colhido e semeado em ágar- sangue. Se houver hemólise, o diagnóstico é confirmado através do sistema apropriado;
- *Streptobacillus moniliformis:* o material colhido da orofaringe é semeado em TSB + neomicina por 1 hora, repicado em TSA (*tryptic soy agar*) com 30% de soro fetal bovino e incubado em câmara úmida a 37 °C por 5 dias. As bactérias de colônias translúcidas com aparência de "ovo frito", gram-negativas, devem ser inoculadas em 4 camundongos. A morte em 2 dias ou o desenvolvimento de artrite purulenta em 2 semanas confirma o diagnóstico;
- *Streptococcus pneumoniae:* o material da orofaringe é semeado em BHI + gentamicina por 1 hora e repicado em ágar-sangue. Em seguida, é incubado a 37 °C por 24 horas em câmara de CO_2 (*capneibac*). A identificação final é feita mediante prova de optoquina;
- *Klebsiella pneumoniae:* o material do trato intestinal é semeado em ágar MacConkey, com a identificação feita através de sistema apropriado;
- *Bordetella bronchiseptica:* o material da orofaringe é semeado em ágar-sangue a 5% com nicotinamida, ou ágar Bordet-Bengo. Se houver crescimento de colônia característica, a identificação é feita em sistema apropriado;
- *Streptococcus β-hemoliticus:* o material coletado da orofaringe é semeado em ágar-sangue a 5%, observando-se o Gram e a zona de hemólise em torno das colônias. A identificação é feita através de provas complementares ou *kits* para identificação de bactérias gram-positivas;

- *Citrobacter freundii:* coletar com *swab* estéril material do trato intestinal (região do cólon) e semear em ágar MacConkey. A identificação é feita através de sistema apropriado;
- *Salmonella sp:* o material colhido do trato intestinal é semeado em *Chromager Salmonella*. Havendo crescimento de colônia rosa, é semeado em sistema apropriado para identificação;
- *Yersinia pseudotuberculosis:* material colhido da orofaringe ou do trato intestinal é semeado em TSB caldo com estreptomicina por 1 hora, repicado em meio seletivo para *Yersinia* a 37 °C por 24 horas. Procede-se à identificação em sistema apropriado;
- *Pseudomonas aeruginosa:* material do trato intestinal é semeado em ágar *cetrimide glicerol*. Se houver crescimento característico da colônia, a identificação é feita através de sistema apropriado.

TÉCNICAS DE DIAGNÓSTICO

O diagnóstico de doenças bacterianas em animais de laboratório depende do isolamento e da identificação do agente.[12,13] O processamento se dá através de técnicas de colheita, cultura, isolamento, coloração e identificação.

EXAME BACTERIOLÓGICO: MÉTODOS PARA O DIAGNÓSTICO MICROBIOLÓGICO

Cultura

- Colheita: o isolamento de microrganismos depende de uma boa colheita do material a ser examinado. O microbiologista precisa conhecer as características do microrganismo suspeito para garantir a colheita do material adequado e o local apropriado para esse procedimento.
- Cultura: o material colhido deve ser semeado em meio de cultura apropriado para que o microrganismo encontre as condições para seu desenvolvimento. O microbiologista deve desenvolver uma rotina para cultivar os organismos de seu interesse, pois existem diversos meios de cultura que promovem um bom desenvolvimento para o mesmo microrganismo.
- Isolamento: o isolamento do microrganismo depende da sua boa distribuição no meio de cultura sólido. As amostras colhidas das colônias devem ser semeadas em placas e espalhadas pelo método de esgotamento em estrias sucessivas, para se conseguir o isolamento do microrganismo pesquisado.
- Coloração: diversos métodos de coloração podem auxiliar na identificação de microrganismos, porém um dos mais utilizados é a coloração de Gram, por intermédio da qual pode-se classificar os microrganismos por suas características de coloração, tamanho, arranjo celular e forma.

- Identificação: as bactérias podem ser identificadas bioquimicamente por uma variedade de técnicas. Essa identificação consiste no processo de caracterização de um determinado microrganismo através da reação do mesmo com os substratos incorporados aos meios de cultura.
- O microbiologista deve estabelecer uma rotina e determinar qual o método bioquímico disponível que possibilita um bom diagnóstico, sem onerar o laboratório.

Sorologia

A cultura da maioria das espécies bacterianas é facilmente realizada, porém há microrganismos de difícil cultivo *in vitro*, tais como: Cilia Associated Respiratory – CAR *Bacillus*, *Bacillis piliformis* e *Mycoplasma pulmonis*. A dificuldade de cultura se deve ao fato de esses microrganismos necessitarem de meios especiais, condições ambientais ou a presença de células de mamíferos para o seu desenvolvimento. Para tais agentes, de difícil diagnóstico, é necessário investir em outros modos de diagnóstico, sendo os ensaios sorológicos altamente recomendados.[13,14]

a. Sangria: a colheita de sangue de roedores de laboratório é necessária para uma variedade de procedimentos científicos, e há inúmeros métodos que são recomendados. A seguir estão descritos dois modos de punção, a cardíaca e a do plexo retro-orbital:
    - Punção cardíaca: para esse método é necessária a utilização de agente anestésico, e, em geral, é recomendada punção cardíaca para a fase terminal do estudo, o que permite recolher grande volume de sangue dos animais experimentais. A amostra de sangue vai ser retirada do coração, de preferência a partir do ventrículo, lentamente, para evitar o colapso de coração.[15]
    - Punção do plexo retro-orbital: para esse método é necessária a utilização de agente anestésico. Essa técnica é recomendada para quando há necessidade de manutenção do animal durante o experimento. A técnica exige perícia e experiência do técnico, que deve manter o animal preso e com a pele próxima aos olhos puxada com o polegar e o indicador. Um capilar é inserido no canto medial do olho (ângulo de 30 graus para o nariz). A aplicação de uma ligeira pressão do dedo polegar é o suficiente para perfurar o tecido e inserir o capilar na cavidade do plexo. Uma vez que o plexo é perfurado, o sangue virá através do tubo capilar. Após a colheita do volume necessário de sangue, o tubo capilar é suavemente removido e a região do olho do animal deve ser limpa com algodão ou gaze estéril. O sangramento pode ser interrompido com a aplicação de uma suave pressão do dedo.[15]

b. Obtenção do soro: o sangue oriundo da colheita é deixado em temperatura ambiente, para retração do coágulo, e o soro é obtido por centrifugação (400 G, por 10 min).[16]

■ Estratégias para controle de propagação

Implantar barreiras sanitárias que impeçam a propagação de contaminantes é o que se espera nessas áreas, porém há sempre a possibilidade de quebra de barreiras. Assim que se detecta um agente estranho na área monitorada, deve-se avaliar o dano que pode ser causado por ele e, a partir daí, determinar a possibilidade de tratamento ou eliminação da colônia. Para decidir qual o procedimento mais adequado, alguns parâmetros deverão ser observados: a patogenicidade do agente, sua capacidade de propagação e a viabilidade da eliminação da colônia contaminada. Em casos de animais raros, como, por exemplo, os transgênicos, o tratamento da colônia sempre deve ser considerado.

Formas para identificação

A identificação de microrganismos depende de um bom isolamento, e, para tanto, é necessário conhecer seu sítio de localização e suas características morfológicas, fisiológicas e bioquímicas. Conforme suas características, o microrganismo responderá quando exposto as diferentes provas. Diversos sistemas de identificação (Figuras 23.1 a 23.6) estão disponíveis no mercado, porém, antes de utilizá-los, é possível fazer uma identificação preliminar, verificando-se suas características metabólicas, como por exemplo a utilização de lactose por bacilos gram-negativos em ágar MacConkey, ou através de testes diretos como a catalase, coagulase, oxidase etc. Esses testes direcionam o microbiologista para a correta identificação. Após a verificação desses fatores, faz-se a escolha do sistema mais apropriado, levando-se em conta tanto as características dos microrganismos como as condições financeiras da instituição. Existem no mercado nacional alguns macrossistemas nos quais se semeia a bactéria em tubos contendo meios com os substratos. No mercado internacional, podem ser obtidos microssistemas em que as bactérias são semeadas em galerias contendo o substrato. Esse sistema é mais exato por conter maior número de reações bioquímicas, porém seu custo é mais elevado.

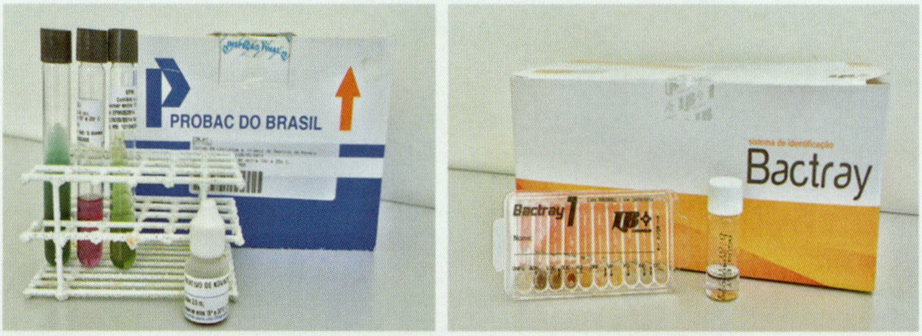

Figura 23.1 – *Kits para identificação de bactéria gram-negativa.*

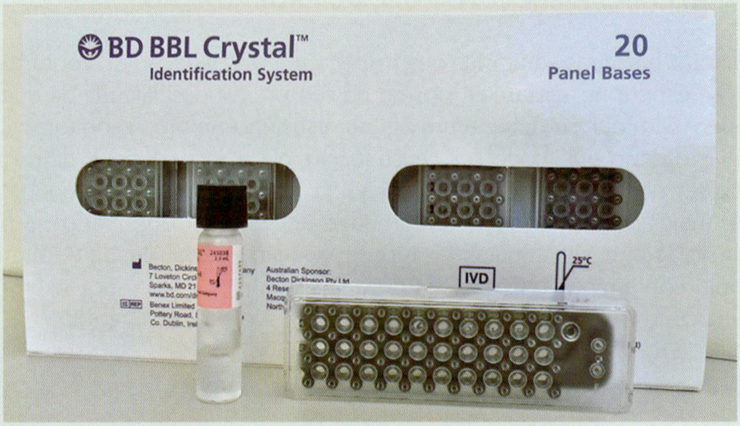

Figura 23.2 – *Kit para identificação de bactéria gram-positiva.*

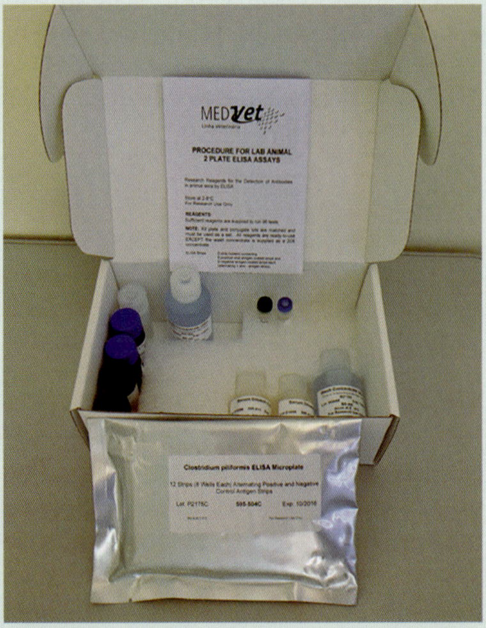

Figura 23.3 – *Kit para identificação de bactérias por sorologia.*

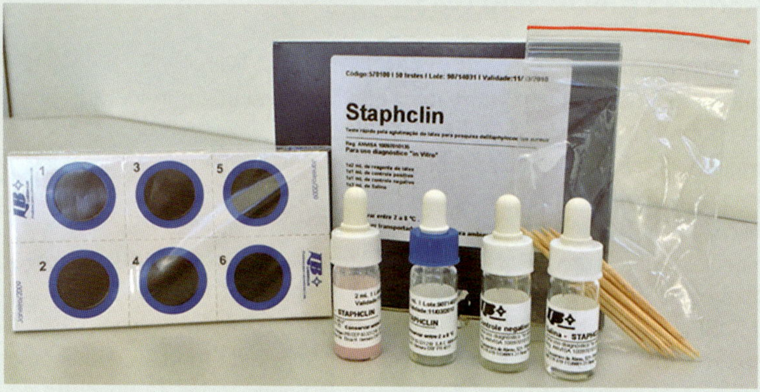

Figura 23.4 – *Kit para pesquisa de Staphylococcus aureus.*

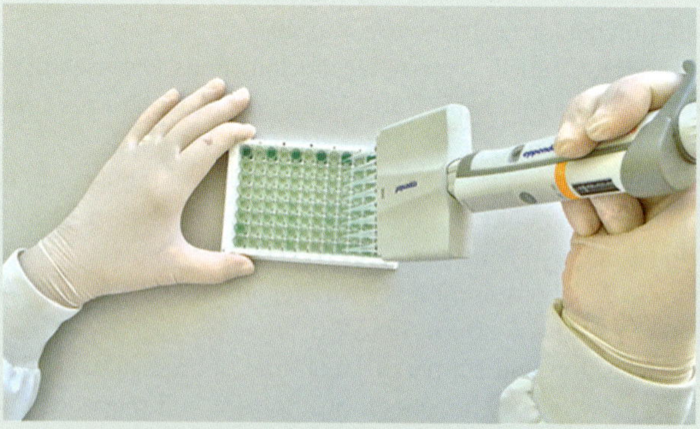

Figura 23.5 – *Placa utilizada para identificação de bactérias por sorologia.*

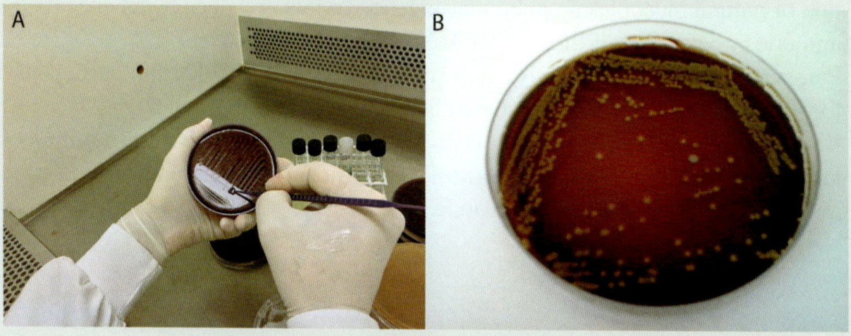

Figura 23.6 – *(A) Repique de uma colônia. (B) Colônia isolada.*

Referências Bibliográficas

1. Brielmeier M, Mahabir E, Needham JR, Lengger C, Wilhelm P, Schmidt J. Microbiological monitoring of laboratory mice and biocontainment in individually ventilated cages: a field study. Lab An 2066;40:247-260.
2. Waggie K, Kagiyama N, Allen AM, and Nomura T. Manual of Microbiologic Monitoring of Laboratory Animals. 2. ed. Sl: Public Health Service, 1994. 206p. (NIH Publication, n. 94-2498.)
3. Timenetsky J; de Luca RR. Detection of *Mycoplasma pulmonis* from rats and mice of São Paulo/SP, Brazil. Lab Anim Sci 1998; 48(2):210-213.
4. Damy SB, Spinelli MA, Ferreira R R, Mota MC, SantosC, Ortiz S CBC. Controle bacteriológico em biotério. In: Congresso da Ciência de Animais de Laboratório, 7., Congresso Mundial da Ciência de Animais de Laboratório, 3., Encontro de Pesquisadores do Mercosul, 2., Campinas: Cobea, 2000. Resumos. p.14.
5. Fischer G. Diagnostic microbiology for laboratory animals. Society for Laboratory Animal Science 1992; 1, Strettgart, Jena; p.180.
6. Baker DG. Natural pathogens of laboratory mice, rats, and rabbits and their effects on research. Clin. Microbiol. Rev, v.11, p. 231–266, 1998.
7. Poole, T.B. Handbook on the care and management of laboratory animals. 6th ed. New York,: Churchill Livingstone, 1987. 933p.
8. National Research Council, Committee on Infectious Diseases of Mice and Rats. Infectious Diseases of Mice and Rats. National Academic Press, Washington DC, 1991.
9. Felasa. Recommendations for the health monitoring of mouse, rat, hamster, guinea pig and rabbit breeding colonies. Lab Anim 1994; 28: 108–144.
10. Damy SB, de Lourdes Higuchi M, Timenetsky J, Sambiase NV, Reis MM, Ortiz SC. Co-infecção de laboratório ratos com *Mycoplasma* e *Chlamydia pneumoniae*. Tópicos Contemporâneos 2003; 42: 52-6.
11. Bleby J. The selection and supply of laboratory animals. UFAW (Universities Federation for Animal Welfare) handbook on the care and management of laboratory animals. 6th ed. New York: Churchill Livingstone, 1987. p. 9-17.
12. Mims C. Microbiologia médica. 3. ed. São Paulo: Manole. 1999. 584p. Bibliografia: p. 42–45.
13. Koneman EW. Diagnóstico microbiológico. 5. ed. Rio de Janeiro: Medsi, 1999. p. 1465.
14. Cassel GH, Lindsey JR, Davis JK, Davidson MK, Brown M B and Mayo JG. Detection of natural Mycoplasma pulmonis infection in rats and mice by an enzyme linked immunosorbent assay (ELISA). Lab Anim. Sci 1981; 31: 676-682.
15. Parasuraman S, Raveendran R, Kesavan R. Blood sample collection in small laboratory animals. J Pharmacol Pharmacother 2010; 1(2): 87–93.
16. Bastos OC, Leal GMJP, Salgado B JL. Observações sobre os níveis glicêmicos de Holochilus brasiliensis nanus Thomas, 1897, hospedeiro natural do Schistosoma mansoni na Pré-Amazônia. Rev Saúde Pública 1995; 19(6): 521-530.

24

Diagnóstico Virológico

Rovilson Gilioli
Daniele Masselli Rodrigues Demolin

Devido às suas características biológicas próprias, ciclo de reprodução e número de animais produzidos, variabilidade de linhagens com características específicas, possibilidade de modificações no genoma por meio de técnicas de manipulações genéticas, várias espécies animais têm sido utilizadas ao longo dos anos como modelos experimentais, tais como: camundongo, rato, cobaia, hamster, gerbil, coelho, primatas, cão, gato, suínos, aves, entre outras.

Espécies de roedores e lagomorfos têm sido os principais modelos experimentais usados há mais de 100 anos. Recentemente, algumas espécies como peixes-zebra (*Danio rerio*) têm se destacado como modelos em pesquisas que envolvem manipulações genéticas como transgênese, silenciamento parcial ou total de genes, como modelo alternativo ao uso de roedores para estudos de doenças neurodegenerativas (genes e microRNAs relacionados com epilepsia) e de estudos de desenvolvimento embrionário.

Em função das características biológicas inatas de cada espécie, bem como do seu hábitat, tipo de alojamento e técnicas de manejo adotadas, os modelos animais podem ser afetados por diferentes agentes infecciosos e parasitários.[1,2] Além disso, fatores ambientais e genéticos podem influenciar a suscetibilidade desses animais a esses agentes infecciosos. Alguns agentes como fungos, bactérias, vírus e parasitos podem ser espécie-específicos ou causar doenças comuns a mais de uma espécie animal, incluindo-se aqui os agentes causadores de doenças humanas transmitidas por animais (zoonoses). A presença desses agentes em biotérios de produção ou experimentação animal deve ser levada em consideração por também serem capazes de influenciar o bem-estar animal e alterar dados experimentais. Deste modo, um programa de monitoramento sanitário é importante para assegurar a qualidade microbiológica das espécies animais utilizadas na pesquisa biomédica.[1-6]

Considerações para um programa de monitoramento sanitário

Para o estabelecimento de um programa de monitoramento sanitário é importante levar em conta as necessidades locais de cada biotério e/ou projeto de pesquisa, tipo de instalações, infraestrutura, *background* genético das linhagens, estado imunológico, prevalência de agentes infecciosos, além dos objetivos específicos de cada pesquisa. Entretanto, a qualidade microbiológica deve ser bem clara e definida. Cabe ressaltar que os biotérios devem ser organizados do ponto de vista de infraestrutura como unidades microbiológicas que incluem: salas (abertas) convencionais, unidades isoladoras, gaiolas com filtros de superfície (*top filters*) estantes ou *racks* ventiladas. Desse modo, a definição de uma unidade microbiológica é crucial no estabelecimento do programa de monitoramento sanitário, para que sejam definidos o tamanho e o tipo da amostra, a frequência dos testes, os agentes a pesquisar e os métodos de diagnóstico empregados.

Amostragem

A fórmula para distribuição binomial $N = \log \alpha / \log (1\text{-}P)$, publicada em 1976 pelo ILAR,[7] tem sido utilizada como referência para estimar o número de animais necessários para monitorização sanitária de colônias constituídas de 100 ou mais animais. Leva-se em consideração o grau de confiabilidade na probabilidade de detecção de ao menos um animal positivo, num determinado número de animais analisados em relação a determinados níveis de contaminação da colônia. A Tabela 24.1 demonstra a amostragem em função dessa fórmula. É importante ressaltar que atualmente essa fórmula é válida somente quando tratamos de animais mantidos em salas com sistemas de alojamento abertos.

Tabela 24.1
Tamanho da amostragem (*N*) para detecção de infecções numa colônia*

% de infecção na colônia (Nível P)	Número de animais (N) Grau de confiabilidade (α)	
	N 99% (α = 0,01)	*N* 95% (α = 0,05)
90 (0,9)	2	2
80 (0,8)	3	2
70 (0,7)	4	3
60 (0,6)	5	4
50 (0,5)	7	5
40 (0,4)	9	6
30 (0,3)	13	9
20 90,2)	21	14
10 (0,1)	44	29

** 100 ou mais animais. N = log α/log (1-P)*

A escolha dos animais deve ser feita de modo aleatório e constituída de animais de ambos os sexos, adultos jovens com idades variando entre 8 e 12 semanas, animais mais velhos com idade superior a 6 meses e de casais de matrizes de descarte. É importante que os animais tenham ficado tempo suficiente dentro das salas de criação para contato com o agente infeccioso, e como consequência ocorra uma resposta imunológica efetiva, com produção de anticorpos séricos em níveis suficientes para serem detectados por meio das técnicas de reações sorológicas. Agentes infecciosos que ainda estejam presentes no organismo do animal podem ser detectados por técnicas de cultivo para seu isolamento e identificação ou pelo uso de técnicas de diagnósticos moleculares (PCR, RT-PCR ou qPCR).

Quando houver indícios de doença na colônia, a gaiola contendo animais suspeitos deve ser isolada das demais, retirada o mais rápido possível da sala de criação e enviada para o laboratório de controle de qualidade animal para avaliação e realização dos procedimentos necessários.

Geralmente leva-se em consideração a relação custo/benefício, a periodicidade dos testes, a porcentagem de animais acometidos dentro da colônia e o grau de confiabilidade para definir o tamanho da amostragem. Quanto menor a porcentagem de animais afetados na colônia e maior o grau de confiabilidade desejado, maior será o número de animais da amostra e vice-versa.

Por exemplo, assumindo um mínimo de prevalência entre 25% e 35 %, que é típica em colônias de produção mantidas sob sistema de barreiras de proteção, com animais alojados em gaiolas sem filtros nas tampas ou fora de mini-isoladores, onde a transmissão de infecções não é dificultada, recomenda-se testar aproximadamente 8 a 12 animais por sala.

Essa metodologia não se aplica com fidelidade para definir o tamanho da amostragem de colônias de animais alojados em unidades isoladoras, em gaiolas dotadas de tampas com filtros de proteção, ou em mini-isoladores mantidos em *racks* ventilados, bem como para a monitorização com o uso de animais sentinelas, em que se utiliza a cama suja de animais mantidos nesses tipos de unidades de alojamento, uma vez que nessas condições a transmissão e a consequente disseminação de agentes infecciosos são dificultadas ou impedidas.[5,8]

Para animais mantidos em sistemas de alojamento de gaiolas com ventilação individuais (*IVC Systems*) recomenda-se testar um número maior de gaiolas, por esse tipo de sistema de manutenção da colônia dificultar a transmissão do agente para o ambiente, entre as gaiolas, e também pelo fato de alguns agentes virais apresentarem baixa potencialidade de transmissão para algumas linhagens, como exemplo os parvovírus murinos (MPV). Nesses casos, amostras de poeira da sala e dos filtros de saída dos equipamentos podem ser coletadas por meio de uso de *swabs* e testadas utilizando-se as técnicas de diagnóstico moleculares de PCR ou RT-PCR, aumentando-se assim a probabilidade de detecção e diminuindo a necessidade do uso de animais sentinelas.[5,6,9]

Frequência dos testes de monitorização sanitária

Os testes de monitorização sanitária devem obedecer a um critério de execução permanente e segura, de modo que sua execução ao longo do ano não seja muito onerosa. Podem ser quinzenais, mensais, bimestrais, trimestrais, semestrais ou anuais, estabelecidos independentemente para cada tipo de biotério, em função do estado sanitário das colônias mantidas, das práticas de manejo, dos tipos de equipamentos utilizados para alojamento dos animais e da complexidade da edificação com barreiras de contenção para controle de infecções.

A periodicidade, ou seja, a frequência da amostragem, é influenciada pelo histórico de contaminações com agentes que podem comprometer o estado sanitário das colônias, que, conforme já mencionado, é afetado pelo sistema de alojamento. Para isso, é fundamental que se conheça a prevalência de agentes infecciosos num determinado local ou área como país, estado ou instituição.

De acordo com a Felasa,[3,6] geralmente são recomendados os seguintes intervalos de tempo em função das espécies animais consideradas: roedores, lagomorfos, cães e gatos (Tabela 24.2).

Organismos responsáveis por zoonoses como o vírus da coriomeningite linfocítica (LCM) e o hantavírus, aqueles de grande importância epidemiológica e geralmente os de prevalência elevada como vírus da hepatite do camundongo (MHV), coronavírus do rato (RCV/SDAV), vírus da pneumonia do camundongo (PVM), rotavírus (EDIM, IDIR), vírus Sendai, vírus da encefalomielite do camundongo (TMEV), vírus Theiler do rato (RTV), vírus da ectromelia, parvovírus dos roedores (MMV, MPV, RPV, RMV, KRV, Toolan-H1 e HaPV), norovírus murinos (MNV) e o agente, mais recentemente identificado, norovirus do rato (RNV) devem ser pesquisados com maior frequência, enquanto outros agentes de menor importância ou de prevalência muito baixa como vírus do polioma e vírus da pneumonite do camundongo (vírus K) podem ter estendido o intervalo entre os períodos de sua monitorização.[1,2,4,8]

É importante salientar que instituições que ainda mantém biotérios destituídos de estrutura física com sistemas de barreiras de biocontenção eficientes e com colônias de animais convencionais, o intervalo entre os testes de monitorização devem ser os menores indicados e abranger o maior número de agentes patogênicos conhecidos.

Deve-se também levar em consideração a importância da monitorização sanitária periódica nos biotérios de experimentação onde são introduzidos com frequência novos animais, principalmente os geneticamente modificados, e onde são manipulados materiais biológicos como linhagens celulares tumorais, hibridomas, ascites, soro, plasma, sangue total e cepas de outros agentes infecciosos e parasitos que foram produzidos ou mantidos em espécies de padrão sanitário desconhecido, devido à alta probabilidade de ocorrer introdução de agentes infecciosos como os vírus murinos.[10-13]

Tabela 24.2

Nivel sanitário das colônias		Frequência de amostragem
Não controladas ou convencionais		6 a 12 meses
Controladas	Axênicas	A cada 15-20 dias
	Gnotobióticas	A cada 20-30 dias
	SOPF	A cada 2-3 meses

■ Escolha dos agentes infecciosos

A seleção de agentes infecciosos que serão monitorados pode ser determinada por diversos fatores que incluem: o estado imune do animal, o potencial zoonótico, o histórico de prevalência e o possível impacto nos resultados experimentais da pesquisa científica. A Tabela 24.3 apresenta os principais agentes infecciosos encontrados nas diferentes espécies animais. Cabe aqui dizer que essa lista de agentes não é permanente, e pode ser alterada com o tempo, seja com o aparecimento de novos agentes ou com a retirada de agentes que já não são mais encontrados.

Tabela 24.3
Principais infecções virais que acometem com maior frequência algumas espécies animais

Vírus	Camundongo	Rato	Hamster	Cobaia	Coelho
Adenovírus (MAD 1 e 2)	X	X		X	
Vírus da coriomeningite linfocítica (LCM)	X	X	X	X	
Reovirus tipo 3(REO-3)	X	X	X	X	X
Vírus Sendai	X	X	X	X	X
Simian virus tipo 5(SV-5)			X	X	X
Vírus Hantaan	X	X			
Parvovírus (MMV, MPV, RPV,RMV, KRV, H-1, HaPV)	X	X	X		
Vírus da hepatite do camundongo (MHV)	X				
Vírus da pneumonia do camundongo (PVM)	X	X	X	X	
Vírus da ectromelia	X				
Vírus da doença hemorrágica do coelho (RHDV)					X
Poxvírus do coelho					X
Rotavírus (EDIM/IDIR)	X	X			X
Citomegalovírus (CMV)	X	X		X	
Norovírus murino (MNV)	X				
Norovirus do rato (RNV)		X			
Vírus da sialodacrioadenite do rato (SDAV)		X			
Vírus da encefalomielite de Theiler (TMVE-GD VII)	X				
Vírus Theiler do rato (RTV)		X			
Vírus da pneumonite do camundongo (K vírus)	X				
Vírus do polioma	X				
Vírus elevador da enzima lactato desidrogenase (LDEV)	X				
Vírus tímico do camundongo (MTV)	X				
Vírus do tumor mamário do camundongo (MMTV)	X				

Agentes com potencial zoonótico como o vírus da coriomeningite linfocitária e o hantavírus devem ser sempre inseridos no programa de monitoramento. Além disso, o risco zoonótico também ocorre na manipulação de materiais biológicos. Atualmente, modelos animais como o camundongo humanizado têm sido utilizados para a realização de xenotransplantes e infecções. Do mesmo modo, linhagens celulares, humanas ou não, devem ser monitoradas para a presença de patógenos de roedores e humanos.

A presença de agentes oportunistas e de organismos emergentes pode muitas vezes causar infecções e doenças fatais em modelos animais imunodeficientes e em modelos geneticamente modificados.

A manipulação de materiais biológicos (células, anticorpos monoclonais e amostras de vírus) também apresenta um risco em potencial de transmissão desses microrganismos que podem apresentar parasitismos intracelulares. Já é de conhecimento que células embrionárias e as células-tronco são suscetíveis à infecção pelo vírus da hepatite murina (MHV), assim como germoplasmas murinos também podem atuar como fonte de transmissão de agentes como: norovírus murino, parvovírus murino e MHV.[10-14]

Métodos de diagnóstico de vírus murinos

Devem ser empregados procedimentos padronizados, dentro das boas práticas laboratoriais, integrados a um programa de garantia da qualidade. As infecções virais dentro de uma colônia são, em sua maioria, enzoóticas e assintomáticas, podendo passar despercebidas ao técnico bioterista.

Uma variedade de procedimentos, descritos a seguir, pode ser utilizada para evidenciar a presença desses agentes dentro de uma colônia.

Diagnóstico direto ou rápido

Fundamenta-se no exame direto do material clínico suspeito para pesquisa de partículas ou de antígenos virais. Alguns vírus podem ser detectados no citoplasma ou no núcleo de células de órgãos-alvo, em líquidos de vesículas e nos exsudatos de lesões, nas fezes, urina, sangue, secreções respiratórias, liquor, etc. A eficácia do procedimento depende do período de coleta, conservação e processamento corretos do material biológico. Exemplos de métodos de diagnóstico direto: microscopia eletrônica, imunomicroscopia eletrônica, imuno-histoquímica, imunofluorescência direta, eletroforese em gel de poliacrilamida (PAGE), *Western blotting* (WB) e métodos de diagnóstico moleculares como PCR, RT-PCR, Nested PCR e reação em cadeia da polimerase em tempo real (q-PCR).

Cultivo para isolamento e identificação

O isolamento de alguns agentes pode ser feito pela inoculação de material biológico suspeito coletado de modo asséptico, em sistemas sensíveis para a replicação viral, como culturas de linhagens celulares primárias ou permanentes, ovos embrionados e animais neonatos lactantes. São métodos demorados e dispendiosos que envolvem a necessidade de pessoal técnico qualificado e estrutura laboratorial mais complexa. Os sinais de multiplicação de vírus nesses sistemas incluem:

- efeitos citopáticos característicos em cultura de células, tais como formação de sincícios, interrupção do crescimento e morte celular;
- morte do embrião, formação de placas na membrana corioalantoica, hemaglutinação com os líquidos corioalantoico e amniótico ou com o meio sobrenadante de cultivo celular;
- sinais neurológicos ou morte dos animais neonatos lactantes inoculados.

A eficácia depende do período de coleta da amostra do material biológico a ser testado (fase infecciosa), da conservação durante o transporte, do tempo de processamento da amostra e da sensibilidade do sistema utilizado. Testes de diagnóstico direto, sorológicos ou moleculares complementares necessitam ser realizados posteriormente para a identificação do vírus isolado.

Métodos sorológicos

Fundamentam-se na pesquisa de anticorpos séricos formados pela ativação do sistema imunológico de animais imunocompetentes que entraram em contato com o agente infeccioso. Não se aplicam a linhagens de animais com imunodeficiências que comprometem a resposta imune celular e humoral, como por exemplo: Nudes, Scid, RAG, STAT, etc.

Existem vários métodos disponíveis, e a sensibilidade e especificidade de cada um podem variar entre eles.[5,8,12,13] O ideal é utilizar métodos rápidos com mais sensibilidade e especificidade, que utilizem menor volume de soro e de reagentes, de modo que os resultados obtidos sejam confiáveis e de menor custo.

Atualmente, os métodos sorológicos de inibição da hemaglutinação (IHA), ensaio imunoenzimático indireto (ELISA) e imunofluorescência indireta (IFI) são os mais utilizados na rotina de monitorização sorológica para detecção da presença de infecções virais em colônias de animais de laboratório. Reações de ELISA e IFI são altamente sensíveis e específicos, com a vantagem que a técnica de ELISA pode ser automatizada.

Sistemas sorológicos multitestes que utilizam microplacas de 96 orifícios sensibilizados com misturas de diferentes antígenos virais (ELISA multiplexado) ou microesferas como partículas carreadoras complexadas com diferentes antígenos virais e antissoros conjugados marcados com diferentes fluorocromos (MFIA) foram desenvolvidos recentemente e já se encontram em uso rotineiro.[5,15]

Outras técnicas também podem ser utilizadas no laboratório de virologia, que auxiliam na evidenciação e caracterização de vírus, tais como a reação de neutralização e a reação de imunoperoxidase ou imuno-histoquímica.

Reação de inibição da hemaglutinação (I.H.A.)

Utilizada para vírus que possuem a capacidade de se ligar a receptores específicos na superfície das hemácias de algumas espécies animais e promover a sua aglutinação, ou seja, possuem atividade hemaglutinante. Sob certas condições de pH e temperatura, a hemaglutinação pode ser bloqueada por anticorpos específicos presentes no soro que se ligam ao antígeno viral (Figura 24.1). Pode ser usada para diagnóstico confirmatório e diferencial de parvoviroses murinas (MMV, KRV, Toolan H-1, MPV, RPV, HaPV, RMV) e com menor frequência como uma técnica alternativa para outros vírus murinos que possuem atividade hemaglutinante. É menos sensível que a imunofluorescência indireta e a ELISA, e com maior probabilidade de ocorrência de resultados falsos-negativos ou falsos-positivos.

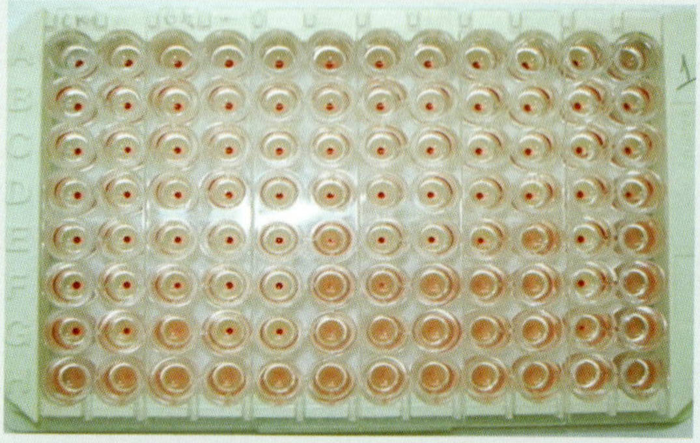

Figura 24.1 – *Reação de inibição da hemaglutinação positiva para parvovírus do rato Kilhan rat virus (KRV). Fonte: Prof. Dr. Rovilson Gilioli – Laboratório de Controle de Qualidade Animal – Controle Sanitário – Cemib/Unicamp.*

Reação de imunofluorescência indireta (IFI)

Evidencia a reação antígeno-anticorpo por meio de um antianticorpo acoplado a um fluorocromo (anticorpo conjugado). Apresenta alta sensibilidade e especificidade, sendo muito utilizada para diagnóstico sorológico de infecções virais. Também usada como segundo método sorológico para a confirmação da especificidade ou inespecificidade de resultados duvidosos na reação de ELISA. Podem ser utilizados dois tipos de métodos: direto ou indireto. (Figuras 24.2 a 24.7).

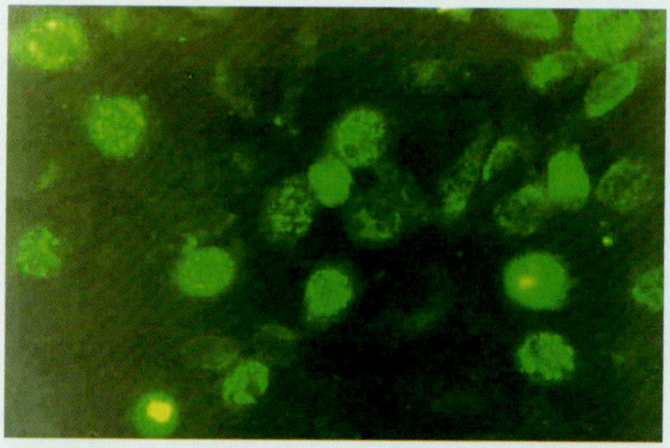

Figura 24.2 – *Reação de imunofluorescência indireta. Cultivo de células infectadas com parvovírus minuto do camundongo (MMV): replicação viral revelada pela fluorescência intranuclear. Fonte: Prof. Dr. Rovilson Gilioli – Laboratório de Controle de Qualidade Animal – Controle Sanitário – Cemib/Unicamp.*

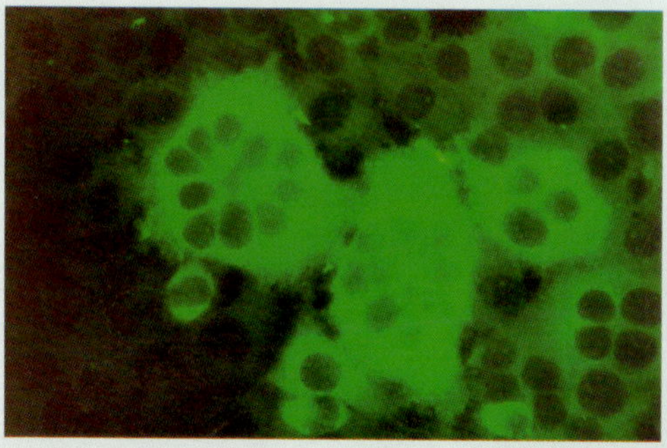

Figura 24.3 – *Reação de imunofluorescência indireta. Cultivo de células infectadas com vírus da hepatite do camundongo (MHV): replicação viral revelada pela fluorescência intracitoplasmática. Efeito citopático: formação de macrossincícios. Fonte: Prof. Dr. Rovilson Gilioli – Laboratório de Controle de Qualidade Animal – Controle Sanitário – Cemib/Unicamp.*

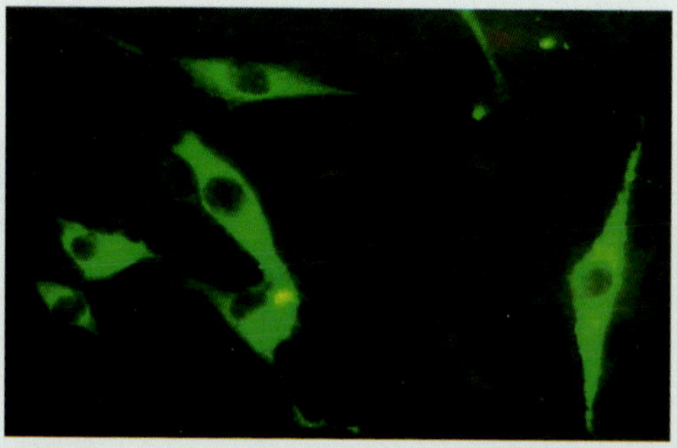

Figura 24.4 – *Reação de imunofluorescência indireta. Cultivo de células infectadas com vírus da encefalomielite murina de Theiler (TMEV-GDVII): replicação viral revelada pela fluorescência intracitoplasmática. Fonte: Prof. Dr. Rovilson Gilioli – Laboratório de Controle de Qualidade Animal – Controle Sanitário – Cemib/Unicamp.*

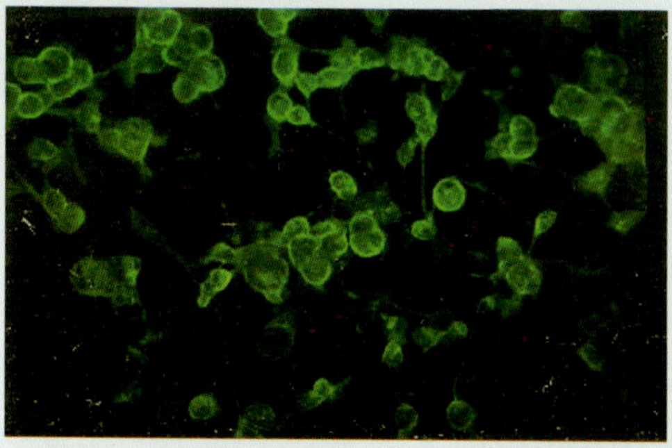

Figura 24.5 – *Reação de imunofluorescência indireta. Cultivo de células infectadas com vírus da varíola do camundongo (ectromelia): replicação viral revelada pela fluorescência intracitoplasmática. Efeito citopático: fusão e retração das células infectadas com formação de microsincícios. Fonte: Prof. Dr. Rovilson Gilioli – Laboratório de Controle de Qualidade Animal – Controle Sanitário – CEMIB/Unicamp.*

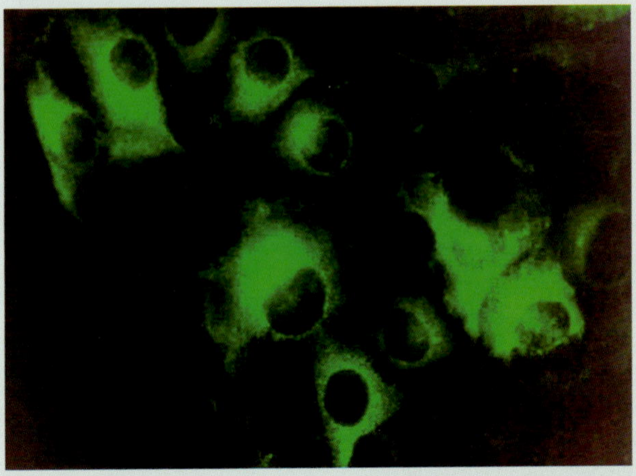

Figura 24.6 – *Reação de imunofluorescência indireta. Cultivo de células infectadas com vírus Sendai: replicação viral revelada pela fluorescência intra-intracitoplasmática. Fonte: Prof. Dr. Rovilson Gilioli – Laboratório de Controle de Qualidade Animal – Controle Sanitário – Cemib/Unicamp.*

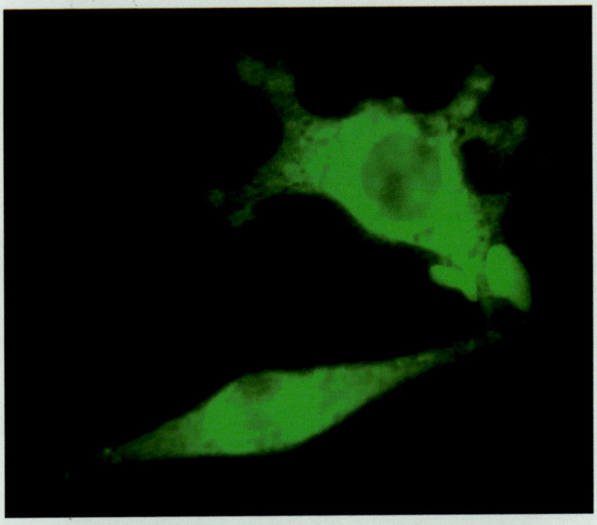

Figura 24.7 – *Reação de imunofluorescência indireta. Cultivo de células infectadas com norovírus murino (MNV): replicação viral revelada pela fluorescência intracitoplasmática. Fonte: Prof. Dr. Rovilson Gilioli – Laboratório de Controle de Qualidade Animal – Controle Sanitário – Cemib/Unicamp.*

Reações de ensaios imunoenzimáticos indiretos (ELISA, Imunoperoxidase)

Evidenciam a reação antígeno-anticorpo por meio de produtos corados formados pela ação de enzimas (peroxidase, fosfatase ou urease) acopladas a um antianticorpo (anticorpo conjugado) sobre algumas soluções contendo substratos da enzima (peróxido de hidrogênio, ONPG, ureia) e um reagente de cor indicador da ação da enzima sobre o substrato. Podem ser realizadas com partículas virais totais ou com antígenos virais solúveis acoplados a um suporte como nas reações chamadas ELISA (Enzyme-Linked Immunosorbent Assay) ou com partículas virais totais ou antígenos virais presentes em células obtidas de cultivo ou diretamente de tecido animal infectados como nas reações chamadas de imunoperoxidase ou imuno-histoquímica. (Figura 24.8).

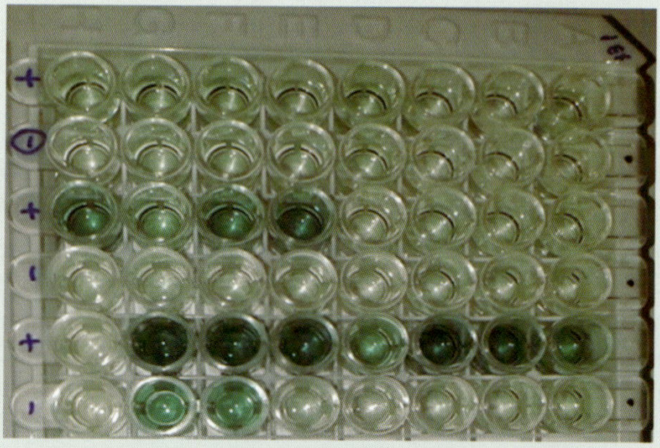

Figura 24.8 – *Reação de Elisa indireto para vírus da encefalomielite murina de Theiler (TMEV). Fonte: Prof. Dr. Rovilson Gilioli – Laboratório de Controle de Qualidade Animal – Controle Sanitário – Cemib/Unicamp.*

A técnica de ELISA é muito sensível e tem boa especificidade, sendo bastante utilizada pelos laboratórios que realizam rotinas de diagnóstico virológico. Permite automatização de todas as suas etapas, o que facilita o processamento de grande quantidade de amostras de soros em período de tempo relativamente curto quando comparado com a técnica de imunofluorescência.

Reações sorológicas multiplexadas (ELISA, MFIA)

Utilizam misturas de diferentes antígenos virais acoplados a um suporte como orifícios de microplacas que podem ser testados ao mesmo tempo numa única amostra de soro (ELISA multiplexado) ou antígenos virais solúveis acoplados a microesferas de diferentes cores em que se utilizam antianticorpos acoplados com fluorocromos (chamados simplesmente de conjugados) utilizados nas reações denominadas MFIA (Multiplexed Fluorimetric Immuno Assay).

Esses sistemas multitestes apresentam várias vantagens: são automatizados, utilizam pequenas quantidades de soros e de reagentes (~10 μL) e são econômicos, uma vez que permitem testar vários antígenos numa única amostra de soro de modo rápido.

Reação de produção anticorpos em animais (MAP/RAP/HAP Tests)

O teste de produção de anticorpos em camundongos (Mouse Antibody Prodution Test), em ratos (Rat Antibody Prodution Test) ou em Hamsters (Hamster Antibody Prodution Test), pode ser utilizado como método indireto para pesquisa de vírus murinos contaminantes de materiais biológicos como: culturas de células e linhagens celulares, tecidos, hibridomas, ascite, soro, plasma, anticorpos monoclonais, linhagens de tumores transplantáveis, cepas de parasitos, vírus e bactérias diversas, que são produzidos e/ou mantidos em animais vivos das referidas espécies animais.[12,13,15]

O teste consiste em inocular distintos grupos da espécie animal com 4 semanas de idade, livres de agentes patogênicos especificados (SPF) e imunocompetentes pelas vias oral, nasal, intraperitoneal e intracerebral com amostras do material biológico e após um período de 28 dias testar os soros dos animais inoculados para verificar a presença de anticorpos contra agentes infecciosos virais e bacterianos murinos. Os animais inoculados devem ser mantidos sob rigoroso sistema de barreiras de proteção (salas com barreiras, unidades isoladoras de pressão negativa, mini-isoladores em *racks* ventilados ou gaiolas munidas de tampas com filtros) para evitar a sua contaminação, bem como a disseminação e contaminação do ambiente nos casos de o material biológico estar contaminado com algum tipo de agente infeccioso.

Atualmente, os testes de produção de anticorpos *in vivo* estão sendo substituídos pelos métodos de detecção moleculares como PCR e RT-PCR por serem métodos alternativos mais rápidos, específicos, de maior sensibilidade e baixo custo quando comparados aos testes de produção de anticorpos em animais vivos.[16]

Métodos moleculares (PCR, RT-PCR, Nested PCR, q-PCR)

Os diferentes tipos de reações em cadeia da enzima polimerase podem ser usados para detectar e identificar determinadas sequências de ácidos nucleicos (DNA ou RNA), específicas da espécie ou gênero de microrganismos como parasitos, bactérias e vírus presentes nos mais diversos tipos de materiais biológicos: fezes, sangue, urina, células, tecidos, órgãos, germoplasmas[12,14,17,18] (Figuras 24.9 e 24.10).

Têm sido muito utilizados atualmente como ferramenta adicional para certificar o estado de saúde animal e caracterizar a presença dos mais variados tipos

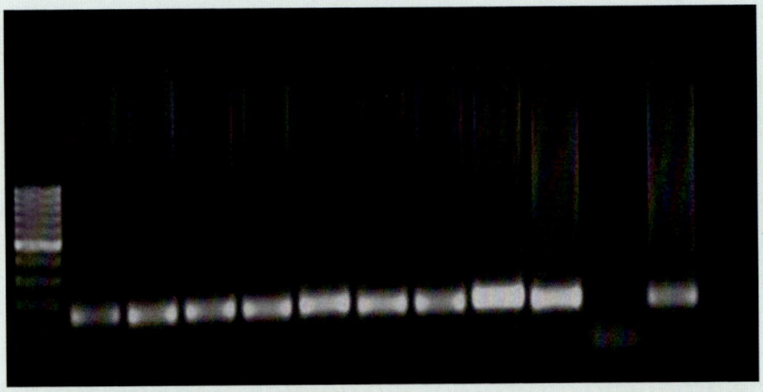

Figura 24.9 – *Reação de RT-PCR positiva para norovírus murino (MNV). Produto amplificado na posição 187 pb. Fonte: Prof. Dr. Rovilson Gilioli – Laboratório de Controle de Qualidade Animal – Controle Sanitário – Cemib/Unicamp.*

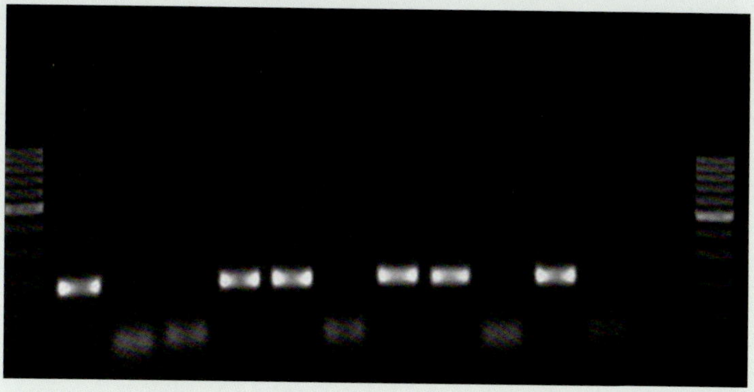

Figura 24.10 – *Reação de PCR positiva para parvovírus murino. Produto amplificado na posição 154 pb. Fonte: Prof. Dr. Rovilson Gilioli – Laboratório de Controle de Qualidade Animal – Controle Sanitário – Cemib/Unicamp.*

de agentes infecciosos fastidiosos e de difícil cultivo como *Helicobacter spp*, novos parvovírus murinos (MPV, RPV, RMV, HaPV), norovírus murinos (MNV), vírus Theiler do rato, vírus da encefalomielite murina – TMEV-GDVII, CAR *bacillus, Pneumocystis carinii, Pneumocystis murinae*, *Mycoplasma spp*, *Clostridium piliforme*, entre outros.

Apresentam vantagens em relação aos outros métodos, como rapidez, e permitem substituir culturas para isolamento de agentes infecciosos. São também um método alternativo aos testes de produção de anticorpos *in vivo* como os MAP/RAP/HAP *tests*, apresentam alta especificidade e sensibilidade e amostras dos ácidos nucleicos extraídos são estáveis quando obtidas e armazenadas corretamente.

Como desvantagens do método: reagentes caros, facilmente contamináveis (RNA), resultados falsos-positivos ou falsos-negativos podem ocorrer em função da qualidade do DNA/RNA extraído da coleta inadequada ou errada do tecido, do manuseio, e processamento incorreto da amostra e pela escolha de *primers* pouco sensíveis.

■ ESTRATÉGIAS PARA O CONTROLE DE PROPAGAÇÃO DE AGENTES INFECCIOSOS

Como proceder quando se detecta um determinado agente infeccioso numa colônia de animais de laboratório?

Vírus são altamente contagiosos e apresentam alta prevalência nas colônias convencionais de espécies animais de laboratório. Dependendo do tipo de vírus e do genótipo, da idade e do sexo da linhagem animal, podem ocorrer infecções com ou sem sinais clínicos evidentes, ou infecção latente ou persistente assintomática nos animais acometidos, que podem interferir de maneiras variadas nos resultados experimentais obtidos de animais infectados (Figura 24.11).[3,7,19,20]

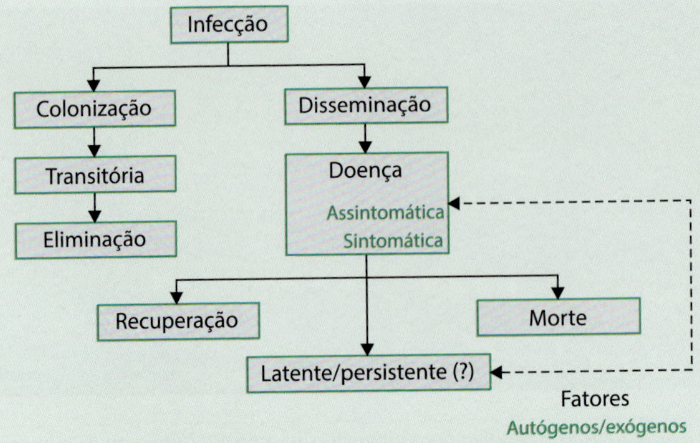

Figura 24.11 – *Possíveis mecanismos de evolução de um processo infeccioso em animais de laboratório. Fonte: Prof. Dr. Rovilson Gilioli – Laboratório de Controle de Qualidade Animal – Controle Sanitário – Cemib/Unicamp.*

Por serem agentes com replicação intracelulares obrigatórios e desprovidos de sistema bioquímico metabólico próprio, os tratamentos com antimicrobianos disponíveis são de pouca utilidade. Uma vez presentes numa colônia, dificilmente conseguimos erradicá-los, dado o caráter enzoótico que apresentam.

Torna-se imperativo o estudo epidemiológico do agente detectado para a tomada de decisões que podem envolver: eliminar a colônia com a descontaminação do ambiente e recolonização com animais comprovadamente livres de vírus, rever os procedimentos de manejo e de desinfecção e esterilização do ambiente e de materiais adotados, reavaliar o sistema de barreiras de proteção e verificar se houve introdução de novas linhagens ou espécies no biotério.[12]

Para colônias em que a substituição de determinada linhagem for impossível, as técnicas de histerectomia para agentes que não apresentam mecanismo de transmissão transplacentária e a técnica de transferência de embriões têm se mostrado eficientes para a eliminação de agentes infecciosos diversos, incluindo os vírus.

A interrupção temporária de acasalamentos também pode ser útil para a eliminação de alguns tipos de vírus que induzem a formação de anticorpos séricos neutralizantes tipo-específicos no hospedeiro animal, como relatado para vírus Sendai, coronavírus do rato (SDAV), vírus da pneumonia do camundongo (PVM) e coronavírus do camundongo (MHV).[21]

Medidas preventivas

Agentes infecciosos como os vírus podem ser introduzidos nos biotérios e transmitidos de várias maneiras, tais como: materiais, objetos e equipamentos contaminados para manutenção de colônias e que entram em contato com os animais (gaiolas, cama, ração, água, bebedouros, fichas de identificação etc.); materiais biológicos (soro, sangue, ascite, células, anticorpos); roedores silvestres e vetores mecânicos ou biológicos transmissores (insetos coprófagos ou hematófagos) infectados que entram nos biotérios devido a deficiência ou falhas no sistema de barreira de proteção; introdução de novas linhagens de padrão sanitário desconhecido ou oriundas de colônias contaminadas; falhas nos procedimentos de manejo da colônia e nos processos de desinfecção e esterilização de materiais e do ambiente; falhas no sistema de ventilação e por técnicos bioteristas ou pesquisadores que mantêm contato com animais contaminados.[1,6,12]

A manutenção de biotérios com colônias livres de agentes infecciosos e parasitários exige alguns cuidados básicos e a adoção de práticas de biocontenção ou bioexclusão que incluem:

- implantação de sistema de barreiras eficientes;
- técnicas de manejo adequadas;
- formação de recursos humanos com programas de qualificação continuada;
- rotinas periódicas de desinfecção ambiental e esterilização de materiais e equipamentos que entrarão em contato com a colônia;
- investimentos em programas de monitorização da saúde animal permanentes com o uso de metodologias diversas que permitam diagnóstico rápido, obtenção de resultados confiáveis e tomada de decisões em tempo real;
- investimentos na modernização das instalações, aquisição de equipamentos que melhoram o bem-estar animal e aumentam a eficiência no controle de contaminações como: unidades isoladoras, mini-isoladores, *racks* ventilados, gabinetes de biossegurança classe II para manejo, estações de troca classe II, entre outros;
- vigilância permanente para o cumprimento dos padrões operacionais padronizados (POPs) e das normas técnicas funcionais previamente discutidas e elaboradas;
- controle rigoroso do acesso de pessoal, de material e de novas linhagens ou espécies animais nas áreas de criação;
- adoção de sistema de quarentena eficiente: sala com pressão negativa em relação a corredores comuns; uso de equipamentos de contenção eficientes; descarte de materiais em contêineres selados ou previamente descontaminados; manipulação dos animais somente em gabinetes de segurança biológica classe II; uso de filtros de alta eficiência em retenção de partículas tipo HEPA no sistema de ventilação (insuflamento/exaustão);
- uso de animais sentinelas de modo correto: considerar a suscetibilidade da linhagem usada para o(s) agente(s) que se deseja monitorizar, idade, sexo, mecanismos de transmissão do agente infeccioso, número de animais necessários em função do tipo de equipamento utilizado para o alojamento, eficiência da metodologia adotada para a detecção.

Referências Bibliográficas

1. Infectious diseases of mice and rats. Committee on Infectious Diseases of Mice and Rats. Institute of Laboratory Animal Resources. Commission on Life Sciences. National Research Council. Washington DC: National Academic Press, 1991.

2. Kim WN, Kagiyama AM, Nomura T. Manual of microbiology monitoring of laboratory animals. 2 edition. U.S. Department of Health and Human Services. National Institutes of Health. National Center for Research Resources. NIH Publication no. 94-2498. 1994.
3. Niklas W, Baneux P, Boot R, Decelle T, Deeny AA, Fumanelli M, Illgen-Wilcke B. Felasa recommendations for the health monitoring of mouse, rat, hamster, gerbil, guinea pig and rabbit experimental unit. Report of the Federation European Laboratory Animal Science Association (Felasa) working group on animal health. Laboratory Animals, 2012; 36:20-42.
4. Besselsen DG, Franklin CL, Livingston RS, Riley LK. Lurking in the shadows: emerging rodent infectious disease. ILAR J 2008; 49(3):277-290.
5. Shek W R. Role of housing modalities on management and surveillance strategies for adventitious agents of rodents. ILAR J 2008; 49(3):316-325.
6. Mahler M, Berard M, Feinstein R, Gallagher A, Illgen-Wilcke B, Pritchett-Corning K, Raspa M. Felasa recommendations for the health monitoring of mouse, rat, hamster, guinea pig and rabbit colonies in breeding and experimental units. Felasa Working Group on Revision of Guidelines for Health Monitoring of Rodents and Rabbits. Lab Anim 2014; 48(3):178-192.
7. National Research Council. Institute of Laboratory Animal Resources. Committee on long-term holding of laboratory rodents. Long-term holding of laboratory rodents: a report. ILAR News 19:22-23, 1976.
8. Clifford CB, Watson J. Old enemies, still with us after all these years. ILAR J 2008;49(3):291-302.
9. Jensen EF, Allen KP, Henderson KS, Szabo A, Thulin JD. PCR testing of a ventilated caging system to detect fur mite. J Am Assoc Lab Anim Sci 2013; 52(1):28-33.
10. Okumura A, Machii K, Azuma S, Toyoda Y, Kyuwa S. Maintenance of pluripotency in mouse embryonic stem cells persistently infected with murine coronavirus. J Virol 1996;70:4146–4149.
11. Agca Y, Bauer BA, Johnson DK, Critser JK, Riley LK. Detection of mouse *parvovirus* in *Mus musculus gametes*, embryos and ovarian tissues by polymerase chain reaction assay. Comp Med 2007; 57: 51–56.
12. Mahabir E, Brielmeier M, Schmidt J. Microbiological control of murine viruses in biological materials: methodology and comparative sensitivity. A review. Scan J Lab Anim Sci 2007;34:47–58.
13. Mahabir E, Bauer B, Schmidt J. Rodent and germplasm trafficking: risks of microbial contamination in a high-tech biomedical world. ILAR J 2008;49:347-355.
14. Hsu, CC, Riley, LK, Wills, HM, Livingston, RS. Persistent infection with and serologic cross-reactivity of three novel murine noroviruses. Comp Med 2006;56:247-251.
15. Wunderlich ML, Dodge ME, Dhawan RK, Shek WR. Multiplexed fluorimetric immunoassay testing methodology and troubleshooting. J Visualized Experiments 2011; (58):e3715.
16. Blank WA, Henderson KS, White LA. Virus PCR assay panels: an alternative to the mouse antibody production test. Lab Anim 2004;33: 26–32.
17. Barthold SW. Microbes and the evolution of scientific fancy mice. ILAR J 2008;4(3):265-271.
18. Macy JD, Paturzo FX, Ball-Goodrich LJ, Compton S. A PCR-based strategy for detection of mouse parvovirus. J Am Assoc Lab Anim Sci 2009; 48(3): 263-267.

19. Smith AL. Serological test for detection of antibody to rodent viruses. In: Bhatt PN, Jacob RO, Morse HC, eds. Viral and mycoplasmal infection of laboratory rodents: effects on biomedical research. New York: Academic Press, 1986.
20. Souza M, Smith AL. Comparison of isolation in cell culture with conventional and modified mouse antibody production test for detection of murine viruses. J Clin Microbiol 1989;27:185-1877.
21. Weir EC, Bhatt PN, Barthold SW, Cameron GA, Simack PA. Elimination of mouse hepatits virus from a colony by temporary cessation of breeding. Lab Anim Sci 1987;37:455-458.

Parte VII

Biotecnologia

25

Transgênicos: Técnicas de Produção e Progressos na Aplicação Científica

Michele Longoni Calió
Clélia Rejane Antonio Bertoncini

As técnicas de Biologia molecular têm permitido que se manipule o material hereditário de qualquer ser vivo. O cultivo das células-tronco embrionárias e o sequenciamento dos genes constituem os progressos tecnológicos mais importantes para a transgênese – técnica de transferência de DNA de um ser vivo para outro. Essa técnica implica a alteração do genoma de um organismo mediante o emprego de métodos de engenharia genética, o que só é possível porque a maquinaria celular, responsável pela transcrição e tradução do DNA em proteínas, funciona de maneira muito semelhante em todas as espécies. Sendo assim, podemos manipular o DNA com o objetivo de alterar o genoma de modo controlado e criar diferentes espécies mutantes de camundongos, ratos e coelhos, dentre outros organismos geneticamente modificados (OGMs). É a universalidade do código genético que permite que uma proteína codificada por uma sequência exclusiva do DNA humano possa ser produzida num vegetal ou animal transgênico.

Nos seres transgênicos, o material genético inserido, retirado ou inativado irá conferir ao organismo novas características, tal como a produção de uma nova substância de interesse. Por exemplo, a insulina humana pode ser obtida a partir de uma modificação no DNA da bactéria *Escherichia coli*. Os primeiros animais transgênicos foram produzidos na década de 1970, quando foi desenvolvida a técnica do DNA recombinante. A manipulação genética combina características de um ou mais organismos de um modo que provavelmente não aconteceria na natureza. Assim, a combinação de DNAs de organismos que não tende a ocorrer espontaneamente permite a produção artificial dos transgênicos.

A adição de um gene humano a um embrião animal pode resultar num modelo transgênico com características específicas de uma doença humana, que se constitui, portanto, num modelo experimental valioso para o teste de vacinas e agentes farmacológicos. No sentido inverso, a desativação de um gene nas células embrionárias pode levar ao nascimento de um animal *knockout* (nocaute), e é capaz de interromper ou anular um gene que, então, não mais se expressa e que serve de modelo para se entender como as mutações produzem as malformações e os defeitos congênitos. É assim que, dentre múltiplas aplicações, a transgenia animal tem contribuído para a pesquisa de diversas doenças, incluindo aquelas de origem complexa e difícil cura, como câncer, diabetes, hipertensão, Alzheimer, Huntington, deficiências imunológicas e distrofias musculares, entre outras.[1,2]

Um animal transgênico é produzido pela inserção de um fragmento de DNA que resulte numa modificação genética transmissível a seus descendentes. Para fazê-lo, basta que se tenha em mãos algumas cópias do DNA de interesse e os meios de introduzi-las no genoma de um embrião, como uma parte de um vírus ou bactéria, um cromossomo artificial, uma célula-tronco ou até mesmo um espermatozoide contendo esse fragmento de DNA de interesse para a transgênese.[3,4]

A produção de animais transgênicos foi impulsionada pela técnica de microinjeção de DNA no pró-núcleo de óvulos recém-fertilizados. Em 1980, Gordon e colaboradores[5] a implementaram para camundongos. Em 2001, nós a utilizamos pela primeira vez no Brasil para produzir um camundongo transgênico com níveis aumentados do receptor B2 de bradicinina no coração.[6,7] Mas, como é aplicável a qualquer espécie, o uso da microinjeção pró-nuclear já possibilitou a geração de milhares de linhagens de transgênicos, incluindo ratos, aves, peixes, ovelhas, gado e macacos.[8,9,10]

Alguns animais transgênicos são utilizados como biorreatores. Inicialmente, foram gerados clones de ovelhas transgênicas que produzem leite contendo o fator IX de coagulação do sangue humano.[11] Purificado do leite, portanto sem o risco de contaminação viral, esse fator IX pode ser adquirido comercialmente para o tratamento de hemofílicos. Nos últimos anos, caprinos, bovinos e coelhos transgênicos também vêm sendo testados como possíveis produtores de diversas proteínas de interesse farmacológico, principalmente anticorpos e hormônios.[12,13]

Nas pesquisas recentes, vem aumentando também o uso de camundongos e ratos contendo o gene GFP (*green fluorescent protein*) originário da *Aequorea victoria* marinha.[14,15] Esses animais são usados principalmente como fonte de células marcadas para transplante, pois a luminescência das células GFP facilita sua localização entre as demais, mesmo que, eventualmente, esse processo implique uma marcação adicional com anticorpo fluorescente.[16] Daí sua importância nos promissores estudos de terapia gênica e celular. Nessa perspectiva, as células-tronco retiradas de embriões ou da medula óssea de camundongos e ratos GFP podem ser acompanhadas após transplante para o sangue, cérebro, coração ou qualquer outro órgão no qual se deseje que elas se diferenciem e substituam as células danificadas, de modo a promover uma saudável regeneração do órgão afetado e possível cura da doença.

A otimização do uso de animais de laboratório na pesquisa é uma das consequências mais positivas da transgenia animal. Além de provocar uma redução do número de animais utilizados na experimentação, o uso de transgênicos também possibilita a substituição de espécies geneticamente mais próximas do homem, como primatas, cães e porcos, por animais de menor tamanho, especialmente os camundongos. Isso porque aproximadamente 80% dos genes funcionam nos camundongos da mesma maneira que em humanos. O estudo da diversidade genética entre os indivíduos de diferentes espécies é importante para os programas de melhoramento genético e produção de transgênicos, pois essa variabilidade existente entre os genótipos é uma estratégia para obter ganhos de seleção nos cruzamentos de grupos geneticamente modificados, para que estes apresentem as características de interesse.[10] Assim, essa tendência da redução na quantidade de animais por estudo deverá ser acentuada no futuro, pois o refinamento progressivo das técnicas de transgenia segue gerando modelos animais que mimetizam, cada vez com maior similaridade, os sintomas e as respostas aos tratamentos de doenças humanas.

Transgene ou construto de DNA

A estrutura do transgene ou construto de DNA depende do tipo de animal a ser gerado, conforme se queira elevar a expressão de uma proteína, impedi-la de ser produzida ou alterar-lhe a estrutura (Figura 25.1). O transgene inteiro ou parte dele pode ser proveniente da mesma espécie (DNA endógeno) ou de uma espécie diferente (DNA exógeno), desde vírus e bactérias até plantas e humanos.

O construto para adição gênica pode ser o transgene para microinjeção pró-nuclear (Figura 25.1A) ou o transgene viral (Figura 25.1C), ambos capazes de levar à produção de um animal que tem aumento da expressão de uma proteína. Já o construto para mutação sítio-dirigida (Figura 25.1B) possibilita a geração de animal *knockout* (deficiente numa proteína) ou *knockin* (produtor de uma proteína com defeito).

A preparação do transgene deve iniciar-se com alguns meses de antecedência ao trabalho com os animais, pois sua construção requer o uso de diversas técnicas de biologia molecular, obedecendo-se em geral às seguintes etapas: isolamento, clonagem e sequenciamento do gene de interesse; introdução de mutações para codificar alterações proteicas ou remover sítio de enzimas de restrição indesejáveis; ligação do gene ao promotor e sequências reguladoras; inserção em vetores virais e plasmídeos bacterianos; amplificação de várias cópias dos fragmentos do DNA na forma circular em bactérias; exclusão de regiões de DNA de bactéria ou vírus; linearização e purificação do construto final.

Transgene para adição gênica por microinjeção pró-nuclear

O construto é formado essencialmente de um promotor ligado à sequência codificadora do gene a ser expresso (Figura 25.1A). O promotor indica onde (no coração, cérebro, outro órgão ou no corpo inteiro), quanto e em qual fase do desenvolvimento (embrionária, juvenil ou adulta) uma proteína deve se expressar no animal transgênico. Alguns promotores podem ser induzidos por drogas ou nutrientes, como metais, de modo que a proteína de interesse pode ser produzida temporária ou permanentemente.[17] Já a sequência codificadora é constituída basicamente de íntron(s) e éxon(s) de um gene conhecido.[3]

Uma ótima construção de transgene para a produção de um modelo de doenças humanas é aquela que leva à geração de uma linhagem animal que simule ao máximo os sintomas típicos da doença. Para isso, o construto deve ser estruturalmente o mais semelhante possível à sequência de DNA responsável pela doença. Sabe-se, por exemplo, que a coreia de Huntington humana é causada por uma alteração na proteína huntintina, que consiste num acréscimo de uma cauda de poliglutamina, codificada por uma centena de repetições do códon CAG no final do primeiro éxon. Pois a adição dessa sequência do gene humano, incluindo as repetições, a camundongos e macacos resultou em modelos transgênicos que apresentam desordens neurológicas e musculares tão severas quanto aquelas observadas nas pessoas afetadas. Além disso, a caracterização bioquímica do cérebro desses animais também reproduz o padrão de alterações em humanos portadores da doença de Huntington.[2,9,18] Portanto, esses estudos usando animais transgênicos elevam a esperança do desenvolvimento de terapias para a doença humana.

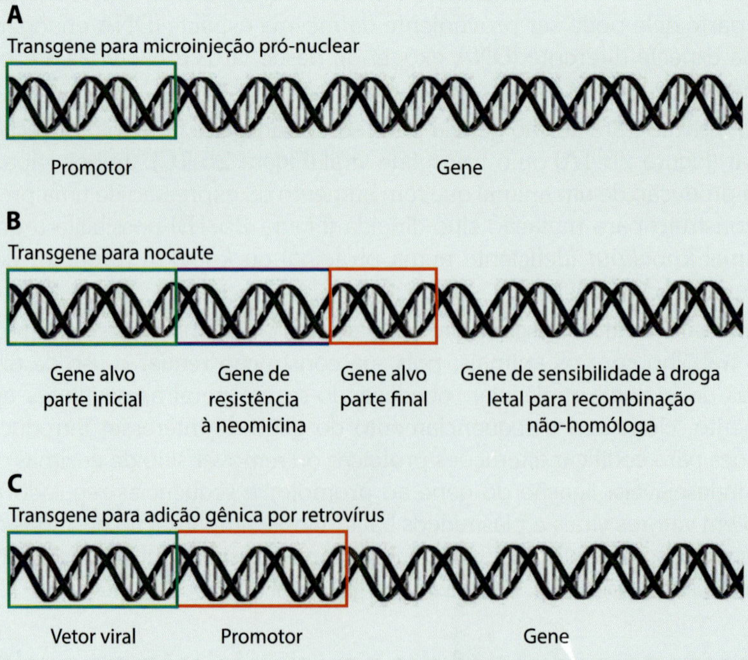

Figura 25.1 – *Transgenes: estrutura do construto de DNA para microinjeção pró-nuclear (A), inativação ou alteração de um gene (B), e transgenia por retrovírus (C). Os construtos A e C contêm os elementos essenciais para a adição gênica e consequente produção de um animal transgênico para expressar uma proteína. O construto B é usado para fazer um animal* knockout *(não produz uma proteína) ou* knockin *(produz uma proteína alterada). (Figura montada pelas autoras.)*

Transgene para *knockout* ou alteração de um gene

A estrutura desse construto, em geral, compreende a sequência codificadora de um gene, interrompida pela inserção de um segundo gene que confere resistência ao antibiótico neomicina, acrescido de um terceiro gene que confere sensibilidade a uma droga, como ganciclovir, que mata as células em que houve integração aleatória (não homóloga) do transgene (Figura 25.1B). Assim, ao incorporar-se no DNA das células-tronco embrionárias cultivadas na presença de ambas as drogas (neomicina e ganciclovir), esse construto permite que sobrevivam apenas aquelas células que tiveram o gene defeituoso inserido por recombinação homóloga, que são as que servem para a produção do animal *knockout* ou *knockin*.

O transgene inserido no camundongo *knockout* ou *knockin* causa uma modificação genética dirigida a um gene alvo específico, cuja ausência ou mutação é a causa de algum distúrbio conhecido. Nesses animais, o construto contendo o gene desativado ou defeituoso tomou o lugar do gene íntegro original. No *knockout*, há o acréscimo do gene de codificação para a proteína que destrói neomicina, cuja sequência interrompe o DNA do gene alvo, desativando-o. A distância interposta entre as partes inicial e final do gene alvo impede a transcrição completa do RNA mensageiro da proteína por ele codificada, mas é suficientemente curta para ter permitido a recombinação homóloga com o DNA original. No *knockin*, um gene modificado por uma ou mais mutações substituiu o gene funcional original, e isso leva à expressão de uma proteína alterada na nova linhagem de animal transgênico.

Transgene viral

Constitui-se de um vetor de DNA viral (em geral uma parte de um retrovírus, como HIV ou vírus da leucemia murina, MMLV) ligado a um promotor e à região codificadora da proteína de interesse (Figura 25.1C). Utilizado para adição gênica, o transgene viral tem estrutura em geral mais complexa do que aquele construído para microinjeção pró-nuclear, e guarda semelhança com os construtos usados em terapia gênica. Por exemplo, o transgene de algumas linhagens de camundongos e ratos que expressam a proteína GFP (*green fluorescent protein*) foi construído juntando-se uma porção do vírus HIV com o promotor de ubiquitina humana fundido ao gene GFP da *Aequorea victoria.*[19]

O transgene viral frequentemente contém sequências regulatórias específicas, especialmente algum elemento que reforce a capacidade do promotor em elevar a expressão do gene (*enhancer*). Por exemplo, para as linhagens de camundongos Tg-EGFP, a nomenclatura EGFP indica a presença de *Enhanced GFP*, o que contribui para a visualização a olho nu da bioluminescência por todo o corpo dos "organismos verdes" (Figura 25.2A).

O silenciamento gênico feito por um RNAi (RNA de interferência) pode ser aplicado (Figura 25.2B). Esse método é especialmente interessante porque a expressão de um transgene nem sempre pode ser predita, mas é necessário o estudo das consequências dessas transformações. Nessa técnica, a ação de uma fita dupla de RNA impede a transcrição e a tradução de um determinado gene. A utilização de um RNAi explora um mecanismo endógeno de regulação gênica que é adaptada para suprimir a expressão de um gene *in vivo*, sendo uma alternativa rápida e barata para a produção dos transgênicos convencionais.[20]

Transgenes inseridos podem ser silenciados após uma fase de expressão, e podem também silenciar parcialmente a expressão de genes homólogos no genoma. Assim, além de permitir o estudo da função de genes específicos, o *knockdown* promovido pelos RNAi permite que características indesejáveis que

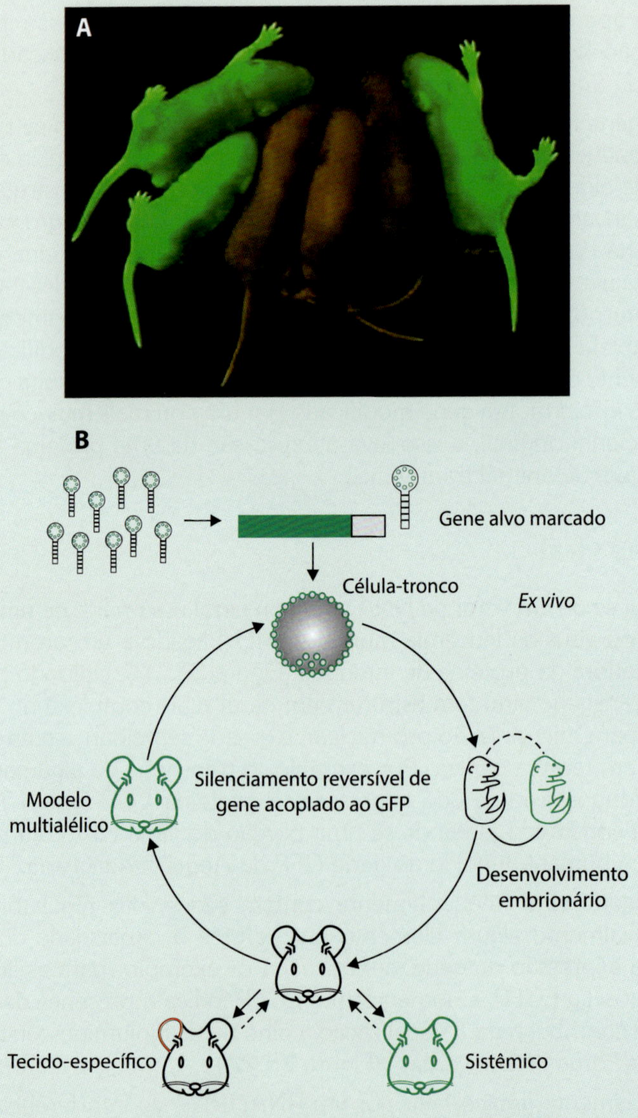

Figura 25.2 – *"Camundongos verdes" ou transgênicos que expressam GFP green fluorescent protein). A imagem da Figura 2A é resultado da sobreposição de fotografias em campo claro e campo de luz fluorescente. A Figura 2B ilustra o silenciamento gênico feito por um RNAi (RNA de interferência), quando uma fita dupla de RNA impede a transcrição e a tradução de um determinado gene (Fagard & Vaucheret, 2000). (Figura montada pelas autoras.)*

possam acompanhar fenótipos de interesse induzidos pelo bloqueio da expressão de genes específicos sejam atenuadas pela inibição parcial da expressão.[21,22]

Um tipo de ferramenta usada na técnica de RNAi é mediada por RNA em alça ou *short hairpin RNA* (shRNA). Como esse sistema de expressão age sem modificar a sequência do gene alvo, o processo de transgenia pode ser reversível.[22]

MÉTODOS DE PRODUÇÃO DE ANIMAIS TRANSGÊNICOS

Os métodos de manipulação de embriões e transferências de genes vêm sendo continuamente refinados e atualmente encontram aplicação para os mais variados propósitos. Desde 1976, ano em que foi gerado o primeiro camundongo transgênico, até as recentes clonagens de ovelhas, bezerros e macacos previamente modificados geneticamente, podemos destacar três diferentes técnicas de transgênese.

Microinjeção pronuclear

Essa é a estratégia mais comum de transgenia animal. O construto é injetado com o auxílio de um micromanipulador dentro do pró-núcleo de oócito recém-fecundado (Figura 25.3). Após injeção, os embriões são reimplantados

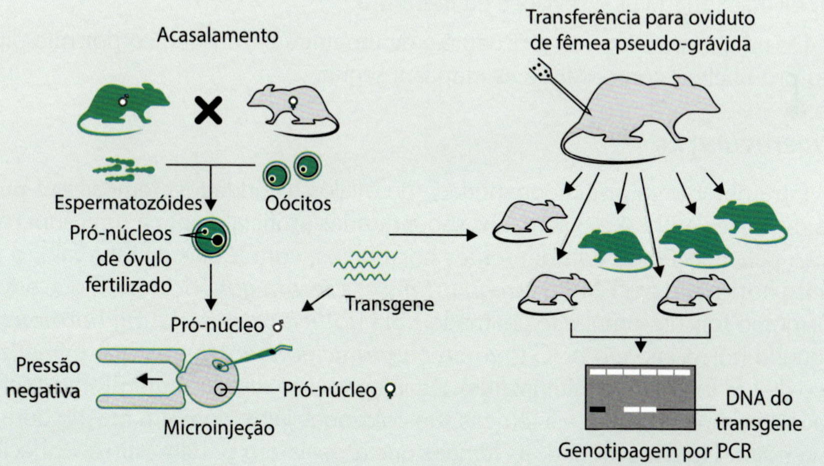

Figura 25.3 – *Esquema da produção de animais transgênicos pela técnica da microinjeção pró-nuclear: Os óvulos fertilizados são removidos do oviduto no estágio de zigotos, mas com o material genético dos pais ainda separados em dois pró-núcleos. A microinjeção é feita pela adição de alguns picolitros de solução contendo de 100 a 500 moléculas do DNA transgene dentro de um pró-núcleo. Os zigotos manipulados são reimplantados dentro do oviduto de uma fêmea pseudográvida. Os neonatos são submetidos à análise de DNA, que é isolado a partir de uma biópsia da ponta da cauda. Cada amostra de DNA é amplificada por PCR, e a presença do transgene é detectada por eletroforese em gel de agarose. Em caso positivo, todas as células de um mesmo animal carregam o transgene. Cada microinjeção resulta na produção de uma única linhagem de transgênicos. A figura ilustra a produção de camundongos, mas essa técnica é aplicável a qualquer espécie. (Figura montada pelas autoras.)*

dentro do oviduto de uma fêmea pseudográvida devido à modificação de sua condição hormonal por acasalamento com um macho vasectomizado. Uma vez obtido o animal transgênico, deve-se aguardar a geração seguinte (F1), obtida do cruzamento com um animal não transgênico, para proceder-se à análise dos descendentes (em geral de 10 a 50% da ninhada apresentam o transgene, ou seja, o DNA exógeno integrados em seu genoma). A integração do transgene ocorre de modo aleatório, em uma ou várias cópias e, quase sempre, durante a primeira divisão mitótica do ovócito. Desse modo, todas as células de um mesmo animal portam o transgene no genoma, mas cada microinjeção resulta na produção de uma única linhagem, caracterizada pelo local de inserção e número de cópias do construto de DNA incorporado. Para a obtenção de homozigotos é necessário esperar a geração F2, que é obtida do cruzamento entre macho e fêmea, ambos hemizigotos e descendentes daquele único animal fundador da linhagem transgênica.

Um exemplo clássico de transgenia usando microinjeção pró-nuclear é aquele iniciado pela fusão do gene do hormônio de crescimento de rato com o promotor de metalotioneína, que possibilitou o nascimento de um camundongo com o dobro do peso de um camundongo normal. Esse exemplo também ilustra a baixa eficiência da técnica: nasceu um único animal de fenótipo mais volumoso entre 21 filhotes no total, como o resultado de 170 embriões transferidos para mães adotivas, que por sua vez foram selecionados pela sua aparência viável entre quase mil zigotos microinjetados.[17]

A manipulação dos animais para a adição de um gene encontra-se descrita em diversos manuais e revisões da literatura.[23-25]

De uma maneira geral, a produção de um animal transgênico por microinjeção pró-nuclear compreende as etapas a seguir.

Superovulação

Para obter uma grande quantidade de óvulos fecundados, fêmeas pré-púberes de idades entre 4 e 8 semanas são induzidas artificialmente a uma superovulação pela injeção de dois diferentes hormônios, com 2 dias de intervalo: o primeiro hormônio é o PMSG (*pregnant mare's serum gonadotropin*) que ativa o hormônio foliculestimulante chamado FSH (*follicular stimulating hormone*); o segundo hormônio é o hCG (*human chorionic gonadotropin*), que mimetiza o pico de LH (hormônio luteinizante). As injeções são feitas intraperitonealmente. Após a segunda injeção, as fêmeas são colocadas junto com um macho durante uma noite. No dia seguinte, as fêmeas que acasalaram podem ser reconhecidas pela presença de um tampão vaginal, o qual é constituído de uma massa branca e endurecida formada por proteínas do líquido seminal. Em geral, mais de 50% das fêmeas são positivas.

Remoção dos óvulos fertilizados

As fêmeas são sacrificadas por deslocamento cervical, e procede-se à abertura da cavidade abdominal para a dissecção dos ovidutos (Figura 25.4). Cada oviduto contém entre 10 e 15 óvulos localizados numa região bem dilatada, próxima a abertura denominada infundíbulo. Os óvulos fecundados são recolhi-

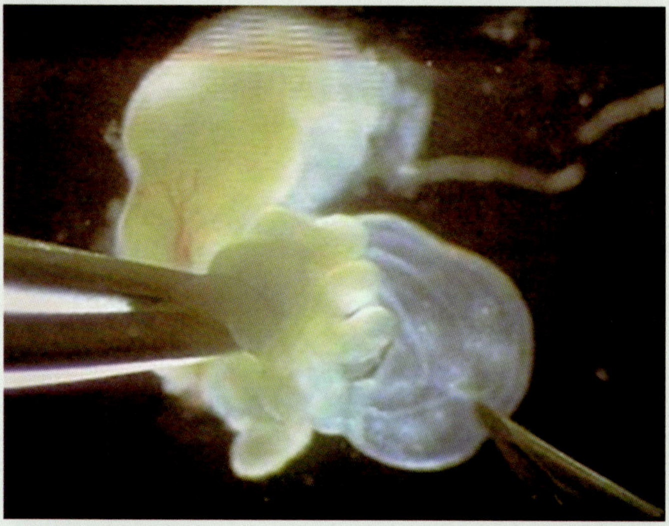

Figura 25.4 – *Dissecção do oviduto pela ruptura da região mais dilatada para coleta dos óvulos fertilizados, sob uma lupa binocular. (Foto da autora, registrada no Laboratório de Animais Transgênicos do Cedeme- Unifesp.)*

dos sob uma lupa binocular pela ruptura e lavagem do oviduto, utilizando-se um meio de cultura contendo a enzima hialuronidase, que os liberta do grumo de células foliculares. Então, os óvulos são lavados mais três vezes em um meio de cultura sem hialuronidase e conservados nesse meio a 37 °C, sob atmosfera de 5% de CO_2, até o momento da microinjeção.

Microinjeção

Essa etapa é realizada sob um microscópio invertido acoplado a micromanipuladores e a um monitor de vídeo (Figura 25.5). Os ovócitos são colocados sobre uma lâmina de vidro escavada sob uma gota de meio de cultura coberta por óleo de parafina. O micromanipulador esquerdo auxilia na contenção do ovócito por uma micropipeta, sob aspiração fraca e contínua (Figura 25.5A). Nesse estágio do desenvolvimento o zigoto apresenta dois núcleos bem visíveis que correspondem aos pró-núcleos masculino e feminino. O pró-núcleo mascu-

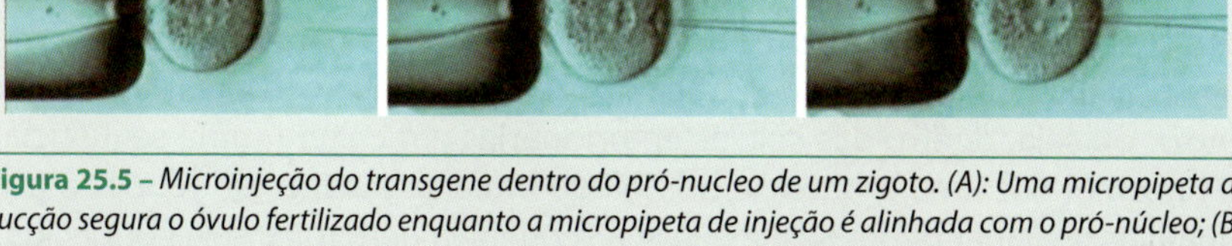

Figura 25.5 – *Microinjeção do transgene dentro do pró-nucleo de um zigoto. (A): Uma micropipeta de sucção segura o óvulo fertilizado enquanto a micropipeta de injeção é alinhada com o pró-núcleo; (B): a micropipeta de injeção é introduzida dentro do pró-núcleo; (C): a microinjeção do DNA é evidenciada pelo aumento de volume do pró-núcleo. (Figura montada pelas autoras.)*

lino é maior e localiza-se mais próximo à membrana pelúcida, sendo em geral o escolhido para a injeção. Com auxílio do micromanipulador direito, é possível introduzir nesse pró-núcleo uma pipeta de microinjeção (Figura 25.5B) e adicionar um volume de 1 a 5 picolitros da solução contendo entre 100 e 1000 cópias do transgene. A injeção da solução provoca um aumento no volume do pró-núcleo visível ao microscópio (Figura 25.5C). Os zigotos injetados constituem os chamados embriões micromanipulados, que devem ser mantidos em estufa de CO_2 a 37 °C até o momento da transferência para um oviduto da mãe adotiva.

Transferência para o oviduto

Embriões transplantados podem desenvolver-se e alcançar maturação normal somente quando encontram um ambiente hormonal adequado na mãe receptora. Para isso, é necessário acasalar fêmeas de aproximadamente 6 semanas de idade na véspera da reimplantação com machos adultos vasectomizados, obtendo-se assim as chamadas fêmeas pseudográvidas. Nelas são reimplantados os zigotos sobreviventes à etapa da microinjeção. A cirurgia de transferência inicia-se com uma abertura no torso da fêmea anestesiada, donde é exposto o oviduto de modo a deixar bem visível, sob a lupa, a abertura do infundíbulo. Cerca de 15 a 20 zigotos aparentemente viáveis são coletados e mantidos entre duas bolhas de ar dentro de uma micropipeta. Essa micropipeta é introduzida pelo infundíbulo em cada oviduto da fêmea pseudográvida, liberando os embriões, na expectativa de que a gestação seja levada a termo.

Modificação genética de células-tronco para produzir camundongo *knockout* ou *knockin*

Animais transgênicos conhecidos como *knockout* (nocautes) ou *knockin* podem ser produzidos a partir de células embrionárias modificadas geneticamente (Figura 25.6). A modificação genética consiste na troca de um gene íntegro e funcional por um transgene contendo o mesmo gene desativado ou alterado (Figura 25.1B). As células-tronco são provenientes da massa celular interna do blastocisto do camundongo e são totipotentes, isto é, são capazes de gerar todos os tipos de células que formam o organismo. Sendo assim, essas células são transformadas geneticamente e posteriormente introduzidas no embrião em fase de mórula ou blastocisto (Figura 25.7). O embrião resultante contém, de maneira constitutiva, duas linhagens celulares distintas, uma proveniente das células-tronco do balstocisto doador e outra originária do blastocisto receptor. Os primeiros neonatos provenientes desses embriões são denominados quimeras, que, cruzados entre si, podem gerar o animal *knockout* ou *knockin*.

Essa técnica permitiu a realização de um antigo sonho dos geneticistas: provocar, *a priori*, mutações dentro de um gene escolhido para estudo. Isso se tornou possível em decorrência dos trabalhos realizados que conseguiram substituir *in vitro*, ou seja, dentro das células embrionárias em cultura, uma sequência de DNA normal por uma sequência homóloga mutada. Assim, em teoria, é possível inativar qualquer gene, desde que sua sequência genômica seja conhecida. O gene endógeno pode ser trocado por uma construção contendo uma mutação específica ou que interrompa o gene, impedindo-o de se expressar. Esse even-

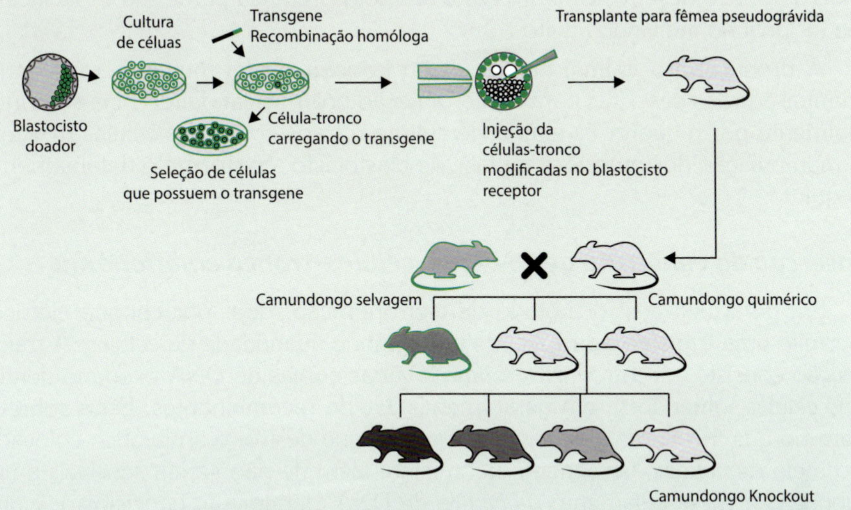

Figura 25.6 – *Esquema da produção de animal* knockout *ou* knockin. *Células-tronco embrionárias isoladas de um blastocisto doador são modificadas in vitro por recombinação homóloga e injetadas em um blastocisto receptor. Os primeiros neonatos provenientes da fusão das células-tronco modificadas com o blastocisto receptor produzem camundongos quiméricos que, cruzados entre si, podem gerar o animal* knockout *ou* knockin. *(Figura montada pelas autoras.)*

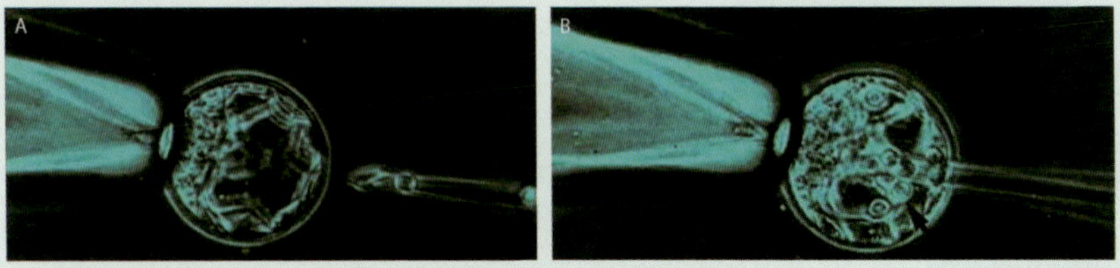

Figura 25.7 – *Microinjeção de células-tronco embrionárias no blastocisto. (A): Blastocisto receptor posicionado na direção da micropipeta de injeção contendo células-tronco modificadas. (B): Injeção das células-tronco modificadas na cavidade interna do embrião. (Figura montada pelas autoras.)*

to, que só ocorre por recombinação homóloga, é mais fácil nas células-tronco embrionárias porque elas são ainda totalmente indiferenciadas.

A obtenção do alelo nulo, denominado *knockout*, possibilita o estudo da função gênica. Tecnicamente podemos inativar de maneira sistemática todos os genes cuja sequência seja conhecida e assim avaliar os efeitos da ausência de sua função pelo estudo do animal *knockout*. Até o presente, essa técnica tem sido aplicada apenas a camundongos, pois, além de humanos, essa é a única espécie animal da qual foi possível estabelecer culturas de células-tronco embrionárias totipotentes. Para outros animais, a limitação consiste justamente na dificuldade de manter indiferenciadas as células-tronco derivadas de embriões.

O método cre-loxP também é utilizado para inativação de genes.[26] Ele consiste em inativar um gene de modo específico em um tecido determinado com um tempo preestabelecido. Essa técnica possibilita a inativação de genes essenciais durante o desenvolvimento embrionário, porém ela perde sua especificidade tecidual no indivíduo adulto.

A produção do animal *knockout* ou *knockin* inclui muitas etapas semelhantes àquelas descritas para a microinjeção pró-nuclear. Diferencia-se principalmente por requerer as etapas de cultura e transfecção das células tronco e a manipulação dos embriões na fase de blastocisto, conforme o detalhamento seguinte.

Inserção do construto de DNA nas células-tronco embrionárias

Em geral utiliza-se o método de eletroporação, que, por choque elétrico, permite uma transfecção rápida de uma grande quantidade de células. A transfecção consiste em introduzir de uma a várias cópias de DNA exógeno dentro das células, obtendo-se em geral apenas 1% de recombinantes. Estas sobrevivem porque incorporam o gene da proteína que destrói o antibiótico colocado no meio de cultura, geralmente neomicina, além de não serem sensíveis a um bloqueador do alongamento da cadeia de DNA (geralmente ganciclovir); é que a recombinação homóloga também as livrou do gene de timidina quinase que leva à incorporação do bloqueador de síntese de DNA. As células transfectadas são mantidas em cultura para a proliferação de clones, constituindo-se nas células-tronco geneticamente modificadas a serem utilizadas na produção do animal *knockout* ou *knockin*.[3,8] Atualmente, é possível adquirir células-tronco deficientes em um gene específico dos mesmos laboratórios que costumam fornecer células-tronco embrionárias e animais de diversas linhagens.

Coleta dos embriões

Embriões em fase de blastocisto são coletados do útero 3 dias após o acasalamento. Recolhidos por lavagem uterina com um meio de cultura apropriado, os blastocistos são mantidos a 37 °C em estufa de CO_2 até o momento de injeção.

Microinjeção

Os embriões na fase de mórula a blastocisto são injetados utilizando-se um micromanipulador (Figura 25.7), de modo semelhante à injeção em óvulos fecundados. Oito a dez células que contêm o transgene são microinjetadas dentro de cada embrião. Os embriões injetados são mantidos a 37 °C até o momento de reimplantação.

Reimplantação no útero

Os blastocistos que resistiram à microinjeção e aparentam desenvolvimento embrionário normal são transferidos para o útero de fêmeas pseudográvidas. Cada fêmea conduz a gestação de 10 a 15 embriões.

Infecção viral

Consiste no cultivo de embriões na presença de sequências virais de DNA ou RNA ligadas a um gene de interesse (Figura 25.1C). Essas sequências po-

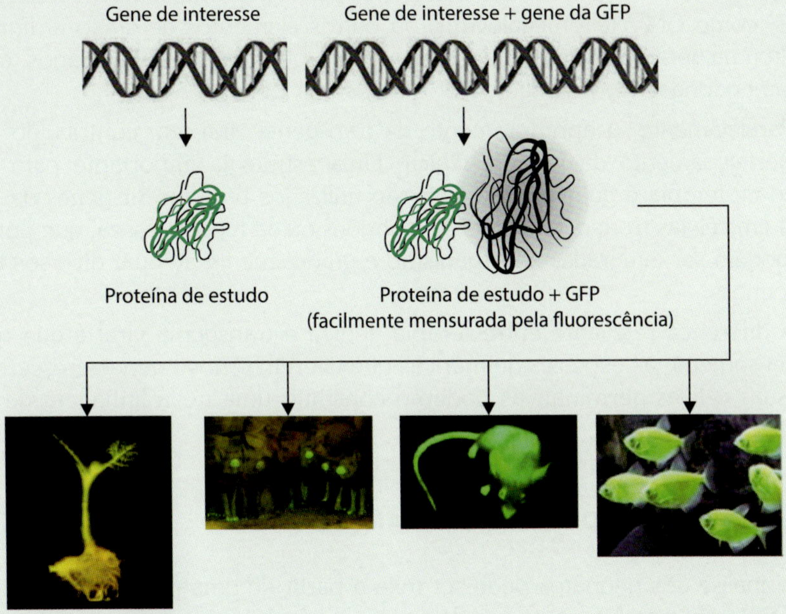

Figura 25.8 – *Organismos animais e vegetais fluorescentes – tabaco, porcos, camundongo e peixes - contendo o gene de proteína fluorescente. Esses animais são usados principalmente como fonte de células marcadas para transplante, pois a luminescência facilita a localização e consequente "visualização" da expressão de determinado gene, podendo este ser acompanhado após o transplante. (Figura montada pelas autoras.)*

dem se integrar no genoma dos embriões produzindo animais quiméricos que, após cruzamento, podem dar origem a linhagens transgênicas. Deste modo, é possível obter-se animais transgênicos de quaisquer espécies (Figura 25.8), não sendo necessário equipamentos sofisticados de micromanipulação. Entretanto, há limitações quanto ao tamanho da sequência a ser inserida no vetor viral, e a transfecção de células embrionárias geralmente resulta em baixa frequência de expressão do transgene entre as células germinativas.

É importante ressaltar que foi a infecção de embriões de camundongo com o retrovírus da leucemia Moloney que permitiu a geração da primeira linhagem de animais transgênicos, um marco da Biotecnologia realizado por Jaenish e colaboradores em 1976.[1]

Atualmente, a transgenia viral é ainda uma opção interessante para a transgênese de espécies cujos embriões escuros dificultam a microinjeção pró-nuclear, como os de galinha e de porco. Recentemente Juliano et al.[27] demonstraram um protocolo que pode ser facilmente implementado a baixo custo para a criação de transgênicos utilizando *Hydras*. A propagação assexuada nesse caso pode ser usada para estabelecer uma linha transgênica uniformemente numa linhagem particular. O DNA de plasmídeo injectados nesses embriões na fase inicial se integrou de modo aleatório no genoma no início do desenvolvimento. Isso resultou em crias que expressaram transgenes nos tecidos das três linhagens epiteliais (ectodérmica, endodérmica ou intersticial). Além disso, a sofisticação nas construções dos transgenes pelo acréscimo de novas sequências virais, como CMV (citomegalovírus) ou outros elementos de efeito *enhancer*, resultou na geração de muitas espécies de transgênicos nos últimos anos, como os camundongos verdes (Figura 25.2) e os ratos GFP.[15,19]

Paralelamente, o aprimoramento da transgenia viral tem contribuído para o aperfeiçoamento da terapia gênica. Uma estratégia importante para esse modo de terapia é que vetores virais são utilizados para inserir genes de interesse em células-tronco derivadas de embriões ou da medula óssea, que por sua vez podem ser integradas ao organismo e gradualmente atenuar diversos tipos de doenças.

A diferença relevante entre terapia gênica e transgenia viral é que nesta última somente as espécies quiméricas que tiverem o novo gene acrescentado nas suas células germinativas poderão constituir uma nova linhagem de animal transgênico.

Genotipagem de animais transgênicos

A análise dos neonatos pode ser feita a partir de uma pequena quantidade de tecido, em geral proveniente da ponta da cauda ou de um furo na orelha. Cada biópsia pode ser congelada a -20 ºC durante alguns dias, mas deve ser processada tão logo possível para a extração do DNA antes que ocorra a sua degradação. Em geral a solução de extração do DNA contém um detergente, alguns sais e as enzimas proteinase K e ribonuclease A.

A detecção do transgene no genoma dos filhotes é realizada pela técnica de PCR (*polymerase chain reaction*), embora a metodologia de *Southern blot* (hibridização com sonda de DNA contendo fósforo radioativo) também tenha sido usada. Para a reação de PCR, necessita-se de uma enzima de síntese de DNA resistente a alta temperatura (Taq polimerase) e de dois a cinco pequenos oligonucleotídeos específicos para cada modelo animal. Esses oligonucleotídeos são mais conhecidos como *primers*, pois se anelam ao DNA complementar para dar início à amplificação de várias cópias de DNA. Assim, os produtos de PCR apresentam tamanhos diferentes, conforme os *primers* encontrem como molde o transgene ou apenas o DNA do animal selvagem.

A separação dos produtos de PCR é realizada por eletroforese em um gel de agarose corado com brometo de etídeo. A imagem do gel é fotografada sob luz ultravioleta. Conforme o êxito do procedimento, aparece no gel uma banda de migração do transgene, geralmente mais próxima ao topo do gel, porque o construto de DNA frequentemente apresenta maior peso molecular do que o gene original sozinho. Nesse caso, quando *primers* para o gene não alterado são adicionados à reação de PCR, aparece também uma banda de menor tamanho como resultado da amplificação uma região do gene intacto, ou seja, a banda que indica ser a amostra proveniente um animal selvagem ou heterozigoto. Nessas condições, a detecção uma única banda do tamanho esperado para a presença do transgene identifica um animal transgênico homozigoto.

A genotipagem da colônia de ratos Sprague-Dawley transgênicos que expressam a *green fluorescent protein* (SD-Tg(GFP)2BalRrrc) foi recentemente estabelecida em nosso laboratório de Controle Genético (Figura 25.9). Essa linhagem é muito usada como fonte de células marcadas para transplante, mas, ao contrário dos camundongos GFP "verdes" (Figura 25.2), não podem ser reconhecidos a olho nu, visto que não expressam a proteína bioluminescente na pele, e sim em órgãos internos [15]. Então, é a genotipagem por PCR que nos permite distinguir animais selvagens de transgênicos heterozigotos e homozigotos e assim garantir a continuidade da colônia. Para isso, adaptamos protocolos previamente descritos [15,19]. Como na maioria dos casos, a adaptação implicou mudança na temperatura e no tempo de anelamento dos *primers*, predeterminados no programa a ser executado pelo termociclador.

A necessidade de modificações nos protocolos de PCR, em relação ao recomendado pelo fornecedor, pode ser consequência do contínuo aperfeiçoamento de equipamentos e *kits* de reagentes, cada vez mais sensíveis a menos DNA e menos insensíveis a outras impurezas. Essa percepção é mais acentuada em relação a linhagens mais antigas, uma vez que, dependendo do modelo transgênico, ele já pode ter "envelhecido" até três décadas.

Considerações finais

A questão de melhoramento das espécies é um tema ressonante na memória coletiva, o que torna necessário o controle da utilização indevida das inovações da biotecnologia. Conforme sugerido em recente ensaio dialético de Lewontin & Levins,[28] isso implica a incorporação da dimensão histórica da inovação, não só por meio da evolução da espécie e do desenvolvimento do organismo, mas também da dinâmica geopolítica de sua interpenetração no ambiente e no universo social. Outro aspecto importante para se produzir animais transgênicos

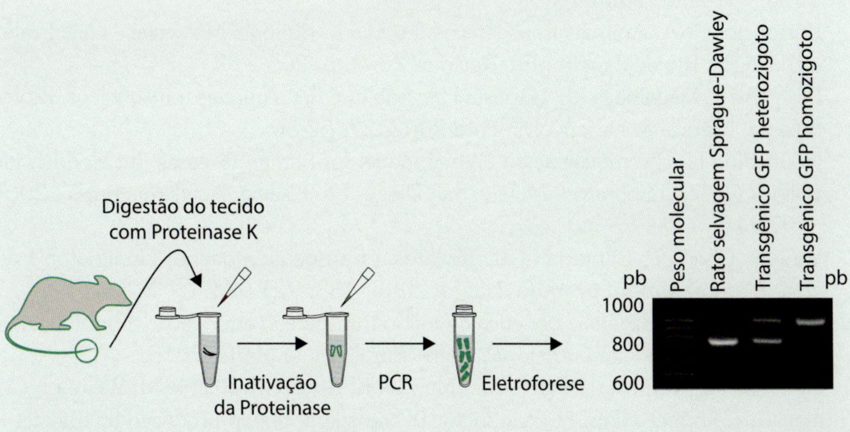

Figura 25.9 – *Genotipagem dos ratos Sprague-Dawley transgênicos que expressam a* green fluorescent protein, *conhecidos como ratos GFP. O programa para o termociclador inclui 35 ciclos de três etapas: (A) desnaturação a 94 °C por 1 min, (B) anelamento a 56 °C por 50 segundos e (C) extensão a 72 °C por 2 minutos. As bandas nesta imagem do gel correspondem aos produtos da reação de PCR. (Lois et al., 2004; Mothe et al., 2005). (Figura registrada pela autora no Laboratório de Controle Genético do Cedeme – Unifesp.)*

é o acesso a um biotério de qualidade que forneça uma quantidade razoável de camundongos de idades e linhagens determinadas. Idealmente, todo animal de experimentação deve ser mantido num ambiente livre de patógenos como vírus, bactérias e parasitas, que podem alterar os resultados de um experimento. No caso de animais transgênicos, a qualidade do biotério é ainda mais importante, tendo em vista que eles são mais frágeis devido à manipulação genética.

Sendo assim, promover o desenvolvimento de novos modelos animais, tanto para a pesquisa como para a produção de medicamentos, é uma questão de soberania nacional.[29,30]

Portanto, a produção e o uso animais de transgênicos devem ser, caso a caso, criteriosamente avaliados pelos comitês e órgãos públicos encarregados das questões éticas, sem prejuízo da concepção de que os benefícios das novas tecnologias deverão ter alcance universal.

Referências Bibliográficas

1. Jaenisch R. Transgenic animals. Science 1988; 240: 1468-1474.
2. Rosenstock TR, Bertoncini CRA, Teles AVFF,Fernandes MJS, Smaili SS. Glutamate-induced alterations in Ca_2+ signaling is modulated by mitochondrial Ca_2+ handling capacity in brain slices of R6/1 transgenic mice. European J Neuroscience 2010; 32(1): 60-70.
3. Watson JD, Gilman M, Witkowski J, Zoller M. The introduction of foreign genes into mice. In: Recombinant DNA. New York: Freeman & Company, 1998. p. 255-292.
4. Pesquero JB, Baptista HÁ, Motta FL, Oliveira SM. Aplicações dos animais transgênicos. Scientific American Brasil 2007; 56.
5. Gordon JW, Scangos GA, Plotkin DJ, Barbosa JA Ruddle FH. Genetic transformation of mouse embryos by microinjection of purified DNA. Proc Natl AcadSci USA 1980, 77: 7380-7384.
6. Bertoncini CRA. Animais transgênicos. In: Eça L. Biologia Molecular - Guia Prático e Didático., Rio de Janeiro: Ed. Revinter 2004. p. 205-211.
7. Pesquero J, Magalhães LE, Baptista HA, Sabatini RA. Animais transgênicos. Biotecnologia, Ciência & Desenvolvimento 2002; 27: 52-56.
8. Houdebine L. The mouse as an animal model for human diseases. In: Hedrich H& Bullock G. The Laboratory Mouse. San Diego: Ed. Elsevier Academic Press,, 2004. p. 97-110.
9. Yang S, Cheng P, Banta H et al. Towards a transgenic model of Huntington's disease in a *non-human primate*. Nature 2008; 453, 921-924.
10. Alves B et al. Divergência genética de milho transgênico em relação à produtividade de grãos e à qualidade nutricional. Cienc Rural, Santa Maria, 2015.
11. Schnieke AE, Kind AJ, Ritchie WA, Mycock K, Scott AR, Ritchie M, Wilmut I, Colman A, Campbell KHS. Human factor IX transgenic sheep produced by transfer of nuclei from transfected fetal fibroblasts. Science 1997; 278: 2130-2133.
12. Echelar Y, Ziomek C A, Meade HM. Production of recombinant therapeutic proteins in the milk of transgenic animals. Biopharm Int 2006; 19:36–46.
13. Freitas VJF, Serova IA, Andreeva LE et al. Production of transgenic goat (*Capra hircus*) with human Granulocyte Colony Stimulating Factor (hG-CSF) gene in Brazil. An Acad Bras Cienc 2007; 79: 585-592.

14. Okabe M, Ikawa M, Kominami K, Nakanishi T, Nishimune Y. "Green mice" as a source of ubiquitous green cells. FEBS Lett 1997; 407: 313–319.
15. Mothe AJ, Kulbatski I, Bendegem RL, Lee L, Kobayashi E, Keating A, Tator CH. Analysis of green fluorescent protein expression in transgenic rats for tracking transplanted neural stem/progenitor cells. J Histochem Cytochem 2005; 53: 1215-1226.
16. Coulson-Thomas YM, Coulson-Thomas VJ, Filippo TR, Mortara RA, Silveira RB, Nader HB, Porcionatto, M. A. Adult bone marrow-derived mononuclear cells expressing chondroitinase AC transplanted into CNS injury sites promote local brain chondroitin sulphate degradation. J Neuroscience Methods 2008; 171: 19-29.
17. Palmiter RD, Brinster RL, Hammer RE et al. Dramatic growth of mice that develop from eggs microinjected with metallothionein-growth hormone fusion genes. Nature 1982; 300: 611-615.
18. Teles AVFF, Rosenstock TR, Okuno CS, Lopes G, Bertoncini CRA, Smaili SS. Increase in bax expression and apoptosis are associated in Huntington's disease progression. Neuroscience Lett 2008; 438: 59-63.
19. Lois C, Hong EJ, Pease S, Brown EJ, Baltimore D. Germline transmission and tissue-specific expression of transgenes delivered by lentiviral vectors. Science 2002; 295: 868-72.
20. Fagard M & Vaucheret H. (Trans)gene silencing im plants: How many mechanisms. Annual Review of Plant Phisiology and Plant Molecular Biology 2000; 51:167-194.
21. Tiscornia G, Singer O, Ikawa M, Verma IM. A general method for gene knockdown in mice by using lentiviral vectors expressing small interfering RNA. Proceedings of National Academy of Science – USA 2003; 100: 1844–1848.
22. Premsrirut PK, Dow LE, Kim SY, Camiolo M, Malone CD, Miething C, Scuoppo C, Zuber J, Dickins RA, Kogan SC, Shroyer KR, Sordella R, Hannon GJ, Lowe SW. A rapid and scalable system for studying gene function in mice using conditional RNA interference. Cell 2011; 1;145 (1): 145-58.
23. Benavides F, Guénet J. Murine models for human diseases. Medicina (B Aires) 2001; 61: 215-231.
24. Monk M. Mammalian Development: a practical approach. Oxford: IRL Press, 1987.
25. Hogan B, Beddington R, Costantini F, Lacy E. Manipulating the mouse embryo. New York: Cold Spring Harbor Laboratory Press, 1994.
26. Gu H, Marth JD, Orban PC, et al. Deletion of a DNA polymerase beta gene segment in T cells using cell type-specific gene targeting. Science 1994; 265: 103-106.
27. Juliano CE, Lin H, Steele RE. Generation of transgenic Hydra by embryo microinjection.J Vis Exp 2014; 11; (91): 51888.
28. Lewontin R &Levins R. Biology Under the Influence - Dialectical Essays on Ecology, Agriculture, and Health. New York, USA. Monthly Review Press, 2008.
29. Bertoncini CRA, Lima H. Biotecnologia e soberania nacional. Revista Universidade e Sociedade 2005; 36: 125-136.
30. Calió ML, Marinho DS, Ko GM, Rodrigues R, Carbonel AF, Oyama LM, Ormanji M, Guirao, TP, Calió PL, Simões MJ, Nascimento TL, Ferreira AT, Bertoncini CRA. Transplantation of bone marrow mesenchymal stem cells decreases superoxide, apoptosis and lipid peroxidation in brain of a spontaneously stroke model. Free Radical Biology & Medicine 2014; 70:141-54.

26

A Criopreservação e a Fertilização *in vitro*

Andréia Ruis Salgado
Luiz Augusto Corrêa Passos

■ Introdução

A criopreservação de embriões, espermatozoides ou ovários e as técnicas de engenharia reprodutiva como a fertilização *in vitro* (FIV), o transplante ovariano e o implante de embriões; são essenciais para a preservação, a reprodução e o transporte de linhagens murinas tradicionais bem como das geneticamente modificadas, sejam elas mutantes, transgênicas ou *knockouts*.

Essas técnicas assumem uma importância ainda maior nos dias atuais, quando, em razão da popularização dos protocolos de manipulação do DNA, houve um aumento exponencial na oferta de camundongos ditos "engenheirados", ou seja, animais alterados pelo homem para fins de pesquisa. Essa expansão impactou na Ciência em Animais de Laboratório em três pontos principais: na pesquisa e implantação de novos protocolos que auxiliem linhagens com dificuldades para se reproduzir; na melhoria de métodos para a criopreservação de germoplasmas; e na instalação de programas colaborativos internacionais criados para organizar os dados obtidos com a aquisição e o uso desses animais.

No presente capítulo, considerando a natureza deste guia, trataremos fundamentalmente dos dois primeiros pontos. Entretanto, em razão da existência de vários programas colaborativos importantes no panorama atual, faremos uma breve citação de alguns deles. Caso seja do interesse do leitor, mais informações poderão ser obtidas nos sites das instituições citadas.

■ PROGRAMAS COLABORATIVOS EM CRIOPRESERVAÇÃO DE GERMOPLASMAS

Atualmente podem-se encontrar centros produtores de animais transgênicos na América do Norte, América do Sul, Europa, Ásia e Oceania, num total de 133 instituições presentes em 27 países.

Juntas, essas Instituições disponibilizam a cada ano um número crescente de novas linhagens de modelos transgênicos; *knockouts* e mutantes induzidos quimicamente ou obtidos por irradiação.

Fica, portanto evidente, a impossibilidade prática de se manter esses modelos na forma de casais, como também fica saliente a necessidade de mecanismos que permitam que esses animais possam ser utilizados por grupos de pesquisa de todo o mundo.

O EMMA (European Mouse Mutant Archive), por exemplo, é formado atualmente por 14 parceiros; mantém em seus estoques mais de 4500 linhagens mutantes e colabora com outras oito instituições dos Estados Unidos, Canadá, Japão e Austrália, compondo a FIMRe (Federation of International Mouse Resources). Apesar de oferecer cursos regulares na área, o objetivo principal do EMMA é estabelecer, manter e disponibilizar, de maneira globalizada, um repositório unificado de linhagens mutantes.

Além do EMMA, instituições como o The Jackson Laboratory e o Mutant Mouse Regional Resource Centers (MMRRC) dos Estados Unidose e o Riken Biological Resources do Japão mantêm inúmeras linhagens criopreservadas em seus bancos. O Jackson Laboratory tem atualmente mais de 4.000 linhagens de camundongos geneticamente definidas, das quais cerca de 3.600 estão criopreservadas com sucesso. Essas instituições ampliaram seus programas para criopreservação de germoplasma e formaram uma rede colaborativa para fazer frente ao avanço na produção de novos modelos.

Outras como o International Knockout Mouse Consortium (IKMC) e o International Mouse Phenotyping Consortium (IMPC), também desempenham um papel fundamental na área. Por meio delas espera-se produzir um mutante para cada uma das proteínas conhecidas e, deste modo, contribuir com o entendimento funcional dos genes.

Mais recentemente foi formado na Europa o *Infrafrontier*, um modelo de infraestrutura de pesquisa que tem por objetivo proporcionar o acesso a recursos e serviços relacionados com a geração, a fenotipagem, o arquivamento e a distribuição de modelos de camundongos utilizados na pesquisa de doenças humanas.

Essa iniciativa destaca não apenas o quão ativa está a produção de modelos geneticamente modificados no mundo como também reforça a importância do estabelecimento de redes colaborativas em criopreservação de germoplasma, como uma estratégia essencial ao desenvolvimento da Ciência em Animais de Laboratório de qualquer país.

■ Aspectos básicos da reprodução dos roedores: a maturidade sexual e o ciclo estral das fêmeas

As fêmeas de roedores possuem em seus ovários, mesmo antes de nascerem, quando ainda estão no interior do útero, milhares de células germinativas primordiais (ovogônias), as quais se proliferam por divisões mitóticas para formar os ovócitos primários. O ovócito primário é uma célula diploide e, por influência do ácido retinoico, secretado pelos ductos e túbulos mesonéfricos, condensa os seus cromossomos e entra em meiose, permanecendo no estágio de prófase I, até a puberdade, quando, em razão de estímulos originados com os hormônios reprodutivos, alguns encerrarão sua primeira divisão meiótica, transformando-se em óvulos. Nos camundongos, cada ovário apresenta cerca de 3500 ovócitos primários, apenas alguns dos quais, na puberdade, se diferenciam e têm a possibilidade de ser fertilizados; a grande maioria, entretanto, não alcança o estágio de ovulação.[1,2]

Após a ovulação, células do folículo ovariano reminiscentes à liberação do óvulo permanecem no ovário e formam o corpo lúteo, uma estrutura endócrina temporária envolvida na produção de alguns hormônios, o principal dos quais é a progesterona.[3]

Uma vez no oviduto, os óvulos permanecerão viáveis pelo período de 10 a 15 horas, e, se forem fertilizados, desencadearão uma sequência de eventos biológicos que culminarão na gestação e no nascimento de uma nova progênie.

Nos mamíferos a reprodução está estabelecida em ciclos, com a ovulação acontecendo em uma de suas fases.

Os camundongos são mamíferos poliéstricos que apresentam ciclo estral regular com duração média de 4 a 5 dias. O proestro, também definido como fase folicular, ocorre anteriormente ao cio e tem a duração de 12 horas. O estro ou cio se caracteriza pela completa influência do estrógeno sobre os órgãos genitais; tem duração de 12 horas e corresponde à fase em que ocorre a ovulação e a fêmea, por essa razão, está receptiva ao macho. O metaestro e o diestro são as fases luteínicas do ovário. No metaestro, a queda dos níveis de estrógeno passa a ser compensada pelos níveis de progesterona em ascensão como decorrência do início da atividade endócrina dos corpos lúteos formados com a ovulação e tem duração de 21 horas. O diestro tem uma duração de 57 horas e é a fase do ciclo com as maiores concentrações de progesterona. Caso ocorram a fertilização e a prenhez, a fêmea permanecerá nessa fase do ciclo até o nascimento.[4,5]

As fêmeas de camundongo ficam púberes ao redor da 7ª semana e apresentam a propriedade de entrar em estro (cio) logo após o parto, momento em que poderão emprenhar novamente. Esse fenômeno é conhecido pelos bioteristas como "estro pós-parto" e é o responsável pela enorme capacidade reprodutiva dessa espécie.[5]

A maturidade sexual nos machos

Os camundongos machos normalmente são púberes no período de 7 a 8 semanas de idade.

Nos testículos, células primordiais denominadas espermatogônias se diferenciam em espermatozoides, em um processo denominado espermatogênese, e após cerca de 3 meses cada célula primordial irá produzir mais de 100 gametas que irão amadurecer e se capacitar no epidídimo e ducto deferente dos animais. Em razão de possuírem células germinativas se diferenciando em seus túbulos seminíferos mesmo na idade avançada, os machos de camundongos podem permanecer férteis por toda a vida.[1]

Contudo, contrariamente ao que se observa nas fêmeas dessa espécie, a espermatogênese somente acontece na puberdade, pois moléculas sinalizadoras, expressas principalmente pelas células de Sertoli, atuam como inibidor meiótico durante a vida fetal.[3]

■ Criopreservação

De maneira geral, a criopreservação pode ser definida como um conjunto de técnicas empregadas para conservação de material biológico a baixas temperaturas em nitrogênio líquido a 196 °C negativos. Sua aplicação permite que tecidos biológicos, gametas e embriões sejam preservados por tempo indeterminado.

Os embriões são muito sensíveis, e o seu manuseio exige certo treinamento. Entretanto, uma vez dominada, o emprego dessa tecnologia assegura, entre outras vantagens, a descontaminação de patógenos de transmissão vertical por exemplo.[6]

A criopreservação, quando comparada com a manutenção de colônias por meio da reprodução *in vivo,* poupa o biotério de despesas e preserva o espaço físico nos períodos em que uma dada linhagem tem o seu uso interrompido. Além disso, o uso dessa tecnologia permite a criação de um *back-up,* prevenindo a perda de uma linhagem quer seja por doenças; contaminações genéticas ou desastres como incêndios, interrupção no fornecimento de energia ou catástrofes naturais, entre outros, revelando-se uma estratégia essencial a instituições com visão de futuro.[7]

A criopreservação e as técnicas que possibilitam a sua viabilidade

O processo fundamenta-se na necessidade de remoção máxima da água intracelular antes do congelamento, evitando, desta maneira, a formação de grandes cristais de gelo e danos celulares. Assim, a criopreservação assegurará a retomada do metabolismo celular após seu armazenamento em baixas temperaturas.[8]

A importância dos crioprotetores no congelamento

A queda constante da temperatura faz com que a água da solução de congelamento comece a congelar, tornando o meio extracelular hipertônico, e, para que seja alcançado um equilíbrio osmótico, ocorre um efluxo de água da célula congelada para o meio. Esse efeito é conhecido como "efeito de solução" e é também um dos pontos críticos na criopreservação. Outra interferência importante no congelamento é a formação de cristais de gelo intra e extracelular. Uma vez formados, os cristais terão formas e tamanhos irregulares e afetarão tanto a estrutura de membranas e organelas como também a função celular.[8,9]

Para evitar esses danos é necessário que se adicione ao meio de congelamento substâncias crioprotetoras que visam o aumento da viscosidade da solução e um maior equilíbrio osmótico entre o meio e o material biológico.

Essas substâncias conduzem a uma redução no ponto de solidificação das soluções, protegendo as células e tecidos durante a criopreservação e o descongelamento.

Os crioprotetores podem permanecer no interior da célula ou fora dela e são divididos em duas categorias fundamentais: os permeáveis e os não permeáveis.[10]

Crioprotetores permeáveis

Os crioprotetores permeáveis correspondem a pequenas moléculas que atravessam a membrana e formam pontes de hidrogênio com a água intracelular. Uma vez no interior da célula, essa substância reduz a concentração interna de solutos do meio; altera parcialmente a sua densidade; diminui a temperatura de congelamento; e previne a formação dos cristais de gelo.

Quando exposto a esse crioprotetor, o embrião se retrai devido à perda de água causada pela hiperosmolaridade inicial do meio extracelular porque a membrana plasmática é mais permeável à saída de água do que à entrada do crioprotetor.[3,11]

No uso de crioprotetores permeáveis, deve-se considerar que a velocidade de sua entrada no embrião dependerá do coeficiente de permeabilidade da molécula e da temperatura do sistema onde o embrião se encontra.

Dentre os crioprotetores intracelulares os mais utilizados são o propilenoglicol (PrOH), o glicerol, o etilenoglicol, o propanodiol e o dimetilsulfóxido (DMSO), sendo que o etilenoglicol é o menos tóxico, seguido do glicerol e do propilenoglicol.[12,8]

Crioprotetores não permeáveis

Diferentemente dos anteriores, os crioprotetores não permeáveis permanecem no meio extracelular, retirando a água livre e levando à desidratação do espaço intracelular por mecanismo osmótico.[13,14]

Esse grupo é composto por macromoléculas e açúcares. Os mais utilizados são a sacarose, o ficoll, a lactose, a glicose, a polivinilpirrolidona (PVP), o manitol e a trealose, entre outros.

Tanto os crioprotetores permeáveis quanto os não permeáveis reagem com os fosfolipídios presentes na membrana celular e permanecem associados a eles durante o congelamento, conferindo estabilidade à membrana.

A importância dos crioprotetores no descongelamento

As taxas de reaquecimento também influenciam na viabilidade celular e dependem das condições em que o congelamento foi realizado. Além disso, o resultado do descongelamento depende também da reidratação celular e da remoção do crioprotetor, momento em que a célula ou tecido já se encontra em temperatura fisiológica.

Quando a amostra criopreservada é submetida à temperatura de reaquecimento, pode ocorrer a formação de grandes cristais de gelo a partir de pequenos núcleos de cristais formados durante o congelamento. Isso resultará em dano celular decorrente da recristalização.[8]

Assim como no congelamento, no descongelamento também ocorre o fluxo de água e de crioprotetor através da membrana celular. Desta maneira, a mudança dinâmica do volume da célula estará relacionada com a possibilidade de dano mecânico e ruptura da membrana.

Solutos impermeáveis, como os açúcares, oferecem meios de diluição adicional para que seja evitada a excessiva turgidez osmótica durante a remoção do crioprotetor no descongelamento. Por isso, são usadas nessa fase concentrações elevadas de crioprotetores não permeáveis, dos quais o mais comum é a sacarose.

Existem também outros polímeros empregados para esse fim, como a polivinilpirrolidona, o polietilenoglicol, o ficoll, a dextrana e o álcool polivinílico, mas, dentre eles, somente o ficoll vem sendo utilizado em associação com o etilenoglicol e a sacarose.[14]

Fatores que interferem na reprodução

Existem diversos fatores que podem influenciar a reprodução, independentemente de se tratar de uma linhagem convencional ou de um modelo transgênico.

Fatores como fotoperíodo, condições de alojamento, ruídos e vibrações e dietaestão entre os mais importantes elementos do ambiente que podem causar perturbações na reprodução.

No fotoperíodo o ciclo de 12/12 horas (claro/escuro) é o mais utilizado, porém estudos recentes têm demonstrado que um ciclo alternativo de 14/10 horas (claro/escuro) pode melhorar o desempenho reprodutivo de linhagens convencionais e transgênicas.

Quanto aos ruídos e vibrações, recomenda-se especial atenção devido ao fato de existir uma diferença nas frequências captadas pelas espécies: os camundongos por exemplo são especialmente sensíveis ao ultrassom, uma faixa de frequência que não é percebida pelos humanos. Além disso, incômodos excessivos na gaiola conduzem ao canibalismo da ninhada, a uma reabsorção fetal ou, em última análise, ao abandono da cria.[5]

Outro elemento fundamental ao sucesso reprodutivo é o alojamento. Fatores como a densidade populacional e o nível de amônia, quando inadequados, conduzem ao estresse, e este, por sua vez, tem efeito adverso na reprodução. Assim, sempre que possível, recomenda-se o emprego de tecnologias que melhorem as condições do microambiente, de forma que o bem-estar dos animais seja assegurado. Além desses fatores, é igualmente importante a atenção à dieta. Em situações específicas, a ração convencional atende às necessidades do modelo. Outras vezes, porém, faz-se necessária uma formulação especial na qual seja considerada não somente a seleção dos nutrientes mas também o teor de gordura, uma vez que é bastante conhecida a influência dos lipídios na reprodução.[5]

Por fim, outro componente essencial à reprodução é a doença. Embora a questão sanitária seja mais complexa do que apenas a sua relação com o ambiente (aspectos genéticos, doença preexistente etc.), é inegável que o ambiente influencia diretamente, pois tanto a entrada quanto a permanência e o espalhamento de patógenos dependem dele. Do ponto de vista reprodutivo, sabe-se que infecções subclínicas ou doença aparente podem interferir a curto, médio e longo prazos, prejudicando a obtenção de crias, quer seja por meio do acasalamento tradicional ou por meio de técnicas de reprodução assistida.

Fatores que influenciam a obtenção de embriões

Embriões de camundongos podem ser obtidos por acasalamentos naturais ou induzidos pela administração de hormônios exógenos.

Entretanto, para os propósitos deste capítulo discutiremos o uso de hormônios exógenos na indução da ovulação (superovulação) como procedimento para a obtenção de uma maior quantidade de embriões.

Superovulação

A superovulação é uma técnica amplamente utilizada em laboratórios de criopreservação e reprodução assistida. Além de induzir o cio favorecendo a monta, ela também reduz o número de animais necessários por levar a uma maior produção de oócitos.

O sucesso da técnica depende de vários fatores como a qualidade do hormônio e sua dose; a idade e o *background* genético da fêmea; a qualidade da dieta; o fotoperíodo; e os fatores que possam levar ao estresse, dentre outros.[1,15,16]

Tecnicamente, a superovulação acontece após a injeção de hormônios gonadotrópicos e luteinizantes em fêmeas de camundongos, com idades entre 8-12 semanas. Primeiro administra-se o hormônio foliculestimulante obtido de éguas prenhes (*pregnant mare's serum gonadotropin* (PMSG)), o qual promoverá um aumento na quantidade de óvulos que poderão ser fertilizados. Em seguida, após um intervalo entre 48-52 horas, aplica-se a gonadotrofina coriônica humana (hCG), que, por ser luteinizante, promoverá a ovulação e a iniciação do corpo lúteo. Ambos os hormônios são injetados, pela via IP e na dose de 7,5 UI, sendo que, logo após o hCG, as fêmeas são acasaladas com machos reprodutores.[17]

Para o procedimento, os machos precisam ter entre 3 a 6 meses de idade, e devem estar alojados individualmente para evitar agressões, sendo sempre a fêmea que é levada para a gaiola do macho, e não o contrário.

Normalmente, a ovulação acontece cerca de12 horas após a injeção de hCG, momento em que os óvulos poderão ser fertilizados.

Na manhã do dia seguinte, a inspeção da entrada da vagina poderá revelar a presença de um plugue ou "tampão" vaginal, o qual foi formado a partir das secreções do macho. Esse plugue serve como indicativo da cópula.

Em instituições com rotinas empregando grandes volumes de animais, a checagem do plugue vaginal não é realizada, pois a experiência tem mostrado que fêmeas desenvolvem a prenhez mesmo sem a presença do plugeu. Isso se deve provavelmente ao fato de o tampão já ter se desprendido.

Idade das doadoras

Os protocolos mais recentes de coleta de óvulos ou de embriões indicam que o uso de fêmeas com 8 a 12 semanas de idade possibilita a obtenção de um número maior de embriões viáveis.

Fêmeas pré-puberes apresentam uma maior quantidade de óvulos; entretanto, em sua maioria eles estarão imaturos; degenerados e com poucas células viáveis.

Métodos de criopreservação de embriões

A maioria dos embriões murinos é criopreservada pelo congelamento lento e a vitrificação, métodos que diferem grandemente quanto aos seus princípios e ferramentas.

No congelamento lento ou por etapas, utilizam-se crioprotetores com lenta permeabilidade e baixa concentração; emprega-se equipamento programável de refrigeração, o que possibilita o controle de cada uma das etapas do processo.[3,6]

Já a vitrificação dispensa a utilização de equipamentos programáveis, proporciona rapidez e menor tempo de exposição ao crioprotetor, além de prevenir a formação de cristais de gelo pelo uso de elevadas concentrações do crioprotetor e taxas de refrigeração.[13,14]

A criopreservação de embriões mostra que sua suscetibilidade a crioinjúrias varia de acordo com o estágio de desenvolvimento, a linhagem, a origem do embrião, a interferência do tipo e da concentração do crioprotetor, relacionado com a embriotoxicidade e a permeabilidade celular.

Congelamento lento de embriões

O congelamento lento se baseia em um delicado balanço osmótico entre o embrião e o meio e deve ser realizado em máquina programável, de modo que a redução de temperatura seja controlada.

Nesse método, o processo de criopreservação pode empregar embriões de camundongos desde o estágio de 2 células até blastocisto, e pode ser realizado com *straws*.

O congelamento e descongelamento lento de embriões foram primeiramente descritos por Jean-Paul Renard e Charles Babinet em 1984, e, embora tenha sido ligeiramente modificado, ele se mantém como um método robusto, confiável e reprodutível.[18]

O método utiliza propanodiol (PrOH) 1,5 M em meio M2 como agente crioprotetor e sacarose 1 M em meio M2 como diluente.

Para a sua realização, após a lavagem e a coleta, os embriões são transferidos para *straws* previamente preparados (preenchidos com meio e rotulados) que são carregados com 25 a 30 embriões cada. A etiqueta deve conter todas as informações, permitindo um arquivamento seguro no contêiner e um registro "rastreável" na base de dados. Informações mínimas devem incluir: a linhagem, a data e a quantidade de embriões criopreservados ou um código que correlacione exclusivamente as informações da etiqueta com a entrada no banco de dados utilizado pela Instituição.[17]

No protocolo original, os embriões ficam em equilíbrio na solução de 1,5M PrOH por 15 minutos em temperatura ambiente e os *straws* selados são transferidos para a máquina de refrigeração estabilizada em -7 ºC. Nessa temperatura é realizado o *seeding* (indução da cristalização do meio extracelular, antecedendo o congelamento do meio contendo os embriões). Trata-se de uma etapa essencial ao sucesso da técnica na qual ocorrem as condições necessárias a uma retirada lenta de água do meio intracelular, em razão da formação de gelo no espaço extracelular.

As curvas de refrigeração para o congelamento lento podem ser variadas, porém, nesse protocolo, a taxa de decréscimo da temperatura a partir de -7 ºC, é de -0,5 ºC por minuto até a temperatura de -30 °C, quando os *straws* permanecem por 5 minutos para em seguida serem transferidos para contêineres com nitrogênio líquido onde serão armazenados.

Descongelamento a partir do método lento

Nos últimos anos foram introduzidas modificações ao protocolo original, que ampliaram significativamente as taxas de sucesso no descongelamento.

Uma importante modificação foi a introdução da sacarose nos procedimentos de descongelamento, pois ela atua como um tampão osmótico, mantendo constante a concentração do meio extracelular, regulando a velocidade de entrada da água e a saída do crioprotetor, evitando o choque osmótico e danos mecânicos à superfície do embrião. Outro fator que influencia as taxas de sobrevivência após o descongelamento é uma seleção morfológica rigorosa dos embriões no momento do congelamento. Como medida adicional de segurança sanitária, atualmente a IETS (International Embryo Transfer Society) recomenda que os embriões sejam lavados em pelo menos 10 gotas consecutivas de M2, tomando-se o cuidado de utilizar uma pipeta nova entre as lavagens. Estse procedimento possibilita "limpar" os embriões e descartar agentes contaminantes e patógenos que podem ter sido criopreservados com os embriões.[6]

Após o descongelamento, os embriões podem ser cultivados ou transferidos para fêmeas receptoras pseudoprenhes. No caso da transferência, devem ser observados o estágio de desenvolvimento dos embriões e o período em que se encontra a fêmea receptora. Na metodologia tradicional, embriões com 2 a 8 células deverão ser cuidadosamente depositados no oviduto de fêmeas que estejam no dia do plugue ou no máximo no dia seguinte à sua observação. No caso de mórulas e blastocistos, estes deverão ser implantados diretamente no útero de fêmeas 2,5 dias após a cópula.[7]

Vitrificação de embriões

A vitrificação pode ser definida como a solidificação de um líquido, não pela cristalização, mas pela extrema elevação da viscosidade durante o processo de resfriamento. Desta maneira ocorre a solidificação das células sem a formação de cristais de gelo intra e extracelular, tanto durante o resfriamento como no aquecimento.[11]

Na vitrificação há uma rápida substituição da água intracelular pelo crioprotetor, e, assim, o estado vítreo é alcançado sem a formação de cristais de gelo.

Diferentemente do congelamento lento, a vitrificação requer um aumento significativo tanto da concentração dos crioprotetores quanto da taxa de resfriamento. Nos protocolos atuais os embriões são expostos a um volume muito reduzido de crioprotetores em alta concentração. A exposição rápida dos embriões nessas condições, antes de sua transferência direta para o nitrogênio líquido, minimiza as injúrias tóxicas e osmóticas e aumenta a sobrevida após o descongelamento.[13]

Velocidades de resfriamento no intervalo entre 2.500 °C e 24.000 °C/min são alcançadas com a vitrificação. Contudo, tanto o aumento na velocidade de resfriamento quanto a busca por estratégias que visem ampliar a eficiência da vitrificação têm sido alvo de pesquisas.

Mais recentemente alguns autores introduziram a alternativa de vitrificação de embriões de roedores em espátula (VS, do inglês *vitrification spatula*).[19] A técnica apresenta uma taxa de resfriamento igual a 20.000 ºC/min, a qual é alcançada em razão da redução do volume das soluções; do contato direto entre a solução e o material resfriado ou aquecido e pela diminuição da espessura da parede do *straw*. Enquanto na metodologia tradicional o *straw* tem uma parede de 0,15 mm, na espátula essa espessura é igual a 0,07 mm (Figura 26.1).

Figura 26.1 – *VS vazia; carregando a VS com uma micropipeta; VS com gota de ~ 2 μL, carregada com 50 embriões pré-implantação (Arquivo pessoal de Andréia Ruis Salgado e Luiz Augusto Corrêa Passos.)*

Nesse método o etilenoglicol (EG) e o dimetil sulfóxido (DMSO), são utilizados em associação a outros crioprotetores não permeáveis como o ficoll e a sacarose, com resultados bastante satisfatórios na recuperação dos embriões pós-aquecimento. A VS tem a maior capacidade já relatada de retenção eficaz de embriões. Além disso, essa técnica é de fácil manuseio, e as amostras vitrificadas ficam armazenadas em um sistema fechado.

Finalmente, dentre as vantagens da SV destaca-se o fato de ela ter se mostrado eficiente para todos os estágios de desenvolvimento dos embriões, bem como para oócitos. Contudo, os resultados obtidos para blastocistos e oócitos ainda não se aproximam daqueles observados com embriões de 2 e 8 células e mórulas, os quais têm viabilidade superior a 90%.

Aquecimento

Para a etapa de aquecimento ou reidratação dos embriões vitrificados, são também necessárias soluções especiais, as quais contêm concentrações decrescentes de crioprotetor e moléculas não permeáveis como a sacarose, as quais ampliam o efeito osmótico do meio.

O aquecimento é realizado pela colocação da extremidade da espátula com os embriões diretamente na gota contendo a solução de aquecimento. O meio vitrificado volta ao estado líquido dentro de 1 a 2 segundos.

Após duas outras passagens por soluções contendo concentrações decrescentes de sacarose, o embrião é transferido para um meio isotônico para seleção e avaliação quanto à sua morfologia e, em seguida, para o cultivo.[19]

Os critérios para o implante dos embriões pós-vitrificação seguem os mesmos padrões do congelamento lento.

Criopreservação de espermatozoides

A criopreservação de espermatozoides proporciona uma alternativa mais simples e econômica que o congelamento de embriões, tanto para o armazenamento de linhagens murinas como para os recursos investidos no laboratório de pesquisa. Espermatozoides criopreservados são a chave para a criação de um sistema eficaz no arquivamento de camundongos geneticamente modificados.

Em geral, para linhagens isogênicas como CBA, DBA/2 e C3H e para algumas linhagens híbridas F1, as taxas de fertilização obtidas com espermatozoides descongelados são relativamente altas. No entanto, essas taxas são extraordinariamente baixas (0-20%) se tratando da linhagem de C57BL/6, a principal linhagem utilizada não apenas para a produção de modelos transgênicos, mas também para retrocruzamentos de modelos mutantes direcionados.

A maioria dos laboratórios emprega para a criopreservação de espermatozoides agentes crioprotetores constituídos de 18% de rafinose penta-hidratado (um trissacarídeo de alto peso molecular) e 3% de leite desnatado (CPA).

Contudo, atualmente centros da Europa, Japão, Estados Unidos e Brasil, entre outros, fazem uso de protocolos com a adição de L-glutamina ao meio de criopreservação dos espermatozoides. A L-glutamina é o aminoácido mais abundante no plasma e nos tecidos e desempenha um papel importante no metabolismo do nitrogênio e na síntese de proteínas, tornando o método mais eficiente para linhagens como o C57BL/6.[20,21]

A adição de L-glutamina à solução crioprotetora amplia a taxa de fertilização dos oócitos porque aumenta a motilidade pós-descongelamento do sêmen e reduz os danos na membrana plasmática do espermatozoide.

Os espermatozoides são coletados de machos com mais de 12 semanas de idade para se obter melhores resultados; o macho é sacrificado por deslocamento cervical e os espermatozoides são coletados dos epidídimos.

A cauda dos epidídimos é coletada e transferida para uma gota (120 µL) de solução (CPA), a fim de que sejam feitos pequenos cortes na peça (Figura 26.2). Em seguida as caudas são mantidas em estufa de CO_2, permitindo que os espermatozoides "nadem" para o meio e possam ser recolhidos. Os *straws* são então preenchidos com 10 µL de meio com os espermatozoides e expostos no vapor de nitrogênio pelo período de 10 minutos, para, então, serem imersos diretamente no nitrogênio líquido.[17]

Para a avaliação do sucesso da técnica os espermatozoides deverão ser descongelados e a sua motilidade analisada.

Descongelamento dos espermatozoides

Os espermatozoides devem conseguir fertilizar os óvulos de uma fertilização *in vitro* (FIV), após terem sido descongelados e capacitados em estufa de CO_2.

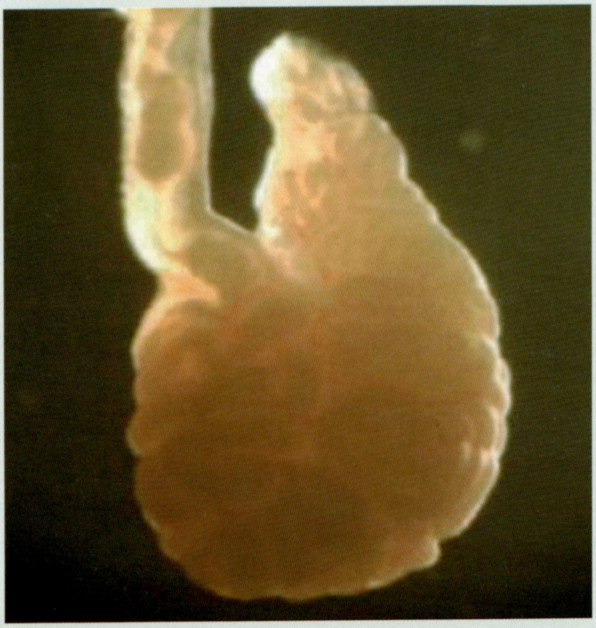

Figura 26.2 – *Cauda do epidídimo em solução crioprotetora. (Arquivo pessoal de Andréia Ruis Salgado e Luiz Augusto Corrêa Passos.)*

No descongelamento os *straws* são retirados do contêiner de nitrogênio líquido e mergulhados imediatamente em banho-maria a 37 °C por 10 minutos. Em seguida, os espermatozoides são recuperados e avaliados quanto à sua motilidade para então serem empregados em uma FIV.[17]

Fertilização in vitro *(FIV)*

A fertilização *in vitro* (FIV) com espermatozoides criopreservados ou frescos é uma alternativa para a reprodução e a expansão de colônias, uma vez que pode gerar um grande número de embriões.

Além disso, essa tecnologia é um excelente apoio à instalação e manutenção de transgênicos e mutantes que apresentem problemas de reabsorção fetal e/ou comprometimento na qualidade dos espermatozoides, entre outros.[4]

A fertilidade de espermatozoides congelados e descongelados é geralmente a mesma que a de espermatozoides frescos para a maioria das linhagens pura e híbrida F1.

O procedimento de fertilização *in vitro* (FIV) é constituído pelas seguintes etapas: indução hormonal das fêmeas doadoras (administração de PMSG e hCG); capacitação *in vitro* dos espermatozoides; fertilização *in vitro* (FIV) dos oócitos; lavagens sucessivas após fertilização e cultivo *in vitro* dos embriões produzidos. No dia seguinte à realização da técnica, os embriões viáveis do cultivo são classificados e envasados em *straws* para que possam ser criopreservados ou então transferidos para receptoras pseudoprenhes.

FIV com espermatozoides descongelados

Capacitação dos espermatozoides

Os espermatozoides descongelados apresentam uma capacidade normal de se aproximar da zona pelúcida (ZP), porém apresentam baixa fertilidade e dificuldade para penetrar essa estrutura. Esse fato sugere que os espermatozoides não estão completamente capacitados.

Um dos principais mecanismos de capacitação dos espermatozoides de mamíferos envolve a redução do colesterol na membrana plasmática desses gametas. Uma alta taxa de fertilização está relacionada à capacidade do meio de sequestrar o colesterol, e novos protocolos têm sido desenvolvidos com essa finalidade, pois possibilitarão melhorar as taxas de sucesso da FIV.

O emprego do metil-beta-ciclodextrina (MBCD), um receptor de colesterol, amplia a capacidade de fertilização dos espermatozoides descongelados, uma vez que o MBCD interage fortemente com o colesterol, formando um complexo que conduz ao efluxo dessa molécula.[20]

Paralelamente, experimentos recentes demonstraram que a combinação de metil-beta-ciclodextrina (MBCD) e agentes crioprotetores contendo L-glutamina em um meio de pré-incubação para espermatozoides criopreservados de C57BL/6,produziu altas taxas de fertilização.

Para a capacitação, os espermatozoides descongelados são pré-incubados em meio TYH (livre de BSA) aditivado com MBCD (0,75 mM) e mantidos em estufa de CO_2 por 30 minutos. Após esse período, 10 µL da suspensão de espermatozoides são recolhidos da parte periférica da gota e transferidos para a placa de fertilização junto aos oócitos.[17]

Observação: *Na fertilização* in vitro *(FIV) com* espermatozoides frescos *o protocolo é realizado da mesma maneira, apenas o período de capacitação é de 60 minutos e a quantidade de espermatozoides pode variar entre 3 e 5* µL.

Coleta e fertilização dos oócitos

Na técnica, fêmeas com 8 semanas de idade são superovuladas (PMSG 7,5 UI seguido de hCG 7,5 UI 48 horas depois via IP) e 14 a 15 horas após o hCG elas são sacrificadas e seus ovidutos são retirados e depositados em uma placa. Em seguida, com uma lupa, os complexos cúmulus-oócitos (CCOs) presentes na ampola são retirados e imersos em uma gota de 90 µL de meio HTF com 1 mM de GSH (glutationa reduzida). A essa gota são adicionados 10 µL dos espermatozoides capacitados e a placa é incubada por 5 a 6 horas em estufa de CO_2.[22]

Nos espermatozoides, o GSH atua como um antioxidante biológico que remove radicais livres (isso preserva a integridade do DNA e protege esses gametas da perda da motilidade), reduzindo o estresse oxidativo e melhorando a fertilidade, após descongelamento de várias linhagens de camundongos.

Nos oócitos submetidos a FIV, o GSH promove o aumento nos níveis dos grupos tióis livres na zona pelúcida, conduzindo a um "alargamento" que facilita a penetração dos espermatozoides. Os embriões de 2 células produzidos por FIV com a adição de glutationa reduzida se desenvolvem normalmente sem efeitos colaterais.

Alguns autores empregando protocolos com espermatozoides pré-incubados em meio TYH aditivado com MBCD e a FIV com GSH adicionado ao meio de fertilização dos oócitos relatam aumentos significativos nas taxas de fertilidade, podendo chegar a 90%.[21-23]

Observação: *Na fertilização* in vitro *(FIV) com* espermatozoides frescos, *essa etapa também é realizada da mesma maneira, apenas a concentração de GSH que diminui para 0,25 mM.*

Sucessivas lavagens e cultivo dos embriões

Um fator importante ao sucesso da FIV é a remoção de *debris* e outros resíduos presentes no meio. Nesse processo de "limpeza", as placas de lavagem e cultivo são preparadas da noite para o dia e cobertas com óleo mineral.

Cerca de 5 a 6 horas após terem sido inseminados, os oócitos devem ser lavados, com pelo menos três passagens, em gotas de 100 µL de HTF (cobertas com óleo mineral e incubadas em estufa de CO_2 a 37 °C com 5% de umidade).

Em seguida, em microscopia de contraste, inspecionam-se os embriões identificando a formação do pró-núcleo, e 24 horas após a inseminaçãoas taxas de fertilização são calculadas, tomando-se como referência o número total de embriões de 2 células formados.

Finalmente, os embriões de 2 células da fertilização *in vitro* são selecionados por suas características morfológicas e divididos em dois grupos: um grupo controle para cultivo em estufa até o estágio de blastocisto e outro grupo, que poderá ser transferido para ovidutos de fêmeas pseudoprenhes ou então criopreservados.[5,7]

Observação: *Na fertilização* in vitro *(FIV) com* espermatozoides frescos, *essa última etapa é realizada exatamente do mesmo modo.*

Transferência de embriões

A transferência de embriões é uma etapa fundamental tanto para a pesquisa quanto para bancos de germoplasma e laboratórios de reprodução assistida. Na pesquisa, essa tecnologia apoia a transgênese na produção de *knockouts* e de animais geneticamente modificados pela injeção de fragmentos de DNA, como também possibilita o estudo dos efeitos e alterações epigenéticas originadas durante a pré-implantação e o desenvolvimento fetal.

Entretanto, é no contexto da Ciência em Animais de Laboratório que a transferência de embriões tem implicações técnicas importantes aos propósitos deste capítulo, uma vez que ela é fundamental para os seguintes protocolos:

- Em substituição à histerectomia na descontaminação de microrganismos de transmissão vertical;
- Na recomposição de colônias criopreservadas em LN_2;
- Em programas de reprodução assistida, como complemento da fertilização *in vitro* (FIV).[5]

Para a realização da técnica são utilizadas fêmeas receptoras pseudoprenhes, que foram obtidas por acasalamento com machos vasectomizados. O coito é necessário para que o útero se torne receptivo aos embriões transferidos.

As fêmeas devem ter idades de 8 semanas até 6 meses, e na manhã do dia seguinte ao acasalamento elas devem ser inspecionadas quanto à presença do tampão vaginal (plugue), um grupo de proteínas coaguladas do líquido seminal do macho. A detecção do plugue vaginal define o dia 1 de pseudoprenhez, ainda que alguns profissionais considerem a presença do plugue 0,5 dpc (dia pós-coito). A escolha da via para a transferência dos embriões dependerá do estágio em que o embrião se encontra. Embriões em fase de pré-implantação são transferidos para ovidutos de fêmeas receptoras pseudoprenhes de 1 ou 2 dpc.[5]

A transferência em oviduto pode ser realizada de duas maneiras: com a introdução direta no infundíbulo de um capilar carregado com os embriões (Figura 26.3) ou por meio de um corte na porção superior da ampola por onde o capilar preenchido com os embriões é inserido (Figura 26.4). Essa alternativa é relativamente nova e foi desenvolvida por profissionais japoneses como meio de melhorar a técnica, uma vez que infelizmente os ovidutos dos camundongos são muito pequenos e dobrados de uma maneira que dificulta a entrada do capilar.

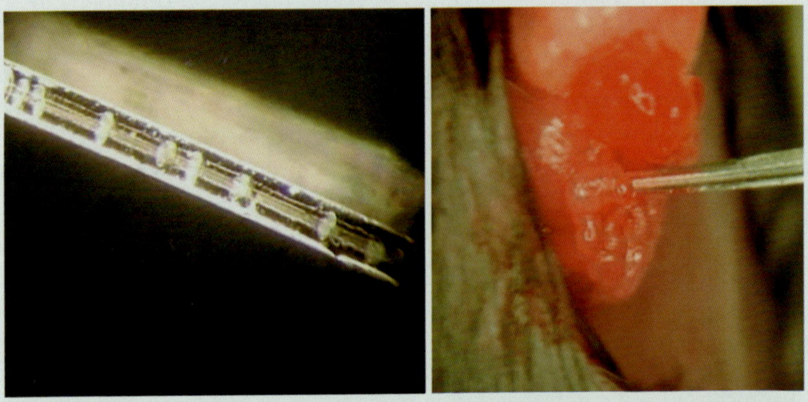

Figura 26.3 – *Capilar carregado com embriões e introduzido pelo infundíbulo – transferência via infundíbulo. (Arquivo pessoal de Andréia Ruis Salgado e Luiz Augusto Corrêa Passos.)*

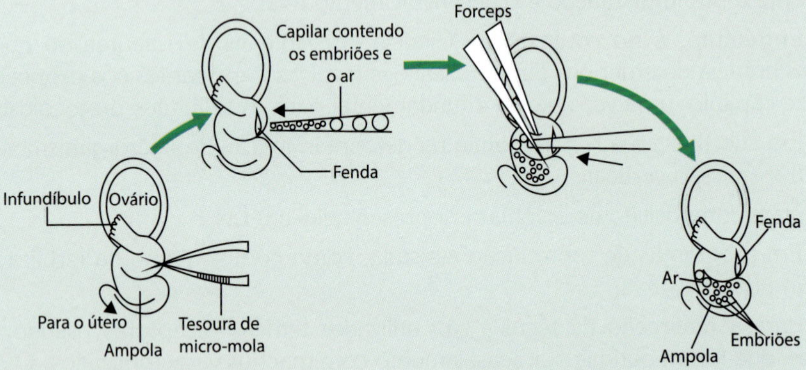

Figura 26.4 – *Etapas da transferência via ampola. Adaptado de Nakagata, N. Reproductive Engeneering Techniques in MiceKumamoto University - CARD (Center for Animal Resourses and Development), 2013.*

Contudo, em ambas as técnicas recomenda-se que 2 a 3 pequenas bolhas de ar sejam depositadas junto com os embriões, pois elas poderão ser visualizadas através da parede, e revelarão que a técnica foi realizada com sucesso. Recomenda-se cuidado especial quanto à possibilidade de refluxo do meio com os embriões.[17]

Nos casos em que os embriões estejam com 4 ou 5 dias de desenvolvimento, ou quando a proposta é gerar modelos quiméricos por meio da injeção de células-tronco embrionárias pluripotentes na fase de blastocistos, os indivíduos deverão ser transferidos diretamente para o útero de fêmeas receptoras, com 3 ou 4 dias de pseudoprenhez.

A transferência intrauterina de embriões foi estabelecida por Beatty em 1951 e Michie McLarenand em 1956. Esse método, que é relativamente fácil de executar e tem uma elevada reprodutibilidade, depende, contudo, de vários fatores, tais como a influência do ambiente intrauterino no desenvolvimento *in vivo* dos embriões pré-implantados; a sincronização do desenvolvimento embrionário; e o desenvolvimento do endométrio, sendo esses dois últimos considerados decisivos para uma implantação bem-sucedida.

Para realizá-la, uma agulha de calibre 27 é posicionada junto à parede do útero, e, com ela, realiza-se um pequeno furo, por onde será introduzida a pipeta com os embriões. Todavia, essa técnica exige um bom treinamento, uma vez que há o inconveniente de, em função de uma pressão positiva do útero, os embriões refluírem para a cavidade abdominal, ou também o risco de uma hemorragia que, se presente, prejudicará a nidação.[17]

Mais recentemente (2009), foi desenvolvida uma nova tecnologia, a qual tem como principal objetivo substituir a transferência intrauterina tradicional. O NSET™ (*Non-Surgical Embryo Transfer*) é um dispositivo para a transferência transcervical de embriões que oferece muitas vantagens em relação aos métodos anteriores: o animal não é submetido a procedimentos cirúrgicos; não há necessidade de anestesia ou analgesia; e também permite uma considerável redução no tempo de transferência dos embriões por fêmea (Figura 26.5). Entretanto, como o dispositivo é descartável e somente pode ser utilizado uma única vez, trata-se de metodologia ainda bastante onerosa.[24]

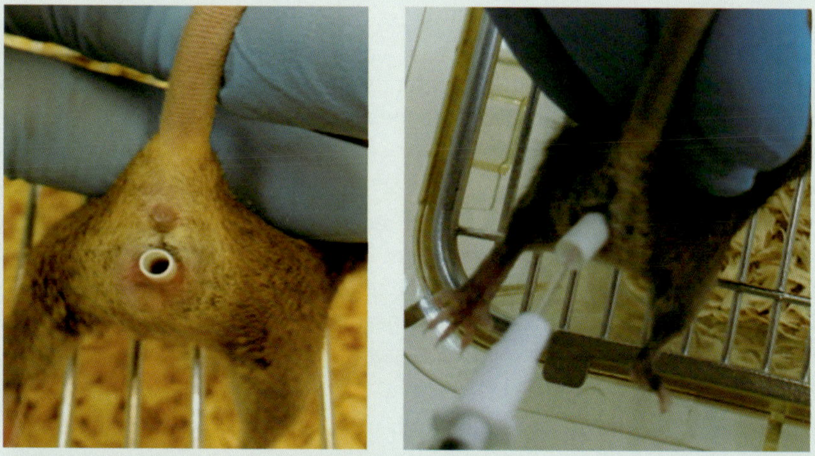

Figura 26.5 – *Dispositivo NSET: espéculo na vagina da fêmea para abrir a cérvix e capilar carregado com embriões conectado a uma pipeta. (Arquivo pessoal de Andréia Ruis Salgado e Luiz Augusto Corrêa Passos.)*

Vasectomia

A produção de machos vasectomizados é essencial para a indução de pseudoprenhez em fêmeas que serão utilizadas nos diversos protocolos de transferência de embriões.

Se bem realizada, a técnica possibilitará a obtenção de machos que permanecerão ativos por vários meses.

A técnica consiste na cauterização dos vasos deferentes do macho por meio de uma incisão com aproximadamente 5 a 8 mm realizada acima do pênis a uma distância de 10 mm. Em seguida à abertura do peritônio, o vaso deferente é exposto e cauterizado, promovendo assim uma interrupção no fluxo normal dos espermatozoides.

Após a vasectomia os animais são alojados individualmente, possibilitando que se recuperem, ao mesmo tempo que os espermatozoides residuais ficam inativos. Os machos, antes de serem utilizados em rotina, deverão ser testados para confirmar a sua esterilidade.

Outra metodologia utilizada é a vasectomia pela via escrotal. Trata-se de um refinamento em relação à vasectomia abdominal (laparotomia). No entanto, como qualquer outro procedimento cirúrgico, requer prática e domínio técnico para ser realizada adequadamente.[25]

Contudo, destaca-se o fato de a via "ponta do escroto" ser menos invasiva, resultando em danos menos significativos para o animal.

Por essa via, realiza-se uma incisão na porção medial superior do escroto, a qual é ampliada com uma pinça. Em seguida perfura-se a túnica para acessar o canal deferente, que é então exteriorizado e cauterizado. Esse procedimento é realizado em ambos os testículos, os quais são, em seguida, reintroduzidos nos escrotos, que são, então, suturados.

Congelamento de ovários

A criopreservação de gametas femininos é uma importante tecnologia e tem aplicações médicas e científicas. O congelamento de tecidos ovarianos possui vantagens potenciais sobre a criopreservação dos oócitos maduros, pois preserva as funções esteroidogênicas e gametogênicas.

Dentre os atributos que fizeram do tecido ovariano um valioso elemento para o banco de germoplasma destacam-se a facilidade com que esse tecido pode ser criopreservado, a diversidade de doadoras e receptoras que podem ser utilizadas e o grande número de células germinais que podem ser preservadas. Além disso, com essa tecnologia é possível a preservação do genoma haploide dos animais.

Contudo, o principal desafio é encontrar a composição ideal de uma solução crioprotetora que tenha pouca toxicidade biológica e cause poucos danos ao tecido ovariano.

Até recentemente, a maioria dos protocolos empregava o congelamento lento, realizado com um banho refrigerado programável, para criopreservar tecidos ovarianos.

Na realização da técnica, as doadoras são superovuladas com o hormônio PMSG 5 UI via IP e após 48 horas os ovários são cuidadosamente removidos através de uma abertura na bolsa ovariana. Em seguida os mesmos são inspecionados quanto ao tamanho e seccionados, permitindo o congelamento de diferentes amostras de uma única fêmea, o que se constitui em importante vantagem.

Na bibliografia, é possível encontrar diferentes protocolos para o congelamento de tecido ovariano. Um protocolo bastante utilizado é o congelamento lento, utilizando PrOH (propileno glicol) como crioprotetor, o qual é adicionado ao meio (M2) em concentração de 1 M e 2 M. A sacarose 1 M também é utilizada como diluente no momento do descongelamento.[26,27]

Atualmente, alguns protocolos estão empregando a vitrificação como método de escolha para esse congelamento. A despeito das inúmeras vantagens que os métodos de congelamento ultrarrápido possam trazer, os resultados obtidos indicam que ainda não se pode eleger um método.

Descongelamento de ovários

Os *straws* são removidos do contêiner e expostos em temperatura ambiente por 20 segundos; em seguida, são imersos em banho-maria por mais 20 segundos.

Depois o *straw* é chacoalhado por uma das extremidades para misturar o conteúdo e transferido para uma placa de Petri por 5 minutos. Após esse período, transferem-se os ovários para outra gota de sacarose 1M por mais 3 minutos e colocam-se os ovários na estufa de CO_2, em meio M2, até o momento do implante.[27]

Transplante ovariano

A transferência ovariana não é um método largamente utilizado, mas tem sido empregado com sucesso para propagar linhagens de camundongos subférteis, fazendo, inclusive, parte de rotinas de instalações comerciais, tais como o Jackson Laboratory (Bar Harbor, Maine, EUA). Nos casos em que o transgene interfere com a reprodução ou reduz a vida reprodutiva do animal ou ainda conduz a um fenótipo prejudicial à gestação e ao parto, a transferência de ovário pode ser a única maneira para se propagar a linhagem.

Além disso, essa tecnologia pode assumir uma importância prática ainda maior nos casos em que estejam presentes perturbações comportamentais que prejudiquem a manutenção de uma linhagem rara. Esse é o caso de fêmeas que apresentam, por exemplo, um comprometimento no "cuidado à prole"; ou uma deficiência no aleitamento; ou distúrbios comportamentais relacionados a problemas neurológicos, entre outros.

O transplante ovariano tem vantagens significativas em relação à transferência de embriões. Uma delas é a pequena importância quanto à idade da fêmea doadora. Os tecidos podem ser coletados no período neonatal, juvenil ou de animais adultos, pois todos podem produzir transplantes funcionais. Outra vantagem é que o tecido ainda está viável em um animal com algumas horas depois do óbito e pode então ser "resgatado" e implantado (contudo deve-se estar atento aos aspectos sanitários do tecido). Por fim, destaca-se o fato de que mais de uma reprodutora pode ser gerada a partir de uma doadora. O transplante ovariano bem-sucedido geralmente restaura o ciclo estral normal da receptora dentro de 2 a 6 semanas.

O procedimento consiste na remoção cirúrgica do ovário da fêmea doadora ou no descongelamento de ovários do banco de germoplasma e seu implante em receptoras histocompatíveis, para que não haja a rejeição. Alternativamente, pode-se também empregar fêmeas imunodeficientes (*scid, rag*), desde que mantidas em ambiente controlado.

O ovário da fêmea doadora é retirado inteiro e íntegro por meio de uma abertura na bolsa ovariana; dependendo de seu tamanho, o órgão é seccionado e mantido em meio próprio em estufa de CO_2, até o momento do implante.

Na transferência ovariana a fêmea receptora é anestesiada e o transplante é realizado através de uma incisão dorsolateral.

Em seguida, a bolsa ovariana é cuidadosamente aberta para a remoção total do ovário, onde será introduzido o ovário da doadora.

Antes da introdução dos ovários, é fundamental uma análise criteriosa do sítio de implante, de modo a assegurar a remoção total do tecido ovariano da receptora e o posicionamento adequado do infundíbulo.

Após a inserção do órgão, este é coberto pela bolsa ovariana (Figura 26.6), evitando a saída do ovário no momento da reintrodução do corno uterino na cavidade peritoneal.

Em 15 dias as fêmeas estão aptas para o acasalamento. Uma vez que é possível a regeneração tecidual dos ovários da receptora, é indispensável que se utilizem mecanismos de proteção que assegurem o perfil genético original da linhagem.

Dois procedimentos são normalmente adotados: os marcadores fenotípicos (genes de pigmentação) e a avaliação molecular com microssatélites polimórficos amplificados pela PCR (*polimerase chain reaction*).[4,5]

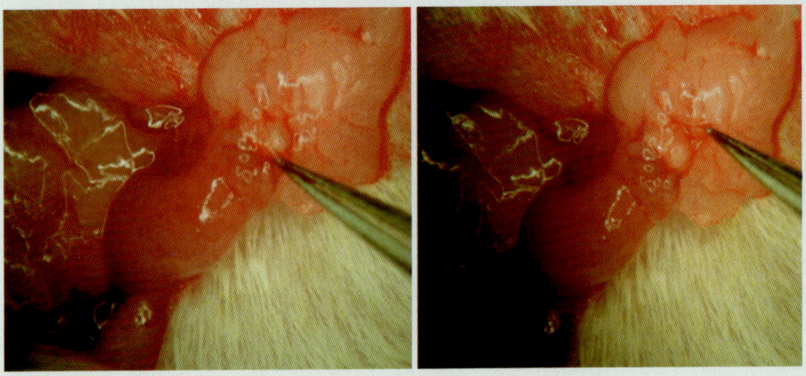

Figura 26.6 – *Transplante ovariano, inserção do ovário e cobertura com a bolsa ovariana. (Arquivo pessoal de Andréia Ruis Salgado e Luiz Augusto Corrêa Passos.)*

Referências Bibliográficas

1. Guénet JL, Benavides FJ. In: Muriana JMO, editores. Manual de Genética de Roedores de Laboratório. Madrid: Universidade de Alcalá; 2010. p.59-83.
2. Bowles J, Koopman*+P. Retinoic acid, meiosis and germ cell fate in mammals. Develop 2007;134:3401-3411.

3. Nicacio AC. Avaliação do desenvolvimento após a criopreservação de embriões bovinos produzidos in vitro [Tese de doutorado]. São Paulo: Universidade de São Paulo; Faculdade de Medicina Veterinária e Zootecnia, 2008.
4. Guenet JL, Benavides FJ, Panthier JJ, Montagutelli X. Genetics of the Mouse. Springer-Verlog Berlin Heidelberg; 2014. p.19-46.
5. Salgado AR, Passos LAC. In: Lapchik VB, Matarraia VGM, Ko GM. editores. Cuidados e Manejo de Animais de Laboratório. São Paulo: Editora Atheneu; 2009. p.445-473.
6. Mahabir E, Bauer B, Schimidt J. Rodent and germplasm trafficking: risks of microbial contamination in a hight-tech biomedical world. ILAR J 2008; 49(3).
7. Passos LAC, Guaraldo AMA, Alves DP, Pires LA, Santana TM, Dini THC. In: Andrade A, Pinto SC, Oliveira RS, organizadores. Animais de Laboratório - Criação e Experimentação. 2. ed. Rio de Janeiro: Editora Fiocruz; 2006. p.225-245.
8. Dalcin L, Lucci CM.Criopreservação de embriões de animais de produção: princípios criobiológicos e estado atual. Rev Bras Reprod Anim 2010; (34):149-159.
9. Vajta G, Nagy ZP. Are programmable freezers still needed in the embryo laboratory? Review on vitrification. Rep Biom Online 2006; (12):779-796.
10. Woods EJ, Benson JD, Agca Y, Critser JK. Fundamental cryobiology of reproductive cells and tissues. Cryob 2004; (48):146-156.
11. Santin TR, Blume H, Mondadori RG. Criopreservação de embriões - Metodologias de vitrificação. Vet e Zootec 2009 dez;16(4): p.61-574.
12. Berthelot F, MartinaT-Botte F, Vajta G, Terquit M. Cryopreservation of porcine embryos: state of the art. Livestock Prod Sci 2003; (83):73-83.
13. Kuleshova LL, Lopata A. Vitrification can be more favorable than slow cooling. FertSter 2002; (78):449-454.
14. Papadopoulos S, Rizos D, Duffy P, Wade M, Quinn K, Boland MP, Lonergan P. Embryo survival and recipient pregnancy rates after transfer of fresh or vitrified, in vivo or in vitro produced ovine blastocysts. An Rep Sci 2002; (74):35-44.
15. Luo C, Zuñiga J. Edison E, Palla S, Dong W, Parker-Thornburg J. Superovulation strategies for 6 commonly used mouse strains. J Am Ass Lab An Sc 2011; 50(4):471–478.
16. Frajblat M, Amaral VLL. In: Lapchik VB, Matarraia VGM, Ko GM. editores. Cuidados e Manejo de Animais de Laboratório. São Paulo:Editora Atheneu, 2009. p.491-505.
17. Nakagata N. Reproductive Engineering Techniques in Mice; Center for Animal Resources & Development – CARD. 2013. Kumamoto University, Japan.
18. Renard JP, Babinet C. High survival of mouse embryos after rapid freezing and thawing inside plastic straws with 1-2 propanediol as cryoprotectant. J Exp Zool1984; 230:443-448.
19. Tsang, W H, Chow, L. Mouse embryo cryopreservation utilizing a novel high capacity vitrification spatula. Bio Tech 2009; 46:550-552.
20. Takeo T, Hoshii T, Kondo Y, Toyodome H, Arima H, Yamamura K, Irie T, Nakagata N. Methyl-beta-cyclodextrin improves fertilizing ability of C57BL/6 mouse sperm after freezing and thawing by facilitating cholesterol efflux from the cells. Biol Repr 2008; 78: 546–551.
21. Takeo T, Nakagata N. Combination medium of cryoprotective agents containing L-glutamine and methyl-b-cyclodextrin in a preincubation medium yields a high fertilization rate for cryopreserved C57BL/6J mouse sperm. Lab An 2010; 44:132–137.

22. Takeo T, Nakagata N. Reduced glutathione enhances fertility of frozen/thawed c57bl/6 mouse sperm after exposure to methyl-beta-cyclodextrin. Biol Repr 2011; 85:1066–1072.
23. Goto Y, Noda Y, Shiotani M, Kishi J, Nonogaki T, Mori, T. The Fate of embryos transferred into the uterus. J Ass Rep Gen1993; 10(3).
24. Rahmen B A, Fina van der A, Braumuller M T, Pritchard C, Krimpenfort P, Berns A. et al. Improved pregnancy and birth rates with routine application of nonsurgical embryo transfer. Trans Res 2014; 23:691–695.
25. CARD-CNB Mouse Sperm and Embryo Cryopreservation course. Guia de atividades práticas. Madrid, 2013.
26. Sztein J, Sweet H, Farley J, Mobraaten LE. Cryopreservation and orthotopic transplantation of mouse ovaries: new approach in gamete banking. Biol Rep 1998; 58:1071-1074.
27. Sztein J, Vasudevan K, Raber J. Refinements in the cryopreservation of mouse ovaries. J Am Ass Lab An Sc July 2010;49:420-422.

Sites Consultados

http://www.jaxmice.com.br

http://www.knockoutmouse.org/

http://www.findmice.org/

http://strains.emmanet.org/

https://www.mmrrc.org/

https://www.infrafrontier.eu/infrafrontier-research-infrastructure/organisation/infrafrontier-partners

http://www.riken.jp/en/research/labs/brc/exp_anim/

27

Nutrição de Animais de Laboratório

Gui Mi Ko
Silvania Meiry Peres Neves
Vania Gomes de Moura Mattaraia

Introdução

Os animais na natureza, de acordo com o seu comportamento alimentar, podem basicamente ser classificados em herbívoros, carnívoros e onívoros. Neste capítulo são descritos os aspectos importantes quanto à alimentação das espécies convencionais de laboratório: camundongo, rato, cobaia, hamster e coelho. Os herbívoros são aqueles animais que comem somente plantas. Coelhos e cobaias são herbívoros. Herbívoros têm, em muitos casos, trato digestivo que acomoda uma população microbiana que está envolvida na digestão de fibras. Roedores, porcos, primatas, como onívoros, consomem uma ampla diversidade de plantas e alimentos de origem animal. O trato digestivo desses animais é intermediário na complexidade entre os carnívoros e os herbívoros.

A natureza do trato digestivo dos animais provavelmente é o fator principal que influencia os requisitos nutricionais e o tipo de ingredientes que podem ser consumidos na dieta. O rato é um onívoro que regula geralmente seu consumo alimentar em relação a suas necessidades fisiológicas.

A nutrição de animais de laboratório, basicamente, se refere a rações de roedores e lagomorfos, que constituem mais de 90% da população dos animais de laboratório. Cada espécie tem necessidades específicas de nutrientes essenciais. A dieta balanceada do animal de laboratório contém aproximadamente 50 nutrientes essenciais em proporções adequadas para a sua manutenção, crescimento e reprodução. Além disso, fatores que comprometem a qualidade da dieta, como palatabilidade, biodisponibilidade, estrutura física, contaminações química e microbiológica, devem ser levados em consideração.

Para a uniformidade dos animais de experimentação é necessário o fornecimento de dieta que atenda aos requisitos nutricionais com formulação conhecida e repetida. Isso é importante não só para o desenvolvimento padronizado dos roedores, mas também para assegurar resultados experimentais homogêneos e constantes.

Sob condições artificiais de laboratório, as espécies mais utilizadas ficaram adaptadas à condição de onívoros. Assim, usa-se dieta padronizada em forma de péletes na alimentação dos ratos e camundongos, enquanto as rações de cobaias e coelhos são granuladas. Entretanto, é necessário conhecer particularidades dos hábitos alimentares dos animais de laboratório:

1. Os roedores e os coelhos praticam coprofagia;
2. A cobaia é o único roedor que necessita de ácido ascórbico na sua dieta;
3. Os animais de laboratório têm tendência à obesidade, uma vez que o exercício é limitado.

Estudos experimentais de requisitos nutricionais e os efeitos da deficiência ou excesso de nutriente utilizam principalmente ratos em detrimento de outras espécies de animais.

Tipos de dietas

A nutrição adequada para roedores de laboratório pode ser feita com diferentes tipos de dietas que são classificadas pelo grau de refinamento dos ingredientes usados na sua formulação:[1] dietas de ingredientes naturais, dietas purificadas e dietas quimicamente definidas.

Dietas de ingredientes naturais

A ração dos animais de laboratório é fabricada em moinhos comerciais a partir de ingredientes naturais, como grãos de cereais, feijão, alfafa, e estão sujeitas a variabilidade das plantas, composição do solo, condições do tempo, procedimento de colheita, procedimentos de estocagem, métodos de fabricação e moagem, e ao grau de contaminação dos ingredientes naturais. Essas matérias-primas são analisadas quanto aos seus constituintes de gordura, carboidratos, proteína, fibras cruas e cinzas, obtendo, assim, as informações necessárias para determinar o quanto de cada uma delas vai participar como componente necessário para formular a ração. Também devem ser analisadas quimicamente para permitir seleção e formulação; inspecionadas quanto à ausência de degeneração, infestação, contaminação de risco microbiológico (*B. anthracis*) ou outras alterações deletérias. Devemos lembrar que material fresco, além do risco microbiológico, dificilmente alcança a padronização.

Assim, a ração comercialmente usada para animais de laboratório é constituída de ingredientes naturais que são sujeitos às variações, cuja, qualidade e valor nutricional resultante na mistura, porém, o fabricante conhece. Para ajustar os níveis nutricionais adequados, a mistura é suplementada com um *premix* de sais minerais e vitaminas que complementam os requisitos nutricionais para os roedores. O importante é que essa suplementação não ultrapasse as necessidades dos animais, pois ingredientes em excesso levam a uma ordem de comprometimento à saúde dos animais, tão ou mais grave quanto a falta deles.

As dietas de ingredientes naturais são de fabricação relativamente barata e são bem consumidas pelos roedores de laboratório. No entanto, não devem ser usadas para estudos nutricionais específicos devido à possibilidade da variabilidade no conteúdo de nutrientes e não nutrientes.

Dietas purificadas

As dietas purificadas são formuladas com ingredientes que foram refinados de tal maneira que cada ingrediente contém um único nutriente ou classe de nutriente. Como exemplos podem ser citadas a caseína ou proteína isolada de soja, como fonte de proteína de aminoácidos; açúcar e amido, como fontes de carboidratos; óleo vegetal e banha de porco, como fontes de ácidos graxos essenciais e lipídeos; celulose extraída como fonte de fibras; sais inorgânicos e as vitaminas.

As concentrações de nutrientes nesse tipo de dieta são menos variáveis e mais controladas que nas dietas de ingredientes naturais. Uma vez que as dietas purificadas são compostas de fontes de nutrientes específicos, e os níveis de requisitos experimentais são facilmente ajustados, é possível alterar as concentrações de vitaminas, minerais, níveis de proteínas e gorduras, como também adicionar aminoácidos ou triglicérides específicos. Assim, a dieta purificada é satisfatória nos experimentos para determinar requisitos nutricionais ou o efeito de diferentes concentrações de nutriente, como variável no desenvolvimento de tumor ou doença infecciosa. Devemos lembrar que a alteração de um nutriente como gordura vai alterar as proporções de calorias fornecidas pelos outros nutrientes na dieta.

Mesmo os ingredientes purificados podem conter concentrações baixas e variáveis de traços de minerais, portanto, variações em suas concentrações entre lotes são inerentes à fabricação de dietas purificadas.

A possibilidade de ocorrer uma contaminação química nas dietas purificadas é baixa; entretanto, elas são vulneráveis ao tempo de exposição no comedouro e apresentam um custo superior quando comparadas às dietas de ingredientes naturais. Dietas purificadas são disponíveis comercialmente para uso em estudos nutricionais, toxicológicos e indução de doenças, e são denominadas rações ou dietas experimentais, com alterações específicas e bem-definidas.

A dieta ideal a ser alcançada para uso em biotério é a proposta pelo American Institute of Nutrition, e que será detalhada a seguir.

Dietas quimicamente definidas

As dietas quimicamente definidas são formuladas com os elementos puros tais como aminoácidos, açúcar específico, triglicérides quimicamente definidos, ácidos graxos essenciais, sais inorgânicos e vitaminas puras. O uso desse tipo de alimentação fornece o mais alto grau de controle das concentrações de nutrientes da dieta. Entretanto, elas também são vulneráveis ao tempo de exposição no comedouro e apresentam um custo superior.

As concentrações de nutrientes em dietas quimicamente definidas são teoricamente fixadas na hora da fabricação; entretanto, a biodisponibilidade dos nutrientes pode ser alterada pela oxidação ou interação de nutrientes durante a estocagem da dieta.

Essas dietas devem ser usadas para estudos de requisitos de aminoácidos específicos ou interações. Atenção deve ser dada à ocorrência de interações antagônicas ou sinergismo entre nutrientes como a interação compensativa entre vitaminas A e E, e interações antagônicas entre alguns aminoácidos. Assim, seu uso se aplica a estudos cujos objetivos envolvem concentrações de um único aminoácido ou ácido graxo na dieta.

A possibilidade de ocorrer contaminação química é uma consideração importante na seleção de uma dieta para roedores em estudos toxicológicos.

Características gerais da ração

A justificativa para utilização de dietas diferenciadas em cada fase fisiológica do animal está diretamente relacionada à maior demanda das necessidades nutricionais: gravidez e lactação na fêmea e período de crescimento no jovem. Dietas de alta energia atendem bem fêmeas em acasalamento intensivo, que aleitam uma ninhada, enquanto desenvolvem a gestação da próxima (aproveitamento estro pós-parto). Entretanto, isso não é aconselhável para a colônia de estoque, pois pode conduzir a obesidade e representa perda econômica. Dietas de baixa energia e baixa proteína estão associadas a maior longevidade e menor incidência das doenças degenerativas, sendo de importância em estudos crônicos.

Ford[2] concluiu em seu estudo que existe um grau de dureza adequado dos péletes para dietas de roedores de laboratório, permitindo a obtenção de máximo crescimento com redução de perda e do custo. Um pélete de ração não deve ser muito duro a ponto de dificultar a nutrição do animal, nem muito mole que leve a desperdício da ração e a um eventual desbalanceamento da dieta.

Elevado teor de fibra altera a dureza dos péletes, principalmente após autoclavação das dietas, devido à sua elevada capacidade higroscópica.[3]

Requisitos nutricionais

Estudos iniciais de requisitos nutricionais utilizaram como critério principal o parâmetro crescimento. Geralmente avaliam-se a fase de crescimento, pós-desmame e o desempenho reprodutivo da fêmea, através das seguintes características: número e peso dos nascidos, sobrevivência da ninhada e ganho de peso pré-desmame.

Os requisitos nutricionais estimados para algumas espécies convencionais de animais de laboratório estão apresentados nas tabelas: camundongo (Tabela 27.1), rato (Tabela 27.2), cobaia (Tabela 27.3) e coelho (Tabela 27.4). Foram periodicamente revisados e atualizados pelo National Research Council[1] dos Estados Unidos. As informações sobre a formulação, manufaturas e manejos de dietas de animais de laboratório estão também disponíveis na literatura. O resultado das deliberações do AIN (American Institute of Nutrition Rodent Diets) culminou na dieta bem conhecida de roedores, a AIN-76, que, após 16 anos, evoluiu para AIN-76A, e finalmente sofreu uma revisão, resultando na recomendação de duas novas formulações: AIN-93G para crescimento, prenhez e lactação, e AIN-93M para manutenção adulta[4] (Tabela 27.5). Essas formulações representam o ideal para uso em biotério.

Tabela 27.1
Necessidades nutricionais estimadas para camundongos de acordo com o Committee on Animal Nutrition Board on Agriculture, National Research Council, Washington (NRC, 1995)

Nutriente	Unid	Quantidade (por kg da dieta)	Comentário/Referência
Proteína (N X 6,25) crescimento[a]	g	180,0-200,0	Equivalente a 20% de caseína com 0,3% DL-Metionina ou 24% caseina
Proteína Reprodução[b]	g	180,0	Ingredientes naturais
Lipídeos	g	50,0	
Ácido linoleico	g	6,8	
Aminoácidos			
Arginina	g	3,0	
Histidina	g	2,0	
Isoleucina	g	4,0	
Leucina	g	7,0	
Lisina	g	4,0	
Metionina[c]	g	5,0	Cisteína pode substituir 50-66,6%
Fenilalanina[d]	g	7,6	Tirosina pode substituir 50%
Treonina	g	4,0	
Triptofano[e]	g	1,0	Niacina pode substituir 0,025%
Valina	g	5,0	
Minerais			
Cálcio	g	5,0	
Cloro	g	0,5	
Magnésio[f]	g	0,5	0,7 g/kg na lactação
Fósforo	g	3,0	
Potássio[g]	g	2,0	Concentrações altas podem ser requisitadas na lactação
Sódio	g	0,5	
Cromo	mg	2,0	
Cobre[h]	mg	6,0	8,0 na prenhez e na lactação
Iodo	mg	0,15	
Ferro	mg	35,0	

Continua

Continuação

Tabela 27.1
Necessidades nutricionais estimadas para camundongos de acordo com o Committee on Animal Nutrition Board on Agriculture, National Research Council, Washington (NRC, 1995).

Nutriente	Unid	Quantidade (por kg da dieta)	Comentário/Referência
Minerais			
Manganês	mg	10,0	
Cálcio	g	5,0	
Cloro	g	0,5	
Magnésio[f]	g	0,5	0,7 g/kg na lactação
Fósforo	g	3,0	
Potássio[g]	g	2,0	Concentrações altas podem ser requisitadas na lactação
Sódio	g	0,5	
Cromo	mg	2,0	
Cobre[h]	mg	6,0	8,0 na prenhez e na lactação
Iodo	mg	0.15	
Ferro	mg	35,0	
Manganês	mg	10,0	
Zinco[i]	mg	10,0	30 mg/kg na reprodução e na lactação
Molibdênio	mg	0,15	
Selênio	mg	0,15	
Vitaminas			
A (retinol)[j]	mg	0,72	Equivalente a 2.400 UI/kg da dieta
D (colecalciferol)[k]	mg	0,025	Equivalente a 1.000 UI/kg da dieta
E (RRR-∝-tocoferol)[l]	mg	22,0	Equivalente a 32 UI/kg da dieta
K (filoquinona)	mg	0,2	
Biotina (d-biotina)	mg	0,2	
Colina (bitartarato de colina)	mg	2.000	
Ácido fólico	mg	0,5	
Niacina (ácido nicotínico)	mg	15,0	
Ác. pantotênico	mg	16,0	
Riboflavina	mg	7,0	
Tiamina (HCL-tiamina)	mg	5,0	
B_6 (HCl- piridoxina)[m]	mg	8,0	1 mg/kg na manutenção
B_{12}	mg	0,010	

Requisitos nutricionais são expressos com base em dieta contendo 10% de umidade e 3,8 a 4,1 kcal ME/g (16-17 KJ ME/g) e devem ser ajustados para dietas de concentrações diferentes de umidade e energia. As concentrações de nutrientes listadas representam requisitos mínimos e não incluem margem de segurança.

Tabela 27.2

Necessidades nutricionais estimadas para ratos de acordo com o Committee on Animal Nutrition Board on Agriculture, National Research Council, Washington (NRC, 1995).

Nutriente	Unid	Quantidade por kg da dieta			Comentário/Referencia
		Manutenção	Crescimento	Reprodução (fêmea)	
Proteína[a]	g	50,0[a]	150,0[a]	150,0	[a] estimados com base digestibilidade alta da proteína da composição do aminoácido balanceado (por exemplo: lactalbumina)
Ácido linoleico[b] (n=6)	g	[b]	6,0b	3,0b	[b]2 g/kg nas fêmeas em crescimento. Requisitos para crescimento são satisfeitos com os requisitos para manutenção
Ácido linolênico (n=3)	g	[R]	[R]	[R]	[R]requisitado, mas não determinado; outros ácidos graxos de cadeia longa n-3 poli-insaturados podem substituir por ácido linolênico
Aminoácidos[c]					[c]aspargina, ácido glutâmico e prolina podem ser requisitados para crescimento muito rápido
Arginina	g	[ND]	4,3	4,3	[ND]não determinado
Aminoácidos aromáticos[d]	g	1,9	10,2	10,2	[d]fenilalanina e tirosina. Tirosina pode suplementar até 50% de requisito de ácido aromático
Histidina	g	0,8	2,8	2,8	
Isoleucina	g	3,1	6,2	6,2	
Leucina	g	1,8	10,7	10,7	
Lisina	g	1,1	9,2	9,2	
Metionina + cisteína[e]	g	2,3	9,8	9,8	[e]Cisteína pode suplementar até 50% do requisito cistina mais metionina
Treonina	g	1,8	6,2	6,2	
Triptofano	g	0,5	2,0	2,0	Niacina pode substituir 0,025%
Valina	g	2,3	7,4	7,4	
Outros[f] (não essenciais)	g	[f]	66,0	66,0	[f]41,3 g/kg como de glicina, L-alanina e L-serina
Minerais					
Cálcio[g]	g	[g]	5,0	6,3	[g]requisitos separados para manutenção não têm sido determinados para minerais e vitaminas. Requisitos para crescimento têm atendido os requisitos de manutenção
Cloro[h]	g	[h]	0,5	0,5	[h]estimativa representada quantidade adequada
Magnésio	g	[g]	0,5	0,6	
Fósforo	g	[g]	3,0	3,7	

Continua

Continuação

Tabela 27.2
Necessidades nutricionais estimadas para ratos de acordo com o Committee on Animal Nutrition Board on Agriculture, National Research Council, Washington (NRC, 1995)

Nutriente	Unid	Quantidade por kg da dieta			Comentário/Referencia
		Manutenção	Crescimento	Reprodução (fêmea)	
Minerais					
Potássio	g	[g]	3,6	3,6	
Sódio	g	[g]	0,5	0,5	
Cromo	mg	[g]	5,0	8,0	
Cobre	mg	[g]			concentrações altas podem ser requisitadas na lactação
Iodo	mg	[g]	0,15	0,15	
Ferro	mg	[g]	35,0	75,0	
Manganês	mg	[g]	10,0	10,0	
Zinco[i]	mg	[g]	12,0	25,0	[i]concentração alta é requisitada com a inclusão de fitatos (p. ex., carne de soja) na dieta
Molibdênio	mg	[g]	0,15	0,15	
Selênio	mg	[g]	0,15	0,40	
Vitaminas					
A (retinol)[j]	mg	[g]	0,7	0,7	[j]equivalente a 1.000 UI/kg
D (colecalciferol)[k]	mg	[g]	0,025	0,025	[k] equivalente a 1.000 UI/kg
E (RRR-∝-tocoferol)[l]	mg	[g]	18,0	18,0	[l] equivalente a 27 UI/kg. Concentrações mais altas podem ser requisitadas nas dietas altas em gordura
K (filoquinona)	mg	[g]	1,0	1,0	
Biotina (d-biotina)	mg	[g]	0,2	0,2	
Colina (base livre)	mg	[g]	750,0	750,0	
Ácido fólico	mg	[g]	1,0	1,0	
Niacina (ácido nicotínico)	mg	[g]	15,0	15,0	
Pantotenato (Ca-d-pantotenato)	mg	[g]	10,0	10,0	
Riboflavina	mg	[g]	3,0	4,0	
Tiamina (HCL-tiamina)[m]	mg	[g]	4,0	4,0	[m]concentrações altas podem ser requisitadas nas dietas baixa proteína, alto carboidrato
B_6 (HCl-piridoxina)[n]	mg	[g]	6,0	6,0	[n]estimativa representa quantidade adequada
B_{12}	mg	[g]	0,05	0,05	

Requisitos nutricionais são expressos baseado em dieta contendo 10% de umidade e 3,8 a 4,1 kcal ME/g (16-17 KJ ME/g) e devem ser ajustados para dietas de concentrações diferentes de umidade e energia. As concentrações de nutrientes listadas representam requisitos mínimos e não incluem margem de segurança.

Tabela 27.3
Necessidades nutricionais estimadas para cobaias de acordo com o Committee on Animal Nutrition Board on Agriculture, National Research Council, Washington (NRC, 1995)

Nutriente	Unid	Quantidade por kg da dieta	Comentário
Proteína (28,6 g N × 6,25)	g	180,0[a]	[a]crescimento é equivalente a 300 g de caseína mais 3 g L-arginina por kg ou 200 g de proteína de soja mais 10 g de L-metionina por kg
Ácidos graxos essenciais (n-6)	g	1,33-4,0	10 g de óleo de milho/kg
Fibra	g	150,0	uso de celulose e/ou materiais de baixa digestibilidade
Aminoácidos[b]			[b] quantidades refletem um ajuste de 20% na eficiência de utilização para crescimento máximo
Arginina	g	12,0	
Histidina	g	3,6	
Isoleucina	g	6,0	
Leucina	g	10,8	
Lisina	g	8,4	
Metionina	g	6,0[c]	[c]cisteína pode substituir 40%
Fenilalanina	g	10,8[d]	[d] tirosina pode substituir 50%
Treonina	g	6,0	
Triptofano	g	1,8	
Valina	g	8,4	
Nitrogênio dispensável	g	16,9[e]	[e] mistura de L-alanina, L-aspargina.H2O, ácido L-aspártico, ácido L-glutâmico, glutamato de sódio, glicina, L-prolina e L-serina
Minerais			
Cálcio	g	8,0	
Fósforo	g	4,0	
Magnésio	g	1,0	
Potássio	g	5,0	
Cloro	g	0,5	
Sódio	g	0,5	
Cobre[f]	mg	6,0	[f]minerais medidos em mg/kg correspondem a ppm
Ferro	mg	50,0	
Manganês	mg	40,0	
Zinco	mg	20,0	
Iodo	mg	0,15	
Molibdênio	mg	0,15	
Selênio	mg	0,15	

Continua

Continuação

Tabela 27.3
Necessidades nutricionais estimadas para cobaias de acordo com o Committee on Animal Nutrition Board on Agriculture, National Research Council, Washington (NRC, 1995)

Nutriente	Unid	Quantidade por kg da dieta	Comentário
Vitaminas			
A (retinol)[g] ou (β-caroteno)	mg	6,6 28,0	[g]equivalente a 21.960 UI/kg. Requisito de β-caroteno medido é equivalente a 47.425 UI/kg
D (colecalciferol)[h]	mg	0,025	[h] equivalente a 1.000 UI/kg
E (RRR--tocoferol)[i]	mg	26,7	[i]equivalente a 40 UI/kg. Concentrações mais altas podem ser requisitadas em dietas de alta gordura
K (filoquinona)	mg	5,0	
Ácido ascórbico	mg	200,0	
Biotina (d-biotina)	mg	0,2	
Colina (bitartarato de colina)	mg	1800,0	
Ácido fólico	mg	3,0-6,0	
Niacina	mg	10,0	
Ácido pantotênico (Ca-d-pantotenato)	mg	20,0	
Piridoxina	mg	2,0-3,0	
Riboflavina	mg	3,0	
Tiamina (HCl-tiamina)	mg	2,0	

Requisitos nutricionais são expressos baseado em dieta contendo 10% de umidade; 2,8 a 3,5 kcal ME/g (11,7-14,6 KJ ME/g) e devem ser ajustados para dietas de concentrações diferentes de umidade e energia. As concentrações de nutrientes listadas representam requisitos mínimos e não incluem margem de segurança.

Tabela 27.4
Necessidades nutricionais estimadas para coelho *ad libitum* (% ou quantidade por kg de ração) de acordo com o Committee on Animal Nutrition Board on Agriculture, National Research Council, Washington (NRC, 1977).

Nutrientes[a]	Crescimento	Manutenção	Gestação	Lactação
Energia e proteína				
Energia digestível (kcal)	2.500	2.100	2.500	2.500
TDN (%)	65	55	58	70
Fibra bruta (%)	10-12[b]	14[b]	10-12[b]	10-12[b]
Gordura (%)	2[b]	2[b]	2[b]	2[b]
Proteína bruta (%)	16	12	15	17
Nutrientes inorgânicos				
Cálcio (%)	0,4	-----[c]	0,45[b]	0,75[b]
Fósforo (%)	0,22	-----[c]	0,37[b]	0,5

Continua

Continuação

Tabela 27.4
Necessidades nutricionais estimadas para coelho *ad libitum* (% ou quantidade por kg de ração) de acordo com o Committee on Animal Nutrition Board on Agriculture, National Research Council, Washington (NRC, 1977).

Nutrientes[a]	Crescimento	Manutenção	Gestação	Lactação
Magnésio (mg)	300-400	300-400	300-400	300-400
Potássio (%)	0,6	0,6	0,6	0,6
Sódio (%)	0,[2b,d]	0,2[b,d]	0,2[b,d]	0,2[b,d]
Cloro (%)	0,3[b,d]	0,3[b,d]	0,3[b,d]	0,3[b,d]
Cobre (mg)	3	3	3	3
Iodo (mg)	0,2[b]	0,2[b]	0,2[b]	0,2[b]
Ferro	----[c]	-----[c]	----[c]	----[c]
Manganês (mg)	8,5[e]	2,5[e]	2,5[e]	2,5[c]
Zinco	-----[c]	-----[c]	----[c]	----[c]
Vitaminas				
Vitamina A (UI)	580	----[c]	>1160	----[c]
Vitamina A como caroteno (mg)	0,83[b,e]	-----[f]	0,83[b,e]	-----f
Vitamina D	-----[g] -----g	-----[g]	-----[g]	-----[g]
Vitamina E (mg)	40[h]	-----[c]	40[h]	40[h]
Vitamina K (mg)	-----[i]	-----[i]	0,2[b]	-----[i]
Niacina (mg)	180	-----[j]	-----j	-----j
Piridoxina (mg)	39	-----[j]	-----j	-----j
Colina (g)	1,2[b]	-----[j]	-----j	-----j
Aminoácidos (%)				
Lisina	0,65	-----[g]	-----[g]	-----[g]
Metionina + cistina	0,6	-----[g]	-----[g]	-----[g]
Arginina	0,6	-----[g]	-----[g]	-----[g]
Histidina	0,3[b]	-----[g]	-----[g]	-----[g]
Leucina	1,1[b]	-----[g]	-----[g]	-----[g]
Isoleucina	0,6[b]	-----[g]	-----[g]	-----[g]
Fenilalanina + tirosina	1,1[b]	-----[g]	-----[g]	-----[g]
Treonina	0,6[b]	-----[g]	-----[g]	-----[g]
Triptofano	0,2[b]	-----[g]	-----[g]	-----[g]
Valina	0,7[b]	-----[g]	-----[g]	-----[g]
Glicina	-----[c]	-----[g]	-----[g]	-----[g]

[a]Nutrientes não listados indicam necessidades dietéticas não conhecidas ou não demonstradas. [b]Pode não ter mínimo, mas reconhecido como adequado.[c]Requerimento quantitativo não determinado, mas necessidade dietética demonstrada.[d] Pode ser encontrado com 0,5% de NaCl.[e]Convertido da quantidade por coelho por dia usando um consumo alimentar seco de 60 gramas por dia por 1 quilo de coelho.[f]Requerimento quantitativo não determinado.[g] Provavelmente requerido, quantidade desconhecida.[h]Estimado.[i]Síntese intestinal adequada provavelmente.[j]Necessidade dietética desconhecida.

Tabela 27.5

Estimativa mínima da composição de rações para roedores, segundo AIN-93G e AIN-93M

Nutriente	Unid.	AIN-93G[a] Crescimento U/kg ração	AIN-93M[a] Manutenção U/kg ração	Nutriente	Unid.	AIN-93G[a] Crescimento U/kg ração	AIN-93M[a] Manutenção U/kg ração
Energia total[b]	kcal	3.766,0	3.601,0	Enxofre	mg	300,0	300,0
Proteína	%	19,3	14,1	Ferro	mg	45,0	45,0
Carboidrato	%	64,0	75,9	Zinco	mg	38,0	35,0
Lípidios	%	16,7	10,0	Manganês	mg	10,0	10,0
Aminoácidos				Cobre	mg	6,0	6,0
Alanina	g	4,6	3,3	Iodo	mg	0,2	0,2
Arginina	g	6,4	4,5	Molibdênio	mg	0,15	0,15
Ác. Aspartâmico	g	12,2	8,0	Selênio	mg	0,18	0,17
Cistina[c]	g	3,7	2,4	Silicone	mg	5,0	5,0
Ác. Glutâmico	g	36,3	25,5	Cromo	mg	1,0	1,0
Glicina	g	3,2	2,3	Flúor	mg	1,0	1,0
Histidina	g	4,6	3,3	Níquel	mg	0,5	0,5
Isoleucina	g	8,5	5,9	Boro	mg	0,5	0,5
Leucina	g	15,4	10,9	Lítio	mg	0,1	0,1
Lisina	g	13,0	9,2	Vanádio	mg	0,1	0,1
Metionina	g	4,6	3,3	**Vitaminas**			
Fenilalanina	g	8,8	6,2	Ác. Nicotínico	mg	30,0	30,0
Prolina	g	20,5	14,3	Ác. Pantotêmico	mg	15,0	15,0
Serina	g	9,7	6,7	Piridoxina	mg	6,0	6,0
Treonina	g	6,7	4,7	Tiamina	mg	5,0	5,0
Triptofano	g	2,1	1,6	Riboflavina	mg	6,0	6,0
Tirosina	g	9,3	6,6	Ác. Fólico	mg	2,0	2,0
Valina	g	10,0	7,0	Biotina	mg	0,2	0,2
Minerais				B_{12}	µg	25,0	25,0
Cálcio	mg	5.000,0	5.000,0	K	µg	900,0	860,0
Fósforo	mg	3.000,0	3.000,0	E	UI	75,0	75,0
Magnésio	mg	513,0	511,0	A	UI	4.000,0	4.000,0
Sódio	mg	1.039,0	1.033,0	D	UI	1.000,0	1.000,0
Potássio	mg	3.600,0	3.600,0	Colina	mg	1.000,0	1.000,0
Cloro	mg	1.631,0	1.631,0				

[a]Os valores foram baseados em estimativas da composição de nutrientes dos ingredientes individuais em uma formulação não peletizada. [b]A estimativa do conteúdo calórico foi baseado em valores fisiológicos padronizados proteína, lipídeos, de 4, 9 e 4, respectivamente.[c]Inclui uma adição de L-cistina. Fonte: Reeves et all, 1993.

■ Função dos nutrientes

Fontes de energia – carboidratos

Os carboidratos constituem a maior fonte de energia para os animais de laboratório. Animais em rápido crescimento devem consumir alimento suficiente para fornecer quatro vezes mais energia do que a necessidade para o metabolismo basal. O requisito durante a gestação é 10 a 30% maior que em ratas não prenhes, e na lactação o requisito energético é duas a quatro vezes maior que em fêmeas não lactantes.[5,6] O valor energético das dietas é função de sua digestibilidade e energia química e é geralmente descrito em termos de energia metabolizável (EM) medida biologicamente. A EM dos carboidratos é 17 kJ/g (4 cal/g) e das gorduras é 38 kJ/g (9 cal/g). Os aminoácidos produzem aproximadamente a mesma quantidade de EM que o carboidrato, mas, como as proteínas são os ingredientes mais caros de uma dieta, basear seu uso como fonte de energia torna a ração economicamente inviável.

Animais com acesso ilimitado ao alimento ajustam o consumo alimentar para atender seus requisitos energéticos, ou seja, uma dieta altamente energética apresentará menor ingestão do que uma dieta menos energética.

A eficiência do alimento é influenciada pelo valor nutritivo da dieta, pela quantidade de alimento digerido, pelo padrão de alimentação, pelas condições ambientais e pela atividade para a qual a energia está sendo usada, isto é, fase de crescimento, gestação, manutenção, lactação, evitando a produção de gordura.[7-9] O rato cresce melhor se alimentado com carboidratos insolúveis (amidos) do que com carboidratos solúveis (sacarose ou glicose). Amidos estimulam crescimento de bactérias intestinais e aumentam a síntese de vitaminas disponíveis diretamente na dieta ou através de coprofagia. A natureza do carboidrato na dieta pode influenciar o metabolismo de lipídeos. Muitas fontes de carboidratos podem ser usadas, como glicose, sacarose, maltose, frutose e amidos (como de trigo, milho e arroz). Níveis altos de lactose, galactose ou xilose podem resultar em menor crescimento e formação de catarata em ratos.

Os animais armazenam os carboidratos na forma de glicogênio encontrado no fígado e nos músculos. Uma dieta com excesso de carboidrato favorece a formação de tecido adiposo, levando a obesidade. A obesidade geralmente ocorre em animais de laboratório idosos, coelhos e ratos, alimentados *ad libitum*.

Análises típicas de dietas comerciais de ingredientes naturais medem "fibra bruta". A fibra pode ser bruta ou dietética. A fibra bruta é o resíduo obtido após o tratamento do alimento vegetal com ácidos e bases, que resulta em hemiceluloses, parte das pectinas e parte da lignina dos alimentos. A fibra dietética corresponde aos componentes da extração do alimento com solução de detergente neutro, que resulta em celulose, hemicelulose e lignina como componentes principais. Assim, uma ração com nível de "*fibra bruta*" de 4%, se excluída a hemicelulose, pode conter 15% ao nível de "fibra dietética". Fibra dietética, embora não tenha contribuição nutricional, tem influência na digestão e no metabolismo do animal. Sua textura e volume facilitam o movimento da digestão ao longo do intestino.[10]

Proteínas e aminoácidos

A qualidade nutricional das proteínas é determinada pelo conteúdo calórico da dieta, pela composição dos aminoácidos e pela digestibilidade das proteínas utilizadas.

Os aminoácidos essenciais são lisina, metionina, leucina, isoleucina, valina, triptofano, histidina, fenilalanina, treonina, arginina, e os aminoácidos não essenciais são alanina, serina, isoleucina, ácido aspártico, tirosina, prolina, hidroxiprolina, ácido glutâmico, ácido hidroxiglutâmico e cistina.

Diz-se que uma proteína com todos os aminoácidos essenciais em proporção próxima à das necessidades corporais totais tem alto valor biológico. Proteínas de origem animal têm alto valor biológico (como proteínas da carne, ovo, peixe e leite), e as proteínas vegetais têm um valor biológico menor. A caseína é considerada uma proteína perfeita, que contém os aminoácidos balanceados.

O aminoácido essencial em quantidade insuficiente na proteína é conhecido como "fator limitante". Dentre os cereais, o principal fator limitante (o que apresenta a maior deficiência) é da lisina (trigo, arroz e milho). Nas leguminosas, nas folhas em geral e nas leveduras, o fator limitante principal é a metionina.

A lisina é facilmente destruída pelo calor, assim, rações autoclaváveis requerem uma quantidade extra de lisina na formulação.

Deficiência de proteína resulta em diminuição de consumo alimentar e de ganho de peso, anemia, hipoproteinemia, perda muscular, pelo arrepiado, estro irregular e reprodução pobre, com reabsorção fetal ou recém-natos fracos ou mortos. Durante lactação a deficiência de proteínas resulta em baixo crescimento da ninhada; compromete os resultados experimentais em estudos de toxicidade química e carcinogênese, processos imunológicos, infecção. Também diminui a atividade de enzimas oxidases microssomais hepáticas, hormônios esteroidais e muitos químicos exógenos.[11]

Aminoácidos essenciais em excesso podem causar intoxicações e provocam redução no crescimento. Metionina, por exemplo, requerida em menos de 1% da dieta, pode ser tóxica na concentração de até 2%.[12]

Para se definir o valor nutricional de uma proteína são avaliados: valor biológico (VB), índice de eficiência proteica (sigla em inglês, PER), digestibilidade (D) e utilização proteica (sigla em inglês, NPU). A proteína e os componentes energéticos são quantitativamente os maiores constituintes de uma dieta.

Lipídeos

A gordura da dieta fornece ácidos graxos essenciais (AGE) que são requeridos para a síntese de lipídeos no tecido e membranas celulares. As gorduras são também uma fonte de calorias (9 cal/g), melhoram a palatabilidade dos alimentos e são necessárias para absorção normal e utilização de vitaminas lipossolúveis.

As funções fisiológicas de AGE são promoção do crescimento, prevenção de anormalidade da pele, manutenção de taxa normal de fosfolipídeos e triglicérides em tecidos, incorporação de fosfolipídeos particularmente na posição

2, formação de prostaglandina, e manutenção de uma taxa normal de trieno a tetraeno de ácido graxo poli-insaturado.[13] Dos três ácidos graxos poli-insaturados essenciais (linoleico, linolênico e araquidônico), o ácido linoleico é o mais disponível em alimentos e pode ser convertido nos tecidos a ácido araquidônico, que é o principal AGE nas membranas. Os ácidos graxos da dieta determinam a estrutura dos ácidos graxos teciduais e de fosfolipídeos teciduais, que são ricos em ácidos graxos insaturados.[14]

A deficiência de ácidos graxos essenciais em ratos se inicia com aumento do metabolismo basal, produz redução no seu crescimento, redução da espessura da pele, pelo fino e arrepiado, necrose da cauda, fígado gorduroso, dano renal e anormalidades de eletrocardiograma.[15] Existem falhas na função reprodutiva em ambos os sexos.[16]

Os ácidos graxos poli-insaturados estão disponíveis nas folhas verdes de muitas plantas que contêm aproximadamente 60% de ácidos graxos como ácido linolênico, e óleos derivados de sementes (milho, algodão, soja e amendoim) contêm 50% ou mais de ácido linoleico. Aproximadamente 5-10 g de linoleato/kg numa dieta fornecem 16-17 MJ/kg, o que é adequado para várias espécies animais (ratos, cobaias, primatas etc.).

Vitaminas

São compostos químicos puros, requeridos em pequenas quantidades para o crescimento, a manutenção, a reprodução e a lactação, e componentes de certas enzimas e sistemas hormonais essenciais para os processos vitais. São classificadas como lipossolúveis, (K, A, D, E) e hidrossolúveis, (complexo B, C e biotina).

As vitaminas lipossolúveis podem ser estocadas no tecido adiposo; já as hidrossolúveis, estocadas em quantidades muito limitadas, devem ser consumidas regularmente e em quantidades adequadas.

A deficiência em vitaminas hidrossolúveis instala problemas em pouco tempo.

São razoavelmente estáveis; entretanto, ácido fólico, vitamina B_{12}, tiamina, riboflavina, ácido pantotênico, vitamina C, vitamina A e vitamina E podem ser destruídos pelo calor, luz e exposição ao ar.

Vitamina A

Essencial para manutenção do tecido epitelial e para a visão. Sua deficiência causa perda de peso (menor crescimento), inflamação dos olhos e perda de visão pela falta de pigmento, perda de resistência à infecção e falência na reprodução. Doses elevadas de vitamina A podem ser prejudiciais. Fraturas ósseas e hemorragias severas são observadas em ratos que recebem doses da ordem de 9-15 mg de retinol diariamente. Durante a prenhez resulta em malformação congênita.

Fontes de vitamina A: ervilhas verdes, vegetais verdes, cenoura, fígado de bacalhau.

1 UI de vitamina A é equivalente a:

- 0,300 µg de retinol;

- 0,344 µg de acetato de retinol;
- 0,550 µg de palmitato de retinol;
- 0,600 µg de betacaroteno (precursor de vitamina A).

Vitamina D

Está envolvida no metabolismo de cálcio e fósforo. Ocorre nos tecidos animais, particularmente no fígado, como colecalciferol (vitamina D_3). Precursores dessa vitamina são encontrados na superfície da pele, convertidos em vitaminas D por exposição à radiação UV. Ergocalciferol (vitamina D_2) é tão ativa quanto colecalciferol. Uma ingestão adequada de cálcio e fósforo na proporção adequada fornece uma fonte de vitamina D na dieta. No entanto, dar uma suplementação de vitamina permite uma variação nas taxas de cálcio e fósforo.

Em excesso, a vitamina D pode causar reabsorção óssea, fraturas e anormalidades esqueléticas.

Sua deficiência causa raquitismo, com deficiência na calcificação dos ossos e crescimento deformado dos ossos.

Fonte de vitamina D: óleo de fígado de peixe.

1 UI é equivalente a 0,025 µg de ergocalciferol.

Vitamina E

A vitamina E ativa é dada por tocoferóis, dentre os quais o E-tocoferol é o mais potente. Os tocoferóis têm propriedades antioxidantes.

A deficiência de vitamina E difere de uma espécie para outra. Causa desordens de reprodução em ratos. Aumenta hemólise em ratos, pois previne peroxidação lipídica. Nas fêmeas, causa indução de anormalidades fetais, ou mortos intrauterinos.

Fontes de vitamina E: germe de trigo, grão de cereais, vegetais verdes.

1 UI é equivalente a 1 mg DL-α-acetato de tocoferol.

Vitamina K

A síntese de vitamina K ocorre por microrganismos no intestino e animais coprofágicos que podem obter uma quantidade significativa dessa maneira.

Sua deficiência causa defeito no mecanismo de coagulação, com hemorragia fatal.

Fontes de vitamina K: vegetais verdes, plantas de folhas largas.

As vitaminas hidrossolúveis atuam como coenzimas para um extenso grupo de reações metabólicas. Elas são absorvidas na parte superior do intestino delgado, exceto a vitamina B_{12} e possivelmente a riboflavina, que são absorvidas no íleo. Elas também podem ser disponíveis através de coprofagia, a partir da suasíntese pelas bactérias intestinais.

Vitaminas do complexo B

A tiamina (B_1), a riboflavina (B_2), o ácido nicotínico, a piridoxina (B_6), o ácido pantotênico, a biotina, o PABA, o inositol, a colina, o ácido fólico, a cianocobalamina (B_{12}) estão envolvidos em geral nos metabolismos, e B_{12} está envolvida na maturação das células vermelhas do sangue. São sintetizados sob ação microbiológica no intestino, e animais coprofágicos obtêm a maior parte de suas necessidades deste modo.

Elas também estão presentes em cereais, sendo a suplementação nas dietas dos animais de laboratório raramente necessária. Todavia, as dietas para maioria das espécies de animais de laboratório contêm suplementação do complexo B, assegurando a sua presença na dieta.

Vitamina C

É essencial para a formação de material intercelular nos tecidos mole e ósseo.

O ácido ascórbico não é necessário na dieta da maioria dos pequenos animais de laboratório, com notável exceção das cobaias e dos primatas.

A vitamina C é muito instável e se deteriora pelo calor e na presença de oxigênio (oxidação). Na cobaia, a deficiência de vitamina C, que é conhecida por escorbuto, é detectada primeiramente com o eriçamento dos pelos e andar afetado (relutância em andar). A evolução dos sintomas é perda dos dentes, sangramento da gengiva, juntas rígidas e inchadas,[17] e os ossos longos podem se quebrar facilmente, podendo ocorrer a morte em seguida.

Os ratos, apesar de não necessitarem de fonte de ácido ascórbico na dieta, podem dispensar certas quantidades de vitaminas do complexo B. Uma adição de 5% de ácido ascórbico em dieta deficiente em tiamina proporciona ganho de peso e aumenta a tiamina fecal nos ratos. Sua eficiência pode ser explicada pelo aumento do conteúdo de vitamina fecal, que é retornado para o rato via coprofagia.[18]

Fontes de vitamina C: frutas cítricas, vegetais verdes, batata.

Métodos de administração de vitamina C:

a. Na dieta peletizada
b. Suplementação na água de beber (200 mg/L). Deve-se observar que a estabilidade da vitamina C é afetada por vários fatores, como calor, luz, oxigênio e pH.[19] Assim, atenção especial deve ser considerada no uso dessa vitamina na água, como a presença de cloro.

Sais Minerais

Os minerais têm uma gama de funções. Cálcio e fósforo, por exemplo, têm funções estruturais no osso; sódio e potássio têm efeitos osmóticos e iônicos. Embora algumas funções específicas ainda não tenham sido identificadas, suas deficiências podem ser demonstradas por anormalidades no crescimento e na reprodução dos animais.

Os minerais são adicionados à dieta na forma de misturas (*premix*), e pelo menos 20 deles são requeridos para a manutenção e o bom funcionamento do organismo, cada um com um propósito específico. Eles constituem parte das cinzas ou parte não combustível da ração.

Na análise dos constituintes minerais o animal morto é incinerado até formar cinzas, que conterão elementos inorgânicos e são estimados em percentuais do peso corporal total do animal (Tabela 27.6).[20] Elementos que estão presentes em pequenas quantidades não significam que sejam menos importantes.

Assim, podemos dividir os sais minerais em três grupos funcionais:

a. Eletrólitos: sódio, potássio, cálcio, magnésio, cloreto e fosfato. Estão envolvidos com o balanço osmótico e iônico entre as células, fluidos teciduais e plasma.
b. Minerais envolvidos com a estrutura esquelética: principalmente cálcio e fósforo (necessários no crescimento e na lactação).
c. Oligoelementos: ferro, cobre, zinco, magnésio, iodo, cobalto e manganês. Participam de processos metabólicos intercelulares como complexos metaloproteínas e coenzimas. Estão em pequena quantidade.

Outros elementos, como níquel, silício, estanho e vanádio, podem ser requeridos na dieta dos animais.

Os minerais podem ser tóxicos em grande quantidade, e para vários deles, como selênio, a margem de segurança é pequena. Eles podem ser estocados no corpo, e cumulativamente estocados em fetos derivados de estoques maternos. A absorção e a utilização dos oligoelementos são influenciadas por outros elementos ou nutrientes na dieta. Por essa razão, o planejamento de dietas experimentais pode ser complexo, e depleção prolongada pode induzir a deficiência por mais de uma geração.

Crescimento anormal, falha na reprodução, anemia, função neuronal anormal e deformidade de osso e pele comumente são vistos nas deficiências de minerais e de outros nutrientes. Os minerais podem ter ação antagônica entre si e induzir deficiência condicionada. Por exemplo, ratos alimentados com ní-

Tabela 27.6
Porcentagem de elementos minerais presentes nas cinzas totais de um animal

Elementos minerais	% nas cinzas
Cálcio	2,0
Fósforo	1,1
Potássio	0,35
Sódio	0,15
Cloro	0,15
Magnésio	0,05
Zinco	0,002
Ferro	0,004
Manganês	0,00013
Cobre	0,00015
Iodo	0,00004
Cobalto	Muito pouco
Zinco	Muito pouco

Fonte: Sherman e Lanford, 1951.

veis excessivos de zinco crescem muito pouco, são anêmicos e têm uma baixa função reprodutiva, devido à indução de deficiência de cobre por interferência de zinco na absorção de cobre. Muitos minerais são requeridos por causa de sua atividade de coenzimas como componentes do sítio ativo de enzima ou para manutenção específica de uma estrutura de proteína.

■ GARANTIA DE QUALIDADE

Analise de nutrientes de dietas de ingredientes naturais

Dada a importância da qualidade e consistência da dieta no desenvolvimento dos animais de laboratório e nos resultados experimentais, um programa de análise de nutrientes deve ser implementado para verificar a composição em cada lote da ração. A omissão ou a inclusão de ingredientes no processo de fabricação, embora incomumente, pode trazer consequências desastrosas aos animais.

Podem ocorrer perdas de nutrientes termolábeis ou fotossensíveis durante a fabricação ou a estocagem e erros na coleta de amostras de dietas para análise.

Embora muitos fabricantes forneçam dados completos da composição dos nutrientes da dieta, é difícil o acesso a esses dados, ou ainda conhecer como eles são calculados, se são representativos de vários lotes de produção ou de um lote de uma única produção.

Convencionalmente, o número de amostras deve ser igual à raiz quadrada do número total de sacos de uma única entrega ou lote de produção. O objetivo é obter uma amostra da dieta que seja representativa do lote inteiro (mesma data de fabricação) para ser analisada. Análises de nutrientes devem ser realizadas por laboratório idôneo, e todos os ensaios devem ser conduzidos de acordo com os métodos mais recentes publicados pela Association of Official Analytical Chemists.[21] As análises devem incluir no mínimo constituintes da composição centesimal (isto é, umidade, proteína bruta, extrato etéreo, cinzas e fibra bruta) e de quaisquer nutrientes que estejam sob estudo ou que possam influenciar o estudo. Algumas vitaminas e outros nutrientes requeridos na concentração de traço são de difícil análise, devido à baixa concentração e à provável presença de compostos que interferem, ou ambas.

Padrões microbiológicos

As matérias-primas utilizadas na preparação das rações comerciais frequentemente têm um alto nível de contagem bacteriana, particularmente de origem animal, e não existe nenhuma possibilidade prática de assegurar a esterilidade dos ingredientes de uma dieta. Os agentes indesejáveis na dieta incluem bactérias e vírus patogênicos, helmintos, artrópodes e fungos.

O ideal é ter dietas estéreis, preferencialmente com um padrão de qualidade da embalagem, manuseio, transporte e armazenamento, evitando gasto com a devolução por graus de contaminação inaceitáveis.

Os processos de pasteurização e esterilização garantem a diminuição ou a ausência de contaminação microbiológica, e para isso podemos utilizar autoclave por vapor e irradiação (ver detalhes no capítulo de higienização).

Considerando que não existem oficialmente limites aceitáveis para níveis de contaminação microbiológica na dieta, caberá ao cliente estabelecer essa exigência no momento da solicitação do produto. Podemos dizer que uma contagem baixa de microrganismos viáveis geralmente indica um procedimento que segue boas práticas de fabricação.

No processo de fabricação de rações peletizadas, o vapor é injetado a 75-80 °C na mistura de ingredientes, é comprimida sob pressão através da matriz e em seguida cortada em péletes. A ração extrusada é submetida à temperatura de aproximadamente 105 °C, que resulta em maior digestibilidade em comparação à ração peletizada. O processo de esterilização da ração extrusada resulta em maior eficiência, no entanto, por ser crocante, essa apresentação induz ao efeito cafeteria e estimula a ingesta.

A temperatura de trabalho permite uma redução na contagem bacteriana, tendo no produto final uma ração com padrão microbiológico recomendado:[22]

1. Ausência de *Salmonella.*
2. Não mais de 10 coliformes presuntivos por grama da dieta.
3. Ausência de *Escherichia coli*.
4. Não mais de 5000 organismos viáveis por grama (contagem total de organismos viáveis).

A ausência de coliformes e a baixa contagem total de organismos viáveis são boas indicações do efeito antimicrobiano do vapor.

A amostragem da ração para análise deve ser feita na recepção do lote e em condição asséptica (em frascos estéreis) e encaminhada para o exame microbiológico.

No processo de esterilização pelo método de irradiação gama, a dose esterilizante é estabelecida de acordo com o grau inicial de contaminantes da ração, e resulta na preservação das características da ração e maior tempo de validade da condição sanitária da ração (por exemplo,15 kGy) (Tabela 27.7).

Tabela 27.7

Avaliação de contaminação microbiológica em lotes de ração comercial peletizada para camundongos e ratos. Contagem de unidades formadoras de colônia (UFC) nas amostras 1 e 2 sem tratamento sanitário, e contagem não detectada na amostra 3 submetida a esterilização por irradiação (15 kGy)

Determinação	Amostra 1	Amostra 2	Amostra 3
Coliformes termotolerantes (NMP/g)*	< 3,0	< 3,0	ND
Contagem total de mesófilas (UFC/g)*	$6{,}5\times10^2$	$1{,}2\times10^3$	ND
Contagem de bolores e leveduras (UFG/g)*	$2{,}9\times10^2$	$5{,}0\times10^2$	ND

**Unidade formadora de colônias por grama. **Número mais provável por grama. N.D.: Não detectado. Fonte: Laboratório de Bromatologia da Faculdade de Farmácia da USP.*

Contaminação Química

Rao e Knapka[23,24] descreveram uma lista de limites recomendados para aproximadamente 40 contaminantes químicos, baseada nas observações dos efeitos tóxicos. Os autores também propuseram um sistema de classificação de dietas atribuindo escores quanto ao seu uso em estudos toxicológicos.

Os principais contaminantes químicos são metais pesados (cádmio, selênio, mercúrio, chumbo e arsênio), produtos industriais (bifenil dieldrina, lindano e heptacloro), toxinas (aflatoxinas e outros micotoxinas associadas ao mofo dos grãos)[25,26] e compostos com atividade de estrógeno presentes em alguns produtos.

Outra contaminação química de grande importância ocorre no processo de fabricação de dietas. A limpeza rigorosa ou a utilização de maquinaria exclusiva para produção de dietas para animais de laboratório evitam a contaminação cruzada com substâncias aditivadas das rações para ave e gado (p. ex.: hormônios e antibióticos para promover crescimento do animal).

Manutenção da qualidade de ração

Estocagem

Muitos nutrientes da dieta deterioram durante a estocagem por oxidação gradativa ou por ação de enzimas presentes na matéria-prima, e os microrganismos sobreviventes do processo de fabricação também podem entrar em atividade. Por isso, é imprescindível o cálculo adequado para consumo da ração em período curto e dentro do prazo de validade.

Para manter a estabilidade de nutrientes das dietas peletizadas de animais, elas devem ser estocadas em locais climatizados, com temperatura mantida abaixo de 21 °C e a umidade abaixo de 60%, com previsão de consumo em 90 dias após a data de fabricação.[27,28] O local deve ter barreira de proteção contra invasores e piso e paredes com revestimento de fácil limpeza. A ração deve ser colocada sobre estrados de plástico para evitar umidade por contato com a parede e o piso (Figura 27.1).

Transporte

A ração exige embalagem com material opaco para proteção de nutrientes fotossensíveis. Durante o transporte pode ocorrer manuseio inadequado, provocando impactos que podem quebrar os péletes (gerando formação de pó, podendo provocar desbalanceamento da ração) e violar a embalagem.

Um período longo de transporte da ração entre fabricante e usuário, devido a fatores imprevistos, expõe a ração a condições inadequadas (temperatura, umidade, luz solar e presença de animais nocivos).

■ Restrição calórica – Racionamento controlado

O critério usado para avaliar nutricionalmente dietas de animais de laboratório tem sido o máximo crescimento ou reprodução do animal em relação ao

Figura 27.1 – *Depósito de ração com estrados plásticos no chão e nas paredes. Notar a presença de termômetro e os POPs. Foto do Biotério Central do Instituto Butantan.*

consumo da dieta. Animais de laboratório geralmente têm acesso *ad libitum* a dietas durante toda a vida. Entretanto, nos últimos 60 anos, muitos estudos têm demonstrado efeitos benéficos de restrição de caloria em várias espécies, incluindo roedores de laboratório.[29-31] A restrição calórica aumenta a expectativa e o tempo de vida, diminui a incidência e a severidade de doenças degenerativas e retarda o começo de várias neoplasias.

O objetivo da restrição calórica é reduzir calorias sem causar desnutrição nos animais. Esse objetivo é geralmente alcançado com a suplementação de micronutrientes na dieta limitando o consumo da dieta a 60-80% do consumo diário de animais que são alimentados *ad libitum*. Esse procedimento resulta em diminuição de consumo calórico total. Embora tenham sido conduzidos estudos com limites individualizados de gordura total,[32] de proteína[33] ou de carboidrato,[34] viu-se que somente redução no consumo calórico resulta nos extensos efeitos benéficos relacionados à restrição da dieta. Várias hipóteses explicando os resultados de estudos de restrição de dietas têm sido revisadas e discutidas.[35] Em resumo, os dados registrados mostram que alimentação *ad libitum* não deve ser inteiramente desejável para roedores usados em estudos de toxicologia a longo prazo ou estudos geriátricos, levando esse fator em consideração previamente nos planejamentos desse tipo de estudos.

Finalmente, devemos levar em conta que os níveis de nutrientes encontrados nas dietas naturais são, muitas vezes, bem acima dos requisitos nutricionais,[1] devendo ser realizado regularmente controle dos níveis nutricionais.

Hidratação

O animal está constantemente perdendo água na urina, na transpiração e na expiração. A água é substância vital no ambiente interno do animal para transportar substâncias pelo organismo e para permitir a maioria das reações bioquímicas que ocorrem no organismo.

Um animal pode sobreviver depois de perder seu glicogênio quase total e gordura armazenados, metade de suas proteínas, mas a perda de 10% da água corpórea total causa doenças, e uma perda de 15% leva à morte. Os animais têm basicamente duas fontes de água: metabólica e consumida. A água metabólica resulta das reações oxidativas de carboidratos, gorduras e proteínas. Aproximadamente 5 a 8 gramas de água são produzidos para cada 100 kJ de energia liberada dos nutrientes oxidados. Assim, a quantidade de água consumida é intimamente relacionada com a ingesta de alimento. Em pequenos roedores, a proporção de alimento consumido é de 2,5 a 3:1 de água, sob condições normais de dieta e aclimatação (Tabela 27.8).

Para atender às necessidades vitais de água, os animais de laboratório devem ter acesso *ad libitum* a água fresca, potável e não contaminada, que pode ser fornecida principalmente por bebedouros ou sistema automático. Às vezes, existe a necessidade de treinar animais para uso de sistemas automáticos de fornecimento de água.

A água é uma fonte potencial de contaminação microbiana ou química. Tratamentos usados para limitar ou eliminar bactérias na água dos animais de laboratório estão descritos no capítulo de higienização.

Tabela 27.8
Consumo médio de água (mL/dia)

Espécie	Crescimento	Adulto
Camundongo	3-10	5-10
Rato	5-80	25-35
Hamster	8-10	5-15
Cobaia	100-250	200-300
Coelho	100-400	300-400

Fonte: Cjwalibog, 1994.

Referências Bibliográficas

1. NRC. National Research Council, Board on Agriculture, Committee on Animal Nutrition, Subcommittee on Laboratory Animals. Nutrient Requirements of Laboratory Animal. 4th revised ed. Washington: Nacional Academy Press, 1995.
2. Ford DF. Influence of diet pellet hardness and particle size on food utilization by mice, rats and hamsters. Lab Anim 1997;11:241-246.
3. Butolo J.E. Qualidade de ingredientes na alimentação animal. Campinas: CBNA, 2002. p.430.
4. Reeves PG, Nielsen FH, Farey Jr GC. AIN-93 purified diets for laboratory rodents: final repost of the American Institute of Nutrition Ad Hoc Writing Committee on the Reformulation of the AIN-76A Rodent Diet. J Nutr 1993;123:1939-1951.
5. Peterson AD, Baumgardt BR. Food and energy intake of rats fed diets varying in energy concentration and density. J Nutr 1971a;101: 1057–1068.

6. Peterson, AD, Baumgardt, BR. Influence of level of energy demand on the ability of rats to compensate for diet dilution. J Nutr 1971b;101:1069–1074.
7. Berdanier CD. Rat strain difference in response to meal feeding. Nutri Rep Int 1975;11: 517-524.
8. Deb S, Martin RJ, Hershberger TV. Maintenance requirement and energetic efficiency of lean obese Zucker rats. J Nutr 1976;106:191-197.
9. Hartsook EW, Hershberger TV, Nee JCM. Effects of dietary protein content and ratio of fat to carbohydrate calories on energy metabolism and body composition of growing rats. J Nutr 1973; 103:167-178.
10. Wise A, Gilbert DJ. Variability of dietary fibre in laboratory animals diets and its relevance to the control of experimental conditions. F Cosmec Toxicol 1980;18: 643-8.
11. Campbell TC, Hayes JR. Role of nutrition in the drug-metabolizing enzyme system. Pharmacol Rev 1975;26:171-197.
12. Benevenga NJ. Toxicities of methionine and other amino acids. Agric Food Chem 1974;22:2-9.
13. Samuelsson B. Biosynthesis of prostaglandins. Fed Proc, Fed Am Soc Exp Biol 1972;31:1442-1450.
14. Sprecher HW. Regulation of polyunsaturated fatty acid biosynthesis in the rat. Fed Proc, Fed Am Soc Exp Biol 1972;31:1451-1457.
15. Rose WC. The nutritive significance of the amino acids. Physiol Rev 1938;18:109-13.
16. Holman RT. Essential fatty acid deficiency. Prog Chem Fats Lipidis 1970;9:275-34.
17. De Angelis R. Fisiologia da nutrição. São Paulo: Edart – Livraria Editora Ltda, 1979. p.158-169.
18. Murdock DS, Donaldson ML, Gubler CJ. Studies on the mechanism of the "thiamin-sparing" effect on ascorbic acid in rats. Am J Clin Nutr 1974;27:696-699.
19. Klein BP. Nutritional consequences of minimal processing of fruits and vegetables. Journal of Food Quality 1987;10:179-193.
20. Sherman HC, Lanford CS. Essentials of Nutrition. 3rd ed. New York: Macmillan, 1951. p. 454.
21. Heldrich K. Official Methods of Analysis of the Association Analytical Chemists. 15th ed. Arlington: VA 22109-3301 Association of Official Analytical Chemists, 1990.
22. Clarke HE, Coates ME, Eva JK, Ford DJ, Milner CK, O'Donoghue PN, Scott PP, Ward RJ. Dietary standards for laboratory animals: report of the laboratory animals centre diets advisory committee. Lab Anim 1977;11:1-28.
23. Rao GN, Knapka JJ. Contaminant and nutrient concentrations of natural-ingredient rat and mouse diet used in chemical toxicology studies. Fundam Appl Toxicol 1987;9:329–338.
24. Knapka JJ. Nutrition. In: Foster HL, Small JD, Fox JG. The in Biomedical Research. Vol. III. New York: Academic Press, 1983. p. 51-67.
25. Fox JG, Aldrich FD, Boylen Jr. Lead in animal foods. J Toxicol Environ Health 1976;1:461-467.
26. Newberne PM. Influence on pharmacological experiments of chemicals and other factors in diets of laboratory animals. Fed Prod 1975;34:209-218.
27. Oller WL, Greenman DL, Suber R. Quality changes in animal feed resulting from extended storage. Lab Anim Sci 1985;35(6):646-50.

28. Fullerton FL, Greenman DL, Kendall DC. Effects of storage condition on nutritional qualities of semipurified (AIN-76) and natural ingredient (NIH-07) diets. J Nutri 1982;112:567-573.
29. Bucci TJ. Dietary restriction: Why all the interest? An overview. Lab Anim 1992;21 (6):29-34.
30. Weindruch R, Walford RL.The retardation of aging and disease by dietary restriction. Biogerontology 1987;7:169–171.
31. Yeh YY, Winters BL, Yeh SM. Enrichment of (n-3) fatty acids of suckling rats by maternal dietary menhaden oil. J Nutr 1990;120(5):436-43.
32. Iwasaki K, Gleiser CA, Masoro EJ, McMahan CA, Seo EJ, Yu BP. Influence of the restriction of individual dietary components on longevity and age-related disease of Fisher rats: the fat component and the mineral component. J Gerontol 1988;43:B13-B21.
33. Davis TA, Bales CW, Beauchene RE. Differential effects of dietary caloric and protein restriction in the aging rat. Exp Gerontol 1983;18:427-435.
34. Kubo C, Johnson BC, Day NK, Good RA. Caloric source, restriction, immunity, and aging of (NZB/NZW) F1 mice. J Nutr 1983;114:1884-1899.
35. Keenan KP, Smith PF, Soper KA. Effect of dietary (caloric) restriction on aging, survival, pathology and toxicology. In: Notter W, Dungworth DL, Capen CC. Pathobiology of the aging rat. Vol. 2. Washington: International Life Sciences Institute, 1994. p. 609-628.

28

Enriquecimento Ambiental

Vania Gomes de Moura Mattaraia
Virgínia Barreto Moreira
Valderez Bastos Valero Lapchik

■ Introdução

Os múltiplos efeitos que o ambiente cativo pode ter na saúde, no comportamento e no bem-estar geral de um animal são reconhecidos há décadas.[1] O enriquecimento ambiental (EA) tem como objetivo conhecer a influência do ambiente sobre o comportamento dos animais. Nesse contexto, o enriquecimento ambiental pode ser definido como uma ferramenta usada com o objetivo de promover o bem-estar dos animais cativos, diminuindo a incidência de comportamentos considerados anormais à espécie.

Assim, o EA tem potencial para minimizar os danos físicos e psicológicos causados aos animais em confinamento, aumentando o seu grau de bem-estar através do desenvolvimento de sistemas ou técnicas alternativas, que promovam comportamentos adequados às espécies.[2] Inicialmente sua aplicação ocorreu com animais de zoológicos, fundamentalmente com primatas não humanos,[3] e depois passou a ser usado para melhorar o ambiente de uma ampla variedade de vertebrados e invertebrados.

Este capítulo está dirigido à produção, manutenção e experimentação de animais de laboratório. Essas atividades são desenvolvidas em ambientes controlados, onde a palavra de ordem é padronização. O padrão genético dos animais utilizados em experimentos segue rígidos sistemas reprodutivos, por exemplo, pela endogamia, que resultaram em linhagens com o mínimo de variação genética. A padronização microbiológica resultou em animais *specific pathogen free* (SPF). Procedimentos experimentais são frequentemente normatizados seguindo rigorosas normas e regulamentos Good Laboratory Practice (GLP) (Boas Práticas Laboratoriais).

São vários os exemplos que podem ser citados como efeitos positivos do EA. Se oferecermos material de nidificação, machos e fêmeas de camundongos, por exemplo, são altamente motivados para a tarefa de construção de ninho, mesmo sem a presença de filhotes. Ratos manifestam comportamentos de construção de túnel quando lhes é oferecido material adequado. Coelhos saltam com frequência e demonstram o comportamento de vigília se lhes é oferecida uma plataforma.

Muitos questionam a aplicação do enriquecimento ambiental para animais destinados à produção. Alguns consideram o enriquecimento um desafio, o que lhe confere um caráter experimental nessa condição, tornando reduzidas sua precisão e replicabilidade nos experimentos com animais.[4] Entretanto, a literatura apresenta robusta revisão lógica e evidências de que o EA pode beneficiar sem romper com a padronização.[4] Os animais que mais tempo permanecem no biotério são aqueles mantidos nas maternidades durante o ciclo reprodutivo, logo, são esses os que mais se beneficiam em um programa de enriquecimento, portanto, sua aplicação deve fazer parte do chamado ambiente estrutural, como será explanado adiante neste capítulo.

Os utensílios de enriquecimento ambiental conferem uma complexidade ao ambiente da gaiola, aumentando a oportunidade de o animal expressar posturas e atividades típicas, aumentando o seu bem-estar. Não incluímos aqui objetos que induzem atividades físicas repetitivas que excluem outros comportamentos, pois esses são considerados indesejáveis.[4] A altura dos compartimentos e das gaiolas pode ser importante nos ajustes posturais normais e no comportamento de algumas espécies. Entretanto, os roedores se beneficiam mais do tigmotatismo que da altura da parede. Conhecer a característica de cada colônia animal e, depois, atribuir o enriquecimento adequado de modo padronizado por meio do programa de gestão do biotério vai além de transferir esse cuidado para as dimensões da gaiola.[4]

Adequação do enriquecimento ambiental

O termo enriquecimento ambiental é usado muitas vezes de modo impreciso,[5] muitas vezes referindo-se simplesmente a alterações que envolvem a adição de um ou mais objetos ao recinto de cativeiro do animal em vez de especificar o objetivo desejado com a mudança,[6] sugerindo um conceito útil: o objetivo final do enriquecimento deve ser o de melhorar o funcionamento biológico do animal. Portanto, o objetivo de um programa de enriquecimento inclui:

1. permitir o aumento do número e do intervalo entre comportamentos normais apresentados pelo animal;
2. prevenir comportamentos anormais ou reduzir a sua frequência ou gravidade;
3. possibilitar aumento da utilização positiva do ambiente (utilização do espaço);
4. favorecer o aumento da capacidade do animal para lidar com problemas comportamentais e desafios fisiológicos, tais como a exposição aos seres humanos, manipulação experimental ou variação ambiental, quando elas acontecem.[7,8]

Há consenso de que, para ser relevante e significativo, o programa de enriquecimento ambiental deve ser adaptado às espécies de animais de interesse, exigindo uma boa compreensão do repertório do comportamento animal. O programa de enriquecimento deve levar em conta idade, que, no caso de animais jovens, são brincalhões em comparação aos adultos e podem se beneficiar de enriquecimentos ativos. Há também de se considerar sexo e diferenças individuais, requerendo uma abordagem de enriquecimento personalizado para melhorar o bem-estar do animal em questão.

O enriquecimento tem sido descrito como um meio de aumentar a quantidade de tempo que o animal gasta em atividades típicas da espécie (por exemplo, forragear, construir ninhos etc.), com uma concomitante redução no tempo gasto para expressar comportamento estereotipado, como locomoção estereotipada e comportamento de automutilação.[8] Shepherdson[9] definiu enriquecimento ambiental como "uma criação de animais com um princípio que visa melhorar a qualidade do cuidado dos animais em cativeiro, identificando e fornecendo os estímulos ambientais necessários para bem-estar psicológico e fisiológico ótimo".

Objetivo e tipos do enriquecimento

Uma abordagem mais abrangente na melhora da pesquisa do bem-estar animal é considerar o enriquecimento um dos elementos de um programa de gestão comportamental mais amplo, que envolva o ambiente estrutural, o ambiente social e a atividade física e cognitiva do animal.[10] Programas de gestão de comportamento englobam reforço positivo: treinamento, instalação, desenho da gaiola e interações positivas com os bioteristas,[11] mas também devem influenciar a produção animal e procedimentos experimentais e veterinários desde o momento que o animal chega à instituição e durante toda a vida, até o final de acordo com os três Rs (*replace* = substituição, *refine* = refinamento, *reduce* = redução), como abordado no Capítulo 3, dirigido a esse tema.

Enriquecimento estrutural

O método mais comum de fornecer enriquecimento é modificar o ambiente da gaiola de modo a expandir a gama de comportamentos que podem ser expressos pelo animal. Lutz e Novak[12] se referem a isso como uma abordagem "análoga" para o enriquecimento do ambiente, em que o resultado comportamental é o objetivo da técnica do enriquecimento. Exemplos de tais enriquecimentos na gaiola (jaula, baia etc.): abrigos que fornecem esconderijo adequado, áreas de nidificação ou de dormir para os primatas, roedores, coelhos e várias outras espécies; poleiros fornecidos para os primatas; placas de repouso ou camas previstas para cães, gatos e furões; o material de forração fornecido a ratos, camundongos e suínos. Os brinquedos também são fornecidos regularmente para alguns animais de laboratório (primatas, cães, coelhos, suínos) com o objetivo de jogo ou de estimular comportamentos exploratórios. Deve ser procurado um equilíbrio entre a oferta de complexidade adequada na gaiola, assegurando que os itens são relevantes para o animal porém não irão prejudicá-lo em realizar seus direitos de criação e comportamentos naturais, bem como não impedirão a equipe de fazer os cuidados diários (observações diárias dos animais, limpeza da gaiola etc.).

Tamanho da gaiola

Uma revisão da literatura[13] dirigida ao espaço da gaiola para ratos inclui pontos importantes, e a chave entre eles tem como base fornecer na gaiola área suficiente para o exercício e o comportamento social normal, bem como a inclusão de itens de enriquecimento.[14] Além disso, devem ser levados em consideração a linhagem, o número, o sexo e a idade dos animais, o estado reprodutivo, a familiaridade com o outro e o trabalho de pesquisa que está sendo feito com eles.[15] No Brasil, o Concea, por meio da RN 15,[16] tornou pública a Estrutura Física e Ambiente de Roedores e Lagomorfos do Guia Brasileiro de Criação e Utilização de Animais para Atividades de Ensino e Pesquisa Científica,[16] onde consta a atribuição do espaço para gaiolas das espécies convencionais de animais de laboratório.

Atividade física e cognitiva

As oportunidades de atividades físicas devem ser adequadas à idade e à saúde do animal. Para muitas espécies de laboratório, brinquedos irão induzir atividade física. A estimulação da atividade cognitiva também é considerada um meio de proporcionar enriquecimento. Enriquecimento de alimentos pode ser oferecido em modos que exijam que o animal resolva um quebra-cabeça ou manipule um brinquedo para recuperá-lo, procure por alimentos na forragem ou se movimente em seu ambiente para acessar fontes de dispensação de alimentos.[17] Atividades físicas e cognitivas são um benefício social intrínseco à gaiola.

Quando se pensou em enriquecimento ambiental, não se imaginava que esse tema se tornaria uma especialidade. Antes de 1960, o cérebro era considerado imutável por cientistas, sujeito apenas ao controle genético, e alguns pesquisadores especulavam se influências ambientais poderiam ser capazes de alterar a estrutura do cérebro. Desde então, a capacidade do cérebro para responder ao meio ambiente, especificamente ao "enriquecimento", tornou-se um fato aceito entre os neurocientistas e os educadores.

Os valiosos estudos de Diamond[18] informaram que as diferenças estruturais podem ser detectadas nos córtex cerebrais de animais expostos em qualquer idade a diferentes níveis de estimulação no ambiente. Animais jovens colocados em ambientes enriquecidos logo após o desmame desenvolviam mudanças mensuráveis na morfologia cortical. O mesmo acontece com animais ainda não desmamados, nos quais foram encontrados efeitos mensuráveis de enriquecimento pré-natal. No animal senil, com o córtex em declínio pelo envelhecimento, encontramos novamente o córtex enriquecido significativamente mais espesso que o não enriquecido. Durante o desenvolvimento, o sistema nervoso é altamente plástico com a influência ambiental. A experiência é essencial durante as primeiras semanas após o nascimento, quando a atividade sensorial conduz o refinamento e a manutenção de conexões neurais. A quantidade de alteração varia com a idade do animal. Um rato de 30 dias em ambiente enriquecido por 4 dias apresenta efeitos não tão pronunciados quanto aqueles de 60 dias de idade expostos pelo mesmo período, sugerindo que esse período pode ser excessivamente curto para o benefício do enriquecimento.[18]

Um rato de 30 dias em ambiente pobre mostra desenvolvimento morfológico do córtex cerebral reduzido quando comparado ao de um animal adulto exposto em condições pobres durante 30 dias.

Em estudos sobre o gênero, foi observado que o neocórtex de macho e fêmea responde de modo diferente ao mesmo tipo de enriquecimento.[18] Entretanto, foi afastada a possibilidade de interferência hormonal em machos e fêmeas que apresentaram aumento das diferentes regiões anatômicas características do gênero, quando mantidos com enriquecimento.

Variáveis dependentes

Quanto ao impacto de variáveis dependentes no paradigma enriquecimento, é preciso levar em conta a duração da exposição, a anatomia e a química, a presença de lesões ou enxerto neocortical fetal, íons negativos do ar, estresse, atividade física e nutrição, além dos efeitos comportamentais.

Os estudos dessas variáveis com enriquecimento do ambiente, utilizando vários objetos, resultaram em aumentos mensuráveis da acetilcolinesterase cerebral, aumento do peso do cérebro, da profundidade cortical cerebral e da capacidade de aprendizagem em ratos de laboratório.

Nos ambientes ricos, mais estimulantes, o cérebro tem maiores taxas de sinaptogênese e matriz dendrítica mais complexa, levando ao aumento da atividade cerebral. Esse efeito ocorre principalmente durante o desenvolvimento neurológico, e na idade adulta, em menor grau. A atividade das sinapses é aumentada, o que leva a um aumento do tamanho e do número de células gliais. O enriquecimento ambiental também aumenta a vascularidade capilar, fornecendo energia extra aos neurônios e células gliais. O neuropil (neurônios, células gliais e capilares combinados) se expande, dando espessamento ao córtex. A pesquisa em cérebros de roedores sugere que o enriquecimento ambiental também pode levar a um aumento da taxa de neurogênese.[18]

O enriquecimento não deve apenas ser estimulante para os animais, mas deve também ser administrável. Isso significa que o enriquecimento deve ser fácil de aplicar, remover, limpar e substituir. Isso é importante para o trabalho do pessoal do biotério, e para a sua motivação e vontade de trabalhar com o programa de enriquecimento e para melhorá-lo.[19]

Para que o programa de enriquecimento possa alcançar o sucesso pretendido, é necessário conhecimento prévio da espécie, do bem-estar e da etologia do comportamento, ou seja, do modo como um animal responde aos estímulos ambientais, qual sua dieta e quais são os seus predadores, como esse organismo se reproduz, como os organismos se distribuem no seu hábitat natural. Todos esses conhecimentos devem gerir a concepção, a manutenção e a avaliação do programa para enriquecimento.

Avaliação do enriquecimento

Qualquer adição ao ambiente da gaiola parece ser automaticamente rotulada como enriquecimento, sem que a definição real seja atingida ou não. Há relatos de animais prejudicados fisicamente por enriquecimento, embora tais incidentes não sejam frequentes. Toth e cols.[20] emitiram uma advertência a respeito dos impactos não intencionais da prestação de enriquecimento na pesquisa com roedores. Por outro lado, a literatura também está repleta de exemplos dos efeitos nocivos de animais alojados individualmente que vivem em ambientes áridos. É importante levar em consideração que enriquecimento inadequado pode induzir medo ou estresse em um animal, e, portanto, é mais correto falar em termos de prestação de enriquecimentos benéficos.[21] Assim, o enriquecimento deve ser fornecido de um modo que considere a saúde e o bem-estar do animal, bem como a pesquisa em que o animal está sendo usado.

Variação no experimento

Existe a preocupação de que o enriquecimento ambiental possa aumentar a variação dentro de cada experimento. Essa preocupação tem base na hipótese de que um ambiente mais complexo produz maior diversidade de fenótipos entre os animais de uma população em estudo. Por um lado, um ambiente mais complexo pode criar mais oportunidades para os indivíduos terem diversas experiências, por exemplo, fornecendo nichos diferentes dentro de um ambiente de modo que os animais são expostos a várias condições ambientais. Por outro lado, um ambiente inadequado pode aumentar as diferenças individuais, como indicado pela ocorrência de comportamentos anormais tais como estereotipias, resultando em respostas variáveis e individuais. Se a diversidade fenotípica é uma função da complexidade ambiental e se essa relação é positiva ou negativa são questões empíricas que nunca foram abordadas sistematicamente. No entanto, diversos estudos examinaram os efeitos de vários protocolos de enriquecimento com variação fisiológica e medidas comportamentais dentro do experimento.[22,23] Nenhum deles identificou evidência de que o enriquecimento afetaria variação dentro do experimento de uma ou outra maneira.

Variação entre experimentos

A hipótese de que o enriquecimento pode aumentar variação no experimento também é usada para argumentar que o enriquecimento pode comprometer a reprodutibilidade do resultado experimental. No entanto, a reprodutibilidade não é determinada pela variação dentro do experimento, mas por variação entre experimentos, e um estudo recente multilaboratórios mostrou que o enriquecimento extensivo não teve qualquer efeito adverso na variação entre experimentos, demonstrando que um ambiente mais complexo não compromete a reprodutibilidade.[24] Outros estão preocupados que condições de alojamento mais complexo levariam inevitavelmente a maiores diferenças das condições ambientais entre laboratórios, pois laboratórios diferentes escolhem itens diferentes de enriquecimento, usam produtos diferentes, os organizam de modo diferente dentro das gaiolas e diferem em quantas vezes eles foram substituídos.

No entanto, é pouco provável que essas diferenças representem um problema significativo, devido à variação ambiental, pois de qualquer maneira existirão condições diferentes entre laboratórios. Há muitos fatores ambientais que simplesmente não podem ser padronizados nos laboratórios. Consequentemente, é inevitável que diferentes laboratórios tenham diferentes condições ambientais, e as de enriquecimento são apenas mais um fator que pode variar entre laboratórios. Dado que a variação ambiental entre os laboratórios (e mesmo entre os experimentos dentro do mesmo laboratório) é uma questão de fato, os resultados só são reprodutíveis se puderem ser generalizados para as várias condições existentes em diferentes laboratórios. Uma orientação deve ser ressaltada, quando animais criados são e mantidos com enriquecimento ambiental, em biotérios de criação. Essa condição deve ser informada ao pesquisador usuário, assim como entendemos que não o enriquecimento deve ser suspenso durante a avaliação de testes, pois em ambos os casos pode haver uma nova variável a ser considerada.

Enriquecimento social

A importância de possibilitar enriquecimento às espécies animais de laboratório com um ambiente social adequado não pode ser exagerada. Reconhecendo que alguns estudos excluem a possibilidade de enriquecimento social (por exemplo, estudos de doenças infecciosas), como observado em vários documentos de normatização do Concea relacionados,[16] a habitação social de animais de pesquisa deve ser considerada método padrão. Assim, para algumas espécies a formação de pares ou grupos de animais não está fora de risco, devido ao potencial de encontros agressivos, e assim procedimentos de alojamento social devem ser bem estabelecidos e conduzidos por pessoal qualificado, com grande domínio sobre o comportamento da espécie em questão.

É evidente, mesmo considerando a multiplicidade de espécies usadas em pesquisa, que o alojamento individual pode ter um efeito social negativo sobre a espécie. Entretanto, o alojamento social, gerido de forma adequada, tem numerosos efeitos positivos sobre os animais, dentre os quais, primeiramente, está a redução ou a eliminação de comportamento anormal e a oportunidade de expressar comportamentos sociais típicos da espécie.

Enriquecimento sem contato social

Enriquecimento social sem contato inclui comunicação visual, auditiva e olfativa com membros da mesma espécie ou entre homem-animal (através das grades). A recomendação é acomodar as espécies à vista uma da outra, com som ou cheiro.[14,24] No entanto, deve-se observar que essa abordagem pode ser aversiva para animais quando estão expostos a esses estímulos sem a possibilidade de escapar.

Enriquecimento com contato social

Espécies gregárias devem ser alojadas em grupos ou em pares da mesma espécie. De modo ideal, os animais alojados em grupo devem pertencer à mesma ninhada, mas esse arranjo pode não ser possível em muitos casos, devido ao tamanho do grupo e a possível viés no estudo. No entanto, a composição do grupo deve ser estável e harmoniosa,[24-26] embora possa ser necessário fornecer barreiras visuais ou esconderijos para minimizar a agressão. Mesmo nos grupos harmoniosos, é necessário permitir que os indivíduos iniciem o contato por aproximação ou possam evitar o contato saindo em retirada.

Para os animais sociáveis, um parceiro social é o mais desafiador fator de enriquecimento. Considerando que os objetos de enriquecimento são estáticos e de interesse apenas para atividades específicas, um parceiro social sempre cria situações novas e imprevisíveis às quais o animal deve reagir. Um parceiro social leva a um aumento da vigilância, comportamento exploratório, e fornece distração, ocupação, e provavelmente também alguns sentimentos de "segurança" em grupos harmoniosos estáveis.[27]

Respostas de estresse induzidas por procedimento são menos frequentes e de menor duração em ratos alojados em grupo que naqueles alojados individualmente. A Consulta Multilateral do Conselho da Europa[28] adotou uma resolução relacionada com a instalação e o tratamento de animais de laboratório que especificou que "o alojamento em grupo ou a moradia em pares são preferíveis à habitação individual para todas as espécies gregárias que normalmente manifestam comportamento social, desde que os grupos sejam estáveis e harmoniosos".[25]

Finalmente, o contato com seres humanos pela manipulação e treinamento geralmente beneficia os animais e os resultados experimentais porque envolve o animal num nível cognitivo e permite a interação positiva com os cuidadores de animais, técnicos e cientistas.[29]

Enriquecimento para o bem-estar de animais de produção

Para que uma mudança possa ser considerada enriquecedora, ela deve melhorar o bem-estar e o funcionamento biológico dos animais. Tais alterações podem melhorar, ou pelo menos não comprometer substancialmente, a saúde e o bem-estar e, na verdade, reduzir o custo de produção e manutenção de roedores, refletido, por exemplo,[30] em melhoria dos índices de desmame quando comparados aos seus respectivos controles, animais mantidos em ambiente empobrecido.[15,31]

Em camundongos de laboratório é facilmente observável que o comportamento de confeccionar ninho persiste quando lhes é oferecido material para nidificação.[32] Para alguns pesquisadores o material de nidificação permite ao animal estruturar seu ambiente, dando-lhes mais controle sobre suas condições de vida, o que pode significar maior grau de bem-estar.[33]

Estudos de Moreira (2015) mostraram que camundongos com *background* genético distinto apresentam diferentes modos de utilizar os mesmos materiais para a construção do ninho, com arquitetura e grau de elaboração diferentes. A partir daí, propõe um programa de melhoria do bem-estar visando diminuir a pressão sobre animais de produção com base no estudo do comportamento no estado padrão de cada linhagem, identificando sua característica e oferecendo enriquecimento compensatório.[34]

O comportamento é atribuição da genética do animal, portanto, em função dessa característica, os mesmos materiais de enriquecimento podem resultar em estímulos positivos para umas linhagens e negativos para outras. Assim, camundongos não consanguíneos que constroem ninhos sem cobertura podem ser beneficiados com a aplicação de iglus, resultando em efeito positivo sobre a aclimatação dos animais de criação e de procedimentos experimentais.

A Figura 28.1 apresenta algodão e pedaços de touca de polipropileno descartável selecionados pelos camundongos para a construção do ninho.

Além do refinamento, outra importante vertente dos 3 Rs que pode ser implantada nos biotérios de produção diz respeito à redução e está diretamente ligada ao enriquecimento ambiental. A oferta aos reprodutores de objeto ou material de nidificação para a construção do ninho pode diminuir o número de matrizes em produção a longo prazo, aumentando a produtividade e diminuindo a mortalidade, conforme demonstrado por Moreira et al. (2015).[34]

Cabe ressaltar que as mudanças ambientais para fêmeas em produção devem ser conduzidas de modo padronizado, ou seja, atribuídas igualmente a todas as gaiolas envolvidas na produção de uma determinada colônia, com enfoque no bem-estar animal, mas buscando paralelamente o aumento da produção e levando em consideração as diferenças fenotípicas, genéticas e comportamentais da imensa variedade de linhagens disponíveis para atender à demanda de pesquisa e testes nos biotérios de produção de roedores.[34,35]

Enriquecimento e necessidade das espécies

A oferta de material de nidificação apresenta vários efeitos positivos do EA. Por exemplo, camundongos machos e fêmeas são motivados para a tarefa de construção de ninho, mesmo sem a presença de filhotes;[36] ratos manifestam comportamentos de construção em túnel quando lhes é oferecido material adequado; coelhos saltam com frequência e demonstram o comportamento de vigília se lhes é oferecida uma plataforma. Os animais de fazenda também apresentam comportamento esteriotipado, como se observa porcos mordendo as barras da baia.[33]

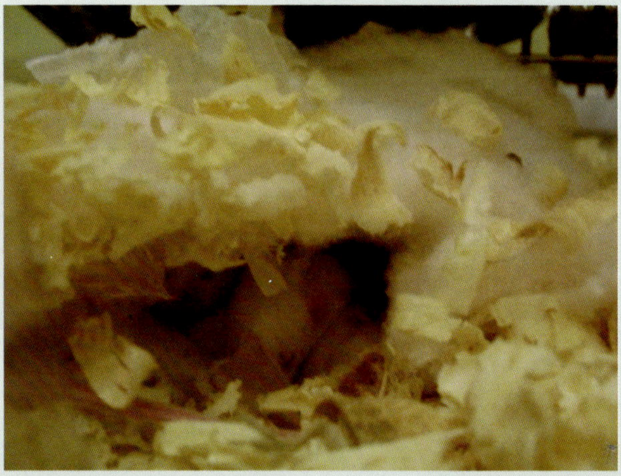

Figura 28.1 – *Algodão e pedaços de touca de polipropileno descartável selecionados pelos camundongos BALB/c para a construção do ninho. Foto Biotério Central do Instituto Butantan.*

Camundongos

A redução na construção de ninho também é utilizada como um indicador do comprometimento de bem-estar.[37] Além de nidificação, os ratos e camundongos se beneficiam quando são conhecidas suas necessidades sociais, exploratórias e de forragem e se estão disponíveis objetos, tais como papelão, tubos de plástico, varas de roer e contatos sociais com os parceiros.[34,37]

A Figura 28.2A apresenta rolinho de papelão e interação dos reprodutores com o material, e a Figura 28.2B apresenta interação social entre pais e ninhada com o material de enriquecimento.

Hamsters

Os hamsters escavam toca e constroem ninhos.[38] Os ancestrais selvagens do hamster foram em grande parte solitários, exceto para o acasalamento. O alojamento em grupo é possível, mas deve ser tomado cuidado especial na formação de grupos socialmente harmoniosos, evitando conflito quando se amontoam para dormir. O refinamento ambiental mínimo deve incluir material de forragem, uma área ampla de refúgio (por exemplo, tubo, iglu) e objetos para roer.[37,38]

A Figura 28.3 apresenta hamster utilizando material de polipropileno como diversão e abrigo.

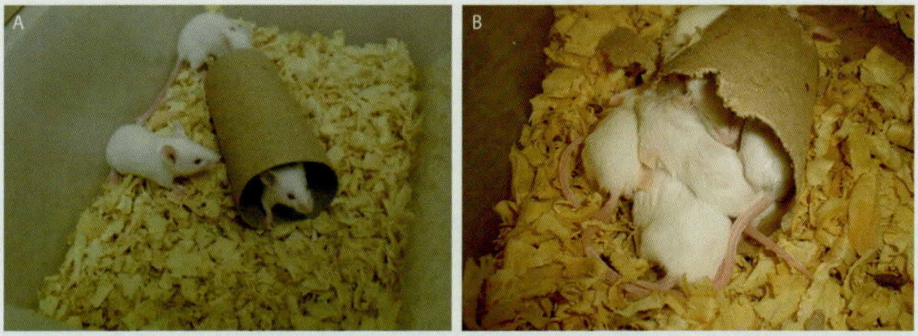

Figura 28.2 – *Rolinho de papelão. Interação dos reprodutores com o material (A). Interação social entre pais e ninhada com o material de enriquecimento (B). Imagens Biotério Central do Instituto Butantan.*

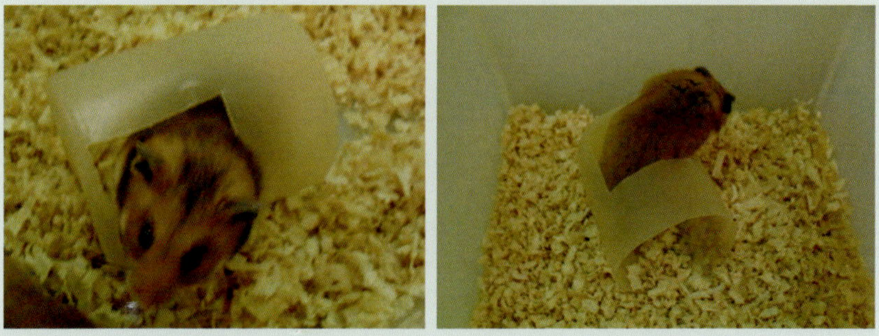

Figura 28.3 – *Hamster utilizando material de polipropileno como diversão e abrigo. Foto Biotério Central do Instituto Butantan.*

Ratos

Os ratos são animais sociais noturnos, escondendo-se durante o dia e fugindo facilmente. Foi demonstrado que em ambiente seminatural gerações de ratos de laboratório, criados sem cativeiro, começam imediatamente a fazer tocas e ninhos.[38] Assim, a construção do ninho é comum em ratos quando material de nidificação está disponível. No entanto, quando o material do assentamento é fornecido pela primeira vez para o rato adulto, eles geralmente podem mascar e comê-lo. Em contraste com camundongos, ratos precisam aprender a fazer ninhos com suas mães.[39]

A Figura 28.4 apresenta rolinhos de papelão utilizados como abrigo por rato jovem.

Cobaias

As cobaias são roedores cursoriais, que não fazem toca, mas que em estado selvagem podem viver em tocas feitas por outros animais. Refúgios tais como tubos ou iglus devem ser fornecidos na gaiola ou rampas para permitir que as cobaias subam ou se escondam sob eles, porque se assustam facilmente. O feno poderá satisfazer a necessidade de abrigo coletivo, e varas de madeira podem ser usadas para mastigar e roer.[40] Como são animais sociais, as cobaias devem ser alojadas em pares, em haréns ou em grupos femininos. Os machos são de preferência alojados em pares.

Coelhos

Tem sido uma prática comum manter coelhos individualmente em gaiolas, embora muitas instalações estejam substituindo essa abordagem por alojamento

Figura 28.4 – *Rolinhos de papelão utilizados como abrigo por rato jovem. Foto Biotério Central do Instituto Butantan.*

em túnel. Coelhos que habitam gaiolas pequenas têm limites na sua liberdade de movimento, o que impede o comportamento normal, tal como saltar. Essa falta de movimento pode levar ao desenvolvimento de alterações patológicas tais como a osteoporose.[41] Uma solução frequentemente utilizada é conectar duas gaiolas em conjunto, de modo que os coelhos possam ser alojados em pares, ou pelo menos movimentar-se entre as gaiolas. Em estado selvagem, coelhos controlam seu ambiente, sentados em uma posição vertical, o que é imitado pela plataforma.[42] Devem ser fornecidos material de nidificação e uma caixa ninho ou outro refúgio para fazer a reprodução.

A Figura 28.5 apresenta plataforma para gaiolas de coelhos.

Evolução do termo

Na pesquisa em neurociência o termo "enriquecimento ambiental" é frequentemente usado, embora esse tipo de enriquecimento ambiental se baseie principalmente na estimulação induzida por novidade e alteração regular de itens, sobretudo para medir os efeitos sobre a plasticidade neuronal do cérebro.[43] Os estudos da neurociência em enriquecimento frequentemente usam o termo "empobrecido" para se referir a condições de animais em alojamento individual em gaiolas convencionais, ao passo que "condições padrão" referem-se a animais socialmente alojados em gaiolas convencionais.

"Condições enriquecidas" descrevem gaiolas maiores, com muitos tipos diferentes de objetos de enriquecimento e um número maior de animais. Isso está em contraste com a melhoria do bem-estar dos animais por meio de um enriquecimento adequado centrado nas necessidades dos animais.[41] O termo "enriquecimento" implica algum tipo de luxo, enquanto o termo "necessidades", por outro lado, implica uma exigência. Por essa razão, já existe uma tendência de se usar o termo "refinamento ambiental",[44] quando aplicado a animais de labo-

Figura 28.5 – *Plataforma para gaiolas de coelhos. Foto Biotério Central do Instituto Butantan.*

ratório, em vez de "enriquecimento ambiental". Refinamento ambiental é um processo contínuo e que deve disponibilizar estímulos para além da satisfação das necessidades básicas atendidas normalmente nas condições de habitação padrão.[45] Do ponto de vista do bem-estar, parece ser um desenvolvimento positivo, uma vez que é geralmente aceito que a prestação de refinamento ambiental aumenta o bem-estar do animal.

Referências Bibliográficas

1. Tinklepaugh OL. (The self-mutilation of a male Macacus rhesus monkey. J Mammalogy 1928;9, 293–300.
2. Berkson G, Mason WA. Stereotyped behaviors of chimpanzees: relation to general arousal and alternative activities. Percept Mot Skills1964a;19:635–652. [PubMed].
3. Bayne K. Resolving issues of psychological well-being and management of laboratory nonhuman primates. In The psychological well-being of captive primates (E. Segal, ed.). Noyes Publications, Park Ridge, New Jersey, 1988. p.27–39.
4. Würbel H. Environmental enrichment does not disrupt standardization of animal experiments. ALTEX 2007; 24 (Special issue), 70–73.
5. Hart LA. Opportunities for environmental enrichment in the laboratory. Lab Animal 1994;23(2), 24-27.
6. Markowitz H & Gavazzi A. Eleven principles for improving the quality of captive animal life. Lab Animal 1995;24(4), 30-33.
7. Beaver BV. Environmental enrichment for laboratory animals. ILAR News 1989;31(2), 5-11.
8. Van Loo PLP, Kruitwagen CLJJ, Koolhaas JM, Van de Weerd HA, Van Zutphen LFM, Baumans V. Influence of cage enrichment on aggressive behaviour and physiological parameters in male mice. J Appl Anim Behav Sci 2002;76:65–81.
9. Shepherdson DJ. Tracing the path of environmental enrichment in zoos. In: Shepherdson DJ, Mellen JD, Hutchins M eds. Second Nature: Environmental Enrichment for Captive Animals. Washington: Smithsonian Institution Press, 1998. p 1–12.
10. Mench JA. Environmental enrichment and exploration. Lab Animal 1994;23(2), 38-41.
11. Poole TB. Behaviour, housing and welfare of non-human primates. In: Beynen AC & Solleveld HA (eds). New developments in biosciences: their implications for laboratory animal science. Martinus Nijhoff Publishers Dordrecht,. pp 231-237.
12. Lutz C.K. & Novak MA. Primate natural history and social behavior: implications for laboratory housing. In Woolfe-Coote S, ed. The Laboratory Primate. San Diego: Elsevier, 2005. p., 133–142.
13. Mason G., Clubb R, Latham N, Vickery S. Why and how should we use environmental enrichment to tackle stereotypic behaviour? Applied Animal Behaviour Science. Conservation, Enrichment and Animal Behaviour 2007;102 (3–4):163–188.
14. National Research Council. Guide for the care and use of laboratory animals. Washington, DC: National Academies Press, 2011.
15. Baumans, V, Augustsson, H, Perretta, G. Animal needs and environmental refinement. In: Howard B, Nevalainen T, Perretta G (Eds.). The Cost Manual of Laboratory Animal Care and Use, Refinement, Reduction and Research. London: CRC Press, 2010b. pp. 75–100.

16. Brasil. Conselho Nacional de Controle da Experimentação Animal - Concea. Baixa a Estrutura Física e Ambiente de Roedores e Lagomorfos do Guia Brasileiro de Criação e Utilização de Animais para Atividades de Ensino e Pesquisa Científica. Resolução Normativa nº 15 do Concea, de 16 de dezembro de 2013. Diário Oficial da União, Brasília, DF, 18 de dez.2013. Seção 1. Nº 245, p. 9.
17. Young RJ. Environmental Enrichment for Captive Animals. UFAW Animal Welfare Series, Blackwell Publishers, UK, 2003.
18. Diamond MC. Enrichment Heredity. New York: The Free Press, John Hopkins School of Education, 1988.
19. Van de Weerd HA, Baumans V. Environmental enrichment in rodents. In: Animal Welfare Information Center bulletin vol 9 Issues 3-4. Resources Series 1995; 2:145–149. Animal Welfare Information Center (U.S.).
20. Morton DB, Jennings M, Batchelor GR. Refinement in rabbit husbandry. Laboratory Animals 1993;27, 301-329.
21. Chamove AS. Environmental enrichment: a review. Animal Technology 1989a;40(3),155-178.
22. Hawkins P, Morton DB, Burman O, DennisonN, Honess P, Jennings M, Lane S, Middleton V, Roughan JV, Wells S, WestwoodK. A guide to defining and implementing protocols for the welfare assessment of laboratory animals: 11th Report of the BVAAWF/FRAME/RSPCA/UFAW Joint Working Group on Refinement. Laboratory Animals 2011;45, 1–13.
23. Weed JL & RaberJM. Balancing animal research with animal well-being: establishing goals and harmonization approaches. ILAR J 2005; 46 (2), 118–128.
24. Love JA. Group housing: meeting the physical and social needs of the laboratory rabbit. Laboratory Animal Science 1994;44(1), 5-11.
25. Council of Europe, Revision of Appendix A in preparation, European Convention for the Protection of Vertebrate Animals Used for Experimental and Other Scientific Purposes [ETS 123]. Strasbourg, France, 1998. Available online (www.coe.int/animalwelfare).
26. Stauffacher M. Housing requirements: What ethology can tell us. In: Van Zutphen LFM, Balls M, eds. Animal Alternatives, Welfare and Ethics. Amsterdam: Elsevier Science BV, 1997a. p 179–186.
27. Stauffacher M. Refinement in rabbit housing and husbandry. In: Balls M, van Zeller AM, Halder M, eds. Progress in the Reduction, Refinement and Replacement of Animal Experimentation, Developments in Animal and Veterinary Sciences.Amsterdam: Elsevier Science BV, 2000. p 1269–1277.
28. European Union (EU). Directive 2010/63/EU of the European Parliament and of the Council on the protection of animals used for scientific purposes. Off J EurUnion, L 276, 2010. 33–79. Disponível em: http://eurlex.europa.eu/LexUriServ/LexUriServ.do?uri=OJ:L:2010:276:0033:0079:EN:PDF
29. Sharp JL, Zammit TG, Azar TA, Lawson DM. Stress-like responses to common procedures in individually and group-housed female rats. Contemp Top Lab Anim Sci 2003;42:9–18.
30. BaumansV, Augustsson H, Perretta G. Animal needs and environmental refinement. In: Howard B, Nevalainen T, Perretta G, eds. The Cost Manual of Laboratory Animal Care and Use, Refinement, Reduction and Research. London: CRC Press, 2010b.pp. 75–100.

31. Bayne K & Würbel H. Mouse enrichment. In Hedrich H, ed. The Laboratory Mouse. 2nd ed. New York: Elsevier, 2012., pp. 545–564.
32. Stauffacher M. Comparative studies on housing conditions. In: O'Donoghue PN, ed. Harmonization of Laboratory Animal Husbandry. London: Royal Society of Medicine Press, 1997b. pp. 5–9.
33. Olsson IA1, Dahlborn K. Improving housing conditions for laboratory mice: a review of "environmental enrichment". Lab Anim 2002 Jul;36(3):243-70.
34. Moreira V B. Eficiência reprodutiva e comportamento parental de camundongos isogênicos e heterogênicos produzidos em ambiente modificado. [Tese]. Botucatu: Universidade Estadual Paulista Julio de Mesquita Filho, 2015.
35. Wolfer DP, Litvin O, Morf S, Nitsch RM, Lipp HP & Würbel H. Laboratory animal welfare: cage enrichment and mouse behaviour. Nature 2004; 432 (7019), 821–822.
36. Baumans V. The laboratory mouse. In: UFAW Handbook on the Care and Management of Laboratory Animals, Eighth Ed. Oxford, UK: Wiley-Blackwell, 2010d. pp. 276–310.
37. Whittaker D. The Syrian hamster. In: UFAW Handbook on the Care and Management of Laboratory Animals, Eighth Ed. Oxford, UK: Wiley-Blackwell, 2010. pp. 136–146.
38. Berdoy M. The Laboratory Rat: A Natural History. Oxford University. 2002. <http://ratlife.org> (accessed 25 September 2012).
39. Van LooPLP, Baumans V. The importance of learning young: The use of nesting material in laboratory rats. Laboratory Animals 2004;38, 17–24.
40. Kaiser S, Krueger C, Sachser N. The guinea pig. In: UFAW Handbook on the Care and Management of Laboratory Animals, Eighth Ed., Oxford, UK: Wiley-Blackwell, 2010. pp. 380–398.
41. Baumans V. Environmental enrichment for laboratory rodents and rabbits: Requirements of rodents, rabbits and research. In: Enrichment Strategies for Laboratory Animals. ILAR Journal 2005;46, 162–170.
42. Baumans V. The impact of the environment on laboratory animals. In: Animal Models as Tools in Ethical Biomedical Research. Universidade Federal de Sao Paulo, Brazil, 2010a. pp. 15–23.
43. Mohammed AH, ZhuSW, Darmopil S, Hjerling-LefflerJ, Ernfors P, Winblad B, Diamond MC, Eriksson PS, Bogdanovich N. Environmental enrichment and the brain. In: Progress in Brain Research., Amsterdam, The Netherlands: Elsevier Science BV, 2002. p. 138.
44. Jennings M, Batchelor GR, Brain PF, Dick A, Elliott H, Francis RJ, Hubrecht RC, Hurst JL, Morton DB, Peters AG, Raymond R, Sales GD, Sherwin CM & West C. Refining rodent husbandry: the mouse. Lab Anim 1998;32, 233–259.
45. Moreira VB. Lifetime reproductive efficiency of BALB/c mouse pairs after an environmental modification at 3 mating ages. Journal of the American Association for Laboratory Animal Science 2015 January; 29-34.

Parte VIII

Procedimentos Experimentais e Implicações

29

Estresse e Suas Interferências

Camila Hirotsu
Mady Crusoé de Souza
Monica Levy Andersen

Experimentação animal

Ao longo dos anos, as ferramentas utilizadas na pesquisa científica evoluíram em todo o mundo tanto em quantidade como em qualidade. Assim, com o desenvolvimento da Ciência moderna e de novas tecnologias, o ser humano tem se deparado cada vez mais com novos paradigmas do saber, tentando a cada dia ultrapassar as fronteiras do conhecimento, promover o avanço científico e aplicá-lo à realidade em que vivemos. Com base nisso, é indubitável a relevância da pesquisa científica para o desenvolvimento de um país, principalmente se considerarmos o uso crescente de métodos e tecnologias sofisticadas de alta fidedignidade e precisão. Nesse sentido, é importante ressaltar que a qualidade dos sujeitos experimentais passou a ser uma imposição adicional para as pesquisas que envolvem animais de laboratório, pois possuem como premissa a replicabilidade. Isto é, os resultados de uma pesquisa levam a conclusões que são divulgadas por meio de publicações em revistas científicas. Essas, por sua vez, possuem repercussão abrangente (nacional e/ou internacional) e, por isso, requerem confiabilidade e reprodutibilidade dos dados.

O êxito na condução das pesquisas e na qualidade dos resultados experimentais depende da presença de diversos fatores, como: animais saudáveis, manuseio correto desses, preocupação constante com seu bem-estar, além de conhecimento e treinamento adequados dos responsáveis pelo uso desses animais. Muitos avanços ocorreram no sentido de proporcionar melhorias ao bem-estar animal, com leis mais rigorosas para reger sua utilização em pesquisas. No Brasil, destaca-se a Lei n° 11.794 de 8 de outubro de 2008, conhecida como Lei Arouca, a qual veio regulamentar e estabelecer os procedimentos para o uso científico e em atividades didáticas de animais. Assim, felizmente a visão do passado de que o animal de laboratório constituía uma mera ferramenta de trabalho evoluiu e, atualmente, ele é visto como um ser vivo que merece todo o respeito do pesquisador.

Resultados derivados de animais criados e/ou mantidos em condições inadequadas ou sem controle de qualidade podem levar a dados e a conclusões sem validade. Por conseguinte, a sua publicação tem efeito devastador, pois induz outros pesquisadores a usá-los como pré-requisito para suas novas pesquisas ou, ainda, para sustentar conclusões de outros estudos. Embora o modelo animal tenha suas limitações quanto à aplicabilidade de seus resultados, ele é ainda o melhor análogo para se estudar as condições encontradas nos seres humanos. Entretanto, nenhuma teoria pode ser demonstrada ou refutada por mera analogia. Ainda que os modelos animais de doenças não sejam idênticos às condições estudadas em humanos, deve-se lembrar que eles não foram designados para serem desse modo. Esses modelos provêm meios para se estudar um procedimento ou mecanismo em particular. Cabe ao pesquisador, para o sucesso de suas pesquisas, escolher o modelo mais adequado aos seus objetivos. O acúmulo de informações científicas sobre os próprios modelos é importante para o sucesso do trabalho, eliminando variáveis que não dizem respeito ao objeto das pesquisas. Com esses conhecimentos acumulados, o pesquisador pode, sempre que necessário, aprofundar-se na escolha de variantes mais adequadas dos modelos originais, ou tentar produzir, com técnicas apropriadas, novas variáveis que permitam um maior progresso no conhecimento científico.

Para que seja justificada, a experimentação animal deve preencher a premissa de uma expectativa razoável de benefício imediato ou eventual para os animais humanos e/ou não humanos. Deve também garantir o cumprimento de alguns critérios, como: fornecer proteção e tratamento humanitário aos animais, evitar estresse excessivo, minimizar a dor e o desconforto e, principalmente, evitar o uso desnecessário. Diversos fatores físicos, químicos e biológicos podem afetar a saúde e o bem-estar do animal (Figura 29.1). Sendo assim, é necessário controlá-los ao máximo a fim de evitar que eles possam interferir

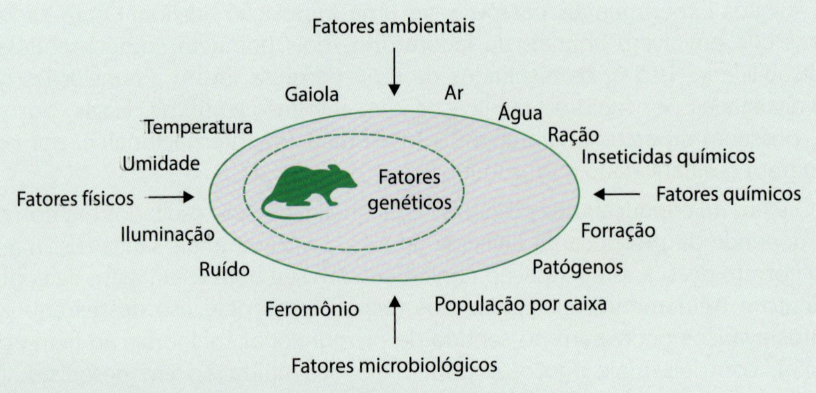

Figura 29.1 – *Fatores ambientais que influenciam o estado dos animais.*

ou até mesmo alterar os resultados experimentais. Ressalta-se que não somente os fatores ambientais podem influenciar o bem-estar dos animais: a conduta do funcionário além de sua higiene pessoal e saúde são fatores que podem alterar parâmetros vitais dos animais.

O estado de saúde dos animais compreende o bem-estar físico e psicológico, além de sua integridade genética, e resulta da interação com outros organismos vivos e o ambiente físico. A observação diária, organizada e metódica do comportamento e do aspecto geral dos animais possibilita uma avaliação geral da sua saúde, ainda que sem a utilização de exames clínicos e laboratoriais. Há diversos indicadores de saúde e bem-estar dos animais. Os pêlos devem se apresentar homogêneos, com brilho e sem falhas ou feridas. Em especial, os olhos são de relevância fundamental para a avaliação da saúde de ratos e camundongos. Animais em boas condições apresentam olhos brilhantes, umidificados, e mostram vivacidade em condições normais. É importante que o aparelho respiratório (focinho, faringe, traqueia, brônquios, bronquíolos e pulmões) esteja livre de secreções nasais e sangramentos. O comportamento apresentado pelo animal também deve ser avaliado. Deve-se observar se o animal demonstra algum sinal de desconforto, dor, prurido em uma determinada área e se há aumento de volume do abdomên ou a permanência prolongada em decúbito. Alterações bioquímicas, fisiológicas e hormonais ocorrem em qualquer animal mantido em contenção e podem ser exacerbadas com o manuseio errôneo durante a prática da técnica experimental. Nesse sentido, recomenda-se que as instituições forneçam um programa de treinamento dos procedimentos experimentais e cirúrgicos ou providenciem pessoas capacitadas a dar assistência aos iniciantes, assegurando assim a ética na pesquisa animal.

Com os progressos alcançados na tecnologia dos materiais para biotérios, algumas mudanças estruturais têm sido introduzidas. Podemos citar o uso do fluxo laminar, de estantes (*racks*) individualmente ventiladas (Figura 29.2) com controle de fluxo de ar, temperatura e iluminação, novos materiais para forragem, como por exemplo o sabugo de milho, e, ainda, o uso de caixas ou gaiolas

Figura 29.2 – *Exemplo de estante ventilada e gaiola que mantém as condições de temperatura e umidade constantes para os animais.*

chamadas microisoladores. Todas essas melhorias, apesar de aumentarem o custo, proporcionaram uma qualidade de vida melhor aos animais fazendo com que os resultados experimentais possam se tornar muito mais robustos, com a utilização de um número menor de animais.

Os animais são extremamente sensíveis a alterações externas e necessitam de modificações consideráveis em seu metabolismo para compensar as variações do meio externo, que podem influenciar os resultados das pesquisas. Dessa forma, instalações apropriadas, equipamentos especializados e manutenção adequada aliada a pessoal capacitado são essenciais para o bem-estar do animal, bem como para assegurar a qualidade das pesquisas e a segurança dos pesquisadores envolvidos. Um programa bem-elaborado de manutenção de animais envolve o controle do ambiente, alojamento e outros cuidados que permitam ao animal reproduzir, crescer e manter-se saudável e, assim, minimizar variações da sua fisiologia (Figura 29.3). A manutenção exige, ainda, um monitoramento efetivo da saúde dos animais, liberdade de movimento, manuseio adequado e a companhia de membros compatíveis da mesma espécie. Se esses fatores citados não forem considerados, poderão ocorrer problemas com os animais, e consequentemente fracasso das pesquisas, com desperdício de verbas e, principalmente, de vidas.

Influência de fatores externos na experimentação animal

Deve-se sempre prezar pelo bem-estar animal. Para se obter bons resultados é necessário que os modelos animais tenham um mínimo de variantes, o que exige o máximo de controle e cuidados dos animais. O controle prévio, durante e após os experimentos é uma grande preocupação não só para aqueles que discordam do uso de animais para experimentação como também para os pesquisadores que o fazem com objetivos sensatos e sérios. Consequentemente, um período de adaptação, aclimatização e estabilização dos animais perante os fatores inevitáveis de estresse que ocorrem no experimento é essencial para o sucesso da pesquisa e bem-estar animal.

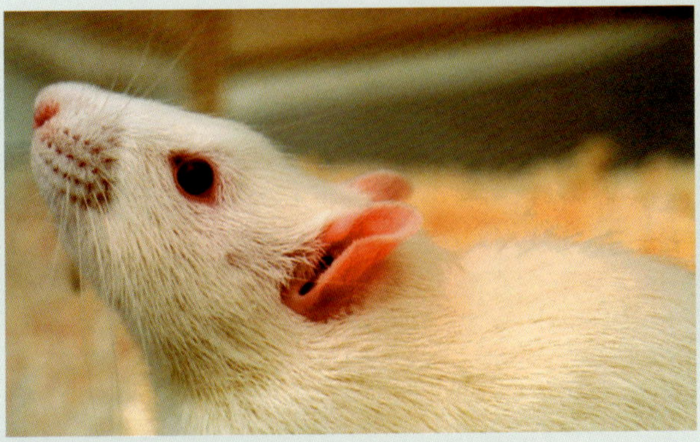

Figura 29.3 – *Rato saudável. Notam-se o brilho e a vivacidade dos olhos, além da pelagem homogênea.*

Embora seja experiência necessária e frequente na vida de qualquer ser vivo, o estresse causa algumas alterações no estado fisiológico, mental e/ou comportamental, por pelo menos um período de tempo, no qual ocorre uma adaptação àquele sofrimento. Entretanto, em algumas situações, os animais adaptam-se aos indutores de estresse, bastando que lhes sejam proporcionados tempo adequado e condições de adaptação.

Existem muitos estudos documentando mudanças fisiológicas e/ou comportamentais específicas em determinados modelos animais de estresse. Alguns, inclusive, sugerem o tempo necessário de adaptação aos fatores de estresse associados previamente ao experimento para o restabelecimento da normalidade do animal. Caso não haja esse período de adaptação à nova condição, o estresse pode interferir diretamente nos resultados do estudo. De fato, diversas evidências têm demonstrado tanto em pesquisas com animais como em seres humanos que o estresse e os glicocorticoides exercem um papel crítico e complexo na memória e no aprendizado.[1-4] Wang e colaboradores[5] relataram que o estresse foi capaz de bloquear a reconsolidação na memória relacionada a drogas de abuso em ratos.

O estresse crônico (por exemplo de três semanas) pode exacerbar o comportamento agressivo em ratos que convivem na mesma gaiola, além de aumentar drasticamente a ansiedade apresentada por ratos no teste do labirinto em cruz elevado.[6-10] O pesquisador prevenido deve planejar o experimento e analisar as informações contidas na literatura sobre protocolos, escolha de modelos animais, procedimentos, espécie, idade, sexo, genótipo e estado de saúde. Vale ressaltar que cada um desses parâmetros pode variar dentro de cada episódio de resposta ao estresse. Sendo assim, diante de tantas variáveis, é difícil determinar o tempo necessário para que o animal se adapte às novas condições e aos novos indutores de estresse.

A literatura, assim como as instituições de fiscalização e controle, ainda carece de protocolos validados internacionalmente para várias situações específicas de adaptação ao estresse. Por conseguinte, o pesquisador tem utilizado a experiência e o bom senso profissional no momento de agir e estabelecer um período de adaptação prévio ao início do experimento, essencial para a saúde e o bem-estar dos animais. Felizmente, a Ciência de Animais de Laboratório tem crescido nos últimos anos, possibilitando a investigação sobre o bem-estar animal. Devido a isso, sabe-se atualmente que os efeitos do transporte de animais afetam diversos parâmetros comportamentais dos roedores e são visíveis mesmo após duas semanas de adaptação.[11]

O sucesso no planejamento desse período de adaptação para o animal conduz ao refinamento e à redução do experimento conforme preconizado por Russell e Burche[12] na elaboração dos três Rs (redução, refinamento e substituição). Além disso, essas medidas evitam que existam variáveis indesejáveis e inesperadas nos resultados da pesquisa. O mais valioso em garantir um período de adaptação para o experimento é proporcionar ao animal tempo de preparo para enfrentar, sem maiores danos, os diversos fatores de estresse relacionados à pesquisa, podendo recuperar seu equilíbrio emocional e fisiológico sem sofrimento.

O objetivo deste capítulo é reunir achados na literatura e informações que existem sobre o assunto; alertar e fazer interessar ao leitor os prejuízos que podem ocorrer paralelamente aos resultados dos experimentos; e sugerir período, técnicas e atividades que diminuam o estresse causado pelas mudanças prévias da própria pesquisa.

Desenvolvimento de um experimento adequado

Para garantir um experimento confiável, válido e preciso com o uso de animais de experimentação saudáveis (Figura 29.4), o pesquisador precisa eliminar variáveis que possam interferir nos resultados. Nessas pesquisas, qualquer tipo de estresse causado no modelo animal tem grande potencial de tornar-se uma variável.[13,14] Coelhos, ratos e cobaias, por exemplo, expostos a temperaturas baixas apresentaram diminuição na produção de anticorpos. As cobaias expostas a 4 °C tiveram erosões na mucosa gástrica e uma diminuição do tempo de sobrevida em resposta à administração de propranolol.[14]

Sabe-se que a regulação da temperatura corporal dentro da variação normal é necessária para o bem-estar dos homeotermos, uma vez que esses regulam sua temperatura dentro de um intervalo curto de tempo, variando sua taxa metabólica (mecanismos de compensação do organismo para se adaptar às condições do ambiente). Pensando nisso e preocupados com o bem-estar do animal, os biotérios começaram a implantar o uso de ar condicionado central para manter uma temperatura ambiente adequada constante. Esse sistema de ar condicionado exige um projeto específico que garanta a distribuição uniforme de ar e da temperatura, com filtros apropriados para impedir a introdução de microrganismos nos recintos. Nesse contexto, as estantes ventiladas promovem condições estáveis e adequadas para os animais (Figura 29.2).

Variações bruscas de temperatura e umidade podem causar estresse, queda da resistência imunológica e maior suscetibilidade às infecções, acarretando problemas respiratórios em animais mantidos sob alta umidade e/ou baixas temperaturas. Paralelamente, podem alterar o consumo de água e alimento, prejudicando o andamento da pesquisa. A manutenção da umidade e temperatura é essencial para a reprodutibilidade dos resultados. A umidade relativa e a temperatura da sala/laboratório influenciam o aumento da concentração de amônia dentro da gaiola e interferem com o balanço térmico do animal.

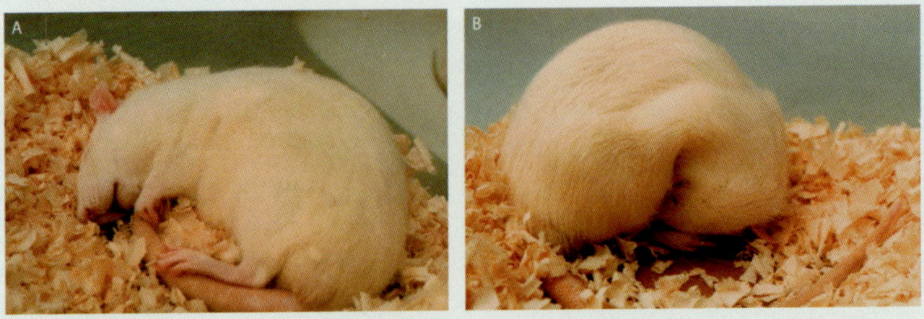

Figura 29.4 – *Relação entre a temperatura e a posição adotada pelo rato para dormir. (A): temperaturas altas fazem o rato estirar-se. (B): sob temperaturas baixas o rato dorme enrodilhado.*

A exposição de animais não adaptados a temperaturas muito altas ou baixas, fora da zona termoneutra, sem acesso a um abrigo ou a outros mecanismos de proteção, induz mecanismos adaptativos como vasoconstrição periférica, piloereção e aumento da atividade metabólica, podendo levar a efeitos deletérios, como queda na taxa de reprodução. Animais mantidos abaixo da temperatura ideal apresentam constrição dos capilares superficiais, piloereção, postura enrodilhada, construção de ninhos, além de aumento da ingestão de alimentos. Em casos especiais, como quando ocorre habituação de animais muito jovens (após o desmame) ou sem pêlos, a temperatura das salas deve ser mais elevada que aquela utilizada para ratos adultos. Em geral, quanto maior o animal, mais próxima ao limite inferior recomendado deve-se manter a temperatura.

O sono dos animais também é alterado pela temperatura. Schmidek e colaboradores[15] mostraram que quando a temperatura ambiente é mantida abaixo de 24 °C o rato dorme enrodilhado e acima dessa temperatura tende a estirar-se, completando o estiramento em torno de 30 °C (Figura 29.4). Entretanto, quantificando o tempo de sono verifica-se que abaixo de 24 °C e acima de 30 °C o animal tende a dormir menos, com aumento dos períodos de alerta, devido à redução de sono paradoxal. Assim, pode-se dizer que o sono paradoxal diminui em função de temperaturas muito baixas e muito altas. Aclimatando ratos a temperaturas baixas (14 °C) e posteriormente fazendo-os dormir a temperaturas mais altas (24 °C) verificou-se que o sono paradoxal continua parcialmente suprimido, revelando como um possível mecanismo relacionado à termorregulação intervém na geração do sono paradoxal.

Os mamíferos, geralmente, respondem ao estresse liberando mediadores primários tais como glicocorticoides[16-18] e catecolaminas,[18] os quais possuem amplos efeitos nos tecidos e células. Eles ativam receptores, canais iônicos e proteínas intracelulares, causando efeitos primários tais como ativação de cascatas de sinalização e expressão de genes. Os níveis elevados de glicocorticoides alteram o sistema imunológico e aumentam os níveis de glicose no sangue, e as catecolaminas podem aumentar a pressão arterial, comprometendo assim a confiabilidade do experimento. Portanto, os bons resultados de um estudo em animais associado à análise de células, tecidos ou condições patológicas são mais seguramente garantidos pela presença mínima de estresse no cotidiano do modelo experimental.[19] Estudo com ratos machos separados em grupos de dois ou quatro por gaiola foram comparados a outro grupo de animais colocados isoladamente, e verificou-se que a pressão arterial dos animais em quatro manteve-se baixa comparada ao grupo de dois animais. Os autores concluíram que procedimentos simples podem reduzir a amplitude e a duração do estresse.[20]

Parâmetros comportamentais que podem indicar um possível desconforto para o animal são: comportamentos anormais (estereotipia, postura, modo de ambular); medo repentino, agressividade; vocalização; automutilação; redução ou aumento de comportamentos de autolimpeza (*grooming*); atividade motora diminuída ou aumentada; e isolamento.

Estresse

Estresse é o efeito de fatores internos e/ou externos que causam uma mudança no equilíbrio biológico e interrompem a homeostase corporal.[14,21] O estresse inicia com uma resposta adaptativa para restabelecer o estado mental e fisiológico básico. A resposta adaptativa é a mudança do estado psicológico, fisiológico e comportamental.[21] O bem-estar é a ausência de excesso de estresse, reflexo do conforto e saúde.

O organismo tem um repertório considerável para lidar com o estresse agudo, caso ele não ocorra com muita frequência. No entanto, quando essa condição se torna repetitiva ou crônica, seus efeitos se multiplicam em cascata, desgastando seriamente o organismo em questão. Quando os efeitos adaptativos do estresse não provocam prejuízo nem benefício, refere-se ao estresse neutro. Por exemplo, quando um animal sente calor no sol e procura uma sombra para se proteger. Quando esses efeitos promovem uma melhora no bem-estar (benefício), o estresse passa a ser referido como eustresse. E quando induz uma resposta adaptativa prejudicial, refere-se ao distresse (desconforto). Nesse último caso, o animal é incapaz de se adaptar aos indutores de estresse e apresenta comportamentos anormais, estados pré-patológicos, vulnerabilidade a doenças e redução de crescimento ou da função reprodutiva.[21]

Estudo em coelhos encontrou que, após transporte para novo ambiente, os animais apresentaram hiperglicemia, neutrofilia e níveis elevados de glicocorticoides.[19] Assim como outros glicocorticoides, níveis elevados de cortisol possuem impacto significativo sobre o sistema imunológico.[22] Essas alterações, decorrentes do transporte de animais somente se normalizaram após 48 horas.[19]

O estresse faz parte da vida de todos os seres vivos. Apesar disso, a palavra "estresse" é definida imprecisamente e usada comumente com uma conotação negativa, sendo confundida com os termos ansiedade, medo e desconforto.[21] Entretanto, a resposta ao estresse é um mecanismo natural do animal, e somente quando esse mecanismo natural (adaptação) falha é que se pode notar o desconforto.[14] Em geral, os animais se adaptam com sucesso aos indutores de estresse, retomando suas condições normais de homeostase e restabelecendo a saúde e o bem-estar.[19] Dependendo do custo biológico para uma adaptação a um fator de estresse, ocorre um grau de prejuízo no bem-estar do animal.[21] Porém, promover um ambiente livre de estresse é bastante complexo e pode não ser o melhor para o animal. Minimizar o estresse e melhorar a habilidade do animal de enfrentá-lo é possível e deve ser imperativo ao experimento. Isso diminui o potencial de desconforto, assegura o bem-estar animal e produz resultados confiáveis na pesquisa.[14]

Dor, ansiedade e medo são alguns dos indutores de estresse que podem ser causados por diversos aspectos do ambiente animal, como a gaiola, o alimento, barulho, temperatura, odores, manuseio do animal, interações sociais, transporte, umidade do ar, luz, nascimento, entre outros.[14,21] Os indutores de estresse podem ser intensos, sequenciais, episódicos, cronicamente intermitentes, suportáveis ou previsíveis. A resposta ao estresse crônico, ou seja, um estresse que acontece por um longo período de tempo, pode ser mais variável que a resposta do estresse intenso, ou aquele que acontece raramente, mas com intensidade. No entanto, em episódios repetidos de estresse, apesar das diferentes maneiras e fatores indutores de estresse, a resposta pode se tornar habituada.[21] O relato de treinamento de chimpanzés que se submetem a exames de sangue diariamente apresentando comportamento calmo e constante é um bom exemplo.[23]

O tipo de estresse pode variar em cada modelo animal.[13,21] Resultados de estudo sobre estresse em roedores sugerem que a mudança de gaiola, por exemplo, induz estresse mais intenso do que o estresse adaptativo promovido pelo procedimento experimental realizado no animal.[14] Mudanças intensas no ambiente ou na manipulação humana direta com o uso de ratos como modelo animal de experimentação induzem resposta de estresse, enquanto procedimentos ou odores no biotério não produzem a mesma amplitude ou duração de resposta nesses animais.[21]

Para controlar e diminuir o estresse provocado inevitavelmente durante o experimento, os pesquisadores precisam preparar o animal para a nova condição. Essa preparação basicamente inclui um período de adaptação ao novo ambiente (aclimatização) e estabilização das condições fisiológicas e comportamentais. Outras preparações mais específicas referem-se a procedimentos cirúrgicos, indução de doenças e treinamento da equipe experimental.[14]

Adaptação, aclimatização e estabilização

Os períodos de adaptação, aclimatização e estabilização são importantes para o mecanismo normal dos animais de enfrentar adequadamente os fatores de estresse, mantendo a homeostase e minimizando o desconforto animal.[14] Segundo Meunier,[24] o período de adaptação é um período crítico para o animal e para o experimento, porque, nessa fase, os animais estão suscetíveis a desenvolver problemas diante de tantas mudanças.

O período de adaptação não deve ser usado somente com o objetivo de restabelecer a saúde do animal, mas também para monitorar a condição comportamental. Esse período pode incluir o processo de aclimatização, dessensibilização e treinamento para procedimentos que serão utilizados no experimento.[23]

As condições físicas da gaiola (tamanho e ciclo de iluminação), as condições sociais dos animais na gaiola (separação por grupos ou isolados), dieta (tipo de ração e enriquecimento do alimento), aparato experimental (tipoia e outros aparatos aconselháveis) e manipulação humana direta são alguns dos critérios requeridos para adaptação e aclimatização dos animais de experimentação.[23]

É imperativo fornecer aos animais recém-chegados um período de recuperação, adaptação e estabilização antes de seu uso no experimento. A duração desse tempo é que pode variar de acordo com o tipo de transporte, a espécie do animal e o objetivo da pesquisa para o qual será utilizado.[24,32]

Para adaptação de cães, preconizam-se a mesma alimentação de origem, interações sociais com outros da mesma espécie (isso diminui o medo e a agressividade), interações com a equipe de pesquisadores/funcionários, oportunidade de farejar o ambiente e as pessoas, ajustar os procedimentos de manipulação de acordo com as características individuais de cada cão, técnicas de massagem e relaxamento, acariciar o animal após procedimentos como injeções ou exames de sangue (isso diminui as concentrações de cortisol).[24]

Os procedimentos comuns que evidenciam a ansiedade e o medo dos cães no laboratório incluem as mudanças de gaiolas, a remoção deles de um grupo social estável, alterações na rotina, transporte, confinamento em locais estranhos, manipulação de procedimentos (injeções, entre outras técnicas), vestimenta da equipe (por exemplo, aventais), introdução a um novo grupo de animais e associação com experiências negativas prévias. Para minimizar os efeitos desses estímulos seria necessário implementar um tempo maior de adaptação, aclimatização e treinamento dos animais.[24]

O período de adaptação deve ser diferenciado, baseando-se no grau de mudança a que os animais serão submetidos durante a pesquisa, na espécie selecionada e no comportamento individual do animal. Preconiza-se uma adaptação de três meses para macacos idosos, que são transferidos da convivência com outros para uma gaiola em isolamento. Em contrapartida, os suínos acostumam-se facilmente a procedimentos de rotina e necessitam de apenas uma semana de adaptação.[23] Identificar se os animais estão adaptados ao novo ambiente e aos procedimentos antes de começar o experimento são ações intuitivas.[14] Todos esses fatores são importantes para desenvolver e avaliar diferentes procedimentos e períodos de adaptação e aclimatização.[23]

Estudos contínuos dessa natureza, usando dados fisiológicos e comportamentais para avaliar a resposta aos cuidados e procedimentos rotineiros, são a chave para o refinamento do uso animal na experimentação. Conhecimentos sobre o que fazer e o que não fazer para induzir resposta ao estresse permitirão aos pesquisadores melhorar as condições do animal, o tempo de pesquisa e os resultados.[21] Em geral, os procedimentos operacionais padronizados para os cuidados com grupos de animais baseiam-se na existência de literatura empírica e experiências com as espécies e procedimentos.[25]

A falta de consciência de que os animais precisam ser habituados ao novo ambiente pode levar a sérios efeitos nos dados experimentais. Há, também, muitas falhas no conhecimento a respeito do período de adaptação para estabilização dos parâmetros fisiológicos dos animais de experimentação. Existe assim uma grande variabilidade de acordo com cada biotério (oscilando de um dia a três semanas) devido à escassa literatura científica para embasamento.[25]

Há uma variabilidade individual na resposta ao estresse entre animais da mesma espécie. Por isso, o grau de adaptação também pode variar de um animal para outro, dificultando ainda mais a previsão e a determinação de parâmetros específicos relacionados ao estresse induzido pelas mudanças e o tempo necessário para a adaptação dos animais.[24]

Variáveis genéticas também podem interferir no período de adaptação do animal. É o que acontece com a suscetibilidade ao estresse caracterizada por hipertermia e morte súbita em suínos que expressam um gene recessivo (Hal^n). Após o transporte, esses animais apresentam altas concentrações de cortisol, podendo permanecer nessas condições por até duas semanas.[19]

É notável a necessidade de investigações adicionais sobre o assunto e sobre novas tecnologias que possam ajudar. Essas informações são importantes e necessárias no trabalho dos comitês institucionais de cuidado e uso de animal

(IACUC - Institutional Animal Care and Use Committees) para a elaboração de diretrizes para promover a adaptação e a aclimatização de várias espécies de animais frequentemente utilizados na pesquisa.[25]

As IACUCs preconizam a utilização dos três Rs - redução, refinamento e substituição[12] na experimentação animal. No entanto, sabemos que a criação de mais programas melhorariam o bem-estar e os cuidados dos animais, podendo potencialmente reduzir variáveis nos resultados do experimento e, consequentemente, refinar o modelo experimental. Além disso, um protocolo de recomendações facilitaria o trabalho não somente dos pesquisadores, mas também dos comitês institucionais de cuidado e uso de animais na pesquisa.

Transporte dos animais

Com base na literatura, Conour e colaboradores[14] estabeleceram duas relações de fatores que causam estresse aos animais roedores.

1. A primeira está relacionada ao transporte dos animais: modelo do transporte, exposição a variações de temperatura e iluminação, comida e água, duração do transporte, trânsito entre os ambientes e o tempo fora da gaiola.
2. A outra relação de fatores está relacionada ao novo ambiente dos animais ao qual eles foram conduzidos após o transporte: tipo de gaiola, tipo de forração, densidade animal na gaiola, mudança de pessoas no manuseio do animal, variações de temperatura e iluminação, barulho, tratamento de água e alimentação.

O estresse associado ao transporte altera o estado fisiológico normal dos animais de laboratório. Ele causa mudanças nos sistemas cardiovascular, endócrino, imunológico, nervoso central e reprodutor, podendo desencadear efeitos consideráveis e inesperados nos resultados do experimento.[19,26] Apesar disso, é difícil prever, com base na literatura a respeito do assunto, as possíveis mudanças fisiológicas que ocorrerão em resposta ao transporte dos animais. O transporte envolve indutores físicos (como a temperatura), fisiológicos (acesso restrito ao alimento) e psicológicos (exposição a novo ambiente). Além disso, múltiplos indutores de estresse ocorrem em combinação ao transporte, ou em seguida dele, como gaiola nova, ambiente, odores, forração, separação de grupos, sons etc. Suínos e caprinos, por exemplo, frequentemente são transportados em grandes grupos em caminhões sem água ou comida. Nessa situação, calor, estresse social, privação de água e comida e barulho são fatores indutores de estresse que acompanham o transporte. Já os primatas não humanos, por exemplo, são transportados em aviões dentro de compartimentos controlados com água e comida. Nesses casos, existem outros fatores de estresse que acompanham o transporte, como barulho, vibração, introdução a gaiolas e ambientes novos.[19] Os animais são suscetíveis a desenvolver doenças devido a infecção por patógenos oportunistas após passarem pelo estresse de transporte e serem colocados em um ambiente novo. Por isso, um programa de quarentena antes da utilização do animal para a pesquisa pode ser aplicado, dependendo do estado de saúde do animal e dos requisitos exigidos para os estudos.[24,32]

Muitos animais reagem à experiência do transporte reduzindo sua ingestão de alimentos e água e aumentando a defecação como resposta a uma maior necessidade de energia resultante na utilização de reservas de gordura corporal durante o transporte, o que leva à perda de peso. Foi relatado que em cachorros, roedores e coelhos a concentração de glicocorticoides aumenta de um a dois dias e pode se manter elevada por até 16 dias como resposta alostática, isto é, de estabelecimento de um novo valor basal.[11] Possivelmente essas alterações ocorridas antes de iniciar o experimento, sem um período adequado de adaptação e aclimatização ao novo ambiente, para restabelecer o estado fisiológico normal dos animais, afetarão substancialmente os resultados da pesquisa.

Além das mudanças fisiológicas decorrentes do transporte, é importante considerar o tempo necessário para essas alterações se normalizarem. Em relação ao transporte, normalmente os mediadores primários de resposta ao estresse (catecolaminas e glicocorticoides) retornam às concentrações normais dentro de 24 horas após o transporte (dependendo da espécie). Alguns estudos relatam, porém, que os níveis de corticosterona em ratos só se normalizam após três semanas do transporte.[14]

No entanto, outras alterações fisiológicas provocadas por outros indutores de estresse, que se seguem após o transporte, podem levar de um a 14 dias para se normalizarem.[11,19] Sendo assim, o transporte de animais de experimentação deve ser o mais breve possível e em um ambiente conhecido similar ao que eles nasceram e se desenvolveram.[27]

As experiências de estresse durante o transporte geralmente acompanham uma série de fatores indutores de estresse relacionados ao novo ambiente como: manipulação humana, enclausuramento, sons, odores e pessoas que não são familiares, mudanças no regime alimentar, variações ambientais e separação dos membros de convívio.[24] Para minimizar esse estresse relacionado ao transporte de cães, Meunier[24] recomenda ao pesquisador ter gaiolas fáceis e próprias, habituar o animal à gaiola do transporte antes da viagem, examinar e observar os cães antes, durante e após o transporte, acompanhar os animais nas gaiolas e veículos o mais próximo possível até o momento da partida, assegurar-se de que a equipe de transporte tenha conhecimento e habilidade para manusear o animal e seguir seus próprios procedimentos.

Diante de tantos fatores potenciais de estresse envolvidos no transporte dos animais, Conour e colaboradores[14] sugerem um período de adaptação mínimo para os animais roedores de pelo menos dois a três dias antes de iniciar o experimento. Porém, é um período que deve ser sempre supervisionado pelo pesquisador com o intuito de detectar a estabilização das condições de bem-estar e normalização da homeostase do animal.[14] No caso de cães, Meunier[24] recomenda um período de pelo menos sete dias de recuperação do animal após o transporte.

Introdução a um novo ambiente

A gaiola dos animais de laboratório (roedores) representa mais que sua casa, ela é o seu "mundo". Nesse sentido, as gaiolas (Figura 29.5) devem conter o animal sem restringi-lo em demasia e permitir movimentos e posturas típicos. O material deve visar o conforto do animal, a facilidade no uso e o custo em relação à durabilidade. A troca excessiva das gaiolas também interfere na identificação e no reconhecimento dos indivíduos que ocorrem pelo cheiro inato de cada espécie. A produção e a presença de feromônio são fundamentais para a reprodução e a delimitação de seus territórios. Ainda, a troca demasiada de caixas estressa o animal, que acaba produzindo feromônio e amônia em excesso. Por outro lado, a falta de troca faz com que haja um aumento da concentração de amônia e outros odores acima dos níveis toleráveis dentro das salas, prejudicando tanto os animais como os funcionários. Para minimizar o estresse causado pelo ambiente, por manipulação humana e por procedimentos experimentais, aconselha-se observar as características comportamentais típicas de cada espécie de modelo animal a ser escolhido.[11,14,25]

O cão não se adapta rapidamente a novas condições de ambiente e alimentação. Essa condição corporal do animal é importante para a saúde e assegura bons resultados na pesquisa. São necessários vários dias para que os cães possam acostumar-se com o novo regime de alimentação a fim de que se possa iniciar a pesquisa.[24] Mudanças no pequeno "mundo" da gaiola do animal, como quantidade de animais, tamanho, material utilizado para forração, podem causar mudanças fisiológicas e de comportamento importantes. Recentemente, evidências indicam que certos tipos de materiais usados nas gaiolas como forração, ou a mudança desses materiais, aumentam o desconforto nos ratos de laboratório e os expõem a sérios riscos de saúde.[28] Esse material contribui para a regulação do bem-estar e da temperatura do ambiente.[20] Atenção rigorosa à higiene e prevenção de superlotação, em número de gaiolas por sala e animais por gaiola, são extremamente importantes na redução dos níveis de amônia que predispõem às infecções respiratórias. Existem evidências associando a amônia à exacerbação de problemas respiratórios, particularmente de infecções por micoplasma no rato.

Figura 29.5 – *Gaiola com filtro. O uso de microisoladores auxilia na prevenção de contaminação dos animais.*

A adaptação/aclimatização de ratos a gaiolas novas durante 21 dias levou a uma redução de 60 vezes da dose letal de uma substância nefrotóxica, comparado com o mesmo estudo em animais que não foram submetidos a um período de adaptação/aclimatização. Proporcionar esse período aos animais não é incomum e pode diminuir a fonte de estresse para os ratos. Nos casos de estudos metabólicos, avaliar e entender a necessidade de aclimatização e adaptação torna-se fator mais crítico e importante.[25]

Atualmente, a literatura tem dado um foco especial ao chamado "enriquecimento ambiental".[20,29] Em 2005, Benefiel e colaboradores[28] relataram que o enriquecimento ambiental tem sido usado na pesquisa como ferramenta para elucidar como a anatomia, a fisiologia e o comportamento de um organismo se adaptam e aprendem com o ambiente. Os estudos sobre o assunto têm a pretensão de melhorar o bem-estar animal e se referem a qualquer alteração relacionada à água, alimentação, forração e gaiola. Outras publicações definem o enriquecimento ambiental como um método que combina estímulos sociais à exposição a objetos inanimados em um novo ambiente. Para Wolfle[30] há enriquecimento quando o ambiente permite ao animal maior liberdade para ele agir de acordo com o comportamento típico da sua espécie. Dessa maneira, ele sente controle sobre seu ambiente e adapta-se com maior facilidade aos fatores indutores de estresse, recuperando sua homeostase. A resposta ao estresse em ratos, por exemplo, é atenuada com interações sociais e um período de adaptação de duas horas dentro da gaiola após manipulação dos animais.[21]

Treinamento do animal

A adaptação dos animais após transporte e exposição a um novo ambiente estabiliza parâmetros fisiológicos, trazendo benefícios para seu uso no experimento. Porém, indutores de estresse adicionais podem surgir após esse período durante o experimento como as técnicas de manipulação humana, dosagem e controle.[14] Para diminuir o efeito negativo de um estresse secundário, Tuli e colaboradores[31] sugerem a exposição prévia dos animais ao estresse inevitável durante o experimento, como um treinamento.

Cães, porcos e primatas não humanos são os poucos grupos de espécies que respondem positivamente a técnicas de treinamento no laboratório. O treinamento no período de adaptação pode trazer benefícios aos experimentos com protocolos crônicos de tratamento.[23] Os chimpanzés, assim como os mamíferos aquáticos, por exemplo, são treinados para colaborar em procedimentos veterinários e exames físicos de rotina.[30]

Os processos de costume e dessensibilização do animal também podem ajudar no sucesso da adaptação ao ambiente e a procedimentos do experimento. O processo de costume é passivo (nenhum reforço de contingente é envolvido) e o processo de dessensibilização é ativo (os animais são reforçados especificamente para "interação" com um determinado item). Essas técnicas são usadas para mudar o conceito de uma experiência negativa em uma experiência positiva. Isso permite que os animais se adaptem melhor a essas situações.[23]

Um meio de implementar procedimentos adicionais na promoção da adaptação do animal é considerar esses procedimentos tentativas de facilitar e melhorar as habilidades do animal em manter sua homeostase e equilíbrio. Geralmente os animais bem-adaptados são capazes de agir apropriadamente diante dos procedimentos experimentais.[23]

Treinamento e manipulação humana

Outra consideração comportamental de grande preocupação no caso de espécies domesticadas sob condições de laboratório é a exigência de associações amigáveis com seres humanos. Ressalta-se a importância do conhecimento e do treinamento daqueles que irão trabalhar com os animais na experimentação, geralmente o bioterista. Essa é uma necessidade adicional para os cuidados e o trabalho com os animais na pesquisa.[23] Deve ser enfatizado que a manipulação amigável e gentil de todos os animais de laboratório é de grande relevância para o seu bem-estar e saúde, aumentando na maioria dos casos sua utilidade como modelo experimental.

Everitt e Schapiro[25] destacam a relevância do pesquisador em entender o comportamento específico de cada espécie, o modelo apropriado de equipamento e, talvez o mais importante, a necessidade de treinamento da melhor maneira de manipular o animal. Os animais reagem diferentemente aos estímulos externos e requerem um determinado período para se adaptar às condições ambientais. Desse modo, devem ser manuseados cuidadosamente e todos os fatores externos precisam ser considerados para assegurar o bem-estar animal e a confiabilidade dos resultados.

O manuseio deve ser firme e gentil (Figura 29.6) a fim de manter o animal calmo. A maioria dos animais de laboratório não apresenta restrições para a rotina de manipulação; de fato, eles tendem até a apreciar o contato com as pessoas envolvidas. Iniciantes em treinamento devem primeiramente utilizar animais já manipulados, para desenvolver o senso de segurança e aprender a quantidade de força mínima requerida para segurar e conter de maneira segura a espécie em questão. A manipulação bem-sucedida também requer a habilidade em identificar o estado do animal, que pode incluir apreensão, agressividade e, em alguns casos, até desconforto ou dor. Movimentos bruscos e ruídos altos causam estímulos determinantes de alterações respiratórias, circulatórias e de alarme.

Figura 29.6 – *Sequência de movimentos para imobilização de rato (A e B). Em (C) o animal está completamente imóvel na mão do experimentador.*

Vários pontos específicos devem ser considerados ao manipular pela primeira vez um rato de laboratório adulto:

a. Não segurar com muita força ou fazer movimentos bruscos ou repentinos. Permita ao animal cheirar sua mão, já que por ser albino sua acuidade visual é baixa.
b. Não demonstrar medo.
c. Não apertar o tórax ou ao redor da garganta; isso dificultará a respiração e fará o rato lutar.
d. Não segurar um rato pela ponta de sua cauda e nem manter o animal suspenso pela cauda. O animal estará em uma situação ameaçadora e tentará fugir ou lutar, a pele pode desprender facilmente da musculatura da cauda e o animal irá cair.
e. Ratos menores ou camundongos devem ser manipulados pela base da cauda e não pela extremidade distal, pois eles podem girar, escalar a própria cauda e morder o pesquisador, uma vez que se tornam assustados.
f. Ter certeza de que todos os animais do grupo experimental sejam manipulados na mesma frequência que o grupo controle assegura a obtenção de resultado em condições semelhantes de estresse.

É importante para a equipe entender alguns comportamentos instintivos de cada espécie animal. Os ratos, por exemplo, possuem hábitos olfatórios que lhes permitem reconhecimento individual e em grupo, hábitos de cavar, roer etc. Isso pode contribuir na interação do animal com o homem, fator essencial para processo de costume do animal.[20] Para cães, Meunier[24] sugere algumas recomendações para facilitar o treinamento da equipe na adaptação dos animais: conhecimento das técnicas apropriadas de treinamento e adaptação (treinamento para situações de rotina); tempo adequado de interação com o animal, conhecendo assim o temperamento individual de cada animal; usar comunicação apropriada, como tom de voz ou maneira de falar.

Salienta-se que os animais normalmente se adaptam ao funcionário responsável pela limpeza de sua gaiola; assim, recomenda-se não haver troca do bioterista antes ou durante a realização de um experimento. Os roedores, especialmente os ratos, apreciam o convívio em grupo. Esse contato entre os animais pode ser feito por meio de sinais visuais, auditivos ou olfativos. O contato social pode reduzir os efeitos de situações estressantes, comportamentos anormais, além de estímulo cognitivo. A inserção ou a retirada de animais da gaiola determina um esforço adicional para restabelecimento de novos grupos. Fatores como densidade populacional, habilidade de dispersão e facilidade de adaptação devem ser considerados quando se trabalha com animais que permaneceram em grupo. Se o experimento requerer isolamento total do animal, recomenda-se que outros modos de distração sejam providenciados para compensar a ausência de outros membros da espécie.

Considerações finais

Diante dos resultados obtidos e da exposição dos estudos mencionados anteriormente, pode-se afirmar que:

1. Um programa de treinamento e adaptação no experimento com animais tem dois objetivos principais: melhorar o bem-estar do animal e diminuir a variabilidade da pesquisa.
2. A literatura ainda precisa criar bases para que se possa preconizar com maior segurança a duração e os procedimentos recomendados para uma boa adaptação em cada espécie.
3. Baseando-se na literatura, sugere-se um período de adaptação para que o animal restabeleça suas condições fisiológicas e mentais após mudanças ocorridas em favor do experimento.
4. Cabe ao pesquisador o uso do bom senso e da experiência para a seleção do animal mais adequado e do tempo de adaptação necessário, considerando fatores como idade, sexo, espécie e genótipo.
5. A importância do planejamento de um período de adaptação para o animal e para os resultados do experimento são indiscutíveis.

A Ciência é feita de resultados provenientes de experimentos responsáveis para assegurar o bem-estar e a saúde dos animais de laboratório. É importante ser rigoroso quantos aos cuidados dos animais de experimentação. O retorno virá com a reprodutibilidade dos resultados e o respeito e a confiança que se ganham do universo acadêmico-científico.

Referências Bibliográficas

1. Fa M, Xia L, Anunu R, Kehat O, Kriebel M, Volkmer H, et al. Stress modulation of hippocampal activity--spotlight on the dentate gyrus. Neurobiol Learn Mem 2014;112:53-60.
2. Lupien SJ, McEwen BS. The acute effects of corticosteroids on cognition: integration of animal and human model studies. Brain Res Brain Res Rev 1997;24(1):1-27.
3. McGaugh JL, Roozendaal B. Role of adrenal stress hormones in forming lasting memories in the brain. Curr Opin Neurobiol 2002;12(2):205-10.
4. Nicholas A, Munhoz CD, Ferguson D, Campbell L, Sapolsky R. Enhancing cognition after stress with gene therapy. J Neurosci 2006;26(45):11637-43.
5. Wang XY, Zhao M, Ghitza UE, Li YQ, Lu L. Stress impairs reconsolidation of drug memory via glucocorticoid receptors in the basolateral amygdala. J Neurosci 2008;28(21):5602-10.
6. Conrad CD, LeDoux JE, Magarinos AM, McEwen BS. Repeated restraint stress facilitates fear conditioning independently of causing hippocampal CA3 dendritic atrophy. Behav Neurosci 1999;113(5):902-13.
7. Cordero MI, Venero C, Kruyt ND, Sandi C. Prior exposure to a single stress session facilitates subsequent contextual fear conditioning in rats. Evidence for a role of corticosterone. Horm Behav 2003;44(4):338-45.
8. de Brito Guzzo SF, Rafael C, Matheus Fitipaldi B, Amarylis Garcia A, Vinicius Dias K, Luiz YJ, et al. Impact of chronic stressors on the anxiety profile of pregnant rats. Physiol Behav 2015;142:137-45.
9. Sandi C, Merino JJ, Cordero MI, Touyarot K, Venero C. Effects of chronic stress on contextual fear conditioning and the hippocampal expression of the neural cell adhesion molecule, its polysialylation, and L1. Neuroscience 2001;102(2):329-39.

10. Wood GE, Young LT, Reagan LP, McEwen BS. Acute and chronic restraint stress alter the incidence of social conflict in male rats. Horm Behav 2003;43(1):205-13.
11. Arts JW, Kramer K, Arndt SS, Ohl F. The impact of transportation on physiological and behavioral parameters in Wistar rats: implications for acclimatization periods. ILAR J 2012;53(1):E82-98.
12. Russell W, Burch R. The principles of human experimental technique Disponível em: URL:http://altweb.jhsph.edu/publications/humane exp/het-toc.htm 1959.
13. de Aguilar-Nascimento JE. Fundamental steps in experimental design for animal studies. Acta Cir Bras 2005;20(1):2-8.
14. Conour LA, Murray KA, Brown MJ. Preparation of animals for research --issues to consider for rodents and rabbits. ILAR J 2006;47(4):283-93.
15. Schmidek WR, Hoshino K, Schmidek M, Timo-Iaria C. Influence of environmental temperature on the sleep-wakefulness cycle in the rat. Physiol Behav 1972;8(2):363-71.
16. Andersen ML, Bignotto M, Machado RB, Tufik S. Different stress modalities result in distinct steroid hormone responses by male rats. Braz J Med Biol Res 2004;37(6):791-7.
17. Andersen ML, Bignotto M, Tufik S. Influence of paradoxical sleep deprivation and cocaine on development of spontaneous penile reflexes in rats of different ages. Brain Res 2003;968(1):130-8.
18. Andersen ML, Martins PJ, D'Almeida V, Bignotto M, Tufik S. Endocrinological and catecholaminergic alterations during sleep deprivation and recovery in male rats. J Sleep Res 2005;14(1):83-90.
19. Obernier JA, Baldwin RL. Establishing an appropriate period of acclimatization following transportation of laboratory animals. ILAR J 2006;47(4):364-9.
20. Smith AL, Corrow DJ. Modifications to husbandry and housing conditions of laboratory rodents for improved well-being. ILAR J 2005;46(2):140-7.
21. Pekow C. Defining, measuring, and interpreting stress in laboratory animals. Contemp Top Lab Anim Sci 2005;44(2):41-5.
22. McEwen BS, Biron CA, Brunson KW, Bulloch K, Chambers WH, Dhabhar FS, et al. The role of adrenocorticoids as modulators of immune function in health and disease: neural, endocrine and immune interactions. Brain Res Brain Res Rev 1997;23(1-2):79-133.
23. Schapiro SA, Everitt JI. Preparation of animals for use in the laboratory: issues and challenges for the Institutional Animal Care and Use Committee (IACUC). ILAR J 2006;47(4):370-5.
24. Meunier LD. Selection, acclimation, training, and preparation of dogs for the research setting. ILAR J 2006;47(4):326-47.
25. Everitt JI, Shapiro SJ. The art and science of introducing animals to the research environment. ILAR J 2006;47(4):281-2.
26. Stemkens-Sevens S, van Berkel K, de Greeuw I, Snoeijer B, Kramer K. The use of radiotelemetry to assess the time needed to acclimatize guineapigs following several hours of ground transport. Lab Anim2009;43(1):78-84.
27. Furudate S, Takahashi A, Takagi M, Kuwada M. Delayed persistent estrus induced by continuous lighting after inadequate acclimation in rats. Exp Anim 2005;54(1):93-5.
28. Benefiel AC, Dong WK, Greenough WT. Mandatory " enriched" housing of laboratory animals: the need for evidence-based evaluation. ILAR J 2005;46(2):95-105.

29. Research) IIfLA. Guide for the care and use of laboratory animals. Washington, DC: National Academic Press, 2011. 220p.
30. Wolfle TL. Introduction: environmental enrichment. ILAR J 2005;46(2):79-82.
31. Tuli JS, Smith JA, Morton DB. Stress measurements in mice after transportation. Lab Anim 1995;29(2):132-8.
32. Arts JW, Kramer K, Arndt SS, Ohl F. The impact of transportation on physiological and behavioral parameters in Wistar rats: implications for acclimatization periods. ILAR J. 2012;(1):E82-98.

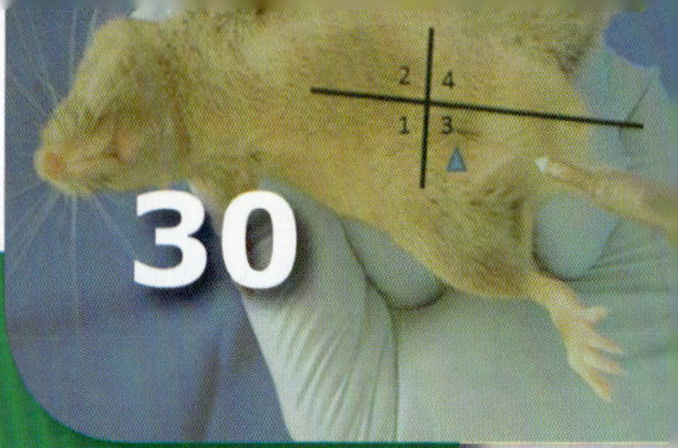

30

Vias de Administração e Coleta de Fluídos

Valéria Lima Fabrício
Valderez Bastos Valero Lapchik

Introdução

A administração de substâncias e a coleta de fluidos corpóreos em animais de laboratório são, muitas vezes, aspectos críticos do projeto experimental. A validade do resultado, na maior parte dos experimentos, está baseada na análise de índices obtidos em decorrência da administração e da coleta adequada de fluidos corpóreos na grande variedade de estudos *in vivo*. Todos os cuidados para o refinamento dos procedimentos empregados neste capítulo podem contribuir para o bem-estar animal e para o menor grau de desvio do tratamento estatístico dos dados obtidos.

A formação e competência do operador devem ser monitoradas para garantir que as substâncias sejam aplicadas e amostras coletadas com precisão. O compartilhamento de conhecimentos e de habilidades práticas deve ser encorajado para que se evite a duplicação de animais e de trabalho e que se mantenha o foco no bem-estar animal, atendendo ao princípio de redução do número de animais e aprimoramento das técnicas de administração e coleta de fluidos.[1]

Nas espécies de laboratório, muitas das técnicas geralmente utilizadas exigem contenção, sedação ou anestesia. Esses critérios devem ser considerados quando se selecionam a via de administração ou sítio de coleta para minimizar o estresse provocado pela manipulação, a fim de proteger o animal e o resultado experimental de interferência.

■ Vias de administração de drogas

Critérios para escolha da via

Cada técnica tem suas vantagens e limitações, a escolha da via de administração de medicamentos, além de ser baseada na natureza do agente a ser administrado, na espécie animal, no propósito da administração, também deve levar em conta a proporção entre o volume e o sítio de aplicação (Tabela 30.1). Além disso, as equipes de pesquisa precisam estar cientes dos potenciais efeitos adversos relacionados com a administração da substância para evitar interferência com outros aspectos do desenho do estudo e para permitir a interpretação correta dos resultados.[2]

Há uma série de fatores a se considerar para otimizar a administração de substâncias em animais e adequar ao objetivo do estudo. Em relação à toxicidade, um aspecto relevante é a cronobiologia ou ritmo circadiano, considerando que os roedores são metabolicamente mais ativos na ausência de luz,[1] bem como: o volume; a temperatura; a velocidade e forma de administração da substância no estado de jejum; e idade dos animais.[3] O tempo de jejum adequado dependerá do padrão alimentar e fisiologia da espécie, período da restrição alimentar e do momento de administração da dose para que o animal não esteja em hipoglicemia, pois, de modo geral, o tempo de jejum atribuído aos animais é excessivamente longo com relação à sua taxa metabólica.

A seleção de uma determinada via deve considerar a finalidade do estudo, por exemplo: testes de segurança, em que a via de administração nos animais deve assemelhar-se restritamente àquela projetada em seres humanos.[2]

Tabela 30.1
Volume para administração com relação à espécie e sítio[3]

Via	Espécie	Volume (faixa)	Sítio
Gavagem	Mamíferos Peixes	5 mL/kg-20 mL/kg 2 g/kg (gel em cápsulas)	Intragástrica Esofágica
Intravenosa	Mamíferos	Até 5 mL/kg	Roedores: veia caudal ou safena Coelhos: orelha ou veia cefálica
	Peixes	2 a 4 mL/kg/h (infusão contínua)	Veia caudal ou artéria
Subcutânea	Mamíferos Peixes	Máx. 5 mL/kg/sítio 1 mL/kg	Intraescapular, nuca ou flanco Linha média pouco anterior a dorsal
Intradérmica	Mamíferos	Máx. 0,05 mL/kg/sítio (roedor, coelho)	Tríceps, quadríceps, dorsal, lombar; músculos semimembranosos e semitendinosos.
	Peixes		Base da linha dorsal ou entre linha dorsal e lateral.
Intraperitoneal	Todas	Máx. 10 mL/kg	Terceiro quadrante inferior do abdome. Lado direito do animal.

Considerações sobre a característica das substâncias

Vários fatores devem ser considerados para a administração de substâncias em animais, entre eles a preparação da solução, incluindo a esterilidade, a escolha da via, o aparelho de dosagem e contenção necessária para sítios específicos de aplicação no animal.[3] Cuidados especiais são necessários para estudos que exigem a administração de substâncias com alta frequência no mesmo animal. Nesses casos, a metodologia de dosagem é importante no planejamento do experimento e durante a revisão do protocolo de cuidados aos animais. A submissão e aprovação do protocolo de pesquisa à Comissão de Ética no Uso de Animais (CEUA) representam assegurar o refinamento das vias de administração e coleta de fluidos utilizados no estudo.

■ VIAS DE ADMINISTRAÇÃO

As principais vias utilizadas são descritas a seguir.

Oral

Na via oral, a gavagem (esofágica ou gástrica) é a mais utilizada para garantia da dosagem precisa em cada animal, além do fator econômico. Pode ser necessário restringir a ingestão de alimentos dos animais antes da dosagem para não afetar a absorção.[3] A escolha entre cânula de aço curva, reta ou agulha com esfera distal e a seleção do tamanho apropriado da cânula para gavagem (Figura 30.1A) são fatores importantes para minimizar o desconforto durante a administração. A realização da gavagem necessita da contenção adequada do animal para que a cânula seja cuidadosamente introduzida na boca do animal, passando pelo esôfago e chegando ao estômago, onde o material é dispensado[4] (Figura 30.1B).

Grandes volumes de substâncias administrados por gavagem podem causar estresse em virtude da distensão gástrica em espécies que não conseguem

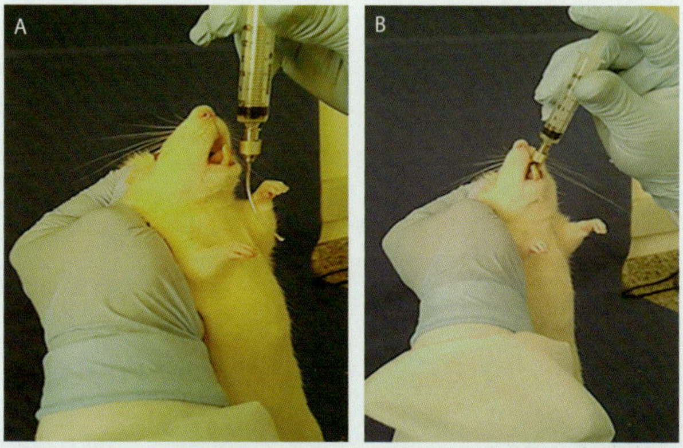

Figura 30.1 – *Gavagem. Avaliação do tamanho da cânula da ponta do focinho do animal até o final do esterno no rato (A). Contenção do animal mantendo o focinho voltado para cima e inserção da cânula de gavagem no rato (B).*

vomitar, tais como roedores.[5] Doses de grandes volumes ultrapassam a capacidade do estômago e passam imediatamente para o intestino grosso. Volumes maiores podem refluir para o esôfago.[3] Portanto, recomenda-se usar o menor volume necessário para a via de administração oral, com faixa de limite de 5 mL/kg a 20 mL/kg para todas as espécies, como mostrado na Tabela 30.1.

A seguir, descreveremos as principais vias parenterais para administração (Figura 30.2). Nessas vias, é importante o uso de uma agulha de tamanho adequado e de técnicas assépticas. A injeção de substâncias irritantes ou injeção descuidada pode resultar em inflamação, descamação, paralisia, automutilação e necrose da área afetada. Recomenda-se que não se utilize uma agulha inserida antes em tampa de borracha do frasco do medicamento. Isso pode embotar a ponta da agulha, aumentando o desconforto da injeção. Na aplicação da substância por injeção, ao inserir a agulha na pele do animal com o bisel (orifício) voltado para cima, o êmbolo da seringa deve ser retraído antes da aplicação para certificar a ausência de fluidos no êmbolo, o que significa que vaso ou órgão indesejado não foi atingido (na via intravenosa (IV), ao contrário, é desejada a constatação de que o vaso foi atingido pela presença do sangue). Caso contrário, a agulha deve ser retirada, substituída e reposicionada antes da administração.

Intradérmica

Substâncias não irritantes podem ser administradas por via intradérmica, o que representa um método rápido e simples de administração parenteral. Após a tricotomia do local escolhido para a injeção, a agulha deve ser inserida com o bisel voltado para cima (Figura 30.3A). Volumes de 0,05 a 0,1 mL podem ser administrados em camundongos,[3] dependendo da espessura da pele, com inserção da agulha em um ângulo de 10 a 15°. Administrar a substância lentamente com volume máximo de 100 µL para evitar trauma do tecido. A administração

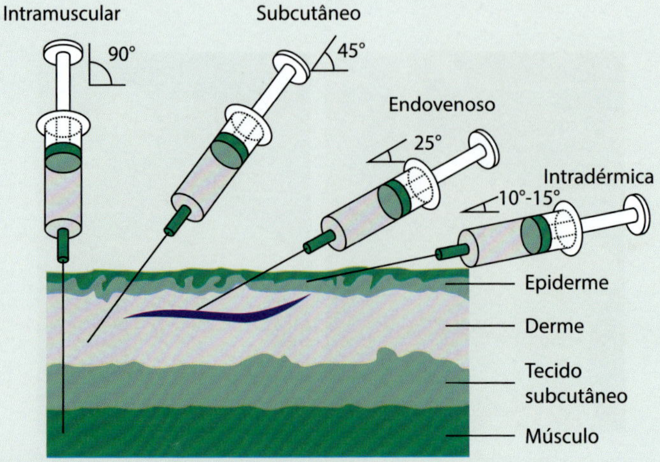

Figura 30.2 – *Diferentes vias de administração de substancias por injeção.[4] O corte mostra as vias intramuscular, intravenosa, subcutânea e intradérmica.*

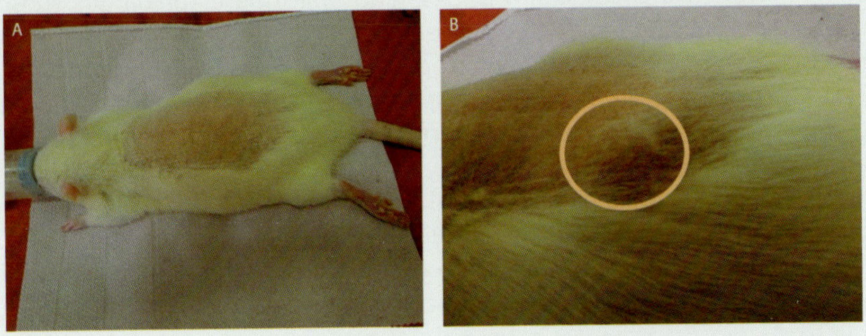

Figura 30.3 – *Injeção intradérmica. Tricotomia da área para administração (A). Formação da pápula circular (B).*

correta resulta em uma pequena pápula circular (Figura 30.3B) que deve ser demarcada com tinta para posterior avaliação.[5]

Subcutânea

As substâncias administradas por via subcutânea (SC) são absorvidas mais lentamente em comparação com outras vias parenterais, proporcionando um efeito prolongado. A área subcutânea pode servir como excelente local para a distribuição de grande volume de fluido em animais de pequeno porte ou desidratados, evitando a injeção IV[3,5,6] (Tabela 30.1). Cobrir a cabeça do animal é uma estratégia que auxilia na contenção. Ergue-se uma prega na pele e, no meio desta, faz-se a punção com agulha inserida em um ângulo de 15°, no sentido do pelo para minimizar danos aos tecidos subjacentes (Figura 30.4).

Intramuscular

A administração intramuscular de substâncias é frequentemente evitada em espécies pequenas por causa da massa muscular reduzida. Geralmente, as in-

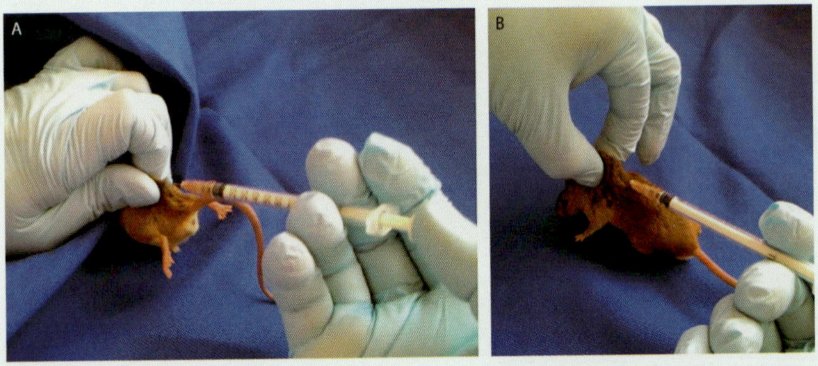

Figura 30.4 – *Injeção subcutânea. Formas de contenção de camundongo e punção no sentido do pelo (A e B).*

jeções intramusculares resultam em absorção uniforme e rápida das substâncias em virtude de rico suprimento vascular.[3] Volumes administrados por via intramuscular são menores do que os administrados por via SC (Tabela 30.1). Quando a velocidade de absorção é importante, é necessária a distinção entre formulações aquosas e oleosas que permanecem depositadas por mais de 24 horas.[5,6] Para a escolha do local, deve se observar a menor possibilidade de dano ao nervo.[4] A contenção do animal deve ser firme e gentil para a administração segura (Figura 30.5). Deve ser feita a alternância dos sítios puncionados para estudos com múltiplas doses. Injeções musculares repetidas podem resultar em inflamação muscular e necrose.

Intraperitoneal

A administração intraperitoneal (IP) é a primeira opção usada em roedores de laboratório, mas desaconselhada para estudos com doses múltiplas.[3,6] Essa via permite a administração de grandes volumes de forma segura (Tabela 30.1). A administração IP é conduzida em animais conscientes por meio de contenção manual, retraindo a pele para a região posterior do animal.[4] Recomenda-se inclinar ligeiramente a cabeça do animal para baixo para que os órgãos do abdome se desloquem da superfície ventral e se acomodem de modo a deixar um flanco nos quadrantes inferiores, o que evita atingir os órgãos e permitir melhor resultado na administração.[5] As injeções são feitas com agulha inserida em ângulo de 90º, preferencialmente no quadrante inferior direito do animal (Figura 30.6), distante da linha média para evitar o acesso indesejado à bexiga urinária ou ceco.

Intravenosa

A via IV é aquela na qual a administração do medicamento é realizada diretamente na corrente sanguínea por uma veia.[3,5,6] A aplicação de medicamentos por essa via requer conhecimento da anatomia circulatória[7,8] e pode variar desde uma única dose até uma infusão contínua (Figura 30.7). As substâncias, de acordo com suas características, podem ser administradas rápida ou lentamente.[3]

Por princípio, a via IV é um acesso tanto para administração como para coleta.

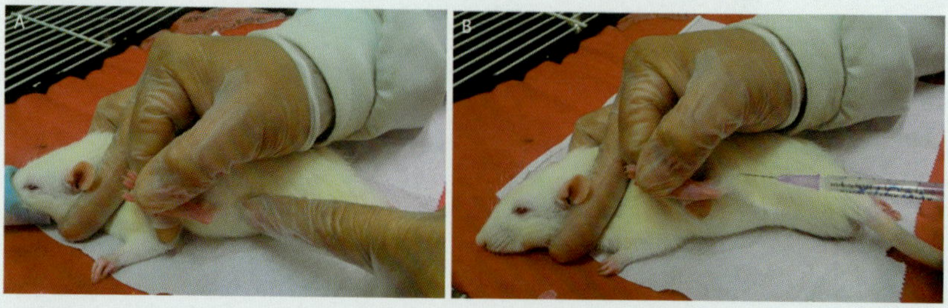

Figura 30.5 – *Injeção intramuscular. Manobra para contenção do animal e indicação do local para punção (A) e administração (B).*

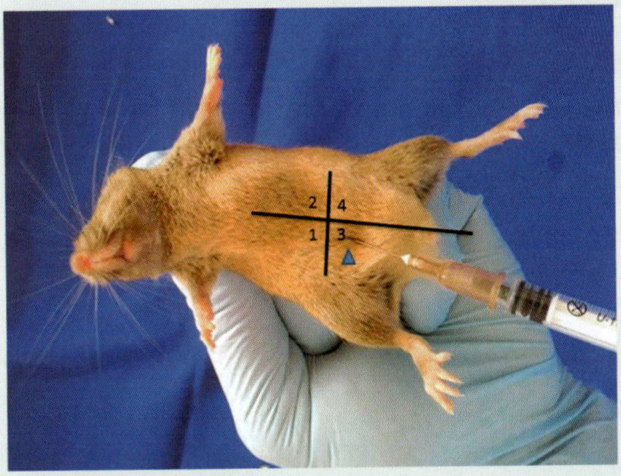

Figura 30.6 – *Administração Intraperitoneal. Destacando o quadrante 3, lado direito do animal, ideal para a aplicação.*

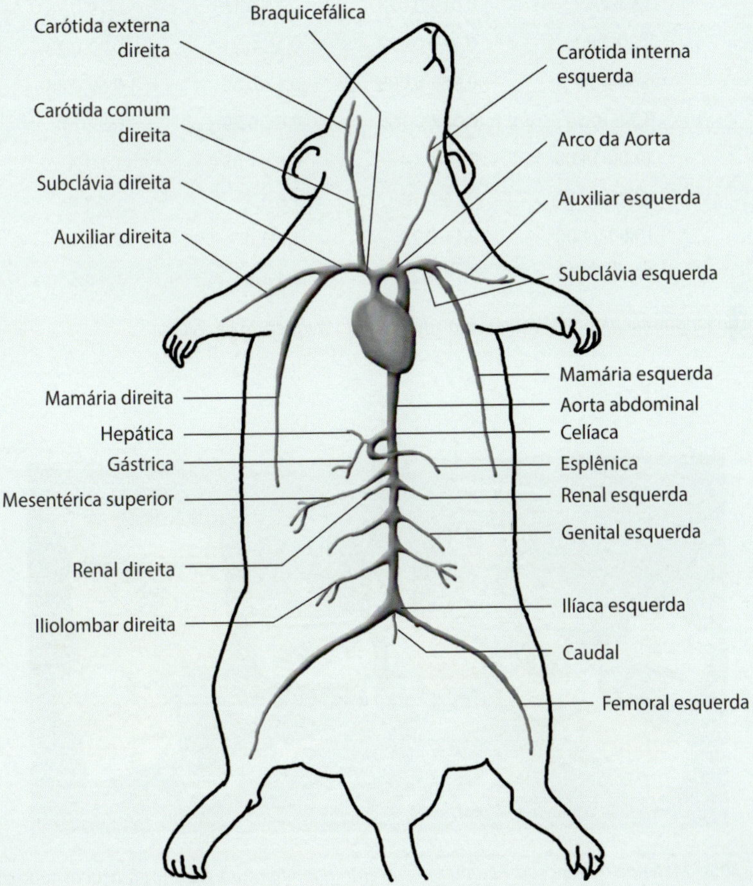

Figura 30.7 – *Anatomia Circulatória.*[7]

■ Coleta de fluídos

O volume do sangue coletado por via IV é uma questão crítica em animais de pequeno porte.[6] Assim, para o cálculo do volume a ser administrado e coletado, é fundamental conhecer o peso do animal[9] (Tabela 30.2), bem como é importante ter à mão materiais na bancada para o sucesso dos procedimentos (Figura 30.8).

Tabela 30.2
Volume e intervalo de coleta em função do peso9

Peso corporal (g)	*VSC (ml)	1% VSC (ml) a cada 24hs**	7,5% VSC (ml) a cada 7 dias**	10% VSC (ml) a cada 2-4 semanas**
20	1,10-1,40	0,011-0,014	0,082-0,105	0,11-0,14
25	1,37-1,75	0,014-0,018	0,10-0,13	0,14-0,18
30	1,65-2,10	0,017-0,021	0,12-0,16	0,17-0,21
35	1,93-2,45	0,019-0,025	0,14-0,18	0,19-0,25
40	2,20-2,80	0,022-0,028	0,16-0,21	0,22-0,28
125	6,88-8,75	0,069-0,088	0,52-0,66	0,69-0,88
150	8,25-10,50	0,082-0,105	0,62-0,79	0,82-1,0
200	11,00-14,00	0,11-0,14	0,82-1,05	1,1-1,4
250	13,75-17,50	0,14-0,18	1,0-1,3	1,4-1,8
300	16,50-21,00	0,17-0,21	1,2-1,6	1,7-2,1
350	19,25-24,50	0,19-0,25	1,4-1,8	1,9-2,5

**Volume de sangue circulante; **Volume máximo retirado/frequência de coleta.*

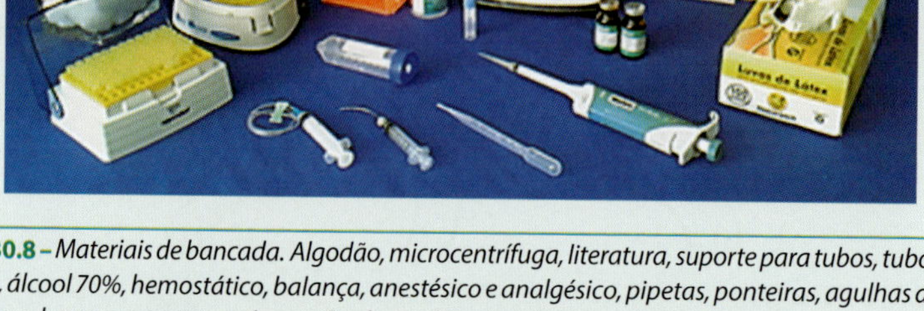

Figura 30.8 – *Materiais de bancada. Algodão, microcentrífuga, literatura, suporte para tubos, tubo capilar de vidro, álcool 70%, hemostático, balança, anestésico e analgésico, pipetas, ponteiras, agulhas de vários tamanhos, luvas, contentor, seringa, cânula e caixa para descarte de perfuro cortante.*

Materiais e condições para coleta de amostras

Para avaliação de elementos no sangue, geralmente são utilizados pequenos tubos plásticos de até 2 mL contendo anticoagulante como EDTA. Nas amostras para coleta de plasma, são utilizados tubos contendo heparina, citrato ou oxalato de potássio, dependendo da finalidade do experimento. A amostra é deixada à temperatura ambiente por aproximadamente 30 minutos para facilitar a separação entre frações líquida e celular. Amostras de sangue para processamento de plasma ou soro podem ser centrifugadas em aproximadamente 800 a 1.000 g por 10 a 15 minutos e a fração líquida representa a amostra a ser processada.

É importante lembrar que o estresse do animal no momento da coleta poderá alterar os parâmetros sanguíneos como aumento dos níveis de hormônios e glicose, contagem das hemácias e volume de hemoglobina, impactando os resultados do estudo. Acostumar o animal à estratégia de procedimentos de contenção e evitar que percebam os procedimentos conduzidos aos companheiros de gaiola são cuidados que ajudam a diminuir o estresse. O treinamento nesses procedimentos deve ser realizado, de preferência, em modelos sintéticos e proceder inicialmente a coletas ou administração em animais anestesiados ou recém eutanasiados.

A técnica de coleta deve considerar as características da espécie, sua saúde, intervalo e volume da coleta compatível com o peso do animal (Tabela 30.2).

Os coelhos são, frequentemente, modelos em estudos que, além de amostras de sangue, necessitam de amostras de urina, líquido cerebrospinal e de medula óssea.[6] Assim, quaisquer que sejam os alvos, é indispensável uma consulta ao atlas de anatomia da espécie como os disponíveis *online* indicados no final deste capítulo,[7,8] além de contentores e logística que contribuirão para o sucesso dessa etapa do experimento.

Recomendações para o volume da coleta

- O volume de sangue estimado em média nos animais adultos é de 55 a 75 mL/kg de peso, o que representa 6 a 8% do seu peso corporal, ou 6 a 8 mL de sangue por 100 g de peso.
- Animais de pequeno porte têm grande volume de sangue com relação à massa corporal.
- As seguintes normas devem ser consideradas para a condução segura do procedimento: a quantidade máxima em uma coleta é de 10% do volume total do sangue do animal ou 1% do peso corporal. Nessa condição, o intervalo entre coletas deve ser de 3 a 4 semanas. É necessária a reposição de fluido com solução de Ringer-lactato (ver Capítulo 33), se a coleta atingir 30% do volume sanguíneo.[4]
- O volume de sangue é recuperado em 24 horas, mas as células do sangue retornam aos níveis normais somente em 2 semanas. Por isso, recomenda-se que coletas de 1% do volume de sangue circulante respeitem intervalo de 24 horas. A monitoração do volume corpuscular médio (faixa normal para camundongos é de 39 a 49%) ou da hemoglobina que podem ajudar a avaliar se o animal está recuperado.

- A remoção de volume acima de 7,5% de sangue total é permitida, entretanto os efeitos do estresse, escolha do local e uso de anestésico devem ser cuidadosamente considerados. O intervalo entre coletas deve ser de 7 dias.
- A remoção de 10% do volume total do sangue é permitida; todavia, enquanto o sangue é coletado, deve ocorrer a reposição de fluido estéril em dobro, administrado lentamente por via IV, a temperatura corporal (33°C). Se essa via não for acessível, a peritoneal ou SC são alternativas. O intervalo deve respeitar de 2 a 4 semanas para completa recuperação dos elementos figurados do sangue.
- Perda de 15 a 25% de sangue deve ser compensada (solução salina 0,9% a 20 °C), pois resulta em concentrações plasmáticas elevadas de adrenalina, noradrenalina e corticosterona e também para diminuir o nível de glicose.
- Perda de 20 a 25% de sangue diminui a pressão sanguínea arterial, o batimento cardíaco e a oferta de oxigênio aos órgãos vitais, levando à hipovolemia e falência cardíaca (choque). Fraqueza muscular, depressão central e extremidades frias também são observadas.

Sítios de coleta

A literatura apresenta considerações sobre as diferentes técnicas e a indicação específica para cada uma delas. São vários os locais de coleta nas espécies animais de laboratório, reunimos aqui informações sobre os acessos comumente utilizados e outros menos difundidos, porém bastante seguros. Para melhor compreensão, apresentamos esquema da anatomia circulatória do rato[7,8] (Figura 30.7).

Plexo submandibular

A punção da veia submandibular é o procedimento mais rápido e humanitário, embora exija muita prática. O acesso é no pequeno feixe vascular na face posterior da mandíbula, característica da bochecha do camundongo no ponto de confluência entre veia orbital, veia submandibular e veias que drenam a região facial, formando o início da veia jugular.[10]

O pesquisador contém o animal pela prega da nuca e o levanta no ar brevemente para que o animal estabeleça uma posição mais relaxada (Figura 30.9). Usando uma lanceta número 11 ou capilar com bisel, o investigador punciona a bochecha com força suficiente para permitir que as gotas de sangue extravasem.

A posição da lanceta é crucial para obtenção de sangue suficiente em muito curto espaço de tempo e, com prática, essa estratégia é dominada. Para cessar o sangramento, basta aplicar uma gaze estéril com leve pressão e, pouco tempo depois da liberação do animal, não se encontram vestígios da coleta. A limitação do método é controlar a lâmina para que a incisão não seja demasiadamente grande, não transpondo a bochecha e colocando o animal em risco de morte por asfixia com o sangue que inunda a cavidade bucal. A punção acima da mandíbula pode atingir o canal auditivo. Uma alternativa à lanceta é uma agulha 19, 21 ou 23G, dependendo do tamanho do camundongo. A anestesia com isoflurano consiste em refinamento do procedimento, mas é preciso considerar a interferência na amostra.[11]

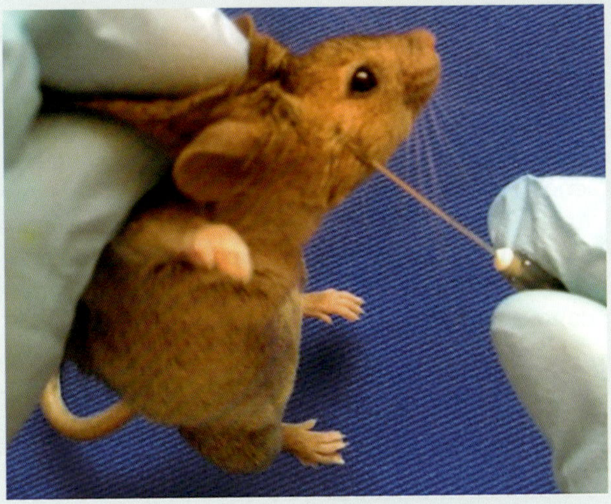

Figura 30.9 – *Plexo submandibular. Contenção do animal e punção.*

Veia dorsal da pata

Deve-se aquecer o local por alguns minutos, imediatamente antes da coleta para o aumento do fluxo sanguíneo, com a aproximação de uma lâmpada acesa ou colocando a gaiola sobre uma placa aquecida e, depois, coloca-se o animal no tubo de contenção.[12] Com o polegar e o indicador, o pesquisador deve conter o redor pelo tornozelo, acima da pata com leve pressão ou usando garrote (Figura 30.10). O pesquisador deve aplicar vaselina ou lubrificante sobre o vaso médio da pata para que o sangue não espalhe e coletar, em tubo capilar, as gotas de sangue que surgem (Figura 10B); fazer pressão sobre o local ou cauterizar com nitrato de prata para interromper o sangramento.

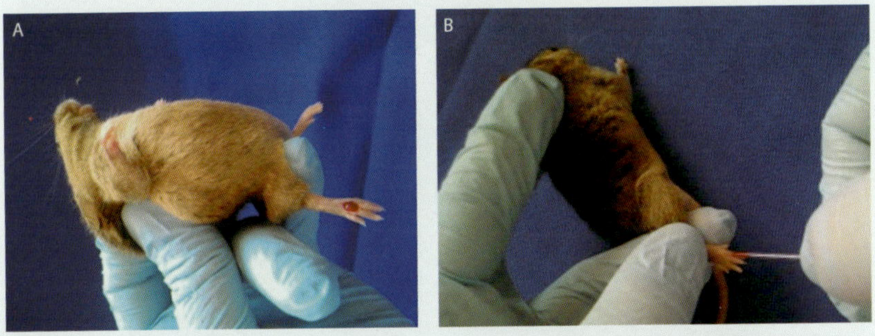

Figura 30.10 – *Veia dorsal da pata. Manobra para contenção do animal para punção (A). Coleta cm capilar (B).*

Veia safena

Para ratos, camundongos e cobaias um método humanitário, no qual o animal pode estar anestesiado ou ser colocado no contentor e não tem efeitos colaterais consideráveis, é o acesso à veia safena (ou lateral, marginal), com mínima dor e estresse.[12] Essa técnica pode ser repetida algumas vezes para coleta de pequenos volumes de sangue como os necessários para estudos de farmacocinética, determinação da bioquímica plasmática e contagem de células do sangue.[7] A veia safena se encontra na superfície externa da coxa.[4] Creme depilatório usado por humanos oferece bons resultados em poucos minutos, não causando dano à sensível pele dos animais.

O animal pode ser aquecido como descrito anteriormente. O tubo plástico de 50 mL é boa alternativa para contenção do camundongo se preparado para esse fim, com a ponta do cone cortada e perfurado nas laterais para favorecer a ventilação do animal, deixando sua perna livre. A tampa do tubo com furo central permite a passagem da cauda para administração e coleta quando necessário. Durante a contenção, o pesquisador deve manter a cabeça do animal no interior do tubo com as patas traseiras livres.

Deve-se prender uma dobra da pele entre a cauda e a coxa com relativa pressão para expor a veia (Figura 30.11) ou passar a pata do animal dentro da alça do torniquete, ajustando o fio acima do joelho.

Em seguida, aplica-se gel de petróleo ou lubrificante para evitar que o sangue se espelhe na região vizinha ao alvo e punciona-se a veia para coletar as gotas de sangue que surgem. Uma alternativa que facilita a coleta é o uso de tubos capilares com bisel. O pesquisador deve fazer pressão no local ou usar um agente cauterizante.

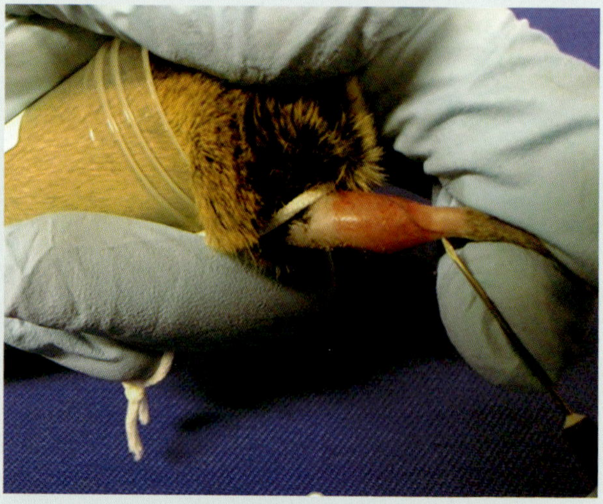

Figura 30.11 – *Veia safena ou lateral. Veia visualizada com garrote para punção.*

Veia da cauda

A cauda, em ratos e camundongos, é frequentemente alvo para administração por via IV.[5,6,12] Para promover a vasodilatação, mergulha-se a cauda em um Becker com água à temperatura não superior a 39°C, por 1 minuto (Figura 30.12A). Lembrando que a cauda tem duas veias laterais e o posicionamento do animal deve ser de acordo com isso. O animal deve estar acomodado em contentor que permita boa ventilação. A tampa do tubo com furo central permite a passagem da cauda para administração e coleta (Figura 30.12B). Aplica-se uma leve pressão junto à base da cauda, facilitando a visualização da veia. Considerando o bem-estar animal, recomenda-se a inserção da agulha no ponto médio da cauda, onde a veia é superficial e o calibre considerável. Com a retirada da agulha, trata-se de estancar o sangramento.

Deve-se empregar técnicas de refinamento para minimizar o trauma da injeção que podem diminuir o desconforto dos animais, tais como o uso de menor calibre possível da agulha para injeções únicas que minimizam o trauma perivascular, cateteres e acesso à porta vascular para liberdade de locomoção, cremes anestésicos tópicos e pomadas antes da colocação da agulha para minimizar a dor da injeção. O controle cuidadoso da hemostasia deve ser efetuado quando o cateter ou agulha for removido, para evitar formação de hematoma doloroso.

Em se tratando de camundongos, deve-se aquecer o animal e colocar o tubo de contenção como descrito ou usar como garrote um clip expandido até a espessura da cauda, para que a pressão não seja excessiva, e puncionar a veia lateral.

Não se deve tentar aumentar o fluxo sanguíneo, esfregando a cauda da base ao ápice, pois isso resultará em leucocitose (aumento dos glóbulos brancos). O pesquisador deve coletar o sangue em seringa de 1 mL ou tubo capilar e cauterizar o local.

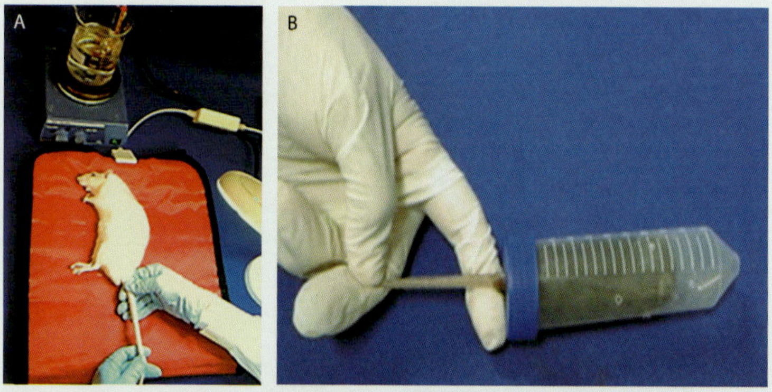

Figura 30.12 – *Veias da cauda. Dilatação da veia por aquecimento (A). Contenção de camundongo em tubo (B).*

Veia/artéria marginal da orelha

Um dos métodos menos invasivos de coleta de sangue em coelho é a veia marginal ou artéria central da orelha[5,6,11] (Figura 30.13). Essa técnica pode ser usada em todas as raças de coelhos e também em cobaias, para coleta única ou múltipla com alternância das orelhas.[11] O coelho pode ser levado à gaiola de contenção ou usando-se uma toalha para evitar movimentos inesperados. Embora rápida, a contenção pode causar estresse. A técnica deve ser realizada em condições assépticas na superfície dorsal da orelha depilada, podendo ser aplicado creme anestésico local (EMLA) por 30 minutos, antes da amostragem de sangue. A orelha deve ser aquecida para dilatar o vaso. Isso pode ser feito acariciando a orelha e não será necessário usar uma lâmpada.

O acesso à veia marginal pode ser feito com pique de lâmina e coleta em tubo ou por acesso à artéria central que atende a coleta de volumes maiores, mas há risco de hematoma.

O sangue é coletado da ponta da orelha, longe da base. A veia deve ser ocluída antes da inserção da agulha.[9] Dependendo do peso do coelho, utiliza-se agulha *butterfly* entre 19 e 23G. Para minimizar danos à orelha,[10] as tentativas em puncionar a veia não devem ser mais de três. O sangramento deve ser interrompido antes do animal retornar à gaiola de origem. O pesquisador deve aplicar pressão com o dedo por 2 minutos no local da punção.

Corte da cauda

A realização do corte da cauda exige a administração de anestesia e é recomendada para animais com até 3 semanas de idade. Essa técnica é para coleta de sangue e de poucos miligramas de tecido. A ponta da cauda que, em animal jovem, contém ossos que não estão completamente mineralizados, cartilagem macia, vasos sanguíneos e nervos. Portanto, a amputação da extremidade pode causar apenas dor momentânea para o animal. Acima de 3 a 4 semanas de idade, ocorre a maturação dos tecidos, a mineralização dos ossos e aumento da vascula-

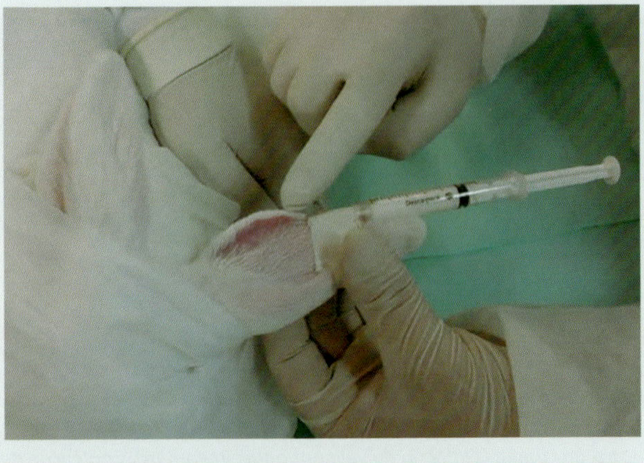

Figura 30.13 – *Veia marginal da orelha de coelho. Incisão para coleta e administração.*

rização e a amputação são desaconselháveis porque podem causar dor persistente, requerendo anestesia[5] adequada e atenção para o risco de hemorragia.

Orientações

1. O corte da cauda deve ser feito de modo mais asséptico possível, com utilização de lâminas descartáveis. Recomenda-se que o corte da cauda seja realizado entre 2 e 2,5 semanas de idade.[12]
2. A quantidade total de tecido da cauda removido deve ser o mínimo necessário e não exceder 0,5 centímetro (Figura 30.14), pois a cauda auxilia a termorregulação e equilíbrio, sendo também um importante local para coleta de sangue e injeção IV.
3. A hemostasia por pressão manual direta da cauda deve ser realizada antes de retornar o animal para a gaiola. Em casos de sangramento grave, a cauterização pode ser feita protegendo-se a ponta da cauda em papel alumínio e mergulhando-a por 1 minuto em solução de álcool com gelo seco. Se necessário, pode ser utilizado pó hemostático, não tóxico. Em virtude da possibilidade de ingestão pelo animal e toxicidade, o nitrato de prata não é recomendado para essa finalidade. O uso de torniquete para a cauda do camundongo é estritamente proibido. Deve-se buscar o apoio veterinário para aconselhamento em caso de problemas previstos com a hemostasia (p. ex.: animais com distúrbios de coagulação do sangue).
4. Não são recomendadas amputações repetidas no mesmo animal. Se houver necessidade de uma amostra adicional em data posterior, sugere-se preservar parte do tecido obtido no corte inicial, mantendo-o à temperatura de -20 a -80 °C.

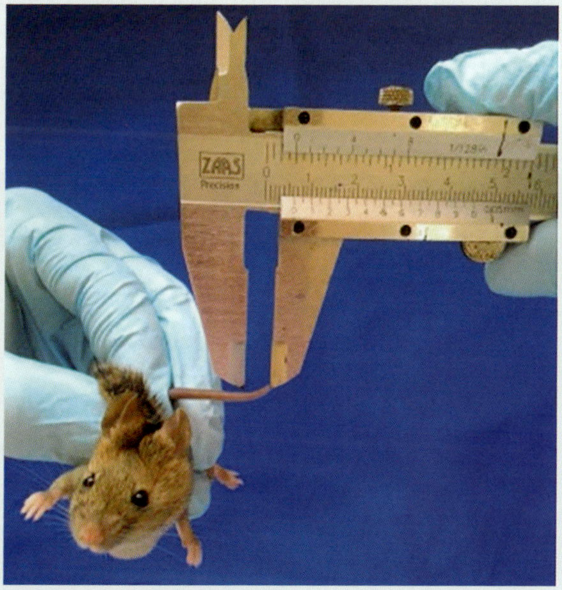

Figura 30.14 – *Corte da cauda - Medida de 0,5 cm.*

Coletas de sangue que exigem anestesia

Para minimizar o desconforto e garantir a posição correta do animal, é recomendada a anestesia para a coleta de sangue na veia jugular, plexo retro-orbital, veia cava anterior e punção cardíaca. Detalhes sobre anestesia são tratados no respectivo capítulo.

Veia sublingual

Esta técnica é de fácil execução em ratos e é adequada para a remoção de grandes volumes de sangue (p. ex.: 0,2 a 1 mL) com intervalos frequentes, limitados apenas por repetida anestesia que é necessária. O refinamento do método[5,9] evita algumas das desvantagens e pode ser utilizado para a amostragem repetida. Os ratos são anestesiados e a pele solta na nuca é puxada para cima a fim de produzir estase parcial no retorno venoso da cabeça.[13,14] Uma segunda pessoa gentilmente puxa a língua do animal com uma pinça, tendo as pontas revestidas com algodão e fita crepe, e a segura com o polegar e o indicador, uma das veias sublinguais (há uma em cada lado da linha média) é perfurada com uma agulha hipodérmica 23-25G tão perto da ponta da língua quanto possível.[13] O sangue escorre em um tubo e, atingido o volume necessário de sangue, a compressão na nuca é liberada e o animal é colocado em posição supina. A língua é novamente apertada a fim de conter o fluxo de sangue com algodão na ponta da pinça e, geralmente, não há necessidade de se utilizar qualquer agente hemostático. Com esta técnica, os ratos não mostram nenhuma diferença significativa no consumo de alimento ou água ou perda de peso. Além disso, parece haver menos alterações patológicas[13] do que com amostragem no plexo orbital.[9] No entanto, a anestesia ainda pode ser um fator limitante.

Uma nova técnica que utiliza a veia mandibular labial na região papilar da gengiva se apresenta como boa alternativa para injeção na veia peniana ou caudal.[15] Sob anestesia, puxar o lábio inferior e expor a parte inferior dos dentes incisivos inferiores (Figura 30.15), inserir cerca de 2 mm da agulha (28-30G)

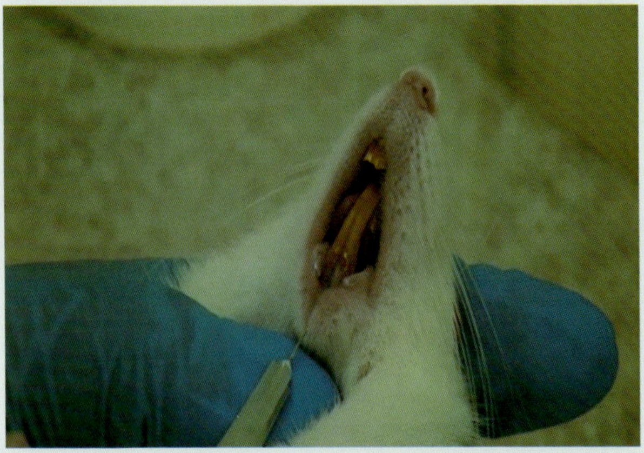

Figura 30.15 – *Veia da gengiva.*

em um ângulo de 20 a 25° ao longo da linha entre o par de dentes. Em ratos de 300 a 350 g, é possível obter 800 µL em uma única amostra. Volumes grandes como 1.000 µL podem ser administrados. Camundongos entre 40 e 50 g podem fornecer amostra de 100 µL e um volume de 150 µL pode ser infectado.

Veia Jugular

A coleta de veia jugular é boa escolha para coleta séptica, não terminal, quando pequenas amostras são necessárias. Observem-se cuidados para assegurar que o sangue não entre em contato com a pele ou pelo do animal. É preciso posicionar o animal anestesiado[16] com auxílio de alça de fio de sutura ao redor dos incisivos superiores. O pesquisador deve manter a cabeça do animal para cima puxando o fio para trás e segurando-o entre o dedo mínimo e a palma da mão (Figura 30.16). Pode ser útil apoiar no colo a mão que contém o animal. Deve-se molhar o pelo do animal com álcool ou depilar o local da punção. Com a posição hiperdistendida, a veia jugular aparece azul, de 2 a 4 mm ao lado da junção esternoclavicular.

Usando uma seringa de 1 mL com agulha 25G, o pesquisador deve aproximar o vaso na direção caudocefálica (dos pés para a cabeça), inserindo a agulha 1 a 3 mm de profundidade e 2 a 4 mm laterais à junção esternoclavicular, sobre o esterno, incluindo uma pequena parte do músculo do esterno para estabilizar a agulha. Segurar a agulha enquanto o sangue reflui na seringa. Retrair o êmbolo lentamente para evitar ruptura de pequenos vasos. Se a primeira tentativa de coleta não for bem-sucedida, o pesquisador deve retirar a agulha ligeiramente,

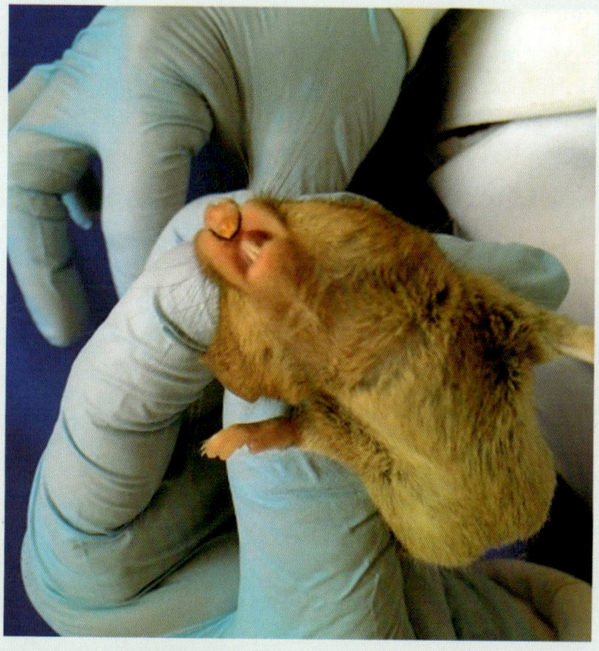

Figura 30.16 – *Veia jugular. Contenção para acesso e punção.*

pois ela pode ter sido colocada muito profundamente. Se o sangue parar de fluir, não se deve continuar a aspirar com o êmbolo. A veia pode estar constrita ou a agulha ter aderido à parede do vaso. Deve-se girar a seringa com cuidado e aplicar pressão sobre a agulha.

Canulação

Esta técnica é importante para coletas ou administrações repetidas em prazo de até 24 horas, quando podem ser usadas cânulas temporárias, enquanto para o uso a longo prazo é necessária a implantação cirúrgica de cânula biocompatível.[11,12,14] Estes métodos permitem mínimo estresse e desconforto para o animal (Figura 30.17A). As habilidades cirúrgicas são essenciais e o procedimento deve ser feito de modo estéril e com boa apresentação.[17] Evitar complicações de longo prazo como infecção (Figura 30.17B). A coagulação ocorre com frequência e pode impedir tanto a remoção de sangue como infusão prolongada de substâncias (Figura 30.17C).

Pode ser necessário conter o animal ou separá-lo de seus pares, a fim de evitar remoção ou que ele morda as cânulas externas conectadas, por isso um acesso venoso subcutâneo é preferível a longo prazo.

Procedimentos terminais

Alguns métodos de coleta do sangue pedem sangue arterial, outros pedem sangue venoso, enquanto há os que pedem uma mistura de ambos. A cauda fornece uma mistura de sangue venoso e arterial, bem como os vasos axilares ou, ainda, a punção cardíaca.[6,11]

Após a execução de uma coleta de sangue terminal, o pesquisador deve se certificar da morte do animal, pela ausência dos sinais vitais, antes de levá-lo ao descarte. É necessário lembrar que o animal deve estar em parada cardíaca, realizar um pneumotórax bilateral ou esperar que o animal fique rígido.

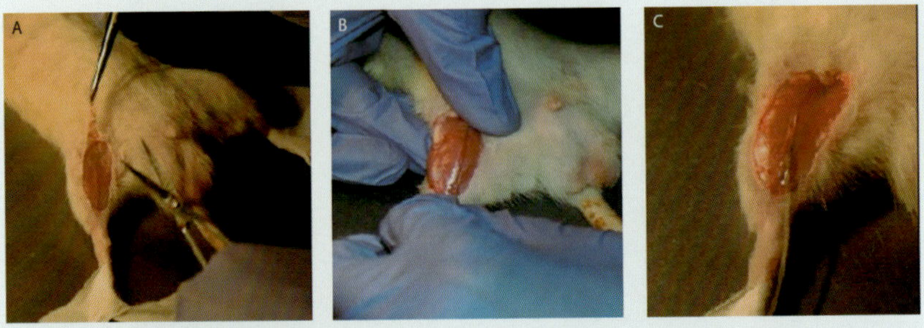

Figura 30.17 – *Canulação da veia femural. Incisão para exposição da veia (A); Leve pressão para dilatação (B); punção com cateter (C).*

Punção cardíaca

Atende grande volume de sangue de um único animal. Esta técnica é muito utilizada como procedimento terminal quando a coleta da safena não oferece volume suficiente. A punção cardíaca é aplicada quando é necessário grande volume de soro,[6,11,12] por exemplo, para a cultura de linfócitos T *in vitro*.

São possíveis três abordagens:

- Segurar o animal retraindo a pele da nuca, acima dos ombros e da parte posterior do corpo. Para camundongo, usar uma seringa de 1 mL e agulha 22G. Inserir a agulha 5 mm de distância acima do centro do tórax e entre 5 e 10 mm de profundidade, mantendo a seringa de 25 a 30° de inclinação e empurrar a seringa verticalmente através do esterno.
- Deitar o animal em decúbito dorsal e, sentindo-se o pesquisador o batimento cardíaco na ponta do próprio dedo, marcar o alvo com uma caneta (Figura 30.18). Com o embolo levemente retraído, inserir cuidadosamente a agulha perpendicularmente ao tórax no terceiro espaço intercostal. É possível sentir o batimento através da seringa e o sangue surgirá na seringa.
- Deitar o animal decúbito lateral e inserir a agulha perpendicularmente na parede do tórax para acesso da veia mamária.

Se o sangue não aparecer imediatamente, retirar 0,5 mL de ar para criar vácuo na seringa. Retirar a agulha sem removê-la de debaixo da pele e tentar um ângulo ou direção ligeiramente diferente. Quando o sangue surgir na seringa, segurá-la e puxar de volta o êmbolo para obter o máximo de sangue disponível. Se puxar o êmbolo excessivamente, fará o coração colabar. Se o sangue parar

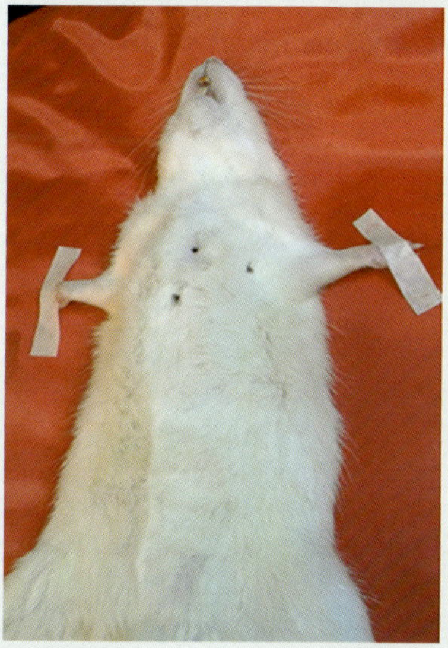

Figura 30.18 – *Punção cardíaca - Referência para punção perpendicular, 3º espaço intercostal à esquerda e acesso pela veia mamária esquerda.*

de fluir, girar a agulha ou retrair ligeiramente a seringa. Em coelhos, a recomendação é de agulha 18G e a coleta a vácuo, de 20 mL na seringa.

Veia cava posterior

Abrir a cavidade abdominal do animal anestesiado, fazendo um corte em "V" na pele e, na parede abdominal, de 1 cm, no sentido da caixa torácica para a cauda. Deslocar o intestino para a esquerda e empurrar o fígado para frente. Localizar o segmento mais largo da veia cava posterior entre os rins, conforme esquema anatômico (Figura 30.8). Usar uma agulha 23-25G e uma seringa de 1 mL. Cuidadosamente, inserir a agulha no leito da veia e aspirar o sangue lentamente para evitar que o vaso colabe. Fazer uma pausa para permitir que o vaso encha novamente e repetir uma ou mais vezes até se obter o volume de sangue necessário.

Veias auxiliares

Deitar o animal em decúbito dorsal. Fazer uma incisão profunda na axila, na parte lateral do tórax. Segurar a pele da parte posterior da incisão usando-se um afastador para criar uma área restrita. Fazer uma incisão nos vasos sanguíneos com bisturi e recolher o sangue represado (Figura 3.7). Pode ser importante considerar que tecidos e fluidos contaminarão a amostra de sangue.

Coleta não invasiva

A coleta não invasiva de amostras de urina e fezes necessita de equipamento adequado, como gaiola metabólica, que apresente tamanho compatível com o peso do animal e que este não ultrapasse 12 horas ininterruptas nessa condição.

É importante que o desenho da gaiola permita medição precisa da ingesta de alimento e água e separação eficiente do material coletado para não haver interferência nos resultados.

Agradecemos ao *Cayo Antonio Soares de Almeida* pela colaboração na produção das fotografias.

Referências Bibliográficas

1. Secretary MJ, et al. Refining procedures for the administration of report of the joint working group on refinement members: D. B. Morton. Lab. Anim., 2001.
2. Fda, U. Guidance for Industry Product Development Animal Rule Guidance, 2014.
3. Turner PV, Pekow C, Vasbinder MA, Brabb T. Administration of substances to laboratory animals: equipment considerations, vehicle selection, and solute preparation. J. Am. Assoc. Lab. Anim. Sci. 50, 614-27, 2011.
4. Basic biomethodology for laboratory mice. Disponível em: http://www.theodora.com/rodent_laboratory/index.html.
5. Nebendahl K. Routes of administration.The Laboratory Rat. 16, 2000.

6. Diehl KH, et al. A good practice guide to the administration of substances and removal of blood, including routes and volumes. J. Appl. Toxicol. 21, 15-23, 2001.
7. Cook MJ. The anatomy of the laboratory mouse. Disponível em: http://www.informatics.jax.org/cookbook/.
8. Jones P. Rat dissection guide. Philip Darren Jones, 2009.
9. National F, Committee U, Volumes PC, Weight B, Table M. Guidelines for rodent blood collection. 1-5, 2012.
10. Golde WT, Gollobin P, Rodriguez L. A rapid, simple, and humane method for submandibular bleeding of mice using a lancet. Lab Animal 34(9):39-43, 2005.
11. Seamer J, et al. Removal of blood from laboratory mammals and birds. First report of the BVA/FRAME/RSPCA/UFAW. Joint working group on refinement. Lab. Anim.27, 1-22, 1993. Disponível em: https://www.newcastle.edu.au/__data/assets/pdf_file/0006/31110/blood-collection-labanimal.pdf.
12. Parasuraman S, Raveendran R, Kesavan R. Blood sample collection in small laboratory animals. J. Pharmacol. Pharmacother.1, 87-93, 2010. Safena, dorsal pata e orbital.
13. Heimann M, Roth DR, Ledieu D, Pfister R, Classen W. Sublingual and submandibular blood collection in mice: a comparison of effects on body weight, food consumption and tissue damage. Lab. Anim. 44, 352-358, 2010.
14. Mahl A, et al. Comparison of clinical pathology parameters with two different blood sampling techniques in rats: retrobulbar plexus versus sublingual vein. Lab. Anim. 34, 351-361, 2000.
15. Oliveira DT, Souza-Silva E, Tonussi CR. Gingival vein punction: a new simple technique for drug administration or blood sampling in rats and mice. Scand. J. Lab. Anim Sci, 36(2):109-113, 2009.
16. Janet H. Methods of blood collection in the mouse. Technique - Lab Animal. 29:47-53, 2000.
17. Jespersen B, Knupp L, Northcott CA. Femoral arterial and venous catheterization for blood sampling, drug administration and conscious blood pressure and heart rate measurements. J Vis Exp. 59: 3496, 2012. Disponivel em: http://www.jove.com/video/3496/femoral-arterial-venous-catheterization-for-blood-sampling-drug.

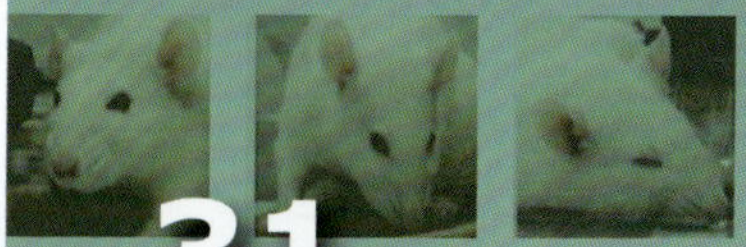

31

Comportamento de Dor e Analgesia

Simone Oliveira de Castro
Tatiana Pinotti Guirao

Introdução

O registro mais antigo do uso de anestésicos e analgésicos para controle da dor consta das tábuas da Babilônia, que datam do ano de 2250 a.C. Essa antiga prescrição era indicada para aliviar a dor de cáries dentárias com a preparação de um cimento e sementes de meimendro com resina gomosa de mastique. Os egípcios usavam depressores, tais como ópio e vinho, durante a prática de atos cirúrgicos. Os chineses usavam o haxixe ou vinhos contendo cânhamo.[1]

Em 1628, Humprey Davy publicou trabalhos com o óxido nitroso utilizando experimentos com animais e em si próprio e provou as propriedades de sedação e inconsciência. Em 1846, Willian Morton, dentista que, após realizar experimentos em si próprio e em alguns animais, demonstrou a anestesia ou eterização administrando éter para excisão de uma neoplasia na região do pescoço de um jovem.

No início do século XX, a utilização de anestesia era pouco difundida no meio veterinário, limitando-se ao emprego do éter, clorofórmio, hidrato de cloral e cocaína. A publicação de J.G. Wright, em 1941, na revista *Veterinary Anaesthesia*, serviu de base para a difusão da anestesiologia em muitos países, inclusive o Brasil.

O histórico do uso de anestesia e de analgesia em animais de laboratório tem como marco divisório o ano de 1980. Anteriormente, era limitado o uso de analgésicos em virtude da insuficiência de informações quanto às doses e por não receberem os animais de laboratório a mesma atenção dos animais de estimação. Após 1990, por meio de experimentos clínicos estabeleceu-se a analgesiometria, dando origem às primeiras escalas de dor. Entre 1990 e 2002, foram demonstrados valores clínicos limites mediante o comportamento e o estresse dos animais testados.[2] A partir de 2010, alguns experimentos demostraram a dor por meio da expressão facial. Em 2010, um estudo de J.S. Mogil e colaboradores descreveu a escala de dor por meio da expressão facial em camundongos e ratos. Em 2012, J.S. Mogil e P. Flecknel descreveram escala de dor pela expressão facial em coelhos e, em 2014, D.E. Costa e colaboradores a descreveram em cavalos.

Atualmente, não existe a mínima dúvida de que os animais são capazes de sentir dor. Os mecanismos nervosos que participam da resposta a estímulos dolorosos são similares nos animais e humanos. É por isso que se impõe a necessidade de erradicar o conceito de que os animais são tolerantes à dor, já que se diferenciam de nós, seres humanos, na maneira de a expressar. Foi vasta a contribuição dos animais de laboratório nas pesquisas científicas dos últimos séculos para o grande desenvolvimento da ciência e tecnologia.[3] O uso de animais proporcionou descobertas que permitiram emprego terapêutico de antibióticos e o tratamento de diversas doenças, desenvolvimento de técnicas de transplantes e órgãos, descobertas de vacinas, entre outros, como apresentado na Tabela 31.1. A evolução científica acontece na medida em que os cientistas e pesquisadores seguem os princípios de Russel-Burch dos 3Rs. Esses princípios visam priorizar qualquer técnica que possa substituir (*replace*) o uso de animais, reduzir (*redution*) o número de animais utilizados e, ainda, aperfeiçoar ou aprimorar (*refinement*) um método existente que minimize a dor e o desconforto animal antes de iniciarem suas pesquisas. Segundo Charles Hume, da UFAW (Universities Federation for Animal Welfare), o "direito de usar animais é inseparável do dever de não abusar deste direito".[4]

Tabela 31.1
Período, espécies e seus principais usos nas descobertas e no tratamento

Período, espécies e seus principais usos na descoberta no tratamento		
Período	**Espécies**	**Principais Usos**
Antes de 1900	Cachorro Coelho Galinha	Tratamento da raiva Tratamento da deficiência de vitamina do complexo
1900 a 1920	Vaca Cachorro	Tratamento da varíola Estudos sobre patogenia da tuberculose Tratamento do raquitismo Mecanismo de anafilaxia
1920 a 1930	Cachorro Coelho Cachorro	Desenvolvimento da técnica de cateterismo cardíaco Descoberta da insulina e do mecanismo de diabetes Mecanismo do eletrocardiograma
1930 a 1940	Gato	Desenvolvimento de anticoagulantes Função dos neurônios
1940 a 1950	Macaco Coelho Rato	Tratamento da artrite reumatoide Efeito terapêutico da penicilina em infecções bacterianas

Continua

Continuação

Tabela 31.1 Período, espécies e seus principais usos nas descobertas e no tratamento		
Período, espécies e seus principais usos na descoberta no tratamento		
Período	**Espécies**	**Principais Usos**
1950 a 1960	Macaco Rato Coelho Rato/camundongo	Descoberta do fator Rh do sangue Vacina de febre amarela Cultivo do vírus da poliomielite, o que levou ao descobrimento da vacina Desenvolvimento da quimioterapia para tratamento do câncer Descoberta do DNA
1960 a 1970	Rato Camundongo	Desenvolvimento de antidepressivos Interpretação do código genético e seu papel na síntese de proteínas
1970 a 1980	Macaco Porco	Tratamento da lepra Desenvolvimento da tomografia computadorizada
1980 a 1990	Rato Coelho Rato Camundongo	Desenvolvimento de anticorpos monoclonais Desenvolvimento de terapia genética

Fonte: adaptada de Cardoso, C.V.P. (1998).

Biologia

Há grande variação nos parâmetros fisiológicos dos roedores e lagomorfos em virtude de fatores intrínsecos, como sexo, idade, desempenho reprodutivo, linhagem, e fatores extrínsecos, como o número de animais por gaiola, presença de infecção ou enfermidade latente, dieta, ciclo de sono e atividade, comportamento individual, animais geneticamente modificados apresentam especificidade em seus parâmetros dificultando a obtenção de dados precisos desses animais. O correto é conhecer a biologia desses animais antes do experimento, pois facilitará a comparação dos dados obtidos na pesquisa. A Diretriz Brasileira para o cuidado e a utilização de animais para fins científicos e didáticos do CONCEA descreve a conduta para a detecção de dor e distresse e evidencia a necessidade de os pesquisadores, professores, técnicos e usuários conhecer o comportamento normal da espécie animal escolhida, bem como os sinais de dor e distresse específicos daquela espécie.[5] Na natureza, os animais agem de acordo com o ambiente, sentindo e respondendo a estímulos de modo a manter sua homeostase. Nos animais submetidos à condição de cativos, qualquer variação nas condições ambientais pode ser considerada um fator estressante. Isso envolve desde a manipulação e contenção do animal até os fatores de climatização do ambiente. Inconformidades no macroambiente, ou mesmo uma simples transferência de ambiente, podem causar indesejáveis desequilíbrios para a espécie animal confinada. Por isso, é de fundamental importância realizar um período de adaptação antes que se iniciem os procedimentos experimentais.[6]

■ Definição de dor e distresse

A Associação Internacional para o Estudo da Dor (International Association for the Study of Pain, ISAP) definiu a dor "como uma sensação desagradável e uma experiência emocional associada com um dano tecidual potencial ou real". Definiu também dor aguda e crônica. A primeira caracteriza-se por ser desagradável e complexa nas respostas sensoriais, perceptivas e emocionais, relacionadas a respostas autonômicas, produzidas por danos a estruturas somáticas ou viscerais. A dor crônica, no entanto, é aquela que persiste ao curso natural da dor aguda com processos patológicos duradouros, intermitentes ou repetitivos no prazo de 3 a 6 semanas. Saber identificá-las é essencial para selecionar o melhor fármaco no controle da dor nos procedimentos experimentais.[7]

O distresse é um estado de desconforto, no qual o animal não é capaz de se adaptar completamente aos fatores estressores e manifesta respostas comportamentais ou fisiológicas anormais.[5]

■ Dor

Os processos dolorosos acarretam uma série de alterações fisiológicas que interferem nos eixos neuroendócrinos, aumentando os níveis de aldosterona, cortisol (levando à hiperglicemia), catecolaminas (alterações cardíacas) e provocando alterações respiratórias. Por isso, experimento que cause dor pode alterar os resultados que utilizem parâmetros relacionados. Uma vez que mecanismos neurofisiológicos envolvidos na percepção da dor são semelhantes àqueles observados no homem, quando um estímulo é doloroso para uma pessoa, assim o será para o animal.[8] O pesquisador tem a responsabilidade ética de evitar a dor em quaisquer experimentos com animais.

Fisiologia da dor

A dor é originada pela transformação de estímulos ambientais em potenciais de ação que, das fibras nervosas periféricas, são transferidos ao sistema nervoso central (SNC). Quando há uma estimulação mecânica, elétrica, térmica ou química na pele, fibras musculares, vasos sanguíneos e vísceras, receptores chamados nociceptores são ativados. A ativação é modulada por substâncias químicas (alogênicas) liberadas em decorrência de processos inflamatórios, traumáticos ou isquêmicos.[7] Esses produtos são a acetilcolina, prostaglandina, histamina, serotonina, bradicinina, leucotrienos, substância P, tromboxano, fator ativador de plaquetas e íons potássio. Sabe-se que o nociceptor lesionado não retorna facilmente a seu estado normal, além disso, fica ativado por um período prolongado. Não ocorre somente modificação periférica do sistema nervoso, como também em SNC envolvendo a medula espinhal. Essas alterações envolvem o conceito de sensibilização central, o qual pode ser a hiperalgesia (resposta exacerbada à dor após estímulo), alodinia (resposta dolorosa a estímulos não dolorosos), dor espontânea aumentada e a "lembrança" da dor (membro fantasma).

Os receptores

Os receptores (nociceptores) que transmitem a dor são ligados ao SNC por intermédio de fibras nervosas de dois tipos principais com diâmetros diferentes. A fibra A é mielinizada e apresenta dois diâmetros diferentes, que conduzem o impulso rapidamente (4 a 30 m/s), e é responsável pela transmissão da dor aguda, resultado de ação mecânica ou térmica. A fibra C é amielinizada, tem menor velocidade que a fibra A (0,4 a 2 m/s), tem menor diâmetro e é responsável pela transmissão prolongada.

Classificação da dor

A classificação neurofisiológica da dor baseia-se em mecanismos dolorosos desencadeantes, diferenciando as dores em nociceptiva e não nociceptiva.

Dor nociceptiva

Resulta da ativação direta dos nociceptores por meio de estímulos mecânicos, térmicos ou químicos endógenos (prostaglandinas, histamina, serotonina, substância P e bradicininas) da pele e outros tecidos em resposta a uma lesão tecidual e é normalmente acompanhada de inflamação (denominada, por vezes, de dor inflamatória).[7] A dor nociceptiva pode ser somática, quando é uma sensação dolorosa rude e exacerbada ao movimento; e visceral, geralmente associando-se a sensações de náusea e vômitos.

Dor não nociceptiva

Divide-se em dor neuropática e psicogênica.

Dor não nociceptiva neuropática

Fruto da lesão ou disfunção do SNC ou periférico que geralmente persiste por longo período após o evento inicial, como no caso de doenças degenerativas que fazem compressão das raízes dorsais ou doenças degenerativas de nervos periféricos, geralmente acompanhadas de parestesia.

Dor não nociceptiva psicogênica

É a dor sem origem somática identificada. A transferência da informação nos organismos superiores ocorre de duas formas básicas. Por um lado, mediante mensageiros químicos que caem na corrente circulatória e, por outro, prolongamentos de células que transferem a informação ao longo delas por sinais elétricos (neurônios). Esses dois sistemas estão estreitamente interligados.

O caminho da dor

Os neurônios têm a propriedade de transmitir informação a longa distância, porém dependem da capacidade de gerar mudanças em seu potencial. No neurônio, são produzidas correntes elétricas que fluem através da membrana celular conduzidas por íons. Paralelamente, a informação nervosa é transformada em informação endócrina nos chamados transdutores neuroendócrinos (hipotálamo, adrenal, glândula pineal, sistema gastrintestinal, entre outros), enquanto os hormônios modulam de modo constante a atividade do sistema nervoso. A informação da corrente elétrica no estímulo doloroso percorre duas vias: a via ascendente e a descendente.

A via descendente

Caminha opostamente à ascendente, exercendo efeito inibitório e modulador, agindo sobre o cordão posterior da medula.

A via ascendente

Está relacionada com a ativação dos nociceptores amplamente distribuídos pela pele, músculos, vísceras e ossos, que conduz a informação nociceptiva da periferia, através de fibras nervosas até o cordão posterior da medula, daí ao cérebro. Ao ocorrer uma injúria tecidual, as células lesadas liberam substâncias químicas endógenas que aumentam a permeabilidade vascular a outros receptores, diminuindo o limiar da dor, promovendo descargas elétricas por despolarização da membrana nervosa desencadeando a dor.[7,9] O estímulo se processa e o potencial de ação se dá no primeiro neurônio sensitivo que passa para o nervo, entrando na medula espinhal pela raiz dorsal. O neurônio que vem trazendo o estímulo termina no corno dorsal da substância cinzenta, fazendo a sinapse com o segundo neurônio sensitivo que já participa do feixe espino-talâmico, onde ocorre a segunda sinapse com o terceiro neurônio sensitivo que atingirá o córtex cerebral (sensitivo), ativando o sistema límbico, desencadeando a dor.[9]

Parâmetros de dor

Os parâmetros de dor e analgesia em animais são avaliados indiretamente por meio de atitudes comportamentais e dados fisiológicos. Por isso, o comportamento desses animais deve ser conhecido para que, comparativamente, avaliemos o comportamento de dor. Existem diferenças individuais com relação a idade, sexo, estado de saúde, em resposta à dor e a fármacos.[8] Um dos modos de graduar a dor é desenvolver critérios de avaliação dos sinais fisiológicos, comportamentais ou bioquímicos. A analgesiometria deve ser acompanhada por uma avaliação geral do animal.[7] Entre os principais parâmetros de avalição, temos:

Aparência e condições físicas

Por meio de métodos clínicos, como inspeção, avalia-se visualmente se o animal apresenta piloereção, postura encurvada, presença de secreções oculares ou nasais, ausência de pelos, automutilação. Faz-se a palpação para avaliar se há presença de dor.[7]

Consumo de água e alimentos

A redução deste consumo é um fator significativo no que se refere à observação quando há presença da dor. Geralmente, a diminuição do consumo de água indica alterações homeostáticas no animal. Devemos verificar se há presença de desidratação. A anorexia pode indicar problemas bucais ou desconforto causado por um fator estressante ou mesmo a dor.[7]

Sinais clínicos da dor

A dor aguda se caracteriza por uma postura de guarda, vocalizações em presença ou não do toque, apresenta posições anormais e pode levar à automutilação. As dores crônicas causam perda de peso, apatia, anorexia, disquesia e também pode ocorrer automutilação.[7]

Sinais fisiológicos

Quando há presença de dor, pode haver aumento da frequência cardíaca e respiratória. Parâmetro este difícil de avaliar dependendo da espécie. Visualmente, podemos verificar aumento na frequência da movimentação do flanco.[7]

Sistema imunológico

O perfil imunológico do animal submetido à dor será deprimido, o que o predispõe a sofrer complicações infecciosas. Em animais geneticamente modificados, principalmente os imunodeficientes, esse perfil é mais intenso. Devem-se verificar suas condições gerais e todos os fatores associados para avaliar se é preciso encerrar o estudo ou modificar o protocolo experimental, pois, caso contrário, podemos perder o animal e a pesquisa.[7]

Comportamento normal

A exteriorização do estado de saúde se dá pelo comportamento dos indivíduos de uma colônia quando se encontram isolados ou em grupos. Conhecer as características comportamentais das diferentes espécies utilizadas é fundamental para as avaliações diárias no desenvolvimento da pesquisa. Saber o comportamento normal de cada espécie auxilia na comparação durante os procedimentos dolorosos.[7]

Comportamento provocado

O conhecimento a respeito do comportamento da espécie estudada facilita comparar quando intencionalmente desafiamos o animal e, assim, avaliarmos as alterações comportamentais. Ao ser desafiado, o animal pode apresentar um comportamento agressivo anormal ou apresentar restrições ao movimento. O comportamento diferente do esperado indica um desconforto por estresse ou dor propriamente dita.

As escalas de dor ou analgesiometria podem ser feitas de modo visual, numérico, descritivo ou pela expressão facial (*grimace scale*). A escala visual consiste em traçar uma linha de 10 cm de largura. Em uma das extremidades, coloca-se a ausência de dor e, na outra, o máximo de dor suportável. O pesquisador estabelece, na linha, uma escala numérica de 0 a 10 e, subjetivamente, atribui um número para o grau de dor que supõe que o animal esteja sentindo. Assim, estipula números para cada parâmetro avaliado e, subjetivamente, é atribuído o valor numérico para a dor. A escala descritiva utiliza, em geral, quatro categorias:[7]

- Ausência de dor: analgesia completa, sem manifestação de mal-estar e, à pressão na região onde está a lesão, não há reação.
- Dor leve: boa analgesia, não há mal-estar, porém, ocorre reação quando há pressão no local lesionado.
- Dor moderada: analgesia moderada, presença de sinais de mal-estar, que, ao toque na lesão, pioram os sinais.
- Dor grave: sem analgesia, evidentes sinais de mal-estar e, à pressão da região lesionada, piora a dor.

Charles Darwin (1872/1965), em seu livro *The expression of emotions in man and animals*, descreve o quanto as expressões das emoções são semelhantes entre espécies. Segundo Darwin, a emoção é parte de um processo adaptativo que protege o organismo ou o prepara para uma ação e tem importante função comunicativa interespécies e intraespécie.[10] A escala da expressão facial de roedores, descrita por J.S. Mogil e colaboradores, baseou-se nos princípios de Darwin e detectou cinco sinais faciais indicativos de dor, sendo três sinais semelhantes às expressões faciais humanas: aperto orbital, contrair o nariz e as bochechas. Os outros dois sinais somente os camundongos executam: rotacionar as orelhas e movimentar as vibrissas. Em ratos wistar, a equipe de J.S. Mogil demonstrou o método automático de quantificação da expressão facial de dor por meio de um programa de vídeo digital, em que foi possível determinar o escore de dor para essa espécie[10] (Figura 31.1).

Exames complementares

Vêm como suporte clínico para avaliar alterações fisiológicas quando submetemos os animais à experimentação. Por exemplo, ao realizar o exame bioquímico mensurando a glicose, cortisol, aldosterona, supressão de liberação de insulina, leucotrienos, substância P e histamina, e for confirmada a presença de alterações, podemos estar diante de uma interferência fisiológica no experimento por presença de dor; lembrando que a dor pode promover desequilíbrios hormonais, como a hiperglicemia. Portanto, a análise deve ser criteriosa, comparando-se o alvo da pesquisa e as alterações encontradas. Quando o diagnóstico for positivo para dor, pode ser administrado analgésico específico e proporcional ao tipo do trauma causado e à espécie animal utilizada.[9] Os parâmetros da dor podem também ser classificados de acordo com os sinais apresentados pela FELASA (Federation of European Laboratory Animal Science) indicados na Tabela 31.2.

Problemas no controle da dor

A principal discussão sobre o controle da dor é interpretar e comparar dados fisiológicos e bioquímicos normais na sua vigência. Os mesmos fatores que sofrem influência dos parâmetros extrínsecos também influenciam a resposta

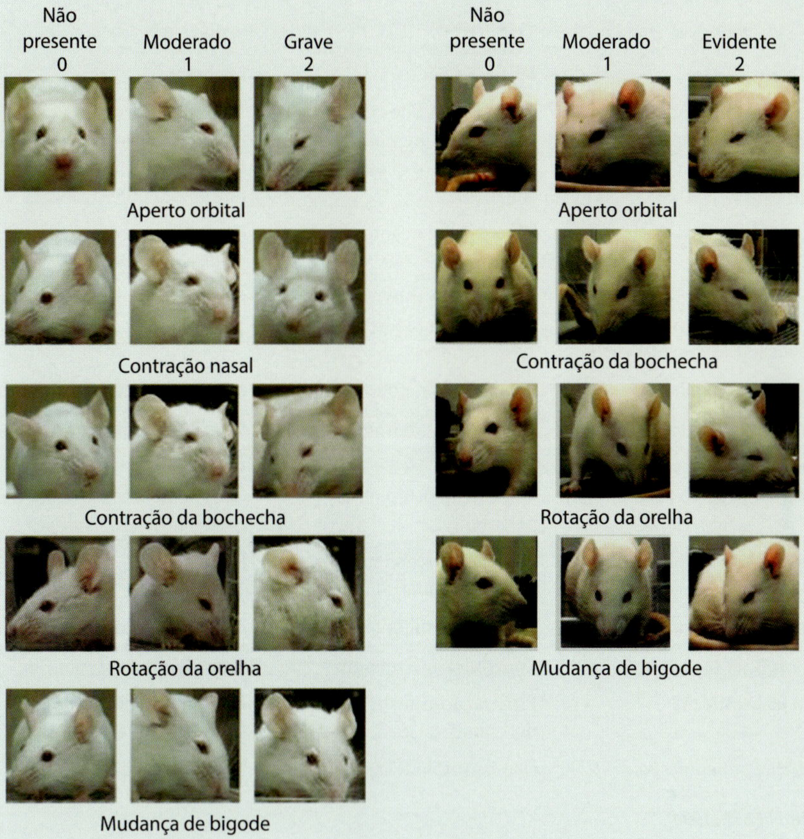

Figura 31.1 – *Escala de dor por meio da expressão facial de camundongo e rato. Fonte: Mogil JS et al., 2010.*

à dor e, quando em procedimentos cirúrgicos, por exemplo, em laparotomias, em que a intensidade da dor é elevada. Existem controvérsias a respeito dos índices bioquímicos na mensuração da dor. No homem, bem como nos animais, os níveis de catecolamina e de cortisol têm mostrado poucas evidências no parâmetro da dor no pós-operatório. Porém, estudos em ratos submetidos a procedimentos cirúrgicos e consequente dor pós-operatória, nos quais foram administrados analgésicos, demonstraram índices bioquímicos e fisiológicos normalizados. Isso mostra a dificuldade de encontrar os parâmetros adequados que indiquem se há realmente presença de dor. As respostas ao estresse cirúrgico podem ter uma interação adversa no organismo e proporcionar alterações fisiológicas, invalidando o experimento.[10]

Outro problema é a manutenção efetiva da analgesia no pós-operatório, pois depende da potência de ação do analgésico e da via de administração. A norma geral na dosificação dos analgésicos, tanto no tratamento da dor aguda como da crônica, é não esperar que o animal expresse dor para repetir a posologia e, ainda, deve-se administrar dosagens individuais. Administrar um analgésico em procedimentos dolorosos implica também o acompanhamento

Tabela 31.2
Parâmetros de dor

Brando	Moderado	Substancial
Redução do ganho de peso Consumo de água e comida entre 40-75% do consumo normal por 72 horas	Perda de peso de 20% Em 72 horas, ingere 40% do consumo normal de água e comida	Perda de peso de 25% Em 72 horas ingere menos de 40% do consumo normal (inapetência) de água e comida
Piloereção parcial	Piloereção marcante	Piloereção marcante com sinais de desidratação
O animal se mostra normal à resposta comportamental quando provocado	O animal se mostra apático a uma provocação externa	Não responsivo a uma provocação externa
Interação com olhar fixo	Interação com pouco olhar fixo	Não há interação
Vocalização transitória	Vocalização intermitente quando provocado	Vocalização não provocada "angústia"
Corrimento óculo-nasal discreto	Corrimento óculo-nasal persistente	Corrimento intenso óculo-nasal
Respiração normal	Frequência respiratória persistente e anormal	Dispnéia
Tremor transitório	Tremor intermitente	Tremor persistente
Não apresenta convulsão	Convulsão intermitente	Convulsão persistente
Não há prostração	Prostração transitória (menos de 1 hora)	Prostração prolongada (mais de 1 hora)
Não há automutilação	Não há automutilação	Automutilação

Fonte: FELASA (1994).

do quadro clínico completo. Em certos casos, pode ser que determinado analgésico seja contraindicado, porém é difícil não haver nenhum outro viável para o caso específico. O tempo de ação dos analgésicos opioides, por exemplo, é curto, tendo que ser administrados duas ou três vezes ao dia. Além disso, a via intravenosa de administração dos medicamentos é tecnicamente difícil, ainda que esta seja a melhor opção para a eficácia da analgesia. A via intravenosa funciona melhor em homens e animais de grande porte.[7] O ideal é escolher o analgésico que apresenta maior tempo de ação. As vias orais, intramusculares e subcutâneas necessitam da contenção do animal para administração do fármaco, o que leva ao estresse e dificulta a recuperação. A mais importante técnica para reduzir a dor pós-operatória é usar substâncias analgésicas no pré-operatório ou realizar neuroleptoanalgesia com fármacos facilmente reversíveis pelo butorfanol, buprenorfina, nalbufina. A realização de técnica cirúrgica que minimize danos teciduais, com adequada assepsia e antissepsia, e adequados cuidados pré e pós-cirúrgicos auxiliam no processo de recuperação, o que evita complicações. O diagnóstico da dor é subjetivo principalmente quanto à observação do comportamento animal. Sabemos que a tendência é mais por omitir do que implementar um tratamento analgésico, por isso a proposta é humanizar a conduta do pesquisador e, desse modo, pensarmos que tudo aquilo que possa provocar dor no humano, também o faz no animal.

Analgesia

O protocolo analgésico somente poderá ser dispensado nos casos em que ocorra uma dor considerada leve e momentânea (p. ex.: na injeção subcutânea) ou nos casos cientificamente justificados e aprovados pelo comitê de ética institucional. O protocolo analgésico a ser adotado dependerá de vários fatores tais como:

- o procedimento realizado, pois cada procedimento gera um tipo de dor;
- a pesquisa realizada porque o protocolo adotado não pode interferir com o experimento;
- das características individuais de cada animal e de sua linhagem.

A Tabela 31.3 descreve exemplos do grau de dor que alguns procedimentos podem gerar.[11]

Cada linhagem responde de um modo específico a cada estímulo doloroso, como demonstra a Figura 31.2, além da diferença entre linhagens, temos as diferenças individuais. Isso deve ser levado em consideração; por essa razão, o pesquisador deve reavaliar constantemente se o protocolo analgésico adotado está sendo suficiente para que o animal não sinta dor.[12]

Tabela 31.3
Procedimentos e graus de dor

Dor leve	Dor moderada	Dor moderada a severa
Implantação de cateter	Laparotomia (pequenas incisões)	Laparotomia (maiores incisões)/incisões de órgãos
Corte da cauda	Tireoidectomia	Toracotomia
Marcação na orelha	Orquiectomia	Transplante de órgãos
Colocação de transponder subcutâneo	Cesariana	Procedimentos vertebrais
Implantação de tumor superficial	Hipofisectomia	Procedimentos de queimadura
Venotomia de seio orbital	Timectomia	Modelos de trauma
Transferência de embriões em roedores	Transferência de embriões em não roedores	Procedimentos ortopédicos
Múltiplas injeções	Coleta de medula óssea	Osteossíntese
Procedimento ocular não corneal	Procedimento ocular na córnea	Pancreatite
Implante de eletrodos intracerebrais	Ovariohisterectomia	
Vasectomia	Cistotomia	
Implantação de via de acesso vascular		
Craniotomia (dor periosteal)		
Linfadenectomia superficial		

Fonte: Adaptado de Kohn et al, 2007 e Otero, 2005.

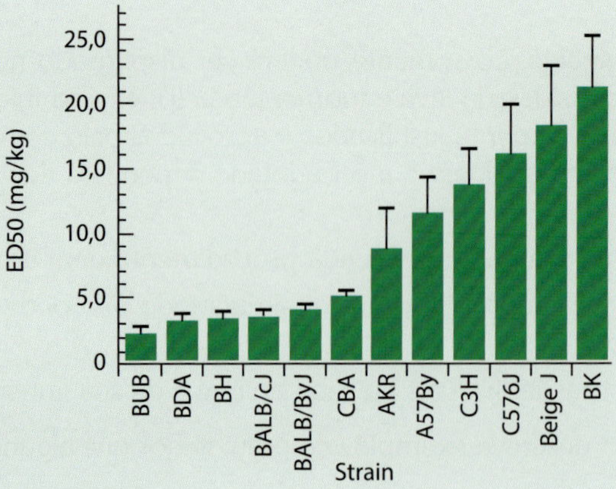

Figura 31.2 – *Variação do efeito analgésico da morfina em diferentes linhagens utilizando um estímulo nociceptivo térmico. Fonte: Elmer, et al. 1998.*

Há duas abordagens que devemos considerar no controle da dor: a não farmacológica e a farmacológica.

A abordagem não farmacológica baseia-se em diminuir qualquer fator estressante para o animal. Ela é muito eficiente em procedimentos cirúrgicos. Todo procedimento cirúrgico induz um estado catabólico, assim administrar ração hipercalórica ou suplementação alimentar e hidratação[13] adequada auxiliará muito na recuperação do animal.[14] Técnicas cirúrgicas apropriadas e assépticas também minimizam complicações cirúrgicas e lesão de tecidos.

A acomodação adequada reduz o desconforto pós-experimentação. Animais mal alojados e com distresse ambiental podem se tornar mais vulneráveis à dor.[11]

Os exemplos de abordagem não farmacológica são: suplementação alimentar; fornecer acomodação adequada; enriquecimento ambiental; utilizar técnicas experimentais apropriadas; diminuir qualquer estímulo excessivo como som e luz e evitar a manipulação desnecessária.[11]

Devemos lembrar que o animal deve estar adaptado à suplementação alimentar e ao enriquecimento ambiental para isso não ser mais um fator de estresse. Desse modo, recomenda-se a adaptação à suplementação e/ou ao enriquecimento ambiental pelo menos de 1 a 2 dias antes do procedimento experimental. A abordagem não farmacológica não deve ser utilizada sozinha e deve ser acompanhada da farmacológica.

A abordagem farmacológica baseia-se na utilização de anti-inflamatórios não esteroidais (AINEs), analgésicos opioides e anestésicos locais.

Anti-inflamatórios não esteroidais tradicionalmente, são mais utilizados para controle de dor leve e quando a dor está mais relacionada a atividades inflamatórias do que para dor crônica. Porém, os AINE mais novos têm propriedades analgésicas significativas que correspondem à atividade analgésica dos opioides. Os AINE agem inibindo a inflamação e a produção de cininas e prostaglandinas. Diferentes AINE apresentam ações farmacológicos diferentes quanto a efeitos antipiréticos, analgésicos e anti-inflamatórios.[11]

Alguns efeitos colaterais podem estar associados ao uso de AINE, entre eles: ulceração do trato gastrintestinal; diminuição da agregação plaquetária; nefrotoxicidade; e hepatotoxicidade. Esses efeitos são, em geral, relacionados à administração crônica e raramente são observados em administração a curto prazo. Alguns AINE como o ácido acetilsalicílico podem causar anormalidades fetais e devem ser evitados em fêmeas prenhas.[15]

Opioides

Analgésicos narcóticos cujo padrão de comparação é a morfina.[11] Há uma grande variedade de analgésicos opioides que podem ser utilizados em animais. Diferentes opioides variam na sua potência analgésica, duração da ação e efeitos colaterais.[15] Eles se ligam aos receptores mu, delta e/ou kappa, produzindo analgesia pelo bloqueio da nocicepção. Os opioides são classificados de acordo com sua atividade nesses receptores em: agonistas (morfina); agonista-antagonistas (butorfanol) ou agonistas parciais (buprenorfina).[11] Geralmente indicados no tratamento da dor aguda de moderada a severa (Flecknell, 1996). Alguns efeitos indesejáveis podem estar associados ao uso de opioides, como depressão respiratória, bradicardia, náusea, hipotensão, constipação e excitação ou sedação.[15]

Anestésicos locais

Podem ser utilizados para a anestesia tópica, local, regional e epidural para prevenir ou aliviar a dor. Normalmente administrados por injeção subcutânea, podendo estar associado à epinefrina como um vasoconstritor para retardar a absorção e prolongar seu efeito. Os efeitos colaterais na sua administração são raros e são, geralmente, associados a injeções intravenosas, caso o anestésico local atinja essa via de acesso.[11]

O tratamento da dor pode ser antecipado e prevenido (analgesia preemptiva) ou identificado e aliviado (analgesia pós-indução). A analgesia preemptiva é instituída quando previamente se sabe que o procedimento experimental resultará em um estado de dor, e tanto a abordagem não farmacológica quanto a farmacológica se iniciam previamente ao estímulo doloroso. A analgesia pós-indução é dada quando a dor foi induzida e pode ser observada. Devemos utilizar analgésicos sempre que observarmos um comportamento de dor nos animais. Independentemente dos protocolos analgésicos utilizados, os animais sempre devem ser avaliados clinicamente para assegurar o tratamento adequado da dor, sobretudo no pós-cirúrgico. De modo geral, a analgesia preemptiva fornece um alívio maior da dor e um menor período de recuperação do que a administração de analgésico após o estímulo doloroso.[11]

Analgesia multimodal

À medida que os mecanismos envolvidos na transmissão da dor foram sendo pesquisados, tornou-se evidente que a transmissão da dor envolve diferentes vias, mecanismos e sistemas de transmissão. Com isso, é improvável que uma única classe de analgésico consiga proporcionar uma analgesia completa.[15] Desse modo, é interessante maximizar a analgesia, combinando fármacos de classes farmacológicas diferentes como opioides e AINE (Tabela 31.4). Por exemplo,

Tabela 31.4 Protocolos analgésicos no controle da dor		
Dor mínima a leve	**Dor leve a moderada**	**Dor moderada a severa**
Anestésico local	Anestésico local (suplementado com analgésico sistêmico)	Anestésico local (suplementado com analgésico sistêmico)
Opioide (ex.: Butorfanol)	Opioide (ex.: Buprenorfina)	Opioide (ex.: Buprenorfina ou Morfina)
AINE (ex.: Carprofeno)	AINE (ex.: Carprofeno)	AINE (ex.: Carprofeno)

Fonte: Adaptado de Kohn et al., 2007.

um opioide pode ser administrado como analgesia preemptiva associado a um AINE no pós-operatório. Em geral, os anestésicos locais e os AINE têm o maior efeito para bloquear a nocicepção periférica e os opioides são mais eficazes para o bloqueio de neurônios da lâmina dorsal.[11]

Lembramos que, para melhor tratar a dor severa, deve-se associar um AINE a um opioide. A analgesia multimodal permite agir em diferentes pontos das vias da dor, com isso pode-se utilizar uma menor dose dos diferentes fármacos associados. O uso isolado da buprenorfina somente é recomendado para o tratamento da dor moderada.[11] Nas Tabelas 31.5 e 31.6, sugerem-se as doses analgésicas de AINE e opioides.[16]

Tabela 31.5 Analgésicos AINES		
Analgésicos AINES	**Dose**	**Espécies**
Acetominofem	200 mg/kg PO	Camundongo, rato
	200-500 mg/kg PO	Coelho
Acido Acetisalicílico	100-150 mg/kg PO q4h	Camundongo, rato, hamster
	50-100 mg/kg PO q4h	Cobaia
	100 mg/kg PO q8-24h	Coelho
Carprofeno	2-5 mg/kg PO SC q12-24h	Camundongo, rato, cobaia
	2-4 mg/kg SC q24h	Coelho
Flunixin meglumine	2,5 mg/kg SC q12-24h	Camundongo, rato, hamster
	2,5-5 mg/kg SC q12-24h	Cobaia
	1-2 mg/kg SC q12-24h	Coelho
Cetoprofeno	5 mg/kg PO SC IMq24h	Maioria dos roedores
	1 mg/kg SC IM 12-24h	Cobaia
Meloxicam	1-2 mg/kg PO SC q24h	Rato
	1-5 mg/kg PO SC q24h	Camundongo
	0,5 mg/kg PO SC q24h	Cobaia
	0,2 mg/kg IM SC q24h	Coelho

Fonte: Carpenter, 2013.

Tabela 31.6 Analgésicos opioides		
Analgésicos Opioides	Dose	Espécies
Buprenorfina	0,02-0,5 mg/kg SC IV IP q6-12h	Rato
	0,05-0,1 mg/kg SC q6-12h	Todos roedores
	0,01-0,05 mg/kg SC IV IP q6-12h	Coelho
Butorfanol	0,2-2 mg/kg SC IM IP q2-4h	Camundongo, rato, cobaia
	0,1-0,5 mg/kg SC IM IV q4h	Coelho
Codeína	10-20 mg/kg SC q6h	Camundongo
	60 mg/kg SC q4h	Rato
Meperidina	10-20 mg/kg SC IM q2-3h	Camundongo, rato, cobaia
	5-10mg/kg SC q2-3h	Coelho
Tramadol	5-10 mg/kg PO q12-24h	Todos roedores
Morfina	2-5 mg/kg SC IM q4h	Camundongo, rato, cobaia
	2-5 mg/kg SC IM q2-4h	Coelho

Fonte: Carpenter, 2013.

A administração de analgésico em alimentos ou na água tem sido pesquisada como forma de se evitar o estresse das injeções repetidas e em contenção do animal. Porém, na prática, o uso desta técnica é limitado, pois, em algumas espécies de hábito noturno ou diurno, a frequência na ingestão de alimentos e água é variável, pode ocorrer mais no período noturno do que diurno ou vice-versa, dificultando o consumo do medicamento na dosagem e frequência necessária. Além disso, no pós-cirúrgico, há a tendência de os animais diminuírem sua ingestão de alimento e água.[15] Essas questões podem interferir na obtenção de níveis sanguíneos eficazes para ação dos analgésicos. Desse modo, é mais prudente confiar apenas na administração parenteral de analgésicos para alívio da dor.[11]

A terapia analgésica efetiva envolve a aplicação de métodos não farmacológicos e métodos farmacológicos, amplo conhecimento da espécie utilizada, manejo e cuidados adequados à espécie envolvida e técnicas experimentais feita por pessoal capacitado.[11]

Definitivamente, ao utilizar animais devemos procurar avaliar os parâmetros fisiológicos normais da espécie em estudo, conhecer os parâmetros de dor, observar o comportamento individual, conhecer o objeto de estudo e protocolo experimental, utilizar adequadamente anestésicos e analgésicos para, então, garantir um resultado experimental fidedigno e manter o bem-estar animal.

Referências Bibliográficas

1. Andersen ML, D'Almeida V, Ko GM, Kawakami R et al. Princípios éticos e práticos do uso de animais de experimentação. São Paulo: UNIFESP – Dep. de Psicobiologia, 2004: 72-75.

2. Pereira, MJP. Princípios gerais e considerações práticas para quem trabalha com animais de laboratório. Braga: Revista SPA, 2007. Abril 16 (2).
3. Davis PJ. Pain in animal and human. ILAR J., 1991, 33:1-2.
4. Fantoni D, Cortopassi SR. Anestesia em Cães e Gatos. São Paulo: Roca, 2009. c 2002. 3-8p.
5. Concea. Diretriz Brasileira para o cuidado e a utilização de animais para fins científicos e didáticos. Brasília. DF, 2013.
6. IACUC – Guideline on survival surgery of rodents – guideline VIII. Pen State University, 2003.
7. Otero PE. Avaliação e tratamento em pequenos animais. São Caetano do Sul: Editora Interbook, 2005. c 2005. 2-72p.
8. Munro BG. Pain-like behaviours in animals – how are they? Dep. Pharmacology., 2004. 25 (6): 229-305.
9. Spinosa HS, Gorniak SL, Bernardi MM. Farmacologia aplicada à medicina veterinária. 5. ed. São Paulo: Guanabara Koogan, 2011.
10. Mogil JS, et al. Using the mouse grimace scale to reevaluate the efficacy of post-operative analgesics in laboratory mice. Journal of the American Associations for Laboratory Animal., 2012. 51: 42-49.
11. Kohn DF, Martin TE, Foley PL, Morris TH, Swindle MM, Vogler GA, Wixson SK. Guidelines for the assessment and management of pain in rodents and rabbits. JAALAS., 2007; 46 (2): 97-108. PubMed; PMID:17427317.
12. Elmer GI, Pieper JO, Negus SS, Woods JH Genetic variance in nociception and its relationship to the potency of morphine-induced analgesia in thermal and chemical tests. Pain. 1998. Março 75(1):129-40.
13. Subcommittee on Laboratory Animal Nutrition, Committee on Animal Nutrition, Board on Agriculture, National Research Council. Nutricional Requirements of Laboratory Animals. 4. ed. Washington: National Academy Press, 1995.
14. Flecknell P. Laboratory Animal Anaesthesia. 2. ed. London: Academic Press, 1996.
15. Hellebreks LJ. Dor em animais. Barueri: Manole, 2002.
16. Carpenter JW. Exotic animal formulary. 4. ed. China: Elsevier Saunders, 2013.

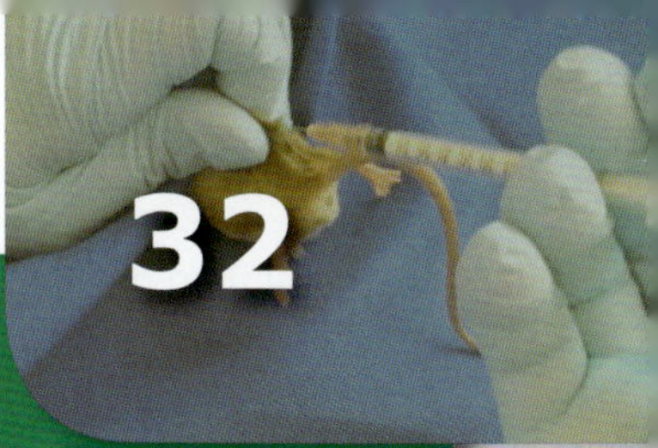

32

Anestesia das Principais Espécies Animais Utilizadas em Protocolos Experimentais

Eduardo Pompeu
Alessandro Rodrigo Belon
Denise Isoldi Seabra

Introdução

Todas as pessoas envolvidas em pesquisas que utilizam animais são responsáveis por eles, devendo mantê-los em condições adequadas, a fim de garantir seu bem-estar e um tratamento ético e humanitário. Para tanto, é de fundamental importância o suprimento adequado de equipamentos, analgésicos e anestésicos durante todo o protocolo experimental, bem como o treinamento de um técnico capacitado, visando minimizar processos potencialmente dolorosos ou estressantes. O controle da dor em animais é uma questão de grande preocupação, sobretudo quando grande parte deles não é rotineiramente tratada com medicação analgésica após um procedimento cirúrgico.[1,2]

Com o acúmulo de conhecimento de características neuroanatômicas e neurofisiológicas dos animais e com relação à fisiologia da dor, atualmente adota-se o princípio de que os animais registram, transportam, processam e modulam os sinais nociceptivos de modo semelhante à espécie humana e que, apesar da impossibilidade de comunicação verbal referente à estimulação dolorosa, os animais sofrem uma experiência desagradável compatível à do homem, com relação a esse aspecto. Quando esse princípio é aplicado, é o animal que tem o benefício da dúvida e, como consequência, sob o reconhecimento da presença da dor, é obrigatória a realização do alívio adequado. Um argumento frequentemente utilizado é o de que, sob algumas circunstâncias, a completa eliminação do processo doloroso não seria desejável uma vez que a dor representaria um fator de proteção, impedindo que o animal viesse a sofrer maiores traumas por movimentação excessiva ou automutilação. Nesse sentido, a recomendação seria a de buscar atingir um equilíbrio em que o animal fosse mantido com o mínimo de dor possível sem comprometer sua segurança e mantendo sua qualidade de vida. Outra justificativa seria a possibilidade de que a administração de anestésicos e analgésicos possa vir a interferir nos resultados dos protocolos experimentais. A dor e o estresse acarretam, entre outras questões, uma variação de neurotransmissores e respostas hormonais; diminuição da resistência geral do corpo às infecções; diminuição da ingestão de alimentos; aumento de riscos de automutilação; evidência de maior atraso na recuperação pós-anestésica e um risco maior de complicações pós-operatórias. Ainda, a dor manifestada durante um período prolongado pode assumir caráter crônico, ficando, desse modo, mais difícil de ser tratada.[2,3]

Para a condução de estudos com potencial de causar mais do que uma dor leve ou momentânea ou mesmo estresse aos animais, devem ser descritas as providências que serão adotadas para aliviar tais processos. Nos casos em que não será possível a utilização de fármacos, o pesquisador deverá apresentar uma justificativa com base científica a respeito de como afetariam os protocolos experimentais e a interpretação de dados, deixando de usá-los somente pelo período de tempo estritamente necessário. Vale ressaltar que a não administração desses fármacos só é justificável em protocolos de estudo de dor.[2]

Deve-se levar em conta, ainda, os benefícios de um treinamento prático, o qual garante a manipulação segura dos animais à medida que reduz a ocorrência de traumas, bem como minimiza o estresse e o medo a que os animais poderão ser submetidos e que podem acentuar a intensidade do processo doloroso.[1]

Cuidados básicos pré e pós-anestesia

É importante observar o animal antes do procedimento anestésico a fim de coletar informações sobre seu estado de saúde. Alguns dos parâmetros a serem verificados são o estado de hidratação, aspecto geral de pelagem, postura e consistência das fezes. Particularmente com relação ao peso, deve ser conhecido e comparado com a média esperada para a espécie, linhagem e idade. Este também é um parâmetro fundamental para o cálculo correto do anestésico a fim de evitar uma overdose e óbito do animal. Até que ocorra a recuperação anestésica total do animal, ele deve ser mantido em observação, com monitoramento constante, em uma gaiola limpa e isolado de outros para evitar que se machuquem ou até mesmo sejam asfixiados. Se possível, a gaiola deve ser transparente para permitir contato visual com outros animais da mesma espécie.[2-4]

O jejum não é recomendado para pequenos roedores em razão de seu alto metabolismo associado à baixa reserva de glicogênio que pode os predispor à hipoglicemia. Ainda, essas espécies não apresentam risco de regurgitação e vômito. O jejum pode ser interessante, desde que por um período curto de tempo (entre 2 e 4 horas) à medida que aumenta a velocidade de absorção do fármaco permitindo, por vezes, reduzir sua dose.[3]

A manutenção da temperatura é outro fator crítico uma vez que pequenos roedores são muito suscetíveis à perda de calor. Nesse sentido, pode ser utilizado colchão térmico ou lâmpada infravermelha, com o cuidado de não provocar queimaduras no animal.[2]

Vias de administração

A administração de fármacos pode ser realizada por uma das seguintes vias: oral (VO); intraperitoneal (IP); subcutânea (SC); intramuscular (IM); intravenosa (IV); e inalatória (IN). Deve ser escolhida baseando-se na característica química do composto. Ocorre ampla variação da resposta nas vias subcutânea, muscular e intraperitoneal, pois a absorção, recuperação e efeitos são mais lentos do que na via intravenosa.[1,2]

Medicação pré-anestésica

A medicação pré-anestésica tem o objetivo de permitir a indução anestésica suave e segura, bem como o estabelecimento de anestesia equilibrando o animal, abolindo os reflexos de excitação e luta. As drogas previamente administradas aos anestésicos reduzem o estresse, a dor trans e pós-cirúrgica e facilitam a recuperação. Ainda, seu uso pode reduzir a dose anestésica necessária. Entretanto, nos animais de laboratório, deve-se levar em conta os potenciais benefícios e seus efeitos adversos uma vez que sua administração pode ser considerada um fator de estresse adicional devido a necessidade de manipulação/contenção do animal.[5,6]

Os principais pré-anestésicos, comumente utilizados na medicina veterinária, compreendem os anticolinérgicos, antagonista alfa-2 adrenérgicos, tranquilizantes, hipnóticos e analgésicos narcóticos.[3,5]

Anestesia

A anestesia consiste em levar o animal à inconsciência sem perda de suas funções vitais e deve promover contenção química apropriada, relaxamento no tônus muscular e analgesia suficientes para impedir que o animal sinta dor durante todo o procedimento cirúrgico. Deve-se levar em conta a seleção adequada do fármaco, pois esse é um dos fatores determinantes na qualidade da indução anestésica, no transoperatório e na recuperação do pós-operatório. São fatores relevantes e que devem ser levados em consideração para a seleção adequada do agente anestésico são a biologia do animal e o tempo médio para execução do procedimento, a disponibilidade de equipamentos e o treinamento pesquisador.[3,5,6]

Atentemos aos seguintes planos anestésicos que podem ser atingidos:

- Estágio I (excitação voluntária): estágio de analgesia sem perda da consciência em que ocorre depressão do córtex sensorial e a respiração torna-se rápida e regular;
- Estágio II (excitação involuntária): estágio da anestesia em que a respiração torna-se irregular e o pulso rápido, ocorrendo depressão do córtex cerebral. Juntamente com o estágio I, constitui o período denominado "indução anestésica";

- ❑ Estágio III: a ação depressora se estende desde o córtex e o mesencéfalo até a medula espinhal. A consciência, a sensação dolorosa e os reflexos são abolidos. Ocorre, então, relaxamento muscular e desaparecem movimentos voluntários. Neste estágio, há uma subdivisão de profundidade anestésica dividida em quatro planos que são dificilmente visualizados. Plano superficial (1 e 2) e profundo (3 e 4). Se a anestesia aprofunda chegando ao estágio 4, ocorre a paralisia bulbar e a morte sobrevém.[2,3,5]

Durante a anestesia, o animal deve permanecer constantemente monitorado, avaliando-se o nível de profundidade atingido, acompanhando os seguintes parâmetros:

- ❑ Resposta a estímulos dolorosos: pinçamento dos dedos e da cauda. Quando o animal está superficializando à anestesia, pode haver meneios de cabeça e até mesmo vocalizações;
- ❑ Reflexos oculares: são avaliados os reflexos palpebrais, nistagmos ou posição de globo ocular, sendo este tipo de avaliação limitada em camundongos e ratos;
- ❑ Alterações cardiopulmonares: de difícil avaliação para pequenos roedores;
- ❑ Temperatura corporal: verifica-se se há hipotermia por meio do tato, da temperatura retal ou de sonda interdigital. Pode-se colocar no campo cirúrgico materiais isolantes, lâmpadas ou mantas térmicas, com cuidado para que a temperatura não ultrapasse 37°C. A hipotermia desencadeada pelo processo anestésico pode resultar em bradicardia e hipotensão arterial, prolongando a eliminação do fármaco e a recuperação da anestesia;
- ❑ Coloração de mucosa: deve estar a mais próxima do normal para a espécie, com tempo de preenchimento capilar (medido pela pressão na mucosa gengival) em até 2 segundos;
- ❑ Balanceamento hídrico: a fluidoterapia é utilizada para reparar perdas hídricas, se necessário, administra-se solução de Ringer-lactato ou solução salina na dose de 1 mL/100 g de peso.[3-5]

■ Particularidades

Anestesia em camundongos e ratos

Conforme dito anteriormente, o conhecimento de alguns fatores é de fundamental importância no estabelecimento do protocolo anestésico. O tempo de duração esperado para a realização do procedimento, o peso e a idade são informações imprescindíveis para a escolha do fármaco e para o cálculo da dose anestésica. Fatores fisiológicos são importantes para todas as espécies, mas em particular para roedores em virtude de seu tamanho reduzido o que os tornam mais suscetíveis aos efeitos de uma sobredosagem. Ainda, diferentes linhagens podem apresentar diferentes respostas aos agentes anestésicos empregados, mostrando variação de sensibilidade, duração da anestesia e eficácia. Lembramos que o jejum não é recomendado para pequenos roedores em virtude de sua predisposição à hipoglicemia e levando em conta que não há o risco de regurgitação, vômito e complicações decorrentes (aspiração pulmonar).[1-3]

A anestesia geral pode ser feita pela utilização de agentes injetáveis, agentes inalatórios ou associação dos dois. A escolha deve levar em conta os equipamentos disponíveis e o treinamento da pessoa que realizará a técnica.[3]

A administração parenteral pode ser realizada por diferentes vias (IV, IM ou IP) e deve considerar o volume a ser administrado, propriedades do agente de eleição e via de absorção. Pode ser feita em forma de bólus (dose única) ou em infusão contínua. Essa última opção é normalmente utilizada para a manutenção anestésica de espécies maiores pelas vias IV ou SC; mas, em roedores, muitas vezes, é impraticável pela dificuldade de acesso venoso das vias periféricas que exigem muita habilidade.[3,4]

A administração IV é realizada normalmente pela veia lateral da cauda. Como prática, adota-se aquecer a região com água quente ou outra fonte de calor (lâmpada) a fim de promover uma vasodilatação e facilitar o acesso, sempre tomando o cuidado para não queimar o animal. Deve-se utilizar uma agulha de calibre 27,5 G. Outras veias que podem ser citadas são a metatársica dorsal e a sublingual, mas são raramente usadas para anestesiar roedores.[1,2]

Deve-se considerar se o fármaco tem propriedades irritantes. Sinais evidentes de irritação incluem claudicação (se a administração for realizada pela via IM), dor abdominal (se a administração for realizada pela via IP), automutilação e/ou ulceração cutânea. Para minimizar a irritação, é recomendável realizar a infusão lentamente e utilizar agulhas de menor calibre. Pode ser necessária uma associação com algum anestésico local como a lidocaína.[2]

Qualquer que seja a via, em virtude do pequeno volume requerido para a anestesia dessas espécies, é preciso que o agente seja diluído em solução estéril antes da utilização para facilitar a administração da dosagem correta.[3]

Um protocolo anestésico bastante difundido é a associação de quetamina e cloridrato de xilazina que apresenta duração média de 30 minutos. Entretanto, essas substâncias produzem somente uma leve analgesia e para procedimentos mais invasivos deve haver uma associação com acepromazina (1-2 mg/kg) ou tramadol (2 mg/kg).[2,3]

A anestesia inalatória pode ser feita por uma câmara anestésica ou uma pequena máscara facial. Alguns dos anestésicos utilizados são isolfurano, halotano e servoflurano nas concentrações de 5% e 1-3% para indução e manutenção anestésica, respectivamente. Algumas das principais vantagens da anestesia inalatória são a ampla margem de segurança e a rápida recuperação do animal. Já como desvantagem da anestesia inalatória, são a necessidade de equipamentos específicos e em alguns procedimentos de longa duração a intubação endotraqueal se faz necessária.[3,4]

É recomendável que, mesmo para procedimentos de rotina relativamente rápidos, como a coleta de sangue via retro-orbital ou coleta de material biológico para análise genética, o animal esteja sedado.[1,3]

Anestesia em cobaias

As cobaias talvez sejam os roedores mais difíceis em se obter uma anestesia segura e eficaz. As respostas a muitos anestésicos injetáveis são bem variáveis e frequentemente são observadas as complicações pós-anestésicas como infecções respiratórias, depressão generalizada, distúrbios digestivos e inapetência. Muitos desses problemas podem ser evitados por uma seleção cuidadosa dos agentes anestésicos e um alto padrão de cuidados trans e pós-operatórios. Na grande maioria das vezes, as cobaias não são animais agressivos e acabam facilitando a manipulação e contenção. Quando assustadas, correm ao redor da gaiola, dificultando a sua captura. A aproximação deve ser feita de modo tranquilo e a manipulação gentil, mas com firmeza.[1,2]

Quando necessárias algumas medicações podem ser usadas para produzir sedação:

1. Fentanil/fluanisona na dose de 1 mL/kg de peso, via IM, pode produzir sedação e analgesia suficientes para pequenos procedimentos como biópsias de pele;
2. Diazepam na dose de 5 mg/kg de peso, via IP, produz forte sedação mas sem analgesia. Pode ser utilizado acompanhado de técnicas de anestesia local;
3. Quetamina na dose de 100 mg/kg de peso, via IM, proporciona boa tranquilização, mas não produz boa analgesia.[2]

Quando utilizamos cobaias em procedimentos cirúrgicos experimentais, é sempre importante o emprego de atropina na dose de 0,05 mg/kg de peso, via SC, para diminuição do volume de secreções salivar e bronquial. Ela é particularmente útil porque as vias aéreas das cobaias são estreitas, com propensão a obstruções.[2,3]

Os agentes pré-anestésicos mais empregados são a levomepromazina e a clorpromazina, usadas na dose de 0,5 a 1 mg/kg de peso, via IM, associadas ou não a midazolam na dose de 0,2 mg/kg de peso.[2]

A anestesia geral pode ser feita pela utilização de agentes injetáveis, agentes inalatórios ou associação dos dois. Quanto aos agentes injetáveis, a administração IV é difícil em cobaias e os medicamentos devem ser administrados pelas vias IP, SC ou IM. Em animais pré-tratados com atropina (0,05 mg/kg), pode-se aplicar cloridrato de quetamina, na dose de 22 a 44 mg/kg de peso, sendo que a primeira dose permite contenção, enquanto a segunda permite a realização de laparotomia, com período de latência de 8 a 10 minutos, período anestésico de 15 a 25 minutos e recuperação de 30 a 45 minutos. Para um tempo anestésico maior, pode-se empregar associação de 44 mg/kg de quetamina e 0,1 mg/kg de diazepam, via IM, o que causará uma anestesia de 40 a 50 minutos, com recuperação de aproximadamente de 50 minutos. Ainda podemos utilizar a associação de 25 mg/kg de quetamina e 5 mg/kg de cloridrato de xilazina, via IM, o que propiciará uma anestesia de cerca de 80 minutos, com um tempo proporcional de recuperação. Na prática da experimentação cirúrgica com cobaias, a solução anestésica formada por 1 mL de quetamina (50 mg) com 1 mL de cloridrato de xilazina (20 mg), na dose de 0,1 mL da mistura para cada 100 g de peso vivo tem demonstrado bons resultados. Essa anestesia tem um período hábil de 50 a 60 minutos, que pode ser elevado para 90 minutos, caso se empregue a dose de 0,2 ml da mistura para cada 100 g de peso vivo. É válido salientar a importância da utilização de atropina 10 a 15 minutos antes da aplicação da associação de quetamina e xilazina.[2,3]

Se o pentobarbital sódico for utilizado, a dose recomendada é de 25 mg/kg de peso, via IP, para sedação e imobilização, com complemento da anestesia por meio de agentes inalatórios. O uso de doses maiores do pentobarbital sódico para obtenção de anestesia cirúrgica está associado com altas taxas de mortalidade pós-anestésica.[2,3]

A anestesia inalatória pode ser feita por uma câmara anestésica ou uma pequena máscara facial. A manutenção da anestesia deve ser feita sempre com máscara (de tamanho proporcional ao do animal), pois a intubação endotraqueal é técnica extremamente difícil em cobaias. Podemos empregar a dose de 0,1 mL da associação de quetamina e xilazina como agente indutor e a manutenção pode ser feita com metoxifluorano, que é o anestésico volátil de escolha para cobaias, tendo uma boa margem de segurança e não é irritante. O volume corrente para cobaias é de até 2 mL, com fluxo diluente podendo ser de 50 a 100 mL, empregando-se vaporizadores calibrados.[3]

O halotano pode ser utilizado também, mas há o risco de produzir hipotensão mesmo em manutenção da concentração.[3]

Anestesia em coelhos

Este modelo animal é, sem dúvida, o mais difícil e imprevisível para anestesiar. Três fatores principais estão envolvidos:

1. possuem centro respiratório muito sensível a uma ação paralisante dos anestésicos;
2. os limites entre doses anestésica e letal são muito próximos;
3. a variabilidade entre os coelhos à ação dos anestésicos convencionais é tão grande que as doses para anestesiar, teoricamente, deveriam ser individualizadas.[2,5]

Por causa dessa variabilidade entre os coelhos, inclusive da mesma raça, alguns critérios podem ser utilizados na tentativa de selecionar animais para procedimentos cirúrgicos. Coelhos com orelhas bem grandes são melhores pela facilidade de acesso à veia marginal da orelha para injeção de medicamentos. Embora, em muitos trabalhos, a raça NZW (New Zealand White) seja a mais usada, existe a menção de que coelhos mestiços apresentam melhores resultados na indução da anestesia.[5]

Para se obter uma tranquilização discreta para simples manipulação, usam-se os derivados da fenotiazina, tais como a levomepromazina ou clorpromazina, na dose de 0,5 a 1 mg/kg de peso, via IM, aguardando-se um período de 30 a 40 minutos para eventual aplicação de qualquer outro fármaco anestésico complementar.[5]

Frequentemente, para os procedimentos experimentais são necessárias tranquilizações mais potentes utilizando-se benzodiazepínicos, que auxiliarão na aplicação de máscara para anestesia inalatória ou mesmo anestésicos locais, como é o caso das anestesias peridurais lombossacras. Tal associação pode ser feita com levomepromazina 0,5 mg/kg e midazolam 0,2 mg/kg ambos na mesma seringa, via SC ou IM. A anestesia barbitúrica já é de uso consagrado em leporinos. O pentobarbital sódico é o mais utilizado, na dose de 20-40 mg/kg de peso corpóreo, administrado da seguinte maneira: gentilmente, coloca-se o coelho em uma caixa de contenção; lentamente, injeta-se metade ou três quartos da dose calculada da solução de pentobarbital sódico a 2%, via IV, mantendo-se essa via quando se retirar o animal da caixa de contenção e colocá-lo em decúbito lateral; lentamente, continua-se a injeção da medicação até o plano de anestesia ser alcançado. A duração normal da anestesia é de 30 a 40 minutos. Entretanto, se houver a necessidade de prolongar o tempo anestésico, é aconselhável a suplementação com anestésico volátil. Embora esse método possa ser usado satisfatoriamente, um grande número de óbitos tem sido mencionado. As justificativas estão baseadas na grande variação de dose anestésica, acúmulo de tecido adiposo característico de coelhos adultos e a estreita margem entre dose anestésica e supressão letal do centro respiratório, determinando o pentobarbital como um anestésico de alto risco para coelhos.[2,5]

O uretano é outra medicação amplamente utilizada. Esse agente tem uma grande vantagem sobre o pentobarbital, pois apresenta maior margem de segurança, podendo induzir uma anestesia estável por um período extenso. A dose normalmente utilizada de 1,5 mg/kg de peso corpóreo tem demonstrado a possibilidade de causar efeitos adversos no sangue e vasos sanguíneos de coelhos.[5]

As associações anestésicas nos leporinos conseguem desde uma boa manipulação até a anestesia profunda, que permite intervenções que requeiram insensibilizações maiores.[3]

Uma simples imobilização pode ser obtida pela aplicação de 0,1 mL para cada 100 g de peso vivo da associação em partes iguais de quetamina (50 mg) e xilazina (20 mg).[2]

Para anestesia, emprega-se a levomepromazina na dose de 1 mg/kg de peso, via IV, como medicação pré-anestésica, aguardam-se de 20 a 30 minutos e, posteriormente, utilizam-se 0,5 a 1 mL/kg de peso da associação quetamina e xilazina como já descrito. O período de latência pode variar de 10 a 15 minutos.[2,5]

Em cirurgia experimental, pode-se utilizar anestesia peridural lombossacra com utilização de cloridrato de lidocaína na dose de 7 mg/kg de peso sem adrenalina e 9 mg/kg de peso com adrenalina, concentração de 0,5 a 1%. A medicação pré-anestésica é a mesma mencionada anteriormente. O volume a ser injetado é de 1 a 3 mL de lidocaína a 0,5% e até 2 mL de lidocaína a 1% sem adrenalina, dependendo do tempo anestésico e tamanho do animal.[5]

É possível realizar uma anestesia utilizando apenas anestésicos voláteis; mas, para a indução, são normalmente estressantes para os leporinos e equipe de anestesia. As câmaras anestésicas podem ser usadas, entretanto o perigo de excitação involuntária durante a indução e consequente injúria normalmente impedem o uso, exceto em animais sedados antes. Na grande maioria dos casos, é preferível induzir anestesia com um agente injetável e a manutenção da anestesia feita com anestésico inalatório. A anestesia volátil em coelhos é recomendada em casos de cirurgias ou experimentos de longa duração e quando é desejável a manutenção dos parâmetros fisiológicos mais próximos dos valores basais.[2,5]

Nos coelhos, a intubação endotraqueal é muito difícil, devendo ser realizada com o animal bem relaxado, com boa indução anestésica e utilizando laringoscópio especial (lâmina de Wisconsin).[5]

O metoxifluorano é o mais seguro e efetivo anestésico inalatório para utilização em coelhos, nas concentrações de 0,4 a 1%. As depressões respiratória e cardiovascular ocorrem, mas comparado às de outras medicações voláteis, parecem ser menos prejudiciais.[5]

Halotano também é um excelente agente inalatório para utilização em coelhos, mas tem uma margem estreita de segurança e deve sempre ser administrado utilizando vaporizador calibrado. As concentrações de 1,5 a 2% são suficientes para manutenção da anestesia. O isofluorano e o enfluorano apresentam efeitos similares aos do halotano e podem também ser utilizado em leporinos.[2,5]

As Tabelas 32.1 a 32.4 apresentam os fármacos anestésicos em camundongos, ratos, coelhos e hamsters.

Tabela 32.1
Fármacos anestésicos – Camundongos[2-4]

Fármaco	Dose (mg/kg)	Via de administração
Isoflurano	0,08-1,5%	IN
Quetamina/Diazepam	50-75/1-10	IP
Quetamina/Midazolam	50-75/1-10	IP
Quetamina/Xilazina	90-150/7,5-16	IP
Quetamina/Xilazina/Acepromazina	100/2,5/2,5	IM
Pentobarbital sódico	30-90	IP
Tribromoetanol (TBE)	125-300	IP

IN: inalatória; IP: intraperitoneal.

Tabela 32.2
Fármacos anestésicos – Ratos[2-4]

Fármaco	Dose (mg/kg)	Via de administração
Isoflurano	0,25-2,5%	IN
Isoflurano/Morfina	2%/5	IN, IP
Quetamina/Diazepam	40/5	IP
Quetamina/Midazolam	60/0,4	IP
Quetamina/Xilazina	40-80/5-10	IP
Quetamina/Xilazina/Acepromazina	40/8/4	IM
Pentobarbital sódico	30-60	IP
Tribromoetanol/Medomidina	150/0,5	IP

IN: inalatória; IP: intraperitoneal; IM: intramuscular.

Tabela 32.3 Fármacos anestésicos - Coelhos[2-4]		
Fármaco	**Dose (mg/kg)**	**Via de administração**
Diazepam	5-10	IM
Acepromazina	0,75-1	IM
medetomidina	0,25	IM
Tiopental	15-30	IV
Pentobarbital	20-60	IV
Quetamina/Pentobarbital	10/30	IM/IV
Quetamina/Xilazina	50-10	IM
Quetamina/Xilazina/Acepromazina	40/5/0,75-1	IM/IM/SC
Quetamina/Xilazina/Atropina	40/5/0,04	IM
Quetamina/Diazepam (*)	60-80/5-10	IM
Quetamina/Acepromazina (#)	75/5	IM

(*): Diazepam administrado 30 minutos antes; (#): acepromazina administrada 30 minutos antes. IM: intramuscular; IV: intravenosa; SC: subcutânea.

Tabela 32.4 Fármacos anestésicos - Hamsters[2-4]		
Fármaco	**Dose (mg/kg)**	**Via de administração**
Quetamina/Diazepam	70/2	IP
Quetamina/Diazepam	70/2	IP
Quetamina/Xilazina	200/10	IP
Quetamina/Acepromazina	150/5	IM
Pentobarbital	50-90	IP
Tiletaminal/Zolacepam/Xilazina	30/10	IP

IP: intraperitoneal; IM: intramuscular.

Anestesia em suínos

Em razão de suas similaridades anatômicas e fisiológicas com os humanos, o suíno começa a ganhar espaço nas pesquisas e treinamentos biomédicos.[6] Sendo assim, a escolha de um regime anestésico e analgésico adequado para esse animal é um dos mais importantes aspectos do protocolo experimental, visando o controle adequado da dor e do desconforto que os procedimentos experimentais poderão causar. O protocolo correto poderá contribuir positivamente para o desenvolvimento da pesquisa; por exemplo, a utilização de uma analgesia preventiva aos procedimentos cirúrgicos está associada a redução tanto do período de recuperação, como da quantidade de analgésicos administrada no pós-operatório. Deve-se ter conhecimento adequado da farmacocinética dos medicamentos utilizados no protocolo anestésico e do seu efeito na espécie suína, para que o alvo da pesquisa não sofra interferências dos agentes selecionados.[7,8] Por isso, uma boa maneira de garantir o sucesso do projeto é ter profissionais qualificados para elaborar o protocolo anestésico para uma pesquisa invasiva.

Neste capítulo, o é objetivo apresentar de maneira sucinta alguns protocolos anestésicos e analgésicos utilizados em procedimentos experimentais com suínos, assim como apresentar os cuidados e monitorização básicos, sendo importante ressaltar que se faz necessário um estudo aprofundado das características de cada modelo experimental para o correto desenvolvimento do protocolo anestésico e analgésico, sendo indispensável a presença de um profissional habilitado para função.

CONSIDERAÇÕES ESPECIAIS EM SUÍNOS

Jejum

O trânsito gastrintestinal do suíno é rápido, por isso com apenas algumas horas de jejum o estômago dele estará vazio. Para a maioria das cirurgias, é recomendado um jejum alimentar de 6 a 8 horas, podendo permanecer com agua até a cirurgia. Porém, quando o procedimento demanda maior período de jejum, como nos procedimentos no cólon, deve se tomar cuidado com a hipoglicemia, introduzindo dietas mais líquidas e bebidas aromatizadas.[7] Outro cuidado importante quando se faz uso do jejum mais prolongado, visando um esvaziamento completo do trato gastrintestinal, é a retirada da "cama" da gaiola ou local onde o animal permanecerá durante esse período.

Intubação endotraqueal

Recomenda-se intubação endotraqueal em todos os suínos sobre anestesia geral, pois eles têm uma grande propensão para espasmos laríngeos e tendem a acumular fluido na região da faringe.[8]

Esse procedimento é relativamente fácil quando se conhecem as características anatômicas espécie-específicas. A passagem da laringe é estreita, as cordas vocais e as demais estruturas da região são frágeis e podem ser facilmente lesionadas com a utilização de tubos largos demais ou com o uso de força demasiada durante a manobra. Por isso, para animais com peso entre 10 e 25 kg, utilizamos sonda endotraqueais com 6 a 7 mm de diâmetro.[7,8]

O suíno pode ser intubado em decúbito lateral, esternal ou dorsal, por dispensar a ajuda de um auxiliar para segurar a mandíbula e, por trazer mais facilidade quando são utilizados animais com pesos acima de 50 kg, indicamos o decúbito dorsal. A utilização de um laringoscópio com lamina longa (195 mm ou acima) se faz necessária.[8]

Depois de introduzir o laringoscópio até a faringe, muitas vezes é necessário utilizar a sua ponta para descolar a epiglote do palato mole, possibilitando ver a epiglote e a abertura da laringe facilmente. Podemos utilizar *sprays* com anestésicos tópicos nessa região para evitar laringoespasmo. É possível ver as cordas vocais e sua movimentação com a respiração do animal. A lâmina do laringoscópio deve ser suavemente posicionada formando um ângulo de 45°, apreendendo a epiglote com sua ponta.[7] A sonda deve ser posicionada usando a lâmina do laringoscópio como guia até que a ponta passe as cordas vocais e um movimento de rotação em 90° deve ser aplicado junto com pressão suave para frente, facilitando o correto posicionamento da sonda na traqueia. Se resistência demasiada for encontrada, geralmente é por um posicionamento incorreto da sonda no divertículo da laringe ou por uso do tamanho da sonda acima do orifício da traqueia.[7] Nesses casos, a insistência na pressão pode levar a traumatismos e sangramentos dificultando ainda mais a intubação. Para facilitar o procedimento de intubação endotraqueal, o sulfato de atropina (0,02-0,05 mg/kg) pode ser administrado 10 a 15 minutos antes para evitar o excesso de secreção e para prevenir a bradicardia resultante do estímulo vagal.[7] O esvaziamento completo do balão da sonda deve ser realizado e a lubrificação da sonda com soro fisiológico pode ajudar, não é recomendada a utilização de gel lubrificante, pois, se ele secar, pode aderir nos tecidos da região ensejando lesões na manobra de extubação.

Hidratação

Durante os procedimentos cirúrgicos, a correta hidratação deve ser mantida, na maioria dos procedimentos a infusão de 5 a 10 mL/kg/hora de solução fisiológica é suficiente para manter o correto balanço hídrico, evitando a desidratação no período cirúrgico.[7,9]

Suporte térmico

O suíno é susceptível à hipotermia, ainda mais com os cuidados de assepsia pré-cirúrgicos e sobre efeito da anestesia. Por isso, a temperatura deve ser constantemente aferida para evitar que fique abaixo de 36 °C.[7,8] A temperatura retal normal do suíno é de 38 a 39,5 °C e o suporte térmico feito por meio de colchão térmico, em geral, é suficiente para evitar hipotermia, porém não é rara a utilização de fluido aquecido e aquecimento da sala em casos de hipotermias mais severas.

Suporte ventilatório

Os padrões ventilatórios no suíno devem ser de 18 a 22 mmHg de pressão inspiratória, volume corrente de 5 a 10 mL/kg, podendo fazer-se uso da pressão expiratória final positiva (PEEP) para prevenir lesões pulmonares induzidas pela ventilação mecânica. A frequência respiratória pode variar de acordo com o anestésico e com a característica individual do animal, porém, para um suíno de 20 a 40 kg, a frequência de 12 a 15 movimentos/minuto é o suficiente.[7] Entretanto, para um correto ajuste da frequência respiratória, devem ser observadas a oximetria de pulso, a capnografia e a gasometria arterial.

Avaliação e monitorização cirúrgica

Para avaliar o relaxamento muscular, os reflexos oculares e pupilares não são totalmente confiáveis, principalmente quando a atropina ou a ketamina estão presentes no protocolo anestésico. O melhor guia para a avaliação do relaxamento muscular nos suínos é o relaxamento dos músculos da mandíbula ou a ausência dos movimentos de pernas, orelha ou cauda como reflexos ao pinçamento ou estímulos semelhantes.[7,8]

O eletrocardiograma (ECG) é a monitorização mínima durante uma anestesia em suínos, principalmente por eles serem susceptíveis a arritmias cardíacas, muitas vezes induzidas pelos anestésicos.[7,8] Outro parâmetro importante a ser monitorado é a pressão arterial, de modo não invasivo por meio de manguitos de pressão, ou invasiva sendo obtida pela cateterização de artérias (safena, radial e carótida).

Para avaliação da anestesia, o aumento da frequência cardíaca e da pressão sanguínea são os indicadores mais sensíveis, manifestando-se anteriormente aos movimentos musculares e tornando a monitorização indispensável quanto há o uso de bloqueadores neuromusculares. Como são comuns variações nesses parâmetros de acordo com os agentes anestésicos utilizados, a raça e o tamanho dos animais, antes dos procedimentos cirúrgicos de os neurobloqueadores serem iniciados, é importante estabelecer um padrão inicial. Outros exemplos de métodos não invasivos usados na rotina são a oximetria de pulso e a capnografia.

Com o aumento da complexidade e do grau de invasibilidade dos procedimentos cirúrgicos, fazem-se necessários o aumento e o refino dos padrões a serem monitorados, podemos citar a utilização da pressão venosa central (PVC), pressão de artéria pulmonar (PAP), pressão de oclusão de artéria pulmonar (PAPo), débito cardíaco (DC) e gasometria sanguínea. Esses parâmetros já são utilizados como rotina em alguns laboratórios experimentais e trazem informações importantes para o anestesista sobre o estado volêmico e eletrolítico, além de uma avalição dos padrões de transporte e consumo de oxigênio no animal anestesiado.

Pré-anestésicos

A medicação pré-anestésica é utilizada com o intuito de diminuir o estresse, a ansiedade, a salivação e os reflexos vagais, além de diminuir a dose e os efeitos indesejados dos anestésicos, e facilitar o manejo do animal.[7,10,11]

Tranquilizantes

Os agentes tranquilizantes mais utilizados em suínos pertencem a três grupos: os fenotiazínicos, benzodiazepínicos e butirofenônicos. Como representante dos fenotiazínicos, temos a acepromazina (1,1-2,2 mg/kg IM, IV ou SC) que pode apresentar, como efeito indesejáveis, a vasodilatação periférica e o bloqueio alfa-adrenérgico quando usada em altas doses.[7,8,10]

O diazepam e o midazolam são os representantes dos benzodiazepínicos. O diazepam (0,5-1 mg/kg SC; 0,44-2 mg/kg IV; 1 mg/kg/hora IV; 2-10 mg/kg VO) é lipossolúvel e está relacionado com uma boa hipnose e sedação, com duração de 6 horas. Já o midazolam (0,1-0,5 mg/kg IM, SC ou IM; 0,6-1,5 mg/kg/hora IV) é hidrossolúvel, promove hipnose e uma sedação de 20 minutos com poucas alterações hemodinâmicas.[7,10]

O azaperone (2-4 mg/kg IM ou SC), da classe dos butirofenônicos, apresenta mínimos efeitos cardiovasculares e tempo de imobilização relativamente curto, em torno de 20 minutos.[8]

Anestésicos injetáveis em suínos

Barbitúricos

O tiopental e o pentobarbital são os barbitúricos comumente utilizados na experimentação, por serem de baixo custo e pela promoção de um padrão de anestesia geral propriamente dito com relaxamento muscular satisfatório para a maioria dos procedimentos cirúrgicos. Causam uma depressão respiratória quando administrados em bólus, por isso a necessidade de intubação endotraqueal e utilização de um respirador e, no sistema cardiopulmonar, a depressão é dose-dependente e aumenta com repetidas doses. Outro efeito relacionado ao uso de barbitúricos é a diminuição da pressão intracraniana e da intraocular, junto com a diminuição do consumo de oxigênio cerebral. O tiopental (6,6-30 mg/kg IV bólus ou 3-30 mg/kg/hora IV infusão) é considerado de ultracurta duração de ação de 10 a 15 minutos, enquanto o pentobarbital (20-40 mg/kg IV bólus ou 5-40 mg/kg/hora IV infusão) é considerado de curta duração com ação média de 60 minutos.[7,10]

Anestésicos dissociativos

Os anestésicos dissociativos são representados pela cetamina e a tiletamina. Caracteriza esses anestésicos a capacidade de causar inconsciência, porém, por terem incompleta analgesia e por produzirem pobre relaxamento muscular, em geral, necessitam serem associados com outras medicações.[7,8,10] A tiletamina (2-4 mg/kg IM – tranquilização ou 4-8 mg/kg IM – anestesia geral) é considerada o dissociativo mais potente, de 1,5 a 2 vezes mais potente do que a cetamina, mas doses altas podem deprimir o sistema cardiovascular. A tiletamina é associada comercialmente a um benzodiazepínico, o zolazepam.[7,8]

A cetamina é largamente utilizada em suínos, pode ser associada a uma grande variedade de agentes para produzir analgesia e relaxamento muscular, segue as principais associações e as respectivas doses IM na Tabela 32.5.

Tabela 32.5 Associações da cetamina para anestesia em suínos[7]
Cetamine (1-10 mg/kg) + medetomidina (0,08-0,2 mg/kg) - IM
Cetamine (20 mg/kg) + xilazina (2 mg/kg) - IM
Cetamine (22-33 mg/kg) + acepromazina (1,1 mg/kg) - IM
Cetamine (15 mg/kg) + diazepam (2 mg/kg) - IM
Cetamine (33 mg/kg) + midazolam (0,5 mg/kg) - IM
Cetamine (15 mg/kg) + azaperone (2 mg/kg) - IM

A combinação de cetamina com os alfa-2-agonistas (xilazina e medetomidina) podem causar a depressão cardíaca e bloqueios cardíacos, a atropina pode ser aplicada conjuntamente para evitar o bloqueio cardíaco e a hipotensão. Os efeitos cardiodepressores da medetomidina são menores do que os da xilazina.[7]

Algumas associações com cetamina podem ser usadas em infusão intravenosa para manter uma anestesia de longa duração e promover boa analgesia, cetamina (8-33 mg/kg/hora) + midazolam (0,5-1,5 mg/kg/hora), cetamina (5 mg/kg/hora) + medetomidina (10 mg/kg/hora) e cetamina (9-19 mg/kg/hora) + pentobarbital (6,5-18 mg/kg/hora) são algumas sugestões.[7,8,10]

Infusão de opioides

Os opioides são usados em infusão contínua para promover analgesia primária no transcirúrgico e utilizados rotineiramente em cirurgias cardíacas por não deprimirem a contratilidade cardíaca e o fluxo coronário. Podemos citar como efeitos indesejados a bradicardia e a depressão respiratória dos- dependente. A seguir, os principais opioides usados em suíno com as respectivas doses[7,10] (Tabela 32.6).

Outros agentes hipnóticos

O propofol (4-20 mg/kg IV) é um agente hipnótico combinado com outros fármacos para induzir a anestesia, tem curta duração que, em altas doses, pode produzir hipotensão e apneia, mas, em dose baixas, é relatada mínima depressão do débito cardíaco e do fluxo coronário. Por não apresentar efeito cumulativo, é indicado para manutenção anestésica, sendo utilizado com infusão contínua IV na dose de 12-20 mg/kg/hora.[7,10] Por seu efeito analgésico ser pobre, é comumente associado para manter uma anestesia efetiva. A associação do propofol (2-4,4 mg/kg/hora) com fentanil (3-5 µg/kg/hora) e midazolam (0,4-0,7 mg/kg/hora) em infusão contínua IV é descrita como efetiva em anestesia de 6 a 7 horas, outra associação possível que provoca anestesia geral é o propofol (3,5 mg/kg/hora) com fenanil (17 µg/kg/hora) em infusão contínua IV.[7]

Outro agente hipnótico e sedativo é o etomidato (4-8 mg/kg IV), tem alta segurança terapêutica e é livre de efeitos cardiovasculares relevantes. Pode ser usado na associação etomidato (0,6 mg/kg/hora) com a cetamina (10 mg/kg/hora) em infusão contínua IV.[7,10]

Tabela 32.6
Principais opioides usados em suínos com as respectivas doses

Fentanil	0,050 mg/kg ou 50 µg IV bólus; 0,030-0,100 mg/kg/h IV infusão contínua
Sufentanil	0,007 mg/kg ou 7 µg IV bólus; 0,015-0,030 mg/kg/h IV infusão contínua
Remifentanil	0,5-1 µg/kg/min ou 0,030-0,060 mg/kg/h IV infusão contínua
Alfentanil	0,1 µg/kg/min ou 0,006 mg/kg/h IV infusão contínua

Neurobloqueadores

Utilizados para produzir um completo relaxamento muscular, como nos casos de cirurgias cardíacas em que a paralização do diafragma é desejada. Já que os neurobloqueadores não produzem anestesia e nem analgesia, eles só devem ser utilizados quando obtida uma estabilização anestésica, para que sejam mensurados os padrões hemodinâmicos iniciais que servirão para avaliação anestésica do animal neurobloqueado. Os principais neurobloqueadores utilizados são o pancurônio (0,02-0,15 mg/kg IV bólus; 0,003-0,030 mg/kg/hora IV infusão continua), o vercurônio (1 mg/kg IV bólus) e o rocurônio (1-1,5 mg/kg IV bólus; 2-2,5 mg/kg/hora IV infusão contínua).[7]

■ Anestésicos inalatórios em suínos

Podem ser considerados os principais agentes de anestesia geral em suínos, promovendo melhor plano anestésico e analgésico, uma recuperação anestésica mais breve comparada aos anestésicos injetáveis.[7]

Na rotina, os agentes considerados de 1ª escolha são o isoflurano, o desflurano e o sevoflurano. Dois agentes que caíram em desuso foram o halotano, por induzir arritmias pela sensibilização do miocárdio a catecolaminas e por estar relacionado a hepatotoxicidade em humanos; e o enroflurano, por estar relacionado com crises convulsivas em animais susceptíveis.[7,8]

O isoflurano é, hoje, o principal anestésico inalatório em suínos, pois apresenta um custo menor e efeitos similares aos dos outros. Para os casos de alto risco, o sevoflurano é a escolha apropriada.[7]

Algumas considerações sobre o efeito desses agentes devem ser mencionadas como todos os anestésicos inalatórios causam aumento do fluxo sanguíneo cerebral, queda do fluxo sanguíneo coronariano e todos eles produzem depressão dose dependente na contratilidade miocárdica. Em particular, o isoflurano, em algumas concentrações, pode até causar um aumento do fluxo sanguíneo coronariano e o desflurano tem mostrado impacto na oferta de oxigênio no território hepático e intestinal, porém sem causar hipóxia severa.[7,10]

A Tabela 32.7 apresenta os principais anestésicos inalatórios e a concentração alveolar mínima em suínos e a Tabela 32.8 apresenta os fármacos analgésicos.

Tabela 32.7
Principais anestésicos inalatórios e concentração alveolar mínima em suínos[7,10]

Anestésicos	Concentração alveolar mínima (CAM) (%)
Isoflurano	1,2-2,04
Desflurano	8,28-10
Halothano	0,91-1,25
Sevoflurano	2,53
Enflurano	1,66

Tabela 32.8 Fármacos analgésicos – Suínos[7,8,10]			
Fármaco	**Dose (mg/kg)**	**Via de administração**	**Intervalo de administração**
Aspirina	10-20	VO	6 hs
Carprofen (Rimadyl®)	2-3	SC/VO	12-24 hs
Flunixinmeglumine (Banamine®)	1-4	SC/IM	12-24 hs
Meloxican	0,4	SC/IM	24 hs
Ketoprofeno	1-3	VO/SC/IM	24 hs
Meperidina	2-10	IM	6 hs
Tramadol	1-4	VO/IM	8 hs
Fentanil	0,02-0,05	IM	2 hs
Butorfanol	0,1-0,5	IM	8-12 hs
Buprenorfina	0,01-0,05	SC/IV	12 hs

VO: via oral; SC: subcutânea; IM: intramuscular; IV: intravenosa.

Referências Bibliográficas

1. Diehl KH, Hull R, Morton D, Pfister R, Rabermampianina Y, Smith D, Vidal JM, Van de Vorstenbosch C. A good practice guide to the administration of substances and removal of blood, including routes and volumes. J Appl Toxicol., 2001;21(1):15-23.
2. Flecknell PA. Anaesthesia and analgesia for rodents and rabbits. In: Laber-Laird K, Swindle MM and Flecknell PA. Handbook of Rodent and Rabbit Medicine. Newton: Pergammon Pres, Butterworth-Heineman, 1996. p. 219-37.
3. Flecknell PA. Laboratory Animal Anaesthesia. 3. ed. London: Academic Press, 2009.
4. Gaertner DJ, Hallman TM, Hankenson FC, Batchelder MA. Anesthesia and analgesia for laboratory rodents. In: Fish RE, Brown MJ, Danneman PJ, Karas AZ. Anesthesia and Analgesia in Laboratory Animals. 2. ed. London: Academic Press; 2008. p.239-297
5. Lipman NS, Marini RP, Flecknell PA. Anesthesia and analgesia in rabbits. In: Fish RE, Brown MJ, Danneman PJ, Karas AZ. Anesthesia and analgesia in laboratory animals. 2. ed. London: Academic Press, 2008. p. 299–333.
6. Walters EM, Prather RS. Advancing swine models for human health and diseases. Mo Med. 2013:110(3):212-5.
7. Swindle MM. Swine in the laboratory: surgery, anesthesia, imaging & experimental techniques. 2. ed. Florida: CRC Press, 2007.
8. Swindle MM. Anesthesia, Analgesia in Swine [acesso em 27 jul 2015]. Disponível em: http://www.sinclairbioresources.com/Literature/TechnicalBulletins.aspx.
9. Swindle MM. Perioperative Care of Swine. Disponível em: http://www.sinclair-bioresources.com/Literature/TechnicalBulletins.aspx. Acessado em: 27 jul 2015.
10. Smith AC, Ehler WJ, Swindle MM. Anesthesia and analgesia in swine. In: Kohn DF, Wixson SK, White WJ, Benson GJ. Anesthesia and Analgesia in Laboratory Animals., San Diego: American Press; 1997. p 313- 336.
11. Alstrup AKO. Anaesthesia and Analgesia in Ellegaard Göttingen minipigs. Arthus: Ellegaard, 2010.

33

Cuidados Pós-Cirúrgicos

Marcelo Larami Santoro

Introdução

Os animais de laboratório são frequentemente utilizados como modelos em cirurgias experimentais, tanto no desenvolvimento de novas técnicas cirúrgicas como no aprimoramento cirúrgico e terapêutico das técnicas já existentes. Manter os animais sob cuidados constantes e vigilância permanente são condições *sine qua non* para obter resultados confiáveis nos experimentos que exigem procedimentos cirúrgicos.

Todavia, como mostrado em um levantamento[1] sobre procedimentos cirúrgicos realizados em ratos e camundongos entre 2005 e 2006, em apenas 20% desses estudos era descrita a administração sistêmica de analgésicos. Para coelhos, a situação é um pouco melhor, mas ainda não é adequada.[2] Felizmente, com a política internacional e nacional de proporcionar bem-estar a animais destinados à pesquisa científica, foi-se a era em que os cuidados pós-cirúrgicos aos animais experimentais eram desprezados ou menosprezados. A preocupação com o bem-estar animal é imperativa e deve ser prevista e equacionada mesmo antes que o procedimento cirúrgico seja realizado. Assim, toda a equipe que trabalha com animais deve ser treinada para observar no período pós-cirúrgico o comportamento dos animais e suas alterações, a cicatrização/infecção das áreas operadas e os sinais de dor, desidratação e anorexia.

Toda a equipe deve ser treinada igualmente para realizar medidas preventivas, preencher formulários de avaliação de saúde animal e avisar os profissionais responsáveis pelo protocolo experimental para agirem na conformidade do bem-estar animal em casos de intercorrências e colocar em prática *endpoints* humanitários.

Nunca é demais reiterar que todos os procedimentos pré, trans e pós-cirúrgicos devem ser aprovados pela Comissão de Ética no Uso de Animais (CEUA) e quaisquer mudanças que sejam consideradas pela equipe para melhorar o bem-estar animal devem ser previamente aprovadas por ela. Ainda, a participação de um veterinário – atualmente exigida pela Resolução Normativa nº 6 do Conselho Nacional de Controle de Experimentação Animal (CONCEA) –, com experiência no cuidado de roedores e lagomorfos e em procedimentos cirúrgicos experimentais, é fundamental para garantir o bem-estar animal.

Neste capítulo, serão abordados os cuidados que devem ser empregados em ambientes destinados ao uso de animais – especialmente ratos, camundongos e coelhos – em pesquisa científica. Serão tratados aqui alguns aspectos dos cuidados pós-operatórios, tais como o emprego de fluidoterapia, umidificação de córneas, manutenção da temperatura corpórea e uso de analgésicos. Uma boa introdução ao assunto pode ser obtida em forma de vídeo.[3]

Acolhimento dos animais após a cirurgia e monitoramento pós-cirúrgico

Os cuidados pós-cirúrgicos devem ser pensados, a princípio, nos dois grandes períodos após a cirurgia:

a. o período inicial, até 24 horas após o final da cirurgia, quando os animais despertam da anestesia;

b. o período mais tardio, que perdura até a remoção de suturas (normalmente 15 dias após a cirurgia) ou até a acomodação do animal à sua nova condição fisiológica.

Na fase aguda, os cuidados devem estar, sobretudo, voltados à manutenção da temperatura corporal normal, à realização de fluidoterapia e à aplicação de analgésicos. No período tardio, a preocupação deve estar concentrada na observação e cuidado da incisão cirúrgica, na presença de dor e no estado nutricional e de hidratação. Para todos esses cuidados, o veterinário e a equipe devem contar com um suporte laboratorial para avaliar e garantir a saúde e recuperação dos animais.

Ambiente

O local para acolhimento dos animais operados deve ser silencioso, ter controle de temperatura (27 a 30 °C),[4] ciclo claro-escuro de iluminação e ser livre de tráfego de pessoas. Toda a manipulação dos animais deve acontecer em um ambiente que propicie conforto. Luz e ruídos intensos, ultrassom emitido de rádios e equipamentos ligados (inaudíveis aos seres humanos), telefones e celulares, conversas e manipulação incorreta são interferentes que causam estresse e prejudicam o bem-estar animal pré e pós-cirúrgico.

Com relação à cama, logo após saírem da sala de cirurgia, os animais devem ser mantidos isoladamente em gaiolas com aquecimento, forrada com um substrato absorvente esterilizado (Figura 33.1AB). Essa medida diminui o risco de infecção no local da incisão cirúrgica. Ratos e camundongos são animais gregários e privá-los da companhia de outros animais é estressante. Contudo, nem sempre os animais operados podem ser devolvidos às gaiolas acompanhados de seus companheiros, já que, em razão de seu comportamento curioso de roer áreas e objetos estranhos e, nesse caso, também de canibalismo, eles podem destruir as suturas cirúrgicas ou mesmo os cateteres e cânulas implantados em si próprios ou em outros animais. Assim, até que se recuperem, é importante mantê-los isolados em gaiolas transparentes (de policarbonato), mantidas lado a lado, para que os animais consigam se enxergar (Figura 33.1CD). Essa condição deve ser mantida até que ocorra a cicatrização das incisões cirúrgicas. A água sempre deve ser oferecida à vontade durante todo o período pós-cirúrgico.

Uma solução temporária para evitar a retirada da sutura pelos próprios animais é a colocação de colares elisabetanos (www.kentscientific.com), empregados especialmente em ratos e coelhos. Contudo, deve-se avaliar se o estresse produzido pelo colar não os prejudica mais do que os ajuda durante a recuperação.

Figura 33.1 – *Acomodação no período pós-cirúrgico. (A, B) – Cada indivíduo é colocado dentro de uma gaiola de policarbonato forrada com papel toalha ou outro substrato esterilizado que propicie ao animal receber o aquecimento e que não se adira à incisão. Esse substrato deve também permitir a fácil visualização de eliminação de urina, fezes e outros fluidos. A gaiola transparente de policarbonato também permite a visualização da recuperação anestésica. Para aumentar a temperatura dos animais, as gaiolas são colocadas sobre placas aquecedoras com controle de temperatura e termostato. O animal nunca é mantido diretamente sobre a placa, e sempre deve haver um substrato como intermédio. A temperatura da placa não deve ultrapassar 37 °C para não provocar hipertermia nos animais. (C, D) – Animais mantidos no período pós-cirúrgico mais tardio, quando já se recuperam da cirurgia em gaiolas com substratos esterilizados. Nesse momento pode ser interessante, dependendo do tipo de cirurgia realizada, colocar enriquecimento ambiental. A ração é colocada umedecida na gaiola para que os animais não tenham de se levantar para comer.*

A supervisão dos animais por câmeras colocadas à frente das gaiolas transparentes pode também ser uma alternativa para controlar à distância sua atividade dentro das gaiolas. As câmeras também podem ser utilizadas para a observação de comportamento de dor, mas nunca devem substituir o exame clínico dos animais.

Hidratação ocular

Um efeito deletério dos anestésicos é impedir o piscar e a lubrificação oculares, o que aumenta o risco de ulceração na córnea de pequenos roedores e coelhos. Até que os animais realmente estejam despertos após a cirurgia, é importante mantê-los com as córneas hidratadas (Figura 33.2), o que pode ser obtido pela aplicação tópica de um gel de lubrificação oftálmica (p. ex.: Vidisic®, Adaptis®, Refresh Gel®).

Registro de sinais clínicos

Os animais, pelo menos 1 dia antes da cirurgia, já devem ser observados para a análise de seu comportamento e estado de saúde e registro de seu peso e temperatura. Após a cirurgia, o acompanhamento do comportamento, aparência, temperatura e estado de hidratação e o controle de ingesta de água, alimentos e excreções (urina e fezes) são necessários pelo menos duas vezes ao dia durante as primeiras 72 horas. Outras observações também devem ser feitas em relação à sua locomoção, respiração (frequência e tipo), hematócrito e densidade urinária. Essas observações devem ser registradas em formulários específicos (Figura 33.3) e permanecer disponíveis para toda a equipe.

Uma medida simples e rápida de acessar e ajudar o progresso da recuperação cirúrgica é a pesagem do animal antes da cirurgia e ao longo do processo pós-operatório. Se houver perdas rápidas de peso em curto intervalo de tempo (> 15% em 2 dias), a equipe deve intervir para reverter o quadro, com medidas, tais como aumentar a dose de analgésico, hidratar, fornecer alimentos mais palatáveis e verificar o aparecimento de infecções. Deve-se ter em conta que o peso corpóreo pode demorar alguns dias para retornar ao valor pré-cirúrgico, mesmo se o consumo de alimentos e água se mantiver dentro da normalidade.[5]

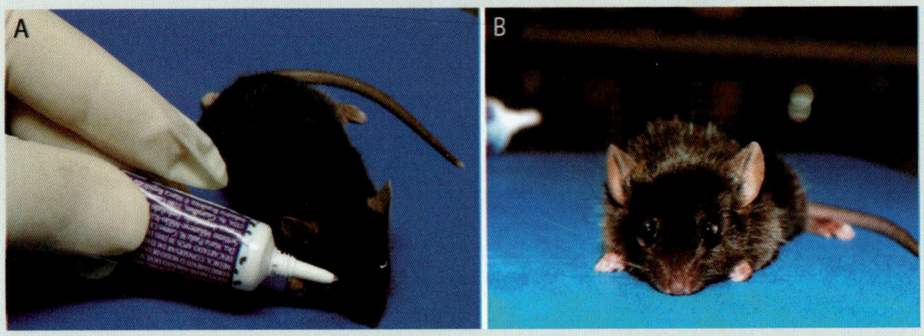

Figura 33.2 – *(A) Aplicação de gel umidificador oftálmico para prevenir o ressecamento das córneas no período inicial pós-cirúrgico, até que os animais se recuperem da anestesia. (B) Aparência após a aplicação do gel.*

Identificação do animal:				Data da cirurgia:		Peso antes da cirurgia				
Responsável:						* Descrição de doses, fármacos etc.				
	Parâmetros									
Data/horário	Ingestão de alimentos	Ingestão água	Temperatura	Sinais de dor	Uso de analgésicos/dose	Fluidoterapia	Antibioticoterapia	Peso	Aspecto físico	Observações
	Sim ☐ Não ☐	Sim ☐ Não ☐ ___ mL	___ °C	Sim ☐ Não ☐ *	Sim ☐ Não ☐ *	Sim ☐ Não ☐ *	Sim ☐ Não ☐ *		Normal ☐ Anormal* ☐ *	
	Sim ☐ Não ☐	Sim ☐ Não ☐ ___ mL	___ °C	Sim ☐ Não ☐ *	Sim ☐ Não ☐ *	Sim ☐ Não ☐ *	Sim ☐ Não ☐ *		Normal ☐ Anormal* ☐ *	
	Sim ☐ Não ☐	Sim ☐ Não ☐ ___ mL	___ °C	Sim ☐ Não ☐ *	Sim ☐ Não ☐ *	Sim ☐ Não ☐ *	Sim ☐ Não ☐ *		Normal ☐ Anormal* ☐ *	
	Sim ☐ Não ☐	Sim ☐ Não ☐ ___ mL	___ °C	Sim ☐ Não ☐ *	Sim ☐ Não ☐ *	Sim ☐ Não ☐ *	Sim ☐ Não ☐ *		Normal ☐ Anormal* ☐ *	
	Sim ☐ Não ☐	Sim ☐ Não ☐ ___ mL	___ °C	Sim ☐ Não ☐ *	Sim ☐ Não ☐ *	Sim ☐ Não ☐ *	Sim ☐ Não ☐ *		Normal ☐ Anormal* ☐ *	
	Sim ☐ Não ☐	Sim ☐ Não ☐ ___ mL	___ °C	Sim ☐ Não ☐ *	Sim ☐ Não ☐ *	Sim ☐ Não ☐ *	Sim ☐ Não ☐ *		Normal ☐ Anormal* ☐ *	
	Sim ☐ Não ☐	Sim ☐ Não ☐ ___ mL	___ °C	Sim ☐ Não ☐ *	Sim ☐ Não ☐ *	Sim ☐ Não ☐ *	Sim ☐ Não ☐ *		Normal ☐ Anormal* ☐ *	
	Sim ☐ Não ☐	Sim ☐ Não ☐ ___ mL	___ °C	Sim ☐ Não ☐ *	Sim ☐ Não ☐ *	Sim ☐ Não ☐ *	Sim ☐ Não ☐ *		Normal ☐ Anormal* ☐ *	
	Sim ☐ Não ☐	Sim ☐ Não ☐ ___ mL	___ °C	Sim ☐ Não ☐ *	Sim ☐ Não ☐ *	Sim ☐ Não ☐ *	Sim ☐ Não ☐ *		Normal ☐ Anormal* ☐ *	
	Sim ☐ Não ☐	Sim ☐ Não ☐ ___ mL	___ °C	Sim ☐ Não ☐ *	Sim ☐ Não ☐ *	Sim ☐ Não ☐ *	Sim ☐ Não ☐ *		Normal ☐ Anormal* ☐ *	
	Sim ☐ Não ☐	Sim ☐ Não ☐ ___ mL	___ °C	Sim ☐ Não ☐ *	Sim ☐ Não ☐ *	Sim ☐ Não ☐ *	Sim ☐ Não ☐ *		Normal ☐ Anormal* ☐ *	
	Sim ☐ Não ☐	Sim ☐ Não ☐ ___ mL	___ °C	Sim ☐ Não ☐ *	Sim ☐ Não ☐ *	Sim ☐ Não ☐ *	Sim ☐ Não ☐ *		Normal ☐ Anormal* ☐ *	
	Sim ☐ Não ☐	Sim ☐ Não ☐ ___ mL	___ °C	Sim ☐ Não ☐ *	Sim ☐ Não ☐ *	Sim ☐ Não ☐ *	Sim ☐ Não ☐ *		Normal ☐ Anormal* ☐ *	
	Sim ☐ Não ☐	Sim ☐ Não ☐ ___ mL	___ °C	Sim ☐ Não ☐ *	Sim ☐ Não ☐ *	Sim ☐ Não ☐ *	Sim ☐ Não ☐ *		Normal ☐ Anormal* ☐ *	
	Sim ☐ Não ☐	Sim ☐ Não ☐ ___ mL	___ °C	Sim ☐ Não ☐ *	Sim ☐ Não ☐ *	Sim ☐ Não ☐ *	Sim ☐ Não ☐ *		Normal ☐ Anormal* ☐ *	

Figura 33.3 – *Guia para acompanhamento de animais após cirurgias. Fonte: Marcelo L. Santoro.*

Alimentação

Existem rações especiais para roedores e coelhos que podem melhorar a sua recuperação pós-cirúrgica (DietGel®, www.clearh2o.com). Alternativamente, na impossibilidade de as adquirir, uma medida que deve ser tomada é a colocação de água e ração umedecida (trocada diariamente) dentro da gaiola (Figura 33.1B-D), até que o animal consiga mexer-se mais livremente. Essa medida evita que o animal tenha de movimentar-se ou levantar dentro da gaiola para ingerir líquidos ou alimentos.

Outra opção para aumentar a ingestão é oferecer alimentos que sabidamente a espécie aprecia: por exemplo, sucrilhos,[6] frutas[7] ou alimentos pastosos como pasta de amendoim ou avelã para ratos e camundongos, ou folhas verdes e/ou frutas para cobaias e coelhos. Se forem colocados esses alimentos, deve-se tomar o cuidado de impedir a entrada de insetos nas gaiolas e de fazer a sua troca diária. Para ratos, em razão de recusarem alimentos novos, a introdução desses alimentos deve ocorrer já alguns dias antes da cirurgia. O consumo de água e alimentos também deve ser obrigatoriamente registrado e comparado ao registro de peso. Deve-se ter como referência os valores de ingestão diária de alimentos e água apresentados na Tabela 33.1.

Tabela 33.1
Valores de referência para parâmetros avaliados no período pós-cirúrgico em animais convencionais de laboratório e no homem

	Camundongo	Rato	Coelho	Cobaia	Hamster	Homem
Temperatura (°C)	36,5-38	36-40	38,5-40	37,2-39,5	37-38	35,5-37
Volume sanguíneo (mL/kg)	70-80	57,5-69,9	57-78	65-85	65-80	52-83
Superfície corporal (cm^2)	10,5 × (peso em gramas)$^{2/3}$	10,5 × (peso em gramas)$^{2/3}$	9,5 × (peso em gramas)$^{2/3}$	9,2 × (peso em gramas)$^{2/3}$	11,8 × (peso em gramas)$^{2/3}$	52,7 × (peso em gramas × altura em metros)$^{1/2}$
Hematócrito (%)	39-49	45-52	36-48	37-48	36-55	35-49[a]
Hemoglobina (g/dL)	10,2-16,6	14,7-17,3	10-15,5	11-15	10-16	11,7-17,3[a]
Plaquetas ($x10^9$/L)	800-2897	903-1.594	300–1.000	250-850	200-500	140-360
Glicose (mg/dL)	62-175	82-187	75-150	60-125	60-150	70-100
Proteínas totais (g/dL)	3,5-7,2	5,5-6,6	2,8-10	4,6-6,2	4,5-7,5	6,4-8,3
Albumina (g/dL)	2,5-4,8	4-4,8	2,7-4,6	2,1-3,9	2,6-4,1	3,9-5,1
Creatinina (mg/dL)	0,3-1	0,2-0,4	0,8-1,8	0,6-2,2	0,9-1	0,5-1,3

Continua

Continuação

Tabela 33.1 Valores de referência para parâmetros avaliados no período pós-cirúrgico em animais convencionais de laboratório e no homem						
	Camundongo	**Rato**	**Coelho**	**Cobaia**	**Hamster**	**Homem**
Ureia (mg/dL)	12-28	09-17	15-23,5	9-31,5	12-25	15-45
Na^+ (mEq/L)	112-193	138-147	131-155	132-156	128-144	137-142
K^+ (mEq/L)	5,1-10,4	4,3-5,5	3,6-6,9	4,5-8,9	3,9-5,5	3,5-5,5
Cl^- (mEq/L)	82-114	100-108	92-112	98-115		98-107
Bicarbonato (mmol/L)	ND	23-27	16-38	22-27	ND	23-27
pH arterial	ND	7,29-7,38	ND	7,41-7,48	ND	7,35-7,45
$PaCO_2$ (mm Hg)	ND	40,8-53,9	ND	31,3-40,1	ND	35-48
PaO_2 (mm Hg)	ND	87 - 106	ND	84,6-99,2	ND	83-108
Saturação de oxigênio (%)	± 80	± 80	ND	ND	ND	95-98
Consumo diário de ração (g/100 g p.v.)	12-18	05-06	5	6	8-12	
Consumo diário de água (mL/100 g pv)	15	10-12	5-12	10-40	8-12	

[a] : *Valores máximos e mínimos de homens e mulheres; ND: não disponível na literatura científica. Fontes: Car, et al.*[8]*; Harkness, et al.*[9]*; Burtis e Ashwood*[10]*; Bar-Ilan e Marder*[11]*; Subramanian, et al.*[12]*; Jochmans-Lemoine, et al.*[13]*; Wolfensohn.*[14]

Enriquecimento

O enriquecimento ambiental pode também facilitar a recuperação dos animais (ver capítulo sobre enriquecimento). A colocação de objetos – como caixas escuras, cilindros de papelão ou plásticos –, ou mesmo de substratos aconchegantes – como ramas de algodão – dá abrigo e conforto aos animais durante a sua recuperação. Deve-se tomar o cuidado de fazer a sua desinfecção ou esterilização antes de serem colocados na gaiola, para prevenir que transmitam patógenos aos animais. Contudo, animais que têm implantes no crânio ou de outros tipos, precisam que o pós-operatório seja planejado mais detalhadamente, inclusive com a restrição da utilização de enriquecimento (abrigos) para os animais, já que seu uso pode facilitar a perda dos implantes.[5]

Temperatura

Durante a anestesia, há inibição do centro de controle de temperatura no hipotálamo e vasodilatação periférica. De fato, a hipotermia é a principal causa de óbito em camundongos após cirurgias,[4] e, assim, todas as medidas devem ser tomadas para prevenir a hipotermia e mantê-los aquecidos durante a cirurgia e logo após o retorno à sala de pós-cirúrgico. O controle da temperatura individual antes e após a cirurgia deve ser realizado para acompanhar a recuperação do animal. Os valores de referência para temperatura corporal encontram-se descritos na Tabela 33.1.

Uma boa opção para prover aquecimento adequado é utilizar cobertores, mantas ou mesas de aquecimento elétrico com controle de temperatura e termostato. Esses aquecedores devem ser ligados previamente à colocação dos animais nas gaiolas, para alcançarem a temperatura desejada (35 a 37 °C); porém, para impedir a hipertermia,[4] nunca devem ser utilizadas temperaturas superiores a 37 °C. No período de recuperação anestésica, as mesas térmicas são colocadas abaixo das gaiolas plásticas (Figura 33.1AB) ou, no caso de coelhos, os animais são envolvidos pela manta aquecedora.

Durante o período em que os animais estão retornando da anestesia, é importante mantê-los sob observação, para que, da mesma forma, não haja hipertermia. Se possível, uma área da gaiola deve ser mantida fora do aquecedor para que eles possam se dirigir à área sem aquecimento, caso sintam calor excessivo. O aquecimento se faz necessário até que os animais se recuperem completamente da anestesia. Na ausência de placas ou mantas aquecedoras com controle de temperatura, os animais podem ser embrulhados em plástico bolha ou papel alumínio, para conservar o calor, tomando-se o cuidado de não obstruir as vias ou movimentos respiratórios.[4] O uso de lâmpadas mantidas acesas sobre as gaiolas onde os animais foram alocados é desaconselhável porque não há controle efetivo do calor emitido. Contudo, observar a presença de hipertermia 1 ou 2 dias após a cirurgia, quando os animais não estão sendo mais aquecidos, é indicativo de infecção.

Um método prático, não invasivo e de baixo custo para medir a temperatura dos animais é o uso de termômetros de infravermelho.[15,16] Pode-se apontar o feixe de infravermelho para a cavidade bucal ou o abdome e obter o registro da temperatura corporal (Figura 33.4). Esses termômetros devem ser validados, entretanto, antes da sua utilização.

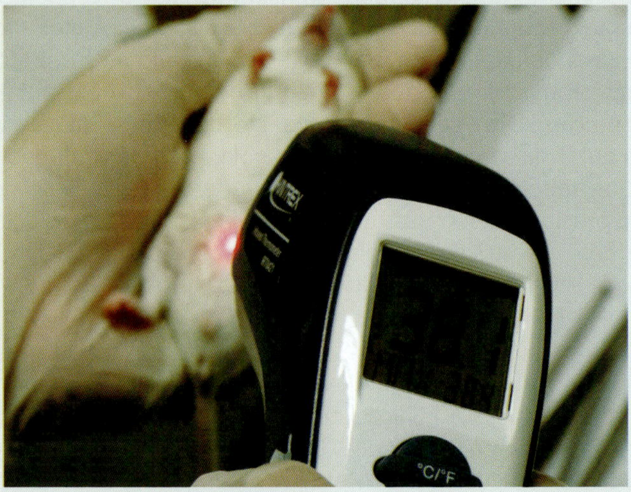

Figura 33.4 – *Método não invasivo para determinação da temperatura corporal com a utilização de termômetro infravermelho, apontado para a região abdominal (ponto vermelho).*

Fluidoterapia

A fluidoterapia é a administração parenteral de líquidos e eletrólitos, com o objetivo de manter ou restabelecer a homeostase corporal. Durante e após as cirurgias, há perdas excessivas de líquidos corporais resultantes de sangramentos, diarreias e diurese excessiva, evaporação, "sequestro traumático" e exsudação de fluidos para cavidades ou por feridas. Desse modo, a fluidoterapia tem a finalidade de prevenir e reverter, caso se instale, o choque hipovolêmico (estado em que o sistema circulatório não é capaz de atender adequadamente as demandas por oxigênio das células de órgãos vitais, reduzindo, consequentemente, o metabolismo aeróbico). De fato, já se demonstrou que a mortalidade é reduzida se os animais recebem solução fisiológica (cloreto de sódio 0,9%) logo após a cirurgia.[4,5] Grande parte da mortalidade cirúrgica associada no passado ao choque, à insuficiência renal aguda e à insuficiência respiratória, devia-se a falhas na fluidoterapia.[17]

Os animais devem ser examinados a cada 12 horas para avaliar se estão desidratados. Isso é feito pela observação da aparência física (brilho ocular, mucosas secas, enoftalmia e presença de porfirina concentrada ao redor dos olhos), da elasticidade da pele (a pele tende a se manter pregueada quando é puxada levemente para cima com os dedos) (Figura 33.5A-D), do volume de água consumido e do volume urinário excretado (diurese) e das alterações laboratoriais (valores de hematócrito superiores aos limites referência; aumento da concen-

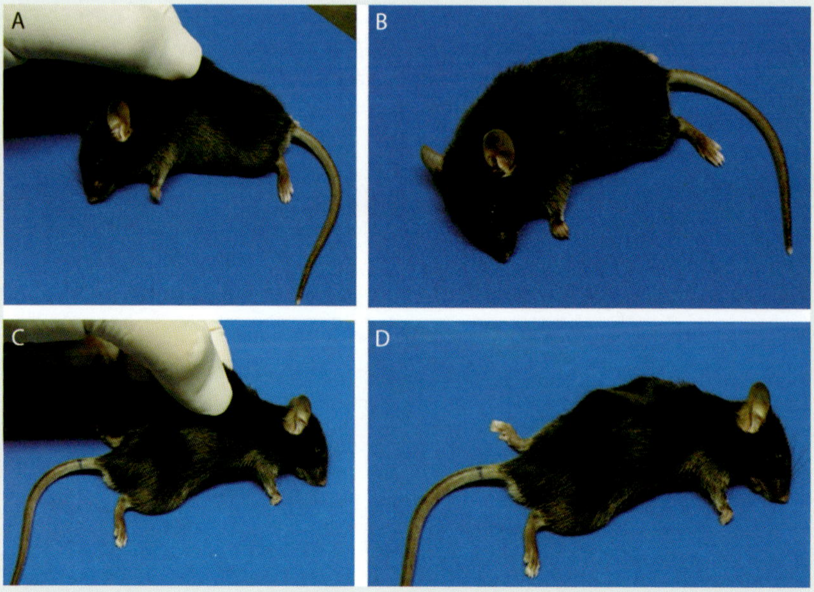

Figura 33.5 – *Método para determinar o grau de desidratação baseado na elasticidade da pele. Os camundongos foram anestesiados para facilitar a visualização. A pele dorsal dos camundongos é pinçada delicadamente para cima com os dedos (A, C) e observa-se se a prega criada retorna ou não à posição inicial após a liberação do pinçamento. Em B, o camundongo não está desidratado (mesmo camundongo da foto A). Em D, a pele não retorna à sua posição normal, evidenciando que o animal (foto C) está desidratado (cerca de 8 a 10%).*

tração sérica de proteínas totais; aumento da densidade urinária; alteração de eletrólitos séricos; e alteração do equilíbrio acidobásico do sangue). A desidratação pode vir acompanhada de fraqueza muscular, anorexia e hipotermia. Se houver possibilidade, as dosagens de glicose (com fitas de química seca) e proteínas no sangue podem ser utilizadas para avaliar o estado metabólico (hipofagia, anorexia ou infecções) e desidratação, respectivamente (Tabela 33.1).

Em condições fisiológicas, a maioria das espécies necessita diariamente de 40 a 80 mL de fluido/kg/dia. Um fato que deve ser levado em conta quando comparamos ratos e camundongos às demais espécies de animais de laboratório é seu metabolismo acelerado, o que os faz perder calor e fluidos rapidamente. Assim, caso haja desidratação, a porcentagem de déficit de fluidos deve ser avaliada conforme a Tabela 33.2 e as perdas devem ser compensadas no volume diário necessário de líquidos.

Nas cirurgias longas, em que há grandes perdas de sangue e desidratação, se não houver a reposição de volumes de fluidos já durante o ato cirúrgico, poderá ocorrer lesão renal com o aparecimento de doença ou insuficiência renal no período pós-cirúrgico. Assim, a fluidoterapia é mais crítica para esses animais, que deverão ter um acompanhamento da função renal pela dosagem de ureia e creatinina sérica no pós-operatório (Tabela 33.1).

Uma preocupação adicional que o veterinário deve ter é se os animais apresentam sinais de acidose (acúmulo de ácidos) ou alcalose (acúmulo de bases) metabólicas ou respiratórias. Especialmente para animais de pequeno porte, como os roedores, a coleta de sangue arterial para a dosagem do pH sanguíneo, pCO_2 e pO_2 e bicarbonato (Tabela 33.1) é praticamente impossível sem que haja a necessidade de eutanásia dos animais. Assim, deve-se monitorizar se os animais apresentam dispneia e se ela está causando acidose respiratória (aumento da pCO_2); já a hiperventilação gera alcalose respiratória (diminuição da

Tabela 33.2
Sinais clínicos de desidratação

Porcentagem de desidratação	Sinais clínicos
< 5%	• Não detectável – apenas há observação de sede
5-6%	• Ligeira perda de elasticidade da pele
6-10%	• Pele demora para retornar após ter sido puxada • Tempo de preenchimento capilar aumentado • Mucosas secas • Ligeira enoftalmia
10-12%	• Pele não recupera a sua posição normal • Tempo de preenchimento capilar prolongado • Enoftalmia • Mucosas secas • Início de choque hipovolêmico • Aparecimento dos primeiros sinais de choque hipovolêmico (taquicardia, extremidades frias e pulso fraco e rápido)
12-15%	• Animal em choque hipovolêmico evidente • Morte iminente

Fonte: Adaptado de DiBartola.[18]

pCO_2). Por outro lado, a acidose metabólica (diminuição do bicarbonato sérico) é comum em diarreias, insuficiência renal e choque.

Para manter a homeostase de eletrólitos, água e pH sanguíneos nos animais operados ou restabelecê-la nos animais desidratados, deve-se utilizar soluções comerciais para hidratação (Tabela 33.3). Assim, soluções isotônicas pré-aquecidas a 37°C devem ser aplicadas por via subcutânea (SC) ou intraperitonial (IP) antes e após a cirurgia, conforme os volumes máximos sugeridos na Tabela 33.4. Em animais que estejam muito desidratados, há vasoconstrição periférica, inclusive da pele, que retarda a absorção dos líquidos administrados por via SC. Nesse caso, se possível, deve-se aplicar a fluidoterapia por via IV ou IP.

O primeiro critério, na impossibilidade de dosagens laboratoriais de eletrólitos e pH sanguíneo para acessar o estado acidobásico e a função pulmonar e renal dos animais, é determinar que tipo de procedimento cirúrgico foi realizado e que tipo de líquido corporal foi perdido (Tabela 33.3). Contudo, uma escolha apropriada para a maior parte dos procedimentos cirúrgicos que não envolvem a perda de líquido estomacal é a solução de Ringer-lactato, cuja composição

Tabela 33.3
Composição de soluções disponíveis comercialmente para fluidoterapia e seu uso

Soluções	Usos/Características
Solução de Ringer	
Na^+ 147,5 mEq/L Cl^- 156 mEq/L K^+ 4 mEq/L Ca^{+2} 4,5 mEq/L Lactato 0 mEq/L Glicose 0 % Osmolaridade 310 mOsm/L pH 5,5	• Uso em alcaloses metabólicas (vômitos e perdas de líquidos estomacais pelo uso de sondas gástricas).
Solução de Ringer-lactato	
Na^+ 130 mEq/L Cl^- 109 mEq/L K^+ 4 mEq/L Ca^{+2} 3 mEq/L Lactato 28 mEq/L Glicose 0 % Osmolaridade 272 mOsm/L pH 6,5	• Uso em acidose metabólica (diarreias, eostomia, fístulas digestivas, obstruções intestinais, choques). • Entre as soluções disponíveis comercialmente, é mais similar ao líquido extracelular.
Solução salina fisiológica	
Na^+ 154 mEq/L Cl^- 154 mEq/L K^+ 0 mEq/L Ca^{+2} 0 mEq/L Lactato 0 mEq/L Glicose 0 % Osmolaridade 308 mOsm/L pH 5,0	• Outros nomes: soro fisiológico. • Uso em alcalose metabólica (vômito). • Uso em hipoadrenocorticismo. • Uso em insuficiência renal anúrica/oligúrica.

Continua

Continuação

Tabela 33.3
Composição de soluções disponíveis comercialmente para fluidoterapia e seu uso

Soluções	Usos/Características
Solução de glicose 5%	
Na^+ 0 mEq/L Cl^- 0 mEq/L K^+ 0 mEq/L Ca^{+2} 0 mEq/L Lactato 0 mEq/L Glicose 5 % Osmolaridade 252 mOsm/L pH 4,0	• Outros nomes: solução glicofisiológica, soro glicosado. • Uso em cirurgias que dificultam a deglutição, estados febris, modelos de queimaduras graves, taquipneia excessiva. • Não é fonte de nutrição, pois só fornece uma parte pequena das necessidades calóricas diárias. • A glicose é rapidamente metabolizada em água após administração; logo, é uma solução hipotônica *in vivo*.
Solução de manutenção (24 a 72 horas após a cirurgia)	
Na^+ 64 mEq/L Cl^- 53 mEq/L K^+ 2 mEq/L Ca^{+2} 1,5 mEq/L Lactato 14 mEq/L Glicose 2,5 % Osmolaridade 272 mOsm/L pH 5,0	• Solução preparada pela mistura de: ¤ 1 frasco de 500 mL de solução de glicose 5% ¤ 1 frasco de 500 mL de Ringer-lactato ¤ 1 ampola (10 mL) de complexo B (Bionew®) ¤ 1 ampola (10 mL) de complexo C (Zoovit C®) • Uso em hidratação somente na ausência de outras complicações do equilíbrio hidreletrolítico.
Glicose 2,5% em NaCl 0,45%	
Na^+ 77 mEq/L Cl^- 77 mEq/L K^+ 0 mEq/L Ca^{+2} 0 mEq/L Lactato 0 mEq/L Glicose 2,5 % Osmolaridade 280 mOsm/L pH 4,5	• Solução preparada pela adição de volumes iguais de solução de glicose 5% e solução salina fisiológica.
Plasma	
Na^+ 145 mEq/L Cl^- 105 mEq/L K^+ 5 mEq/L Ca^{+2} 5 mEq/L Lactato 24 mEq/L Glicose 1 % Osmolaridade 300 mOsm/L pH 7,4	

Fonte: Adaptado de DiBartola;[18] Mathews;[19] e Faintuch.[17]

básica se assemelha à do líquido extracelular corporal e contém lactato, que é convertido no fígado em bicarbonato. Por sua vez, essa solução facilita a correção do pH sanguíneo em caso de acidoses metabólicas (choque hipovolêmico e diarreia). Todavia, sua utilização não é recomendada em caso de hepatopatias, cirurgias hepáticas ou alcalose. Se sabidamente há perdas intensas ou comprometimento da síntese de proteínas no modelo cirúrgico utilizado (p. ex.: modelos de transplante hepático), as soluções coloidais comerciais (de dextrana ou

Tabela 33.4 Volumes máximos de fluidos (mL) que podem ser utilizados em hidratação parenteral (via SC ou IP)		
Animal	**Via intraperitoneal (mL/kg)**	**Via subcutânea (mL/kg)**
Camundongo	80	70
Rato	20	10
Coelho	20	20
Hamster	30	30
Cobaia	20	10-20

Fonte: Adaptado de Diehl, et al;[20] e Flecknell.[4]

gelatina) podem ser empregadas para prevenir o edema pulmonar. O banco de plasma congelado (ver adiante) também pode ser uma alternativa, especialmente quando a concentração de proteínas séricas totais é menor que 3,5 g/dL.

A administração subcutânea de soluções de manutenção, de glicose isotônica (soro glicosado, glicose 5%) ou de soro glicosado acompanhado de soluções de eletrólitos (soro glicosado 2,5%) (Tabela 33.3) – que devem ser preaquecidas a 37°C – é útil para fazer a manutenção do estado hídrico e nutricional dos animais e facilitar a sua recuperação pós-cirúrgica, particularmente quando eles não estão se alimentando ou quando já é esperada a recusa a alimentos e líquidos após o procedimento cirúrgico. No entanto, deve-se sempre incentivar o consumo de alimentos sólidos, para suprir as necessidades nutricionais dos enterócitos e prevenir a hipoplasia da mucosa intestinal.[21]

Suturas

As práticas de assepsia diminuem sobremaneira o cuidado com as incisões cirúrgicas. A equipe que proporciona cuidado aos animais no período pós-operatório deve observar diariamente o aspecto das incisões cirúrgicas (presença de rubor, edema e secreções) e áreas contíguas (aparecimento de celulites), bem como a resistência das suturas. As incisões cirúrgicas tornam-se cada vez mais resistentes à penetração bacteriana depois que se forma coágulo no local de sutura.

As suturas e os curativos convencionais serão, geralmente, removidos pelos coelhos e roedores, em razão de seu comportamento de autolimpeza e de desconforto proporcionado pela incisão, o que pode comprometer a recuperação. Se esse comportamento de retirar as suturas e curativos não for coibido, há o risco de ampliação, deiscência e infecção da lesão local.[21] Assim, o uso de suturas intradérmicas com pontos contínuos pode reduzir o trauma causado pelas mordidas/roedura pelos próprios animais. Em alguns tipos de cirurgias, o uso de grampos cirúrgicos metálicos pode ser mais útil do que o de suturas convencionais.

Caso haja rompimento dos pontos, deve-se avaliar se será necessária nova intervenção cirúrgica ou que medidas serão empregadas para impedir que os demais pontos não se soltem. A remoção de suturas e clipes metálicos aparentes deve ser feita de 10 a 16 dias após a cirurgia, tomando-se a precaução de antes verificar se a incisão está cicatrizada e se não há risco iminente de deiscência.[8,9]

O contato com fezes, urina e maravalha, particularmente, propicia a contaminação das incisões abdominais. Isso pode exigir que o local de incisão seja limpo com soluções fisiológicas ou antissépticas (p. ex.: solução de clorexidina 0,05% ou de povidona iodada 0,5 ou 1%), preferencialmente aquecidas a 37°C (Tabela 33.5).

Os animais com feridas infectadas devem ser anestesiados (preferencialmente com um anestésico volátil, como o isoflurano) para receber os cuidados necessários. Se houver infecção local, deve-se ter um cuidado redobrado e, inclusive, prescrever a aplicação de um antibiótico tópico para debelar a infecção nessas áreas (Tabela 33.5). Os antibióticos tópicos são mais indicados que as soluções antissépticas porque apresentam atividade bactericida seletiva, inclusive na presença de material orgânico na ferida infectada. O uso de colares elisabetanos é indicado nessas ocasiões para prevenir a autolimpeza, já que, ao se limparem, os animais consumirão os medicamentos aplicados e causarão dermatite.[21-23] Se houver a formação de abscessos, estes devem ser drenados ou mesmo debridados, e a área lavada com antissépticos ou solução fisiológica. Caso haja sintomas de infecção sistêmica, o uso de antibióticos parenterais pode ser recomendado (ver a seguir).

Antibioticoterapia

Utilizar antibióticos como recurso por não se ter providenciado condições assépticas durante a cirurgia é ato censurável e põe em risco a saúde e o bem-estar animais. Assim, o uso de antibióticos sistêmicos só deve ser feito quan-

Tabela 33.5
Soluções para limpeza e antissepsia dos locais de incisão cirúrgica

Medicamentos para uso tópico	Características da ferida cirúrgica	Vantagem	Desvantagem
Solução fisiológica/ Ringer-lactato	Contaminada	Solução isotônica, iso-osmótica e estéril	Sem atividade microbicida
Clorexidina	Contaminada	Amplo espectro	Resistência de algumas bactérias gram-negativas; pode precipitar
Povidona iodada/Iodo-povidona	Contaminada	Amplo espectro; pode causar irritação	Inativada por material orgânico
Peróxido de hidrogênio	Muito contaminada	Remove a sujeira; esporicida	Pouca atividade bactericida, lesão celular
Pomada de bacitracina e neomicina (Nebacimed®)	Pouco contaminada	Amplo espectro; estimula a reepitalização; pouca toxicidade	Não é efetiva em incisões infectadas; à base de óleo; alérgeno potencial
Creme de sulfadiazina de prata	Queimaduras/tecido necrosado	Amplo espectro com atividade fungicida; estimula a reepitalização, pode produzir dor momentânea	Pode atrasar a separação da escara; possível supressão da medula óssea

Fonte: Adaptado de Graham.[22]

do houver o aparecimento de infecção sistêmica (surgimento de taquisfigmia, febre, anorexia e leucocitose com desvio à esquerda). De fato, a maioria da flora microbiana do trato gastrintestinal de coelhos e roedores é composta por bactérias gram-positivas e anaeróbias, que criam um ambiente muito delicado e equilibrado propício à digestão. Quando se usam antibióticos que suprimem essa flora, pode ocorrer o crescimento de outros organismos patogênicos. Por esse motivo, muitos veterinários não recomendam o uso de antibióticos que inibem as bactérias gram-positivas. Se esses antibióticos forem mal utilizados, podem causar diarreia, perda de líquidos, enterotoxemia e até mesmo a morte dos animais. Assim, deve-se ponderar se o uso sistêmico de cefalosporinas, penicilinas de uso oral e macrolídeos (lincomicina e eritromicina) é realmente imprescindível para debelar infecções sistêmicas de roedores e lagormorfos. Ademais, deve-se ter em mente que camundongos e ratos são muito resistentes às infecções bacterianas, mesmo em condições sanitárias inaceitáveis para um pós-operatório de seres humanos. Assim, a aplicação de antibióticos no período pós-operatório é considerada desnecessária se técnicas cirúrgicas assépticas são empregadas rotineiramente. Todavia, para coibir o aparecimento de infecções em ambientes de pesquisa científica, recomenda-se o controle higiênico rigoroso do macro e microambiente onde os animais são alojados, pois mesmo se os animais são mais resistentes às infecções, não estão totalmente isentos de adquiri-las.[4,5,24]

A Tabela 33.6 apresenta alguns antibióticos que podem ser utilizados em animais de laboratório. Uma descrição da toxicidade própria dos antibióticos para os animais de laboratório pode também ser encontrada em outras fontes.[25]

Sangramentos

Durante cirurgias que causam perdas razoáveis de volume de sangue, é importante usar cauterizadores elétricos para fazer a hemostasia e diminuir a perda de sangue. Os roedores têm um pequeno volume de sangue, de modo que perdas aparentemente pequenas de sangue podem comprometer tanto a sua recuperação pós-cirúrgica como o seu bem-estar, podendo levá-los à morte.

Tabela 33.6
Antibióticos parenterais, disponíveis comercialmente no Brasil, que podem ser empregados em animais de laboratório

	Camundongo	Rato	Coelho	Hamster	Cobaia
Ampicilina	20-100 mg/kg, SC❷	20-100 mg/kg, SC ❷	Tóxica	Tóxica	Tóxica
Cefalexina	15 mg/kg, IM ❷	15 mg/kg, s.c., ❷	15 mg/kg, SC ❷	-	15 mg/kg, SC ❷
Cloranfenicol	30-50 mg/kg, SC ❷	30-50mg/kg, IM ❷	30mg/kg, IM, SC ❷	50 mg/kg, SC ❷	50 mg/kg, SC, IM ❷
Enrofloxacina	5-10 mg/kg, SC ❷	5-10 mg/kg, SC ❷	5-10 mg/kg, SC, IM❷	5-10 mg/kg, SC ❷	5-10 mg/kg, SC, IM ❷

Símbolo: ❷ - aplicação do antibiótico a cada 12 horas.
Fonte: Flecknell;[4] e Harkness, et al.[9]

Quando a hemorragia não é externa e visível, os veterinários podem monitorar facilmente o aparecimento de sangramentos em cavidades ou órgãos internos pela determinação do hematócrito, que diminui rapidamente nesses casos. Em curto intervalo de tempo, quedas maiores que 10% nos valores de hematócrito já justificam uma nova cirurgia para procurar o ponto de hemorragia e fazer a hemostasia; já as quedas superiores a 20% podem causar choque hipovolêmico. A transfusão sanguínea pode ser uma alternativa terapêutica para coelhos, mas ainda é impraticável em roedores utilizados em pesquisa. Se houver a necessidade de transfusão, devem-se tomar todos os cuidados pertinentes para que não haja reações hemolíticas consequentes à incompatibilidade sanguínea ou ao processamento inadequado das amostras de hemoderivados.

Banco de plasma

Um banco de plasma – utilizado como fonte de fatores da coagulação e albumina para administração em animais com sangramentos – pode ser criado para cada espécie utilizada nas cirurgias do biotério. Esse banco é interessante particularmente para ratos e camundongos isogênicos, uma vez que não apresentam diferenças genéticas significativas que possam levar a uma reação de incompatibilidade. Esse banco também pode ser utilizado para tratamento de camundongos com desordens genéticas da coagulação sanguínea.[26]

Inicialmente, para criá-lo, deve-se realizar a coleta de amostras de sangue de doadores, de preferência da aorta abdominal de ratos ou camundongos, ou da artéria auricular central de coelhos, para impedir a formação de coágulos pela ativação de plaquetas e da cascata de coagulação. Os roedores doadores são anestesiados e a coleta de sangue deve ser terminal; caso contrário, o volume de sangue será muito pequeno para ser utilizado depois em transfusões. Como anticoagulante, deve-se utilizar preferencialmente o anticoagulante ACD, na proporção de uma parte de anticoagulante para seis partes de sangue. Após a centrifugação da amostra (2.000 g por 15 minutos a 4°C), o plasma é congelado a -20°C ou temperaturas inferiores. A data de validade de uso desse plasma é de 1 ano. Depois de descongelado, o plasma deve ser administrado na dose 10 a 40 mL/kg p.v. pela via IV ou IP.[21,27]

■ Avaliação da dor e considerações práticas sobre a analgesia na fase pós-cirúrgica

Apesar de compartilharmos com os animais estruturas anatômicas e mecanismos neurofisiológicos semelhantes, nem sempre os animais de laboratório demonstram os mesmos sintomas de dor que os seres humanos, e é equivocado esperar que eles tenham as mesmas reações que exprimimos quando temos dores. Não reconhecermos sinais clínicos evidentes de dor nos animais não significa que eles não devam receber analgésicos. Por outro lado, por similaridade, se seres humanos recebem anti-inflamatórios e analgésicos já preventivamente no pré e pós-operatório, por que os animais de laboratório, que também sentem dor, não os recebem? Portanto, prever que os animais de laboratório estão sujeitos a sentir dor e reconhecer mudanças fisiológicas ou de comportamento associadas ao aparecimento de dor é imprescindível para intervir com ações precoces que diminuam o seu sofrimento. Essa previsão deve ser embasada na região anatômica e no tipo de cirurgia a que os animais serão submetidos – como cirurgia torácica, abdominal, ortopédica, na pele, etc. – para se poder prever a que tipo, duração e intensidade de dor estarão sujeitos e, consequentemente, quais analgésicos poderão ser utilizados.

Na Tabela 33.7, são descritos os principais sinais comportamentais para reconhecimento de dor em alguns modelos cirúrgicos. Para outras cirurgias, novos critérios podem ser adotados.[28,29] Alguns sistemas para ranquear os níveis de dor pós-operatória já foram desenvolvidos para ratos,[30,31] camundongos,[32,33] e coelhos.[34,35] Esses parâmetros de avaliação de dor estão descritos em maiores detalhes no capítulo Comportamento da Dor. Contudo, registrar o peso corporal e o consumo de água e comida é uma medida objetiva para avaliar tanto se há dor no pós-operatório, como a eficácia do tratamento com analgésicos.[36-38]

Tabela 33.7
Comportamentos relacionados à dor após cirurgia abdominal em ratos, camundongos e coelhos

Espécies	Cirurgia	Comportamentos
Camundongos	Laparotomia	• Contração abdominal (contração lenta dos músculos abdominais); • Levantamento das pernas traseiras (levantamento momentâneo dos coxins traseiros, frequentemente associado à contração ou pressão); • Pressão abdominal (pressão do abdome contra o substrato da gaiola, frequentemente associada à extensão dos membros pélvicos); • Sobressalto (contração rápida dos músculos da coluna, com um movimento brusco, mas que também envolve outras áreas do corpo).
	Vasectomia	• Contração abdominal; • Sobressalto; • Levantamento das pernas traseiras; • Pressão abdominal; • Diminuição do comportamento de esconder-se no substrato.
	Constrição nervosa crônica	• Cessação de andar e de levantamento de pernas traseiras; • Comportamentos direcionados ao local da dor (mordidas, sobressaltos, levantamento, arranhões e balançar o membro afetado).
Ratos	Laparotomia	• Arqueamento das costas (estiramento vertical a partir da posição de agachamento, como um gato andando); • Pressão abdominal (contração muscular na qual a parte ventral do abdome é pressionada contra o assoalho da gaiola. Ocorre imediatamente antes ou durante a ambulação); • Queda/cambaleio (cambaleio ou queda durante a ambulação – uma mudança de posição rápida para agachar-se quando o animal fica apoiado nas patas traseiras. Geralmente, há perda parcial do equilíbrio durante a autolimpeza, que leva o animal a cair lateralmente e recobrar quase imediatamente o equilíbrio, ficando encolhido); • Contração abdominal (contração abdominal com torção lateral dos músculos abdominais do flanco, geralmente quando os animais se agacham, mas também quando param momentaneamente a autolimpeza ou a ambulação); • Contração muscular rápida (aparentemente espasmódica, normalmente dos músculos da coluna, indo da direção cranial para caudal).

Continua

Continuação

Tabela 33.7
Comportamentos relacionados à dor após cirurgia abdominal em ratos, camundongos e coelhos

Espécies	Cirurgia	Comportamentos
Ratos	Cálculo ureteral	• Arqueamento das costas; • Lambedura do abdome inferior/flanco; • Pressão abdominal; • Estiramento/alongamento; • Contração muscular; • Decúbito dorsal com membros pélvicos aproximados.
Coelho	Laparotomia	• Contração muscular repentina (movimento rápido dos pelos das costas); • Estremecimento (movimento rápido em direção às costas, em um movimento de balançar, com o fechamento de olhos e deglutição); • Cambaleio (perda parcial do equilíbrio); • Sobressalto (o corpo move-se repentinamente para cima, sem razão aparente); • Pressão (o abdome é empurrado em direção ao chão, geralmente antes de caminhar); • Contração abdominal (contração dos músculos abdominais).

Fonte: Flecknell;[4] e Whittaker e Howarth.[39]

Os principais analgésicos atualmente indicados para utilização em animais de laboratório são apresentados no capítulo Comportamento da Dor. Os analgésicos opioides, por não interferirem acentuadamente na resposta de cicatrização, são os de primeira eleição para o uso no período pós-operatório. Não obstante, não há uma grande variedade de opioides disponíveis comercialmente no Brasil e, assim, os veterinários prescindem de uma maior oferta de medicações efetivas. Por exemplo, a buprenorfina (0,5 mg/kg, IP, 6 a 8 horas de analgesia), um opioide amplamente recomendado na literatura científica internacional para evitar e controlar a dor no período pós-cirúrgico, não é encontrada no mercado farmacêutico brasileiro. Ela tem uma vantagem adicional entre os outros opioides, já que apresenta ação prolongada e, assim, os animais operados não precisam ser constantemente manipulados para injeções.[40] No mercado americano, inclusive, existe uma formulação de buprenorfina de liberação lenta, o que proporciona aos animais analgesia durante 2 a 3 dias após uma única administração.[41,42] Outros opioides como o butorfanol (Torbugesic®, 2 mg/kg, SC), morfina (Dimorf®, 10 mg/kg em roedores) e fentanila (Fentanil®, 0,6 mg/kg, SC) são encontrados no Brasil, porém produzem analgesia de curta duração em roedores, sendo necessárias repetições de doses a cada 2 ou 3 horas. A codeína (Codein®, 35-70 mg/kg, SC, a cada 4 horas) pode ser empregada para coelhos.[5,14] Outro analgésico opioide que é encontrado para uso veterinário é o tramadol– Dorless® (comprimidos) ou Tramal injetável® (20-40 mg/kg SC para camundongos e 1 mg/kg para ratos) –, porém sua atividade analgésica é baixa comparada a outros analgésicos opioides.[29,43]

A dipirona (Novalgina®, 50-600 mg/kg, SC) ou o acetaminofeno (Paracetamol®,110 a 305 mg/kg, VO, diluído na concentração de 1,1 mg/mL na água de beber) também têm sido indicados, porém é controversa a eficácia desses fármacos quando utilizados sozinhos para controlar a dor pós-cirúrgica.[29,43-46] Outros analgésicos com ação anti-inflamatória – como o ácido acetilsalicílico, ibuprofeno, meloxicam e carprofeno – também são indicados, mas em virtude de sua ação inibitória sobre o processo inflamatório, seu uso deve ser avaliado para não interferir ou prejudicar os ensaios programados com os animais.[5,29,47]

Uma prática que deve ser mais empregada pelos veterinários, especialmente no contexto brasileiro em que há restrição à aquisição de opioides efetivos, é a analgesia multimodal. Essa prática consiste na utilização conjunta de dois ou mais analgésicos que agem sinergicamente e, assim, há um aumento de suas potências e/ou tempo de duração de efeito. Na literatura científica, podem ser encontrados protocolos de associação de fármacos, como a associação do tramadol com outras classes de analgésicos. O uso de tramadol com gabapentina foi razoavelmente eficiente para ratos,[29,43] porém não interferiu na resposta dolorosa de camundongos.[48] A combinação de tramadol com haloperidol, midazolam, carprofeno ou acetaminofeno também produziu maior efeito analgésico do que as doses isoladas de tramadol em ratos.[49-51]

Outra estratégia para uso no período pós-operatório é a administração parenteral de anestésicos locais, como a lidocaína, nas incisões cirúrgicas ou para cirurgias que exigem bloqueios de nervos periféricos. Ela tem ação rápida, se espalha pelos tecidos adjacentes e pode ser aplicada sobre mucosas e a córnea. A formulação para uso em roedores, contudo, não deve conter adrenalina.[5]

Outros cuidados especiais

Nas cirurgias de retirada de glândulas endócrinas, cuidados adicionais são necessários no período pós-operatório. Por exemplo, nas cirurgias experimentais de adrenalectomia, há dificuldade de manter o controle do equilíbrio de sódio no corpo em virtude da ausência de hormônios mineralocorticosteroides. Desse modo, deve-se colocar solução fisiológica (cloreto de sódio 0,9%), e não água, como fonte de líquidos para o animal. Se esse cuidado não for tomado, a sobrevivência dos animais é menor que uma semana. Também devem ser evitadas as situações estressantes em razão da ausência de hormônios que intervêm nessas condições.

Um contratempo da tireoidectomia é a remoção das glândulas paratireoides, responsáveis pela manutenção do equilíbrio de cálcio no corpo. Assim, logo após a remoção da tireoide, é necessário suplementar a dieta com cálcio, para que não ocorra a hipocalcemia. Consegue-se inibir a hipocalcemia nos animais pela adição de lactato de cálcio ou gluconato de cálcio 1% na água de beber, durante 7 a 10 dias após a cirurgia.

Na hipofisectomia, pode ocorrer insuficiência secundária das adrenais, que ocasiona hipoglicemia. Para preveni-la, deve-se adicionar glicose ou sacarose 5% na água de beber. Como indicado para os animais adrenalectomizados, também devem ser minimizadas as condições de estresse.

Hoje, existem inúmeras linhagens de camundongos e ratos geneticamente modificados, com os mais diferentes fenótipos, que podem apresentar características que dificultem a sua recuperação no pós-operatório. Muitos deles podem apresentar distúrbios endócrinos, da hemostasia, cicatrização, imunidade, entre outros, de tal modo que são utilizados como modelos para estudos terapêuticos de pacientes humanos com essas enfermidades.[26,52] Contudo, cuidados redobrados devem ser tomados com esses animais, para permitir que se recuperem adequadamente. Assim, medidas para proporcionar enriquecimento alimentar, ambiental e higiênico podem melhorar a sua recuperação.

ENDPOINTS HUMANITÁRIOS

Alguns índices clínicos – como temperatura corporal, peso, hidratação, apetite e locomoção dos animais – ou laboratoriais (hemograma, eletrólitos, proteínas séricas, hormônios de estresse) podem ser utilizados para avaliar se os animais submetidos a cirurgias evoluirão para óbito ou se estão sob condições de sofrimento inaceitáveis eticamente. Assim, adotar critérios de *endpoints* humanitários é um modo de dirimir o padecimento animal, seja pelo emprego de medidas para reduzir o desconforto e o estresse (refinamento do procedimento experimental), seja pelo emprego da eutanásia para finalizar o sofrimento exacerbado. Se para o procedimento cirúrgico executado já houver na literatura científica critérios para interromper o procedimento experimental ou para intervir diretamente de modo a diminuir o desconforto ou sofrimento animal, a equipe responsável pelo cuidado animal deve utilizá-los. Caso o procedimento cirúrgico seja inédito ou para ele não houver protocolos de *endpoints*, a equipe poderá desenvolver critérios para intervenção que se baseiem nos índices clínicos, comportamentais e/ou laboratoriais. Estabelecer critérios de *endpoints* é imprescindível para prover bem-estar animal e evitar que o animal alcance estados de sofrimento/agonia inaceitáveis humanitariamente.

REFERÊNCIAS BIBLIOGRÁFICAS

1. Stokes EL, Flecknell PA, Richardson CA. Reported analgesic and anaesthetic administration to rodents undergoing experimental surgical procedures. Lab Anim., 2009;43:149-54.
2. Coulter CA, Flecknell PA, Leach MC, Richardson CA. Reported analgesic administration to rabbits undergoing experimental surgical procedures. BMC veterinary research., 2011;7:12.
3. Pritchett-Corning KR, Luo Y, Mulder GB, White WJ. Principles of rodent surgery for the new surgeon. J Vis Exp., 2011.
4. Flecknell P. Laboratory Animal Anaesthesia. 3. ed. London: Academic Press, 2009. 304 p.
5. Fish RE, Brown MJ, Danneman PJ, Karas AZ. Anesthesia and analgesia in laboratory animals. 2. ed. London: Academic Press, 2008. 672 p.
6. Welberg LAM, Kinkead B, Thrivikraman KV, Huerkamp MJ, Nemeroff CB, Plotsky PM. Ketamine–xylazine–acepromazine anesthesia and postoperative recovery in rats. Journal of the American Association for Laboratory Animal Science: JAALAS, 2006;45:13-20.
7. Hampshire VA, Davis JA, McNickle CA, Williams L, Eskildson H. Retrospective comparison of rat recovery weights using inhalation and injectable anaesthetics, nu-

tritional and fluid supplementation for right unilateral neurosurgical lesioning. Lab. Anim., 2001;35:223-9.

8. Car BD, Eng VM, Everds NE, Bounous DI. Clinical pathology of the rat. In: Suckow MA, Weisbroth SH, Franklin CL, editors. The Laboratory Rat. Vol. 2. ed: Academic Press, 2006. p. 127-46.
9. Harkness JE, Turner PV, Vande Woude S, Wheler CL. Harkness and Wagner's biology and medicine of rabbits and rodents. 5. ed. Singapore: Wiley-Blackwell, 2010.
10. Burtis CA, Ashwood ER. Tietz Textbook of Clinical Chemistry. 3. ed. Singapore: Harcourt Brace & Company Asia, 1999. 1.917 p.
11. Bar-Ilan A, Marder J. Acid base status in unanesthetized, unrestrained guinea pigs. Pflugers Arch., 1980;384:93-7.
12. Subramanian RK, Sidharthan A, Maneksh D, Ramalingam L, Manickam AS, Kanthakumar P, Subramani S. Normative data for arterial blood gas and electrolytes in anesthetized rats. Indian journal of pharmacology., 2013;45:103-4.
13. Jochmans-Lemoine A, Villalpando G, Gonzales M, Valverde I, Soria R, Joseph V. Divergent physiological responses in laboratory rats and mice raised at high altitude. J Exp Biol., 2015.
14. Wolfensohn S, Lloyd M. Handbook of laboratory animal management and welfare. 3. ed. 2003. 432 p.
15. Dellavalle B, Kirchhoff J, Maretty L, Castberg FC, Kurtzhals JA. Implementation of minimally invasive and objective humane endpoints in the study of murine Plasmodium infections. Parasitology., 2014:1-7.
16. Adamson TW, Diaz-Arevalo D, Gonzalez TM, Liu X, Kalkum M. Hypothermic endpoint for an intranasal invasive pulmonary aspergillosis mouse model. Comparative Medicine., 2013;63:477-81.
17. Faintuch J. Alterações hidroeletrolíticas no pós-operatório. In: Raia AA, Zerbini EJ, editors. Clínica Cirúrgica Alípio Corrêa Netto. Vol. 1. 4 ed. São Paulo: Sarvier; 1994.
18. DiBartola SP. Fluid, electrolyte, and acid-base disorders in small animal practice. 4. ed. Saunders, 2011.
19. Mathews KA. The various types of parenteral fluids and their indications. Veterinary clinics of North America: small animal practice, 1998;28:483-513.
20. Diehl KH, Hull R, Morton D, Pfister R, Rabemampianina Y, Smith D, Vidal JM, van de Vorstenbosch C. A good practice guide to the administration of substances and removal of blood, including routes and volumes. J Appl Toxicol,. 2001;21:15-23.
21. Haskins SC, Eisele PH. Postoperative support and intensive care. In: Kohn DF, Wixson SK, White WJ, Benson GJ, editors. Anesthesia and analgesia in laboratory animals. San Diego: Academic Press, 1997. p. 379-96.
22. Graham JE. Rabbit wound management. The veterinary clinics of North America Exotic animal practice, 2004;7:37-55.
23. Langlois I. Wound management in rodents. The veterinary clinics of North America Exotic animal practice, 2004;7:141-67.
24. Bradfield JF, Schachtman TR, McLaughlin RM, Steffen EK. Behavioral and physiologic effects of inapparent wound infection in rats. Lab Anim Sci., 1992;42:572-8.
25. Morris TH. Antibiotic therapeutics in laboratory animals. Lab Anim, 1995;29:16-36.

26. Tatsumi K, Ohashi K, Kanegae K, Shim IK, Okano T. Perioperative haemostatic management of haemophilic mice using normal mouse plasma. Haemophilia., 2013;19:e335-43.
27. Feldmann BF, Sink CA. Hemoterapia para o clínico de pequenos animais. São Paulo: Roca, 2007.
28. Faller KM, McAndrew DJ, Schneider JE, Lygate CA. Refinement of analgesia following thoracotomy and experimental myocardial infarction using the mouse grimace scale. Experimental Physiology., 2015;100:164-72.
29. Caro AC, Tucker JJ, Yannascoli SM, Dunkman AA, Thomas SJ, Soslowsky LJ. Efficacy of various analgesics on shoulder function and rotator cuff tendon-to-bone healing in a rat (Rattus norvegicus) model. J Am Assoc Lab Anim., 2014;53:185-92.
30. Roughan JV, Flecknell PA. Evaluation of a short duration behaviour-based post-operative pain scoring system in rats. Eur J Pain., 2003;7:397-406.
31. Sotocinal SG, Sorge RE, Zaloum A, Tuttle AH, Martin LJ, Wieskopf JS, Mapplebeck JC, Wei P, Zhan S, Zhang S, McDougall JJ, King OD, Mogil JS. The rat grimace scale: a partially automated method for quantifying pain in the laboratory rat via facial expressions. Molecular Pain., 2011;7:55.
32. Wright-Williams SL, Courade JP, Richardson CA, Roughan JV, Flecknell PA. Effects of vasectomy surgery and meloxicam treatment on faecal corticosterone levels and behaviour in two strains of laboratory mouse. Pain., 2007;130:108-18.
33. Langford DJ, Bailey AL, Chanda ML, Clarke SE, Drummond TE, Echols S, Glick S, Ingrao J, Klassen-Ross T, Lacroix-Fralish ML, Matsumiya L, Sorge RE, Sotocinal SG, Tabaka JM, Wong D, van den Maagdenberg AM, Ferrari MD, Craig KD, Mogil JS. Coding of facial expressions of pain in the laboratory mouse. Nature Methods,. 2010;7:447-9.
34. Leach MC, Allweiler S, Richardson C, Roughan JV, Narbe R, Flecknell PA. Behavioural effects of ovariohysterectomy and oral administration of meloxicam in laboratory housed rabbits. Res Vet Sci., 2009;87:336-47.
35. Keating SC, Thomas AA, Flecknell PA, Leach MC. Evaluation of EMLA cream for preventing pain during tattooing of rabbits: changes in physiological, behavioural and facial expression responses. PLoS One, 2012;7:e44437.
36. Flecknell PA, Liles JH. The effects of surgical procedures, halothane anaesthesia and nalbuphine on locomotor activity and food and water consumption in rats. Lab Anim., 1991;25:50-60.
37. Liles JH, Flecknell PA, Roughan J, Cruz-Madorran I. Influence of oral buprenorphine, oral naltrexone or morphine on the effects of laparotomy in the rat. Lab Anim., 1998;32:149-61.
38. Jacobsen KR, Kalliokoski O, Teilmann AC, Hau J, Abelson KSP. Postsurgical food and water consumption, fecal corticosterone metabolites, and behavior assessment as noninvasive measures of pain in vasectomized BALB/c mice. J Am Assoc Lab Anim., 2012;51:69-75.
39. Whittaker AL, Howarth GS. Use of spontaneous behaviour measures to assess pain in laboratory rats and mice: how are we progressing? Applied Animal Behaviour Science., 2014;151:1-12.
40. Guarnieri M, Brayton C, DeTolla L, Forbes-McBean N, Sarabia-Estrada R, Zadnik P. Safety and efficacy of buprenorphine for analgesia in laboratory mice and rats. Lab. Anim (NY)., 2012;41:337-43.

41. Foley PL, Liang H, Crichlow AR. Evaluation of a sustained-release formulation of buprenorphine for analgesia in rats. Journal of the American Association for Laboratory Animal Science: JAALAS, 2011;50:198-204.
42. Healy JR, Tonkin JL, Kamarec SR, Saludes MA, Ibrahi RR, Matsumoto RR, Wimsatt JH. Evaluation of an improved sustained-release buprenorphine formulation for use in mice. Am J Vet Res., 2014;75:619-25.
43. McKeon GP, Pacharinsak C, Long CT, Howard AM, Jampachaisri K, Yeomans DC, Felt SA. Analgesic effects of tramadol, tramadol-gabapentin, and buprenorphine in an incisional model of pain in rats (Rattus norvegicus). Journal of the American Association for Laboratory Animal Science: JAALAS, 2011;50:192-7.
44. Dorsch MM, Otto K, Hedrich HJ. Does preoperative administration of metamizol (Novalgin®) affect postoperative body weight and duration of recovery from ketamine-xylazine anaesthesia in mice undergoing embryo transfer: a preliminary report. Lab Anim-UK, 2004;38:44-9.
45. Baumgartner C, Koenighaus H, Ebner J, Henke J, Schuster T, Erhardt W. Comparison of dipyrone/propofol versus fentanyl/propofol anaesthesia during surgery in rabbits. Lab Anim-UK, 2011;45:38-44.
46. Christy AC, Byrnes KR, Settle TL. Evaluation of Medicated Gel as a Supplement to Providing Acetaminophen in the Drinking Water of C57BL/6 Mice after Surgery. J. Am. Assoc. Lab. Anim., 2014;53:180-4.
47. Jacobsen KR, Fauerby N, Raida Z, Kalliokoski O, Hau J, Johansen FF, Abelson KSP. Effects of buprenorphine and meloxicam analgesia on induced cerebral ischemia in C57BL/6 male mice. Comparative Medicine. 2013;63:105-13.
48. Aydin ON, Ek RO, Temocin S, Ugur B, Alacam B, Sen S. The antinociceptive effects of systemic administration of tramadol, gabapentin and their combination on mice model of acute pain. Agri: Agri., 2012;24:49-55.
49. Okulicz-Kozaryn I, Leppert W, Mikolajczak P, Kaminska E. Analgesic effects of tramadol in combination with adjuvant drugs: an experimental study in rats. Pharmacology, 2013;91:7-11.
50. Shinozaki T, Yamada T, Nonaka T, Yamamoto T. Acetaminophen and non-steroidal anti-inflammatory drugs interact with morphine and tramadol analgesia for the treatment of neuropathic pain in rats. Journal of Anesthesia, 2014.
51. Ciuffreda MC, Tolva V, Casana R, Gnecchi M, Vanoli E, Spazzolini C, Roughan J, Calvillo L. Rat experimental model of myocardial ischemia/reperfusion injury: an ethical approach to set up the analgesic management of acute post-surgical pain. PLoS One, 2014;9:e95913.
52. Arbeit JM, Hirose R. Murine mentors: transgenic and knockout models of surgical disease. Ann. Surg., 1999;229:21-40.

34

Finalização Humanitária

Hugo Leonardo Melo Dias
Valderez Bastos Valero Lapchik

Introdução

Este capítulo apresenta um tema desconfortável sobre todos os aspectos, pois a morte representa, para os humanos, momento difícil de aceitar, compreender e não temer.

Nesse contexto, abordamos a finalização humanitária (*human endpoint*) que deve ser sempre considerada o ponto mais extremo do experimento, nos estudos que promovam, inevitável e justificadamente, dor ou sofrimento ao animal, devendo, nesse caso, ser prevenidos, aliviados ou interrompidos, na medida do possível, considerando também, as particularidades e objetivos dos estudos, definindo um ponto de intervenção que permita a coleta de dados científicos de qualidade e, ao mesmo tempo, limite o grau de sofrimento ao que o animal possa ser submetido.[1]

As Diretrizes da Prática de Eutanásia do CONCEA,[2] aprovadas na portaria nº 596, de 25 de junho de 2013, e a Resolução Normativa nº 13 do CONCEA de 20 de setembro de 2013 apresentam, amplamente, determinações sobre o tema e estão disponíveis para fácil consulta *online*.

Em hipótese alguma, o estudo deve ser levado adiante, extrapolando suas expectativas, devendo sempre ser finalizado tão logo seja alcançado seu objetivo que deverá ter sido claramente definido.

Na tentativa de esclarecer àqueles que não estão familiarizados com as particularidades dos animais de laboratório, incluímos informação adicional sobre técnica de confirmação do óbito e descarte adequado de carcaças de animais conforme recomendação da Agência Nacional de Vigilância Sanitária

(Anvisa).[3] A eutanásia em animais, em especial todo o grupo *chordata* com única exceção da espécie humana, é um procedimento clínico que compete privativamente à classe médica veterinária, portanto, é necessário que um veterinário experiente nas espécies de interesse seja consultado e oriente a escolha do método de eutanásia. Métodos e agentes selecionados requerem frequentemente situação específica como forma de minimizar os riscos potenciais para o bem-estar do animal e segurança pessoal. Além do aspecto humanitário, uma consideração importante na escolha do método de eutanásia constitui os objetivos da pesquisa.

Assim, devem ser considerados: disponibilidade de pessoal treinado incluindo aptidão e habilidade com o comportamento normal da espécie; equipamentos disponíveis para opções do método de eliminação de forma humanitária; instalação preventiva contra o potencial de toxicidade; e conservação das carcaças.

■ Finalização humanitária

Em pesquisas biomédicas com modelos animais, a expressão "finalização humanitária" define-se como uma estratégia de promoção e garantia do bem-estar animal, utilizando critérios predeterminados para avaliar quando os experimentos devem ser interrompidos. É o ponto no qual a dor ou o distresse de um animal de experimentação são prevenidos, interrompidos ou aliviados.[4] Embora o objetivo da finalização humanitária seja minimizar a angústia ou o sofrimento dos animais de pesquisa, se aplicado incorretamente, esse conceito bem-intencionado poderá levar a decisões prematuras e dados imprecisos, resultando em perda dos dados obtidos, bem como da vida animal.

É evidente que a aplicabilidade de parâmetros muda com o modelo da doença, a intensidade de injurias, tratamentos experimentais e outros fatores. Consequentemente, a prática terminal deve ser atribuída com cautela e, de preferência, após estudos preliminares para evitar resultados equivocados e desperdícios. A fim de conseguir isso, os pesquisadores devem tomar conhecimento de certos conceitos incluindo: quando aplicar pontos de extremidade; o que considerar por extremidade; e como estabelecer os parâmetros para seus estudos. Providos esses princípios básicos, poderão tomar decisões justificadas enquanto ainda buscam os objetivos científicos de seus estudos.

A ampliação de critérios para finalização sem crueldade é um componente-chave nos estudos de refinamento envolvendo animais de laboratório. Seu uso em experiências com animais envolve a identificação de critérios claros, previsíveis e irreversíveis retirados dos resultados experimentais mais graves, como doença avançada ou morte.[5]

A finalização humanitária deve ser considerada para todos os experimentos envolvendo animais, mas é essencial em estudos potencialmente dolorosos, causando sofrimento grave e morte, como toxicologia aguda, modelos animais de infecção, câncer e doenças inflamatórias neurodegenerativas. Atualmente é amplamente aceito que "a morte, como ponto final de um procedimento, deve ser evitada na medida do possível e ser substituída pela finalização humanitária precoce".[6]

Deve-se avaliar a condição de um animal, observando os seguintes aspectos: aparência física; sinais clínicos mensuráveis (temperatura do corpo e peso); alterações comportamentais (exploração reduzida); e resposta a estímulos externos[7] (pinçamento de cauda e pata).[8] Outros parâmetros, como alterações patológicas observáveis com a utilização de tecnologia de imagem[9] e saturação de oxigênio no sangue,[10] são exemplos de critérios aplicados com sucesso para a finalização humanitária.

Quando são identificados critérios relevantes, ações como a modificação na finalização humanitária do projeto experimental, administração de analgésicos e/ou tratamento dos animais podem, então, ser realizados para prevenir ou aliviar a dor e/ou desconforto.[11]

Exemplo de uma área em que foi identificada com sucesso uma série de critérios para finalização humanitária são os estudos usando camundongos geneticamente modificados para entender a fisiopatologia da doença de Huntington e desenvolver potenciais terapias.[8] Grupos de pesquisa já observaram critérios previsíveis, objetivos e irreversíveis em diversas linhagens de camundongos que ocorrem de modo confiável durante os processos neurodegenerativos, incluindo diminuição da atividade exploratória,[8,12] aumento da sede e da ingesta de água,[13] bem como mudanças em comportamentos específicos, tais como se suspender[14] e pular.[15] Esses critérios específicos atuam como substitutos para aqueles extremos que foram usados em estudos animais anteriores (tipicamente patologia avançada ou morte).

Finalização humanitária é mais bem utilizada com o planejamento prospectivo (ou seja, a fim de responder às preocupações de bem-estar que possam surgir). Há várias etapas a considerar no planejamento e na realização de estudos envolvendo animais para estabelecer, aprimorar e refinar a finalização sem crueldade.

Estabelecendo finalizações humanitárias

Na concepção do experimento, o pesquisador deve especificar claramente o resultado experimental que deseja alcançar. Quando o animal não mais fornecer informações úteis por estar fisiológica e psicologicamente afetado, deve-se considerar e prever o ponto final no estado pré-letal ou pré-dor, com base em observações prévias e na literatura. Critérios específicos que permitam o reconhecimento de quando os resultados experimentais foram atingidos devem ser identificados nesta fase. Tecnologias não invasivas, incluindo imagens, comportamento e/ou monitoração fisiológica[8,12,16] (p. ex.: por meio de biotelemetria), podem ser úteis para reconhecer os objetivos do experimento.

É importante reconhecer que nem sempre é necessário que o modelo animal mostre todas as características de uma doença do mesmo modo como esta acontece em seres humanos. É suficiente que o modelo animal seja semelhante em alguns aspectos relevantes. Por exemplo, o uso de animais para estudar a artrite pode não necessitar da manifestação da doença articular crônica dolorosa, mas um aumento ou uma diminuição nos produtos de degradação da cartilagem que podem ser medidos na urina.

O pesquisador também deve identificar quaisquer potenciais efeitos adversos e os momentos em que pode ocorrer dor ou desconforto. Deve, então, trabalhar com o veterinário, com um especialista em bem-estar animal, tecnólogos em animais, em consulta com a literatura existente, para colocar os potenciais efeitos adversos e os sinais clínicos associados no contexto de gravidade e estabelecer critérios de classificação[17] para finalização humanitária (p. ex.: perda de peso; alterações comportamentais).

Em algumas circunstâncias, podem ser considerados necessários estudos-piloto usando um pequeno número de animais para determinar o aparecimento e a evolução de efeitos adversos identificando critérios para a finalização humanitária.

São necessários validações e monitoramentos para garantir a real previsibilidade do ponto final com objetivos científicos sem a interferência humana.

Aprimorando e refinando finalizações humanitárias

Em muitos estudos, dor e desconforto podem ser evitados por meio da identificação de critério de extremidade humanitária não clínica[11] que ocorre antes de qualquer sofrimento observável ou manifestação de uma condição clínica.

Quando os indicadores de dor são identificados, analgésicos devem ser administrados com dose e por via apropriadas ao estudo e à espécie.

Se os animais são mortos por finalização humanitária, os métodos utilizados devem ser os mais adequados para a espécie e idade do animal.

Os métodos de finalização humanitária devem ser monitorizados, registrados, revistos e alterados durante todo o experimento, conforme a necessidade. Deve haver treinamento adequado e formação de competência para todos os envolvidos no monitoramento de animais para sinais de efeitos adversos.[11]

No passado, não era incomum usar a morte como um ponto final. Entretanto, a morte raramente está relacionada com uma variável experimental do estudo, mas citada como efeito indireto, tais como desidratação e inanição dos animais incapazes de beber e comer. A desidratação leva a hemoconcentração e consequente aumento da viscosidade do sangue, com a qual o coração não pode trabalhar, provocando falência cardíaca. Ingesta inadequada de alimento pode levar à baixa temperatura corporal e morte. Um animal pode levar vários dias para morrer e, assim, a finalização humanitária precisa ser estabelecida.[14] Uma abordagem é observar os sinais clínicos que antecedem a morte, determinar que eles estejam irrevogavelmente ligados à morte e usá-los como finalizantes pré-letais.[18]

O julgamento clínico e profissional é essencial para a avaliação do bem-estar animal e são críticos para ultimar a decisão da eutanásia por razões humanitárias. Além disso, abordagens baseadas em dados preditivos de morte iminente, quando desenvolvidos para modelos experimentais específicos, devem facilitar a aplicação do momento da eutanásia antes do conjunto de sinais do estado moribundo.[19]

Estudo piloto

A maioria dos protocolos experimentais deriva de um protocolo anterior, sendo assim, deve-se usar o conhecimento disponível atual para evoluir as considerações iniciais com o que se encontra em execução. Fazer estimativas de quais resultados podem trazer a inclusão ou exclusão de dose, diminuição do número de animais, entre outros.

Em protocolos complexos, o pesquisador pode, a partir do estudo piloto, obter informações úteis na determinação de parâmetros, quando os efeitos de um tratamento experimental em animais ainda não são bem conhecidos. Eles também podem contribuir para refinar estudos experimentais, permitindo o estabelecimento de pontos finais anteriores e assegurar a formação de pessoal no reconhecimento da finalização humanitária.

A premissa atrás desse conceito é a realização do estudo proposto em um pequeno número de animais, em vez de todo o complemento necessário para um estudo estatisticamente válido e, assim, evitar um sofrimento desnecessário para um número maior de animais.

Antes da apresentação de um protocolo, a equipe de investigação deve assegurar que os seguintes critérios foram considerados:[20]

1. o desenvolvimento de ambas as extremidades experimentais e humanitárias adequadas para o estudo;
2. indicação da(s) pessoa(s) devidamente treinada(s) responsável(is) por determinar que a finalização experimental e/ou humanitária tenha sido alcançada;
3. descrição das pesquisas bibliográficas atuais de alternativas para qualquer dos procedimentos potencialmente dolorosos/estressantes.

Tais estratégias podem incluir (mas certamente não se limitam a) o ajuste de doses, mudanças no tamanho da amostra, a identificação de efeitos adversos, a incorporação de refinamentos (p. ex.: o uso de analgésicos, mudanças processuais), ou alteração da duração da exposição ao minimizar os impactos negativos sobre os animais.

Estudos-piloto são vantajosos porque ajudam os pesquisadores a identificar:

1. interações potenciais entre analgésico proposto e tratamentos anestésicos e objetivos específicos de investigação;
2. meio potencialmente útil para avaliar a dor em um modelo específico de investigação;
3. critérios de finalização humanitária específicos para cada projeto.

Frequência de monitoração

Um plano detalhado e descritivo para a monitorização de animais de pesquisa, tanto antes como depois de um procedimento, contendo a prestação de tratamentos e cuidados de suporte, deve ser incluído na apresentação do protocolo. O investigador deverá estar ciente de que, como o potencial para a dor/desconforto em animais aumenta, deve ser cada vez maior o rigor no acompanhamento e a frequência das observações.[21]

Categorias para finalização humanitária e aspectos científicos

As categorias para o desenvolvimento da finalização humanitária são discutidas a seguir e incluem: quando os resultados científicos estão perto de serem validados; quando há uma diferença de proporcionalidade entre sofrimento e benefício; quando o sofrimento excedeu o limite humano independentemente do benefício; e quando um ponto final alternativo pode ser aplicado.

O sofrimento evitável, além do necessário para alcançar o objetivo científico, deve ser considerado desumano e desnecessário. Podem ser identificados cinco tipos de finalizações humanitárias, os dois primeiros relacionados ao aspecto científico.[19,22]

Primeiro, quando o animal já não fornecerá informações cientificamente úteis porque está muito prejudicado fisiologicamente e nem sempre, mas as vezes, essa condição está relacionada com a variável estudada; por exemplo, diarreia constante durante o teste que se torna metabolicamente instável; outro exemplo é infecção intercorrente.

O segundo tipo é quando o estado do animal não permite fornecer informações confiáveis pelos motivos apresentados no item anterior, pois está tão comprometido psicologicamente com relação à variável estudada que se torna difícil a administração de dosagem experimental. O animal está tão alterado do ponto de vista metabólico que afeta diretamente o sistema nervoso central (SNC) e a função imune. Assim. essas funções relacionadas podem afetar os neuroreceptores do SNC.[20]

O terceiro tipo de finalização humanitária é quando o sofrimento causado ao animal durante o estudo é proporcionalmente mais alto do que o preditivo e a análise custo-benefício se perde nos danos feitos ao animal, sendo estes superados pelos benefícios esperados.

O quarto, quando o nível de sofrimento é tão alto que é simplesmente cruel causar esse grau de desconforto ao animal, ou o que denominamos "dor severa" e "distresse severo",[20] conforme abordado no capítulo Comportamento de Dor e Analgesia e estabelecido nas Diretrizes da Prática de Eutanásia do CONCEA.[2]

O quinto, quando o alto grau de sofrimento pode ser justificado, mas não é necessário atingi-lo, pois é possível prever uma finalização pré-letal ou mesmo uma finalização científica pré-dolorosa.

É muito importante observar alguns dados apresentados no teste da potência de letalidade que a vacina contra raiva mostrou,[23] como o de que camundongos vacinados com altas doses do vírus apresentaram sinais clínicos preditivos como lentos movimentos circulares progredindo para a morte, esses sinais podem ser usados com segurança para finalização humanitária neste protocolo, assim como o teste de resistência a estafilococos em que o sofrimento dos animais pode ser reduzido em várias horas pela tomada da temperatura abaixo de 35° C como ponto final pré-letal.[20,22] Existem indicadores de dor severa em animais de laboratório para que atitudes sejam tomadas. Não se pode trabalhar com um animal que ficou com deambulação diferenciada dos demais em razão do protocolo que determina a preservação do número inicial de animais do grupo. É preciso o conhecimento com aplicação do bom senso, da biologia do animal e da estatística experimental.

O sistema de avaliação apresentado no Quadro 34.2 utiliza um critério de pontuação com base em observações de rotina. A cada variável é atribuída uma pontuação, de 0 (normal ou leve) a 3 (mudança/variação severa em relação ao normal). O somatório da pontuação fornece a indicação da probabilidade de o animal estar sentindo dor ou sofrimento. A finalização humanitária pode ser estabelecida com base nesses critérios. A pontuação total > 5 ou uma pontuação de 3 em qualquer outra variável, independentemente da pontuação total, deve justificar a avaliação obrigatória/decisão do veterinário ou eutanásia humanitária.

O Quadro 34.1 ilustra as condições do camundongo e rato com base na condição corporal.[23]

Quadro 34.1
Esquema representativo para roedores com base na condição corporal[24,25]

Camundongo		Rato	
	**CC 1** **Magro** -Estrutura esquelética proeminente. Evidência de vértebras separadas.		**CC 1** **Magro** - Estrutura esquelética proeminente; Pouca carne cobre o dorso. Evidência de vértebras separadas.
	**CC 2** **Subcondicionado** - Separação da coluna vertebral evidente. Ossos pélvicos e dorsais palpáveis.		**CC 2** **Subcondicionado** - Coluna vertebral evidente. Fina carne cobre o dorso. Pouca gordura subcutânea. Quadril facilmente palpável. Fina carne cobre vértebra caudal. Segmentação palpável com leve pressão.
	**CC 3** **Bem condicionado** - Pelve, dorso não proeminentes. - Palpáveis com leve pressão.		**CC 3** **Bem condicionado** - Segmentação da coluna facilmente palpável. Gordura moderada sobre o dorso e base da cauda. Quadril palpável com leve pressão. Vértebra caudal palpável, mas não segmentada.
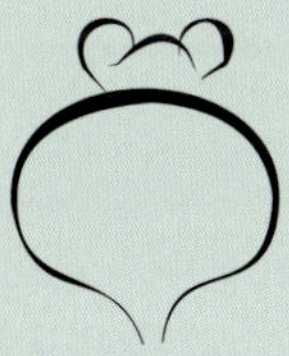	**CC 4** **Super condicionado** - Coluna vertebral contínua. Palpável com forte pressão.		**CC 4** **Supercondicionado** - Segmentação da coluna palpável com leve pressão. Pouco estoque de gordura sobre a base da cauda. Vértebra caudal não palpável.
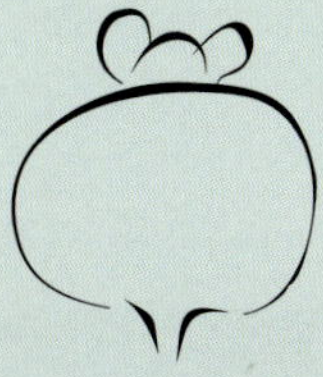	**CC 5** **Obeso** - Macio e volumoso; estrutura óssea desaparece sob a carne e gordura subcutânea.	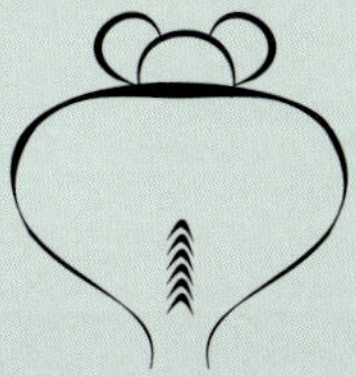	**CC 5** **Obeso** - Coluna palpável com firme pressão. Fina gordura subcutânea sobre o dorso. Ossos da pelve palpáveis com firme pressão. Estoque de gordura sobre a base da cauda. Vértebra caudal não palpável.

Finalização experimental é o ponto final no estudo que ocorre quando as metas e os objetivos científicos foram atingidos.[7]

Quadro 34.2
Sistema de avaliação para determinação de finalização humanitária com base na condição corporal (CC)

Variável	Avaliação
Mudança no peso	
Normal	0
Perda < 10%	1
Perda entre 10 e 20%	2
Perda > 20%	3
Condição corporal (CC) (vide quadro)	
Condição corporal > 3	0
CC > 2 e < 3	1
CC >1 e < 2	2
CC de 1 a menor	3
Aparência física	
Normal	0
Ausência de *grooming*	1
Pelo arrepiado, secreção nasal/ocular	2
Pelo muito arrepiado, postura anormal, pupilas dilatadas	3
Sinais clínicos mensuráveis	
Normal	0
Pequenas mudanças com indicativo importante	1
Mudança na temperatura de 1 a 2°C, frequência cardíaca e respiratória maior em 30%	2
Temperatura > 2° C, frequência cardíaca e respiratória acima de 50% ou muito reduzida.	3
Comportamento espontâneo	
Normal	0
Mudanças mínimas	1
Anormal, mobilidade reduzida, alerta diminuído, inativo	2
Vocalização espontânea, automutilação, ou muito inquieto ou imóvel	3
Comportamento em resposta a estímulos externos	
Normal	0
Mínima depressão/Resposta exagerada	1
Resposta moderadamente alterada	2
Reação violenta ou comatose	3
TOTAL:	

Fonte: Guideline Humane Intervention and Endpoints for Laboratory Animal Species.[24]

Os estudos que normalmente requerem uma consideração especial para finalização podem incluir:

- desenvolvimento do tumor;
- doença infecciosa; desafio de vacina;[11]
- modelo de dor e trauma;
- produção de anticorpo monoclonal;
- avaliação de efeitos toxicológicos;
- insuficiência do órgão ou sistêmica;
- modelos de choque cardiovascular;
- doenças desmielinizantes;
- geração de animais com fenótipos anormais.

Para desenvolver a finalização humanitária, os pesquisadores devem descrever a evolução clínica dos animais submetidos à experiência resultante da manipulação experimental ou doença espontânea durante a vida. No Quadro 34.3, são apresentados os indicadores de dor severa em espécies de animais de laboratório.[24]

Pesquisadores e técnicos devem ser adequadamente treinados no reconhecimento dos comportamentos específicos da espécie, em particular, sinais de dor, desconforto e morbidades espécie-específicas dos Quadros 34.1 e 34.2.

Finalização humanitária em estudos comportamentais

Em todos os estudos e testes de comportamento, os procedimentos para monitoramento, manutenção de registros e intervenções humanitárias devem ser descritos no protocolo. Deve ser criado um perfil comportamental do animal para ser utilizado como linha de base para monitorar o animal se surgir comportamento de angústia/aflição/agonia. Uma compreensão do comportamento típico da espécie dos animais usados em experiências de comportamento é fundamental para avaliar adequadamente o animal quanto a sinais de estresse e desconforto que podem ser minimizados com a determinação da finalização precoce ou por modificação dos procedimentos experimentais.

Quadro 34.3
Indicadores de dor severa em espécies animais de laboratório[24]

Espécie	Comportamento geral	Aparência	Outros
Roedor	Diminuição da atividade; lamber excessivo e coçar; automutilação; pode ser muito agressivo; locomoção anormal (tropeçando, caindo); contorcendo; não faz ninho; ocultação.	Piloereção; pelagem áspero/manchado; postura anormal ou costas arqueadas; manchas de porfirina (ratos)	Respiração rápida e superficial; consumo de alimentos/água diminuído; tremores.
Coelho	Cabeça pressionando; ranger de dentes; pode tornar-se mais agressivo; aumento das vocalizações; lamber e coçar; locomoção relutante.	Salivação excessiva; postura curvada.	Respiração rápida e superficial; consumo de alimentos/água diminuídos.

Alterações sutis detectadas no comportamento deles ou súbitas mudanças na disponibilidade para trabalhar em um estudo ou no desempenho em tarefas comportamentais podem ser os primeiros indicadores de um problema de saúde que deve ser investigados. Se tais mudanças são observadas, o pesquisador deve notificar imediatamente o veterinário para que o animal possa ser integralmente avaliado.[25]

Critérios de avaliação

Muitas abordagens são utilizadas para monitorizar a morbidade em estudos experimentais como os já citados. No entanto, na pesquisa do câncer, esses parâmetros comumente usados nem sempre são ferramentas eficazes para a avaliação de saúde. A avaliação da atividade ou aparência da pelagem é subjetiva. A desidratação e a perda de peso podem ser difíceis de determinar com precisão, pois um aumento da massa do tumor pode mascarar a perda de peso corporal total que está associado com a desidratação, perda de depósitos de gordura e perda de massa muscular. Nos camundongos com tumores subcutâneos, tamanho do tumor, ulceração do tumor e a capacidade do animal para deambular podem ser medidas de modo objetivo e utilizadas para avaliar a saúde.[18,23,26] No entanto, em camundongos com tumores internos, esses parâmetros podem ser difíceis de avaliar, e o peso corporal e a aparência geral podem ser os únicos parâmetros possíveis de avaliar de modo claro. Portanto, métodos de avaliação adicionais não invasivos, confiáveis e facilmente executáveis devem ser acrescentados.

Finalização humanitária para estado moribundo

O termo moribundo refere-se a um animal que está próximo da morte ou no processo de morte,[5,6,18] é um ponto de extremidade comumente usado em testes. O sacrifício preventivo de animais moribundos pode evitar mais dor e sofrimento que possam ocorrer antes da morte espontânea e, portanto, serve como ponto de extremidade humanitária. Animais nesta situação estão muitas vezes em estado de coma (insensível e inconsciente a estímulos) e, assim, estão além da consciência do sofrimento. No entanto, um animal pode ter experimentado muita dor e angústia antes de atingir um estado moribundo. A finalidade de identificar pontos de extremidade consiste em evitar ou minimizar a dor e o desconforto dos animais.[19]

Procedimentos ou experiências que, inevitavelmente, levam o animal a um estado moribundo devem ser classificados em Dor Categoria C.[27] Esses tipos de estudos devem ser revisados completamente pela CEUA e ter justificativa científica. A continuação de um estudo experimental para o ponto em que um animal morre sem o benefício de intervenção ou a eutanásia ("a morte como um parâmetro de estudo") não é aceitável sem uma forte justificativa científica.

O estado de desconforto dos animais de laboratório deve ser aliviado assim que detectado, objetivando causar menor sofrimento, sendo, portanto, importante observar os vários sinais clínicos indicativos de um estado moribundo, que, caso sejam observados, deve-se consultar imediatamente o médico veterinário ou se proceder ao método de finalização estabelecido no protocolo experimental. Os seguintes sinais podem levar rapidamente a um estado moribundo e devem ser considerados no desenvolvimento de ponto final:

- Qualquer condição que interferir na ingesta de alimentos e líquidos (p. ex.: dificuldade de locomoção);
- A incapacidade de permanecer na posição vertical;
- Rápida perda de peso ou perda de mais de 20% do peso corporal;
- Inapetência prolongada;
- Evidência de atrofia muscular/perda evidente de condição corporal;
- Diarreia, se debilitante ou prisão de ventre;
- Urina intensamente descoloridos, poliúria ou anúria;
- Pelo eriçado, postura arqueada, letargia ou decúbito persistente;
- Perturbações do SNC – inclinação da cabeça, convulsões, tremores, caminhar em círculos, paresia;
- Falta de agilidade física;
- Tosse, corrimento nasal ou desconforto respiratório;
- Icterícia e/ou anemia (palidez);
- Hemorragia não controlada a partir de qualquer local do corpo;
- Hipertermia ou hipotermia prolongada;
- Evidência conclusiva de que há falha não tratável do órgão ocorrendo com sinais associados de falência dos sistemas;
- Desidratação intensa.

Aspectos éticos

Na ciência de animais de laboratório, ainda não é farta a disponibilidade de veterinários com capacitação nas espécies usuais. Assim, sugerimos aos usuários de animais e aos iniciantes o questionamento a seguir, como uma maneira de decidir se a eutanásia é legítima quando o direcionamento da ação não está claro.[28]

Tomando a decisão para a eutanásia

- O pesquisador tem todas as informações relevantes?
- Eutanásia é um processo que envolve a pré-eutanásia, procedimentos de manuseio, métodos e agentes de eutanásia, confirmação da morte e disposição da carcaça. O pesquisador está adequadamente informado sobre esses aspectos práticos?
- O pesquisador ouviu e considerou todas as razões relevantes?
- O que o pesquisador pode considerar antes do procedimento?
- Qual é a atual e futura qualidade de vida do animal?
- O animal de experimentação tem dor constante?

- O pesquisador tem ou constata um conflito entre o usuário, o animal, as partes interessadas e a saúde pública?
- Quais são as obrigações profissionais e o compromisso ético do pesquisador?
- Quais os métodos e os agentes mais aceitáveis nesse momento?

Outras preocupações básicas

- O pesquisador considerou o pior cenário do caso?
- O pesquisador promoveu meios para evitá-lo?
- O pesquisador considerou o melhor cenário do caso?
- O pesquisador promoveu meios para alcançá-lo?

Após essas considerações, o profissional deve estar pronto para a escolha do método de eutanásia para a finalização humanitária.

Confirmação da morte

A morte deve ser confirmada ou supervisionada pelo veterinário antes do descarte do animal. O mais confiável para confirmar a morte é uma combinação de critérios, incluindo cianose; alteração na cor da pupila; ausência de reflexos palpebrais; corneais; músculo orbiculares e viscerais; ausência de pulso, de respiração e de resposta ao apertar o dedo da pata; sons respiratórios e batimentos cardíacos inaudíveis pelo uso de um estetoscópio; palidez das membranas mucosas; e *rigor mortis*. Nenhum desses sinais sozinho, exceto *rigor mortis*, confirma a morte.

Em pequenos animais, a verificação da morte pode ser completada por punção cardíaca percutânea depois que o animal está inconsciente. Imobilidade da agulha e seringa anexada depois de inserção no coração (aspiração de sangue fornece evidências de local correto) indica falta de movimento do músculo cardíaco e morte.[29]

Conclusões

Desde 2008, vivemos momentos de entusiasmo e ansiedade na ciência em animais de laboratório: a aprovação da Lei nº 1.1794/2008, a criação do CONCEA, obrigatoriedade dos CEUA, CIUCA e as normativas determinadas pelo CONCEA que levam a comunidade científica a unir forças em prol da harmonização, objetivo comum a todos os pesquisadores e técnicos envolvidos com a produção e experimentação com animais. A proposta da harmonização tem grande importância, pois ajudará a minimizar vieses nas pesquisas e a quebrar velhos paradigmas.

A morte sem causa natural (provocada) dos animais de que somos tutores é um desses paradigmas a que nos propomos quebrar quando escrevemos sobre finalização humanitária. Dr. Ruy Garcia Marques[30] levantou a importante discussão quando explanou o termo "sacrifício" (que ainda é muito usado nos dias atuais), finalizando de modo extremamente profissional: "O ato de causar a morte a animais requer perfeito julgamento e competência profissional, profunda compreensão do comportamento e da fisiologia do animal, assim como a percepção da sensibilidade de outras pessoas indiretamente envolvidas".

Acreditamos que é um privilégio poder utilizar animais na pesquisa.[31] Assim sendo, o uso de animais na pesquisa envolve um tratamento com apreço, gratidão, respeito e uma verdadeira preocupação para as suas necessidades e bem-estar.

Referências Bibliográficas

1. Russell WMS, B. K. The principles of humane experimental technique. *UFAW, London* Available from: http://altweb. jhsph.edu/. 1992.
2. CONCEA. Diretrizes da Prática de Eutanásia do Concea (1), 2013.
3. ANVISA - Agência Nacional de Vigilância Sanitária. Rdc 306. 1–25, 2009.
4. Edition, E. Guide. (2003). doi:10.1163/1573-3912_islam_DUM_3825
5. Endpoints, H. NC3Rs Humane Endpoints. 1-4, 2015.
6. Directive C. European Parliament and of the Council on the Protection of Animals Used for Scientific Purposes, 2010. Disponível em: http://eur-lex.europa.eu/LexUriServ/LexUriServ.do?uri=CELEX:32010L0063:EN:HTML.
7. Morton DB. A systematic approach for establishing humane endpoints. ILAR J. 41, 80-86, 2000.
8. Littin K. et al. Towards humane end points: behavioral changes precede clinical signs of disease in a Huntington's disease model. Proc. Biol. Sci. 275, 1865-1874, 2008.
9. Workman P, et al. Guidelines for the welfare and use of animals in cancer research. Br. J. Cancer 102, 1555-1577, 2010.
10. Verhoeven D, Teijaro J, FarberDL. Immune response during influenza infection. 390, 151-156, 2010.
11. Hendriksen CFM. Humane endpoints in vaccine potency testing. Procedia Vaccinol.5, 221-226, 2011.
12. Rudenko O, Tkach V, Berezin V, Bock E. Detection of early behavioral markers of Huntington's disease in R6/2 mice employing an automated social home cage. Behav. Brain Res. 203, 188-199, 2009.
13. Wood NI, et al. Increased thirst and drinking in Huntington's disease and the R6/2 mouse. Brain Res. Bull. 76, 70-79, 2008.
14. Steele AD, Jackson WS, King OD, Lindquist S. The power of automated high-resolution behavior analysis revealed by its application to mouse models of Huntington's and prion diseases. Proc. Natl. Acad. Sci. USA 104, 1983-8, 2007.
15. Mochel F, Durant B, Durr A, Schiffmann R. Altered dopamine and serotonin metabolism in motorically asymptomatic R6/2 mice. PLoS One6, 1-7, 2011.
16. Olsson IAS, Hansen AK, Sandøe P. Animal welfare and the refinement of neuroscience research methods--a case study of Huntington's disease models. Lab. Anim. 42, 277-283, 2008.
17. Jennings JAS, M. Categorising the severity of scientific procedures on animals. Home Off. 45, 2004.
18. Toth LA. Defining the moribund condition as an experimental endpoint for animal research. ILAR J. 41, 72-79, 2000.

19. Government WUS, Wel A, Ii P. LISTSERV for OLAW announcements Page 1 of 1 U. S. Government Principles for the Utilization and Care of Vertebrate Animals Used in Testing, Research, and Training. Training 2007–2007.
20. Critical S, et al.Guidelines for the care and use of mammals in neuroscience and behavioral research, 2005.
21. Criado A. Recognition and alleviation of pain in laboratory animals. Laboratory Animals 44, 2010.
22. Ray M, Johnston N, Verhulst S, Trammell R, Toth L. Identification of markers for imminent death in mice used in longevity and aging research. J. Am. Assoc. Lab. Anim. Sci. 49, 282-288, 2010.
23. Hickman DL, Swan M. Use of a body condition score technique to assess health status in a rat model of polycystic kidney disease. J. Am. Assoc. Lab. Anim. Sci. 49, 155-9, 2010.
24. Guideline Humane Intervention and Endpoints for Laboratory Animal Species - University of Pennsylvania, 2011. Disponível em: http://www.upenn.edu/regulatoryaffairs/Documents/iacuc/guidelines/iacucguideline-humaneendpoints-8%2023%2011.pdf
25. Olfert E, et al. CCAC guidelines on: choosing an appropriate endpoint in experiments using animals for research, teaching and testing. 1-33, 1998.
26. Ullman-Culleré MH, Foltz CJ. Body condition scoring: a rapid and accurate method for assessing health status in mice. Lab. Anim. Sci. 49, 319-323, 1999.
27. Humane U, et al. Humane endpoints in animal research – humane endpoints in animal research humane endpoints in animal research. 49, 1-2, 2015.
28. Leary S, et al. AVMA - Guidelines for euthanasia of animals, 2013.
29. Stokes WS. Reducing unrelieved pain and distress in laboratory animals using humane endpoints. ILAR J. 41, 59-61, 2000.
30. Marques RG. Técnica operatória e cirurgia experimental. Rio de Janeiro: Guanabara Koogan, 2005.
31. Ren K, Dubner R. Inflammatory models of pain and hyperalgesia. ILAR J. 40, 111-118, 1999.

Parte IX

Alternativas ao Uso de Animais

35

Métodos Alternativos ao Uso de Animais

Octavio Augusto França Presgrave
Wlamir Corrêa de Moura
Cristiane Caldeira
José Mauro Granjeiro

Introdução

Os ensaios biológicos se baseiam na observação dos efeitos de uma substância, medicamento ou produto acabado sobre organismos vivos, seja animal ou célula, para os quais o experimentador se vale de técnicas fisiológicas ou bioquímicas.

Por meio da experimentação biológica, é possível obter dados qualitativos ou quantitativos sobre a ação dessas substâncias. Os dados qualitativos são do tipo tudo ou nada, por exemplo, morre ou não morre (animal ou célula), diminui ou aumenta a glicose. No caso de dados quantitativos, é feita uma mensuração por meio da comparação com uma preparação padrão, ou seja, quanto aumenta ou diminui a glicose, a potência de uma medicação, etc.

Em princípio, qualquer animal pode ser utilizado em experimentação, entretanto, procura-se um modelo específico para cada ação estudada, aliando a proximidade de resposta do animal em relação ao homem e à facilidade de manejo. Por exemplo, se vamos estudar febre, o coelho é o animal de escolha, pois tem o mecanismo bastante parecido com o do homem, além de responder ao mesmo limite de endotoxina. Ratos e camundongos, apesar de mais fáceis de manusear, não respondem bem ao estímulo febril, sendo necessários artifícios como envolver a cauda do animal com esparadrapo para evitar a perda de calor.

Outros exemplos podem ser apontados são o uso de pequenos roedores para estudar o sistema respiratório, o gato como modelo de estudo do sistema cardiovascular, entre outros.

Um ensaio biológico se baseia, fundamentalmente, em três pilares:

1. o estímulo, quer seja uma substância isolada, quer seja um produto acabado;
2. o substrato, que pode ser um animal inteiro, uma cultura celular ou um órgão isolado; e
3. a resposta, que resulta da aplicação do estímulo sobre o substrato e pode ser expressa como o percentual de morte, uma alteração comportamental, uma alteração bioquímica ou qualquer outro efeito observado. A experimentação animal data de muitos anos, uma vez que estudos utilizando porcos já eram descritos no *Corpus Hippocraticum* (350 a.C.). Ao longo dos anos, muitos avanços na Ciência contribuíram para a expansão ou aprimoramento dos ensaios biológicos; entre eles, podemos destacar a padronização da anti-toxina diftérica (século XIX), a introdução de preparações-padrão, a evolução dos testes estatísticos e, mais recentemente, a busca de métodos alternativos visando a eliminação ou redução do uso de animais.

O crescente movimento contrário ao uso de animais em pesquisa tem motivado a busca de métodos alternativos. Existem basicamente, dois grupos distintos com suas opiniões e posicionamento em relação ao tema:

1. os defensores do bem estar animal,[1] que não se opõem à pesquisa biomédica, entretanto desejam que se assegure que os animais sejam tratados tão humanitariamente quanto possível; e
2. os defensores dos direitos dos animais que assumem uma posição radical de total objeção ao uso de animais na pesquisa, inclusive, podendo se opor à utilização de animais na alimentação, entre outras atividades e/ou finalidades (como circo, zoológico).

Métodos Alternativos ao Uso de Animais

Os métodos alternativos podem ser definidos como procedimentos que podem substituir completamente o uso de animais em experimentos, reduzir o número de animais necessários ou diminuir a dor ou desconforto sofrido por estes.

Apesar de apenas nos últimos anos tenha se falado mais detidamente neste assunto, a preocupação com o uso de animais na pesquisa científica é muito mais antiga do que se possa imaginar. Em 1760, Fergusson já demonstrava preocupação com os que ele denominava de métodos bárbaros aplicados aos animais. No século XIX, o filósofo e jurista inglês Jeremy Bentham (1748-1832) colocou a questão sob outra perspectiva, questionando que não importava se os animais podem raciocinar, nem se eles podem falar, mas, sim, se eles sofrem.

Em 1831, o médico e fisiologista inglês Marshall Hall (1790-1857) lançou o que podemos definir como o primeiro código de ética na experimentação, em que ele propunha que:

1. nenhum experimento fosse levado à cabo se as informações pudessem ser obtidas por observações;
2. nenhum experimento deveria ser conduzido sem um objetivo claro, preciso e passível de obtenção;

3. os cientistas deveriam estar bem informados sobre o trabalho de seus antecessores para se evitar qualquer tipo de repetição;
4. experimentos justificáveis deveriam ser executados levando-se em conta a menor imposição de dor possível, inclusive devendo se utilizar organismos inferiores na escala zoológica, ou seja, menos sencientes;
5. experimentos deveriam ser feitos de modo a produzirem resultados mais claros, diminuindo a necessidade de repetições.

Em 1842 foi fundada a British Society for the Prevention of Cruelty to Animals, que mais tarde passaria a se chamar Royal Society for the Prevention of Cruelty to Animals (RSPCA), que pode ser considerada a primeira sociedade protetoras dos animais estabelecida no mundo.

Durante muito tempo, pouco ou quase nada se falou sobre essa questão, até que, em 1959, William M. S. Russell e Rex L. Burch publicaram o livro intitulado *Principles of humane experimental technique*, no qual introduziram o princípio dos 3Rs (*replacement, reduction, and refinement* – substituição, redução e refinamento).

A publicação do conceito dos 3Rs, sem dúvida, contribui para o início das pesquisas sobre alternativas, mas, mesmo assim ainda incipientes e, mais uma vez, um período de tempo se passou em que poucos avanços foram conseguidos, embora muito tenha se iniciado. Foi no final da década de 1970, com a pressão exercida na Europa por grupos protecionistas contra o uso de animais, principalmente de coelhos, pela indústria de cosméticos, que as pesquisas realmente avançaram, crescendo vertiginosamente.

Os 3 Rs

Primeiramente, devemos ter claro que, apesar de terem definições muito claras, os conceitos de substituição, redução e refinamento,[2,3] muitas vezes, se sobrepõem uns aos outros, em uma espécie de "sinergismo". Isto significa dizer que, em alguns casos, o refinamento de uma metodologia pode contribuir para a redução do número de animais, seja em um experimento individual, seja dentro de um processo de análise. Outras vezes, conseguimos substituir determinados ensaios que deveriam ser feitos em animais nas primeiras etapas do desenvolvimento de um medicamento, por exemplo, entretanto, em uma fase mais avançada, utilizaremos os animais apenas para comprovar a ausência de toxicidade.

O conceito de substituição é o mais fácil de ser entendido, pois, como o próprio nome já diz, significa deixar de usar os animais. As principais alternativas de substituição residem na utilização de sistemas *in vitro*[4] (p. ex.: cultivo celular) ou *in silico*[5] (modelos computacionais[6,7]).

Apenas de modo didático, podemos dividir a substituição em direta ou indireta:

- Substituição direta – quando o substrato ou o princípio do fenômeno estudado é o mesmo que o realizado em animais, entretanto sendo aplicado *in vitro*. Como exemplo, podemos citar:

- o uso de pele de voluntários humanos (ou até mesmo de animais) para estudo de irritação ou corrosividade cutânea.[8] Essa pele pode ser obtida por biópsia e, em vez de se utilizar o animal, usa-se a pele para estudar um efeito que a substância ou produto teria se fosse aplicado na pele do animal "inteiro";
- a liberação de citocinas — *in vitro* mediante uso de linhagens celulares (MonoMac-6, THP-1) ou sangue total humano em substituição ao teste de pirogênio em coelhos. Utilizam-se células monocíticas ou sangue humano para quantificar a liberação de mediadores inflamatórios envolvidos na resposta febril (interleucinas-1-beta e 6). Desse modo, dosamos os mediadores envolvidos na produção da febre sem, no entanto, a necessidade de observar a elevação de temperatura nos coelhos. Uma vez que se tem, *in vitro*, uma liberação de citocinas acima da causada pelo padrão na menor concentração que causa a febre, já se pode verificar que o produto está contaminado e que sua administração intravenosa em humanos poderia causar resposta pirogênica.

❑ Substituição indireta – quando o fenômeno não reflete o que ocorre no animal "inteiro", mas sua detecção permite assumir o efeito que este teria no organismo vivo. Um bom exemplo é o teste de endotoxinas (também conhecido com LAL – lisado do amebócito de límulo). Na realidade, este teste detecta a presença de endotoxinas, com base na reação entre estas e o lisado das células do *Limulus poliphemus*, o caranguejo-ferradura. Quando essa reação ocorre, evidencia-se uma gelificação da solução testada (no caso do método de *gel-clot*) ou uma reação de cor (no caso de se utilizar o método colorimétrico). Desse modo, a presença de uma quantidade de endotoxina acima do estabelecido é um indício de contaminação do produto. O que foi quantificado foi a substância que causaria a febre (endotoxina), sem que a reação propriamente dita ocorresse.

Também podemos dividir a substituição em total ou parcial:

❑ Substituição total: quando deixamos de usar os animais e usamos um método que não os utiliza. Há alguns anos, a potência de insulina era determinada pelos ensaios de glicemia em camundongos ou coelhos; hoje em dia, utiliza-se HPLC (*high performance liquid chromatography* – cromatografia líquida de alta resolução). Outro exemplo é o teste de fototoxicidade, no qual se utilizam células 3T3 sob ação de raios UV, calculando-se a IC50.

❑ Substituição parcial: quando não utilizamos os animais no experimento em si, mas sim parte desses animais submetidos à eutanásia para esse próprio fim ou para outras finalidades. Exemplos:

1. órgãos isolados em estudos farmacológicos: os animais não são submetidos ao experimento propriamente dito. Em um experimento usando íleo isolado de cobaia, para testar atividade simpatomimética em musculatura lisa de uma substância, o animal é submetido à eutanásia, o íleo é retirado e usado para o experimento. Ressalta-se que com esse íleo, várias análises podem ser realizadas e o animal não está participando do experimento;
2. teste de BCOP (córnea isolada de bovino), para substituição do teste de irritação ocular em coelhos.[9] Os animais são submetidos à eutanásia com

finalidade de servirem à alimentação, desse modo, os olhos são extraídos nos abatedouros, após a morte dos animais e levados ao laboratório para serem utilizados no ensaio.

Como outros exemplos que contribuem para a substituição, podemos citar o uso de informações obtidas no passado. Essas informações podem ser originadas de experimentos realizados anteriormente ou da vigilância pós-comercialização e serão importantes na alimentação de bancos de dados.

Até o presente momento, a preocupação com os aspectos éticos reside sobre animais do filo *Chordata*, subfilo *Vertebrata*, exceto o homem. Existem alguns grupos e comissões de ética que avaliam estudos realizados, também, em insetos e cefalópodos. Entretanto, isso ainda é uma exceção. Nesse contexto, também pode ser considerado como substituição o uso de organismos inferiores na escala zoológica, classificados como não protegidos. Como exemplo, podemos citar o uso de *Daphnia pulgans*, *Artemia salina* e abelhas em estudos, principalmente de ecotoxicologia.

Outro exemplo de substituição muito discutido, com várias opiniões diferentes, é o uso de estágios iniciais do desenvolvimento de espécies protegidas, por exemplo, o ensaio de membrana corioalantoide de ovo embrionado. Apesar de se usar um organismo vivo (embrião de galinha), este não recebe diretamente a substância teste, uma vez que ela é aplicada na membrana corioalantoide, permanecendo por pouco tempo (20 segundos). Como esses ovos são usado no 9º ou 10º dia, o sistema nervoso do embrião ainda não está desenvolvido, o que impede a sensação de dor ou sofrimento. A discussão é e torno do fato de se usar um organismo vivo, mas o sítio de aplicação é uma parte do ovo; o que enseja a a dúvida quato a se tratar de teste *in vivo* ou *in vitro*. Dependendo do entendimento, esse exemplo pode ser considerado como substituição ou não.

A redução pode ser entendida de duas formas:

1. redução do número de animais em um único teste, por exemplo, quando se deixou de usar o teste clássico de DL50 (dose letal média) e passou-se a utilizar métodos que necessitam de no máximo 10 animais para se obter a mesma classificação toxicológica (método de classe, método de doses fixas e *up-and-down*);
2. quando a redução se dá em um processo contínuo, isto é, em vez de utilizarmos animais em todas as fases, seguimos um procedimento de *screening* ou hierarquisação de metodologias em que, por exemplo, iniciamos a análise pelo pH; se não for considerado corrosivo, segue-se para uma análise usando um sistema inteligente, integrado com um método *in vitro*. Dessa maneira, nas primeiras sequências de testes nenhum animal é utilizado e somente nas fases finais eles são usados, já com a possibilidade de toxicidade bastante reduzida.

A ideia de refinamento implica cuidados aos animais e tratamentos de modo a minimizar qualquer dor ou sofrimento infligido aos animais eventualmente necessários. Isso pode ser obtido com:

- uso de anestésicos ou analgésicos, sempre que estes não interfiram nos experimentos (em estudos que envolvem dor, o controle negativo não pode receber esses agentes);

finir estratégias de internalização dos métodos validados (RDC ou Farmacopeia Brasileira); *v)* implementar o Teste de Ativação de Monócitos (MAT), Teste de Opacidade e Permeabilidade de Córnea Bovina (BCOP), Teste de Citotoxicidade (Guia 129 da OECD) OECD,[19,20] e validação de método para avaliação de potência de produtos biológicos; *vi)* implantação do Núcleo de Simulações Computacionais *In Silico* do LNBio com a realização de 10 estudos selecionados por edital.

Uma ação de fronteira da RENAMA, em desenvolvimento pelo LNBio com apoio do MCTI e CNPq, é o estabelecimento de competência nacional no tema *Body on a Chip*, no qual se pretende reproduzir, em um sistema de microfluídica, a conexão entre diferentes tecidos humanos em uma mesma placa.[21]

Uma estratégia importante e diferenciada da RENAMA é a utilização de comparações interlaboratoriais para avaliar e monitorar a implementação de ensaios nos laboratórios do País e estimular a busca do reconhecimento dos Princípios de BPL pelo Cgcre/Inmetro.[14] Desse modo, é possível evidenciar para os reguladores a competência técnica dos prestadores de serviço e, havendo o reconhecimento dos Princípios de BPL, superar barreiras técnicas para a exportação de produtos.

Sistemas Inteligentes

Um sistema inteligente de predição (p. ex.: de toxicidade) é considerado qualquer sistema formal, não necessariamente computacional, que permite a um usuário obter predição racional sobre a toxicidade de substâncias químicas. Todos os sistemas inteligentes são construídos sobre dados experimentais (ou informações obtidas de outras fontes científicas) representando uma ou mais manifestações tóxicas (ou efeitos diversos) de substâncias em sistemas biológicos, gerando um banco de dados.[22]

Os mais usados são o QSAR (Quantitative Structure-Activity Relationship)[23,24] e o PBPK (Physiologically Based Pharmaco-Kinetics).[25] O primeiro apresenta as relações entre estrutura química e atividade biológica, relacionando descritores estruturais de compostos análogos e a atividade biológica que eles desempenham. O segundo prediz os eventos farmacocinéticos.

Esses sistemas computacionais são denominados testes *in silico*, ou seja, o que ocorre por meio de uma simulação computacional. Essa expressão retrata uma situação atual, com base em expressões clássicas como *in vivo* (o que ocorre em um organismo vivo) e *in vitro* (o que ocorre fora de um sistema vivo, literalmente "no vidro").[26]

Outros Exemplos de Sistemas Inteligentes

- DEREK – Deductive Estimation of Risk from Existing Knowledge.
- COMPACT – Computer-Optimised Molecular Parametric Analysis of Chemical Toxicity.
- TOPKAT – Toxicity Prediction by Computer Assisted Technology.
- Hazardexpert.

- Metabolexpert.
- OncoLogic.
- StAR – Standardised Argument Report.

Métodos Alternativos na Experimentação

Sem dúvida, o uso de animais de laboratório na experimentação é o mais criticado e combatido atualmente. A busca por alternativas nessa área é intensa, entretanto, devemos ter sempre em mente que nem todas as práticas experimentais são passíveis de substituição, no momento.

É precio não esquecer que, quando nos referimos a alternativas, temos que considerar as possibilidades descritas dentro do conceito dos 3Rs, embora, na maior parte das vezes, nós as interpretemos apenas como os procedimentos que levam à substituição de animais. Nesse contexto, existem vários testes sendo estudados, encontrando-se em diversos estágios, ou seja, desde o seu desenvolvimento até métodos que já validados e oficializados para uso.

Podemos citar como exemplos de alternativas ao uso de animais na pesquisa científica:

- Cultivos celulares: existem diversos ensaios utilizando linhagens celulares para os mais diversos fins, utilizando como desfechos citotoxicidade (captação de vermelho neutro por células 3T3 ou SIRC, teste de perfusão em Agar) e liberação de mediadores inflamatórios, utilizando células Mono-Mac-6, THP-1 ou sangue total.
- Órgãos isolados: técnica usada há muitos anos pela farmacologia com o propósito de se estudar interações droga-receptores (agonismo, antagonismos, etc.), também se mostrado eficaz, ultimamente, com o desenvolvimento de preparações para estudar toxicidade. No caso de estudos farmacológico, exeplica-se com preparações isoladas de íleo de, útero de rata, coração de coelho, entre outros.[27] Podemos citar como exemplo de aplicação toxicológica os testes que usam olho isolado de bovinos, galinha ou coelho, com o objetivo de substitui o uso de coelhos no teste de irritação ocular.[28]

Métodos Alternativos na Educação

No campo da educação, a substituição de animais em aulas prática tem se mostrado mais fácil de ocorrer. São vários os exemplos de sistemas e modelos passíveis de utilização em sala de aula sem que um só animal seja submetido aos procedimentos.

Como principais exemplos de modelos alternativos na educação, podemos citar os que se seguem.[29,30]

Vídeos: por meio destes, várias práticas podem ser demonstradas, desde o manuseio de animais até técnicas cirúrgicas, procedimentos diversos, entre outros. Existem diversos vídeos que mostram sinais clínicos, anestesia, técnicas de administração de medicamentos e coleta de sangue, entre outros procedimentos experimentais.

- Simuladores: entre estes, os mais importantes são os CD-ROM que apresentam ao aluno diversas possibilidade de aprendizagem, principalmente na área da farmacologia e fisiologia. Existem multimídias abrangendo ação de medicamentos nos sistemas nervoso e cardiovascular, por exemplo. Alguns *softwares* permitem o uso de várias concentrações de agonistas e antagonistas e ainda direcionam os estudantes, por meio de perguntas, ao estudo mais aprofundado do fenômeno que está sendo observado.
- Modelos: seguindo o exemplo de muitas faculdades de medicina humana, onde bonecos simulando parto, queimaduras e fraturas são utilizados, diversos modelos semelhantes foram desenvolvidos também para a área de medicina veterinária e experimentação animal. Existem "cães" e "gatos" que são ligados à bombas simulando a respiração (Critical Care JerryTM e FluffyTM), "rolos" feitos com diferentes materiais, com textura próxima à das camadas da pele, para treinamento de habilidades cirúrgicas e suturas (DASIETM – Dog Abdominal Surrogate for Instructional Exercises). Além disso, um rato de borracha (KokenTM rat) é muito útil para treinamento de administração via oral (gavagem), injeção pela veia caudal, entubação orotraqueal e manuseio em geral.
- Cadáveres: muito utilizados no ensino de anatomia e técnicas cirúrgicas. O uso de cadáveres apresenta como vantagem a manutenção da fidelidade anatômica e possibilita a ocorrência de fatos que podem acontecer no procedimento real, tais como hemorragias, e como se deve proceder. Deve-se ter especial atenção para que a origem dos cadáveres não fira a ética, devendo ser aceitos somente os que resultaram de morte natural, por exemplo.

Muitas pessoas podem se mostrar contrárias a essa possibilidade, alegando que se perde conteúdo ou que o uso de modelos alternativos não confere a prática necessária para o aluno. Devemos considerar que, em determinados estágios da educação, a prática com animais é exclusivamente demonstrativa, para se evidenciar uma determinada técnica ou o efeito de uma medicação sobre um sistema. Para isso, o uso de CD-ROM e vídeo se presta de maneira extremamente satisfatória. Ressalta-se, então, que o uso de animais na educação, hoje em dia, deve ser restrito a situações particulares, como em casos de especialização ou residência, em que se faz imprescindível.[31]

Principais Instituições

Vários institutos trabalham na busca de alternativas, publicando protocolos, guias, livros, fomentando pesquisas e estudos colaborativos. Infelizmente, no Brasil, ainda não temos uma instituição com esse perfil específico, embora muitos laboratórios públicos ou privados, universidades e indústrias estejam trabalhando ativamente nesta área e a consciência da criação de CEUA. Também os órgãos de fomento e revistas têm solicitado o licenciamento de projetos pelas CEUA. A seguir, estão listados os endereços das páginas na internet dos principais centros de validação de alternativas e de estudos das ciências de animais de laboratório, onde, frequentemente, se discutem alternativas também.

- FRAME – Fund for the Replacement of Animals in Medical Experiments. <http://www.frame.org.uk/>

- ECVAM – European Center for Validation on of Alternative Methods.[32] <http://ecvam.jrc.it/index.htm>
- ZEBET – Centre for Documentation and Evaluation of Alternatives to Animal experiments. <http://www.bfr.bund.de/cd/1591>
- ICCVAM – Interagency Coordinating Committee on the Validation of Alternative Methods.[33] <http://iccvam.niehs.nih.gov/>
- JaCVAM – Japanese Center for Validation of Alternative Methods. <http://www.nihs.go.jp/english/nihs/index.html>
- UFAW – Universities Federation for Animal Welfare. <http://www.ufaw.org.uk/>
- SBCAL – Sociedade Brasileira de Ciências em Animais de Laboratório. <http://www.cobea.org.br/>
- BraCVAM – Centro Brasileiro para Validação de Métodos Alternativos.[18] <http://www.incqs.fiocruz.br/bracvam>
- CONCEA – Conselho Nacional de Controle de Experimentação Animal. <http://www.mct.gov.br/index.php/content/view/310553.html>
- RENAMA – Rede Nacional de Métodos Alternativos <http://www.renama.org.br>

Revistas Científicas Especializadas

Embora se encontrem trabalhos sobre métodos alternativos publicados em diversas revistas científicas, existem algumas especializadas no assunto, entre elas podemos destacar:

- ATLA – Alternatives to Laboratory Animals.
- ALTEX – Alternatives to Animal Experiments.
- Toxicology in vitro.
- AATEX – Alternatives to Animal Testing and Experimentation.

Em recente levantamento, Reinhardt (2008) demonstrou que cerca de 60% de todos os trabalhos publicados em métodos alternativos referem-se ao princípio da redução, 30% apresentam estudos sobre substituição, enquanto somente 10% das publicações versam sobre refinamento.

Listas de Discussão na Internet

Além de congressos e encontros sobre animais de laboratório, bem-estar animal e métodos alternativos, as listas de discussão na web são um excelente meio de os pesquisadores manterem contato, discutindo assuntos relevantes e atualizando o conhecimento nas áreas de ciências de animais de laboratório e alternativas ao uso de animais na educação e na experimentação.

Seguem exemplos de listas de discussão, com seus respectivos links para inscrição:

- 3ERRES <http://listserv.rediris.es/cgi-bin/wa?SUBED1=3erres&A=1>

- LAREF (Laboratory Animal Refinement & Enrichment Forum) <http://www.awionline.org—/lab_animals/LAREF.htm>
- Biotbrás-L (lista de discussão sobre bioterismo) <http://www.cemib.unicamp.br/cemib/biot/biotbras.html>

Validação de Métodos Alternativos

Embora seja propagado que devemos deixar de usar animais na experimentação científica, uma vez que existem métodos alternativos, cabe ressaltar que esses métodos não estão disponíveis em todas as áreas.

Qualquer metodologia, *in vivo* ou *in vitro*, necessita de uma validação formal para que possa ser utilizada de modo a atender o seu objetivo específico. Isso torna o desenvolvimento e disponibilização de métodos alternativos relativamente lentos (hoje, estima-se um tempo ao redor de 10 anos para um estudo completo, incluindo validação e aceitação regulatória), podendo alcançar cifras em torno de 3.000.000 euros por ensaio ou bem mais. Esse fato nos coloca diante de duas situações, ou seja, os métodos válidos e os validados.

- Métodos válidos: são aqueles que não passaram, necessariamente, por um processo completo de validação, mas que contam com a existêmcia de uma quantidade suficiente de dados científicos para mostrar sua relevância e confiabilidade. Isso significa dizer que são métodos ainda em estudo, entretanto, passíveis de serem usados, ou seja, com grande possibilidade de virem a ser validados (p. ex: BCOP e ICE).
- Métodos validados: são aqueles para os quais a relevância e a confiabilidade estão estabelecidas para um propósito particular, de acordo com critérios estabelecidos. Desse modo, um método válido é aquele que já passou por estudo colaborativo e tem sua metodologia e seus critérios bem definidos e aceitos oficialmente (p. ex.: TER e UV-NRU).

Validar um método pode ser definido como sendo o ato de estabelecer sua confiabilidade e relevância para um propósito particular, em que, confiabilidade é a reprodutibilidade de resultados, intra e interlaboratorial, bem como, ao longo do tempo; relevância é o valor científico e sua utilidade prática e propósito significam a aplicação pretendida do procedimento. Cabe lembrar que esta definição se aplica tanto aos métodos em animais como aos alternativos.[15,18]

Princípios Gerais da Validação

- Um método alternativo somente pode ser tido como válido se cumpre dois critérios: confiabilidade e relevância.
- O modelo de predição deve ser definido previamente pelo criador do teste.
- Os critérios de execução devem ser previamente fixados pelo grupo gerente.
- A execução é avaliada pelo uso de amostras codificadas.
- Deve haver independência do gerente do estudo; da seleção, codificação e distribuição das amostras; da coleta de dados e análise
- estatística.
- Os procedimentos laboratoriais devem cumprir as BPL.

Processo de Validação

Envolve diversas etapas bem definidas. O importante é ressaltar que tem de existir uma independência entre os grupos que executam a distribuição, análise do material, análise dos dados e que as amostras têm de ser codificadas.

Desse modo, o processo de validação envolve as seguintes etapas:

- Pré-validação: estudo interlaboratorial em pequena escala, realizado para assegurar que o protocolo está suficientemente padronizado para inclusão em um estudo de validação formal. Esta etapa compreende três fases distintas:
  - Fase I – Refinamento: o Lab 1 ou laboratório "líder" desenvolve o método, descreve o protocolo e define os parâmetros.
  - Fase II – Transferência o Lab 1 passa o protocolo para os Labs 2 e 3. Nesta fase, aproveita-se para verificar a facilidade de transferência do protocolo.
  - Fase III – Execução os Labs 1, 2 e 3 executam o protocolo experimental e esses dados preliminares são avaliados.
- Validação (propriamente dita): estudo interlaboratorial em larga escala, desenhado para garantir a confiabilidade e relevância de um método otimizado para um propósito particular. Nesta etapa, podemos aumentar o número de laboratórios participantes, o número de amostras estudadas ou ambos.

Existe um tipo de validação chamado de validação "por captura" (tradução livre do inglês Catch-up Validation) que pode ser entendida como um estudo no qual os critérios estruturais e de execução são comparados com aqueles de um método similar, o qual já passou por validação formal e foi aceito como cientificamente válido. Para melhor entendimento, suponhamos que um determinado método já validado use como instrumento de resultado a coloração de células vivas. Por alguma razão, uma alteração é proposta, como usar um corante que evidencie células mortas ou até mesmo um outro corante vital; desse modo, levando-se em consideração que a metodologia em si não é alterada (somente o corante), não existe a necessidade de passar por todo o processo de validação, basta demonstrar que esse novo método de coloração oferece os mesmos resultados obtidos com o corante do método original.

O futuro próximo

Também chamado de *Organ-on-a-chip*, é um chip tridimensional, com um sistema microfluídico, multicanal, que pode conter um ou mais cultivos celulares, visando simular as respostas fisiológicas de órgãos inteiros ou de um organismo como um todo.

Este sistema, pretende-se, permitirá estudos, por exemplo, de cinética (farmacocinética, toxicocinética), pois promove a interação entre os diversos cultivos, por meio de um fluido, mimetizando o que acontece nos organismos como um todo.

Tão logo esse modelo esteja completamente desenvolvido e validado, poderá representar um grande avanço na substituição de animais na experimentação, durante o desenvolvimento de fármacos e na determinação da toxicidade.

Considerações Gerais

O uso de métodos alternativos apresenta diversas vantagens que vão, desde as mais óbvias, como a não utilização de animais quando se trata de métodos de substituição, até outras vantagens como a redução de custos, já que não se faz necessária a existência de infraestrutura de biotérios para criação e manutenção dos animais. Também podemos apontar como vantagens que métodos *in vitro* podem ser menos sujeitos a interferentes externos, já que os animais sofrem influência de presença de ruídos, alterações de metabolismo em função de alguma modificação de temperatura, ciclo de luz, umidade.[34] Do mesmo modo, o espaço requerido para um teste *in vitro* é muito menor do que o necessário para o estabelecimento de um biotério.[35] Isso facilita de forma significativa a difusão e a implantação desses métodos.

Quando se trata de métodos de redução ou refinamento, essas vantagens residem no uso de menos animais e na manutenção do bem-estar destes, uma vez que se melhoram as condições experimentais e de manejo animal.

Praticamente não existem desvantagens no uso de alternativas, entretanto, duas limitações podem ser constatadas:

- a falta de interação com o organismo vivo, que, à medida que se conhece bem o modelo experimental, pode ser contornada; e
- os custos, que na realidade, podem ser grandes no momento da implantação e na compra de *kits* comerciais, mas a validação do método otimizará o uso desses kits, reduzindo os custos.

Devemos ter em mente que estudos que envolvem toxicidade reprodutiva, aprendizagem, dor, metabolismo, cinética, toxicidade crônica, entre outros, ainda não são substituíveis por modelo não animal.[36]

O papel das CEUA é de suma importância na orientação quanto aos métodos alternativos, bem como na conscientização dos pesquisadores no trato humanitário dos animais, quando estes necessitam realmente ser utilizados. Isso deve ser feito mediante a análise dos protocolos de pesquisa seguindo a regulamentação do CONCEA e os guias internacionais, avaliando se os procedimentos descritos são repetitivos, se respondem à pergunta do projeto, se têm descrição e adequada estratégia de análise estatística e, como endossado pelo CONCEA, se seguem as recomendações do guia ARRIVE (https://www.nc3rs.org.uk/arrive-guidelines), entre outras.

A interação entre pesquisadores e protecionistas é de suma importância, sempre considerando o respeito e o auxílio mútuos, mostrando determinados aspectos que implementem o desenvolvimento de métodos alternativos sem que uma parte queira se sobrepor à outra, sempre tomando cuidado para não haver inversão de valores colocando a saúde das pessoas em risco.

O importante de tudo é considerar sempre que, onde for possível substituir o uso de animais de laboratório, devemos fazê-lo e, quando ainda não for possível, devemos usá-los dentro de todos os preceitos éticos, mantendo, acima de tudo, uma postura de respeito, pois trata-se de um ser vivo.

■ Órgãos Isolados em Substituição aos Animais Vertebrados

As preparações usando órgãos isolados são utilizadas há muitos anos nos experimentos farmacológicos, envolvendo estudos da ação de fármacos sobre diversos receptores.

Desse modo, preparações de íleo de cobaia, útero de rata, perfusão de coração de coelho, entre outras, sempre estiveram presentes nas aulas de farmacologia e fisiologia, bem como na avaliação do mecanismo de ação de medicamentos, fazendo-se uso de agonistas e antagonistas.

Dentro do conceito dos 3Rs, o emprego de órgãos isolados pode ser considerado como uma substituição, pois apresenta a vantagem de não se utilizar o animal inteiro. Esse fato implica não impingir ao animal nenhuma possibilidade de sofrimento.[37]

Dependendo do tipo de preparação, por exemplo o íleo isolado de cobaia, um fragmento pode ser usado por longo tempo e o órgão em si, pode ser conservado em geladeira até o dia seguinte, sendo possível ainda manter sua resposta aos fármacos.

Outro uso possível é o emprego de intestino invertido para estudar a absorção intestinal.[38] Nessa preparação, um fragmento do intestino de rato é retirado, invertido[39] e colocado em uma solução com a substância a ser testada, desse modo, pode-se avaliar no meio interno a quantidade da referida substância.

No âmbito da Toxicologia, recentemente, o uso de olho isolado de boi (*BCOP – Bovine Corneal Opacity and Permeability*) e de galinha (*ICE – Isolated Chicken Eye assay*) foi aprovado para aceitação regulatória pelo ICCVAM (Interagency Coordinating Committee on the Validation of Alternative Methods),[32] dos Estados Unidos, como testes de segurança para irritação ocular.[9,23] Esses métodos são denominados como modelos organotípicos, ou seja, órgãos isolados inteiros ou seus respectivos componentes. Essas preparações se baseiam na medida da extensão do dano causado pela exposição de uma substância na córnea, por meio da opacidade de permeabilidade. A opacidade é avaliada pela medição da transmissão de um feixe de luz através da córnea e a permeabilidade é a medida quantitativa da penetração de fluoresceína nas camadas celulares da córnea.

Por enquanto, esses testes ainda não substituem completamente o uso de coelhos, mas reduzem significativamente o número de animais utilizados, uma vez que quando uma substância for positiva nos dois ensaios, já deverá ser assumida como irritante. Caso seja negativa, deverá ser testada em animais para garantir a ausência de toxicidade.

Os olhos de bovinos ou galinha devem ser obtidos de animais abatidos para consumo alimentar humano e a eutanásia[40] deve seguir os preceitos éticos aceitos internacionalmente.

Desse modo, o uso de órgãos isolados é de suma importância como método potencial para à não utilização de animais vivos na experimentação.[41]

Programas de Computação como Método Alternativo à Ciência Biomédica

Os avanços alcançados pela informática e a disseminação da internet têm contribuído de modo significativo para a substituição de animais, principalmente no campo da educação. No que diz respeito à experimentação, o uso de sistemas computacionais tem sido de grande utilidade para a redução da utilização de animais.

Antigamente, o desenvolvimento de uma medicação ou substância qualquer necessitava que animais fossem utilizados em todas as etapas. Em geral, os estudos se iniciavam com a determinação da toxicidade, por um método denominado Dose Letal 50 (DL50), em que uma extrapolação matemática era feita para se calcular a dose capaz de matar 50% de uma população. Hoje em dia, o sistema clássico para esse cálculo não é mais aceitável, existindo outros métodos validados e preconizados nos guias da OECD,[19] que utilizam no máximo 10 animais para determinar a classificação toxicológica de uma substância.

Ainda durante esse processo de desenvolvimento de um medicamento, várias outras situações implicavam (e em alguns casos ainda implicam) a utilização de animais de laboratório, como a determinação da eficácia, o estudo da cinética, metabolismo, etc.

As aulas de fisiologia sempre foram baseadas na demonstração dos efeitos de determinadas substâncias sobre os diferentes sistemas. Desse modo, em uma aula de sistema cardiovascular, uma prática constante era a pressão arterial em cães, em que fármacos agonistas e antagonistas eram aplicadas para demonstrar os efeitos sobre a pressão e, com isso, ensinar de modo prático as noções de receptores e fisiologia.

Do mesmo modo, aulas de anatomia, cirurgia e quaisquer outras práticas sempre foram realizadas com o uso de animais, quer sejam criados especialmente para este fim, quer sejam recolhidos na rua e levados às salas de aula.

Embora, até o momento, o passado tenha sido o tempo verbal utilizado no texto, muitas dessas práticas educacionais continuam sendo utilizadas, tanto por falta de conhecimento dos professores e pesquisadores, como por falta de condições de acesso aos recursos alternativos disponíveis.

Na educação, os dispositivos de multimídia existem em maior número e, de fato, permitem que a utilização de animais em sala de aula seja praticamente nula, deixando apenas para estágios mais avançados (residência, especialização, etc.) o emprego de animais, quando não se pode evitá-lo. Entretanto, cabe ressaltar que, na experimentação ou desenvolvimento de medicamentos, os recursos computacionais contribuem para a redução, devendo ser utilizados, principalmente nas fases iniciais.

Os procedimentos de *screening* têm sido importantes, uma vez que se inicia um trabalho com o uso de sistemas computacionais, seguindo-se a aplicação de métodos alternativos validados,[42] deixando o uso de animais para as etapas finais, justamente para comprovar a eficácia e a ausência de toxicidade, com risco muito baixo de ocorrer algum evento adverso.

Durante esse processo, os meios computacionais oferecerão predições (estimativas) sobre a toxicidade, a cinética, a capacidade de induzir ou não tumores, possíveis metabólitos, etc., em geral, com base na comparação com moléculas já existentes nos bancos de dados que compõem esses sistemas.

O uso de métodos *in vitro* em conjunto com os resultados obtidos por meios computacionais permitirá a alteração das moléculas, o ajuste de formulações ou, até mesmo, a desistência da continuidade dos estudos, em função dos resultados que se vão apresentando.[43]

Os *softwares* usados na educação vão desde versões mais simples, que apenas mostram imagens anatômicas ou fotos de procedimentos, até os mais interativos, que direcionam os alunos por meio de perguntas relacionadas aos fenômenos observados, orientando o estudo.[44,45]

Mais uma vez, cabe ressaltar que determinadas áreas da pesquisa ainda não apresentam métodos alternativos validados que substituam o uso de animais.

Exemplos de Programas Alternativos na Educação

Seguem alguns dos *softwares* disponíveis para o ensino na área biomédica. Existem diversos programas, com diferentes níveis de complexidade. A lista apresentada não se esgota e serve somente para se ter uma ideia do potencial que existe, usando o recurso de multimídia, como alternativa ao uso de animais.

- *Visifrog* – por meio de recursos gráficos, apresenta estruturas anatômicas e fisiologia do sapo.
- *Muscle Physiology* – programa interativo que apresenta as propriedades fisiológicas da musculatura esquelética.
- *Ileum* – simula a resposta de agonistas e antagonistas na musculatura lisa de íleo de cobaio.
- *Smooth Muscle Pharmacology* – simula experimentos em útero isolado e em musculatura intestinal.
- *Cardiovascular Pharmacology* – enfoca pressão arterial, débito cardíaco, resistência vascular periférica e contratilidade. O *software* sugere uma série de exercícios para a melhor compreensão dos fenômenos fisiológicos.
- *Cardiovascular Fitness Lab* – possibilita o teste de diversos efeitos sobre o sistema cardiovascular em situações de exercício, fumo, alimentação, entre outros.
- *Introduction to Acute Inflammation* – apresenta aos alunos os conceitos sobre inflamação e mediadores inflatórios por meio de gráficos e animações.
- *Simulations in Physiology* – The Respiratory System – aborda temas como mecânica, trocas gasosas, equilíbrio acidobásico, elasticidade de pulmões e caixa torácica, entre outros fenômenos.
- *Intestinal Motility* – com base em experimentos de cólon isolado de rato, mostra a ação de diferentes medicamentos e suas interferências na atividade basal e reflexo peristáltico.
- *Comparative Anatomy* – Mammals, Birds and Fish – dividido por sistemas, apresenta a anatomia comparada entre esses vertebrados.

- *Veterinary Neurosciences* – An Interactive Atlas – permite o estudo comparativo de cérebros de diferentes espécies animais.
- *The Use of Interactive Computer-Based Case Simulator to Teach Veterinary Anaesthesia* – simula diversas espécies animais, com diferentes patologias e traumatismos, desafiando o aluno a anestesiar de modo correto cada um desses casos.
- *Basic Pharmacokinetics* – mostra, por meio de modelos de compartimento único e duplo, os conceitos farmacocinéticos, demonstrando a influência de dose, intervalo entre as dose, absorção etc.
- *Humane endpoints in biomedical research* – um dos tratamentos humanitários que se deve ter para com os animais que, porventura, necessitem passar por experimentação é, justamente, evitar que se chegue ao desfecho letal, quando este não acrescenta nenhuma informação adicional. Isso significa dizer que, ao atingir um determinado estágio, a evolução do fenômeno estudado não influencia no resultado; desse modo, o animal deve ser submetido à eutanásia para evitar o sofrimento desnecessário. Este CD-ROM mostra diversos sinais e sintomas que determinam o momento de aplicar o desfecho humanitário adequado.
- *Epi-Dog* – mostra um experimento de pressão arterial em cão. Um filme demonstra a técnica de canulação dos vasos e um simulador permite a "administração" de diferentes concentrações de diversos medicamentos que atuam aumentando ou diminuindo a pressão arterial. A cada rsposta, uma janela orienta o aluno no estudo do fenômeno observado.

O Processo de Validação no Brasil

Conforme mencionado anteriormente, o Brasil possui 3 entes que se relacionam entre si, no que tange o uso de animais na experimentação e educação, bem como à validação e ao uso de métodos alternativos aos testes animais.[46] O CONCEA, o BraCVAM e a RENAMA não estão dispostos hierarquicamente, portanto, se complementam nas suas atividades (Figura 35.1). Dessa forma, em

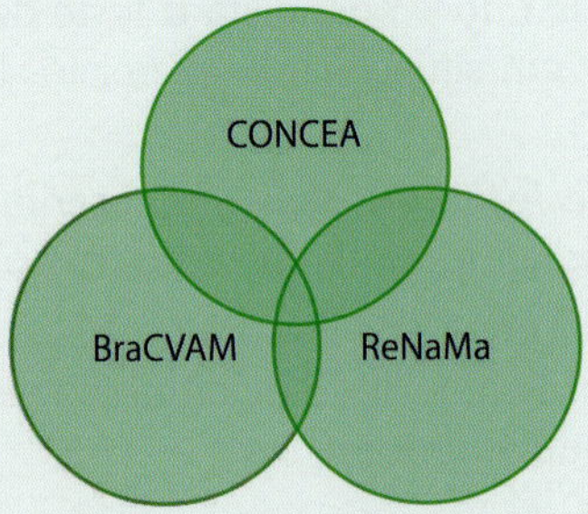

Figura 35.1 – *Os 3 entes relacionados ao uso de animais na experimentação e ensino e na validação e aceitação de métodos alternativos aos testes animais no Brasil. CONCEA: Conselho Nacional de Controle da Experimentação Animal; BraCVAM: Centro Brasileiro para Validação de Métodos Alternativos; e ReNaMA: Rede Nacional de Métodos Alternativos. Adaptado.*[46]

linhas gerais, O BraCVAM organiza os estudos, os laboratórios da RENAMA executam os ensaios e, após avaliação dos relatórios finais, o BraCVAM encaminha ao CONCEA que irá oficializar o método no Brasil.

Na prática, o processo de validação no Brasil pode se dar de 3 maneiras distintas (Figura 35.2). A maneira mais comum é quando o BraCVAM recebe demandas de testes para validar, provenientes de laboratório de dentro ou fora da RENAMA ou identifica a necessidade de validação de métodos. O BraCVAM apresenta ao Conselho da RENAMA as propostas ou, se tiver verba própria, pode financiar estudos. O Conselho da RENAMA avalia fomento, disponibilidade dos laboratórios etc. Uma vez estando tudo em ordem, o processo de validação se dá, seguindo o preconizado no Guia 34 da OECD e/ou suas atualizações. Encerrado o estudo o BraCVAM convoca um Comitê *ad hoc* para avaliar as condições do estudo. Estando adequado, o BraCVAM encaminha ao CONCEA para oficializar o método no Brasil.

A maneira mais fácil é quando o método já se encontra validado internacionalmente, já integrando o escopo de uma Farmacopeia ou da OECD. Neste caso o BraCVAM apenas recomenda ao CONCEA o reconhecimento dos métodos. Foi dessa forma que o CONCEA gerou as RNs 18[47] e 31.[48]

A terceira forma, que talvez seja a de menor ocorrência, é quando um laboratório já possui o estudo realizado, entretanto, sem uma revisão adequada dos resultados. Neste caso, O BraCVAM convoca um Comitê *ad hoc* para avaliar os relatórios do estudo e, estando os resultados adequados, recomenda ao CONCEA o reconhecimento do método como validado e oficial no Brasil.

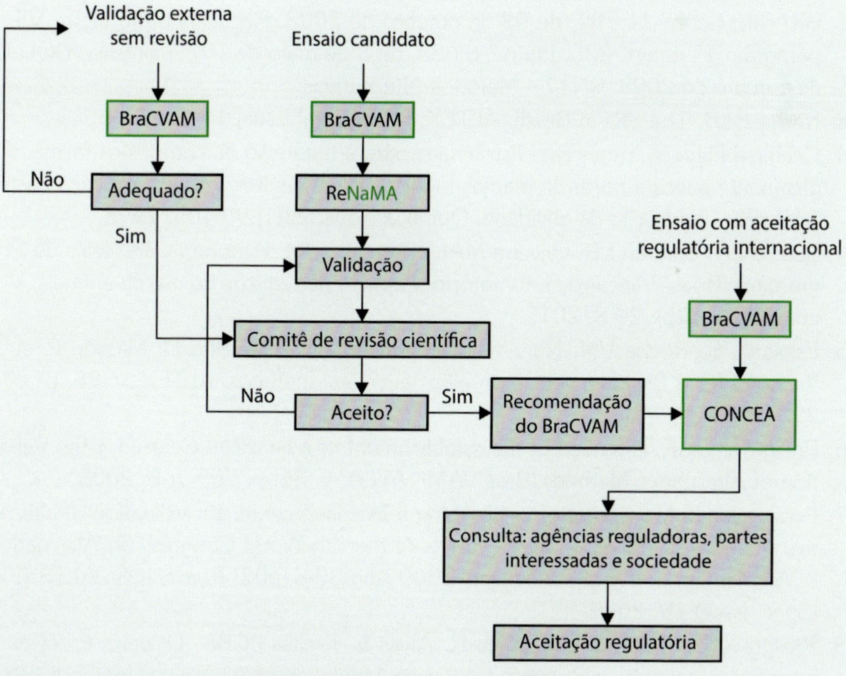

Figura 35.2 – *Fluxo do processo de validação no Brasil. Adaptado.*[46]

Referências Bibliográficas

1. Reinhardt V. Taking better care of monkeys and apes: refinement of housing and handling practices for caged nonhuman primates. Washington, DC: Animal Welfare Institute, 2008.
2. Brown F, Cussler K, Hendriksen C (eds.). Replacement, Reduction and Refinement of animal experiments in the development and control of biological products. Dev Biol Stand Basel, Karger, v. 86, 1996.
3. Balls M. The three Rs: looking back and forward. ALTEX, 23 (Special Issue):29-32, 2005.
4. Barile FA. Introduction to in vitro cytotoxicology: mechanisms and methods. CRC Press, Boca Ratón, 1994.
5. Merlot C. In silico methods for early toxicity assessment. CurrOpin Drug DiscovDevel. 11(1):80-5, 2008.
6. Worth AP, Barratt J, Brian Houston JB. The validation of computational prediction techniques. ATLA, 26(2):241-7, 1998.
7. Worth AP, Balls M (eds.). Alternative (non-animal) methods for chemicals testing: current status and future prospects. ATLA, 30 (Suppl. 1):1-125, 2002.
8. Rougier A, Goldberg AM, Maibach HI (Editors). In vitro Skin Toxicology: irritation, phototoxicity, sensitization. New York: Mary Ann Liebert, Inc., Publishers, 1994.
9. Frazier JM, Gad SC, Goldberg AM, McCulley JP (Editors). A critical evaluation of alternatives to acute ocular irritation testing. Mary Ann Liebert, Inc., Publishers, New York, 1987.
10. BRASIL. Decreto nº 6.899, de 15 de julho de 2009. CIUCA. Brasília, DOU 16 de julho de 2009.CIUCA, CEUA 11.
11. BRASIL. Lei nº 11.794, de 08 de outubro de 2008. Regulamenta o inciso VII de parágrafo 1º do art. 225, Lei n º 6.638, de 8 de maio de 1979; Brasília, DOU 09 de outubro de 2008. RN17 – Métodos Alternativos.
12. Rivera EAB. The 3Rs in Brazil. ALTEX, 23 (Special Issue):144-5, 2005.
13. Cechinel Filho V, Yunes RA. Estratégias para a obtenção de compostos farmacologicamente ativos a partir de plantas medicinais. Conceitos sobre modificação estrutural para otimização da atividade. Química Nova, 21(1):99-105, 1998.
14. Santos ER, Balottin LB, Oliveira MAL, Granjeiro JM. Panorama Brasileiro do Programa de Boas Práticas de Laboratório. Impacto na redução do uso de animais. Visa em Debate, 3(2): 20-8, 2015.
15. Eskes C, Sa-Rocha VM, Nunes J, Presgrave O, De Carvalho D, Masson P, et al. Proposal for a Brazilian centre on alternative test methods. ALTEX, v. 26, p. 295-298, 2009.
16. Presgrave OAF. The need of the establishment of a Brazilian Centre for the Validation of Alternative Methods (BraCVAM). ATLA, v. 36, p. 705-708, 2008.
17. Presgrave O. A proposal of establishing a Brazilian center for validation of alternative methods (BraCVAM). In: Abstracts of the 7th World Congress on Alternatives & Animal Use in the Life Sciences; 2009 Aug 30-Sep03; Rome, Italy. ALTEX; 26 (Spec. Issue):19, 2009.
18. Presgrave O, Eskes C, Presgrave R, Alves E, Freitas JCBR, Caldeira C, et al. A proposal to establish a Brazilian Center for Validation of Alternative Methods (BRACVAM). ALTEX, v. 27, n. Spec. Issue, p. 47-51, 2010.

19. OECD. Guidance Document on the Validation and International Acceptance of New or Updated Test Methods for Hazard Assessment. 2005. OECD Series on Testing and Assessment, Number 34. ENV/JM/MONO(2005)14, 96pp. Paris, France: Organisation for Economic Co-operation and Development.
20. Estados Unidos da América. United States Pharmacopeia 31/National Formulary 26. The US Pharmacopeial Convention, Rockville, 2008.
21. Lorenz AK, Schimek K, Hasenberg T, Ramme AP, Hübner J, Lindner M, et al. A four-organ-chip for interconnected long-term co-culture of human intestine, liver, skin and kidney equivalents. Lab Chip. 2015 Jun 1;15(12):2688-99.
22. Dearden JC, Barratt MD, Benigni R, Bristol DW, Combes RD, Cronin MTD, et al. The development and validation of expert systems for predicting toxicity the report and recommendations of an ECVAM/ECB workshop (ECVAM workshop 24). ATLA, 25(3):223-52, 1997.
23. Herzler M, Spielmann H, Gerner I, Liebsch M, Hoefer T. Use of in vitro data and (Q) SARs to classify eye irritating chemicals in the EU – experience at the BfR. ALTEX, 23(Special Issue):239-45, 2005.
24. Veith GD. Roles for QSAR in risk assessment. ALTEX, 23(Special Issue):369-72, 2005.
25. Salem H, Katz SA (eds.) Alternative toxicological methods. Boca Ratón: CRC Press, 2003.
26. Cronin MTD. The use of in silico technologies to predict toxicity and fate: implementation and acceptance. ALTEX, 23(Special Issue):365-8, 2005.
27. Staff of the Department of Pharmacology of University of Edinburgh. Pharmacological Experiments on Isolated Preparations. 2. ed. Edinburgh: Churchill Livingstone, 1970.
28. Mackar R. 23 Jun 2008: Newly approved ocular safety methods reduce animal testing. NIH News Monday, June 23, 2008. Disponível em: http://www.niehs.nih.gov/news/releases/2008/ocular.cfm. Acessado em: 26 Jun 2008.
29. Jukes N. Russia: update on animal experiments and alternatives in education. ALTEX, 25(1):56-62, 2008.
30. Jukes N, Chiuia M. From guinea pig to computer mouse: alternative methods for a progressive, humane education. 2. ed. England. InterNICHE, 2003.
31. Dewhurst D, Cromar S, Ellaway R. RECAL: Creating computer-assisted alternatives using a sustainable learning objects approach. ALTEX, 23(Suppl.):54-7, 2006.
32. Hartung T. ECVAM's progress in implementing the 3Rs in Europe. ALTEX, 23(Special Issue):21-28, 2005.
33. Interagency Coordinating Committee on the Validation of Alternative Methods. In vitro test methods for detecting ocular corrosives and severe irritants. NIH Publication No 06-4512, 2006.
34. BRASIL. CONCEA. Resolução Normativa nº 15, de 16 dezembro de 2013. Baixa a Estrutura Física e Ambiente de Roedores e Lagomorfos do Guia Brasileiro de Criação e Utilização de Animais para Atividades de Ensino e Pesquisa Científica do Conselho Nacional de Controle de Experimentação Animal - CONCEA. Diário Oficial da União, Brasília, DF, n. 245, 18 dez. 2013. Seção 1, p. 00 a 12. 2013.
35. Baumans V, Coke C, Green J, Moreau E, Morton D, Patterson-Kane E, Reinhardt A, Reinhardt V, van Loo P (eds.). Making lives easier for animals in research labs. Animal Welfare Institute, Washington DC, 2007.

36. Network Modelling: predictive xenobiotic metabolomics. ALTEX, 23(SpecialIssue): 373-9, 2005.
37. BRASIL. Lei n. 9.605, de 12 de fevereiro de 1998. Dispõe sobre as sanções penais e administrativas derivadas de condutas e atividades lesivas ao meio ambiente. Brasília, DOU de 13 de fevereiro de 1998. Lei de maus tratos Lei nº 9.605, de 12 de fevereiro de 1998. Cap III, § 2o Até que os animais sejam entregues às instituições mencionadas no § 1o deste artigo, o órgão atuante zelará para que eles sejam mantidos em condições adequadas de acondicionamento e transporte que garantam o seu bem-estar físico. (Redação dada pela Lei nº 13.052, de 2014).
38. Severino P, Zanchetta B, Franco LM, Paganelli MO, Tamascia P, Chaud MV. Absorção intestinal e estabilidade físico-química em preparações extemporâneas de fluconazol. Lat Am J Pharm, 26(5):744-7, 2007.
39. Alonso AB, Camerin CR, Foltran FP, Okuda CH, Bueno JT, Chaud MV. Avaliação da absorção intestinal do captopril em dispersões sólidas com polietilenoglicol pelo método do saco intestinal invertido. Anais da 58ª Reunião Anual da SBPC, Florianópolis/SC, 2006.
40. Boumans I, Hendriksen C. Humane endpoints in biomedical research: an interactive CD-rom. ALTEX, 22 (Special Issue):34, 2005.
41. Greif S. Alternativas ao uso de animais vivos na educação: pela ciência responsável. Instituto Nina Rosa, 2003.
42. Worth AP, Barratt J, Brian Houston JB. The validation of computational prediction techniques. ATLA, 26(2):241-7, 1998.
43. Castell JV, Gómez-Lechón MJ. (eds.). In vitro methods in pharmaceutical research. Academic Press, San Diego, 1997.
44. Baumans V. Alternatives to the use of laboratory animals in veterinary education. ALTEX, 23 (Special Issue):68-70, 2005.
45. Balcombe J. The use of animals in higher education: problems, alternatives and recommendations. Washington DC: Humane Society Press, 2000.
46. Presgrave O, Moura W, Caldeira C, et al. Brazilian Center for the Validation of Alternative Methods (BraCVAM) and the Process of Validation in Brazil. ATLA. Alternatives to Laboratory Animals, v. 44, p. 85-90, 2016.
47. BRASIL. CONCEA. Resolução Normativa nº 18, de 16 dezembro de 2013. Reconhece métodos alternativos ao uso de animais em atividades de pesquisa no Brasil, nos termos da Resolução Normativa nº 17, de 24 de setembro de 2014, e dá outras providências. Diário Oficial da União, Brasília, DF, n. 185, 25 set. 2014. Seção 1, p. 09. 2014.
48. BRASIL. CONCEA. Resolução Normativa nº 31, de 18 agosto de 2016. Reconhece métodos alternativos ao uso de animais em atividades de pesquisa no Brasil. Diário Oficial da União, Brasília, DF, 19 ago. 2016. Seção 1, p. 04. 2016.

Parte X

Biossegurança

Critérios da Comissão Técnica Nacional de Biossegurança para AnGM

Pedro Canisio Binsfeld

Introdução

Animais fazem parte das atividades de ensino e pesquisa há centenas de anos. Entretanto, o que há de novo, nas últimas décadas, é a intensificação da presença de animais geneticamente modificados (AnGM), que atualmente constituem um dos mais poderosos e eficazes meios de pesquisa no campo da ciência dos animais.[1] São modelos animais únicos que permitem compreender inúmeras questões de biologia básica e aplicada, em especial na compreensão de doenças genéticas e suas consequências.

Os animais geneticamente modificados possibilitam uma abordagem mais direta dos processos de desenvolvimento e regulação da expressão gênica nas células, tecidos e sua repercussão no organismo completo. A utilização desses animais mostrou-se essencial em pesquisas biológicas, principalmente aquelas envolvendo estudos biomédicos, farmacológicos e toxicológicos para animais e humanos.[2]

Aparentemente, não há limites técnicos quanto às modificações genéticas em animais, refletindo um sensível progresso no conhecimento desta e de áreas correlatas. E, como é natural, a ampla utilização de AGM trouxe preocupações que tem motivado discussões críticas de cientistas, ambientalistas, juristas, filósofos, legisladores, entre outros, sobre a conveniência da utilização técnica e ética dos AnGM, assim como quanto aos aspectos de biossegurança.[1,2]

Algumas incertezas associadas à engenharia genética, o uso científico e comercial de AnGM, contribuíram para o senso coletivo (cientistas, autoridades públicas, parlamentares e a sociedade) a respeito da necessidade de se estabelecerem normas de biossegurança, nas quais se definem os princípios e as diretrizes que a autoridade nacional competente – Comissão Técnica Nacional de Biossegurança (CTNBio)[3] – utiliza pra definir os critérios para a utilização segura e responsável de AnGM em atividades acadêmicas, científicas ou produtivas.

BIOSSEGURANÇA

A palavra biossegurança é constituída pelo prefixo *bio* mais a palavra *segurança* e, em síntese, designa a segurança das atividades que envolvem organismos vivos. Praticar biossegurança significa adotar um conjunto de medidas de contenção que visam a prevenção, mitigação, eliminação ou controle dos riscos suscitados pela manipulação de agentes biológicos que representam risco à saúde e ao meio ambiente.[2]

O cerne da questão da biossegurança é a adoção de medidas de contenção do perigo dos agentes biológicos (bactérias, vírus, fungos, organismos recombinantes, etc.) em função de sua classe de risco.[3] O termo "contenção" é usado para descrever as medidas de biossegurança que devem ser adotadas incluindo barreiras físicas e biológicas para evitar o contato ou a disseminação de agentes biológicos potencialmente perigosos.

A contenção física envolve a estrutura física, equipamentos de proteção (individual e coletivo) e procedimentos para prevenir o contato e disseminação de agentes de risco. A contenção biológica inclui a imunização e a seleção de agentes e hospedeiros que minimizem o risco em caso de exposição a eles.[2] A contenção se dá em dois níveis principais:

1. a contenção primária refere-se à proteção dos profissionais e dos usuários contra a exposição aos agentes de risco geralmente alcançada pelo uso de equipamentos de proteção individual apropriados, pela prática das Boas Práticas de Laboratório (BPL), além de incluir a imunização como fator de proteção;
2. a contenção secundária consiste em se proteger contra a exposição aos agentes de risco, incluindo a adoção de medidas e práticas relacionadas:
   a. à proteção individual;
   b. ao uso de equipamentos de segurança individual ou coletivos;
   c. à adoção de técnicas e práticas de trabalho em conformidade com a classe de risco do agente;
   d. à adequação das instalações e da infraestrutura do local de trabalho.

No caso dos organismos geneticamente modificados, incluindo AnGM, o comando geral para a regulamentação foi dado pela Constituição Federal,[4] de 5 de outubro de 1988, quando, no inciso II, IV e V do § 1º do Artigo 225, impõe ao poder público o dever de "... fiscalizar as entidades dedicadas à pesquisa e manipulação de material genético", "exigir estudos prévios de impacto ambiental" e deve "estabelecer normas de segurança e mecanismos de fiscalização de atividades que envolvam organismos geneticamente modificados", dando origem à legislação de biossegurança e as diversas normas infralegais publicadas pela CTNBio que se aplicam aos AnGM.

Além disso, o escopo da Lei de Biossegurança e das normas da CTNBio alcançam toda a cadeia produtiva, tendo em vista que estabelecem normas de segurança e mecanismos de fiscalização sobre a construção, o cultivo, a produção, a manipulação, o transporte, a transferência, a importação, a exportação, o armazenamento, a pesquisa, a comercialização, o consumo, a liberação no meio ambiente e o descarte de organismos geneticamente modificados e seus derivados, aplicando-se, portanto, todas essas normas e mecanismos de controle aos AnGM.[2,3]

ANIMAIS GENETICAMENTE MODIFICADOS

A engenharia genética[5] utilizada para a produção de AnGM baseia-se em um conjunto de técnicas e ferramentas que permitem a intervenção seletiva no genoma de um animal. Essa intervenção permite recortar, silenciar e inserir novos genes em um organismo pelos quais se alteram as características originais. O uso dessas técnicas permite modular e manipular os ácidos nucleicos das células dos animais. Possuir o controle sobre as ações de recortar e colar as sequências de ácidos nucleicos permite o que denominamos de engenharia genética, ou seja, a transferência de genes entre distintas espécies, que possibilita a obtenção de AnGM com características novas, seja, pela adição ou deleção de genes.[2,6,7]

Em síntese, o princípio da engenharia genética é simples e se baseia em dois tipos de enzimas: as de restrição (endonucleases), conhecidas como tesouras moleculares; e as de ligação (DNA ligase), conhecidas como a cola dos ácidos nucleicos. As enzimas de restrição identificam sequências específicas de nucleotídeos na fita do DNA, clivando-as nesses sítios. Depois disso, pode-se isolar o gene de interesse, que pode ser clonado em um vetor, ou seja, inserido em uma molécula-veículo que transporta o fragmento de DNA de um organismo para outro. Como exemplo, o DNA de vírus ou em plasmídeos. Para que o fragmento do DNA de interesse seja integrado ao vetor, é necessário que a mesma enzima de restrição que clive o gene de interesse, clive também o vetor, de modo a criar uma sequência nucleotídica complementar. Finalmente, usa-se a enzima DNA ligase, para catalisar a ligação fosfodiéster entre o gene de interesse e o DNA do vetor, que produz a nova molécula estável chamada de DNA recombinante. Essa molécula (vetor + gene de interesse) é inserida (por meio de técnicas de transformação genética) em uma célula receptora, que integrará o gene recombinante e expressará a proteína de interesse.[2,7]

Atualmente, existem distintos modelos de transformação genética de animais de laboratório, mas basicamente as técnicas são variações do esquema proposto na Figura 36.1, que corresponde à técnica de microinjeção de DNA recombinante com o gene de interesse diretamente no pronúcleo masculino (por este ser maior) em um oócito fertilizado. Esse oócito é cultivado até o estágio embrionário unicelular e, se viável, é reimplantado em uma fêmea receptora pseudográvida para a gestação.[6] O uso da microinjeção para a produção de AGM, como ilustrado na Figura 36.1, apresenta limitações, pois, nesse caso, não é possível modificar genes de alelos recessivos, que são importantes geneticamente, por existirem diversas doenças associadas a estes. Porém, tal limitação vem sendo superada com a manipulação de células embrionárias, quimeras e a recombinação homóloga de DNA.[6,7]

No caso de animais de laboratório, costuma haver duas classes de AnGM. A primeira reúne os animais efetivamente modificados pela adição de um gene ou genes exógenos que acrescentam característica distinta às que a espécie já tinha. A segunda classe de AnGM envolve a utilização de um promotor amplamente conhecido para modular a expressão de genes, alterando o padrão fisiológico da expressão do gene em análise.[6,7] Tipicamente, esse tipo de experimentos leva à ausência ou a uma superexpressão do gene em estudo.

Com a utilização de animais de laboratório geneticamente modificados, almeja-se compreender a estrutura e funções dos genes, a construção de modelos genéticos para o estudo de doenças, a produção de bioprodutos de interesse industrial, entre outras.

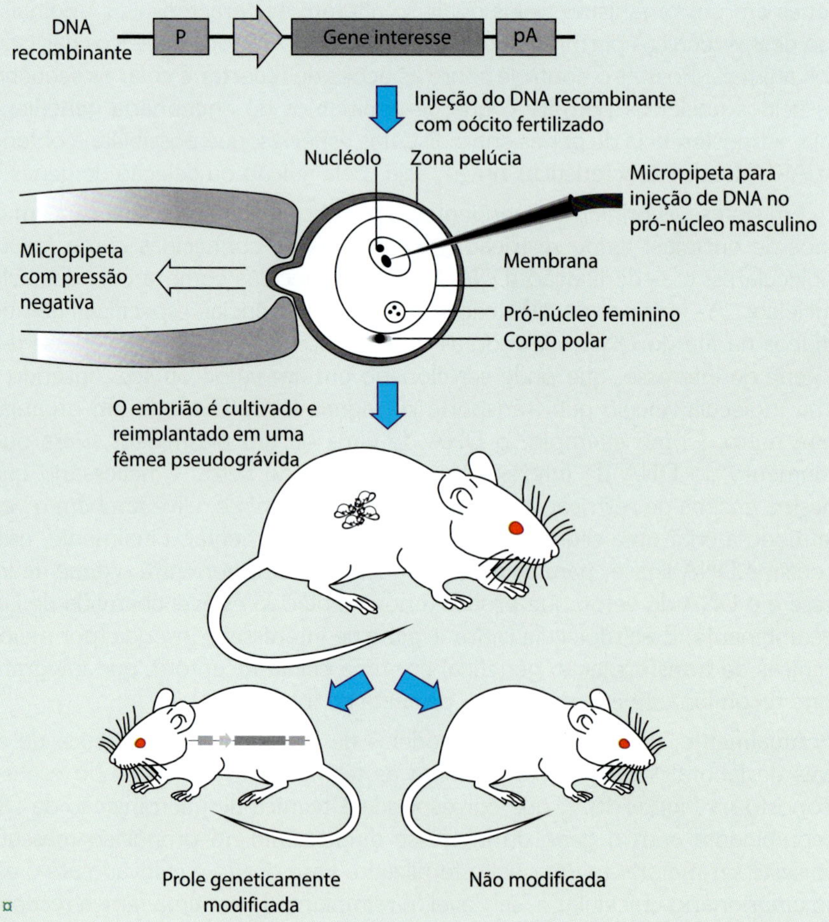

Figura 36.1 – *Representação diagramática do processo de obtenção de camundongo geneticamente modificado utilizando a técnica de microinjeção do DNA recombinante em oócito recém-fertilizado diretamente no pronúcleo masculino e posterior reimplante em fêmea pseudográvida para a gestação e parto da prole, na qual pode-se identificar animais geneticamente modificados. Fonte: Pedro Canisio Binsfeld.*

Critérios da Comissão Técnica Nacional de Biossegurança

Quando se trata de animais de laboratório geneticamente modificados, além das normas legais aplicadas a animais de laboratório, deve-se ter em conta a necessidade de trabalhar em consonância com a Lei nº 11.105/2005, que regulamenta o art. 225 da Constituição Federal de 1988, para as atividades com organismos geneticamente modificados.[4] Deve-se ainda atentar para as normas elaboradas pela Comissão Técnica Nacional de Biossegurança (CTNBio), que define os critérios e as exigências para as instalações, o nível de biossegurança e os procedimentos que devem ser adotados nas atividades que tratam com AnGM e a eliminação de resíduos.

Qualquer instituição de direito público ou privado que pretende realizar pesquisa com animais de laboratório geneticamente modificados, deverá requerer, junto à CTNBio o Certificado de Qualidade em Biossegurança – CQB, que é um documento que atesta a conformidade em biossegurança da instituição para as atividades que pretende realizar com AnGM. A qualificação da instituição para a obtenção do CQB segue os critérios e procedimentos estabelecidos na Resolução Normativa nº 1/2006, da CTNBio, incluindo a solicitação da emissão, revisão, extensão, suspensão e cancelamento do CQB.[2,5,8]

A Resolução Normativa nº 2 da CTNBio, de 27 de novembro de 2006, classifica os organismos geneticamente modificados, incluindo animais, em quatro classes (art. 8º) e quatro níveis (art. 9º) de biossegurança.[9] No art. 3º, define biotérios como a "instalação física para criação, manutenção e manipulação de animais de laboratório em contenção". Os níveis de biossegurança do biotério e salas de experimentação deverão ser sempre iguais ou superiores ao nível de biossegurança do AnGM a ser criado ou manejado. A qualificação das pesquisas, dos biotérios e salas de experimentação será realizada pela Comissão Interna de Biossegurança (CIBio) da instituição interessada; quando se trata de classes de risco 1 e nível de biossegurança 1 (NB-1), isso deverá ser comunicado à CTNBio no seu relatório anual. Atividades para as demais classes e níveis de biossegurança dependem de prévia autorização da CTNBio.[2]

Normas de biossegurança aplicadas aos AnGM

Além do comando geral da regulamentação de organismos geneticamente modificados dado pelo art. 225 da Constituição Federal,[4] há diversas normas que incluem eis, decretos, resoluções normativas (RN), instruções normativas (IN) da CTNBio, que se aplicam a animais geneticamente modificados e que o Quadro 36.1 sintetiza. Entretanto, destaque-se que qualquer atividade com AnGM deve seguir os princípios e procedimentos gerais aplicados a qualquer organismo geneticamente modificado, ressalvadas as recomendações especificas da CTNBio por meio de normas ou orientações técnicas.

O Brasil, por meio Decreto Legislativo nº 908/2003 e pelo Decreto nº 5.705/2006, internalizou o Protocolo de Cartagena sobre Biossegurança da Convenção sobre Diversidade Biológica, celebrado em Montreal, em 29 de janeiro de 2000, que trata da biossegurança relacionados ao movimento transfronteiriço de organismos vivos geneticamente modificados, incluindo AnGM nos casos de importação ou exportação destes animais.

As Resoluções Normativas nº 1, 2 e 7[8,9,11] e as Instruções Normativas nº 4 e 13[12,13] são normas infralegais de caráter técnico, publicadas pela CTNBio, que dispõem sobre procedimentos técnicos e operacionais obrigatórios para o desenvolvimento de pesquisas, desenvolvimento e atividades de produção com AnGM. Porém, apesar da legislação, tem-se a percepção de que há lacunas regulatórias importantes e que urge o aprimoramento regulatório para ampliar a segurança técnica e jurídica na análise dos processos que envolvem atividades com AnGM.

Quadro 36.1
Síntese das principais normas de biossegurança aplicadas a atividades com animais geneticamente modificados no Brasil

Norma	Ementa da norma
Lei nº 11.105, de 24 de março de 2005	Regulamenta os incisos II, IV e V do § 1º do art. 225 da Constituição Federal, estabelece normas de segurança e mecanismos de fiscalização de atividades que envolvam organismos geneticamente modificados (OGM) e seus derivados, cria o Conselho Nacional de Biossegurança (CNBS), reestrutura a Comissão Técnica Nacional de Biossegurança (CTNBio), dispõe sobre a Política Nacional de Biossegurança (PNB), revoga a Lei nº 8.974, de 5 de janeiro de 1995, e a Medida Provisória nº 2.191-9, de 23 de agosto de 2001, e os arts. 5º, 6º, 7º, 8º, 9º, 10 e 16 da Lei nº 10.814, de 15 de dezembro de 2003, e dá outras providências.
Decreto nº 5.591, de 22 de novembro de 2005	Regulamenta os dispositivos da Lei nº 11.105, de 24 de março de 2005, que regulamenta os incisos II, IV e V do § 1º do art. 225 da Constituição e dá outras providências.[10]
Decreto Legislativo nº 908, de 21 de novembro de 2003	Aprova o texto do Protocolo de Cartagena sobre Biossegurança da Convenção sobre Diversidade Biológica, celebrado em Montreal, em 29 de janeiro de 2000.
Decreto Nº 5.705, de 16 de fevereiro de 2006	Promulga o Protocolo de Cartagena sobre Biossegurança da Convenção sobre Diversidade Biológica.
RN nº 1 da CTNBio, de 20 de junho de 2006	Dispõe sobre a instalação e o funcionamento das Comissões Internas de Biossegurança (CIBios) e sobre os critérios e procedimentos para requerimento, emissão, revisão, extensão, suspensão e cancelamento do Certificado de Qualidade em Biossegurança (CQB).
RN nº 2 da CTNBio, de 27 de novembro de 2006	Dispõe sobre a classificação de riscos de Organismos Geneticamente Modificados (OGM) e os níveis de biossegurança a serem aplicados nas atividades e projetos com OGM e seus derivados em contenção.
RN nº 7 da CTNBio de 27 de abril de 2009	Dispõe sobre as normas para liberação planejada no meio ambiente de Microrganismos e Animais Geneticamente Modificados (MGM e AnGM) de Classe de Risco I e seus derivados.
IN nº 4 da CTNBio, de 19 de dezembro de 1996	Normas para o transporte de organismos geneticamente.
IN nº 13 da CTNBio, de 01 de junho de 1998	Dispõe sobre as normas para importação de animais geneticamente modificados (AnGM) para uso em trabalho em regime de contenção.

Fonte: CTNBio, 2015 - http://www.ctnbio.gov.br/index.php/content/view/55.html.

Exigências da CTNBio para atividades com AnGM

No Quadro 36.2, encontra-se uma síntese de importantes exigências administrativas e de biossegurança que a CTNBio adota como critérios para avaliar as instituições e as atividades relacionadas a organismos geneticamente modificados e, no caso específico, aplicados a animais de laboratório geneticamente modificados, mantidos em regime de contenção.[3]

Quadro 36.2
Síntese de algumas das principais exigências administrativas e de biossegurança aplicadas a atividades com animais de laboratório geneticamente modificados no Brasil, sem prejuízo de outras normas legais vigentes no país.

Exigência	Descrição e norma relacionada
Instituição jurídica	Atividades com organismos geneticamente modificados, incluindo AnGM, somente são autorizadas pela CTNBio para instituição públicas ou privadas, sendo proibido para pessoas físicas, conforme art. 2º da Lei nº 11.105/2005.
Possuir CQB	Toda instituição pública ou privada que pretende desenvolver atividades com organismos geneticamente modificados, antes de iniciar as atividades, deve solicitar CQB conforme definido pela RN nº 1 da CTNBio/2006.
Instituir CIBIO	A instituição que pretende desenvolver atividades com animais geneticamente modificados deve instituir uma Comissão Interna de Biossegurança (CIBIO) conforme definido pela RN nº 1/2006 da CTNBio e Art. 17 da Lei 11.105/2005.
Biotérios com áreas certificadas para AnGM	Os AnGM somente poderão ser mantidos nas áreas físicas do biotério, para as quais a instituição tem certificação (CQB) para AnGM, de acordo com a RN nº 1/2006 e RN nº 2/2006 da CTNBio.
Instalações físicas compatíveis	As atividades com AnGM somente poderão ser desenvolvidas nas áreas com CQB e em instalações compatíveis com a classe de risco do AnGM e o nível de biossegurança, conforme definido na RN nº 2/2006 da CTNBio.
Procedimentos compatíveis com a classe de risco	Para atividades com AnGM, devem-se seguir os procedimentos gerais para organismos geneticamente modificados, com a utilização de equipamentos de proteção individual e coletivos compatíveis com a classe de risco, conforme definido na RN nº 2/2006 da CTNBio.
Equipamentos de proteção compatíveis (EPI e EPC)	É necessário demonstrar a existência dos equipamentos de proteção individual e coletivos, compatíveis com a classe de risco e nível de biossegurança, para que seja autorizada a atividade com os AnGM, de acordo com a RN nº 2/2006 da CTNBio.
Equipe técnica compatível	Atividades com AnGM somente poderão ser aprovados pela Comissão Interna de Biossegurança (CIBio) ou pela CTNBio mediante a comprovação da qualificação técnica da equipe responsável pela execução do projeto, de acordo com a RN nº 1/2006 da CTNBio.
Responsável técnico	Toda atividade que envolve engenharia genética ou realizar pesquisas com AnGM e seus derivados exigirá a indicação de um técnico principal responsável para cada projeto específico, em conformidade com o art. 17 da Lei 11.105/2005.

Continua

Continuação

Quadro 36.2 Síntese de algumas das principais exigências administrativas e de biossegurança aplicadas a atividades com animais de laboratório geneticamente modificados no Brasil, sem prejuízo de outras normas legais vigentes no país.	
Exigência	**Descrição e norma relacionada**
Autorização para liberação planejada	Eventual liberação planejada no meio ambiente de AnGM de Classe de Risco I somente poderá ser autorizada pela CTNBio, tendo sido atendido o disposto na RN nº 7/2009 da CTNBio.
Transporte	A autorização para transporte depende da classificação do AnGM e do respectivo destino. No País, tanto a instituição remetente como aquela de destino devem ter o CQB, de acordo com a IN nº 4/1996.
Importação e exportação	Atualmente a importação é autorizada para atividades em contenção. A instituição que realiza a importação necessita do CQB, e a transferência de AnGM da instituição importadora para a outra instituição deverá ser realizada obedecendo as normas de transporte, de acordo com a IN nº 13/1998 e Decreto Nº 5.705/2006.
Prestação de contas à CTNBio	A CIBio da instituição deverá encaminhar anualmente à CTNBio relatório das atividades desenvolvidas no âmbito da unidade operativa, até o dia 31 de março de cada ano, sob pena de suspensão do CQB e paralisação das atividades, de acordo com a RN nº 1/2006 da CTNBio.

Fonte: Binsfeld, 2015.

Papel dos órgãos e entidades de registro e fiscalização

Os órgãos e entidades de registro e fiscalização (OERF) a que se refere a Lei nº 11.105/2005 são aqueles vinculados ao Ministério da Saúde (Agência Nacional de Vigilância Sanitária – Anvisa), Ministério da Agricultura, Pecuária e Abastecimento; Ministério do Meio Ambiente (Instituto Brasileiro do Meio Ambiente e Recursos Renováveis – Ibama) e da Secretaria Especial de Aquicultura e Pesca da Presidência da República desempenham um papel importante na fiscalização e no controle das atividades com organismos geneticamente modificados e seus derivados, incluindo AnGM.

Curiosamente, os OERF dos quais trata a Lei nº 11.105/2005 são coincidentes em sua maioria com os órgãos ou entidades de fiscalização (OEF) previstos na Lei nº 11.794/2008, que estabelece procedimentos para o uso científico de animais, independentemente de serem ou não geneticamente modificados. Nessa Lei, estão previstos o Ministério da Saúde (Agência Nacional de Vigilância Sanitária – Anvisa), Ministério da Agricultura, Pecuária e Abastecimento; o Ministério do Meio Ambiente (Instituto Brasileiro do Meio Ambiente e Recursos Renováveis – Ibama), Ministério da Educação e o Ministério da Ciência, Tecnologia e Inovação, como os responsáveis pelo controle, monitoramento e fiscalização das atividades relacionadas a utilização de animais para fins científicos.[5,14,15]

A Lei nº 11.105/2005, em seu art. 16, designa as atribuições aos OERF, no campo de suas competências, observadas a decisão técnica da CTNBio e das deliberações do Conselho Nacional de Biossegurança (CNBS), as tarefas de registrar e fiscalizar as atividades de pesquisa de organismos geneticamente modificados e seus derivados, incluindo AnGM, emitir a autorização para importação para uso comercial, manter atualizado no Sistema de Informação em Biossegurança (SIB) o cadastro das instituições e responsáveis técnicos, tornar público os registros e autorizações concedidas, aplicar as penalidades de que trata a Lei, criar normas de procedimentos de registro, autorização, fiscalização e subsidiar a CTNBio na definição de quesitos de avaliação de biossegurança de organismos geneticamente modificados e seus derivados.[2,5,15]

Ao incluir os OERF, no texto da Lei, como autoridades de fiscalização e órgãos de controle das atividades previstas na Lei no 11.105/2005, o Legislador demonstra a intenção de aumentar as ações para coibir, apurar e punir os casos de infrações praticadas em atividades com organismos geneticamente modificados e seus derivados, incluindo AnGM.[2,5]

OERF e a responsabilidade civil e administrativa

A Lei nº 11.105/2005, no capítulo VII tratou de imputar responsabilidade objetiva ao responsável por infrações e danos causados por organismos geneticamente modificados, incluindo AnGM. Segundo o Art. 20 da Lei, "os responsáveis pelos danos ao meio ambiente e a terceiros responderão, solidariamente, por sua indenização ou reparação integral, independente da existência de culpa. A Lei considera ainda como" infrações administrativas toda ação ou omissão que viole as normas previstas nesta lei e demais disposições legais pertinentes.[5]

O art. 21 da Lei,[5] § único, pune as infrações administrativas independentemente da apreensão do produto, suspensão da venda e embargos de atividades. Entre as punições, há as mais severas, como os embargos da atividade, interdição do estabelecimento, cancelamento de registro, licença ou autorização.

E, por fim, o art. 22 da Lei de biossegurança[5] estabelece que "compete aos órgãos e entidades de registro e fiscalização (OERF), referidos no art. 16 desta Lei, definir critérios, valores e aplicar multas, proporcionalmente à gravidade da infração".

Referências Bibliográficas

1. Binsfeld PC. Sistema nacional de controle de experimentação animal para atividades de ensino e pesquisa científica. São Paulo: RESBCAL, v.1 n.2, p. 175-183, 2012.
2. Binsfeld PC. Fundamentos Técnicos e o Sistema Nacional de Biossegurança em Biotecnologia. Rio de Janeiro: Ed. Interciência, ISBN 978-85-7193-3606, 2015. 434 p.
3. Brasil. Ministério da Saúde. Organização Pan-Americana da Saúde. Marco Legal Brasileiro Sobre Organismos Geneticamente Modificados. 2010. 218 p.
4. Brasil. Constituição da República Federativa do Brasil: Promulgada em 5 de outubro de 1988. Brasília: Senado Federal - Subsecretaria de Edições Técnicas, 2011. 578 p.
5. Brasil. Lei nº 11.105, de 24 de março de 2005. Diário Oficial da União, Brasília, DF, 28 mar 2005. Seção 1, p. 1.
6. Mullins LJ, Bailey MA, Mullins JJ. Hypertension, kidney, and transgenics: a fresh perspective. Physiol. Rev. 86:709–746, 2006.

7. Adams DJ, Weyden L van der. Contemporary approaches for modifying the mouse genome. Physiological Genomics. 34(3):225-238, 2008.
8. Brasil. CTNBio - Resolução Normativa nº 1, de 20 de Junho de 2006. Dispõe sobre a instalação e o funcionamento das Comissões Internas de Biossegurança (CIBios) e sobre os critérios e procedimentos para requerimento, emissão, revisão, extensão, suspensão e cancelamento do Certificado de Qualidade em Biossegurança (CQB). Diário Oficial da União, Brasília, DF, 02 jun. 2007, Seção 1, p. 7.
9. Brasil. CTNBio - Resolução Normativa nº 2, de 27 de novembro de 2006, dispõe sobre a classificação de riscos de Organismos Geneticamente Modificados (OGM) e os níveis de biossegurança a serem aplicados nas atividades e projetos com OGM e seus derivados em contenção. Diário Oficial da União, Brasília, DF, 28 nov. 2006, Seção 1, p. 90.
10. Brasil. Decreto nº 5.591, de 22 de novembro de 2005. Diário Oficial da União, Brasília, DF, 23 novembro de 2005. Seção 1, p. 1.
11. Brasil. CTNBio - Resolução Normativa número 07, de 27 de abril de 2009, dispõe sobre as normas para liberação planejada no meio ambiente de Microrganismos e Animais Geneticamente Modificados (MGM e AnGM) de Classe de Risco I e seus derivados. Diário Oficial da União, Brasília, DF, 28 abr. 2009, Seção 1, p. 10.
12. Brasil. CTNBio – Instrução Normativa nº 4, de 19 de dezembro de 1996, dispõe sobre as normas para o transporte de Organismos Geneticamente. Diário Oficial da União, Brasília, DF, 20 dez. 1996, Seção 1, p. 27.820.
13. Brasil. CTNBio – Instrução Normativa nº 13, de 01 de junho de 1998, dispõe sobre as normas para importação de animais geneticamente modificados (AnGM) para uso em trabalho em regime de contenção. Diário Oficial da União, Brasília, DF, 02 jun. 1998, Seção 1-E, p. 28.
14. Brasil. Lei nº 11.794, de 8 de outubro de 2008. Regulamenta o inciso VII do § 1 do art. 255 da Constituição Federal, estabelecendo procedimentos para o uso científico de animais; revoga a Lei nº 6.638, de 8 de maio de 1979; e dá outras providências. Diário Oficial da União, Brasília, DF, nº 196, 9 out. 2008. Seção 1, p. 1-2, 2008.
15. Binsfeld, P.C. El Sistema Nacional de Bioseguridad de Organismos Genéticamente Modificados en Brasil. In: César Paz-y-Miño. (Org.). Transgénicos: una cuestión científica. Ed. Quito: Imprenta Hojas y Signos, 2013, v. 1, p. 39-60.

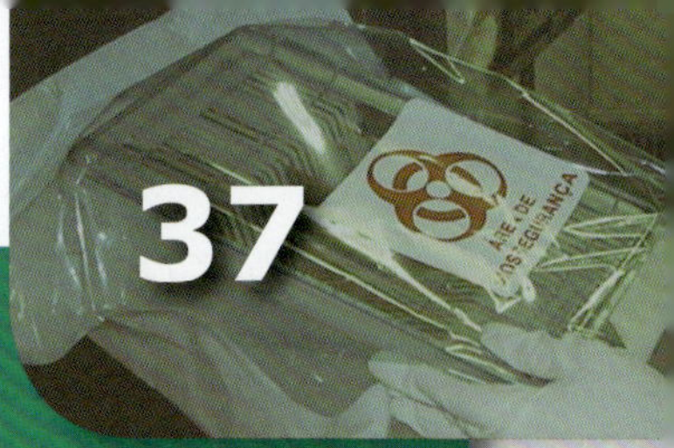

37

Procedimentos de Biossegurança na Produção e na Experimentação com Animais de Laboratório

Nanci Nascimento
Silvania Meiry Peres Neves
Joel Majerowicz

Introdução

Biossegurança é a Ciência que estuda o controle e a minimização de riscos advindos da prática de diferentes tecnologias, seja em laboratório, seja no meio ambiente. Biossegurança se fundamenta em preservar o avanço nos processos tecnológicos e proteger a saúde humana e animal e o meio ambiente (Ministério do Meio Ambiente).

No Brasil, na década de 1990, a biossegurança começa a ser direcionada para a tecnologia do DNA recombinante. Em 1995, foi aprovada a lei brasileira de biossegurança – Lei nº 8.974/95, que estabelece regras para o trabalho com DNA recombinante no País, incluindo pesquisa, produção e comercialização de organismos geneticamente modificados (OGM). Ainda em 1995, o decreto 1.752 formaliza a Comissão Técnica Nacional de Biossegurança – CTNBio – e define suas competências no âmbito do Ministério da Ciência, Tecnologia e Inovação (MCTi).[1]

A lei nº 11.105 de 2005 estabelece normas de segurança e mecanismos de fiscalização para todo tipo de utilização de OGM.[1]

Nas últimas décadas, a relação entre desenvolvimento tecnológico envolvendo o uso de materiais biológicos, inclusive animais, e os riscos inerentes a estas atividades, demandou o estabelecimento de novas estruturas organizacionais, como os Comitês de Biossegurança, de Ética, de Boas Práticas de Laboratório (BPL), de Descartes de Resíduos Perigosos, entre outros, incluindo um programa de segurança e saúde ocupacional, cujo papel maior está em alertar sobre a existência desses riscos e educar para a prevenção de danos às pessoas envolvidas.[1-6]

À Comissão Técnica Nacional de Biossegurança – CTNBio, por sua vez, cabe certificar instituições de acordo com as normas estabelecidas, avaliando o nível de biossegurança correspondente às atividades desenvolvidas; por outro lado, as instituições se comprometem a seguir e fazer cumprir as normas vigentes, mantendo registro de suas ações, anotando as interferências constatadas, adotando medidas adequadas de segurança e provendo aos usuários os meios necessários para o bom desenvolvimento de suas atividades.

No caso específico de biotérios de produção e experimentação, é necessário o estabelecimento de critérios que garantam a qualidade do animal, aliados a um nível de segurança. Para tanto, é importante que sejam seguidas normas preconizadas, no Brasil e no exterior, adequadas ao tipo de animal e instalação utilizada.[4,7-9] O fomento de projetos pelas agências financiadoras vincula a qualificação de laboratórios e biotérios por meio da aprovação de seus protocolos pelos Comitês Internos das Instituições de origem, sendo que à Comissão Interna de Biossegurança (CIBio) está delegada a orientação e fiscalização dos principais aspectos relacionado com o uso de OGM e de animais geneticamente modificados (AnGM).[1]

■ BIOSSEGURANÇA EM BIOTÉRIOS DE PRODUÇÃO E EXPERIMENTAÇÃO

Os biotérios apresentam problemas específicos. Atividades com os próprios animais são consideradas insalubres ao gerar aerossóis e alérgenos, estando funcionários e pesquisadores ainda sujeitos a mordidas ou arranhões de animais que podem portar agentes patogênicos, inclusive zoonóticos.[8,10]

Conceitos de BPL, Procedimentos Operacionais Padrão (POP), padronização dos animais de laboratório e as Instruções Normativas da CTNBio devem ser aplicados em todo o processo da criação e experimentação com animais de laboratório. Os POP devem ser escritos, revisados, numerados e aprovados como documento da qualidade e segurança do biotério.[3,4] Os biotérios de produção e experimentação devem adotar medidas de segurança e qualidade por meio das normas preconizadas, protocolos e procedimentos, aliados ao treinamento e à capacitação da equipe de profissionais.

Quanto aos pesquisadores que utilizarão o biotério de experimentação, estes devem receber, ao iniciar seu trabalho, um conjunto de normas internas do biotério, contendo recomendações gerais de técnicas e procedimentos com animais de laboratório, normas de biossegurança e um protocolo de experimentação animal a ser preenchido pelo pesquisador. Esse conjunto de normas deve ser elaborado e estabelecido pelo próprio biotério. O cumprimento desses itens permitirá a condução dos experimentos em condições ideais. A direção do biotério deverá seguir as normas preconizadas e elaborar procedimentos de acordo com as particularidades de cada biotério, ajustando-as conforme sua necessidade, em conformidade com o bem-estar animal.[4]

Também deve ser desenvolvido um programa de saúde ocupacional, estabelecido na instituição de pesquisa, para funcionários sob riscos ergonômicos, de acidentes físicos, mordeduras, arranhões e reações alérgicas. Toda instituição deverá ter uma comissão interna de prevenção de acidentes (CIPA),[11] que desempenhará papel educativo e de conscientização quanto aos riscos já citados. O Quadro 37.1 apresenta normas gerais de biossegurança em biotérios.[3,6,12]

EQUIPAMENTOS DE PROTEÇÃO INDIVIDUAL (EPI) E DE PROTEÇÃO COLETIVA (EPC)

O uso de EPI está relacionado com o grau de riscos potenciais. Serve tanto para a proteção do trabalhador como para a dos animais a serem manipulados. Os EPI são regulamentados pela Portaria nº 3.214 NR-6 do Ministério do trabalho,[13] e devem estar disponíveis para as tarefas específicas que exijam o seu uso. Funcionários e usuários do biotério devem usar macacão ou avental abotoado, touca protetora, máscara, luvas, bota e/ou pro-pé. As luvas têm de ser adequadas à atividade, não sendo permitido seu uso fora da área de trabalho, bem

Quadro 37.1
Normas gerais de biossegurança em biotérios

Normas gerais de biossegurança
Controle de acesso ao biotério, sendo proibida a entrada de pessoas não autorizadas.
É obrigatório o uso de EPI (equipamento de proteção individual), tais como avental, touca, máscara, luvas, pro-pés, óculos de proteção, protetor auricular, botas.
O tipo de luva deve ser adequado à atividade, não sendo permitido seu uso fora da área de trabalho, elas não devem ser reutilizadas e o respectivo descarte deve ser feito de modo seguro.
Durante o trabalho, o operador e/ou usuário munidos de luvas não devem levar as mãos aos olhos, boca, nariz, e tampouco objetos como canetas, lápis, etc.
Lavar as mãos antes e após o uso de luvas, não usar lenços pessoais, aventais ou jalecos para limpá-las.
Aventais nunca devem ser guardados em armários onde são guardados objetos pessoais.
Nas áreas de criação, higienização-esterilização e experimentação, é terminantemente proibido comer; beber; fumar; utilizar cosméticos, joias; etc.
Não deve haver plantas e objetos não relacionados com as atividades do local.
Os animais de origem externa devem cumprir quarentena sob supervisão.
O descarte de material deve ser rigorosamente controlado.
Todos os procedimentos técnicos devem ser realizados de modo a reduzir ao mínimo o perigo de formação de aerossóis.
Os funcionários devem passar por exames médicos periódicos.
O lixo resultante da limpeza das salas de criação, corredores e salas de estoque deverá ser acondicionado em sacos plásticos brancos, identificados como risco biológico e colocados no recipiente para coleta de lixo hospitalar (Figura 37.1). O lixo resultante das salas experimentais (contaminado) deverá primeiramente ser descontaminado por meio de autoclavação (Figura 37.2), para, depois, ser acondicionado nos sacos plásticos brancos. Deve ser seguida a Resolução CONAMA nº 5 de 1993.
As carcaças de animais devem ser congeladas antes de serem descartadas e, se estiverem contaminadas, devem ser autoclavadas antes de irem para a lixeira hospitalar. Deve ser seguida a Resolução CONAMA n 5º de 1993.

Fonte: ref.[3-6,12]

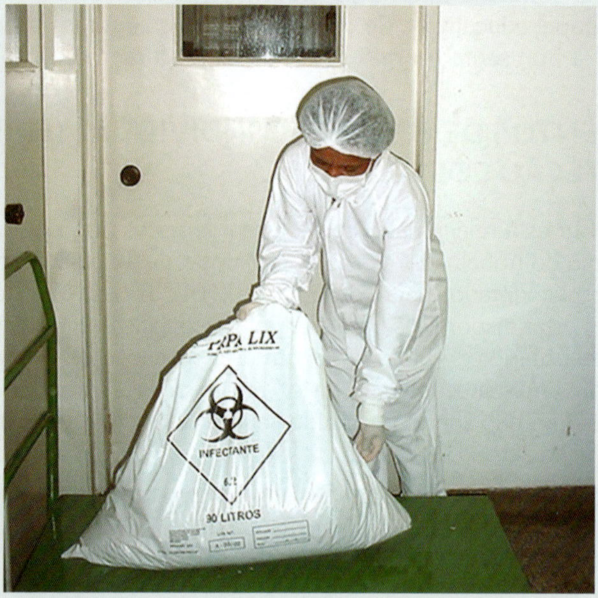

Figura 37.1 – *Acondicionamento do lixo das salas de criação. Fonte: Biotério FCF-IQ/USP.*

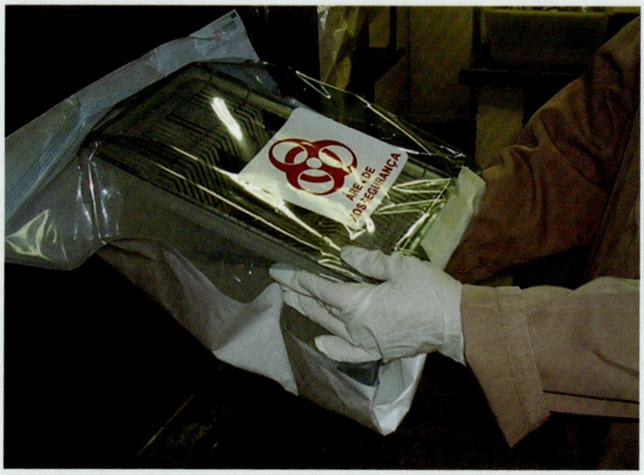

Figura 37.2 – *Autoclavação de material contaminado. Fonte: Biotério FCF-IQ/USP.*

como reutilização, devendo seu descarte ser feito de maneira segura. Durante o trabalho, o usuário, munido de luva, não deve passar as mãos nos olhos, boca, nariz ou em objetos como canetas e lápis.

Os EPC[13] (Quadro 37.2) são utilizados para minimizar a exposição dos trabalhadores aos riscos e, em caso de acidentes, reduzir suas consequências. Somente pessoas habilitadas deverão manusear esses equipamentos, devendo eles ter suas instruções de uso afixadas em local de fácil visualização. Esses equipamentos devem ser rigorosamente inspecionados, incluindo procedimentos de manutenção e preventivos. Os EPI e EPC mais utilizados em biotério estão relacionados no Quadro 37.2.

Quadro 37.2
EPI e EPC mais utilizados em biotérios

EPI	Função	EPC	Função
Avental	Proteção contra borrifos químicos ou biológicos.	Cabine de fluxo laminar	Proteção contra aerossóis infecciosos para limitar a exposição do operador e do ambiente, e ainda proteger o experimento de contaminações originadas do ar.
Touca (gorro)	Proteção da cabeça, deve englobar toda a cabeça e cabelos.	Cabine de segurança	Para o manuseio de substâncias químicas e/ou particuladas.
Máscara	Proteção de boca e nariz, devendo englobar ambos.	Caixa para perfurocortante	Apropriado para o descarte de materiais como agulhas e perfurocortantes.
Respiradores	São usadas máscaras com filtros que protegem o aparelho respiratório, os mais utilizados são os respiradores com filtros combinados para o caso de gases irritantes como amônia.	Isoladores	Sistema fechado de alojamento, que tem a função tanto de garantir a qualidade do animal como a do trabalhador, podendo ser de pressão positiva ou negativa. Isoladores flexíveis são mais utilizados.
Protetor Auricular	Os protetores auriculares podem ser do tipo concha, com protetores externos ou de inserção, e/ou descartáveis.	Chuveiro de emergência e lava-olhos	Equipamento de socorro imediato. Devem ser instalados em locais estratégicos para permitir fácil e rápido acesso de qualquer ponto do biotério.
Luvas Cirúrgicas	Para prevenção no contato com materiais biológicos. Lembrando que existem luvas antialérgicas, sem talco e de material hipoalergênicos.	Pia e escova	Equipamento de socorro imediato.
Luvas de Proteção	Devem ser de material resistente, ter baixa permeabilidade e boa flexibilidade além de serem compatíveis com as substâncias que serão manuseadas.	Caixas com Luvas	Para o manuseio de substâncias e materiais biológicos.
Luvas resistentes ao calor	Para os trabalhos que geram calor, o uso de luvas de pano resistentes ou revestidas de material isolante ao calor é recomendado.	Extintores de Incêndio	Todos devem ter conhecimento do local e da utilização dos extintores de incêndio. São necessários treinamentos para a utilização deste equipamento.
Calçados	Proteção dos pés. Deve ser apropriado ao tipo de trabalho realizado.	Condicionador de ar	Adequar o ambiente com temperatura e trocas de ar, bem como impedir a entrada de contaminantes ou a saída para o meio externo.
Botas de borracha	Utilizados para trabalhos em áreas úmidas.	Autoclave	Equipamento importante para esterilização de materiais do biotério.
Pro-pés	Proteger o sapato de contaminação externa.	Microincinerador	Para materiais contaminantes, antes de ir para a lixeira.

Fonte: Ministério do Trabalho e Almeida-Muradian L.B. Equipamentos de proteção individual e coletiva. In:Hirata, M.H, Mancini,Filho JM. Manual de biossegurança. 2ª Ed. Barueri.Manole: 2012 p29-42.

PRÁTICAS ESPECIAIS PARA BIOTÉRIOS DE PRODUÇÃO E EXPERIMENTAÇÃO

Cada tipo de biotério exige práticas específicas de biossegurança. Nesse contexto, deve-se levar em conta biotérios de produção, onde os animais são classificados de acordo com noções qualitativas e quantitativas de ausência ou limitação de microrganismos e vão desde os convencionais, sem muitas barreiras, até os mais complexos com barreiras físicas e químicas rigorosas a serem seguidas, além dos biotérios de experimentação classificados de acordo com o nível de biossegurança do microrganismo de maior patogenicidade a ser utilizado.[7,14] Mais especificamente, os procedimentos devem ser estabelecidos em função do plano de produção dos animais, tipos de experimentos a serem realizados, padrão sanitário, genético, nutricional e ambiental. O Quadro 37.3 apresenta algumas práticas especiais em biotérios de produção e experimentação.[1,3,4,7,8,12-14]

Quadro 37.3
Práticas Especiais

Biotério de produção	Biotério de experimentação
Barreiras físicas devem separar o interior do biotério do qual não está diretamente acessível por pessoas ou animais (exceto para aquelas cujo objetivo é estar lá dentro);	Autorização prévia à direção do biotério para uso do biotério fora do horário normal.
A transmissão de doenças deve ser prevenida pelo alto padrão de higienização combinado com o sistema de barreiras físicas e biológicas.	Afixar todos os telefones de emergência. As portas das salas experimentais devem apresentar o nome do pesquisador responsável e aluno, o agente infeccioso e telefones para contato (ramal e celular). Em caso de OGM e AnGm, telefone da CIBio.
Deve-se limitar a possível contaminação microbiológica nos essenciais pontos de acesso do ar, da ração, da água, do pessoal, dos materiais, etc.	É obrigatório o uso de EPI na sequência recomendada: colocar o pro-pé, o gorro cobrindo todo o cabelo, máscara que deve abranger boca e nariz, fazer higiene e assepsia das mãos, colocar as luvas (recomendam-se dois pares).
Monitorar a origem dos materiais é essencial para prevenção de contaminantes químicos que inclui metais pesados, pesticidas, herbicidas, micotoxinas, nitratos e nitritos, e podem alcançar o biotério por várias vias incluindo, desinfetantes, agentes de limpeza, ração, água, cama, algumas vezes, pelo ar.	Término do trabalho experimental: primeiro descontaminar as luvas, retirar o gorro e a máscara, retirar o avental e o pro-pé, e calçar último as luvas, fazer higiene e assepsia das mãos.
Deve-se adotar a manutenção preventiva e corretiva de todos os equipamentos do biotério. Os POP devem ser criteriosos, muito bem discutidos e seguidos por todos os funcionários do biotério.	Seguir procedimentos de BPL: as superfícies de trabalho precisam ser descontaminadas sempre, antes e depois do uso, especialmente após a ocorrência de respingos ou qualquer outro tipo de contaminação. Procedimentos BPL também devem ser aplicados para o fluxo laminar, seguindo corretamente as instruções do fabricante.

Continua

Continuação

Quadro 37.3 Práticas Especiais	
Biotério de produção	**Biotério de experimentação**
Quando ocorrer contato das mãos, braços, nuca/face, ou cabeça com sangue animal, urina, fezes, ou pelo de animal, tal contaminação deverá ser removida rapidamente e o local lavado com água e sabão. Quando materiais entram na boca ou olhos, lavar a área exposta com generosa quantidade de água.	Para o descarte de materiais perfurocortantes, como seringas e agulhas, deve-se descartar o conjunto todo (não recapear as agulhas) em caixas próprias para materiais perfurocortantes, que deverão estar à disposição do usuário. Deve ser seguida a Resolução CONAMA nº 5 de 1993.
A monitoração sanitária dos animais é obrigatória para biotérios padrão sanitário SPF e recomendada para biotérios convencionais.	Somente técnicos treinados e qualificados, devem lidar com animais e/ou materiais contaminados, ou em procedimentos que apresentam um perigo físico, químico, radiológico para a equipe e animais de laboratório.
Os animais transgênicos provenientes de laboratórios de pesquisas, ou mesmo de empresa internacionais, podem ser portadores de microrganismos patogênicos. Recomenda-se a quarentena, seguida de exames microbiológicos e, se possível, aplicar as técnicas de limpeza da colônia.	Símbolos adequados de riscos biológicos, químicos e radioativos devem ser afixados em locais apropriados por todo o biotério. O pesquisador deverá estar habilitado e treinado para a realização dos procedimentos requeridos em seu trabalho experimental, como procedimentos cirúrgicos, coleta de fluidos, imunização, coleta de órgãos e eutanásia.
A produção de animais transgênicos deve ser em salas separadas aos dos animais isogênicos e heterogênicos. Recomenda-se o uso de *racks* ventilados, seguido da estação de trocas na produção de animais transgênicos, portadores de patógenos, assegurando a biossegurança dos animais e funcionários.	Descontaminação da sala de experimentação, antes e após o término do experimento deve ser realizada. O procedimento de descontaminação variará com o agente.
Para a realização da eutanásia, o funcionário do biotério deve receber treinamento específico. Atenção especial deve ser dispensada aos animais transgênicos, nas técnicas aplicadas de produção, como nos procedimentos de eutanásia, eliminando qualquer possibilidade de fuga do animal para o meio ambiente.	O acesso para os técnicos de manutenção e consertos rotineiros deverá ser limitado ao horário em que os funcionários estiverem presentes, os técnicos da manutenção devem estar devidamente paramentados.
O lixo contaminado deve ser colocado em saco autoclavável; após descontaminação em autoclave, deve ser acondicionado em sacos plásticos brancos leitosos, com símbolo de risco biológico, identificado com uma etiqueta onde constam a origem e o conteúdo, colocado em local apropriado de acordo com as normas da instituição. Deve ser seguida a Resolução CONAMA nº 5 de 1993. Todo funcionário deverá submeter-se periodicamente à avaliação de saúde ocupacional, estabelecida pela instituição.	Procedimentos detalhados devem ser desenvolvidos, assim que todo funcionário envolvido entender os potenciais perigos e precauções antes que o projeto envolvendo um conhecimento do perigo seja iniciado. O pesquisador responsável pelo experimento deve avisar sobre os riscos de sua pesquisa e quais medidas profiláticas devem ser tomadas, como exemplo podemos citar a vacinação.

Fonte: ref:[1,3,4,7,8,12-14]

Os laboratórios que manipulam microrganismos patogênicos ou que tenham a possibilidade de contê-los no material de trabalho são especiais em função do risco que representam às pessoas, animais e meio ambiente. Infecções são adquiridas em laboratório desde o início da microbiologia laboratorial e, nesses ambientes de trabalho, tanto o técnico como os que estão próximos a este ambiente correm risco de contrair doenças infecciosas.

Os acidentes e incidentes no laboratório são causados pelo pessoal ou equipamento utilizado. Biotérios são diferentes de laboratórios e, nas atividades desenvolvidas com animais, são introduzidos novos riscos. Assim, os animais podem infectar ou traumatizar o operador por arranhões, mordidas ou outro modo de agressão, bem como produzir aerossóis contendo alérgenos ou contaminações microbiológicas.[15]

A mais importante ação, visando segurança na atividade e na redução do potencial de risco de doenças e acidentes na experimentação animal, é reconhecer que os riscos químicos, os físicos e os biológicos, entre outros, estão presentes no ambiente de trabalho.

Sanitizantes, desinfetantes e outros produtos químicos utilizados nas rotinas de higiene e desinfecção de materiais e ambientes, onde são mantidos os animais, podem causar intoxicações agudas ou crônicas.

Riscos

Nos biotérios onde a manipulação de animais ocorre rotineiramente, a probabilidade de ocorrer acidentes como mordidas, arranhões ou mesmo outros traumas de ordem física aos técnicos que lidam com os animais existe e sua frequência torna-se maior quando do manuseio incorreto ou falta de capacitação do operador. O ambiente de trabalho pode contribuir para este aumento, na existência, por exemplo, de piso escorregadio, degraus em área de transporte de materiais, equipamentos inadequados ou em mau estado de conservação e pelas próprias práticas de trabalho, como o transporte de grandes quantidades de materiais e equipamentos.

Os riscos biológicos existem porque animais são reservatórios naturais de várias zoonoses e podem, portanto, abrigar ou ser susceptíveis a agentes infecciosos capazes de causar doenças no ser humano. São também produtores de alérgenos que, dependendo da sensibilidade individual, podem ocasionar problemas respiratórios graves ou outros modos de reação de hipersensibilidade.

As infecções associadas à experimentação animal é o resultado de um conjunto de fatores como o agente infeccioso, os animais que servem de reservatório e a susceptibilidade do técnico envolvido tanto no manuseio como em outras atividades associadas à experimentação e manutenção animal.

Se o propósito do uso de animais é o estudo de doença que envolva agente infeccioso, o agente e o reservatório estão presentes. Quando este não é o caso, a presença do agente é dependente de infecções ou estado de doença do animal. A utilização de animais certificados quanto ao seu padrão sanitário, sejam "convencionais" ou livres de germes patogênicos específicos, obtidos de criações que apresentem as barreiras sanitárias recomendadas e programas efetivos de vigilância sanitária, reduz o potencial de portarem agentes infecciosos.[16]

Um período de quarentena apropriado na introdução de novos animais no biotério, para a realização de testes de diagnóstico e tratamento, quando possível, auxilia no conhecimento da condição sanitária dos quarentenados, possibilitando a prevenção de infecções para técnicos e outros animais.

A susceptibilidade do técnico é dependente do seu estado imunológico, porém três fatores adicionais podem estar presentes nas doenças do trabalho: escape do agente da área de experimentação; infecção do técnico pelo agente; e invasão do local de trabalho pelo agente. Métodos para o controle dos riscos biológicos ou práticas de biossegurança são primariamente utilizados. O conhecimento desses fatores, em particular do agente manipulado, auxilia na seleção das medidas de biossegurança apropriadas.[17]

- Forma de escape: o agente infeccioso pode escapar dos animais por via natural ou artificial. Excreções do agente pela urina, saliva e fezes por lesões na pele são exemplos de escape natural. Há vários mecanismos de escape artificial, como biópsia, coleta de sangue, tecidos e fluídos corpóreos, necropsia e instrumental cirúrgico contaminado.
- Transmissão: a transmissão do agente, pelo animal ou pelas práticas laboratoriais, pode ocorrer por várias rotas. A mais frequente envolve agulhas e seringas contaminadas, contudo, a formação de aerossóis e sua fácil disseminação também é uma forma comum de transmissão.
- Exposição: a inalação, o contato com membranas mucosas e a inoculação parenteral são as formas de exposição mais frequentes. Em situações envolvendo a atividade ocupacional, a exposição pode ser similar ao processo natural da doença ou bem diferente, em função da prática experimental. Os mecanismos mais comuns de exposição, quando animais de laboratório estão envolvidos, são:
  a. Inoculação direta por agulhas, contaminação de cortes ou arranhões preexistentes, por instrumentos perfurocortantes contaminados e agressão animal;
  b. Inalação de aerossóis durante o manejo animal e nos procedimentos de limpeza de gaiolas e nas práticas experimentais;
  c. Contato com membranas mucosas dos olhos, boca ou narinas por gotículas de materiais, por mãos ou superfícies contaminadas;
  d. A ingestão é pouco comum, uma vez que as BPL coíbem a prática de se pipetar com a boca.

As características do animal, o agente infeccioso envolvido, o treinamento e a experiência do pessoal, as atividades e os procedimentos requeridos na experimentação são informações que devem ser consideradas na avaliação e seleção das regras de biossegurança. Somente com conscientização e conhecimento das particularidades envolvidas na experimentação animal é que podem ser selecionados os procedimentos de biossegurança adequados. Entretanto, cabe ressaltar que somente com o uso contínuo e por todos os envolvidos é que tais procedimentos minimizarão, podendo até eliminar, os riscos existentes.[16]

Com a experiência adquirida ao longo do tempo e com o desenvolvimento das ciências e tecnologias, a diminuição, ou mesmo a eliminação dos riscos, se torna possível quando se faz uso de BPL e empregam-se as recomendações de biossegurança específicas ao nível do risco em potencial.

O termo "contenção" é usado para descrever os métodos de segurança na manipulação ou estocagem de agentes infecciosos no ambiente laboratorial. A finalidade da contenção é reduzir ou mesmo eliminar a exposição ao agente de risco, do técnico, de outras pessoas, do ambiente laboratorial e do ambiente externo.[16]

- Contenção primária: é a proteção pessoal e do ambiente laboratorial contra a exposição do agente infeccioso. Essa contenção se dá pelo emprego de boas técnicas de microbiologia e o uso apropriado de EPI. O uso de vacinas pode elevar o nível de proteção pessoal.
- Contenção secundária: é a proteção do ambiente externo ao laboratório contra a exposição de material infeccioso, proporcionado por uma combinação de instalações e práticas operacionais.

Esses elementos de contenção – práticas e técnicas laboratoriais, equipamentos de segurança e instalações associados em função do agente infeccioso específico – são os elementos que propiciam diminuir ou mesmo eliminar os riscos no laboratório.

As pessoas que exercem atividades em biotérios estão sujeitas a várias combinações de riscos, principalmente pela presença do animal e, em muito, pela particularidade do ambiente, sendo necessário o emprego de procedimentos e técnicas para uma eficiente prevenção desses riscos.

Existem quatro níveis de biossegurança, crescentes em função do grau de contenção e de complexidade do nível de proteção. O nível de biossegurança de um experimento é determinado segundo o microrganismo de maior risco. A seleção do nível apropriado de biossegurança para o trabalho com um determinado agente ou em experimentos com animais, depende de inúmeros fatores. Alguns mais importantes são a virulência, a patogenicidade, a estabilidade biológica, o meio de propagação, a natureza e função do laboratório, os procedimentos e manipulações envolvendo o agente, a endemicidade do agente e a existência de vacina ou medidas terapêuticas efetivas.

Os biotérios de experimentação, como os laboratórios de microbiologia, devem ser projetados de acordo com o grupo de risco dos agentes que serão trabalhados e sobre a visão das recomendações de biossegurança para os níveis 1, 2, 3 e 4. Outros fatores devem ser levados em consideração, em função da particularidade de cada biotério. Em relação aos animais, deve-se considerar sua agressividade e tendência de morder, arranhar; os ecto e endoparasitos que possam estar presentes; as zoonoses que são susceptíveis e a possibilidade de disseminação de alérgenos.[18,19]

De acordo com o nível de biossegurança, devem ser observados os requerimentos de construção, procedimentos, práticas, equipamentos e precauções na elaboração de projetos e no desenvolvimento de atividades que envolvam animais de laboratório.[18]

Procedimentos e práticas preconizados para biotérios

- O acesso é limitado ou restrito ao critério da chefia. Recomenda-se que não seja permitido o acesso às salas de animais e áreas onde são manipulados animais e materiais que tiveram contato com os animais ou seus dejetos, principalmente de gestantes, crianças e outras pessoas que não tenham atividades a desenvolver no biotério ou que não estejam devidamente imunizadas.
- As mãos devem ser higienizadas após manusear culturas e/ou animais, após remover as luvas, antes de sair do ambiente de manipulação, bem como antes de sair do biotério.
- Não é permitido nas áreas de animais comer, beber, fumar, guardar comida, usar cosméticos, manipular lentes de contato.
- Evitar movimentos bruscos, de modo a impedir a formação de aerossóis.
- As áreas, bancadas e os equipamentos devem ser desinfetados após o uso ou quando da contaminação com material patogênico.
- As portas devem abrir para o interior das áreas de maior risco e devem, sempre que possível, dispor de molas para que não permaneçam abertas.
- Os materiais, resíduos e lixos provenientes das áreas de animais devem ser processados ou descontaminados, em conformidade com o nível de biossegurança das instalações. Materiais, resíduos e lixo com possiblidade de conter patógeno devem ser esterilizados por autoclave e, após esse procedimento, podem ser considerados lixo comum. As carcaças infectadas deverão ser incineradas.
- O combate a insetos, roedores e demais animais indesejáveis deve ser efetivo e regular.
- Em biotérios de experimentação com risco biológico, as gaiolas de animais devem ser descontaminadas, por autoclave, antes de serem enviadas para a área de higienização, quando se fará a retirada de dejetos e material de forração para posterior lavagem.
- Equipamentos e bancadas de trabalho devem ser desinfetados regularmente logo após o trabalho com patógenos e imediatamente após a contaminação acidental com material patogênico.
- Equipamentos contaminados devem ser desinfetados antes de retirados das instalações.

Procedimentos e práticas específicas

Nível 1 de biossegurança

- Deve haver um responsável pela liberação de acesso de pessoas às áreas de animais e áreas com risco biológico. As pessoas devem ser informadas dos potenciais riscos.
- Pessoas adoentadas ou com baixa resistência imunológica não devem ter acesso às áreas de animais.

- Normas e procedimentos devem ser elaborados e disponibilizados de modo que as pessoas tomem conhecimento dos riscos específicos e dos procedimentos a serem adotados antes de adentrarem ao recinto.
- O material utilizado para forração das gaiolas deve ser manuseado cuidadosamente, de modo a evitar a criação de aerossóis.
- As gaiolas podem ser lavadas sem nenhuma recomendação específica, porém o uso de água quente auxilia na redução da flora microbiológica presente nesses materiais.
- Recomenda-se que as roupas sejam apropriadas e exclusivas de uso no biotério.
- Deve haver um manual que contemple as questões de biossegurança e que seja de conhecimento de todos. Todos devem praticar as recomendações desse manual.
- Deve-se exigir o uso de EPI, adequado ao desenvolvimento da atividade.

Nível 2 de biossegurança

Todas as recomendações para o nível 1, mais:

- Quando do uso de agentes patogênicos nas salas de animais, equipamentos de proteção individual devem estar disponíveis. Ex: óculos ou visor de proteção, máscaras com elemento filtrante, etc.;
- Na porta de acesso, deve haver um aviso com o símbolo de biossegurança, identificando o agente de risco, responsáveis, telefones de contato e equipamentos de uso obrigatório;
- Todas as pessoas devem ser imunizadas contra a doença específica, caso exista vacina;
- Sorologia periódica das pessoas envolvidas deve ser realizada em função do patógeno;
- Todas as pessoas devem ter treinamento em aspectos de biossegurança e, em especial, os relativos ao agente em estudo. Esse treinamento deve ser reforçado anualmente e sempre que houver mudanças de procedimentos ou práticas;
- Nunca se deve reencapar as agulhas hipodérmicas em virtude do risco de puncionar um dos dedos, bem como não devem ser manipuladas com as mãos depois de desprezadas ou quando caem sobre a bancada ou chão. Neste e no caso de frascos de vidros quebrados, utiliza-se pinça para recolhê-los ou de outro dispositivo que impeça a manipulação com as mãos. Os perfurocortantes devem ser desprezados em caixas apropriadas, de paredes rígidas e impermeáveis;
- Os cultivos celulares, culturas bacterianas e de tecidos são acondicionados em caixas apropriadas, de paredes sólidas e impermeáveis nos processos de coleta, estocagem e transporte;
- Acidentes com material patogênico são comunicados ao responsável para que este possa providenciar os cuidados pertinentes e registros, bem como encaminhamento médico;

- Animais que não estejam relacionados ao experimento não devem ser admitidos no biotério.

Nível 3 de biossegurança

Todas as recomendações para os níveis 1 e 2, mais:

- Não devem ter acesso ou trabalhar neste nível de risco as gestantes, os imunodeficientes ou imunodeprimidos e as crianças;
- Todo lixo e materiais provenientes das áreas de animais são autoclavados e as carcaças de animais são incineradas. O transporte de animais para o incinerador é feito em caixa apropriada, de paredes rígidas e impermeáveis.

Nível 4 de biossegurança

Todas as recomendações para os níveis 1, 2 e 3, mais:

- Só os técnicos com atividades específicas nos trabalhos em andamento podem entrar nessa área.
- As pessoas debilitadas imunologicamente não podem entrar nessas instalações.
- A entrada do biotério deve ter segurança para o controle de acesso de pessoas.
- Todas as pessoas são informadas sobre os potenciais riscos e orientadas de como agir para sua proteção e da coletividade.
- Deve haver o estabelecimento de um procedimento operacional para situações emergenciais.
- As pessoas, ao entrarem e ao saírem, fazem, obrigatoriamente, a troca de roupas, sendo a descontaminação obrigatória na saída;
- Materiais, insumos e outros produtos devem ser esterilizados antes de introduzidos na área de animais;
- Deve haver um programa de emergência para casos de acidentes e contaminação com patógenos, bem como verificação de ausência de pessoal. O suporte médico deve ser implantado, principalmente para doenças associadas ao trabalho/pesquisa. Nessas instalações, deve haver uma área específica à quarentena, isolamento e cuidados médicos para técnicos suspeitos ou com doença associada à atividade.

Procedimentos em experimentos com materiais radioativos

Os procedimentos envolvendo testes em animais com material radioativo requerem alguns cuidados especiais.

Embora as radiações contribuam para o bem-estar da sociedade em diversas áreas, tão grande quanto os seus benefícios é a responsabilidade que o uso exige.

A Comissão Nacional de Energia Nuclear (CNEN) garante a segurança da população em geral e, particularmente, de quem lida diretamente ou se beneficia deste tipo de energia. Todas as instalações e trabalhadores que utilizam fontes radioativas obedecem às exigências de segurança estabelecidas pelas normas da CNEN.[20]

RADIOPROTEÇÃO NOS PROCEDIMENTOS DE BIOSSEGURANÇA NA PRODUÇÃO E NA EXPERIMENTAÇÃO DE ANIMAIS DE LABORATÓRIO

Proteção individual

Os trabalhadores envolvidos na manipulação de animais tratados com material radioativo devem usar luvas descartáveis e avental.

Recebimento do material radioativo

As embalagens contendo material radiativo que cheguem ao biotério devem ser monitoradas externamente e os resultados confrontados com os valores registrados na guia de monitoração que acompanha o material.

Manipulação

A manipulação dos radioisótopos deve ser feita em sala apropriada com bancada lisa, de fácil descontaminação, recoberta com plástico e papel absorvente.

Ao término da jornada de trabalho, deve ser realizada uma monitorização das superfícies utilizando monitor de contaminação. O mesmo procedimento deve ser feito nas luvas e nas mãos dos trabalhadores responsáveis pela manipulação.

Monitorização

Deve ser realizado um levantamento radiométrico (medida de taxa de exposição) quinzenal nas áreas restritas.

Os trabalhadores devem ser monitorizados de acordo com a Norma CNEN NE3. 01 "Diretrizes Básicas de Radioproteção" e CNENNE3.02 "Serviços de Radioproteção".[20]

Experimentação

- ❑ Biológicos: Animais utilizados em experimentos científicos.

Da embalagem de coleta

Os rejeitos sólidos biológicos devem ser embalados em papel permeável e inseridos em saco plástico com diâmetro máximo de 30 cm. A espessura da parede do saco plástico deve ser tal que permita o manuseio seguro durante a coleta, o transporte, o recebimento e o tratamento.[21]

Da coleta e acondicionamento

- Rejeitos com meia-vida inferior a 100 dias devem ser coletados separadamente dos demais e acondicionados em embalagens separadas.
- A massa da embalagem contendo o rejeito deve ser inferior a 5 kg.
- Os rejeitos sólidos biológicos devem ser mantidos em câmara fria por todo o período de armazenamento inicial.
- A embalagem não deve conter líquido livre, mesmo que em garrafas, bombonas, sacos plásticos ou outros recipientes contidos na embalagem.
- A embalagem não pode conter outras classes de rejeito (compactável, não compactável, úmidos, etc.), tampouco outros agentes perigosos (patogênicos, pirofóricos, explosivos, etc.).
- A taxa de dose máxima em qualquer ponto da superfície externa da embalagem deve ser inferior a 2 mSv/hora.
- As embalagens contendo rejeitos sólidos biológicos devem ser fechadas de tal maneira que garantam a contenção do rejeito.[21]

Da caracterização

- Os rejeitos devem estar caracterizados quanto à sua composição físico-química e radioisotópica.
- A caracterização radioisotópica deve ser expressa em atividade total de cada radionuclídeo (Bq).[21]

GERÊNCIA DE REJEITOS RADIOATIVOS

Rejeitos radioativos[22,23]

Os rejeitos radioativos gerados devem ser segregados e, de acordo com a natureza física do material e do radionuclídeo presente, colocados em recipientes adequados, etiquetados, datados e mantidos no local da instalação destinado ao armazenamento provisório de rejeitos radioativos para futura liberação, em conformidade com a Norma CNENNE6. 05 "Gerência de Rejeitos Radioativos em Instalações Radiativas".[20]

- Antes da liberação de materiais, qualquer indicação da presença de radiação nos mesmos deve ser eliminada (indicação em rótulos, etiquetas, símbolos etc.).
- As atividades iniciais remanescentes e as meias-vidas físicas dos radioisótopos devem ser consideradas para estabelecer o tempo necessário de armazenamento para os rejeitos radioativos ou descontaminação.
- A excreta dos animais inoculados com doses terapêuticas poderá ser lançada na rede de esgoto sanitário, desde que obedecidos os princípios básicos de radioproteção estabelecidos na Norma CNENNE3. 01 - "Diretrizes Básicas de Radioproteção".[20]
- As instalações que não estejam conectadas à rede de esgoto sanitário deverão submeter à avaliação da CNEN o sistema de eliminação de excretas a

ser empregado. A aprovação desse sistema levará em consideração o atendimento aos requisitos de radioproteção estabelecidos na norma CNENNE3. 01 "Diretrizes Básicas de Radioproteção".[20]

Nota: Por exigência legal, uma instalação que lida com materiais nucleares ou radioativos precisa de um supervisor de radioproteção para que possa funcionar.

Nessas instalações são eles os responsáveis pela segurança para trabalhadores, indivíduo do público e meio ambiente. A certificação da qualificação do profissional é emitida pela Comissão Nacional de Energia Nuclear (CNEN).

As instalações que lidam com material radioativo ou outras fontes emissoras de radiação ionizante exigem certificação de profissionais e dependem de autorização da Comissão Nacional de Energia Nuclear (CNEN) para seu funcionamento. A norma CNEN-NN-3.03 trata da certificação dos profissionais que têm a função de garantir a correta aplicação das medidas de radioproteção. O objetivo é proteger o homem e o meio ambiente dos efeitos indesejáveis das radiações.[20]

TRANSPORTE DE ANIMAIS RADIOATIVOS

Não existe uma legislação específica para o transporte de animais radioativos. Desse modo, faz-se necessário seguir as normas da CNEN para Transporte de Materiais Radioativos em geral.

A Norma CNEN-NE-5.01, que trata deste assunto, foi aprovada pela Resolução CNEN 13/88, de 19 de julho de 1988, e está fundamentada no Safety Series No. 6, "Regulations for the Safe Transport of Radioactive Materials " - Edição de 1985.[20]

A Norma CNEN-NE-5.01[20] foi estruturada a fim de evitar:

- a dispersão de material radioativo e sua possível ingestão, tanto durante o transporte normal como também em caso de acidente;
- o perigo devido à radiação emitida pelo embalado;
- o surgimento de uma reação em cadeia;
- a exposição do embalado a temperaturas elevadas e a consequente degradação do material.

A lógica da Norma está fundamentada nas seguintes premissas:

- os embalados contendo material radioativo devem ser tratados com os mesmos cuidados adotados para outros produtos perigosos.
- a segurança depende basicamente do projeto do embalado, e não dos procedimentos operacionais.
- o expedidor é responsável pela segurança do transporte.

Em um plano de transporte de material radioativo se encontra discriminado todo o translado do material do local de recebimento ao local de entrega. Esse plano deve seguir um roteiro descrito em Norma da CNEN - NE 5.01 - contendo uma série de itens que visam a integridade do material a ser transportado e do transportador, para que se evitem danos às pessoas e ao meio ambiente.

Os transportes devem ser executados atendendo às recomendações das Normas da CNEN, além de obedecerem às Leis Nacionais de Trânsito e as recomendações do IBAMA e Secretaria de Meio Ambiente.

Conclusão

Existe uma multiplicidade de fatores relacionados com a criação e experimentação animal e que influenciam os parâmetros fisiológicos e de comportamento dos animais. Esses fatores devem ser controlados para minimizar a variabilidade dos dados experimentais. Instalações corretas aliadas a equipamentos de proteção e procedimentos rígidos de limpeza e assepsia, assim como profissionais qualificados e bem treinados nas técnicas de segurança e de conhecimento do comportamento e bem-estar animal, asseguram a saúde do trabalhador e garantem experimentos confiáveis e reprodutíveis.

Referências Bibliográficas

1. Brasil. Ministério da Ciência, Tecnologia e Inovação. CTNBio [citado 24 jul. 2015]. Disponível em: http://www.ctnbio.gov.br/index.php/content/view/55.html.
2. Brasil. Ministério da Ciência, Tecnologia e Inovação. MCT-CONCEA [citado 24 jul. 2015]. Disponível em: http://www.mct.gov.br/index.php/content/view/310554/1___INSTITUCIONAL.html.
3. World Health Organization (WHO). Good laboratory practice (GLP): quality practices for regulated non-clinical research and development. 2nd ed. Geneva; 2001 [cited 2015 July 21]. Disponível em: 5http://www.who.int/tdr/publications/documents/glp-handbook.pdf.
4. Neves SMP, Filho MJ, Menezes EW. E-book - manual de cuidados e procedimentos com animais de laboratório do Biotério de Produção e Experimentação da FCF-IQ/USP. São Paulo; 2013. Disponível em: http://interactivepdf.uniflip.com/2/81637/296210/pub/index.html.
5. CONAMA. Resolução nº 358 de 29 de abril de 2005: Dispõe sobre o tratamento e disposição final dos resíduos dos serviços de saúde e dá outras providências [citado 24 jul. 2015]. Disponível em: http://www.mma.gov.br/port/conama/legiabre.cfm?codlegi=462.
6. ANVISA. Resolução da Diretoria Colegiada - RDC no 306, de 07 de dezembro de 2004: Dispõe sobre o regulamento técnico para o gerenciamento dos resíduos de saúde [citado 24 jul. 2015]. Disponível em: http://portal.anvisa.gov.br/wps/wcm/connect/10d6dd00474597439fb6df3fbc4c6735/RDC+N%C2%BA+306,+DE+7+DE+DEZEMBRO+DE+2004.pdf?MOD=AJPERES.
7. Federation of European Laboratory Animal Science Associations - FELASA. Recommendations for the Health Monitoring of Mouse, Rat, Hamster, Guinea pig and Rabbit Breeding Colonies. United Kingdom; 1999.
8. Neves SMP, Guinski-Chaguri LCA, et al. Biossegurança em biotérios. In: Hirata MH, Mancini Filho J, editores. Manual de biossegurança. 2. ed. Barueri: Manole, 2012. p.193-211.

9. National Research Council (NRC). Guide for the care and use of laboratory animals. 8th ed. Washington (DC): NCR – National Academic Press; 2011.
10. Smith MW. Safety. In: Trevor PB. The UFAW Handbook on the care and mangement of laboratory animals. 6. ed. Avon: Longman Group; 1987. p.170-86.
11. Brasil. Ministério do Trabalho e Emprego. Normas regulamentadoras [citado 07 jul. 2015]. Disponível em: http://portal.mte.gov.br/legislacao/normas-regulamentadoras-1.htm.
12. Majerowicz J. Boas práticas em biotérios e biossegurança. Rio de Janeiro: Interciência, 2008.
13. Brasil. Ministério do Trabalho e Emprego. NR6 - Equipamentos de Proteção Individual - EPI. Texto dado pela Portaria STI no 25, de 15 de outubro de 2001 [citado 24 jul. 2015]. Disponível em: http://portal.mte.gov.br/data/files/8A7C812D36A2800001388130953C1EFB/NR-06%20(atualizada)%202011.pdf.
14. National Institute of Health (NIH). Biosafety in microbiological and biomedical laboratories. Issuing Office: OACU 496-5424-2000 [cited 2015 July 24]. Available from: http//www.nih.gov/.
15. Seamer, JH, Wood M. Safety in the Animal House. 1981.
16. Majerowicz, J. Boas práticas em biotérios e biossegurança. Rio de Janeiro: Interciência, 2008. v. 1. 173p.
17. Center for Disease Control and Prevention and National Institutes Of Health. Biosafety in Microbiological and Biomedical Laboratories. 3. ed. HHS publication nº 93-8359 (CDC). Washington, DC: Government Printing Office, 1993.
18. World Health Organization, Laboratory Biosafety Manual – 3. ed. Geneve, 2004.
19. Majerowicz, J. Biossegurança em biotérios - alergia: um risco sempre presente. Biotecnologia Ciência & Desenvolvimento, v. 30, p. 105-108, 2003.
20. Normas da Comissão Nacional de Energia Nuclear. Disponível em: http:www.cnen.gov.br/seguranca/normas/pdf/resumo_normas. Acesso em: 15 jul 2015.
21. Mazzilli Filho BP, Romero Filho CR, Kodama Y, Suzuki F F, Dellamano J C, Marumo JT, et al. Noções básicas de proteção radiológica - Diretoria de Segurança Nuclear Divisão de Desenvolvimento de Recursos Humanos; 2002.
22. Hiromoto G, Dellamano JC, Marumo JT, Endo LS, Vicente R, Hirayama T. Introdução à gerência de rejeitos radioativos - Instituto de Pesquisas Energéticas e Nucleares, Departamento de Rejeitos Radioativos, São Paulo, 1999.
23. CNEN-NN-6.09 setembro 2002. Critérios de Aceitação para Deposição de Rejeitos Radioativos de Baixo e Médio Níveis de Radiação Resolução de 19 set 2002 - D.O.U. 23 set 2002.

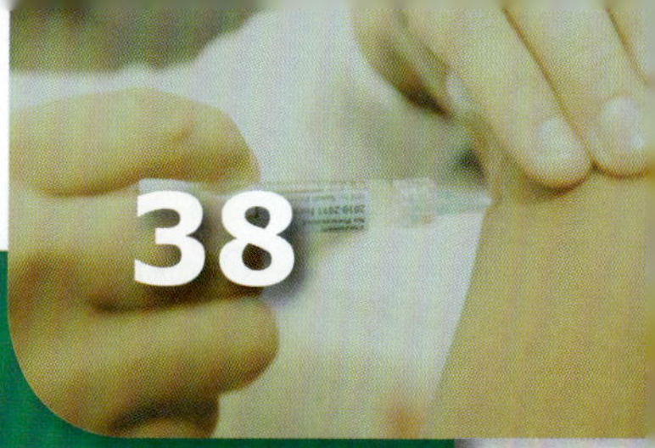

Doenças Ocupacionais

Milton Soibelmann Lapchik

Introdução

No Brasil, apesar do técnico de bioterismo constar na Classificação Brasileira de Ocupação (CBO),[1] faltam informações detalhadas sobre os cuidados relativos à saúde ocupacional para esses profissionais. Nas instituições federais, as pessoas que trabalham em biotério pertencem à categoria funcional dos técnicos de laboratório, entretanto o trabalho em biotério tem características próprias que não são consideradas na legislação disponível. A resolução da diretoria colegiada n° 11, de 16 de fevereiro de 2012 da Agência Nacional de Vigilância Sanitária (Anvisa), capítulo V, art. 62, orienta sobre o funcionamento de laboratórios analíticos que realizam análises em produtos sujeitos à vigilância sanitária.[2] Com a recente determinação de biotérios serem fiscalizados pela Anvisa, recomenda-se que pessoas que utilizam instalações de biotério estejam familiarizadas com os requisitos regulatórios para o controle de doenças animais e substâncias tóxicas.

As instituições de ensino e pesquisa que criem ou mantenham animais devem estabelecer um programa de segurança institucional e saúde ocupacional a partir de atividades afins com o objetivo de eliminar riscos relacionados ao trabalho em biotério.[3]

Trabalhar com segurança com animais de biotério abrange não apenas as pessoas e os animais, mas também as instalações, equipamentos e os procedimentos utilizados.[4] Também engloba a comunidade na qual cada um de nós vive. Devemos praticar hábitos seguros de trabalho para garantir que quaisquer riscos à saúde em nossos ambientes de trabalho não "vazem" para a comunidade em consequência de falha ou descuido nos procedimentos.[3]

O coordenador deve assumir a responsabilidade de assegurar que o pessoal que trabalha no projeto esteja ciente de quaisquer riscos para a saúde e segurança.[3] Políticas e programas para a saúde e segurança ocupacional devem ser implementados pelas universidades e institutos de pesquisa para manter um ambiente de trabalho seguro para animais e nas instalações de pesquisa (Tabela 38.1). O objetivo de um programa de saúde e segurança no trabalho é prevenir a ocorrência de danos e doenças de caráter ocupacional.[2] O programa deve ser consistente com as normas e legislação no âmbito federal, estadual e regulamentos locais (Tabela 38.2), mas o foco principal do programa deve ser o controle e redução de riscos inerentes às atividades em botério.[5,6]

O responsável deverá instruir os técnicos de biotério na abordagem correta para o manuseio com competência e segurança nas atividades práticas durante o cuidado com os animais de modo humanitário. O material apresentado neste capítulo pode servir como uma diretriz para os cuidados com os animais de forma segura em biotério.

Tabela 38.1
Atividade estratégica: gerenciamento da ergonomia

Etapas	Descrição	Exemplos
Plano	Compreender a situação e estabelecer estratégias e metas	Determinar o escopo do problema; Estabelecer métricas e metas de longo prazo; Formar uma equipe com iniciativa em ergonomia
Ação	Estabelecer um processo de gestão infra-estrutura para cumprir as metas	Estabelecer responsabilidades e recursos; Formar indivíduos chave em princípios ergonômicos
Verificação	Monitorar o progresso em atingir os objetivos	Auditar os processos ergonômicos; Rastrear métricas chaves contra metas estabelecidas
Normatizar	Padronizas as atividades eficazes e melhorar as ineficazes	Determinar a área próxima de foco para melhoria; Direcionar as barreiras para a eficácia geral do programa

Fonte: Kerst, J. An Ergonmics Process for The Care and Use of Research Animals. ILAR J. 2003, 44(1):3-12.

Tabela 38.2
Implantação de atividades táticas: melhorias no local de trabalho

Etapas	Descrição	Exemplos
Plano	Identificar e priorizar oportunidades para melhorias	Integrar ergonomia com as políticas de saúde e segurança existentes; Priorizar tarefas de acordo com os riscos ergonômicos; Identificar e planejar mudanças de equipamentos
Ação	Analisar atividades e implementar melhorias	Analisar riscos ergonômicos; Implementar bancada de trabalho e redesenhar tarefas ou melhorias
Verificar	Verificar se cada ação alcançou resultados desejados	Rastrear métricas atrasadas (registro de acidentes); Rastrear riscos métricos (escores de risco ergonômico)
Normatizar	Revisitar tarefas individuais para garantir a conformidade do plano	Reimplantar melhorias efetivas para tarefas semelhantes

Fonte: Kerst, J. An Ergonmics Process for The Care and Use of Research Animals. ILAR J. 2003, 44(1):3-12.

■ Risco de mordedura

Mordedura de animais, especialmente aquelas decorrentes da manipulação de roedores, de caráter superficial, é por vezes, considerada de pequena importância pelo pessoal do biotério. Entretanto, essas lesões podem resultar em infecções decorrentes da contaminação da ferida pela flora oral fisiológica dos animais.[7]

Febre da mordida do rato é causada por *Streptobacillus moliniformis* presente no trato respiratório superior e cavidade oral dos roedores, especialmente ratos. O período de incubação é de 3 a 10 dias. Entre os sintomas, ocorrem calafrio, febre, tremores, cefaleia e dor muscular, pápula ou petéquias nas extremidades e, em alguns casos, artrite. As articulações podem ficar doloridas e inchadas.[6] Complicações podem evoluir para abcessos, endocardite e menos frequentemente, pneumonia, hepatite, pielonefrite e enterite.[5]

Todos devem estar atentos para a necessidade de verificar o *status* vacinal da equipe, considerando a imunização contra o tétano,[7] solicitar avaliação médica imediatamente após ferimentos e avaliação veterinária do animal envolvido nos casos de arranhadura e mordedura.

■ Riscos físicos

Na elaboração do plano de atividades no biotério, é fundamental o cálculo de distribuição das tarefas para cada funcionário de modo a torná-las menos insalubres,[8] pois sendo menor o tempo de contato com tarefas de risco ergonômico, menor impacto sobre a saúde do funcionário terá essa atividade (Tabela 38.3).

Tabela 38.3
Etapas para reconhecer, avaliar e controlar lesões músculo-esqueléticas no trabalho em biotério

Etapas	Descrição
1	Identificar no trabalho tarefas com riscos potenciais e revisão da manipulação de animais referente aos praticados na respectiva área
2	Avaliar áreas de risco, utilizando um questionário de risco (qualitativo/quantitativo) lista de verificação e priorizar tarefas de maior risco e a causa fundamental na contribuição para lesões muscular-esqueléticas
3	Aplicar medidas de controle de risco adequadas
4	Formar e treinar pesquisadores e tecnicos expostos aos riscos de manuseio dos animais com estrastégias de prevenção documentada para garantir o uso qdequado de equipamentos
5	Confirmar a eficácia das mudanças para prevenção de risco e promover a comunicação reforçada entre pesquisadores e profissionais de saúde em relação aos fatores de trabalho para identificar as questões adicionais de ergonomia
6	Antecipar oportunidades futuras para redução do risco de lesão músculo-esquelética, repetindo o processo para outas tarefas problemáticas

Fonte: Kerst, J. An Ergonmics Process for The Care and Use of Research Animals. ILAR J. 2003, 44(1):3-12.

Quando a atividade está associada com exposição à fonte de calor, deve ser considerada a perda de calorias a cada hora, levando em conta o tipo de atividade conforme classificação apresentada na Tabela 38.4. A exposição deve ser avaliada por medida da temperatura na altura da região do corpo mais atingida utilizando-se termômetro de bulbo úmido natural, termômetro de globo e termômetro de mercúrio comum. Em função do índice obtido, o regime de trabalho intermitente será definido conforme indicação da Tabela 38.5.

Tabela 38.4
Taxas de metabolismo por tipo de atividade

Tipo de Atividade	Kcal/h
Sentado em Repouso	100
Trabalho Leve	
Sentado, movimentos moderados com braços e tronco (ex.: datilografia).	125
Sentado, movimentos moderados com braços e pernas (ex.: dirigir).	150
De pé, trabalho leve, em máquina ou bancada, principalmente com os braços.	150
Trabalho Moderado	
Sentado, movimentos vigorosos com braços e pernas.	180
De pé, trabalho leve em máquina ou bancada, com alguma movimentação.	175
De pé, trabalho moderado em máquina ou bancada, com alguma movimentação.	220
Em movimento, trabalho moderado de levantar ou empurrar.	300
Trabalho Pesado	
Trabalho intermitente de levantar, empurrar ou arrastar pesos (ex.: remoção com pá).	440
Trabalho fatigante.	550

Fonte: Brasil. Ministério da Previdência Social NR-15 Atividades e Operações Insalubres.

Tabela 38.5
Limites de tolerância para exposição ao calor, em regime de trabalho intermitente com períodos de descanso no local de trabalho

Regime de trabalho intermitente com descanso no local de trabalho (por hora)	Tipo de atividade		
	Leve	Moderada	Pesada
Trabalho Contínuo	Até 30,0	Até 26,7	Até 25,0
45 minutos de trabalho 15 minutos de descanso	30,1 a 30,6	26,8 a 28,0	25,1 a 25,9
30 minutos de trabalho 30 minutos de descanso	30,7 a 31,4	28,1 a 29,4	26,0 a 27,9
15 minutos de trabalho 45 minutos de descanso	31,5 a 32,2	29,5 a 31,1	28,0 a 30,0
Não é permitido o trabalho sem a adoção de medidas adequadas de controle	Acima de 32,2	Acima de 31,1	Acima de 30,0

Fonte: Brasil. Ministério da Previdência Social NR-15 Atividades e Operações Insalubres.

Ergonômico

Tarefas relacionadas com o cuidado aos animais de laboratório podem levar ao desenvolvimento de lesões de natureza musculoesquelética. Tarefas manuais repetitivas exigem trabalho físico de moderado a pesado, e a execução dessas tarefas pode expor o pessoal a riscos ergonômicos, resultar no aumento de erros, fadiga do funcionário, baixo desempenho e diminuição da produtividade.[9] Um programa de ergonomia dirigido à gestão de risco pode reduzir a probabilidade de problema osteomuscular caracterizado em termos de força, frequência, postura e esforço muscular[4-6] com base nos dados da Tabela 38.3.

O trauma físico pode ocorrer quando o trabalhador executar tarefas que exigem movimentos repetitivos e elevação de cargas pesadas e esforço físico. Esse tipo de lesão é frequentemente classificada como de repetição, determinando um caráter cronico.[4-6] Lesões traumáticas de repetição incluem as torções, síndrome do túnel do carpo, lesão do cotovelo de tenista e bursite. As atividades que contribuem para lesões osteomusculares de coluna incluem o levantamento de sacos de ração, retirada de sacos para descarte de resíduos biológicos, manipulação dos animais de elevado peso corporal, retirada de gaiolas em prateleiras altas de modo repetido e incorreto, deslocamento ou levantamento de gaiolas, ou mesmo o procedimento de ressecção da pele dos animais manualmente.[4]

Outros procedimentos que podem gerar lesões ergonômicas incluem a abertura e fechamento de gaiolas, mobilização de pequenos animais de gaiola para outras gaiolas nos procedimentos de troca e a limpeza de pisos.

Para reduzir os riscos devidos aos movimentos de repetição, recomenda-se variar as tarefas para diminuir o número de repetições de um mesmo movimento e riscos de dano de etiologia ergonomica[4] (Tabela 38.3). Em caso de levantamento de cargas pesadas com risco substancial de lesão aguda osteomuscular, o técnico com atuação em biotério deve estar fisicamente apto para esses procedimentos, além de evitar movimentos bruscos na sua execução.

O apoio do setor de engenharia para a instalção de equipamentos que favoreçam o carregamento de material pesado, ou mesmo a divisão da carga pesada em recipientes para menor peso, pode reduzir o risco ergonômico para a equipe do biotério.[8]

A prática de ginástica laboral e de exercícios de alongamento de tronco e membros superiores/inferiores pode ser parte das ações de prevenção neste contexto.

Como estratégia de prevenção, as ações educativas devem ser colocadas em prática pela equipe que atua no biotério, reduzindo o risco potencial para esses tipos de lesões. O envolvimento dos trabalhadores do biotério deve ser considerado para adequações nas atividades de prevenção contra as lesões ocupacionais de caráter ergonomico.

Ruído

Maquinários de ruído intenso podem resultar em perda da audição. Funcionários que trabalham por muitas horas ininterruptas na raspagem das gaiolas e com equipamentos de higienização de materiais como: lavadoras de gaiolas, de piso, autoclaves, lavadoras ultrassônicas, lavadoras de roupa; áreas submetidas a sistema de ar condicionado e exaustores entre outros, estão vulneráveis a esses potentes geradores de ruído que ecoam contra as paredes azulejadas das áreas de lavagem. O Ministério da Previdencia[8] limita a exposição do funcionário a ruído de 90 decibéis (dBA) medidos na escala A, calculados como um turno de 8 horas de trabalho. Onde os níveis excedem a 85 dBA, os funcionários devem participar de um programa de proteção auditiva que inclui monitoramento, audiometria, proteção auricular e manutenção de registros (Tabela 38.6).

A perda de audição não é o único efeito adverso da exposição ao ruído. O ruído dificulta a fala, implica em perda da concentração, causa distração e aumenta a fadiga. Controles de engenharia ocupacional devem incluir equipamentos silenciosos, instalação de isolamento acústico nas paredes e tetos e protetores auriculares.

Tabela 38.6
Limites de Tolerância para Ruído Contínuo ou Intermitente

Nível de Ruído DB (A)	Máxima Exposição Diária Permissível
85	8 horas
86	7 horas
87	6 horas
88	5 horas
89	4 horas e 30 minutos
90	4 horas
91	3 horas e 30 minutos
92	3 horas
93	2 horas e 45 minutos
94	2 horas e 15 minutos
95	2 horas
96	1 hora e 45 minutos
98	1 hora e 15 minutos
100	1 hora
102	45 minutos
104	35 minutos
105	30 minutos
106	25 minutos
108	20 minutos
110	15 minutos
112	10 minutos
114	8 minutos
115	7 minutos

Fonte: Brasil. Ministério da Previdência Social NR-15 Atividades e Operações Insalubres.

Vasopressão

Equipamentos de lavagem de alta pressão e geradores de alta pressão (acima de 30 psi), contidos nas autoclaves a vapor, apresentam risco se a liberação da pressão não for controlada adequadamente.[2]

Ventilação e umidade relativa

A ventilação direcional no ambiente, cabines de fluxo laminar negativo ou racks ventilados ajudam a reduzir as partículas de ar no ambiente. Baixa umidade relativa no ambiente resulta em altos níveis de poeira e alérgenos. É recomendável umidade relativa de 50 a 60% para redução significativa da quantidade de alérgenos se tornarem aerossóis.[6]

Tipos de cama

Estudos têm demonstrado que a cama de maravalha resulta nos mais elevados níveis de aerossóis alérgenos nas salas dos animais. Tarefas de cuidados com os animais nas salas, preparo, raspagem das gaiolas (e descarte dos resíduos) e limpeza geral do ambiente resultam em níveis significativos de alérgenos.[6]

Prevenção

Existem várias abordagens para redução a exposição de alérgenos de animais de laboratório: gaiolas ventiladas em *racks*, estação de troca e de descarte de camas com exaustores para escoamento dos alérgenos. A manutenção de alto nível de limpeza e uso de um tipo de cama que minimize partículas de poeira em aerossol também ajudarão a minimizar a exposição a alérgenos.[6]

Iluminação

Considerando que o ambiente dos animais é padronizado em ciclos de claro-escuro (de 12 em 12 horas), a intensidade da iluminação é baixa para proporcionar bem-estar aos animais. Recomendamos a possiblidade de aumento da intensidade de luz no momento de cuidados aos animais pelos técnicos do biotério. Esse procedimento evitará a fadiga visual que impossibilite a devida avaliação dos animais.[2]

Eletricidade

Riscos com eletricidade são evidentes, como pela falta de placa em um receptor de tomada, painel elétrico aberto ou sem fio terra conectado, especialmente em áreas úmidas com equipamentos de alta voltagem. Perigos menos evidentes estão relacionados com cabines de segurança biológica e sistemas de vácuo molhado e podem ser evitados com procedimentos de bloqueio e etiquetagem para interromper a fonte de energia durante a manutenção de equipamentos. Equipamentos com fios expostos, desgastados ou conectados sem polo de aterramento não devem ser usados.[2]

Radiação

Os materiais radioativos apresentam riscos especiais. Todas as pessoas que trabalham com esses materiais devem conhecer as propriedades de cada um e estar familiarizadas com as técnicas de manuseio seguras e adequadas. A posse de materiais radioativos é autorizada pelo Conselho Nacional de Energia Nuclear (CNEN) para emissão de certificado de radioisótopos às instituições.[6,8]

O uso de raios X é regido pelos Atos da Saúde e Segurança Ocupacional do Ministério do Trabalho.[8]

Animais tratados com isótopos podem passar material radioativo em seus excrementos, que devem, portanto, ser eliminados de uma maneira aprovada, do mesmo modo que o próprio animal depois da morte. As gaiolas utilizadas na manutenção desses animais devem passar por lavagem com produtos e tempo específicos. Registros completos devem ser mantidos até a disposição final desses animais.[6]

O olho e a pele são áreas críticas para a exposição à radiação ultravioleta (UV). O olho, em particular, pode ser gravemente ferido. A equipe não deve ser exposta a raios UV; no entanto, se isso acontecer, seus membros devem ser alertados para os perigos e receber óculos de segurança com "protetores". Assim, a fonte de iluminação deve ser devidamente sinalizada. As intensidades máximas toleradas por rostos sensíveis para um dia de 7 horas variam de 0,1 a 0,5 mW/m^2.[1,3]

Laser

O principal risco associado com lasers está relacionado com o feixe que pode provocar queimaduras, lesões oculares, lacerações, ou incêndios, dependendo de seu poder. Em animais, o laser pode ser utilizado para realizar procedimentos cirúrgicos experimentais em biotério. Os técnicos que realizam procedimentos com laser devem ser treinados na segurança e periculosidade, observando rigorosamente a utilização de meios de proteção.[2]

No caso da utilização de laser de potência mais elevada, é importante a adequação de estrutura física da sala de experimentos, com as portas oferecendo mecanismo de trava. A cirurgia a laser também pode produzir aerossóis substanciais, fumaça e gases tóxicos. Esses riscos devem ser controlados para evitar exposições nocivas da equipe que atua no biotério.[2]

Perfurocortante

As agulhas, vidros quebrados, pipetas, bisturis são comumente utilizados em biotério. Esses materiais devem ser descartados em *conteiners* à prova de furo e os funcionários devem ser instruídos para seu transporte.

O perigo de lesões por picada de agulha representa risco potencial de infecção ocupacional adquirida na inoculação ou retirada de sangue dos animais de laboratório. A manipulação correta dos animais e auxílio na contenção para anestesia ou coleta de amostras auxilia na diminuição dessas ocorrências.[2]

■ Alergias

A alergia aos animais de laboratório (AAL) é o mais prevalente risco de saúde ocupacional para pessoas que trabalham com animais de laboratório.[10] A AAL é uma reação de hipersensibilidade de tipo imediato, mediada por IgE, que se desenvolve após a exposição a um animal de laboratório, à pele ou ao pelo, à urina, saliva, ao soro ou a outros tecidos do organismo. Os sintomas típicos variam entre leves (espirros, coceira e/ou coriza, lacrimejamento, reações inflamatórias da pele tais como vermelhidão, inchaço e pápulas, rinites, dermatites,[1] prurido após o contato com animais, seus tecidos e suas excretas); a graves (p. ex.: chiado, falta de ar e uma sensação de aperto no peito (crise de asma)). Existem fatores de predisposição para uma pessoa tornar-se alérgica a animais de laboratório que incluem atopia (tendência familiar herdada para desenvolver febre do feno, asma e eczema), tabagismo, sexo masculino e intensidade de exposição. Rastreio de saúde pré-admissional pode auxiliar na identificação de indivíduos atópicos.

Pessoas que manifestam esses sintomas devem ser aconselhadas a contatar o seu médico para diagnóstico e tratamento.[9]

Prevenção

As medidas que podem reduzir o grau de exposição a alérgenos de animais de laboratório incluem:[1,2,10]

a. uso de equipamentos de proteção como luvas, máscaras, avental, cobre sapato, etc. apenas nas salas dos animais;
b. lavar as mãos regularmente e tomar banho após o trabalho;
c. uso de filtração melhorada em sistemas de ventilação das salas de animais, bem como a utilização de gaiolas com sistema de filtração individual;
d. programas educacionais para funcionários com antecedentes de alergias ou que atuarão em procedimentos de alta carga de alérgenos (p. ex.: raspagem de gaiolas dos animais, preenchimento ou manuseio da forragem) requer uso rigoroso de medidas preventivas, tal como estabelecido por POP da instituição.

■ Riscos químicos

Os produtos químicos tóxicos utilizados em ambiente de pesquisa são de classe cancerígena, alérgenos, asfixiantes, corrosivos, hepatotóxicos, neurotóxicos e teratogênicos.[1] Os riscos à saúde estão associados à toxicidade inerente ao produto e extensão da exposição a eles.[11]

Desinfetantes e detergentes incluem sabonetes, produtos químicos de limpeza contendo ácido, álcoois (etanol e isopropanol), aldeídos e materiais halogenados (clorados e branqueadores iodados)[2] necessitam medidas de proteção relevantes para o manuseio seguro. Ao manipular galões com produtos químicos como detergentes alcalinos concentrados utilizados na lavagem das gaiolas, é indispensável a aplicação de dosadores automáticos ou, em caso de indisponibilidade, uso de funis, luva, óculos e máscara para a transferência do produto.

Alguns produtos químicos tais como formaldeído e gluteraldeído usados para a preservação de tecidos (formalina) podem causar uma reação alérgica nos indivíduos sensíveis ao produto. Queimaduras e irritação da pele são as lesões mais comuns após exposição acidental com produtos químicos.[2]

O monitoramento das exposições acidentais aos gases anestésicos em salas de operação dos animais é parte importante do programa de saúde e segurança ocupacional em biotério. Líquidos voláteis como anestésicos utilizados para procedimentos cirúrgicos ou para eutanásia devem ser manipulados e armazenados em locais com exaustão, ou gabinetes ventilados concebidos para esta finalidade.[1-3]

Prevenção

Conhecer as propriedades dos produtos químicos conforme informado na ficha de caracterização e classificação de risco que acompanha o produto com as recomendações do fabricante, e aderindo às práticas de segurança, o risco de lesões e doenças associadas com o uso de produtos químicos pode ser minimizado por práticas que reduzem exposição.

Riscos biológicos

Diretrizes para trabalhar com os riscos biológicos (bactérias, vírus, parasitas, fungos e outros agentes de doenças infecciosas) incluem itens como equipamentos para contenção, mapa de risco do laboratório, procedimentos de higiene pessoal e instruções relativas a níveis de segurança tratados nos capítulos 8 e 37 respectivamente. Essas informações devem estar contempladas em treinamentos aos técnicos de biotério e envolvem contenção de bioagentes, desenho do laboratório, higiene pessoal e segurança na instalação.[1,2]

As diretrizes de biossegurança se aplicam a todas as atividades em biotério e pesquisas que utilizam animais na experimentação. Os Procedimentos Operacionais Padrão (POP), destinados a minimizar os riscos para os seres humanos, em áreas de risco biológico, devem ser desenvolvidos e rigorosamente executados.

Higiene pessoal é uma importante barreira à infecção e a higiene de mãos, após o manuseio de qualquer animal, reduzirá o risco de disseminação de doenças e autoinfecção. Todos os funcionários que trabalham com animais, bem como os visitantes da instalação, devem usar roupas de proteção, minimamente um jaleco.

Todo o material contaminado deve ser descontaminado antes do descarte como resíduo infectante.[1,8] A necropsia de animais infectados com agentes infecciosos deve ser levada a cabo em cabines de segurança biológica, certificada por órgão competente. A sala de necropsia deve ser devidamente equipada com refrigeração e itens para a lavagem das mãos.

O descarte de material de necropsia deve ser selado em sacos plásticos, devidamente identificados e encaminhados para descarte final conforme a legislação vigente.

ZOONOSES

Essas infecções que são "transmitidas secundariamente de animais para seres humanos" são referidas como zoonoses e podem afetar seriamente a investigação. Enquanto a maioria dos agentes infecciosos mostra um elevado grau de especificidade junto as espécies animais, também podem, com o tempo, variar a amplitude de sua virulência e o poder de transmissibilidade, atingindo outras espécies. Assim, as infecções que, em geral, não foram consideradas riscos zoonóticos podem esporadicamente afetar pessoas ou animais suscetíveis.[3]

Numerosos microrganismos patogênicos, tais como os causadores da tuberculose, brucelose, raiva, etc., que são normalmente perpetuados por transmissão direta de uma ou mais espécies de animais vertebrados, são também facilmente transmissíveis aos seres humanos.[3]

A transmissão de infecções de animais para humanos geralmente pode ser evitada com cuidados adequados e adesão aos POP de biossegurança. No entanto, quando os animais são originários de áreas com prevalência de doenças zoonóticas[12] conhecidas, é necessária uma atenção especial às práticas de segurança durante o isolamento (quarentena).[3]

Trabalhos que impliquem exposição a microrganismos perigosos exigem a imunização prévia da equipe, referente a todas as vacinas disponíveis. O programa de imunização para adultos, do Ministério da Saúde, recomenda as seguintes vacinas ao pessoal de biotério: dupla adulto (dT = difeteria e tétano); hepatite B; tríplice viral (caxumba, rubéola e sarampo); influenza.[7] Recomenda-se que todo o pessoal responsável pelo cuidado de cães e gatos de origem desconhecida e os manipuladores deve receber vacinação antirrábica de rotina.[7]

Atenção especial deve ser dada à atribuição de mulheres em período gestacional para atividades que apresentem risco teratogênico potencial ou conhecido. O *Toxoplasma gondii*, um protozoário que infecta a maioria das espécies de animais de sangue quente, incluindo seres humanos, é transmitido principalmente por oocistos presentes nas fezes do gato. Esses oocistos esporulam em 2 a 4 dias e podem sobreviver por mais de 1 ano.[11] A toxoplasmose humana pode resultar em aborto espontâneo, prematuridade, morte fetal ou defeitos congênitos.[12,13]

Entre outras zoonoses, destacamos a teníase, tularemia e estomatite vesicular, tendo como principal porta de entrada para a infecção a contaminação fecal-oral, a partir de cães e suínos.

Pessoas com maior risco em adquirir as zoonoses incluem aquelas com imunodeficiência e aquelas que estão sob estresse constante ou que são portadores de doença clínica não evidente.[3] Os biotérios com rotinas de controle sanitário dos animais têm contribuição especial.

Riscos no trabalho com primatas não humanos (PNH)

Todos os animais devem ser considerados potenciais fontes de zoonoses, embora o risco disso ocorrer possa variar amplamente com a classe, espécies e fonte do animal envolvido. Em geral, quanto mais próxima a relação filogenética entre a espécie e os seres humanos, maior a probabilidade de zoonoses.[14,15]

Cada instituição que mantém uma instalação com nível de biossegurança maior ou igual a 2 é responsável por fornecer o serviço médico e veterinário adequado para proteção da saúde e da segurança do pessoal e dos animais.[16]

Os surtos de doenças virais, por exemplo, por *Callitrichid Hepatite* Vírus,[17] tiveram grande impacto nos procedimentos no mundo primatologista e foram incluídas novas práticas de diagnóstico rápido[18] para detecção da doença viral de primatas incluindo sorologia, isolamento viral, a visualização direta utilizando eletromicroscopia ou imunofluorescência. As orientações estão disponíveis para prevenção contra a infecção pelo *Herpes simiae* B-Vírus (B-Vírus) que é fatal em humanos.[19-21]

Do mesmo modo, em virtude da expansão do vírus da imunodeficiência símia (SIV), que está intimamente relacionada com o vírus da imunodeficiência humana (HIV), as orientações específicas de biossegurança estão disponíveis,[12] incluindo os procedimentos sorológicos padrão para a identificação de anticorpos SIV[22] e componentes virais.[20]

Prevenção: A abordagem mais razoável e eficaz na redução dos riscos de infecção ocupacional é desenvolver e seguir os POP que impedem ou minimizam a exposição ocupacional ostensiva entre o pessoal que trabalha com amostras biológicas dos animais.

Deve ser estabelecido um programa de segurança e saúde ocupacional, com rígidos procedimentos de precauções/isolamento e controle de qualidade para a colônia de animais e POP que incluam triagem sorológica e vacinação, uso de vestuário de proteção, isolamento, práticas de higiene pessoal, procedimentos pós-exposição acidental ao material biológico de risco, controle de qualidade para os animais em isolamento, conduta após mordidas, entre outras situações de risco.

Recomenda-se a adesão à seguinte lista de procedimentos de biossegurança:

a. todos os PNH silvestres devem ser considerados potencialmente portadores de uma doença transmissível aos seres humanos;
b. vestuário de proteção, incluindo o macacão, protetor para botas, bonés, máscaras cirúrgicas e luvas, deve ser usado quando se trabalha com PNH e removido ao final do manuseio.
c. fumar e trazer comida e bebida nas áreas dos PNH é estritamente proibido;
d. instalações para a lavagem das mãos devem ser disponibilizadas e utilizadas por todo o pessoal imediatamente após a saída da área dos PNH;
e. o pessoal com feridas, cortes, lacerações ou outras lesões de pele não deve entrar em contato com PNH. No entanto, se isso for inevitável, a lesão deve ser adequadamente coberta com curativos antes e durante qualquer atividade com o animal e devem ser substituídos imediatamente ao sair.

f. todos os acidentes perfurocortantes devem ser comunicados à autoridade médica designada pela instituição. O tratamento imediato deve assegurar que o ferimento seja limpo em água corrente. O ferimento deve sofrer a antissepsia com solução de clorexidina, a menos que existam contraindicações. Se ocorrer ruptura das luvas de procedimento, as mãos deverão ser higienizadas novamente e com posterior colocação de novas luvas.

   Após lesão por um PNH, o animal deve ser imediatamente imobilizado e examinado quanto à salivação excessiva e para observação de lesões da cavidade oral, que podem ser características de infecção pelo herpes vírus B. Devem ser seguidos os POP para lidar com esse tipo de acidente. Procedimentos de amostragem para herpes B dos animais e da pessoa lesada devem ser acompanhados. Os resultados do exame devem ser comunicados às autoridades médicas previamente designadas, juntamente com informações sobre as espécies de PNH, período de permanência na colônia e contatos com outras espécies.

g. No caso de PNH que morreu no período de isolamento, é recomendada a adoção de precauções especiais nos procedimentos de necropsias, incluindo o uso de EPI, materiais cirúrgicos e roupa de proteção. Também é necessária a utilização de cabines de biossegurança para a realização de necropsia de todos os tecidos do PNH.

h. Todo o pessoal com contato com PNH deve estar livre de tuberculose e deve ser submetido a exame clínico, teste tuberculínico intradérmico e exame de radiografia de tórax em periodicidade anual.

i. Luvas de couro de proteção devem ser usadas quando manusear PNH consciente. Diversas variedades de luvas estão comercialmente disponíveis.

j. Toda a roupa que teve contato direto com PNH ou secreções deve ser autoclavada antes de enviada para lavagem.

Considerações finais

As instituições de ensino e de pesquisa devem ser requisitadas a incluir um programa de saúde e segurança ocupacional com direcionamento específico aos funcionários de biotério para proteger funcionários que não estão contemplados com legislação trabalhista específica ainda.

Como já observado, a identificação de áreas e tarefas de alto risco[5] e a adesão aos EPI adequados nestas áreas, juntamente com a educação e treinamento do pessoal, são indispensáveis na prevenção e redução da gravidade do problema.

Para trabalhar com segurança com animais de experimentação, o técnico deve:

- entender o comportamento básico do animal em relação a como ele interage com as pessoas durante a manipulação;
- saber como se comunicar com o animal;
- usar adequadamente de técnicas de contenção;
- usar corretamente equipamento de imobilização;

- identificar todos os animais que podem ter comportamento imprevisível;
- usar vestuário de proteção e equipamento adequado;
- manter adequado e atualizado o programa de vacinação e exames médicos periódicos.[7]

Para situações de emergência, deve haver um *kit* de primeiros socorros disponível e sempre adequadamente abastecido, cuja localização deve ser claramente marcada e todo o pessoal que trabalha e usa o biotério deve estar ciente dela.

Referências Bibliográficas

1. Brasil, Ministério do Trabalho e Emprego, no uso da atribuição que lhe confere o inciso II do parágrafo único do art. 87 da Constituição Federal, resolve: Aprovar a Classificação Brasileira de Ocupações - CBO, versão 2002, para uso em todo o território nacional; portaria nº 397, de 09 de outubro de 2002. Família 3201 Técnicos em Biologia; Título 3201-05 Técnicos em Bioterismo.
2. ANVISA, Resolução da Diretoria Colegiada N° 11, de 16 de fevereiro de 2012, dispõe sobre o funcionamento de laboratórios analíticos que realizam análises em produtos sujeitos à Vigilância Sanitária e dá outras providências. Disponível em: http://portal.anvisa.gov.br/wps/wcm/connect/6a1f16004b571bb0bb0cbbaf8f-ded4db/RDC+11+de+16+de+fevereiro+de+2012.pdf?MOD=AJPERES.
3. Guide to The Care and Use of Experimental Animals, 1993. Eds. Olfert, Cross and McWilliam. Canadian Council on Animal Care. Disponível em: http://www.ccac.ca/Documents/Standards/Guidelines/Experimental_Animals_Vol1.pdf. Acessado em: 23 jul 2015.
4. Brasil. Ministério do Trabalho e Emprego, Secretaria de Inspeção do Trabalho,4. Manual de Aplicação da Norma Regulamentadora nº 17. 2. ed. Brasília, 2002.Disponível em: http://www3.mte.gov.br/seg_sau/pub_cne_manual_nr17.pdf.
5. Occupational Health and Safety in The Care and Use of Research Animals, 1997. Disponível em: https://www.aaalac.org/accreditation/RefResources/OHS_Care_And_Use.pdf Acessado em: 23 jul 2015.
6. Occupational Health and Safety in Experimental Animal Facilities – Module 04. Disponível em: http://www1.uwindsor.ca/acc/system/files/Module-04.pdf. Acessado em: 23 jul 2015.
7. Calendário de Vacinação 2014 Atualizado. Divisão de Imunização – Centro de Vigilância Epidemiológica – CVE/CCD/SEC-SP. Disponível em: www.cve.saude.sp.gov.br/htm/imuni/pdf/calendario14_sp_atualizado.pdf. Acessado em: 22 jul 2015.
8. Brasil. Ministério da Previdencia Social NR-15 Atividades e Operações Insalubres. Disponível em: http://www010.dataprev.gov.br/sislex/paginas/05/mtb/15.htm.
9. Kerst J. An ergonmics process for the care and use of research animals. ILAR J. 2003, 44(1):3-12.
10. Bush RK, Stave GM. Laboratory animal allergy: an update. ILAR J. 2003, 44, (1):28-38. Disponível em: http://ilarjournal.oxfordjournals.org/content/44/1/28.full.pdf+html. Acessado em: 22 jul 2015.
11. Kerst J. 2001. An ergonomic factors in laboratory desing. In: andbook of Chemical Health and Safety Society. New York: Oxford University Press. p. 521-528. 10.

Guide for The Care and Use of Agricultural Animals in Research and Teaching. FASS 2010.
12. Schnurrenberger PR, Hubbert WT. An outline of zoonoses. Ames, IA: Iowa State University Press, 1981.
13. Biossegurança em Laboratórios Biomédicos e de Microbiologia. Ministério da Saúde. Fundação Nacional da Saúde. Brasília, outubro, 2001. Disponível em: Portal.anvisa.gov.br/wps/wcm/connect/802ba4804798d25d9f4ebf11eefca640/Biosseguranca_em _laboratorios_biomedicos_e_de_microbiologia.pdf?MOD=AJPERES Acessado em: 23 jul 2015.
14. Anon. My close cousin the chimpanzee. Science, Research News 1987a; 238: 273-275.
15. Anon. The use of non-human primates in laboratories. The Lancet Jan. 31, 286, 1987c.
16. Kaplan JE, Balk M, Brock B, et al. (correspondence) Guidelines for prevention of Herpesvirus Simiae (B-virus) infection in monkey handlers. Lab. Anim. Sci. 37(6): 709-712, 1987.
17. Anderson GC. Emerging virus threat. Nature May 9, 89, 1991.
18. Kalter SS, Herberling RL. Current procedures for the rapid diagnosis of primate viral diseases.Lab Animal 39-47, 1990.
19. Schulhof J. Group sets precedents for monkey bite treatment. Lab Animal 19(2): 11, 1990.
20. Kalter SS, Herberling RL. B-virus infection of primates in perspective. Lab Animal 31-34, 1989.
21. Anon. Guidelines to prevent Simian Immunodeficiency Virus infection in laboratory workers and animal handlers. Lab. Primate Newsl. 28(1): 17-21, 1989.
22. Kalter SS. Simian AIDS testing available. Lab Primate Newsl. 26(1): 4, 1987.

Índice Remissivo

A

B

C

D

E

F

G

H

I

K

L

M

N

O

P

R

S

T

U

V

IMPRESSÃO:

GRÁFICA EDITORA
Pallotti
IMAGEM DE QUALIDADE

Santa Maria - RS - Fone/Fax: (55) 3220.4500
www.pallotti.com.br